Corrosão

O GEN | Grupo Editorial Nacional – maior plataforma editorial brasileira no segmento científico, técnico e profissional – publica conteúdos nas áreas de ciências exatas, humanas, jurídicas, da saúde e sociais aplicadas, além de prover serviços direcionados à educação continuada e à preparação para concursos.

As editoras que integram o GEN, das mais respeitadas no mercado editorial, construíram catálogos inigualáveis, com obras decisivas para a formação acadêmica e o aperfeiçoamento de várias gerações de profissionais e estudantes, tendo se tornado sinônimo de qualidade e seriedade.

A missão do GEN e dos núcleos de conteúdo que o compõem é prover a melhor informação científica e distribuí-la de maneira flexível e conveniente, a preços justos, gerando benefícios e servindo a autores, docentes, livreiros, funcionários, colaboradores e acionistas.

Nosso comportamento ético incondicional e nossa responsabilidade social e ambiental são reforçados pela natureza educacional de nossa atividade e dão sustentabilidade ao crescimento contínuo e à rentabilidade do grupo.

Corrosão

Sétima edição

Vicente **Gentil**
Professor Emérito e Professor Titular da Escola de Química
da Universidade Federal do Rio de Janeiro (EQ/UFRJ)

Atualização
Ladimir **José de Carvalho**
Professor Doutor do Departamento de Processos Inorgânicos da Escola
de Química da Universidade Federal do Rio de Janeiro (DPI-EQ/UFRJ)

- O atualizador deste livro e a editora empenharam seus melhores esforços para assegurar que as informações e os procedimentos apresentados no texto estejam em acordo com os padrões aceitos à época da publicação, *e todos os dados foram atualizados até a data de fechamento do livro.* Entretanto, tendo em conta a evolução das ciências, as atualizações legislativas, as mudanças regulamentares governamentais e o constante fluxo de novas informações sobre os temas que constam do livro, recomendamos enfaticamente que os leitores consultem sempre outras fontes fidedignas, de modo a se certificarem de que as informações contidas no texto estão corretas e de que não houve alterações nas recomendações ou na legislação regulamentadora.

- Data do fechamento do livro: 12/11/2021

- O atualizador e a editora se empenharam para citar adequadamente e dar o devido crédito a todos os detentores de direitos autorais de qualquer material utilizado neste livro, dispondo-se a possíveis acertos posteriores caso, inadvertida e involuntariamente, a identificação de algum deles tenha sido omitida.

- **Atendimento ao cliente:** (11) 5080-0751 | faleconosco@grupogen.com.br

- Direitos exclusivos para a língua portuguesa
  Copyright © 2022, 2025 (2ª impressão) by
  LTC | Livros Técnicos e Científicos Editora Ltda.
  Uma editora integrante do GEN | Grupo Editorial Nacional
  Travessa do Ouvidor, 11
  Rio de Janeiro – RJ – 20040-040
  www.grupogen.com.br

- Reservados todos os direitos. É proibida a duplicação ou reprodução deste volume, no todo ou em parte, em quaisquer formas ou por quaisquer meios (eletrônico, mecânico, gravação, fotocópia, distribuição pela Internet ou outros), sem permissão, por escrito, da LTC | Livros Técnicos e Científicos Editora Ltda.

- Capa: e-Clix

- Editoração eletrônica: Set-up Time Artes Gráficas

- Ficha catalográfica

CIP-BRASIL. CATALOGAÇÃO NA PUBLICAÇÃO
SINDICATO NACIONAL DOS EDITORES DE LIVROS, RJ

G295c
7. ed.

Gentil, Vicente

Corrosão / Vicente Gentil ; atualização Ladimir José de Carvalho. - 7. ed. [2ª Reimp.] - Rio de Janeiro : LTC, 2025.

Apêndice
Inclui bibliografia e índice
ISBN 978-85-216-3758-5

1. Corrosão e anticorrosivos. I. Carvalho, Ladimir José de. II. Título.

21-73951　　　　　　　　　　CDD: 620.11223
　　　　　　　　　　　　　　CDU: 620.193

Meri Gleice Rodrigues de Souza - Bibliotecária - CRB-7/6439

À minha esposa Vilma, aos filhos Rowena, Renato e Octavio, e aos meus netos Bárbara, Constanza, Miguel e Laura, agradeço a compreensão por talvez não lhes ter dedicado a atenção merecida durante o período de intenso trabalho.

"Por grande que sea la necesidad de más investigación, especialmente de investigaciones electroquímicas, lo que más importa actualmente para la lucha contra la corrosión no es la investigación sino la enseñanza, la educación y el buen sentido."
                                                                    Mars G. Fontana

"Creo que la principal contribución que he aportado a la lucha contra la corrosión no es la investigación en corrosión, o la puesta a punto de aleaciones, sino la enseñanza durante 25 años de un curso de corrosión a cientos de estudiantes de ingeniería."
                                                                    Marcel Pourbaix

Fonte: POURBAIX, M. *Lecciones de Corrosión Electroquímica.* Madrid: Ed. Instituto Español de Corrosión y Protección, 1987. p. 22 e 23.

Prefácio à 7ª Edição

Esta é uma oportunidade ímpar, pois o livro *Corrosão* acompanha minha geração desde a escola técnica, a graduação, o mestrado, o doutorado até a vida profissional. O primeiro contato formal que tive com a corrosão foi no curso técnico em Química, em 1986, por meio das aulas em que o livro-texto era, provavelmente, a 2ª edição desta obra. Eu imaginava se algum dia conheceria pessoalmente o professor Vicente Gentil.

No início dos anos 1990, quando estava na graduação da Universidade Federal Rural do Rio de Janeiro (UFRRJ), pela primeira vez, assisti a uma de suas palestras. Ainda lembro da sala lotada de alunos e de professores, no Instituto de Tecnologia, todos atentos às explicações e ao grande número de fotos que complementavam a apresentação. Pude ainda assistir às suas palestras em seminários e congressos e o comportamento da plateia sempre era o mesmo, praticamente "hipnotizada" pela didática e recursos visuais. O professor Gentil também participou da minha banca de dissertação de mestrado e, após alguns anos, passamos a ser colegas no Departamento de Processos Inorgânicos da Escola de Química da Universidade Federal do Rio de Janeiro (DPI-EQ/UFRJ), onde nos encontramos em algumas oportunidades. Em dezembro de 2007, na festa de fim de ano, no DPI, conversamos sobre corrosão, nos alegramos e celebramos a vida!

A tarefa de atualizar e revisar este livro é uma grande responsabilidade, pois não podemos correr o risco de comprometer a clareza no texto, a diversidade de assuntos abordados e a capacidade de "conversar" com alunos, dos mais diversos níveis, ao longo de sua formação, e continuar sendo uma referência até que se tornem profissionais.

O professor Vicente Gentil continuará ensinando por meio do livro *Corrosão*!

Ladimir José de Carvalho
Professor Doutor do Departamento de Processos
Inorgânicos da Escola de Química da Universidade
Federal do Rio de Janeiro (DPI-EQ/UFRJ)

Prefácio à 6ª Edição

A presente edição do clássico *Corrosão*, do prof. Vicente Gentil, é, em sua essência, uma atualização das edições anteriores. Tomamos como premissa básica manter integralmente o texto original, inclusive o acervo fotográfico. Contudo, após o falecimento do Prof. Gentil, em janeiro de 2008, uma série de eventos importantes ocorreu na área da Corrosão no Brasil: a descoberta das jazidas do pré-sal, a implantação de novos centros de pesquisas, patrocinados tanto pela Petrobras quanto pela iniciativa privada, inovações tecnológicas na instrumentação de campo, novas técnicas eletroquímicas, novas formulações de tintas e inibidores, uso cada vez mais difundido de aços especiais e o aumento significativo do número de novos mestres e doutores. Assim, compilamos alguns tópicos que julgamos significativos para uma primeira atualização, conscientes entretanto que trabalhos vindouros complementarão esta tarefa. Os principais pontos enfocados estão citados a seguir:

- No Capítulo 3, Seção 3.4 – Diagramas de Pourbaix, introduzimos novo diagrama, obtido por computação, em que novas formas iônicas foram consideradas. Tais diagramas devem ser constantemente atualizados à medida que a Química Analítica evidencie novas formas iônicas. No Capítulo 14 – Oxidação e Corrosão em Temperaturas Elevadas, a introdução de Diagramas de Pourbaix em Altas Temperaturas permite a visualização de problemas práticos complexos de maneira bastante simples e objetiva. Graças ao apoio de Antoine Pourbaix, do CEBELCOR (Centre Belge d'Étude de la Corrosion), tais figuras estão hoje disponíveis na internet.
- O Capítulo 10 – Corrosão Eletrolítica – foi revisto e atualizado por Aldo Cordeiro Dutra, um dos mais antigos colaboradores do Prof. Gentil, fundador da Associação Brasileira de Corrosão (ABRACO) e pioneiro da Proteção Catódica no Brasil.
- No Capítulo 13 – Velocidade de Corrosão, Polarização e Passivação, as principais técnicas eletroquímicas foram atualizadas, com ênfase nas curvas de polarização, impedância eletroquímica e ruído eletroquímico. A Profª Isabel Cristina Pereira Margarit-Mattos, da Escola de Química da UFRJ, encarregou-se desta tarefa com o mesmo zelo e competência da edição anterior.
- O Capítulo 15 – Corrosão Associada a Solicitações Mecânicas – ficou a cargo do Prof. José Antônio Ponciano Gomes, do Programa de Engenharia Metalúrgica e de Materiais da COPPE/UFRJ.
- Os Capítulos 16 – Água – Ação Corrosiva – e 19 – Inibidores de Corrosão – foram minuciosamente atualizados pelo Prof. F. Mainier, da UFF, com especial ênfase no reúso da água e na ação de inibidores.
- No Capítulo 24 – Revestimentos Não Metálicos Orgânicos – Tintas e Polímeros, Fernando Fragata, especialista incontesto nesta área, atualizou as novas tendências de tintas, talvez a mais popular forma de combate à corrosão.

E, por último, o Capítulo 25 – Proteção Catódica – foi amplamente revisado por L. P. Gomes, da empresa I.E.C. e pela Profª Simone Louise Brasil, da Escola de Química da UFRJ. O emprego da proteção catódica em estruturas de geometria complexa, como plataformas treliçadas, árvores de natal etc., necessita de cálculos e técnicas computacionais, sem as quais a proteção catódica permaneceria no âmbito do conhecimento empírico.

Todos os casos e fotografias, além da inclusão do modelo gráfico de experiências, que visam demonstrar como a parte experimental é importante na comprovação do conhecimento teórico, encontram-se disponíveis como material suplementar[1] no endereço www.ltceditora.com.br.

Estamos conscientes da enorme responsabilidade que a presente edição significa para o universo da Engenharia no Brasil. O livro do Prof. Gentil pode ser considerado como o "Aurélio" da Corrosão. Sua popularidade pode ser comprovada pela presença em todas as bibliotecas das maiores universidades e centros de pesquisas do país, bem como na maioria das empresas que, no dia a dia, convivem com tão pernicioso problema. Sua linguagem didática e rigorosa, aliada ao fato de ser escrito em português, tornaram *Corrosão*, de Vicente Gentil, um clássico do gênero.

Agradeço, em particular, à família do Prof. Gentil pelo convite para coordenar esta edição, bem como à equipe do Editorial Técnico da LTC, na pessoa do Prof. Bernardo Severo da Silva Filho, na de Carla Nery e, em especial, na de Raquel Barraca.

Em várias ocasiões tivemos a oportunidade de conviver com o Prof. Gentil, não apenas nas bancas de tese ou em empresas, mas também em várias tardes no Maracanã, a maioria delas felizes e sorridentes de vitórias.

Prof. Luiz Roberto de Miranda
D.Sc. Prof. da COPPE/UFRJ (aposentado)
Diretor da ECOPROTEC, Comércio e
Prestação de Serviços

---

[1] Atualmente, os materiais suplementares encontram-se disponíveis *online*, mediante cadastro, no site do GEN. Para mais informações, consulte a página xviii sobre "Material Suplementar".

Apresentação à 5ª Edição

Fiquei muito honrado com o pedido do amigo e Emérito Professor Gentil para fazer-lhe a apresentação da quinta edição deste seu magistral livro sobre *Corrosão*. O pioneiro e, sem dúvida, o melhor livro de corrosão que, no gênero, temos no país. Esta obra vem percorrendo uma bela trajetória de sucesso ao longo da sua existência. Na prática ela começou há precisamente 40 anos, com aquela cuidadosamente elaborada apostila de corrosão, no ano de 1966, da qual, até hoje, guardo carinhosamente o meu exemplar, pois foi nela que muito estudei quando fiz o segundo curso público de corrosão que o Prof. Gentil apresentou, em outubro daquele ano.

Lembro-me muito bem de que, juntamente com o General Iremar de Figueiredo Ferreira Pinto (de saudosa memória), lancei ali a semente da criação da Associação Brasileira de Corrosão (ABRACO), concretizada em 1968, durante o V Seminário de Corrosão, promovido pelo então Instituto Brasileiro de Petróleo (IBP), no Centro de Convenções do Hotel Glória, no Rio de Janeiro. E o primeiro presidente da ABRACO foi o Prof. Gentil.

Passados quatro anos, chegou a público a primeira edição do livro (capa avermelhada) em meados de 1970, publicado pela Almeida Neves Editores Ltda., do Rio de Janeiro. Foram feitas algumas tiragens até que, 12 anos mais tarde, em 1982, surgiu a segunda edição desta importante obra, a cargo da Editora Guanabara Dois S.A. Saiu um livro de capa verde, contendo significativas melhorias, inclusive com a adição de novos capítulos, passando de 14 para 25, mais três apêndices, mantendo aproximadamente a mesma diagramação. Continuou o sucesso e outras tiragens foram feitas.

Decorrido, desta vez, um intervalo de 14 anos, chegamos ao ano de 1996 e aí saiu a terceira edição, completamente reformulada, a cargo da LTC – Livros Técnicos e Científicos Editora S.A. O formato passou a ser 21 cm × 28 cm, com nova diagramação, na qual os textos foram apresentados em duas colunas por página, voltando o número total de páginas para aproximadamente o mesmo da primeira edição. Só que esta era um volume de 13,5 cm × 21 cm. Nessa nova edição, as melhorias foram muito significativas. Foram adicionados três capítulos, e os apêndices passaram de três para quatro. A nova capa foi também muito melhorada, incluindo várias fotografias de corrosão artisticamente grupadas, dando-lhe um aspecto muito bonito.

Sete anos depois – a metade do intervalo anterior – chegamos ao ano de 2003, quando surgiu a quarta edição do livro, a cargo da mesma editora LTC, contemplando novas melhorias, mas mantendo a moderna diagramação da edição anterior e o mesmo número de capítulos e de apêndices. Uma novidade foi o aumento do número de fotografias ilustrativas dos diversos capítulos, reunidas em um CD-ROM,[1] contendo cerca de 500 fotos. Todos os capítulos passaram por uma nova revisão, mantendo-se, assim, um livro atualizado.

O sucesso continuou crescente, a tal ponto que, apenas três anos mais tarde, em meados deste ano de 2007, chegamos à quinta edição do livro, pela mesma editora LTC, festejando assim os 40 anos do lançamento da modesta apostila. Novas melhorias e atualizações foram introduzidas que, com toda a certeza, também apresentarão um novo livro que, sem dúvida, assegurará o crescente sucesso desta obra.

---

[1] Desde a 6ª edição (2011), o CD foi suprimido, dando lugar à disponibilização dos materiais suplementares no repositório do GEN.

Esta brilhante carreira do livro *Corrosão* do Prof. Gentil é motivo de muita satisfação para toda a nossa comunidade de corrosionistas, e muito especialmente para os professores ligados ao ensino técnico que encontram nesta obra um excelente caminho para transmitir aos novos alunos o conhecimento dos princípios básicos da corrosão e das técnicas para o seu adequado controle. Leva, ainda, luzes expressivas para todos aqueles profissionais das áreas de manutenção e de inspeção de equipamentos, pelas razões a seguir expostas.

Por isso, vale ressaltar que o Mestre Gentil não se contentou em estudar o assunto somente através dos livros e dos ensaios de bancada nos laboratórios da Universidade. Ele tirou o jaleco e vestiu o macacão para penetrar nos complexos problemas de corrosão que afligem praticamente toda a indústria. E, nessa missão, que não é fácil, e muito menos confortável, o Professor aprofundou-se nas questões práticas, consolidando uma ampla e rara experiência de campo. E parte desta importante experiência está inserida nesta sua obra-prima.

Deixo aqui ao ilustre Amigo e Emérito Professor os meus parabéns por mais esta nova edição, bem como pela continuada dedicação, zelo e profundo idealismo, no sentido de levar sua fundamentada experiência profissional, por intermédio do seu livro, aos bancos das escolas, ao chão das fábricas e ao campo do nosso setor produtivo como prestimosa contribuição sua ao desenvolvimento tecnológico do País.

Rio de Janeiro, 26 de março de 2007.

Aldo Cordeiro Dutra
Presidente do Conselho Deliberativo da ABRACO

Prefácio à 5ª Edição

Em decorrência de a quarta edição deste livro ter se esgotado e da necessidade de proceder à atualização de alguns capítulos, aceitei o convite da Editora LTC para preparar uma quinta edição. Embora consciente de que se tratava de uma grande responsabilidade, concordei com essa incumbência porque sabia que poderia contar com a colaboração do eficiente corpo editorial da LTC, de alguns prezados ex-alunos e amigos no trabalho de atualização e revisão de diversos capítulos.

Entre os capítulos atualizados posso citar os relacionados à importância econômica da corrosão em diferentes setores (Cap. 1), aos esquemas de pintura (Cap. 24), aos inibidores (Cap. 19) e ao uso da água (Cap. 16), visando evitar o emprego de certas substâncias normalmente usadas em tintas, em inibidores e em tratamento da água industrial, por exemplo, o cromato de sódio, que influencia negativamente o meio ambiente. Procurei também atualizar o Cap. 21, relacionado à limpeza e ao preparo de superfícies para aplicação de revestimentos metálicos e não metálicos.

Alguns assuntos, embora importantes, não foram desenvolvidos por fugirem ao objetivo do livro, mas se encontram como referências bibliográficas para posterior consulta pelos interessados.

Durante os 52 anos de minha vida profissional, como professor e consultor, verifiquei que é de fundamental importância aliar aos conhecimentos teóricos o máximo possível de experiências e fatos reais que comprovem tais conhecimentos. Em consequência, aumentei o número de casos no CD-ROM[1] desta quinta edição, de 75 para 88 (com cerca de 290 fotografias), e aumentei o número de fotografias nos diferentes capítulos para cerca de 400.

Além disso, incluí também Modelos Gráficos para Visualização das Reações Envolvidas em Mecanismos Eletroquímicos mencionados nos Caps. 4, 6, 7, 10 e 25, esquematizando experiências para explicar mecanismos de corrosão, corrosão galvânica, corrosão por corrente de fuga, de proteção catódica e a influência do eletrólito nos processos corrosivos. Essas experiências esquematizadas podem ser executadas com facilidade pelo leitor, pois usam reagentes encontrados em qualquer laboratório.

Em resumo, todas as atualizações e acréscimos de assuntos, de casos e de fotografias, além da inclusão do modelo gráfico de experiências no CD-ROM, sempre visaram demonstrar como a parte experimental é importante na comprovação do conhecimento teórico.

A extensão dos assuntos abordados e o desenvolvimento de novos materiais e de técnicas eletroquímicas nos obrigam a afirmar que estaremos sempre prontos a aceitar sugestões que possam melhorar este livro.

O Autor

---

[1] Desde a 6ª edição (2011), o CD foi suprimido, dando lugar à disponibilização dos materiais suplementares no repositório do GEN.

Agradecimentos

Agradeço aos amigos e colegas Mauro Barreto e José Antonio Ponciano Gomes, cujas sugestões foram incluídas no livro.

Agradeço também a Antonio Sérgio Barbosa Neves, Teófilo Antônio de Sousa, Ivan Nogueira, Antônio Lisboa, Marivaldo Santos e Jarbas Cabral Fagundes (pedindo desculpas antecipadamente se me esqueci de alguma citação).

Ao professor e amigo Luiz R. Miranda, agradeço a valiosa colaboração no estudo dos casos 66 e 88.

Não poderia faltar um agradecimento especial aos prezados ex-alunos e hoje conceituados profissionais em suas áreas de atuação pela valiosa colaboração na revisão de diversos capítulos: Fernando L. Fragata (Cap. 24), Luiz Paulo Gomes (Cap. 25), Aldo Cordeiro Dutra (Cap. 10) e Evandro Dantas (Cap. 16).

Agradecimentos extensivos à Professora Isabel Cristina Pereira Margarit-Mattos pela revisão do Capítulo 13.

Por fim, um agradecimento especial à minha querida neta, Bárbara Gentil Vianna Machado, pela elaboração dos Modelos Gráficos para Visualização de Reações.

Talvez, para muitos, a qualidade de um livro técnico só dependa da exatidão dos diferentes capítulos. Entretanto, posso afirmar, com conhecimento de causa, que depende e muito do Editorial Técnico e da Equipe de Produção da editora responsável pela elaboração da obra, cujo trabalho harmonioso e amigo com o autor possibilita apresentar ao mercado de livros técnicos uma obra de qualidade.

Portanto, é de minha obrigação apresentar meus sinceros agradecimentos à equipe do Editorial Técnico da LTC, coordenado pelo Professor Bernardo Severo da Silva Filho, sempre presente com suas sugestões de profissional experiente e zeloso pela qualidade das publicações, e que envolveu todos os membros responsáveis pelo atendimento criterioso dos inúmeros detalhes na preparação e revisão dos originais.

Agradecimentos especiais à sra. Raquel Bouzan Barraca pelo incansável trabalho de rever e de sugerir adaptações no texto, enriquecendo-o em forma e clareza de conteúdo. À sra. Carla Nery pelo apoio e encaminhamento das questões administrativas no âmbito do Editorial Técnico. À sra. Aldaris Peres pela forma simpática, eficiente e atenciosa com que conduz a rotina de coordenação de tarefas e pelo apoio na digitação de partes do original para a produção.

Aos demais elementos de apoio que atuaram na normalização textual (Anderson França, Camila Gatti, Carlos Cristóvão e João P. Batista), meu muito obrigado.

Ao setor de Revisão Tipográfica (sra. Jussara Bivar, Ademar Monteiro e colaboradores externos), estes pelo zelo, pela atenção e pela forma como cuidaram para que o material paginado mantivesse a diagramação adequada ao padrão gráfico do livro, e à indexadora, sra. Vânia Ferreira.

Finalmente, a todos os setores envolvidos com a Produção (sr. Francisco Portela e equipe) e com o Planejamento (srta. Simony Cruz e equipe) que viabilizaram esta 5ª edição, sempre atenciosos com o autor.

Não posso deixar de mencionar os agradecimentos ao consultor externo sr. André Vallim Stachlewski, da UERJ, pela competência, dedicação e ajuda na seleção de imagens e sua estruturação no novo CD-ROM (5ª edição),[1] enriquecido com as inúmeras sugestões propostas por ele.

Vicente Gentil

---

[1] Desde a 6ª edição (2011), o CD foi suprimido, dando lugar à disponibilização dos materiais suplementares no repositório do GEN.

Para a realização desse trabalho, contei com a preciosa ajuda e apoio de colaboradores. Por isso, agradeço às seguintes pessoas:

Às professoras do Departamento de Processos Inorgânicos da Escola de Química da UFRJ e grandes amigas, Simone Louise Delarue Cesar Brasil (que revisou os Capítulos 7 e 25) e a professora Leila Reznik (que revisou os Capítulos 7, 13, 16 e 19).

À química Ana Laura Domingues e à técnica química Maliu Rosa, pelo apoio no uso do microscópio e obtenção de imagens que foram usadas no Capítulo 29.

À equipe Editorial da LTC, em especial à Carla Nery, Ana Simões e Munich Araújo Abreu, que foram incansáveis na ajuda e orientações para o bom andamento do trabalho.

Aos revisores que antecederam a presente edição, pois mantiveram a obra suficientemente atualizada, o que minimizou o trabalho em alguns capítulos.

Finamente, um agradecimento especial à Família do Prof. Vicente Gentil, pela confiança depositada nessa equipe o no trabalho desenvolvido.

Ladimir José de Carvalho

Material Suplementar

Este livro conta com os seguintes materiais suplementares:

Para todos os leitores:
- Capítulos 28 e 29, em (.pdf) (requer PIN);
- Apêndices A a C, em (.pdf) (requer PIN);
- Gabarito dos exercícios, em (.pdf) (requer PIN);
- Imagens, em (.jpg), modelos, em (.ppt) e casos, em (.html) (requer PIN).

Para docentes:
- Ilustrações da obra em formato de apresentação em (.pdf) (restrito a docentes cadastrados).

Os professores terão acesso a todos os materiais relacionados acima (para leitores e restritos a docentes). Basta estarem cadastrados no GEN.

Ao longo do livro, quando o material suplementar é relacionado com o conteúdo, o ícone aparece ao lado.

O acesso ao material suplementar é gratuito. Basta que o leitor se cadastre, faça seu *login* em nosso *site* (www.grupogen.com.br) e, após, clique em Ambiente de aprendizagem. Em seguida, insira no canto superior esquerdo o código PIN de acesso localizado na orelha deste livro.

O acesso ao material suplementar online fica disponível até seis meses após a edição do livro ser retirada do mercado.

Caso haja alguma mudança no sistema ou dificuldade de acesso, entre em contato conosco (gendigital@grupogen.com.br).

Sumário

CAPÍTULO 1 | CORROSÃO, 1
1.1 Conceitos, 1
1.2 Importância, 2
1.3 Custos, 5
    1.3.1 Conservação das reservas minerais, 5
    1.3.2 Considerações energéticas, 6
1.4 Casos benéficos de corrosão, 6
1.5 Casos curiosos de corrosão, 6
Referências bibliográficas, 7
Exercícios, 8
Gabarito dos exercícios (seção *online* disponível integralmente no Ambiente de aprendizagem)

CAPÍTULO 2 | OXIRREDUÇÃO, 9
2.1 Considerações gerais, 9
2.2 Conceitos, 10
    2.2.1 Em termos de oxigênio, 10
    2.2.2 Em termos de elétrons, 10
    2.2.3 Em termos de número de oxidação, 10
    2.2.4 Comparação, 11
2.3 Reações de oxirredução (reações Redox), 11
    2.3.1 Agente redutor – agente oxidante, 12
    2.3.2 Mecanismo das reações redox, 12
    2.3.3 Equações iônicas de redução e de oxidação, 14
Referências bibliográficas, 16
Exercícios, 16
Gabarito dos exercícios (seção *online* disponível integralmente no Ambiente de aprendizagem)

CAPÍTULO 3 | POTENCIAL DE ELETRODO – DIAGRAMAS DE POURBAIX, 17
3.1 Comportamento de um metal em soluções eletrolíticas, 17
3.2 Potencial de eletrodo padrão, 18
    3.2.1 Eletrodos de referência, 20
    3.2.2 Sinal do potencial – tabela de potenciais de eletrodo, 21
3.3 Limitações no uso da tabela de potenciais, 22
    3.3.1 Equação de Nernst, 26
3.4 Diagramas de Pourbaix, 27
    3.4.1 Simulação dos diagramas de Pourbaix em programas computacionais, 29
3.5 Potenciais de eletrodos irreversíveis, 29
3.6 Tabelas práticas, 32
3.7 Espontaneidade das reações de corrosão, 33
3.8 Previsão de reações de oxirredução, 36
Referências bibliográficas, 39
Exercícios, 40
Gabarito dos exercícios (seção *online* disponível integralmente no Ambiente de aprendizagem)

CAPÍTULO 4 | PILHAS ELETROQUÍMICAS, 41
4.1 Considerações gerais, 41
4.2 Tipos de pilhas, 42
    4.2.1 Pilha de eletrodos metálicos diferentes, 42
    4.2.2 Pilhas de concentração, 45
    4.2.3 Pilha de temperaturas diferentes, 48
    4.2.4 Pilha eletrolítica, 48
Referência bibliográfica, 51
Exercícios, 51
Gabarito dos exercícios (seção *online* disponível integralmente no Ambiente de aprendizagem)

CAPÍTULO 5 | FORMAS DE CORROSÃO, 52
Referências bibliográficas, 58
Exercícios, 58
Gabarito dos exercícios (seção *online* disponível integralmente no Ambiente de aprendizagem)

CAPÍTULO 6 | CORROSÃO: MECANISMOS BÁSICOS, 59
6.1 Mecanismo eletroquímico, 61
    6.1.1 Reações anódicas e catódicas, 61
    6.1.2 Natureza química do produto de corrosão, 62
Referências bibliográficas, 64
Exercícios, 64
Gabarito dos exercícios (seção *online* disponível integralmente no Ambiente de aprendizagem)

CAPÍTULO 7 | MEIOS CORROSIVOS, 65
7.1 Atmosfera, 65
    7.1.1 Umidade relativa, 66
    7.1.2 Substâncias poluentes, 67
    7.1.3 Outros fatores, 69
    7.1.4 Corrosão atmosférica de ferro, zinco, alumínio e cobre, 69
7.2 Águas naturais, 73
7.3 Solo, 74
    7.3.1 Proteção de tubulações enterradas, 79
7.4 Produtos químicos, 79
7.5 Alimentos, 80
7.6 Substâncias fundidas, 80
7.7 Solventes orgânicos, 80
7.8 Madeira e plásticos (polímeros), 81
Referências bibliográficas, 82
Exercícios, 84
Gabarito dos exercícios (seção *online* disponível integralmente no Ambiente de aprendizagem)

CAPÍTULO 8 | HETEROGENEIDADES RESPONSÁVEIS POR CORROSÃO ELETROQUÍMICA, 85
8.1 Material metálico, 85
8.2 Meio corrosivo, 90
    8.2.1 Casos de corrosão por aeração diferencial, 92
    8.2.2 Medidas gerais de proteção contra corrosão por concentração iônica e por aeração diferencial, 96
Referências bibliográficas, 96
Exercícios, 97
Gabarito dos exercícios (seção *online* disponível integralmente no Ambiente de aprendizagem)

CAPÍTULO 9 | CORROSÃO GALVÂNICA, 98
9.1 Considerações gerais – mecanismo, 98
9.2 Proteção, 103
Referências bibliográficas, 104
Exercícios, 104
Gabarito dos exercícios (seção *online* disponível integralmente no Ambiente de aprendizagem)

CAPÍTULO 10 | CORROSÃO ELETROLÍTICA, 105
10.1 Mecanismo, 106
10.2 Casos práticos, 107
10.3 Proteção, 110
Referências bibliográficas, 111
Exercícios, 112
Gabarito dos exercícios (seção *online* disponível integralmente no Ambiente de aprendizagem)

CAPÍTULO 11 | CORROSÃO SELETIVA: GRAFÍTICA E DEZINCIFICAÇÃO, 113
11.1 Corrosão grafítica, 113
11.2 Dezincificação, 114
Referências bibliográficas, 115
Exercícios, 115
Gabarito dos exercícios (seção *online* disponível integralmente no Ambiente de aprendizagem)

CAPÍTULO 12 | CORROSÃO INDUZIDA POR MICRORGANISMOS, 116
12.1 Considerações gerais, 116
12.2 Casos, 116
12.3 Mecanismos, 118
    12.3.1 Corrosão devida à formação de ácidos, 119
    12.3.2 Corrosão por despolarização catódica, 120
    12.3.3 Corrosão por aeração diferencial, 122
    12.3.4 Corrosão por ação conjunta de bactérias, 123
12.4 Proteção, 124
12.5 Eficiência da proteção, 126
Referências bibliográficas, 127
Exercícios, 128
Gabarito dos exercícios (seção *online* disponível integralmente no Ambiente de aprendizagem)

CAPÍTULO 13 | VELOCIDADE DE CORROSÃO, POLARIZAÇÃO E PASSIVAÇÃO, 129
13.1 Velocidade de corrosão, 129
    13.1.1 Fatores influentes na velocidade de corrosão, 130
13.2 Polarização, 132
    13.2.1 Polarização por concentração, 133
    13.2.2 Polarização por ativação, 134
    13.2.3 Polarização ôhmica, 134
    13.2.4 O caso do hidrogênio, 135
    13.2.5 Área como agente de polarização, 136
    13.2.6 Aspectos experimentais da polarização, 137
    13.2.7 Técnicas complementares: impedância e ruído eletroquímico, 139
13.3 Passivação, 141
Referências bibliográficas, 143
Exercícios, 143
Gabarito dos exercícios (seção *online* disponível integralmente no Ambiente de aprendizagem)

CAPÍTULO 14 | OXIDAÇÃO E CORROSÃO EM TEMPERATURAS ELEVADAS, 144
14.1 Formação da película de oxidação, 144
14.2 Mecanismo de crescimento da película de oxidação, 146
14.3 Equações de oxidação, 148
    14.3.1 Equação linear, 148
    14.3.2 Equação parabólica, 148
    14.3.3 Equação logarítmica, 148
14.4 Eficiência das películas como agentes protetores, 149
14.5 Películas porosas e não porosas – relação de Pilling-Bedworth, 150

14.6 Espessuras de películas, 151
14.7 Crescimento de películas em ligas – oxidação seletiva, 151
14.8 Oxidação interna, 153
14.9 Meios corrosivos a altas temperaturas, 153
    14.9.1 Enxofre e gases contendo enxofre, 153
    14.9.2 Carbono e gases contendo carbono – carbonetação e descarbonetação, 154
    14.9.3 Hidrogênio, 155
    14.9.4 Halogênios e compostos halogenados, 155
    14.9.5 Vapor de água, 156
    14.9.6 Nitrogênio (N_2) e amônia (NH_3), 156
    14.9.7 Substâncias fundidas, 157
    14.9.8 Cinzas, 157
Referência bibliográfica, 162
Exercícios, 163
Anexo – Diagramas de Pourbaix para Altas Tempeturas e Pressões, 163
Gabarito dos exercícios (seção *online* disponível integralmente no Ambiente de aprendizagem)

CAPÍTULO 15 | CORROSÃO ASSOCIADA A SOLICITAÇÕES MECÂNICAS, 166
15.1 Considerações gerais, 166
15.2 Corrosão sob fadiga, 167
    15.2.1 Ocorrência, 169
    15.2.2 Mecanismo, 169
    15.2.3 Proteção, 169
15.3 Corrosão com erosão, cavitação e impingimento, 170
    15.3.1 Erosão-corrosão, 170
    15.3.2 Corrosão-cavitação, 171
    15.3.3 Ataque por impingimento – corrosão por turbulência, 173
15.4 Corrosão sob atrito, 174
    15.4.1 Mecanismo, 175
    15.4.2 Proteção, 175
15.5 Fragilização por metal líquido, 175
15.6 Fragilização pelo hidrogênio, 176
    15.6.1 Mecanismo, 177
    15.6.2 Proteção, 179
15.7 Fendimento por álcali, 180
    15.7.1 Mecanismo, 180
    15.7.2 Proteção, 181
15.8 Corrosão sob tensão, 181
    15.8.1 Mecanismo, 182
    15.8.2 Sistema: material metálico – meio corrosivo, 183
    15.8.3 Proteção, 187
15.9 Métodos de ensaio para determinação da influência de fatores mecânicos na corrosão, 187
Referências bibliográficas, 188
Exercícios, 189
Gabarito dos exercícios (seção *online* disponível integralmente no Ambiente de aprendizagem)

CAPÍTULO 16 | AÇÃO CORROSIVA, 190
16.1 Impurezas – variáveis influentes, 190
    16.1.1 Sais dissolvidos, 190
    16.1.2 Gases dissolvidos, 192
    16.1.3 Sólidos suspensos, 194
    16.1.4 Crescimento biológico – matéria orgânica, 194
    16.1.5 Bases e ácidos – pH, 195
    16.1.6 Temperatura, 195
    16.1.7 Velocidade de circulação, 195
    16.1.8 Ação mecânica, 195
16.2 Água potável, 195
    16.2.1 Ferro – ligas, 196
    16.2.2 Cobre – ligas, 199
    16.2.3 Aço galvanizado, 203
16.3 Água do mar, 204
    16.3.1 Fatores influentes na taxa de corrosão, 205
    16.3.2 Diferentes áreas sujeitas à ação corrosiva, 210
    16.3.3 Ação corrosiva sobre ferro, cobre e alumínio, 212
    16.3.4 Proteção, 213
16.4 Água de resfriamento, 213
    16.4.1 Tipos de sistemas de resfriamento, 214
    16.4.2 Resumo, 222
16.5 Água para geração de vapor – caldeiras, 222
    16.5.1 Corrosão em caldeiras, 223
    16.5.2 Corrosão em linhas de condensado, 228
    16.5.3 Corrosão no lado do fogo, 229
    16.5.4 Prevenção de corrosão em caldeiras, 229
    16.5.5 Limpeza de trocadores de calor e de caldeiras, 235
16.6 Reúso de águas, 237
Referências bibliográficas, 237
Exercícios, 239
Gabarito dos exercícios (seção *online* disponível integralmente no Ambiente de aprendizagem)

CAPÍTULO 17 | CORROSÃO EM CONCRETO, 240
17.1 Introdução, 240
17.2 Corrosão — deterioração, 241
    17.2.1 Formas de corrosão, 241
    17.2.2 Mecanismo, 241
17.3 Fatores aceleradores de corrosão, 243
    17.3.1 Lixiviação — eflorescência, 244
    17.3.2 Carbonatação, 244
    17.3.3 Ácidos, 244
    17.3.4 Bases — reação álcali-agregado, 245
    17.3.5 Sais, 245
    17.3.6 Água do mar, 248
    17.3.7 Gás sulfídrico e sulfetos, 248
    17.3.8 Bactérias, 248
    17.3.9 Corrente de fuga, 249
    17.3.10 Resistividade elétrica, 249
    17.3.11 Porosidade e permeabilidade, 249
    17.3.12 Fissuras ou trincas, 250
17.4 Inspeção em concreto, 250
17.5 Reparos de estruturas de concreto, 250

17.6 Proteção, 250
    17.6.1 Formulação dos cimentos, 251
    17.6.2 Materiais compostos com polímeros, 251
    17.6.3 Revestimentos protetores, 251
    17.6.4 Proteção catódica, 252
    17.6.5 Inibidores de corrosão, 252
    17.6.6 Remoção de cloreto e realcalinização, 252
Referências bibliográficas, 253
Exercícios, 254
Gabarito dos exercícios (seção *online* disponível integralmente no Ambiente de aprendizagem)

CAPÍTULO 18 | MÉTODOS PARA COMBATE À CORROSÃO E IMPACTO ECONÔMICO, 255

18.1 Abordagens utilizadas para o cálculo do custo da corrosão, 255
18.2 Métodos para combate à corrosão, 256
18.3 Custeio e análise do ciclo de vida, 258
Referências bibliográficas, 258
Exercícios, 259
Gabarito dos exercícios (seção *online* disponível integralmente no Ambiente de aprendizagem)

CAPÍTULO 19 | INIBIDORES DE CORROSÃO, 260

19.1 Considerações gerais, 260
19.2 Classificação dos inibidores, 261
    19.2.1 Inibidores anódicos, 261
    19.2.2 Inibidores catódicos, 262
    19.2.3 Inibidores de adsorção, 263
19.3 Inibidores para proteção temporária, 263
    19.3.1 Inibidores em fase vapor, 264
19.4 Eficiência dos inibidores, 265
19.5 Emprego dos inibidores, 265
19.6 Alguns avanços na área de inibidores, 267
Referências bibliográficas, 267
Exercícios, 268
Gabarito dos exercícios (seção *online* disponível integralmente no Ambiente de aprendizagem)

CAPÍTULO 20 | MODIFICAÇÕES DE PROCESSO, DE PROPRIEDADES DE METAIS E DE PROJETOS, 270

20.1 Modificação de processo, 270
20.2 Modificação de propriedades de metais, 270
    20.2.1 Compatibilidade entre materiais metálicos e meios corrosivos, 271
20.3 Modificação de projetos, 273
Referências bibliográficas, 277
Exercícios, 277
Gabarito dos exercícios (seção *online* disponível integralmente no Ambiente de aprendizagem)

CAPÍTULO 21 | REVESTIMENTOS: LIMPEZA E PREPARO DE SUPERFÍCIES, 278

21.1 Impurezas, 279
21.2 Meios de remoção, 279
    21.2.1 Limpeza com solventes, 280
    21.2.2 Limpeza por ação química, 281
    21.2.3 Limpeza por ação mecânica, 283
Referências bibliográficas, 286
Exercícios, 287
Gabarito dos exercícios (seção *online* disponível integralmente no Ambiente de aprendizagem)

CAPÍTULO 22 | REVESTIMENTOS METÁLICOS, 288

22.1 Cladização, 288
22.2 Imersão a quente, 289
22.3 Aspersão térmica ou metalização, 290
22.4 Eletrodeposição, 291
22.5 Cementação – difusão, 292
22.6 Deposição em fase gasosa, 292
22.7 Redução química, 292
Referências bibliográficas, 293
Exercícios, 293
Gabarito dos exercícios (seção *online* disponível integralmente no Ambiente de aprendizagem)

CAPÍTULO 23 | REVESTIMENTOS NÃO METÁLICOS INORGÂNICOS, 294

23.1 Anodização, 295
23.2 Cromatização, 295
23.3 Fosfatização, 296
Referências bibliográficas, 301
Exercícios, 301
Gabarito dos exercícios (seção *online* disponível integralmente no Ambiente de aprendizagem)

CAPÍTULO 24 | REVESTIMENTOS NÃO METÁLICOS ORGÂNICOS – TINTAS E POLÍMEROS, 302

24.1 Aspectos gerais, 302
24.2 Conceituação de pintura e de esquemas de pintura, 303
24.3 Constituintes das tintas, 304
    24.3.1 Veículo fixo ou veículo não volátil, 304
    24.3.2 Solventes, 304
    24.3.3 Aditivos, 305
    24.3.4 Pigmentos, 305
24.4 Propriedades das tintas e mecanismos de secagem e formação de película, 308
    24.4.1 Resinas/tintas que formam a película por evaporação de solventes, 308
    24.4.2 Resinas/tintas que formam a película por oxidação, 310
    24.4.3 Resinas/tintas que formam a película por meio de reação química de polimerização por condensação à temperatura ambiente, 311
    24.4.4 Resinas/tintas que formam a película por polimerização térmica, 315
    24.4.5 Resinas/tintas que formam a película pelo mecanismo de hidrólise, 316

24.4.6 Resinas/tintas que formam a película pelo mecanismo de coalescência, 316
24.4.7 Resinas/tintas que formam a película por outros mecanismos, 318
24.5 Mecanismos básicos de proteção, 318
    24.5.1 Barreira, 318
    24.5.2 Inibição – passivação anódica, 318
    24.5.3 Eletroquímico – proteção catódica, 319
24.6 Processos de pintura, 319
    24.6.1 Imersão, 319
    24.6.2 Aspersão, 319
    24.6.3 Trincha, 320
    24.6.4 Rolo, 320
    24.6.5 Revestimentos à base de pós (*powder coating*), 320
24.7 Esquemas de pintura, 321
    24.7.1 Seleção de esquemas de pintura, 321
24.8 Revestimentos de alta espessura, 324
24.9 Inspeção de pintura – controle de qualidade, 325
24.10 Falhas em esquemas de pintura anticorrosiva, 326
    24.10.1 Áreas mais sujeitas a falhas, 326
    24.10.2 Principais falhas ou defeitos, 327
24.11 Custo total da pintura, 327
24.12 Avaliação do desempenho de tintas, 327
24.13 Polímeros, 329
24.14 Parâmetros de formulação de tintas importantes no âmbito da pintura anticorrosiva, 331
    24.14.1 Teor de sólidos por massa, 331
    24.14.2 Teor de sólidos por volume ou não voláteis por volume (NVV), 331

Referências bibliográficas, 333
Exercícios, 334
Gabarito dos exercícios (seção *online* disponível integralmente no Ambiente de aprendizagem)

CAPÍTULO 25 | PROTEÇÃO CATÓDICA, 335

25.1 Mecanismo, 335
25.2 Sistemas de proteção catódica, 338
    25.2.1 Proteção catódica galvânica, 338
    25.2.2 Proteção catódica por corrente impressa, 339
    25.2.3 Reações envolvidas, 341
    25.2.4 Comprovação da proteção, 342
25.3 Escolha do sistema de proteção catódica, 343
25.4 Levantamentos de campo para o dimensionamento de sistemas de proteção catódica, 343
    25.4.1 Levantamento de dados sobre a estrutura a ser protegida, 344
    25.4.2 Medições e testes de campo, 344
25.5 Critérios de proteção catódica, 345
25.6 Dimensionamento de sistemas de proteção catódica, 346
    25.6.1 Cálculo da corrente elétrica de proteção, 346
    25.6.2 Por ânodos galvânicos ou de sacrifício, 347
    25.6.3 Por corrente impressa ou forçada, 349
25.7 Instrumentos, 350
    25.7.1 Instrumentos para medições de resistividades elétricas de solos, 350
    25.7.2 Dispositivo para Medições de Resistividades Elétricas de Eletrólitos Líquidos, 350
    25.7.3 Voltímetros, 350
    25.7.4 Amperímetros, 351
    25.7.5 Volt – ohm – miliamperímetros, 351
    25.7.6 Eletrodos de referência, 351
25.8 Aplicações, 351
    25.8.1 Proteção catódica de tubulações enterradas, 351
    25.8.2 Proteção catódica de tubulações submersas, 353
    25.8.3 Proteção catódica de píeres de atracação de navios, 353
    25.8.4 Proteção catódica de tanques de armazenamento, 353
    25.8.5 Proteção catódica de navios e embarcações, 354
    25.8.6 Proteção catódica de armaduras de aço de estruturas de concreto, 355
    25.8.7 Aplicações dos sistemas de proteção catódica no Brasil, 356
25.9 Avaliação de sistemas de proteção catódica por simulação computacional, 357

Referências bibliográficas, 358
Exercícios, 359
Gabarito dos exercícios (seção *online* disponível integralmente no Ambiente de aprendizagem)

CAPÍTULO 26 | PROTEÇÃO ANÓDICA, 360

Referências bibliográficas, 362
Exercícios, 362
Gabarito dos exercícios (seção *online* disponível integralmente no Ambiente de aprendizagem)

CAPÍTULO 27 | ENSAIOS DE CORROSÃO – MONITORAÇÃO – TAXA DE CORROSÃO, 363

27.1 Ensaios de corrosão, 363
    27.1.1 Ensaios de laboratório e de campo, 363
    27.1.2 Avaliação, 365
27.2 Monitoramento da corrosão, 368
    27.2.1 Métodos de monitoramento, 368
27.3 Taxa de corrosão, 369
27.4 Importância da metrologia, 374

Referências bibliográficas, 374
Exercícios, 375
Gabarito dos exercícios (seção *online* disponível integralmente no Ambiente de aprendizagem)

PRANCHAS COLORIDAS, 377

CAPÍTULO 28 | ESTUDO DE CASOS, E-1 (CAPÍTULO *ONLINE* DISPONÍVEL INTEGRALMENTE NO AMBIENTE DE APRENDIZAGEM)

CAPÍTULO 29 | CORROSÃO E MÚSICA, E-21 (CAPÍTULO *ONLINE* DISPONÍVEL INTEGRALMENTE NO AMBIENTE DE APRENDIZAGEM)

APÊNDICE A | TERMINOLOGIA APRESENTADA PELA SUBCOMISSÃO DE INSPEÇÃO DE EQUIPAMENTOS DO INSTITUTO BRASILEIRO DE PETRÓLEO (GUIA Nº 2, 2ª PARTE, BOLETIM Nº 13, IBP, 1963, RJ), E-26 (CAPÍTULO *ONLINE* DISPONÍVEL INTEGRALMENTE NO AMBIENTE DE APRENDIZAGEM)

APÊNDICE B | TERMOS USADOS EM METALURGIA, E-31 (CAPÍTULO *ONLINE* DISPONÍVEL INTEGRALMENTE NO AMBIENTE DE APRENDIZAGEM)

APÊNDICE C | CLASSIFICAÇÃO DOS AÇOS INOXIDÁVEIS, E-34 (CAPÍTULO *ONLINE* DISPONÍVEL INTEGRALMENTE NO AMBIENTE DE APRENDIZAGEM)

ÍNDICE ALFABÉTICO, 393

Capítulo 1

Corrosão

1.1 CONCEITOS

Em um aspecto muito difundido e aceito universalmente, pode-se definir corrosão como a deterioração de um material, geralmente metálico, por ação química ou eletroquímica do meio ambiente associada ou não a esforços mecânicos. A deterioração causada pela interação físico-química entre o material e o seu meio operacional representa alterações prejudiciais indesejáveis, sofridas pelo material, como desgaste, variações químicas ou modificações estruturais, tornando-o inadequado para o uso.

A deterioração de materiais não metálicos, como concreto, borracha, polímeros e madeira, devido à ação química do meio ambiente, é considerada também, por alguns autores, como corrosão. Assim, a deterioração do cimento Portland, empregado em concreto, por ação de sulfato, é considerada um caso de corrosão do concreto; a perda de elasticidade da borracha, devido à oxidação por ozônio, pode também ser considerada como corrosão; a madeira exposta à solução de ácidos e sais ácidos perde sua resistência devido à hidrólise da celulose, e admite-se este fato como corrosão da madeira.

Sendo a corrosão, em geral, um processo espontâneo, está constantemente transformando os materiais metálicos, de modo que a durabilidade e desempenho deles deixam de satisfazer os fins a que se destinam. No seu todo, esse fenômeno assume uma importância transcendental na vida moderna, que não pode prescindir dos metais e suas ligas.

Algumas dessas ligas estão presentes:

- nas estruturas metálicas enterradas ou submersas, como minerodutos, oleodutos, gasodutos, adutoras, cabos de comunicação e de energia elétrica, píeres de atracação de embarcações, tanques de armazenamento de combustíveis (como gasolina, álcool e óleo diesel), emissários submarinos;
- nos meios de transportes, como trens, navios, aviões, automóveis, caminhões e ônibus;
- nas estruturas metálicas sobre o solo ou aéreas, como torres de linhas de transmissão de energia elétrica, postes de iluminação, linhas telefônicas, tanques de armazenamento, instalações industriais, viadutos, passarelas e pontes;
- em equipamentos eletrônicos, torres de transmissão de estações de rádio, de TV, repetidoras, de radar, antenas etc.;
- em equipamentos como reatores, trocadores de calor e caldeiras.

Todas essas instalações representam investimentos vultosos, que exigem durabilidade e resistência à corrosão que justifiquem os valores investidos e evitem acidentes com danos materiais incalculáveis ou danos pessoais irreparáveis.

Com exceção de alguns metais nobres, como o ouro, que podem ocorrer no estado elementar, os metais são geralmente encontrados na natureza sob a forma de compostos, sendo comuns as ocorrências de óxidos e sulfetos metálicos. Os compostos que possuem conteúdo energético inferior ao dos metais são relativamente estáveis. Desse modo, os metais tendem a reagir espontaneamente com os líquidos ou gases do meio ambiente em que são colocados: o ferro se "enferruja" ao ar e na água, e objetos de prata escurecem quando expostos ao ar.

Em alguns casos, pode-se admitir a corrosão como o inverso do processo siderúrgico, cujo objetivo principal é a extração do metal a partir de seus minérios ou de outros compostos, ao passo que a corrosão tende a oxidar o metal.

Assim, muitas vezes o produto da corrosão de um metal é bem semelhante ao minério do qual é originalmente extraído. O óxido de ferro mais comumente encontrado na natureza é a hematita, Fe_2O_3, e a ferrugem é o Fe_2O_3 hidratado, $Fe_2O_3 \cdot nH_2O$, isto é, o metal tendendo a retornar a sua condição de estabilidade.

1.2 IMPORTÂNCIA

Os problemas de corrosão são frequentes e ocorrem nas mais variadas atividades, como nas indústrias química, petrolífera, petroquímica, naval, de construção civil, automobilística, nos meios de transportes aéreo, ferroviário, metroviário, marítimo, rodoviário e nos meios de comunicação, como sistemas de telecomunicações, na Odontologia (restaurações metálicas, aparelhos de prótese), na Medicina (ortopedia) e em obras de arte, como monumentos e esculturas.

As perdas econômicas que atingem essas atividades podem ser classificadas em diretas e indiretas.

São perdas diretas:

a) os custos de substituição das peças ou equipamentos que sofreram corrosão, incluindo-se energia e mão de obra;
b) os custos e a manutenção dos processos de proteção (proteção catódica, revestimentos metálicos e não metálicos, pinturas etc.).

As perdas indiretas são mais difíceis de avaliar, mas um breve exame das perdas típicas dessa espécie conduz à conclusão de que podem totalizar custos mais elevados que as perdas diretas e nem sempre podem ser quantificados.

São perdas indiretas:

a) paralisações acidentais:
- para a limpeza de trocadores de calor ou caldeiras;
- para a substituição de um tubo corroído, o que pode custar relativamente pouco, mas a parada da unidade pode representar grandes custos no valor da produção;

b) perda de produto, como perdas de óleo, soluções, gás ou água através de tubulações corroídas até se fazer o reparo;

c) perda de eficiência:

- diminuição da transferência de calor por meio de produtos de corrosão em trocadores de calor;
- nos motores automotivos, os anéis de segmentos dos pistões e as paredes dos cilindros são continuamente corroídos pelos gases de combustão e condensados. A perda das dimensões críticas faz com que haja um excesso de consumo de óleo e gasolina, quase igual ou maior do que o causado pelo desgaste natural devido ao uso;

- incrustações nas superfícies de aquecimento de caldeiras ocasionam aumento no consumo de combustível;
- incrustações de baixa condutividade térmica e elevada espessura provocam baixa transferência de calor, ocasionando queda na eficiência da caldeira com consequente aumento no consumo de combustível;

- entupimento ou perda de carga em tubulações de água, obrigando a custo mais elevado de bombeamento, devido à deposição de produtos de corrosão;

d) contaminação de produtos:
- caso de pequena quantidade de cobre, proveniente de corrosão de tubulações de latão ou de cobre, que pode invalidar uma fabricação de sabão, pois os sais de cobre aceleram a rancidez, provocando a diminuição do tempo de estocagem;
- alteração nas tonalidades de corantes motivadas por traços de metais;
- equipamentos de chumbo não são permitidos na preparação de alimentos e bebidas, devido às propriedades tóxicas de pequenas quantidades de sais de chumbo, que podem causar saturnismo, doença que afeta o sistema nervoso. Daí, atualmente, a não utilização de tubos de chumbo para água potável;

- arraste, pela água, de produtos de corrosão, como óxidos de ferro, tornando-a imprópria para consumo humano ou para uso industrial, como fábricas de alimentos, laticínios, papel e celulose.

e) superdimensionamento nos projetos:
- fator comum no dimensionamento de reatores, caldeiras, tubos de condensadores, paredes de oleodutos, tanques, estruturas de navios etc. Isso porque a velocidade de corrosão é desconhecida ou os métodos de controle da corrosão são incertos. Como exemplo típico de superdimensionamento[1], pode-se citar o de uma tubulação de 362 km de comprimento e 20,3 cm de diâmetro, que foi especificada preliminarmente para ter uma espessura de 0,82 cm, mas, com adequada proteção contra a corrosão, pôde ser especificada com uma espessura de 0,64 cm, economizando-se, então, 3.700 toneladas de aço, com aumento da capacidade interna em 5 %;
- em alguns casos, não há informações quanto à previsão do tempo de vida razoável de materiais metálicos em determinados meios, como o armazenamento geológico de despejos nucleares de alto nível, em depósitos profundos, sendo exigência do Congresso dos EUA que os contêineres mantenham sua integridade durante 300-1.000 anos.[2]

Em alguns setores, embora a corrosão não seja muito representativa em termos de custo direto, deve-se levar em consideração o que ela pode representar em:

a) *questões de segurança*: corrosão localizada muitas vezes resulta em fraturas repentinas de partes críticas de aviões, trens, automóveis e pontes, causando desastres que podem envolver perda de vidas humanas;
b) *interrupção de comunicações*: corrosão em cabos telefônicos, ocasionada por correntes de fuga existentes no solo e

provenientes de fontes de corrente contínua usadas em sistema de transporte eletrificado;

c) *preservação de monumentos históricos*: com o desenvolvimento industrial, tem-se a consequente poluição atmosférica e, com esta, a possibilidade da presença de ácido sulfuroso e sulfúrico, que atacam os materiais metálicos e não metálicos, como mármore, usados nesses monumentos. O ácido sulfúrico pode também ser originado, neste caso, pela presença de bactérias oxidantes de enxofre ou de compostos de enxofre;

d) *poluição ambiental*: corrosão em tanques de armazenamento de combustíveis e em tubulações de transporte desses combustíveis líquidos e gasosos, ocasionando vazamentos que podem poluir solos, lençóis freáticos, mares, rios e lagos. Os reparos desses vazamentos podem não representar custos diretos elevados, ao contrário dos custos indiretos que geralmente apresentam valores elevadíssimos e, muitas vezes, incalculáveis. Como justificativas dessa afirmativa, podem-se apresentar, além dos danos ao meio ambiente, perda de produto, incêndios, perda de vidas humanas, lucro cessante, indenizações, questões judiciais, multas impostas por órgãos governamentais e recuperação ambiental. Considerando-se a malha dos EUA[3] em torno de 780.000 quilômetros de dutos de transporte de líquidos e de gás e um número cada vez maior desses dutos no Brasil (30.000 quilômetros de dutos da Petrobrás), pode-se enfatizar a necessidade de, já na fase de projeto, se estabelecer um adequado sistema de proteção envolvendo revestimento, proteção catódica, inibidores de corrosão e monitoração com inspeção periódica ao longo da operação das tubulações.

Como justificativas da importância dos itens a, b, c e d, são apresentados a seguir casos de corrosão ocorridos em diferentes locais.

A indústria aeronáutica tem grande preocupação com a manutenção de aviões e helicópteros para evitar, ou minimizar, processos de deterioração que poderiam causar custos diretos elevados e a perda de vidas humanas. Pode-se citar o caso de três aviões Comet que, em 1952, desintegraram-se em pleno voo, devido à fadiga de materiais, e de um Boeing 737-200, da Aloha Airlines, que, em 1988, perdeu parte de sua fuselagem, também em pleno voo, causando a morte de um tripulante, mas com o piloto conseguindo, milagrosamente, aterrissar esse avião em uma ilha do Havaí sem maiores danos para os passageiros.[4] Nesse último caso, ocorreu ação combinada de tensões cíclicas e corrosão atmosférica em meio semitropical.[5]

A queda da ponte Silver Bridge sobre o rio Ohio (EUA), ocorrida em dezembro de 1967, deu-se em consequência de corrosão sob tensão fraturante, provocando a morte de 46 pessoas.[6]

Lima[7] cita diversos casos de corrosão observados em pontes, viadutos e elevados no Rio de Janeiro, devido a várias causas, entre elas, defeitos no projeto estrutural e falta de manutenção.

Caso de corrosão que também evidencia falha de projeto, ocorrido na Suíça em 1987,[8] foi a queda da cobertura de uma piscina térmica, causando a morte de 12 pessoas. A queda deveu-se à corrosão sob tensão fraturante do aço inoxidável AISI 304, usado na parte estrutural. Como no tratamento de água de piscina é usual o emprego de cloro, o meio ambiente apresenta essa substância que, em contato com a umidade, forma ácido clorídrico, HCl, que é agente corrosivo para aços inoxidáveis.

Corrosão em tubulações de derivados de petróleo pode causar perfurações e consequente vazamento do fluido transportado, seguido de incêndio de grandes proporções, como o ocorrido em Cubatão (SP), ou explosão como a que ocorreu em Guadalajara (México), ambos na década de 1990, que ocasionaram a morte de mais de uma centena de pessoas.

Corrosão em tanques de combustíveis de gasolina, álcool e óleo diesel, enterrados, pode originar perfurações e consequentes vazamentos desses combustíveis, possibilitando riscos de incêndios e explosões. Além disso, pode ocasionar contaminação de poços subterrâneos de água, daí a razão de a Environmental Protection Agency, (EPA), dos EUA, estabelecer exigências rigorosas de proteção, como proteção catódica, revestimento e monitoração de vazamento. Yukizaki[9] apresenta algumas considerações sobre proteção de tanques subterrâneos, e, no Brasil, as companhias distribuidoras de combustíveis líquidos têm desenvolvido estudos para proteção de tanques subterrâneos em postos de serviços.

O National Transportation Safety Board[10] publicou relatório citando caso de fratura, seguida de explosão, em tubulação conduzindo gás liquefeito de petróleo (GLP), devido à corrosão interna. A mistura propano-ar explodiu, em seguida à fratura, ocasionando destruição em um raio de três quilômetros.

Corrosão seletiva em tubulação de gasolina, em Minnesota (EUA), em 1986, resultou em incêndio em toda uma pequena cidade, com perda de duas vidas humanas.[11]

Corrosão sob tensão fraturante em digestor, de fábrica de celulose, que opera com temperaturas elevadas e soda cáustica para delignificar a madeira, ocasionou lançamento na atmosfera dessa massa reacional, que poderia causar queimaduras gravíssimas nas pessoas atingidas.[12]

Em 1986, um tubo de vapor sofreu ação combinada de corrosão e erosão, explodindo em planta de geração de energia nuclear, localizada em Virgínia (EUA), provocando a morte de quatro pessoas.[13]

Em 1981, ocorreu falha no reator nuclear em Three Mile Island (Pensilvânia, EUA), devido ao enxofre ter induzido corrosão sob tensão fraturante em Alloy 600 (Cr, 16 %; Fe, 8 %; Ni, restante) do tubo de trocador de calor que sofreu sensitização durante a fabricação.[14]

Casos de deterioração de monumentos históricos, de incalculáveis valores, foram constatados na Acrópole (Grécia)[15] e na Catedral de Colônia (Alemanha). Esses casos foram associados com a presença, na atmosfera, de óxidos de enxofre e, consequentemente, de ácido sulfúrico, originados, provavelmente, do grande afluxo de veículos causado pelo intenso movimento turístico. Estátuas de mármore, $CaCO_3$, carbonato de cálcio, da Acrópole foram atacadas por ácido sulfúrico devido à reação

$$CaCO_3 + H_2SO_4 \rightarrow CaSO_4 + H_2O + CO_2$$

Em monumentos ou esculturas de bronze, observa-se que o ataque por ácido sulfúrico forma uma pátina constituída basicamente de sulfato básico de cobre, insolúvel, de cor esverdeada, $Cu(OH)_2 \cdot CuSO_4$.

Tesouros arqueológicos no Camboja[16] sofreram ataque por ácido sulfúrico, mas, neste caso, o ácido foi originado da ação de bactérias oxidantes de enxofre, ou seus compostos.

A Estátua da Liberdade,[17] atração turística de Nova York, em virtude da atmosfera marinha, entrou em um processo de corrosão galvânica entre o revestimento externo de cobre e as partes estruturais de aço-carbono. Os custos dos reparos ficaram em torno de US$ 780 mil, sendo concluídos após cinco meses.

No Brasil, Miranda[18] vem desenvolvendo trabalhos de restauração de obras de valor artístico e histórico e de preservação de monumentos.

Dois setores de atividades que poderiam passar despercebidos, em uma consideração mais apressada no campo da corrosão, são os da Odontologia e Medicina, que utilizam diferentes materiais metálicos e não metálicos sob a forma de instrumental cirúrgico, restaurações ou incrustações e implantes cirúrgicos ou ortopédicos.

A Odontologia utiliza diferentes materiais metálicos em restaurações, bem como em correções de arcadas dentárias. Uma das condições fundamentais é de que eles resistam à ação corrosiva da saliva e de alimentos que podem ser alcalinos ou ácidos, bem como da temperatura em que são ingeridos. Deve-se também usar materiais que não sofram *tarnishing* ou escurecimento, que geralmente se dá em razão da presença de derivados de enxofre em alguns alimentos, como ovos e cebola. No caso de materiais metálicos, usados em correção de arcadas dentárias, eles devem resistir à ação conjunta do meio corrosivo e de solicitações mecânicas. Devido à complexidade da ação corrosiva da saliva, a American Dental Association Research Commission[19] estabeleceu alguns ensaios acelerados: imersão do material metálico em solução a 30 % de peróxido de hidrogênio, observando-se, após 30 horas, se houve oxidação; colocar o material metálico em ovos, deixando durante a decomposição e observando se há formação de manchas no material metálico; colocar tiras de liga do material metálico em posição vertical, ao lado de um bécher, contendo sulfeto de amônio em um dessecador fechado, e após 96 horas de exposição aos vapores, lavar as tiras com sulfeto de carbono, depois com acetona, secar e comparar com tiras de liga não expostas aos vapores de sulfeto de amônio. São citados casos de corrosão originados da formação de pilha entre restaurações de liga de ouro e restaurações de amálgama (prata-estanho-mercúrio), ocorrendo a corrosão do amálgama. Ocorre corrosão galvânica, na qual o ânodo é o amálgama e o ouro, o cátodo, com escurecimento e desintegração da restauração.

O amálgama continua sendo utilizado devido ao baixo custo do material e ao reduzido tempo de trabalho em relação às restaurações de resina. Entretanto, em decorrência da possibilidade de corrosão e do caráter tóxico do mercúrio, é discutível pelos odontólogos a continuidade de seu uso, havendo opiniões favoráveis e outras contrárias.

Ferreira, Sathler e Ponciano[20] realizaram estudo abrangente sobre a resistência à corrosão de materiais comumente empregados em ortodontia, tendo-se avaliado de forma comparativa a resistência à corrosão dos materiais, a incidência de correntes galvânicas e a intensidade relativa de liberação de íons pelo processo corrosivo. Ressaltam que a corrosão pode levar a danos estéticos e comprometer a função do próprio aparelho.

O desenvolvimento de novas ligas odontológicas contendo paládio e zircônio[21] vem sendo realizado. Guastaldi e Mondeli[22] vêm realizando estudos sobre corrosão em ligas de cobre (cobre, zinco, alumínio e níquel) destinadas a restaurações metálicas fundidas.

Silva,[23] em tese de mestrado, procedeu a avaliação da resistência à corrosão em ligas odontológicas de ouro-paládio, prata-paládio, níquel-cromo e níquel-cromotitânio em saliva sintética. Ligas superelásticas de níquel-titânio (Nitinol) têm sido empregadas em ortodontia e em endodontia. Essas ligas têm sido propostas como alternativa ao titânio em função do seu módulo de elasticidade, que seria mais compatível com a resposta elástica do osso humano.

A Medicina, em suas diversas especialidades, utiliza materiais metálicos ou não metálicos com diferentes fins: instrumental cirúrgico, fios para suturas, implantes cirúrgicos ou ortopédicos para consolidação de fraturas ósseas ou recomposição de partes afetadas do corpo humano em cirurgia corretiva, válvulas, marca-passos, *stents* (expansores arteriais).

A ortopedia utiliza materiais metálicos para consolidação de fraturas ósseas ou a combinação de materiais metálicos e polímeros, como polietileno de alta densidade, em articulações artificiais. Esses materiais, além de suas propriedades mecânicas e fisiológicas (tolerância pelo organismo humano e atoxidez sobre os tecidos dos produtos de corrosão), devem ser resistentes à ação corrosiva dos líquidos que os cercam, sabendo-se que o fluido fisiológico (solução com cerca de 1 % de cloreto de sódio) é corrosivo para muitos materiais metálicos. Além disso, devido aos esforços mecânicos aplicados ou cíclicos (casos de articulações), devem ser resistentes à ação da corrosão sob tensão fraturante ou da corrosão sob fadiga. Esses implantes cirúrgicos, se não forem devidamente especificados para um adequado uso, podem ocasionar problemas de corrosão com sérias implicações para os pacientes. Bucknall[24] apresentou uma discussão sobre corrosão em fios de aço inoxidável AISI 304, usados em cirurgia para recomposição de tórax: o implante foi colocado em fevereiro de 1959, parcialmente removido em agosto de 1960 e completamente removido em outubro de 1960, com visível deterioração do aço empregado.

Rabbe e colaboradores[25] citam caso de corrosão por atrito, ou por fricção, em implante ortopédico: micromovimentos do osso ou na interface material metálico-polímero (polimetilmetacrilato) de fixação como provável causa do atrito.

Considerando que os materiais metálicos usados em implantes cirúrgicos, em muitos casos, não são retirados do corpo humano, por serem de presença obrigatória (marca-passos, *stents* etc.) ou para evitar uma segunda intervenção cirúrgica, é evidente que devem apresentar grande resistência à corrosão. Entre os materiais que satisfazem essas condições já estão aprovados pela ASTM (American Society for Testing and Materials) os materiais especificados pelas designações:

- F 55-71: aço inoxidável tipo AISI 316, contendo:

	%
cromo (Cr)	17,00 – 20,00
níquel (Ni)	10,00 – 14,00
molibdênio (Mo)	2,00 – 4,00
manganês (Mn)	2,00 – (máximo)
ferro (Fe)	restante

- F 67-66: titânio (Ti)
- F 75-67: ligas conhecidas como Vitallium, contendo:

	%
cromo (Cr)	27,00 – 30,00
molibdênio (Mo)	5,00 – 7,00
cobalto (Co)	restante

- F 562:

	%
níquel (Ni)	33,00 – 37,00
cromo (Cr)	19,00 – 21,00
molibdênio (Mo)	9,00 – 10,50
cobalto (Co)	restante

São citados também o tântalo e o zircônio e, entre os não metálicos, o Teflon (politetrafluoretileno), o polietileno de alta densidade e o Dacron (polietilenotereftalato) usado em válvulas artificiais.

Souza e colaboradores[26] realizaram ensaios de acordo com a Norma ASTM-F 746, comparando a resistência à corrosão por pite de aços inoxidáveis para implantes cirúrgicos. Entre os três aços ensaiados, verificaram melhor desempenho naquele contendo maior teor de cobalto, aço (c).

	(A) %	(B) %	(C) %
Cromo (Cr)	17,00	17,43	19,00
Níquel (Ni)	11,85	13,65	14,00
Cobalto (Co)	0,14	0,05	15,10
Molibdênio (Mo)	2,05	2,03	2,20
Manganês (Mn)	1,80	1,85	0,03
Ferro (Fe)	restante	restante	restante

Pode-se verificar que os biomateriais devem apresentar uma combinação de resistência mecânica, resistência à corrosão e biocompatibilidade. Como o titânio apresenta essas características, é considerado o material apropriado para implantes de placas em ossos e parafusos usados para fixação interna.[27]

Os *stents*, usados para dilatação das artérias, devem apresentar biocompatibilidade, flexibilidade, visibilidade radiográfica e expansibilidade. Depois de colocados no corpo humano não são retirados, sendo, por isso, fabricados com materiais altamente resistentes à corrosão, como Nitinol (liga de titânio e níquel) e aço inoxidável revestido com platina.

Os *stents*, usados para dilatação das artérias, devem apresentar biocompatibilidade, flexibilidade, visibilidade adiográfica e expansibilidade, e podem ser de dois tipos:

- Permanentes, fabricados com materiais altamente resistentes à corrosão, como Nitinol (liga de titânio e níquel) e aço inoxidável revestido com platina.
- Temporários,[28] fabricados, por exemplo, com ligas de magnésio, suscetível à corrosão no ambiente fisiológico, e sendo bioabsorvido após o período necessário à cicatrização do vaso.

1.3 CUSTOS

Com o avanço tecnológico mundialmente alcançado, os custos da corrosão evidentemente se elevam, tornando-se um fator de grande importância a ser considerado já na fase de projeto de grandes instalações industriais, para evitar ou minimizar futuros processos corrosivos. Fontana,[29] em seu livro publicado na década de 1980, já afirmava que cerca de US$ 30 bilhões poderiam ser economizados se todas as medidas economicamente viáveis fossem usadas para prevenção contra corrosão.

Tal importância pode ser considerada sob alguns aspectos básicos, destacando-se como o primeiro deles o econômico (que será tratado no Capítulo 18), traduzido pelo custo da corrosão, que envolve cifras astronômicas, e pelos custos que envolvem a conservação das reservas minerais e consumo energético.

1.3.1 Conservação das Reservas Minerais

Outro aspecto da importância da corrosão relaciona-se com a conservação das reservas de minérios. Tendo em vista a permanente destruição dos materiais metálicos pela corrosão, há necessidade de uma produção adicional desses materiais para repor o que foi deteriorado, e essa parcela é muito significativa. A literatura mais antiga reporta que 25 % da produção mundial do aço têm esta finalidade. Relatório publicado pelo NBS em 1962[30] indica que nos EUA essa produção adicional é de 40 %. Com relação à ex-URSS, Tomashov[31] reporta que $1/3$ da produção do aço tem essa finalidade. Acrescenta ainda que, desta parcela, cerca de $2/3$ (ou seja, 22 %) retornam às usinas sob a forma de sucata, sendo o restante (cerca de 10 %) totalmente destruído pela corrosão.

A reposição de minérios faz com que as reservas naturais de alguns metais tendam ao esgotamento e, além disso, há uma agressão ao meio ambiente, pois áreas de minérios antes montanhosas ficam reduzidas a vales com acentuadas profundidades. Portanto, além da perda de reservas naturais, tem-se grande influência no meio ambiente, causa de grandes debates entre mineradoras e ambientalistas.

1.3.2 Considerações Energéticas

Uma importante consideração que não pode deixar de ser feita refere-se ao aspecto energético. Sabe-se que a obtenção de um metal se faz à custa de certa quantidade de energia, a qual é cedida por intermédio dos processos metalúrgicos, como se vê na clássica expressão:

$$\text{Composto + Energia} \underset{\text{Corrosão}}{\overset{\text{Metalurgia}}{\rightleftarrows}} \text{Metal}$$

Como exemplos característicos desse consumo energético, podem ser citados:

- redução térmica de minério de ferro, que exige consumo de carbono, sob a forma de carvão, e de combustível para se alcançar a temperatura de redução de cerca de 1.600°C:

$$Fe_2O_3 + 3C \rightarrow 2Fe + 3CO$$
$$Fe_2O_3 + 3CO \rightarrow 2Fe + 3CO_2$$

- redução eletrolítica de alumina, Al_2O_3, para obtenção de alumínio usando-se a criolita, fluoreto de alumínio e sódio, Na_3AlF_6, como eletrólito e fundente:

$$Al_2O_3 \xrightarrow[1.000\ °C]{\text{Eletrólise}} 2Al + {}^3/_2 O_2$$

A energia requerida para a transformação que conduz ao metal é tão elevada que, em linguagem figurada, diz-se que *alumínio é eletricidade sob forma de metal*.

Como resultado do próprio processo de obtenção, sabe-se que os metais, nas suas formas refinadas, encontram-se num nível energético superior ao do composto que lhes deu origem. Excetuam-se apenas os metais nobres, que são encontrados na natureza na forma metálica. Esta é, portanto, a razão termodinâmica da espontaneidade das reações de corrosão que transformam os metais novamente em compostos, num processo inverso ao siderúrgico. A energia liberada nessa transformação é perdida para o meio ambiente.

Por outro lado, para manter os metais protegidos contra a corrosão há necessidade de uma parcela adicional de energia, a qual pode ser aplicada de diversas formas, dependendo logicamente das condições de emprego do metal. Essa energia adicional pode ser representada por revestimentos protetores, inibidores de corrosão, proteção catódica ou proteção anódica. A proteção catódica é um método que permite a medição precisa da quantidade de energia necessária à proteção integral de uma peça metálica sujeita à corrosão em um eletrólito.

Além disso, mais energia é consumida na produção adicional dos metais destinados à reposição dos materiais e equipamentos deteriorados pela corrosão.

Diante deste panorama, e considerando que a energia é uma entidade cada vez mais difícil nos tempos modernos, são de suma importância a prevenção e o combate à corrosão como forma de poupar energia.

1.4 CASOS BENÉFICOS DE CORROSÃO

A corrosão, além dos problemas associados com deterioração ou destruição de materiais, apresenta, sob determinado ponto de vista, não apenas esse lado negativo, mas também um lado positivo. Assim, podem-se citar como casos benéficos de corrosão de grande importância industrial:

- *oxidação de aços inoxidáveis e de titânio, com formação das suas respectivas películas* Cr_2O_3 *e* TiO_2;
- *alumínio anodizado, que consiste na oxidação de peças de alumínio, colocadas no anodo de cuba eletrolítica*: ocorre a formação de óxido de alumínio, Al_2O_3, protetor, e confere bom aspecto decorativo à peça;
- *fosfatização de superfícies metálicas para permitir melhor aderência de tintas*: tratamento com solução contendo ácido fosfórico e íons de zinco formando película, constituída de cristais de fosfato de zinco e ferro, $xFeHPO_4 \cdot yZn_3(PO_4)_2 \cdot zH_2O$, sobre a superfície metálica, possibilitando aderência adequada da película de tinta posteriormente aplicada. A fosfatização é etapa fundamental no processo de pintura nas indústrias automobilísticas e de eletrodomésticos para permitir boa aderência das tintas;
- *proteção catódica com ânodos de sacrifício ou galvânicos para proteção de aço-carbono usado em instalações submersas ou enterradas*: formação de pilha galvânica na qual o catodo é o material a ser protegido, no caso o aço-carbono, e o ânodo, material a ser corroído, pode ser zinco, alumínio ou magnésio. Observa-se que em troca da corrosão desses metais tem-se a proteção, por exemplo, de tubulações, tanques de armazenamento e trocadores de calor;
- *aspecto decorativo de monumentos e esculturas de bronze*: corrosão superficial com formação de pátinas constituídas, geralmente, de óxidos, sulfetos e sais básicos como carbonato, cloreto e sulfato básico de cobre que são insolúveis. Esses compostos conferem aos monumentos e/ou esculturas colorações características: escurecimento (óxidos, sulfetos) e esverdeado (sais básicos).

1.5 CASOS CURIOSOS DE CORROSÃO

Em alguns casos de corrosão, embora se consiga estabelecer a causa e o mecanismo do processo corrosivo, não se consegue, de imediato, identificar o agente responsável por esse processo. Isso muitas vezes pode levar o corrosionista a considerar várias hipóteses, com base científica, para essa identificação, quando, na realidade, o agente causador está entre aqueles não encontrados usualmente. Acredito que os casos a seguir apresentados justifiquem o que costumo chamar de "casos curiosos de corrosão".

- **Corrosão sob tensão fraturante em válvulas de latão**[32]

Após fabricação das válvulas de latão (liga de cobre-zinco), elas eram embaladas em sacos de aniagem e estocadas na fábrica até serem fornecidas aos consumidores. Com o uso dessas válvulas, ocorreu a fratura de algumas delas. Com o estudo inicial não se conseguiu esclarecer a causa da fratura, pois verificou-se que o latão resistia às condições operacionais e que as válvulas eram fabricadas segundo as especificações de projeto. Em visita à fábrica, sentiu-se, no local de estocagem das válvulas, odor característico de urina que, por informação posterior, era originada de ratos. Essa observação permitiu, então, esclarecer a causa da fratura: a amônia dessa urina ocasionava corrosão no latão e as válvulas, quando utilizadas, fraturavam devido à corrosão sob tensão fraturante.

A solução, já que seria difícil a extinção dos ratos, foi embalar as válvulas em sacos plásticos e estocá-las em local livre de ratos.

- **Gatos causam corrosão em painel automotivo**[33]

Painéis automotivos fabricados nos EUA e exportados para o Japão apresentavam, de maneira esporádica, corrosão severa nos flanges de aço-carbono dos painéis. Constatou-se concentração elevada de cloreto, bem acima da encontrada normalmente em água ou em contaminação com água salina durante transporte marítimo. Finalmente conseguiu-se detectar a causa dessa concentração elevada de cloreto: grande quantidade de gatos que viviam na área de estocagem dos painéis, tendo alimentos fornecidos pelos próprios operários. A urina eliminada pelos gatos escorria pelos painéis e era recolhida nos flanges. Com a evaporação da urina aumentava a concentração de cloreto e consequentes condições para corrosão do aço-carbono.

A solução considerada foi a contratação de firma especializada para remover os gatos de forma humanamente possível.

- **Corrosão associada à urina humana**
  – *Desagregação da massa de concreto e corrosão da armadura de aço*: situação que vem ocorrendo com certa frequência na parte inferior de pilares e de paredes de concreto. O cloreto de amônio, NH_4Cl, existente na urina, reage com o hidróxido de cálcio, $Ca(OH)_2$, responsável pelo alto valor de $pH_{(pH \simeq 12,5)}$ do concreto e um dos responsáveis pela proteção da armadura.

$$Ca(OH)_2 + 2NH_4Cl \rightarrow 2NH_3 + CaCl_2 + 2H_2O$$

Com o consumo do $Ca(OH)_2$, há diminuição do valor de pH, possibilitando, então, a corrosão da armadura e consequente desagregação do concreto.

- **Corrosão associada à bulimia**
  – *Perfuração ocorrida em tubulação de lavatório de toalete feminino em faculdade mexicana:*[34] durante o estudo do processo, foi constatada a presença de cloreto de ferro no produto de corrosão e valor de pH < 7, isto é, meio ácido. A etapa seguinte foi procurar identificar o agente causador, e daí vem a curiosidade do caso: algumas alunas, após alimentarem-se, provocavam vômitos sobre a pia do lavatório, acarretando a presença de pequenas quantidades de ácido clorídrico, existente no suco gástrico e eliminado juntamente com os vômitos, responsável pela corrosão da tubulação.

- **Corrosão associada a pássaros**
  – *Ninhos de passarinhos ocasionando corrosão em perfis em formato de ⊔ ou tubulares*: a deposição desses ninhos cria condições para a corrosão por aeração diferencial, ou sob depósito, com a consequente perfuração desses perfis, embaixo dos ninhos.

  – *Revoada de andorinhas ocasionando grande quantidade de fezes sobre estruturas revestidas com tintas*: ocorre deterioração do revestimento e consequente corrosão da estrutura metálica.

  – *Dejetos de coruja*: de três luminárias de aço galvanizado, localizadas em atmosfera urbana, ocorre corrosão somente em uma delas, conferindo o aspecto característico de corrosão do revestimento de zinco do galvanizado e do substrato de aço-carbono. As outras duas luminárias apresentam a coloração acinzentada característica do aço galvanizado intacto. Por observações diárias, constatou-se que uma coruja só pousava na luminária com corrosão, permitindo afirmar que os dejetos desse animal foram os causadores do processo corrosivo.

REFERÊNCIAS BIBLIOGRÁFICAS

1. *Corrosion*. 1, 17, 1945.
2. Carter, L. J. *Issues Sci. Technol.*, p. 46, winter 1987.
3. "Corrosion Costs and Preventive Strategies in the United States", *Materials Performance*, Suppl., p. 1-11. july 2002.
4. Wildey, J. F. "Aging Aircraft". *Materials Performance*, p. 80-85. mar. 1990.
5. *Aviat. Week Space Technol.*, p. 29, jul. 4, 1988.
6. "Stress Corrosion Causes Collapse of USA BRIDGE", *Corrosion Prevention & Control*, v. 18, n. 4, p. 5, aug. 1971.
7. Lima, N. A. "A corrosão está deteriorando as estruturas das pontes e viadutos da cidade do Rio de Janeiro", *Anais do 3º Seminário de Corrosão na Construção Civil*. RJ, Abraco-Seaerj, p. 1-20, 1988.
8. "Three face collapse charges", *ENR*, feb. 26, 1987.

9. YUKIZAKI, S. "Tanques subterrâneos para postos de serviço de distribuição de combustíveis líquidos: corrosão e meios de proteção", *Anais do 16º Congresso Brasileiro de Corrosão*, RJ, ABRACO, set. 1991.
10. NTSB Reports. "Pipeline Accident Involves Liquified Petroleum Gas". *Materials Protection and Performance*, p. 50, oct. 1972.
11. EIBER, R. J.; DAVIS, G. O. "Investigation of Williams Pipeline Company", Mounds View, M.N., Pipeline Rupture, Final Report to Transportation Systems Center, U.S. Dept. of Transportation, Battelle Columbus Lab, oct. 14, 1987.
12. SMITH, K. "MacMillan Bloedel digester accident shows need for frequent inspection". *Pulp & Paper*, p. 66-69, oct. 1981.
13. PIPE BREAK CAUSES DEATHS AT SURRY. *Nucl. Eng. Int.*, v. 32, p. 4, feb. 1987.
14. JONES, R. L.; LONG, R. L.; OLSZERVSKI, J. S. *Corrosion 183*. Paper 141, Houston, NACE, 1983.
15. ACRÓPOLE EM PERIGO. *O Correio da UNESCO*, ano I, n. 1, Fundação Getúlio Vargas, jan. 1973.
16. BOOTH, G. H. *Microbiological Corrosion*. Mills & Boon Limited, 1971, p. 24.
17. BABOIAN, R.; CLIVER, B. E. "Corrosion on the Statue of Liberty – Part Five – The Statue Restoration", *Materials Performance*, p. 80-83, jun. 1986 e "Statue of Freedom Renewed", *Materials Performance*, dec. 1993. p. 5.
18. MIRANDA, L. "A restauração de obra de arte metálica". In: MENDES, M.; BATISTA, A.C. *Restauração Ciência e Arte*. Ed. UFRJ/IPHAN, 1996. p. 356-359.
19. SOUDER, W. "Standards for Dental Materials". *J.A.D.A.*, v. 22, p. 1873-78, nov. 1935.
20. FERREIRA, J. T. L.; SATHER, L.; PONCIANO, J. A. C. "Evaluation of the Corrosion Resistance of Orthodontic Metallic Materials", *Eurocorr*, Lisboa, Portugal, 2005.
21. *Materials Performance*, v. 9, 65, 1993.
22. GUASTALDI, A. C.; MONDELI, J. "Estudo da corrosão em ligas odontológicas de cobre, Cu-Zn-Al-Ni destinadas a restaurações metálicas fundidas", *Anais do 16º Congresso Brasileiro de Corrosão*, Rio de Janeiro, p. 571-580, set. 1991.
23. SILVA, P. M. G. *Avaliação da resistência a corrosão em ligas odontológicas de ouro-paládio, prata-paládio, níquel-cromo e níquel-cromotitânio em saliva sintética*, 2003. Dissertação (Mestrado), COPPE-UFRJ, Rio de Janeiro, 2003.
24. BUCKNALL, E. H. "Corrosion of a Stainless Steel Prosthetic Device". *Materials Protection*, p. 56-62, aug. 1965.
25. RABBE, L. M.; RIEU, J.; LOPEZ, A.; COMBRADE, P. "Fretting deterioration of orthopaedic implant materials: Search for solutions", *Clinical Materials*, v. 15, n. 4, p. 221-226, 1944.
26. SOUZA, C. M. S.; CAVALCANTI, E. H. S. "Resistência à corrosão por pites de ligas inoxidáveis para implantes – Parte II – Ensaios de acordo com a Norma ASTM-F 746". *Anais do 16º Congresso Brasileiro de Corrosão*, Rio de Janeiro, p. 581-595, set. 1991.
27. KIRKLAND, N. T. *Magnesium biomaterials: past, present and future*, Corrosion Engineering, Science and Technology, v. 47, p. 322-328, 2012.
28. BAUMGART, F. W.; PERREN, S. M. "Rationale for the design and use of pure titanium internal fixation plates", *ASTM Special Technical Publication*, n. 1.217, p. 25-33, 1944.
29. FONTANA, M. G. *Corrosion Engineering*. 3rd. ed. NY: McGraw-Hill, 1986. p. 1-5.
30. *Materials Protection*, Houston, Texas, EUA, NACE, v. 6, n. 4, p. 19, apr. 1962.
31. TOMASHOV, N. D. *Theory of Corrosion and Protection of Metals*. New York: The Macmillan Company, 1966.
32. BROOKE, M. "Stress Cracking", *Materials Performance*, p. 57, apr., 1990.
33. ANDREW, E. B. "Cats cause automotive panel corrosion", *Materials Performance*, p. 63, july 1991.
34. *Reforma*, México, 19 ago. 2003.

EXERCÍCIOS

1.1. Explique por que a corrosão deve ser estudada e combatida.
1.2. A corrosão pode ser considerada como o inverso do processo metalúrgico?
1.3. Quais são as perdas econômicas provocadas pela corrosão nas atividades sujeitas a esse problema?
1.4. Os monumentos históricos podem ser corroídos pela chuva ácida. Esse fenômeno ocorre em função da presença de SO_2 na atmosfera, oriundo de fontes poluentes, e que, em contato com o vapor d'água, transforma-se em ácido sulfúrico. Cite dois exemplos de matérias, um não metálico e outro metálico, que são usados em monumentos e sofrem com esse problema.
1.5. A corrosão também é uma preocupação na Odontologia. A combinação de materiais usados em restaurações, como ligas e metais diferentes, deve ser avaliada criteriosamente. Que problema poderá ocorrer, se não houver essa preocupação no uso desses materiais no ambiente bucal?

Capítulo 2

Oxirredução

2.1 CONSIDERAÇÕES GERAIS

A corrosão é, em geral, um processo espontâneo e, não fora o emprego de mecanismos protetores, ter-se-ia a destruição completa dos materiais metálicos, já que os processos de corrosão são reações químicas e eletroquímicas que se passam na superfície do metal e obedecem a princípios bem estabelecidos.

O fato de a corrosão ser, geralmente, uma reação de superfície faz supor que ela possa ser controlada pelas propriedades do produto de corrosão. O composto metálico formado pode agir como uma barreira entre o meio corrosivo e o metal, diminuindo, assim, a velocidade de corrosão do metal. Esse fato é frequentemente observado na reação entre metais e meios gasosos. Quando o produto de corrosão puder ser removido, a velocidade de corrosão não deverá sofrer diminuição com o tempo. Esse caso ocorre quando se formam produtos de corrosão solúveis ou quando os produtos de corrosão são formados em locais que se situam entre as áreas que sofreram e as que não sofreram a ação do meio corrosivo.

Todos os metais estão sujeitos ao ataque corrosivo, se o meio for suficientemente agressivo. Assim:

- o ouro e a platina são praticamente inatacáveis nos meios comuns, mas não são resistentes, por exemplo, à ação da mistura de ácido clorídrico, HCl, e ácido nítrico, HNO_3, que constitui a água-régia;
- o aço inoxidável AISI 304, embora sendo bastante resistente a vários meios corrosivos, sofre corrosão localizada em presença do íon cloreto;
- o alumínio, embora possa resistir aos ácidos oxidantes como o nítrico, não resiste ao ácido clorídrico e às soluções aquosas de bases fortes, como hidróxido de sódio;
- o alumínio é rapidamente corroído em presença de mercúrio ou sais de mercúrio (ver Experiência 3.4);
- o cobre e suas ligas sofrem corrosão acentuada em presença de soluções amoniacais e em ácido nítrico;
- o titânio sofre corrosão em ácido fluorídrico, embora seja resistente a outros meios ácidos.

Pelos exemplos citados, verifica-se que materiais considerados bastante resistentes à corrosão podem ser facilmente corroídos quando se usa um meio corrosivo específico. Deste modo, para se afirmar a possibilidade do emprego do material, deve-se fazer um estudo do conjunto: material metálico, meio corrosivo e condições operacionais.

Como a corrosão tem sua base científica bem definida, deve-se inicialmente procurar esclarecer os mecanismos dos processos corrosivos, a fim de indicar os métodos adequados de proteção ou mesmo modificações de projeto. Nenhum desenvolvimento tecnológico, por mais simples que seja, dispensa o estudo teórico dos seus fenômenos. Apesar de alguns aspectos teóricos não serem aplicáveis rigorosamente em todos os casos práticos, na maioria deles a parte teórica se constitui em um guia para o controle da corrosão, evitando que se cometam falhas já na fase de projeto dos equipamentos. Como no estudo da corrosão são envolvidos conhecimentos de eletroquímica, serão apresentadas algumas considerações básicas sobre oxirredução, potencial de eletrodo (ver Cap. 3) e pilhas eletroquímicas (ver Cap. 4), que são assuntos fundamentais para melhor compreensão dos processos eletroquímicos envolvidos em corrosão.

2.2 CONCEITOS

Diversos conceitos são apresentados para explicar o fenômeno de oxirredução.

2.2.1 Em Termos de Oxigênio

Oxidação é o ganho de oxigênio por uma substância e **redução** é a retirada de oxigênio de uma substância. Pode-se exemplificar com as reações seguintes, onde Δ significa **aquecimento**:

$$2Fe + O_2 \xrightarrow{\Delta} 2FeO \quad (1)$$

$$4Al + 3O_2 \xrightarrow{\Delta} 2Al_2O_3 \quad (2)$$

$$C + O_2 \xrightarrow{\Delta} CO_2 \quad (3)$$

$$2CO + O_2 \xrightarrow{\Delta} 2CO_2 \quad (4)$$

$$WO_3 + 3H_2 \xrightarrow{\Delta} W + 3H_2O \quad (5)$$

$$Fe_2O_3 + 3C \xrightarrow{\Delta} 2Fe + 3CO \quad (6)$$

Nas Eqs. (1), (2), (3) e (4) têm-se exemplos de oxidação de ferro, alumínio, carbono e monóxido de carbono, respectivamente. As Eqs. (5) e (6) são exemplos de redução do óxido de tungstênio (VI) e do óxido de ferro (III), respectivamente.

2.2.2 Em Termos de Elétrons

Oxidação é a perda de elétrons por uma espécie química e **redução** é o ganho de elétrons por uma espécie química.

$$Fe \rightarrow Fe^{2+} + 2e \text{ (oxidação do ferro)} \quad (6a)$$

$$Cl_2 + 2e \rightarrow Cl^- \text{ (redução do cloro)} \quad (6b)$$

Essa perda e esse ganho de elétrons modificam totalmente as propriedades das substâncias. Assim, o ferro perde suas propriedades relacionadas com o caráter metálico, e o cloro, suas características de um gás altamente tóxico, tendo-se agora, respectivamente, os íons Fe^{2+} e Cl^- (cloreto) com propriedades completamente diferentes de ferro e cloro.

Pode-se, também, apresentar a **equação geral de oxidação dos metais**:

Metal → Íon + ne (n = número de elétrons perdidos pelo metal)

2.2.3 Em Termos de Número de Oxidação

Oxidação é o aumento algébrico do número de oxidação.
Redução é a diminuição algébrica do número de oxidação.

A representação que se segue resume essa conceituação:

```
              ← Redução
Número de oxidação ... −5 −4 −3 −2 −1 0 +1 +2 +3 +4 +5 ...
              Oxidação →
```

Regras para determinação do número de oxidação

Como a oxirredução pode ser também conceituada em função do número de oxidação, é útil conhecer o modo de determiná-lo usando as regras gerais que se seguem, embora se verifique um número reduzido de exceções, das quais algumas serão citadas:

a) O número de oxidação de um elemento em uma substância simples é zero. Por exemplo: N_2, Cl_2, O_2, Fe, Na e Al têm números de oxidação iguais a zero, quando em estado livre ou elementar.
b) O número de oxidação de um elemento está entre N e N−8, onde N representa o grupo em que o elemento está colocado na classificação periódica dos elementos. Desses valores, os mais prováveis são o mais baixo e o mais elevado.
c) O número de oxidação do hidrogênio é, em geral, +1, exceto nos hidretos iônicos (NaH, CaH_2 etc.), onde é −1.
d) O número de oxidação do oxigênio é −2. Exceções: nos peróxidos (Na_2O_2, H_2O_2 etc.), onde é −1, no fluoreto de oxigênio (OF_2), onde é −2, e nos superóxidos ou hiperóxidos, onde é $-1/2$.
e) O número de oxidação do flúor é sempre −1 em todos os seus compostos. Atualmente, com a preparação do composto HOF,[1] questiona-se o valor do número de oxidação +1 ou 0 para o flúor nesse composto, ou ainda, flúor −1, hidrogênio +1 e oxigênio zero.
f) Os halogênios cloro, bromo e iodo têm número de oxidação −1 em todos os seus compostos binários, exceto nos oxigenados (Cl_2O, I_2O_5 etc.), nos compostos inter-halogênios (ICl, ICl_3 etc.) e nos ternários em que seus números de oxidação podem variar de +1 a +7.
g) Em seus compostos, os metais têm sempre números de oxidação positivos. Exemplos: o número de oxidação dos metais alcalinos (Na, K, Rb, Cs, Li) é +1; o número de oxidação dos metais alcalino-terrosos (Ca, Ba, Sr) e do Be, Mg é +2; número de oxidação do alumínio é +3.
h) Quando dois não metais se combinam, o mais eletronegativo tem número de oxidação negativo e o mais eletropositivo tem número de oxidação positivo. Por exemplo: CH_4, PCl_5 e SO_2.

Tabela 2.1 Comportamento do número de oxidação de alguns não metais combinados em moléculas.

Compostos	Nº de Oxidação dos Elementos					
	C	H	P	Cl	S	O
CH_4	−4	+1				
PCl_5			+5	−1		
SO_2					+4	−2

i) Em um composto ou em um íon, entende-se por número de oxidação total de um elemento o seu número de

oxidação multiplicado pelo número de átomos com que o elemento participa na fórmula do composto ou do íon.
j) Em um composto, a soma algébrica dos números de oxidação total de seus elementos constituintes é zero.
k) Em um íon, a soma algébrica dos números de oxidação total de seus elementos constituintes é igual à carga do íon.
l) Quando o composto apresentar diversos átomos de um mesmo elemento, deve-se levar em consideração, para determinar o número de oxidação, a estrutura do composto (podendo-se usar, então, um número de oxidação médio). Exemplificando-se com o Fe_3O_4, tem-se que o número de oxidação médio do ferro nesse composto pode ser obtido observando que esse óxido apresenta na estrutura: $Fe_2O_3 \cdot FeO$. No Fe_2O_3, o número de oxidação do Fe é +3 e seu número de oxidação total é $2 \times (+3) = +6$. No FeO, o número de oxidação de Fe é +2. Assim, no Fe_3O_4, tem-se que o número de oxidação total do Fe é $(+6) + (+2) = +8$. Como há 3 átomos de Fe no Fe_3O_4, o número de oxidação médio do Fe nesse óxido é $+ 8/3$.

2.2.4 Comparação

Comparando-se os conceitos apresentados, verifica-se que:

- **em termos de oxigênio**, é restrito às reações em que há participação de oxigênio;
- **em termos de elétrons**, é mais amplo, não se fixando em oxigênio; é de grande utilidade em corrosão;
- **em termos de número de oxidação**, não se fixa em oxigênio nem em elétrons, sendo, portanto, mais geral.

Os conceitos de oxidação e redução podem ser mais bem compreendidos observando-se a reação de combustão do magnésio, representada pela equação química

$$2Mg + O_2 \rightarrow 2MgO \qquad (7)$$

Os elementos que participam desta equação passam aos íons correspondentes, de acordo com as equações

$$Mg \rightarrow Mg^{2+} + 2e \qquad (8)$$

$$\frac{1}{2}O_2 + 2e \rightarrow O^{2-} \qquad (9)$$

Na Eq. (8) tem-se a oxidação do magnésio (perda de elétrons) e na Eq. (9) tem-se a redução do oxigênio (ganho de elétrons). Observa-se, também, que os números de oxidação variaram:

- o magnésio passou de zero para +2, sofrendo oxidação;
- o oxigênio passou de zero para −2, tendo, portanto, sofrido redução.

A substância magnésio (Mg), que contém o elemento magnésio (Mg) que se oxidou, é denominada **substância redutora** ou **agente redutor**.

A substância oxigênio (O_2), que contém o elemento oxigênio (O) que se reduziu, é denominada **substância oxidante** ou **agente oxidante**.

Neste exemplo, verifica-se que a reação da Eq. (7) pode ser explicada pelos três conceitos, pois o magnésio se oxidou porque:

- ganhou oxigênio;
- perdeu elétrons;
- aumentou seu número de oxidação.

Podem ocorrer processos de oxidação e redução, por exemplo, entre hidrogênio e cloro gasosos, com formação de cloreto de hidrogênio gasoso

$$H_2(g) + Cl_2(g) \rightarrow 2HCl(g) \qquad (10)$$

que só podem ser explicados em termos de número de oxidação, pois não há neste caso transferência de elétrons nem participação de oxigênio:

- o hidrogênio se oxida, pois seu número de oxidação passa de zero para +1;
- o cloro se reduz, pois seu número de oxidação passa de zero para −1.

Os metais, no estado elementar, têm, mais frequentemente, de um a três elétrons no último nível energético e, quando reagem, têm tendência a perder esses elétrons, oxidando-se e, portanto, agem como substância redutora. Assim, os metais sódio, zinco e alumínio, quando se oxidam, perdem elétrons, segundo as equações, transformando-se nos respectivos íons:

$$Na \rightarrow Na^+ + 1e \qquad (11)$$

$$Zn \rightarrow Zn^{2+} + 2e \qquad (12)$$

$$Al \rightarrow Al^{3+} + 3e \qquad (13)$$

E pode-se escrever a **equação iônica geral de oxidação dos metais**,

$$M \rightarrow M^{n+} + ne \qquad (14)$$

sendo M um metal qualquer que age como redutor e n o número de elétrons cedidos pelo metal quando se transforma em íon.

Conclui-se, portanto, que se deve procurar evitar o contato entre metais, agentes redutores, com as substâncias oxidantes como oxigênio, cloro, enxofre e água, que têm tendência a ganhar elétrons, porque deste contato poderá resultar um processo de oxirredução com consequente corrosão do metal.

2.3 REAÇÕES DE OXIRREDUÇÃO (REAÇÕES REDOX)

São reações em que há variação de número de oxidação e, em alguns casos, perda e ganho de elétrons. O fenômeno de oxirredução é simultâneo, isto é, sempre que há oxidação (perda de elétrons) há também redução (ganho de elétrons). Por exemplo, o ferro quando é atacado pelo ácido clorídrico desprende hidrogênio, segundo a equação química

$$Fe + 2HCl \rightarrow FeCl_2 + H_2 \qquad (15)$$

Esta equação é de oxirredução, pois

$$Fe \rightarrow Fe^{2+} + 2e \text{ (equação parcial de oxidação)} \qquad (16)$$

$$2H^+ + 2e \rightarrow H_2 \text{ (equação parcial de redução)} \qquad (17)$$

e a soma dessas duas equações dará a equação iônica total de oxirredução

$$Fe + 2H^+ \rightarrow Fe^{2+} + H_2 \quad (18)$$

Esta equação representa a equação do ataque de ferro metálico por ácidos não oxidantes, isto é, aqueles que não têm caráter oxidante na sua parte aniônica. No caso de ácidos oxidantes, como o nítrico, tem-se

$$Fe + 6HNO_3 \rightarrow Fe(NO_3)_3 + 3NO_2 + 3H_2O \quad (19)$$

2.3.1 Agente Redutor – Agente Oxidante

Em uma reação de oxirredução, observa-se que:

- o elemento oxidado perde elétrons e age como redutor;
- o elemento reduzido ganha elétrons e age como oxidante.

De um modo mais amplo, pode-se dizer que:

- **agente redutor** é a substância ou o íon que contém o elemento redutor;
- **agente oxidante** é a substância ou o íon que contém o elemento oxidante.

Considerando-se as equações de oxirredução: (1), (2), (7), (15), (19) e

$$2Al + 3S \rightarrow Al_2S_3 \quad (20)$$

verifica-se que os agentes e elementos redutores e oxidantes de cada uma são os seguintes, apresentados na Tabela 2.2.

Tabela 2.2 Identificação dos agentes redutores e oxidantes.

Equações	Agentes Redutores	Elementos Redutores	Agentes Oxidantes	Elementos Oxidantes
1	Fe	Fe	O_2	O
2	Al	Al	O_2	O
7	Mg	Mg	O_2	O
15	Fe	Fe	HCl	H^1
19	Fe	Fe	HNO_3	N (nº oxid. +5)
20	Al	Al	S	S

Para os diferentes termos usados, tem-se:

Termo	Número de Oxidação do Elemento	Elétrons
Oxidação	Aumenta	Perda
Redução	Diminui	Ganho
Agente oxidante	Diminui	Receptor
Agente redutor	Aumenta	Doador
Elemento oxidante	Diminui	Receptor
Elemento redutor	Aumenta	Doador

2.3.2 Mecanismo das Reações Redox

As reações de oxirredução ocorrem, geralmente, por intermédio da transferência de elétrons. Pode-se verificar essa transferência por meio de algumas experiências, sendo uma das mais simples a que se baseia na reação entre magnésio e solução de ácido sulfúrico:

$$M_g + H_2SO_4 \rightarrow MgSO_4 + H_2 \quad (21)$$

Nesta reação, têm-se as equações iônicas parciais:

$$Mg \rightarrow Mg^{2+} + 2e \quad \text{(equação de oxidação)} \quad (22)$$

$$2H^+ + 2e \rightarrow H_2 \quad \text{(equação de redução)} \quad (23)$$

$$\overline{Mg + 2H^+ \rightarrow Mg^{2+} + H_2} \quad \text{(equação redox)} \quad (24)$$

Esta reação pode ser realizada de duas maneiras, (A) e (B), conforme evidenciado na Experiência 2.1.

Experiência 2.1

A. Colocar em um tubo de ensaio 2-3 mL de solução 3M de ácido sulfúrico e, em seguida, adicionar um pedaço de fita ou fio de magnésio. Verificar imediato desprendimento de hidrogênio gasoso, seguido do consumo da fita de magnésio.

B. Soldar ou ligar adequadamente aos terminais, ou a um suporte de lâmpada de 1,5 volt (ou também lâmpada de *flash* fotográfico),* dois fios de cobre. A um desses fios, unir em sua extremidade um fio ou fita de magnésio, tendo-se cuidado para que essa união seja a melhor possível. Em seguida, segurando-se a lâmpada por meio de uma pinça, mergulhar os fios (com suas extremidades previamente enroladas em espiral) em uma solução de ácido sulfúrico 3M, evitando que os fios se toquem. Verifica-se, então, que a lâmpada se acende imediatamente, comprovando a passagem de um fluxo de elétrons, cedidos pelo magnésio, através da mesma.

Em ambos os procedimentos, obtém-se a mesma reação. No caso da lâmpada (B) (Fig. 2.2), sendo os terminais de dois metais diferentes, Mg e Cu, foi estabelecida uma diferença de potencial e os elétrons cedidos pelo Mg passam através do condutor metálico, ocasionando o acendimento da lâmpada. No caso (A) (Fig. 2.1), os elétrons cedidos pelo magnésio são recebidos diretamente pelos íons H^+ do ácido, que se transformam em átomos de H e posteriormente em moléculas de hidrogênio (H_2).

---

* Atualmente, a lâmpada de *flash* é rara e dificilmente será encontrada. Por isso, sugerimos sua substituição por um LED.

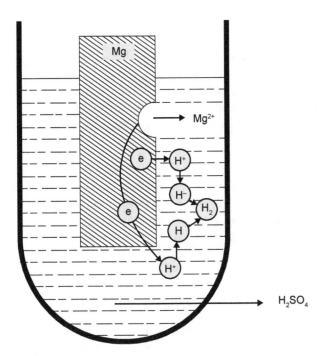

Figura 2.1

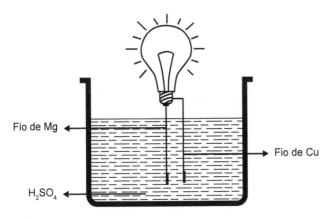

Figura 2.2

Para evidenciar que há de fato um fluxo de elétrons no sentido Mg → Cu, repetir a Experiência B e seguir o procedimento:

- mergulhar na solução somente o fio de magnésio – observar ataque imediato no Mg com desprendimento de H_2;
- mergulhar somente o fio de cobre – nada se observa;
- mergulhar o conjunto Mg-Cu – observar ataque no Mg e acendimento da lâmpada.

Com a experiência anterior, demonstrou-se que há transferência de elétrons nas reações redox. No entanto, é de fundamental importância, principalmente em corrosão, conhecer-se o sentido dessa transferência: como o redutor é quem perde elétrons, pode-se deduzir que o sentido do fluxo de elétrons será do redutor para o oxidante, isto é:

Redutor —Elétrons→ Oxidante

Este sentido pode ser comprovado experimentalmente, de acordo com a Experiência 2.2.

Experiência 2.2

Em dois bécheres (A) e (B), de 100 mL cada um (Fig. 2.3), colocar:

- bécher (A): 50 mL de solução N de $SnCl_2$ (cloreto de estanho II);
- bécher (B): 50 mL de água contendo 1 mL de solução N (normal) de $FeCl_3$ (cloreto de ferro III) e 4-5 gotas de solução N de $K_3Fe(CN)_6$ (ferricianeto de potássio).

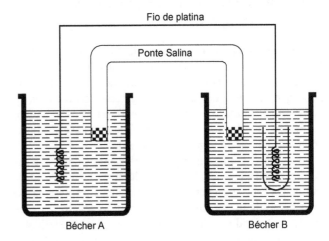

Figura 2.3

As soluções devem ser preparadas recentemente. Com um tubo de vidro com cerca de 0,5 cm de diâmetro, fazer um tubo em U, colocar no seu interior solução 3N de K_2SO_4 (ou outro eletrólito, como KCl, NaCl) e obturar as duas extremidades com algodão, sem deixar bolhas de ar no interior. Esse tubo em U constitui o que se chama de **ponte salina**, cuja finalidade é fechar o circuito e permitir uma lenta migração de íons de um bécher para o outro nos dois sentidos. Colocar os dois bécheres próximos um ao outro, introduzir a ponte salina nas soluções (uma extremidade em cada bécher). Enrolar em espiral as extremidades de um fio de platina. Introduzir em microtubo a que vai ser colocada no bécher (B) e colocar uma espiral em cada bécher, de forma a ficarem imersas nas soluções, e observar se o microtubo ficou cheio com a solução do bécher (B). Usa-se esse microtubo, em volta do fio, a fim de evitar que a coloração se espalhe, o que tornaria mais difícil a observação.

Observar, após alguns minutos, uma coloração ou precipitado azul no pequeno tubo contido no bécher (B), isto é, na solução de $FeCl_3$ e $K_3Fe(CN)_6$.

As reações que explicam os fenômenos observados são as seguintes:

Bécher (A): $Sn^{2+} \to Sn^{4+} + 2e$ (equação de oxidação) (25)
Bécher (B): $2Fe^{3+} + 2e \to 2Fe^{2+}$ (equação de redução) (26)
$3Fe^{2+} + 2Fe(CN)_6^{3-} \to Fe_3[Fe(CN)_6]_2$ (27)

Dessa forma, verifica-se que os elétrons saíram do redutor (Sn^{2+}) para o oxidante (Fe^{3+}) através do fio metálico. Essa transferência provoca a redução do Fe^{3+} para Fe^{2+}, o que se constata pela formação do precipitado azul de $Fe_3[Fe(CN)_6]_2$, que resulta da reação característica de ferricianeto com Fe^{2+}.

As equações acima indicam as propriedades essenciais dos agentes oxidantes e redutores, aceptores e doadores de elétrons, respectivamente.

2.3.3 Equações Iônicas de Redução e de Oxidação

Nos processos químicos de oxirredução associados à transferência de elétrons, para se obter a equação final da reação redox é necessário combinar as duas equações de tal maneira que, na soma das duas, não apareçam elétrons livres. Isso porque, sendo o processo de oxirredução simultâneo, o número de elétrons perdidos pelo redutor deve ser igual ao número de elétrons ganhos pelo oxidante.

A Tabela 2.3 apresenta alguns dos agentes oxidantes e redutores e suas equações iônicas de redução e oxidação, respectivamente. Esta tabela permite, com facilidade, a apresentação da equação de um processo de oxirredução envolvendo elétrons, combinando-se equações iônicas de oxidação e redução.

É uma tabela bastante útil quando se deseja escrever as equações das reações de alguns processos corrosivos. Assim, usando as equações que ela apresenta, pode-se exemplificar:

a) um metal M sofre ataque do meio corrosivo constituído de solução diluída de H_2SO_4 ou solução de HCl de acordo com as equações

$M \to M^{n+} + ne$ (equação geral de oxidação de um metal M) (28)
$2H^+ + 2e \to H_2$ (equação geral de redução do íon H^+
   proveniente da dissociação do H_2SO_4 ou HCl) (29)
$M + nH^+ \to M^{n+} + {}^n\!/_2\, H_2$ (equação final de oxirredução) (30)

Se o metal M for zinco, ferro ou alumínio, tem-se a equação de oxidação de cada um desses metais

$$Zn \to Zn^{2+} + 2e \qquad (31)$$

$$Fe \to Fe^{2+} + 2e \qquad (32)$$

$$Al \to Al^{3+} + 3e \qquad (33)$$

e as equações de oxirredução que representam a corrosão destes metais pelo ácido sulfúrico ou clorídrico são

$$Zn + 2H^+ \to Zn^{2+} + H_2 \qquad (34)$$

$$Fe + 2H^+ \to Fe^{2+} + H_2 \qquad (35)$$

$$Al + 3H^+ \to Al^{3+} + {}^3\!/_2\, H_2 \qquad (36)$$

No caso de se usar o ácido sulfúrico, tem-se a formação dos sulfatos dos metais $ZnSO_4$, $FeSO_4$ e $Al_2(SO_4)_3$, e no caso do ácido clorídrico, formam-se os cloretos dos metais $ZnCl_2$, $FeCl_2$ e $AlCl_3$.

b) um metal M imerso em uma solução de ácido oxigenado que tenha o ânion oxidante, como o HNO_3, não provoca o desprendimento de hidrogênio, ocorrendo a oxidação do metal e a redução da parte iônica, NO_3^-, do ácido. Assim, com o zinco, observa-se que

$$Zn \to Zn^{2+} + 2e \; (\text{oxidação}) \qquad (37)$$

$$NO_3^- + 2H^+ + 1e \to NO_2 + H_2O \; (\text{redução}) \qquad (38)$$

A equação redox é a soma dessas duas, cada uma multiplicada por um número tal que os elétrons cedidos sejam iguais aos elétrons recebidos. No caso em pauta, multiplica-se a primeira por 1 e a segunda por 2, a fim de que o número de elétrons, sendo igual, não apareça na equação final

$$Zn + 2NO_3^- + 4H^+ \to Zn^{2+} + 2NO_2 + 2H_2O \qquad (39)$$

ou sob a forma molecular

$$Zn + 4HNO_3 \to Zn(NO_3)_2 + 2NO_2 + 2H_2O \qquad (40)$$

O cobre não é atacado por ácido sulfúrico diluído, mas no caso do ácido concentrado há uma reação de oxirredução agindo a parte aniônica, SO_4^{2-}, como oxidante.

$$Cu + 2H_2SO_4 \to CuSO_4 + SO_2 + 2H_2O \qquad (41)$$

Observando-se:

- a redução da parte aniônica, SO_4^{2-}, do ácido sulfúrico

$$SO_4^{2-} + 4H^+ + 2e \to SO_2 + 2H_2O \qquad (42)$$

- a oxidação do cobre

$$Cu \to Cu^{2+} + 2e \qquad (43)$$

- a equação iônica de oxirredução

$$Cu + SO_4^{2-} + 4H^+ \to Cu^{2+} + SO_2 + 2H_2O \qquad (44)$$

c) um metal M sob a ação do oxigênio provoca, em geral, a formação dos óxidos de acordo com as reações obtidas da Tabela 2.3

$${}^1\!/_2\, O_2 + 2E \to O^{2-} \; (\text{redução}) \qquad (45)$$

$$M \to M^{n+} + ne \; (\text{oxidação}) \qquad (46)$$

$$2M + n/2 O_2 \rightarrow M_2O_n \text{ (oxirredução)} \quad (47)$$

e no caso do Zn, Fe e Al, os valores de n são respectivamente 2, 2 e 3, tendo-se os óxidos correspondentes ZnO, FeO e Al$_2$O$_3$

d) um metal M sob a ação de água e oxigênio provoca, em geral, a formação de hidróxidos. De acordo com as reações obtidas da Tabela 2.3, tem-se

$$Fe \rightarrow Fe^{2+} + 2e \text{ (oxidação)} \quad (48)$$

$$2H_2O + O_2 + 4e \rightarrow 4OH^- \text{ (redução)} \quad (49)$$

$$2Fe + 2H_2O + O_2 \rightarrow 2Fe(OH)_2 \text{ (oxirredução)} \quad (50)$$

Tabela 2.3 Agentes oxidantes e redutores: equações iônicas

Agentes Oxidantes: Equações Iônicas de Redução			
KMnO$_4$	$MnO_4^- + 8H^+ + 5e = Mn^{2+} + 4H_2O$	FeCl$_3$	$Fe^{3+} + 1e = Fe^{2+}$
	$MnO_4^- + 2H_2O + 3e = MnO_2 + 4OH^-$	CuSO$_4$	$Cu^{2+} + 1e = Cu^+$
K$_2$Cr$_2$O$_7$	$Cr_2O_7^{2-} + 14H^+ + 6e = 2Cr^{3+} + 7H_2O$		$Cu^{2+} + 2e = Cu$
X$_2$	$X_2 + 2e = 2X^-$ (X = F, Cl, Br, I)	Ce(SO$_4$)$_2$	$Ce^{4+} + 1e = Ce^{3+}$
KClO$_3$	$ClO_3^- + 6H^+ + 6e = Cl^- + 3H_2O$	HNO$_3$	$NO_3^- + 4H^+ + 3e = NO + 2H_2O$
KIO$_3$	$IO_3^- + 6H^+ + 6e = I^- + 3H_2O$		$NO_3^- + 2H^+ + 1e = NO_2 + H_2O$
NaClO	$ClO^- + 2H^+ + 2e = Cl^- + H_2O$	KNO$_3$	$NO_3^- + 6H_2O + 8e = NH_3 + 9OH^-$
	$ClO^- + H_2O + 2e = Cl^- + 2OH^-$	KNO$_2$	$NO_2^- + 2H^+ + 1e = NO + H_2O$
NaBiO$_3$	$BiO_3^- + 6H^+ + 2e = Bi^{3+} + 3H_2O$		$NO_2^- + 5H_2O + 6e = NH_3 + 7OH^-$
MnO$_2$	$MnO_2 + 4H^+ + 2e = Mn^{2+} + 2H_2O$	H$_2$SO$_4$	$SO_4^{2-} + 4H^+ + 2e = SO_2 + 2H_2O$
PbO$_2$	$PbO_2 + 4H^+ + 2e = Pb^{2+} + 2H_2O$	K$_2$S$_2$O$_8$	$S_2O_8^{2-} + 2e = 2SO_4^{2-}$
H$_2$O$_2$	$H_2O_2 + 2H^+ + 2e = 2H_2O$	K$_3$Fe(CN)$_6$	$Fe(CN)_6^{3-} + 1e = Fe(CN)_6^{4-}$
	$H_2O_2 + 2e = 2OH^-$	H$_2$O	$2H_2O + 2e = H_2 + 2OH^-$
Na$_2$O$_2$	$O_2^{2-} + 2H_2O + 2e = 4OH^-$		$2H_2O + O_2 + 4e = 4OH^-$
M^{n+}	$M^{n+} + (n-m)e = M^{m+}$	O$_2$	$\frac{1}{2}O_2 + 2e = O^{2-}$

Agentes Redutores: Equações Iônicas de Oxidação			
H$_2$C$_2$O$_4$	$C_2O_4^{2-} = 2CO_2 + 2e$	Al	$Al = Al^{3+} + 3e$
Na$_2$C$_2$O$_4$	$C_2O_4^{2-} = 2CO_2 + 2e$		$Al + 4OH^- = AlO_2^- + 2H_2O + 3e$
Na$_3$AsO$_3$	$AsO_3^{3-} + H_2O = AsO_4^{2-} + 2H^+ + 2e$		$2Al + 6OH^- = Al(OH)_6^{3-} + 3e$
SO$_2$	$SO_2 + 2H_2O = SO_4^{2-} + 4H^+ + 2e$	M^{m+}	$M^{m+} = M^{n+} + (n-m)e$
Na$_2$SO$_3$	$SO_3^{2-} + H_2O = SO_4^{2-} + 2H^+ + 2e$	FeSO$_4$	$Fe^{2+} = Fe^{3+} + 1e$
NaNO$_2$	$NO_2^- + H_2O = NO_3^- + 2H^+ + 2e$	SnCl$_2$	$Sn^{2+} = Sn^{4+} + 2e$
H$_2$S	$S^{2-} = S + 2e$	Ti$_2$(SO$_4$)$_3$	$Ti^{3+} = Ti^{4+} + 1e$
	$S^{2-} + 4H_2O = SO_4^{2-} + 8H^+ + 8e$	X$^-$	$2I^- = I_2 + 2e$
Na$_2$S$_2$O$_3$	$2S_2O_3^{2-} = S_4O_6^{2-} + 2e$		

H$_2$O$_2$	H$_2$O$_2$ = O$_2$ + 2H$^+$ + 2e	HI	2I$^-$ = I$_2$ + 2e
H$_2$	H$_2$ = 2H$^+$ + 2e	KI	2I$^-$ = I$_2$ + 2e
M	M = M^{n+} + ne (M = metal)	KBr	2Br$^-$ = Br$_2$ + 2e
Zn	Zn = Zn^{2+} + 2e	Mn^{2+}	Mn^{2+} + 2H$_2$O = MnO$_2$ + 4H$^+$ + 2e
	Zn + 4OH$^-$ = ZnO$_2^{2-}$ 2H$_2$O + 2e		Mn^{2+} + 4H$_2$O = MnO$_4^-$ + 8H$^+$ + 5e
	Zn + 4OH$^-$ = Zn(OH)$_4^{2-}$ + 2e	KCrO$_2$	CrO$_2^-$ + 4OH$^-$ = CrO$_4^{2-}$ + 2H$_2$O + 3e

REFERÊNCIAS BIBLIOGRÁFICAS

1. COTTON, F. A.; WILKINSON, G. *Basic Inorganic Chemistry*, John Wiley & Sons, USA, 1976, p. 327.

2. RAYNER, G. *Química Inorgânica descritiva*; tradução Edilson Clemente da Silva et al. 5 ed. Rio de Janeiro: LTC, 2015.

 EXERCÍCIOS

Nas questões 2.1 e 2.2, indique o agente redutor e oxidante nas reações:
2.1. Zn$_{(s)}$ + $^1/_2$ O$_{2(g)}$ ↔ ZnO$_{(s)}$
2.2. Fe$_{(s)}$ + Cu^{2+} ↔ Fe^{2+} + Cu$_{(s)}$

Nas questões 2.3, 2.4 e 2.5, faça o balanço estequiométrico:
2.3. Fe^{2+} + MnO$_4^-$ + H$^+$ ↔ Fe^{3+} + Mn^{2+} + H$_2$O
2.4. Cr$_2$O$_7^{2-}$ + H$^+$ + Fe^{2+} ↔ Cr^{3+} + Fe^{3+} + H$_2$O
2.5. IO$_3^-$ + I$^-$ + H$^+$ ↔ I$_2$ + H$_2$

Capítulo 3

Potencial de Eletrodo – Diagramas de Pourbaix

Como se constatou no capítulo anterior, quando os metais reagem, têm tendência a perder elétrons, sofrendo oxidação e, consequentemente, corrosão. Verifica-se experimentalmente que os metais apresentam diferentes tendências à oxidação. Assim, em presença de ar e umidade, nota-se que o ferro tem maior tendência a se oxidar do que o níquel e que o ouro não se oxida. É, portanto, de grande ajuda para o estudo ou a previsão de alguns processos corrosivos dispor os metais em uma tabela que indique a ordem preferencial de cessão de elétrons. Essa tabela é conhecida por **tabela de potenciais de eletrodo**.

A elaboração e a utilização dessa tabela serão consideradas a seguir.

3.1 COMPORTAMENTO DE UM METAL EM SOLUÇÕES ELETROLÍTICAS

A imersão de um metal, sob a forma de lâmina, placa, bastão, fio, tela etc. nas soluções eletrolíticas, determina o estabelecimento de uma diferença de potencial entre as duas fases: a sólida e a líquida. Essa diferença de potencial é, simultaneamente, de natureza elétrica e de natureza química, e por isso se denomina **diferença de potencial eletroquímico**.

De maneira mais específica, o eletrodo é o sistema formado pelo metal e pela solução eletrolítica vizinha ao metal. Assim, para o caso do ferro, pode-se representar como se vê na Figura 3.1.

O eletrodo constituído por um metal puro, imerso numa solução que contém os íons desse metal num estado de oxidação bem definido, é classificado como eletrodo de primeira espécie e representado por $M|M^{n+}$. A barra vertical simboliza a interface entre o metal M e a solução contendo íons M^{n+}. Quando necessário, indica-se entre parênteses a concentração ou atividade dos íons metálicos, e os outros íons presentes são separados por vírgulas, como no exemplo em que a concentração do íon M^{n+} é 0,02 molar

$$M \mid M^{n+} (0,02\ M),\ Cl^-,\ SO_4^{2-}.$$

A vírgula entre os íons indica que eles estão na mesma fase e numa região de mesmo potencial elétrico. A concentração para fins práticos é expressa em termos de molaridade. O sistema constituído pelo metal e pela solução tende a evoluir espontaneamente de modo a atingir um estado de

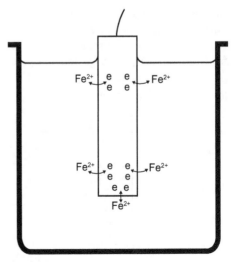

Figura 3.1

equilíbrio. Este equilíbrio eletroquímico, que ocorre nos eletrodos de primeira espécie, é normalmente representado por

$$M^n(\text{solução}) + ne\,(\text{metal}) \rightleftharpoons M\,(\text{metal})$$

e estabelece-se uma diferença de potencial entre as camadas de cargas elétricas de sinais contrários, que existem na interface metal-solução. Teoria consistente sobre o modelo dessa dupla camada elétrica deve-se a Grahame.[1] Essa teoria admite que, num determinado momento, o metal pode apresentar uma carga elétrica numa região de sua superfície que apresente **deficiência** ou **excesso** de elétrons. A região da interface, que pertence à solução, contém moléculas do eletrólito que apresentam dipolos. Esses dipolos orientam-se na interface de acordo com o sinal da carga existente na superfície metálica e nela ficam adsorvidos. Na superfície metálica também ficam adsorvidos alguns íons existentes na solução, seja do metal ou do solvente. Alguns íons do metal existentes na solução, que não estão adsorvidos, ficam solvatados, isto é, ficam envolvidos pelas moléculas polares do solvente e situam-se em regiões mais afastadas da superfície metálica. O arranjo ordenado de cargas elétricas na interface metal-solução é o que constitui a **dupla camada elétrica**. A Figura 3.2 mostra, esquematicamente, esse comportamento.

Analisando em detalhe a referida figura, chega-se às conclusões descritas a seguir.

Primeiro, quando o potencial dos íons metálicos na rede cristalina do metal for maior que o potencial dos íons metálicos em solução, haverá a tendência espontânea de aqueles íons passarem para a solução e a lâmina metálica ficar com um excesso de carga elétrica negativa, pois os elétrons não podem existir livres na solução e permanecem no metal. O potencial elétrico da lâmina, por isso, decresce e a passagem de íons metálicos para a solução torna-se mais difícil. A transferência desses íons prosseguirá até que o potencial da lâmina atinja um equilíbrio com o potencial da solução; nessas circunstâncias, a lâmina metálica terá adquirido um potencial elétrico negativo em relação à solução.

Em segundo lugar, quando, ao contrário do caso anterior, o potencial dos íons metálicos em solução for maior que o dos íons na rede metálica, ocorre a reação inversa: os íons em solução passam para a lâmina, que fica com um excesso de carga positiva e com o potencial elétrico mais elevado. A transferência de íons prosseguirá até que se tenha novamente atingido o equilíbrio, com a igualdade de potencial entre o metal e a solução; nesse estado, o potencial elétrico da lâmina é positivo em relação à solução.

Por fim, se o potencial da lâmina for, desde o início do processo, igual ao da solução, não haverá transferência de íons de uma fase para a outra, e o potencial elétrico da lâmina será o mesmo da solução.

Exceto neste último caso, haverá sempre o estabelecimento da igualdade do potencial eletroquímico entre o metal e a solução à custa do estabelecimento de uma diferença de potencial elétrico entre uma fase e a outra. Portanto, se duas lâminas de metais diferentes estiverem imersas numa mesma solução, é possível que seus potenciais elétricos sejam diferentes; se elas forem ligadas por um condutor metálico, haverá a passagem espontânea de elétrons através do condutor, no sentido da lâmina em que a densidade de elétrons for maior para aquela em que a densidade for menor. Forma-se, assim, uma fonte geradora de corrente, uma pilha eletroquímica.

3.2 POTENCIAL DE ELETRODO PADRÃO

O potencial de eletrodo mostra a tendência de uma reação se passar no eletrodo. Considera-se como eletrodo o sistema complexo do metal imerso no eletrólito. Para determinar o potencial, fixou-se uma concentração dos íons para todas as medidas, pois o potencial varia com a concentração. A concentração fixada como padrão é 1 molal (1 m), usando-se para fins práticos, contudo, uma solução 1 molar (1 M), isto porque em soluções diluídas a molalidade é praticamente igual à molaridade: 1 L de solução contendo 10,05 g de NaCl é 0,172 molar e 0,174 molal. Conforme a referência 13, a IUPAC recomenda que a concentração-padrão seja expressa em $mol \cdot dm^{-3}$. Essa convenção, usada nos cálculos, é aproximada: para determinações mais precisas, usa-se a **atividade**.

A **atividade** de um íon numa solução é a disponibilidade efetiva do íon na solução. Os íons existentes numa solução não podem ser considerados como espécies isoladas, já que são influenciados pelos íons e moléculas polares vizinhos. Essa influência resulta das interações que envolvem as moléculas polares do solvente, os íons e as forças eletrostáticas correspondentes. Deste modo, a concentração de um íon numa solução não representa o número de íons efetivamente disponíveis. A **atividade** se relaciona com a concentração (c) do íon na solução por meio da relação: $a = y\,c$, no qual y é o **coeficiente de atividade** cujo valor, determinado experimentalmente, é sempre menor que 1. As atividades das substâncias sólidas são consideradas unitárias, bem como a da água.

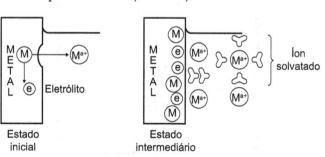

Estado inicial

Estado intermediário

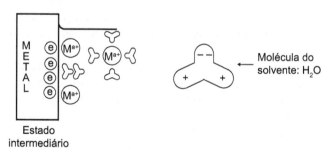

Estado intermediário

Figura 3.2

O coeficiente de atividade é função da temperatura e da concentração e deve ser determinado experimentalmente, a partir de medidas da pressão de vapor, abaixamento do ponto de fusão, elevação do ponto de ebulição, pressão osmótica, constante de equilíbrio e força eletromotriz. No caso de soluções de eletrólitos, muito diluídas, pode-se considerar, sem erro apreciável, a atividade igual à concentração, pois nesses casos o coeficiente de atividade se aproxima da unidade.

O potencial, medido em volt, desenvolvido em um metal imerso em uma solução 1 M de seus íons, é chamado de **potencial-padrão** ou **potencial normal**. Um eletrodo ou meia pilha constituída do elemento em contato com uma solução 1 M (1 mol · dm^{-3}) de seus íons chama-se **eletrodo-padrão**, **meia pilha padrão** ou **par-padrão** e representa-se, por exemplo, no caso do eletrodo de zinco:

$$Zn|Zn^{2+} (1\ M) \text{ ou } Zn;\ Zn^{2+} (1\ M)$$

De maneira geral, tem-se, para um metal M qualquer, a representação:

$$M|M^{n+} (1\ M) \text{ ou } M;\ M^{n+} (1\ M).$$

Evidentemente, a medida de um potencial não pode ser realizada sem um valor de referência ou de um potencial-padrão. Pode-se medir o potencial de um eletrodo ligando-o a um voltímetro e tomando um segundo eletrodo como referência. Assim, valores relativos de potenciais podem ser determinados experimentalmente usando-se o **eletrodo-padrão** ou **normal de hidrogênio,** que foi escolhido como referência e, arbitrariamente, fixado como tendo potencial zero.

O **eletrodo normal de hidrogênio** (Fig. 3.3) é constituído de um fio de platina coberto com platina finamente dividida (negro de platina), que adsorve grande quantidade de hidrogênio, agindo como se fosse um eletrodo de hidrogênio. Esse eletrodo é imerso em uma solução 1 M de íons hidrogênio (p. ex., solução 1 M de HCl), por meio da qual o

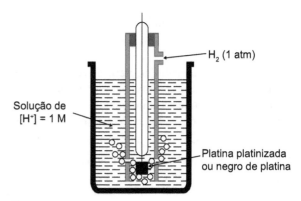

Figura 3.3

hidrogênio gasoso é borbulhado sob pressão de 1 atmosfera e temperatura de 25 °C.

O **potencial de eletrodo padrão** de um elemento é, então, a diferença de potencial expressa em volt entre o elemento e uma solução 1 M de seus íons em relação ao eletrodo normal de hidrogênio.

Pode-se agora determinar o potencial de qualquer eletrodo ligando-o ao voltímetro junto ao eletrodo normal de hidrogênio. Assim, exemplificando com o eletrodo Zn | Zn^{2+} (1 M), tem-se esquematicamente o ilustrado na Figura 3.4.

A voltagem registrada no voltímetro é de 0,763 V e indica a diferença de potencial entre os eletrodos de zinco e de hidrogênio. Como foi estabelecido valor zero para o potencial de hidrogênio, o valor encontrado, 0,763 V, corresponde ao valor do potencial de eletrodo-padrão do zinco.

Da mesma forma, poder-se-ia determinar o potencial-padrão do eletrodo-padrão do cobre combinando-o com o eletrodo-padrão de hidrogênio. O potencial, nesse caso, é de 0,337 V, e a reação do eletrodo de cobre é Cu^{2+} + 2e $\rightleftharpoons$ Cu.

Não são somente os átomos as únicas partículas capazes de ceder elétrons. Íons positivos, por exemplo, em um estado de oxidação inferior, tendem a ceder elétrons, passando, então, para um estado de oxidação superior:

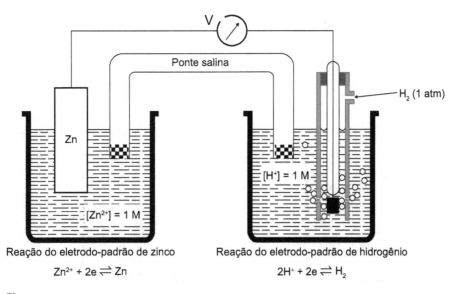

Figura 3.4

$$Cr^{2+} \rightarrow Cr^{3+} + 1e \qquad Sn^{2+} \rightarrow Sn^{4+} + 2e$$
$$Fe^{2+} \rightarrow Fe^{3+} + 1e \qquad Co^{2+} \rightarrow Co^{3+} + 1e$$

Esses eletrodos, chamados de **eletrodos de oxirredução** ou **eletrodos redox**, são constituídos por um metal inerte (geralmente platina), imerso numa solução que contém íons em diferentes estados de oxidação. Tem-se, então, por exemplo, os eletrodos $Pt \mid Cr^{2+}, Cr^{3+}$ e $Pr \mid Fe^{2+}, Fe^{3+}$.

O processo para determinar o potencial-padrão desses eletrodos que envolvem somente íons é igual ao usado para os eletrodos envolvendo átomos metálicos. Assim, para determinar o potencial-padrão do eletrodo $Pt \mid Cr^{2+}, Cr^{3+}$ usa-se o dispositivo ilustrado na Figura 3.5.

A voltagem medida é de 0,41 V e a reação do eletrodo é

$$Cr^{3+} + 1e \rightleftharpoons Cr^{2+}$$

3.2.1 Eletrodos de Referência

Além do eletrodo de hidrogênio, podem ser usados outros eletrodos de referência, como calomelano, prata-cloreto de prata e cobre-sulfato de cobre. Os eletrodos de calomelano e prata-cloreto de prata são considerados de segunda espécie, isto é, constituídos por um metal em contato com um sal pouco solúvel desse metal, estando o conjunto imerso numa solução contendo os ânions do sal.

O eletrodo de calomelano consiste em mercúrio em contato com cloreto mercuroso, Hg_2Cl_2, e uma solução de cloreto de potássio, KCl. Esse eletrodo, que é representado por $Hg, Hg_2Cl_2(s) \mid KCl (aq.)$, apresenta a seguinte reação de equilíbrio:

$$Hg_2Cl_2(s) + 2e \rightleftharpoons 2Hg + 2Cl^-$$

O eletrodo de prata-cloreto de prata consiste em um fio de platina revestido de prata, que é, por sua vez, convertido parcialmente em AgCl imergindo-o em solução de ácido clorídrico diluído. O eletrodo é, então, imerso em solução de cloreto. Esse eletrodo, que é representado por $Ag, AgCl (s) \mid KCl \mid (aq.)$, apresenta a reação de equilíbrio

$$AgCl(s) + e \rightleftharpoons Ag + Cl$$

O eletrodo de cobre-sulfato de cobre consiste em cobre metálico imerso em solução saturada de sulfato de cobre (Fig. 3.6) $Cu \mid CuSO_4 (sat.), Cu^{2+}$.

A reação de equilíbrio desse eletrodo é

$$Cu^{2+} + 2e \rightleftharpoons Cu$$

Embora esse eletrodo não seja tão preciso quanto os anteriores, é muito usado por ser mais resistente a choques e também menos sujeito a erros devidos à polarização. Daí ser muito empregado para medir, em relação ao solo, o potencial de tubulações enterradas, obtendo-se o chamado potencial tubossolo, que é muito usado no estabelecimento e controle de sistemas de proteção catódica.

Os potenciais desses eletrodos referidos ao eletrodo normal de hidrogênio são:

$Hg, Hg_2Cl_2 \mid KCl\ (0,1\ M)$	+0,3337 V
$Hg, Hg_2Cl_2 \mid KCl\ (1\ M)$	+0,2800 V
$Hg, Hg_2Cl_2 \mid KCl$ (solução saturada)	+0,2415 V
$Ag, AgCl \mid KCl\ (0,1\ M)$	+0,2881 V
$Ag, AgCl \mid KCl\ (1\ M)$	+0,2224 V
$Cu \mid CuSO_4, Cu^{2+}$	+0,3180 V

Como já visto, para medir o potencial de qualquer eletrodo, liga-se esse eletrodo ao eletrodo normal de hidrogênio. Pode-se também acoplar o eletrodo em questão a um eletrodo cujo potencial, em relação ao de hidrogênio, seja conhecido. Por exemplo, o potencial de um eletrodo de calomelano em relação ao eletrodo normal de hidrogênio é +0,280 V, e quando determinado eletrodo tem a diferença de potencial de +0,482 V em relação ao calomelano, conclui-se que o valor do potencial do eletrodo em relação ao eletrodo normal de hidrogênio é +0,762 V.

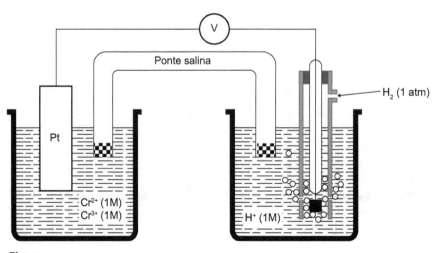

Figura 3.5

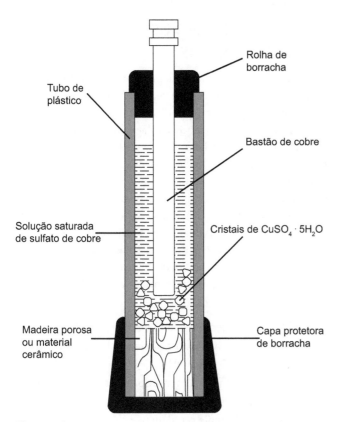

Figura 3.6

3.2.2 Sinal do Potencial – Tabela de Potenciais de Eletrodo

Quando se tem um eletrodo constituído, como já visto, por um metal imerso em solução de seus íons, pode-se considerar o potencial do eletrodo como E. Esse potencial será igual à diferença entre o potencial do metal E_{metal} e o potencial da solução $E_{solução}$

$$E = E_{metal} - E_{solução}$$

Esse potencial também poderia ser arbitrado como

$$E = E_{solução} - E_{metal},$$

mas para atender às recomendações feitas pela International Union of Pure and Applied Chemistry (IUPAC), será usada a primeira expressão.

Como já visto, o valor absoluto desse potencial não pode ser medido, a não ser que se use um eletrodo de referência, tendo-se, na realidade, uma escala de medidas relativas, determinando-se, então, uma diferença de potencial.

Quando se ligam dois eletrodos por meio de um circuito metálico externo e, em presença de eletrólito, obtém-se uma **pilha eletroquímica**.

Os eletrodos podem estar em recipientes separados ou não. No primeiro caso, para estabelecer a condutância iônica, usa-se uma **ponte salina** (solução aquosa de um sal, por exemplo, sulfato de sódio) unindo os dois eletrólitos. No segundo caso, usa-se uma **parede porosa** separando os dois eletrólitos. A ponte salina e a parede porosa têm ainda por finalidade diminuir a difusão entre os eletrólitos.

As pilhas eletroquímicas são dispositivos que permitem a transformação:

- de **energia química**, liberada pelas reações redox que ocorrem nos eletrodos, em **energia elétrica**;
- de **energia elétrica**, fornecida por fonte de corrente elétrica, em **energia química**, provocando reações redox nos eletrodos.

No primeiro caso, tem-se um processo espontâneo, e no segundo, há necessidade de uma fonte externa de energia, no caso elétrica, caracterizando um processo não espontâneo. Este último tipo é também chamado de **pilha eletrolítica**.

Um eletrodo é denominado **ânodo** quando nele ocorre uma reação de oxidação e é denominado **cátodo** quando ocorre uma reação de redução no eletrólito que o envolve.

No **ânodo**, há uma tendência de:

- aumentar o número de elétrons livres na fase metálica;
- aumentar a concentração dos íons do metal na solução em torno dele (anólito);
- aumentar o número de íons em estado de oxidação mais elevado na solução em torno dele;
- diminuir a massa do eletrodo (corrosão).

No **cátodo**, há uma tendência de:

- diminuir o número de elétrons na fase metálica;
- diminuir a concentração de íons do metal na solução em torno dele (católito);
- aumentar o número de íons em estado de oxidação menos elevado na solução em torno dele;
- aumentar a massa do catodo.

Toda pilha se caracteriza por uma diferença de potencial entre seus eletrodos em circuito aberto, que é a sua **força eletromotriz (fem)**. Ela é, segundo a convenção de sinais recomendada pela IUPAC, igual a

$$E_{pilha} = E_{cátodo} - E_{ânodo} \text{ ou } E_{pilha} = E_C - E_A$$

em que $E_{cátodo}$ e $E_{ânodo}$ são os potenciais de redução dos eletrodos.

No caso da pilha $Zn \mid Zn^{2+}(1\,M) \parallel H^+(1\,M) \mid H_2(Pt)$, os elétrons se dirigem espontaneamente do eletrodo de zinco para o de hidrogênio. No entanto, na pilha $Cu \mid Cu^{2+}(1\,M) \parallel H^+(1\,M)\,H_2(Pt)$ ocorre o inverso, isto é, os elétrons se dirigem do eletrodo de hidrogênio para o eletrodo de cobre. Os potenciais atribuídos a esses eletrodos devem, portanto, ter sinais opostos, sendo convencional a atribuição desses sinais.

Em alguns livros de química[2,3] e de físico-química[4] são usados potenciais de oxidação, isto é, $M \rightleftharpoons M^{n+} + ne$ apresentando os valores de potenciais:

$$Zn \rightleftharpoons Zn^{2+} + 2e^- \quad (+0{,}763\,V)$$
$$Cu \rightleftharpoons Cu^{2+} + 2e^- \quad (-0{,}337\,V)$$

Em outros livros[5] aparecem potenciais de redução, isto é, $M^{n+} + ne \rightleftharpoons M$ apresentando os valores de potenciais

$$Zn^{2+} + 2e \rightleftharpoons Zn \; (-0,763 \text{ V})$$

$$Cu^{2+} + 2e \rightleftharpoons Cu \; (+0,337 \text{ V})$$

É evidente que os potenciais, em qualquer das convenções, apresentam números absolutos iguais. Mas, para uniformizar o tratamento e evitar o uso indiscriminado dessas convenções, adotamos neste livro a convenção de sinais recomendada pela IUPAC, na sua XVII Conferência,[6] escrevendo-se a reação do eletrodo como a de redução, isto é, $M^{n+} + ne \rightleftharpoons M$, tendo-se os valores de potenciais para os casos de zinco e de cobre

$$Zn^{2+} + 2e \rightleftharpoons Zn \; (-0,763 \text{ V})$$

$$Cu^{2+} + 2e \rightleftharpoons Cu \; (+0,337 \text{ V})$$

Deve-se considerar que os potenciais em estudo são potenciais de equilíbrio ou reversíveis, não estando associados nem a uma reação de redução nem de oxidação. Atualmente, recomenda-se a denominação **potencial de eletrodo**. A existência de uma reação de redução, ou de oxidação, no eletrodo está associada a um processo em não equilíbrio que será abordado no item 3.4.

Os potenciais de eletrodo de vários metais foram medidos diretamente, como já explicado, ou calculados a partir de dados termodinâmicos e relacionados sob a forma de Tabela de Potenciais de Eletrodos[7] (Tab. 3.1), e a convenção de sinais adotada é a recomendada pela IUPAC e corresponde à coluna intitulada "Potencial de Redução".

3.3 LIMITAÇÕES NO USO DA TABELA DE POTENCIAIS

A tabela de potenciais nos dá a possibilidade de uma reação processar-se, mas não diz nada quanto à velocidade da reação, isto é, quanto à cinética da reação.

Um valor de potencial de oxidação mais positivo só indica que haverá maior liberação de energia quando o metal for oxidado e não que a oxidação ocorrerá mais rapidamente. Esse tipo de confusão é muito comum e a origem está nas muitas coincidências, por exemplo, no caso dos metais sódio (Na), ferro (Fe), cobre (Cu), prata (Ag) e ouro (Au), que têm potenciais-padrão de oxidação, respectivamente, +2,714 V, +0,44 V, −0,337 V, −0,799 V e −1,5 V, permitindo, portanto, prever o que ocorre na realidade: a facilidade e a rapidez de oxidação desses metais decrescem no sentido do sódio para o ouro. Assim:

- o sódio é rapidamente oxidado em presença de água, formando hidróxido de sódio e liberando hidrogênio que se inflama, $Na + H_2O \rightarrow NaOH + 1/2 H_2$;
- o ferro se oxida mais facilmente do que cobre, prata e ouro, formando óxidos de ferro, $Fe \xrightarrow{O_2} FeO, Fe_2O_3, Fe_3O_4$;
- o cobre se oxida mais rapidamente do que prata e ouro, formando óxidos de cobre, $Cu \xrightarrow{O_2} Cu_2O, CuO$;
- a prata se oxida formando óxido de prata, $Ag \xrightarrow{O_2} Ag_2O$;
- o ouro não se oxida em contato com oxigênio.

Tabela 3.1 Potenciais de eletrodos-padrão

Potencial de Oxidação E° (V)	Reação do Eletrodo	Potencial de Redução E° (V)
	Solução Aquosa Ácida	
+3,09	$3/2 \, N_2 + e \rightleftharpoons N_3^-$	−3,09
+3,045	$Li^+ + e \rightleftharpoons Li$	−3,045
+2,925	$K^+ + e \rightleftharpoons K$	−2,925
+2,925	$Rb^+ + e \rightleftharpoons Rb$	−2,925
+2,89	$Sr^{2+} + 2e \rightleftharpoons Sr$	−2,89
+2,87	$Ca^{2+} + 2e \rightleftharpoons Ca$	−2,87
+2,714	$Na^+ + e \rightleftharpoons Na$	−2,714
+2,52	$La^{3+} + 3e \rightleftharpoons La$	−2,52
+2,48	$Ce^{3+} + 3e \rightleftharpoons Ce$	−2,48
+2,37	$Mg^{2+} + 2e \rightleftharpoons Mg$	−2,37
+2,37	$Y^{3+} + 3e \rightleftharpoons Y$	−2,37
+2,25	$1/2 \, H_2 + e^- \rightleftharpoons H^-$	−2,25
+2,08	$Sc^{3+} + 3e \rightleftharpoons Sc$	−2,08

(continua)

(continuação)

Potencial de Oxidação E° (V)	Reação do Eletrodo	Potencial de Redução E° (V)
+2,07	$Pu^{3+} + 3e \rightleftharpoons Pu$	−2,07
+1,85	$Be^{2+} + 2e \rightleftharpoons Be$	−1,85
+1,80	$U^{3+} + 3e \rightleftharpoons U$	−1,80
+1,66	$Al^{3+} + 3e \rightleftharpoons Al$	−1,66
+1,63	$Ti^{2+} + 2e \rightleftharpoons Ti$	−1,63
+1,53	$Zr^{4+} + 4e \rightleftharpoons Zr$	−1,53
+1,18	$Mn^{2+} + 2e \rightleftharpoons Mn$	−1,18
+1,1	$Nb^{3+} + 3e \rightleftharpoons Nb$	−1,1
+0,89	$TiO^{2+} + 2H^+ + 4e \rightleftharpoons Ti + H_2O$	−0,89
+0,81	$Ta_2O_5 + 10H^+ + 10e \rightleftharpoons 2Ta + 5H_2O$	−0,81
+0,763	$Zn^{2+} + 2e \rightleftharpoons Zn$	−0,763
+0,74	$Cr^{3+} + 3e \rightleftharpoons Cr$	−0,74
+0,65	$Nb_2O_5 + 10H^+ + 10e \rightleftharpoons 2Nb + 5H_2O$	−0,65
+0,53	$Ga^{3+} + 3e \rightleftharpoons Ga$	−0,53
+0,440	$Fe^{2+} + 2e \rightleftharpoons Fe$	−0,440
+0,41	$Cr^{3+} + e \rightleftharpoons Cr^{2+}$	−0,41
+0403	$Cd^{2+} + 2e \rightleftharpoons Cd$	−0,403
+0,37	$Ti^{3+} + e \rightleftharpoons Ti^{2+}$	−0,37
+0,342	$In^{3+} + 3e \rightleftharpoons In$	−0,342
+0,3363	$Tl^+ + e \rightleftharpoons Tl$	−0,3363
+0,277	$Co^{2+} + 2e \rightleftharpoons Co$	−0,277
+0,255	$V^{3+} + e \rightleftharpoons V^{2+}$	−0,255
+0,250	$Ni^{2+} + 2e \rightleftharpoons Ni$	−0,250
+0,2	$Mo^{3+} + 3e \rightleftharpoons Mo$	−0,2
+0,136	$Sn^{2+} + 2e \rightleftharpoons Sn$	−0,136
+0,13	$O_2 + H^+ + e \rightleftharpoons HO_2$	−0,13
+0,126	$Pb^{2+} + 2e \rightleftharpoons Pb$	−0,126
+0,09	$WO_3 + 6H^+ + 6e \rightleftharpoons W + 3H_2O$	−0,09
0,000	$2H^+ + 2e \rightleftharpoons H_2$	0.000
−0,1	$TiO^{2+} + 2H^+ + e \rightleftharpoons Ti^{3+} + H_2O$	+0,1
−0,102	$Si + 4H^+ + 4e \rightleftharpoons SiH_4$	+0,102
−0,13	$C + 4H^+ + 4e \rightleftharpoons CH_4$	+0,13
−0,141	$S + 2H^+ + 2e \rightleftharpoons H_2S$	+0,141
−0,15	$Sn^{4+} + 2e \rightleftharpoons Sn^{2+}$	+0,15
−0,152	$Sb_2O_3 + 6H^+ + 6e \rightleftharpoons 2Sb + 3H_2O$	+0,152
−0,153	$Cu^{2+} + e \rightleftharpoons Cu^+$	+0,153
−0,16	$CiOCl + 2H^+ + 3e \rightleftharpoons Bi + H_2O + Cl^-$	+0,16

(continua)

(continuação)

Potencial de Oxidação E° (V)	Reação do Eletrodo	Potencial de Redução E° (V)
−0,222	$AgCl + e \rightleftharpoons Ag + Cl^-$	+0,222
−0,32	$BiO^+ + 2H^+ + 3e \rightleftharpoons Bi + H_2O$	+0,32
−0,337	$Cu^{2+} + 2e \rightleftharpoons Cu$	+0,337
−0,45	$H_2SO_3 + 4H^+ + 4e \rightleftharpoons S + 3H_2O$	+0,45
−0,521	$Cu^+ + e \rightleftharpoons Cu$	+0,521
−0,536	$I_2 + 2e \rightleftharpoons 2I^-$	+0,536
−0,564	$MnO_4^- + e \rightleftharpoons MnO_4^{2-}$	+0,564
−0,682	$O_2 + 2H^+ + 2e \rightleftharpoons H_2O_2$	+0,682
−0,72	$H_2O_2 + H^+ + e \rightleftharpoons OH + H_2O_2$	+0,72
−0,771	$Fe^{3+} + e \rightleftharpoons Fe^{2+}$	+0,771
−0,789	$Hg_2^2 + 2e \rightleftharpoons 2Hg$	+0,789
−0,799	$Ag^+ + 2e \rightleftharpoons Ag$	+0,799
−0,8	$Rh^{3+} + 3e \rightleftharpoons Rh$	+0,8
−0,920	$2Hg^{2+} + 2e \rightleftharpoons Hg_2^{2+}$	+0,920
−0,987	$Pd^{2+} + 2e \rightleftharpoons Pd$	+0,987
−1,065	$Br_2(l) + 2e \rightleftharpoons 2Br^-$	+1,065
−1,229	$O_2 + 4H^+ + 4e \rightleftharpoons 2H_2O$	+1,229
−1,33	$Cr_2O_7^{2-} + 14H^+ + 6e \rightleftharpoons 2Cr^{3+} + 7H_2O$	+1,33
−1,360	$Cl_2 + 2e \rightleftharpoons 2Cl^-$	+1,360
−1,50	$Au^{3+} + 3e \rightleftharpoons Au$	+1,50
−1,5	$HO_2 + H^+ + e \rightleftharpoons H_2O_2$	+1,5
−1,51	$MnO_4^- + 8H^+ + 5e \rightleftharpoons Mn^{2+} + 4H_2O$	+1,51
−1,63	$HClO + H^+ + e \rightleftharpoons \frac{1}{2}Cl_2 + H_2O$	+1,63
−1,7	$Au^+ + e \rightleftharpoons Au$	+1,7
−1,77	$H_2O_2 + 2H^+ + 2e \rightleftharpoons 2H_2O$	+1,77
−1,82	$Co^{3+} + e \rightleftharpoons Co^{2+}$	+1,82
−1,9	$FeO_4^{2-} + 8H^+ + 3e \rightleftharpoons Fe^{3+} + 4H_2O$	+1,9
−1,98	$Ag^{2+} + e \rightleftharpoons Ag^+$	+1,98
−2,07	$O_3 + 2H^+ + 2e \rightleftharpoons O_2 + H_2O$	+2,07
−2,65	$F_2 + 2e \rightleftharpoons 2F^-$	+2,65
−2,8	$OH + H^+ + e \rightleftharpoons H_2O$	+2,8
−3,00	$F_2 + 2H^+ + 2e \rightleftharpoons 2HF$ (aquoso)	+3,00
	Solução Aquosa Básica	
+2,69	$Mg(OH)_2 + 2e \rightleftharpoons Mg + 2OH^-$	−2,69
+2,35	$H_2AlO_3^- + H_2O + 3e \rightleftharpoons Al + 4OH^-$	−2,35
+1,70	$SiO_3^{2-} + 3H_2O + 4e \rightleftharpoons Si + 6OH^-$	−1,70

(continua)

(continuação)

Potencial de Oxidação E° (V)	Reação do Eletrodo	Potencial de Redução E° (V)
+1,3	$Cr(OH)_3 + 3e \rightleftharpoons Cr + 3OH^-$	−1,3
+1,245	$Zn(OH)_2 + 2e \rightleftharpoons Zn + 2OH^-$	−1,245
+1,216	$ZnO_2^{2-} + 2H_2O + 2e \rightleftharpoons Zn + 4OH^-$	−1,216
+1,05	$MoO_4^{2-} + 4H_2O + 6e \rightleftharpoons Mo + 8OH^-$	−1,05
+1,0	$In(OH)_3 + 3e \rightleftharpoons In + 3OH^-$	−1,0
+0,90	$Sn(OH)_6^{2-} + 2e \rightleftharpoons HSnO_2^- + H_2O + 3OH^-$	−0,90
+0,877	$Fe(OH)_2 + 2e \rightleftharpoons Fe + 2OH^-$	−0,877
+0,828	$2H_2O + 2e \rightleftharpoons H_2 + 2OH^-$	−0,828
+0,56	$Fe(OH)_3 + e \rightleftharpoons Fe(OH)_2 + OH^-$	−0,56
+0,56	$O_2 + e \rightleftharpoons O_2^-$	−0,56
+0,54	$HPbO_2^- + H_2O + 2e \rightleftharpoons Pb + 3OH^-$	−0,54
+0,48	$S + 2e \rightleftharpoons S^{2-}$	−0,48
+0,24	$HO_2^- + H_2O + e \rightleftharpoons OH + 2OH^-$	−0,24
+0,13	$CrO_4^{2-} + 4H_2O + 3e \rightleftharpoons Cr(OH)_3 + 5OH^-$	−0,13
+0,12	$Cu(NH_3)_2^+ + e \rightleftharpoons Cu + 2NH_3$	−0,12
+0,076	$O_2 + H_2O + 2e \rightleftharpoons HO_2^- + OH^-$	−0,076
+0,017	$AgCN + e \rightleftharpoons Ag + CN^-$	−0,017
−0,4	$O_2^- + H_2O + e \rightleftharpoons OH^- + HO_2^-$	+0,4
−0,401	$O_2 + 2H_2O + 4e \rightleftharpoons 4OH^-$	+0,401
−0,88	$HO_2^- + H_2O + 2e \rightleftharpoons 3OH^-$	+0,88
−0,89	$ClO^- + H_2O + 2e \rightleftharpoons Cl^- + 2OH^-$	+0,89
−0,9	$FeO_4^{2-} + 2H_2O + 3e \rightleftharpoons FeO_2^- + 4OH^-$	+0,9
−1,24	$O_3 + H_2O + 2e \rightleftharpoons O_2 + 2OH^-$	+1,24
−2,0	$OH + e \rightleftharpoons OH^-$	+2,0

Embora o exemplo justifique, em termos, a confusão citada, convém frisar que a informação associada à medida de potencial é termodinâmica e não cinética.

Algumas reações, possíveis pelos valores de potenciais, não se realizam na prática. A Tabela 3.1 de potenciais-padrão foi estabelecida para condições padronizadas, isto é, meia pilha ou eletrodo sempre constituído de um metal em contato com a solução 1 M de seus íons a 298 K e 1 atm. Logo, se essas condições mudarem, os valores dos potenciais serão alterados, podendo mudar a posição relativa dos elementos na tabela.

Tomando-se, por exemplo, o par $M|M^{n+}$ (1 M), tem-se o equilíbrio

$$M^{n+} + ne \underset{(2)}{\overset{(1)}{\rightleftharpoons}} M$$

Este equilíbrio é influenciado pela concentração (princípio de Le Châtelier) dos íons M^{n+} na solução, podendo-se ter os casos:

a) *a concentração de M^{n+} é maior do que aquela correspondente ao equilíbrio, isto é, maior do que um molar, 1 M*: neste caso, o equilíbrio é deslocado no sentido (1); logo, a tendência de o eletrodo metálico ceder elétrons diminui e, consequentemente, o potencial de redução é maior que o potencial do eletrodo em equilíbrio;

b) *a concentração de M^{n+} é menor do que 1 M*: neste caso, o equilíbrio é deslocado no sentido (2); logo, a tendência de o eletrodo metálico ceder elétrons aumenta e, consequentemente, o potencial de redução é menor que o potencial de eletrodo em equilíbrio.

A concentração pode vir a ser alterada durante o processamento da reação por diversos fatores, entre eles: formação

26 Corrosão

de substâncias insolúveis durante a reação, formação de compostos de coordenação ou complexos e desprendimento de substâncias gasosas.

A Tabela 3.2 mostra a influência da concentração do eletrólito no potencial do eletrodo.

Tabela 3.2 Influências da concentração no potencial

(Molaridade)	Concentração					
	1,0	0,1	0,01	0,001	10^{-6}	10^{-9}
	Potencial (Volt)					
Fe | Fe^{2+}	−0,440	−0,4698	−0,4994	−0,5289	−0,6177	−0,7064
Cd | Cd^{2+}	−0,403	−0,4309	−0,4605	−0,4900	−0,5788	−0,6675

3.3.1 Equação de Nernst

Na prática não é sempre possível, nem de interesse, ter-se as concentrações iônicas, das espécies presentes, iguais a 1 M ou atividade unitária. Assim, têm-se valores de potenciais diferentes dos apresentados na tabela de potenciais-padrão. Para a determinação desses novos potenciais, emprega-se a equação desenvolvida por Nernst

$$E = E^0 - \frac{RT}{nF} \ln \frac{a_{Est.Red.}}{a_{Est.Oxid.}} \text{ ou } E = E^0 + \frac{RT}{nF} \ln \frac{a_{Est.Oxid.}}{a_{Est.Red.}}$$

em que:
E: potencial observado
E^0: potencial-padrão
R: constante dos gases perfeitos
T: temperatura, em graus Kelvin
N: número de elétrons envolvidos (modificação no número de oxidação das espécies químicas) ou número de elétrons recebidos pelo agente oxidante ou cedidos pelo agente redutor
F: constante de Faraday
$a_{Est.Red}$: atividade do estado reduzido da espécie
$a_{Est.Oxid}$: atividade do estado oxidado da espécie

Para fins práticos, usam-se os valores:

R = 8,314 j K^{-1} mol^{-1};
T = 298 K (25 °C é a temperatura mais usada para medidas eletroquímicas);
F = 96.500 coulombs e transforma-se o logaritmo neperiano em logaritmo decimal, introduzindo-se o fator 2,303.

Com esses valores, pode-se escrever a equação de Nernst da seguinte forma:

$$E = E^0 - \frac{8,314 \times 298}{n \cdot 96.500} \times 2,303 \log \frac{a_{Est.Red.}}{a_{Est.Oxid.}}$$

e, finalmente:

$$E = E^0 - \frac{0,0591}{n} \log \frac{a_{Est.Red.}}{a_{Est.Oxid.}}$$

Pode-se também usá-la da seguinte forma:

$$E = E^0 - \frac{0,0591}{n} \log \frac{a_{Est.Oxid.}}{a_{Est.Red.}}$$

Para evidenciar o emprego desta equação, alguns exemplos numéricos são apresentados a seguir:

I) Qual é o potencial do eletrodo: cobre imerso em solução 0,01 M de Cu^{2+}?

A equação de Nernst para essa equação será

$$E = E^0 - \frac{0,0591}{n} \log \frac{a_{Cu}}{a_{Cu^{2+}}}$$

Pela tabela de potenciais de eletrodos, tem-se:

$$E^0 = 0,337 \text{ V}$$

Pela equação do eletrodo: Cu^{2+} + 2e $\rightleftharpoons$ Cu verifica-se que

$$n = 2$$

Para o caso: $a_{Cu^{2+}} = 0,01$, pois para soluções diluídas pode-se considerar a atividade praticamente igual à concentração em molaridade ou molalidade.

Convencionalmente, para um metal puro, no estado sólido, a atividade é unitária:

$$a_{Cu} = 1$$

Substituindo esses valores na equação de Nernst, tem-se:

$$E = +0,337 - \frac{0,0591}{2} \log \frac{1}{0,01}$$
$$E = +0,337 - (0,03)(1\ 2)$$
$$E = +0,337 - 0,06$$
$$E = +0,277 \text{ V}$$

II) Qual é o potencial para a meia pilha de equação Pb^{2+} + 2e $\rightleftharpoons$ Pb, sabendo que [Pb^{2+}] = 0,001 M?

$$E^0 = -0,126 \text{ V}$$
$$n = 2$$

$$E = E^0 - \frac{0,591}{2}\log\frac{a_{Pb}}{a_{Pb^{2+}}}$$

$$E = -0,126 - \frac{0,0591}{2}\log\frac{1}{0,001}$$

$$E = -0,215 \text{ V}$$

III) Qual é o potencial da pilha?

Pt | Fe^{2+} (0,001 M), Fe^{3+} (0,1 M) || H^+ (1 M), H_2 / Pt

Equação do eletrodo: $Fe^{3+} + 1e \rightleftharpoons Fe^{2+}$

$$n = 1 \text{ e } E^0 = +0,771 \text{ V}$$

$$E = +0,771 - \frac{0,0591}{1}\log\frac{0,001}{0,1}$$

$$E = +0,771 + 0,1182$$

$$E = +0,8892 \text{ V}$$

3.4 DIAGRAMAS DE POURBAIX

Pourbaix[8] desenvolveu um método gráfico, relacionando potencial e pH, que apresenta uma possibilidade para se prever as condições sob as quais podem-se ter corrosão, imunidade ou possibilidade de passivação.

As representações gráficas das reações possíveis, a 25 °C e sob pressão de 1 atm entre os metais e a água, para valores usuais de pH e diferentes valores do potencial de eletrodo, são conhecidas como **diagramas de Pourbaix**, nos quais os parâmetros de potencial de eletrodo, em relação ao potencial de eletrodo-padrão de hidrogênio (E_H) e pH, são representados para os vários equilíbrios, em coordenadas cartesianas, tendo E_H como ordenada e pH como abscissa.

As reações que só dependem do pH são representadas por um conjunto de retas paralelas ao eixo das ordenadas.

As reações que só dependem do potencial (E_H) são representadas por um conjunto de paralelas ao eixo das abscissas.

As reações que dependem do pH e do potencial são representadas por um conjunto de retas inclinadas. As equações dessas retas decorrem da aplicação da equação de Nernst às reações em questão.

Quando não há substâncias gasosas ou substâncias dissolvidas e há somente íons H^+ em solução, a família de retas paralelas inclinadas em relação ao eixo das abscissas tem coeficiente angular igual a –0,0591 V/pH (veja equação de Nernst).

Os diagramas de Pourbaix representam os vários equilíbrios químicos e eletroquímicos que podem existir entre o metal e o eletrólito líquido. Como representam condições de equilíbrio, não podem ser usados para prever a velocidade de reações de corrosão, limitação que Pourbaix não deixou de acentuar. Esse autor apresentou inúmeros exemplos de aplicação dos diagramas de equilíbrios eletroquímicos no estudo dos fenômenos de corrosão.[9]

A Figura 3.7 representa o diagrama de equilíbrios eletroquímicos E-pH relativo ao caso do ferro em presença de soluções aquosas diluídas, a 25 °C.

As duas linhas paralelas *a* e *b* de inclinação –0,0591 V/pH representam as condições de equilíbrio das reações eletroquímicas:

$$2H^+ + 2e \rightarrow H_2 \text{ ou } 2H_2O + 2e \rightarrow H_2 + 2OH^- \text{ (linha } a)$$

$$2H_2O \rightarrow O_2 + 4H^+ + 4e \text{ (linha } b)$$

Abaixo da linha *a* correspondendo a pH_2 = 1 atm, a água tende a se decompor por redução, gerando H_2. Acima da linha *b* correspondendo a P_{O_2} = 1 atm, a água tende a se decompor por oxidação gerando O_2:

$$2H_2O \rightarrow O_2 + 4H^+ + 4e$$

A região compreendida entre as linhas *a* e *b* é o domínio da estabilidade termodinâmica da água. As linhas tracejadas 1', 2', 3', 4'... representam os limites de predominância relativa dos corpos dissolvidos. Por exemplo, a linha 4' representa as condições de igualdade de atividade das espécies Fe^{2+} e Fe^{3+} na reação:

$$Fe^{3+} + e \rightleftharpoons Fe^{2+}$$

em que as condições de equilíbrio são:

$$E = 0,771 + 0,0591 \log\frac{Fe^{3+}}{Fe^{2+}}$$

Abaixo dessa linha, o íon ferroso Fe^{2+} predomina e acima desta os íons férricos Fe^{3+} são predominantes.

As linhas 13 e 17 separam os domínios de estabilidade relativa dos corpos sólidos considerados Fe, Fe_3O_4 e Fe_2O_3. Por fim, as famílias de linhas 20, 28, 26 e 23 representam as condições de equilíbrio entre corpos sólidos e corpos dissolvidos para log (M) = 0, –2, –4 e –6. Essas linhas são conhecidas como linhas de solubilidade do composto considerado.

O diagrama potencial–pH, representado na Figura 3.7, define regiões onde o ferro está dissolvido principalmente sob a forma de íons Fe^{2+}, Fe^{3+} e $HFeO_2^-$ e regiões onde o metal é estável sob a forma de uma fase sólida, como o metal puro ou um de seus óxidos. Se o pH e o potencial de eletrodo na interface metal/solução são tais que correspondem à região onde os íons Fe^{2+} são estáveis, o ferro se dissolverá até que a solução atinja a concentração de equilíbrio indicada pelo diagrama. Tal dissolução nada mais é do que a corrosão do metal. Se as condições correspondem a uma região onde o metal é estável (dentro da região inferior do diagrama), o metal não se corroerá e será imune contra a corrosão. Por fim, se as condições de interface correspondem a uma região de estabilidade de um óxido, por exemplo, Fe_2O_3, e se este é suficientemente aderente à superfície e compacto, formará na superfície do metal uma barreira contra a ação corrosiva da solução. Tal situação é chamada de passivação.

28 Corrosão

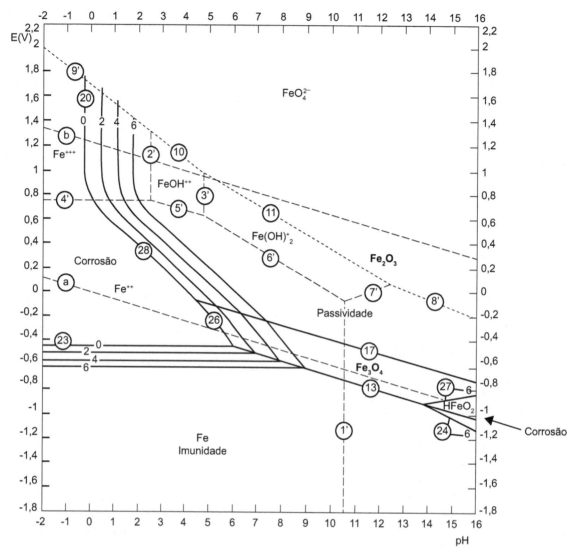

Figura 3.7 Diagrama de Pourbaix para o ferro: equilíbrio potencial – pH para o sistema Fe-H2O a 25 °C.

As linhas tracejadas (a) e (b) são representadas pelas seguintes equações:

(a) $E = 0,00 - 0,0591 (-\log [H^+]) = 0,000 - 0,0591 pH$

(b) $E = 1,229 - 0,0591\ pH$

que são facilmente deduzidas a partir da equação de Nernst e das equações das reações eletroquímicas que representam as respectivas linhas (a) e (b).

O diagrama da Figura 3.7 permite estabelecer as seguintes considerações:

- o ferro em presença de soluções aquosas isentas de oxigênio ou de outros oxidantes tem um potencial de eletrodo que se situa abaixo da linha *a*, o que implica a possibilidade de desprendimento de hidrogênio. A pH ácidos e a pH fortemente alcalinos, o ferro se corrói com redução de H⁺. A pH compreendido entre aproximadamente 9,5 e aproximadamente 12,5, o ferro tende a se transformar em Fe_3O_4 com desprendimento de hidrogênio;

- a presença de oxigênio dentro da solução tem por efeito elevar o potencial do ferro. A pH inferior a aproximadamente 8, a elevação do potencial será insuficiente para provocar a passivação do ferro; a pH superior a aproximadamente 8, o oxigênio provoca a passivação do ferro, com formação de um filme de óxido que será geralmente protetor em soluções isentas de Cl⁻;

- a proteção catódica do ferro por ânodo de sacrifício ou por corrente impressa corresponde, no diagrama E-pH, a abaixar o potencial do metal para um valor dentro do domínio de imunidade do ferro. A utilização do diagrama E-pH para este fim assegurará ao engenheiro a proteção da estrutura contra a corrosão e um consumo racional de energia, pois basta manter o potencial da estrutura abaixo das linhas 23, 13 ou 24 do diagrama, segundo o pH do meio;

- no caso da proteção por passivação, proteção anódica, o metal será recoberto por um filme de óxido estável (Fe_3O_4 ou Fe_2O_3, segundo as circunstâncias de potencial ou de pH); a proteção será perfeita ou imperfeita, dependendo do filme de óxido que pode isolar perfeita ou imperfeitamente o metal do meio. No caso de proteção imperfeita, a corrosão ocorrerá nos pontos fracos do filme passivante e haverá, então, um ataque localizado. A proteção por passivação pode ser extremamente perigosa em meios contendo íons agressivos como Cl⁻, pois a corrosão localizada tem controle e diagnóstico mais difíceis do que a corrosão uniforme.

O diagrama de Pourbaix é normalmente simplificado (Fig. 3.8), representando as regiões de corrosão, imunidade e passividade. Esse diagrama simplificado mostra de forma sumária o comportamento previsto para um metal puro imerso em água pura.

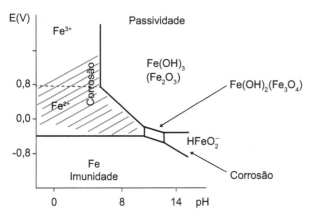

Figura 3.8 Diagrama simplificado de potencial e pH para o sistema Fe-H$_2$O

Os diagramas de equilíbrios eletroquímicos potencial e pH são extremamente úteis no estudo da corrosão e da proteção contra a corrosão dos metais em meio aquoso. Entretanto, por si sós, não são suficientes para explicar todos os fenômenos químicos e eletroquímicos ocorrendo na interface metal-meio. É necessário também que se faça um estudo cinético das reações ocorrendo na superfície do eletrodo, assim como análises dos produtos de corrosão e observações da superfície corroída.

3.4.1 Simulação dos Diagramas de Pourbaix em Programas Computacionais

A Figura 3.7 representa o diagrama do ferro, em presença de água, a 25 °C. Ela foi editada em 1963, no *Atlas D´Équilibres Electrochimiques*, no qual considerou-se como formas iônicas, Fe⁺⁺, Fe³⁺, FeOH⁺⁺, Fe(OH)$_2^+$, HfeO$_2^-$, e como formas condensadas, Fe, Fe$_3$O$_4$ e Fe$_2$O$_3$. Contudo, desde a data citada até aos dias de hoje, os acentuados progressos realizados pela **Química Analítica** e pelos métodos físicos das mais variadas formas de **Espectroscopia**, aí incluindo Difração, de raios X, Espectroscopia Auger, M.E.V. etc. determinaram novas formas iônicas, novas formas de substâncias condensadas, que devem ser "incorporadas" ao diagrama original. Ademais, íons e condensados complexos, como sistemas do tipo Fe-S-H$_2$O, Fe-Cl⁻-H$_2$O, existem em grande quantidade na literatura especializada. Nessas condições, tal complexidade, no traçado dos diagramas de Pourbaix, pode ser minimizada com o emprego de programas de simulação, hoje disponíveis, inclusive versões gratuitas (para simular diagramas simples) em alguns sites disponíveis na internet. A título de ilustração, seguem quatro exemplos de diagramas utilizando o software HSC Chemistry, respectivamente, para os sistemas Fe-H$_2$O, Fe-S-H$_2$O, Fe-Cl-H$_2$O e Fe-C-H$_2$O. Como pode ser observado nas Figuras 3.9 a 3.12, (a) representa as formas aquosas (Exemplo: Fe(+2a)) e, em negrito, as formas condensadas (Exemplo: Fe$_3$O$_4$).

3.5 POTENCIAIS DE ELETRODOS IRREVERSÍVEIS

Em eletroquímica, os potenciais de eletrodos reversíveis são aqueles que correspondem ao equilíbrio entre o metal e os íons desse mesmo metal que estão em solução. Para cada valor de potencial reversível existe um estado bem definido de equilíbrio entre o metal e os íons correspondentes que pode ser expresso, como já visto, por:

$$M^{n+} + ne \rightleftharpoons M$$

Os valores desses potenciais podem ser determinados pela equação de Nernst, como visto anteriormente.

Os potenciais de eletrodo que se estabelecem sobre uma superfície metálica em contato com um eletrólito são de importância primordial para os processos de corrosão. Três aspectos diferentes, relativos aos potenciais, devem ser considerados:

a) conhecimento da natureza e da grandeza dos potenciais iniciais que apresentam os diferentes metais nos diversos casos de corrosão, sob a influência de toda a sorte de fatores;
b) conhecimento de como os potenciais iniciais se distribuem sobre a superfície metálica;
c) conhecimento da variação dos potenciais dos eletrodos durante o processo corrosivo, isto é, após o contato do metal com o eletrólito.

No campo prático da corrosão, o aspecto mais importante é a determinação das diferenças de potenciais que se estabelecem quando se atinge um estado estacionário, isto é, os potenciais de eletrodos que se modificaram sob a influência da polarização e outros fatores. Essas diferenças de potenciais vão influenciar as intensidades de correntes de corrosão e, consequentemente, a dissolução das áreas anódicas, isto é, a corrosão do metal.

No estudo dos fenômenos de corrosão não se tem, geralmente, o caso de potenciais de eletrodos reversíveis. Ocorre, mais frequentemente, o caso de o metal estar em contato com uma solução contendo íons metálicos diferentes dos seus, como ferro ou alumínio em solução de NaCl. Nesses casos, no início do processo corrosivo, a solução contém íons Na⁺, Cl⁻, OH⁻ e H⁺, e não Fe²⁺ ou Al³⁺.

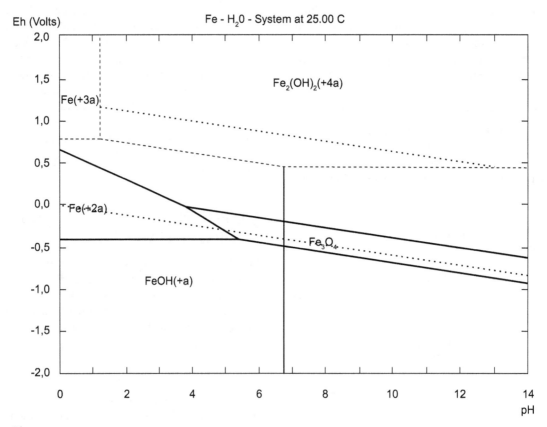

Figura 3.9

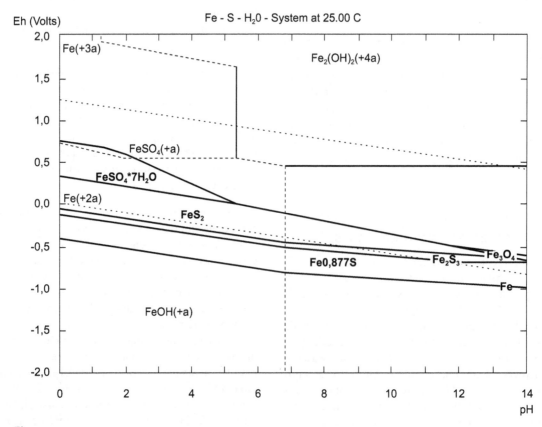

Figura 3.10

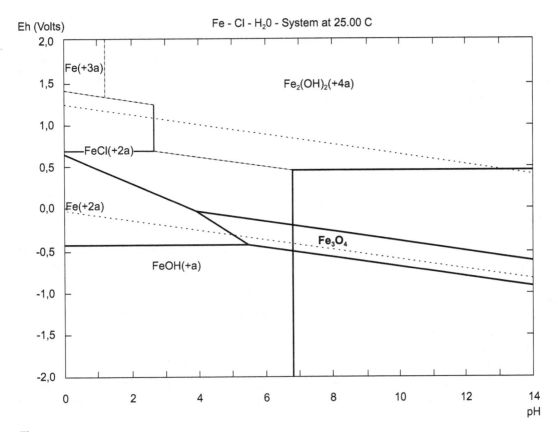

Figura 3.11

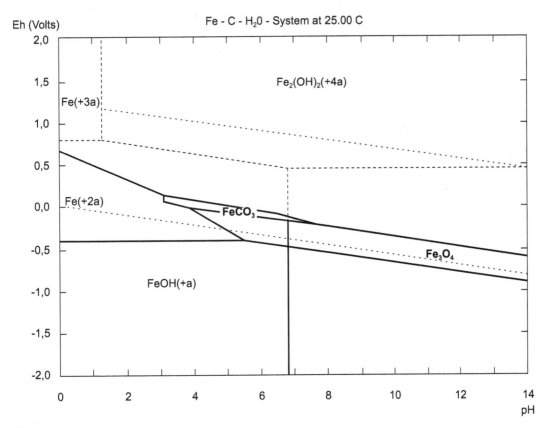

Figura 3.12

Para o caso do ferro, pode-se admitir inicialmente a reação de oxidação do ferro:

$$Fe \rightarrow Fe^{2+} + 2e$$

que não chega a formar um eletrodo reversível, não atingindo, portanto, um equilíbrio que evidentemente faria com que cessasse o processo de oxidação do metal. Isso não ocorre, e o ferro vai se oxidando, ou corroendo, porque ocorre, também, a reação de redução:

$$H_2O + 1/2 O_2 + 2e \rightarrow 2OH^-$$

e esse OH^- vai reagir com os íons Fe^{2+}, formando produtos insolúveis: $Fe(OH)_2$ ou $Fe(OH)_3$:

$$Fe^{2+} + 2OH^- \rightarrow Fe(OH)_2$$
$$2Fe(OH)_2 + 1/2 O_2 + H_2O \rightarrow 2Fe(OH)_3$$

não deixando, portanto, que haja Fe^{2+} em solução para atingir o equilíbrio.

Trata-se de conhecer, então, os potenciais medidos nessas condições. Esses potenciais são chamados de **potenciais de eletrodos irreversíveis**, isto é, potenciais dos sistemas para os quais as condições conhecidas não permitem definir a natureza do fenômeno reversível. Conclui-se que a equação de Nernst não pode ser utilizada diretamente, pois ela é válida para os eletrodos reversíveis. A equação de Nernst pode ser aplicada somente nos casos em que um potencial irreversível puder ser definido em função de uma reação reversível. Para os casos de eletrodos irreversíveis, que são os mais frequentes em corrosão, são, então, estabelecidos valores experimentais.

O potencial real de um metal em uma dada solução pode depender de vários fatores, citando-se entre eles:

a) magnitude das correntes para os possíveis equilíbrios;
b) número de reações possíveis que podem ocorrer nos eletrodos;
c) formação de película;
d) formação de íons complexos;
e) impurezas na solução;
f) temperatura;
g) pressão.

Na maioria das reações de corrosão, mais de um desses fatores podem ocorrer simultaneamente, daí o potencial real ser resultante de dois ou mais processos nos eletrodos. Esse potencial é comumente chamado de **potencial de corrosão**.

A Tabela 3.3, retirada de Akimov,[10] dá os potenciais de eletrodos de alguns metais em soluções aquosas a 3 % de NaCl e soluções aquosas contendo 3 % de NaCl e 0,1 % de H_2O_2, usando como referência o eletrodo de hidrogênio.

3.6 TABELAS PRÁTICAS

As limitações da tabela de potenciais-padrão e o fato de as ligas não serem incluídas nesta tabela sugerem o uso de tabelas práticas, nas quais os metais e as ligas estão distribuídos de acordo com seus potenciais, medidos em um dado meio corrosivo.

Uma tabela de grande utilidade é a chamada **tabela prática em água do mar** (Tab. 3.4), na qual os principais metais e as ligas mais usadas estão dispostos seguindo sua maior ou menor tendência a sofrer corrosão.

Tabela 3.3 Potenciais de eletrodos (Volt)

	Potencial em Solução				
	3 % de NaCl		3 % de NaCl e 0,1 % de H_2O_2		
Metal	Inicial	Final	Inicial	Final	Potencial-padrão
Ag	+0,24	+0,20	+0,23	+0,23	+0,80
Cu	+0,02	+0,05	+0,20	+0,05	+0,34
Bi	-0,15	-0,18	-	-	+0,28
Sb	-0,12	-0,19	-	-	+0,25
Sn	-0,25	-0,25	-0,08	+0,1	-0,1
Pb	-0,39	-0,26	-0,35	-0,24	-0,12
Ni	-0,13	-0,02	+0,2	+0,05	-0,22
Co	-0,17	-0,45	-	-	-0,29
Cd	-0,58	-0,52	+0,50	-0,50	-0,40
Fe	-0,34	-0,50	-0,25	-0,50	-0,43
Cr	-0,02	+0,23	+0,40	+0,60	-0,557
Zn	-0,83	-0,83	-0,77	-0,77	-0,76
Mn	-1,05	-0,91	-	-	-1,04
Al	-0,63	-0,63	-0,52	-0,52	-1,34
Mg	-1,45	-	-1,4	-	-1,55

Tabela 3.4 Tabela prática em água do mar

Extremidade anódica (corrosão)	
1. Magnésio	24. Latão Almirantado
2. Ligas de Magnésio	25. Latão Alumínio
3. Zinco	26. Latão Vermelho
4. Alclad 38	27. Cobre
5. Alumínio 3S	28. Bronze
6. Alumínio 61S	29. Cupro-Níquel 90/10
7. Alumínio 63S	30. Cupro-Níquel 70/30 (baixo teor de ferro)
8. Alumínio 52	31. Cupro Níquel 70/30 (alto teor de ferro)
9. Cádmio	32. Níquel (passivo)
10. Aço doce	33. Inconel (passivo)
11. Aço baixo teor liga	34. Monel
12. Aço-liga	35. Hastelloy C
13. Ferro fundido	36. Aço AISI 410 (passivo)
14. Aço AISI 410 (ativo)	37. Aço AISI 430 (passivo)
15. Aço AISI 430 (ativo)	38. Aço AISI 304 (passivo)
16. Aço AISI 304 (ativo)	39. Aço AISI 316 (passivo)
17. Aço AISI 316 (ativo)	40. Titânio
18. Chumbo	41. Prata
19. Estanho	42. Grafite
20. Níquel (ativo)	43. Ouro
21. Inconel (ativo)	44. Platina Extremidade catódica (proteção)
22. Metal Muntz	
23. Latão Amarelo	

Pode-se notar que, embora com pequenas alterações, as posições relativas dos metais na tabela de potenciais de eletrodos-padrões são mantidas, evidenciando, assim, a sua importância no estudo de corrosão galvânica (ver Cap. 9).

Algumas divergências entre as posições ocupadas na tabela de potenciais de eletrodos padrões e na tabela prática podem ser facilmente explicadas:

- *a posição das ligas de alumínio, abaixo de zinco*: o alumínio tem grande tendência a se oxidar formando uma camada protetora de óxido de alumínio e modificando, assim, seu comportamento, tornando-o passivo e impedindo o prosseguimento do processo de oxidação;
- *a posição do titânio*: nesta tabela, ele aparece próximo de materiais metálicos mais nobres ou menos sujeitos à oxidação em meios oxidantes mais frequentes. Isso é devido também à formação de óxido de titânio, TiO_2, que tem características protetoras;
- *os aços inoxidáveis passivos, AISI 410, 430, 304 e 316*: esta posição se deve em razão da passivação desses aços, geralmente

por causa da formação do óxido de cromo, Cr_2O_3, que é protetor.

A Tabela 3.5, que também pode ter valor prático em corrosão, apresenta possíveis reações entre metais e água e metais e ácidos não oxidantes, bem como entre óxidos metálicos e hidrogênio.

3.7 ESPONTANEIDADE DAS REAÇÕES DE CORROSÃO

A quantidade máxima de energia que se pode obter de uma reação química, sob forma de energia elétrica, é igual à variação de energia livre da reação.

Termodinamicamente se prova que o **potencial de redução** (E) de um eletrodo, funcionando reversivelmente, está relacionado com a variação de energia livre de Gibbs (ΔG) do sistema:

$$\Delta G = -nFE$$

Sendo:
n = número de elétrons envolvidos na reação do eletrodo;
F = Faraday = 96.500 coulombs;
E = potencial do eletrodo em volt.

Observa-se que, por se tratar de uma convenção de sinais, a IUPAC (cf. §3.2.2) recomenda a convenção dita "europeia", em que

$$-\Delta G = nFE$$

posto que o valor negativo do termo ΔG refere-se ao estado termodinamicamente mais estável.

Com essas unidades, a variação de energia livre é expressa em joules por mol. Para obter ΔG em quilocalorias por mol, emprega-se a expressão:

$$G = -\frac{nFE}{4,18} \text{cal mol}^{-1} = -23.060 \, nE \text{ cal mol}^{-1}$$

Quando os eletrodos estiverem a 25 °C e 1 atm de pressão, tem-se a variação de energia livre de Gibbs padrão

$$\Delta G^0 = -nFE^0$$

e, por meio dessa equação, pode-se prever a possibilidade de ocorrerem determinadas reações. Assim, para

$$E^0 < 0 \rightarrow \Delta G^0 > 0 : \text{reação não espontânea}$$
$$E^0 < 0 \rightarrow \Delta G^0 < 0 : \text{reação espontânea}$$

Deve-se levar em consideração, porém, que um valor negativo de ΔG mede somente a espontaneidade de uma reação e não sua velocidade. Assim, um valor de ΔG muito negativo pode ou não ser acompanhado de uma velocidade elevada de reação, podendo esta ser rápida ou lenta, dependendo de vários fatores. Entretanto, pode-se, com certeza, afirmar que a reação não se passa nas condições estipuladas

Tabela 3.5 Reações entre metais e água e metais e ácidos não oxidantes, e entre óxidos metálicos e hidrogênio

Elemento	Símbolo	Observações
1. Potássio	K	1. Elementos de 1-5 liberam hidrogênio de água a frio
2. Sódio	Na	$2Na + 2HOH \rightarrow 2NaOH + H_2$
3. Bário	Ba	2. Elementos de 1-12 liberam hidrogênio de vapor d'água
4. Estrôncio	Sr	$Mg + H_2O \rightarrow MgO + H_2$
5. Cálcio	Ca	3. Elementos de 1-16 liberam hidrogênio de ácidos não oxidantes
6. Magnésio	Mg	$Zn + 2HCl \rightarrow H_2 + ZnCl_2$
7. Alumínio	Al	4. Elementos de 1-22 reagem com oxigênio e formam óxidos
8. Manganês	Mn	$4Al + 3O_2 \rightarrow 2Al_2O_3$
9. Zinco	Zn	5. Elementos de 23-25 formam óxidos por métodos indiretos
10. Cromo	Cr	
		$AuCl_3 + 3KOH \rightarrow Au(OH)_3 + 3KCl$
11. Cádmio	Cd	$2Au(OH)_3 \rightarrow Au_2O_3 + 3H_2O$
12. Ferro	Fe	6. Se aquecidos, os óxidos dos elementos 21-25 se decompõem, dando metal e oxigênio
13. Cobalto	Co	$2HgO \xrightarrow{\Delta} 2Hg + O_2$
14. Níquel	Ni	
15. Estanho	Sn	7. Os óxidos dos elementos 1-11 não são reduzidos por hidrogênio, dando metal
16. Chumbo	Pb	$MgO + H_2$ (não há reação)
17. Hidrogênio	H	8. Os óxidos dos elementos 12-25 podem ser reduzidos por hidrogênio, com aquecimento
18. Cobre	Cu	$Fe_3O_4 + 4H_2 \xrightarrow{\Delta} 3Fe + 4H_2O$
		9. Os óxidos dos metais abaixo do hidrogênio são facilmente reduzidos por hidrogênio
19. Arsênico	As	$CuO + H_2 \xrightarrow{\Delta} Cu + H_2$
20. Bismuto	Bi	
21. Antimônio	Sb	
22. Mercúrio	Hg	
23. Prata	Ag	
24. Platina	Pt	
25. Ouro	Au	

(Δ = aquecimento)

se o valor de ΔG for positivo. As equações a seguir evidenciam a importância dessas considerações.

$Mg + H_2O(1) + 1/2 O_2(g) \rightarrow Mg(OH)_2(s) \quad \Delta G^0 = -140 \text{ kcal}$

$Fe + H_2O(1) + 1/2 O_2(g) \rightarrow Fe(OH)_2(s) \quad \Delta G^0 = -58,5 \text{ kcal}$

$Cu + H_2O(1) + 1/2 O_2(g) \rightarrow Cu(OH)_2(s) \quad \Delta G^0 = -28,3 \text{ kcal}$

$Au + 3/2 H_2O(1) + 3/4 O_2(g) \rightarrow Au(OH)_2(s) \quad \Delta G^0 = -58,5 \text{ kcal}$

Observa-se, então, que o valor positivo para ΔG^0, no caso do ouro, indica que esse metal não sofre corrosão em meio aquoso para formar $Au(OH)_3$. No caso dos valores negativos de ΔG^0, pode-se verificar que o cobre é o metal que tem menor tendência a ser corroído em meio aquoso aerado, conforme é também comprovado na prática.

A Tabela 3.6[11] mostra os valores de ΔG^0 para as reações mais frequentes nos processos de corrosão.

Tabela 3.6 Espontaneidade das reações de corrosão

Metal	Produto Sólido	Corrosão Tipo Hidrogênio $P_{H_2} = 1$ atm E(volt)	ΔG^0 (cal/mol)	Corrosão Tipo Oxigênio ($P_{O_2} = 0{,}21$ atm) E (volt)	ΔG^0 (cal/mol)
Mg	Mg(OH)$_2$	+1,823	−84.000	+3,042	−140.000
Al	Al(OH)$_3$	+1,48	−102.600	+2,70	−180.700
Mn	Mn(OH)$_2$	+0,60	−27.600	+1,81	−83.200
	Mn(OH)$_3$	+0,256	−17.700	+1,50	−100.000
	MnO$_2$	−0,14	+12.700	+1,11	−101.000
Cr	Cr(OH)$_3$	+0,47	−32.500	+1,69	−117.000
Zn	Zn(OH)$_2$	+0,417	−19.200	+1,636	−75.200
Fe	Fe$_3$O$_4$	+0,082	−5.000	+1,30	−80.000
	Fe(OH)$_2$	+0,049	−2.300	+1,27	−58.500
	Fe(OH)$_3$	+0,07	+4.700	+1,15	−80.000
Cd	Cd(OH)$_2$	−0,013	+600	+1,1206	−55.600
Co	Co(OH)$_2$	−0,098	+4.500	+1,12	−51.700
Ni	Ni(OH)$_2$	−0,17	+7.800	+1,05	−48.500
Pb	PbO	−0,250	+11.500	+0,97	−44.600
Cu	Cu$_2$O	−0,413	+9.500	+0,80	−18.600
	Cu(OH)$_2$	−0,604	+27.800	+0,615	−28.300
	CuO	−0,537	+24.800	+0,680	−31.500
Hg	HgO	−0,926	+42.600	+0,293	−13.600
	Hg$_2$O	−0,951	+21.970	+0,268	−6.200
Ag	Ag$_2$O	−1,172	+27.000	+0,047	−1.100

Observações relativas à Tabela 3.6:

a) os dados apresentados para "corrosão tipo hidrogênio" são válidos para reações do tipo:

M(s) + 2H$_2$O (l) → M(OH)$_2$(s) + H$_2$ (g, 1 atm)

M(s) + H$_2$O (l) → MO(s) + H$_2$ (g, 1 atm)

Os potenciais dados são os potenciais reversíveis para pilhas galvânicas de corrosão, nas quais as reações no ânodo e no cátodo se somam para fornecer a reação global de corrosão.

Exemplo:

Ânodo: Zn(s) + 2OH$^-$ → Zn(OH)$_2$(s) + 2e

Cátodo: 2H$_2$O(l) + 2e → 2OH$^-$ + H$_2$ (g, 1 atm)

Reação global: Zn(s) + 2H$_2$O(l) → Zn(OH)$_2$(s) + H$_2$ (g, 1 atm)

Um valor positivo para E ou um valor negativo para ΔG significa que a reação é espontânea.

b) os dados apresentados em "corrosão tipo oxigênio" são para as reações do tipo:

M(s) + H$_2$O (l) + $^1/_2$O$_2$ (g, 0,21 atm) → M(OH)$_2$(s)

ou

M(s) + $^1/_2$O$_2$ (g, 0,21 atm) → MO(s)

O valor de 0,21 atmosfera para a pressão do oxigênio deve-se ao fato de ser essa a pressão parcial do oxigênio no ar seco, estando o ar sob pressão total de 1 atmosfera.

É evidente que se pode calcular o potencial do eletrodo conhecendo o valor da energia livre. Essa possibilidade é usada quando não se pode medir diretamente o potencial.

Exemplo:
Qual é o valor do potencial da reação

$$Zn + 2H_2O \,(l) \rightarrow Zn(OH)_2(s) + H_2(g) \,?$$

Como o Zn passa de Zn^0 para Zn^{2+}, tem-se n = 2:

$$\Delta G^0 = -23.060 \times n \times E^0$$

$$E^0 = \frac{\Delta G^0}{-23.060 \times n}$$

Consultando a tabela, verifica-se que para o zinco $\Delta G^0 = -19.200$ cal/mol

$$E^0 = \frac{-19.200}{-23.060 \times 2} = 0{,}416 \text{ V}$$

valor este que está próximo do constante da Tabela 3.6.

3.8 PREVISÃO DE REAÇÕES DE OXIRREDUÇÃO

A partir da tabela de potenciais de eletrodos podem ser feitas algumas generalizações qualitativas que são de grande interesse para se prever a possibilidade de uma reação redox processar-se espontaneamente. Assim, considerando-se a convenção de sinais concernente à coluna de potenciais de oxidação, e a partir de dados retirados da Tabela 3.1, pode-se ter, de forma resumida, a tabela de potenciais de oxidação (Tab. 3.7), de grande utilidade na previsão de reações de oxirredução e de casos de corrosão galvânica (ver Cap. 9).

a) Quanto mais elevada for a posição do metal na tabela de potenciais de oxidação (Tab. 3.7), maior será sua tendência a ser oxidado, isto é, a perder elétrons.
b) Metais da parte superior da tabela são fortes agentes redutores e seus íons são estáveis, ao passo que os metais colocados abaixo do hidrogênio são menos ativos e mais estáveis, e seus íons são facilmente reduzidos ao estado elementar.
c) A forma reduzida de um eletrodo que ocupe posição mais elevada na tabela pode reduzir a forma oxidada de outro eletrodo que ocupe posição inferior na tabela.
d) A forma oxidada do eletrodo que ocupe posição inferior na tabela pode oxidar a forma reduzida do eletrodo que ocupe posição superior.

Deste modo, as reações que se seguem são espontâneas no sentido abaixo indicado:

$$Fe + Ni^{2+} \rightarrow Fe^{2+} + Ni$$
$$Zn + 2H^+ \rightarrow Zn^{2+} + H_2$$
$$Zn + Fe^{2+} \rightarrow Fe + Zn^{2+}$$
$$Cu^{2+} + H_2 \rightarrow Cu + 2H^+$$

e) Quanto mais afastadas estiverem as formas oxidadas e formas reduzidas, maior será a probabilidade de a reação entre elas se processar.
f) O potencial de um eletrodo, M, corresponde à diferença de potencial da pilha eletroquímica constituída por esse eletrodo, M, e o eletrodo-padrão de hidrogênio, em que o eletrodo da esquerda é o eletrodo-padrão de hidrogênio:

$$Pt;\,H_2 \mid H^+ \parallel M^{n+} \mid M$$

O que implica a seguinte equação da pilha eletroquímica:

$$^n/_2 H_2 + M^{n+} \rightleftharpoons nH^+ + M$$

Tabela 3.7 Potenciais de oxidação

Metal	Reação no Eletrodo	Potencial (volt)
Lítio	$Li \rightarrow Li^+$ +e	+3,05
Potássio	$K \rightarrow K^+$ +e	+2,93
Cálcio	$Ca \rightarrow Ca^{2+}$ +2e	+2,87
Sódio	$Na \rightarrow Na^+$ +e	+2,71
Magnésio	$Mg \rightarrow Mg^{2+}$ +2e	+2,37
Berílio	$Be \rightarrow Be^{2+}$ +2e	+1,85
Urânio	$U \rightarrow U^{3+}$ +3e	+1,80
Alumínio	$Al \rightarrow Al^{3+}$ +3e	+1,66
Titânio	$Ti \rightarrow Ti^{3+}$ +3e	+1,63
Zircônio	$Zr \rightarrow Zr^{4+}$ +4e	+1,53
Manganês	$Mn \rightarrow Mn^{2+}$ +2e	+1,18
Zinco	$Zn \rightarrow Zn^{2+}$ +2e	+0,763
Cromo	$Cr \rightarrow Cr^{3+}$ +3e	+0,74
Ferro	$Fe \rightarrow Fe^{2+}$ +2e	+0,440
Cádmio	$Cd \rightarrow Cd^{2+}$ +2e	+0,403
Cobalto	$Co \rightarrow Co^{2+}$ +2e	+0,277
Níquel	$Ni \rightarrow Ni^{2+}$ +2e	+0,250
Molibdênio	$Mo \rightarrow Mo^{3+}$ +3e	+0,2
Estanho	$Sn \rightarrow Sn^{2+}$ +2e	+0,136
Chumbo	$Pb \rightarrow Pb^{2+}$ +2e	+0,126
Hidrogênio	$H_2 \rightarrow 2H^+$ +2e	0,000
Cobre	$Cu \rightarrow Cu^{2+}$ +2e	−0,337
Mercúrio	$2Hg \rightarrow Hg_2^{2+}$ +2e	−0,789
Prata	$Ag \rightarrow Ag+$ +e	−0,800
Platina	$Pt \rightarrow Pt^{2+}$ +2e	−1,2
Ouro	$Au \rightarrow Au^{3+}$ +3e	−1,50

De acordo com a posição de M na tabela em relação ao hidrogênio, aplica-se o item c ou d para estabelecer o sentido da reação espontânea.

Dessa forma, pode-se usar a tabela de potenciais de oxidação para prever a possibilidade de determinada reação processar-se espontaneamente.

Exemplificando, com a reação

(1)
$$Fe + Zn^{2+} \rightleftharpoons Fe^{2+} + Zn$$
(2)

qual seria o sentido em que a reação se processaria espontaneamente?

Pelo que foi dito anteriormente, como o zinco ocupa posição superior à do ferro, o sentido da reação é o sentido (2).

Pode-se relacionar a espontaneidade de uma reação com o sinal da diferença de potencial entre os eletrodos.

Para encontrar essa relação, procede-se da seguinte forma: admite-se inicialmente que a reação se processe em determinado sentido.

Admitindo que a reação se processe no sentido (1), tem-se:

1) a equação parcial de oxidação do ferro e respectivo potencial de eletrodo com o sinal trocado (potencial de oxidação);

$$Fe \rightarrow Fe^{2+} + 2e \quad (+0,440 \text{ V})$$

2) a equação parcial de redução do Zn^{2+} e respectivo potencial de eletrodo com o sinal existente na tabela (potencial de redução);

$$Zn^{2+} + 2e \rightarrow Zn \quad (-0,763 \text{ V})$$

3) a soma das duas equações parciais, para se ter a equação total

$$Fe + Zn^{2+} \rightarrow Fe^{+2} + Zn,$$

cujo potencial é igual à soma algébrica dos potenciais

$$0,440 + (-0,763) = -0,323 \text{ V}.$$

Como o sentido de espontaneidade é o sentido (2), conclui-se que valores negativos da diferença de potencial indicam que a reação não é espontânea no sentido (1), admitido inicialmente.

Procedendo-se da mesma forma para o sentido (2), tem-se

$$Zn \rightarrow Zn^{2+} + 2e \quad (+0,763 \text{ V})$$
$$Fe^{2+} + 2e \rightarrow Fe \quad (-0,440 \text{ V})$$

somando-se:

$$Zn + Fe^{2+} \rightarrow Zn^{2+} + Fe \quad (+0,323 \text{ V})$$

Logo, como a reação é espontânea no sentido (2), conclui-se que valores positivos da diferença de potencial indicam que a reação é espontânea no sentido indicado, pois $\Delta G^0 < 0$.

Pode-se determinar o potencial-padrão de uma reação redox ou da pilha resultante de um processo corrosivo usando-se a expressão já conhecida $E_{pilha} = E_C - E_A$.

Esse método se aplica à convenção da IUPAC (Potenciais de Redução).

O exercício seguinte exemplifica o caso em que se tem instalações de aço galvanizado em presença de fluido contendo íons Cu^{2+}. Essa situação conduz à corrosão do aço galvanizado, pois o processo é espontâneo, como confirma o cálculo do potencial da reação. Qual é o potencial desenvolvido quando se constrói uma pilha constituída das meias pilhas $Zn|Zn^{2+}$ (0,01 M) e $Cu|Cu^{2+}$ (0,1 M)?

Como o zinco é mais redutor que o cobre, pode-se admitir que a reação se realize espontaneamente no sentido:

$$Zn + Cu^{2+}(0,1) \rightarrow Zn^{2+}(0,01) + Cu$$

O potencial da pilha pode ser calculado pela expressão:

$$E = E_{cátodo} - E_{ânodo} \text{ ou } E = E_{Cu^{2+}(0,1),CU} - E_{Zn^{2+}(0,01),Zn}$$

Aplicando a equação de Nernst para as semirreações:

$$Zn \rightarrow Zn^{2+}(0,01) + 2e$$
$$Cu^{2+}(0,1) + 2e \rightarrow Cu, \text{ tem-se:}$$

$$E_{Cu^{2+}(0,1),Cu} = 0,337 - \frac{0,0591}{2}\log\frac{1}{0,1} = 0,307$$
$$E_{Zn^{2+}(0,01)Zn} = -0,763 - \frac{0,0591}{2}\log\frac{1}{0,01} = -0,823$$
$$E = E_{Cu^{2+}(0,1),Cu} - E_{Zn^{2+}(0,1),Zn}$$

$$E = 0,307 - (-0,823) = 1,13\text{V}$$

Como E > 0, a reação admitida é realmente espontânea e o aço galvanizado sofre corrosão.

Para comprovar as generalizações feitas a partir da tabela de potenciais de eletrodos, podem-se realizar as experiências que se seguem.

Experiência 3.1

Verificação do sentido espontâneo da equação:
(1)
$$Cu^2 + Fe \rightleftharpoons Cu + Fe^{2+}$$
(2)

Em um bécher de 100 mL, colocar 50 mL de solução molar de $CuSO_4$ (sulfato de cobre). Em seguida, mergulhar, parcialmente, uma lâmina de ferro bem limpa (decapada com ácido clorídrico) nessa solução. Observar após alguns minutos a deposição de um resíduo avermelhado-escuro de cobre na superfície da lâmina imersa na solução. Usando-se solução molar de $FeSO_4$ (sulfato de ferro II) e lâmina de cobre, e procedendo-se da maneira descrita anteriormente, não se observa nenhuma alteração na superfície da lâmina de cobre, isto é, não há deposição de resíduo metálico de ferro.

Logo, verifica-se que a equação é espontânea no sentido (1), isto é, o Cu²⁺ foi reduzido pelo ferro até cobre elementar (resíduo avermelhado), não havendo reação no sentido (2). Estas observações confirmam a previsão de possibilidade de reações por intermédio do cálculo do potencial, como já visto:

Sentido (1):
Cu²⁺ + 2e → Cu   E⁰ = + 0,337 V   E = E_C − E_A
Fe → Fe²⁺ + 2e   E⁰ = + 0,440 V   ou   E = 0,337 − (−0,440)
―――――――――――――――――――――――
Cu²⁺ + Fe → Fe²⁺ + Cu   E⁰ = + 0,777 V   E = + 0,777 V

Sentido (2):
Cu → Cu²⁺ + 2e   E⁰ = − 0,337 V
Fe²⁺ + 2e → Fe   E⁰ = − 0,440
―――――――――――――――――――――――
Cu + Fe²⁺ → Cu²⁺ + Fe   E⁰ = − 0,777 V

Experiência 3.2

Verificação do sentido espontâneo da equação

$$Pb^{2+} + Zn \underset{(2)}{\overset{(1)}{\rightleftharpoons}} Zn^{2+} + Pb$$

Em um tubo de ensaio, com cerca de 2 cm de diâmetro, colocar solução molar de Pb(CH₃COO)₂ (acetato de chumbo). Mergulhar nessa solução um bastão de zinco limpo, deixando-o, para melhor observação, suspenso na solução. Em outro tubo de ensaio, adicionar solução molar de ZnSO₄ (sulfato de zinco) e mergulhar o bastão de chumbo. Verifica-se que sobre o bastão de zinco há imediata deposição de resíduo escuro e, passado algum tempo, será observado um depósito de chumbo cristalino e abundante. No outro tubo, nada se observa sobre o bastão de chumbo.

Das observações, pode-se concluir que a equação é espontânea no sentido (1), isto é, o zinco reduz Pb²⁺ até chumbo elementar. Essas observações confirmam a previsão feita pelo cálculo dos potenciais:
Sentido (1): E = −0,126 − (−0,763) = +0,637 V
Sentido (2): E = −0,763 − (−0,126) = −0,637 V

Experiência 3.3

Verificação do sentido espontâneo da equação:

$$Cu^{2+} + Hg \underset{(2)}{\overset{(1)}{\rightleftharpoons}} Cu + Hg^{2+}$$

Em um bécher de 100 mL, colocar cerca de 50 mL de solução molar de HgCl₂ (cloreto de mercúrio II) e mergulhar parcialmente uma lâmina de cobre. Em outro bécher, adicionar solução molar de CuSO₄ (sulfato de cobre) e adicionar uma a duas gotas de mercúrio. Após alguns minutos, observa-se sobre a lâmina de cobre um depósito acinzentado que, retirado o excesso com papel de filtro, tem o aspecto característico de mercúrio. No outro bécher não se observa nenhum depósito sobre o mercúrio. A partir dessas observações comprova-se que o sentido espontâneo é o (2), isto é, o cobre elementar reduziu o íon Hg²⁺ até mercúrio elementar, como se podia prever pelo cálculo do potencial ou da posição na tabela de potenciais:

$$Hg^{2+} + 2e \rightarrow Hg \ (+0,85 \ V)$$

Sentido (1): −0,513 V
Sentido (2): +0,513 V

Experiência 3.4

Verificação do sentido espontâneo da equação:

$$2Al + 3Hg^{2+} \underset{(2)}{\overset{(1)}{\rightleftharpoons}} 2Al^{3+} + 3Hg$$

Sobre uma chapa de alumínio, previamente limpa, colocar uma gota de solução molar de HgCl₂ (cloreto de mercúrio II) e em um bécher colocar solução de AlCl₃ (cloreto de alumínio) e gotas de mercúrio. Após alguns minutos, observa-se que, no bécher, o mercúrio permanece inalterável, ao passo que sobre a chapa de alumínio observa-se um resíduo cinza brilhante, de mercúrio, que vai tornando-se opaco, com formação de pó esbranquiçado (ver Experiência 3.5). Das observações, pode-se concluir que o sentido espontâneo é o (1), comprovando a previsão feita pelo cálculo dos potenciais:
Sentido (1): +2,51 V
Sentido (2): −2,51 V

Com as experiências anteriores comprovou-se, de forma exata, a importância da tabela de potenciais de oxidação para a previsão de reações de oxirredução. Pode-se, com os resultados experimentais anteriores, apresentar algumas considerações úteis para explicar e prevenir problemas de corrosão. Assim, não se deve:

a) embalar, em recipientes de ferro, soluções de sulfato de cobre ou, generalizando, soluções de sais que contenham íons que estejam abaixo do ferro, na tabela de potenciais;
b) transportar por tubulações de ferro soluções que contenham íons Cu²⁺ ou íons que estejam abaixo do ferro, na tabela de potenciais;

c) deixar em contato com superfícies galvanizadas soluções que possam conter íons Pb^{2+}, Cu^{2+} ou, generalizando, íons que estejam abaixo do zinco, na tabela de potenciais;
d) deixar que a água de resfriamento usada em trocadores de calor que empregam tubos de alumínio contenha em solução sais de cobre ou de mercúrio, mesmo em pequenas quantidades.

Para mostrar o efeito desastroso da presença de mercúrio em contato com alumínio, pode-se realizar a Experiência 3.5, que se segue.

EXPERIÊNCIA 3.5

Sobre uma chapa de alumínio, previamente limpa, colocar uma gota de solução de $HgCl_2$, deixar alguns minutos (1-2 minutos), lavar, secar com papel de filtro e expor ao ar. Observa-se que, com o tempo, vai crescendo, sobre o local em que se colocou a gota da solução de $HgCl_2$, um resíduo branco. Retirando-se esse resíduo, haverá novo crescimento.

Essas observações são explicadas pelas equações:

$$2Al + 3Hg^{2+} \rightarrow 2Al^{3+} + 3Hg$$

$$2Al\text{-}Hg + 3/2 O_2 \rightarrow Al_2O_3 + 2Hg$$

Há formação de mercúrio elementar que forma amálgama com o alumínio, AlHg, e este é, então, rapidamente oxidado pelo oxigênio do ar, dando o resíduo branco de óxido de alumínio, Al_2O_3, que nessas condições é poroso e não aderente.

O mercúrio tem, portanto, ação catalítica na oxidação do alumínio pelo oxigênio. Quando se retira o óxido de alumínio formado, parte do mercúrio liberado ainda forma amálgama com o alumínio, daí o reaparecimento do óxido. Essa reação prossegue até que o mercúrio seja arrastado pelo óxido de alumínio e, dependendo da espessura da chapa, pode-se observar sua perfuração em pouco tempo.

Outra observação interessante, que pode ser obtida da tabela de potenciais de eletrodo, é a de que os metais abaixo do hidrogênio não são atacados por ácidos não oxidantes. O cobre não é atacado por ácidos não oxidantes, como o HCl, por exemplo. Entretanto, se este ácido for contaminado com oxigênio ou se for usado um ácido oxidante, como, o nítrico, HNO_3, tem-se a oxidação do cobre e consequente corrosão.

$$Cu + 2HCl + 1/2 O_2 \rightarrow CuCl_2 + H_2O,$$

podendo-se admitir como reação intermediária a formação de CuO ou Cu_2O, que são, então, atacados pelo ácido clorídrico.

$$2Cu + 1/2 O_2 \rightarrow Cu_2O$$
$$Cu + 1/2 O_2 \rightarrow CuO$$
$$Cu_2O + 2HCl \rightarrow Cu_2Cl_2 + H_2O$$
$$CuO + 2HCl \rightarrow CuCl_2 + H_2O$$

No caso do ácido nítrico, pode-se ter:

$$2Cu + 6HNO_3 \rightarrow 2Cu(NO_3)_2 + NO + NO_2 + 3H_2O$$

Esse ataque por ácidos contendo oxigênio poderia ser previsto, pois é espontâneo, conforme dados de potenciais retirados da Tabela 3.1.

$$Cu \rightarrow Cu^{2+} + 2e \qquad (-0{,}337\ V)$$
$$O_2 + 4H^+ + 4e \rightarrow 2H_2O \qquad (+1{,}229\ V)$$

somando:

$$2Cu + O_2 + 4H^+ \rightarrow 2Cu^{2+} + 2H_2O \qquad (+0{,}892\ V)$$

É evidente que o potencial do eletrodo não é o único critério a considerar na análise da eventualidade de um processo corrosivo. É preciso levar em conta, em qualquer caso, a curva de polarização associada ao eletrodo, pois esta pode dar informações completas sobre a cinética dos processos que podem ocorrer num determinado sistema. Esse assunto será abordado no Cap. 13.

REFERÊNCIAS BIBLIOGRÁFICAS

1. DENARO, A. R. *Fundamentos de Eletroquímica*. São Paulo: Edgard Blücher/Ed. Universidade de São Paulo, 1974. p. 123.

2. QUAGLIANO, J. V. *Chemistry*. 2. ed. NY: Prentice-Hall, 1963. p. III e 449.

3. ANDER, P.; SONNESSA, A. J. *Principles of Chemistry – An Introduction to Theoretical Concepts*. NY: The Macmillan Company, 1965. p. 288.

4. DANIELS, F. *Outlines of Physical Chemistry*. NY: John Wiley, 1948. p. 443–447.

5. COTTON, F. A.; ILKINSON, G. *Advanced Inorganic Chemistry – A Comprehensive Text*. NY: Interscience Publishers, 1967. p. 198.

6. CHRISTIANSEN, J. A. Conventions Concerning the Sign of Electromotive Forces and Electrode Potentials. *J. Am. Chem. Soc.*, v. 82, n. 21, p. 5517–8, 1960.

7. LATIMER, W. M. *The Oxidation States of the Elements and Their Potentials in Aqueous Solutions*. 2. ed. NY: Prentice-Hall, 1952. p. 340–8.

8. POURBAIX, M. *Atlas d'Équilibres Électrochimiques*. Paris: Gauthier-Villars, 1963.

9. POURBAIX, M. *Leçons en Corrosion Électrochimique*. Bruxelas: CEBELCOR, 1975.

10. Akimov, G. V. *Théorie et Méthodes d'Essais de la Corrosion des Métaux.* Paris: Dunod, 1957. p. 73.
11. Uhlig, H. H. *The Corrosion Handbook.* New York: John Wiley & Sons, 1958. p. 1142.
12. Stanbury, D. M. *et al.* Standard Electrode Potentials Involving Radicals in Aqueous Solution: Inorganic Radicals. *IUPAC Technical Report*, 2016.
13. Pingarrón, J. M. *et al.* Terminology of electrochemical methods of analysis (IUPAC Recommendations 2019). *Pure Ppl. Chem.*, v. 92, n. 4, p. 641-94, 2020.

EXERCÍCIOS

As questões 3.1, 3.2 e 3.3 referem-se ao diagrama de Pourbaix (Fig 3.7).

3.1. Uma amostra de ferro foi colocada em uma solução aquosa de pH 3,0. Qual deverá ser o potencial de eletrodo máximo do ferro para que este esteja imune à corrosão, conforme o diagrama de Pourbaix para o sistema Fe–H_2O?

3.2. Quais são as espécies termodinamicamente estáveis do ferro para uma faixa de potencial de eletrodo entre $-1,0$ V e $0,2$ V e quando o pH da solução é 1,0?

3.3. A partir de qual potencial o ferro estará passivado, quando o pH da solução for 7,0?

3.4. Deduza as equações das linhas de equilíbrio (Fig. 3.7) para os seguintes pares:
   a. Fe^{2+} / Fe^{3+}
   b. Fe / FeO (dado: $\Delta G^0_{298} = 71{,}13 \times 10^3$ J)
   c. Fe / Fe_3O_4 (dado: $\Delta G^0_{298} = 65{,}270 \times 10^3$ J)
   d. FeO / Fe_3O_4 (dado: $\Delta G^0_{298} = 43{,}930 \times 10^3$ J)

3.5. O que é um eletrodo redox?

Capítulo 4

Pilhas Eletroquímicas

4.1 CONSIDERAÇÕES GERAIS

No estudo da corrosão, as pilhas eletroquímicas são de grande importância, pois todo problema sobre esse tema pode ser associado a uma pilha. No Capítulo 3, foi apresentado o conjunto de conceitos básicos e a representação da pilha completa (ver Fig. 3.4 e Fig. 3.5). No entanto, na prática, a pilha de corrosão apresentará os seguintes componentes:

a) *ânodo*: eletrodo em que há oxidação (corrosão) e onde a corrente elétrica, na forma de íons metálicos positivos, entra no eletrólito;
b) *eletrólito*: condutor (usualmente um líquido) contendo íons que transportam a corrente elétrica do ânodo para o cátodo;
c) *cátodo*: eletrodo onde a corrente elétrica sai do eletrólito ou o eletrodo no qual as cargas negativas (elétrons) provocam reações de redução;
d) *circuito metálico*: ligação metálica entre o ânodo e o cátodo por onde escoam os elétrons, no sentido ânodo-cátodo.

Nesse caso, não teremos a ponte salina e a representação da pilha de corrosão será conforme a Figura 4.1.

Retirando-se um desses componentes, elimina-se a pilha e, consequentemente, diminui-se a possibilidade de corrosão. Evidentemente, podem-se retirar o cátodo, a ligação metálica ou o eletrólito. O ânodo, sendo a própria estrutura metálica que se deseja proteger, não pode ser retirado, então, aplica-se nele revestimento protetor e/ou proteção catódica.

O sentido de corrente elétrica convencional, estabelecido quando não se tinha conhecimento aprofundado da estrutura atômica, admitia que as cargas positivas se deslocavam através dos condutores. Posteriormente, verificou-se que, na realidade, eram as cargas negativas, isto é, os elétrons que se deslocavam, daí a existência de sinais diferenciados para ânodo e cátodo.[1]

Posteriormente, verificou-se que, na realidade, eram as cargas negativas, isto é, os elétrons que se deslocavam, daí a existência de sinais diferenciados para ânodo e cátodo. Portanto, considerando o sentido convencional, o cátodo é o eletrodo negativo (-) e o ânodo é o eletrodo positivo (+). Já no sentido real, os sinais serão invertidos.

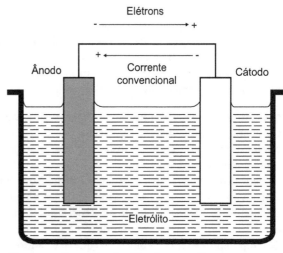

Figura 4.1 Esquema da pilha de corrosão.

Como já visto, a pilha é caracterizada por uma diferença de potencial entre seus eletrodos, em circuito aberto – é a sua **força eletromotriz**. Ela é, segundo a convenção de sinais, usada pela IUPAC, igual a:

$$E_{pilha} = E_{cátodo} - E_{ânodo}$$

em que $E_{cátodo}$ e $E_{ânodo}$ são os potenciais de redução dos eletrodos.

Na representação da pilha, usa-se colocar o ânodo à esquerda e o cátodo à direita, e a barra dupla no meio, representa a ponte salina que faz com que se elimine, praticamente, o potencial de junção líquida, que é a diferença de potencial elétrico que existe na interface formada por duas soluções eletrolíticas distintas. Com o uso da ponte salina, o potencial de junção líquida é substituído por dois outros que atuam em sentidos opostos e com valores próximos de zero.

Assim, a pilha formada pelos eletrodos de Fe | Fe^{2+} (1 M) e Cu | Cu^{2+} (1 M) tem a representação

$$Fe\ |\ Fe^{2+}\ (1\ M)\ ||\ Cu^{2+}\ (1\ M)\ |\ Cu$$

e sua força eletromotriz pode ser calculada do seguinte modo:

$$E = +0{,}337 - (-00{,}44)$$
$$E = +0{,}777\ V$$

4.2 TIPOS DE PILHAS

Considerando a reação química que ocorre em uma pilha como

$$aA + bB \rightarrow cC + dD,$$

sua força eletromotriz, E, é dada pela equação de Nernst:

$$E = E^0 - \frac{0{,}05591}{n} \log \frac{a_C^c \cdot a_D^d}{a_A^a \cdot a_B^b}$$

ou

$$E = E^0 + \frac{0{,}05591}{n} \log \frac{a_C^c \cdot a_D^d}{a_A^a \cdot a_B^b}$$

na qual a_A e a_B são as atividades das substâncias A e B, que estão no estado oxidado, e a_C e a_D são as atividades das substâncias C e D, que estão no estado reduzido.

Pela equação de Nernst, observa-se que aparece uma diferença de potencial entre dois eletrodos quando:

a) os eletrodos são constituídos de diferentes substâncias e possuem, portanto, diferentes potenciais;
b) os eletrodos são da mesma substância, mas as soluções contêm atividades diferentes;
c) os eletrodos são da mesma substância e as soluções contêm atividades iguais, mas os eletrodos estão submetidos a diferentes pressões parciais de substâncias gasosas;
d) os eletrodos estão a temperaturas diferentes – a diferença de temperatura altera o fator 0,0591, que só é válido para a temperatura de 298 K.

De acordo com essas observações, pode-se dizer que nos processos de corrosão devem ser destacados os principais tipos de pilhas eletroquímicas, nas quais se verifica que as reações em ação criam, espontaneamente, uma força eletromotriz:

- pilha de eletrodos metálicos diferentes (a);
- pilha de concentração (b e c);
- pilha de temperaturas diferentes (d).

No caso de processo não espontâneo devem ser destacadas as pilhas eletrolíticas.

4.2.1 Pilha de Eletrodos Metálicos Diferentes

É o tipo de pilha de corrosão que ocorre quando dois metais ou ligas diferentes estão em contato e imersos num mesmo eletrólito; é a chamada **pilha galvânica**. Por observações anteriores, sabe-se que o metal mais ativo na tabela de potencial de eletrodo é o que funciona como ânodo da pilha, isto é, cede elétrons, sendo, portanto, corroído. Considerando-se, por exemplo, o caso do ferro em contato metálico com cobre e imersos em um eletrólito, como água salgada, pode-se apresentar o esquema dessa pilha (Fig. 4.2), onde se indica o sentido de transferência de elétrons do ferro para o cobre.

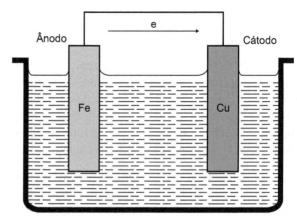

Figura 4.2 Pilha galvânica entre ferro e cobre.

Assim, se a uma tubulação de aço-carbono se liga uma válvula de latão (liga de cobre e zinco) em presença de eletrólitos, tem-se uma corrosão mais acentuada próximo ao contato aço-carbono-latão, corroendo-se preferencialmente o tubo de aço, pois este funciona como ânodo da pilha formada (Fig. 4.3), porque o aço ocupa uma posição mais elevada que o latão na Tabela 3.4. Pode-se, portanto, prever que, em meio corrosivo aquoso, o ferro tem maior tendência de passar para a solução sob a forma de íons, perdendo elétrons e, consequentemente, sofrendo corrosão (oxidação) e funcionando como ânodo da pilha.

$$Fe \rightarrow Fe^{2+} + 2e\ (oxidação) \qquad (1)$$

E, consequentemente, o eletrodo de latão funciona como cátodo, ocorrendo na região catódica as possíveis reações:

Figura 4.3 Corrosão galvânica em tubo de aço-carbono no contato com válvula de latão.

$$H_2O + \tfrac{1}{2}O_2 + 2e \rightarrow 2OH^- \text{ (meio aerado)} \quad (2)$$

$$2H_2O + 2e \rightarrow H_2 + 2OH^- \text{ (meio não aerado)} \quad (3)$$

ou

$$2H^+ + 2e \rightarrow 2H \rightarrow H_2 \text{ (meio ácido)} \quad (4)$$

Como é de fundamental importância no estudo da corrosão caracterizar a *região anódica* (*ânodo*) e a *região catódica* (*cátodo*), é interessante a apresentação de experiências que permitam, de maneira simples e bem definida, esta caracterização. Estas experiências comprovam, embora se esteja agora falando em potenciais irreversíveis, que a posição relativa dos eletrodos na tabela de potenciais (Tab. 3.1) se mantém, em alguns casos, possibilitando a previsão de processos corrosivos.

Experiência 4.1

Em um bécher de 250 mL, colocar 200 mL de solução aquosa a 3 % de cloreto de sódio, 1 mL de solução aquosa alcoólica a 1 % de fenolftaleína e 2 mL de solução aquosa N (normal) de ferricianeto de potássio. Imergir dois eletrodos metálicos, sendo um de cobre e outro de ferro, ligando-os por meio de um fio de cobre ou outro condutor, como mostra a Figura 4.4. Decorridos alguns minutos, será observada coloração róseo-avermelhada em torno do eletrodo de cobre e depósito azul em torno do eletrodo de ferro.

A explicação das colorações observadas e da razão da adição ao meio corrosivo das substâncias fenolftaleína e ferricianeto de potássio faz-se a seguir:

a) no ânodo, tem-se a corrosão do ferro de acordo com a reação:

$$Fe \rightarrow Fe^{2+} + 2e \quad (5)$$

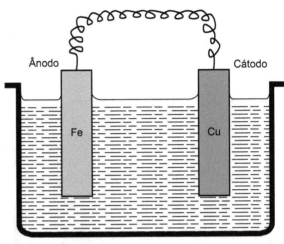

Figura 4.4 Áreas anódica e catódica na pilha Fe-Cu. (Ver Pranchas Coloridas, Foto 79.)

e como seria difícil esta observação em pouco tempo, adiciona-se $K_3Fe(CN)_6$, que é um reagente bem sensível para Fe^{2+} e com o qual forma o resíduo azul de $Fe_3[Fe(CN)_6]_2$;

b) no cátodo, ocorre a reação:

$$H_2O + \tfrac{1}{2}O_2 + 2e \rightarrow 2OH \quad (6)$$

e verifica-se que, conforme a reação vai-se processando, acentua-se o meio básico, isto é, formação de íons hidroxila, OH^-, que é identificado pela fenolftaleína, dando a característica coloração róseo-avermelhada.

Experiência 4.2

Proceder de modo semelhante à Experiência 4.1, porém, usar eletrodos metálicos de zinco e ferro em vez de cobre e ferro. Observar, após alguns minutos, que em torno do eletrodo de ferro há o aparecimento de coloração róseo-avermelhada e em torno do eletrodo de zinco vai-se formando um resíduo esbranquiçado.

Confirma-se, portanto, nesta experiência, que o zinco é o ânodo e o ferro, o cátodo, ficando, portanto, protegido e não sofrendo corrosão. Estas observações podem ser confirmadas por consulta à tabela de potenciais de eletrodos-padrão, que dá os seguintes valores para os eletrodos de zinco e de ferro, respectivamente:

$$Zn^{2+} + 2e \rightarrow Zn \ (-0,763 \text{ V})$$

$$Fe^{2+} + 2e \rightarrow Fe \ (-0,44 \text{ V})$$

Calculando-se o potencial da pilha, verifica-se que o processo é espontâneo

$$E_{pilha} = E_C - E_A$$

$$E_{pilha} = -0,44 - (-0,763)$$

$$E_{pilha} = +0,323 \text{ V}$$

Observa-se a maior tendência do zinco em ceder elétrons, podendo-se, então, esquematizar a representação desta pilha como mostra a Figura 4.5.

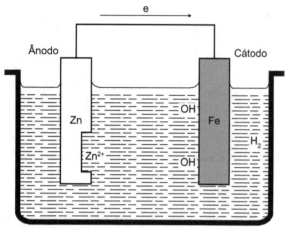

Figura 4.5 Áreas anódica e catódica na pilha Zn-Fe. (Ver Pranchas Coloridas, Foto 81.)

Têm-se as reações nas áreas:
- anódica: $Zn \rightarrow Zn^{2+} + 2e$
- catódica: $H_2O + 1/2 O_2 + 2e \rightarrow 2OH^-$

A razão do aparecimento da coloração róseo-avermelhada em torno do ferro se deve ao meio alcalino (OH⁻) em presença de fenolftaleína, e o resíduo esbranquiçado, em torno do eletrodo de zinco, resulta do hidróxido de zinco, formado de acordo com a equação

$$Zn^{2+} + 2OH^- \rightarrow Zn(OH)_2$$

ou do ferricianeto de zinco:

$$3Zn^{2+} + 2Fe(CN)_6^{3-} \rightarrow Zn_3[Fe(CN)_6]_2$$

Neste caso, não houve corrosão do ferro, pois, em caso afirmativo, haveria a oxidação dele a Fe^{2+}, que reagiria com o ferricianeto, adicionado ao eletrólito, dando o produto $Fe_3[Fe(CN)_6]_2$, azul.

Com essas experiências, pode-se comprovar a relatividade dos termos ânodo e cátodo: o ferro funciona como ânodo (se corrói) quando acoplado ao eletrodo de cobre, mas permanece protegido, quando acoplado ao eletrodo de zinco, porque este último é que funciona como ânodo.

No exemplo seguinte – magnésio ligado à tubulação de ferro, estando o sistema enterrado – pode-se, de acordo com a tabela de potenciais, verificar que o ânodo é o magnésio, logo sofre corrosão, enquanto o ferro, que funciona como cátodo, fica protegido (Fig. 4.6).

Pode-se concluir das Experiências 4.1 e 4.2 e da Figura 4.6 que:

- o metal que funciona como cátodo fica protegido, isto é, não sofre corrosão. Esta conclusão explica o mecanismo da proteção catódica com ânodos de sacrifício ou galvânicos, bem como a razão de

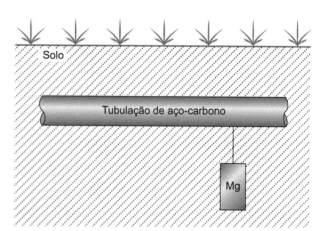

Figura 4.6 Proteção catódica de tubulação de aço-carbono com ânodo de magnésio.

serem usados magnésio, alumínio e zinco como ânodos para a proteção do ferro: daí o grande uso desses ânodos para proteção catódica com ânodos de sacrifício em cascos de navios, tanques de armazenamento de petróleo ou tanques de navios que apresentam lastro de água salgada, estacas de plataformas marítimas etc.;

- a ligação entre materiais metálicos diferentes deve ser precedida de consulta à tabela de potenciais de eletrodos padrão ou às tabelas práticas, a fim de se prever a possibilidade de caracterização do ânodo e do cátodo da pilha possivelmente resultante.

Podem-se considerar como exemplos particulares de pilhas de eletrodos metálicos diferentes as chamadas pilhas ativa-passiva e de ação local.

Pilha ativa-passiva

Alguns metais e ligas tendem a tornar-se passivos devido à formação de uma película fina e aderente de óxido ou outro composto insolúvel nas suas superfícies. Entre esses metais e ligas têm-se: alumínio, chumbo, aço inoxidável, titânio, ferro e cromo. A passivação faz com que esses materiais funcionem como áreas catódicas. Entretanto, o íon cloreto e, em menor escala, o brometo e o iodeto destroem, em alguns casos, essa passivação ou impedem sua formação. Os íons cloretos penetram, através de poros ou falhas, na rede cristalina da película passivadora ou dispersam, sob forma coloidal, a película, aumentando sua permeabilidade. Daí o ataque a aços inoxidáveis por meios corrosivos contendo cloretos.

A destruição da passividade pelo íon cloreto não ocorre em toda a extensão da película, e sim, em pontos, talvez determinados por pequenas variações na estrutura e na espessura da película. Formam-se, então, pequenos pontos de metal ativo (ânodos) circundados por grandes áreas de metal passivado (cátodos), dando lugar a uma diferença de potencial entre essas áreas da ordem de 0,5 V. A pilha resultante é que se costuma chamar **pilha ativa-passiva**.

A destruição da passividade também pode ocorrer por meio de riscos na camada de óxido, expondo superfície metálica ativa que funcionaria como ânodo: caso de corrosão em tubos rosqueados, onde se observa ataque mais acentuado nas partes rosqueadas.

Experiência 4.3

Em uma placa de aço inoxidável AISI 304 passivado, executar um risco, em forma de X, até atingir superfície inferior não passivada. Adicionar, em seguida, sobre a área riscada, solução de sulfato de cobre a 10 % e deixar durante alguns minutos. Lavar com água e observar coloração avermelhada, característica de cobre, na área riscada.

A explicação para a observação é a seguinte: por ação mecânica, ao riscar a placa de aço, foi retirada a película passivante de óxido de cromo, Cr_2O_3, expondo a superfície não passivada, isto é, no estado ativo, tendo-se, então, a pilha ativa-passiva, e na área riscada, anódica, ocorreu a reação com formação de cobre no estado metálico:

$$Fe + CuSO_4 \rightarrow FeSO_4 + Cu$$

Pilha de ação local

Observa-se experimentalmente que o zinco de alta pureza resiste mais à ação de ácido sulfúrico diluído que o zinco comercial. Aparentemente, o ataque é feito uniformemente sobre toda a superfície do zinco comercial, mas, se observado sob uma lente de aumento, verifica-se que o desprendimento do hidrogênio gasoso ocorre somente em determinados pontos da superfície do zinco. As impurezas (ferro, carbono, cobre) normalmente presentes no zinco funcionam como microcátodos, funcionando o zinco como ânodo. Esquematicamente, tem-se, no caso de zinco imerso em solução de ácido sulfúrico, o aspecto observado na Figura 4.7.

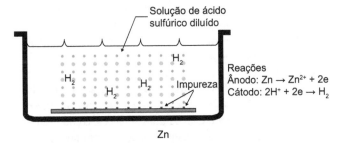

Figura 4.7 Pilha de ação local em chapa de zinco impuro.

Quando os ânodos e os cátodos estão em contato direto, em presença de um eletrólito, formam o que alguns autores chamam de **pilha de ação local**. Quando, em um sistema, existe a tendência a desenvolver-se esse tipo de processo, inúmeras pilhas de ação local podem ser observadas sobre a mesma superfície. A Experiência 4.4 evidencia a influência das impurezas no ataque de um material metálico.

Experiência 4.4

Em um bécher de 250 mL, adicionar cerca de 150 mL de solução 3 N de ácido sulfúrico, H_2SO_4. Mergulhar, parcialmente, nessa solução um bastão de zinco, pró-análise, isto é, de alta pureza, e um bastão de cobre, separados como mostra a Figura 4.8a. Observar que o ataque do zinco é muito pequeno, podendo-se notar bolhas de gás hidrogênio adsorvidas sobre o bastão de zinco e ausência de corrosão no bastão de cobre que permanece inalterado. Em seguida, como mostra a Figura 4.8b, ligar o bastão de cobre ao de zinco e observar que, agora, ocorre desprendimento intenso de gás hidrogênio sobre o cobre, dando a impressão de que esse metal é que está sofrendo corrosão. Entretanto, o bastão de cobre funcionou como a impureza necessária para formar a pilha, na qual o zinco é o ânodo, portanto, ele é que está sofrendo corrosão, e o cobre é o cátodo. Como o hidrogênio é liberado no cátodo, não ocorre sua adsorção no zinco, deixando-o livre para reagir com o ácido sulfúrico.

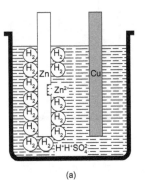 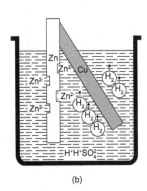

(a) (b)

Figura 4.8 Influência da presença de impurezas em zinco: (a) zinco puro polarizado por adsorção de hidrogênio e (b) zinco não polarizado, pois o hidrogênio é desprendido na impureza, representada no caso pelo bastão de cobre.

4.2.2 Pilhas de Concentração

Existem casos em que se têm materiais metálicos de mesma natureza, mas que podem originar uma diferença de potencial, ocasionando processos de corrosão. Isso ocorre quando se tem um mesmo material metálico em contato com diferentes concentrações de um mesmo eletrólito ou em contato com o mesmo eletrólito, porém em locais em que os teores de gases dissolvidos são diferentes. Tem-se no primeiro caso a **pilha de concentração iônica** e, no segundo, a **pilha de aeração diferencial**.

Pilha de concentração iônica

Pilha formada por material metálico de mesma natureza, em contato com suas soluções de diferentes concentrações. De acordo com a equação de equilíbrio, para um eletrodo metálico

$$M^{n+} + ne \underset{(1)}{\overset{(2)}{\rightleftarrows}} M$$

pode-se verificar que, diminuindo-se a concentração dos íons M^{n+}, o equilíbrio tende a deslocar-se no sentido (1), aumentando a tendência à perda de elétrons. Pelo mesmo raciocínio, verifica-se que o aumento da concentração diminuiria essa tendência. Pode-se fixar, então, a natureza elétrica dos eletrodos:

- ânodo: aquele que estiver imerso na solução mais diluída.
- cátodo: aquele que estiver imerso na solução mais concentrada.

Para confirmar esta conclusão, pode-se utilizar o sistema esquematizado na Figura 4.9, e admitindo-se que as concentrações de Cu^{2+} sejam respectivamente 0,01 M no eletrodo da esquerda e 1 M no eletrodo da direita, calcular o potencial usando-se a conhecida equação de Nernst.

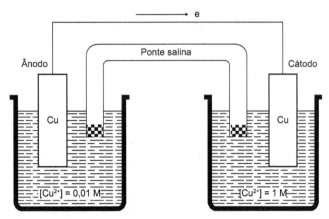

Figura 4.9 Pilha de concentração iônica.

Para o eletrodo imerso em solução cuja concentração é 0,01 M de Cu^{2+}, tem-se:

$$E = E^0 - \frac{0,0591}{2} \log \frac{a_{Cu}}{a_{Cu^{2+}}}$$

Admitindo que $a_{Cu^{2+}} = [Cu^{2+}] = 0,01\ M$

$$E = +0,337 + \frac{0,0591}{2} \log \frac{1}{0,01}$$

$$E = +0,337 - 0,06$$

$$E = +0,277\ V$$

Para o eletrodo imerso em solução cuja concentração é 1 M de Cu^{2+}, tem-se: $a_{Cu^{2+}} = [Cu^{2+}] = 1M$. O valor do potencial será

$$E = +0,337\ V$$

Considerando o eletrodo imerso em solução 0,01 M como o ânodo e o imerso em solução (1 M) como o cátodo, tem-se para a força eletromotriz da pilha o valor

$$E_{pilha} = E_{cátodo} - E_{ânodo}$$
$$E_{pilha} = 0,337 - 0,277$$
$$E_{pilha} = +0,06\ V$$

Como o E_{pilha} é maior que zero, a hipótese admitida está correta. Admitindo o eletrodo imerso em solução (1 M) como o ânodo e o eletrodo imerso em solução 0,01 M de Cu^{2+} como cátodo, a força eletromotriz desta pilha seria

$$E_{pilha} = 0,277 - 0,337$$
$$E_{pilha} = -0,06\ V$$

Pode-se concluir que esta hipótese é incorreta, pois $E_{pilha} < 0$. A representação exata da pilha é

$$Cu\ |\ Cu^{2+}\ (0,01\ M)\ ||\ Cu^{2+}\ (1\ M)\ |\ Cu$$

e, portanto, o eletrodo que funciona como ânodo, em uma pilha de concentração, é aquele que apresenta menor concentração iônica.

As reações que se processam são:

- reação do ânodo: $Cu \rightarrow Cu^{2+}\ (0,01\ M) + 2e\ (-0,277\ V)$
- reação do cátodo: $Cu^{2+}\ (1\ M) + 2e \rightarrow Cu\ (+0,337\ V)$
- reação da pilha: $Cu^{2+}\ (1\ M) \rightarrow Cu^{2+}\ (+0,01\ M)\ E_{pilha} = +0,06$

Observa-se que, à medida que a reação se processa, a solução mais concentrada torna-se mais diluída e a solução mais diluída torna-se mais concentrada, até que ambas cheguem a uma mesma concentração, atingindo-se, portanto, uma situação de equilíbrio, quando, então, a força eletromotriz da pilha será zero e as concentrações serão iguais à média aritmética das concentrações iniciais.

Pode-se comprovar experimentalmente, conforme demonstrado pelo cálculo anterior, que a área anódica é aquela região em que o metal está em contato com a solução mais diluída do eletrólito usando-se a Experiência 4.5.

EXPERIÊNCIA 4.5

Em um tubo de ensaio, com cerca de 3 cm de diâmetro e 10 cm de altura, adicionar até cerca de 4 cm de altura solução concentrada de cloreto de estanho (II) (40 % de $SnCl_2$ em ácido clorídrico a 10 %). Em seguida, adicionar cuidadosamente, sem agitar, a fim de não misturar as soluções, quantidade igual de solução diluída a 0,2 % de $SnCl_2$ em ácido clorídrico a 10 %. Colocar sem agitar, suspenso por uma rolha, ou outro dispositivo de fixação, um bastão de estanho, de maneira que ele fique totalmente imerso e que entre em contato com as duas soluções, como esquematizado na Figura 4.10. Depois de algum tempo (15 a 30 minutos), observa-se um depósito cristalino de estanho na parte do bastão que está em contato com a solução mais concentrada em Sn^{2+}. Deixando-se mais tempo, a observação fica mais nítida. O depósito de estanho é decorrente da reação na área catódica da pilha

$Sn\ |\ Sn^{2+}$ (solução diluída) $||\ Sn^{2+}$ (solução concentrada) $|\ Sn$, cujas reações são:

- área anódica (solução diluída)

$$Sn \rightarrow Sn^{2+} + 2e$$

- área catódica (solução concentrada)

$$Sn^{2+} + 2e \rightarrow Sn$$

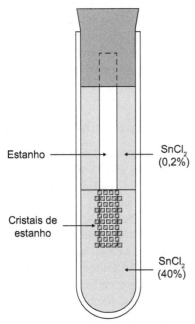

Figura 4.10 Pilha de concentração iônica entre soluções diluída e concentrada de cloreto de estanho (II), ou cloreto estanoso.

Pilha de aeração diferencial

É a pilha constituída de eletrodos de um só material metálico em contato com um mesmo eletrólito, mas apresentando regiões com diferentes teores de gases dissolvidos. Como ocorre com mais frequência em regiões diferentemente aeradas, é conhecida com o nome de **pilha de aeração diferencial** ou de **oxigenação diferencial**. A diferença de concentração do oxigênio origina uma diferença de potencial, funcionando o eletrodo mais aerado como cátodo e o menos aerado como ânodo (Fig. 4.11).

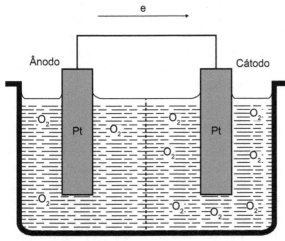

Figura 4.11 Pilha de aeração diferencial. (Ver Pranchas Coloridas, Foto 83.)

Como normalmente há uma tendência, quase natural, de alguns admitirem que o eletrodo mais aerado é que deveria ser o ânodo e, portanto, corroído, é de toda necessidade determinar os potenciais desses eletrodos a fim de comprovar a localização das áreas anódicas e catódicas.

Admitindo-se que as pressões parciais de oxigênio sejam diferentes para os eletrodos, respectivamente, da esquerda e da direita, e supondo-se que o eletrodo da esquerda seja o ânodo e o da direita o cátodo, tem-se para a força eletromotriz da pilha

$$E_{pilha} = E_{cátodo} - E_{ânodo} \qquad (7)$$

Em condições ideais, a equação de equilíbrio do eletrodo de oxigênio em soluções neutras ou alcalinas é

$$2H_2O + O_2 + 4e \rightleftharpoons 4OH^-$$

e o seu potencial-padrão de redução é $E^0 = +0{,}401$ V.

Os potenciais dos eletrodos podem ser obtidos desde que se considerem as atividades das fases gasosas como iguais às respectivas pressões parciais:

- eletrodo da esquerda (ânodo)

$$E_{ânodo} = 0{,}401 - \frac{0{,}0591}{4} \log \frac{a^4_{[OH^-]}}{p^{(A)}_{O_2}}$$

- eletrodo da direita (cátodo)

$$E_{cátodo} = 0{,}401 - \frac{0{,}0591}{4} \log \frac{a^4_{[OH^-]}}{p^{(C)}_{O_2}}$$

Sendo $p^{(A)}_{O_2}$ e $p^{(C)}_{O_2}$ as pressões parciais do oxigênio no ânodo e cátodo, respectivamente.

Para facilitar a representação gráfica, admite-se

$$a_{[OH^-]} = a$$

Substituindo estes valores em (7), tem-se:

$$E_{pilha} = 0{,}401 - \frac{0{,}0591}{4} \log \frac{a^4}{p^{(C)}_{O_2}} - 0{,}401 + \frac{0{,}0591}{4} \log \frac{a^4}{p^{(A)}_{O_2}}$$

$$E_{pilha} + \frac{0{,}0591}{4} \log \frac{a^4}{p^{(A)}_{O_2}} - \frac{0{,}0591}{4} \log \frac{a^4}{p^{(C)}_{O_2}}$$

$$E_{pilha} + \frac{0{,}0591}{4} \left(\log \frac{a^4}{p^{(A)}_{O_2}} - \log \frac{a^4}{p^{(C)}_{O_2}} \right)$$

$$E_{pilha} + \frac{0{,}0591}{4} \log a^4 - \log p^{(A)}_{O_2} - \log a^4 + \log p^{(C)}_{O_2}$$

$$E_{pilha} + \frac{0{,}0591}{4} \log \frac{p^{(C)}_{O_2}}{p^{(A)}_{O_2}}$$

O valor E_{pilha} só será positivo se $p^{(C)}_{O_2} > p^{(A)}_{O_2}$, logo o ânodo é o eletrodo menos aerado e o cátodo é o eletrodo mais aerado. Admitindo que as pressões parciais do oxigênio sejam 0,1 e atm, as reações que se processam são:

- reação do ânodo:

$$4OH^- \rightarrow 2H_2O + O_2 \,(0{,}1 \text{ atm}) + 4e$$

■ reação do cátodo:

$$2H_2O + \text{''} O_2 (1 \text{ atm}) + 4e \rightarrow 4OH^-$$

■ Reação da pilha:

$$O_2 (1 \text{ atm}) \rightarrow O_2 (0,1 \text{ atm})$$

o que mostra que a pressão parcial do oxigênio no cátodo, inicialmente igual a 1 atm, vai decrescendo e a pressão parcial do oxigênio no ânodo, inicialmente a 0,1 atm, vai crescendo. Assim

$$E_{pilha} = \frac{0,0591}{4} \log \frac{1}{0,1}$$

$$E_{pilha} = + \frac{0,0591}{4} \log 10$$

$$E_{pilha} = +0,01477 \text{ V}$$

Nos casos práticos, as pilhas de aeração diferencial não se formam com metais inertes, conforme foi ilustrado na Figura 4.11, mas com metais ativos como ferro, zinco, alumínio, aços inoxidáveis etc. Nesses casos, a reação anódica no compartimento menos aerado é a oxidação do próprio metal.

Pode-se comprovar experimentalmente as reações correspondentes às áreas anódica e catódica da pilha de aeração diferencial usando-se a Experiência 4.6.

Experiência 4.6

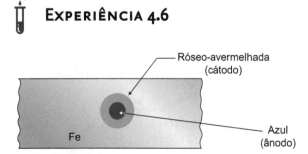

Figura 4.12 Pilha de aeração diferencial comprovando reações nas áreas anódica e catódica. (Ver Pranchas Coloridas, Foto 84.)

Gotejar em uma placa de ferro, limpa, cerca de 0,5 mL de solução aquosa a 3 % de NaCl (cloreto de sódio) contendo alguns miligramas de $K_3Fe(CN)_6$ (ferricianeto de potássio) e fenolftaleína. Decorridos alguns minutos, observar o aspecto esquematizado na Figura 4.12, parte central azulada e ao seu redor coloração róseo-avermelhada.

Estas observações confirmam que a parte central da gota, área menos aerada, é anódica, pois o ferro foi oxidado dando Fe^{2+}, que com o íon $Fe(CN)_6^{3-}$ formou o resíduo azul. Já na área onde o oxigênio é mais acessível e há mais aeração, verifica-se a coloração róseo-avermelhada devido ao aumento de íons OH^- (hidroxila), o que caracteriza a área catódica, provenientes da reação

$$2H_2O + O_2 + 4e \rightarrow 4OH^-$$

Observação: A pilha de aeração diferencial é formada entre as áreas anódicas e catódicas pertencentes ao mesmo eletrólito, isto é, solução aquosa de cloreto de sódio, conforme comprovado pelo resultado da experiência. Não confundir com área menos aerada na solução aquosa e área mais aerada externa a essa solução, pois, nesse caso, solução aquosa e atmosfera são diferentes eletrólitos.

4.2.3 Pilha de Temperaturas Diferentes

Pilha constituída de eletrodos de um mesmo material metálico, porém os eletrodos estão em diferentes temperaturas. É chamada também de pilha termogalvânica e é responsável pela corrosão termogalvânica.

Esse tipo costuma ocorrer quando se tem o material metálico imerso em eletrólito que apresenta áreas diferentemente aquecidas. Já que a elevação de temperatura aumenta a velocidade das reações eletroquímicas, bem como a velocidade de difusão, pode-se, então, admitir que a elevação de temperatura torna mais rápido o processo corrosivo. Entretanto, outros fatos devem ser considerados para explicar os casos nos quais a velocidade do processo corrosivo diminui com a elevação de temperatura. Um deles é o da influência da elevação de temperatura na eliminação de gases dissolvidos, por exemplo, oxigênio, diminuindo consequentemente o processo corrosivo. Outro fato a ser considerado é o da influência da elevação de temperatura sobre as películas protetoras formadas sobre os materiais metálicos. Se as propriedades como porosidade, volatilidade e plasticidade dessas películas variarem com a temperatura, pode-se atribuir a esse fato a variação da velocidade de corrosão.

Alguns dados experimentais para algumas pilhas mostram que:

a) em solução de $CuSO_4$, o eletrodo de cobre em temperatura mais elevada é o cátodo e o eletrodo de cobre em temperatura mais baixa é o ânodo;
b) o chumbo em contato com seus sais age da maneira acima;
c) a prata tem polaridade inversa aos exemplos anteriores;
d) ferro imerso em soluções diluídas e aeradas de NaCl tem como ânodo a parte mais aquecida, mas após algumas horas (dependendo da aeração e da agitação) a polaridade pode inverter-se.

4.2.4 Pilha Eletrolítica

Nos tipos de pilhas vistos anteriormente, verificou-se que a diferença de potencial entre os eletrodos é devida somente aos potenciais diferentes desses eletrodos e é originária de processo espontâneo. Podem ocorrer, entretanto, casos em que a diferença de potencial é proveniente de uma fonte de energia externa, não sendo necessário que os eletrodos sejam diferentes em sua natureza química.

Esquematizando, tem-se:

- processo espontâneo

$$A + B \to A^{n+} B^{n-}$$
$$A \to A^{n+} + ne$$
$$B + ne \to B^{n-}$$

- processo não espontâneo: processo eletrolítico, isto é, decomposição de uma substância por corrente elétrica.

$$A^{n+}B^{n-} \xrightarrow{\text{corrente elétrica}} A + B$$
$$A^{n+} + ne \to A$$
$$B^{n-} \to B + ne$$

Como exemplo, tem-se o cloreto de sódio, cuja formação por processo espontâneo é resultante da reação direta entre sódio e cloro

$$Na + \tfrac{1}{2}Cl_2 \to Na^+ Cl^-$$
$$Na \to Na^+ + 1e \quad (\text{oxidação})$$
$$\tfrac{1}{2}Cl_2 + 1e \to Cl \quad (\text{redução})$$

e cuja decomposição por eletrólise é processo não espontâneo, isto é, necessita de energia externa, sob forma de energia elétrica.

$$NaCl \xrightarrow{\text{corrente elétrica}} Na + \tfrac{1}{2}Cl_2$$
$$Na^+ + 1e \to Na \quad (\text{redução})$$
$$Cl^- \to \tfrac{1}{2}Cl_2 + 1e \quad (\text{oxidação})$$

A **pilha** ou **célula eletrolítica** que tem importância no estudo de corrosão é aquela em que um dos eletrodos funciona como ânodo ativo, isto é, perdendo elétrons e, portanto, oxidando-se.

Supondo-se a pilha eletrolítica (Fig. 4.13) com eletrodos de ferro imersos em um eletrólito, solução aquosa diluída de NaCl, têm-se as reações:

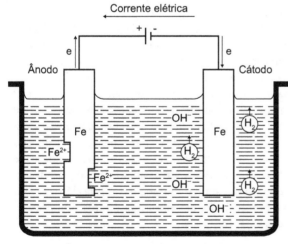

Figura 4.13 Áreas anódica e catódica em pilha eletrolítica.

- ânodo

$$Fe \to Fe^{2+} + 2e$$

- cátodo

$$2H_2O + 2e \to H_2 + 2OH^- \quad (\text{meio não aerado})$$

ou

$$H_2O + \tfrac{1}{2}O_2 + 2e \to 2OH^- \quad (\text{meio aerado})$$

Em geral, a massa de metal oxidado ou corroído na área anódica pode ser calculada usando-se a relação quantitativa que existe entre a quantidade de corrente que passa através de um eletrólito e a massa do material que é oxidado ou reduzido nos eletrodos. Esta relação quantitativa é objeto da lei de Faraday e pode ser expressa por

$$M = KIt$$

em que:
M = massa do metal que reage;
K = equivalente eletroquímico;
I = intensidade da corrente em ampère;
t = tempo em segundos.

Assim, pode-se calcular a massa de um metal consumido anodicamente pela passagem de um ampère durante um ano. Seja, por exemplo, o ferro:

- número de faradays (F)
  1 F = 96.500 coulombs/mol
  1 coulomb = 1 A × s
  1 A × 1 ano = 24 × 60 × 60 × 365 = 31.536.000 coulombs

$$\frac{31.536.000}{96.500} = 326{,}8F$$

- massa de ferro consumida

$$1\,F - \frac{55{,}85}{2} \quad (\text{equivalente eletroquímico})$$
$$326{,}8F - x$$
$$x = 9{,}125 \text{ kg}$$

(Equivalente eletroquímico do metal é igual a sua massa atômica dividida pelo número de elétrons cedidos.)

Procedendo ao mesmo tipo de cálculo para outros metais, constrói-se a Tabela 4.1.

Tabela 4.1 Consumo anódico de metal

Metal	Reação Anódica	Equivalente Eletroquímico	Massa (kg)
Fe	$Fe \to Fe^{2+} + 2e$	$\frac{55{,}85}{2}$	9,125
Cu	$Cu \to Cu^+ + 1e$	$\frac{63{,}57}{1}$	20,77
	$Cu \to Cu^{2+} + 2e$	$\frac{63{,}57}{2}$	10,39
Pb	$Pb \to Pb^{2+} + 2e$	$\frac{207{,}2}{2}$	33,866
Zn	$Zn \to Zn^{2+} + 2e$	$\frac{65{,}38}{2}$	10,665
Al	$Al \to Al^{3+} + 3e$	$\frac{26{,}98}{3}$	2,9

50 Corrosão

As Experiências 4.7, 4.8 e 4.9 comprovam o mecanismo das pilhas eletrolíticas que ocorrem em processos corrosivos.

 ## Experiência 4.7

Adicionar, a um bécher de 250 mL, 200 mL de solução aquosa a 3 % de NaCl, 1 mL de solução aquosa-alcoólica de fenolftaleína e 2 mL de solução aquosa N (normal) de ferricianeto de potássio. Imergir dois eletrodos metálicos, sendo um de cobre e outro de ferro, ligando-os respectivamente ao polo negativo cátodo e polo positivo ânodo de uma fonte de alimentação de corrente contínua como uma bateria ou um retificador ligado a uma fonte de corrente alternada. Observar, logo que se liga a fonte de alimentação, a formação de grande quantidade de resíduo azul em torno do ânodo de ferro, e forte coloração róseo-avermelhada e desprendimento gasoso, H_2, em torno do cátodo de cobre.

As reações observadas são:
- ânodo

$$Fe \rightarrow Fe^{2+} + 2e$$

$$3Fe^{2+} + 2Fe(CN)_6^{3-} \rightarrow Fe_3[Fe(CN)_6]_2$$

Resíduo azul

- cátodo

$$H_2O + 1/2 O_2 + 2e \rightarrow 2OH^-$$

ou

$$2H_2O + 2e \rightarrow H_2 + 2OH^-$$

A adição de ferricianeto de potássio, $K_3Fe(CN)_6$, e de fenolftaleína tem a finalidade de comprovar as reações anódicas e catódicas.

 ## Experiência 4.8

Proceder da mesma forma que na Experiência 4.7, porém ligar o eletrodo de cobre ao polo positivo (ânodo) e o eletrodo de ferro ao polo negativo (cátodo) da fonte de alimentação. Observar que, neste caso, há formação de resíduo castanho-alaranjado em torno do eletrodo de cobre, e coloração róseo-avermelhada e desprendimento de hidrogênio em torno do eletrodo de ferro.

As reações observadas são:
- ânodo

$$Cu \rightarrow Cu^{2+} + 2e$$

$$3Fe^{2+} + 2Fe(CN)_6^{3-} \rightarrow Fe_3[Fe(CN)_6]_2$$

Resíduo azul

- cátodo

$$H_2O + 1/2 O_2 + 2e \rightarrow 2OH^-$$

ou

$$2H_2O + 2e \rightarrow H_2 + 2OH^-$$

 ## Experiência 4.9

Proceder da mesma forma que na Experiência 4.7, porém usar como eletrodos ferro e grafite, ligando-os respectivamente ao polo negativo e ao polo positivo. Observar, ao ligar a fonte de alimentação, forte coloração róseo-avermelhada e desprendimento de hidrogênio em torno do eletrodo de ferro e desprendimento de oxigênio em torno do eletrodo de grafite.

As reações observadas são:
- ânodo

$$H_2O \rightarrow 2H^+ + 1/2 O_2 + 2e$$

- cátodo

$$H_2O + 1/2 O_2 + 2e \rightarrow 2OH^-$$

ou

$$2H_2O + 2e \rightarrow H_2 + 2OH^-$$

Tem-se, nesse caso, a eletrólise da água

$$H_2O \xrightarrow{\text{corrente elétrica}} H_2 + 1/2 O_2$$

permanecendo inertes os eletrodos.

Com base nas observações feitas nas experiências anteriores, pode-se concluir que:

- o metal que funciona como ânodo em uma pilha eletrolítica é rapidamente oxidado (Experiência 4.7), sofrendo um processo corrosivo bem mais acentuado e rápido do que o verificado em processo espontâneo, conforme comparação com o observado na Experiência 4.1;
- no caso de processo não espontâneo pode-se variar o posicionamento dos eletrodos, pois o mesmo vai depender somente da aplicação de energia externa (Experiência 4.8);
- o metal que funciona como cátodo fica protegido, mas como neste caso esta proteção é dada pela energia externa aplicada e não pelo consumo do ânodo (como visto na Experiência 4.2), pode-se usar um ânodo inerte somente para completar o circuito eletroquímico, daí se usar a grafite (Experiência 4.9). Esta conclusão explica o mecanismo da *proteção catódica por corrente impressa ou forçada*, onde são usados ânodos inertes ou quase inertes, por exemplo, grafite, ferrossilício, titânio platinizado, liga de antimônio-prata-chumbo e corrente elétrica contínua, para proteção de oleodutos, gasodutos, adutoras, cascos de navios etc.

As Figuras. 4.14 e 4.15 apresentam casos de corrosão ocorridos em trecho de gasoduto e em cabo telefônico. Corrente de fuga de sistema de tração elétrica possibilitou a formação de pilha eletrolítica responsável pelo processo corrosivo. Na região de saída de corrente para o eletrólito, no caso o solo, ocorreu severa corrosão com perfuração do gasoduto e do cabo telefônico.

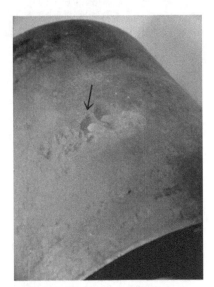

 Figura 4.14 Trecho do gasoduto com perfurações devidas à corrente de fuga.

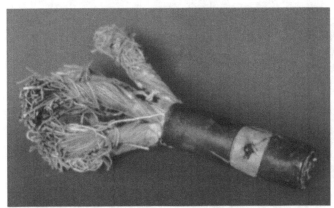

 Figura 4.15 Trecho de cabo telefônico atingido por corrente de fuga.

Esses casos confirmam que, embora a massa de metal oxidado seja pequena em relação à massa total da tubulação (no caso do ferro cerca de 9 kg por A/ano) (Tab. 4.1), deve-se, porém, considerar que essa massa é consumida em pequena área, isto é, na região de saída de corrente para o eletrólito. Como o consumo de metal ocorre em pequena área, em pouco tempo tem-se perfuração da tubulação.

REFERÊNCIA BIBLIOGRÁFICA

1. CUTNELL, J. D.; JOHNSON, K. W. *Physics*. 4th ed., New York: John Wiley & Sons, 1998, p. 561 e 568.

EXERCÍCIOS

4.1. Um estudante fez a seguintes medidas de potencial no laboratório:
   a. -210 m V (Eletrodo: Hg,HgCl$_2$ / KCl (0,1 M))
   b. -340 mV (Eletrodo: Cu/CuSO$_4$, Cu^{2+})
   c. -570 mV (Eletrodo: Hg,HgCl$_2$ / KCl (Saturado))

   O professor solicitou que, no relatório, os resultados fossem apresentados em relação ao eletrodo normal de hidrogênio. Quais serão os novos valores de potencial?

Nas questões 4.2, 4.3 e 4.4, determine o potencial eletroquímico (V).

4.2. Fe^{2+} (1 mol/L) / Fe$_{(s)}$.

4.3. Mg^{2+} (10^{-2} mol/L)/ Mg$_{(s)}$.

4.4. FeO$_4^{2-}$ $\left(10^{-2}\,\text{mol}/\text{L}\right)$ / Fe^{3+} $\left(10^{-3}\,\text{mol}/\text{L}\right)$ (pH $= 3,0$) (E$^0 = 1,7$ V).

4.5. Calcule o potencial do eletrodo de ferro, conforme o Problema 4.2, a uma temperatura de 40 °C e com a concentração de íons de 10^{-4} mol/L.

Capítulo 5

Formas de Corrosão

Os processos de corrosão são considerados reações químicas heterogêneas ou reações eletroquímicas que se passam geralmente na superfície de separação entre o metal e o meio corrosivo.

Considerando-se como oxirredução todas as reações químicas que consistem em ceder ou receber elétrons, pode-se considerar os processos de corrosão como reações de oxidação dos metais, isto é, o metal age como redutor, cedendo elétrons, que são recebidos por uma substância (oxidante) existente no meio corrosivo. Logo, a corrosão é um modo de destruição do metal, progredindo através de sua superfície.

A corrosão pode ocorrer sob diferentes formas, e o conhecimento dessas formas é muito importante no estudo dos processos corrosivos.

As formas (ou tipos) de corrosão podem ser apresentadas considerando-se a aparência ou forma de ataque e as diferentes causas da corrosão e seus mecanismos. Assim, pode-se ter corrosão segundo:

- **a morfologia**: uniforme, por placas, alveolar, puntiforme ou por pite, intergranular (ou intercristalina), intragranular (ou transgranular ou transcristalina), filiforme, por esfoliação, grafítica, dezincificação, em torno de cordão de solda e empolamento pelo hidrogênio;
- **as causas ou mecanismos**: por aeração diferencial, eletrolítica ou por correntes de fuga, galvânica, associada a solicitações mecânicas (corrosão sob tensão fraturante), em torno de cordão de solda, seletiva (grafítica e dezincificação), empolamento ou fragilização pelo hidrogênio;

- **os fatores mecânicos**: sob tensão, sob fadiga, por atrito, associada à erosão;
- **o meio corrosivo**: atmosférica, pelo solo, induzida por microrganismos, pela água do mar, por sais fundidos etc.;
- **a localização do ataque**: por pite, uniforme, intergranular, transgranular etc.

A caracterização segundo a morfologia auxilia bastante no esclarecimento do mecanismo e na aplicação de medidas adequadas de proteção, daí serem apresentadas a seguir as características fundamentais das diferentes formas de corrosão:

- uniforme;
- por placas;
- alveolar;
- puntiforme ou por pite;
- intergranular (ou intercristalina);
- intragranular (ou transgranular ou transcristalina);
- filiforme;
- por esfoliação;
- grafítica;
- dezincificação;
- empolamento pelo hidrogênio;
- em torno de cordão de solda.

 A Figura 5.1 apresenta fotografia dessas formas.

Uniforme: a corrosão se processa em toda a extensão da superfície, ocorrendo perda uniforme de espessura. É chamada, por alguns, de **corrosão generalizada**, mas essa terminologia não deve ser usada só para corrosão uniforme, pois pode-se ter, também, corrosão por pite ou alveolar generalizada, isto é, em toda a extensão da superfície corroída (Figs. 5.4 e 5.5).

Capítulo 5 | Formas de Corrosão 53

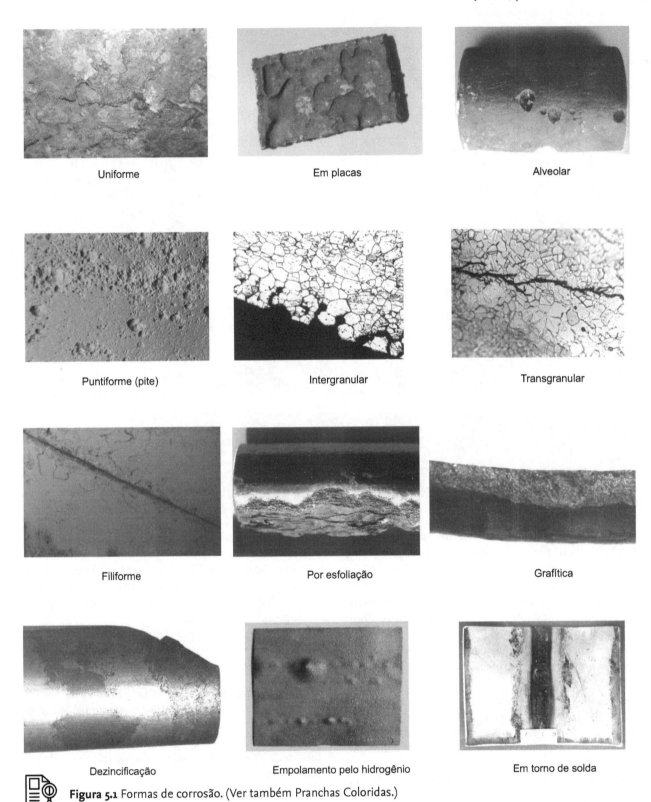

Figura 5.1 Formas de corrosão. (Ver também Pranchas Coloridas.)

Por placas: a corrosão se localiza em regiões da superfície metálica e não em toda sua extensão, formando placas com escavações (Fig. 5.2).

Alveolar: a corrosão se processa na superfície metálica produzindo sulcos ou escavações semelhantes a alvéolos (Figs. 5.3 e 5.4), apresentando fundo arredondado e profundidade geralmente menor que o seu diâmetro.

Puntiforme ou por pite: a corrosão se processa em pontos ou em pequenas áreas localizadas na superfície metálica produzindo **pites** (Fig. 5.5), que são cavidades que apresentam o fundo em forma angulosa e profundidade geralmente maior que o seu diâmetro.

As três últimas formas de corrosão podem não ser consideradas da maneira como foram apresentadas, preferindo alguns não usar os termos **placas** e **alveolar**.

 Figura 5.2 Corrosão em placas em chapa de aço-carbono de costado de tanque. (Ver Pranchas Coloridas, Foto 85.)

Figura 5.3 Corrosão alveolar em tubo de aço-carbono.

Figura 5.4 Corrosão alveolar generalizada em tubo de aço-carbono.

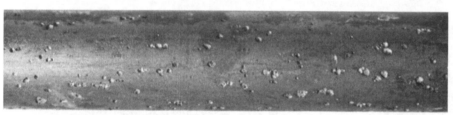

Figura 5.5 Corrosão por pite em tubo de aço inoxidável AISI 304.

As publicações em língua estrangeira usam somente a expressão corrosão por pite, tendo-se, por exemplo, *pitting corrosion* (inglês), *picadura* (espanhol) e *piqûre* (francês). A Norma G 4676ASTM[1] apresenta o corte transversal de diferentes formas de pites (Fig. 5.6). Pode-se observar que algumas se assemelham bastante às classificações usuais no Brasil para placas e alveolar.

Shreir[2] utiliza os termos **pites arredondados** e **pites angulosos** ou **puntiformes**, não citando a corrosão alveolar e a corrosão em placas.

Em alguns processos corrosivos pode ocorrer dificuldade de se caracterizar se as cavidades formadas estão sob a forma de placas, alvéolos ou pites, criando divergências de opiniões entre os técnicos de inspeção e/ou manutenção. Entretanto, deve-se considerar que a importância maior é a determinação das dimensões dessas cavidades, a fim de se verificar a extensão do processo corrosivo. Tomando-se como exemplo o caso de pites, é aconselhável considerar:

- o número de pites por unidade de área;
- o diâmetro;
- a profundidade.

 Os dois primeiros valores são facilmente determinados e a profundidade pode ser medida das seguintes formas:

- seccionar o pite selecionado, polir e medir a profundidade com:
  - micrômetro;
  - auxílio de microscópio – focalizar, inicialmente, no fundo do pite e, em seguida, na superfície não corroída do material. A distância entre os dois níveis de foco representa a profundidade do pite;
  - auxílio de microscópio digital – permite gerar e salvar uma imagem 3D na qual é possível determinar o diâmetro e a profundidade do pite.

Usualmente, procura-se medir o pite de maior profundidade ou tirar o valor médio entre, por exemplo, cinco pites com maiores profundidades. À relação entre o valor do pite de maior profundidade (P_{mp}) e o valor médio (P_M) dos cinco pites mais profundos dá-se o nome de **fator de pite** (F_{pite}), tendo-se, então

$$F_{pite} = \frac{P_{mp}}{P_m}$$

e pode-se verificar que quanto mais esse fator se aproximar de 1 (um), haverá maior incidência de pites com profundidades próximas.

 Intergranular: a corrosão se processa entre os grãos da rede cristalina do material metálico (Fig. 5.7), o qual perde suas propriedades mecânicas e pode

Capítulo 5 | Formas de Corrosão **55**

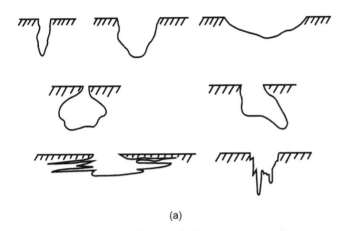

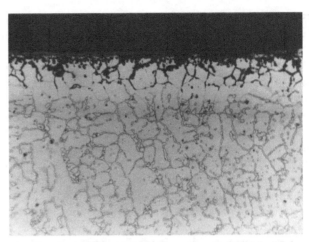

Figura 5.7 Corrosão intergranular ou intercristalina.

Figura 5.8 Corrosão sob tensão fraturante em tubo de aço inoxidável AISI 304.

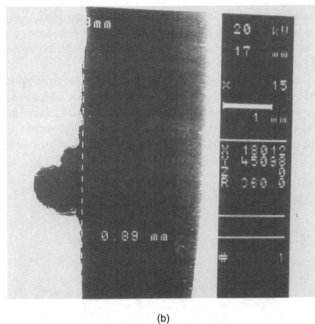

Figura 5.6 (a) Várias formas de pite, segundo a ASTM; (b) profundidade de pite e/ou alvéolo medida com microscópio.

fraturar quando solicitado por esforços mecânicos, tendo-se, então, a **corrosão sob tensão fraturante (CTF)** (*Stress Corrosion Cracking – SCC*) (Fig. 5.8).

Transgranular: a corrosão se processa nos grãos da rede cristalina do material metálico (Fig. 5.9), o qual, perdendo suas propriedades mecânicas, poderá fraturar à menor solicitação mecânica, tendo-se também corrosão sob tensão fraturante (Fig. 5.10).

Filiforme: a corrosão se processa sob a forma de finos filamentos, mas não profundos, que se propagam em diferentes direções e que não se ultrapassam, pois admite-se que o produto de corrosão, em estado coloidal, apresenta carga positiva, daí a repulsão. Ocorre geralmente em superfícies metálicas revestidas com tintas ou com metais, ocasionando o deslocamento do revestimento. Tem sido observada mais frequentemente quando a umidade relativa do ar é maior que 85 % e em revestimentos mais permeáveis à penetração de oxigênio e água ou apresentando falhas, como riscos, ou em regiões de arestas.

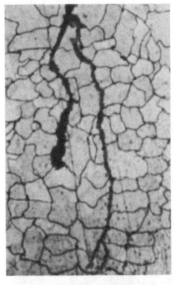

Figura 5.9 Corrosão transgranular ou transcristalina, em aço inoxidável submetido à ação de cloreto e temperatura.

Figura 5.10 Corrosão sob tensão fraturante em palheta de agitador de aço inoxidável.

Esfoliação: a corrosão se processa de forma paralela à superfície metálica. Ocorre em chapas ou componentes extrudados que tiveram seus grãos alongados e achatados, criando condições para que inclusões ou segregações, presentes no material, sejam transformadas, devido ao trabalho mecânico, em plaquetas alongadas. Quando se inicia um processo corrosivo na superfície de ligas de alumínio com essas características, o ataque pode atingir as inclusões ou segregações alongadas e a corrosão se processará através de planos paralelos à superfície metálica e, mais frequentemente, em frestas. O produto de corrosão, volumoso, ocasiona a separação das camadas contidas entre as regiões que sofrem a ação corrosiva e, como consequência, ocorre a desintegração do material em forma de placas paralelas à superfície. Essa forma de corrosão tem sido observada mais comumente em ligas de alumínio das séries 2.000 (Al, Cu, Mg), 5.000 (Al, Mg) e 7.000 (Al, Zn, Cu, Mg).

Corrosão grafítica: a corrosão se processa no ferro fundido cinzento em temperatura ambiente e o ferro metálico é convertido em produtos de corrosão, restando a grafite intacta. Observa-se que a área corroída fica com aspecto escuro, característico do grafite, e esta pode ser facilmente retirada com espátula; colocando-a sobre papel branco e atritando-a, observa-se o risco preto devido à grafite.

Dezincificação: é a corrosão que ocorre em ligas de cobre-zinco (latões), observando-se o aparecimento de regiões com coloração avermelhada, contrastando com a característica coloração amarela dos latões. Admite-se que ocorre uma corrosão preferencial do zinco, restando o cobre com sua característica cor avermelhada. A Figura 5.13 mostra trecho de uma tubulação de latão CuZn (70/30), com dezincificação em regiões com depósito de gordura e absorção de sal, NaCl. As regiões dezincificadas são as mais escuras na fotografia.

A dezincificação e a corrosão grafítica são exemplos de *corrosão seletiva*, pois se tem a corrosão preferencial de zinco e ferro, respectivamente.

Empolamento pelo hidrogênio: o hidrogênio atômico penetra no material metálico e, como tem pequeno volume atômico, difunde-se rapidamente e, em regiões com descontinuidades, como inclusões e vazios, ele se transforma em hidrogênio molecular, H_2, exercendo pressão e originando a formação de bolhas, daí o nome de *empolamento* (Fig. 5.14).

Em torno do cordão de solda: forma de corrosão que se observa em torno de cordão de solda, aparecendo sob a forma esquematizada na Figura 5.15. Ocorre em aços inoxidáveis não estabilizados ou com teores de carbono maiores que 0,03 %, e a corrosão se processa intergranularmente.

Em capítulos subsequentes serão apresentadas as possíveis razões que permitem explicar as diferentes formas de corrosão. Entretanto, num estudo comparativo entre as formas apresentadas, pode-se concluir que as formas localizadas – por exemplo, alveolar, puntiforme, intergranular e intragranular – são mais prejudiciais aos equipamentos, pois, embora a perda de massa seja pequena, as perfurações ou fraturas podem ocorrer em pequeno período de utilização do equipamento.

Entre os fatores que mais frequentemente estão envolvidos em casos de ataque localizado, devem ser citados: relação entre áreas catódica e anódica, aeração diferencial, variação de pH e produtos de corrosão (óxidos, por exemplo) presentes na superfície metálica ou formados durante o processo corrosivo.

Figura 5.13 Trecho de tubo de latão (70/30) com dezincificação: as áreas mais escuras são as dezincificadas. (Ver Pranchas Coloridas, Foto 3.)

Figura 5.11 Liga de alumínio com esfoliação em área de fresta sujeita à estagnação de solução aquosa de cloreto de sódio. (Ver Pranchas Coloridas, Foto 1.)

Figura 5.12 Corrosão grafítica do ferro fundido, notando-se o aspecto escuro da área corroída.

Figura 5.14 Tubo de aço-carbono com empolamento pelo hidrogênio, ocasionado por H_2S e água.

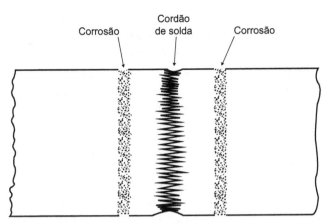

Figura 5.15 (Ver Pranchas Coloridas, Fotos 42 e 43.)

Tabela 5.1 Resistência à formação de pite.

Elemento	Efeitos
Carbono	Diminui, especialmente em aço sensitizado
Cromo	Aumenta
Enxofre e selênio	Diminui
Molibdênio	Aumenta
Níquel	Aumenta
Nitrogênio	Aumenta
Silício	Diminui; aumenta quando presente com molibdênio
Titânio e nióbio	Diminui em FeCl₃; sem efeito em outros meios

Entre as heterogeneidades que podem originar ataque localizado podem ser citadas aquelas relacionadas com:

- **material metálico**: composição, presença de impurezas, tratamentos térmicos ou mecânicos, condições da superfície (presença de películas protetoras e descontinuidades), depósitos, frestas e diferentes metais em contato;
- **meio corrosivo**: composição química, diferenças em concentração, aeração, temperatura, velocidade e pH, teor de oxigênio, sólidos suspensos, condições de imersão (total e parcial) e movimento relativo entre o material metálico e o meio.

Para evidenciar a importância de considerar essas heterogeneidades, pode-se exemplificar com o pite, que é uma das formas de corrosão mais prejudiciais, pois, embora afete somente pequenas partes da superfície metálica, pode causar rápida perda de espessura do material metálico originando perfurações e pontos de concentração de tensões, ocasionando a diminuição de resistência mecânica do material e consequente possibilidade de fratura.

Áreas de estagnação do meio corrosivo possibilitam o ataque por pite, pois favorecem a presença de depósitos e permanência de solução em frestas. Muitas vezes, o aumento da velocidade do fluido faz decrescer o ataque por pite, pois diminui a possibilidade da existência de áreas de estagnação ou deposição.

A composição química do meio corrosivo ou do material metálico pode influenciar bastante no ataque por pite. Assim, a presença de cloreto no meio corrosivo acelera a formação de pites no aço inoxidável, e as inclusões de sulfeto[3] são responsáveis pelo início do ataque por pite em aço-carbono e aço inoxidável.

A Tabela 5.1[4] apresenta o efeito, na resistência à corrosão por pite, da adição de alguns elementos em ligas de aço inoxidável.

Os mecanismos[5] propostos para explicar o início da formação do pite admitem:

- o íon (cloreto, por exemplo), ao penetrar na película de passivação, como a rede cristalina de óxido, existente na superfície do material metálico, aumenta a condutividade iônica da película e ocasiona ataque anódico localizado com formação de pite;
- o íon é adsorvido na interface "película de passivação (óxido) solução", baixando a energia interfacial, ocorrendo fraturas da película ou deslocamento da mesma.

No início, a formação do pite é lenta, mas, uma vez formado, há um processo autocatalítico que produz condições para o contínuo crescimento do pite. Admitindo-se aço em presença de água aerada contendo cloreto, a ação autocatalítica pode ser explicada considerando-se as possíveis reações no interior do pite:

- na área anódica, dentro do pite, ocorre a oxidação do aço com formação dos íons Fe^{2+}, Cr^{2+} e Ni^{2+} e, exemplificando com o ferro, tem-se

$$Fe \to Fe^{2+} + 2e, \quad (1)$$

produzindo um excesso de carga positiva nessa área e ocasionando a migração, para dentro do pite, de íons cloreto, que têm maior mobilidade do que íons OH^-, para manter a compensação de cargas, com o consequente aumento da concentração do sal, $FeCl_2$. Esse sal sofre hidrólise, formando ácido clorídrico, HCl (H^+ 1 Cl^-)

$$FeCl_2 + 2H_2O \to Fe(OH)_2 + 2H^+ + 2Cl^- \quad (2)$$

ou

$$Fe^{2+} + 2H_2O \to Fe(OH)_2 + 2H^+ \quad (3)$$

- o aumento da concentração de íons H^+, isto é, decréscimo de pH, acelera o processo corrosivo, pois tem-se o ataque do material metálico pelo HCl formado

$$Fe + 2HCl \to FeCl_2 + H_2 \quad (4)$$

ou

$$Fe + 2H^+ \to Fe^{2+} + H_2 \quad (5)$$

com consequente formação do $FeCl_2$, que voltará a sofrer a hidrólise conforme a reação (2), mantendo a continuidade do processo corrosivo;

- como o oxigênio tem solubilidade praticamente nula em soluções aquosas concentradas de sais, não se tem no interior do pite a redução do oxigênio segundo a reação

$$H_2O + 1/2 O_2 + 2e \rightarrow 2OH^- \quad (6)$$

e, sim, a reação

$$2H^+ + 2e \rightarrow H_2 \quad (7)$$

- as inclusões de sulfeto no aço aceleram a formação de pites e a razão está no fato de que o decréscimo do pH, no interior do pite, ocasiona a solubilização de inclusões como MnS:

$$MnS + 2H^+ \rightarrow Mn^{2+} + H_2S \quad (8)$$

e o H_2S pode se dissociar nos íons S^{2-} ou HS^-, que aceleram o ataque corrosivo.

Verifica-se que, se forem adicionadas ao aço pequenas quantidades de cobre, ocorre a formação de sulfeto de cobre (I), Cu_2S, que reduz a atividade dos íons HS^- e S^{2-} para um valor tão baixo, que não catalisa mais o ataque anódico do aço. Fyfe[6] e colaboradores apresentam mecanismo semelhante para explicar a resistência à corrosão, em atmosferas industriais, de aços contendo cobre.

Recomendação prática do American Petroleum Institute, API 510: "Uma área com pites será aceita se todos os itens a seguir forem atendidos:

- nenhum pite pode ter profundidade maior do que a metade da espessura de projeto do vaso de pressão;
- em um círculo de diâmetro igual a 200 mm, a soma das áreas da superfície do vaso com pite não pode ser superior a 45 cm²;
- a soma das dimensões dos pites em uma linha reta aleatória traçada no interior de um círculo de 200 mm não pode ser maior do que 50 mm."

A American National Standards Institute – American Society of Mechanical Engineers (ANSI-ASME), no anexo ANSI-ASME – B 31 G – *Manual for Determining the Remaining Strength of Corroded Pipelines*, apresenta as recomendações:

- se o processo corrosivo já tiver cessado e a profundidade do defeito for inferior a 20 % da espessura nominal da parede do tubo, não há obrigatoriedade de reparo do defeito;
- todos os defeitos com profundidade acima de 80 % da espessura nominal devem ser reparados, mesmo que o processo corrosivo tenha sido eliminado.

Rouge:[7] é a corrosão que ocorre no aço inox 316, e recebe esse nome em virtude da formação de uma película de cor vermelha, laranja, violeta ou preta (composta por óxido de ferro e com variadas valências do ferro), formada sobre a superfície de um aço inox em contato com água ultrapura, *Whater For Injections* (WFI), a temperatura entre 80 °C e 90 °C, em tubulações e equipamentos usados na indústria farmacêutica. O *rouge* pode deixar a superfície do aço inox rugosa e inapropriada para o contato com a água que será usada, por exemplo, para a fabricação de vacinas. Existem poucos trabalhos publicados sobre o assunto, mas o problema é um velho conhecido da indústria farmacêutica.

REFERÊNCIAS BIBLIOGRÁFICAS

1. STANDARD PRACTICE FOR EXAMINATION AND EVALUATION OF PITTING CORROSION. *Annual Book of ASTM Standards*. Section 3, Metals Test Methods and Analytical Procedures, v. 03.02, Wear and Erosion. Metal Corrosion, 1987. p. 273.

2. SHREIR, L. L. *Corrosion*. v. 1 *Metal/Environment Reaction*. London: Newnes Butterworths, 1978, p. 1:131 e 1:151.

3. WRANGLEN, G. *Corrosion Science*, v. 14, n. 331, 1974.

4. GREENE, N. D.; FONTANA, M. G. *Corrosion*, v. 15, n. 25, 1959.

5. BOND, A. P. Localized Corrosion – Cause of Metal Failure. ASTMSTP 516, *American Society for Testing and Materials*, 1972, p. 250-261.

6. FYFE, D.; SHANAHAN, C. E. A.; SHREIR, L. L. *Corrosion Science*, v. 10, n. 817, 1971.

7. VERBERG, J. C; LEDDEN, J. A. Rouging of Stainless Steel in WFI and High Purity Water Systems. *Preparing for Changing Paradigms in High Purity Water*. San Francisco, California: Institute for International Research, Oct. 27-29, 1999.

EXERCÍCIOS

5.1 Amostras de aço ficaram imersas, por 4 meses, em uma solução contendo cloreto. Indique que tipo de morfologia de corrosão espera-se encontrar quando a amostra é de:
   a. Aço-carbono 1020.
   b. Aço inox 316.

5.2. Explique qual é a semelhança entre a corrosão grafítica e a dezincificação.

5.3. Quais morfologias de corrosão estão associadas ao mecanismo de corrosão sob tensão fraturante? Explique o motivo dessa relação.

5.4. Água com gás sulfídrico passa no interior de um tubo de aço-carbono. Depois de algum tempo, surge uma bolha, no aço, na parte interna do tubo. Como explicar esse fenômeno?

5.5. Explique como ocorre a formação de um pite em ambiente com cloreto.

Capítulo 6

Corrosão: Mecanismos Básicos

No estudo dos processos corrosivos devem ser sempre consideradas as variáveis dependentes do material metálico, do meio corrosivo e das condições operacionais, pois o estudo conjunto dessas variáveis permitirá indicar o material mais adequado para ser utilizado em determinados equipamentos ou instalações. Entre essas variáveis devem ser consideradas:

- **material metálico**: composição química, presença de impurezas, processo de obtenção, tratamentos térmicos e mecânicos, estado da superfície, forma, união de materiais (solda, rebites etc.), contato com outros metais;
- **meio corrosivo**: composição química, concentração, impurezas, pH, temperatura, teor de oxigênio, pressão, sólidos suspensos;
- **condições operacionais**: solicitações mecânicas, movimento relativo entre material metálico e meio, condições de imersão no meio (total ou parcial), meios de proteção contra a corrosão, operação contínua ou intermitente.

Entretanto, de forma apressada, são feitas afirmativas ou indicações de materiais sem fundamentos teóricos ou práticos, entre as quais podem ser citadas:

- os aços "inoxidáveis", como tais, não sofrem corrosão;
- o ácido sulfúrico concentrado é mais corrosivo que o ácido diluído;
- a água com pH ≃ 10 não é corrosiva.

São afirmativas erradas, porque não consideram a compatibilidade entre meio e material, pois se sabe que:

- os aços inoxidáveis podem sofrer corrosão, como ocorre com o aço AISI 304 em presença de cloreto e meio ácido;
- o ácido sulfúrico concentrado pode ser armazenado em tanques de aço-carbono, o que não pode ser feito com o ácido diluído – o ácido sulfúrico concentrado ataca inicialmente o aço-carbono, formando sulfato ferroso, $FeSO_4$, que fica aderido no costado do tanque e, como é insolúvel no ácido concentrado, protege contra posterior ataque; já o ácido sulfúrico diluído está mais ionizado pela água, sendo mais corrosivo e formando

$$H_2SO_4 + 2H_2O \rightarrow 2H_3O^+ + SO_4^{2-}$$

$$(H_3O^+ = H^+ H_2O)$$

também, sulfato ferroso, mas, nesse caso, não protetor, pois é solúvel em ácido diluído;

- a água com pH.10, isto é, alcalina ou básica, não é corrosiva para aço-carbono, em temperaturas normais, tanto que soluções concentradas de hidróxido de sódio, NaOH, soda cáustica, são armazenadas em tanques de aço-carbono. Em água de alimentação de caldeiras, também é usual o pH ≃ 10 para minimizar a possibilidade de corrosão. Entretanto, metais como alumínio, zinco, estanho e chumbo sofrem corrosão em soluções com pH elevados, formando sais solúveis.

Para evidenciar a importância do conhecimento teórico, associado a observações de casos práticos, pode-se apresentar a ação corrosiva de cloro e de oxigênio sobre aço inoxidável AISI 304 e titânio, na ausência e na presença de água.

Na ausência de água,

- o cloro seco não ataca aço inoxidável AISI 304, mas o titânio reage rapidamente de forma exotérmica;
- o oxigênio reage com o aço inoxidável formando uma película protetora de óxido de cromo, Cr_2O_3, mas o titânio pode sofrer oxidação sob a forma de violenta reação exotérmica.

Na presença de água,

- o cloro ataca rapidamente o aço inoxidável, pois forma ácido clorídrico, HCl, devido à reação $Cl_2 + H_2O \rightarrow HCl + HOCl$; já o titânio, para ficar passivado, precisa de pequena quantidade de água, sendo resistente ao cloro úmido;
- na presença de oxigênio, o aço inoxidável forma a película protetora de óxido de cromo, ficando passivado. O titânio necessita, para passivação, da presença de pequenas quantidades de vapor d'água.

Os exemplos apresentados confirmam a necessidade de conhecimentos, teórico e prático, antes da indicação de materiais resistentes à corrosão. Permitem entender o procedimento das fábricas de cloro-soda cáustica para evitar a ação corrosiva do cloro e da soda cáustica, durante armazenamento: na eletrólise de salmoura (solução concentrada de cloreto de sódio, cerca de 30 % de NaCl), há formação de cloro, soda cáustica (NaOH) e hidrogênio. A soda cáustica, solução a 50 %, é armazenada em tanques de aço-carbono, e o cloro é tratado com ácido sulfúrico concentrado para eliminar água. Após esse tratamento, o cloro líquido e sem água é comercializado em cilindros de aço-carbono, material que não poderia, de maneira alguma, ser usado em presença de cloro e água, pois seria rapidamente corroído.

Em decorrência das considerações anteriores, e uma vez identificada a ocorrência de algum processo corrosivo, a etapa seguinte consiste no seu estudo para se determinar a extensão do ataque, o seu tipo, a morfologia e o levantamento das suas prováveis causas. Esse estudo é fundamental para esclarecimento do mecanismo que é pré-requisito para controle efetivo do processo corrosivo.

É recomendável, no estudo de processos corrosivos, que sejam seguidas as etapas:

- verificar a compatibilidade entre o meio corrosivo e o material, consultando tabelas que apresentam taxas de corrosão;[1,2]
- verificar condições operacionais;
- verificar relatórios de inspeção de equipamentos que são de fundamental importância, tendo em vista que, por meio deles, os problemas de corrosão são identificados nos equipamentos e instalações que se acham em serviço – para isso, a inspeção de equipamentos conta com uma série de ferramentas apropriadas, métodos de trabalho e técnicas específicas que constituem hoje um novo ramo da engenharia especializada;
- estabelecer o mecanismo responsável pelo processo corrosivo;
- proceder à avaliação econômica – custos diretos e indiretos;
- indicar medidas de proteção – esclarecidos o mecanismo e a avaliação econômica, pode-se indicar a proteção não só eficiente, mas também de adequada relação custo-benefício.

De acordo com o meio corrosivo e o material, podem ser apresentados diferentes mecanismos para os processos corrosivos:

- o mecanismo eletroquímico:
  - corrosão em água ou soluções aquosas;
  - corrosão atmosférica;
  - corrosão no solo;
  - corrosão em sais fundidos.
- o mecanismo químico:
  - corrosão de material metálico, em temperaturas elevadas, por gases ou vapores e em ausência de umidade, chamada corrosão seca;
  - corrosão em solventes orgânicos isentos de água;
  - corrosão de materiais não metálicos.

Pode-se considerar que ocorrem no **mecanismo eletroquímico** reações químicas que envolvem transferência de carga ou elétrons através de uma interface ou eletrólito: são os casos de corrosão observados em materiais metálicos quando em presença de eletrólitos, podendo o eletrólito estar solubilizado em água ou fundido. Já no **mecanismo químico**, há reações químicas diretas entre o material metálico, ou não metálico, e o meio corrosivo, não havendo geração de corrente elétrica, ao contrário do mecanismo anterior. Como exemplos deste mecanismo, podem ser citados os casos de:

- ataque de metais, como níquel, por monóxido de carbono, CO, com formação de carbonila de níquel, $Ni(CO_4)$, líquido volátil:

$$Ni\ (s) + 4CO(g) \rightarrow Ni\ (CO)_4\ (l)\ (50\ °C,\ 1\ atm)$$

- ataque de metais, como ferro, alumínio e cobre, por cloro em temperaturas elevadas, com formação dos respectivos cloretos:

$$M + {^n\!/_2}\ Cl_2^- \xrightarrow{\Delta} MCl_n$$

- ataque de metais por solventes orgânicos, na ausência de água – caso de magnésio reagindo com halogenetos de alquila, RX, para obtenção dos reagentes de Grignard

$$Mg + RX \rightarrow RMgX$$

e, exemplificando com brometo de etila,

$$Mg + C_2H_5Br \rightarrow C_2H_5MgBr$$

- ataque de borracha, por ozônio, havendo oxidação da borracha com perda de elasticidade, chegando a ficar quebradiça;
- deterioração de concreto por sulfato – ataque da massa de concreto e não da armadura de aço-carbono.

Os dois mecanismos atendem à conceituação apresentada para a corrosão no sentido de que ocorre uma ação química ou eletroquímica do meio ambiente sobre o material metálico ou não metálico. Entretanto, fala-se também em corrosão de metais ou ligas por metais no estado líquido, ocorrendo a dissolução ou fratura do material deteriorado. Como exemplos, podem ser citados: ação do mercúrio sobre ouro, cobre ou suas ligas, formando amálgamas, e ação de sódio fundido, usado como refrigerante líquido em reatores nucleares, sobre aço. O ataque pode se dar não por ação química, podendo ocorrer tão somente um **mecanismo físico**, isto é, uma dissolução física com formação de liga ou penetração do metal líquido nos contornos de grãos do metal. A literatura[3] admite as seguintes possibilidades para explicar a ação de metais líquidos: dissolução simples, dissolução preferencial, formação de ligas ou compostos químicos, penetração intergranular do metal líquido no metal sólido, transferência de massa em condições isotérmicas e não isotérmicas.

6.1 MECANISMO ELETROQUÍMICO

Na corrosão eletroquímica, os elétrons são cedidos em determinada região e recebidos em outra, aparecendo uma pilha de corrosão. Esse processo eletroquímico de corrosão pode ser decomposto em três etapas principais:

- **processo anódico**: passagem dos íons para a solução;
- **deslocamento dos elétrons e íons**: transferência dos elétrons das regiões anódicas para as catódicas pelo circuito metálico e difusão de ânions e cátions na solução;
- **processo catódico**: recepção de elétrons, na área catódica, pelos íons ou moléculas existentes na solução.

Deve-se notar que os processos anódicos e catódicos são rigorosamente equivalentes: a passagem de um cátion para o anólito, solução em torno do ânodo, é acompanhada da descarga simultânea de um cátion no católito, solução em torno do cátodo, não se produzindo acúmulo de eletricidade. Como é seguida a lei de Faraday, a intensidade do processo de corrosão pode ser avaliada tanto pelo número de cargas dos íons que passam à solução no ânodo como pelo número de cargas dos íons que se descarregam no cátodo, ou, ainda, pelo número de elétrons que migram do anodo para o cátodo.

6.1.1 Reações Anódicas e Catódicas

Generalizando para o caso de um metal, M, qualquer, podem-se apresentar as possíveis reações no ânodo e na área catódica:

- reação anódica: oxidação do metal M

$$M \rightarrow M^{n+} + ne$$

- reações catódicas:
  - redução do íon H^+ (meio ácido)

$$nH^+ + ne \rightarrow n/2 H_2 \text{ (não aerado)}$$

  - redução do oxigênio

$$n/4 O_2 + n/2 H_2O + ne \rightarrow nOH^- \text{ (meio neutro ou básico)}$$

$$n/4 O_2 + nH^+ + ne \rightarrow n/2 H_2O \text{ (meio ácido)}$$

Pode-se considerar a redução catódica do oxigênio se processando com formação intermediária de peróxido de hidrogênio, H_2O_2, que se decompõe rapidamente, segundo as reações:

- meio neutro ou básico

$$nH_2O + n/2 O_2 + ne \rightarrow n/2 H_2O_2 + nOH^-$$

$$n/2 H_2O_2 + ne \rightarrow nOH^-$$

- meio ácido

$$nH^+ + n/2 O_2 + ne \rightarrow n/2 H_2O_2$$

$$n/2 H_2O_2 + nH^+ + ne \rightarrow nH_2O$$

Verifica-se, em meio neutro, que a região catódica torna-se básica devido à formação de hidroxila, OH^2, com consequente elevação do valor de pH. Em meio ácido, pode ocorrer uma diminuição do valor de pH, devido à reação de neutralização:

$$H^+ + OH^- \rightarrow H_2O$$

Quanto à reação de redução do íon hidrogênio, H^+, na área catódica, deve-se considerar que:

- embora seja extremamente pequena a dissociação da água, pode-se admitir a possibilidade de ocorrer, em meio neutro não aerado, a reação (a + b)

$$H_2O \rightleftharpoons H^+ + OH^- \text{ (a)}$$

$$H^+ + e \rightarrow 1/2 H_2 \text{ (b)}$$

$$H_2O + e \rightarrow 1/2 H_2 + OH^- \text{ (a + b)}$$

- o H^+ é proveniente da dissociação de ácidos cuja parte aniônica não tenha caráter oxidante, como ácido clorídrico, HCl, no qual o Cl^- não tem esse caráter; nesse caso, ocorre a reação de redução do H^+

$$2H^+ + 2e \rightarrow H_2$$

- no caso em que a parte aniônica tenha caráter oxidante, como ácido nítrico, HNO_3, no qual o íon nitrato, NO_3^-, tem esse caráter, é possível haver as reações de redução do íon NO_3^-

$$NO_3^- + 2H^+ + e \rightarrow NO_2 + H_2O$$

$$NO_3^- + 4H^+ + 3e \rightarrow NO + 2H_2O$$

$$NO_3^- + 9H^+ + 8e \rightarrow NH_3 + 3H_2O$$

Conclui-se também que a corrosão eletroquímica será tanto mais intensa quanto menor for o valor de pH, isto é, teor elevado de H⁺, e quanto maior for a concentração de oxigênio no meio corrosivo.

O oxigênio pode ser considerado, em alguns casos, um fator de controle nos processos corrosivos, podendo-se citar, para fins comparativos, alguns de seus comportamentos, como visto a seguir.

O oxigênio pode comportar-se como acelerador do processo eletroquímico de corrosão. Verifica-se que, em soluções não aeradas, a reação catódica se processa com velocidade muito pequena, sendo consequentemente o processo anódico também lento. No caso de meio não aerado, o hidrogênio pode ficar adsorvido na superfície do cátodo, polarizando a pilha formada com consequente redução do processo corrosivo. Entretanto, no caso de meio aerado, tem-se a presença de oxigênio, ocorrendo a sua redução e não se tendo a polarização pelo hidrogênio e, sim, a aceleração do processo corrosivo.

O oxigênio não funciona somente como estimulador de corrosão, podendo agir até certo ponto como protetor, pois é capaz de reagir diretamente com a superfície do metal formando camada de óxido protetor, por exemplo, Cr_2O_3, Al_2O_3 e TiO_2, que retardará o contato do material com o meio corrosivo, e pode formar uma película de oxigênio adsorvida sobre o material metálico, tornando o metal passivo. Assim, se o oxigênio puder ser rápida e uniformemente fornecido a uma superfície metálica, é possível reparar fraturas que ocorram na película, diminuindo-se assim a velocidade de corrosão; daí ser usado para manter passivados os aços inoxidáveis, devido à formação do Cr_2O_3.

Esses fatos poderiam sugerir o emprego de altas pressões parciais de oxigênio para diminuir a velocidade de corrosão, mas é preciso levar em consideração outros fatores que limitam e podem anular esse efeito protetor, como altas temperaturas, presença de íons halogenetos e natureza do metal. O cobre, por exemplo, tem uma velocidade de corrosão lenta em presença de ácidos não oxidantes, mas, em presença de oxigênio, este vai funcionar como estimulador de corrosão, pois, ao oxidar o cobre, permite que ele seja atacado até pelos ácidos não oxidantes, como HCl diluído, de acordo com as reações

$$2Cu + 1/2 O_2 \rightarrow Cu_2O$$

$$Cu_2O + 2HCl \rightarrow Cu_2Cl_2 + H_2O$$

ou

$$Cu + 1/2 O_2 \rightarrow CuO$$

$$CuO + 2HCl \rightarrow CuCl_2 + H_2O$$

6.1.2 Natureza Química do Produto de Corrosão

O produto de corrosão será formado pelos íons resultantes das reações anódicas e catódicas:

$$M^{n1} + nOH^- \rightarrow M(OH)_n$$

Exemplificando com ferro, zinco e alumínio, têm-se:

- reações anódicas

$$Fe \rightarrow Fe^{2+} + 2e^+$$

$$Zn \rightarrow Zn^{2+} + 2e$$

$$Al \rightarrow Al^{3+} + 3e$$

- produtos de corrosão

$$Fe^{2+} + 2OH^2 \rightarrow Fe(OH)_2$$

$$Zn^{2+} + 2OH^2 \rightarrow Zn(OH)_2 \text{ (ou } ZnO \cdot nH_2O)$$

$$Al^{3+} + 3OH^- \rightarrow Al(OH)_3 \text{ (ou } Al_2O_3 \cdot nH_2OL)$$

Esses produtos insolúveis ocorrem no caso de meios neutros ou básicos; já no caso de meios ácidos, ocorre a formação de sais solúveis, como cloretos e sulfatos, se os ácidos forem clorídrico e sulfúrico, respectivamente.

É oportuno destacar a importância da presença do eletrólito no processo eletroquímico de corrosão. Embora, na maioria dos casos, não apareça no produto de corrosão o sal usado como eletrólito, é fundamental a sua presença para se ter a corrosão. Daí em atmosferas marinhas a corrosão ser muito mais severa do que em atmosferas rurais. Em instalações sujeitas a condições atmosféricas, observam-se, no produto de corrosão, sais insolúveis do eletrólito existente na atmosfera. Assim, em atmosferas marinhas é comum a presença de cloreto básico de ferro (III), $Fe(OH)_2Cl$ ou $Fe(OH)_3 \cdot FeCl_3$, que é insolúvel, e em atmosferas industriais se encontra o sulfato básico de ferro (III), $Fe(OH)_3 \cdot Fe_2(SO_4)_3$, também insolúvel, ou $FeOHSO_4$.

Considerando-se o caso do ferro imerso em solução aquosa de cloreto de sódio como eletrólito, podem-se admitir as reações:

- ânodo

$$Fe \rightarrow Fe^{2+} + 2e$$

- área catódica

$$H_2O + 1/2 O_2 + 2e \rightarrow 2OH^-$$

Os íons metálicos, Fe^{2+}, migram em direção ao cátodo e os íons hidroxilas, OH^-, migram em direção ao ânodo, e em uma região intermediária, esses íons se encontram formando o $Fe(OH)_2$, hidróxido de ferro (II) ou hidróxido ferroso.

$$Fe^{2+} + 2OH^- \rightarrow Fe(OH)_2$$

Verifica-se, então, que na corrosão eletroquímica o metal se oxida em um lugar, o oxidante se reduz em outro e o produto de corrosão se forma em regiões intermediárias, não apresentando, portanto, características protetoras.

O $Fe(OH)_2$ formado sofre transformações e, de acordo com o teor de oxigênio presente, pode-se ter:

- em meio deficiente de oxigênio, formação de magnetita

$$3Fe(OH)_2 \rightarrow Fe_3O_4 + 2H_2O + H_2$$

Fe_3O_4: magnetita $\begin{cases} \text{verde: hidrata} \\ \text{preta: anidra} \end{cases}$

- em meio aerado, que é o caso mais frequente, tem-se a oxidação do $Fe(OH)_2$, resultando o hidróxido férrico ou hidróxido de ferro (III)

$$2Fe(OH)_2 + H_2O + 1/2 O_2 \rightarrow 2Fe(OH)_3$$

ou

$$2Fe(OH)_3 \xrightarrow{-2H_2O} 2FeO \cdot OH \text{ ou } Fe_2O_3 \cdot HO$$

Podem-se também escrever as equações das reações da seguinte maneira:

$$Fe^{2+} + 2HOH \rightarrow Fe(OH)_2 + 2H^+$$

$$Fe^{3+} + 3HOH \rightarrow Fe(OH)_3 + 3H^+$$

$$4Fe + 2O_2 + 4H_2O \rightarrow 4Fe(OH)_2$$

$$4Fe + 3O_2 + H_2O \rightarrow 2Fe_2O_3 \cdot H_2O$$

As reações explicam as colorações encontradas na corrosão atmosférica do ferro ou suas ligas, onde se observa que o produto de corrosão, ou ferrugem, apresenta na parte inferior, isto é, aquela em contato imediato com o metal, coloração preta, da magnetita, Fe_3O_4, e, na parte superior, aquela em contato com mais oxigênio, apresenta coloração alaranjada ou castanho-avermelhada típica do $Fe_2O_3 \cdot H_2O$ ou $Fe_2O_3 \cdot nH_2O$ (n = número de moléculas de água).

Quando o ferro ou o aço, já com a camada de Fe_2O_3, sofre corrosão em presença de um filme de umidade atmosférica, pode-se admitir o mecanismo proposto por Evans[4] nas seguintes etapas:

- reação anódica

$$Fe \rightarrow Fe^{2+} + 2e$$

- reação catódica (redução de Fe_2O_3 a Fe_3O_4, em presença de umidade e com deficiência de oxigênio)

$$4Fe_2O_3 + Fe^{2+} + 2e \rightarrow 3Fe_3O_4$$

- quando a ferrugem seca, ela é permeada pelo oxigênio, havendo reoxidação da magnetita, Fe_3O_4,

$$2Fe_3O_4 + 1/2 O_2 \rightarrow 3Fe_2O_3$$

O óxido de ferro, Fe_2O_3, pode-se apresentar não hidratado, sob a forma α-Fe_2O_3, hematita, ou hidratado, sob as formas

bFeOOH : akaganeíta
γ-FeOOH : lepidocrocita
α-FeOOH : goetita

As formas α-FeOOH ou α-Fe_2O_3 (goetita), não magnético, e a γ-FeOOH ou γ-Fe_2O_3 (lepidocrocita), magnético, aparecem frequentemente na ferrugem, mas com predominância do α-Fe_2O_3, que, tendo maior estabilidade, apresenta um valor negativo maior para a variação de energia livre de formação.

A ferrugem pode ser constituída de três camadas de óxidos de ferro hidratados, em diferentes estados de oxidação: FeO, Fe_3O_4 e Fe_2O_3, da superfície do ferro para a atmosfera.

A Experiência 6.1, composta da pilha galvânica Fe-Cu e cloreto de sódio, comprova o mecanismo eletroquímico de corrosão e a difusão dos íons, formados nas áreas anódica e catódica, para, em região intermediária, constituírem o produto de corrosão insolúvel, neste caso, o $Fe(OH)_3$ ou $Fe_2O_3 \cdot H_2O$.

Experiência 6.1

Preparar gel de ágar da seguinte forma: aquecer à ebulição 100 mL de água destilada, adicionar cerca de 1,5 g de ágar e aquecer até que este se disperse. Em seguida, adicionar 1 g de cloreto de sódio, agitando para solubilização deste sal. Passar a dispersão de ágar, ainda quente, para uma placa de Petri, até atingir a metade da altura da placa. Deixar resfriar e, quando essa dispersão na placa estiver gelificada, colocar sobre ela um prego de ferro ligado a um fio de cobre, bem limpos e afastados cerca de 4 cm, conforme a Figura 6.1. Em seguida, cobrir esses metais com nova camada de dispersão, ainda aquecida, de ágar.

Após a gelificação, tampar a placa de Petri e observar, cerca de dois dias depois, a formação de um resíduo castanho-alaranjado na região intermediária entre o ânodo de ferro e o cátodo de cobre: esse resíduo é constituído de $Fe(OH)_3$, proveniente da difusão dos íons Fe^{2+} e OH^- formados, respectivamente, nas áreas anódica e catódica

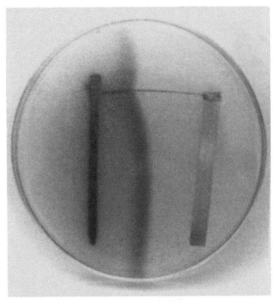

Figura 6.1 A faixa escura intermediária evidencia a formação de $Fe_2O_3 \cdot H_2O$. (Ver Pranchas Coloridas, Foto 80.)

que, em meio aerado, reagem formando o Fe(OH)$_3$ ou Fe$_2$O$_3$ · H$_2$O. Evidentemente, com o passar dos dias, a formação do resíduo castanho se torna mais intensa.

Nesta experiência, os íons presentes são Na$^+$ e Cl$^-$ (do eletrólito NaCl), OH$^-$ (da redução do oxigênio) e Fe^{2+} e Fe^{3+} (da oxidação do ferro). A combinação desses íons poderia formar os compostos FeCl$_2$, FeCl$_3$, NaOH, Fe(OH)$_2$ e Fe(OH)$_3$; entretanto, por ser mais insolúvel, há a formação do Fe(OH)$_3$ ou Fe$_2$O$_3$ · H$_2$O.

REFERÊNCIAS BIBLIOGRÁFICAS

1. RABALD, E. *Corrosion Guide*. Amsterdam: Elsevier, 1978.
2. *Corrosion Data Survey, Metals Section*. 6th ed. NACEHouston, 1985; Nonmetals Section, NACEHouston, 1975.
3. NEVZOROV, B. A. *Corrosion of Structural Materials in Sodium*. Jerusalem: Israel Program for Scientific Translations, 1970, p. 4.
4. EVANS, U. R. *Trans. Inst. Met. Fin.*, v. 37, n. 1, 1960.

EXERCÍCIOS

6.1. Em uma pesquisa, foram colocadas amostras de aço nos seguintes locais:
   a. próximo à orla marítima;
   b. próximo a um polo industrial;
   c. próximo ao centro da cidade.
   Ao final do tempo de exposição, o produto de corrosão será o mesmo em todas as amostras? Explique.
6.2. Que variáveis devem ser consideradas no estudo da corrosão de um metal ou liga?
6.3. Correlacione as colunas:

a. Mecanismo eletroquímico
b. Mecanismo químico

( ) Corrosão em solventes orgânicos
( ) Corrosão no solo
( ) Corrosão de um polímero
( ) Corrosão em sais fundidos
( ) Corrosão do aço a 300 °C, p = 1 atm
( ) Corrosão em água do mar

A. Mecanismo eletroquímico
B. Mecanismo químico

6.4. Qual é a diferença entre a corrosão eletroquímica e a corrosão química?
6.5. Como é formado o produto de corrosão?

Capítulo 7

Meios Corrosivos

Neste capítulo, são apresentados os meios corrosivos mais frequentemente encontrados: atmosfera, águas naturais, solo e produtos químicos e, em menor escala, alimentos, substâncias fundidas, solventes orgânicos, madeira e plásticos.

Deve-se destacar a importância que representa a natureza do meio corrosivo que se encontra na imediata proximidade da superfície metálica.[1] Assim, por exemplo, no caso de trocadores de calor, o meio corrosivo apresentará uma temperatura mais elevada na parte em contato imediato com a superfície metálica dos tubos. Tal fato pode acarretar uma decomposição, nessa região, dos produtos usados para tratamento da água, como no caso de polifosfatos que, por elevação de temperatura, sofrem reversão para fosfatos, podendo depositar nos tubos fosfato de cálcio, $Ca_3(PO_4)_2$. Outro exemplo que evidencia a importância do meio na imediata proximidade da superfície metálica é o caso do crescimento do pite por ação autocatalítica, conforme apresentado no Capítulo 5. É evidente, também, que no caso de o material metálico reagir com o meio corrosivo e formar uma película passivadora, esta influenciará na posterior ação corrosiva do meio.

7.1 ATMOSFERA

A importância da atmosfera, como meio corrosivo, pode ser confirmada pelo grande número de publicações científicas relacionadas com ensaios de corrosão utilizando diferentes materiais metálicos e prolongados períodos de exposição, nos mais diferentes países. No Brasil, Vianna[2] e Dutra[3] realizaram ensaios em diferentes regiões; Kajimoto Zehbour, Almeida e Siqueira[4] realizaram ensaios de corrosão atmosférica com corpos de prova de vários materiais, em diferentes regiões do estado de São Paulo. Araujo[5] realizou ensaios em diversas regiões do Brasil, em áreas rural, marinha, urbana e industrial, usando corpos de prova de aço-carbono, zinco, cobre, alumínio e aço patinável. Pannoni e Marcondes[6] estudaram o efeito da composição química de liga de aço sobre o comportamento frente à corrosão atmosférica.

Em decorrência do custo elevado das perdas por corrosão atmosférica, estimado em cerca da metade do custo total, está sendo desenvolvido o projeto "Mapa Ibero-americano de Corrosividade Atmosférica",[7] com o objetivo de caracterizar e classificar a corrosividade atmosférica de diversas estações de ensaio distribuídas pelos países da comunidade ibero-americana.

Os EUA implementaram programa de 10 anos de pesquisa, The National Acid Precipitation Assessment Program (NAPAP),[8] para aumentar os conhecimentos de causas e efeitos de precipitação ácida ou deposição atmosférica. Estabeleceram como etapa inicial estudos envolvendo:

- poluentes: óxidos de enxofre, óxidos de nitrogênio, ozônio e particulados;
- materiais: estátuas e estruturas de valor cultural, metais e ligas, tintas, plásticos, concreto, mármore e granito;
- questões a serem consideradas:
  - ação da deposição ácida e poluentes associados na deterioração dos materiais;
  - taxa de danos nos materiais especificados;
  - distribuição geográfica dos materiais suscetíveis à deterioração;
  - valor econômico dos danos;
  - proteção apropriada e estratégias de redução.

Países europeus estabeleceram programa de exposição durante oito anos para quantificar os efeitos de poluentes atmosféricos em metais estruturais, mármore, revestimentos com tintas e contatos elétricos.[9]

A ação corrosiva da atmosfera depende fundamentalmente dos fatores:

- umidade relativa;
- substâncias poluentes – particulados e gases;
- temperatura;
- tempo de permanência do filme de eletrólito na superfície metálica.

Além desses fatores, devem ser considerados os fatores climáticos, como intensidade e direção dos ventos, variações cíclicas de temperatura e umidade, chuvas e insolação (radiações ultravioletas).

Shreir[10] classifica a **corrosão atmosférica**, em função do grau de umidade na superfície metálica, em seca, úmida e molhada.

A **corrosão atmosférica seca** ocorre em atmosfera isenta de umidade, sem qualquer presença de película de eletrólito na superfície metálica. Tem-se uma lenta oxidação do metal com formação do produto de corrosão, podendo o mecanismo ser considerado puramente químico: caso do *tarnishing*, escurecimento de prata ou de cobre por formação de Ag_2S e CuS, respectivamente, devido à presença de gás sulfídrico, H_2S, na atmosfera ou meio ambiente.

A **corrosão atmosférica úmida** ocorre em atmosferas com umidade relativa menor que 100 %. Tem-se um fino filme de eletrólito, depositado na superfície metálica, e a velocidade do processo corrosivo depende da umidade relativa, poluentes atmosféricos e higroscopicidade dos produtos de corrosão.

Na **corrosão atmosférica molhada**, a umidade relativa está perto de 100 % e ocorre condensação na superfície metálica, observando-se que a superfície fica molhada com o eletrólito, por exemplo, chuva e névoa salina, condensada, depositadas na superfície metálica.

7.1.1 Umidade Relativa

A influência da umidade na ação corrosiva da atmosfera é acentuada, pois se sabe que o ferro em atmosfera de baixa umidade relativa praticamente não sofre corrosão; em umidade relativa em torno de 60 %, o processo corrosivo é lento, mas acima de 70 % ele é acelerado. A umidade relativa pode ser expressa pela relação entre o teor de vapor d'água encontrado no ar e o teor máximo que pode existir no mesmo, nas condições consideradas, ou, então, pela relação entre a pressão parcial de vapor d'água no ar e a pressão de vapor d'água saturado, na mesma temperatura; ela é expressa em porcentagem.

Vernon[11] verificou a rápida aceleração do processo corrosivo quando a umidade atingia um valor crítico, o que chamou de **umidade crítica**, definida como a umidade relativa acima da qual o metal começa a corroer-se de maneira apreciável. Se além da umidade houver também a presença de substâncias poluentes, evidentemente a velocidade de corrosão é acelerada. Assim, a Figura 7.1 mostra a corrosão do ferro em função da umidade relativa da atmosfera contendo 0,01 % de SO_2 durante 55 dias de exposição.

A Figura 7.2[12] evidencia a ação corrosiva devida à presença conjunta de carvão e dióxido de enxofre: a curva (1) representa a presença de carvão, a curva (2) representa a presença de dióxido de enxofre e a curva (3) representa a ação conjunta de carvão e dióxido de enxofre.

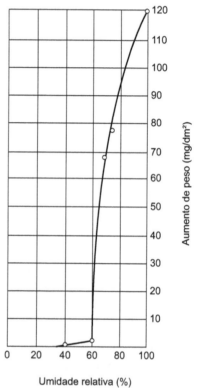

Figura 7.1 Influência do dióxido de enxofre na ação corrosiva da atmosfera.

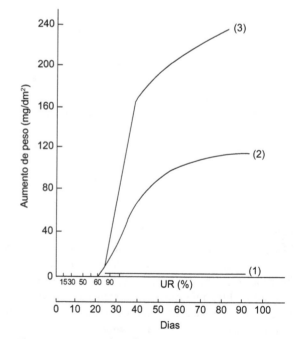

Figura 7.2 Curvas da influência de dióxido de enxofre e carvão na corrosão atmosférica.

A ação corrosiva é mais severa quando se tem carvão, sob a forma de fuligem, e dióxido de enxofre, devido ao poder de adsorção por gases apresentado pela fuligem (carbono finamente dividido). O carbono adsorve óxidos de enxofre, retendo-os, em contato com o material metálico, e tendo-se, então, a formação de ácido sulfúrico e consequente corrosão.

A Figura 7.3, resultante de observações de Preston e Souval,[13] evidencia a influência da deposição de partículas de cloreto de sódio nas superfícies de ferro em diferentes valores de umidade relativa (UR).

As curvas evidenciam que a corrosão, mesmo em presença de cloreto de sódio, só se torna acentuada com a elevação

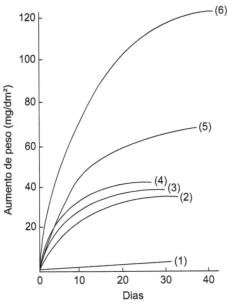

Figura 7.3 Curvas relacionando umidade relativa e cloreto de sódio.

do valor da umidade relativa (UR).

7.1.2 Substâncias Poluentes

Particulados

 As partículas sólidas, sob a forma de poeiras, existem na atmosfera e a tornam mais corrosiva, porque se pode verificar:

- deposição de material não metálico, como sílica, SiO_2, que, embora não atacando diretamente o material metálico, cria condições de aeração diferencial, ocorrendo corrosão localizada embaixo do depósito (as partes sujeitas à poeira são as mais atacadas em peças estocadas sem nenhuma proteção);
- deposição de substâncias que retêm umidade, isto é, são higroscópicas ou deliquescentes, acelerando o processo corrosivo, pois aumentam o tempo de permanência da água na superfície metálica, podendo-se citar como exemplos o cloreto de cálcio e o cloreto de magnésio, que são substâncias deliquescentes, e o óxido de cálcio;
- deposição de sais que são eletrólitos fortes, como sulfato de amônio $(NH_4)_2SO_4$ proveniente da reação entre amônia, NH_3, e óxidos de enxofre, presentes na atmosfera

$$2NH_3 + SO_2 + H_2O + {}^1\!/_2 O_2 \rightarrow (NH_4)_2SO_4$$

e cloreto de sódio, NaCl – a maior ação corrosiva de atmosferas marinhas deve-se à deposição de névoa salina contendo sais como NaCl e cloreto de magnésio, $MgCl_2$;
- deposição de material metálico – se o material metálico depositado for de natureza química diferente daquele da superfície em que estiver depositado, poderá ocorrer formação de pilhas de eletrodos metálicos diferentes, com a consequente corrosão galvânica do material mais ativo;
- deposição de partículas sólidas que, embora inertes para o material metálico, podem reter sobre a superfície metálica gases corrosivos existentes na atmosfera – caso de partículas de carvão que, devido ao seu grande poder de adsorção, retiram gases de atmosferas industriais, os quais, com a umidade, formam substâncias corrosivas, como ácidos sulfúrico, nítrico e sulfídrico.

Gases

Além dos gases constituintes da atmosfera, principalmente oxigênio e nitrogênio, são frequentemente encontrados monóxido de carbono, CO; dióxido de carbono, CO_2; ozônio, O_3; dióxido de enxofre, SO_2; trióxido de enxofre, SO_3; monóxido de nitrogênio, NO; dióxido de nitrogênio, NO_2; e, em áreas mais industriais, gás sulfídrico, H_2S; amônia, NH_3; cloreto de hidrogênio, HCl; fluoreto de hidrogênio, H_2F_2; e cloro, Cl_2. Embora haja predominância e maior frequência de ocorrência dos gases citados, são encontradas referências de corrosão de cobre devido à presença de ácidos orgânicos, como o ácido acético, na atmosfera.[14]

A presença desses gases está evidentemente associada aos diferentes tipos de indústrias, bem como aos combustíveis utilizados. Assim, é comum a presença dos que se seguem.

O **gás carbônico**, ou **dióxido de carbono**, juntamente com o **monóxido de carbono** são normalmente originados da queima de combustíveis, como os hidrocarbonetos (gasolina, óleo) e carvão. Em temperaturas normalmente encontradas em atmosferas ambientais, eles não costumam ser corrosivos para os materiais metálicos, embora o gás carbônico forme com água o ácido carbônico, H_2CO_3, que é um ácido fraco. Esse ácido, reagindo com alguns metais, como o zinco, forma carbonato básico de zinco, que é insolúvel, protegendo o metal. Entretanto, gás carbônico e umidade ocasionam a **carbonatação** de concreto, responsável pela deterioração desse material.

Com a descoberta do pré-sal, em meados da década de 1990, a corrosão por CO_2 adquiriu grande importância, pois o seu teor está entre os mais elevados no gás de produção gerado na exploração do petróleo.[15]

O **ozônio** é prejudicial para elastômeros, como a borracha, que sob a ação prolongada desse gás sofre oxidação, perdendo sua elasticidade e chegando a ficar quebradiça.

O **dióxido de enxofre**, SO_2, e o **trióxido de enxofre**, SO_3, são os mais frequentes constituintes corrosivos de atmosferas industriais e urbanas, em razão de as indústrias usarem óleos combustíveis contendo geralmente 3 % a 4 % de enxofre e do grande aumento de veículos automotivos, em áreas urbanas de alta densidade demográfica, usando combustíveis como gasolina, contendo enxofre ou derivados.

 Na queima de um óleo combustível contendo carbono (C), hidrogênio (H) e enxofre (S), pode-se considerar a formação das seguintes substâncias:

$$(C, H, S) \xrightarrow{O_2} C(s), CO(g), CO_2(g), SO_2(g), SO_3(g) \text{ e } H_2O(v)$$

Esses gases formam, com a umidade presente no ar, respectivamente, ácido sulfuroso e ácido sulfúrico, justificando o fato de as atmosferas industriais serem bastante corrosivas e as atmosferas urbanas mais corrosivas do que as rurais

$$SO_2 + H_2O \rightarrow H_2SO_3$$
$$SO_3 + H_2O \rightarrow H_2SO_4$$
$$SO_2 + \tfrac{1}{2}O_2 + H_2O \rightarrow H_2SO_4$$

Esses gases podem ser originados também da queima de gases residuais de refinarias e de carvão contendo enxofre. Para se ter uma ideia da intensidade do problema, cita-se Khrgian,[16] que dizia que, considerando-se uma demanda anual e mundial de 1 bilhão de toneladas de carvão, podia-se admitir que cerca de 20 milhões de toneladas de SO_2 eram lançados por ano na atmosfera. Pode-se citar também a observação de Pourbaix:[17] a cada ano, 750 mil toneladas de ácido sulfúrico provenientes da queima de carvão caem em Londres, quantidade capaz de dissolver completamente 400 mil toneladas de ferro. As usinas térmicas que usam carvão mineral, que em geral têm enxofre sob a forma elementar ou sob a forma de sulfeto de ferro, FeS_x (pirita), também são responsáveis pela presença de óxidos de enxofre na atmosfera. A conhecida **chuva ácida**, responsável pela corrosão em estruturas metálicas e em concreto, deve-se à presença, com maior frequência, de óxidos de enxofre, SO_x, e óxidos de nitrogênio, NO_x. Com o aumento do emprego de gás natural como combustível em indústrias, usinas térmicas e em veículos automotivos, haverá diminuição da agressividade atmosférica, devido aos óxidos de enxofre, pois o gás natural não tem praticamente derivados de enxofre.

Os **óxidos de nitrogênio**, NO e NO_2, cuja principal origem é a exaustão de veículos automotivos, podem ainda resultar da combinação de nitrogênio e oxigênio atmosféricos, por meio de descargas elétricas. Esses óxidos dão lugar à formação de ácido nítrico:

$$4NO + 3O_2 + 2H_2O \rightarrow 4HNO_3$$
$$4NO_2 + O_2 + 2H_2O \rightarrow 4HNO_3$$

O **gás sulfídrico**, H_2S, nas atmosferas próximas às refinarias de petróleo, mangues e pântanos, é o gás responsável pelo escurecimento do cobre, ou de suas ligas, pois há formação de sulfeto de cobre preto, CuS; aparecimento de coloração amarela, em materiais com revestimento de cádmio, devido à formação de sulfeto de cádmio, CdS; decomposição de revestimentos com tintas à base de zarcão, óxido de chumbo, Pb_3O_4, que ficam pretas devido à formação de sulfetos de chumbo, PbS;[18] escurecimento de contatos telefônicos ou de equipamentos de telecomunicações de prata devido à formação de sulfeto de prata, Ag_2S, prejudicando o funcionamento dos mesmos. Por isso, em equipamentos de maior importância, são usados contatos de ouro ou revestidos com ródio.

A **amônia**, NH_3, ocorre nas atmosferas vizinhas às fábricas de ácido nítrico, HNO_3, e de ureia, $OC(NH_2)_2$, que usam amônia como matéria-prima, e de fertilizantes, que geralmente têm unidades de fabricação de amônia, usada para posterior fabricação de fertilizantes, como o sulfato de amônio, $(NH_4)_2SO_4$, o fosfato mono ou diamônio, $NH_4H_2PO_4$ ou $(NH_4)_2HPO_4$. Deve-se evitar, nessas regiões, a presença de instalações de cobre ou suas ligas, pois são bastante atacadas pela ação conjunta de amônia, oxigênio e água.

O **cloreto de hidrogênio**, HCl(g), pode estar presente nas proximidades de fábricas de PVC, poli (cloreto de vinila), que o utilizam como matéria-prima, que, em contato com a umidade atmosférica, forma ácido clorídrico, forte agente corrosivo.

O **fluoreto de hidrogênio** está presente nas proximidades de fábricas de fertilizantes. Geralmente, a matéria-prima dessas fábricas, que é apatita – fosfato de cálcio, $Ca_3(PO_4)_2$ –, tem como impurezas cloreto, $CaCl_2$, e fluoreto de cálcio CaF_2. Quando a apatita é tratada com ácido sulfúrico, para obtenção de superfosfato, ocorre o desprendimento de HCl(g) e HF(g), provenientes respectivamente do cloreto e do fluoreto de cálcio. Esses gases, em presença da umidade, formam os respectivos ácidos clorídrico e fluorídrico, que são agentes corrosivos, e o ácido fluorídrico ataca também materiais vitrosos.

O **cloro**, Cl_2, pode ser encontrado nas proximidades de fábricas de soda cáustica, NaOH. Nessas fábricas, ocorre a eletrólise de salmoura, solução concentrada de cloreto de sódio, obtendo-se soda cáustica, hidrogênio e cloro. Havendo controle deficiente da emissão de gases, a atmosfera pode ficar poluída com cloro que, reagindo com a umidade atmosférica, formará ácido clorídrico. O cloro poderá, ainda, ser originado de estações de tratamento de água, que o usam para controle microbiológico, e de fábricas de celulose, que o usam para branqueamento ou alvejamento de celulose.

7.1.3 Outros Fatores

Quanto aos outros fatores que podem influenciar a ação corrosiva da atmosfera, é preciso considerar ainda:

- a temperatura: se for elevada, diminuirá a possibilidade de condensação de vapor d'água na superfície metálica e a adsorção de gases, minimizando a possibilidade de corrosão;
- o tempo de permanência do filme de eletrólito na superfície metálica: é evidente que, quanto menor for esse tempo, menor será a ação corrosiva da atmosfera. Os fatores climáticos podem ter grande influência nesse caso; as chuvas podem ser benéficas, solubilizando os sais presentes na superfície metálica e retirando-os da mesma; mas, se houver frestas ou regiões de estagnação, as soluções dos sais podem ficar depositadas e aumentam a condutividade do eletrólito, acelerando o processo corrosivo. Correia e colaboradores,[19] estudando a agressividade atmosférica da cidade de Fortaleza, em 1989-1990, verificaram que nos meses de fevereiro a abril, de maior índice pluviométrico, a taxa de corrosão atmosférica em razão da névoa salina foi menor do que nos outros meses;

- os ventos: podem arrastar, para as superfícies metálicas, agentes poluentes e névoa salina; dependendo da velocidade e da direção dos ventos, esses poluentes podem atingir instalações posicionadas até em locais bem afastados das fontes emissoras;
- as variações cíclicas de temperatura e umidade: em função das estações do ano, pode-se ter uma ação mais intensa desses fatores climáticos; em certos países, aumenta muito o teor de SO_2 e SO_3 durante o inverno, devido à maior queima de carvão para alimentar os sistemas de aquecimento, ocasionando maiores taxas de corrosão;

- insolação (raios ultravioleta): causa deterioração (calcinação, empoamento ou gizamento) em películas de tintas à base de resina epóxi e em PRFV (plástico reforçado com fibra de vidro, como poliéster reforçado com fibra de vidro) e ocasiona ataque no material plástico. Devido à possibilidade de tal ação destrutiva das radiações ultravioleta, são usados, nas formulações de PRFV, aditivos resistentes a essas radiações ou revestimentos com tintas nos equipamentos sujeitos à insolação. No caso de revestimentos, de estruturas metálicas ou equipamentos, expostos à insolação, recomenda-se o uso de tintas à base de resina poliuretana, que são resistentes à radiação UV.

Pode-se, após apresentar os fatores mais influentes na ação corrosiva da atmosfera, explicar a razão pela qual Hudson[20] classificou as diferentes atmosferas segundo a corrosão relativa de aço-carbono em:

Atmosfera	Corrosão relativa
Rural seca	1-9
Marinha	38
Industrial (marinha)	50
Industrial	65
Industrial, fortemente poluída	100

Compreende-se perfeitamente a avaliação da atmosfera industrial fortemente poluída, pois ela pode conter eletrólitos diversos e umidade relativa elevada, além da presença de SO_2 e SO_3 resultantes da queima de combustíveis (óleos, carvão, gases residuais) com altos teores de enxofre. Com o aumento do uso de gás natural como combustível, a poluição diminuirá, tornando a atmosfera menos corrosiva.

7.1.4 Corrosão Atmosférica de Ferro, Zinco, Alumínio e Cobre

Dependendo do material metálico, do meio corrosivo e dos poluentes presentes, os processos corrosivos serão mais rápidos e os produtos de corrosão apresentarão características inerentes a cada tipo de atmosfera e de material metálico. Como ferro, zinco, alumínio e cobre são materiais metálicos mais utilizados em estruturas, equipamentos e instalações externas, são apresentadas a seguir algumas considerações sobre a corrosão atmosférica desses metais.

Ferro

A natureza do produto de corrosão atmosférica vai depender das substâncias poluentes existentes no ar, e como os óxidos de enxofre são os poluentes mais frequentes em atmosferas industriais e os principais responsáveis pela corrosão de ferro ou suas ligas nessas atmosferas, procura-se explicar a origem deles, bem como o mecanismo de sua ação corrosiva.

O dióxido de enxofre, SO_2, é originado principalmente da queima de óleos combustíveis ou de carvão contendo enxofre e, em menor escala, da queima de gasolina e gases residuais de refinarias ou coquerias contendo também enxofre ou seus derivados. Os gases provenientes da combustão são lançados na atmosfera e o SO_2 pode ser parcialmente oxidado a trióxido de enxofre, SO_3

$$SO_2 + 1/2 O_2 \rightarrow SO_3$$

sendo esta reação catalisada por metais, óxidos metálicos (como o próprio Fe_2O_3)[21] ou por ação fotoquímica, na qual a luz ativa o SO_2 permitindo sua oxidação a SO_3.

Os óxidos formados reagem com a umidade atmosférica, transformando-se em ácidos sulfuroso e sulfúrico, H_2SO_3 e H_2SO_4, como já visto.

Em atmosferas contendo óxidos de enxofre e óxidos de nitrogênio, a corrosão do aço-carbono é severa. Pode-se admitir ação catalítica dos óxidos de nitrogênio, acelerando a formação de ácido sulfúrico, segundo as prováveis reações:

$$2SO_2 + NO + NO_2 + O_2 + H_2O \rightarrow 2NOHSO_4$$

$$2NOHSO_4 + H_2O \rightarrow 2H_2SO_4 + NO + NO_2$$

Pode-se explicar a ação corrosiva destes óxidos ou ácidos por meio das reações apresentadas a seguir:

$$2Fe + 2H_2SO_3 \rightarrow FeS + FeSO_4 + 2H_2O$$

$$Fe + H_2SO_4 \rightarrow FeSO_4 + H_2$$

$$2Fe + 2H_2SO_4 + O_2 \rightarrow 2FeSO_4 + 2H_2O$$

$$2FeSO_4 + {}^1/_2O_2 + H_2SO_4 \rightarrow Fe_2(SO_4)_3 + H_2O$$

O $FeSO_4$, sulfato de ferro (II) ou sulfato ferroso, e o $Fe_2(SO_4)_3$, sulfato férrico ou sulfato de ferro (III), podem reagir com a água sofrendo hidrólise e formando novamente ácido sulfúrico.

$$FeSO_4 + 2H_2O \rightarrow Fe(OH)_2 + H_2SO_4$$

$$Fe_2(SO_4)_3 + 6H_2O \rightarrow 2Fe(OH)_3 + 3H_2SO_4$$

O ácido sulfúrico formado torna a atacar o ferro, justificando a ação corrosiva acelerada em atmosferas industriais devido a este processo cíclico de regeneração do H_2SO_4.

Schikorr[22] apresenta a seguinte possibilidade de ataque

$$Fe + SO_2 + O_2 \rightarrow FeSO_4$$

em que o sulfato ferroso sofre hidrólise

$$2FeSO_4 + {}^1/_2O_2 + 5H_2O \rightarrow 2Fe(OH)_3 + 2H_2SO_4$$

e o ácido sulfúrico ataca novamente o ferro

$$2Fe + 2H_2SO_4 + O_2 \rightarrow 2FeSO_4 + 2H_2O$$

O $FeSO_4$ e o $Fe_2(SO_4)_3$ podem, nas reações de hidrólise, formar sulfato básico de ferro, insolúvel, $FeOHSO_4$

$$2FeSO_4 + H_2O + {}^1/_2O_2 \rightarrow 2FeOHSO_4$$

$$Fe_2(SO_4)_3 + 2H_2O \rightarrow 2FeOHSO_4 + H_2SO_4$$

Pode-se concluir que se o íon SO_4^{2-} não for removido gradualmente por lixiviação, por retirada do produto de corrosão ou por formação do sulfato básico de ferro insolúvel, o processo pode se tornar cíclico, pois o ácido sulfúrico, recuperado nas reações de hidrólise, retorna ao processo corrosivo formando uma infinita quantidade de produtos de corrosão.

Evans[23] chama de **ciclo de regeneração ácida** o mecanismo, já apresentado, no qual um mol de dióxido de enxofre pode produzir muitos mols de ferrugem. Afirma, ainda, que a presença conjunta de ferrugem, $Fe(OH)_3$ ou $FeOOH$, e sulfato ferroso, $FeSO_4$, na superfície metálica, cria condições para um mecanismo diferente do apresentado, envolvendo reações anódicas e catódicas em diferentes pontos. Ele chama este mecanismo de **ciclo eletroquímico**, apresentando as reações:

- reação anódica:

$$Fe \rightarrow Fe^{2+} + 2e$$

- reação catódica:

$$Fe^{2+} + 8FeOOH + 2e \rightarrow 3Fe_3O_4 + 4H_2O$$

- reoxidação imediata da magnetita pelo oxigênio do ar:

$$2Fe_3O_4 + {}^1/_2O_2 + 3H_2O \rightarrow 6FeOOH$$

Como já afirmado, no caso de atmosferas contendo óxidos de enxofre e nitrogênio, a corrosão do aço-carbono é severa; entretanto, onde só há óxidos de nitrogênio, ela é pequena, talvez devido à pouca formação de ácido nítrico ou à ação inibidora de nitrito, NO_2^- resultante da reação

$$2NO_2 + H_2O \rightarrow 2H^+ + NO_2^- + NO_3^-$$

No caso de atmosferas marinhas, o poluente encontrado em maior quantidade é o NaCl que, por ser um eletrólito forte, origina um processo corrosivo acentuado, e o produto de corrosão do ferro conterá também cloreto de ferro (III), que é muito solúvel em água e muito corrosivo, pois se hidrolisa formando ácido clorídrico

$$2FeCl_3 + 3H_2O \rightarrow Fe_2O_3 + 6HCl$$

podendo-se encontrar, no produto de corrosão, cloreto básico de ferro, $Fe(OH)_2Cl$, insolúvel

$$FeCl_3 + 2H_2O \rightarrow Fe(OH)_2Cl + 2HCl$$

Não se pode deixar de considerar a possível ação do cloreto de magnésio, $MgCl_2$, existente na água do mar, na ação corrosiva da atmosfera marinha. Sua presença na névoa salina, juntamente com o cloreto de sódio, cria condições favoráveis à corrosão, porque, como é um sal deliquescente, absorve umidade atmosférica tornando a superfície metálica sempre umedecida e consequentemente sujeita à corrosão, pois tem-se a presença de eletrólitos fortes, NaCl e $MgCl_2$, e água.

No caso de atmosferas não poluídas com névoa salina ou com óxidos de enxofre, o produto de corrosão apresenta composição semelhante ao observado anteriormente no item 6.1.2.

A composição da ferrugem dependerá, além da composição da atmosfera, como visto, e da composição do material metálico. Assim, no caso de material ferroso, existem os elementos comuns, como fósforo, silício, carbono, enxofre e manganês. Destes, o manganês e o enxofre podem participar da composição da ferrugem: o manganês formando sais básicos insolúveis e dando, portanto, certa proteção, e o enxofre sendo oxidado a sulfato, não ocasionando nenhuma proteção.

Cromo, níquel e cobre também são benéficos quando adicionados em ligas, por formarem sais básicos insolúveis.

Em decorrência da agressividade atmosférica, equipamentos e estruturas de aço-carbono devem ser protegidos, sendo usual o emprego de revestimentos com tintas de alto desempenho como aquelas à base de resinas poliuretana, vinílica, epóxi, acrílica ou à base de silicato inorgânico ou orgânico de zinco.

 Os chamados **aços patináveis** ou **aclimáveis** (*weathering steel*), conhecidos pelos nomes de CORTEN, SAC, COS-AR-COR e classificados como ASTM-A 242, são aqueles que dentro de certas condições se recobrem de ferrugem protetora, não necessitando da aplicação de tintas ou revestimentos. Esses aços são de baixa liga e, embora não tenham resistência à corrosão, como a do aço inoxidável ou do aço de alta liga, apresentam uma resistência maior à corrosão atmosférica do que o aço-carbono. Essa maior resistência se deve ao fato de que durante o período inicial de corrosão atmosférica há formação de ferrugem e, ao contrário do aço-carbono, essa ferrugem tende, após algum tempo, a se estabilizar: o filme de óxido é muito denso, e nem a água nem o oxigênio podem atravessá-lo, cessando, portanto, a corrosão do aço.

Esses aços vêm sendo muito usados em construções de edifícios, pontes, viadutos, monumentos e vagões de estradas de ferro, sem que haja necessidade de pintá-los: após o período de estabilização da ferrugem, cerca de um a dois anos, o aço fica com uma coloração castanho-escura característica da ferrugem desse tipo de aço. Para desenvolver a camada protetora, eles devem ficar expostos alternadamente a períodos de umidade e de secagem. Daí não apresentarem resistência à corrosão quando estiverem sempre úmidos ou sujeitos à imersão em soluções aquosas de eletrólitos.[24] Esses aços resistem a atmosferas rurais, urbanas e urbanas industriais, e a atmosferas vizinhas ao mar, mas sem incidência direta de névoa salina. Em atmosferas marinhas com incidência direta de névoa salina sobre o aço, a alta umidade e os teores elevados de sais não permitem a estabilização dos aços, obrigando nesse caso à pintura deles para uma duração mais prolongada.

Admite-se que a maior resistência desses aços à corrosão atmosférica esteja relacionada com os seguintes itens:

- a ferrugem formada sobre esses aços é constituída essencialmente de uma camada externa não protetora, porosa (em geral, γ-FeOOH e Fe_3O_4) e de uma camada interna protetora, amorfa e densa, basicamente constituída de α-FeOOH;
- os elementos cobre, cromo e fósforo estão concentrados na camada densa, que é amorfa. As estruturas de óxidos no aço patinável e no aço comum são apresentadas na Figura 7.4;[25]
- há formação de sulfatos básicos de cobre insolúveis, como $CuSO_4 \cdot 3Cu(OH)_2$ e $CuSO_4 \cdot 2Cu(OH)_2$, diretamente na superfície do aço, vedando os poros da camada de ferrugem;
- possibilidade da existência de película de cobre sobre o aço, em decorrência da redeposição de íons cobre dissolvidos;

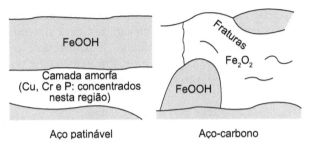

Figura 7.4 Estruturas de óxidos no aço patinável e no aço-carbono.

- o fósforo pode formar barreira de fosfato insolúvel, dificultando o transporte iônico.

O comportamento dos aços patináveis, em presença de atmosferas poluídas com SO_2, é melhor do que em atmosferas isentas de SO_2, como as rurais. Miranda[26] verificou que o SO_2 ativa a formação de goetita, α-FeOOH, protetora. Os elementos Cu, P, Cr e Si também favorecem esta formação.

Aço patinável contendo 0,02-0,03 % de nióbio, Nb, além de pequenas quantidades de cromo e cobre, vem sendo desenvolvido com boa resistência à corrosão atmosférica. É conhecido com o nome de NIOCOR.

Os aços patináveis ou aclimáveis quando usados imersos ou sujeitos à ação direta de névoa salina necessitam também de proteção com revestimento de tintas.

A Tabela 7.1 apresenta a composição típica de alguns aços patináveis para comparação com a do aço-carbono.

Zinco

O zinco é muito usado em revestimento, como no aço galvanizado, que é bastante utilizado em componentes de linhas de transmissão, em chapas para recobrimento ou tapamento lateral de instalações industriais, em tubos usados como eletrodutos, em componentes de sistemas de telefonia e de transmissão de corrente elétrica e em silos para armazenamento de cereais em áreas agrícolas. Quando o aço galvanizado é exposto a atmosferas não poluídas, há a formação de óxido de zinco, ZnO, ou hidróxido de zinco, $Zn(OH)_2$, que, sob ação do gás carbônico, CO_2, existente na atmosfera, forma o carbonato básico de zinco, insolúvel,

Tabela 7.1 Composição química de alguns aços patináveis

Composição (%)											
Aço	C	Mn	P	S(máx.)	Si	Cu	Cr	Ni	V	Ti	Nb
COR-TEN A	0,12 (máx.)	0,20-0,50	0,07-0,15	0,050	0,25-0,75	0,25-0,55	0,30-1,25	0,65 (máx.)	–	–	–
COR-TEN B	0,10-0,19	0,90-1,25	0,040 (máx.)	0,050	0,15-0,30	0,25-0,40	0,40-0,65	–	0,02-0,10	–	–
COR-TEN C	0,12-0,19	0,90-1,35	0,040 (máx.)	0,050	0,15-0,30	0,25-0,40	0,40-0,70	–	0,04-0,10	–	–
SAC-50-1	0,12 (máx.)	≤0,90	0,06-0,12	0,035	0,15-0,35	0,25-0,50	–	–	–	0,15 (máx.)	–
COS-AR-COR	0,11	0,93	0,01	0,007	0,30	0,25	0,50	0,06	–	–	0,01
NIOCOR	0,12	0,36	0,07	0,02	0,52	0,30	0,77	0,03	–	–	0,02
AÇO-CARBONO	0,16	0,63	0,012	0,031	0,012	0,01	0,03	0,01	–	–	–

$3Zn(OH)_2 \cdot ZnCO_3$. Esses compostos, que são brancos, recobrem a superfície de zinco e têm características protetoras. Entretanto, em atmosferas poluídas, principalmente com produtos ácidos, como óxidos de enxofre, o zinco sofre severa corrosão de acordo com as possíveis reações

$$Zn + SO_2 + O_2 \rightarrow ZnSO_4$$

$$2Zn + 2SO_2 + O_2 \rightarrow 2ZnSO_3$$

$$3Zn + SO_2 \rightarrow ZnS + 2ZnO$$

$$ZnO + SO_2 \rightarrow ZnSO_3$$

$$ZnO + SO_2 + 1/2 O_2 \rightarrow ZnSO_4$$

$$Zn(OH)_2 + SO_2 + 1/2 O_2 \rightarrow ZnSO_4 + H_2O$$

Se o teor de SO_2 não for elevado, poderá ocorrer a formação de sulfato básico de zinco, $xZnSO_4 \cdot yZn(OH)_2$, insolúvel, que diminui a taxa de corrosão. Mas observações de casos reais, de estruturas galvanizadas sujeitas à ação direta de óxidos de enxofre de atmosferas industriais, mostram que ocorre severa corrosão do zinco, devido às reações

$$SO_2 + 1/2 O_2 + H_2O \rightarrow H_2SO_4$$

$$Zn + H_2SO_4 \rightarrow ZnSO_4 + H_2$$

$$Zn + H_2SO_4 + 1/2 O_2 \rightarrow ZnSO_4 + H_2O$$

com formação de sulfato de zinco, solúvel e, portanto, não protetor.

Em atmosferas marinhas, o galvanizado tem-se mostrado mais resistente do que em atmosferas industriais devido, provavelmente, à ausência de poluentes ácidos, permanecendo a proteção dada pelo óxido de zinco ou carbonato básico de zinco.

Chapas de aço galvanizado, quando armazenadas superpostas em ambientes de umidade elevada, sofrem a chamada corrosão branca ou oxidação branca, com redução da espessura da película de zinco (ver Cap. 8).

Revestimento feito com liga zinco-alumínio (*Galvalume*) tem apresentado bons resultados em relação à corrosão atmosférica.[27] O mesmo ocorre com as ligas *Galfan* e *Aluzinc*:

Galvalume: Zn-Al 55 %
Galfan: Zn-Al 5 %
Aluzinc: Al 50 %-Zn 43,4 %-Si 1,6 %

Em atmosferas mais agressivas ao aço galvanizado recomenda-se aplicar um revestimento à base de tinta, usando-se um *primer*, ou tinta primária, que tenha aderência em superfícies galvanizadas, por exemplo, *primer* à base de resina epóxi-isocianato. O conjunto aço galvanizado e revestimento, embora de custo inicial mais elevado, tem apresentado, ao longo de emprego de estruturas galvanizadas, custo × benefício compensador.

Alumínio

O alumínio e suas ligas são usados, sob as formas de chapas corrugadas ou trapezoidais, para cobertura ou tapamento lateral de estruturas tubulares e de componentes anodizados, principalmente na indústria de construção civil, visando não só à maior resistência à corrosão do alumínio anodizado, como também ao bom aspecto decorativo.

A película de óxido de alumínio, Al_2O_3, formada quando exposta ao ar, ou quando submetida ao processo de anodização, é responsável pela resistência que o alumínio, ou suas ligas, apresenta à corrosão atmosférica. Entretanto, em atmosferas contendo poluentes ácidos, principalmente ácido clorídrico, ocorre a solubilização do óxido de alumínio e posterior solubilização do alumínio, com formação de cloreto de alumínio, $AlCl_3$, solúvel. No caso de atmosferas contendo óxidos de enxofre, tem-se observado que o alumínio apresenta maior resistência do que o zinco à ação do ácido sulfúrico diluído.

Em atmosferas marinhas, o fator mais influente é a deposição de particulados, principalmente se forem higroscópicos: embaixo do depósito há processo corrosivo por aeração diferencial, com formação de pites. Em decorrência desse fato, procura-se manter limpa a superfície de alumínio, ou do alumínio anodizado, para se ter adequada proteção contra corrosão e, quando possível, após limpeza, recobrir a superfície com finíssima película de óleo protetor ou vaselina.

No caso de chapas, de estruturas tubulares e de componentes de alumínio anodizado, usados na construção civil, deve-se evitar o contato com argamassa de cimento úmida, pois o caráter alcalino da mesma, pH $\simeq$ 13, é corrosivo, atacando o óxido de alumínio e o alumínio, formando aluminato, que é solúvel

$$Al_2O_3 + 6OH^- + 3H_2O \rightarrow 2Al(OH)_6^{3-}$$

$$2Al + 6OH^- + 6H_2O \rightarrow 2Al(OH)_6^{3-} + 3H_2$$

e mesmo que o ataque seja superficial, o anodizado perde todo o seu aspecto decorativo. Devido a essas reações é que os componentes anodizados vêm protegidos, geralmente, com fina película de plástico, que só deve ser destacada após se certificar da ausência da possibilidade anterior.

Chapas de alumínio armazenadas superpostas, em ambientes úmidos, sofrem o processo de corrosão por aeração diferencial entre as chapas, com formação de óxido de alumínio pulverulento, não aderente e não protetor, ficando as chapas, após retirada desse óxido, com manchas de aspecto escurecido (ver Cap. 8). Eliminada a superposição, elimina-se também o processo corrosivo, e as chapas podem ser usadas, porém permanecem as manchas, perdendo o alumínio seu aspecto característico.

Em coberturas de instalações industriais, ou fábricas, têm-se usado telhas de alumínio com revestimento de tinta para maior duração dessas coberturas. Na fixação dessas telhas, estruturas ou chapas de alumínio, deve-se evitar o uso de materiais que sejam catódicos em relação ao alumínio, como cobre ou suas ligas, por exemplo, o que acarretaria corrosão galvânica no alumínio. O ideal para evitar essa corrosão seria o emprego de fixadores de alumínio, mas, devido à pequena resistência mecânica dos mesmos, eles não são empregados. Têm sido usados, com bons resultados, fixadores de aço-carbono galvanizado. A indústria aeronáutica usa rebites de aço-carbono cadmiado para fixação de chapas de ligas de alumínio. Nesses dois casos, na impossibilidade de se igualar potenciais para evitar corrosão galvânica, procurou-se aproximar valores de potenciais para minimizar ou mesmo evitar processo de corrosão, pois após oxidação desses metais, zinco e cádmio, deve ocorrer passivação deles.

Cobre

O cobre e suas ligas, como latão amarelo (70 % Cu e 30 % Zn) e bronze (contêm 8 % a 10 % de estanho), sujeitos à corrosão atmosférica, estão mais relacionados com seus empregos em componentes de instalações elétricas, monumentos ou esculturas e em coberturas de construções antigas, como museus e teatros.

Quando expostos à atmosfera externa, o cobre e suas ligas formam, inicialmente, óxido de cobre, Cu_2O, cuprita, com coloração castanha, que tem características protetoras, e com o tempo e oxigênio forma-se o CuO, de cor preta. Posteriormente, com a presença de umidade e gás carbônico, CO_2, aparece coloração esverdeada devido à formação dos carbonatos básicos de fórmulas

$$CuCO_3 \cdot Cu(OH)_2 \text{ (malaquita)}$$

$$2CuCO_3 \cdot Cu(OH)_2 \text{ (azurita)}$$

Em atmosferas poluídas, como as industriais, que podem ter a presença, por exemplo, de óxidos de enxofre, gás sulfídrico e amônia, têm-se as possíveis reações da ação corrosiva desses poluentes:

- óxidos de enxofre – formam sulfatos básicos, insolúveis, de cor esverdeada, $CuSO_4 \cdot 3Cu(OH)_2$ (brochantita) ou $CuSO_4 \cdot 2Cu(OH)_2$ (antlerita)

$$2Cu_2O + SO_2 + {}^3/_2 O_2 + 3H_2O \rightarrow CuSO_4 \cdot 3Cu(OH)_2$$

- gás sulfídrico – formação de sulfetos de cobre, pretos

$$Cu_2O + H_2S \rightarrow Cu_2S + H_2O$$

$$CuO + H_2S \rightarrow CuS + H_2O$$

$$Cu + {}^1/_2 O_2 + H_2S \rightarrow CuS + H_2O$$

- amônia – formação de $Cu(NH_3)_4(OH)_2$, de coloração azulada e, se houver solicitações mecânicas, poderá ocorrer corrosão sob tensão fraturante. Casos de fraturas de componentes de instalações elétricas, nas proximidades de fábricas que usam amônia, têm sido verificados em razão da associação de cobre (ou ligas), amônia, água e oxigênio, ocorrendo a reação

$$Cu + 4NH_3 + {}^1/_2 O_2 + H_2O \rightarrow Cu(NH_3)_4(OH)_2$$

Em atmosferas marinhas, observa-se coloração esverdeada, causada pela formação de cloreto básico de cobre, $CuCl_2 \cdot 3Cu(OH)_2$, atacamita.

No caso de esculturas, monumentos e coberturas de construções antigas, feitas com cobre ou suas ligas (latão e bronze), verifica-se que há formação de uma pátina aderente e protetora, cuja coloração, geralmente esverdeada, é devida aos sais básicos originados pelas diferentes atmosferas onde estão localizadas essas obras de arte.

Observações Gerais

Pode-se apresentar algumas observações de caráter geral relacionadas com a corrosão atmosférica:

- no início da corrosão, a sua velocidade só depende da composição da atmosfera, independendo da composição do material metálico;
- quando se forma o produto de corrosão, o material passa a se corroer em uma velocidade que depende da composição do material e do produto de corrosão;
- em atmosferas poluídas (SO_2, NaCl, umidade relativamente alta), a velocidade de corrosão vai depender da composição do material metálico, pois, nesse caso, o produto de corrosão não tem geralmente características protetoras;
- em atmosferas não poluídas, a ferrugem é constituída principalmente pelo $Fe_2O_3.H_2O$, insolúvel – logo, uma vez formada, essa camada de óxido dá relativa proteção contra posterior ataque;
- em atmosferas não poluídas, pode-se usar aço ao carbono, reservando-se o uso de aços mais caros, de baixa liga, para atmosferas poluídas, pois aí a composição do material metálico é o fator determinante;
- as chuvas podem ter uma ação benéfica em atmosferas poluídas, pois lavam a superfície metálica exposta, impedindo a concentração do agente atmosférico corrosivo sobre o material;
- em atmosferas poluídas, é conveniente o emprego de revestimentos protetores, como películas de tintas de alto desempenho, como aquelas à base de resinas poliuretana, epóxi, vinílica, acrílica ou de silicatos inorgânico ou orgânico de zinco.

7.2 ÁGUAS NATURAIS

Os materiais metálicos em contato com a água tendem a sofrer corrosão, a qual vai depender de várias substâncias que podem estar contaminando a mesma. Entre os mais frequentes contaminantes têm-se:

- gases dissolvidos – oxigênio, nitrogênio, dióxido de carbono, cloro, amônia, dióxido de enxofre, trióxido de enxofre e gás sulfídrico;
- sais dissolvidos – cloretos de sódio, de ferro e de magnésio, carbonato de sódio, bicarbonatos de cálcio, de magnésio e de ferro;
- matéria orgânica de origem animal ou vegetal;
- bactérias, vírus, protozoários, limos e algas;
- sólidos suspensos.

Na apreciação do caráter corrosivo da água, também devem ser considerados o pH, a temperatura, a velocidade e a ação mecânica.

Dependendo do fim a que se destinam, diversos desses contaminantes devem ser considerados com mais detalhes. Assim, por exemplo, em água:

- potável, é de fundamental importância a qualidade sanitária, procurando-se, portanto, evitar a presença de sólidos suspensos, de sais (teores máximos permissíveis, de cloreto e de sulfato, 250 mg/L), como os de mercúrio, chumbo, além de metaloides como o arsênio e de microrganismos responsáveis por doenças transmissíveis por via hídrica;
- para sistemas de resfriamento, procura-se evitar a presença de sólidos suspensos ou sais formadores de depósitos, e crescimento biológico, que poderiam, ao se depositarem, criar condições para corrosão sob depósito ou por aeração diferencial;
- para geração de vapor, evita-se a presença de oxigênio e de sais incrustantes, como bicarbonatos de cálcio e de magnésio. No caso de caldeiras, o oxigênio oxidaria a magnetita, Fe_3O_4, protetora, formando Fe_2O_3 não protetor, e os sais incrustantes depositariam, por exemplo, $CaCO_3$, carbonato de cálcio, dificultando a troca térmica;
- de processo para fabricação de produtos químicos ou farmacêuticos, evita-se a presença de impurezas, como sais, usando-se água desmineralizada ou deionizada, e, no caso de produtos farmacêuticos ou medicinais, também, esterilizada.

Em decorrência dessas considerações, justificam-se como etapas fundamentais nos tratamentos de:

- água potável – clarificação para eliminar sólidos suspensos, cloração e controle de pH;
- água de resfriamento – cloração, adição de inibidores de corrosão e dispersantes e controle de pH;
- água para caldeiras – desaeração para eliminar oxigênio, abrandamento ou desmineralização para eliminar dureza da água e controle de pH.

Devido aos seus inúmeros usos, e à importância da água como meio corrosivo, no Capítulo 16 é apresentada a influência dos contaminantes mais frequentes e dos fatores pH, temperatura, velocidade e ação mecânica. São consideradas as ações corrosivas de água **potável**, **do mar**, **de resfriamento** e **para geração de vapor**.

7.3 SOLO

O comportamento do solo como meio corrosivo deve ser considerado de grande importância, levando-se em consideração as enormes extensões de tubulações enterradas, como oleodutos, gasodutos, adutoras e minerodutos, além da grande quantidade de tanques enterrados armazenando combustíveis. A corrosão em tubulações ou tanques contendo combustíveis pode causar perfurações que provocam vazamentos, com consequente contaminação do solo ou de lençóis freáticos, possibilitando incêndios e explosões.

Como o mecanismo da corrosão nos solos é eletroquímico, há necessidade da existência de:

- áreas anódicas e catódicas;
- contato elétrico entre as diferentes áreas;
- contato iônico por meio do eletrólito.

Nas áreas anódicas e catódicas, a diferença de potencial responsável pelo processo eletroquímico decorre de heterogeneidades no próprio material metálico, por exemplo, área deformadas ou tensionadas, ou por variações no meio corrosivo, como ocorre na presença de áreas com diferentes níveis de aeração.

O solo pode ser considerado como um dos meios corrosivos mais complexos para se determinar previamente sua ação agressiva para os materiais metálicos. Essa complexidade fica logo evidenciada na coleta de amostras de solos para análises químicas, físico-químicas ou microbiológicas. Durante a retirada de amostras, alguns fatores podem sofrer alterações, que certamente influirão nas suas condições físicas, ocasionando determinações de parâmetros analíticos que não representam exatamente os valores existentes no solo. Como exemplo, podem-se citar: aeração, umidade, pH, potencial de oxirredução e presença de microrganismos.

Um fator de grande relevância refere-se às condições climáticas, que podem alterar significativamente algumas propriedades do solo. Em períodos chuvosos, a umidade promove diminuição da resistividade do solo em relação a períodos mais secos. Esse fato é relevante ao se fazer levantamento de campo para aplicação de técnicas anticorrosivas em tubulações que percorrem solos com diferentes características, sendo indicado coletar amostras ao longo de toda a sua extensão.

Para avaliação da ação corrosiva dos solos, é usual a determinação de suas propriedades químicas, físico-químicas, características microbiológicas e as condições operacionais que podem ter influência no processo. Em geral, a ação corrosiva está relacionada a um conjunto de fatores que podem, inclusive, não estar diretamente relacionados às características dos solos, mas que, ainda assim, devem ser levados em consideração, como contato bimetálico com formação de pilha galvânica, correntes de fuga, contaminação dos solos por despejos industriais ou mesmo fertilizantes e presença de microrganismos.

A velocidade de corrosão de estruturas enterradas está mais relacionada às características do solo do que a pequenas variações na composição do material metálico. A corrosividade do solo pode ser influenciada por diversas variáveis evidenciadas a seguir.

- **Características físico-químicas:**
  - presença de água, sais solúveis e gases;
  - acidez;
  - pH;
  - resistividade elétrica;
  - potencial redox.
- **Condições microbiológicas:**
  - influência direta;

- modificação na resistência de revestimentos;
- origem de meios corrosivos.
- **Condições operacionais:**
  - condições climáticas;
  - emprego de fertilizantes;
  - despejos industriais;
  - profundidade;
  - aeração diferencial;
  - contato bimetálico;
  - correntes de fuga.

Características Químicas e Físico-químicas

Dentre as características do solo que podem influir diretamente na sua ação corrosiva, destacam-se:

- presença de água;
- presença de sais solúveis;
- presença de gases;
- acidez;
- pH;
- potencial redox;
- resistividade elétrica.

Estas características não são totalmente independentes, havendo uma correlação que pode ser exemplificada pela variação da resistividade elétrica do solo com o teor de água e de sais solúveis. A composição química do solo, de fato, afeta diretamente sua resistividade, uma vez que esta tende a diminuir com o aumento do teor de sais solúveis, o que influencia sua corrosividade, pois favorece o fluxo de corrente entre áreas anódicas e catódicas.

Gases provenientes da atmosfera, como oxigênio, dióxido de carbono, gás sulfídrico, óxidos de enxofre e de nitrogênio, podem acelerar o processo corrosivo. O oxigênio, que participa de reações catódicas, promove processos corrosivos. Esta afirmativa poderia induzir que, em oposição, em solos pouco ou não aerados, a corrosão seria menor, o que, de fato, é verdade, desde que não estejam presentes bactérias anaeróbicas ou que não ocorra a formação de pilhas de aeração diferencial. Este último caso ocorre quando as tubulações passam por solos de diferentes características ou, ainda, em regiões nas quais encontram-se parcialmente enterradas.

O conteúdo iônico na presença de água promove acidez ou basicidade, o que é indicado pelo pH. Este parâmetro físico-químico é de grande relevância, visto que pode indicar o favorecimento de processo corrosivo e a estabilidade dos produtos formados sobre a superfície metálica por reações eletroquímicas. Produtos insolúveis podem ser formados, atuando como barreira protetora ao metal e, por outro lado, produtos solúveis podem promover a dissolução metálica.

Em geral, valores de pH menores que 5,0 indicam solos de maior agressividade para estruturas constituídas de materiais ferrosos. Em solos com valores intermediários de pH, entre 6,5 e 7,5, em ausência de oxigênio (anaerobiose) e na presença de bactérias redutoras de sulfato (BRS), pode ocorrer biocorrosão dos materiais metálicos. Solos alcalinos e calcários com pH acima de 8,0 apresentam sais dissolvidos, que podem promover a redução da resistividade. Solos alcalinos têm, em geral, elevados teores de sódio e potássio, enquanto nos solos calcários se acentuam cálcio e magnésio.[28]

Outro parâmetro relevante que se refere às espécies químicas presentes no solo é o potencial redox, que indica, em condição de equilíbrio, a tendência à oxidação ou à redução de doadores e receptores de elétrons, que são denominados, respectivamente, de redutores e oxidantes. A medida do potencial redox é feita em um eletrodo inerte, usualmente platina, e um eletrodo de referência, comumente de cobre/sulfato de cobre, conectados a um voltímetro.[29]

Este parâmetro está relacionado ao grau de aeração do solo e, portanto, altos valores de potencial redox indicam alto teor de oxigênio, enquanto valores mais baixos indicam condições apropriadas para atividade microbiana anaeróbia. Por isso, esse parâmetro tem sido adotado na prática para identificar condições favoráveis ao desenvolvimento de bactérias anaeróbias, em especial SBR.[30]

Todos os parâmetros indicados anteriormente são relevantes no que se refere à corrosividade do solo. Contudo, a resistividade elétrica é o parâmetro físico-químico que tem sido comumente adotado como um indicador da agressividade do solo, visto que se refere ao fluxo de corrente entre áreas anódicas e catódicas na superfície do metal.

A resistividade do solo em campo é comumente medida pelo Método de Wenner, ou Método dos Quatro Pinos,[31] que permite sua determinação em diferentes profundidades, a partir da variação do afastamento entre os eletrodos usados para medição.

A medição da resistividade *in situ* pode levar a valores muito variados, dependendo das condições climáticas que alteram a umidade do solo. Com isso, a resistividade pode ser medida em condições controladas em laboratório, usando-se a técnica de dois eletrodos acoplados a uma caixa-padrão, denominada comumente como *soil box*, na qual o solo é compactado e nivelado de forma a minimizar espaços vazios.[32]

A influência do teor de umidade na resistividade pode ser avaliada a partir de adições graduais de água à amostra de solo até que um valor mínimo, praticamente constante, seja atingido. Uma aplicação prática da determinação da resistividade em seu valor mínimo, ou seja, em condição crítica, é adotar tal parâmetro em projetos de proteção catódica. Quanto menor é a resistividade, maior é a densidade de corrente calculada para a efetiva proteção, favorecendo a segurança do projeto.

Verifica-se, portanto, que várias características do solo podem ser adotadas como indicadores da agressividade do solo. Na literatura, são apresentados vários critérios de avaliação da corrosividade dos solos.

Starkey e Wright[33] consideram o potencial redox como variável mais importante, pois mede o risco da atividade microbiológica das bactérias redutoras de sulfato, sendo apresentada a seguinte relação:

Potencial Redox (mV)	Corrosão
>400	Ausência
200-400	Ligeira
100-200	Moderada
<100	Severa

Entretanto, Neveux[34] afirma que, na prática, o valor de potencial redox não é constante, variando com a presença de águas ácidas ou aeradas, circulação de ar, atividade biológica, estações climáticas (temperatura) etc.

Romanoff[35] e Stratfull[36] afirmam que a corrosividade do solo está relacionada com a resistividade elétrica.

Estudos realizados por Booth e colaboradores[37] mostram que, para melhor caracterização da agressividade dos solos, devem ser determinados os parâmetros de resistividade do solo, potencial redox e teor de água. O mesmo autor, em estudos com Tiller,[38] apresenta a relação:

Parâmetros	Agressivo	Não Agressivo
Resistividade do solo (Ω cm)	<2.000	>2.000
Potencial redox (pH = 7) (V)	<0,40 (ou <0,43 para solo argiloso)	>0,40 (ou >0,43 para argiloso)
Teor de água (% em peso) (para casos limites)	>20 %	<20 %

Neveux[34] apresenta a seguinte relação entre resistividade elétrica e grau de agressividade do solo:

Resistividade Elétrica (Ω cm)	Grau de Agressividade
<1.000	Extremamente agressivo
1.000-2.000	Fortemente agressivo
2.000-3.500	Moderadamente agressivo
3.500-5.000	Pouco agressivo
5.000-10.000	Ligeiramente agressivo
>10.000	Não agressivo

Este autor destaca, ainda, a relatividade destes valores e, de forma simplificada, considera que:

- há ocorrência de corrosão quando <1.000 Ω cm;
- pode haver corrosão entre 1.000 e 5.000 Ω cm;
- não há corrosão quando >5.000 Ω cm.

Wranglén[39] também considera que a corrosividade do solo é determinada principalmente por sua resistividade elétrica e apresenta a relação:

Resistividade Elétrica (Ω/cm)	Teor de Sais (mg/L)	Corrosividade	Taxa Média de Corrosão para Aço (μm/ano)
<100	>7.500	Muito alta	>100
100-1.000	7.500-750	Alta	10.030
1.000-10.000	750-75	Baixa	304
>10.000	<75	Muito baixa	<4

Um dos critérios mais completos de avaliação da corrosividade dos solos é relatado na literatura clássica por Trabanelli e colaboradores[40] e baseia-se na determinação dos seguintes parâmetros: resistividade, potencial redox, pH, teor de umidade, íons cloreto, íons sulfato e íons sulfeto. Um índice parcial é adotado para cada um dos parâmetros cuja soma algébrica permite a classificação do solo quanto à corrosividade. Embora a presença de BRS não seja diretamente avaliada, sua influência no processo corrosivo é considerada em função dos pesos relativos atribuídos aos parâmetros potencial redox, concentração de sulfato e concentração de sulfeto.

Serra e Mannheimer[41] utilizaram métodos eletroquímicos para estimarem a taxa de corrosão de metais em solos, destacando entre esses métodos o de resistência de polarização. Esse método apresentou concordância qualitativa com os ensaios desenvolvidos em campo.

A taxa de corrosão em solo pode ser determinada por ensaios gravimétricos ou, ainda, por ensaios acelerados realizados em laboratório, compatíveis com projetos de engenharia. Contudo, a avaliação da agressividade dos solos *in situ* representa a forma de determinação dos valores de taxa de corrosão da forma mais precisa, tendo em vista os fatores ambientais.

Condições Microbiológicas

Os microrganismos podem concorrer para que a ação corrosiva do solo seja mais acentuada, de acordo com um ou mais dos seguintes fatores:

- influência direta na velocidade das reações anódicas e catódicas;
- modificação na resistência de películas existentes nas superfícies metálicas, originadas por produtos do metabolismo microbiano;
- formação de meios corrosivos.

Como exemplo de bactérias que podem influenciar a velocidade das reações anódicas e catódicas, destacam-se as *Desulfovibrio Desulfuricans*, bactérias anaeróbicas, que se desenvolvem, portanto, na ausência de ar e retiram a energia necessária aos seus processos metabólicos da reação de oxirredução:

$$4Fe + 2H_2O + SO_4^{2-} + 2H_2CO_3 \rightarrow 3Fe(OH)_2 + FeS + 2HCO_3^-$$

A corrosão, nesses casos, é caracterizada pela presença de tubérculos, sob os quais se formam profundos pites e sulfeto de ferro, de cor preta, no produto de corrosão. A presença isolada de sulfeto de ferro, FeS, não é evidência conclusiva, pois o sulfeto pode provir de outra fonte, por exemplo, gás sulfídrico de terrenos pantanosos, daí a necessidade de análise bacteriológica para confirmação da ação corrosiva de microrganismos.

As bactérias redutoras de sulfato se desenvolvem em:

- condições favoráveis de pH: entre 5,5 e 8,5, sendo 7,2 o valor ótimo;
- ausência de oxigênio;
- presença de sulfato;
- presença de nutrientes, incluindo matéria orgânica;
- temperatura entre 25 e 60 °C.

Como bactérias que modificam a resistência de películas protetoras, devem ser citadas as bactérias celulolíticas. A celulose pode ser oxidada por certas bactérias, como *Butyribacterium Rettgeri*, produzindo ácidos acético e butírico e dióxido de carbono, tendo-se, portanto, além da deterioração do revestimento, a corrosão da tubulação devido aos ácidos formados. Essa corrosão é mais frequente em meio anaeróbio ou muito pouco aerado.

Finalmente, como bactérias que originam meios corrosivos, devem ser citadas as oxidantes de enxofre ou seus compostos como sulfeto, sulfito e tiossulfato. Essas bactérias, como a *Thiobacillus Thiooxidans*, são aeróbicas e autotróficas, sintetizando seu material celular de compostos inorgânicos de carbono e nitrogênio. A energia para essa síntese é proveniente da oxidação do enxofre ou seus compostos, como exemplificam as reações de oxidação de enxofre e de sulfeto de ferro, FeS, descritas a seguir:

$$2S + 3O_2 + 2H_2O \rightarrow 2H_2SO_4$$

$$4FeS + 9O_2 + 4H_2O \rightarrow 4H_2SO_4 + 2Fe_2O_3$$

A formação de ácido sulfúrico, H_2SO_4, ou de sulfato, SO_4^{2-}, torna o solo mais corrosivo, devido à redução da resistividade elétrica do solo e do . pH que pode atingir valores próximos a 2,0.

Além das bactérias citadas anteriormente, podem-se citar ainda, embora menos frequentes, as bactérias redutoras de nitrato, como *Micrococcus Denitrificans*, que são anaeróbicas e possibilitam a reação de corrosão do ferro:

$$4Fe + NO_3^- + 6H_2O \rightarrow 4Fe(OH)_2 + NH_3 + OH^-$$

$$4Fe + HNO_3 + 5H_2O \rightarrow 4Fe(OH)_2 + NH_3$$

Tiller[42] verificou que os casos mais significativos de corrosão microbiológica estão associados a materiais metálicos enterrados, principalmente quando há predominância de condições de anaerobiose, sendo essas usualmente associadas a solos argilosos. Esse autor cita como mais frequentes as bactérias redutoras de sulfato, afirmando que a biocorrosão gerada é facilmente reconhecida pelo odor de gás sulfídrico, H_2S, quando o solo é escavado, ou pela presença de manchas escuras no solo próximo à tubulação enterrada.

Em razão dessas considerações, conclui-se que os microrganismos podem ter grande influência nos processos corrosivos de tubulações enterradas, mas sua caracterização é um desafio, devido à dificuldade de isolá-los e colocá-los em meio de cultura apropriado sem que ocorra alteração de suas condições reais.[43] Logo, a tomada de amostra deve ser cuidadosa e o meio de cultura, para análise bacteriológica, deve ser adequado ao desenvolvimento do microrganismo em estudo.

Condições Operacionais

Entre as condições operacionais que podem influir na ação corrosiva dos solos devem ser destacadas:

- condições climáticas;
- emprego de fertilizantes;
- despejos industriais;
- profundidade;
- aeração diferencial;
- contato bimetálico com formação de pilha galvânica;
- eletrólise do material metálico por ação de correntes de fuga.

Condições Climáticas

As condições climáticas de maior influência na ação corrosiva do solo são descritas a seguir:

- **Chuvas.** Aumentam a umidade dos solos e consequentemente diminuem a resistividade elétrica. Essa ação é mais acentuada quando os solos apresentam baixa porosidade e não são bem drenados. As chuvas podem solubilizar poluentes, eventualmente existentes na atmosfera, como dióxido de enxofre (SO_2) e trióxido de enxofre (SO_3), formando, respectivamente, ácidos sulfuroso (H_2SO_3) e sulfúrico (H_2SO_4), constituindo a denominada **chuva ácida**, comumente presente em áreas onde são queimados combustíveis com altos teores de enxofre. A penetração de chuva ácida no solo reduz o pH e a resistividade, acelerando o processo corrosivo de tubulações enterradas. Pode-se, ainda, admitir que o excesso de chuva torne o solo menos agressivo pouco abaixo da superfície devido à ação lixiviante da água, que pode solubilizar os sais, arrastando-os para regiões de maior profundidade.
- **Temperatura.** Em função das várias estações do ano, têm-se diferentes temperaturas na atmosfera que, em função de seus acréscimos, influenciam a umidade do solo, principalmente pouco abaixo da superfície.
- **Umidade relativa da atmosfera.** Se for elevada, haverá menor possibilidade de evaporação da água do solo.
- **Ventos.** Possibilitam maior evaporação da água do solo.

Emprego de Fertilizantes

O uso de fertilizantes, geralmente sais como nitrato de amônio, fosfato mono e diamônio e cloreto de potássio, provocam redução da resistividade elétrica do solo, tornando-o mais corrosivos.

Despejos Industriais

A colocação indevida de despejos industriais no solo altera as características do solo, podendo, em função da natureza desses despejos, torná-lo corrosivo.

Profundidade

A profundidade em que as tubulações são enterradas tem influência devido, principalmente, ao teor de oxigênio. Mesmo que o solo apresente baixa resistividade, o teor reduzido de oxigênio diminui a taxa de corrosão, exceto na presença de bactérias redutoras de sulfato que são anaeróbicas. Pode-se dizer que, em baixa profundidade (2 m a 3 m), a corrosão é controlada pela resistividade e, em grandes profundidades (>10 m), a corrosão é controlada pela difusão de oxigênio ou pelas bactérias anaeróbicas.

Aeração Diferencial

Diferentes teores de oxigênio podem ocorrer no solo em razão da porosidade. Solos argilosos são menos aerados do que solos calcários ou arenosos. Essa diferença de aeração cria uma pilha de aeração diferencial ou de oxigenação diferencial, na qual a área anódica e, portanto, aquela em que ocorre corrosão, é a menos aerada. Tal processo corrosivo pode ocorrer quando:

- longas extensões de tubulações atravessam solos de diferentes teores de água e de oxigênio – a corrosão vai se processar com mais intensidade na área menos aerada da tubulação;
- tubulações são instaladas parcialmente enterradas – as áreas menos aeradas são aquelas abaixo, alguns centímetros, da superfície do solo. Nessas áreas ocorre corrosão localizada;
- tubulações com partes enterradas em solo argiloso e partes em solo arenoso – na região em solo argiloso, por ser menos aerado, ocorre a corrosão.

Contato Bimetálico

O contato entre materiais metálicos diferentes, na presença de eletrólito, promove a formação de pilha galvânica ocorrendo, portanto, o processo denominado corrosão galvânica.

Como exemplo de corrosão galvânica no solo, pode-se citar aquela ocasionada por malhas de aterramento de cobre ligadas a tubulações de aço-carbono enterradas. O objetivo do aterramento é fornecer adequado caminho de baixa resistência para a condução de corrente para a terra, a fim de promover segurança para pessoas e equipamentos. Caso haja contato entre a tubulação e a malha de cobre, os processos de corrosão galvânica podem ser observados já que o aço atua como ânodo e o cobre como cátodo na pilha que tem o solo como eletrólito.

As características do solo, como resistividade elétrica e aeração, e a proximidade entre as tubulações e a malha de cobre influenciam o processo corrosivo. A polarização e a resistividade do solo reduzem as correntes galvânicas a valores que não ocasionam severa corrosão na maioria dos solos.[44] Entretanto, diversos casos de corrosão galvânica em tubulações enterradas têm sido associados a malhas de aterramento de cobre. Sendo o cobre um metal nobre, ele ocasiona severa corrosão em estruturas enterradas, como tubulações e tanques feitos de aço, quando ligados à malha de aterramento.[45]

Desta forma, na elaboração de projeto de aterramento, deve-se considerar a possibilidade da formação do par galvânico aço-cobre e, como alternativa, aço-zinco.[46]

Malhas de aterramento de cobre, devido à sua alta condutividade e resistência à corrosão, tem sido regularmente usadas mas a possibilidade de corrosão galvânica, caso sistema de aterramento seja conectado a tubulações de aço ou condutos revestidos de chumbo, deve ser avaliada.[47] De forma a mitigar a corrosão galvânica no caso de haver ligação da malha de aterramento com estruturas enterradas, como tubulações, fundos de tanques de armazenamento e estacas, possíveis soluções são sugeridas:[48]

- escolha de material compatível;
- isolamento elétrico entre os materiais formadores do par galvânico;
- proteção catódica.

Casos de corrosão intensa em parte inferior de torre de linha de transmissão em aço galvanizado por contato com sistema de aterramento de cobre têm sido relatados, sendo indicado o uso de aço galvanizado como uma alternativa.[49] O mesmo problema já foi relatado em tubulações de água de resfriamento com pouco tempo de uso.[50]

Casos de corrosão de tubulações associados a aterramentos vêm sendo relatados há décadas o que levou a reprovação desse tipo de aterramento pela American Water Works Association.[51]

As reações que se processam na corrosão galvânica das tubulações de aço-carbono ligadas a malhas de aterramento de cobre são:

- área anódica (tubulação de aço-carbono) $Fe \rightarrow Fe^{2+} + 2e$
- área catódica (malha de aterramento) em meio não aerado

$$2H_2O + 2e \rightarrow H_2 + 2OH^-$$

- área catódica (malha de aterramento) em meio aerado

$$H_2O + 1/2 O_2 + 2e \rightarrow 2OH^-$$

O produto de corrosão depende das características do solo, podendo ocorrer as seguintes reações:

$$Fe^{2+} + 2OH^- < Fe(OH)_2 \quad 3Fe(OH)_2 < Fe_3O_4 + 2H_2O + H_2$$

ou

$$2Fe(OH)_2 + 1/2 O_2 + H_2O < 2Fe(OH)_3$$
$$(ou\ FeO \cdot OH\ ou\ Fe_2O_3 \cdot H_2O)$$

O $Fe(OH)_2$ ou Fe_3O_4 predomina em áreas menos aeradas e o $Fe_2O_3 \cdot H_2O$ predomina em áreas mais aeradas. Daí se observar a parte inferior do produto de corrosão com coloração preta, devida ao Fe_3O_4 ou $Fe(OH)_2$, e a parte superior, mais aerada, com coloração castanho-alaranjada devida ao $Fe_2O_3 \cdot H_2O$. É evidente, portanto, que em função das condições de aeração pode-se ter o produto de corrosão apresentando colorações características. Em razão da corrosão galvânica das tubulações de aço é que tem sido sugerido[52-54] o uso de outros materiais metálicos de aterramento, como aço galvanizado, zinco, alumínio etc. como substitutos do cobre. Como esses materiais são anódicos em relação ao ferro, as tubulações não sofrem corrosão galvânica, caso haja contato elétrico.

Correntes de Fuga

As condições operacionais apresentadas anteriormente envolvem processos eletroquímicos espontâneos, isto é, a diferença de potencial se origina dos potenciais eletroquímicos dos materiais metálicos envolvidos no processo corrosivo. Existem, entretanto, correntes ocasionadas por fontes externas que produzem casos severos de corrosão. Tubulações enterradas, como oleodutos, gasodutos e adutoras, estão frequentemente sujeitas a esses casos devido a correntes elétricas de interferência que abandonam o circuito normal para fluir pelo solo ou pela água. Essas correntes são também chamadas de correntes de fuga, estranhas, dispersas, parasitas, vagabundas ou espúrias. Ao atingirem instalações metálicas enterradas, podem ocasionar corrosão nas áreas onde abandonam essas instalações para retornarem ao circuito original, através do solo ou da água. Como as grandezas dessas correntes são maiores que as originadas na própria estrutura metálica, a corrosão verificada pode ser muito intensa e rápida. Esse tipo de corrosão é conhecido como **corrosão eletrolítica** e, como é uma forma de corrosão localizada, em pouco tempo pode ocorrer a perfuração de tubulações. Essa agressividade pode ser evidenciada a partir da Lei de Faraday, com o cálculo da massa de ferro consumida anodicamente pela passagem de um ampère durante um ano, 9,125 kg, que, embora pequena em comparação com a massa total da tubulação, ela se verifica em pequena área, isto é, na saída de corrente, ocasionando, em pouco tempo, perfuração da tubulação (ver Caps. 4 e 10).

A taxa de corrosão gerada por correntes de fuga pode variar intensamente em curtos períodos, de acordo com sua origem. Podem ser estáticas, quando sua magnitude é constante, ou dinâmica, variando em amplitude e direção. Típicas fontes de corrente de fugas incluem: linhas de sistemas de transportes (metrô, trens, bondes), geradores termoelétricos, máquinas de solda, sistemas de aterramento, sistemas de corrente continua em alta tensão ou, ainda, outras estruturas metálicas protegidas catodicamente ou não.[55,56]

Muitos casos de corrosão eletrolítica já foram relatados na literatura envolvendo instalações essenciais de grandes cidades, como tubulações de água, gás, linhas telefônicas, sistema de tração elétrica e rede de incêndio.[57-60] Nesse último caso, a fonte de corrente contínua causadora do processo corrosivo, foi constituída pelos precipitadores eletrostáticos cujo polo positivo foi ligado à rede geral de aterramento (malha de cobre) e esta foi conectada a tubulações enterradas. A corrente circulou entre a malha de aterramento e as tubulações enterradas, causando os furos na região de saída de corrente.

O levantamento de possíveis correntes interferentes deve ser realizado de forma a avaliar suas consequências e buscar soluções para minimizar seus efeitos.

7.3.1 Proteção de Tubulações Enterradas

O sistema de proteção mais frequentemente adotado em tubulações de grande responsabilidade como oleodutos, gasodutos, adutoras e minerodutos, é o uso conjunto de revestimento e proteção catódica por corrente impressa. Embora os revestimentos adotados sejam de alta eficiência, falhas podem ocorrer durante a aplicação, instalação ou por envelhecimento natural. As falhas, constituindo-se em pequenas áreas anódicas com elevada densidade de corrente, ficam sujeitas à corrosão por pites ou alvéolos. Nessas regiões, a proteção catódica atua de forma a prevenir processos corrosivos. Por outro lado, o uso de revestimentos reduz a corrente necessária à proteção catódica.

Revestimentos orgânicos de epóxi, como *fusion bonded epoxi* (FBE ou epóxi líquido em dois componentes) e de polietileno (PE3L ou polietileno tripla camada) são frequentemente aplicados para proteção de tubulações enterradas. Este último, como indicado, é constituído por três camadas, a saber:

- 1ª camada: FBE, espessura de 40 μm a 60 μm;
- 2ª camada: copolímero ou terpolímero (etil-vinil, acetato, butil acrilato ou ácido carboxílico), espessura de 100 μm a 150 μm (assegurar aderência entre 1ª e 3ª camadas);
- 3ª camada: polietileno/polipropileno, extrudada, espessura de 1,2 mm a 1,7 mm.

Cabe destacar ainda as mantas termocontráteis usadas como revestimentos para proteção de juntas soldadas.

As características básicas dos sistemas de proteção catódica aplicados a estruturas enterradas são abordados com mais detalhes no Capítulo 25.

7.4 PRODUTOS QUÍMICOS

Em equipamentos usados em processos químicos deve-se levar em consideração duas possibilidades: deterioração do material metálico do equipamento e contaminação do produto químico. Os fatores que influenciam são vários e complexos em alguns casos. Entre eles, são citados a pureza do metal, contato de metais dissimilares, natureza da superfície metálica, pureza do produto químico, concentração, temperatura e aeração. Após obtenção desses produtos, o cuidado a seguir será evitar a sua ação corrosiva, procurando armazenar, transportar ou embalar esses produtos em materiais resistentes (ver item 20.2.1). Alguns exemplos: cloro, Cl_2, líquido ou cloro gasoso, em ausência de água, podem ser armazenados em cilindros de aço-carbono.

Produtos alcalinos como hidróxido de sódio (soda cáustica) podem ser armazenados em recipientes de aço-carbono; entretanto, alumínio, zinco, estanho e chumbo sofrem ação corrosiva. Se a temperatura for elevada e com aumento da concentração da solução de hidróxido de sódio, o aço-carbono também sofre corrosão, podendo ocorrer fragilidade cáustica.

Produtos ácidos, como ácido fluorídrico, devem ser embalados em frascos de material polimérico como polietileno, evitando-se o contato com frascos de vidro que seriam atacados. Sais derivados de ácido fluorídrico, como fluoretos, são embalados em frascos de vidro revestidos com parafina. Ácidos clorídrico, nítrico, sulfúrico e acético e seus sais podem ser embalados em frascos de vidro, sem problemas.

De maneira geral, devido à agressividade dos produtos químicos, eles são embalados em recipientes de vidro, com exceção de ácido fluorídrico e seus sais e soluções concentradas de hidróxido de sódio. Devido à resistência química do vidro, são usados reatores ou tubulações vitrificados para resistirem à ação corrosiva.

Segundo Maia,[61] o vidro pode sofrer ataque hidrolítico (superficial), no qual ocorre a substituição de íons alcalinos da superfície deste por íons H+. Contudo, a quantidade de íons gerados é desprezível.

No caso de produtos químicos para fins farmacêuticos ou medicinais, deve-se considerar não só o ataque do material metálico, mas também a possibilidade de contaminação do produto. Produtos à base de compostos de mercúrio não devem ser acondicionados em recipientes de alumínio, pois a embalagem sofreria corrosão, contaminando o produto. Os produtos farmacêuticos ou medicinais são geralmente embalados em frascos de vidro ou de plásticos como polietileno.

7.5 ALIMENTOS

A importância do efeito corrosivo dos alimentos está ligada à formação de possíveis sais metálicos tóxicos. Além do caráter tóxico dos sais resultantes, eles podem alterar características do alimento como sabor, aroma e aparência,[62] bem como ocasionar rancidez. Mesmo que a ação corrosiva seja pequena, observa-se que mínimas quantidades de:

- zinco, ferro e cobre: modificam o aroma do leite;
- ferro: pode reagir com tanino, ocasionando escurecimento de vegetais em conserva;
- estanho: ocasiona turvação em cerveja e vinhos brancos;
- chumbo: causa saturnismo, doença que ataca o sistema nervoso.

Para evitar a deterioração de alimentos, a eles são adicionados conservantes, geralmente ácidos orgânicos, como o ácido cítrico, que podem atacar alguns recipientes metálicos. Esse fato pode ser observado em embalagens de conservas alimentícias que usam latas de folha de flandres (aço revestido com estanho) e têm solda de liga de chumbo-estanho: o ataque na região de solda ocasiona a contaminação do alimento com chumbo. Para evitar esse ataque, recomenda-se o revestimento da parte interna dessas latas com resina epóxi-fenólica ou, alternativamente, usar embalagem de vidro ou de novo material, à base de aço, sem costura.

Em 1999 foi publicada a Lei nº 9.832, que proíbe o uso de soldas com liga de chumbo e estanho para acondicionamento de gêneros alimentícios, exceto para produtos secos ou desidratados. Além disso, os materiais metálicos não devem conter mais de 1 % de impurezas constituídas por chumbo, arsênio, cádmio, mercúrio, antimônio e cobre, considerados em conjunto.[63] O limite individual de arsênio, mercúrio e chumbo não deve ser maior do que 0,01 %.

As indústrias de alimentos e de laticínios, como exigem materiais resistentes à corrosão e de fácil limpeza, utilizam em grande escala equipamentos de aços inoxidáveis. Entretanto, diversos casos de corrosão por pite e sob tensão fraturante, em aços inoxidáveis dos tipos AISI 304 e 316, têm ocorrido em indústria de alimentos.[64]

7.6 SUBSTÂNCIAS FUNDIDAS

Consultar Capítulo 14, item 14.9.7.

7.7 SOLVENTES ORGÂNICOS

Como os solventes orgânicos são compostos com ligações covalentes e, portanto, não são considerados eletrólitos, os casos de corrosão originados por eles ficam mais relacionados com a presença de impurezas que podem existir neles, tornando-os corrosivos para determinados materiais metálicos. Assim, é bem conhecida a ação da água aquecida ou do vapor d'água sobre alguns solventes clorados como clorofórmio, dicloroetano, tricloroetileno, cloreto de metileno e tetracloreto de carbono, que produz a hidrólise deles, com formação de ácido clorídrico, e ocasiona corrosão dos materiais metálicos. Devido a este fato, são usados no desengraxamento com vapor de solvente de peças metálicas, solventes clorados estabilizados, isto é, que contêm inibidor de corrosão.

Heitz,[65] estudando casos de corrosão em solventes orgânicos, concluiu que a fenomenologia se assemelha aos casos verificados em meio aquoso, observando:

- mecanismo eletroquímico semelhante ao verificado em meio aquoso;
- mecanismo químico envolvendo reação direta entre o metal e o solvente.

Devido aos altos custos do petróleo importado e às grandes possibilidades de produção de álcool no Brasil, foi desenvolvido o uso do etanol, ou álcool etílico, como combustível nos motores à combustão. Este fato tornou necessário e urgente um estudo sobre a resistência à corrosão dos materiais utilizados nas usinas de produção de etanol, no transporte, no armazenamento e nos motores e componentes de veículos automotivos. Nesse estudo, foram consideradas as propriedades, bem como as impurezas que podem existir no álcool e torná-lo mais corrosivo, como água, ácido acético, aldeídos, alcoóis superiores, ésteres, íons metálicos e não metálicos etc.

O etanol pode apresentar as seguintes propriedades:

- aquecido a 300 °C-325 °C, em presença de Cu, CuCr ou CuNi, forma aldeído acético e hidrogênio;
- reage com oxigênio, a 400 °C-600 °C, em presença de Cu ou Ag, podendo formar aldeído acético e ácido acético;

- semelhantemente à água, pode funcionar como um ácido ou base fraquíssimos:

$$HOH \rightarrow H^+ + OH^- \ (K = 2 \times 10^{-16})$$

$$C_2H_5OH \rightarrow H^+ + C_2H_5O^- \ (K = 10^{-18})$$

- reage com metais como K, Na, Mg, Al e Zn, dando os respectivos alcoolatos ou etóxidos:

$$nC_2H_5OH + M \rightarrow (C_2H_5O)_n M + n/2 H_2$$

$$(M = K, Na, Mg, Al, Zn)$$

Oliveira,[66] em tese de mestrado, apresentou as seguintes observações relacionadas com a corrosão pelo álcool etílico, ou etanol, usado como combustível:

- alumínio e zinco são fortemente atacados por álcool combustível, depois de 15 dias de imersão;
- aço inoxidável AISI 304 e aço AISI 1010 não sofrem corrosão, após 15 dias de imersão em álcool combustível:
- o álcool combustível usado apresentava 5 % de água e as impurezas em mg/100 mL:

Cloreto	<1
Ácido acético	2,4
Acetato de etila	20,0

Oliveira, Sathler e Miranda[67] verificaram que a velocidade de corrosão do aço AISI 1010 em soluções de álcool etílico, isentas de oxigênio, aumenta aproximadamente de 5 vezes quando a água adicionada passa de zero para 15 %.

D'Alkaine e colaboradores[68] afirmam que o aço AISI 1020, em soluções etanólicas, pode sofrer corrosão.

A continuidade das pesquisas possibilitou escolha adequada de materiais metálicos para uso em motores e componentes de automóveis que têm contato com o etanol, ou produtos derivados de sua decomposição, permitindo o desenvolvimento cada vez maior da aplicação do etanol como combustível. Quando se usavam carburadores em veículos automotivos movidos a álcool etílico ou etanol, a corrosão dos carburadores foi evitada revestindo esses componentes com níquel.

Alanis[69] e colaboradores apresentaram os resultados colhidos em inspeções realizadas em 32 destilarias produtoras de álcool localizadas em São Paulo, Pernambuco, Alagoas, Rio de Janeiro e Espírito Santo. Apresentaram somente relação dos problemas de corrosão encontrados nas áreas de fermentação e destilação, associados a materiais metálicos como aço-carbono e aço inoxidável, no qual a maior incidência de corrosão ocorreu em regiões afetadas pela temperatura de soldagem ou por deformações mecânicas.

Minikowski,[70] considerando que para cada litro de álcool destilado resultam treze litros de vinhoto, e como pouco se conhece sobre as características de corrosão do mesmo nos materiais que servem de dutos, tanques de armazenamento, unidades de processamento e transporte, investigou as propriedades eletroquímicas de diferentes aços inoxidáveis (AISI 304, 310, 316 e 420) e materiais não ferrosos (cobre, latão e zinco) em presença de vinhoto quanto às suas características de corrosão e passivação. Observou que os aços inoxidáveis AISI 304, 310 e 316 sofrem corrosão localizada, enquanto o aço AISI 420, cobre, latão e zinco sofrem ataque uniforme.

7.8 MADEIRA E PLÁSTICOS (POLÍMEROS)

Embora não sejam muito frequentes casos de corrosão associados com madeira e plásticos, deve-se considerar a possibilidade de tais materiais sofrerem decomposição, originando produtos corrosivos. Assim, a madeira pode emitir vapores corrosivos, geralmente constituídos de ácido acético, provenientes da hidrólise de substâncias orgânicas, como polissacarídeos acetilados. Embora haja, também, formação de pequenas quantidades de ácidos fórmico, propiônico e butírico, o ácido acético é o maior responsável pela ação corrosiva. Em alguns casos a madeira sofre tratamento com preservativos para evitar sua decomposição por ação microbiológica, e entre esses preservativos existem alguns à base de sais de cobre (arsenito, naftenato etc.). Nesse caso, pode-se ter a lixiviação de íons de cobre e os mesmos podem originar corrosão galvânica em materiais metálicos como alumínio, zinco e aço, quando em contato com essa madeira.

Serra e Araujo[71] verificaram que uma das causas da corrosão em condutores de alumínio foi o contato com madeira apodrecida.

No caso de plásticos, pode-se ter a formação de vapores corrosivos originados por decomposição, geralmente térmica ou, em alguns casos, microbiológica. Marinho e colaboradores[72] verificaram casos de corrosão, em materiais usados em equipamentos elétricos, devidos à decomposição de plásticos. Os plásticos contendo compostos orgânicos halogenados são os que formam produtos mais corrosivos quando decompostos termicamente, como evidenciado nos exemplos:

- poli (cloreto de vinil) (PVC) – aquecido a 70 °C-80 °C desprende cloreto de hidrogênio, HCl(g), que em presença de água forma ácido clorídrico, tornando o meio bastante corrosivo. Pode também sofrer decomposição quando irradiado com luz ultravioleta, tornando-se corrosivo em temperatura ambiente;
- politetrafluoretileno (teflon) – aquecido em temperaturas elevadas, acima de 350 °C, desprende fluoreto de hidrogênio, HF(g), que, em presença de água, forma o ácido fluorídrico;
- borracha clorada – exposta à luz ultravioleta ou aquecida a altas temperaturas, desprende cloreto de hidrogênio, HCl(g), que em presença de água torna o meio bastante corrosivo devido à formação de ácido clorídrico.

Os plásticos contendo substâncias nitrogenadas podem originar amônia, NH_3, em sua decomposição, como é o caso do náilon, hexametileno adipamida, tornando-se corrosivo para o cobre ou suas ligas.

REFERÊNCIAS BIBLIOGRÁFICAS

1. Cecchini, M. A. G. *Meios corrosivos*. In: ANAIS DO II SIMPÓSIO SUL-AMERICANO DE CORROSÃO METÁLICA. Rio de Janeiro, ABRACO-IBP, p. 317-334, 1971.

2. Vianna, R. O. *O programa de corrosão atmosférica desenvolvido pelo CENPES*, Boletim Técnico da Petrobrás, v. 23, n. 1, p. 39-49, 1980.

3. Dutra, A. C.; Vianna, R. O. Atmospheric Corrosion in Brazil. *In*: Ailor, W. H. *Atmospheric Corrosion*. NY: John Wiley & Sons, p. 755-774, 1982.

4. Kajimoto Zehbour, P.; Almeida, N. L.; Siqueira, F. J. S. *Corrosão atmosférica de metais no Estado de São Paulo*, Boletim 57, IPT-SP, 1991.

5. Araujo, M. M.; Fragata, F. L. *Estudos de Corrosão Atmosférica no Brasil*. In: 3º CONGRESSO IBERO-AMERICANO DE CORROSÃO, RJ, jun. 1987.

6. Pannoni, F. D.; Marcondes, L. *Efeito da composição química da liga sobre o comportamento frente à corrosão atmosférica de aços, determinado pela análise estatística de dados publicados*. In: ANAIS DO 2º COLÓQUIO NACIONAL SOBRE CORROSÃO ATMOSFÉRICA, SP, IPT-ABRACO, p. 67-83, 1994.

7. Araujo, M. M. *Participação brasileira no projeto Mapa Ibero-americano de Corrosividade Atmosférica*. In: ANAIS DO 2º COLÓQUIO NACIONAL SOBRE CORROSÃO ATMOSFÉRICA, SP, IPT-ABRACO, p. 1-24, 1994.

8. Herrmann, R.; Flinn, D. R. *Assessing the materials effects of acid deposition – The Federal Program*. In: CORROSION EFFECTS OF ACID DEPOSITI- ON AND CORROSION OF ELECTRONIC MATERIALS – SIMPOSIA PROCEEDINGS, NJ, The Electrochemical Society, v. 86-6, p. 3-9, 1986.

9. Kucera, V. et al. *Materials damage caused by acidifying air pollutants – 4 year results from an international exposure program within UNECE*, Proc. Int. Corros. Cong., Nace-Houston, 12th, v. 2, p. 494-508, 1993.

10. Shreir, L. L. *Metal/Environment Reactions. Corrosion*. London: Newnes-Butterworths, v. 1, p. 2-27, 1978.

11. Vernon, W. H. *Trans. Faraday Soc.*, 23, 162 (1927); 27, 264 (1931); 29, 35 (1933); 31, 1668 (1935).

12. Rozenfeld, L. L. *Atmospheric corrosion of metals*, NACE, Houston, Texas, p. 120, 1972.

13. Preston, R. St.; Souval, B. *J. Appl. Chem.*, 6.26 (1956).

14. Meléndez-Vilca; Souza Silvia, R.; Carvalho Lilian, R. F.; Aoki Idalina, V. *Corrosão Atmosférica do Cobre por Ácidos Orgâncos – Influência do Ácido Acético*. In: 2º COLÓQUIO NACIONAL DE CORROSÃO ATMOSFÉRICA, SP, IPT-ABRACO, p. 63-73, set. 1994.

15. Almeida T. C. *Estudo do mecanismo de corrosão pelo CO2 em aço-carbono via técnicas Eletroquímicas em condições que incluem alta temperatura e pressão*. Tese (Doutorado, D.Sc, em Engenharia Metalúrgica) – Faculdade de Engenharia, COPPE-UFRJ, Rio de Janeiro, 2017.

16. Khrgian, A. Kh. *Physics of the atmosphere*. Tekhteoretizdat, 1953, p. 252.

17. Pourbaix, M. *Lecturesn electrochemical corrosion*. New York: Plenum Press, 1973, p. 2.

18. Mainier, F. B.; Castelões, J. L.; Camorim, P. C. L. *Estudos do comportamento de tintas de segurança sujeitas à ação do H2S*. In: ANAIS DO 7º SENACOR, Abraco-Senai, p. 254-257, 1980.

19. Correia, A. N.; Gouveia, S. T.; Sales, H. B. et al. *Diagnóstico das condições de agressividade atmosférica da cidade de Fortaleza*. In: III SEMEL/COPEL, ago. 1992.

20. Hudson, J. C. *Corrosion of iron and steel*. London: Chapman and Hall, 1940.

21. Mayne, J. E. O. The Problem of Painting Rusting Steel. *J. Appl. Chem.*, 9, 673-680 (1959).

22. Schikorr, G.; Werk Korr, 14, 69 (1963).

23. Evans, U. R. *The Corrosion and Oxidation of Metals*. Great Britain: Edward Arnold, 1976, p. 247.

24. Boyd, W. K.; Fink, F.W. *Corrosion of Metals in the Atmosphere*. Ohio: MCIC, Batelle's Columbus Laboratories, 1974, p. 18.

25. Okada, H.; Hosoi, Y.; Ugawa, K. L.; Naito, H. *Journal of Iron & Steel*, 55, 355 (1965).

26. Miranda, L. R. *Les aspects électrochimiques de la corrosion atmosphérique des aciers patinables*. Rapports Techniques CEBELCOR, 125, RT. 221 (1974), p. 98.

27. Kenny Elaine, D. *Avaliação do Desempenho Anticorrosivo do Galvalume e do Aço Galvanizado após Exposição em Ambientes de Elevada Agressividade*. In: 2º COLÓQUIO NACIONAL DE CORROSÃO ATMOSFÉRICA, set. 94, SP, IPT-ABRACO, 1994.

28. ASTM G 51-18, *pH of soil for use in corrosion testing*, 2018.

29. Vepraskas, M. J.; Faulkner, S. P.; *Wetland Soils-Genesis, Hydrology, Landscape and Classification. Chapter 4: Redox Chemistry of Hydric Soil*. USA: CRC Press LLC, 2001.

30. Videla H. A. *Manual of Biocorrosion*. USA: CRC Press, 1996.

31. ASTM G57-06. *Standard Method for Field Measurement of Soil Resistivity Using the Wenner Four-Electrode Method*, ASTM, 2012.

32. ASTM G187-18. *Standard Test Method for Measurement of Soil Resistivity Using the Two-Electrode Soil Box Method*, ASTM International, 2018.

33. Starkey, R. L.; Wright, K. M. *Anaerobic Corrosion of Iron in Soils*. Amer. Gas. Assoc., NY, 1945.

34. NEVEUX, M. *La Corrosion des Conduites d'Eau et de Gas – Causes et Remèdes*. Paris: Éd. Eyrolles, 1968, p. 169-170.

35. ROMANOFF, M. *Underground Corrosion*. National Bureau of Standards, Washington D.C., Circular 579, 1957.

36. STRATFULL, R. F. *A New Test for Stimating Soil Corrosivity Based on Investigations of Metal Highway Culverts*. Corrosion, 17, 493t (1961).

37. BOOTH, G. H.; COOPER, A. W.; WAKERLEY, D. S. Criteria of Soil Agressiveness Towards Buried Metals. *British Corrosion Journal*, 2, 104-118 (1967).

38. BOOTH, G. H.; TILLER, A. K. *Cathodic Characteristics of Mild Steel in Suspensions of Sulphate-Reducing Bacteria*. Corrosion Science, 8, 583 (1968).

39. WRANGLÉN, G. *An Introduction to Corrosion and Protection of Metals*, Stockholm: Institut för Metallshkydd, 1972.

40. TRABANELLI, G.; GULLINI, G.; LUCCI, G. C. Sur la *Détermination de L'Aggressivité du Sol*. N.S.: Ann. Univ. Ferrara, Sez. V, v. III, n. 4, 43 (1972).

41. SERRA, E. T.; MANNHEIMER, W. A. *On the Estimation of the Corrosion Rates of Metals in Soils by Electrochemical Measurements*. In: Underground Corrosion, NY, ASTM-STP 741, p. 111-122, 1981.

42. TILLER, A. K. *Aspects of Microbial Corrosion*. In: PARKINS, R. N. *Corrosion Process*. London: Applied Science Publishers, 1982, p. 120-121.

43. WEBER, G. R. *Isolation and Testing of Metal Corroding Bacteria*. Materials Performance, p. 24-27, oct., 1983.

44. ZASTROW, O. W. *Underground Corrosion on Rural Electric Distribution Lines*, Trans. Am. Inst. Elect. Engrs., Part II, p. 101-109, 74 (1955).

45. HUSOCK, B. *The Effect of Electrical Grounding Systems on Underground Corrosion and Cathodic Protection*. Trans. Am. Inst. Elect. Engrs., p. 5-10, mar. 1960.

46. MEDLEY, R. G. *Corrosion Considerations in the Design of Electrical Grounding Systems*. Winter Power Meeting, NY, jan.-feb., 1965.

47. IEEE. *IEEE Guide for Safety in Substation Grounding*, IEEE-Std. 80-1976. The Institute of Electrical and Electronics Engineers, jun. 30, 1976.

48. LICHTENSTEIN, J. *Grounding Design and Corrosion Control*. In: THE INTER- NATIONAL CORROSION FORUM, Houston – Texas, National Association of Corrosion Engineers, Paper Number 136, mar. 1978.

49. TRÄRARDH, K.; SWED, St. *Power Board*, Blue White Series, n. 16, p. 1-11, 1956.

50. HUSOCK, B. *Causes of Underground Corrosion*. Plant Engineering, p. 67-68 apr. 15, 1982.

51. AMERICAN WATER WORKS ASSOCIATION – STATEMENT OF AWWA POLICY. *Grounding of Electric Circuits on Water Pipe*. Journal of AWWA, 36:381 – 404, (apr. 1944).

52. DRISKO, R. W.; HANNA, A. E. *Field Testing of Electrical Grounding Rods*, Technical Report R660, Naval Civil California, Engineering Laboratory, feb. 1970.

53. ALEVATO, S. J.; ARRAS, S. R. *O Aterramento das Redes Telefônicas sob o Ponto de Vista da Corrosão das Mesmas*. In: 7º SENACOR – SEMINÁRIO NACIONAL DE CORROSÃO, RJ, Brasil, Abraco-Senai, p. 238-242, jun. 1980.

54. GOMES, L. P. *Por que aterrar tanques metálicos contra a ação de raios e eletricidade estática?*. In: VI ENCONTRO NACIONAL DE CORROSÃO, Associação Brasileira de Corrosão, RJ, set. 1977.

55. NACE 10B189. *Direct Current Operated Rail Transit Stray Current Mitigation*, NACE International, 2014.

56. BRITISH STANDARD BS EN 50162. *Protection against corrosion by stray current from direct current systems*, 2004.

57. GUZZONI, G.; STORACE, G. *Corrosione dei metalli e loro protezione*. Milano: Ed. Ulrico Hoepli, 1964, p. 134-135.

58. NBS – NATIONAL BUREAU OF STANDARDS. *Study of Causes and Effects of Underground Corrosion*, Journal of AWWA, p. 1.581, dec. 1958.

59. ESCALANTE, E. *Underground Corrosion*. ASTM – STP 741. American Society for Testing and Materials, 1981, p. 1.

60. DUARTE, C. R.; CANZIANI, I.; BÚRIGO, D. *Um caso concreto de corrosão eletrolítica em tubulações metálicas enterradas*. In: V ENCONTRO NACIONAL DE CORROSÃO E ELETROQUÍMICA – ASSOCIAÇÃO BRASILEIRA DE CORROSÃO, Porto Alegre, p. 187-207, nov. 1976.

61. MAIA, S. B. *O Vidro e sua fabricação*. Rio de Janeiro: Interciência, 2003.

62. CASH, D. B. *Effect of corrosion products on the flavor of processed foods*. Materials Performance, p. 28-30, apr. 1975.

63. LEI N. 9.832, de 14 de setembro de 1999.

64. PAGE, G. G. *Corrosion failures of types 304 and 316 stainless steels in the food industry*. Materials Performance, p. 58-63, jul. 1989.

65. HEITZ, E. *Corrosion of metals in organic solvents*. In: Advances in corrosion science and technology, New York: Plenum Press, 1974, v. 4.

66. OLIVEIRA, M. F. *Alguns aspectos da corrosão do aço AISI 1010 em soluções de álcool etílico: influência da concentração de H2O e de outras impurezas*. Tese (Mestrado, M. Sc., em Engenharia Metalúrgica) – Faculdade de Engenharia, COPPE-UFRJ, Rio de Janeiro, 1980.

67. OLIVEIRA, M. F.; SATHLER, L.; MIRANDA, L. *Influência da concentração de água sobre as características*

eletroquímicas do aço AISI 1010 em soluções de álcool etílico. In: ANAIS DO 7º SENACOR, SEMINÁRIO NACIONAL DE CORROSÃO, Abraco-Senai, p. 104-112, 1980.

68. D'ALKAINE, C. V.; Filho, Rúvolo A.; BULHÕES, L. O. S. *Estudos da corrosão do sistema etanol-aço 1020 – Parte I – Técnicas potenciostáticas e galvanostáticas. In:* ANAIS DO 7º SENACOR, SEMINÁRIO NACIONAL DE CORROSÃO, Abraco-Senai, p. 166, 1980.

69. ALANIS, I. L.; BASTOS, S. M.; FEITOSA, E. K.; SOTO MARTINEZ, G.; WEXLER, S. *Problemas de corrosão em destilarias produtoras de álcool. In:* ANAIS DO 7º SENACOR, SEMINÁRIO NACIONAL DE CORROSÃO, Abraco-Senai, p. 177, 1980.

70. MINIKOWSKI, M. A. *A corrosão dos aços inoxidáveis AISI 304, 310, 316, 420 recozido e 420 revenido e de alguns materiais não ferrosos em meio de vinhoto misto.* Tese (Mestrado, M. Sc., em Engenharia Metalúrgica) – Faculdade de Engenharia, COPPE-UFRJ, Rio de Janeiro, 1980.

71. SERRA, E. T.; ARAUJO, M. M. *Determinação das Causas da Corrosão em Condutores de Alumínio: Análise de Falhas em Materiais Utilizados em Equipamentos Elétricos*, CEPEL, p. 29-37, 2005.

72. MARINHO Jr., A.; ANDRADE, C. A.; SAMPAIO, E. G. *Corrosion of Metals in Contact with Plastics, Proceedings. In:* 11TH. INTERNATIONAL CORROSION CONGRESS, Florence, Italy, apr. 1990, p. 2417-2423.

EXERCÍCIOS

7.1. Que fatores influenciam na corrosividade da atmosfera?
7.2. O que é um aço patinável? Qual é o seu mecanismo de proteção anticorrosiva e onde é indicado o seu uso?
7.3. Quais são as variáveis que influenciam a corrosividade de um solo?
7.4. Que parâmetros podem ser monitorados no solo para avaliarmos a sua corrosividade?
7.5. Qual é a relação entre uma lata, de conserva de alimento amassada e a corrosão? Explique.

Capítulo 8

Heterogeneidades Responsáveis por Corrosão Eletroquímica

A corrosão eletroquímica pode ocorrer sempre que existir heterogeneidade no sistema material metálico-meio corrosivo, pois a diferença de potencial resultante possibilita a formação de áreas anódicas e catódicas.

Os casos mais frequentes de heterogeneidades responsáveis por corrosão eletroquímica estão relacionados com o **material metálico** ou com o **meio corrosivo**.

8.1 MATERIAL METÁLICO

Contornos dos grãos: nos limites dos grãos cristalinos, os átomos apresentam certo desarranjo decorrente do encontro entre os grãos, o que determina frequentemente certas imperfeições no interior dos cristais. É evidente que o limite entre dois grãos quaisquer é uma região heterogênea em comparação com o grão. Não somente pode variar a orientação dos átomos, em grãos adjacentes, mas também pequenas partículas, de fase diferente da solução sólida inicial, podem se formar seletivamente nessa região dos contornos dos grãos.

Algumas experiências mostram que geralmente o contorno dos grãos funciona como área anódica em relação ao grão, que funciona como área catódica. Daí, provavelmente, ser um fenômeno eletroquímico o ataque preferencial do contorno dos grãos (ataque intergranular) em muitas ligas e metais que, entretanto, em certas soluções, podem apresentar o contorno do grão catódico em relação ao grão anódico. Como exemplo desse tipo de ataque granular e não intergranular tem-se o ataque do alumínio (99,986 % puro) por HCl (10 % a 20 % em peso).

Orientação dos grãos: os grãos orientados em diferentes direções devem apresentar diferentes potenciais.

Diferença de tamanho dos grãos: um grão fino, de um dado metal, contém energia interna em valor mais alto do que um grão grosseiro. Logo, pode-se esperar, teoricamente, diferentes potenciais para essas espécies.

Inclusões não metálicas: são encontradas com frequência em algumas ligas metálicas, como sulfetos, carbetos e óxidos. O aço-carbono apresenta mais frequentemente como inclusões o sulfeto de ferro e o sulfeto de manganês. A segregação desses compostos na liga pode provocar alterações nas propriedades mecânicas.

Com relação à corrosão, as regiões onde estão as inclusões (sulfetos de ferro e de manganês) formam áreas catódicas e o substrato assume o papel de área anódica. Quanto ao comportamento catódico, as inclusões de sulfeto de ferro apresentam esse efeito muito mais pronunciado do que as de sulfeto de manganês, sendo mais perniciosa a sua presença no substrato metálico.[1,2]

Tratamentos térmicos ou metalúrgicos diferentes: se uma parte de uma superfície metálica sofrer um tratamento térmico diferente das restantes regiões da superfície, ocorre diferença de potencial entre essas regiões. Essa é uma situação comum quando da soldagem de peças metálicas, já que o aquecimento local resulta na modificação da natureza das fases presentes ou de suas composições, dando condições para criação de diferença de potencial.

É interessante assinalar que a área anódica não é a do cordão de solda (isto, evidentemente, considerando-se que o material de solda seja o mesmo do material a ser soldado), e, sim, a área em torno dele. Essa

corrosão em torno de cordão de solda está geralmente associada a aços inoxidáveis, como os tipos AISI 304, 309, 310, 316 ou 317, que tenham sido aquecidos em temperaturas entre 400 °C a 950 °C e, em seguida, colocados em meios corrosivos que atacam os contornos dos grãos. Pode também ocorrer em outras ligas, como duralumínio, como consequência de tratamentos térmicos inadequados.

Exemplificando, observa-se que o aquecimento de aços inoxidáveis austeníticos, sem determinadas especificações, torna-os passíveis de sofrerem corrosão intergranular, o que reduz bastante a resistência mecânica desses materiais. Assim, quando o aço é submetido, em um dado tempo, a determinada temperatura que o torna sujeito à corrosão intergranular, diz-se que o aço está **sensitizado**. Para os aços austeníticos, a temperatura de sensibilização está entre 400 °C a 900 °C e, para os ferríticos, em torno de 925 °C.

A extensão do ataque pelo aquecimento de ligas, nessa faixa de temperatura, depende do tempo: aquecimento em temperaturas elevadas, cerca de 750 °C, durante alguns minutos, sendo equivalente ao aquecimento em temperaturas baixas durante algumas horas.

A extensão de sensitização, em uma dada temperatura e em um dado tempo, depende muito do teor de carbono no aço. Assim, um aço inoxidável 304 (18 % Cr, 8 % Ni), contendo 0,1 % ou mais de carbono, pode ser severamente sensitizado quando aquecido a 600 °C durante 5 minutos. Entretanto, um aço similar contendo 0,06 % de carbono é muito menos sensitizado, e um aço com 0,03 % de carbono, nas mesmas condições de aquecimento, não sofre praticamente nenhum ataque intergranular quando colocado em meio corrosivo. As propriedades físicas do aço inoxidável, após a sensitização, não são muito alteradas; entretanto, a liga se torna menos dúctil e, quando colocada em meio corrosivo, corrói-se ao longo dos contornos dos grãos a uma velocidade que dependerá do poder corrosivo do meio e da extensão da sensitização.

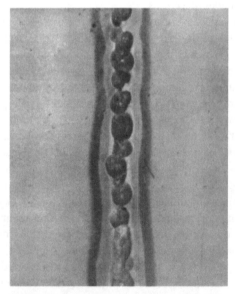

Figura 8.1 Corrosão em torno de cordão de solda em aço inoxidável AISI 304.

A corrosão intergranular de aços inoxidáveis deve ser sempre considerada quando esses materiais passam por um tratamento térmico prolongado em temperaturas inferiores a 500 °C, ou aquecimentos em temperaturas entre 500 °C a 950 °C, como na soldagem.

A soldagem de aços austeníticos pode torná-los sujeitos à corrosão intergranular, isto é, ficam sensitizados. A região de sensitização fica situada alguns milímetros em torno de toda a extensão do cordão de solda. Daí ser chamada **corrosão em torno de cordão de solda** (ver Pranchas Coloridas, Fotos 42 e 43).

Pode-se explicar a razão dessa sensitização da seguinte forma: a placa metálica, perto da solda, estará naturalmente em temperatura muito elevada durante a operação de soldagem, pois ficará em contato com o material de solda fundido. O metal de solda atinge uma temperatura acima de 1.650 °C, e devido à relativamente fraca condutividade térmica do aço 304 e à rapidez da operação da solda, há formação de um gradiente de temperatura no material, havendo na região de temperatura de sensitização à precipitação dos carbetos ou carbonetos. Quando esse material é colocado em meio corrosivo, há ataque localizado nessa região. Deve-se notar que a relação tempo-temperatura deve ser levada em consideração, pois a difusão sólida de carbono e cromo está envolvida. Assim, em chapas finas é menos frequente a sensitização, porque nesse caso a soldagem é rápida, bem como o resfriamento. O mesmo acontece em soldas de ponto.

As causas da corrosão intergranular foram objeto de muitas pesquisas, tendo sido formulados diversos mecanismos para explicar os fenômenos observados em cada sistema particular.

No caso dos aços inoxidáveis, a explicação repousa no empobrecimento de cromo no contorno de grãos. Com o aquecimento na faixa de temperatura entre 400 °C a 950 °C, verifica-se precipitação, no contorno de grãos, de carbeto de cromo $Cr_{23}C_6$, ou em associação com ferro, na forma de $(Cr, Fe)_{23}C_6$, deixando essa região deficiente em cromo. Tem-se, então, a destruição de passividade do aço nessa região, com consequente formação de uma pilha ativa-passiva, onde os grãos constituem áreas catódicas relativamente grandes em relação às pequenas áreas anódicas, que são os contornos dos grãos.

Se a liga for rapidamente resfriada, não haverá tempo para a nucleação dos carbetos no contorno de grão. A faixa de temperatura em que há sensitização é limitada superiormente pela temperatura, acima da qual os carbetos são solúveis na matriz austenítica, e inferiormente pela temperatura mínima, para que possa haver difusão do cromo e consequente formação dos carbetos no contorno do grão.

A Figura 8.2[3] apresenta as **curvas de sensitização**, evidenciando que a rapidez de formação dos carbetos depende dos fatores porcentagem de carbono, temperatura e tempo de aquecimento. A precipitação dos carbetos ocorre nas regiões à direita das curvas.

A tendência das ligas de alumínio, para a corrosão intergranular, está ligada à deposição de compostos intermetálicos

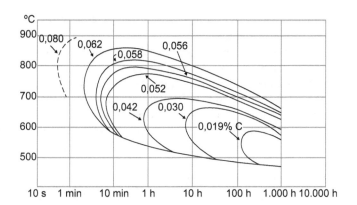

Figura 8.2 Curvas de sensitização relacionando temperatura, tempo e teor de carbono.

nos contornos dos grãos. Assim, nas ligas de duralumínio que contêm cerca de 4 % de cobre há a precipitação de $CuAl_2$ nos contornos dos grãos, ocasionando um decréscimo do teor de cobre nessas regiões que funcionam como áreas anódicas, semelhante ao observado para os aços.

Os ensaios para caracterizar a sensitização e a corrosão intergranular em aços inoxidáveis austeníticos estão especificados na Norma ASTM A 262[4] e baseiam-se, em sua maioria, na imersão de pequenos corpos de prova em soluções ácidas aquecidas. Em seguida, é feita a determinação do grau de sensitização por perda de peso por unidade de área ou por dobramento do corpo de prova e verificação de fissuras:

- o ensaio de Strauss consiste em submeter o corpo de prova ao ataque, durante 72 horas, de solução em ebulição, contendo em um litro de água, 100 g de $CuSO_4 \cdot 5H_2O$ e 100 mL de H_2SO_4 (d = 1,84): a ação de íon Cu^{2+} é de agir como oxidante, atacando as áreas com decréscimo de cromo. Para ensaio mais acelerado, o corpo de prova é colocado juntamente com cobre metálico na solução indicada, durante o mesmo tempo, tendo-se a formação do par galvânico aço inoxidável como ânodo e cobre como cátodo. Após o ataque, as amostras são dobradas em torno de um mandril de 1,27 cm e examinadas metalograficamente: corrosão e fratura intergranular revelam a presença de sensitização;
- o ensaio de Streicher utiliza solução de ácido sulfúrico, mas, como oxidante, usa sulfato férrico e aquecimento durante 120 horas: verifica perda de peso por unidade de área;
- o ensaio de Huey consiste em atacar o corpo de prova por solução em ebulição de ácido nítrico a 65 %, durante cinco períodos de 48 horas, sendo a solução renovada para cada período: verifica perda de peso por unidade de área;
- o ensaio de Warren emprega solução a 10 % de ácido nítrico e 3 % de ácido fluorídrico e temperatura de 70 °C e dois períodos de 2 horas: verifica perda de peso por unidade de área;
- ácido oxálico: solução a 10 % de ácido oxálico, colocado como ânodo, e a superfície do corpo de prova são submetidos durante 1,5 minuto a uma corrente de 1 A/cm² em temperatura ambiente; verificar, ao microscópio, o tipo de ataque.

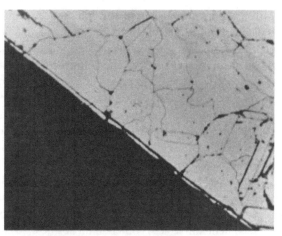

Figura 8.3 Aço inoxidável 304 submetido ao ensaio de Strauss. Ausência de sensitização. 250 x.

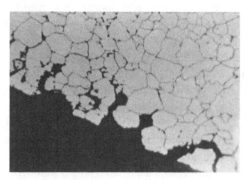

Figura 8.4 O mesmo aço da Figura 8.3 após tratamento térmico que produziu sensitização, submetido ao ensaio de Strauss. 250 x.

O ensaio eletroquímico não destrutivo,[5,6] para determinação da sensitização, consiste basicamente em determinar o potencial de corrosão do material metálico e, em seguida, passivá-lo, polarizando-o a um potencial de 1.200 mV, permanecendo nesse valor durante 2 minutos. Após essa passivação, decrescer o potencial 6 V/h (1,67 m V/s) até atingir o potencial de corrosão. A sensitização fica caracterizada, pois essa reativação resulta em destruição preferencial do filme de passivação, na área deficiente em cromo do material sensitizado e alta densidade de corrente. Em material não sensitizado, o filme de passivação permanece praticamente intacto e ocorre baixa densidade de corrente durante a reativação. A solução usada no ensaio é desaerada e a 1 N de H_2SO_4 e 0,01 N de KSCN, a 30 °C. O tiocianato de potássio, KSCN, facilita o ataque de grãos durante a reativação do material sensitizado.

A corrosão intergranular do aço inoxidável, uma das restrições mais severas para o uso desse material, é superada por meio de:

- tratamento térmico adequado;
- uso de aços inoxidáveis com baixo teor de carbono;
- uso de aços inoxidáveis estabilizados, contendo nióbio, titânio ou tântalo.

O tratamento térmico consiste no aquecimento a 1.050 °C-1.100 °C, seguido de resfriamento rápido. Essa elevada temperatura dissolve os carbetos precipitados, ficando o carbono na solução sólida e o cromo uniformemente distribuído no aço, e o resfriamento rápido impede sua posterior formação. Esse processo só pode ser recomendado quando o tamanho e a situação dos equipamentos permitirem, pois nem sempre é conveniente, já que podem ocorrer oxidação e empenamento ou deformação das peças a essas temperaturas, bem como choque térmico no resfriamento rápido.

A redução do teor de carbono diminuirá a tendência à sensitização e, consequentemente, à corrosão intergranular. Por isso, quando se tem soldagem prolongada de aços inoxidáveis, recomendam-se aços contendo menos de 0,03 % de carbono, como os aços AISI 304 L ou 316 L. O baixo teor de carbono nesses aços diminui muito a tendência à precipitação de carbetos, mas não podem ser considerados totalmente imunes à corrosão intergranular, principalmente se houver possibilidade de absorção de carbono durante a fabricação ou utilização do material.

A adição de titânio, nióbio ou tântalo faz-se necessária nos casos em que é impraticável o tratamento térmico para evitar a sensitização do aço inoxidável. Procura-se, então, eliminar a tendência da liga para o ataque intergranular, adicionando-se esses elementos que têm maior afinidade pelo carbono do que o cromo.

Os elementos mais usados são o nióbio (também chamado colúmbio) e o titânio, que têm a capacidade de reter o carbono formando carbetos estáveis. As proporções entre esses elementos e o carbono recomendadas para aço 304 são aproximadamente Ti/C: 5/1 e Nb/C: 10/1. Aços contendo esses elementos são ditos **estabilizados**, isto é, não estão sujeitos à corrosão intergranular.

A Tabela 8.1 apresenta a composição de alguns aços inoxidáveis estabilizados e não estabilizados.

Visando estabilizar o aço inoxidável durante soldagem, procura-se usar eletrodo de solda contendo nióbio, em vez de titânio, porque o último tende a oxidar-se a temperaturas elevadas, diminuindo-se assim sua concentração, que pode ficar abaixo da necessária para estabilizar o aço. O nióbio se oxida, mas em muito menor proporção. Nem sempre o resultado é positivo, pois o nióbio ou titânio pode sofrer oxidação antes que ocorra a sua difusão para o aço inoxidável.

Em certas condições, um fenômeno similar conhecido como **corrosão em faca** (*knife-line attack*) pode ocorrer após soldagem de aço inoxidável austenítico estabilizado com titânio ou nióbio. Nesse caso, observa-se uma faixa de corrosão intergranular ao longo do material metálico e adjacente à zona de fusão, ao contrário da corrosão em torno da solda onde a área atacada está afastada da zona de fusão, conforme esquematizado na Figura 8.5.

O mecanismo da **corrosão em faca** se baseia na solubilidade, em alta temperatura, dos carbetos de titânio ou nióbio, em aço inoxidável, e quando se tem resfriamento rápido, como no caso de soldagem de chapas finas, esses carbetos não têm tempo para precipitar. Se o material for novamente aquecido na faixa de sensitização, ocorre precipitação rápida do carbeto de cromo, mas a temperatura pode ser pequena para precipitar carbetos de titânio ou nióbio, ficando, consequentemente, o aço sensitizado. Para evitar a corrosão em faca,[7] procura-se aquecer o material, após soldagem, em torno de 1.065 °C, a fim de que haja solubilização do carbeto de cromo e formação dos carbetos de titânio ou nióbio.

Tabela 8.1 Aços inoxidáveis estabilizados e não estabilizados

Composição química (%)										
UNS	AISI	C máximo	Mn máximo	P máximo	S máximo	Si máximo	Cr	Ni	Mo	Outros
S 30405	405	0,08	1,0	0,04	0,03	1,0	11,5-14,5	—	—	Al: 0,10-0,30
S 30410	410	0,15	1,0	0,04	0,03	1,0	11,5-13,5	—	—	—
S 30430	430	0,12	1,0	0,04	0,03	1,0	14,0-18,0	—	—	—
S 30400	304	0,08	2,0	0,045	0,03	1,0	18,0-20,0	8,0-12,0	—	—
S 30403	304 L	0,03	2,0	0,045	0,03	1,0	18,0-20,0	8,0-12,0	—	—
S 30900	309	0,20	2,0	0,045	0,03	1,0	22,0-24,0	12,0-15,0	—	—
S 31000	310	0,25	2,0	0,045	0,03	1,5	24,0-26,0	19,0-22,0	—	—
S 31600	316	0,08	2,0	0,045	0,03	1,0	16,0-18,0	10,0-14,0	2,0-3,0	
S 31603	316 L	0,03	2,0	0,045	0,03	1,0	16,0-18,0	10,0-14,0	2,0-3,0	
S 31703	317 L	0,03	2,0	0,045	0,03	1,0	18,0-20,0	11,0-15,0	3,0-4,0	
S 32100	321	0,08	2,0	0,045	0,03	1,0	17,0-19,0	9,0-12,0	—	Ti: 5 × C mín.
S 34700	347	0,08	2,0	0,045	0,03	1,0	17,0-19,0	9,0-13,0	—	Nb + Ta: 10 × C mín.

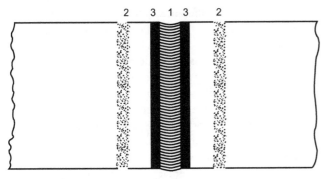

1 – Cordão de solda
2 – Corrosão em torno da solda
3 – Corrosão em faca

Figura 8.5 Diferentes áreas de corrosão em torno da solda.

Entretanto, Castro e Cadenet[8] afirmam que o tratamento térmico não regenera a resistência à corrosão, bem como, na prática, não devem ser utilizados aços inoxidáveis austeníticos com titânio ou nióbio em equipamentos soldados, em meios contendo ácido nítrico concentrado aquecido.

Não se deve confundir corrosão em torno de cordão de solda com trincas que podem aparecer na ZTA (zona termicamente afetada) vizinha à solda. Essas trincas são resultantes de um diferencial térmico, de expansão e contração, resultante da grande diferença de temperatura entre a região de solda e a área adjacente do material, relativamente fria. Esse diferencial térmico é responsável pelo alto grau de tensões residuais internas na ZTA. Essa área tensionada pode, então, ser considerada anódica em relação ao material da solda e da chapa soldada – áreas catódicas. Como a área anódica é pequena em comparação com as áreas catódicas, a corrosão que ocorre na ZTA é severa (Figura 8.6).

Polimento da superfície metálica: superfícies metálicas altamente polidas podem apresentar potenciais diferentes dos de superfícies rugosas. Essa diferença pode ser devida ao fato de a película formada em superfície rugosa ser menos contínua do que a formada em superfície lisa.

Os dados[9] que se seguem apresentam os potenciais do aço, em solução de NaCl a 10 % e 25 °C, usando como padrão o eletrodo de calomelano 0,1 N:

- aço com polimento metalográfico .... + 0,438 V
- aço polido com lixa 000 .... + 0,597 V
- aço polido com Aloxite nº 120 .... + 0,627 V

Figura 8.6 Corrosão na ZTA de aço-carbono.

Presença de escoriações e abrasões: o efeito de escoriações e abrasões na superfície metálica se faz notar em meios corrosivos em que o material metálico forma uma película com características protetoras. Riscando-se essa superfície há destruição da película, funcionando a parte riscada como área anódica, portanto sujeita à destruição. Isso pode ocorrer em tubulações em que se empregam luvas rosqueadas, pois se os arranhões produzidos por elas não forem bem isolados do meio corrosivo, eles se constituirão em áreas anódicas em relação ao resto da tubulação, que se transforma em cátodo. Se essas pilhas se tornarem ativas há corrosão intensa, pois se tem grandes áreas catódicas para pequenas áreas anódicas.

Bordas de superfície metálica: essas regiões são mais suscetíveis ao ataque tornando-se áreas anódicas e, entre os fatores que podem contribuir para essa heterogeneidade, devem ser citadas as bordas que são muitas vezes rugosas e desiguais e, quando provenientes de cortes, são submetidas a deformações a frio, criando, então, condições de serem atacadas em determinados meios corrosivos. Embora geralmente anódicas, as bordas podem funcionar como áreas catódicas, como no caso de liga de alumínio (52S – $1/2$H) em solução de Na_2CO_3 10 %, e à temperatura de 31 °C. Nesse caso, nota-se que as bordas do material são resistentes ao ataque, ao contrário do restante da superfície metálica.

Diferença de forma: a forma de um material metálico pode ocasionar problemas de corrosão. Superfícies convexas mostram menores sobretensões para o hidrogênio do que superfícies côncavas, daí potenciais diferentes: fios de pequeno diâmetro se corroem mais rapidamente do que fios de diâmetros maiores.

Deformações diferenciais: qualquer parte de um material metálico sujeito a deformações pode apresentar potencial diferente daquele de uma parte não deformada. Assim, quando um material metálico está submetido à tensão, observa-se que a região tensionada ou deformada funciona como ânodo.

Para se comprovar que as regiões deformadas ou tensionadas funcionam como áreas anódicas, pode-se fazer a Experiência 8.1.

 EXPERIÊNCIA 8.1

Preparar gel de ágar da seguinte forma: aquecer à ebulição 100 mL de água destilada, adicionar cerca de 1,5 g de ágar e aquecer até que este se disperse. Adicionar cerca de 1 g de cloreto de sódio e de 0,15 g de ferricianeto de potássio, agitando para solubilizar. Adicionar 1 mL de solução a 1 % de fenolftaleína e passar a dispersão, ainda quente, para uma placa de Petri, ocupando metade de sua altura. Deixar esfriar e quando a dispersão estiver gelificada adicionar um prego de ferro, limpo, e recobri-lo com mais dispersão. Após algumas horas, observa-se que nas áreas deformadas (ponta e cabeça do prego) aparece coloração azul e, no restante do prego, coloração vermelha. Têm-se, portanto, áreas anódicas nas regiões deformadas, isto é, ponta e cabeça. A localização das diferentes áreas é mais nítida após cerca de 48 horas, acentuando-se com o tempo. A vantagem do emprego do meio corrosivo sob a forma de gel é devida à difusão mais lenta permitir uma melhor separação entre as áreas anódicas (deformadas ou tensionadas) e catódicas, possibilitando melhor visualização e tornando a experiência capaz de ser transportada a outro local sem nenhuma dificuldade. Pode aparecer área anódica intermediária em razão de heterogeneidade presente no material (Fig. 8.7). (Ver Pranchas Coloridas, Fotos 76, 77 e 78.)

Pode-se realizar a experiência anterior usando-se um prego de ferro previamente dobrado em forma de V. Nesse caso, será observada coloração azul nas extremidades e na região que foi dobrada, confirmando as previsões, pois estas são áreas tensionadas ou deformadas (Fig. 8.8).

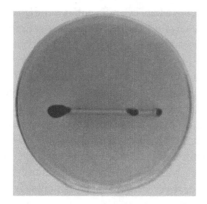

Figura 8.7 Resultado da Experiência 8.1, após quatro a cinco dias: as regiões mais escuras são as áreas anódicas. (Ver Pranchas Coloridas, Foto 76.)

Figura 8.8 Resultado da Experiência 8.1, usando-se prego dobrado, após quatro a cinco dias: as regiões mais escuras são as áreas anódicas, áreas tensionadas ou deformadas. (Ver Pranchas Coloridas, Foto 77.)

Pré-exposições diferentes: ocorrem quando se expõe somente uma parte do material metálico a um meio corrosivo e, em seguida, coloca-se todo o material metálico em um meio corrosivo uniforme. Correntes de corrosão podem escoar entre as áreas diferentemente expostas. No caso de uma superfície metálica, exposta parcialmente ao ar, oxigênio, água quente ou outro meio ambiente que forma película protetora e, em seguida, exposta totalmente a um meio corrosivo, observa-se ataque preferencial na região não exposta previamente, isto é, sem película protetora e que funcionará, então, como área anódica.

8.2 MEIO CORROSIVO

Aquecimento diferencial: em certos processos ocorre aquecimento diferencial, isto é, parte de uma superfície metálica pode estar em contato com um líquido em uma temperatura e outra parte do mesmo material estar em contato com o líquido em outra temperatura, o que ocasiona correntes de corrosão. Essa situação ocorre em trocadores de calor, em que, na região de entrada, tem-se uma área mais aquecida. Forma-se, então, uma pilha termogalvânica constituída dessa pequena área anódica, com temperatura mais elevada, e de grande área catódica com temperatura mais baixa.[10,11]

Os dados a seguir[12] mostram as diferenças de potenciais para alguns materiais colocados em solução a 10 % de NaCl e temperaturas de 76 °C e 25 °C:

Alumínio (2S – $1/2$H) .... 0,03 V
Aço inoxidável, 18-8 .... 0,18 V
Cobre .... 0,03 V

Nos casos mostrados, a área anódica é a de temperatura mais alta.

Iluminação diferencial: quando áreas de uma superfície metálica, imersa em uma solução, são diferentemente iluminadas, podem apresentar potenciais diferentes. Aparentemente, a superfície iluminada se torna catódica, podendo, no caso, a presença do oxigênio dissolvido na solução aumentar a ação da luz, formando talvez películas protetoras.

Agitação diferencial: consiste na agitação forte de um líquido próximo a uma parte do metal, enquanto outra parte permanece sem agitação ou com agitação menor, podendo ocasionar correntes de corrosão. Se o líquido que sofre agitação estiver em atmosfera de ar ou oxigênio, podem-se verificar efeitos de aeração diferencial, pois o líquido com agitação permitirá que, em um dado tempo, mais oxigênio entre em contato com a superfície metálica próxima à agitação. O ferro e o alumínio apresentam como áreas anódicas as regiões em contato com o líquido não agitado (prevalece o efeito de aeração diferencial). O cobre apresenta comportamento inverso, isto é, as áreas anódicas são as próximas ao líquido agitado (talvez devido à remoção dos íons cobre, Cu^{2+}, removidos do líquido adjacente à superfície metálica).

Concentração diferencial: quando um material metálico está imerso em soluções de eletrólitos com diferentes concentrações, tem-se a **corrosão por concentração diferencial** ou **concentração iônica**, que é a corrosão eletroquímica decorrente da exposição de um metal em uma solução corrosiva com diferentes concentrações de íons, como visto anteriormente (ver Cap. 4, item 4.2.2). Na pilha formada, a região anódica, portanto corroída, é aquela em que a concentração do íon metálico é menor, e a região catódica é aquela em que a concentração do íon metálico é maior.

É comum ocorrer essa pilha quando se têm superfícies metálicas superpostas e em contato, havendo, entre elas, pequenas frestas por onde o eletrólito possa penetrar. Ocorre também no contato entre superfícies metálicas e não metálicas, desde que haja frestas. A fresta deve ser suficientemente estreita para manter o meio corrosivo estagnado e suficientemente aberta para permitir que o meio corrosivo penetre nela.

Supondo-se superfícies metálicas, M, superpostas e com frestas, pode-se admitir que no eletrólito em repouso, mesmo que haja igualdade de concentração entre as soluções de eletrólito nas partes mais internas e mais externas da fresta, ocorra um processo de dissolução do metal com a consequente formação de íons metálicos, M^{n+}. Pode-se, então, estabelecer um gradiente de concentração devido ao processo de difusão dos íons ser lento, e a solução do eletrólito passa a ser mais concentrada em íons M^{n1} no interior da fresta do que na parte mais externa, pois nessa parte há fácil acesso do eletrólito e os íons metálicos aí formados poderão ser arrastados, desde que o eletrólito se movimente. A diferença de concentração ocasionará, então, uma diferença de potencial e a formação de uma pilha de concentração iônica com corrosão na parte externa da fresta, pois esta funciona como ânodo da pilha formada, conforme a Figura 8.9.

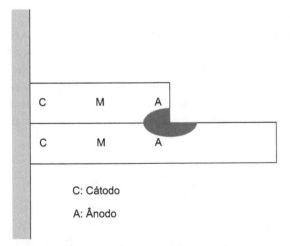

Figura 8.9 Áreas anódicas e catódicas em frestas.

A corrosão nesses casos é conhecida por **corrosão por contato, corrosão em frestas, corrosão por crevice** (*crevice corrosion*) ou, ainda, **corrosão por célula oclusa**.

Conhecendo-se o mecanismo desse processo corrosivo, entende-se perfeitamente porque se procura por medidas de proteção:

- usar massas de vedação, ou selantes, à base de silicones, epóxi, poliuretana ou asfalto em locais em que possa haver formação de frestas e presença de eletrólito;
- fazer, quando possível, a homogeneização do eletrólito, a fim de se chegar a uma mesma concentração em todas as regiões de um equipamento. Essa homogeneização pode ser feita, em alguns casos, por meio de agitação ou turbilhonamento.

 Aeração diferencial: tem-se a aeração diferencial quando um material metálico está imerso em regiões diferentemente aeradas, constituindo tipo frequente de heterogeneidade que conduz à formação de uma pilha de aeração diferencial. Como geralmente o oxigênio intervém no processo de aeração, é também chamada de pilha por oxigenação diferencial, sendo o ânodo a área menos aerada e o cátodo a mais aerada (ver Cap. 4, item 4.2.2).

As reações que se passam na **corrosão por aeração diferencial** são:

- área anódica

$$Fe \rightarrow Fe^{21} + 2e$$

- área catódica

$$H_2O + 2e + 1/2 O_2 \rightarrow 2OH^-$$

A ferrugem, $Fe_2O_3 \cdot H_2O$ vai se formar numa região intermediária entre a área catódica e a anódica:

$$Fe^{2+} + 2OH^- \rightarrow Fe(OH)_2$$

$$2Fe(OH)_2 + 1/2 O_2 + H_2O \rightarrow 2Fe(OH)_3 (Fe_2O_3 \cdot H_2O \text{ ou } FeOOH)$$

É uma corrosão localizada e, portanto, produz ataque acentuado em determinadas regiões, ocorrendo a formação de pites ou alvéolos.

Na junção de peças metálicas por rebites ou parafusos podem existir frestas e, como nessas frestas a aeração é pequena, resulta uma baixa concentração de oxigênio no eletrólito que se encontra no interior das mesmas e em uma concentração mais elevada de oxigênio no eletrólito que se encontra em contato com o metal fora das frestas. Assim, no exemplo de chapas unidas por meio de parafusos (Figura 8.10) observa-se que a região anódica, que sofre a corrosão, deve ser a assinalada, já que aí há menor concentração de oxigênio, pois é a parte menos aerada.

Deve-se considerar também, neste caso, a possibilidade de formação de pilha de concentração iônica, tendo-se, então, o processo corrosivo esquematizado na Figura 8.11.

Pode-se verificar que a corrosão por aeração diferencial e a corrosão por concentração diferencial têm efeitos opostos, isto é, uma conduz à proteção onde a outra conduz à corrosão. A predominância de um efeito sobre o outro é função da natureza do metal, já que nos metais ativos como ferro e zinco predomina a corrosão por aeração diferencial, e nos metais menos ativos, como o cobre, predomina a corrosão por

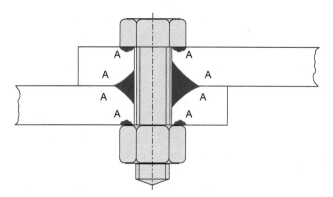

Figura 8.10 Áreas anódicas em chapas com corrosão por aeração diferencial.

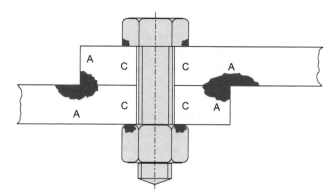

Figura 8.11 Áreas anódicas e catódicas em chapas com corrosão por concentração diferencial.

concentração diferencial.[13] Essa predominância deve ser função, também, da abertura e da profundidade da fresta.

Ao longo dos anos, diversos mecanismos foram propostos, modificados, invalidados, rejeitados ou aceitos, muitas vezes com exceções,[14] para explicar a **corrosão em frestas** (*crevice corrosion*) ou **corrosão sob depósito** ou, ainda, **corrosão por contato**. Alguns autores,[15,16,17] baseados em estudos realizados, admitem a participação da corrosão por concentração iônica ou por aeração diferencial, mas afirmam que não são as causas básicas. Fontana e Greene,[18] para explicar o mecanismo proposto, consideraram placas de metal, M, superpostas e rebitadas, apresentando pequenas frestas e imersas em água do mar aerada e com pH = 7. Tem-se, então:

- inicialmente, oxidação uniforme do metal em toda superfície exposta, inclusive no interior da fresta, de acordo com as equações

$$M \rightarrow M^{n1} + ne$$

$$2H_2O + O_2 + 4e \rightarrow 4OH^-$$

que fornecem a equação final

$$4M + 2nH_2O + nO_2 \rightarrow 4M^{n+} + 4nOH^2 \text{ ou}$$

$$4M + 2nH_2O + nO_2 \rightarrow 4M(OH)_n$$

- após um pequeno tempo, o oxigênio existente no interior da fresta é totalmente consumido, pois a convecção é restrita, cessando a redução do oxigênio;
- como a área dentro da fresta é normalmente muito pequena comparada com a área externa, a taxa total de redução do oxigênio permanece quase invariável;
- embora no interior da fresta não mais ocorra redução do oxigênio, continua a oxidação do metal, M, que tenderá a produzir um excesso de cargas positivas na solução, que são balanceadas pela migração preferencial de íons cloreto (têm mais mobilidade que os íons OH^-) para manter a igualdade de cargas. Esse processo aumenta a concentração de cloreto metálico no interior da fresta e, como se sabe, alguns sais, entre eles os cloretos, sofrem a ação da água, isto é, se hidrolisam, de acordo com a reação geral, formando ácido clorídrico, HCl,

$$MCl_n + nH_2O \rightarrow M(OH)_n + nHCl \quad (15)$$

ou

$$MCl_n + nH_2O \rightarrow M(OH)_n + nH^+ + nCl^- \quad (16)$$

- no caso de o meio corrosivo ser o cloreto de sódio, observou-se que, no interior da fresta, a concentração dos íons Cl^- é 3 a 10 vezes maior do que no seu exterior e o pH é da ordem de 2 a 3. Esses valores aceleram a oxidação do metal, M, no interior da fresta, o que aumenta a migração de íons Cl^-, com consequente formação de cloreto metálico e hidrólise desse sal, permitindo concluir, então, que ocorre um processo autocatalítico;
- como prova desse mecanismo autocatalítico, pode-se apresentar o fato de que na corrosão em frestas há, muitas vezes, um período de incubação sem que o ataque se inicie; entretanto, uma vez iniciado, ele progride numa taxa sempre crescente;
- quando a corrosão aumenta no interior da fresta, a redução do oxigênio nas superfícies adjacentes à fresta também cresce formando OH^-, meio alcalino, na área catódica. Esse fato, em consequência, protege catodicamente as superfícies adjacentes à fresta e, em razão desta proteção, a superfície externa à fresta sofre pouco ou nenhum dano.

8.2.1 Casos de Corrosão por Aeração Diferencial

A corrosão por aeração diferencial é responsável por grande número de casos de corrosão nas mais variadas instalações e equipamentos industriais. Para evidenciar a sua importância serão apresentados alguns desses casos.

Em recipientes ou tanques de aço contendo soluções aquosas estagnadas, observa-se muitas vezes uma corrosão intensa abaixo da interface ar-solução aquosa, conforme evidenciado na Figura 8.12.

Com a formação do menisco têm-se as reações nas áreas anódica (menos aerada)

$$Fe \rightarrow Fe^{2+} + 2e$$

e catódica (mais aerada)

$$H_2O + {}^1/_2O_2 + 2e \rightarrow 2OH^-$$

Verifica-se, então, a formação do produto de corrosão, $Fe(OH)_2$ ou $Fe(OH)_3$, em uma área intermediária, e pode-se admitir que:

- o hidróxido de ferro (III), $Fe(OH)_3$, atue como uma membrana dificultando o acesso de oxigênio para as regiões do material metálico, embaixo dele, possibilitando a formação da pilha de aeração diferencial;
- o meio básico ou alcalino, originado pela reação na área catódica, seja responsável pela imunidade do material metálico em contato com a solução aquosa imediatamente abaixo do menisco.

Em estruturas metálicas colocadas no mar, como estacas de píeres de atracação e de plataformas submarinas,[19] têm-se as seguintes áreas sujeitas à ação corrosiva (ver Cap. 16, item 16.3.2):

- parte aérea, sujeita à ação da névoa salina;
- zona de respingos: área compreendida pela linha de maré baixa e uma linha cerca de 60 cm acima da linha de maré alta;
- faixa de variação de maré;
- parte sempre submersa;
- parte de fixação no fundo do mar.

Observa-se corrosão acentuada na faixa de variação de maré e mais severa na zona de respingos. Pode-se justificar esse fato admitindo-se, por exemplo, que além da ação mecânica da água do mar, associada com o movimento das ondas, haja a corrosão por aeração diferencial, cujas áreas anódicas e catódicas vão deslocando-se com a variação de maré, isto é, máxima e mínima. Pode-se considerar, ainda, a formação de várias pilhas de aeração diferencial devidas às gotas de água salgada provenientes dos respingos das ondas se chocando nas estacas.

Para evitar corrosão nas várias áreas das estacas, vem sendo usado com bons resultados, no Brasil,

- na parte aérea: jateamento abrasivo e revestimento com tinta de alcatrão de hulha-epóxi (*coal-tar epoxi*) com espessura de película da ordem de 500 mm;
- na zona de respingos e faixa de variação de maré: jateamento abrasivo, mesmo submerso, e aplicação de revestimento com massa epóxi curada com poliamida, atingindo-se espessura de cerca de 3 mm. Esse revestimento tem a vantagem de poder ser aplicado mesmo em estacas já montadas, pois a massa epóxi adere à estaca e polimeriza debaixo d'água;
- na parte sempre submersa e de fixação no fundo do mar: proteção catódica por corrente impressa ou forçada.

Como alternativas de proteção, podem ser apresentados:

- uso de estacas de aço contendo níquel, cobre e fósforo;
- revestimento com monel (liga de níquel) na faixa de variação de maré e zona de respingos;
- encamisamento com mantas de material polimérico, como polietileno, ou com concreto, nas áreas mais críticas;
- revestimento com elastômero, aplicado previamente, na parte da estaca que ficará na faixa de variação de maré e zona de respingos.

Observam-se, também, casos de corrosão por aeração diferencial em tubulações que, embora totalmente enterradas, atravessam solos com regiões de composições diferentes, que permitem maior ou menor permeabilidade, com consequente diferença de aeração.

Procura-se evitar a colocação de tubulações parcialmente enterradas a fim de não ocorrer a corrosão por aeração diferencial. A Figura 8.13 esquematiza a corrosão verificada em adutora que estava

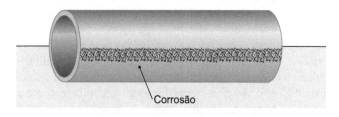

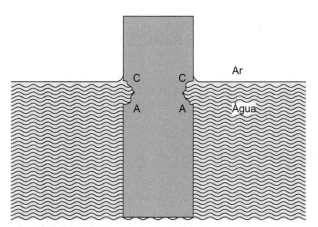

Figura 8.12 Corrosão por aeração diferencial na interface ar-solução aquosa salina.

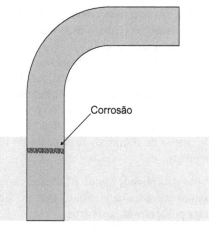

Figura 8.13 Áreas anódicas e catódicas em tubulações parcialmente enterradas.

parcialmente enterrada ao longo do solo: observa-se que as regiões mais atacadas são aquelas que estavam pouco abaixo do nível do solo, isto é, área menos aerada (ver Pranchas Coloridas, Fotos 16 e 17).

É aconselhável, quando se tem tubulações com trechos aéreos e enterrados é aconselhável que se faça um reforço na interface solo-atmosfera, isto é, na área da tubulação que penetra no solo. É usual o emprego de feltro betumado ou plástico contrátil atingindo cerca de 1,0 m de profundidade, conforme esquematizado na Figura 8.14, para evitar corrosão por aeração diferencial que poderia perfurar o trecho da tubulação pouco abaixo da interface solo-atmosfera (ver Pranchas Coloridas, Foto 18).

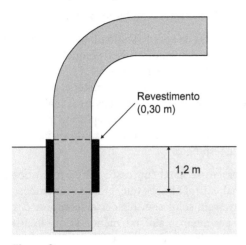

Figura 8.14

Áreas de tubulações também mais sujeitas à corrosão são aquelas localizadas no contato com seus apoios. Devem-se, portanto, usar apoios de tubulações que minimizem a existência de frestas e consequente corrosão por aeração diferencial, daí ser recomendável usar apoios, quando possível, que ocasionem pequenas áreas de contato. Procura-se usar apoios tubulares de aço, de polipropileno ou berço de aço soldado à tubulação na área de apoio, evitando-se o uso de material que absorva umidade, como a madeira. As recomendações anteriores são aplicáveis no caso de apoio de pequenos tanques.

Tem-se observado casos de corrosão associados com isolamento térmico de tubulações ou de tanques. Em alguns deles (Cap. 28 – Estudo de Casos 18, 19, 42 e 43), as causas de corrosão não estavam relacionadas com corrosão por aeração diferencial, mas por diferentes causas como explicado em cada caso. Entretanto, em outros casos, a causa estava associada à corrosão por aeração diferencial, pois frequentes ou eventuais falhas no revestimento (geralmente chapas de alumínio) de proteção do isolamento térmico permitem:

- a penetração de umidade atmosférica ou de água de chuvas, causando presença de eletrólito, que, evidentemente, pode conter poluentes atmosféricos;
- a existência de áreas confinadas com pequenos teores de oxigênio, e consequentemente anódicas e corroídas, em relação a áreas mais aeradas ou oxigenadas nas proximidades das falhas no revestimento de proteção do isolamento térmico.

Devido a essas considerações relacionadas com casos de corrosão associados com isolamento térmico, tem-se indicado o emprego de revestimento por pintura de superfícies metálicas, como de tanques ou de tubulações, com isolamento térmico. Mesmo que a temperatura dessas superfícies inviabilize teoricamente a condensação de umidade atmosférica, deve-se prever a possibilidade de redução dessa temperatura com consequentes condensação de umidade atmosférica e corrosão.

Cabe destacar, ainda, que os isolamentos térmicos feitos, por exemplo, com silicato de cálcio ou lã de vidro não são corrosivos para aços-carbono e inoxidáveis. Entretanto, é oportuno citar o isolamento térmico feito com poliuretana expandida, que pode ocasionar corrosão: é usual na sua elaboração a adição de um agente anti-ignição à base de derivado halogenado, isto é, de cloro ou de flúor, que pode, devido à reação com a água desse derivado halogenado, formar ácidos clorídrico ou fluorídrico corrosivos para aços-carbono e inoxidáveis.

Costumam-se também observar problemas de corrosão por aeração diferencial em superfícies internas de tubulações onde há possibilidade de deposição de partículas sólidas, como óxidos, areia, pedaços de madeira, matéria orgânica como crescimento biológico etc. Alguns chamam esse caso de **corrosão sob depósito**. Evidentemente, as regiões sob esses sólidos funcionarão como áreas anódicas devido ao menor teor de oxigênio. Em tubulações de condensadores e de trocadores de calor (ver Cap. 16, item 16.4), pode ocorrer essa corrosão quando partículas sólidas ficam aderentes à superfície interna dos tubos e a pequena velocidade de circulação da água não provoca o deslocamento dessas partículas. Daí, para evitar a corrosão por aeração diferencial em condensadores recomenda-se alta velocidade para a água e conservação dos tubos limpos. A Tabela 8.2[20] apresenta a velocidade de água aconselhada nos tubos de condensadores.

Tabela 8.2 Velocidade de água indicada para tubos de condensadores

Material	Velocidade (m/s)
Aço-carbono	0,8-1,8
Latão do almirantado	0,8-1,5
Latão de alumínio	1,2-2,4
Liga: 70 cobre-30 níquel	1,3-3,0
Monel	1,6-3,6
Aço inoxidável: 18 Cr Ni-molibdênio	2,5-4,5

Casos de corrosão por aeração diferencial são observados em chapas de alumínio ou de aço galvanizado superpostas e em presença de umidade: observa-se a formação de um resíduo esbranquiçado nas áreas confinadas, portanto, menos aeradas. No caso do alumínio, há formação de óxido de alumínio poroso e não aderente, ficando as regiões corroídas com maior rugosidade e, consequentemente, com aspecto diferente das regiões não atacadas. Eliminadas as condições de aeração diferencial, podem-se limpar as chapas e usá-las sem que haja continuidade do processo corrosivo, permanecendo, porém, o aspecto diferente das regiões já atacadas (Fig. 8.15).

Figura 8.15 Chapa de alumínio com corrosão por aeração diferencial devido à superposição de chapas. (Ver Pranchas Coloridas, Foto 65.)

É bem conhecido que um dos maiores usos do zinco é sob a forma de revestimento para evitar a corrosão de chapas ou estruturas de ferro expostas a diferentes ambientes, o que se deve ao fato de o zinco não apresentar boa resistência à corrosão. Daí o grande emprego do zinco na fabricação do aço galvanizado.

O zinco protege catodicamente o ferro, isto é, no caso de ter esses dois metais em contato e em presença de eletrólito, em virtude de seus potenciais diferentes, haverá a formação de uma pilha, funcionando o zinco como ânodo e o ferro como cátodo, observando-se a oxidação do zinco com a consequente proteção do ferro. Entretanto, somente essa proteção catódica não seria suficiente para justificar o grande emprego de aços galvanizados, pois a proteção contínua; só pelo mecanismo apresentado, levaria ao desgaste rápido do zinco. Deve-se considerar ainda a possibilidade de ocorrência de regiões em que não existam concentrações adequadas de eletrólitos para facilitar a condução eletrolítica e permitir o funcionamento da pilha, entre o zinco e o ferro, responsável pela proteção catódica do ferro. Outro fator que se associa ao de proteção catódica, e justifica a vantagem dos revestimentos de zinco, é que geralmente quando se expõe o zinco às condições atmosféricas, há formação de uma película fina com cerca de $7,6 \times 10^{-4}$ cm, de cor branco-acinzentada, devida aos produtos de corrosão. Em determinadas condições, como atmosfera seca, forma-se inicialmente uma película ou camada de óxido de zinco, ZnO, devido ao oxigênio do ar. Essa camada é convertida para carbonato básico de zinco, $ZnCO_3 \times 3Zn(OH)_2$, devido à presença de água e dióxido de carbono na atmosfera. Dependendo da presença de outras substâncias na atmosfera podem ser obtidos outros sais básicos de zinco, não tão protetores quanto o carbonato.

O carbonato básico de zinco, formado em atmosferas secas e não poluídas e cobrindo completamente a superfície metálica, faz com que a corrosão se processe em velocidade bem reduzida, pois em ar seco a sua estabilidade é acentuada, assim como a camada de ZnO formada é aderente, não porosa e protetora.

A proteção catódica e a formação de carbonato básico explicam a razão do emprego de aço galvanizado; entretanto, deve-se considerar que em presença de água e de áreas confinadas há um aumento acentuado da taxa de corrosão: quando o zinco é exposto a uma atmosfera úmida e confinada, a condensação da umidade atmosférica saturada de ácido carbônico, H_2CO_3, ataca o metal e impede que haja a oxidação natural, explicada anteriormente, e que daria a proteção ao material. Neste caso há a formação do produto de corrosão sob a forma de pó branco, ficando uma cor cinza-escuro nas regiões atacadas do material metálico. Esse produto, ao contrário do formado nas condições explicadas anteriormente, não protege a superfície metálica, pois não é aderente e apresenta-se bastante poroso. Devido ao pó branco, esse processo é conhecido pelo nome de **oxidação** ou **corrosão branca** do aço galvanizado, frequente em peças recém-galvanizadas quando indevidamente embaladas ou armazenadas.

Por observações feitas em superposição de chapas, pode-se concluir que a umidade condensada entre as peças superpostas e as regiões confinadas diferentemente aeradas possibilitam a formação de pilhas de aeração diferencial: nas áreas menos aeradas têm-se regiões anódicas com consequente ataque do zinco, formando, inicialmente, o óxido de zinco hidratado ou hidróxido de zinco que, por absorção do CO_2, dióxido de carbono, forma o carbonato básico, de acordo com as reações:

- regiões anódicas

$$Zn \rightarrow Zn^{2+} + 2e$$

- regiões catódicas

$$H_2O + 1/2 O_2 + 2e \rightarrow 2OH^-$$

- produto de corrosão

$$Zn^{2+} + 2OH^- \rightarrow Zn(OH)_2$$

$$4Zn(OH)_2 + CO_2 \rightarrow ZnCO_3 \cdot 3Zn(OH)_2 + H_2O$$

O produto de corrosão, $ZnCO_3 \cdot 3Zn(OH)_2$, formado nessas condições, se apresenta pulverulento e não aderente, não possibilitando proteção da superfície galvanizada, sendo contínuo o processo corrosivo desde que não sejam eliminados os fatores causadores.

Quando a **oxidação branca** de chapas galvanizadas é observada logo no início, não há motivo para rejeição delas, pois essa oxidação é superficial e, eliminando-se a associação dos agentes causadores – umidade elevada e áreas

Figura 8.16 Aspecto de chapa de aço galvanizado com corrosão ou oxidação branca. (Ver Pranchas Coloridas, Foto 60.)

confinadas –, pode-se evitar sua continuidade. Em estágios mais avançados do processo corrosivo, recomenda-se medir a espessura da camada de zinco e verificar, ao microscópio, o estado do revestimento. Para se evitar a oxidação branca do galvanizado, tem sido recomendadas medidas de proteção, como evitar umidade, fazer a umectação das superfícies com óleo protetor contendo inibidor de corrosão, usar embalagem ou envolvimento com plástico contendo inibidor de corrosão em fase vapor e providenciar cromatização após galvanização.

8.2.2 Medidas Gerais de Proteção contra Corrosão por Concentração Iônica e por Aeração Diferencial

Os processos de corrosão por concentração iônica e por aeração, quando não se observam certas precauções, são frequentes e, por isso, têm muita importância as seguintes medidas que visam minimizar as possibilidades de ocorrência de condições causadoras:

- reduzir, ao mínimo necessário, a possibilidade de frestas, principalmente em meios aquosos contendo eletrólitos ou oxigênio dissolvido;
- especificar juntas de topo e ressaltar a necessidade de penetração completa do metal de solda para evitar a permanência até mesmo de pequenas fendas;
- usar soldas contínuas;
- usar juntas soldadas em vez de juntas parafusadas ou rebitadas;
- impedir a penetração do meio corrosivo nas frestas por meio de massas de vedação, quando possível, flexíveis;
- evitar frestas entre um isolante e o material metálico;
- evitar cantos, áreas de estagnação ou outras regiões favoráveis à acumulação de sólidos;
- especificar desenhos que permitam uma fácil limpeza da superfície, aplicação de revestimentos protetores e completa drenagem;
- estabelecer uma rotina de frequente e completa limpeza de áreas metálicas sujeitas ao acúmulo de depósitos e incrustações;
- remover sólidos em suspensão;
- usar filtros adequados nas linhas de água dos trocadores de calor para evitar obstruções locais, dentro dos tubos dos trocadores, que podem iniciar corrosão sob depósito ou resultar em turbulência local;
- indicar, no projeto e operação de trocadores tubulares de calor, um fluxo uniforme de líquido com velocidade adequada e com um mínimo de turbulência e entrada de ar;
- não usar embalagens que sejam feitas de material absorvente, exceto aquelas impregnadas com inibidor de corrosão, por exemplo, inibidor em fase vapor (ver Cap. 19, item 19.3);
- evitar o uso de madeira ou material que fique facilmente umedecido e retenha água, como apoio para superfícies metálicas, por exemplo, chapas, tubos e pilares;
- usar apoio com pequena área de contato, como apoios tubulares de aço ou de polipropileno;
- procurar, limitado pelas dimensões, usar tanques ou reservatórios apoiados em pilares e não no solo.

REFERÊNCIAS BIBLIOGRÁFICAS

1. FINAMORE D. J. et al. Determinação das Taxas de Corrosão Uniforme e Puntiforme dos Cupons produzidos por diferentes Fornecedores. *In*: INTERCORR 2014, Fortaleza/CE, maio 2014.

2. GOSTA, W. Review Article on the Influence of Sulphide Inclusions on the Corrodibility of Fe and Steel. *Corrosion Science*, v. 9, p. 585-602, 1969.

3. AMERICAN IRON AND STEEL INSTITUTE. *Welding of Stainless Steels and Other Joining Methods*, Washington, 1979, p. 6.

4. ASTM STANDARD PRACTICE A262. Standard Recom-mended Practice for Detecting Susceptibility to Intergranular Attack in Austenitic Stainless Steels, *Annual Book of ASTM Standards*, v. 3.02, p. 4, 1988.

5. CLARKE, W. L.; ROMERO, V. M.; DANKO, J. C. *Detection of Sensitization in Stainless Steels Using Electrochemical Techniques, Corrosion/77*, Houston, NACE, 1977, Paper 180.

6. MAJIDI, A. P.; STREICHER, M. A. *Nondestructive Electrochemical Tests for Detecting Sensitization* in AISI 304 and 304 L Stainless Steels, Corrosion.

7. BOSICH, J. F. *Corrosion Prevention for Practicing Engineers*. Barnes & Noble, 1970, p. 49.

8. CASTRO, R. J.; CADENET, J. J. *Welding Metallurgy of Stainless and Heat-Resisting Steels*. Great Britain: Cambridge University Press, 1975, p. 115.

9. MEARS, R. B.; BROWN, R. H. *Ind. Eng. Chem.*, 33, 1005 (1941).

10. BRECKON, G.; GILBERT, P. T. *Proc. 1st Int. Cong. on Metallic Corrosion*. London: Butterworths, 1962, p. 624-629.

11. BEM, R. S.; CAMPBELL, H. S., *idem*, p. 630-635.

12. MEARS, R. B.; BROWN, R. H. *Ind. Eng. Chem.*, 33, 1007 (1941).
13. EVANS, U. R. *The Corrosion and Oxidation of Metals: Scientific Principles and Practical Applications*. London: Edward Arnold Publishers, 1967, p. 130.
14. FRANCE, W. D. Jr. Crevice Corrosion of Metals. *In: Localized Corrosion – Cause of Metal Failure*, Philadelphia, Pa., STP-516-ASTM, p. 164-200, 1972.
15. SCHAFER, G. J.; FOSTER, P. K. *J. Electrochem. Soc.*, 106, 468 (1959).
16. SCHAFER, G. J.; GABRIEL, J. R.; FOSTER, P. K. *J. Electrochem. Soc.*, 107, 1002 (1960).
17. ROSENFELD, I. L.; MARSHAKOV, I. K. *Corrosion*, 20:115t (1964).
18. FONTANA, M. G.; GREENE, N. D. *Corrosion Engineering*. McGraw-Hill, NY, 1967, p. 41.
19. LARRABEE, C. P. *Corrosion*, v. 14, n. 11, p. 21-24 (1958).
20. PETROLEUM ENGINEER 27, n. 1, C-35, 1955.

EXERCÍCIOS

8.1. Quais são as principais heterogeneidades que provocam corrosão eletroquímica em metais e ligas?
8.2. Como ocorre a sensitização?
8.3. O que é corrosão em torno do cordão de solda?
8.4. Como pode ser evitada a sensitização?
8.5. Quais são as heterogeneidades do meio corrosivo que podem provocar corrosão eletroquímica em metais e ligas?

Capítulo 9

Corrosão Galvânica

Quando dois materiais metálicos com diferentes potenciais estão em contato em presença de um eletrólito ocorre uma diferença de potencial e a consequente transferência de elétrons. Tem-se, então, o tipo de corrosão chamado **corrosão galvânica**, que resulta do acoplamento de materiais metálicos dissimilares imersos em um eletrólito, causando uma transferência de carga elétrica de um para outro, por terem potenciais elétricos diferentes. Ela se caracteriza por apresentar corrosão localizada próxima à região do acoplamento, ocasionando profundas perfurações no material metálico, que funciona como ânodo.

Quando materiais metálicos de potenciais elétricos diversos estão em contato, a corrosão do material metálico que funciona como ânodo é muito mais acentuada que a corrosão isolada desse material sob a ação desse meio corrosivo. A corrosão do material que funciona como cátodo é muito baixa e acentuadamente menor que a que ocorre quando o material sofre corrosão isolada. Essa afirmativa é comprovada pela Tabela 9.1,[1] em que se tem corrosão de placas de ferro e de um segundo metal, acoplados e totalmente imersos em solução aquosa de cloreto de sódio a 1 %.

9.1 CONSIDERAÇÕES GERAIS – MECANISMO

A corrosão galvânica ocorre frequentemente quando se tem um metal colocado em uma solução contendo íons, facilmente redutíveis, de um metal que seja catódico em relação ao primeiro. Assim, tubulações de alumínio em presença de sais, por exemplo, de Cu^{2+} e Hg^{2+}, sofrem corrosão localizada, produzindo pites. Isso ocorre porque o alumínio reduz os íons Cu^{2+} ou Hg^{2+} para os metais respectivos, sofrendo consequentemente oxidação

$$2Al + 3Cu^{2+} \rightarrow 2Al^{3+} + 3Cu$$

$$2Al + 3Hg^{2+} \rightarrow 2Al^{3+} + 3Hg$$

Tabela 9.1 Corrosão de ferro acoplado a outros metais

Segundo metal	Perda de massa (mg)	
	Ferro	Segundo metal
Magnésio	0,0	3.104,3
Zinco	0,4	688,0
Cádmio	0,4	307,9
Alumínio	9,8	105,9
Antimônio	153,1	13,8
Tungstênio	176,0	5,2
Chumbo	183,2	3,6
Estanho	171,1	2,5
Níquel	181,1	0,2
Cobre	183,1	0,0

Experiência 9.1

Em um bécher de 250 mL, adicionar 100 mL de solução aquosa a 2 % de sulfato de cobre, $CuSO_4$. Em seguida, imergir nessa solução parte de uma chapa, ou folha, de alumínio, Al, com dimensão aproximada de 3 cm × 9 cm. Observar, ao longo do tempo, diminuição gradativa, até desaparecimento total da coloração azul da solução e depósito de resíduo castanho-escuro ou ligeiramente avermelhado, sobre a chapa ou folha de alumínio.

As justificativas para as observações feitas são as seguintes:

- resíduo castanho-escuro ou ligeiramente avermelhado: presença de cobre metálico (Cu) devido às reações
  - oxidação de Al

$$Al \rightarrow Al^{3+} + 3e$$

  - redução de Cu^{2+}

$$Cu^{2+} + 2e \rightarrow Cu$$

- desaparecimento da coloração azul da solução de sulfato de cobre e formação de solução de sulfato de alumínio, $Al_2(SO_4)_3$, incolor:
  - reação de oxirredução (iônica)

$$2Al + 3Cu^{2+} \rightarrow 2Al^{3+} + 3Cu$$

  - reação de oxirredução (molecular)

$$2Al + 3CuSO_4 \rightarrow Al_2(SO_4)_3 + 3Cu$$

(Esta experiência justifica o mecanismo apresentado para o Caso 5 – Cap. 28.)

Além desse ataque inicial o metal formado se deposita sobre a superfície de alumínio e cria uma série de micropilhas galvânicas, nas quais o alumínio funciona como ânodo, sofrendo corrosão acentuada. Casos envolvendo este mecanismo são observados em:

- trocadores de calor, com feixe de tubos de alumínio; a presença de pequenas concentrações de Cu^{2+} na água de resfriamento ocasiona, em pouco tempo, perfurações nos tubos;

- trocadores de calor com feixe de tubos de aço inoxidável e chicanas ou separadores de aço-carbono: corrosão severa nas chicanas ou separadores;
- tubos de caldeiras onde ocorrem, em alguns casos, depósitos de cobre ou óxido de cobre. Isso porque a água de alimentação da caldeira pode conter íons cobre, cobre metálico ou suas ligas. O cobre e suas ligas ou íons são originados, geralmente, de contaminações na água de alimentação por substâncias usadas durante o processamento ou pelo emprego de rotores ou impelidores de bombas, feitos de bronze, que sofrem ação mecânica de erosão ou cavitação, sendo as partículas metálicas arrastadas para o interior da caldeira. É oportuno citar que, em alguns casos, são notadas razoáveis quantidades de óxido de cobre, CuO, nos tubos de caldeiras, mas o processo corrosivo não é acentuado, talvez porque a camada de magnetita, ou outro depósito existente nos tubos, evite o contato direto entre o aço-carbono dos tubos e o CuO. Isso conduz à afirmativa de que em caldeiras mais limpas deve-se tomar mais cuidado com a possibilidade de presença de cobre ou seus compostos na água de alimentação de caldeiras. Corey[2] apresentou algumas considerações sobre a ação controvertida de cobre, ou seus compostos, em caldeiras, podendo ocasionar, ou não, corrosão;
- tanques de aço-carbono ou de aço galvanizado. A corrosão galvânica é ocasionada pela presença de cobre ou compostos originados pela ação corrosiva ou erosiva da água sobre a tubulação de cobre que alimenta o tanque. Por isso, deve-se evitar, sempre que possível, que um fluido circule por um material metálico catódico antes de circular por um que lhe seja anódico. A Figura 9.1 exemplifica esta situação.

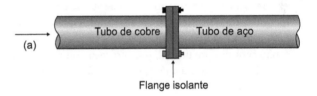

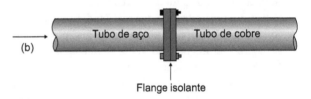

Figura 9.1

No caso (a), se o fluido ocasionar ação mecânica e/ou ação corrosiva no tubo de cobre, arrastará partículas e/ou íons, Cu^{2+}, desse metal para o tubo de aço, tendo-se então:

- corrosão galvânica do tubo de aço devida à possível deposição das partículas de cobre;
- no caso de arraste de íons Cu^{2+}, tem-se a corrosão do aço devida à reação

$$Fe + Cu^{2+} \rightarrow Fe^{2+} + Cu$$

e posterior formação do par galvânico aço-cobre dando continuidade ao processo corrosivo, podendo ocorrer perfurações no tubo de aço.

No caso (b), se o fluido ocasionar ação mecânica e/ou corrosiva no tubo de aço, arrastará partículas de aço e/ou íons, Fe^{2+}, para o tubo de cobre, tendo-se o par galvânico aço-cobre, o mesmo do caso (a). Entretanto, a corrosão se processará nas partículas de aço, não afetando o tubo de cobre, e também não ocorrerá reação entre íons Fe^{2+} e cobre metálico.

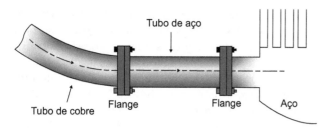

Figura 9.2

Quando não for possível a inversão de sentido do fluido, pode-se usar o esquema representado na Figura 9.2, em que aparece a colocação de trecho de tubo de aço, intercalado entre o tubo de cobre que transporta o fluido e o equipamento de aço-carbono, ou de outro material metálico anódico em relação ao cobre. Como o tubo de aço é flangeado, pode ser facilmente substituído quando necessário, e quando possível deve apresentar diâmetro maior do que o de cobre para que haja redução de velocidade, possibilitando a deposição de partículas de cobre arrastadas pelo fluido.

Um fator importante na corrosão galvânica é a relação entre a área anódica e a catódica. Se a relação área anódica/área catódica for muito maior que um, isto é, área catódica pequena em relação à área anódica, a corrosão não será tão prejudicial, mas no caso contrário, isto é, área catódica maior que a anódica, a corrosão será tanto mais intensa quanto maior for a área catódica e menor a anódica, pois se tem uma alta densidade de corrente na parte do metal, ânodo, que está sendo corroída. Por isso, quando necessário, é mais indicado o uso de parafusos e rebites de material metálico catódico, em uma estrutura que seja anódica, do que o caso inverso. Assim, por exemplo, placas de aço justapostas por rebites de cobre sofrem corrosão muito atenuada nas placas de aço quando imersas em águas do mar. Se as placas fossem de cobre e os rebites de aço, a taxa de corrosão dos rebites de aço (área anódica) seria acentuadamente perigosa, pois a pequena área do rebite poderia provocar a sua ruptura.

Quando se tem necessidade de ligar dois materiais metálicos de potenciais diferentes, a consulta à tabela de potenciais (Tab. 3.1) ou à tabela de potenciais de oxidação (Tab. 3.7) ou, em alguns casos, à tabela prática em água do mar (Tab. 3.4) é de grande utilidade. Essas tabelas (ver Cap. 3) permitem caracterizar o material que terá tendência a funcionar como ânodo. Em alguns casos, procura-se, quando for inevitável a junção de dois materiais metálicos diferentes, fazer em um deles um revestimento metálico que permita igualdade ou proximidade de potenciais, diminuindo, portanto, a diferença de potenciais e, consequentemente, o processo corrosivo (Fig. 9.3).

A Tabela 9.2 apresenta graus de corrosão em contatos bimetálicos, baseados em dados fornecidos por membros do ISMRC-Corrosion and Electrodeposition Committee.[3]

Os potenciais se alteram com a mudança da solução do meio corrosivo, e como estes são vários, nem sempre são encontrados dados suficientes na literatura especializada que permitam caracterizar o material que funcionará como ânodo. Nesse caso, devem ser realizadas experiências com alguns pares metálicos no meio corrosivo em que o equipamento operará, para se determinar o potencial e a área anódica. Para o caso do ferro em água do mar, podem-se usar as Experiências 4.1 e 4.2, a fim de caracterizar seu posicionamento anódico ou catódico. No caso de outros materiais metálicos, pode-se substituir o ferricianeto de potássio por um reagente característico para identificação do íon metálico resultante da oxidação do metal, ou então determinar a área catódica.

Algumas observações experimentais comprovam a exatidão das tabelas citadas:

- em relação ao ferro, os materiais como magnésio e suas ligas são sempre anódicos, e os materiais como cobre, carbono, prata e suas ligas são sempre catódicos;
- o zinco é anódico quando ligado a ferro em meios corrosivos usuais;
- o estanho é catódico em relação ao ferro em meios corrosivos usuais.

Apesar dessas observações, deve-se levar em consideração a possibilidade de inversão de polaridade devido à presença de determinadas substâncias no meio corrosivo ou condições de temperatura. Assim, podem ser citadas inversões de polaridade devidas, em geral, a agentes complexantes, formação de películas sobre a superfície metálica e temperatura.

São exemplos de **agentes complexantes** o cianeto, o EDTA (ácido etileno diaminotetracético) e seus sais de sódio. O estanho é catódico em relação ao ferro na maioria dos meios corrosivos, mas, em presença de certos ácidos orgânicos que formam compostos complexos solúveis com o estanho, há uma diminuição da concentração de íons Sn^{2+}, com o qual o estanho está em equilíbrio, de acordo com a equação

$$Sn^{2+} + 2e \rightleftharpoons Sn$$

Dessa forma, o potencial do eletrodo do estanho se altera, podendo ficar mais ativo que o ferro; logo, torna-se anódico em relação ao ferro, que se torna catódico.

O cobre é cátodo em relação ao zinco, mas, em presença de cianeto de potássio, forma-se a pilha

$$Cu; \text{solução } KCN \parallel \text{Solução } ZnSO_4; Zn$$

na qual o cobre é ânodo, devido à formação do $K_3[Cu(CN)_4]$ que é muito pouco ionizado, resultando em menor concentração de Cu^+, com consequente alteração de potencial de eletrodo, permitindo que ele fique mais ativo do que o zinco.

Há **formação de películas** sobre a superfície metálica, principalmente em meio oxidante. É o caso de o metal se tornar passivo, por exemplo, o alumínio, que se torna passivo devido à película de Al_2O_3, tornando-se catódico em relação ao ferro.

A **temperatura** também pode ocasionar inversão de polaridade, por exemplo, no caso do zinco: em meios corrosivos usuais, o zinco é ânodo em relação ao ferro, mas em água quente, acima de 60 °C, a polaridade se inverte e o zinco torna-se catódico em relação ao ferro. Essa é a razão de se observar deterioração prematura de tubulações de aço galvanizado, para condução de água quente. Verifica-se que águas com teores elevados de carbonatos e nitratos favorecem a inversão da polaridade, enquanto em águas com teores elevados de cloretos e sulfatos essa tendência diminui, não chegando a haver inversão de polaridade. Algumas explicações apresentadas para essa inversão admitem:

Tabela 9.2 Graus de corrosão em contatos bimetálicos

Metal de Contato / Metal de Referência	1	2	3	4	5	6	7	8	9	10	11	12	13	14	15	16
1		A	A	A	A	A	A	A	A	A	A	A	A	A	A	A
2	B		A	A	A	A	A	A	A	A	A	A	A	B	B	A
3	C	B		A	A	A	A	A	A	A	B ou C	B	A	B ou C	C	A
4	C	B ou C	B ou C		B ou C	B ou C	A	A	A	A	B ou C	B ou C	A		C	A
5	C	B	A	A		A	A	A	A	A	B ou C	B ou C	A	B ou C	C	A
6	C	B ou C	B ou C	B ou C	B		A ou C	A	A ou C	A	B ou C	B ou C	B ou C	B ou C	C	A
7	C	C	C	C	C	C		A	A	A	C	C	C	C	C	B
8	C	C	C	C	C	B	C		A	A	C	C	C	C	C	B
9	C	C	C	C	C	B	C	B		A	C	C	C	C	C	C
10	D	D	D	D	C	D	C	C	B ou C		C	C	C	C	C	B ou C
11	A	A	A	A	A	A	A	A	A	A		A	A	A	A	A
12	C	A ou C	A ou C	A ou C	A	A	A	A	A	A	A		A	A	C	A
13	C	C	C	C	B ou C	A	A	A	A	A	C	C		C	C	A
14	A	A	A	A	A	A	A	A	A	A	A	A	A		A	A
15	A	A	A	A	A	A	A	A	A	A	A	A	A	A		A
16	D	C	D	D	C	B ou C	B ou C	A	A	A	B ou C	B ou C	B ou C	B ou C	C	

Legenda: 1, ouro, platina, ródio e prata; 2, monel, inconel e liga níquel-molibdênio; 3, cobre-níquel, solda de prata, bronze alumínio, bronze estanho e bronze para canhão; 4, cobre, latões e alpaca; 5, níquel; 6, chumbo, estanho e soldas fracas; 7, aço e ferro fundido; 8, cádmio; 9, zinco; 10, magnésio e ligas de magnésio (cromatizadas); 11, aços inoxidáveis austeníticos, 18Cr – 8Ni; 12, aço inoxidável 18Cr – 2Ni; 13, aço inoxidável 13Cr; 14, cromo; 15, titânio; 16, alumínio e ligas de alumínio; A, a taxa de corrosão do metal de referência não é influenciada pela ligação ou conexão com o metal de contato; B, a taxa de corrosão do metal de referência pode sofrer pequeno aumento pela ligação com o metal de contato; C, a taxa de corrosão do metal de referência sofre aumento considerável pela ligação com o metal de contato; D, na presença de umidade, mesmo em condições de pouca agressividade, evitar essas ligações sem que sejam usadas medidas protetoras; O, ausência de dados disponíveis.

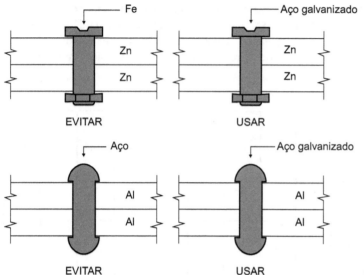

Figura 9.3 Várias possibilidades de evitar corrosão galvânica na fixação de chapas ou componentes estruturais de zinco ou de alumínio.

- formação sobre o zinco de uma película densa e fortemente aderente, a qual resulta da precipitação de carbonato de cálcio e de hidróxido de magnésio existentes na água, sob a forma de bicarbonatos que, com o aquecimento, decompõem-se segundo as equações

$$Ca(HCO_3)_2 \rightarrow CaCO_3 + CO_2 + H_2O$$

$$Mg(HCO_3)_2 \rightarrow MgCO_3 + CO_2 + H_2O$$

$$MgCO_3 + 2H_2O \rightarrow Mg(OH)_2 + CO_2 + H_2O$$

- formação de $Zn(OH)_2$ poroso ou sais básicos de zinco, que não são isolantes nas condições em que o zinco é anódico em relação ao ferro, e a formação de ZnO no caso da inversão de polaridade. O ZnO é um semicondutor e pode funcionar em águas aeradas como eletrodo de O_2, cujo potencial é nobre em relação ao Fe e ao Zn, logo funcionando como cátodo. De acordo com essa explicação, em águas desaeradas quentes ou frias, onde não ocorre o eletrodo de O_2, o zinco é sempre anódico em relação ao ferro.

Verifica-se, então, que o contato entre materiais metálicos de potenciais bem diferentes causa corrosão acentuada. Entretanto, devido a alguns fatores, como formação de película ou outro efeito de polarização (ver Cap. 13) na superfície metálica, essa corrosão pode ser minimizada. Por exemplo:

- nos trocadores de calor, o contato entre os tubos de ligas de cobre com o espelho de aço não chega a ser prejudicial porque os tubos (área catódica) têm área bem menor e a parte de aço é, propositadamente, superdimensionada quanto à espessura;
- nos equipamentos de poços de petróleo e gases, apesar das nobrezas diferentes dos materiais empregados e da existência de água salgada, eletrólito muito condutor, a corrosão galvânica não é acentuada porque o eletrólito é praticamente neutro e não aerado;
- nos metais que se tornam passivos devido à formação de uma película protetora de óxido.

Os óxidos e hidróxidos metálicos que se formam como produtos de corrosão funcionam como cátodos em relação aos metais de origem. Quando em uma tubulação em uso uma parte é substituída por outra nova, essa funciona como ânodo, enquanto a mais antiga, recoberta por produto de corrosão, funciona como cátodo, formando, então, uma pilha ativa-passiva. Por isso, a parte nova tem menor duração do que se poderia esperar.

Um caso prático e interessante, descrito por Zurbrügg,[4] ocorreu em uma instalação constituída de três tanques de fermentação, construídos em alumínio, ligados entre si por contato metálico e equipados com tubos de cobre, tipo serpentina, isolados dos tanques, conforme a Figura 9.4.

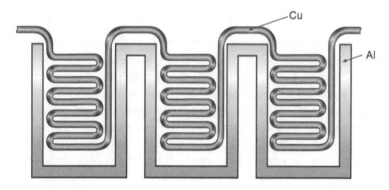

Figura 9.4 Serpentinas de cobre isoladas dos tanques de alumínio.

Esses tanques operaram sem inconvenientes durante algum tempo. Eventualmente substituíram-se os tubos de cobre de um dos tanques por tubos de alumínio. Depois dessa substituição, observou-se ataque do tubo de alumínio e dos outros dois tanques que continham os tubos de cobre. Esse tipo de corrosão é muito difícil de ser caracterizado, principalmente em grandes estruturas, pois não é necessária a ligação metálica direta entre os metais diferentes. Todos os casos estudados anteriormente foram relacionados com pilhas simples, isto é, pilhas contendo somente um material como ânodo e um como cátodo. Entretanto, o caso mencionado situa-se entre aqueles em que diversas áreas anódicas e catódicas agem em paralelo, originando as chamadas *pilhas complexas*, semelhantes às das Figuras 9.5 e 9.6.

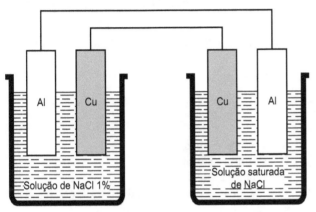

Figura 9.5 Pilha de concentração (I).

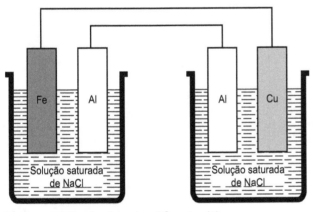

Figura 9.6 Pilha de eletrodos diferentes (II).

Na pilha de concentração (I), há fluxo de elétrons, embora o alumínio não esteja em contato metálico direto com o cobre. O alumínio, na solução diluída, e o cobre, na solução concentrada, funcionam como ânodos, sofrendo corrosão. Na pilha de eletrodos metálicos diferentes (II), o ferro e o alumínio (recipiente da direita) funcionam como ânodos.

Na pilha (I), pode-se considerar que o alumínio tende, na solução a 1 % de NaCl, a perder elétrons

$$2Al \rightarrow 2Al^{3+} + 6e$$

consequentemente ele seria o ânodo, funcionando o alumínio na solução saturada como cátodo, isto é, região de entrada de elétrons na solução, ocorrendo a reação

$$3H_2O + {}^3/_2O_2 + 6e \rightarrow 6OH^-$$

Para manter a compensação iônica, o cobre na solução saturada perde elétrons, transformando-se em íons positivos, funcionando como ânodo.

$$3Cu \rightarrow 3Cu^{2+} + 6e$$

Os elétrons cedidos vão se dirigir para o cobre imerso na solução a 1 % de NaCl, funcionando esse eletrodo, portanto, como cátodo.

$$3H_2O + {}^3/_2O_2 + 6e \rightarrow 6OH^-$$

Observa-se, portanto, a igualdade de cargas iônicas em ambos os recipientes:

- esquerda: $2Al^{3+}$ e $6OH^-$
- direita: $3Cu^{2+}$ e $6OH^-$

Na pilha (II), o alumínio funciona como ânodo no recipiente da direita e como cátodo no recipiente da esquerda, funcionando consequentemente o ferro como ânodo e o cobre como cátodo. O mecanismo apresentado para o funcionamento da pilha (I) se aplica também à pilha (II).

Diante do exposto, destacamos que, segundo Uhlig's,[5] os principais fatores que contribuem para a corrosão galvânica são: potencial de eletrodo (diferença de potencial entre os metais/ligas do par galvânico); reações (dissolução de oxigênio e redução de hidrogênio); fatores metalúrgicos (tipos de ligas, tratamento térmico, conformação mecânica); estado da superfície (tratamento de superfície, filme de passivação, produto de corrosão); influência da geometria (área, distância entre os pares); ação do ambiente (ciclo seco/úmido, radiação solar, clima); e eletrólito (espécies iônicas, pH, condutividade, temperatura, concentração da solução, velocidade de escoamento).

9.2 PROTEÇÃO

Pelas considerações apresentadas, pode-se concluir que devem ser tomadas adequadas medidas, de proteção, a fim de se evitar ou diminuir a ação corrosiva devida à formação de pilhas galvânicas. Entre essas medidas é recomendável:

- uso de inibidores de corrosão;
- isolamento elétrico dos materiais de potenciais diferentes: quando for inevitável a existência de grandes diferenças de potencial (por exemplo, chapas de alumínio sobre estruturas de aço, juntas de latão em canalizações de aço etc.), deverá sempre ser especificada a colocação, nos pontos de conexão, de gaxetas, niples e arruelas não metálicas, como Hypalon, Neoprene, Teflon e Celeron, que agirão como isolantes. Sabe-se, por exemplo, que, em uniões de canalizações de pequeno diâmetro, a resistência elétrica dos líquidos faz com que a ação galvânica (e o consequente ataque corrosivo) fique localizada até 2 ou 3 diâmetros de distância da junção, o que tornará bastante viável a utilização de luvas e niples de desgaste (de sacrifício), com comprimento de até 4 diâmetros junto aos pontos de conexão;

- aplicação de revestimentos protetores: se for aplicado qualquer revestimento protetor, que alguns poderiam imaginar somente necessário para o metal funcionando como ânodo, é recomendável a pintura também do cátodo, evitando assim que, caso haja falha no revestimento do ânodo, não fique uma pequena área anódica exposta a uma grande área catódica;
- estabelecer condições de relação área anódica/área catódica maior do que um, auxiliado pelo fator econômico;
- proteção catódica;
- uso de materiais de potenciais próximos: os metais selecionados, se possível, deverão estar localizados, na tabela de potenciais, o mais próximo possível.

Contudo, o mecanismo da corrosão galvânica pode ser usado para a aplicação de uma técnica de proteção contra à corrosão. Mais detalhes serão apresentados no Capítulo 25 – Proteção Catódica.

REFERÊNCIAS BIBLIOGRÁFICAS

1. Bauer, O.; Vogel, O. *An Introduction of Metallic Corrosion*. London: Evans/U. R./ Edward Arnold Pub., 1963, p. 47.
2. Corey, R. C. Corrosion of High-Pressure Steam Generators: Status of our Knowledge of the Effect of Copper and Iron Deposits in Steam Generating Tubes. *Fifty-First Annual Meeting*. Detroit-Michigan: American Society for Testing Materials, 1948, p. 11-45.
3. Rance, V. E.; Shreir, L. L. *Corrosion*. 2nd ed. London: Newnes-Butterworths, 1978, v. 1, p. 216-218.
4. Zurbrügg, E. Schweizer Archiv Angew, *Wiss. u. Technik*, 6, 40 (1940).
5. UHLIG'S CORROSION HANDBOOK. 3rd ed. apr. 2011.

EXERCÍCIOS

9.1. Explique o que pode ocorrer a um par galvânico quando submetido a um ambiente com temperatura elevada.
9.2. Como ocorre a corrosão galvânica?
9.3. Qual é a importância da razão entre a área anódica e catódica?
9.4. Consultando a Tabela 9.2, indique que metal ou liga será corroído. Considere sempre o primeiro como referência.

a. Estanho e zinco.
b. Cádmio e alumínio.
c. Inconel e latão.

9.5. Que medidas devem ser tomadas para se evitar a corrosão galvânica?

Capítulo 10

Corrosão Eletrolítica

Os casos de corrosão estudados anteriormente envolveram sempre processos eletroquímicos espontâneos, isto é, a diferença de potencial se origina dos potenciais próprios dos materiais metálicos no processo corrosivo. Existem, entretanto, correntes ocasionadas por potenciais externos que produzem casos severos de corrosão. Dutos enterrados, como oleodutos, gasodutos, adutoras, minerodutos e cabos telefônicos, estão frequentemente sujeitos a esses casos em virtude das **correntes elétricas de interferência**, que são correntes elétricas de sentido convencional, as quais abandonam o seu circuito normal para fluir pelo solo ou pela água. Essas correntes elétricas são chamadas de **correntes de fuga, estranhas, parasitas, vagabundas** ou **espúrias**. Quando elas atingem instalações metálicas enterradas, podem ocasionar corrosão nas superfícies onde abandonam a estrutura metálica, penetram no solo para, através dele, retornarem ao ponto adequado do circuito metálico original. Igual fenômeno pode ocorrer quando o duto estiver imerso em água.

Como as intensidades dessas correntes são maiores do que as originadas nas pilhas naturais da própria estrutura metálica, decorrentes das suas heterogeneidades ou das variações do meio em que se encontram, a corrosão resultante poderá ser muito intensa e de alta velocidade.

Este tipo de corrosão é chamado de corrosão por eletrólise ou corrosão eletrolítica, e pode-se defini-la como a deterioração da superfície de um metal forçada a funcionar como ânodo ativo de uma cuba ou pilha eletrolítica. Em geral, as áreas corroídas apresentam produtos de corrosão de baixa aderência, ou mesmo livres deles. Como é uma forma de corrosão geralmente localizada nas falhas do revestimento protetor das tubulações enterradas, em pouco tempo ocorre a perfuração da parede metálica, causando vazamento do produto nelas contido.

As correntes de fuga que causam maiores danos são as correntes contínuas ou as correntes alternadas de baixa frequência. Estima-se que a corrente alternada de 60 Hz cause apenas 1 % do dano que causaria a corrente contínua de intensidade equivalente.[1] As principais fontes de corrente de fuga contínua que respondem por maiores danos a estruturas metálicas enterradas são os sistemas de tração eletrificada (trem, metrô, bonde), instalações de solda elétrica, sistemas eletroquímicos industriais (eletrodeposição) e sistemas de proteção catódica por corrente impressa (Fig. 10.1, Fig. 10.2 e Fig. 10.3).

Pompeu e colaboradores[2] verificaram corrosão em tubulações de ferro fundido nodular, de adutora de 250 mm de

Figura 10.1 Tubulação de aço-carbono, enterrada, com corrosão eletrolítica originada por correntes de fuga de sistema de tração elétrica.

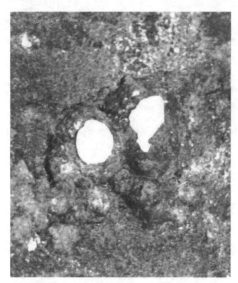

Figura 10.2 Ampliação da região perfurada da tubulação da Figura 10.1, evidenciando a intensidade do ataque eletrolítico.

Figura 10.3 Cabos telefônicos perfurados por corrosão eletrolítica.

diâmetro e 1.200 m de comprimento, devido à corrente de fuga gerada por sistema de tração eletrificada de estrada de ferro e por sistema de proteção catódica. São citadas possibilidades de danos ocasionados por correntes que resultam de variações no campo magnético da Terra, denominadas correntes telúricas.[3]

As correntes de fuga podem ser classificadas em:

- **estáticas**: são as que têm intensidades e percursos constantes. Como exemplos de sistemas que geram estas correntes, destacam-se os sistemas de proteção catódica por corrente impressa;
- **dinâmicas**: são as que variam continuamente, ou periodicamente, de intensidade e/ou nos seus percursos. São exemplos desses tipos de correntes de fuga aquelas oriundas de sistemas de tração eletrificada e de máquinas de solda elétrica em serviço indevidamente aterradas.

A taxa de corrosão resultante das correntes de interferência depende principalmente dos seguintes fatores:

- intensidade da corrente e sua densidade na área em que ela abandona a estrutura metálica e penetra no eletrólito;
- distância entre a estrutura interferente e a interferida* e ainda a localização da fonte de alimentação do sistema gerador da interferência;
- existência ou não de um revestimento da estrutura interferida e qualidade deste revestimento;
- no caso de tubulações enterradas ou submersas, existência e localização de juntas de isolamento elétrico;
- resistividade elétrica do meio onde se encontram as estruturas interferentes e as interferidas.

Essas correntes são devidas a deficiências do isolamento de alguma parte do circuito gerador da fuga que se acha em potencial diferente do meio em que se encontra (solo ou água). Como a resistividade do solo ou da água é maior do que a dos metais, havendo principalmente tubulações enterradas ou submersas no percurso das correntes de fuga, essas correntes são captadas e transportadas pelo metal – que é um excelente condutor – até o ponto em que elas abandonam a estrutura metálica e penetram no eletrólito (solo ou água) para retornarem à fonte de alimentação do circuito. É nessa área que se concentra a ação corrosiva das correntes de fuga sobre a estrutura interferida. Além disso, a estrutura interferente de onde as correntes escapam para o meio abandonando o seu circuito metálico normal também sofre corrosão eletrolítica nestas áreas.

10.1 MECANISMO

Para caracterizar e melhor compreender a localização das áreas anódicas e catódicas no processo de corrosão eletrolítica, ocasionado por correntes de fuga, mostra-se a seguir a aplicação da diferença de potencial elétrico, gerada por uma fonte externa de energia, para uso no processo de refino eletrolítico de metais. Por exemplo, com o refino do cobre, pode-se esquematizar a cuba (Fig. 10.4) em que se coloca o cobre impuro como ânodo ativo da cuba eletrolítica, o cobre puro como cátodo e a solução de sulfato de cobre como eletrólito.

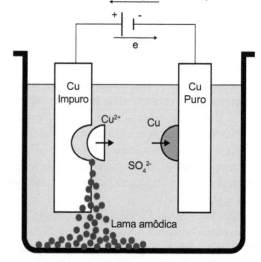

Figura 10.4 Cuba de eletrorrefino do cobre.

---

* Estrutura interferente é aquela de onde se origina corrente de fuga, e estrutura interferida é aquela que sofre a corrosão causada por ela.

O processo baseia-se nas reações:

$$Cu \rightarrow Cu^{2+} + 2e \quad \text{(ânodo)}$$

$$Cu^{2+} + 2e \rightarrow Cu \quad \text{(cátodo)}$$

Com o decorrer do processo, verifica-se que o ânodo vai sendo consumido e, portanto, perdendo massa, o que também é devido à formação de produtos insolúveis (lama anódica) que se depositam no fundo da cuba. No cátodo, observamos um aumento de massa, isto é, vai-se depositando cobre puro. Logo, fica provado que ocorre oxidação no ânodo, que é a região onde há saída de elétrons para o circuito metálico, e entrada de íons de cobre no eletrólito, o que corresponde a uma hipotética corrente elétrica de sentido convencional, penetrando nele e deslocando-se do ânodo para o cátodo.

Para o caso de um material metálico sujeito à corrosão eletrolítica, podem-se admitir as reações:

- na região em que a corrente elétrica abandona a estrutura e entra no eletrólito, tem-se área anódica, e a reação para um metal, M, qualquer é:

$$M \rightarrow M^{n+} + ne$$

- na região em que a corrente elétrica convencional abandona o eletrólito e penetra na estrutura, tem-se área catódica, portanto, pode ocorrer uma das reações seguintes:

$$H_2O + 1/2 O_2 + 2e \rightarrow 2OH^- \quad \text{(meio neutro aerado)}$$

$$2 H_2O + 2e \rightarrow H_2 + 2OH^- \quad \text{(meio neutro não aerado)}$$

$$2H^+ + 1/2 O_2 + 2e \rightarrow H_2O \quad \text{(meio ácido aerado)}$$

$$2H^+ + 2e \rightarrow H_2 \quad \text{(meio ácido não aerado)}$$

Para comprovar que a região em que a corrente elétrica de sentido convencional entra no eletrólito funciona como ânodo, podem-se fazer as Experiências 10.1 e 10.2.

Experiência 10.1

Adicionar a um bécher de 250 mL, 200 mL de solução aquosa a 3 % de NaCl, 1 mL de solução aquosa-alcoólica de fenolftaleína e 2 mL de solução aquosa N (normal) de ferricianeto de potássio. Imergir dois eletrodos de ferro, ligando-os, respectivamente, ao polo negativo e ao polo positivo de uma fonte de alimentação de corrente contínua (bateria ou um retificador ligado a uma fonte de corrente elétrica alternada). Observar, logo que se liga a fonte de alimentação, a formação de grande quantidade de resíduo azul em torno do ferro que está funcionando como ânodo, ao passo que no cátodo, onde a corrente elétrica sai do eletrólito e entra no metal, observa-se a coloração vermelha, indicando que o ferro não foi corroído nesta região. O resíduo azul é de ferricianeto de ferro (II), $Fe_3[Fe(CN)_6]_2$, proveniente da reação entre o Fe^{2+}, da oxidação do ânodo de ferro, e o ferricianeto.

Experiência 10.2

Colocar, em um bécher de 250 mL, 200 mL de solução aquosa a 3 % de cloreto de sódio. Imergir dois eletrodos de ferro, um deles ligado ao ânodo e o outro ao cátodo, de uma fonte de alimentação de corrente contínua, como uma bateria ou um retificador ligado a uma fonte de corrente alternada. Observar o desprendimento gasoso em um só eletrodo (cátodo). Embora, aparentemente, não se perceba o ataque, no ânodo ocorrerá a oxidação do ferro. Após cerca de um a dois minutos, desligar a fonte de alimentação, retirar os eletrodos, agitar a solução com um bastão e observar coloração ou precipitado azulado que, com o tempo, passa para precipitado castanho-alaranjado.

As reações a seguir explicam as observações feitas:

- ânodo (oxidação do eletrodo de ferro)

$$Fe \rightarrow Fe^{2+} + 2e$$

- cátodo (redução: formação de hidroxilas ou desprendimento de hidrogênio)

$$H_2O + 1/2 O_2 + 2e \rightarrow 2OH^-$$

$$2H_2O + 2e \rightarrow H_2 + 2OH^-$$

- após agitação, houve contato entre os íons formados em torno do cátodo e do ânodo, ocorrendo a precipitação de hidróxido de ferro (II), $Fe(OH)_2$, com coloração azul-esverdeada, que com o tempo se oxida a hidróxido de ferro (III), $Fe(OH)_3$, com coloração castanho-alaranjada

$$Fe^{2+} + 2OH^- \rightarrow Fe(OH)_2$$

$$2Fe(OH)_2 + 1/2 O_2 + H_2O \rightarrow 2Fe(OH)_3$$

Esses hidróxidos podem-se formar em estado coloidal, daí a possibilidade de se observar, inicialmente, coloração no lugar de precipitado, mas com o tempo se observa o resíduo característico de hidróxido de ferro (III).

Essa experiência evidencia as reações que ocorrem nas áreas anódica e catódica, bem como a natureza química do produto de corrosão em tubulações de aço-carbono sujeitas à corrosão em solução aquosa e presença de fonte externa de energia.

10.2 CASOS PRÁTICOS

Um exemplo de correntes de fuga, provenientes de sistema de tração eletrificada que utiliza os trilhos para o retorno da corrente à fonte de energia elétrica, é representado na Figura 10.5.

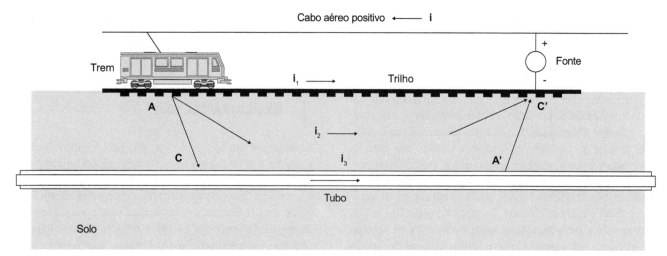

Figura 10.5 Esquema ilustrativo de correntes de fuga de sistema de tração elétrica.

A fuga de corrente é facilmente explicada pelos seguintes fatos:

- As ligações entre os trilhos, quase sempre deficientes, constituem resistências elétricas associadas em série, ao longo dos trilhos, dificultando o retorno da corrente.
- Os trilhos repousam sobre dormentes, em geral de madeira ou de concreto, que entram também em contato com o solo. Embora os dormentes tenham apreciável resistência elétrica, eles são muitos e constituem resistências associadas em paralelo, portanto, acarretam um isolamento elétrico deficiente entre os trilhos e o solo. Considerando um dormente isolado, a resistência entre trilho e solo pode ser grande. Mas se for considerada uma extensão de trilhos maior, a resistência cairá significativamente, e o solo passará a constituir uma resistência associada em paralelo com os trilhos. Em consequência disso, parte da corrente de retorno passa a circular pelo solo. Se nessa região existir uma tubulação metálica enterrada, a corrente elétrica de fuga a alcançará, fluindo preferencialmente por ela até o ponto onde ela deve ser descarregada para o solo, próximo à fonte de energia que alimenta o sistema.

As empresas de transporte que usam tração elétrica admitem como normais as perdas em corrente elétrica na faixa de 3 % a 5 %. Os valores das correntes elétricas das redes suburbanas e do metrô variam de 3.000 A a 11.000 A, os quais proporcionam elevadas correntes elétricas de fuga.

Na parte do tubo por onde a corrente elétrica, de sentido convencional, entra no metal, desenvolve-se uma área catódica, portanto, isenta de corrosão. Nos locais onde a corrente abandona o metal e penetra no eletrólito (solo ou água) têm-se áreas anódicas nas quais se desenvolve o processo de corrosão eletrolítica, cuja intensidade dependerá essencialmente da intensidade da corrente elétrica envolvida. Considerando o esquema da Figura 10.5, observa-se a ocorrência de regiões anódicas no ponto A, situado no trilho, e A9, situado no tubo, e regiões catódicas no ponto C, situado no tubo, e C9, situado no trilho. Assim haverá corrosão nos trilhos no ponto A e corrosão no tubo no ponto A9, de acordo com as reações:

- nos pontos A e A'

$$Fe \rightarrow Fe^{2+} + 2e$$

- nos pontos C e C', áreas catódicas, podem ocorrer as seguintes reações:

$$H_2O + 1/2 O_2 + 2e \rightarrow 2OH^- \quad \text{(meio neutro aerado)}$$

$$2H_2O + 2e \rightarrow H_2 + 2OH^- \quad \text{(meio neutro não aerado)}$$

A corrosão dos trilhos em A não causa muita preocupação porque ela se distribui ao longo de toda a extensão da linha, resultando disso baixa intensidade localizada, portanto, afetando menos intensamente a sua vida útil. Por outro lado, como os trilhos estão expostos, é simples fazer a sua substituição quando o seu desempenho já não for satisfatório. Isto não acontece com as tubulações enterradas, nas quais uma pequena quantidade de metal corroído poderá levar a uma perfuração e, consequentemente, a vazamentos de produto.

Em geral, a quantidade de metal corroído pode ser calculada aproximadamente pela Lei de Faraday, da eletrólise, conforme apresentado na Tabela 4.1, do Capítulo 4. Deve-se ter em conta que os metais anfóteros, como o chumbo, o zinco, o alumínio e o estanho, além da corrosão nas áreas anódicas, podem sofrer corrosão em áreas catódicas, pois vai havendo o acúmulo de hidroxilas (OH⁻) nessas regiões, tornando o meio bastante alcalino, propiciando o ataque desses metais. Exemplificando com o alumínio, tem-se a reação de corrosão:

$$2Al + 2OH^- + 6H_2O \rightarrow 2Al(OH)_4^- + 2H_2$$

Já o ferro não sofre esse ataque, pois ele se torna passivo nessas regiões devido à presença do meio básico dado por esse acúmulo de íons OH⁻.

Dutra[4] explica o processo de corrosão eletrolítica de oleodutos enterrados apresentando o circuito elétrico equivalente ilustrado na Figura 10.6.

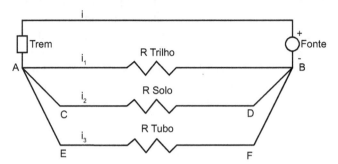

Figura 10.6 Esquema ilustrativo do circuito elétrico equivalente.

O retorno da corrente, ao deixar as rodas do trem, divide-se pelas resistências associadas em paralelo, embora a maior parte dela (i_1) retorne pelos trilhos, seguindo o braço AB. Outra parcela da corrente de retorno (i_2) segue pelo solo segundo ACDB e, por fim, a terceira parcela (i_3) retorna pelo caminho AEFB, cujo trecho EF representa tubo metálico. No trecho AE a corrente passa pelo solo, no trecho EF segue pelo tubo e, depois, no trecho FB, vai novamente pelo solo até chegar ao trilho, junto ao negativo da fonte.

O trecho AE representa uma cuba eletrolítica móvel em que o ponto A é o ânodo (a corrente deixa o metal e entra no eletrólito) e sofre corrosão que se distribui ao longo do trilho, à medida que o trem se desloca. A região representada pelo ponto E funciona como o cátodo da pilha (a corrente deixa o eletrólito e penetra no metal do tubo) e, como tal, recebe proteção catódica conferida pela corrente de fuga (i_3). Por outro lado, o trecho FB representa uma cuba eletrolítica fixa, onde a região do ponto F funciona como ânodo (a corrente deixa o metal e entra novamente no eletrólito) e, como tal, fica sujeito à corrosão eletrolítica concentrada nesta área, portanto, muito mais intensa do que a do trilho. O ponto B representa o cátodo da cuba fixa e aí o trilho recebe proteção.

Esta cuba eletrolítica fixa traz graves consequências para o tubo, pois, ao torná-lo anódico, sempre na mesma região, acarreta uma alta taxa de corrosão, com a destruição de significativa quantidade de metal, ocasionando perfurações em curto prazo, que levam a vazamento de produto, podendo causar sérios inconvenientes.

Outro caso frequente de interferência e corrosão eletrolítica acontece quando se faz solda elétrica numa embarcação atracada num cais, mantendo-se a máquina de solda em terra e levando apenas o positivo para a execução da solda. Ao se fazer o aterramento da máquina de solda em estruturas metálicas no lado do cais, obriga-se a corrente a retornar da embarcação, passando pela água, para chegar ao negativo. Neste processo, o casco da embarcação funciona como ânodo ativo da cuba eletrolítica. Se o trabalho for demorado, pode até perfurar o casco e naufragá-lo. A Figura 10.7 ilustra esta situação. Para evitar este grave problema, deve-se ou levar a máquina de solda para a embarcação ou então levar para lá o seu condutor negativo.

A utilização de tubulações contendo água doce para fazer o terra de aparelhos elétricos não é recomendada, mas se isto acontecer inadvertidamente, a corrente que circula neste caso é baixa em razão da alta resistividade elétrica da água, não causando, portanto, séria corrosão interna na tubulação. Por oportuno, convém lembrar que a resistividade elétrica do ferro é de 10^{-5} ohm · cm e a da água potável é da ordem de 10^4 ohm · cm. Porém, se a corrente deixar a tubulação e entrar no solo, por exemplo, ter-se-á, então, a incidência de corrosão eletrolítica pelo lado externo, podendo causar perfurações em curto prazo.

No caso de se instalar juntas de isolamento elétrico nessas tubulações, pode ocorrer corrosão interna intensa no lado onde a corrente abandona o metal e passa para o eletrólito (água).

Se uma junta isolante for colocada entre dois segmentos de uma tubulação enterrada, a corrosão será intensa externamente no lado onde a corrente sai do tubo e entra no solo.

Outra fonte de interferência pode resultar da transmissão de energia elétrica em corrente contínua, especialmente quando o solo é utilizado como um dos condutores, bem como quando o solo é usado como um condutor apenas para condução em casos de emergência, de pouca duração.

Quando a transmissão de corrente contínua para distâncias um pouco mais longas começou a ser utilizada, houve a preocupação de se considerar a possibilidade de interferência, criando condições para a corrosão eletrolítica em estruturas metálicas existentes em seu caminho. Entretanto, na prática, os fenômenos não foram tão drásticos quanto se poderia esperar, conforme concluiu um estudo realizado nos Estados Unidos, chegando-se à conclusão, entre outras importantes observações, de que, nas linhas de transmissão de corrente contínua, a corrente tende a seguir por maiores profundidades. E quanto maior a distância entre os eletrodos da linha de transmissão, maior a profundidade da circulação da corrente. Por exemplo, uma distância de 1.500 km entre eletrodos é suficiente para que a corrente siga rotas de baixa resistência, situadas a profundidades superiores a cerca de 50 km.[5] Como as instalações industriais, e principalmente os dutos se encontram na superfície, eles não são afetados em tão grande extensão, podendo ser protegidos pelos métodos

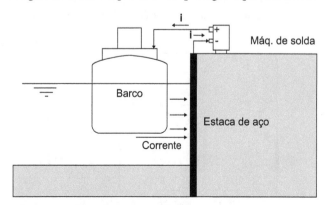

Figura 10.7 Esquema para evidenciar a corrosão por corrente de fuga, durante utilização de máquina de solda elétrica, em cascos de embarcações.

convencionais de revestimento e proteção catódica, obviamente com alguns cuidados especiais, e desde que não estejam muito próximos dos eletrodos da linha de transmissão. Um afastamento da ordem de 15 km entre o eletrodo e o duto é considerado suficiente para um isolamento razoável.

10.3 PROTEÇÃO

O cálculo da intensidade da corrente de fuga, entrando ou saindo de uma estrutura, é difícil de se realizar. Só se conseguirá uma solução se o esquema da instalação enterrada for bem simples. Normalmente, porém, ocorrem casos muito complicados que não são usualmente resolvidos devido à heterogeneidade do solo, diferenças no revestimento das tubulações, resistências variáveis entre as juntas das tubulações e variações do espaço entre tubos enterrados ou cabos.

A intensidade da corrente que entra ou sai de uma tubulação enterrada pode ser calculada medindo-se a diferença de potencial entre a estrutura interferente e o tubo enterrado, como estrutura interferida. Essa diferença de potencial depende de inúmeros fatores: tensão do condutor e dos tubos, resistividade elétrica do solo, entre outros.

Pode-se medir a diferença de potencial entre uma posição no solo diretamente sobre a tubulação e outra na superfície do solo, a alguma distância e formando ângulo reto com a tubulação. Segundo Uhlig,[6] alguns resultados experimentais mostram que os valores de diferença de potencial estão compreendidos entre 0,65 V e 4,5 V. Por outro lado, as densidades de corrente variam, igualmente, entre grandes limites. Assim, pode-se ter para:

- 0,1 mA/dm² a 0,3 mA/dm² (10 mA/m² a 30 mA/m²): destruições locais pouco acentuadas;
- 0,3 mA/dm² a 0,7 mA/dm² (30 mA/m² a 70 mA/m²): regiões de intensa corrosão localizada;
- 0,5 mA/dm² a 2 mA/dm² (50 mA/m² a 200 mA/m²): corrosão rápida nos tubos enterrados, produzindo perfurações nas paredes dos mesmos.

A medição da resistividade elétrica do solo pode ser feita pelo **método dos quatro eletrodos**. Este método utiliza quatro eletrodos colocados no solo, em linha reta e igualmente separados por uma distância a (Fig. 10.8). Esse método é conhecido também como **método de Wenner** ou **método dos quatro pinos**.

Neste método, a corrente contínua I, fornecida por uma bateria, é injetada no solo por intermédio dos dois eletrodos extremos, e a diferença de potencial Df é medida entre os dois eletrodos de referência intermediários (por exemplo, eletrodos de referência de cobre/sulfato de cobre saturado). Esta medição deve ser repetida invertendo-se o sentido da corrente injetada pelos eletrodos extremos, com o objetivo de eliminar o efeito de uma eventual corrente estranha presente no solo. O valor da resistividade é dado pela seguinte equação:[7]

$$\rho = 2\pi a \frac{\Delta\phi}{I}$$

Os métodos usados para reduzir a corrosão por eletrólise devem ser dirigidos no sentido de reduzir o valor da corrente de fuga I, sem aumentar a densidade de corrente anódica, ou seja, a densidade de corrente na superfície metálica através da qual a corrente passa do metal para o eletrólito. Um dos métodos para se conseguir isso consiste em aumentar a resistência do eletrólito ou da estrutura metálica interferida. Para aumentar a resistência do eletrólito, costuma-se envolver a tubulação com um material de alta resistividade elétrica, por exemplo areia limpa e seca ou betume com areia e, no caso de tubulação, aplica-se:

- a quente, revestimento betuminoso reforçado com véu de lã de vidro e recoberto com feltro impregnado; ou
- revestimentos com fitas plásticas adesivas, alcatrão de hulha-epóxi etc.

Deve-se tomar cuidado para o revestimento não apresentar falhas porque, nesse caso, a totalidade da corrente escapará por essas falhas, originando, então, acentuada corrosão localizada em pequenas áreas.

Visando a aumentar a resistência da estrutura metálica, costuma-se intercalar diversas juntas isolantes na tubulação, em intervalos apropriados. Devem-se considerar nesse caso os inconvenientes citados anteriormente. Assim, em caso de voltagens elevadas que possam ocasionar correntes induzidas que escoam em torno da junta isolante, tem-se corrosão acentuada nessa região.

As técnicas mais utilizadas, na prática, para o combate à corrosão eletrolítica originada de estradas de ferro eletrificadas são:

- **Interligação elétrica da estrutura interferida com a interferente**: esta ligação deve ser feita por meio de um condutor elétrico, em local adequado para permitir que o retorno da corrente de fuga à sua origem se faça por esse condutor, sem ter que passar pelo eletrólito (solo), consequentemente, não causando corrosão. No caso das ferrovias eletrificadas, esta interligação requer um dispositivo para assegurar que a corrente passará somente da estrutura interferida para o trilho, bloqueando qualquer corrente em sentido oposto. Para isso, é comum usar um diodo de

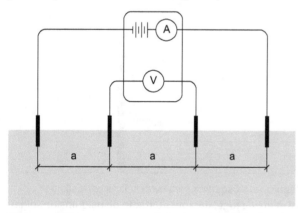

Figura 10.8 Esquema para medição de resistividade do solo.

silício, do tipo avalanche, devendo-se protegê-lo contra eventuais transientes, conforme ilustra a Figura 10.9.

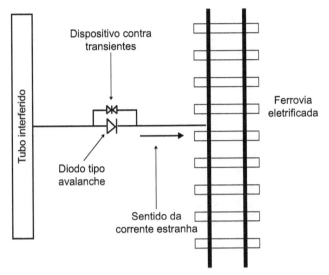

Figura 10.9 Esquema ilustrativo da interligação de tubo com trilho de ferrovia eletrificada.

Esses dispositivos auxiliares são denominados dispositivos ou equipamentos de drenagem e podem ser de três tipos principais: (i) simplesmente por um diodo (convenientemente protegido por para-raios e fusível); (ii) chave magnética (ou interruptor eletrolítico) que liga ou desliga em função do sentido da corrente, permitindo a passagem de corrente somente no sentido do tubo para o trilho; (iii) dispositivo com regulagem de corrente, combinando um dos tipos anteriores com lâmpadas do tipo incandescente, de filamento de carvão ou de ferro-hidrogênio.

- **Injeção de corrente nas áreas anódicas do tubo por meio de retificadores de proteção catódica e leito de ânodos**: neste caso, devem-se utilizar retificadores do tipo de controle de potencial de funcionamento automático, tal que só injeta corrente quando necessário e na intensidade suficiente para manter o potencial de proteção na região considerada.
- **Drenagem diretamente para o solo nas áreas com predominância anódica**: esta drenagem se faz com auxílio de leitos de ânodos galvânicos ou, então, de sucata de aço, sendo essa solução menos utilizada na prática, uma vez que os seus resultados nem sempre são satisfatórios. Quando a intensidade da corrente de fuga é baixa, esse sistema pode ser eficiente, ressaltando-se que o uso de leito de ânodos galvânicos, além de permitir a drenagem da corrente indesejável, provê ainda uma polarização catódica daquelas áreas. Em qualquer caso, a drenagem diretamente para o solo requer sempre o uso de um dispositivo unidirecional de fluxo de corrente para evitar que o leito funcione como um captador de corrente de fuga, intensificando o problema de interferência.[8]

No caso de correntes de interferência originadas em sistemas de proteção catódica por corrente impressa, podem ser utilizadas as seguintes medidas de proteção:

- **balanceamento dos sistemas** por intermédio de interligações elétricas, providas ou não de resistores, entre as tubulações interferente e interferida;
- **drenagem para o solo nas áreas com predominância anódica** por meio de leito de ânodos galvânicos ou de sucata de aço, aplicando-se aqui as mesmas observações feitas anteriormente;
- **instalação de barreiras elétricas (blindagem) nas áreas de captação de corrente** que consistem, basicamente, na instalação de um leito de ânodos galvânicos ou de sucata de aço em volta das áreas de captação de corrente pela tubulação interferida, ligando-se esse leito ao negativo do retificador do sistema interferente.

A fim de minimizar a possibilidade de ocorrência de corrosão eletrolítica são constituídas, em alguns países, "Comissões de Interferência", que promovem o intercâmbio de informações necessárias e a adoção de medidas corretivas, ou preventivas, no caso de novas instalações, evitando assim que elas ou sejam afetadas por sistemas existentes ou que elas próprias venham a ser fontes de interferência para outras instalações.

No Brasil, a Associação Brasileira de Corrosão (Abraco) criou uma Comissão Técnica de Proteção Catódica, que elaborou a *Guia nº 5 — Correntes de Interferência*, relatada por Alvarez[9] e colaboradores, na qual são apresentados alguns casos de correntes de interferência[9] e respectivas medidas de proteção. Essa Comissão foi posteriormente transformada na "Comissão de Estudo de Proteção Catódica e Controle de Interferência", do Subcomitê 1.9, do CB-1 Comitê Brasileiro de Mineração e Metalurgia, da Associação Brasileira de Normas Técnicas (ABNT). Atualmente, essa comissão pertence ao CB-43 Comitê Brasileiro de Corrosão, que é operacionalizado pela própria Abraco.

REFERÊNCIAS BIBLIOGRÁFICAS

1. Morgan, P. D.; Double, E. W. W. A Critical Resumé of a.c. Corrosion from the Standpoint of Special Methods of Sheath Bonding of Single Conductor Cables, *Technical Report*. British Electrical and Allied Industries Research Association, F/T, 73 (1934).

2. Pompeu, F. F. M. *et al.* A corrosão do ferro fundido por correntes de interferência. In: ANAIS DO 3º SEMINÁRIO DE PROTEÇÃO CATÓDICA E CONTROLE DE INTERFERÊNCIA, Abraco — Associação Brasileira de Corrosão.

3. Peabody, A. W. *Control of Pipeline Corrosion*. Houston, Texas: National Association of Corrosion Engineers, 1967, p. 147.

4. Dutra, A. C. Corrosão em oleodutos e sua prevenção. In: ANAIS DO V SEMINÁRIO TÉCNICO DO IBP – COMBATE À CORROSÃO, INSTITUTO BRASILEIRO DE PETRÓLEO. *Boletim nº 32*, Rio de Janeiro, 1968, p. 159-175.

5. HVDC and Pipe Protection – A Laboratory Study and Field Tests for the Inter-Association Steering Committee on High Voltage Direct Current Transmission.
6. UHLIG, H. H. *Corrosion and Corrosion Control*. New York: John Wiley & Sons, 1963, p. 354.
7. Idem, p. 356.
8. DUTRA, A. C.; NUNES, L. P. *Proteção Catódica – Técnica de Combate à Corrosão*. 4. ed. Rio de Janeiro: Interciência, 2006, p. 149-160.
9. ALVAREZ, I. *Guias de Proteção Catódica* – Guia nº 5, ABRACO – Associação Brasileira de Corrosão, Rio de Janeiro, 1979.

EXERCÍCIOS

10.1. O que é corrosão eletrolítica?
10.2. Quais são os fatores que influenciam as taxas de corrosão oriundas de correntes e interferência?
10.3. Quais reações ocorrem no processo de corrosão eletrolítica em meio neutro aerado?
10.4. Quais medidas devem ser tomadas quando são originadas correntes de interferência em sistemas de proteção catódica?
10.5. Que tipo de morfologia de corrosão caracteriza a corrosão eletrolítica?

Capítulo 11

Corrosão Seletiva: Grafítica e Dezincificação

Algumas ligas sofrem uma deterioração que se realiza preferencialmente em um dos seus componentes, permanecendo intactos os restantes. Essa deterioração denomina-se **corrosão seletiva**. Esse tipo de corrosão ocorre com maior frequência no ferro fundido, nos latões (ligas de cobre-zinco) e, mais raramente, a desniquelação em ligas de cobre (70 %) e níquel (30 %) em temperaturas acima de 100 °C e a desaluminização em ligas de cobre contendo alumínio (81 Cu, 11 Al, 4 Fe e 4 Ni).

11.1 CORROSÃO GRAFÍTICA

A **corrosão grafítica** ocorre no ferro fundido cinzento a temperaturas ambientes, na qual o ferro sofre corrosão, restando a grafite intacta. Inicialmente, devido a uma heterogeneidade qualquer, o ferro é oxidado e a grafite permanece inalterável, formando-se, então, a pilha

Fe/Condutor eletrolítico/Grafite

na qual a grafite se comporta como cátodo em relação à matriz de ferrita (α-Fe), sendo esta corroída, restando carbono grafítico:

$$2Fe - C + nH_2O + 3/2 O_2 \rightarrow Fe_2O_3 \cdot nH_2O + C \quad (1)$$

Observa-se o aspecto característico do óxido de ferro e, embaixo desse, a cor preta da grafite.

O ferro fundido cinzento tem de 2,7 % a 4,0 % de carbono, sendo a maior parte no estado livre, C; já o ferro fundido branco tem de 1,7 % a 3 % de carbono, todo este combinado sob a forma de carbeto de ferro, Fe_3C, cementita. O ferro fundido nodular, ou dúctil, tem de 3,3 % a 3,9 % de carbono, a maior parte no estado livre.

O teor de C (carbono) combinado no ferro fundido cinzento e no ferro fundido nodular é menor do que 0,9 %; logo, a maior parte do carbono está no estado livre, o que possibilita a reação (1). Essa reação e consequentemente a corrosão grafítica são observadas com maior frequência em meios contendo sais, como cloreto, ou em meio ácido.

Observa-se que o ferro fundido branco, por não apresentar carbono livre, não sofre corrosão grafítica, e o ferro fundido nodular, ou dúctil, é mais resistente a essa corrosão. O ferro fundido nodular tem em sua composição silício (1,6 %-2,5 %), níquel (0,0 %-1,5 %) e magnésio (0,04 %-0,1 %), que possibilitam a formação da grafite sob a forma de nódulos, tornando-o mais resistente à corrosão grafítica.

Interessante é que, em alguns casos, nesse tipo de corrosão, a forma e o tamanho originais do material são mantidos, enquanto suas propriedades mecânicas são alteradas. Explica-se esse fato admitindo-se que, no caso de uma corrosão grafítica homogênea e superficial, os produtos de corrosão, óxidos de ferro, vedam todos os poros da grafite, sendo esta ação facilitada pela sua estrutura em camadas de carbono ligadas hexagonalmente. Deve-se levar em consideração que uma tubulação que tenha sofrido este tipo de corrosão, embora corroída, tem certa resistência para continuar operando em pressões e tensões não muito elevadas. Daí não se necessitar substituir tubos de ferro fundido por tubos mais resistentes e caros de ferro-liga.

A corrosão grafítica ocorre em tubulações de ferro fundido usadas para condução de água potável. Existem antigas tubulações de ferro fundido que, embora já com corrosão grafítica, ainda estão sendo usadas. Pode-se confirmar a corrosão grafítica raspando-se com uma espátula a superfície corroída e verificando-se que o resíduo tem o aspecto preto, característico da grafite e, quando colocado sobre folha de papel branco e atritado, nota-se que ele risca o papel, semelhante à grafite de um lápis.

Uma das causas da corrosão grafítica pode ser a presença de bactérias redutoras de sulfato (ver Cap. 12), pois o ácido sulfídrico, H_2S, só atacará a ferrita do ferro fundido.

Esse tipo de corrosão ocorre também em bombas centrífugas, tanto na carcaça quanto nas hélices. Por isso, ao substituir-se uma hélice danificada, deve-se ter o cuidado de verificar se não houve corrosão grafítica da carcaça, pois, do contrário, após o reparo, a corrosão ficará acelerada por ação galvânica: a carcaça fica recoberta com grafite, que é catódica em relação à hélice nova. Quando ocorrer corrosão grafítica da carcaça, recomenda-se empregar hélice de ferro fundido de liga, principalmente com Ni ou Ni-Cr, porque esses materiais têm potenciais próximos ao do ferro grafitado. A Figura 11.1 mostra um trecho de hélice com corrosão grafítica.

Figura 11.2 Parafusos de latão Cu-Zn (70/30) com dezincificação sob a forma de alvéolos e regiões dezincificadas nas cabeças com perda de material.

Figura 11.1 Trecho de hélice com corrosão grafítica: parte mais escura.

A proteção contra a corrosão grafítica é feita por inibidores de corrosão, revestimento ou proteção catódica. Deve-se impedir seu início, pois, após iniciada, é difícil evitar que prossiga.

11.2 DEZINCIFICAÇÃO

A **dezincificação** é um processo corrosivo que ocorre principalmente em latões (ligas de Cu-Zn), e é frequente em soluções salinas estagnadas e com maior intensidade em soluções ligeiramente ácidas. O zinco se oxida preferencialmente, deixando um resíduo de cobre e produtos de corrosão. A corrosão pode ocorrer em pequenas áreas, sob a forma de alvéolos, ou uniformemente, em maiores áreas; observa-se nas áreas dezincificadas o aparecimento de resíduo branco ou de coloração avermelhada contrastando com a coloração amarelada inicial da liga. (Ver Pranchas Coloridas, Foto 87.) O resíduo branco é o produto de oxidação do zinco. Embaixo desse resíduo observa-se a característica coloração avermelhada do cobre. A Figura 11.2 mostra parafusos de latão Cu-Zn (70/30) que foram usados em água do mar durante dois anos: nota-se a dezincificação sob a forma de alvéolos, que aparecem com coloração mais escura na fotografia, bem como regiões dezincificadas nas cabeças dos parafusos, nas quais os produtos de corrosão e cobre foram arrastados pelo eletrólito, água do mar.

Os latões corroídos retêm alguma resistência, mas não apresentam a ductibilidade inicial.

No caso de dezincificação uniforme em tubo para circulação de água salgada, o tubo pode despedaçar-se com o aumento de pressão. No caso de dezincificação localizada, podem ocorrer perfurações em determinados pontos.

Esse tipo de corrosão ocorre frequentemente nos trocadores de calor, condensadores e em tubulações de latão que conduzem água do mar.

As condições que facilitam a dezincificação, principalmente em condensadores, são:

- contato com soluções ácidas ou alcalinas;
- temperaturas elevadas;
- formação de películas porosas ou permeáveis;
- baixa velocidade de escoamento do meio circulante.

Os agentes causadores mais influentes na dezincificação são cloreto e meio ácido (pH, 7).

A dezincificação é observada em latões ou ligas de cobre cujos teores de zinco são elevados. Assim, os seguintes materiais sofrem dezincificação: metal Muntz (60 % de Cu e 40 % de Zn), latão de alumínio não inibido (76 % de Cu, 22 % de Zn e 2 % de Al) e latão amarelo (67 % de Cu e 33 % de Zn).

O latão Cu-Zn (70/30), recozido cuidadosamente, é praticamente constituído de uma só fase α. Esse latão resfriado rapidamente a partir do estado fundido pode apresentar pequeníssimas quantidades da fase β (rica em Zn) entre os grãos da fase α. O latão Cu-Zn (60/40) sempre contém as duas fases α e β.

Pode-se admitir, para explicar a dezincificação, os dois processos:

- corrosão preferencial do zinco, deixando uma estrutura de cobre porosa;
- corrosão da liga com redeposição do cobre.

Como o zinco é mais redutor que o cobre, pode-se supor que a imersão do latão em um eletrólito ocasiona a corrosão do zinco, permanecendo o cobre em estado metálico, de acordo com as reações:

- área anódica:

$$Zn \rightarrow Zn^{2+} + 2e$$

- área catódica:

$$H_2O + {}^1/_2 O_2 + 2e \rightarrow 2OH^-$$

Isso pode ocorrer somente se existirem filamentos contínuos de átomos de zinco estendidos desde a superfície até o interior. Supondo a distribuição esporádica das espécies, a continuidade de tais filamentos é improvável à medida que aumenta o conteúdo em cobre da liga.

Nesse caso, a fase β (rica em zinco) de um latão α-β ou os latões α mal recozidos, nos quais existem áreas relativamente ricas em zinco (geralmente essas áreas estão na periferia dos grãos), são as áreas atacadas. Evidentemente, logo após a formação de cobre residual, por dezincificação local, estabelece-se uma pilha galvânica entre o latão e o cobre. No segundo processo, admite-se a corrosão da liga com redeposição de cobre, de acordo com as reações:

- área anódica:

$$Cu \rightarrow Cu^{2+} + 2e$$
$$Zn \rightarrow Zn^{2+} + 2e$$

- área catódica:

$$Cu^{2+} + 2e \rightarrow Cu$$
$$H_2O + {}^1/_2 O_2 + 2e \rightarrow 2OH^-$$

Carvalho e Reznik[1] realizaram estudos sobre a corrosividade de águas de reúso em refinaria de petróleo e constataram que é possível a ocorrência de dezincificação em latão do almirantado nesse ambiente. No trabalho, levantaram curvas anódicas que indicaram a instabilidade na passivação da liga, mais acentuadamente para o caso de alcalinidade baixa, provavelmente devido ao processo de dezincificação ser mais intenso nessa condição.

Apesar de os valores de taxas de corrosão obtidos nem sempre se apresentarem dentro da especificação para a referida metalurgia, os ensaios de perda de massa demonstraram que, entre os biocidas oxidantes (cloraminas e cloro livre) passíveis de serem aplicados em sistemas de resfriamento industrial, as cloraminas apresentaram um impacto menor nas taxas de corrosão do latão almirantado nas condições de alcalinidade, pH, cloretos, sulfatos e amônia da água de reúso avaliada.

Com a tendência de uso cada vez maior de água de reúso, é de se esperar que a incidência de dezincificação aumente em torres de resfriamento que operem com esse eletrólito.

São citados também alguns casos de desniquelação (corrosão seletiva de níquel em liga cobre-níquel, em tubos de condensadores com baixa velocidade de água e alto fluxo de temperatura) e desaluminização (corrosão seletiva de alumínio em bronze de alumínio, em meio ácido contendo cloreto ou com ácido fluorídrico), porém com frequência menor do que a dezincificação.

As medidas mais usuais de proteção contra a dezincificação são:

- emprego de latões, ou ligas de cobre, com teores não elevados de zinco; para melhorar a resistência à dezincificação, costuma-se adicionar à liga certos elementos como estanho, arsênico, antimônio ou fósforo, que agem como inibidores de dezincificação. Daí a resistência apresentada pelas ligas: latão vermelho (85 % de Cu e 15 % de Zn), latão de alumínio com arsênico (76 % de Cu, 22 % de Zn, 2 % de Al e 0,05 % de As) e latão do almirantado, *Admiralty brass* (70,37 % de Cu, 28,43 % de Zn, 1,15 % de Sn, 0,04 de As e 0,01 % de Fe). Acredita-se que a adição de arsênico, bem como dos outros elementos, inibe a dezincificação por ação de polarização por sobretensão do hidrogênio na área catódica, evitando ou retardando a reação:

$$2H^+ + 2e \rightarrow H_2$$

Admite-se também que o arsênico inibe o processo anódico, provavelmente pela formação de uma película sobre as áreas ricas em zinco onde se inicia o processo corrosivo:

- tratamento térmico adequado para evitar a formação de áreas ricas em zinco: aquecimento da liga na faixa de 700 °C a 850 °C, durante algum tempo, para homogeneização, isto é, difusão do zinco e cobre, eliminando as inclusões da fase β.

Uma patente outorgada nos Estados Unidos traz uma metodologia para obtenção de um latão com a propriedade de inibição da dezincificação.[2] A liga de latão inclui nióbio em sua composição (0,01 % m/m a 0,15 % m/m).

REFERÊNCIAS BIBLIOGRÁFICAS

1. REZNIK, L. Y.; CARVALHO, L. J. *Impacto das Características Químicas e Físico-químicas de Águas de Reúso aplicadas em Sistemas de Resfriamento Industrial, na Corrosão de Cobre e suas Ligas. In*: IX WORKSHOP: GESTÃO E REÚSO DE ÁGUA NA INDÚSTRIA, Florianópolis, SC, 2013.
2. METHOD FOR INHIBITING DEZINCIFICATION OF BRASS, Pub. No.: US 2017/0107598 Al, Pub. Date: Apr. 20, 2017.

EXERCÍCIOS

11.1. O que é corrosão grafítica?
11.2. Qual é a relação entre corrosão grafítica e as bactérias redutoras de sulfato (BRS)?
11.3. O que é dezincificação?
11.4. Quais são as condições que facilitam o surgimento da dezincificação?
11.5. Escreva as reações anódicas e catódicas que representam a dezincificação.

Capítulo 12

Corrosão Induzida por Microrganismos

12.1 CONSIDERAÇÕES GERAIS

A corrosão induzida por microrganismos, também chamada **microbiana** ou **microbiológica**, é aquela em que a corrosão do material metálico se processa sob a influência de microrganismos, mais frequentemente bactérias, embora existam exemplos de corrosão atribuídos a fungos e algas. Quando ocasionada por bactérias, é também chamada de **corrosão bacteriana**.

Dada a variedade de ambientes que podem proporcionar crescimento de bactérias, algas ou fungos, muitos são os equipamentos que podem sofrer a corrosão induzida por microrganismos. Entre esses ambientes podem ser citados a água do mar, de rios e de sistemas de resfriamento, regiões pantanosas, sedimentos oleosos, solos contendo resíduos orgânicos ou sais, como sulfatos, sulfetos, nitratos, fosfatos ou enxofre.

12.2 CASOS

Casos relacionados com deterioração microbiana podem aparecer em diversos materiais, metálicos ou não metálicos, e para ilustrar a importância desses casos serão citados alguns deles.

Deterioração de mármore e concreto. Observa-se que esses materiais podem apresentar regiões com deterioração sob a forma de alvéolos ou de escamações. A possível origem dessa deterioração pode estar associada à presença de ácido sulfúrico, H_2SO_4, que reagirá:

- no caso do mármore, com o carbonato de cálcio, deteriorando-o:

$$CaCO_3 + H_2SO_4 \rightarrow CaSO_4 + CO_2 + H_2O$$

- com o concreto, destruindo seu caráter alcalino ou básico, pH = 12,5, e causando a sua desagregação e posterior corrosão da armadura.

O ácido sulfúrico pode ser proveniente de:

- ar poluído contendo dióxido de enxofre, SO_2, que pode ser oxidado a trióxido de enxofre, SO_3, que com a umidade presente na atmosfera dá lugar à formação de ácido sulfúrico;
- ação microbiana devida à presença de bactérias oxidantes de enxofre que transformam o enxofre ou seus compostos em ácido sulfúrico, por exemplo, oxidação de sulfeto de ferro, pirita:

$$2FeS_2 + 7O_2 + 2H_2O \rightarrow 2FeSO_4 + 2H_2SO_4$$

Pode-se também observar casos de deterioração de mármore e concreto devido à presença de microrganismos que, pelo seu metabolismo, podem excretar ácidos orgânicos que atacariam, então, o concreto e o mármore.

Deterioração microbiológica de madeira. Caso que pode ocorrer em madeira, usada como enchimento de torres de resfriamento, que pode, sob ação de fungos e bactérias celulolíticas, sofrer biodeterioração.

 Tubulações de distribuição de águas. A presença de depósitos, sob a forma de tubérculos, de óxido de ferro hidratado, $Fe_2O_3 \cdot H_2O$, devido às bactérias oxidantes de ferro, pode entupir as tubulações ou criar condições para corrosão por aeração diferencial.

Sistemas de resfriamento. São propícios ao crescimento de microrganismos e formação de biofilme, pois a água é aerada, está exposta à luz solar, tem pH entre 7 e 8 e temperatura entre 27 °C e 80 °C. Com o tempo, desenvolve-se um espesso biofilme, criando condições de anaerobiose. Trocadores de calor sofrem corrosão por aeração diferencial, provocada por depósitos de origem microbiana, ou corrosão por bactérias redutoras de sulfato em regiões de anaerobiose.

Tubulações para condução de gás e gasômetros. O sulfato, se presente na água de selagem, pode ser reduzido a sulfeto, pelas bactérias redutoras de sulfato. Essa ação, além da corrosão do material metálico, provoca a contaminação do gás com excesso de gás sulfídrico, H_2S.

Equipamentos de operações de usinagem. A corrosão de equipamentos na indústria metalúrgica, que utiliza óleos de corte nas operações de usinagem, pode resultar da biodeterioração desses óleos. Tal deterioração pode formar gases que, além de tóxicos para os operadores, podem ser corrosivos aos materiais metálicos empregados nos equipamentos. Daí serem usados, nas formulações desses óleos, biocidas para evitar a biodeterioração.

Recuperação secundária de petróleo. Em operações de recuperação secundária de petróleo são usadas grandes quantidades de água do mar e, em alguns casos, nota-se nessa água um odor característico de gás sulfídrico, observando-se também a corrosão dos equipamentos. Essa situação se deve à presença de bactérias redutoras de sulfato.

Aquecedores e válvulas de cobre. A corrosão nesses equipamentos, usados em unidade de vapor e alta pressão, deve-se a H_2S originado da presença de bactérias redutoras de sulfato na água usada para refrigeração e que contenha sulfito de sódio utilizado para desaerá-la.

Tubulações enterradas. Casos de corrosão em tubulações de aço inoxidável e de corrosão grafítica em tubulações de ferro fundido têm sido verificados em tubulações enterradas em solos contendo sulfato. Essa corrosão é ocasionada por bactérias redutoras de sulfato.

Tanques de armazenamento de combustíveis. Casos de corrosão, associados à contaminação microbiológica de combustíveis derivados de petróleo e à presença de água, têm sido observados em tanques de óleo diesel, de gasolina e de querosene para aviões a jato.[1] Se esses combustíveis estiverem completamente livres de água, não se observa a presença de microrganismos, ou se estiverem presentes, não são ativos nesse meio. Mesmo com todas as precauções, a água pode penetrar no combustível e se acumular nas regiões de difícil drenagem. A água pode ser proveniente de:

- nas refinarias, durante a operação de lavagem dos combustíveis, costuma-se usar água ou soluções aquosas de diferentes produtos. Embora, após o tratamento, a água seja separada, pequenas quantidades podem ficar emulsionadas e ser arrastadas para os tanques de armazenamento onde decantam após algum tempo;
- em alguns casos, costuma-se usar água para evitar a perda por evaporação de produtos leves;
- condensação de vapor d'água existente na atmosfera dos tanques de armazenamento.

A quantidade de água tolerada no querosene é de aproximadamente 77 ppm a 25 °C e tem sido constatado, em alguns casos, um efeito tóxico dos hidrocarbonetos mais leves, daí o problema ocorrer mais frequentemente com tanques de querosene, devido à facilidade dos microrganismos usarem, como fonte de carbono, os hidrocarbonetos na faixa C_{10}-C_{18} (querosene) do que C_5-C_9 (gasolina).[2] Consequentemente, a corrosão ocorre principalmente em tanques integrais de combustível (querosene de aviação) de aviões a jato,[3] encontrando-se a presença do fungo *Hormoconis resinae* na água drenada dos tanques. Esse fungo origina um material sólido, com aspecto de lama, na interface água-querosene, que pode bloquear os filtros de combustível com consequências danosas. Além dele, têm sido observados outros fungos, como *Penicillium luteum*, *Aspergillus flavus* e bactérias como *Pseudomonas aeruginosa*, *Desulfovibrio desulfuricans* e *Aerobacter aerogenes*.

Entre as possíveis razões para a deterioração ou corrosão relacionada com os combustíveis, podem-se citar:

- crescimento microbiano;
- biodegradação de aditivos orgânicos usados no combustível para melhoria de seu desempenho;
- formação de gás sulfídrico, devido às bactérias redutoras de sulfato presentes em águas contendo sulfato. O gás sulfídrico formado pode agir diretamente como agente corrosivo ou reagir com os componentes do combustível formando sulfetos orgânicos altamente corrosivos;
- deterioração microbiológica dos revestimentos de tanques, com consequente formação de resíduo, com aspecto de lama e possível corrosão dos materiais metálicos empregados nos tanques.

Biodeterioração de tintas, plásticos e lentes. Desenvolvimento de fungos em locais úmidos, causando deterioração desses materiais não metálicos.

Indústria de papel e celulose. Presença de tubérculos de óxidos de ferro em tubulações de água bruta devido às bactérias oxidantes de ferro. Crescimento biológico, com formação de limo bacteriano, nas instalações relacionadas com a máquina de papel e água branca (*white water*). Essas situações ocasionam corrosão uniforme e corrosão por pite. Lutey[4] afirma que relatórios indicam que mais de 30 % dos custos de manutenção na indústria de celulose e papel estão diretamente relacionados com corrosão.

Linhas de incêndio. Águas não tratadas e em condições de estagnação prolongada ficam desaeradas, devido à reação do oxigênio com as paredes das tubulações, criando condições para o desenvolvimento de bactérias anaeróbicas, como as redutoras de sulfato. A formação de óxidos de ferro e de sulfeto de ferro, insolúveis, pode bloquear válvulas e bicos, tornando inoperante o sistema.

Teste hidrostático. A permanência de água, usada no teste hidrostático, no interior de equipamentos que vão permanecer estocados durante algum tempo, pode dar lugar ao desenvolvimento de microrganismos e consequente corrosão induzida pelos mesmos.[5] As seguintes recomendações são indicadas para evitar essa corrosão:

- **condições ideais e de custo mais elevado**: usar água desmineralizada ou vapor condensado puro; drenar o equipamento e secá-lo o mais possível;
- **condições de custo menor**: usar água natural, filtrar, clorar e neutralizar, ou usar água de abastecimento; usar água de abastecimento contendo inibidor de corrosão; após 3 a 5 dias do teste, o equipamento deve ser soprado para secagem.

Caso haja presença de cloreto, que é comumente encontrado em água, e o equipamento seja de aço inoxidável, é conveniente eliminar a possibilidade de a água, após o teste hidrostático, permanecer no equipamento, a fim de evitar a corrosão localizada sob a forma de pites.

Tanques de água desmineralizada. Também pode ocorrer crescimento biológico, daí ser recomendável o uso de peróxido de hidrogênio, H_2O_2, em dosagem de 200 mg/L durante 48 horas, para evitar esse crescimento.

Corrosão em tubulações de aço-carbono e de aço inoxidável austenítico em áreas de soldas:

a) aço-carbono: formação de ícone de pites ou alvéolos em área vizinha ao cordão de solda;
b) aço inoxidável austenítico: presença de pites no cordão de solda. (Ver Pranchas Coloridas, Foto 21.)

Pode-se admitir que em razão das condições de heterogeneidade da área de solda ocorra a colonização de bactérias oxidantes de ferro (caso [a]) e redutoras de sulfato (caso [b]).

A apresentação desses casos de corrosão em diferentes setores de atividades justifica o custo anual da biodeterioração estimado em bilhões de dólares.[6]

12.3 MECANISMOS

Quando uma superfície metálica é imersa em água, começa a formação de um biofilme, de acordo com as possíveis etapas:

- compostos orgânicos dissolvidos na água são adsorvidos, iniciando a formação do biofilme;
- bactérias da fase aquosa se depositam, são as bactérias sésseis, ao contrário das plantônicas, que permanecem dispersas na fase aquosa;
- as bactérias sésseis formam um biofilme a partir da elaboração de polímeros extracelulares, ou exopolímeros, que podem ser polissacarídeos. Esses polímeros passam a envolver e aglutinar as células protegendo-as contra condições adversas do meio ambiente, por exemplo, alguns biocidas;
- após a fixação, e havendo nutrientes, as bactérias se multiplicam, o biofilme vai crescendo e outros organismos, como fungos e algas, podem aderir ao mesmo.

Com o crescimento do biofilme, a difusão de oxigênio e de nutrientes para o substrato metálico é dificultada, criando condições adversas para alguns microrganismos existentes na base do biofilme, causando, eventualmente, a morte dos mesmos e consequente enfraquecimento da ligação do biofilme ao substrato. Com a circulação de água pode ocorrer o desprendimento de parte ou de todo biofilme, aparecendo áreas livres que são posteriormente colonizadas.

O biofilme faz parte, também, do chamado *biofouling*, que é uma formação indesejável de depósitos, que reduzem significativamente o desempenho e a vida útil dos equipamentos. Pode-se ter redução de fluxo de água, perda de eficiência de transferência de calor em trocadores de calor e corrosão sob depósito.

As condições operacionais têm grande influência no desenvolvimento do biofilme e, entre elas, devem-se considerar:

- **temperatura**: o aumento da temperatura (30 °C a 40 °C) facilita o crescimento. Temperaturas mais elevadas tendem a impedir esse crescimento, com exceção das bactérias termófilas capazes de resistirem a temperaturas de 80 °C ou ainda mais elevadas;
- **velocidade do fluxo**: biofilmes formados em velocidades baixas tendem a ser mais volumosos e facilmente destacáveis, enquanto os biofilmes formados em velocidades altas são mais densos, menos volumosos e mais aderentes;
- **pH**: a elevação de pH impede o desenvolvimento de bactérias; as bactérias redutoras de sulfato geralmente não se desenvolvem em pH ≃ 11;
- **oxigênio**: a ausência de oxigênio possibilita o desenvolvimento de bactérias anaeróbias como as redutoras de sulfato;
- **limpeza e sanitização**: impedem ou minimizam a formação do biofilme.

Entre as bactérias mais frequentemente associadas à corrosão induzida por microrganismos estão as bactérias redutoras de sulfato, bactérias oxidantes de enxofre ou seus compostos como sulfeto, bactérias oxidantes de ferro e de manganês, e bactérias formadoras de limos. Com menor frequência, embora também importantes, aparecem casos de corrosão associados a microrganismos, como fungos e algas.

Os microrganismos podem concorrer para que haja corrosão causada por um ou mais dos seguintes fatores:

- influência direta na velocidade das reações anódicas e catódicas;
- modificação na resistência de películas existentes nas superfícies metálicas, pelos produtos do metabolismo microbiano;
- origem em meios corrosivos;

- formação de tubérculos que possibilitam o aparecimento de pilhas de aeração diferencial.

Pode-se classificar a corrosão induzida por microrganismos de corrosão microbiológica em quatro tipos – devido à formação de ácidos, por despolarização catódica, por aeração diferencial e por ação conjunta de bactérias –, descritos em mais detalhes a seguir.

12.3.1 Corrosão Devida à Formação de Ácidos

Oxidação de compostos inorgânicos de enxofre pelo gênero *Thiobacillus*

Um grupo de bactérias do gênero *Thiobacillus* oxida enxofre, ou os compostos de enxofre, a sulfato, com a simultânea produção de ácido sulfúrico que funciona como agente corrosivo. Os compostos de enxofre são geralmente o sulfito (SO_3^{2-}), o tiossulfato $(S_2O_3^{2-})$ e diversos politionatos, como o tetrationato $(S_4O_6^{2-})$. Algumas bactérias metabolizam sulfetos solúveis se a concentração de H_2S livre estiver abaixo de 200 ppm, e estão frequentemente associados a microrganismos que convertem sulfatos (SO_4^{2-}) para sulfetos (S^{2-}) e sulfetos para enxofre.

As três espécies de bactérias mais envolvidas nos processos de corrosão são *Thiobacillus thioparus*, *Thiobacillus thiooxidans* e *Thiobacillus concretivorus*. Essas bactérias são aeróbias, isto é, necessitam da presença de oxigênio, e autotróficas, sintetizando seu material celular de compostos inorgânicos de carbono e nitrogênio. A energia para essa síntese é proveniente da oxidação do enxofre, ou seus compostos, como exemplifica a reação:

$$2S + 3O_2 + 2H_2O \rightarrow 2H_2SO_4 (\Delta H = -2.283,6 \text{ cal})$$

No caso de gás sulfídrico, ou ácido sulfídrico, tem-se:

$$2H_2S + 2O_2 \rightarrow H_2S_2O_3 + H_2O$$

$$5H_2S_2O_3 + 4O_2 + H_2O \rightarrow 6H_2SO_4 + 4S$$

A temperatura ótima para crescimento dessas bactérias está na faixa de 25 °C a 30 °C, e elas não sobrevivem na faixa de 55 °C a 60 °C. Seus processos metabólicos ocasionam, em alguns casos, valores de pH em torno de 2, podendo alcançar valores ainda menores.

Como exemplo de corrosão provocada por essas bactérias tem-se a destruição da parte superior interna de tubos de concreto ou de aço-carbono para condução de águas de esgotos ou águas poluídas, devido ao desprendimento de gás sulfídrico dessas águas. Esse gás é oxidado, pelas bactérias, para ácido sulfúrico, que ocasiona, então, a corrosão do aço ou do concreto. Pode ocorrer a permeação do gás sulfídrico, pela massa do concreto, e ao atingir a armadura forma sulfeto de ferro, destruindo a passividade dessa armadura. Em certos casos, até a borracha vulcanizada é atacada por essas bactérias, bem como concretos ornamentais contendo enxofre. Em outros casos a fonte de enxofre pode ser a própria atmosfera poluída, como no ataque de estátuas, concreto etc.

A proteção contra a corrosão deve ser no sentido de:

- eliminar a fonte de enxofre;
- empregar proteção catódica;
- substituir as tubulações de aço, ou de concreto, por tubos plásticos, como polietileno, poliéster reforçado com fibra de vidro (PRFV) ou PVC.

As bactérias oxidantes de sulfeto são utilizadas na lixiviação bacteriana de minério de cobre, sulfeto de cobre, formando sulfato de cobre solúvel.

Oxidação de piritas a ácido sulfúrico por *Thiobacillus ferrooxidans*

Thiobacillus ferrooxidans são bactérias capazes de acelerar a oxidação de depósitos piríticos (FeS_x) para ácido sulfúrico, em pH ácido. Pode-se admitir a série de reações, considerando-se a pirita como FeS_2:

- oxidação da pirita

$$2FeS_2 + 7O_2 + 2H_2O \rightarrow 2FeSO_4 + 2H_2SO_4$$

- oxidação do sulfato ferroso

$$4FeSO_4 + 2H_2SO_4 + O_2 \rightarrow 2Fe_2(SO_4)_3 + 2H_2O$$

- hidrólise do sulfato férrico

$$Fe_2(SO_4)_3 + 6H_2O \rightarrow 2Fe(OH)_3 + 3H_2SO_4$$

ou

$$Fe_2(SO_4)_3 + 2H_2O \rightarrow 2FeOHSO_4 + H_2SO_4$$

- oxidação da pirita pelo sulfato férrico

$$FeS_2 + Fe_2(SO_4)_3 \rightarrow 3FeSO_4 + 2S$$

- oxidação direta a sulfato férrico

$$4FeS_2 + 15O_2 + 2H_2O \rightarrow 2Fe_2(SO_4)_3 + 2H_2SO_4$$

Essas bactérias são responsáveis pela natureza ácida das águas de minas de ouro e de carvão, pois oxidam a pirita presente nessas minas a ácido sulfúrico. Essas águas, devido ao seu caráter ácido, são corrosivas para as máquinas de bombeamento, bem como para as instalações das minas.

A proteção contra essa corrosão pode ser orientada para os seguintes pontos:

- neutralização da acidez com óxido de cálcio (cal);
- uso de material resistente a ácido sulfúrico para as bombas e tubulações.

Fungos ou bactérias celulolíticas que fermentam material celulósico a ácidos orgânicos

Em alguns casos, tubulações enterradas são revestidas com material celulósico por exemplo, aniagem,[7] impregnado com asfalto ou betume. A celulose pode ser oxidada por certas bactérias, como *Butyribacterium rettgeri*, produzindo ácidos acético e butírico e dióxido de carbono. Tem-se, portanto, além da deterioração do revestimento, a corrosão da tubulação devida aos ácidos formados. Essa corrosão é mais frequente em meio anaeróbio ou muito pouco aerado.

Certos fungos podem causar a formação de ácidos orgânicos, em condições aeróbias, podendo ocasionar corrosão de materiais metálicos como cobre, ferro e alumínio. Podem, também, ocasionar biodeterioração de madeira usada como enchimento em torre de resfriamento.

12.3.2 Corrosão por Despolarização Catódica

O ferro em meios desaerados, como águas ou solos, normalmente não sofre corrosão considerável. Entretanto, em certos casos, mesmo em ausência de aeração, observa-se corrosão acentuada. Isso ocorre em águas ou solos úmidos contendo bactérias capazes de utilizar, em seu metabolismo, hidrogênio livre (como o hidrogênio catódico) ou hidrogênio combinado de compostos orgânicos.

Entre essas bactérias estão as:

- redutoras de nitrato, como a *Micrococcus denitrificans*;
- redutoras de dióxido de carbono, como a *Methanobacterium omeliansky*;
- redutoras de sulfato, como a *Desulfovibrio desulfuricans*.

As reações que se processam são, respectivamente:

$$8H + NO_3^- \rightarrow NH_3 + 2H_2O + OH^- + energia$$

$$8H + CO_2 \rightarrow CH_4 + 2H_2O + energia$$

$$8H + SO_4^{2-} \rightarrow 4H_2O + S^{2-} + energia$$

Para o caso de corrosão do ferro, em presença dessas bactérias, podem ser escritas as equações:

$$4Fe + HNO_3 + 5H_2O \rightarrow 4Fe(OH)_2 + NH_3$$

$$4Fe + CO_2 + 6H_2O \rightarrow 4Fe(OH)_2 + CH_4$$

$$4Fe + H_2SO_4 + 2H_2O \rightarrow 3Fe(OH)_2 + FeS$$

Essas bactérias, que são anaeróbias, isto é, desenvolvem-se na ausência de ar, retiram a energia necessária aos seus processos metabólicos das reações de oxirredução apresentadas.

No campo da corrosão, têm sido mais frequentes os casos relacionados com as bactérias redutoras de sulfato, que, em geral, ocorrem:

- em regiões de estagnação em linhas de fluxo;
- embaixo de depósitos ou em frestas em linhas de fluxo com baixas velocidades;
- embaixo de lamas ou na parte inferior de pites;
- em filtros, principalmente de areia;
- em torno de tubulações enterradas;
- em poços de recuperação secundária de petróleo;
- em tubulações onde circula água que tenha sofrido processo de retirada de oxigênio com sulfito de sódio, em que é oxidado a sulfato de sódio.

Os gêneros *Desulfovibrio* e *Desulfotomaculum* consistem em um pequeno grupo de espécies estritamente anaeróbias, que têm a capacidade de reduzir sulfato inorgânico a sulfeto.[8] Os gêneros *Desulfobacter* e *Desulfomonas* também reduzem sulfato.

As *Desulfomonas* reduzem enxofre elementar, S, para sulfeto, S^{2-}.

As bactérias redutoras de sulfato do gênero *Desulfovibrio*, em geral, aparecem como bastonetes ligeiramente curvos. Seu crescimento depende de:

- condições favoráveis de pH – entre 5,5 e 8,5, sendo 7,2 o valor ótimo;
- ausência de oxigênio – elas podem sobreviver em presença de oxigênio, mas não se desenvolvem;
- presença de sulfato;
- presença de nutrientes incluindo matéria orgânica;
- temperatura – entre 25 °C e 44 °C. Algumas, como as termófilas, resistem até 100 °C, como no caso de água de poços profundos que mostram sinais de atividade de bactérias redutoras de sulfato.

A corrosão produzida por bactérias do gênero *Desulfovibrio* tem sido observada em revestimentos de poços petrolíferos, partes externas de tubulações enterradas, poços de água profundos, sistemas de resfriamento etc.

A corrosão se caracteriza pela presença de:

- tubérculos embaixo dos quais se notam pites profundos, ficando o material, quando se retiram os tubérculos, com aspecto metálico brilhante;
- sulfeto no produto de corrosão – o sulfeto, isoladamente, não é evidência conclusiva, pois ele pode provir de outra fonte. Logo, deve-se caracterizar a presença da bactéria redutora de sulfato.

Para identificar a formação de sulfeto de ferro no produto de corrosão, pode-se proceder da seguinte maneira: pequena quantidade do produto de corrosão é colocada em tubo de ensaio e tratada por ácido clorídrico ou sulfúrico ocorrendo a reação:

$$FeS + 2H^+ \rightarrow Fe^{2+} + H_2S$$

O gás sulfídrico, H_2S, desprendido, caracteriza-se por seu odor típico ou pelo escurecimento de um papel de filtro umedecido com acetato ou nitrato de chumbo, devido à formação de sulfeto de chumbo, PbS, que é preto:

$$H_2S + Pb^{2+} \rightarrow PbS + 2H^+$$

No caso de tubulações enterradas, observou-se que a atividade das bactérias redutoras de sulfato está bem correlacionada com o potencial redox usando-se o eletrodo normal de hidrogênio, tendo-se:[9]

Potencial redox (mv)	Corrosividade
<100	Intensa
100-200	Moderada
200-400	Discreta
>400	Ausência

Von Wolzogen Kühr[10] apresentou um mecanismo de ação das bactérias redutoras de sulfato, baseado na despolarização catódica. A aceleração da reação catódica depende da presença da enzima hidrogenase, que algumas espécies de bactérias elaboram, e que pode ser considerada um catalisador biológico. A partir da enzima hidrogenase, a bactéria utiliza o hidrogênio da área catódica para reduzir sulfato a sulfeto, ocasionando, assim, a despolarização da referida área. A sequência das reações pode ser apresentada da seguinte forma:

- ânodo

$$8H_2O \rightarrow 8H^+ + 8OH^-$$

$$4Fe + 8H^+ \rightarrow 4Fe^{2+} + 8H$$

- cátodo – despolarização catódica

$$H_2SO_4 + 8H \rightarrow H_2S + 4H_2O$$

Os produtos de corrosão podem ser:

$$Fe^{2+} + H_2S \rightarrow FeS + 2H^+$$

$$3Fe^{2+} + 6OH^- \rightarrow 3Fe(OH)_2$$

e a reação total pode, então, ser escrita:

$$4Fe + H_2SO_4 + 2H_2O \rightarrow 3Fe(OH)_2 + FeS$$

Do ponto de vista eletroquímico, podem ser escritas da seguinte forma:

- ânodo

$$4Fe \rightarrow 4Fe^{2+} + 8e$$

- cátodo

$$8H_2O + 8e \rightarrow 8H + 8OH^-$$

O hidrogênio formado na área catódica pode ficar adsorvido ao material metálico, polarizando-o e, assim, reduzindo a velocidade do processo corrosivo. Entretanto, em presença de bactérias redutoras de sulfato, estas fazem uma despolarização catódica, acelerando, portanto, o processo corrosivo e processando-se a reação:

$$8H + SO_4^{2-} \rightarrow 4H_2O + S^{2-}$$

Se houver presença de ácido carbônico, tem-se:

$$S^{2-} + 2H_2CO_3 \rightarrow 2HCO_3^- + H_2S$$

A reação total com os produtos de corrosão será:

$$4Fe + 2H_2O + SO_4^{2-} + 2H_2CO_3 \rightarrow 3Fe(OH)_2 + FeS + 2HCO_3^-$$

Deve-se notar a relação de 3:1 entre o Fe(OH)$_2$ e o FeS. Esse valor foi determinado por análise do produto de corrosão. Confirma-se que a ação corrosiva não é somente devida ao H$_2$S, pois senão a reação seria, exclusivamente:

$$Fe + H_2S \rightarrow FeS + H_2$$

O crescimento autotrófico das bactérias redutoras de sulfato é feito a expensas do CO$_2$ ou CO$_3^{2-}$ como fonte de carbono e o hidrogênio como fonte de energia.

A teoria da despolarização catódica é questionada atualmente, admitindo-se não somente a despolarização, mas, sim, uma ação conjunta de diversos fatores, como:

- quando a concentração de Fe^{2+} for pequena, pode ocorrer a formação de FeS que fica aderido à superfície do metal, ocasionando a polarização da área anódica, retardando, portanto, o processo corrosivo. Entretanto, em concentrações mais elevadas de Fe^{21}, há formação de sulfeto de ferro, floculento e não aderente, e o processo corrosivo é intenso. Mesmo que já esteja formado o sulfeto de ferro, FeS, aderido, ele será removido se houver aumento da concentração de Fe^{2+} com consequente formação de grandes quantidades de FeS floculento e não aderente;
- a formação de material corrosivo, por exemplo, enxofre ou ácidos, a partir de sulfeto e formação de pilhas de aeração diferencial;
- a influência do H$_2$S na força eletromotriz da pilha Fe-H, funcionando a bactéria com a finalidade de fornecer o sulfeto ou H$_2$S. Em presença de sulfeto, a força eletromotriz da pilha Fe-H permanece elevada em toda a faixa de pH, ao passo que, em ausência de sulfeto, a força eletromotriz cai para valor muito baixo;[11]
- a presença de H$_2$S e/ou sulfeto, no meio corrosivo, retarda a passagem de hidrogênio atômico para molecular, possibilitando a penetração do hidrogênio atômico no material metálico e seu consequente empolamento;
- Salvarezza e Videla[12] afirmam que o H$_2$S causa quebra da passividade do aço;
- Iverson e colaboradores[13] propõem a formação, pela ação da bactéria redutora de sulfato, de um produto volátil, solúvel em água, contendo fósforo e corrosivo para ferro. Encontrou-se fosfeto de ferro amorfo juntamente com sulfeto de ferro.

Como meios de proteção contra esse tipo de corrosão podem ser citados:

- proteção catódica;
- revestimentos protetores – alcatrão de hulha, polietileno etc.;
- uso de tubos não ferrosos – tubos plásticos (tubo de plástico reforçado com fibra de vidro, PRFV) e, em alguns casos, de cobre ou de alumínio;
- aeração;
- emprego de cromatos que inibem o crescimento dessas bactérias, usados em sistemas fechados;
- emprego de bactericidas – imidazolinas, metileno-bistiocianato, isotiazolonas etc.

12.3.3 Corrosão por Aeração Diferencial

Vários microrganismos, como algas, fungos e bactérias, formam produtos insolúveis que ficam aderidos na superfície metálica sob a forma de filmes ou tubérculos.

As algas são plantas microscópicas, que ocorrem usualmente em grandes colônias, e de cores variando entre púrpura, azul e verde. Crescem rapidamente em presença de ar, água e luz solar. As condições ideais para crescimento das algas são:

- temperatura – 18 °C a 40 °C;
- pH – 5,5 a 9,0.

São muito encontradas em piscinas e torres de sistemas de resfriamento, pois essas instalações oferecem os requisitos essenciais para crescimento de algas: ar, água e luz solar. Quando as algas são arrastadas para os trocadores de calor ou tubulações do sistema de resfriamento, mesmo não continuando a crescer devido à falta de luz solar, elas se depositam, constituindo o chamado *fouling*. Embaixo desse depósito pode ocorrer a corrosão por aeração diferencial ou o desenvolvimento de bactérias anaeróbias, como as redutoras de sulfato, que também ocasionarão a corrosão nessa região.

Os microrganismos podem entrar nos sistemas de resfriamento por diferentes meios, por exemplo, água de reposição, poeira, solo ou ar. Como as temperaturas das torres de resfriamento são normalmente adequadas para a sobrevivência e o crescimento de microrganismos, bem como estão presentes diversos tipos de nutrientes, tem-se, quando não são adotadas medidas de proteção, grande crescimento microbiano, ou biológico, que pode criar diversos inconvenientes, como corrosão, entupimento de tubulações, interferência na troca de calor e ataque da madeira de enchimento da torre.

Troscinski e Watson[14] apresentaram uma relação com os principais tipos de microrganismos que podem ocasionar depósitos e corrosão em sistemas de resfriamento.

Bactérias oxidantes de ferro

Bactérias de ferro, aeróbias, como as *Gallionella ferruginea*, ou as dos gêneros *Crenotrix*, *Leptothrix*, *Siderocapsa* e *Sideromonas*, aceleram a oxidação de íons Fe^{2+} dissolvidos na água para íons Fe^{3+} que formam, então, o $Fe_2O_3 \cdot H_2O$, ou $Fe(OH)_3$, insolúveis.

Essas bactérias são comumente encontradas em águas de poços subterrâneos e desenvolvem-se em uma faixa de:

- temperatura – 0 °C a 40 °C, sendo a faixa ótima entre 6 °C e 25 °C;
- pH – 5,5 a 8,2, sendo o melhor 6,5.

Exemplificando com água contendo bicarbonato de ferro (II), solúvel, tem-se a reação acelerada pelas bactérias de ferro:

$$2Fe(HCO_3)_2 + 1/2 O_2 \rightarrow Fe_2O_3 + 2H_2O + 4CO_2$$

O óxido, ou hidróxido de ferro, insolúvel, pode ficar aderido em forma de tubérculos, com coloração castanho-amarelada ou alaranjada nas paredes da tubulação, como mostra a Figura 12.1.

Figura 12.1 Tubulação de aço-carbono, com tubérculos de óxidos de ferro. (Ver também Pranchas Coloridas, Fotos 93 e 94.)

Nos tubérculos, a presença predominante é de Fe^{2+}, devido às condições anaeróbicas, podendo conter ainda compostos de cálcio, magnésio, alumínio e manganês. Com o tempo, o tubérculo apresenta uma camada externa dura e uma camada interna quase fluida, que se torna pulverulenta após secagem. Eles acumulam cloreto e sulfato devido à migração desses íons, da fase aquosa, para compensar as cargas positivas resultantes da corrosão do ferro.

Deve-se assinalar que, em alguns casos, embora se tenha tubulações com grande quantidade de tubérculos, esses são quase exclusivamente originados da presença na água de Fe^{2+}, que foi oxidado pelas bactérias de ferro e não provenientes da corrosão da tubulação.

Case[15] verificou, usando técnica microscópica e pequeno aumento, que os compostos de ferro formados por processo químico se apresentam sob a forma de massa amorfa; e por processo bioquímico aparecem, geralmente, sob a forma de longos bastões.

O óxido, ou hidróxido de ferro, que não fica aderido nas paredes das tubulações é arrastado pela água, que apresenta, devido a isso, uma coloração castanho-avermelhada, sendo chamada de *água vermelha* ou *ferruginosa*. Essa água pode trazer inconvenientes para as resinas trocadoras de estações de desmineralização de águas, pois o óxido de ferro vai se depositar nas resinas bloqueando a ação delas.

Os tubérculos ocasionam inconvenientes como:

- diminuição da capacidade de vazão da tubulação, entupindo-a após algum tempo;
- interferência na troca de calor;

- condições para corrosão por aeração diferencial, ocorrendo corrosão embaixo dos tubérculos com consequente formação de resíduo preto de $Fe(OH)_2$ ou Fe_3O_4;
- condições anaeróbicas, embaixo dos tubérculos, podendo-se ter o desenvolvimento de bactérias redutoras de sulfato;
- altas velocidades de fluxo e tensões hidráulicas podem deslocar os tubérculos, causando *água vermelha* e problemas nas válvulas e bombas.

A presença de bicarbonato de manganês causa os mesmos inconvenientes ocasionados pelo ferro, pois forma também o dióxido de manganês, MnO_2, insolúvel. Essa oxidação é acelerada pela *Siderocapsa*:

$$Mn(HCO_3)_2 + {}^1/_2 O_2 \rightarrow MnO_2 + 2CO_2 + H_2O$$

Verifica-se que, no caso das bactérias de ferro, elas não foram causadoras diretas da corrosão e, sim, criaram condições para que se estabelecesse, posteriormente, um processo corrosivo. Para evitar os inconvenientes originados por essas bactérias, pode-se:

- remover o ferro da água, oxidando-o por aeração ou por cloração e posterior filtração;
- precipitar o ferro durante o processo de abrandamento por cal sodada:

$$2Fe(HCO_3)_2 + 4Ca(OH)_2 + {}^1/_2 O_2 \rightarrow$$
$$2Fe(OH)_3 + 4CaCO_3 + 3H_2O$$

- usar biocidas;
- limpar periodicamente o sistema quando ele estiver incrustado. Essa limpeza pode ser feita com o sistema parado ou em operação. No caso do sistema parado, pode-se usar ácido clorídrico contendo inibidor de corrosão, como derivados de tioureia ou derivados aminados. No caso do sistema em operação, podem-se usar produtos não ácidos, contendo agentes complexantes de ferro, como sais de sódio do ácido etilenodiaminotetracético, ou gluconato de sódio e agentes dispersantes e tensoativos. No caso de tubulações, usar raspadores com lâminas de aço ou *pigs* de espuma de poliuretana, que são arrastados pela própria água e vão retirando os tubérculos das paredes das tubulações;
- empregar inibidores – o silicato de sódio é usado como inibidor para evitar a *água vermelha* e a formação de tubérculos, recomendando-se usar um silicato de sódio com relação 1 Na_2O:3,22 SiO_2, e manter uma concentração de cerca de 8 ppm de sílica, na água.[16] Polifosfatos, na concentração de 2 ppm a 5 ppm, também têm dado resultados adequados, assim como a adição conjunta de silicato e polifosfato.

12.3.4 Corrosão por Ação Conjunta de Bactérias

Ocorrem casos de corrosão microbiológica em que se observa ação simultânea de bactérias. Assim, por exemplo, pode-se ter:

- redução de sulfato e formação de ácido: devido à ação das bactérias redutoras de sulfato, forma-se o H_2S que é oxidado para H_2SO_4 pela espécie *Thiobacillus thiooxidans*;
- redução de sulfato e oxidação de sulfeto: o sulfeto formado pelas bactérias redutoras de sulfato é oxidado por certas bactérias, inclusive *Thiobacilli*, para enxofre elementar que é substância muito corrosiva para materiais ferrosos;
- oxidação de enxofre elementar (de origem química ou biológica): provocada simultaneamente por *Thiobacilli* e *Ferrobacilli*, produzindo mais ácido e, evidentemente, corrosão mais rápida;
- bactérias redutoras de sulfato e bactérias de ferro: no centro dos tubérculos, ocasionados pelas bactérias de ferro, há o crescimento de bactérias anaeróbias redutoras de sulfato,

(a)

(b)

Figura 12.2 (a) Raspador com lâmina de aço. (b) *Pigs* de espuma de poliuretana.

ocasionando, então, a corrosão localizada embaixo desses tubérculos, formando pites. Quando se remove um tubérculo de óxido de ferro, $Fe_2O_3 \cdot H_2O$, pode-se observar um resíduo preto de sulfeto de ferro, FeS, não magnético e que desprende H_2S quando reage com ácidos, como clorídrico ou sulfúrico, que corresponde à corrosão microbiológica, ou um resíduo escuro de magnetita, Fe_3O_4, óxido de ferro magnético, produto formado pelo processo de corrosão por aeração diferencial.

12.4 PROTEÇÃO

Para que as medidas de proteção, indicadas para determinado sistema apresentem maior probabilidade de bom desempenho, deve-se monitorar o sistema em questão, considerando-se:

- análise da água;
- análise microbiológica do biofilme;
- uso de cupons que são retirados, periodicamente, para análise; como na análise são retirados os depósitos, usar diversos cupons;
- uso de técnicas eletroquímicas.

Como medidas gerais e mais importantes para proteção contra corrosão induzida por microrganismos, devem ser citadas:

- limpeza sistemática e sanitização;
- eliminação de áreas de estagnação e de frestas;
- emprego adequado de biocidas;
- aeração;
- variação de pH;
- revestimentos;
- proteção catódica.

A limpeza sistemática pode ser feita por processos mecânicos ou químicos. A adição de agentes tensoativos facilita a remoção de depósitos biológicos, evitando a possibilidade de corrosão por aeração diferencial, e o desenvolvimento de bactérias anaeróbias embaixo desses depósitos. A limpeza mecânica pode ser por raspadores ou *pigs* ou por jato de água com alta pressão (*hydroblast*), tomando cuidado, pois no interior de pites ou em frestas o depósito pode permanecer. Após a limpeza mecânica ou química é usual a sanitização, empregando-se normalmente solução alcalina, pH ≃ 10, contendo biocida, em geral não oxidante. A sanitização é muito usada em equipamentos da indústria de laticínios e de alimentos, após a limpeza com emprego de produtos químicos à base de ácido nítrico, agentes complexantes e tensoativos.

A eliminação de áreas de estagnação evidentemente dificulta a deposição do crescimento microbiano.

A seleção do biocida deve estar relacionada com:

- eficiência da ação biocida;
- custo;
- caráter tóxico dos efluentes.

O tratamento com os biocidas pode ser feito comumente de duas maneiras:

- adição contínua de pequenas quantidades;
- adição periódica de grandes quantidades de biocida (tratamento de choque ou em bateladas), o que possibilita a morte rápida das células presentes e a redução do aparecimento de formas resistentes.

Em alguns casos, costuma-se usar mistura de biocidas e não somente um, e procura-se também alternar o tipo de biocida usado, a fim de evitar que os microrganismos criem resistência a determinados biocidas.

As substâncias usadas podem ter ação bacteriostática, isto é, impedem o crescimento de bactérias, ou ação bactericida; em outras palavras, matam as bactérias. Dependendo do tipo de microrganismos combatidos, essas substâncias são chamadas de algicidas (algas), fungicidas (fungos) e limicidas (limos).

Entre os tipos de produtos mais comumente usados para controle de crescimento biológico, têm-se:

- aldeídos – acroleína, formaldeído (também chamado de formol, formalina ou aldeído fórmico), glutaraldeído (1,5-penta-nedial);
- tiocianatos orgânicos – metileno-bis-tiocianato e cloroetileno bis-tiocianato, o primeiro ($SNC-CH_2-CNS$) sendo bom biocida para bactérias redutoras de sulfato, algas e fungos;
- sais de amônio quaternário ¾ têm fórmula geral

$$\begin{bmatrix} & R_2 & \\ & | & \\ R_1 - & N & - R_3 \\ & | & \\ & R_4 & \end{bmatrix} X$$

em que R_1, R_2, R_3 e R_4 representam radicais alquil, aril ou heterocíclicos, e X^- representa geralmente um halogeneto, comumente o cloreto (Cl^-).

Como exemplo, tem-se o cloreto de cetildimetilbenzilamônio:

$$\begin{bmatrix} & CH_3 & \\ & | & \\ H_{33}C_{16} - & N & - CH_2C_6H_5 \\ & | & \\ & CH_3 & \end{bmatrix} Cl$$

- cloro e compostos clorados – hipoclorito de sódio NaOCl, hipoclorito de cálcio, $Ca(OCl)_2$, dióxido de cloro, sais de sódio ou potássio do ácido tricloroisocianúrico ($NaCl_2(NCO)_3$, $KCl_2(NCO)_3$), clorofenóis (tri ou pentaclorofenato de sódio) e clorito de sódio;

- compostos orgânicos de estanho – acetato de tributil-estanho, óxido de tributil-estanho (TBTO: *tri-butyltin-oxide*):

$$(H_9C_4)_3Sn-O-Sn(C_4H_9)_3$$

- compostos orgânicos de enxofre – dimetilditiocarbamato de sódio ou de zinco;
- compostos orgânicos de boro;
- cloridrato de dodecilguanidina, eficiente contra algas e bactérias redutoras de sulfato e protege a madeira contra fungos;
- sais de cobre como o sulfato de cobre, muito empregado como algicida, mas que não deve ser usado em sistemas com equipamentos de aço-carbono, aço galvanizado e alumínio, pois esses materiais são atacados pelo Cu^{2+} por exemplo:

$$Fe + Cu^{2+} \rightarrow Fe^{2+} + Cu$$

$$2Al + 3Cu^{2+} \rightarrow 2Al^{3+} + 3Cu$$

- imidazolinas;
- bromo e compostos bromados;
- ozônio, O_3;
- radiações ultravioleta;
- isotiazolonas.

5-cloro-2-metil-4-isotiazolin-3-ona

2-metil-4-isotiazolin-3-ona

As substâncias usadas como biocidas podem agir de várias formas, como:
- ação oxidante: oxidam os grupos proteicos com consequente perda de atividade enzimática e morte do microrganismo, como na ação de cloro e/ou bromo e seus derivados;
- alteram a permeabilidade das paredes celulares, interferindo, portanto, no metabolismo do microrganismo, como os tensoativos e os sais de amônio quaternário.

Além de se usar mistura de biocidas, para uma ação mais efetiva, costuma-se também adicionar um agente tensoativo ou umectante e um agente dispersante para deslocar o limo bacteriano das superfícies onde eles ficam aderidos, facilitando, em seguida, a ação do biocida.

Um biocida ideal deve apresentar as seguintes propriedades:

- possuir grande atividade, contra microrganismos, a baixas concentrações;
- não ser tóxico para formas de vida superiores;
- ser compatível com os materiais dos equipamentos;
- ser biodegradável.

Como exemplos de empregos de biocidas para evitar os inconvenientes decorrentes de crescimento biológico, ou de corrosão microbiológica, podem ser citados:

- formaldeído: empregado para evitar a deterioração microbiana de óleos de cortes, com consequente corrosão dos equipamentos;
- pentaclorofenato de sódio: para evitar corrosão por bactérias redutoras de sulfato em equipamentos de poços de recuperação secundária de petróleo;[17]
- sais quaternários de amônio: são tensoativos catiônicos usados em sistemas de resfriamento contra algas e bactérias;
- metileno-bis-tiocianato: empregado em águas de sistemas de resfriamento e em fábricas de papel. Tem ação efetiva contra bactérias redutoras de sulfato;
- acetato de tributil-estanho: usado para prevenção de incrustações biológicas, como *fouling*, em sistemas de resfriamento com água do mar;[18]
- compostos orgânicos de boro (tri-n-butilborato e outros) ou a mistura de monometiléter de etilenoglicol (EGME) com glicerina adicionados ao querosene de aviação para evitar corrosão em tanques de combustível de aviões a jato;
- cloro: oxidante muito usado como tratamento de choque em águas de sistemas de resfriamento, para controlar o crescimento biológico. Deve ser continuamente aplicado na faixa de 0,1 mg/L a 0,2 mg/L e, intermitentemente, como tratamento de choque, na faixa de 0,5 mg/L a 1,0 mg/L e pH mantido na faixa de 7,0 a 7,5. Devem-se evitar maiores quantidades de cloro, bem como elevação acentuada do pH, para que não ocorra a delignificação da madeira usada em alguns casos como enchimento em torre de resfriamento. É evidente que teores elevados de cloro podem ocasionar corrosão nos materiais metálicos, e se forem de aço inoxidável, podem sofrer corrosão localizada com formação de pites.

Quando o cloro é adicionado em água ocorre a reação

$$Cl_2 + H_2O \rightarrow HOCl + HCl$$

com formação de ácido hipocloroso, HOCl, e ácido clorídrico. O HOCl se dissocia em íon H^+ e íon ClO^-, hipoclorito, que é o agente oxidante ativo

$$HOCl \rightarrow H^+ + ClO^-$$

A ação oxidante e, portanto, biocida, do hipoclorito, ClO^-, é mais efetiva em valores de pH entre 6,5 e 7,5, tornando-se não efetiva em pH > 9.

Ele reage rapidamente com redutores inorgânicos, como sulfetos, sulfitos e nitritos e matéria orgânica. Reage com amônia, produzindo cloraminas e tornando não efetivo o ácido hipocloroso.

As substâncias mais usadas como fontes de ácido hipocloroso são o próprio cloro (gás), hipoclorito de sódio, NaOCl, solução, e hipoclorito de cálcio, Ca(OCl)$_2$, sólido. Os dois últimos, em presença de água, liberam íons hipoclorito.

Outro produto clorado que tem bom desempenho como biocida oxidante é o dióxido de cloro, ClO$_2$, que é mais oxidante que o cloro e pode ser usado em água contaminada com amônia, sem perder sua eficiência. Pode ser gerado no local de uso pela reação entre clorito de sódio, NaClO$_2$, e hipoclorito de sódio na presença de ácido sulfúrico.

Biocidas oxidantes à base de compostos de bromo foram desenvolvidos e vêm apresentando bom desempenho. Esses compostos formam ácido hipobromoso, HOBr, que é ativo para grande espectro de bactérias, e mais ativo que o HOCl em valores básicos de pH, como evidenciado pelos valores[19]

pH	% HOBr	% HOCl
7,5	90	50
8,7	50	10

Entre os compostos de bromo são usados brometos, cloreto de bromo e bromoclorodimetilidantoína de fórmula

$$C_5H_6BrClN_2O_2 + 2H_2O \rightarrow HOCl + HOBr + C_5H_8N_2O_2$$

$$NaBr + HOCl \rightarrow HOBr + NaCl$$

$$C_5H_6BrClN_2O_2 + 2H_2O \rightarrow HOCl + HOBr + C_5H_8N_2O_2$$

$$NaBr + HOCl \rightarrow HOBr + NaCl$$

Outros biocidas oxidantes, mas não usados em água de refrigeração, são o ozônio, O$_3$, e o peróxido de hidrogênio, H$_2$O$_2$. O ozônio é um gás instável, oxidante forte, devendo-se evitar seu contato com plástico e borracha, pois os torna quebradiços. O ozônio é usado para tratamento de água potável. Quando a água, para fins potáveis, tem grande quantidade de matéria orgânica, prefere-se usar o ozônio como biocida no lugar do cloro, pois forma halometanos, como tetracloreto de carbono, CCl$_4$, que são cancerígenos. O peróxido de hidrogênio requer dosagens elevadas e contato prolongado para ser efetivo, mas tem a vantagem de não ser poluente.

Radiações ultravioleta têm, também, ação efetiva contra desenvolvimento de microrganismos, sendo usadas para desinfecção de água do mar para injeção em poços no Mar do Norte.[20]

Além das anteriores, podem-se empregar outras medidas de proteção, relacionadas, em alguns casos, como:

- mecanismo de ação das bactérias, por meio da aeração, que evita o desenvolvimento de bactérias redutoras de sulfato, que são anaeróbias, e da elevação de pH, que é prejudicial para o desenvolvimento de bactérias, pois muitas delas se desenvolvem na faixa de pH compreendida entre 5,5 e 9, não sendo aconselhável o abaixamento do pH, pois o meio ácido seria corrosivo;
- proteção externa de tubulações enterradas: são recomendáveis polietileno, poli (cloreto de vinila) (PVC), betume, alcatrão de hulha-epóxi. Deve-se evitar o reforço do revestimento com material celulósico e, caso necessário, usar lã de vidro com essa finalidade. Em alguns casos, quando se usam revestimentos plásticos ou tubos plásticos, tem-se indicado a adição nesses plásticos de um biocida para evitar a deterioração microbiana;
- revestimento interno, de tanques de combustível de aviões a jato, com sistemas à base de resina furânica;
- emprego de tubulações feitas com resinas reforçadas, por exemplo, poliéster reforçado com fibra de vidro para condução de esgotos;
- proteção catódica: além da proteção ao aço-carbono, de acordo com seu mecanismo básico, a proteção catódica desenvolve um meio alcalino ou básico, na imediata vizinhança da superfície metálica com elevação do pH. Booth e colaborador[21] verificaram que em presença de bactérias redutoras de sulfato deve-se considerar, como critério de proteção, o potencial em relação ao eletrodo de Cu|CuSO$_4$, de – 0,950 V e não o usual – 0,850 V;
- emprego de madeira tratada com fungicidas para evitar sua deterioração microbiológica: são utilizados creosoto, pentaclorofenol, misturas contendo fluoreto, cromatos, fenóis, arsenito de cobre etc.;
- emprego de sistemas com ultrassom, em alguns casos, para evitar a fixação e crescimento do biofilme.

12.5 EFICIÊNCIA DA PROTEÇÃO

Para manter uma programação efetiva de adição dos biocidas, visando controlar o desenvolvimento microbiano, faz-se necessário medir o número total de microrganismos presentes no sistema, além de identificá-los. Essa medida pode ser feita pela contagem em placa usando meios de cultura adequados. Após a retirada de amostra representativa do sistema, adiciona-se um volume determinado (geralmente 1 mL) ou uma diluição conveniente à placa, que, em seguida, é colocada em estufa de incubação a 37 °C, durante 72 horas. Os microrganismos se desenvolverão formando colônias, que serão então contadas e isoladas para identificação. Para água de sistemas de resfriamento após 48 horas de incubação, valores até 200.000 colônias são considerados não prejudiciais ao sistema, embora, dependendo das espécies de bactérias, esse número possa ser considerado elevado.

O meio de cultura geralmente usado para contagem de colônias de bactérias anaeróbias contém:

triptona – 5 g/L;
extrato de levedo – 2,5 g/L;
glicose – 1,0 g/L;
ágar – 15 g/L;
água – completar a um litro;
pH – 7 ± 0,2 (25 °C).

Para o preparo desse meio de cultura, deve-se aquecê-lo até completa solubilização e esterilizar por 20 minutos a 110 °C.

Para mais completa caracterização do processo corrosivo ocasionado por bactéria redutora de sulfato, deve-se identificá-la e fazer a contagem bacteriana. Para isto, é comum usar um meio de cultura com as características adequadas:

- ser anaeróbio e esterilizado;
- ter como única fonte de enxofre um composto inorgânico, que, em geral, é o sulfato de magnésio, $MgSO_4$;
- conter um substrato orgânico (geralmente o lactato de sódio), que é oxidado para ácido acético por bactérias do gênero *Desulfovibrio*, com a reação podendo ser escrita:

$$2CH_3CHOHCOONa + MgSO_4 \rightarrow 2CH_3COONa + CO_2 + MgCO_3 + H_2 + H_2S + H_2O$$

- pH entre 7,0 e 7,5 para condições ideais de crescimento das bactérias;
- conter um composto de ferro (II), para servir de indicador da formação de H_2S ou S^{2-}: o Fe^{2+} reage com essas substâncias formando o FeS, sulfeto de ferro, que é preto, caracterizando, pelo escurecimento do meio de cultura, a presença de bactérias redutoras de sulfato, pois somente elas podem reduzir sulfato inorgânico a sulfeto[22] nas condições do meio de cultura, em cultivo anaeróbio.

O meio de cultura comumente usado, API-Medium RP-38 (American Petroleum Institute), contém:[23]

Lactato de sódio ($CH_3CHOHCOONa$)	4,0 g
Extrato de levedo	1,0 g
Ácido ascórbico	0,1 g
Sulfato de magnésio ($MgSO_4 \cdot 7H_2O$)	0,2 g
Monoidrogenofosfato de potássio (K_2HPO_4)	0,01 g
Sulfato duplo de amônio e ferro (II), ($Fe(NH_4)_2 \cdot (SO_4)_2 \cdot 6H_2O$)	0,1 g
Cloreto de sódio	10,0 g
Ágar	15,0 g
Água destilada	1.000 g

As substâncias são solubilizadas na água, usando-se aquecimento ligeiro, e o pH é ajustado para 7,5, usando-se solução de hidróxido de sódio. O meio de cultura é colocado em tubos de cultura; esses tubos são fechados e esterilizados em autoclave a 1 atm e 110 °C durante 10 a 15 minutos.

Outros meios de cultura podem ser usados não só para as redutoras de sulfato como também para os outros microrganismos.[24]

A pesquisa deve ser feita da seguinte maneira: 1 mL da amostra de água, ou pequena quantidade de amostra sólida, como lama, por exemplo, recolhida em condições anaeróbicas e assépticas, é colocado nos tubos contendo o meio de cultura, que são, em seguida, postos em incubadora a uma temperatura 5 °C acima daquela da amostra de água. Observações diárias durante cerca de quatro a cinco semanas são feitas para verificar o escurecimento do meio devido à presença de bactérias redutoras de sulfato. Se necessário, são feitas diluições da amostra para contagem das bactérias.

Embora a realização de exames microbiológicos para constatar a presença de microrganismos seja bastante útil, deve-se considerar que as condições desses exames podem não reproduzir totalmente as condições operacionais e ambientais usadas nos processos industriais. Assim, os resultados desses exames devem ser devidamente interpretados. Acresce o fato de que a corrosão induzida por microrganismos é causada geralmente por comunidade complexa de microrganismos, daí a validade e a necessidade de diferentes ensaios para caracterização.[25,26] Tem sido aconselhado um método que permite detectar microrganismos que têm a capacidade de se desenvolver em superfícies de tubulações e de equipamentos. Esse método recomenda usar uma lâmina de vidro, das usadas em microscopia, imersa na água utilizada no processo e instalada como se fosse um cupom de teste. Após algum tempo, observa-se ao microscópio para identificar os microrganismos depositados e desenvolvidos.[27]

REFERÊNCIAS BIBLIOGRÁFICAS

1. OLIVEIRA, M. V.; FERREIRA, M. J. P. *Corrosão nos tanques de combustível dos aviões a jato e turbo-hélices*. In: ANAIS DO V SEMINÁRIO TÉCNICO DO INSTITUTO BRASILEIRO DE PETRÓLEO, Rio de Janeiro, 1968, p. 243-262.

2. *Dégradation Microbienne des Matériaux*, Paris: Association des Ingénieurs en Anticorrosion/Ed. Technip, 1974, p. 146.

3. AIRCRAFT CORROSION: *causes and case histories*. AGARD – *Corrosion Handbook*. AGARD-AG.278. Advisory Group for Aerospace Research and Development, 1985, v. 1.

4. LUTEY, R. W. MIC in the pulp and paper industry. In: *A practical manual on microbiologically influenced corrosion*. Houston: Editor Kobrin, G./NACE International, 1993, p. 25.

5. STOCCKER, J. C. Overview of industrial biological corrosion: past, present and future. *Biologically Induced Corrosion, Proceedings of the International Conference on Biologically Induced Corrosion*. Maryland, p. 324-329, jun. 1985.

6. FLEMMING, H. C. *Werkstoffe und Korrosion*, v. 45, n. 1, p. 5-9, jan. 1994.

7. COLES, E. L.; DAVIES, R. L. *Chem. Ind.*, 39, 1030-1035 (1956).

8. THE ROLE of Bacteria in the Corrosion of Oil Field Equipment. *TPC Publication*. Houston-Texas, NACE, n. 3, p. 2, 1979.
9. MILLER, J. D. A.; TILLER, A. K. Microbial corrosion of buried and immersed metal. *In*: MILLER, J. D. A. *Microbial Aspects of Metallurgy*. American Elsevier, 1970, p. 61-106.
10. VON WOLZOGEN KUHR, C. *Water and Gas.*, VII, n. 26, 277 (1923).
11. HORVATH, J.; NOVAK, M. *Corrosion Science*, 4, p. 159-78, 1964.
12. SALVAREZZA, R. C.; VIDELA, H. A. *Corrosion 80*, v. 36, p. 550, (1980).
13. IVERSON, W. P.; OLSON, J. G.; HEVERLY, L. F. The role of phosphorus and hydrogen sulfide in the anaerobic corrosion of iron and the possible detection of this corrosion by an electrochemical noise technique. *Proceedings of the International Conference on Biologically Induced Corrosion*. Maryland, p. 154-161, jun. 1985.
14. TROSCINSKI, E. S.; WATSON, R. G. Controlling Deposits in Cooling Water Systems. *Chemical Engineering*. v. 77, n. 5, p. 125-132, mar 91970.
15. CASE, L. C. *Oil and Gas Journal*, v. 60, p. 153-155, aug. 6, 1962.
16. SHULDENER, H. L.; SUSSMAN, S. Silicate as a Corrosion Inhibitor in Water Systems. *Corrosion*.p. 126-130, jul. 1960.
17. NUNES, N. V. *Corrosão bacteriana – Pesquisa e controle em sistema de injeção de água no Recôncavo. In*: ANAIS DE V SEMINÁRIO TÉCNICO DO INSTITUTO BRASILEIRO DE PETRÓLEO, Rio de Janeiro, 1968, p. 191-207.
18. KING, S. Prevencion de las incrustaciones biologicas en sistemas de refrigeracion con agua de mar. *El Estaño y Sus Aplicaciones*, International Tim Research Institute, Inglaterra, n. 121, p. 7-9, 1979.
19. ASM-METALS HANDBOOK. *Corrosion*, v. 13. Metals Park, OH, ASM International, p. 493, 1987.
20. CLARK, J. B. et al. Using ultraviolet radiation for controlling sulfate-reducing bacteria in injection water. *Society of Petroleum Engineers of AIME*, 1984.
21. BOOTH, G. H.; TILLER, A. K. Cathodic characteristics of mild steel in cultures of sulphate-reducing bacteria.*Corrosion Science*, 8, 583-600, 1968.
22. THE ROLE OF Bacteria in the Corrosion of Oil Field Equipment. *TPC Publication* n. 3, Houston-Texas, NACE, p. 6, 1979.
23. THE ROLE OF Bacteria in the Corrosion of Oil Field Equipment. *TPC Publication* n. 3, Houston-Texas, NACE, p. 5, 1979.
24. CHANTEREAU, J. *Corrosión Bacteriana*. Mexico: Limusa, 1985, p. 101-119.
25. DURIEZ, L.; THOMAS, M. F. Fluorimetric detection of Sirohydrochlorin: A potential technique for the rapid detection of sulfate-reducing bacteria in water oil systems. *Corrosion*. v. 46, n. 7, p. 547-555 (1990).
26. POPE, D.H. Discussion of methods for the detection of micro-organisms involved in microbiologically influenced corrosion.*Proceedings of the International Conference on Biologically Induced Corrosion*. Maryland, p. 275-283, jun. 1985.
27. SHARPLEY, J.M. Microbiological Corrosion in Waterfloods. *Corrosion*, v. 17, p. 386t-390t, 1961.

EXERCÍCIOS

12.1. Como podemos definir a corrosão induzida por microrganismos? Por que seu estudo é tão importante?
12.2. Qual é o mecanismo de corrosão e a morfologia mais comum associada à presença de microrganismos? Justifique sua resposta.
12.3. Um trecho de tubulação industrial de aço do segmento de óleo teve que ser substituído em uma parada dessa indústria devido a falhas por vazamento. Este vazamento foi observado em vários pontos separados ao longo do trecho. Após a abertura dessa tubulação em laboratório, observou-se que havia um produto de corrosão preto, contínuo e relativamente aderente sobre a superfície do material metálico. Com esses dados, você poderia supor a princípio que o ataque corrosivo se deu por origem microbiológica? Justifique sua resposta.
12.4. Como se pode detectar e monitorar adequadamente a corrosão microbiológica em sistemas industriais?
12.5. Exemplifique algumas possíveis medidas de prevenção e controle da corrosão induzida por microrganismos.

Capítulo 13

Velocidade de Corrosão, Polarização e Passivação

13.1 VELOCIDADE DE CORROSÃO

A velocidade de corrosão pode se classificar em velocidade média de corrosão e velocidade instantânea de corrosão. Ambas são de grande interesse no estudo de processos corrosivos. Com base na velocidade média de corrosão, pode-se estimar o tempo de vida útil de uma estrutura. Com base na variação da velocidade instantânea, pode-se, por exemplo, verificar a necessidade de aumentar ou diminuir a concentração de um inibidor num dado momento.

A velocidade média de corrosão pode ser obtida pela medida da diferença de peso apresentada pelo material metálico ou pela determinação da concentração de íons metálicos em solução durante intervalos de tempo de exposição ao meio corrosivo. A dimensão dessas medidas será sob a forma $ML^{-2}T^{-1}$ ($mg\,dm^{-2}\,dia^{-1}$, $g\,m^{-2}\,h$ etc.) ou LT^{-1} ($mm \cdot ano^{-1}$). O conjunto de medidas ao longo do tempo é registrado em gráficos (Fig. 13.1) que podem evidenciar os seguintes aspectos:

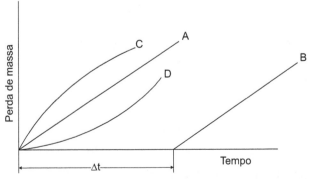

Figura 13.1 Curvas representativas de velocidades de corrosão.

Curva A – ocorre quando a superfície metálica não varia, o produto de corrosão é inerte e a concentração do agente corrosivo é constante.

Curva B – idêntica à anterior, só que há um período de indução que está relacionado com o tempo gasto pelo agente corrosivo para destruir películas protetoras previamente existentes.

Curva C – velocidade inversamente proporcional à quantidade do produto de corrosão formado. Ocorre quando o produto de corrosão é insolúvel e adere à superfície metálica.

Curva D – velocidade cresce rapidamente. Ocorre quando os produtos de corrosão são solúveis e a área anódica do metal aumenta.

A velocidade de corrosão só excepcionalmente tem valor constante, isto é, a velocidade média é igual à velocidade instantânea (curvas A e B), daí o conhecimento de um valor isolado ter significado restrito.

Quando for necessário o conhecimento da velocidade de corrosão instantânea, isto é, aquela com que um metal está se corroendo num instante t, procura-se desenvolver métodos capazes de medir uma corrente, a de corrosão, cujo valor pode ser relacionado com a perda de massa, pela lei de Faraday:

$$m = \frac{Kit}{F}$$

em que:
m = massa do metal que se dissolve
K = equivalente eletroquímico do metal
i = corrente de corrosão
t = tempo
F = Faraday

Logo, medir a corrente de corrosão de um metal é medir sua velocidade de corrosão.

A corrente de corrosão é igual à corrente anódica que circula no metal no potencial de corrosão (E_{cor}). Essa corrente não pode ser medida diretamente, porque no potencial de corrosão circula também, pelo metal, uma corrente catódica que tem valor igual ao da corrente anódica, porém, de sentido oposto. Assim, a corrente de corrosão só pode ser determinada por métodos indiretos. Um método aplicado para esse fim baseia-se na extrapolação das retas de Tafel (ver item 13.2.2). No entanto, é necessária uma avaliação criteriosa para sua utilização, porque esse método, como todos os métodos indiretos, apresenta restrições. Como exemplo, ele pode ser útil para explicar a cinética da corrosão em condições sob as quais não são consideradas limitações de transporte de massa.[1]

Apesar dos avanços verificados na Eletroquímica e na Eletrônica, os mais confiáveis métodos de medida de velocidade de corrosão ainda são aqueles baseados na perda de peso do material. As medidas de velocidade instantânea de corrosão não são simples como as medidas de velocidade média. Na medida de velocidade média, é necessária somente a instalação de cupons de teste no equipamento em estudo. Esses cupons podem ser retirados em intervalos de tempo preestabelecidos e pesados, para que se quantifique o desgaste que o material está sofrendo em sua condição de trabalho.

Deve-se ressaltar que os métodos descritos neste capítulo se aplicam somente aos casos de corrosão uniforme. Considera-se que o desgaste está ocorrendo em toda a área exposta do equipamento. É necessário estar atento ao fato de que uma grande perda de peso significa que o material está sofrendo corrosão intensa. No entanto, se a corrosão for por pite ou puntiforme, ela pode ser intensa, perfurar rapidamente o equipamento, e a perda de peso verificada será pequena, muitas vezes desprezível. Esse fato ocorre com qualquer forma de corrosão localizada. Nesses casos, são necessários outros métodos para diagnóstico e monitoração; além das normas já conhecidas (ABNT-NBR 9771,[2] ASTM G46[3] e NACE RP 0775[4]), podem ser úteis técnicas como ruído eletroquímico,[5] emissão acústica[6] e interferometria de varredura vertical.[7]

13.1.1 Fatores Influentes na Velocidade de Corrosão

Vários fatores podem ser citados dentre os que podem influenciar na velocidade de corrosão. Para uma apresentação objetiva, serão citadas suas influências na velocidade de corrosão do ferro e do aço, que são os materiais metálicos mais usados em equipamentos industriais.

Efeito do oxigênio dissolvido. Para que a água neutra, ou praticamente neutra, em temperatura ambiente, ataque o ferro, é necessário que ela contenha oxigênio dissolvido. A velocidade de corrosão, no início, é rápida, tendendo a diminuir com a formação da camada de óxido, pois essa funcionará como uma barreira na difusão do oxigênio. Na Figura 13.2 observa-se que a velocidade de corrosão para o ferro ou o aço, na temperatura ambiente, em ausência de oxigênio é desprezível.

O aumento da concentração de oxigênio de início acelera a corrosão do ferro, pois o oxigênio consome os elétrons gerados pela oxidação do metal, de acordo com a reação:

$$2H_2O + O_2 + 4e \rightarrow 4OH^-$$

Entretanto, atinge-se uma concentração crítica na qual a velocidade de corrosão decresce (Fig. 13.3).

Em água destilada, a concentração crítica do oxigênio, acima da qual a corrosão decresce, é cerca de 12 mL de O_2 por litro. Esse valor aumenta na presença de sais dissolvidos, e decresce com o aumento de velocidade do eletrólito e pH. Com pH em torno de 10, a concentração crítica de oxigênio atinge o valor de 6 mL de O_2 por litro para água saturada de ar, sendo ligeiramente menor para soluções mais alcalinas.

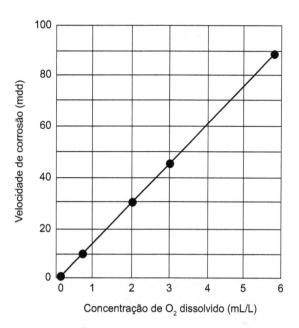

Figura 13.2 Influência do oxigênio na velocidade de corrosão.

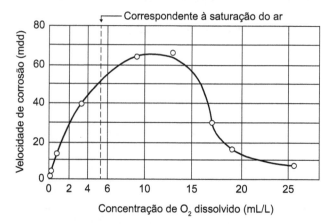

Figura 13.3 Decréscimo da velocidade de corrosão relacionado com concentração de oxigênio.

O decréscimo na velocidade de corrosão deve estar relacionado com a passivação do ferro pelo oxigênio, como mostram os valores de potenciais de ferro em água saturada de ar de –0,4 V a –0,5 V e 0,1 V a 0,4 V em água saturada com O_2 (28 mL de O_2 por litro).

A possibilidade de passivação do ferro nessa faixa de potencial é prevista pelo diagrama de Pourbaix (Fig. 3.7). Segundo esse diagrama, dependendo do pH, altas pressões parciais de O_2 poderiam sempre reduzir a corrosão do ferro, pois, como oxidante, o O_2 elevaria o potencial do metal para a região de estabilidade dos óxidos.

Entretanto, observa-se que, quando há fratura das películas passivadoras, podem-se formar pilhas locais ativo-passivas, verificando-se, então, severa corrosão localizada, principalmente em altas temperaturas ou em presença de íons halogenetos. Logo, esses fatos limitam a possibilidade de alcançar a passividade do ferro, com o aumento do teor de oxigênio, em meios corrosivos tendo concentrações apreciáveis de cloretos.

Efeito do pH. O efeito do pH na velocidade de corrosão do ferro, em água aerada e em temperatura ambiente, pode ser verificado na Figura 13.4.[9]

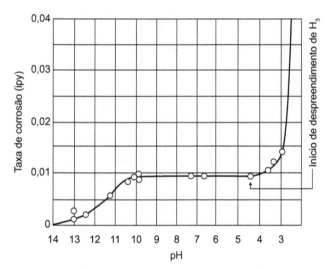

Figura 13.4 Efeito do pH na taxa de corrosão do ferro.

Verifica-se que entre pH 4 e 10 a taxa de corrosão independe do pH e depende da rapidez com que o oxigênio difunde para a superfície metálica; a reação é de controle catódico. A concentração do oxigênio, a temperatura e a velocidade da água, ou eletrólito, determinam a velocidade da reação de corrosão. Essa observação é de grande importância, pois como praticamente as águas naturais têm valores de pH entre 4 e 10, isso significa que aços de diferentes tipos, como aço com teor elevado ou baixo de carbono, aços de baixa liga (1 % a 2 % de Ni, Mn, Cr etc.), quando expostos a águas naturais, não devem apresentar velocidades de corrosão muito diferentes.

Em região ácida, pH < 4, o aumento da velocidade de corrosão do ferro deve-se à possibilidade de redução do H⁺ além do O_2 presente no meio. Em pH < 4, a difusão de O_2 não é fator de controle, sendo mais responsável, pela velocidade da reação de corrosão, a facilidade de desprendimento do hidrogênio. Esse desprendimento vai depender da sobretensão de hidrogênio, que depende das várias impurezas ou fases presentes nos aços. Dois casos em que se tem variação da velocidade de corrosão em função da sobretensão:

- aço de baixo carbono tem, em ácidos, velocidade de corrosão menor do que um aço de teor elevado de carbono, em virtude de a cementita (Fe_3C) ser uma fase de baixa sobretensão de hidrogênio;
- tratamento térmico ocasiona a presença e crescimento de partículas de cementita e tem um efeito considerável na velocidade de corrosão – aços trabalhados a frio são corroídos mais rapidamente em ácidos do que aços recozidos, porque trabalho a frio produz áreas de baixa sobretensão finamente divididas, devidas ao nitrogênio ou carbono intersticiais.

Em pH > 10, a taxa de corrosão diminui, pois o ferro se torna passivo em presença de álcalis e oxigênio dissolvido. O potencial do ferro em água de pH < 10 passa de –0,4 V a –0,5 V para um valor de +0,1 V em solução 0,1 N de NaOH. Se a alcalinidade aumentar muito, por exemplo, em solução da ordem de 16 N (43 %) de NaOH, a passividade pode ser destruída, atingindo-se um potencial de –0,86 V. Esse fato não é mostrado na Figura 13.4, mas é previsto na Figura 13.7, em que se verifica a existência de uma espécie iônica, $HFeO_2^-$ como espécie estável em solução. As reações que se passam no ataque do ferro nessas condições podem ser representadas por

$$2Fe + 2NaOH + 2H_2O \rightarrow 2NaFeO_2 + 3H_2$$

$$2Fe + 2NaOH + \frac{3}{2}O_2 \rightarrow 2NaFeO_2 + H_2O$$

Em ausência de oxigênio dissolvido, ocorre desprendimento de hidrogênio formando hipoferrito de sódio (Na_2FeO_2):

$$Fe + 2NaOH \rightarrow Na_2FeO_2 + H_2$$

Se já existisse uma camada de $Fe(OH)_3$, seria dissolvida, com formação do ferrito de sódio solúvel:

$$Fe(OH)_3 + NaOH \rightarrow NaFeO_2 + 2H_2O$$

Pode-se verificar ainda que a razão do potencial mais ativo observado para o ferro é a redução da concentração do Fe^{2+} devido à sua complexação, com consequente formação de FeO_2^{2-}.

Efeito da temperatura. O aumento de temperatura pode ter efeitos antagônicos, pois têm-se diminuição da polarização e da sobretensão, aumento de condutividade do eletrólito e da velocidade de difusão dos íons, fatos estes que aceleram a corrosão. Entretanto, pode retardar a corrosão porque diminui a solubilidade do oxigênio na água.

Efeito de sais dissolvidos. Os sais podem agir acelerando (ação despolarizante, aumento da condutividade) ou retardando (precipitação de produtos de corrosão coloidais, diminuição da solubilidade de oxigênio, ação inibidora ou passivadora) a velocidade de corrosão.

13.2 POLARIZAÇÃO

Todo metal imerso em uma solução contendo seus próprios íons, na ausência de reações que interfiram, possui um potencial E dado pela equação de Nernst. Se uma corrente circular por esse eletrodo, o potencial variará, e o novo valor de potencial E′ dependerá da corrente aplicada. A diferença entre os dois potenciais é conhecida como **sobrepotencial**.

$$\eta = E' - E$$

Pode ocorrer que o potencial inicial seja diferente do potencial de equilíbrio termodinâmico, devido a outras reações no processo. É o caso mais comum em corrosão, sendo esse valor conhecido como **potencial de corrosão** ou **potencial misto**. O potencial de corrosão também varia ao circular uma corrente pelo eletrodo. Nos dois casos, equilíbrio ou corrosão, a circulação de corrente associada a variações de potencial é definida como **polarização**.

Quando dois metais diferentes são ligados e imersos em um eletrólito, estabelece-se uma diferença de potencial, que tende a diminuir com o tempo. O potencial do ânodo se aproxima ao do cátodo, e o do cátodo se aproxima ao do ânodo. Tem-se o que se chama polarização dos eletrodos, ou seja, polarização anódica no ânodo e polarização catódica no cátodo.

Em princípio, poder-se-ia pensar que, quanto maior a diferença de potencial entre dois eletrodos, maior seria a velocidade de corrosão. No entanto, não se pode esquecer que potencial é um parâmetro termodinâmico (DG = – nFE); logo, utilizá-lo na análise da cinética de processos eletroquímicos, sem levar em consideração outros fatores, pode induzir a conclusões errôneas. A diferença de potencial entre dois eletrodos indica apenas que haverá polarização. A velocidade das reações anódica e catódica dependerá das características de polarização de cada um dos metais.

Um exemplo clássico que ilustra a necessidade da consideração de outros fatores, além da diferença de potencial entre ânodo e cátodo, na avaliação da velocidade de corrosão, é o ataque de metais por ácidos. Quando o metal é colocado no meio ácido, acontece sobre o metal uma distribuição de áreas anódicas e catódicas. Como já visto, nas áreas anódicas o metal se oxida e nas catódicas o íon hidrogênio, H^+, se reduz, ocorrendo o desprendimento de hidrogênio, H_2. Supondo que as duas reações estejam partindo de uma condição de equilíbrio e considerando o caso do ataque do Zn e do Fe por ácidos não oxidantes, tem-se:

a) o caso do zinco
- reação catódica

$$2H^+ + 2e \rightarrow H_2 \uparrow \qquad E = 0 \text{ V}$$

- reação anódica

$$Zn \rightarrow Zn^{2+} + 2e \qquad E = -0,763 \text{ V}$$

$$\Delta E = +0,763 \text{ V}$$

b) o caso do ferro
- reação catódica

$$2H^+ + 2e \rightarrow H_2 \uparrow \qquad E = 0 \text{ V}$$

- reação anódica

$$Fe \rightarrow Fe^{2+} + 2e \qquad E = -0,44 \text{ V}$$

$$\Delta E = 0,44 \text{ V}$$

Como visto, a diferença de potencial no caso do zinco é maior do que no caso do ferro. No entanto, sabe-se que o zinco é atacado mais lentamente que o ferro em ácido não oxidante. Esse fato deve-se às características de polarização dos dois metais, especificamente à sobretensão do hidrogênio.

A relação entre a sobrevoltagem aplicada a um metal em corrosão e a densidade de corrente correspondente foi estabelecida empiricamente por Tafel (lei de Tafel). A expressão matemática dessa lei é conhecida como equação de Tafel (ver item 13.2.2).

Para melhor entender o fenômeno de polarização, pode-se considerar o caso de uma pilha na qual o ânodo é constituído de uma placa de zinco, o cátodo de uma placa de cobre e o eletrólito é uma solução diluída de ácido sulfúrico. Os eletrodos são colocados próximos entre si para que a resistência interna do sistema seja pequena, da ordem de 0,1 Ω, e a resistência externa, constituída pelo fio de junção, devido ao seu pequeno valor, possa ser desprezada. As medidas mostram que o potencial de eletrodo do zinco será da ordem de –1,0 V e o do cobre da ordem de +0,1 V. A diferença de potencial inicial dos dois eletrodos será, então, igual a 1,1 V, e como a resistência é de 0,1 Ω, a intensidade de corrente será de 11 A. Se a superfície submersa de cada um dos eletrodos fosse de 5 cm², a densidade de corrente anódica seria igual a 2,20 A cm⁻², que deveria provocar uma forte corrosão. Aplicando a lei de Faraday, a velocidade de corrosão seria

$$Q = It = \frac{FMn}{A}$$

$$M = \frac{QA}{Fn} = \frac{ItA}{Fn}$$

nas quais Q é a quantidade de eletricidade que se escoa do ânodo para o cátodo no tempo t; I é a intensidade de corrente de corrosão expressa em ampères, F é a constante de Faraday, A é a massa atômica do metal, M é a quantidade do metal corroído e n é o número de moles de elétrons transferidos. Substituindo pelos valores correspondentes, tem-se

$$M = \frac{2,2 \times 3.600 \times 65}{96.500 \times 2}$$

$$M \simeq 2,65 \text{ g/cm}^2\text{h}$$

Determinando-se a massa do eletrodo de zinco, antes e depois de colocar a pilha em funcionamento, nota-se que a velocidade real de corrosão é 20 a 50 vezes menor do que o valor calculado.[10] Isso indica que o cálculo não foi correto.

A relação corrente-potencial durante a polarização não pode ser prevista pela Lei de Ohm. Além disso, se a experiência fosse repetida medindo-se, desta vez, o potencial de cada eletrodo após o contato, verificar-se-ia que, ao circular a corrente, os potenciais não se mantêm iguais aos seus valores originais, mas variam em função da corrente circulante. Esse fenômeno é a **polarização**.

Na Figura 13.5,[11] que relaciona o potencial (E) e a corrente (I), está representada a variação de E_{Zn} e E_{Cu}. A partir do contato entre os dois metais, o potencial do zinco tende a aumentar e o potencial do cobre tende a diminuir, até que ambos atinjam um valor comum (E_{par}). Com isso diz-se que o zinco está sofrendo **polarização anódica** e o cobre **polarização catódica**.

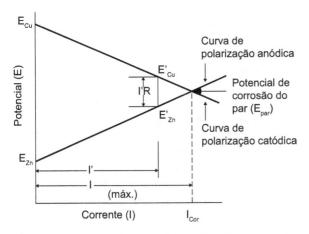

Figura 13.5 Variação do potencial em função da corrente circulante: polarização.

No ponto de interseção das duas curvas de polarização, determinam-se o potencial e a corrente do par (E_{par}, I_{cor}).

Quando o potencial do par é atingido, o sistema Cu|Zn atinge um estado estacionário que se caracteriza por uma sobrevoltagem anódica (h_a) sobre o zinco e uma sobrevoltagem catódica (η_c) sobre o cobre, em que:

$$\eta_a = E_{par} - E_{Zn} \text{ (valor positivo)}$$

$$\eta_c = E_{par} - E_{Cu} \text{ (valor negativo)}$$

Quando um metal se encontra em estado de repouso, seja ele caracterizado por um equilíbrio, seja ele caracterizado pela corrosão, $\eta = 0$, as reações anódicas e catódicas ocorrem na mesma intensidade e o fluxo de carga (i) mensurável é igual a zero. Quando se estabelece uma sobrevoltagem anódica, ou seja,

$$\eta_a = E_{final} - E_{inicial} = \text{valor positivo}$$

passa a haver um fluxo, i_a, mensurável (corrente anódica), e sobre o material ocorrem preferencialmente reações de oxidação (caso do zinco). Por outro lado, quando se estabelece uma sobrevoltagem catódica, ou seja,

$$\eta_c = E_{final} - E_{inicial} = \text{valor negativo}$$

passa a haver um fluxo, i_c, mensurável (corrente catódica), e sobre o material ocorrem preferencialmente reações de redução (caso do cobre).

As causas da polarização são as mais diversas. Além de contatos galvânicos, analisados em detalhe dando como exemplo o par Zn-Cu, na prática a polarização pode ocorrer:

- pela presença de meio oxidante;
- pela diferença de concentração iônica;
- pela diferença de temperatura;
- pela diferença de aeração;
- por uma fonte externa etc.

A polarização de um metal pode ser de três tipos: polarização por concentração, por ativação e ôhmica.

13.2.1 Polarização por Concentração

A polarização por concentração (h_{conc}) é causada pela variação da concentração que ocorre entre a área do eletrólito que está em contato com a superfície do metal e o resto da solução. Assim, considere-se a pilha Zn, Zn^{2+} || Cu^{2+}, Cu fornecendo corrente elétrica segundo um processo irreversível. Quando a corrente elétrica flui, o cátion cúprico, Cu^{2+}, é reduzido no cátodo, $Cu^{2+} + 2e$ R Cu, passando a Cu metálico que se deposita. Quanto maior for o valor da corrente elétrica, maior será a taxa de deposição do cobre. À medida que o cobre se deposita no cátodo, a concentração do eletrólito, nas vizinhanças do cátodo, decresce, a não ser que o número de íons reduzidos seja recompletado por migração, difusão ou convecção. Raciocinando analogamente com o Zn^{2+}, quando a corrente elétrica flui, o Zn se oxida passando a Zn^{2+}. Quanto maior for o valor da corrente elétrica, maior será a taxa de dissolução do Zn. À medida que o Zn se dissolve, o eletrólito nas vizinhanças do ânodo vai ficando mais concentrado em íons Zn^{2+}.

De modo geral, o afastamento do estado de repouso gera uma corrente que, por sua vez, exige maior transporte de massa na interface metal-solução (Zn^{2+} deixando a superfície, no caso da polarização anódica, ou Cu^{2+} chegando na superfície, no caso catódico). Se esse processo de transporte for limitado, pode-se atingir a condição onde não será mais possível aumentar a chegada ou saída de íons na interface metal-solução. Nesse caso, o potencial continuará aumentando sem haver, entretanto, acréscimo na corrente. A curva de polarização terá o aspecto mostrado na Figura 13.6.

Assim, para dado potencial de um metal, a velocidade do processo é determinada pela velocidade com que os íons ou outras substâncias envolvidas na reação se difundem, migram ou são transportados por outros meios, como convecção natural ou forçada, visando homogeneizar a solução.

A influência da polarização por concentração em um sistema eletroquímico pode ser determinada quantitativamente pela resolução das equações de difusão convectiva (leis de Fick), eletroneutralidade e Navier-Stokes, para um dispositivo, de geometria bem definida, conhecido como eletrodo de disco rotatório.[12]

A polarização por concentração decresce com a agitação do eletrólito. Logo, esse é um método especialmente eficiente para identificar a influência do fenômeno em um processo eletroquímico. Os outros tipos de polarização não são afetados de maneira apreciável por essa variável.

13.2.2 Polarização por Ativação

A polarização por ativação (η_{ativ}) é decorrente de uma barreira energética à transferência eletrônica (energia de ativação). A relação entre corrente e sobretensão de ativação foi deduzida por Butler-Volmer para casos de equilíbrio eletroquímico envolvendo reações de primeira ordem.[13] Nos casos de corrosão, utiliza-se uma analogia às equações de Butler-Volmer, verificada empiricamente por Tafel,

$$\eta = a + b \log i \text{ (lei de Tafel)}$$

cujos termos têm o seguinte significado:

- para polarização anódica tem-se

$$\eta_a = a_a + b_a \log i_a$$

em que $a_a = (-2,3 RT/\beta nF) \log i_{cor}$
$b_a = 2,3 RT/\beta nF$

- para polarização catódica tem-se

$$\eta_c = a_c + b_c \log i_c$$

em que $a_c = (2,3 RT/(1-\beta)nF) \log i_{cor}$
$b_c = 2,3 RT/(1-\beta)nF$

Nessas expressões, tem-se:

- a e b são constantes de Tafel, que reúnem
  R = constante dos gases
  T = temperatura
  b = coeficiente de transferência
  n = número de oxidação da espécie eletroativa
  F = Faraday
- i = densidade de corrente medida
- i_{cor} = densidade de corrente de corrosão

- η = sobretensão em relação ao potencial de corrosão ($E - E_{cor}$)

A representação gráfica da lei de Tafel pode ser feita em um gráfico E *vs.* log i (Fig. 13.7).

A partir do potencial de corrosão, inicia-se a polarização catódica ou anódica, medindo-se para cada sobrepotencial a corrente característica. À medida que a polarização avança, os dois fenômenos (catódico e anódico) tornam-se independentes e aproximam-se das retas de Tafel previstas pela equação. A extrapolação dessas retas ao potencial de corrosão possibilita a obtenção da corrente de corrosão; em E_{cor}, $i_a = |i_c| = i_{cor}$.

É importante ressaltar que, na prática industrial, raramente um metal ou liga de importância comercial exibirá o comportamento descrito por Tafel. Portanto, também raramente poder-se-á aplicar o método de extrapolação das retas para a obtenção da velocidade de corrosão (ver item 13.1). Contudo, sempre que isso for possível, é necessário dispor-se de um método gráfico preciso e garantir que o sistema não está sob influência de polarização por concentração e/ou ôhmica, que será vista no item 13.2.3.

Se o método de Tafel for utilizado *in situ*, é necessário verificar se as altas polarizações necessárias à definição da reta não causam mudanças irreversíveis à superfície do equipamento. Essa restrição levou ao desenvolvimento de outros dois métodos eletroquímicos para medida de velocidade de corrosão: o método da resistência de polarização (Rp) e o método de polarização linear (RPL). Embora as premissas para suas aplicações sejam as mesmas da Reta de Tafel, a corrente de corrosão pode ser obtida com pequenas polarizações em torno do potencial de corrosão (±10 mV a 20 mV). A introdução de qualquer um desses três métodos em rotinas de monitoração da corrosão requer sua validação prévia com ensaios de perda de massa.

13.2.3 Polarização Ôhmica

A sobretensão ôhmica (η_Ω) resulta de uma queda i R, em que i é a densidade de corrente que circula em uma célula

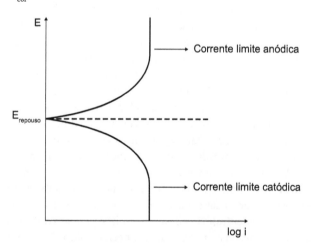

Figura 13.6 Curva de polarização por concentração.

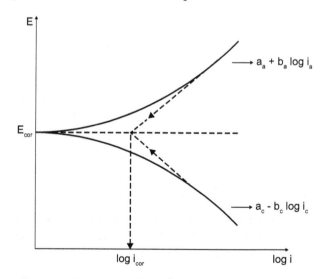

Figura 13.7 Representação gráfica da lei de Tafel.

eletroquímica e R representa qualquer resistência existente entre o eletrodo de referência e o eletrodo de trabalho (metal sob polarização) (ver item 13.2.5). Essa queda i R pode ser causada pela resistividade do eletrólito e, na superfície do eletrodo de trabalho, pode ser causada pela presença ou formação de produtos sólidos (revestimento com tintas, camada de passivação etc.). A queda de potencial, provocada pela resistividade do eletrólito, pode ser determinada quantitativamente pela medida da condutividade (k) da solução, levando-se em conta a geometria da célula eletroquímica

$$\eta_\Omega = RI$$

$R = \dfrac{1}{K} \cdot C$, em que:

R = resistência do eletrólito
k = condutividade do eletrólito
C = constante da célula, função de sua geometria

O produto i R diminui simultaneamente com a retirada da corrente, enquanto as polarizações de concentração e de ativação diminuem, usualmente, em velocidades mensuráveis, isto é, têm uma constante de tempo mais lenta. Daí decorre o método, utilizado em proteção catódica, para a determinação de queda ôhmica em solos e revestimentos, de se desligar a fonte de corrente e se registrar a variação de potencial em função do tempo, equivalendo a primeira queda registrada, a mais rápida, à queda ôhmica global (solo 1 revestimento).

Em um metal polarizado, se houver influência dos três tipos de polarização descritos, a sobretensão total será a soma

$$\eta_T = \eta_{ativ} + \eta_{conc} + \eta_{T\Omega}$$

13.2.4 O Caso do Hidrogênio

Como a geração de hidrogênio é bastante comum em corrosão, vale ressaltar alguns aspectos relativos a essa reação. Em meios ácidos, o gás hidrogênio é gerado pela redução do íon H⁺. Embora essa reação seja frequentemente representada como a seguir,

$$2H^+ + 2e \rightarrow H_2,$$

na verdade, ela envolve uma etapa intermediária com formação de hidrogênio atômico, que fica adsorvido na superfície do metal. A bolha de gás hidrogênio só se forma quando dois desses átomos se encontram. Uma vez formada a bolha, ela também fica adsorvida na superfície do metal. Quando essa energia de adsorção é muito elevada, ocorre uma espécie de bloqueio da superfície, tornando a corrosão lenta, mesmo nos casos de metais com potenciais muito negativos em relação ao hidrogênio.

Por exemplo, o zinco, apesar de apresentar um potencial de −0,763 V, dissolve-se lentamente em ácidos não oxidantes. Uma explicação para essa aparente contradição entre a teoria e a prática é que ocorre formação inicial de hidrogênio atômico, que fica adsorvido firmemente ao eletrodo metálico, impedindo contato com a solução e funcionando como uma espécie de barreira química e elétrica. Só quando se remove o hidrogênio adsorvido é que a reação prossegue.

 EXPERIÊNCIA 13.1

Em um bécher de 250 mL, adicionar cerca de 150 mL de solução 3 N de H_2SO_4. Imergir, parcialmente, nessa solução, um bastão ou lâmina de zinco pró-análise, isto é, de alta pureza. Observar que o ataque do zinco é muito pequeno, notando-se bolhas de gás, H_2, adsorvidas na parte do bastão ou lâmina de zinco imersa em H_2SO_4, fazendo com que cesse a reação

$$Zn + H_2SO_4 \rightarrow ZnSO_4 + H_2\uparrow$$

Agitando-se o bastão ou a lâmina de zinco, observam-se o desprendimento das bolhas adsorvidas e a formação de novas bolhas de H_2, que tornam a ficar adsorvidas.

Essa experiência evidencia a sobretensão por adsorção de hidrogênio.

Pode-se dizer que o fator determinante da velocidade de corrosão de muitos metais em ácidos não oxidantes é a sobretensão do hidrogênio nas áreas catódicas do metal.

De acordo com a definição anterior, de polarização, pode-se dizer que a sobretensão do hidrogênio é a diferença entre o potencial do cátodo no qual o hidrogênio está sendo desprendido e o potencial do eletrodo de hidrogênio em equilíbrio na mesma solução.

A sobretensão depende de vários fatores, entre os quais se podem citar, além da natureza do eletrodo:

- **aumento de temperatura** – os metais que sofrem corrosão acompanhada de desprendimento de hidrogênio são mais rapidamente atacados com o aumento de temperatura;
- **aspereza da superfície metálica** – uma superfície áspera tem uma sobretensão de hidrogênio menor do que uma superfície polida. Esse fato deve estar relacionado com o aumento de área e atividade catalítica da superfície áspera, facilitando a combinação dos átomos de hidrogênio adsorvidos para formar H_2.

$$H + H \rightarrow H_2$$
$$H^+ + H + e \rightarrow H_2$$

Assim, um bom catalisador como Pt ou Fe tem uma sobretensão baixa, ao passo que catalisadores fracos, como Pb ou Hg, têm valores elevados de sobretensão. No caso de envenenadores de catálise, como H_2S, ou certos compostos de arsênico ou fósforo presentes no eletrólito, há diminuição da velocidade de formação do H_2, facilitando a acumulação de hidrogênio atômico adsorvido na superfície do eletrodo.

O aumento da concentração de hidrogênio na superfície metálica vai diminuir a velocidade de corrosão por ação de polarização, mas pode favorecer a penetração de hidrogênio no metal, e em algumas ligas ferrosas pode, além de fragilizar, induzir tensões internas elevadas que podem causar fendimento espontâneo (fendimento pelo hidrogênio) do material metálico.

Os venenos de catálise aumentam a adsorção de hidrogênio quando o metal é polarizado por corrente externa aplicada ou quando a reação de corrosão desprende hidrogênio. Pode-se citar o caso de poços de petróleo contendo H_2S, que trabalham com equipamentos submetidos a altas tensões. Uma ligeira corrosão da tubulação produz hidrogênio, uma parte do qual entra no aço tensionado, causando, então, o fendimento pelo hidrogênio. É interessante assinalar que na ausência de H_2S ocorre somente a corrosão sem o fendimento.

Aços de alta resistência, devido à ductibilidade limitada, são mais sujeitos ao fendimento pelo hidrogênio do que os aços de baixa resistência, embora em ambos os casos o hidrogênio penetre na rede metálica, tendendo a formar bolhas nos aços de baixa resistência (empolamento pelo hidrogênio).

Os aços austeníticos, por exemplo, os aços inoxidáveis 18-8, não são muito sujeitos ao fendimento pelo hidrogênio, porque sua velocidade de difusão em ligas ferrosas é muito menor em estrutura cúbica de face centrada do que em estrutura cúbica de corpo centrado.

A elevação da sobretensão do hidrogênio normalmente diminui a velocidade de corrosão do aço em ácidos, mas observa-se que, em presença de enxofre ou fósforo, há um aumento na velocidade resultante da baixa sobretensão de hidrogênio no sulfeto ferroso ou fosfeto que existem no aço como fases separadas, ou são formados na superfície pela reação do ferro com H_2S ou compostos de fósforo existentes no eletrólito. Pode-se admitir ainda que o H_2S e os compostos de fósforo, em adição, estimulam a reação de dissolução anódica do ferro: $Fe \rightarrow Fe^{2+} + 2e$, ou então alteram a relação entre as áreas anódicas e catódicas.

O óxido arsenioso (As_2O_3), em pequenas quantidades, acelera a corrosão de aços por ácidos, formando provavelmente arsenietos. Em quantidades maiores, por exemplo, 0,05 % de As_2O_3 em H_2SO_4 72 %, ele age como inibidor de corrosão, talvez porque o arsênico elementar, tendo uma alta sobretensão para o hidrogênio, deposite-se nas áreas catódicas. Os sais de estanho também apresentam essa ação inibidora; daí serem usados para proteger aços do ataque de ácidos durante a decapagem.

13.2.5 Área como Agente de Polarização

Ao analisar o comportamento de pares galvânicos, observa-se que os potenciais dos eletrodos variam durante a passagem de corrente. Nos casos de corrosão eletroquímica, os metais apresentam, em sua superfície, regiões anódicas e catódicas, e a velocidade de corrosão dependerá da forma das curvas de polarização anódica e catódica.

A influência da forma das curvas na velocidade de corrosão pode se dar de diferentes maneiras, como pode ser visto na Figura 13.8.

(a) a polarização ocorre predominantemente nas áreas anódicas – a reação de corrosão é controlada anodicamente, como acontece com o chumbo impuro que, imerso em H_2SO_4, fica com a área anódica recoberta com uma película de $PbSO_4$;

(b) a polarização ocorre predominantemente nas áreas catódicas – a velocidade de corrosão é controlada catodicamente, como no caso do zinco que, corroendo-se em H_2SO_4, apresenta polarização devida ao hidrogênio adsorvido nas áreas catódicas;

(c) a polarização ocorre, em extensão apreciável, tanto no ânodo quanto no cátodo, tendo-se, então, um controle misto.

Deve-se levar em consideração que a extensão da polarização depende não somente da natureza do metal e do eletrólito, mas também da área exposta do eletrodo. Se a área anódica de um metal é muito pequena (ocasionada, por exemplo, por películas superficiais porosas, isto é, com pontos de descontinuidade), poderá ocorrer considerável polarização anódica acompanhando a corrosão, mesmo que as medidas de polarização indiquem uma polarização anódica pequena para uma dada densidade de corrente calculada com base na área total do eletrodo. Consequentemente, a relação área ânodo/área cátodo é um fator importante na determinação da velocidade de corrosão.

Deve-se evitar, sempre que possível, pequena área anódica em contato com grande área catódica, pois a corrosão na primeira será acentuadamente rápida, já que a densidade de corrente, isto é, a relação corrente/área é elevada. Esse fato

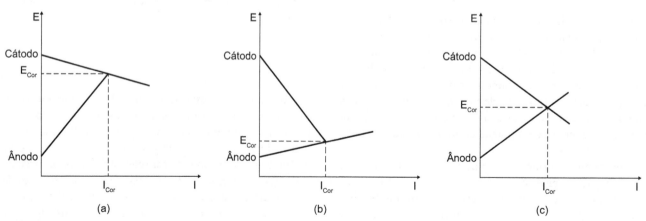

Figura 13.8 Esquematização da influência da forma das curvas de polarização na velocidade de corrosão.

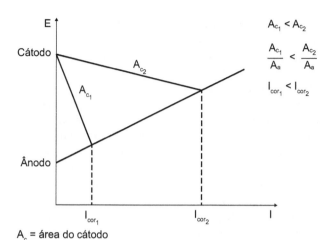

Figura 13.9

pode ser observado, experimentalmente, submergindo-se em água contendo cerca de 3 % de cloreto de sódio, durante vários dias, duas chapas metálicas rebitadas, uma consistindo em chapas de aço-carbono unidas com rebites de cobre e, a outra, em chapas de cobre unidas com rebites de aço. Ao fim desse tempo, observa-se que os rebites de aço foram severamente corroídos, ao passo que as chapas de aço rebitadas com cobre não sofreram aceleração significativa da corrosão. Embora os metais sejam os mesmos, verifica-se, em cada caso, que a desfavorável relação de área do grande cátodo de cobre e do pequeno ânodo de aço é responsável pela severa corrosão dos rebites de aço.

13.2.6 Aspectos Experimentais da Polarização

O produto $\eta \times i$ é a "força" que afasta um sistema eletroquímico de um estado de repouso. Esse produto será sempre positivo de modo que, quando o potencial varia, o valor do sobrepotencial criado define o comportamento do metal. Se o sobrepotencial for positivo, circulará pela interface metal-solução uma corrente positiva (corrente anódica), e o metal sofrerá desgaste por meio de uma reação de oxidação. Se o sobrepotencial for negativo, isto é, se $E' < E$, uma corrente catódica se estabelecerá, provocando uma reação de redução.

Entre os numerosos métodos de estudo da corrosão eletroquímica, a polarização é fundamental. Esse método consiste em realizar uma eletrólise, em que se utilizam, como eletrodo e eletrólito, respectivamente, o metal e o meio cuja interação se deseja estudar. O ensaio pode ser conduzido a potenciais de eletrodo controlados (medindo-se os valores de corrente em função do potencial aplicado) ou, então, à corrente de eletrólise controlada (anotando-se os valores de potencial em função da corrente). Representando-se graficamente a relação $E = f(I)$ ou $I = f(E)$, obtém-se uma **curva de polarização**.

As curvas de polarização a potencial controlado podem ser de dois tipos:

- **potenciocinética**: é aquela em que se tem variação contínua ou em degraus do potencial de eletrodo, em função do tempo t. O registro imediato da corrente, em função da variação de potencial, implicará a obtenção de uma curva de polarização, que será a resposta do sistema àquela variação de potencial imposta externamente;
- **potenciostática**: é aquela em que se tem variação descontínua do potencial de eletrodo, modificando-o ponto a ponto e medindo-se a corrente correspondente, após sua estabilização. Nesse caso, os valores obtidos, chamados de valores estacionários, não são função do tempo.

Da mesma forma, as curvas de polarização à corrente controlada podem ser:

- **galvanocinética** – varia-se a corrente continuamente ou em degraus e registra-se a resposta em potencial;
- **galvanostática** – varia-se a corrente ponto a ponto e espera-se uma resposta estacionária em potencial, para registro.

As correntes anódicas ou catódicas frequentemente são expressas como densidade de corrente (i), ou seja, corrente por unidade de área.

O corpo de prova do material a ser estudado e o meio (eletrólito) em que será feito o ensaio são colocados na chamada **célula de polarização**, onde se procura reproduzir, tanto quanto possível, as condições encontradas na prática para o tipo de estudo a ser conduzido no laboratório. Quando se estuda o mecanismo de um processo de corrosão em particular, torna-se necessário controlar, durante o ensaio, todas as variáveis que possam ter algum efeito sobre o processo, por exemplo, a agitação do meio corrosivo, a temperatura, a aeração etc. Assim, como cada problema apresenta características diferentes, as células de polarização são projetadas para o tipo de estudo de que se necessita; daí a grande variedade de modelos encontrada na prática.

Uma montagem clássica da célula de polarização é a chamada **célula a três eletrodos**, que consiste em um eletrodo de trabalho (material a ser ensaiado), um eletrodo de referência e um contraeletrodo ou eletrodo auxiliar (geralmente de platina). A medição do potencial é efetuada na interface metal-solução, procurando-se eliminar toda a possível contribuição ôhmica da solução. Consegue-se reduzir a um mínimo a queda ôhmica pela medição do potencial, em um ponto muito próximo à superfície do eletrodo de trabalho, a partir do emprego de um capilar – **capilar de Luggin**. É necessário escolher adequadamente o eletrodo de referência a fim de evitar que a solução deste último possa contaminar o meio em que se está realizando o ensaio.

Os ensaios de polarização são levados a efeito utilizando-se instrumentos denominados **potenciostatos/galvanostatos**. Com o potenciostato controla-se o potencial e lê-se a resposta em corrente do sistema. Com o galvanostato controla-se a corrente e lê-se a resposta em potencial do sistema. Esses instrumentos consistem basicamente em uma fonte de tensão estabilizada à qual estão acoplados, respectivamente, um amperímetro e um voltímetro de alta impedância. A definição do melhor instrumento a ser utilizado, potenciostato ou galvanostato, é função da forma da curva de polarização. Em princípio, procura-se utilizar o instrumento que fornecerá funções unívocas entre corrente e potencial (ver Fig. 13.9).

Princípio de funcionamento do potenciostato

Na Figura 13.10 o componente representado pelo triângulo é um amplificador operacional, que representa o circuito de umpotenciostato. Esse circuito tem as seguintes propriedades ideais:

- resistência de entrada infinita;
- resistência de saída nula;
- tendência a igualar os potenciais entre as entradas (+) e (−).

Supondo que se quer o potencial do eletrodo de trabalho ①, medido pelo eletrodo de referência ②, em um determinado valor E constante, conecta-se o potenciostato segundo o circuito esquematizado e ajusta-se à fonte de tensão variável ④, de modo que seu potencial adquira o valor E desejado. Imediatamente, a partir de ⑤ começará a circular pelo eletrodo ③ em direção a ① uma corrente, que aumentará até que não haja mais diferença entre (+) e (−) em ⑤.

Se o eletrodo ① sofrer alguma variação de potencial, a diferença em relação ao potencial fixado em ④ será detectada por ⑤, que fará circular uma corrente entre o contraeletrodo ③ e o eletrodo de trabalho ①. Com o amperímetro ⑥, pode-se medir a corrente necessária para manter o potencial constante e sua variação com o tempo.

O tempo de resposta dos potenciostatos, desde que se detecta uma diferença em 5 até que se volte a equilibrar o sistema, em geral é menor que 1 μs.

No caso de curvas potenciodinâmicas ou galvanodinâmicas, utiliza-se ainda um programador, conhecido como **rampa**, que permite varreduras de potencial ou corrente com velocidades preestabelecidas. Além da rampa, usa-se também um sistema para aquisição de dados (registrador ou computador). Um esquema de montagem normalmente utilizado é mostrado na Figura 13.11.

Os métodos de polarização, se bem compreendidos e judiciosamente aplicados, permitem a obtenção de parâmetros importantes para a avaliação do desempenho de diferentes materiais em face da corrosão. Seu domínio de aplicação é extenso, podendo-se enumerar, entre outras aplicações, avaliação de ligas, pesquisa de inibidores, proteções anódica e catódica, avaliação de revestimentos, estudo de corrosão galvânica, determinação dos efeitos de agentes corrosivos específicos (por exemplo, íons cloreto).

A título de ilustração, as Figuras 13.12 e 13.13 apresentam curvas de polarização típicas de alumínio e liga de alumínio em solução de NaCl e do cobre em água (Figura 13.14).

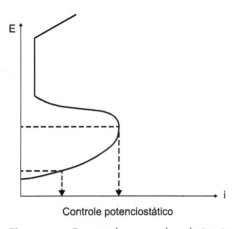
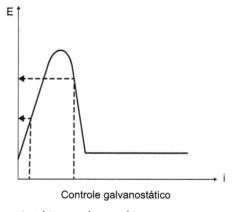

Figura 13.10 Formas de curvas de polarização que exigem controle potenciostático e galvanostático.

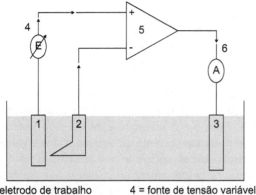

Figura 13.11 Esquema de sistema de medições com potenciostato.

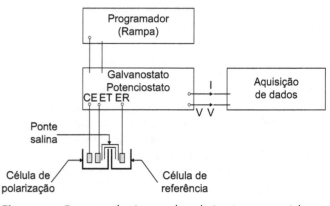

Figura 13.12 Esquema do sistema de polarização a potencial controlado.

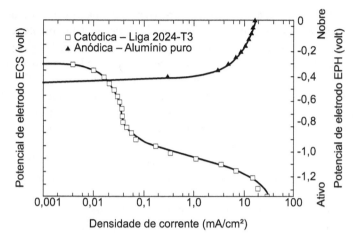

ECS – eletrodo de calomelano saturado
EPH – eletrodo padrão de hidrogênio

Figura 13.13 Curvas de polarização de Al e liga de Al em solução 0,2 N de NaCl.

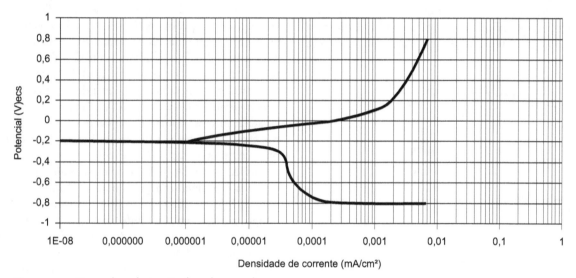

Figura 13.14 Curva de polarização do cobre em água.

13.2.7 Técnicas Complementares: Impedância e Ruído Eletroquímico

Impedância eletroquímica

A complementação dos métodos de polarização com a chamada técnica de impedância eletroquímica tem possibilitado grandes avanços nos estudos de corrosão.[14] Na área acadêmica, mecanismos de eletrodissolução e eletrodeposição têm sido elucidados. Entre as aplicações práticas, o estudo da cinética de deterioração de revestimentos orgânicos merece destaque, pois nesse caso a técnica de polarização é praticamente inoperante. Com efeito, supondo-se o caso de um metal pintado, por exemplo, a curva de polarização do sistema seria uma reta paralela ao eixo dos potenciais, apresentando correntes praticamente nulas. Não é possível, por esse método clássico de polarização, obter parâmetros importantes da interface, como resistência do filme, sua capacitância, em suma, suas propriedades eletroquímicas. A seguir detalha-se como a técnica de impedância é aplicada na caracterização de revestimentos. Com isso, pode-se melhor entender os princípios de funcionamento desta técnica.

Suponha-se agora que seja utilizada uma montagem parecida com aquela descrita na Figura 13.11, porém aplicando-se corrente alternada. A resposta da interface metal pintado/solução a esse estímulo pode ser representada pelo equivalente elétrico na Figura 13.14.

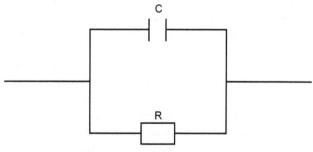

Figura 13.15 Circuito elétrico equivalente da interface metal pintado/solução.

O revestimento atuaria como um separador de cargas entre o metal e a solução, ou seja, a interface revestida tem uma analogia com o desempenho de capacitores. Por isso, será representada por uma capacitância, C, e uma resistência, R, em geral elevadíssima.

Supondo-se que, nesse sistema, superpõe-se um sinal de potencial alternado $\tilde{E}$, com uma frequência $\omega = 2\pi f$, f em Hz, nele circulará uma corrente alternada $\tilde{I}$, e a seguinte relação será respeitada: $\tilde{E} = Z\tilde{I}$, em que Z é a impedância eletroquímica, em analogia à impedância elétrica.

Sabe-se que a impedância de um capacitor é $Z_c = (j\omega c)^{-1}$, em que $j = \sqrt{-1}$, e a impedância de um resistor é $Z_R = R$. Em um resistor, corrente e tensão estão em fase, enquanto em um capacitor há uma defasagem de 90°. No circuito da Figura 13.13, para cada valor de frequência haverá uma defasagem. Para $\omega = \infty$ (frequências muito elevadas), a impedância do capacitor será nula e, portanto, a impedância total do circuito também. Para $\omega = 0$, a impedância do capacitor será muito elevada (infinita no limite $\omega \to 0$) e, portanto, a impedância do circuito será igual a R. Para uma frequência ω qualquer:

$$\frac{1}{Z(\omega)} = j\omega C + \frac{1}{R} \to Z(\omega) + \frac{R}{1 + j\omega CR}$$

ou

$$Z(\omega) = \frac{R}{1 + \omega^2 C^2 R^2} - j\frac{\omega C R^2}{1 + \omega^2 C^2 R^2} \quad (1)$$

Quando $\omega = (RC)^{-1}$, tem-se

$$Z((RC)^{-1}) = \frac{R}{1 + \frac{R^2C^2}{R^2C^2}} - j\frac{\frac{CR^2}{CR}}{1 + \frac{R^2C^2}{R^2C^2}} = \frac{R}{2} - j\frac{R}{2}$$

Vê-se que, nesta frequência, a impedância tem sua parte real idêntica à imaginária, ambas R/2. Na realidade, a Eq. (1) representa um semicírculo de raio R/2. O leitor poderá atribuir para ω valores arbitrários (exemplos $(2RC)^{-1}$, $(4RC)^{-1}$ e RC), e verificar o gráfico da Figura 13.14. Nessa figura, tem-se um semicírculo, cujo máximo da parte imaginária acontece em $\omega = (RC)^{-1}$. Esta frequência representa o inverso da constante de tempo do decaimento capacitivo que se conhece da Física. Diz-se, do diagrama da Figura 13.14, que ele representa um fenômeno capacitivo cuja constante de tempo é RC. Voltando-se agora para um sistema eletroquímico em que o metal está pintado e medindo-se sua impedância, obtém-se o gráfico mostrado na Figura 13.14. Deste gráfico, podem-se obter a capacitância do filme de tinta $C = (\omega R)^{-1}$ e sua resistência R. Em princípio, quanto maior for R, menor será C, melhores as propriedades de barreira da película de tinta. O processo de permeação da tinta pelo meio corrosivo tende a aumentar sua constante dielétrica e, consequentemente, a capacitância do revestimento deve aumentar ao longo do tempo. O processo de permeação também implica o aparecimento de defeitos na película de tinta que, ao longo do tempo, resultam em diminuição de sua resistência. Portanto, monitorando a variação de resistências e capacitâncias, obtidas dos diagramas de impedância em função do tempo, é possível caracterizar a cinética de envelhecimento dos revestimentos orgânicos. Existem algumas limitações a esse tipo de abordagem.[15] Se os revestimentos possuírem outros mecanismos de proteção, por exemplo, pigmentação anticorrosiva com zinco metálico, zarcão, fosfatos de zinco ou outros, podem-se obter respostas diferentes da impedância. Assim, a referida técnica auxilia também no estudo dos mecanismos de atuação desses revestimentos. Esse método de análise com tintas está sendo bastante utilizado em nível mundial, sendo de uso corrente nos dias atuais.

Ruído eletroquímico

O conceito de ruído eletroquímico está associado ao fato de que todas as medidas físicas são valores médios que flutuam ao longo do tempo, isto é, sempre se mede uma propriedade U que terá uma flutuação temporal ΔU. Essa flutuação tem sua média nula e, para medidas confiáveis, deve ser bem menor em módulo do que o valor medido. Esta é conhecida como ruído da medida ou do sinal de medida. Entretanto, apesar de média nula, os demais parâmetros estatísticos que caracterizam essa flutuação não são nulos e trazem informação específica sobre a natureza do sistema. Por exemplo, vamos considerar um metal se corroendo no potencial de corrosão. A corrente global medida será nula, pois a parcela catódica é compensada pela anódica. Do mesmo modo, o potencial de corrosão terá um valor constante ao longo do tempo, porém com uma flutuação, pois seu valor é fixado pela cinética dessas duas reações. Como dito, essa flutuação terá média nula. Entretanto, a análise no espectro de frequência, os parâmetros estatísticos dessas flutuações, mostra que eles não são nulos e dá informações sobre os processos que estão ocorrendo durante a corrosão. Trata-se de uma técnica interessante, pois não precisa de nenhuma intervenção no sistema. Basta registrar o potencial tempo para medir o ruído em potencial, e a corrente tempo (que terá média nula) para medir o ruído em corrente. O ruído será medido por uma transformada de Fourier (FFT), cujos detalhes podem ser vistos em bibliografia especializada.[9-11] No caso específico do sistema se corroendo no potencial de corrosão, ao se dividir a FFT do sinal de potencial pelo de corrente, tem-se a medida da impedância do sistema nesse potencial, desde que a FFT seja feita até uma frequência compatível. Deste modo, obtém-se a impedância sem necessidade de impor perturbação alguma no sistema. Os parâmetros obtidos pela impedância, como resistência de polarização e de transferência de carga, também poderão ser assim obtidos. Tendo estes parâmetros correlação com a velocidade de perda de massa dos materiais, os mesmos poderão ser utilizados para fins de monitoração do sistema. Outra aplicação interessante para esta técnica de ruído que tem sido apontada na literatura é monitorar o aparecimento de corrosão localizada nos sistemas. Desde que o ruído em corrente de um material, quer sofrendo corrosão generalizada, quer estando no modo passivo, seja bastante distinto daquele mesmo ruído quando o sistema está sofrendo qualquer tipo de corrosão localizada, o monitoramento desse ruído com o tempo poderá fornecer uma clara indicação do momento em que o fenômeno de corrosão se tornará localizado. Em princípio, todas as transições de um estado para outro que alterem o nível (qualidade) do ruído poderão ser monitoradas por esta técnica. Alguns exemplos que podem ser citados são: desprendimentos gasosos, corrosão localizada e formação de fases.

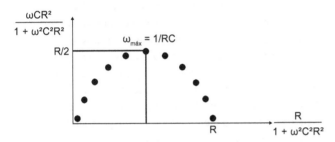

Figura 13.16 Impedância do circuito da Figura 13.14 em função da frequência.

13.3 PASSIVAÇÃO

Observa-se, experimentalmente, que alguns metais podem apresentar comportamento diferente do que seria previsto pelas suas posições na tabela de potenciais. Assim, o ferro é rapidamente atacado pelo ácido nítrico diluído, mas não é pelo ácido nítrico concentrado. Se o ferro for retirado do ácido nítrico concentrado e novamente colocado no ácido nítrico diluído, observa-se que ele não mais é atacado. Diz-se que o metal está no estado passivo, não mais podendo ser atacado por HNO_3 diluído ou deslocar cobre de solução de $CuSO_4$. Alguns materiais metálicos, como alumínio, cromo e aços inoxidáveis, podem apresentar também comportamento semelhante ao do ferro, isto é, podem se tornar passivos em determinados meios.

Nas condições em que o material se torna passivo, seu comportamento eletroquímico revela um potencial mais nobre, isto é, menos ativo que o normalmente apresentado. O material sofre então corrosão mais lenta. Logo:

- um metal ativo na tabela de potenciais, ou uma liga composta de tais metais, é considerado passivo quando seu comportamento eletroquímico é semelhante ao de um metal menos ativo ou nobre;
- um metal, ou liga, é considerado passivo quando resiste satisfatoriamente à corrosão em um meio onde, termodinamicamente, há um decréscimo acentuado de energia livre, associado à transformação do metal para produtos de corrosão.

A passivação é um processo que depende do material e do meio. Alguns metais e ligas, como níquel, molibdênio, titânio, zircônio, aços inoxidáveis e monel (70 % Ni – 30 % Cu), se passivam ao ar. Outros somente sofrem passivação em meios muito específicos, como chumbo em ácido sulfúrico, magnésio em água, ferro em ácido nítrico concentrado.

A passivação melhora a resistência à corrosão e é conseguida por oxidação usando-se substâncias convenientes (ácido nítrico concentrado, dicromato de potássio, oxigênio do ar) ou por polarização anódica. Dessa forma, são passivados metais como Fe, Ni, Cr, Co, Mo, W, Al e suas ligas. O ferro, quando puro, perde facilmente sua passivação, mas em ligas com cromo com mais de 12 % a passivação é adquirida de forma mais estável, como nos aços inoxidáveis.

Em alguns casos, o filme de óxido formado pode ser facilmente destruído, bastando um leve choque para destruir a película. Entretanto, alguns filmes passivos não são tão sujeitos à destruição, mesmo quando fraturados, pois os filmes podem formar-se novamente, desde que o meio seja propício. Assim, o aço inoxidável contendo 18Cr–8Ni é um bom exemplo desse fato; ele forma um filme altamente protetor na superfície metálica, e o material resiste ao ataque em muitos meios extremamente corrosivos, desde que haja uma pequena quantidade de oxigênio dissolvido na solução, para reparar possíveis fraturas no filme. Desaeração total da solução pode ocasionar rápido ataque, pois não haverá oxigênio para reparar possíveis fraturas no filme.

Geralmente, a passivação de aços inoxidáveis com ácido nítrico é feita da seguinte maneira:

- concentração de ácido – 20 % a 40 % por volume de HNO_3 concentrado;
- temperatura – 50 °C a 70 °C (para aços austeníticos contendo ≥ 17 % Cr) e 45 °C a 60 °C (para aços contendo 12 % a 14 % Cr);
- tempo – 30-60 minutos, imersão completa.

A passividade de um metal pode ser destruída por substâncias redutoras, polarização catódica e íons halogeneto, principalmente cloreto, que penetra na camada de óxido ou a dispersa sob forma coloidal, aumentando sua permeabilidade. Metais ou ligas de cromo, alumínio ou aço inoxidável, passivos no ar, têm sua passividade destruída por íons cloreto em pontos ou áreas localizados. Na pilha ativa-passiva que se forma, a área anódica está localizada nos pontos em que houve destruição da passividade e, como essas áreas são muito pequenas em relação à área catódica, haverá corrosão acelerada nesses pontos.

Metais anfóteros, como zinco e alumínio, perdem sua passividade em soluções alcalinas, pois a película responsável pela passivação (Al_2O_3 e ZnO) é solúvel em álcalis. Por exemplo:

$$Al_2O_3 + 2NaOH + 3H_2O \rightarrow 2NaAl(OH)_4$$

$$ZnO + 2NaOH + H_2O \rightarrow Na_2Zn(OH)_4$$

Admite-se que a passivação seja causada por um filme muito fino de óxido na superfície metálica ou por um estado oxidado da superfície, que impede o contato entre o metal e o meio corrosivo. Admite-se, ainda, a possibilidade de ocorrer a passivação por causa de oxigênio, íons ou moléculas, adsorvidos na superfície metálica. Finalmente, há a teoria da configuração eletrônica, segundo a qual, pela reação entre os átomos superficiais de um metal e o eletrólito, pode-se ter uma variação da configuração eletrônica, principalmente no caso dos metais de transição, isto é, aqueles que têm subníveis *d* incompletos. Essa variação pode ser feita pelo oxigênio e outras substâncias oxidantes fortemente adsorvidas na superfície metálica. Admite-se que essas substâncias retiram elétrons do subnível *d* provocando a passivação. É evidente que, por cederem elétrons, os redutores eliminam a passivação.

Verifica-se, portanto, a existência de diversas teorias para explicar a passivação, mas o fato concreto é que o metal, em geral, está coberto por um óxido ou hidróxido que pode ter, após envelhecimento, um caráter termodinâmico, isto é, será uma fase estável. O fato de grande importância para fins práticos é a existência de metais que, a partir de certo potencial, cujo valor varia com o meio e outros fatores, apresentam um filme protetor na sua superfície, o qual reduz a corrente de dissolução a valores desprezíveis.

As curvas de polarização anódica são importantes auxiliares para o estudo e identificação de sistemas metal/meio passiváveis. Curvas clássicas encontradas em sistemas de interesse para corrosão têm aspecto como na Figura 13.16.

Iniciando-se a polarização anódica a partir do potencial de corrosão (E_c) do metal, no meio de interesse, evidencia-se na curva (a) um processo de ativação ($\eta = a + b \log i$), seguido por uma polarização por concentração, o processo de passivação e a ruptura localizada do filme passivo a partir de certo potencial, chamado **potencial de pite**. Na curva (b), uma variante da curva (a), desde o potencial de corrosão do metal, encontra-se passivo. A curva (c) é diferente da (a), isto é, não aparece ataque localizado, o filme passivo permanece na interface sem sofrer ruptura.

Os parâmetros de interesse nessas curvas são:

(a) a corrente crítica (i_{crit}), que é corrente que precisa ser atingida durante a polarização para que o metal sofra passivação. Quanto menor i_{crit}, mais facilmente o metal se passiva;

(b) o potencial de passivação (E_p), que significa que quanto mais próximo E_p estiver de E_c, menor a polarização de que o metal necessita para passivar. Na curva (b) $E_p \leq E_c$;

(c) faixa de potencial em que o metal permanece passivo, ou seja, possibilidade de ocorrência de corrosão por pites em potenciais mais altos. Se a possibilidade de corrosão por pites não puder ser eliminada, é interessante ao menos que o potencial em que ela ocorre seja alto; assim, dificilmente será atingido em condições naturais.

A título de complementação são apresentadas, a seguir, algumas ressalvas. A corrosão por pites é uma forma de corrosão localizada que ocorre em um potencial específico. A determinação exata desse potencial é de grande importância prática. Muitos estudos foram desenvolvidos com essa finalidade e, atualmente, é consenso que as curvas de polarização não são o método mais adequado, pois o potencial de pite varia com o modo de obtenção da curva. Atualmente, o método mais recomendado para se determinar o E_{pite} com maior exatidão é aquele de impor um potencial constante e observar o valor de corrente por um período mínimo de 24 horas. Na curva de polarização, determina-se somente se o metal é ou não suscetível à corrosão por pite e a faixa de potencial dessa suscetibilidade.

Outros fatores que podem provocar aumento de corrente como o mostrado na curva (a) são: a corrosão por frestas, ou por crévice, a corrosão sob tensão e a oxidação da água.

A corrosão por frestas, ou por crévice, tem por causa um fator eminentemente geométrico e não ocorre em nenhum potencial específico. Para evitar sua interferência durante um ensaio eletroquímico, como são as curvas de polarização, deve ser tomado cuidado na confecção do eletrodo de trabalho. Evitar a ocorrência de frestas pelo isolamento de bordas é sempre medida necessária.

A influência da corrosão sob tensão será analisada no capítulo relacionado com corrosão associada a solicitações mecânicas (Cap. 15).

O aumento de corrente originado por oxidação da água decorre de, na situação experimental, ser atingido um potencial que provoca a decomposição da água segundo a reação

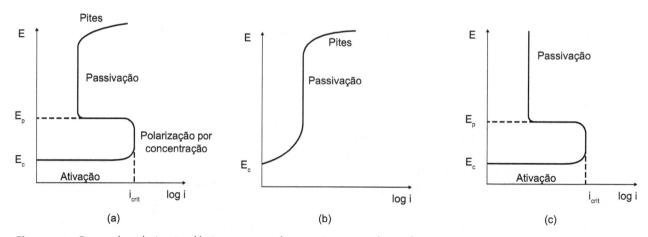

Figura 13.17 Curvas de polarização clássicas encontradas nos sistemas práticos de corrosão.

$$2H_2O \rightarrow O_2\uparrow + 4H^+ + 4e$$

Se o aumento de corrente observado é consequência de quebra do filme de passivação (pite, frestas ou corrosão sob tensão fraturante) ou, simplesmente, de oxidação da água, isto pode ser comprovado mediante observação da superfície do eletrodo de trabalho após o ensaio, para verificação da ocorrência ou não de pontos localizados de corrosão.

REFERÊNCIAS BIBLIOGRÁFICAS

1. Frenkel, G. S.; Fundamentals of Corrosion Kinetics. *In*: ACTIVE PROTECTIVE COATINGS – New-Generation Coatings for Metals. Springer Series in Materials Science, p. 233, 2016.
2. NORMA ABNT NBR 9771. Exame e avaliação da corrosão por pite, 1987.
3. NORMA ASTM G46, (1994). (Reaprovada em 2005). *Examination and evaluation of pitting corrosion*, 2005.
4. NORMA NACE STANDARD RP0775 (2005). *Preparation, Instalation, Analysis, and Interpretation of Corrosion Coupons in Oilfield Operations*, nº 21.017, 2005.
5. Chen, J.; Shadley, J. R.; Rybicki, E. F.; Bogaerts, W. F. *Pitting Corrosion Monitoring with an Improved Electrochemical Noise Technique*. Paper 99193, NACE-Corrosion 99, p. 25-30, 1999.
6. Prateepasen, A.; Pitting Corrosion Monitoring using Acoustic Emission. *Pitting Corrosion*, InTech, 2012.
7. Guo, P.; La Plante, E. C.; Wang, B.; Chen, X.; Balonis, M.; Bauchy, M. *et al.* Direct Observation of Pitting Corrosion Evolutions on Carbon Steel Surfaces at the nano-to-microsscales. *Scientific Reports*, 8, 7.990, 2018.
8. Uhlig, H. H.; Triadis, D.; Stern, M. J. *Electrochem. Soc.*, p. 59, 102, 1955.
9. Whitman, W.; Russel, R.; Altieri, V. *Ind. Eng. Chem.*, p. 16, 655, 1924.
10. Akimov. G. V. *Théorie et méthodes d'essai de la corrosion des métaux*. Paris: Dunod, p. 50, 1957.
11. Chilton, J. P. *Principles of Metallic Corrosion*. London: The Royal Institute of Chemistry, p. 22, 1961.
12. INSTRUMENTAL METHODSin Electrochemistry. Southampton Electrochemistry Group/ Ellis Harwood Limited, 1985.
13. Pourbaix, M. *Lectures on Electrochemical Corrosion*. Plenum Press, 1973.
14. Orazem, M.E.; Tribollet, B. *Electrochemical Impedance Spectroscopy*. New York: John Wiley & Sons, 2008.
15. Macedo, M. C. S. S.; Margarit-Mattos, I. C. P.; Fragata, F. L.; Jorcin, J. B.; Pebere, N.; Mattos, O. R. Contribution to a better understanding of different behaviour patterns observed with organic coatings evaluated by electrochemical impedance spectroscopy. *Corrosion Science*, 51, p. 1.322, 2.009.
16. Cottis, B. Interpretation of Electrochemical Noise Data. *Corrosion*, 57, p. 265, 2001.

EXERCÍCIOS

13.1. Como pode ser obtido, na prática, o valor da velocidade média de corrosão de um material sob ataque uniforme? Qual é a importância da determinação desse valor?

13.2. Um dos fatores que influenciam na velocidade de corrosão é o oxigênio dissolvido no meio. Explique como se processa essa influência em função da concentração de oxigênio presente.

13.3. Sabe-se que uma vez definida a corrente de corrosão de um metal, define-se sua velocidade de corrosão. Porém, a corrente de corrosão não pode ser mensurada diretamente, o que prevê a aplicação de métodos indiretos para sua determinação. Por que isso acontece?

13.4. Qual é a relação entre a velocidade de corrosão e a diferença de potencial entre dois eletrodos?

13.5. A influência da forma das curvas de polarização na velocidade de corrosão pode se dar de diferentes maneiras. Desenhe gráficos esquemáticos de polarização eletroquímica onde possam ser observados: (a) o controle anódico na polarização; (b) o controle por área do cátodo na polarização.

13.6. Quais são os principais parâmetros de interesse nas curvas de polarização de metais que sofrem passivação?

Capítulo 14

Oxidação e Corrosão em Temperaturas Elevadas

A importância do emprego de materiais metálicos em equipamentos que operam em altas temperaturas (temperaturas acima de 100 ºC) justifica um desenvolvimento mais detalhado das principais características da oxidação e corrosão em ambientes com a presença de vapor ou gases. Veja o anexo no final deste capítulo.

14.1 FORMAÇÃO DA PELÍCULA DE OXIDAÇÃO

A quase totalidade dos metais usados industrialmente, bem como suas ligas, é suscetível de sofrer corrosão quando exposta a agentes oxidantes, como oxigênio, enxofre, halogênios, dióxido de enxofre (SO_2), gás sulfídrico (H_2S) e vapor de água. Esse comportamento resulta do fato de as reações desses metais com esses oxidantes serem exotérmicas, sendo, portanto, termodinamicamente possíveis em temperaturas elevadas, nas quais o decréscimo de energia livre é menor, a reação é mais favorecida cineticamente e a velocidade de oxidação é consideravelmente maior.

A possibilidade de formação de um óxido, sulfeto ou outro composto, sobre um material metálico, pode ser determinada termodinamicamente pelo cálculo da variação de energia livre do sistema respectivo: metal mais oxigênio resultando em óxido, metal mais enxofre resultando em sulfeto, ou metal mais outra substância qualquer resultando no composto respectivo. A variação de energia livre na formação do óxido é da mesma ordem que a variação de entalpia (calor de reação à pressão constante).

Os óxidos obtidos por reações exotérmicas são os mais fáceis de se formar. Logo, os metais que apresentam esses óxidos podem ser facilmente corroídos.

A Tabela 14.1 apresenta os valores de ΔH, entalpia de formação, e ΔG, energia livre de formação[1] para alguns óxidos.

Tabela 14.1 Valores de ΔH e ΔG

Óxido	ΔH a 258C em kcal/mol	ΔG a 258C em kcal/mol
Al_2O_3	−399,09	−376,87
V_2O_5	−373	−342
V_2O_4	−342	−316
V_2O_3	−296	−277
Cr_2O_3	−268,8	−249,3
Fe_3O_4	−266,8	−242,3
TiO_2	−225,0	−211,9
SiO_2	−203,35	−190,4
Fe_2O_3	−198,5	−179,1
WO_3	−195,7	−177,3
W_2O_2	−195	—
CaO	−151,7	−144,3
BeO	−145,3	−138,3
MgO	−143,84	−136,17
WO_2	−130,5	−118,3
ZnO	−83,36	−76,19

(continua)

(continuação)

FeO	−64,62	−59,38
CdO	−62,35	−55,28
NiO	−58,4	−51,7
Cu_2O	−43	−38,13
CuO	−38,5	31,9
Ag_2O	−6,95	2,23
Au_2O_3	+11	+18,71

Percebe-se que o ouro, com energia livre de formação do seu óxido positiva, é mais nobre do que o alumínio (que tem energia livre de formação do seu óxido bastante negativa). Portanto, o alumínio oxida a 25 °C, mais facilmente do que o ouro.

Para temperaturas mais elevadas, pode-se utilizar o Diagrama de Ellinghan,[2] cuja representação gráfica é:

$$\Delta G_{(T)} = \Delta H_{(T)} - T\Delta S_{(T)}$$

O diagrama considera a reação de oxidação do metal como:

$$(2x/y) M + O_{2(g)} \rightarrow (2/y) M_xO_y$$

O material metálico em contato com a atmosfera oxidante corrói-se quimicamente pela transferência direta dos elétrons que cada átomo do metal cede a átomos do oxidante. Considerando-se o oxigênio como o oxidante, resultam da reação íons M^{n+} e O^{2-}, que passam a constituir um óxido cristalino que recobre o metal:

- reação de oxidação

$$4M \rightarrow 4M^{n+} + 4ne$$

- reação de redução
$$nO_2 + 4ne \rightarrow 2nO^{2-}$$

- reação de oxirredução

$$4M + nO_2 \rightarrow 4M^{n+} + 2nO^{2-}$$

A película do óxido, M_2O_n, à temperatura ambiente, em geral, é muito tênue, fina e de difícil percepção. Com o aquecimento, essa película vai aumentando e podem-se observar, entre certas espessuras, cores que resultam da interferência da luz refletida nas superfícies superior e inferior da película de óxido.

Experiência 14.1

Colocar a extremidade de um prego de aço ou de uma placa de aço-carbono, previamente limpos, na chama oxidante de um bico de Bunsen, deixando que a chama incida sempre na mesma região da extremidade:

notar que, com a elevação de temperatura, vão se formando diferentes cores sobre o material metálico, e essas cores são as chamadas *cores de interferência*. Observam-se tonalidades de cores entre castanho, castanho-alaranjada, azul e preta em função do aumento de temperatura e tempo de aquecimento. As colorações castanho e castanho-alaranjada estão na faixa de 250 °C a 270 °C, ao passo que a azul e a preta situam-se na de 290 °C a 320 °C.

A oxidação do titânio em temperatura elevada forma uma película azul-escura de óxido de titânio, TiO_2. Alguns metais não apresentam essas cores na oxidação porque a película não se torna suficientemente espessa, como é o caso do alumínio. Com o aquecimento prolongado, a película cresce, podendo se destacar do metal sob a forma de flocos ou escamas durante a oxidação ou quando se resfria o metal, devido à diferença de coeficiente de dilatação do óxido e do metal; com o aumento da espessura da película não mais se observam cores de interferência.

Metais que apresentam vários estados de oxidação, por exemplo, ferro, cobre, cobalto e manganês, podem formar películas constituídas de camadas de óxidos de diferentes composições.

Assim, o ferro aquecido a 700 °C, em presença de oxigênio sob pressão de uma atmosfera, fica recoberto de uma película de oxidação constituída de três óxidos, na qual a mais espessa é a de FeO, sendo a de Fe_2O_3 bem menos espessa que a de Fe_3O_4 e a de FeO, como esquematizado na Figura 14.1.

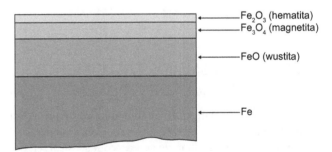

Figura 14.1 Constituintes da película de oxidação do ferro aquecido a 700 °C.

Como os compostos formados podem apresentar instabilidade, segundo as variações de temperatura ou de pressão parcial de oxigênio, pode-se ter uma variação na composição dessas camadas. O ferro, por exemplo, quando aquecido em diferentes temperaturas e em presença de oxigênio sob pressão parcial de uma atmosfera, apresenta as seguintes camadas aproximadamente iguais em peso:

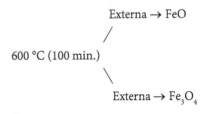

```
                 Interna → FeO: 95 %
                /
1.000 °C (25 min.)   Média Fe₃O₄: 4 %
                \
                 Externa → Fe₃O₄: cerca de 1 %
```

Com o resfriamento, o FeO se decompõe:

$$4FeO \rightarrow Fe_3O_4 + Fe$$

tendo-se, então, partículas de ferro na magnetita.

Aquecendo-se a uma temperatura abaixo de 570 °C, a camada de FeO pode ficar ausente, formando-se uma dupla camada de Fe_3O_4 e Fe_2O_3. Em temperaturas mais baixas (aproximadamente 400 °C), encontra-se principalmente o Fe_3O_4, com muito pouco Fe_2O_3.

Os limites entre as diferentes camadas apresentam misturas de óxidos devido à interpenetração das diferentes camadas.

Chapas de aço recém-laminadas a quente apresentam uma coloração cinza ou azulada devido à presença de uma película constituída desses óxidos de ferro. Essa película é chamada de **carepa** ou **casca de laminação** e, exposta ao ar e à umidade, vai se tornando alaranjada por causa da formação predominante de $Fe_2O_3 \cdot H_2O$, segundo as possíveis equações:

$$2FeO + {}^1/_2 O_2 + H_2O \rightarrow Fe_2O_3 \cdot H_2O$$

$$2Fe_3O_4 + {}^1/_2 O_2 + 3H_2O \rightarrow 3Fe_2O_3 \cdot H_2O$$

14.2 MECANISMO DE CRESCIMENTO DA PELÍCULA DE OXIDAÇÃO

Quando um material metálico é submetido a uma atmosfera oxidante, há formação de uma película. Essa película, evidentemente, é que vai ditar, de acordo com suas características, a possibilidade de o processo de oxidação prosseguir. Assim, é importante, para os processos de corrosão, estudar como essa película se forma e cresce em função das variáveis meio corrosivo e tempo de exposição.

Tendo-se como meio oxidante mais frequente o oxigênio, pode-se considerar que a fixação do oxigênio à superfície de um metal exposto a uma atmosfera de oxigênio molecular, à baixa temperatura, resulta da competição de três processos distintos:

- adsorção de um filme de oxigênio atômico sobre a superfície metálica;
- adsorção de oxigênio molecular sobre a face externa do filme anterior;
- película de óxido proveniente da reação de oxidação.

Os dois primeiros processos predominam em temperaturas baixas e o terceiro processo é mais acentuado em temperaturas elevadas, podendo ocorrer, porém, em temperaturas baixas.

Quando se forma uma camada compacta de óxido numa superfície metálica exposta a uma atmosfera oxidante, é necessário que haja um fenômeno de difusão através da película de óxido para que possa ocorrer um crescimento da referida película. A oxidação vai prosseguir com uma velocidade que será função da velocidade com que os reagentes se difundem através da película.

Considera-se atualmente que o processo de oxidação envolve o transporte de íons e de elétrons através da película. Logo, o crescimento da película, isto é, a corrosão, vai depender das conduções iônica (catiônica e aniônica) e eletrônica.

A condução iônica pode se dar das seguintes maneiras:

- o ânion (O^{2-}) difundindo-se pelo óxido no sentido do metal – titânio e zircônio;
- o cátion metálico, M^{n+}, difundindo-se pelo óxido no sentido do oxigênio – cobre, zinco e ferro;
- difusão simultânea do ânion e cátion – cobalto e níquel.

As zonas de crescimento das películas, segundo o sentido da difusão, aparecem da seguinte forma:

- difusão simultânea – os íons se encontram em qualquer parte da massa da película;
- difusão através do metal – a película cresce na superfície de separação metal-óxido;
- difusão através da película – o crescimento da película se dá na interface óxido-ar.

A difusão catiônica ocorre mais frequentemente que a aniônica porque o íon metálico é geralmente menor que o íon O^{2-}, podendo assim atravessar, com mais facilidade, a rede cristalina do óxido. A difusão simultânea é menos frequente porque o valor da energia de ativação favorável para um tipo é desfavorável para outro.

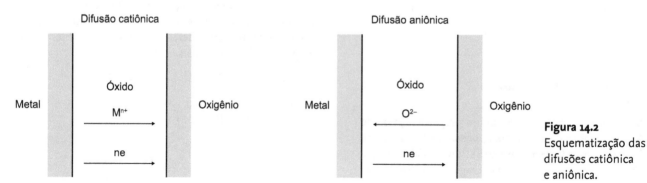

Figura 14.2 Esquematização das difusões catiônica e aniônica.

Experiências que mostram a predominância da difusão catiônica foram realizadas por Wagner e Pfeil. Wagner[3] mostrou que é o cátion Ag⁺ (e não o ânion S²⁻) é que migra através da película de Ag₂S. Para isso, colocou duas lâminas pesadas de Ag₂S sobre prata e acima das lâminas enxofre fundido, retido por parede de vidro. Observou que após uma hora a 220 ºC a lâmina de Ag₂S, próxima da prata, não perdeu nem ganhou peso, ao passo que a lâmina de Ag₂S mais afastada, isto é, próxima do enxofre, teve um aumento de peso quimicamente equivalente à perda de peso da prata metálica.

Pfeil[4] provou o mesmo fato usando uma lâmina de ferro revestida com Cr₂O₃, expondo-a à atmosfera oxidante. Observou, após algum tempo, que a camada de óxido de ferro estava sobre a camada de Cr₂O₃, ou no meio desta, o que prova que os íons de Fe²⁺ se difundem através da camada de Cr₂O₃, e reagem com o oxigênio na interface gás-óxido.

Quando um metal é oxidado por difusão catiônica tem-se o metal sob forma catiônica transportado através da camada de óxido, podendo formar espaços vazios na interface metal e óxido. Esses espaços vão permitir que o metal fique sempre livre para ser oxidado, o que evidentemente acelera a corrosão. Isto ocorre porque, com o crescimento da película de óxido, essa tende a fraturar e, como sob ela existia a cavidade, o metal está livre para ser imediatamente oxidado. Essas cavidades não se formam no caso de o óxido ser suficientemente plástico.

Existe uma teoria eletroquímica para explicar o fenômeno de oxidação, baseada nas experiências de Wagner[2] relativas à reação entre a prata e o enxofre.

Em uma pilha galvânica, exemplificando com a reação

$$M + X \rightarrow MX$$

tem-se que o produto de oxidação age como eletrólito em virtude do transporte iônico e como circuito externo por causa da condutividade eletrônica.

Considerando a película de oxidação compacta e sustentando que nenhuma difusão se processa através de poros ou contornos de grãos, Wagner admitiu que o transporte de matéria através da camada de óxido deve efetuar-se sob a forma de íons e elétrons; de um lado, sob a influência de um gradiente de concentração devido a uma variação de composição de óxido entre as interfaces metal-óxido e óxido-gás; de outro lado, sob a influência de um gradiente de potencial elétrico devido à diferença de concentração de carga, particularmente nas interfaces. No caso de uma camada de óxido relativamente espessa, o gradiente de potencial é muito pequeno, intervindo somente o gradiente de concentração.

Wagner supôs que a difusão fosse consideravelmente facilitada pelas imperfeições na rede cristalina no óxido. Os óxidos metálicos são substâncias iônicas em que os íons do metal e do oxigênio estão regularmente distribuídos em uma rede cristalina. Frequentemente, essas redes apresentam lugares vazios que não ocupam posições fixas e por onde os íons são capazes de se mover. Destacam-se dois tipos principais de imperfeições, descritas a seguir.

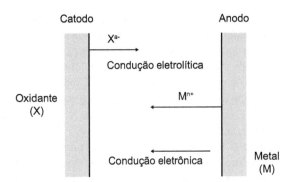

Figura 14.3 Esquematização do mecanismo eletroquímico para oxidação em temperatura elevada.

A rede cristalina contém um excesso de íons metálicos, M^{n+}, em posição intersticial, e para haver a neutralidade elétrica, há elétrons (e) em excesso. Como exemplo, tem-se o óxido de zinco, como mostra a Figura 14.3 (a).

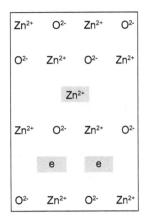

Figura 14.3 (a) Representação da rede cristalina do ZnO.

Os compostos deste tipo são **semicondutores do tipo n** (negativo), assim chamados porque a condutividade é feita pelos elétrons em excesso. Neste caso, existe excesso de íons metálicos. Esses íons migram com os elétrons, durante a oxidação, para a camada externa do óxido. Outros exemplos de óxido **tipo n** são: TiO₂, CdO, V₂O₅, MgO, MoO₃, Fe₂O₃, WO₃ e Al₂O₃.

Há falta de cátions em certos pontos da rede cristalina, o que é compensado por uma perda de elétrons com consequente passagem a um estado de oxidação mais elevado por alguns cátions, para realizar a neutralidade elétrica. Como exemplo desse tipo tem-se o Cu₂O (Fig. 14.3 (b)).

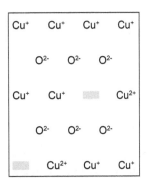

Figura 14.3 (b) Representação da rede cristalina do Cu2O.

Os compostos desse tipo são **semicondutores do tipo p** (positivo), assim chamados porque a condutividade pode ser considerada ligada ao deslocamento desses pontos positivos (Cu^{2+}) na rede. Nesse caso, o oxigênio retira um elétron do Cu^+, convertendo-o em Cu^{2+}, o qual, por sua vez, retira um elétron do íon vizinho e assim sucessivamente, até chegar ao metal.

Outros exemplos de óxidos **tipo p** são: NiO, FeO, CoO, Ag_2O, MnO, SnO e Cr_2O_3.

Quando o ferro é oxidado em temperaturas acima de 700 °C, predomina a formação de FeO. Esse óxido é deficiente em metal, isto é, a sua fórmula corresponde a $FeO_{1,04}$ em equilíbrio com ferro e $FeO_{1,10}$ em equilíbrio com Fe_3O_4. Análise de raios X do FeO mostra que os íons de oxigênio ocupam suas posições na rede cristalina, entretanto, algumas posições de íons Fe^{2+} ficam vazias. Portanto, para haver neutralidade elétrica, é necessário que haja dois íons Fe^{3+} para cada falta de íon Fe^{2+} como pode ser observado na Figura 14.3 (c).

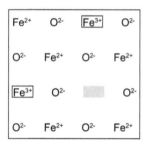

Figura 14.3 (c) Representação da rede cristalina do FeO.

As redes cristalinas de alguns sulfetos também apresentam bastante falhas, e quanto maior for o número destas falhas mais condutora será a película e mais corrosão sofrerá o metal. Com o aumento de temperatura há o aumento da mobilidade iônica, acelerando também a oxidação.

14.3 EQUAÇÕES DE OXIDAÇÃO

As equações que representam a velocidade de oxidação de um dado metal com o tempo são funções da espessura da camada de óxido e da temperatura. Existem três equações principais que exprimem a espessura (Y) da película formada em qualquer metal no tempo (t): linear, parabólica e logarítmica.

A Figura 14.4 representa, esquematicamente, as várias curvas das equações de oxidação.

14.3.1 Equação Linear

A velocidade de oxidação é constante (K)

$$\frac{dY}{dt} = K$$

Integrando, tem-se

$$Y = Kt + A$$

A é a constante de integração que define a espessura da película no período inicial de oxidação (t = 0). Evidentemente, se a oxidação se iniciar em uma superfície limpa, a constante A é desprezada.

É a equação seguida geralmente pelos metais cuja relação entre o volume do óxido formado e o volume de metal consumido é menor do que um. Isto é, a película é muito porosa e não impede a difusão. Alguns metais que apresentam esta relação maior do que um seguem também esta lei, acima de determinadas temperaturas, por exemplo: W, acima de 1.000 °C; Fe, acima de 900 °C; Ti, entre 650 °C e 950 °C.

14.3.2 Equação Parabólica

A difusão de íons ou a migração de elétrons através da película é controlada e a velocidade será inversamente proporcional à espessura da película

$$\frac{dY}{dt} = \frac{K'}{Y}$$

Integrando, tem-se:

$$Y = 2K't + A$$

É a equação seguida geralmente pelos metais cuja relação entre os volumes de óxido formado e de metal consumido é maior do que um, isto é, os que formam películas protetoras, pouco porosas.

Essa equação é seguida por muitos metais (Fe, Cu, Ni, Cr, Co) em temperaturas elevadas. Com o aumento da temperatura, a película fica mais espessa, dificultando a difusão iônica e a eletrônica.

14.3.3 Equação Logarítmica

Nos casos em que a película formada é muito tênue e pouco permeável, ou quando a oxidação ocorre a baixas temperaturas, verifica-se

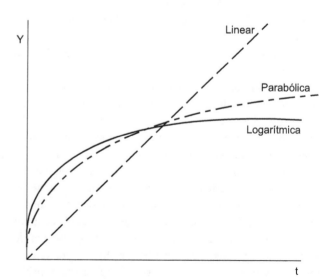

Figura 14.4 Curvas de oxidação.

$$\frac{dY}{dt} = \frac{K''}{t}$$

Integrando, tem-se a equação logarítmica

$$Y = K'' \ln\left(\frac{t}{A} + 1\right)$$

Ocorre, geralmente, na oxidação inicial de muitos metais: Cu, Fe, Zn, Ni, Al, que se oxidam rapidamente no início e depois lentamente, tornando-se a película praticamente constante, isto é, não aumenta de espessura: Zn, 400ºC; Fe, 200ºC; Al, temperatura ambiente.

As constantes K, K′, e K″, que aparecem nas equações de oxidação, dependem da temperatura, em certos casos da pressão e em todos os casos da natureza do metal. Para um dado metal e uma pressão fixa, cada uma dessas constantes pode ser representada em função de temperatura pela equação de Arrhenius:

$$\ln K = -\frac{Q}{RT} + C^{te}$$

em que Q é a energia de ativação da reação de oxidação, R é a constante dos gases e T é a temperatura absoluta.

Algumas observações experimentais podem ser acrescentadas às equações de oxidação, como se segue.

Os metais e não metais mais resistentes à oxidação, como alumínio, cromo e silício, oxidam-se inicialmente com grande velocidade, mas a película formada impede posterior oxidação. O crescimento se dá segundo uma lei assintótica, praticamente em todas as temperaturas inferiores às de fusão desses elementos. Outros metais (ferro, cobre) a baixas temperaturas podem também apresentar um crescimento desse tipo.

Os metais mais usados industrialmente tenderiam, com o crescimento da película, a ser oxidados sempre com velocidades menores. Entretanto, com o aumento de espessura a película sempre tende a fraturar e, de modo geral, nos metais, à medida que a temperatura se eleva, o crescimento do óxido tende para a lei linear, quando o intervalo entre as fraturas diminui.

Fraturas na película sempre tendem a ocorrer quando o metal é submetido a variações cíclicas de temperatura. As variações nas expansões e contrações térmicas, dos constituintes individuais da película e do metal, deixam prever o aumento de possibilidade de ocorrência de fraturas.

As películas formadas sobre os metais são, em geral, plásticas a altas temperaturas. Em temperaturas intermediárias, as películas, depois de certa espessura, fraturam-se, ocasionando aumento na velocidade de oxidação. O cobre aquecido a 800 ºC segue a lei parabólica. No entanto, quando esse metal é aquecido a 500 ºC, sua película não apresenta plasticidade e, com o aumento de espessura da película, ela vai se fraturando e expondo a superfície do metal, ocasionando aumento na velocidade de oxidação.

Quanto mais espessa a película, menos aderente, e desprende-se quando o material metálico é solicitado a algum esforço, choques térmicos ou aquecimento a temperaturas em que ocorrem transformações alotrópicas. Películas tênues, flexíveis e aderentes como óxidos de alumínio, cromo e silício são, portanto, mais protetoras.

14.4 EFICIÊNCIA DAS PELÍCULAS COMO AGENTES PROTETORES

As propriedades da película formada entre o metal e o meio corrosivo é que determinam a velocidade de corrosão. Entre as principais propriedades que devem ser levadas em consideração para julgar a ação protetora podem ser citadas:

- **volatilidade** – nos casos em que a película formada é volátil, evidentemente a equação é linear, como nos dos óxidos de molibdênio e de tungstênio, que são voláteis em temperaturas elevadas;
- **resistividade elétrica** – quando elevada; dificulta a difusão de elétrons, retardando a corrosão, por exemplo, a película de Al_2O_3 apresenta alta resistividade elétrica, daí sua eficiência protetora (a Tabela 14.2[5] apresenta as condutividades de alguns óxidos a 1.000 ºC);
- **transporte catiônico** – o movimento de cátions será tanto mais difícil quanto menos lugares vazios existirem na rede catiônica, tendo-se como exemplos os óxidos de zinco (ZnO), alumínio (Al_2O_3) e cromo (Cr_2O_3), que praticamente não apresentam lugares vazios na rede catiônica;
- **aderência** – observa-se que, quanto mais tênue, mais aderente é a película, o que vai depender da natureza da superfície do metal e da semelhança cristalográfica entre o metal e o produto de corrosão, por exemplo, as películas de NiO, Cu_2O e FeO são muito aderentes, pois as suas redes cristalinas são semelhantes às dos metais;
- **plasticidade** – é importante, pois quanto mais plástica for a película, mais difícil é a sua fratura e, consequentemente, maior será a proteção;
- **solubilidade** – películas solúveis nos meios corrosivos não são protetoras. Os óxidos são geralmente insolúveis em atmosfera seca, líquidos não aquosos aerados ou água destilada aerada; entretanto, em presença de certas substâncias e temperaturas elevadas, pode-se verificar a solubilização de óxidos nos fundentes. É o que ocorre em cinzas de óleos combustíveis contendo sulfato de sódio e pentóxido de vanádio;
- **porosidade** – quanto menos porosa for a película, menor a difusão através dela e logo maior a sua ação protetora;
- **pressão de vapor** – quando o óxido apresenta uma pressão de vapor elevada e se sublima rapidamente, a oxidação penetra de maneira contínua, como no caso do óxido de molibdênio;
- **expansão térmica** – a película e o material metálico devem apresentar coeficientes de expansão térmica com valores próximos.

Tabela 14.2 Condutividade em $\Omega^{-ON}cm^{-m}$

BeO	Al_2O_3	SiO_2	MgO	NiO	Cr_2O_3	CoO	Cu_2O	FeO
10^{-9}	10^{-7}	10^{-6}	10^{-5}	10^{-2}	10^{-1}	10^{+1}	10^{+1}	10^{+2}

14.5 PELÍCULAS POROSAS E NÃO POROSAS – RELAÇÃO DE PILLING-BEDWORTH

Pilling e Bedworth[6] apresentaram uma classificação dos metais baseada na relação entre volume do óxido e volume do metal oxidado, considerando:

- relação menor do que um – películas porosas e metais rapidamente oxidados;
- relação maior do que um – películas não porosas e metais mais resistentes.

A relação é facilmente determinada pela expressão

$$\frac{V_{óxido}}{V_{metal}} = \frac{Md}{nmD}$$

sendo:
M = massa molecular do óxido
D = massa específica do óxido
m = massa atômica do metal
n = número de átomos metálicos na fórmula molecular do óxido
d = massa específica do metal.

Exemplificando com o Al_2O_3, formado sobre o alumínio, tem-se:

$$M = 102 \text{ g}$$
$$D = 4 \text{ g/cm}^3$$
$$m = 27 \text{ g}$$
$$n = 2$$
$$d = 2,7 \text{ g/cm}^3$$

Substituindo-se esses valores na expressão (1), tem-se

$$\frac{V_{óxido}}{V_{metal}} = \frac{102 \times 2,7}{2 \times 27 \times 4}$$

$$\frac{V_{óxido}}{V_{metal}} = 1,275$$

Alguns valores desta relação, para os metais mais usuais, são apresentados na Tabela 14.3.

Eles concluíram que os metais que apresentam valores maiores do que um para esta relação fornecem películas não porosas, protetoras, pois são formadas sob compressão; e os que apresentam valores menores do que um fornecem películas porosas, não protetoras, pois elas são formadas sob tração. Com o crescimento das películas, elas se deformam e tendem a fraturar; logo, películas muito volumosas podem apresentar esse inconveniente, não sendo, portanto, protetoras. A película tenderia a ser mais protetora quando os valores desta relação fossem maiores e vizinhos de um.

No estudo da proteção dada por uma película de oxidação devem ser consideradas, em conjunto, as propriedades dessa película, e só então se apresentar a definição sobre se ela é protetora ou não. Assim:

- nesta relação o WO_3 é protetor, até cerca de 1.000 °C, pois é volátil em temperaturas elevadas;
- o magnésio se oxida linearmente apenas em temperaturas relativamente elevadas; abaixo de 400 °C ele forma película protetora.

Como resumo, pode-se dizer que os metais utilizados industrialmente podem ser classificados em diferentes categorias, segundo seus comportamentos diante de oxidantes gasosos. Assim, tem-se:

Tabela 14.3 Valores da relação de Pilling-Bedworth para óxidos metálicos

Óxido	Relação
K_2O	0,45
Na_2O_2	0,67
CaO	0,64
MgO	0,81
CdO	1,21
Al_2O_3	1,275
PbO	1,31
SnO_2	1,32
Ti_2O_3	1,46
ZnO	1,55
NiO	1,65
Cu_2O	1,64
FeO	1,76
Cr_2O_3	2,07
Fe_3O_4	2,10
Fe_2O_3	2,14
Nb_2O_5	2,68
MoO_3	3,3
WO_3	3,35

- Na, K e Ca não formam películas protetoras contínuas – a curva tempo-corrosão será uma reta;
- Fe, Ni e Cu formam películas compactas e contínuas – a curva tempo-corrosão será uma parábola;
- Al e Cr formam películas compactas e contínuas – a curva tempo-corrosão será assintótica;
- Mo e W formam películas compactas, mas que se volatilizam em temperaturas elevadas – a curva tempo-corrosão será uma linha reta, quando acima desta temperatura;
- Ag, Au e Pt não se oxidam a altas temperaturas devido à elevada pressão de dissociação de seus óxidos em temperaturas elevadas.

14.6 ESPESSURAS DE PELÍCULAS

As películas protetoras formadas sobre os materiais metálicos podem se apresentar com diferentes espessuras:

- **finas** – monomolecular a 400 angströms (Å) (1 Å = 10^{-8} cm) e são invisíveis a olho nu. Como exemplo, tem-se o alumínio, que exposto ao ar seco durante vários dias e em temperatura ambiente fica recoberto por uma película de Al_2O_3 com 100 Å de espessura;
- **médias** – 400 Å a 5.000 Å, visíveis a olho nu, mas só pelas cores de interferência (iridescente). A Tabela 14.4 apresenta as características[7] das películas formadas sobre o ferro quando ele é aquecido a 400 °C, no ar;
- **espessas** – acima de 5.000 Å, visíveis a olho nu e podem atingir valores elevados, como os casos da carepa de laminação no aço e do alumínio com anodização pesada.

Tabela 14.4 Cores de interferência e espessuras de películas sobre o ferro

Tempo de Aquecimento (minutos)	Cor da Película	Espessura (Å)
1	Amarela	460
1,5	Laranja	520
2	Vermelha	580
2,5	Violeta	680
3	Azul-escura	720

Vários métodos são usados para medir a espessura das películas, e entre eles podem ser citados:

- **método gravimétrico** – se a oxidação de uma superfície metálica de área s (em cm²) produz um aumento de massa igual a P, em gramas, e sendo Ma: massa molecular do óxido, m: massa do metal em M do óxido e D: densidade do óxido, tem-se para a espessura em centímetros da película do óxido formada a expressão

$$\text{espessura (em cm)} = \frac{P}{sD} \cdot \frac{M}{(M-m)}$$

- **método eletrométrico** – consiste em medir a quantidade de eletricidade necessária para a redução da película de oxidação, com o metal colocado no catodo, sendo usado para análise de depósitos de Cu_2O, CuO, $Cu(OH)_2$, Cu_2S e CuS sobre o cobre ou suas ligas; Ag_2O, Ag_2S, Ag_2SO_4 sobre prata e Fe_2O_3 e Fe_3O_4 sobre ferro, e tendo-se

$$\text{espessura (em cm)} = \frac{ItM}{Fds}$$

sendo:
I = intensidade de corrente elétrica em ampères
t = tempo para completa redução em segundos
M = equivalente grama da substância na reação de redução
F = constante de Faraday (96.500 coulombs)
d = massa específica da substância em g/cm³
s = área, em cm², delimitada para a redução.

Em determinadas ocasiões, há necessidade de se estudar a natureza ou as propriedades das películas. Para isso, é necessário isolá-la do metal, sem que ela seja atacada. Entre os métodos utilizados para destacar a película dos metais, são usados os seguintes:

- o metal oxidado é colocado como anodo de uma pilha, onde o metal-base é dissolvido, liberando a camada de oxidação;
- por ataque químico onde o metal pode ser inteiramente dissolvido, deixando a película inatacada ou atacando-se somente o metal embaixo da película, ficando a mesma destacada do metal.

Para usar a última técnica, deve-se riscar a película até atingir o material metálico e mergulhá-lo em solução a 10 % de iodeto de potássio saturada com iodo. Após dois dias, o ferro é atacado na parte riscada e na superfície imediatamente embaixo da película, destacando-se, assim, a película. Outras soluções recomendadas para o ataque químico são soluções a 10 % de bromo, ou iodo, em álcool metílico.

14.7 CRESCIMENTO DE PELÍCULAS EM LIGAS – OXIDAÇÃO SELETIVA

O mérito de uma liga em resistir às altas temperaturas no meio corrosivo, especialmente às exposições longas, vai depender naturalmente da proteção dada pela película contra a difusão e da aderência contínua dessa película no material metálico.

O uso das ligas resistentes às altas temperaturas vai depender da resistência química da liga, da resistência mecânica da liga nas condições de emprego, da facilidade de usinagem e do preço da liga.

Estudando o comportamento dos metais puros contra os oxidantes, pode-se verificar e compreender o comportamento das ligas. Quando a liga reage com o oxigênio, por exemplo, o metal da liga que reagirá inicialmente será aquele que apresentar maior afinidade pelo oxigênio (Tabela 14.1). Se a velocidade de difusão desse íon metálico através do óxido formado for maior que a dos outros metais componentes da liga, a reação prosseguirá com esse metal. Tem-se, então, uma oxidação seletiva e, se a película tiver características protetoras, haverá diminuição da velocidade de oxidação. Exemplificando, pode-se citar o caso de adição de cromo nas ligas de aço. Pela verificação dos valores de energia livre de formação

Cr_2O_3 .... $\Delta G = -249,3$ kcal
FeO .... $\Delta G = -59,38$ kcal
Fe_2O_3 .... $\Delta G = -179,1$ kcal
Fe_3O_4 .... $\Delta G = -242,3$ kcal

observa-se que o cromo é preferencialmente oxidado nos aços e, como é conhecido, a película de Cr_2O_3 tem características protetoras.

A Figura 14.5[8] mostra o efeito da adição de cromo na oxidação de aços contendo 0,5 % de carbono, aquecidos durante 220 horas. A perda de massa é expressa em gramas por hora e por metro quadrado.

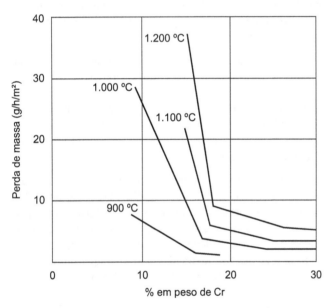

Figura 14.5 Efeito da adição de cromo na corrosão de aços em temperaturas elevadas.

As temperaturas limites aproximadas para exposição ao ar são apresentadas na Tabela 14.5.

Tabela 14.5 Temperaturas máximas recomendadas para ligas Fe-Cr

Cr em Ligas Fe-Cr (%)	Temperatura Máxima (°C)
4-6	650
9	750
13	750-800
17	850-900
27	1.050-1.100

A adição de terras raras ou lantanídeos aumenta a resistência do cromo ou das ligas de cromo, devendo-se esse fato ao aumento da resistência da camada de óxido à esfoliação. Observou-se[9] que a adição de 1 % de ítrio, em ligas Fe-Cr, contendo cerca de 25 % de Cr, aumenta essas temperaturas para aproximadamente 1.375 °C.

Costuma-se adicionar alumínio e silício ao aço, que formam também películas protetoras. No caso de adição de alumínio, tem-se comportamento semelhante, mas a pequena resistência mecânica das ligas de Al-Fe e a tendência de formar nitreto de alumínio, tornando a liga quebradiça, diminuem as possibilidades de aplicações dessas ligas. Para evitar essas deficiências e, ao mesmo tempo, aproveitar a resistência do alumínio, costuma-se seguir um dos processos:

- adição de alumínio superficialmente, usando-se o processo de **calorização**, que consiste em envolver as peças de aço em uma mistura de alumínio em pó, óxido de alumínio e cloreto de amônio, na proporção de 49/49/2 e aquecer a 850 °C a 950 °C durante algumas horas, o que possibilita a formação de uma liga de Fe-Al de grande resistência na superfície;
- imersão do aço em banho de alumínio ou alumínio contendo 5 % a 10 % de silício, fundidos a 650 °C – obtém-se, então, uma camada externa de Al, ou Al-Si e uma liga de Al-Fe ou Al-Fe-Si, entre esta e o aço.

A boa resistência à oxidação, aliada às boas propriedades mecânicas e facilidade de fabricação, é responsável pela grande aplicação das ligas de Cr-Fe. Como exemplos podem ser citadas as aplicações de aços contendo:

- 4 % a 9 % de Cr – muito usadas por sua resistência à oxidação, em equipamentos de refinarias;
- 12 % de Cr – usadas em pás de turbinas de vapor por ter boa resistência à oxidação e ótimas propriedades físicas;
- 14 % a 18 % de Cr – equipamento para indústria química, equipamento de cozinhas, adornos de automóveis, peças de fornos;
- 9 % a 30 % de Cr – usadas em fornos e queimadores, alta resistência à corrosão;
- 9 % a 30 % de Cr – combinadas com outros elementos, como Si e Ni, usadas para válvulas de motores de combustão interna.

No caso de aço ao níquel, o ferro se oxida preferencialmente de acordo com os dados de energia livre de formação:

NiO .... $\Delta G = -51,7$ kcal
Fe_2O_3 .... $\Delta G = -179,1$ kcal
FeO .... $\Delta G = -59,38$ kcal

Mas, como o óxido de ferro formado não é muito protetor, admite-se que a ação protetora é devida ao enriquecimento em níquel da superfície da liga, por causa da oxidação seletiva do ferro. A presença de níquel proporciona maior resistência ao fraturamento da camada de óxido quando da existência de ciclos de variação de temperaturas, devido ao baixo coeficiente de expansão térmica das ligas com altos teores de níquel.

Deve-se ter em conta que as afirmativas feitas foram baseadas na afinidade com o oxigênio e dependerão também das velocidades de difusão dos metais através das películas. Assim, um metal pode ter maior afinidade para o oxigênio e, no entanto, não formar o óxido superficial porque a velocidade de difusão de seu íon é menor que a de um outro íon metálico da liga.

Os óxidos formados na superfície da liga apresentam possibilidades de diferentes reações no estado sólido. Assim, para os aços ao cromo podem-se ter os produtos resultantes das reações, no estado sólido, entre os óxidos:

$$FeO + Cr_2O_3 \rightarrow FeCr_2O_4 \text{ (cromito de ferro)}$$

$$FeCr_2O_4 \xrightarrow{Fe_3O_4} Fe(Fe, Cr)_2O_4$$
(solução sólida de estrutura spinel)

$$Fe_2O_3 \xrightarrow{Cr_2O_3} (Fe, Cr)_2O_3$$
(solução sólida de estrutura romboédrica)

Figura 14.6 Corrosão por enxofre e gases contendo enxofre, observando-se resíduo escuro de sulfeto de ferro. Tubo de aço (4 % a 6 % de Cr e 0,5 % de Mo), temperatura de 550 °C a 600 °C e cerca de oito meses de operação.

14.8 OXIDAÇÃO INTERNA

Deve-se levar em consideração que, em alguns casos, pode-se ter a oxidação com precipitação de partículas de óxido no interior do metal, além da formação de uma película externa proveniente da oxidação. Esse tipo de oxidação no interior do metal é chamado de **oxidação interna**, sendo comum em ligas de prata e em ligas de cobre com pequenas porcentagens de certos metais, como alumínio, berílio, ferro, silício, manganês, estanho, titânio e zinco. Em aço-liga não é frequente a oxidação interna.

Pode-se apresentar um mecanismo para essa oxidação: o oxigênio se difunde para o interior da liga reagindo com os componentes dela, que apresentam maior afinidade que o metal-base, sendo o tempo de difusão e de reação menor que o de difusão desses componentes para a superfície.

Reações similares podem ocorrer quando carbono, nitrogênio, enxofre ou outro elemento se difundem para o interior de uma liga precipitando carbetos, nitretos e sulfetos, respectivamente.

14.9 MEIOS CORROSIVOS A ALTAS TEMPERATURAS

Além da importância do oxigênio como meio corrosivo, devem-se considerar também outros meios corrosivos em temperaturas elevadas. Daí a apresentação, em seguida, daqueles mais frequentemente encontrados.

14.9.1 Enxofre e Gases Contendo Enxofre

 Quando o meio corrosivo possui enxofre ou gases contendo esse elemento, como o gás sulfídrico, H_2S, e o dióxido de enxofre, SO_2, podem-se ter em temperaturas elevadas as possíveis reações, para o caso do ferro

$$Fe + S \rightarrow FeS$$

$$Fe + H_2S \rightarrow FeS + H_2$$

$$3Fe + SO_2 \rightarrow FeS + 2FeO$$

podendo-se admitir, ainda, a reação

$$FeS + 2SO_2 \rightarrow FeSO_4 + 2S$$

A película é constituída, então, parcial ou totalmente, pelo sulfeto metálico. As películas de sulfetos não possuem, geralmente, propriedades protetoras, pois apresentam:

- rede cristalina com mais lugares vazios na rede catiônica do que os óxidos correspondentes;
- relação entre volume de sulfeto formado e volume de metal oxidado relativamente alta – entre 2,5 e 2,9 para os sulfetos FeS, CoS, NiS, CrS e MnS;
- pontos de fusão e ebulição baixos, comparados com os dos óxidos – há formação de eutéticos, com baixos pontos de fusão entre o metal e o seu sulfeto.

A presença de enxofre nos gases de fornos pode ocasionar a oxidação intergranular do metal. Ocorre, principalmente, nos casos de níquel e cobre. Ligas com teores de níquel maiores que 15 % a 30 % são extremamente sensíveis a gases que contenham enxofre sob condições não oxidantes e em temperaturas elevadas. No caso do níquel, há formação de sulfeto no contorno dos grãos, o qual forma, com o metal, eutético de baixo ponto de fusão.

Podem ocorrer pequena quantidade de sulfato de níquel, $NiSO_4$, e a reação

$$9Ni + 2NiSO_4 \rightarrow 8NiO + Ni_3S_2$$

Por exemplo, no sistema Ni/S, forma-se um eutético de Ni_3S_2- Ni que funde a 645 °C, enquanto no sistema Fe/S o

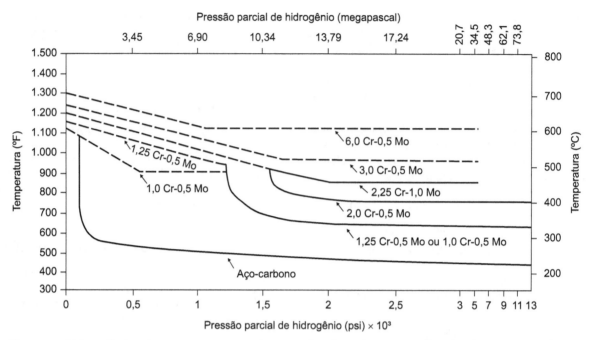

Figura 14.7 Valores limites de temperatura e pressão para evitar descarbonetação e fissuras em aços operando em presença de hidrogênio.

ponto de fusão mínimo é 988 °C. Daí as ligas à base de ferro serem mais resistentes que as ligas à base de níquel em atmosferas sulfurosas. Ligas de cobalto também são indicadas e, embora de custos mais elevados, não formam eutéticos de baixo ponto de fusão.

Ligas de aço contendo cromo e alumínio têm sido recomendadas para resistir ao ataque de enxofre, H_2S e SO_2.

14.9.2 Carbono e Gases Contendo Carbono – Carbonetação e Descarbonetação

Carbonetação ocorre quando ligas ferrosas são aquecidas em atmosferas contendo hidrocarbonetos ou monóxido de carbono (agentes carbonetantes), havendo assimilação do carbono na superfície, sob a forma de Fe_3C, cementita, ocasionando o endurecimento superficial do material. Esse endurecimento é também conhecido como **cementação**.

Na superfície do material têm-se as reações, para o caso dos dois agentes carbonetantes mais frequentes, CO e CH_4:

$$2CO \rightleftharpoons C + CO_2 \quad (1)$$
$$CH_4 \rightleftharpoons C + 2H_2 \quad (2)$$

Temperaturas crescentes deslocam a reação (1) para a esquerda e a reação (2) para a direita. O carbono se dissolve no ferro formando a cementita Fe_3C. As reações fundamentais são, portanto,

$$2CO + 3Fe \rightleftharpoons Fe_3C + CO_2$$
$$CH_4 + 3Fe \rightleftharpoons Fe_3C + 2H_2$$

Se a temperatura for muito alta, o carbono vai se difundindo para o interior de ligas como aços inoxidáveis, provocando a precipitação dos carbetos (ou carbonetos) de cromo, titânio ou nióbio. Essa precipitação ocasiona o enfraquecimento mecânico das ligas, a diminuição da resistência à corrosão por causa da diminuição do teor daqueles elementos protetores e a heterogeneização da microestrutura, dando condições para a corrosão eletroquímica quando em presença de um eletrólito.

Ligas de Fe-Cr-Ni em atmosfera oxidante e carbonetante e temperatura igual ou maior do que 1.100 °C podem sofrer as reações:

$$3Cr_2O_3 + 17CO \rightarrow 2Cr_3C_2 + 13CO_2$$
$$7Cr_2O_3 + 33CO \rightarrow 2Cr_7C_3 + 27CO_2$$

Descarbonetação ocorre em aços de baixa liga, em temperaturas elevadas e em presença de agentes descarbonetantes H_2, CO_2 etc. A cementita reage com esses agentes da seguinte forma:

$$Fe_3C + 2H_2 \rightarrow 3Fe + CH_4$$
$$Fe_3C + CO_2 \rightarrow 3Fe + 2CO$$

e o metano formado pode exercer pressões elevadas e causar fendimento do material metálico.

Elementos que têm grande afinidade pelo carbono são adicionados às ligas para protegê-las contra a carbonetação e descarbonetação. Entre eles são muito empregados o titânio e o nióbio, pois seus carbetos são quimicamente resistentes e apresentam grande dureza e altos pontos de fusão. TiC: dureza: 8–9 (escala de Mohs) e ponto de fusão 2.410 °C.

O monóxido de carbono, CO, pode formar com alguns metais, como Ni e Fe, carbonilas metálicas voláteis, o que ocasionará destruição do material

$$Ni + 4CO \rightarrow Ni(CO)_4$$

$$Fe + 5CO \rightarrow Fe(CO)_5$$

Mond[10] e colaboradores observaram a formação de carbonila de níquel, líquida e volátil, quando válvulas de níquel foram corroídas a 50 °C por gases contendo CO sob pressão de 1 atmosfera. A carbonila de ferro se forma a 180 °C a 200 °C e com CO à pressão de 50-200 atmosferas.

Pode ocorrer ainda uma forma de corrosão em aços, aços inoxidáveis e em ligas de níquel e de cobalto, devido à ação de gases contendo carbono (CO e CO_2) em temperaturas na faixa de 450 °C a 750 °C em áreas de estagnação. É conhecida como *metal dusting*, observando-se, no produto de corrosão, carbono grafítico (fuligem), metal e carbetos.

14.9.3 Hidrogênio

Em equipamentos de refinarias de petróleo, de fábricas de produtos petroquímicos e de amônia, que processam hidrogênio ou fluidos contendo hidrogênio, deve-se verificar a possibilidade do ataque pelo hidrogênio.

O ataque dos metais pelo hidrogênio, sob pressão e temperatura elevadas, raramente resulta na formação de películas sobre a superfície, e mesmo se houver formação de hidretos estes são instáveis. O hidrogênio, no estado atômico, ainda se pode difundir para o interior do metal. Sabe-se que o hidrogênio é um forte agente redutor em temperaturas elevadas, logo, pode-se ter a redução de certos constituintes das ligas, citando-se alguns exemplos.

Um exemplo é a **descarbonetação** de aços, com formação de hidrocarbonetos voláteis, em que o hidrogênio reage com o carbeto, ou carboneto de ferro, cementita, formando metano, CH_4.

$$Fe_3C + 2H_2 \rightarrow 3Fe + CH_4$$

Esse ataque ocorre, preferencialmente, no contorno dos grãos. O gás metano formado não se difunde e pode localmente exercer pressões elevadas e ocasionar fraturas, como as observadas em equipamentos de refinarias operando em temperaturas elevadas.[11] Essas falhas podem, evidentemente, comprometer a segurança e a continuidade operacional.

O cobre e outros metais que têm tendência a dissolver oxigênio quando aquecidos ao ar e, em seguida, aquecidos em presença de hidrogênio, sofrem ruptura ao longo do contorno dos grãos devido à formação de vapor d'água. As reações que se passam podem ser expressas da seguinte forma:

$$4Cu + O_2 \rightarrow 2Cu_2O$$

$$2Cu + O_2 \rightarrow 2CuO$$

$$Cu_2O + H_2 \rightarrow 2Cu + H_2O$$

$$CuO + H_2 \rightarrow Cu + H_2O$$

O ataque dos aços pelo hidrogênio pode ser evitado, ou minimizado, operando-se em temperaturas e pressões parciais de hidrogênio e composição de ligas evidenciadas nas *curvas de Nelson*[12] preparadas para o API (American Petroleum Institute). Essas curvas devem ser usadas somente para prever condições que podem causar descarbonetação e fissuras nos aços.[13]

As linhas tracejadas representam a tendência de os aços sofrerem descarbonetação superficial quando em contato com hidrogênio. As linhas contínuas representam a tendência de os aços sofrerem descarbonetação interna com consequentes fissuras e fraturas devido à formação de metano. A descarbonetação superficial não produz fissuras, e admite-se que haja migração do carbono para a superfície onde se forma o metano ou, quando gases contendo oxigênio estão presentes, forma-se o monóxido de carbono, CO. Essa descarbonetação resulta em diminuição da resistência mecânica e da dureza e em aumento da ductilidade.

Acima das linhas tracejadas se encontra a região onde há tendência de ocorrer descarbonetação superficial. Acima e à direita das linhas contínuas estão as regiões com tendência, ou onde foram verificadas a descarbonetação interna e as fissuras – o chamado **ataque pelo hidrogênio**. Abaixo e à esquerda da curva de cada liga tem sido observado desempenho satisfatório durante cerca de 40 anos de uso dos aços indicados como resistentes. Aços contendo mais que 2,5 % de cromo mais 0,5 % a 1,0 % do molibdênio nunca sofreram ataque interno por hidrogênio a uma dada temperatura e pressão de hidrogênio abaixo de 6.000 psi (41,37 megapascals), podendo eventualmente sofrer descarbonetação superficial.

Além das ligas apresentadas na Figura 14.7, são também resistentes ao ataque por hidrogênio o aço-carbono e aços de baixa liga adicionados de estabilizadores de carbetos ou carbonetos como molibdênio, cromo, vanádio, titânio ou nióbio. Aços inoxidáveis austeníticos são resistentes ao ataque por hidrogênio mesmo em temperaturas acima de 538 °C devido ao seu teor de cromo.[14]

14.9.4 Halogênios e Compostos Halogenados

Os halogênios, como o cloro, formam halogenetos metálicos que são voláteis em temperaturas elevadas, não tendo, pois, características protetoras. Ocorre, por exemplo, com o cromo e o alumínio que, como já foi visto, são importantes componentes das ligas resistentes a altas temperaturas. O ataque é efetuado principalmente sobre o metal, logo, se já existir uma película de óxido, esse ataque será muito pequeno. Daí a ação dos halogênios ser mais intensa em atmosfera redutora do que em atmosfera oxidante, pois nesse caso não se tem a película de óxido. A reação evidencia essa afirmativa:

$$Al_2O_3 + 3C + 3Cl_2 \xrightarrow{\Delta} 2AlCl_3 + 3CO$$

Pode-se admitir essa reação em etapas como

$$Al_2O_3 + 3C \rightarrow 2Al + 3CO$$

$$2Al + 3Cl_2 \rightarrow 2AlCl_3,$$

confirmando a ação redutora do carbono.

Se o meio contiver gás clorídrico, HCl, há aceleração da reação, pois este ataca o óxido existente sobre o metal formando cloreto de alumínio, $AlCl_3$, volátil, e, em seguida, o metal.

Casos de corrosão associados à formação de halogenetos voláteis têm ocorrido em incineradores de despejos e em recuperadores de calor em fornos metalúrgicos. No primeiro caso, devido à presença de substâncias, que por aquecimento liberam gás clorídrico ou cloreto de hidrogênio, HCl, por exemplo, PVC [poli (cloreto de vinila)] e, no segundo caso, devido ao uso de sais, como cloreto de cálcio.

Pode-se citar, ainda, o emprego de cloreto de cálcio na pirometalurgia: esse sal como está hidratado, $CaCl_2 \cdot nH_2O$, sofre uma piro-hidrólise, isto é, decomposição com aquecimento por água, liberando ácido clorídrico que, então, faz a abertura do minério formando cloretos solúveis

$$nCaCl_2 \cdot nH_2O \xrightarrow{\Delta} nCaO + 2nHCl$$

Nessa aplicação, tem-se o lado benéfico de abertura a quente do minério, mas, por outro lado, tem-se a ação corrosiva do ácido clorídrico.

Em temperatura ambiente o cloro, líquido ou gasoso, não é corrosivo para aços, aços inoxidáveis e ligas de níquel. Em decorrência dessa propriedade o cloro líquido é embalado pressurizado em tanques cilíndricos de aço-carbono. Entretanto, com a elevação da temperatura, ocorre a oxidação com ignição e formação dos respectivos cloretos, como $FeCl_2$ e $FeCl_3$, no caso de aço-carbono. Assim, recomendam-se as temperaturas máximas[15] de operação em presença de cloro seco:

aço	150 ºC-200 ºC
aços inoxidáveis AISI 304 e 316	300 ºC
níquel	500 ºC
cobre	205 ºC
alumínio	120 ºC
nióbio	200 ºC
tântalo	250 ºC

O titânio sofre ignição em contato com cloro já em temperaturas abaixo de 0 ºC. Daí, em áreas de eletrólise de salmoura, onde ocorre a produção de cloro, a razão de o setor de segurança não permitir o uso de titânio.

Em contato com água o cloro forma ácidos clorídrico, HCl, e hipocloroso, HOCl,

$$Cl_2 + H_2O \rightarrow HCl + HOCl$$

$$HOCl \rightarrow HCl + 1/2 O_2$$

exercendo severa ação corrosiva. É importante destacar a diferença de comportamento entre HCl(g), cloreto de hidrogênio, e HCl, ácido clorídrico: o HCl(g) só ataca aço-carbono e aço inoxidável em temperaturas elevadas, acima de 150 ºC, mas em presença de água há a formação de HCl, ácido clorídrico,

$$HCl \xrightarrow{H_2O} H^+ + Cl^-$$

altamente corrosivo para esses materiais.

Experiência 14.2

Aquecer lã de aço e mantê-la suspensa em um frasco de vidro ou um Erlenmeyer contendo cloro gasoso. Observar que a lã de aço sofre ignição, ocorrendo formação de cloretos de ferro II e III, $FeCl_2$ e $FeCl_3$, sob a forma de vapores alaranjado-avermelhados, que podem condensar no Erlenmeyer. Em seguida, confirmar a presença de ferro, solubilizando o cloreto em água e adicionando solução de ferrocianeto de potássio e observar a formação de precipitado azul de ferrocianeto de ferro III, ou adicionar solução de tiocianato (ou sulfocianeto) de potássio e observar coloração avermelhada de tiocianato de ferro III.

Repetir a experiência usando cobre e observar também a ignição e formação de cloreto de cobre, CuCl, e/ou $CuCl_2$ sob a forma de vapores castanhos ou alaranjados.

14.9.5 Vapor de Água

O vapor de água, em temperaturas elevadas, ataca certos metais formando os óxidos correspondentes e liberando hidrogênio, que pode ocasionar os danos vistos anteriormente. Para o caso do ferro tem-se

$$3Fe + 4H_2O(v) \rightarrow Fe_3O_4 + 4H_2$$

Também pode ocorrer a reação entre vapor de água e monóxido de carbono e hidrocarbonetos com formação de hidrogênio e consequente ação do mesmo em temperatura elevada.

$$CO + H_2O\,(v) \rightarrow CO_2 + H_2$$
(450 ºC e Fe_2O_3 como catalisador)

$$CH_4 + H_2O\,(v) \rightarrow CO + 3H_2$$
(800 ºC e MgO-Ni como catalisador)

Ensaios realizados com diferentes aços evidenciaram que a adição de cromo parece ser o meio mais efetivo para proteção contra a ação corrosiva do vapor de água em temperaturas elevadas, como mostrado na Figura 14.8.[16]

14.9.6 Nitrogênio (N_2) e Amônia (NH_3)

Embora seja o componente de maior porcentagem no ar, o nitrogênio tem pouca influência na oxidação dos metais aquecidos ao ar, sendo completamente superado pelo

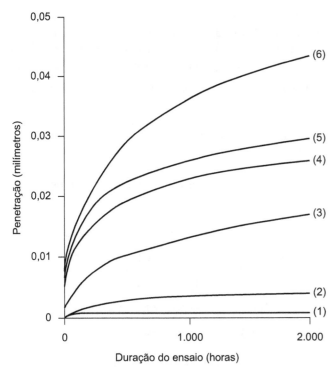

Figura 14.8 Influência da adição de cromo na resistência dos aços, em contato com vapor d'água na temperatura de 595 °C. (1) Aço inoxidável AISI 304 (18Cr-8Ni); (2) aço com 12 % de cromo; (3) aço com 9 % de cromo e molibdênio; (4) aço com 4-6 % de cromo e molibdênio; (5) aço com 3 % de cromo e molibdênio; (6) aço-carbono SAE 1010.

oxigênio. Isto se deve ao fato de os nitretos dos metais mais comuns terem pressão de dissociação maior que a pressão parcial do nitrogênio.

O nitrogênio, quando em presença de hidrogênio, ocasiona a nitretação do aço quando aquecido acima de aproximadamente 425 °C. Forma uma camada fina, dura, em aços contendo mais de 2 % de Cr, e como não é profunda não ocasiona inconvenientes, a não ser em chapas finas.

A reação entre nitrogênio e os metais é usada em atmosferas redutoras para endurecimento superficial de aços (nitretação), usando-se como agente de nitretação a amônia. Para processamento de amônia em temperaturas elevadas, procura-se usar ligas resistentes para evitar a nitretação. São usadas ligas contendo altos teores de níquel: no processo de síntese para preparação de amônia usa-se no conversor uma liga de níquel contendo 57 % de Ni, 12 % de Cr, 1,7 % de W e o restante de Fe.

14.9.7 Substâncias Fundidas

Certas substâncias, quando em temperaturas elevadas, fundem e podem produzir corrosão nos recipientes metálicos em que estão colocadas. Nesse caso, deve-se levar em consideração o fato de que são usados, industrialmente, diversos banhos de sais fundidos, como em tratamentos térmicos. Esses banhos consistem, em sua maioria, em misturas de nitratos, carbonatos, cianetos ou halogenetos de metais alcalinos ou alcalino-terrosos, que geralmente solubilizam óxidos de outros metais. Daí não haver proteção pela camada de óxido, pois essa é retirada, solubilizando-se no sal fundido.

Em alguns casos, esses sais reagem com os metais da liga, podendo apresentar efeitos benéficos ou prejudiciais. Assim, em banhos contendo borato, pode ocorrer ação sobre um constituinte da liga, como, por exemplo, alumínio, resultando na absorção de boro pela liga

$$B_2O_3 + 2Al \rightarrow Al_2O_3 + 2B$$

e, com ligas à base de níquel, pode-se formar um eutético de baixo ponto de fusão, alterando de maneira acentuada as propriedades da liga.

Pode-se incluir, nesse item, a cementação líquida, onde as peças de aço são colocadas em banho de sais fundidos em cuja composição encontra-se geralmente cloreto de bário, cianeto de bário, cloreto de sódio e carbonato de sódio. Exemplificando, tem-se

$$Ba(CN)_2 + 3Fe \rightarrow Fe_3C + BaCN_2$$

obtendo-se, assim, o endurecimento superficial do metal, devido à formação da cementita, Fe_3C.

No caso de compostos fundidos, pode-se ter também o ataque do material metálico por ação de oxidação, como nos casos de ataque do metal (M) por hidróxido de sódio, NaOH, ou por nitrato de sódio, $NaNO_3$ ou Na_2O fundidos

$$2NaOH + M \rightarrow Na_2O + MO + H_2$$
$$2NaNO_3 + 3M \rightarrow Na_2O + 3MO + 2NO$$
$$Na_2O + Mg \xrightarrow{900\,°C} MgO + 2Na$$

No caso de a substância fundida ser um metal, poderá ocorrer uma dissolução física com formação de uma liga, composto intermetálico ou penetração do metal líquido nos contornos dos grãos do material metálico. O sódio metálico tem sido muito usado, em reatores nucleares, como refrigerante líquido em temperaturas elevadas. Procura-se controlar o teor de oxigênio no sódio, pois a corrosão aumenta consideravelmente quando o teor de oxigênio se eleva para 0,1 % em peso.[17] Há formação de óxido de sódio, Na_2O, que reage, segundo as possíveis reações,[18] com os aços

$$Fe + Na_2O \rightarrow FeO + 2Na$$
$$FeO + 2Na_2O \rightarrow (Na_2O)_2 \cdot FeO$$
$$3Na_2O\ 1\ Fe \rightarrow (Na_2O)_2 \cdot FeO + 2Na$$

 ### 14.9.8 Cinzas

A queima de combustíveis nas turbinas a gás, nos motores diesel e nas caldeiras pode acarretar sérios problemas de corrosão. Certos óleos combustíveis residuais, quando queimados, produzem cinzas de alto poder corrosivo em temperaturas elevadas. Observa-se que suportes de fornos tubulares, de aço, mesmo contendo 25 % de Cr e 12 % de Ni, são fortemente atacados por cinzas contendo pentóxido de vanádio, V_2O_5, e sulfato de sódio, Na_2SO_4. O ataque é caracterizado pela formação de grossa esfoliação com diminuição de espessura e eventual ruptura. Esse ataque é mais observado com óleos combustíveis residuais provenientes de certos petróleos, em que o vanádio ocorre sob a forma de compostos organometálicos, geralmente porfirinas dissolvidas, como nos casos dos petróleos originados da Venezuela (0,05 % a 0,5 % de V), África (0,002 % de V) e Golfo Pérsico (0,01 % de V). A cinza residual de tais óleos pode atingir teores em torno de 65 %, ou mais, de V_2O_5, tornando-se altamente corrosiva.

Os compostos de sódio estão presentes sob a forma de NaCl emulsionado, incompletamente removido do óleo cru ou reintroduzido, por contaminação, durante o transporte do óleo combustível. O teor de sódio oscila em torno de 0,002 % a 0,5 %.

A presença do enxofre e de compostos contendo sódio no combustível e o efeito catalítico do V_2O_5 para converter o SO_2 em SO_3 resultam em uma película contendo Na_2SO_4 e vários óxidos metálicos, cujos pontos de fusão estão abaixo de 500 °C, tornando mais intensa a corrosão.

A formação de sulfatos alcalinos, Na_2SO_4 ou K_2SO_4, pode ser explicada pelas reações

$$SO_3 \rightarrow SO_2 + 1/2 O_2$$

$$2NaCl + H_2SO_3 \rightarrow Na_2SO_3 + 2HCl$$

$$Na_2SO_3 + 1/2 O_2 \rightarrow Na_2SO_4$$

Óxidos dos metais alcalinos presentes nas cinzas reagem com os óxidos de enxofre, formando sulfatos

$$Na_2O + SO_3 \rightarrow Na_2SO_4$$

$$K_2O + SO_2 \rightarrow K_2SO_4$$

Mecanismos

Verifica-se que os sulfatos alcalinos e o V_2O_5 são os principais agentes corrosivos. Os sulfatos alcalinos podem atacar o material metálico, M, de acordo com as possíveis reações

$$Na_2SO_4 + 3M \rightarrow Na_2O + 3MO + S$$

$$M + S \rightarrow MS$$

$$Na_2SO_4 + 3MS \rightarrow 4S + 3MO + Na_2O$$

Para o caso do ferro, pode-se escrever a reação

$$SO_4^{2-} + 3Fe \rightarrow Fe_3O_4 + S^{2-} \text{ ou}$$

$$Na_2SO_4 + 3Fe \rightarrow Fe_3O_4 + Na_2S$$

Em faixas de temperaturas compreendidas entre 398 °C e 482 °C, admite-se[19] a possibilidade de o ataque corrosivo ser devido ao pirossulfato de sódio, $Na_2S_2O_7$, que funde a aproximadamente 400°C, dissolvendo os óxidos de ferro ou oxidando o ferro. O mecanismo de formação do $Na_2S_2O_7$ e o da ação corrosiva do mesmo podem ser esquematizados na sequência:

- deposição de álcalis, Na_2O e K_2O, nas superfícies metálicas expostas;
- conversão dos álcalis para Na_2SO_4 e K_2SO_4;
- oxidação de SO_2 a SO_3 por ação catalítica;
- formação de $Na_2S_2O_7$ e $K_2S_2O_7$ devido à reação entre sulfatos e SO_3;
- reação dos pirossulfatos com os óxidos, podendo ocorrer as reações

$$Fe_2O_3 + 3Na_2S_2O_7 \rightarrow Fe_2(SO_4)_3 + 3Na_2SO_4$$

$$Fe_3O_4 + 4Na_2S_2O_7 \rightarrow FeSO_4 + Fe_2(SO_4)_3 + 4Na_2SO_4$$

$$Fe_2O_3 + 3Na_2S_2O_7 \rightarrow 2Na_3Fe(SO_4)_3$$

$$2Na_3Fe(SO_4)_3 \rightarrow 3Na_2SO_4 + Fe_2O_3 + 3SO_3$$

- reação dos pirossulfatos com o ferro:

$$4Fe + 4Na_2S_2O_7 \rightarrow 4Na_2SO_4 + 3FeSO_4 + FeS$$

- finalmente, oxidação do metal para repor a camada de óxidos

$$3Fe + 2O_2 \rightarrow Fe_3O_4$$

e continuidade da corrosão.

Corey e colaboradores[20] encontraram, em fornalhas de caldeiras, sulfatos de ferro – $FeSO_4$ e $Fe_2(SO_4)_3$ – e de metal alcalino, $Na_3Fe(SO_4)_3$ e $K_3Fe(SO_4)_3$. Admite-se, como responsável pela formação desses sulfatos, as reações

$$3Na_2SO_4 + Fe_2O_3 + 3SO_3 \rightarrow 2Na_3Fe(SO_4)_3$$

$$3K_2SO_4 + Fe_2O_3 + 3SO_3 \rightarrow 2K_3Fe(SO_4)_3$$

 Convém citar também o problema de corrosão que pode ocorrer em regiões de temperaturas mais baixas, como nos resfriadores (*coolers*) de gases: durante a combustão há formação de SO_2, que se transforma em SO_3 devido à ação catalítica do V_2O_5 ou ao próprio Fe_2O_3 existente nas regiões onde possa vir a escoar o SO_2, e de vapor d'água proveniente da queima do combustível. Enquanto o H_2SO_4 existir sob a forma de vapor (SO_3 (g) + H_2O (v)), não ocorre problema, mas quando esses gases atingem regiões de temperaturas mais baixas, há condensação com consequente formação de ácido sulfúrico e ataque do material metálico nessas regiões, formando sulfato ferroso ou férrico, constituindo a *dewpoint corrosion* ou **corrosão no ponto de orvalho**. Acresce o fato de que o ponto de orvalho dos gases é grandemente influenciado pelo teor de SO_3 contido no mesmo: o ponto de orvalho se eleva com o aumento do teor de SO_3, conforme evidenciado na Figura14.9.[21]

Devido a esse mecanismo, recomendam-se determinadas temperaturas, cerca de 150 °C, para a saída de gases em

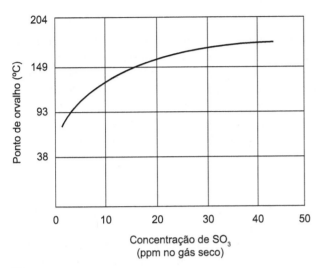

Figura 14.9

chaminés ou outros equipamentos, a fim de se evitar a formação de ácido sulfúrico nas regiões de temperaturas mais baixas, com consequente corrosão do material metálico nessas regiões.

Uma importante recomendação, para evitar a corrosão, manter os gases 20 °C a 30 °C acima do ponto de orvalho. Entretanto, Neves[22] e colaboradores, mesmo trabalhando com os gases de combustão, na saída para chaminé, de 160 °C a 190 °C (22 °C a 50 °C acima do ponto de orvalho dos gases), verificaram corrosão e entupimento no preaquecedor de ar, região fria. Admitem, ainda, que o correto seria estabelecer para a temperatura de parede do preaquecedor de ar, em sua zona fria, um valor igual ou maior ao ponto de orvalho dos gases de combustão.

As ligas de níquel e cromo com altos teores de molibdênio (Ni balanço, Cr 16, Mo 16 e Fe 5) são resistentes a *dewpoint corrosion*.

Considerando que os sulfatos alcalinos de ferro podem atacar o ferro, Cain e Nelson[23] admitiram um processo cíclico para explicar a ação corrosiva dos mesmos. O caráter cíclico pode ser verificado pelas reações

$$9Fe + 2K_3Fe(SO_4)_3 \rightarrow 3K_2SO_4 + 4Fe_2O_3 + 3FeS$$

$$3FeS + 5O_2 \rightarrow 3SO_2 + Fe_3O_4$$

$$3SO_2 + {}^3/_2O_2 \rightarrow 3SO_3$$

$$3SO_3 + Fe_2O_3 + 3K_2SO_4 \rightarrow 2K_3Fe(SO_4)_3$$

O $K_3Fe(SO_4)_3$ formado volta então a atacar o ferro, continuando o processo. Somando-se essas reações, pode-se exprimir o ataque pela reação resultante

$$9Fe + {}^{13}/_2O_2 \rightarrow 3Fe_2O_3 + Fe_3O_4$$

Existem outros mecanismos que procuram explicar a ação corrosiva em presença de sais de vanádio, citando-se entre eles:

- distorção de rede cristalina;
- vanadatos, quando fundidos, dissolvendo a camada de óxidos;
- vanadatos funcionando como agentes carreadores de oxigênio.

Fairman[24] apresentou um mecanismo no qual considerou que os vanadatos ocasionam uma distorção na rede cristalina do óxido metálico, facilitando a difusão dos íons e acelerando consequentemente a corrosão.

O vanádio pode ser considerado o mais sério agente corrosivo existente nas cinzas, pois ele forma compostos de baixos pontos de fusão que fundem nas temperaturas de operação de fornos ou outros equipamentos.

Entre os principais compostos estão os vanadatos de sódio, que fundem entre 535 °C e 870 °C. Como os pontos de fusão dos vanadatos são geralmente menores que o do V_2O_5, eles são mais corrosivos do que este.

Niles e Sanders[25] admitem as reações de formação dos vanadatos

$$Na_2SO_4 + V_2O_5 \rightarrow Na_2O \cdot V_2O_5 + SO_3$$

$$Na_2SO_4 + 3V_2O_5 \rightarrow Na_2O \cdot 3V_2O_5 + SO_3$$

$$Na_2SO_4 + 6V_2O_5 \rightarrow Na_2O \cdot 6V_2O_5 + SO_3$$

Como esses vanadatos podem apresentar pontos de fusão abaixo da temperatura de operação dos equipamentos, eles fundem dissolvendo as camadas de óxidos e expondo, consequentemente, ao meio corrosivo nova superfície metálica, que será então corroída. Pode-se admitir, também, a ação corrosiva do SO_3 liberado nas reações de formação dos diversos vanadatos.

Tabela 14.6 Pontos de fusão de substâncias que podem estar envolvidas na corrosão por sulfatos e óxidos de vanádio em temperaturas elevadas

Substância	Ponto de Fusão (°C)
V_2O_5	675
V_2O_3	1.970
V_2O_4	1.970
Fe_2O_3	1.565
NiO	2.090
Al_2O_3	2.049
Cr_2O_3	2.435
MgO	2.500
CaO	2.572
Na_2SO_4	880
K_2SO_4	1.069
$Fe_2(SO_4)_3$	480 (decompõe para Fe_2O_3)
$Al_2(SO_4)_3$	770 (decompõe para Al_2O_3)
$NiSO_4$	840 (decompõe para NiO)
$MgSO_4$	1.124 (decompõe para MgO)
$CaSO_4$	1.450
$K_3Fe(SO_4)_3$	618
$Na_3Fe(SO_4)_3$	623

(continua)

(continuação)

Na$_3$Al(SO$_4$)$_3$	646
K$_3$Al(SO$_4$)$_3$	654
NaFe(SO$_4$)$_2$	690
KFe(SO$_4$)$_2$	694
Na$_2$S$_2$O$_7$	400
K$_2$S$_2$O$_7$	300 (decompõe)
Na$_2$O · V$_2$O$_5$	630
2Na$_2$O · V$_2$O$_5$	640
Na$_2$O · 3V$_2$O$_5$	669
Na$_2$O · 6V$_2$O$_5$	702
3Na$_2$O · V$_2$O$_5$	850
Fe$_2$O$_3$ · 2V$_2$O$_5$	855
Fe$_2$O$_3$ · V$_2$O$_5$	860
2NiO · V$_2$O$_5$	899
3NiO · V$_2$O$_5$	899
5Na$_2$O · V$_2$O$_4$ · 11V$_2$O$_5$	535
Na$_2$O · V$_2$O$_4$ · 5V$_2$O$_5$	625

Ilschner e Wagner[26] apresentam explicação para a ação corrosiva das cinzas: um óxido condutor como o Fe$_3$O$_4$, muito esponjoso, é formado, ficando seus poros cheios do eletrólito fundido (misturas dos óxidos de V, Fe etc.). O óxido de ferro, Fe$_3$O$_4$, esponjoso, age como um eletrodo de oxigênio de grande área, e a base do metal age como anodo, supridos de um eletrólito líquido no qual o oxigênio e os íons metálicos migram acelerando a velocidade de corrosão.

Small e colaboradores[27] admitem que os vanadatos agem como carreadores de oxigênio. Neste caso, têm-se as possíveis reações

$$Na_2O \cdot V_2O_4 \cdot 5V_2O_5 + 1/2 O_2 \rightarrow Na_2O \cdot 6V_2O_5$$

ou

$$Na_2O \cdot V_2O_4 \cdot 5V_2O_5 + SO_3 \rightarrow Na_2O \cdot 6V_2O_5 + SO_2$$
$$Na_2O \cdot 6V_2O_5 + Fe \rightarrow Na_2O \cdot V_2O_4 \cdot 5V_2O_5 + FeO$$

Observa-se nestas reações que há recuperação do vanadato, Na$_2$O · V$_2$O$_4$ · 5V$_2$O$_5$, provando que ele funcionou praticamente como transportador do oxigênio para que houvesse a reação

$$Fe + 1/2 O_2 \rightarrow FeO$$

Em recuperadores de calor de forno metalúrgico, a presença de corrosão com formação de produto amarelado de cromato de sódio, Na$_2$CrO$_4$, originado provavelmente da reação

$$2Na_3VO_4 + Cr_2O_3 + 3/2 O_2 \rightarrow 2Na_2CrO_4 + 2NaVO_3$$

Proteção

Vários métodos têm sido usados para controlar a corrosão, por cinzas de combustíveis, em diferentes equipamentos que operam em temperaturas elevadas, como fornos, caldeiras etc. Entre eles devem ser citados o emprego de aditivos no combustível, o controle de excesso de ar, o revestimento refratário e o emprego de ligas resistentes.

O emprego de aditivos tem como principais razões:

- minimizar a formação catalítica de SO$_3$ nas superfícies aquecidas;
- neutralizar os ácidos normalmente formados nas superfícies;
- impedir a formação de substâncias corrosivas nas superfícies aquecidas;
- diminuir a tendência de sinterização dos depósitos em altas temperaturas, elevando o ponto de fusão das cinzas.

Entre os aditivos usados, estão: MgO, CaO, dolomita (CaCO$_3$ · MgCO$_3$), Al$_2$O$_3$, compostos orgânicos de manganês, de silício e aditivos gasosos como amônia.

No caso do emprego de MgO (ponto de fusão: 2.800 °C), pode-se admitir que ele forme:

- vanadatos

$$3MgO + V_2O_5 \rightarrow 3MgO \cdot V_2O_5$$

- sulfatos

$$MgO + SO_3 \rightarrow MgSO_4$$

ambos compostos apresentando pontos de fusão elevados

$$3MgO \cdot V_2O_5 : 1.190 °C$$

$$MgSO_4 : 1.124 °C \text{ (dissocia)}$$

Os outros aditivos, em linha geral, funcionam com o objetivo principal de impedir a formação de ácido sulfúrico, neutralizando-o e formando sulfatos.

O controle do excesso de ar, quando possível, permite uma adequada proteção contra a corrosão por cinzas de combustíveis. O emprego de níveis de excesso de ar em 5 %, ou menos,[28] tem permitido a formação de V$_2$O$_3$ ou óxidos inferiores de vanádio, não se formando o V$_2$O$_5$. Como os óxidos inferiores têm pontos de fusão mais elevados – V$_2$O$_5$ (675 °C), V$_2$O$_3$ (1.970 °C) e V$_2$O$_4$ (1.970 °C) —, pode-se trabalhar em temperatura de combustão que não atinja esses valores, diminuindo-se, consequentemente, a corrosão, pois não haverá fusão das cinzas.

Swisher e Shankarnarayan[29] afirmam que baixo excesso de ar (cerca de 0,5 %) é o melhor caminho para evitar a ação corrosiva de cinzas contendo óxido de vanádio.

A Figura 14.10 relaciona a variação de concentração de SO$_3$ com O$_2$, evidenciando que a elevação da concentração de oxigênio permite a formação de maiores teores de SO$_3$ e, consequentemente, ácido sulfúrico. Devido a isto, alguns sistemas procuram operar em torno de 0,5 % de O$_2$.[30]

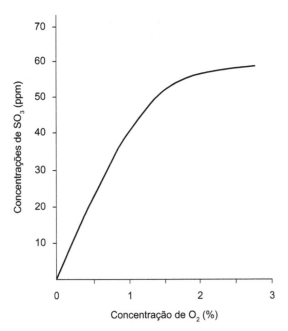

Figura 14.10 Relação entre concentração de oxigênio e formação de trióxido de enxofre, SO₃.

Revestimentos com refratários resistentes a ácidos têm sido usados em determinados componentes de fornos, mas uma limitação séria está relacionada com as diferenças de coeficientes de expansão térmica do material metálico e do refratário.

Experiências de campo e de laboratório têm mostrado que o uso de ligas com altos teores de cromo e níquel é a solução mais adequada para proteção contra a corrosão por cinzas de combustíveis. Esta maior resistência à corrosão pode estar relacionada com o elevado ponto de fusão do NiO (2.090 ºC) e do Cr_2O_3 (2.435 ºC).

As Tabelas 14.7[31] e 14.8[32] confirmam a vantagem do emprego de ligas com altos teores de cromo e níquel, e a Tabela 14.7 apresenta as taxas de corrosão de alguns materiais metálicos e a Tabela 14.8 relaciona algumas ligas e temperaturas recomendadas.

É evidente, após todas as considerações apresentadas, que quando possível deve-se procurar usar combustíveis que apresentem baixos teores de enxofre e de vanádio, pois assim se estará minimizando a possibilidade de ocorrência de corrosão. Por isso, nos EUA e em outros países se procura retirar o vanádio durante o refino do petróleo.[33] Atualmente,

Tabela 14.7 Taxa de corrosão em meios contendo compostos de vanádio, enxofre e sódio para ligas contendo cromo e níquel

Liga	Meio	Taxa de Corrosão (mils por ano) (1 mil =2,54 ×10⁻³ cm) 700 ºC	800 ºC
Aço-carbono	V:Na:S	690	—
5Cr-1Mo	V:Na:S	330	560
AISI 304	Na_2SO_4-$6V_2O_5$	210	—
AISI 310	Na_2SO_4-$6V_2O_5$	260	—
AISI 410	V:Na:S	550	—
AISI 430	V:Na:S	350	430
AISI 446	V:Na:S	190	—
50Cr-50Ni	V:Na:S	—	220

Tabela 14.8 Temperaturas recomendadas para uso de algumas ligas ferrosas

Liga	Designação ASTM	Temperatura Máxima da Liga (ºC) Recomendada	Oxidação Limite
Aço-carbono	A178C, A210	510	565,56
C-1/2Mo	A209 T1a	523,89	565,56
1/2 Cr-1/2Mo	A213 T2	523,89	579,44
1 1/4 Cr-1/2Mo	A213 T11	565,56	393,33
2Cr-1/2Mo	A213 T3b	582,22	621,11
2 1/2 Cr-1Mo	A213 T22	607,22	635,00
5Cr-1/2Mo	A213 T5	621,11	648,89
9Cr-1Mo	A213 T9	648,89	704,44
18Cr-8Ni	A213 TP304	760,00	871,11
16Cr-13Ni-3Mo	A213 TB316	760,00	871,11

com a expansão do uso de gás natural, combustível livre de enxofre e de vanádio, evidentemente esse processo corrosivo devido às cinzas não ocorrerá.

REFERÊNCIAS BIBLIOGRÁFICAS

1. Perry, R. H.; Chilton, C. H. *Manual de engenharia química*, 5. ed., Rio de Janeiro: Guanabara Dois, 1980, v. 3, p. 145-161.
2. Rupen A.; Almendra E. R. *Físico-Química*: uma aplicação aos materiais. Rio de Janeiro: COPPE/UFRJ, 2002.
3. Wagner, C. Z. *Physik Chem*. B21, 25(1933).
4. Pfeil, L. *J. Iron and Steel Inst.*, 119, 520(1929).
5. Prince, L. E.; Thomas, G. J. *J. Inst. Met.* 63, n. 21, 29(1968).
6. Pilling, N. B.; Bedworth, R. E. *J. Inst. Metals*, 29, 259(1923).
7. Tomashov, N. D. *Theory of Corrosion and Protection of Metals*. New York: The MacMillan Company, 1967, p. 32.
8. Houdremont, E. *Handbuch der Sonderstanhlkunde*. Berlim: J. Springer, 1956, v. 1, p. 815.
9. Fellen, E. *J. Electrochem Soc.*, 108, 490(1961).
10. Mond, L.; Langer, C.; Quincke, F. *J. Chem. Soc.*, 57, 749(1890).
11. Sorell, G.; Humphries, M. J. High temperature hydrogen damage in petroleum refinery equipment, *Materials Performance*, Aug. 1978, p. 33-41.
12. Nelson, G. A. Hydrogenation Plant Steels. *Proceedings*, American Petroleum Institute, NY, v. 29M, p. 163-174, 1949.
13. API PUBLICATION. *Steels for hydrogen service at elevated temperatures and pressures in petroleum refineries and petrochemical plants*, n. 941, fourth edition, apr. 1990.
14. Jewett, R. P. *Effect of gaseous hydrogen on the mechanical properties of metals used in the petroleum industry*, API, Proceedings-Refining Department, v. 58, p. 151-160, 1979.
15. Liening, E. L. Corrosion by chlorine. *In*: Metals Handbook. 9. ed. ASM International, 1987, v. 13 – Corrosion, p. 1170-1171.
16. Solberg, H. L.; Hawkins, G. A.; Potter, A. A. *Trans. Am. Soc. Mech. Engrs.*, 64(1942), p. 303-316.
17. Nevzorov, B. A. *Corrosion of Structural Materials in Sodium*. Jerusalem: Israel Program for Scientific Translations, 1970, p. 4.
18. Berry, W. E. *Corrosion in Nuclear Applications*. New York: John Wiley and Sons, 1971, p. 246.
19. Reid, W. T. *External Corrosion and Deposits – Boilers and Gas Turbines*. New York: American Elsevier, 1971, p. 124.
20. Corey, R. C.; Cross, B. J.; Reid, W. T. *Trans. ASME*67 (1945), p. 289.
21. Babcock; Wilcox, Co. *Steam: Its Generation and Uses*. New York: 1956, p. 14-18.
22. Neves, A. S. B.; Mantovanini, R. J. C.; Azevedo, J. Corrosão e entupimento no pré-aquecedor de ar tubular de caldeira. *In*: ANAIS DO 23º SEMINÁRIO DE MANUTENÇÃO. Belo Horizonte, IBP – Instituto Brasileiro de Petróleo, nov. 1982.
23. Cain, C. Jr.; Nelson, W. Trans. ASME, *J. Eng. Power*, 83, Séries A. (1961), p. 468.
24. Fairman, L. *Corrosion Science*. London: Pergamon Press, 1962, v. 2., Tech. Note, p. 293-296.
25. Niles, W. D.; Sanders, H. R. Trans. ASME, *J. Eng. Power*, 84, Séries A (1962), 178.
26. Ilschner-Gensch, C.; Wagner, C. *J. Electrochem. Soc.*, 105, 198, 635 (1958).
27. Small, N. J. H.; Strawson, H.; Lewis, A. *The Mechanism of Corrosion by Fuel Impurities*, London: Butterworths, 1963, p. 238-253.
28. Reid, W. T. *External Corrosion and Deposits – Boilers and Gas Turbines*. New York: American Elsevier, 1971, p. 183.
29. Swisher, J. H.; Shankarnarayan, S. Inhibiting vanadium-induced corrosion. *Materials Performance*, v. 33, n.89, sept. 1994, p. 49-53.
30. Radway, K. E. Selecting and using fuel additives, *Chem. Engineering*, July 1980, p. 155.
31. Bonar, J. A. "Fuel ash corrosion", *Hydrocarbon Processing*, August 1972, p. 77.
32. Reid, W. T. *External Corrosion and Deposits – Boilers and Gas Turbines*. New York: American Elsevier, 1971, p. 119.
33. Swisher, J. H.; Shankarnarayan, S. Inhibiting vanadium-induced corrosion. *Materials Performance*, v. 33, n. 89, sept. 1994, p. 49.

EXERCÍCIOS

14.1. Explique o motivo do uso do cromo, como elemento de liga, em aços que ficarão submetidos a altas temperaturas.

14.2. Nas cinzas geradas após a queima de combustível em um forno, foi detectada, por análise química, a presença de V_2O_5. Que problema pode ocorrer no equipamento? Que medidas devem ser adotadas para a proteção do equipamento?

14.3. Que dados podem ser obtidos do diagrama E × T? Como podem ser usados para a avaliação de processos corrosivos em altas temperaturas?

14.4. Deduza a equação do potencial, em relação ao eletrodo de oxigênio, para a reação, representada pela equação de oxidação do cobre a 527 °C.
Dados: $2Cu_{(s)} + ½ O_2 \leftrightarrow Cu_2O_{(s)}$ (ΔG (527 °C) = –113 kJ/mol)

14.5. Usando o resultado do exercício 14.4, calcule o potencial (V) para a pressão parcial de oxigênio igual a 10^{-10} atm.

Anexo – Diagramas de Pourbaix para Altas Tempeturas e Pressões

A.1 Introdução

O Capítulo 14 apresentou as principais leis e as fenomenologias decorrentes da ação de meios corrosivos em altas temperaturas. Em particular, as atmosferas ricas em gases, como SO_2, CO, CO_2, Cl_2, H_2S e outras formas nocivas, como o pentóxido de vanádio, provocam corrosões de uma virulência notável conhecidas como *corrosões catastróficas*. O estudo teórico dessas corrosões se reveste, muitas vezes, de uma complexidade que foge do escopo do presente livro. Contudo, uma técnica gráfica proposta por M. Pourbaix durante a década de 1930, os Equilíbrios Entrelaçados (*Équilibres Enchévêtrés*, no original em francês),[1] hoje conhecidos como Diagramas de Pourbaix para Altas Temperaturas, veio facilitar enormemente a análise de tais fenômenos. Diferem esses diagramas dos clássicos diagramas E-pH, já apresentados no Capítulo 3 (Figura 3.7), tanto pela concepção quanto pela escolha dos eixos. Com efeito, o conceito de pH, definido a partir da constante de equilíbrio da $H_2O_{(l)}$, $H_2O = H^+ + OH^-$, log K = $10^{-14,00}$(iong/l)², perde seu significado físico-químico para temperaturas acima de 100 °C. Nestas condições, a água evolui para o estado vapor e sua dissociação se efetuará em termos de $(H_2)_g$ e $(O_2)_g$, segundo as condições de equilíbrio:

E_{eq} $H_2O/H_2 \rightarrow E_0 = 0,000 - 0,591pH - 0,0295 \log p_{H_2}$

E_{eq} $H_2O/O_2 \rightarrow E_0 = +1,228 - 0,0591pH + 0,0147 \log p_{O_2}$

Se as pressões parciais de (H_2) e (O_2) forem consideradas no estado-padrão, p = 1 atm e T = 298 K, as equações acima se reduzem a

$E_0 = 0,000 - 0,591$ pH (a)

$E_0 = +1,228 - 0,0591$ pH (b)

e estão representadas na Figura 3.7 pelas linhas *a* e *b*. Contudo, se as temperaturas e pressões forem diferentes daquelas do estado-padrão, os equilíbrios entre as espécies apresentarão novos procedimentos de cálculo e, evidentemente, novos valores das grandezas termodinâmicas clássicas, como entalpia, entropia, energia livre etc. Nestes casos, as tabelas termodinâmicas, compiladas para o estado-padrão (T = 298 K, P = 1 atm), deverão ser "preparadas" para as novas condições requeridas. Fórmulas empíricas e dados termodinâmicos recentes cobrem uma vasta gama de temperaturas, e mais informações sobre este assunto podem ser encontradas na própria rede (internet) e em publicações específicas. No que se segue, apresentaremos alguns diagramas de Pourbaix para Altas Temperaturas, disponibilizados no site do CEBELCOR – Centre Belge d'Étude de la Corrosion (www.cebelcor.org), no intuito de demonstrar como tais diagramas podem contribuir em vários problemas tecnológicos atuais, como a eletrólise em sais fundidos, a geologia, a exploração de petróleo em águas profundas e ultraprofundas, a previsão de falhas em soldas, as pesquisas de novos materiais etc. A título de exemplo, vamos considerar o que se pode esperar desses diagramas na análise do comportamento do ferro em face de fenômenos bastante atuais na exploração petrolífera e no refino de crus ricos em enxofre: o ataque pelo enxofre e seus derivados. Para tanto, consideremos o diagrama ternário O-S-Fe (Figs. A.1 a A.4).

Nessas quatro figuras, os teores de compostos sulfurosos variam de 10^{-6} atm (Fig. A.1) até a pressão de 1 atm (10^0 atm) (Fig. A.4). Evidentemente, as pressões podem ser parametrizadas para valores bem mais elevados, como 10, 10^2, 10^4 atm, e as figuras irão se modificando em harmonia com esses novos valores. Os eixos desses diagramas são *o potencial de eletrodo a gás oxigênio*, E_{SOE}, como ordenada, e a temperatura, T, em K, como abscissa. Inúmeros são os fenômenos previstos por essas figuras:

- as regiões sombreadas são aquelas onde se considera o ataque corrosivo do ferro sob diversas formas sulfetadas;
- à medida que as pressões parciais das formas gasosas variam de 10^{-6} (Fig. A.1) até 1 atm (Fig. A.4), os domínios das formas condensadas do ferro sob a forma de óxidos (geralmente protetores), Fe_2O_3, Fe_3O_4 e $Fe_{3-y}O_4$, diminuem e as consequentes regiões sulfetadas aumentam;
- se considerarmos a ordenada E_{SOE} como indicativa de reações de oxirredução, vê-se claramente que, nas regiões preponderantemente redutoras do diagrama (baixos valores de potenciais, por exemplo, valores, 21,0 V), haverá redução das formas sulfurosas em H2S + S, até uma temperatura de aproximadamente 340 K (~60 °C). Em tais circunstâncias, um aço poderá ter sua superfície recoberta por um depósito de cor mista, negra (devida ao H2S) e

164 Corrosão

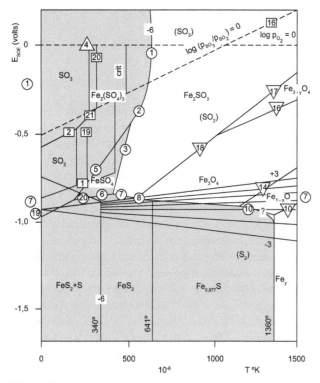

Figura A.1.

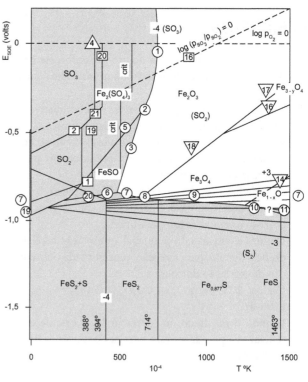

Figura A.2.

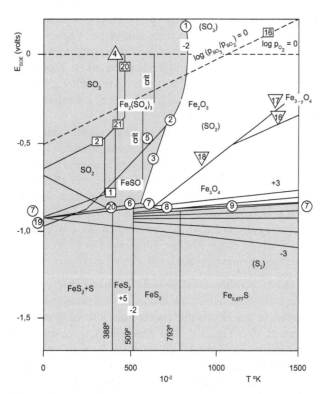

Figura A.3.

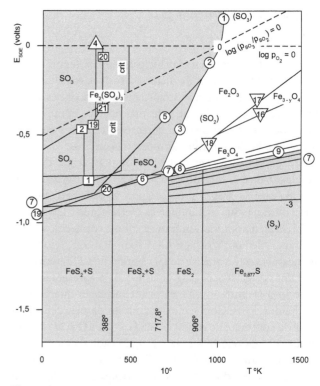

Figura A.4.

amarela (devida ao S elementar). Acima desta temperatura, é provável que o S elementar não seja estável e dê origem apenas a regiões sulfetadas. Desnecessário enfatizar que esses fatos exercem uma grande importância nas operações de soldagem e tratamentos térmicos realizados em atmosferas redutoras. Em princípio, em todas as estruturas que operam na presença de chamas e gases redutores, ricos em enxofre, há riscos de corrosões sob as mais diversas formas;

- de igual forma, em atmosferas oxidantes, nas regiões do diagrama de valores de potenciais elevados (por exemplo, para $E_{SOE} > -1,0$ V), os sulfetos podem oxidar-se em SO_2,

SO$_3$, e/ou precipitar-se sob a forma de Fe$_2$(SO$_4$)$_3$, mesmo em temperaturas relativamente moderadas, inferiores a 60 ºC. Nestas condições, a camada de Fe$_2$O$_3$, em geral protetora, tende a se transformar em sal precipitado, o que aumenta a condutividade da película e consequentemente a corrosão por sal fundido. Mecanismo semelhante é o que ocorre com a corrosão por V$_2$O$_5$, enfatizada no item 14.9.8;

- se considerarmos Fe$_2$O$_3$ como um óxido suficientemente protetor, podemos observar que o seu domínio de estabilidade está compreendido em temperaturas acima de 500 K (230 ºC) e em potenciais preponderantemente oxidantes. Nestas circunstâncias, caberá ao operador minimizar as condições de chama redutora e diminuir as fontes de enxofre ao mínimo possível. Outra possibilidade é utilizar metais ou óxidos que apresentem reduzidas regiões de estabilidade em formas sulfetadas, como é o caso do nióbio.

Muitos outros fenômenos podem ser extraídos dessas figuras, mas, por clareza de exposição, restringiremos nossa análise às Figuras A.1 a A.4. O mesmo tipo de argumento se aplica aos demais diagramas apresentados, como nas Figuras A.5 e A6, onde se considera o sistema Fe–C–O. O traçado e a metodologia de cálculo para a confecção desses diagramas são, por si sós, tema para uma monografia específica.

Muitos outros fenômenos podem ser extraídos dessas figuras, mas, por clareza de exposição, restringiremos nossa análise às Figuras A.1 a A.4. O mesmo tipo de argumento se aplica aos demais diagramas apresentados, como nas Figuras A.5 e A.6, onde se considera o sistema Fe–C–O. O traçado e a metodologia de cálculo para a confecção desses diagramas são por si sós tem para uma monografia específica. Contudo, podemos demonstrar o conceito usado para a obtenção das equações das linhas do diagrama usando um sistema mais simples. Por exemplo:

$$6FeO(s) + O_2(g) \leftrightarrow 2Fe_3O_4(s)$$

Para essa equação:

$$kp = \frac{1}{pO_2(g)}$$

No equilíbrio: $\Delta Gr = 0$ e $\Delta Gr° = -R.T \ln{}^{kp} = -R.T \ln \frac{1}{pO_2(g)}$ (I)

Como $\Delta Gr° = -n.F.E°$ (II)

Nesse sistema, o potencial será medido em relação ao eletrodo-padrão de oxigênio (E°$_{E.P.O}$).

Igualando-se as equações (I) e (II): $R \cdot \left(\frac{T}{nF}\right) \ln pO_2(g) = E°_{E.P.O}$

Ou

$$\frac{-\Delta Gr°(I)}{n(Mols) \cdot F\left(\frac{C}{Mol}\right)} = E°_{E.P.O} \text{ (V)}$$

Como: R = 8,314 J/K·Mol, F = 96.500 C/Mol, n = 4 (O$_2$ + 4e $\leftrightarrow$ 2 O^{2-})

$$E_{E.P.O} = E°_{E.P.O} - (R.T/n \cdot F) \ln \frac{1}{pO_2(g)}$$

$$E_{E.P.O} = E°_{E.P.O} - (8,314 / 4.96500) \cdot T \ln \frac{1}{pO_2(g)}$$

$$E_{E.P.O} = E°_{E.P.O} - (2,15 \cdot 10^{-5}) \cdot T \ln \frac{1}{pO_2(g)}$$

$$E_{E.P.O} = E°_{E.P.O} + 2,15 \cdot 10^{-5} \cdot T \cdot \ln pO_2(g) \ln pO(g_2) \text{ ou}$$

$$E_{E.P.O} = E°_{E.P.O} + (2,32)\, 2,15 \cdot 10^{-5} \cdot T \cdot \log pO_2(g)$$

$$E_{E.P.O(T)} = E°_{E.P.O(T)} + 4,99 \cdot 10^{-5} \cdot T \cdot \log pO_2(g)$$

$$E°_{E.P.O(T)} = -\Delta G_{r(T)}°/n \cdot F$$

Assim é possível correlacionar o Potencial com a pressão parcial de oxigênio.

REFERÊNCIA BIBLIOGRÁFICA

1. POURBAIX, M. *Équilibres enchévêtrés*. Méthode de calcul et représentation graphique. Rapports Techniques CEBELCOR, RT 182, oct. 1970. Disponível em: www.cebelcor.org.

Capítulo 15

Corrosão Associada a Solicitações Mecânicas

15.1 CONSIDERAÇÕES GERAIS

Os casos de corrosão estudados anteriormente foram devidos somente à ação do meio corrosivo. Observou-se, na maioria deles, acentuada perda de massa do material corroído. Entretanto, se houver uma associação de meio corrosivo e solicitações mecânicas, o material pode sofrer um processo de deterioração acelerado, mesmo sem perda acentuada de massa, podendo ocorrer fraturas, colocando fora de operação o equipamento deteriorado e trazendo problemas com a segurança das instalações e dos operadores delas. Trincas são nucleadas a partir da superfície de contato com o meio corrosivo ou mesmo internamente, havendo um regime de iniciação e um regime de propagação dessas trincas, que podem afetar a integridade da estrutura. Podem ocorrer falhas de modo repentino, havendo dificuldades de sua detecção pelos métodos convencionais de inspeção.

Os processos de corrosão permanecem como um grande desafio para a busca da garantia de integridade de materiais estruturais em meios corrosivos. No cenário brasileiro atual, tem-se como exemplo as demandas de materiais para a exploração, produção e transporte de óleo e gás na região do pré-sal. As condições de corrosividade dos meios envolvidos se somam às elevadas tensões atuantes, causadas pelas grandes profundidades no mar e elevadas pressões de surgência do óleo e do gás a ser extraído.

Neste capítulo será feito o estudo de uma série de fenômenos que resultam de uma interação entre o meio no qual está imerso um sólido e sua resposta à solicitação mecânica. Deve-se distinguir os casos em que a ação mecânica é de natureza dinâmica, ou seja, de **corrosão-fadiga**, daqueles em que as solicitações mecânicas são estáticas, como **corrosão sob tensão** e **fragilização pelo hidrogênio**.

Uma grande parte dos casos de **corrosão sob tensão** é definida como a fratura de certos materiais, quando tensionados em certos ambientes, sob condições tais que nem a solicitação mecânica nem a corrosão ambiente isoladamente conduziriam à fratura. Tal conceito, no entanto, não reúne satisfatoriamente todos os casos conhecidos de interação entre ambiente e tensões, apesar de ser corrente o seu uso na literatura. Isto porque muitos efeitos ocorrem sem que haja uma dissolução anódica do material, ou uma oxidação perceptível, capazes de caracterizar a corrosão propriamente dita. Adotar-se-á, portanto, o termo corrosão sob tensão apenas para aqueles casos em que for possível efetivamente reconhecer um processo de corrosão e não se tratar de outro fenômeno, muitas vezes de natureza física, que determine a fragilização do metal.

Naturalmente, a deterioração das propriedades mecânicas ocorre com rompimento com características macroscópicas de uma fratura frágil, isto é, com pequena deformação ou dissolução de material, com esta situação frequentemente ocasionando fraturas inesperadas e catastróficas.

O problema é bastante frequente na tecnologia dos materiais, apesar de sua incidência ser, felizmente, limitada aos casos em que existe uma combinação específica de materiais suscetíveis com ambientes específicos. Um número crescente de casos está sendo reconhecido à medida que se amplia o conhecimento do problema e aumentam as tensões de trabalho a que são submetidos os materiais e a agressividade dos ambientes corrosivos.

É importante que se faça uma distinção entre os fenômenos de corrosão sob esforços mecânicos, que apresentam características morfológicas bastante similares, porém com mecanismos de incidência diferenciados. A corrosão sob tensão é um processo anódico, envolvendo a dissolução, ainda que não perceptível, do material metálico. A fragilização pelo hidrogênio, por sua vez, é um processo diretamente associado à reação catódica de redução de hidrogênio. Essa espécie reduzida penetra na estrutura do material metálico, levando à sua fragilização, também nesse caso por diferentes mecanismos.

No início do século passado, o estudo da fratura de objetos de latão (*season cracking*) sugeriu uma relação entre tensão e corrosão. A fratura de estojos de munição (Fig. 15.1) foi um problema sério, que exigiu um meticuloso estudo do problema. Desde então, centenas de ocorrências foram registradas: aos casos clássicos de quebra de objetos de latão, de aço inoxidável (Fig. 15.2) e fratura de tubos de caldeiras vieram se juntar recentemente casos de quebra de componentes de aviões e reatores nucleares, que dão uma ideia da extensão dos danos materiais e questões de segurança que o problema envolve. A corrosão sob tensão é também uma das limitações materiais mais sérias que o engenheiro de transportes supersônicos e de veículos espaciais e submarinos deve enfrentar.

Tem-se tornado cada vez mais aparente que a definição fenomenológica da corrosão sob tensão engloba na verdade diversos fenômenos distintos, que podem não ter a mesma origem. Assim, pode-se distinguir entre fratura intergranular (ou intercristalina) e intragranular (transgranular ou intracristalina), assim como reconhecer casos de fragilização por metais líquidos ou mesmo pelo hidrogênio.

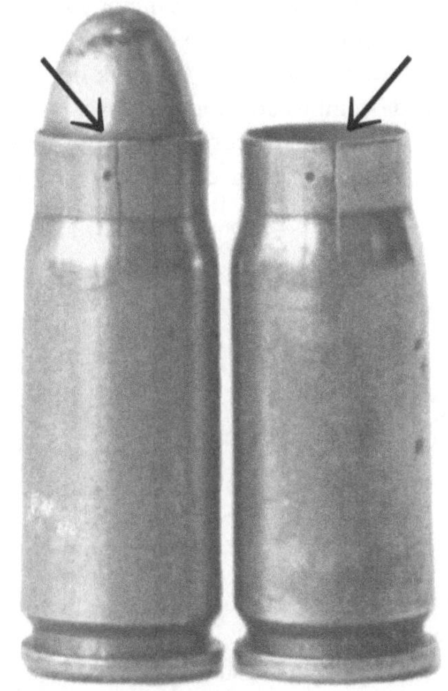

Convém notar que a ocorrência dessas fraturas sob influência do meio não é restrita ao domínio dos materiais metálicos. O polietileno, assim como outros termoplásticos, está sujeito aos mesmos problemas na presença de determinados solventes orgânicos, e os náilons podem fraturar sob tensão em presença de fenóis ou ácido fórmico.[1]

Serão vistos, a seguir, os diferentes tipos de interação entre as solicitações mecânicas e o ambiente. Os casos a serem estudados são:

- corrosão sob fadiga;
- corrosão com erosão, cavitação e impingimento;
- corrosão sob atrito;
- fragilização por metal líquido;
- fragilização pelo hidrogênio;
- fendimento por álcali;
- corrosão sob tensão.

15.2 CORROSÃO SOB FADIGA

Quando um metal é submetido a solicitações mecânicas alternadas ou cíclicas pode, em muitos casos, ocorrer um tipo de fratura denominado **fratura por fadiga** (Fig. 15.3).

Caracteristicamente, forma-se uma pequena trinca, em geral num ponto de concentração de tensões, que penetra lentamente o metal, numa direção perpendicular à tensão. Após certo tempo, que pode ser um período de milhões de ciclos, a área do elemento se reduz de tal modo que não mais pode suportar a carga aplicada e ocorre a fratura final

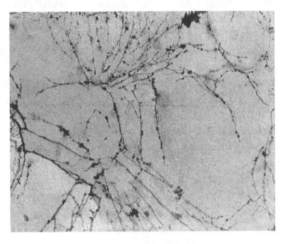

Figura 15.2 Fraturas em chapa de aço inoxidável AISI 304 em presença de solução concentrada de cloreto de sódio.

Figura 15.1 Fratura em estojos de munição, feitos com latão.

Figura 15.3 Eixo de manivela com fratura por fadiga.

e repentina, quase sempre de maneira frágil. O reconhecimento de fraturas por fadiga é geralmente fácil. A região de início da trinca tem um aspecto liso, devido ao atrito entre as faces sucessivas da trinca em cada ciclo. A segunda região é a área de aspecto rugoso, fibroso ou cristalino onde se verifica a fratura repentina.

A resistência à fadiga de um metal é determinada pelo seu **limite de resistência à fadiga**, que é a amplitude de tensão ou de deformação máxima que pode ser imposta alternada e indefinidamente sem causar ruptura. A amplitude de tensão ou deformação é, em geral, inferior aos limites que caracterizam o regime elástico do material. Quando a tensão ou deformação alternada aplicada é superior ao limite de resistência à fadiga, o material fratura após um número finito de ciclos, que decresce com o aumento da amplitude de tensão aplicada. Para frequências de oscilação de carregamento e temperaturas normais, em ambiente não agressivo, o limite de resistência à fadiga é considerado independente da frequência.

O limite de resistência à fadiga é claramente observado para aços quando testados na atmosfera (Fig. 15.4), enquanto alguns metais não ferrosos não o apresentam. Experiências mostram, no entanto, que esses materiais testados em vácuo ou nitrogênio seco apresentam o mesmo comportamento. Desse modo, é provável que as curvas de fadiga de não ferrosos ao ar sejam realmente curvas de fadiga-corrosão, como será visto a seguir.

Caso um componente esteja sujeito a esforços cíclicos em um meio capaz de atacar química ou eletroquimicamente o material exposto, verificam-se condições para a implantação da **corrosão sob fadiga**. Os metais que fundamentalmente estão sujeitos a esse tipo de ataque são aqueles que têm uma camada protetora, por exemplo, um óxido que produza resistência a um meio que tenderia a atacar o metal. As fraturas mecânicas sucessivas, durante a propagação da trinca de fadiga, rompem continuamente as camadas protetoras, expondo o material ativo à ação do ambiente corrosivo. O processo se caracteriza em maior extensão pelo desaparecimento do limite de fadiga, havendo mesmo para baixas tensões um número de ciclos que conduz à fratura (Fig. 15.5). Uma redução do limite de resistência à fadiga é, por vezes, observada mesmo quando o material se encontra em meio corrosivo.

Experimentalmente, procurou-se estudar a contribuição de cada fator, mecânico ou de corrosão, ao fenômeno. Verifica-se que o dano causado é, em geral, maior do que a soma dos danos causados pela corrosão e pela fadiga agindo separadamente, ou seja, há uma sinergia entre os fatores mecânicos e eletroquímicos. Também se verifica que a imersão prévia do material em meio corrosivo faz baixar o limite de fadiga subsequente.

É característico desse tipo de corrosão o aparecimento de profundas escavações no material oriundas da corrosão. Observam-se fendas perpendiculares à direção de tensão e que seguem caminho mais ou menos reto e regular, de forma que é possível reconhecer a parte por onde ela se iniciou e que, com frequência, está relacionada com pites de corrosão formados inicialmente na superfície do metal. As trincas são, em geral, transgranulares, conhecendo-se, no entanto, casos de propagação intergranular. (Ver Pranchas Coloridas, Foto 86.) Trata-se nesse caso de um processo de corrosão, localizada interagindo com a solicitação mecânica cíclica imposta ao material. Frequentemente, a caracterização fratográfica é dificultada pelo próprio processo de corrosão, que altera a superfície de propagação em contato com o meio corrosivo.

A corrosão sob fadiga é influenciada pela frequência das vibrações mecânicas, ao contrário do comportamento em fadiga. Isso porque o componente de corrosão do fenômeno depende do tempo, e um mesmo número de ciclos a diferentes frequências representa tempos diferentes de exposição ao meio corrosivo.

Ao contrário do que se verá mais adiante para corrosão sob tensão, em que os meios corrosivos são mais ou menos específicos (isto é, somente certas combinações íon-metal resultam em fratura), na corrosão sob fadiga, os meios aquosos que causam corrosão são numerosos e não específicos. Por exemplo, o aço sofre corrosão sob fadiga em água de rios, água de mar, produtos de combustão condensados e meios químicos, entre outros. Nesse tipo de corrosão, o fator mais importante é, evidentemente, o caráter corrosivo do meio.

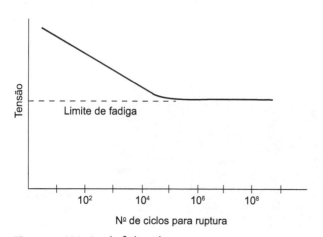

Figura 15.4 Limite de fadiga de aços no ar.

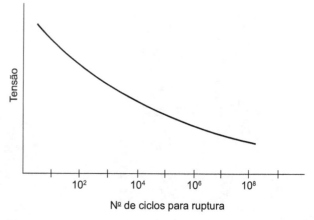

Figura 15.5 Comportamento do aço sujeito à fadiga em meio corrosivo.

Para determinado material metálico, o valor máximo de resistência à fadiga é conseguido no meio de menor corrosividade. Pode-se dizer que a maior resistência à corrosão sob fadiga está mais relacionada com a resistência à corrosão em si do que com a alta resistência mecânica do material.

Tal comportamento pode ser comprovado, por exemplo, pelos ensaios realizados ainda em 1927 por McAdam,[2] estudando o comportamento de aços em água de poço e água salgada. Dos dados obtidos, pode-se concluir que:

- o tratamento térmico não melhora, praticamente, a resistência à corrosão sob fadiga, embora modifique bastante a resistência à tração;
- a não ser que os elementos de liga implementem a resistência geral à corrosão, suas adições não influenciam na resistência à corrosão sob fadiga;
- aços inoxidáveis são mais resistentes do que aços de baixa liga, ou aço-carbono;
- a resistência à corrosão sob fadiga em todos os aços é menor em água salgada do que em água potável.

15.2.1 Ocorrência

A corrosão sob fadiga ocorre mais frequentemente em:

- tubulação de equipamento de perfuração de poços, usada para bombear petróleo, e que tem vida limitada devido à corrosão por fadiga resultante do meio corrosivo (água salgada);
- tubulações transportando vapores ou líquidos, de temperaturas variáveis, e podem fraturar devido ao ciclo térmico (expansão e contração periódicas);
- trocadores de calor que se corroem devido a vibrações imprimidas pelas bombas nos líquidos e que são transmitidas ao equipamento;
- diversos tipos de vasos de pressão.

15.2.2 Mecanismo

O mecanismo da corrosão sob fadiga é de uma fadiga acentuada pela corrosão, que depende do valor da frequência, das condições corrosivas e do tempo que o material sofre. Não apresenta nenhum limite definido, como ocorre na resistência somente à fadiga.

O mecanismo de início da fratura pode estar associado a:

- concentração de tensões nos locais de entalhes ou pites formados pelo meio corrosivo;
- fendas, na superfície do metal, produzidas por intrusões e extrusões microscópicas formadas durante os ciclos de tensões. Tais fendas resultam de deslizamentos localizados dentro dos grãos do metal. A nucleação e o crescimento da fratura iniciam-se na superfície, ao longo de faixas de deslizamento acumuladas.

A superfície limpa do metal, no ápice de tais fissuras produzidas durante os ciclos de tensões, torna a área anódica da pilha galvânica. A adsorção de O_2, H_2O, ou ambos, ou outras espécies iônicas nas paredes da fissura, impede a ressoldagem, isto é, a união das superfícies metálicas, pois reduz a energia de superfície do metal e forma produtos de corrosão. O fato de que há ação eletroquímica na propagação da fratura é evidenciado pela redução dessa corrosão pelo uso de inibidores e proteção catódica. Uma condição necessária para ocorrência da fadiga é a ruptura das películas. Os aços inoxidáveis apresentam boa resistência pela eficácia de suas películas superficiais.

As alternações de tensões com frequências mais baixas são mais prejudiciais do que as de frequência mais elevada, porque nas primeiras se dispõe de mais tempo por ciclo para as ações combinadas. A aeração diferencial também atua, pois as regiões mais solicitadas do fundo das fendas tornam-se mais fortemente anódicas. Uma alta concentração de oxigênio favorece a despolarização e torna as zonas circundantes áreas catódicas.

15.2.3 Proteção

Há diversos métodos que podem ser empregados para reduzir a corrosão sob fadiga, como visto a seguir.

A **proteção catódica** ocorre quando o meio é uma solução aquosa, sendo uma proteção efetiva, pois o limite de fadiga pode subir até o valor determinado no vácuo.

O uso de **inibidores** para diminuir a corrosividade dos meios é o método em que se adicionam 200 ppm de $Na_2Cr_2O_7$ (considerar seu caráter poluente) em água, o que reduz a corrosão sob fadiga de fio de aço com 0,35 % de carbono normalizado em um nível que representa melhoramento sobre o comportamento do aço no ar.

Revestimentos metálicos anódicos ou de sacrifício, como o zinco ou o cádmio, eletrodepositados no aço, são bons protetores, pois protegem catodicamente a base do metal de defeitos no revestimento. A eletrodeposição de estanho, chumbo, cobre ou prata no aço também são convenientes, pois, embora não reduzam as propriedades normais de fadiga, impedem a ação do meio corrosivo. Níquel protege bem contra corrosão em condições estáticas, mas reduz a resistência à fadiga do aço porque o revestimento se deforma sob tração.

Películas não metálicas pigmentadas com pó de zinco são revestimentos orgânicos contendo pigmentos inibidores, como cromato de zinco, e constituem bons protetores. O material recoberto com Zn tem um aumento no limite normal de fadiga. Na corrosão sob fadiga, o material recoberto com Zn tem uma resistência bem maior por causa da proteção advinda da ação de sacrifício do Zn.

O **jateamento na superfície do metal** (*shot peening*) ou outros meios capazes de introduzir esforços de compressão na superfície metálica, como nitretação superficial, são bons protetores, pois as capas superficiais ficam em compressão. As tensões de tração rompem mais facilmente as películas protetoras, ao passo que as tensões de compressão agem no sentido de fechar as descontinuidades dessas películas.

Outro método é a **alteração do projeto**, no sentido de eliminar áreas de concentração de tensões que têm efeito acelerador nesse tipo de corrosão. Grandes diferenças de seções, perfurações e entalhes devem ser evitadas.

15.3 CORROSÃO COM EROSÃO, CAVITAÇÃO E IMPINGIMENTO

A corrosão de um metal em contato com um fluido em movimento pode muitas vezes ser aumentada por efeitos dinâmicos. Esse tipo de corrosão implica ações erosiva e corrosiva do meio, devidas ao movimento relativo existente entre esse e o material metálico. Pode-se incluir, neste caso, a corrosão associada à erosão, à cavitação e ao impingimento que causam perda de material por ação mecânica de sólidos, líquidos ou meios gasosos.

15.3.1 Erosão-corrosão

A ação de erosão, com a resultante destruição de camadas superficiais protetoras, é fácil de visualizar. Tal ação pode facilmente levar ao aparecimento de pequenas regiões anódicas em contato com grandes extensões catódicas, o que constitui uma situação especialmente perigosa. A ação erosiva de um gás é aumentada pela presença de gotículas de líquido ou fragmentos sólidos, e a de líquidos pela presença de partículas sólidas. Tem-se, pois, que **erosão** é a deterioração de materiais metálicos ou não metálicos pela ação abrasiva de fluidos em movimento, usualmente acelerada pela presença de partículas sólidas em suspensão. Ocorre mais intensamente em estrangulamentos ou em desvios de fluxos como cotovelos, curvas e ejetores de vapor. Como exemplos de erosão, tem-se o desgaste de palhetas de turbinas ou de hélices, em alta velocidade, sob a ação de gotículas de água, e de rotores ou impelidores de bombas (Fig. 15.6).

Figura 15.6 Impelidor de bronze com deterioração por erosão.

Como fatores influentes no processo de erosão pode-se, portanto, mencionar: velocidade de escoamento, ângulo de incidência, temperatura, dureza e forma das partículas.

Líquidos com bolhas de vapor, ar ou gás também exercem ação erosiva, ocasionando as avarias por cavitação ou por impingimento. A **cavitação** é a ação dinâmica, no interior de um fluido, associada à formação e ao colapso de cavidades nas regiões que ficam abaixo da pressão absoluta de vapor do líquido.

Quando um fluido impinge ou tem impacto direto sobre uma superfície metálica, pode-se notar severa ação mecânica com desgaste do material. Bolhas de gás, presentes no líquido, aumentam o efeito do impingimento, observando-se que a presença de bolhas de ar agrava o ataque por **impingimento** (Fig. 15.7).

Figura 15.7 Aspecto característico da erosão por impingimento, em curva de tubulação de linha de condensado, causada por vapor d'água.

A erosão é considerada um fenômeno puramente mecânico, em que o metal é removido ou destruído mecanicamente, sofrendo somente alterações físicas. Na erosão-corrosão ocorrem fenômenos físicos e químicos, sendo caracterizada por sua aparência sob a forma de sulcos, crateras, ondulações, furos arredondados e um sentido direcional de ataque (Fig. 15.8). Em razão da própria ação de erosão, a superfície fica isenta de possíveis produtos de corrosão.

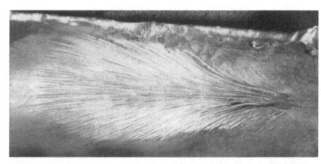

Figura 15.8 Erosão em tubo de aço-carbono causada por ação de ácido sulfúrico concentrado vazado por furo na tubulação.

Praticamente todos os tipos de equipamentos, expostos a fluidos em movimento, estão sujeitos à erosão-corrosão. Como exemplos podem ser citados: tubulações (especialmente curvas, cotovelos e derivações), válvulas, bombas centrífugas, impelidores, agitadores, tubos de trocadores de calor e linhas de vapor.

A velocidade tem uma influência muito grande nos processos de erosão-corrosão, e o seu aumento geralmente resulta em ataque mais acentuado, conforme dados apresentados na Tabela 15.1,[3] onde aparecem taxas de corrosão de vários materiais metálicos em água do mar a diferentes velocidades.

Tabela 15.1 Influência da velocidade na taxa de corrosão

Material	Taxas de Corrosão Típicas (mdd)		
	30,48 cm · s^{-1}	122 cm · s^{-1}	823 cm · s^{-1}
Aço-carbono	34	72	254
Ferro fundido	45	—	270
Bronze-silício	1	2	343
Latão de almirantado	2	20	170
Bronze-alumínio (10 %)	5	—	236
Latão de alumínio	2	—	105
90-10 Cu-Ni (0,8 % Fe)	5	—	99
70-30 Cu-Ni (0,05 % Fe)	2	—	199
Aço inoxidável (Tipo 316)	1	0	1
Titânio	0	—	0

Deve-se considerar que, em alguns casos, o aumento da velocidade pode ser benéfico, pois pode diminuir a ação corrosiva. Altas velocidades impedem a deposição de material em suspensão, evitando, portanto, a formação de pilhas de concentração ou de aeração diferencial.

Os métodos mais usuais para combater a erosão-corrosão são:

- emprego de materiais mais resistentes, como ferro com alto teor de silício (14,5 % Si) para casos severos de erosão-corrosão;
- alterações de projeto, visando a modificações no formato ou geometria dos equipamentos (ver Cap. 20, Fig. 20.4);
- acréscimo de diâmetro de uma tubulação de modo a diminuir a velocidade do fluido, assegurando-lhe um fluxo laminar;
- dirigir as tubulações de entrada para o centro de tanques, em vez de colocá-las próximo às paredes laterais;
- inserir virolas nas extremidades das entradas de tubos e especificar sua composição igual à dos tubos ou de plástico;
- usar bombas com partes vulneráveis facilmente substituíveis;
- inserir placas defletoras ou substituíveis nas áreas de impingimento;
- montar tubos de maneira que eles fiquem, no lado de entrada do fluido, alguns centímetros além dos espelhos de trocadores de calor;
- modificações no meio corrosivo, por meio de desaeração e emprego de inibidores;
- uso de revestimentos, como borracha, elastômeros artificiais (neoprene), basalto (silicato de alumínio fundido) ou

aço inoxidável com alto teor de cromo e níquel somente nas partes sujeitas à ação erosiva;
- proteção catódica.

15.3.2 Corrosão-cavitação

Quando cavidades ou bolhas sofrem colapso ou implosão na superfície metálica, há uma ação mecânica conjugada a uma ação química que dá condições para que ocorra uma corrosão com cavitação. Deve-se notar que a cavitação se origina do comportamento do líquido e não do que ocorre com o metal.

Avarias por cavitação são muito frequentes em hélices de navios, turbinas hidráulicas e a vapor, bombas hidráulicas e em camisas de cilindros de motores Diesel (Figs. 15.9 e 15.10) na face refrigerada com água.

Figura 15.9 Cavitação em camisa de cilindro de motor Diesel.

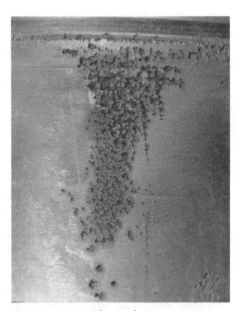

Figura 15.10 Ampliação da Figura 15.9 na região de cavitação.

O processo normal de colocar água em ebulição envolve seu aquecimento até que a pressão de vapor d'água se eleva e iguala à pressão estática do ambiente, que é usualmente a atmosférica. Quando isso ocorre, núcleos microscópicos de vapor e de ar, que estão em suspensão na água, crescem rapidamente e formam grandes bolhas ou cavidades. Outro modo de colocar a água em ebulição é, em vez de aquecer para aumentar a pressão de vapor, diminuir a pressão ambiente até que ela se torne menor do que a pressão de vapor d'água na temperatura reinante nessas condições.

Assim, é possível colocar a água em ebulição, ou melhor, formar bolhas de vapor d'água, desde que a pressão absoluta baixe até atingir a pressão de vapor do líquido, na temperatura em que ele se encontra, iniciando-se, então, um processo de vaporização desse líquido. Quando a ebulição ocorre sem aquecimento, por descompressão, por exemplo, em temperaturas normais, ela é chamada de cavitação. Logo, um ponto importante a ser considerado é que a cavitação está invariavelmente associada a uma queda local na pressão da água, e é essa queda de pressão que ocasiona a cavitação. Frequentemente, formam-se nuvens de bolhas, dando um aspecto leitoso à água. Nos locais da superfície metálica onde existem essas nuvens, têm-se as zonas de cavitação. Essas bolhas quase imediatamente sofrem colapso ou implosão, devido ao fato de atingirem áreas de pressões elevadas. Quando as paredes das bolhas colidem, uma forte onda de choque se forma, produzindo avarias nos materiais adjacentes. Como milhões de bolhas ou cavidades podem sofrer colapso sobre uma pequena área no decorrer de um segundo, avarias visíveis podem ser rapidamente produzidas. Também se deve considerar que divergência e rotação do fluxo, ao gerarem regiões de pressão muito baixa, sujeitam o líquido a forças maiores do que sua força de coesão, rompendo sua continuidade e formando cavidades.

Pode-se distinguir as seguintes fases do ciclo de ação da cavitação: áreas de pressões baixas são produzidas em decorrência de irregularidades no escoamento, como obstruções e estrangulamentos; formação de cavidades ou bolhas de vapor; as condições de pressão e de escoamento mudam abruptamente e são seguidas pelo colapso das bolhas ou cavidades, com a resultante pressão de choque, atingindo algumas centenas de atmosferas em áreas localizadas. O ciclo de cavitação é repetido milhares de vezes. Os metais de alta tenacidade podem resistir ao desgaste por um período, mas ocorre eventualmente ataque de grandes áreas que ficam com aspecto de superfícies marteladas. Se o material for quebradiço e de relativamente baixa resistência, como ferro fundido, o aparecimento de pites é bem pronunciado. Se o material for denso e de alta resistência, a superfície ficará apenas rugosa.

As consequências da cavitação são: erosão e corrosão, vibração e ruído e alteração do escoamento. A continuidade do processo deixa a superfície com pites ou alvéolos, podendo até arrancar pedaços do metal (Figs. 15.11 e 15.12). A vibração é originada pelo desbalanceamento, e o ruído é provocado pela implosão das bolhas.

É evidente que, com as mudanças cíclicas de pressões, há condições para ocorrência de fratura por fadiga do material.

Algumas características dos líquidos podem ter influência nas avarias ocasionadas por cavitação. Entre elas devem ser citadas:

Figura 15.11 Cavitação em hélice de bomba.

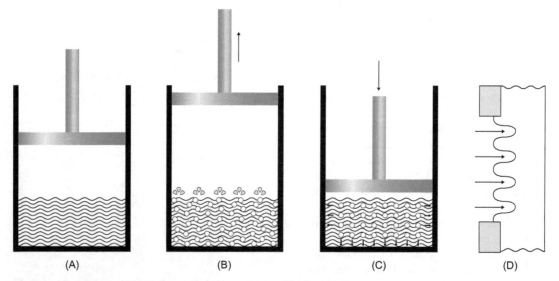

Figura 15.12 Esquematização do ataque por cavitação. (A) Líquido em repouso em temperatura e pressão ambientes. (B) Expansão e formação de bolhas de vapor em temperatura ambiente e pressão reduzida. (C) Compressão e colapso, ou implosão, das bolhas de vapor, em temperatura ambiente e aumento de pressão. (D) Destruição da película de óxido, ou revestimento, pelo impacto resultante da onda de choque transmitida pela implosão das bolhas de vapor e redução da espessura do material metálico.

- **teor de ar** – injeção ou admissão de ar, devendo ser feita a montante da região de cavitação, e sendo prática somente quando há vácuo na sucção. As bolhas de ar, sendo compressíveis, absorvem as ondas de pressão causadas pelo colapso das cavidades;
- **temperatura** – a ação é complexa, tendo-se que a 0 ºC a 50 ºC a avaria cresce com a temperatura (talvez devido a um decréscimo no teor de ar) e acima de 50 ºC a avaria é reduzida progressivamente (talvez devido ao fato de que o efeito da remoção é menor do que o produzido pelo aumento da pressão de vapor);
- **velocidade relativa dos líquidos** – à medida que cresce a velocidade relativa dos líquidos, decresce a pressão, o que ocasionará a formação de bolhas. Deve-se citar, nesse caso, a alteração de velocidade de um fluido, ocasionada por uma obstrução ou estrangulamento. Assim, quando a água é forçada a atravessar uma obstrução, sua velocidade é aumentada. Esse aumento de velocidade é sempre acompanhado de uma queda de pressão (há um aumento na energia cinética da água, que deve ser compensado por uma correspondente perda de energia de pressão). A velocidade média de escoamento influi na queda de pressão: em velocidades baixas a queda de pressão não é significativa, mas com o aumento de velocidade da água a pressão local pode ficar abaixo da pressão de vapor d'água, ocorrendo, então, a cavitação.

Quando as condições que conduzem à corrosão existem em presença da cavitação, há uma aceleração nas avarias. Os produtos de corrosão podem ser mais rapidamente removidos do que em condições estáticas, e assim novas superfícies são expostas à ação do meio corrosivo; ferro fundido ou aço têm uma perda de peso mais rápida na água do mar do que em água potável, nas mesmas condições de cavitação.

Mecanismo

O mecanismo da corrosão sob cavitação não está completamente elucidado.[4] Diversas teorias são propostas para explicar esse tipo de corrosão, podendo-se citar, entre elas, a teoria mecânica, a mecânica-química, a eletroquímica e a termelétrica.

Isoladamente, elas falham em explicar todos os fatos, devendo ocorrer a coexistência desses fenômenos. A questão de qual é o mais importante mecanismo, em cada caso, dependerá provavelmente do material considerado, da extensão do crescimento das bolhas antes do colapso, da temperatura local, de impurezas e do conteúdo de ar da água.

O colapso da bolha, em contato com a parede metálica, pode envolver dois efeitos:

- o primeiro estágio de desenvolvimento da cavitação, quando discretas cavidades são formadas;
- um segundo estágio, em que o lado da cavidade inicialmente em contato com o metal pode mover-se rapidamente, exercendo uma sucção que poderá danificar qualquer filme protetor, favorecendo o ataque químico.

Uma explicação não mecânica é a que considera os efeitos corrosivos de correntes elétricas geradas em cristais adjacentes de um sólido como resultado de tensões mecânicas alternadas e deformações produzidas pelo colapso das bolhas. Com esse mecanismo, pode-se aceitar o fato experimental de que a proteção catódica é efetiva para proteger contra a corrosão sob cavitação. A teoria termelétrica diz que as correntes de corrosão são devidas à ação de um par térmico, resultante do aquecimento local do metal devido a um aumento de temperatura nas cavidades em colapso.

Proteção

O mais recomendável meio de proteção é atuar no projeto do equipamento visando eliminar:

- possibilidades de áreas de quedas de pressões;
- abruptas modificações de seções para evitar turbulência;
- vibração de partes críticas;
- ter-se NPSH disponível maior do que NPSH requerido[5] (NPSH vem do inglês *Net Positive Suction Head* e corresponde à altura total de sucção referida à pressão absoluta, determinada no centro da conexão de sucção, menos a tensão de vapor do líquido).

Quando não se pode atuar no projeto do equipamento deve-se estudar a possibilidade de usar um dos processos seguintes:

- introdução de ar no fluido em escoamento para aliviar as áreas de baixa pressão;
- emprego de materiais com alta ductibilidade, alta resistência à fadiga ou superfícies endurecidas. São muito usados os aços inoxidáveis austeníticos, 18 Cr-8 Ni. Os bronzes de alumínio são também muito usados: Al/Ni/Fe e Mn/Al são usados em hélices de navios que operam em condições severas. Outros materiais também recomendados são Stellite (liga de Co/Cr/W/Fe/C), contendo Ni (3 %), Si (2 %), Fe (3 %), Mn (2 %), Mo (1,5 %), W (3,5 %-5,5 %), C (0,9 %-1,4 %) e Co (balanço), tungstênio e titânio;
- revestimento com materiais resistentes, como Tiokol e Neoprene (elastômeros artificiais);
- emprego de inibidores, como óleos solúveis, cromatos e nitritos. A adição de 2.000 ppm a 3.000 ppm de Na_2CrO_4, na água de refrigeração de cilindros de motores Diesel, tem resultado positivo contra a corrosão sob cavitação, mas evitado por ser poluente;
- proteção catódica;
- em alguns casos, podem-se preencher as áreas danificadas por cavitação com solda e em seguida retificá-las.

15.3.3 Ataque por Impingimento – Corrosão por Turbulência

Corrosão por turbulência é a corrosão associada ao fluxo turbulento de um líquido. A turbulência ocorre quando um fluido está em movimento e passa de uma tubulação de grande diâmetro para outra de menor diâmetro (Figs. 15.13 e 15.14). A região de turbulência aparece sempre na tubulação de menor diâmetro. As regiões de turbulência mais comuns são as que ocorrem nas entradas dos tubos de condensadores, nas saídas de registros, válvulas, bombas centrífugas, hélices e outros dispositivos que provoquem variações acentuadas da seção transversal do fluido ou modifiquem o seu deslocamento lamelar.

Figura 15.13 Corrosão por turbulência em tubo, na região do flange.

Figura 15.14 Ampliação da Figura 15.13 na região deteriorada.

O fluido em movimento turbulento pode conter gases, formando bolhas que se deslocam com ele. A ação da turbulência, aliada aos choques que resultam do rompimento das bolhas, provoca um tipo de corrosão-erosão denominado **impingimento**.

O ataque por impingimento pode ocorrer quando líquidos, gases ou vapores se chocam em alta velocidade contra uma superfície. Ocorre frequentemente em curvas de linhas de condensado e em cobre ou ligas de cobre. Quando há escoamento de água sobre cobre ou suas ligas, a turbulência é suficiente para causar quebra do filme superficial. A corrosão resultante é característica, produzindo pites com contornos arredondados usualmente isentos dos produtos da corrosão e agrupados em forma de ferradura, como se um cavalo estivesse andando contra a corrente do fluido. Com o prosseguimento do ataque, os pites vão aumentando e aproximam-se, formando extensas áreas atacadas. A ação pode ser muito rápida, com os anodos locais despolarizados pela remoção contínua dos íons metálicos e dos produtos de corrosão e dos catodos locais, pelo oxigênio dissolvido na água aerada, movendo-se rapidamente. Os fatores que aumentam o ataque por impingimento são o aumento de velocidade do fluido e, particularmente, da turbulência local, presença de oxigênio, poluição da água e, dentro de certos limites, aumento nas dimensões e na quantidade de bolhas de gases no fluido.

O ataque por impingimento causa, usualmente, escavações acentuadas e com aspecto liso nas superfícies atacadas.

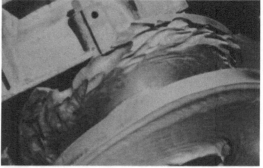

Figura 15.15 Rotor de aço-carbono com deterioração por erosão impingimento.

Proteção

Para se evitar o ataque por impingimento, procura-se:

- usar ligas de cobre contendo cerca de 5 % de estanho; latões de alumínio (22 % de Zn, 76 % de Cu, 2 % de Al, 0,04 % de As); e ligas de cobre com 30 % de Ni e 0,5 % de Fe;
- reduzir a velocidade do fluido;
- diminuir a quantidade de ar ou partículas sólidas;
- modificar a geometria dos equipamentos, evitando curvas acentuadas etc.;
- usar placas defletoras.

15.4 CORROSÃO SOB ATRITO

Se duas superfícies, em contato e sob carga, das quais pelo menos uma é metálica, forem submetidas a pequenos deslizamentos relativos, originados comumente por vibrações, observa-se frequentemente um tipo de corrosão na interface, denominado **corrosão sob atrito, corrosão sob fricção** (*fretting corrosion*) ou, ainda, **oxidação por fricção** ou **corrosão por atrito oscilante**.

Como requisito necessário para a ocorrência desse tipo de corrosão, a interface do metal deve estar sujeita à carga.

Os danos causados por esse tipo de corrosão são caracterizados por descoramento da superfície do metal, com a formação de produtos pulverulentos de corrosão e, em alguns casos, pites. Esses pites podem servir de núcleos para a ocorrência de fraturas por fadiga. A incidência do fenômeno é muito grande, sendo quase todos os metais suscetíveis ao mesmo. Ocorre em locais de uniões como ajustes prensados, locais onde metais estão em movimento relativo, como rolamentos de esferas e mancais, implantes ortopédicos[6] e em contatos elétricos.[7] O funcionamento do componente pode ser prejudicado não somente pela perda acelerada das dimensões, como também pela redução de resistência à fadiga.

Quando a corrosão sob atrito ocorre no ar, os produtos de corrosão são comumente misturas de óxidos metálicos, hidratados ou não, e partículas do metal. As partículas têm, em geral, dimensões da ordem de um micrômetro.

15.4.1 Mecanismo

O mecanismo do fenômeno está naturalmente ligado ao desgaste mecânico na ausência de ambiente corrosivo. Como se sabe, quando dois materiais são justapostos, o contato ocorre em número limitado de pontos, representando os picos da rugosidade. Quando os materiais são deslocados esses pontos de contato são cisalhados, com ou sem a ocorrência prévia de soldagem entre os metais. Tal ação resulta do aparecimento constante de novas superfícies metálicas, seja no metal-base, seja nas partículas produzidas. Essas superfícies imediatamente ficam cobertas com oxigênio, ou outro agente corrosivo, ou se oxidam superficialmente. A próxima aspereza retira o óxido ou pode, mecanicamente, ativar a reação do oxigênio adsorvido com o metal para formar óxido, que, por sua vez, é arrastado, formando novamente uma superfície metálica limpa. Os detritos de óxido que se vão acumulando têm muitas vezes características abrasivas, que contribuem para o desgaste. O alumínio e o aço inoxidável são suscetíveis à corrosão sob atrito, o que pode ser explicado tanto pela formação de óxidos abrasivos, como Al_2O_3 e Cr_2O_3, quanto pela adsorção de oxigênio por esses metais.

Dados experimentais mostram que na corrosão sob atrito de aço com aço ocorrem interações químicas dos metais, sobretudo com o oxigênio do ar e com o nitrogênio e vapor d'água. A avaria é menor em ar úmido do que em ar seco, e muito menor em atmosfera de nitrogênio. Tais observações caracterizam a contribuição de um componente de natureza química em adição aos fatores mecânicos. Observa-se uma lama castanho-avermelhada, contendo principalmente α-Fe_2O_3 anidro, podendo ocorrer também α-$Fe_2O_3 \cdot H_2O$ e pouco de FeO e Fe_3O_4 e partículas do metal.

Devido a essas observações, pode-se admitir duas possibilidades:

- pequenas partículas metálicas são arrancadas da superfície metálica e, em seguida, oxidadas;
- a superfície metálica é oxidada, talvez devido ao calor originado pelo atrito e, em seguida, partículas do óxido são removidas.

15.4.2 Proteção

Como processos de proteção contra a corrosão sob atrito, podem ser citados:

- combinação de metal mole com metal duro – com essa combinação, o processo de solda nos pontos de contato entre metais similares é impedido. Em alguns casos, também fica impedido o deslizamento da interface e a presença de ar. Alguns metais recomendados para serem usados com aços, a fim de diminuir a corrosão, são o estanho, prata, chumbo, índio e metais revestidos com cádmio. Como ligas, são recomendados os latões;
- construção de superfícies de contato de maneira a evitar quase por completo o deslizamento – isso pode ser conseguido tornando-se a superfície rugosa, embora não seja fácil impedir completamente o deslocamento, pois presume-se que a avaria seja causada por movimento relativo de dimensões extremamente diminutas, muitas vezes da ordem de alguns micrômetros em amplitude. Embora o aumento da carga diminua a possibilidade de deslizamento, deve-se ter em conta que em cargas elevadas a avaria é maior. Acréscimo de carga aumenta a corrosão, de modo que pites tendem a se desenvolver nas superfícies de contato quando produtos de corrosão, por exemplo, Fe_2O_3, ocupam maiores volumes do que o metal do qual se originaram. Devido ao óxido não ter capacidade de escapar durante o deslocamento oscilatório, sua acumulação aumenta as tensões locais;
- uso de lubrificantes – óleos de baixa viscosidade, isolados ou combinados com uma superfície fosfatizada (com fosfato de manganês), reduzem as avarias quando a carga não é muito grande; graxas contendo sulfeto de molibdênio, MoS_2;
- uso de juntas de elastômeros ou materiais de baixo coeficiente de atrito – a borracha absorve vibrações, evitando deslizamento na superfície; Teflon (politetrafluoretileno) tem um baixo coeficiente de atrito, logo, reduz a avaria. Embora com essas vantagens, esses materiais não são tão efetivos para cargas elevadas devido à pequena resistência que apresentam.

15.5 FRAGILIZAÇÃO POR METAL LÍQUIDO

Metais no estado sólido submetidos a tensões residuais ou externas, concomitantemente em contato com metais fundidos, sofrem um tipo de ruptura denominado **fragilização por metal líquido**. Esse tipo de ruptura tem um caráter bastante diferente dos mencionados anteriormente; apesar da fenomenologia ser idêntica, não se trata de corrosão no sentido rigoroso do termo. A falha provocada por fragilização por metal líquido ocorre pela nucleação e subsequente propagação para o interior de uma trinca na superfície molhada do sólido. Esse processo de falha não envolve modificação química do metal sólido.

Existem duas condições necessárias, mas não suficientes, para a fragilização por metal líquido. A primeira é a existência de uma tensão aplicada e a segunda é que haja contato direto, numa escala atômica, entre o sólido tensionado e o metal líquido fragilizante. Isso implica que o líquido possa fluir para o interior de uma trinca e causar sua propagação. O crescimento da trinca será interrompido se o suprimento de líquido for interrompido, exceto no caso de materiais frágeis, onde a trinca já tenha atingido dimensões críticas. Os metais sujeitos a esse tipo de fenômeno geralmente fraturam de maneira intergranular. Por esse motivo, espera-se que variações de tamanho de grão, da estrutura ou da química do contorno do grão devam influenciar a suscetibilidade de sólidos tensionados.

A fragilização por metal líquido, em geral, ocorre imediatamente acima do ponto de fusão do agente fragilizante e pode, portanto, causar uma forma de transição dúctil-frágil à medida que a temperatura se eleva. Com um acréscimo de temperatura, a ductibilidade frequentemente retorna. No entanto, é preciso mencionar que foram registrados na literatura alguns casos de início de fragilização abaixo do ponto de fusão do metal fragilizante.

Na prática, verifica-se que a fragilização nem sempre ocorre quando um metal puro ou uma liga é tensionada em contato com um metal líquido, apesar de uma larga faixa de materiais ser fragilizada por metal líquido. Estudos de laboratórios e análises de fraturas na prática mostraram que metais puros e ligas industrialmente importantes, como latões e bronzes, aços-carbonos e inoxidáveis, podem ser fragilizados por metais líquidos tanto com ponto de fusão baixo como moderado, incluindo mercúrio, gálio, soldas e mesmo ligas de cobre. A previsão da fragilização por metal líquido depende não apenas da composição da combinação sólido/líquido, mas também das condições da combinação metalúrgica do sólido e das condições de exposição. Não é surpreendente, portanto, que haja relatórios conflitantes sobre se uma combinação particular de elementos é fragilizada.

A previsão da ocorrência do fenômeno e as teorias formuladas para sua explicação foram revistas por Nicholas e Old.[8] Empiricamente, existe uma correlação que, na melhor das hipóteses, pode ser considerada apenas como necessária, mas não suficiente – sistemas sujeitos à fragilização normalmente têm duas características: baixa solubilidade sólida dos dois metais e ausência de compostos intermetálicos. Na verdade, a única dedução básica que surge de todas as tentativas de correlacionar a suscetibilidade à fragilização por metal líquido com outros parâmetros é que se trata de um fenômeno específico, isto é, alguns pares fragilizam e outros não. Deve-se concluir, portanto, que o uso de correlações para prever o comportamento de sistemas que não tenham sido previamente investigados é arriscado, e deverá continuar assim até que um número muito maior de dados experimentais esteja disponível.

Vários mecanismos e teorias foram propostos na literatura para explicar o fenômeno de fragilização por metal líquido. Os modelos mais promissores são os que invocam o enfraquecimento das ligações interatômicas do sólido no vértice da trinca.

Segundo Griffith,[9] uma trinca incipiente tem condições de propagação quando a energia liberada pela relaxação da deformação elástica é pelo menos igual à energia necessária para criar as novas superfícies. Esse critério é expresso por

$$\frac{\sigma^2}{2E} \geq 2\gamma$$

em que:
σ = esforço aplicado;
E = módulo de Young;
γ = energia livre da superfície.

O contato de metais líquidos ao longo dos contornos de grão do metal sólido é, em certos casos, responsável por uma diminuição sensível da energia livre de superfície e consequente diminuição da energia interfacial sólido/líquido. A fratura pode, então, ocorrer com grande facilidade.

Esse mecanismo ocorre na desagregação de objetos de latão sujeitos a tensões residuais quando colocados em presença de sais de mercúrio. O mercúrio é depositado por ação galvânica e penetra rapidamente ao longo dos contornos de grãos, que se desprendem do sólido.

Independente mente de uma interpretação detalhada dos processos envolvidos em fragilização por metal líquido, sua significação tecnológica é principalmente relacionada ao dano que pode causar iniciando falhas em equipamento ou agravando os efeitos de condições acidentais. Têm sido registrados casos em componentes que incluem eixos de máquinas, aeronaves e indústrias químicas. Assim, cita-se fragilização de ligas de alumínio por gálio e fratura de tubulações de aço inoxidável pela presença de zinco, originário do gotejamento de zinco fundido de estruturas galvanizadas quando da ocorrência de um incêndio em instalações que apresentam esses constituintes. O problema também assume importância potencial no caso de reatores nucleares, em que o sódio líquido é o fluido de refrigeração em equipamentos de aço inoxidável.

15.6 FRAGILIZAÇÃO PELO HIDROGÊNIO

O hidrogênio interage com a maioria dos metais por uma série de mecanismos, resultando em modificações das propriedades mecânicas que levam a fraturas frágeis e altamente danosas. Os problemas relacionados com a presença de hidrogênio, se bem que descritos há muito tempo, tiveram grande avanço nos últimos anos, principalmente em relação aos aços, com a utilização intensiva de estruturas soldadas e de aços de alta resistência mecânica.

Isso não significa, no entanto, que o problema seja restrito às ligas ferrosas. Constatou-se que metais de uso intensificado pelas modernas tecnologias nuclear e espacial, como titânio e zircônio, apresentam problemas de fragilização pelo hidrogênio extremamente severos.

O aparecimento do hidrogênio nos metais pode ocorrer durante o processamento e fabricação ou posteriormente em serviço. Quando em serviço, danos pelo hidrogênio podem ser induzidos em meios de características ácidas, em presença de contaminantes específicos com H_2S ou sob proteção catódica excessiva.

O hidrogênio penetra nos metais na forma atômica e, devido a seu pequeno volume atômico, é capaz de se difundir rapidamente na malha cristalina, mesmo em temperaturas relativamente baixas. Deste modo, qualquer processo que produza hidrogênio atômico (ou nascente) na superfície do metal poderá ocasionar absorção pelo mesmo. Uma grande parte do hidrogênio produzido tende, no entanto, a se combinar na forma molecular, escapando sob a forma de bolhas de gás. A fração que penetra o metal é, portanto, determinada pela presença de substâncias que diminuem a formação de moléculas de hidrogênio, como sulfeto, cianeto e arsênico, e pela extensão da superfície do metal exposta ao hidrogênio.

A solubilidade (a rigor, capacidade de absorção) do hidrogênio nos metais pode ocorrer a partir de formação de hidretos (compostos de hidrogênio e metal) ou de incorporação na malha cristalina. Entre os que formam hidretos incluem-se o titânio, o zircônio, o vanádio e o paládio, cuja capacidade de absorção do hidrogênio é elevada e decresce com a elevação da temperatura.

Entre os metais que mais comumente incorporam hidrogênio na rede cristalina podem ser citados o cobre, o ferro e a prata. A quantidade de hidrogênio que é incluída na rede cristalina é muito menor do que a que forma hidreto, mas cresce com a elevação da temperatura. Essa variação de solubilidade com a temperatura é muito importante, pois determina que quantidades apreciáveis de hidrogênio, em temperaturas elevadas, durante os processos de fabricação são incluídas na rede cristalina ou formam hidretos e ficam em estado de supersaturação nas condições de trabalho. Além disso, verifica-se por meio de análises que os aços apresentam muitas vezes concentrações em hidrogênio superiores às de equilíbrio, supondo-se que uma grande parte da supersaturação seja aliviada por difusão para poros e vazios internos, onde se aloja na forma de gás à alta pressão.

Alguns dos mais importantes processos durante os quais o hidrogênio é absorvido são:

- alta solubilidade no metal em estado líquido, levando a grandes concentrações no metal solidificado na forma de peças fundidas ou na de filetes de solda. O hidrogênio provém quase sempre da reação do metal com umidade ou materiais orgânicos;
- decapagem, ácida, em que o hidrogênio é gerado pela ação de ácido clorídrico ou sulfúrico sobre o metal

$$Fe + 2H^+ \rightarrow Fe^{2+} + H_2$$

- no processo de sulfonação, para fabricação de tensoativos, usando derivados de flúor como catalisadores;
- reação entre solução concentrada de hidróxido de sódio aquecida e aço

$$Fe + 2NaOH \rightarrow Na_2FeO_2 + H_2$$

- deposição eletrolítica de metais, em que o hidrogênio, juntamente com o metal a depositar, é formado no catodo

$$M^{n+} + ne \rightarrow M$$

$$nH^+ + ne \rightarrow {^n\!/_2}H_2$$

$$2H_2O + 2e \rightarrow H_2 + 2OH^-$$

- atmosferas redutoras, de fornos de tratamentos térmicos, contendo hidrogênio puro ou sob forma de NH_3 ou de hidrocarbonetos;
- decomposição térmica de hidrocarbonetos, em temperaturas elevadas

$$CH_4 \rightarrow C + 2H_2$$

$$C_2H_4 \rightarrow C_2H_2 + H_2$$

- craqueamento de amônia

$$2NH_3 \rightarrow N_2 + 3H_2$$

- reações generalizadas com água, quando um metal reage formando óxido e liberando hidrogênio. Daí a necessidade de aquecer o eletrodo de solda para eliminar umidade presente no mesmo, evitando-se a possibilidade de formação de hidrogênio e os consequentes inconvenientes dessa formação, durante a soldagem.

$$M + H_2O \rightarrow MO + H_2$$

$$Fe + H_2O \rightarrow FeO + H_2$$

$$3Fe + 4H_2O \rightarrow Fe_3O_4 + 4H_2$$

15.6.1 Mecanismo

Pode-se distinguir duas grandes classes de modalidades pelas quais o hidrogênio fragiliza os metais, e que são denominadas irreversível e reversível.

A **fragilização irreversível** inclui os casos em que a presença de hidrogênio conduz à danificação da estrutura do metal comprometendo sua resistência mecânica, mesmo que todo o hidrogênio seja eliminado posteriormente. Deste modo, pode-se dizer que a fragilização irreversível tanto pode ocorrer quando a exposição ao hidrogênio é anterior quanto simultânea com a aplicação da tensão.

Nesta categoria estão incluídos metais que apresentam uma fase não metálica dispersa e que são atacados por hidrogênio à alta temperatura. O hidrogênio reage com a fase não metálica no interior do metal, gerando produtos gasosos que surgem com grande pressão e são capazes de dilatar os locais das inclusões, formando vazios internos de dimensões importantes, ou que migram e concentram-se em regiões onde há defeitos na estrutura cristalina, como vazios, discordâncias (são defeitos dos cristais responsáveis principalmente pelas características de seu comportamento mecânico), contornos de grão e falhas de laminação. Criam-se, então, falhas internas que agem não só através da destruição da continuidade do metal, mas também como intensificadores de tensões aplicadas e geradores de tensões internas adicionais. Menciona-se especificamente:

- o caso de cobre contendo inclusões de óxido, em que a reação leva à formação de vapor d'água

$$Cu_2O + 2H \rightarrow 2Cu + H_2O$$

- aços contendo carbonetos ou carbetos, em que ocorre a formação de metano

$$Fe_3C + 4H \rightarrow 3Fe + CH_4$$

Os efeitos de tais descontinuidades são particularmente prejudiciais em aços de alta resistência mecânica e baixa ductibilidade; nessas condições não podem ser absorvidas as tensões por deformação plástica em torno dos vazios e trincas, ocorrendo microfissuras com subsequente falha do material. Observa-se com frequência a formação de bolhas, que significam o **empolamento pelo hidrogênio**.

O empolamento superficial na parte externa pode ser detectado por inspeção visual ou por contato manual. Bolhas internas, isto é, dentro do aço, podem ser detectadas por inspeção ultrassônica. Pode-se usar, também, provador de pressão de hidrogênio, feito de maneira que uma superfície metálica seja exposta ao meio corrosivo – o hidrogênio atômico liberado na superfície externa migra através de uma parede de pequena espessura (1 mm) e é coletado em um vazio, de pequeno volume, que se comunica com um manômetro.

Quando o hidrogênio é produzido na superfície do metal, ele se difunde para seu interior na forma atômica, e no interior do metal ele retorna à forma molecular, preferencialmente nos defeitos já mencionados, provocando o aparecimento de bolhas que levam finalmente à ruptura do metal devido às elevadas pressões provocadas. Cálculos diversos avaliam as pressões que se formam nessas bolhas em dezenas de atmosferas. Vê-se, portanto, que a ação do hidrogênio pode gerar suas próprias tensões ao se recombinar internamente, provocando ruptura, independentemente de solicitações externas ou internas devidas a tratamentos térmicos ou outros, tendo-se, então, a **fratura induzida por hidrogênio** (*HIC – hydrogen induced cracking*).

A maior incidência de casos de corrosão ou deterioração associados a hidrogênio tem ocorrido em indústrias, como a de refino de petróleo, nas quais se tem a presença de gás sulfídrico, H_2S. Esse gás reage com ferro, formando películas de sulfeto de ferro, FeS, e hidrogênio atômico (Figs. 15.16, 15.17 e 15.18). A presença de sulfeto, cianeto, arsênico, selênio, fósforo e antimônio retarda a passagem de hidrogênio atômico para molecular, tendo-se, então, a possibilidade de penetração do hidrogênio atômico no metal:

$$Fe + H_2S \rightarrow FeS + 2H$$

Se houver presença de cianeto, HCN, ácido cianídrico, este reage com a película de sulfeto de ferro, protetora, regenerando H_2S:

$$FeS + 2HCN \rightarrow Fe^{2+} + 2CN^- + H_2S$$

Com a retirada da película protetora de FeS, o H_2S torna a reagir com ferro, formando novamente hidrogênio atômico, que ocasionará empolamento ou fragilização do material metálico.

Em meio alcalino o íon cianeto, CN^-, pode formar o íon ferrocianeto,

$$FeS + 6CN^- \rightarrow Fe(CN)_6^{4-} + S^{2-}$$

que reage com Fe^{3+}, formando um precipitado com forte cor azul, o ferrocianeto, de ferro (III)

$$4Fe^{3+} + 3Fe(CN)_6^{4-} \rightarrow Fe_4[Fe(CN)_6]_3$$

Para evitar a ação do cianeto, é comum o emprego de polissulfeto de amônio $(NH_4)_2S_x$, que se combina com o cianeto formando tiocianato, SCN^-, inofensivo

$$CN^- + S_x^{2-} \rightarrow SCN^- + S_{x-1}^{2-}$$

Por fim, deve-se mencionar a fragilização ocasionada pela precipitação de hidretos nos metais que formam tais compostos. Tais precipitados usualmente introduzem uma distribuição de partículas friáveis através do metal. Além disso, sua precipitação pode ser acompanhada de mudanças de volume que geram tensões internas iniciadoras de fraturas que se propagam com facilidade nos metais em questão, geralmente sensíveis a trincas e tensões concentradas. Esse tipo de fragilização cresce com o aumento da velocidade de solicitação mecânica, sendo, portanto, característica do tipo das fragilizações ao impacto observadas em muitos metais a temperaturas relativamente baixas.

A **fragilização reversível** caracteriza-se por exigir a presença simultânea de tensões e de hidrogênio, tendo-se, então, a **corrosão sob tensão fraturante induzida por hidrogênio** (*HISC – hydrogen induced stress cracking*). A eliminação do hidrogênio antes da aplicação de tensão restaura

Figura 15.16 Trecho de tubulação com empolamento pelo hidrogênio, ocasionado por gás sulfídrico, H2S e umidade.

a ductibilidade do metal. A fragilização aumenta com a diminuição da velocidade de formação, isto é, exige-se a ação conjunta de tensão e hidrogênio durante algum tempo para que a fratura ocorra. Por esse motivo, o fenômeno é muitas vezes denominado **fratura retardada**. Diversos estudos detalhados foram realizados, destacando-se os de Troiano[10] e Bastien.[11]

Essas rupturas podem ocorrer depois que a peça em questão esteja em serviço sob cargas estáticas relativamente baixas durante muito tempo, sem dano aparente até o momento da fratura.

A carga estática, sendo a forma limite de deformação lenta, favorece o estabelecimento do fenômeno. As baixas tensões necessárias muitas vezes não têm outra origem se não as tensões internas e residuais do metal.

O fenômeno é elusivo e de difícil estudo no laboratório, pois muitas vezes não se observa durante um ensaio de tração relativamente rápido. Se bem que as teorias propostas tenham substancial suporte experimental, nenhuma consegue explicar de maneira completa e definitiva todas as observações. Os principais mecanismos que se supõem ativos incluem a propagação das trincas devido a uma possível influência do hidrogênio sobre a tensão superficial do metal (de maneira análoga à da fragilização por metal líquido) e à interferência do hidrogênio com o movimento das discordâncias, dificultando a deformação plástica e levando à ruptura frágil.

A averiguação da existência de condições propícias para a fragilização reversível pelo hidrogênio é particularmente difícil. O fenômeno de fragilização pelo hidrogênio, em geral, só é verificado em ensaios de tração quando estes são executados com taxas de deformação extremamente reduzidas ou em ensaios quase estáticos de longa duração. De particular valor para a avaliação do tipo de fratura e a verificação da fragilização provocada pelo hidrogênio é a observação da superfície de fratura no microscópio eletrônico de varredura, onde a característica dúctil ou frágil pode ser reconhecida e, em alguns casos, associada à existência do hidrogênio (Fig. 15.17).

Diversos ensaios têm sido desenvolvidos para se verificar a suscetibilidade de materiais metálicos à fragilização pelo hidrogênio, bem como para detectar a presença de hidrogênio (ensaio de Lawrence). As descrições e comentários sobre esses ensaios são apresentados na publicação da ASTM-STP 543.[12]

15.6.2 Proteção

Vários fatores devem ser levados em conta para evitar a fragilização pelo hidrogênio. É claro que se deve combater essencialmente a danificação da estrutura do material ou a presença de hidrogênio durante a solicitação mecânica. O problema se torna mais grave à medida que aumenta a resistência mecânica e diminui a ductibilidade do metal.

Portanto, a melhor maneira de combater o problema é evitar que possa haver absorção de hidrogênio pelo metal; e nos casos em que não há fragilização irreversível, uma posterior ação danosa pode ser evitada submetendo o material ao recozimento, a uma temperatura relativamente baixa (aproximadamente 190 ºC), que permita a difusão e liberação do gás hidrogênio na superfície. Essa **desidrogenação** é usada para evitar a ação do hidrogênio proveniente de processos de eletrodeposição e de decapagem ácida: aquecimento a cerca de 200 ºC durante 4-8 horas (Federal Specification QQC-320).[13]

No caso de revestimento eletrolítico com cádmio, e como ele é impermeável ao hidrogênio, deve-se proceder da seguinte forma:

- produzir um depósito de cádmio de espessura fina;
- aquecer à temperatura moderada – essa película fina permite eliminar o hidrogênio;
- produzir a espessura de cádmio necessária – à temperatura ambiente, a primeira película de cádmio impede a penetração do hidrogênio no metal.

Bastien e colaboradores[14] citam o emprego de aços contendo alumínio para evitar a ação do hidrogênio, proveniente da reação entre gás sulfídrico e aço. Apresentam esses aços com a composição típica:

C	Cr	Mo	Al	V	Fe
0,13 %	2,2 %	0,35 %	0,35 %	0,10 %	Balanço

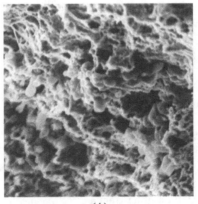
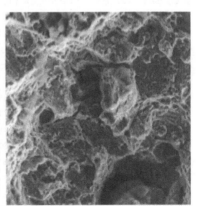

Figura 15.17 Fragilização pelo hidrogênio observada no microscópio eletrônico de varredura. Aço AISI 4340 temperado e revenido (a) sem hidrogênio e (b) carregado com hidrogênio eletroliticamente.

(A)   (B)

Usaram-se tubos de aço com essa composição para exploração de gás natural com 15 % de H_2S, alta temperatura, pressão de 550 kg/cm² e profundidade de 3.500 m a 5.000 m.

Figura 15.18 Tubo de aço-carbono com fratura devido à fragilização por hidrogênio, causada pela presença de H2S e umidade.

15.7 FENDIMENTO POR ÁLCALI

É um tipo de corrosão que ocorre principalmente em caldeiras para produção de vapor que apresentam junções rebitadas. A fim de evitar a corrosão do ferro pela água, a ela se adicionam substâncias alcalinas, pois estas tornam o ferro passivo. Essa proteção, entretanto, pode ocasionar um caso grave de corrosão. Devido a choques mecânicos e térmicos, as chapas rebitadas da caldeira podem permitir a saída de água superaquecida para o exterior, já que a vedação não é mais perfeita. Essa água se evapora rapidamente e o eletrólito que ela contém vai se depositando nas pequenas frestas formadas entre os rebites. Nessas regiões, a solução alcalina vai, portanto, concentrando-se, podendo atingir tal concentração (até 350 g/L) que acaba por atacar o ferro, dissolvendo-o. O ataque se inicia pelas regiões do material que apresentam tensões devidas à rebitagem e intensificam-se com a elevação da temperatura. Observa-se entre os rebites o aparecimento de fendas, geralmente intergranulares, que enfraquecem a caldeira e podem levá-la a uma explosão. Como os álcalis eram considerados uma das causas, as avarias desse tipo foram chamadas de **fendimento por álcali** ou **fragilidade cáustica**.

Com o aparecimento de caldeiras soldadas e com o desenvolvimento dos processos de tratamento da água, o fendimento por álcali tornou-se pouco comum, embora não eliminado totalmente, pois podem existir tensões em seções soldadas das caldeiras ou em tanques usados para estocar álcalis concentrados.

Caracteristicamente, o material metálico fendido permite verificar que as fendas ocorrem abaixo da linha-d'água e se iniciam na fase seca das juntas; as fraturas ocorrem usualmente na região de mais alta tensão e são irregulares, com marcantes variações na sua direção e, quando ocorrem nas juntas rebitadas ou ligadas, afetam ambas as placas.

O **fendimento por álcali** ou **fragilidade cáustica** pode ocorrer quando são utilizados digestores que operam com solução concentrada de hidróxido de sódio e temperatura elevada, como no caso de fábricas de celulose e de alumínio:

- fábrica de celulose – tratamento alcalino e temperatura para delignificar a madeira e extrair celulose para posterior branqueamento;
- fábrica de alumínio – tratamento da bauxita (minério de alumínio) para obter o óxido de alumínio, Al_2O_3, livre de impurezas e posterior obtenção de alumínio.

Essas fábricas procuram operar em condições de temperatura e concentração de hidróxido de sódio que não atinjam a região de fratura (Fig. 15.19).

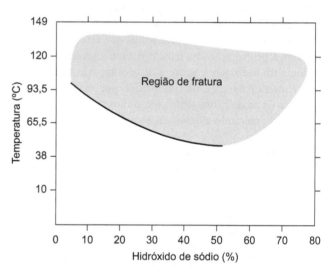

Figura 15.19 Região sujeita à fratura em aço-carbono em presença de hidróxido de sódio e temperatura.

15.7.1 Mecanismo

O provável mecanismo responsável pelo **fendimento por álcali** ou **fragilidade cáustica** está associado à formação de hidrogênio, devido ao ataque do aço pela solução concentrada de hidróxido de sódio, ou soda cáustica:

$$Fe + 2NaOH \rightarrow Na_2FeO_2 + H_2$$

que poderá causar o rompimento do metal pelos mecanismos vistos anteriormente.

É importante, quando se trabalha com soda cáustica e aço-carbono, evitar atingir a região sujeita à fratura, evidenciada na Figura 15.19.[15] É interessante assinalar que, em temperaturas e pressões elevadas, comuns em caldeiras, a adição de nitratos em quantidade equivalente a 20 % a 40 % da alcalinidade de NaOH age como um inibidor da corrosão sob tensão fraturante. Por outro lado, a adição de 2 % de NaOH em soluções aquecidas de nitratos usadas como meios para ensaios acelerados de corrosão inibe a fratura.

15.7.2 Proteção

Os processos mais usados para evitar essa corrosão são descritos a seguir.

O primeiro é a substituição de rebites por soldas, seguindo-se tratamento térmico da parte soldada para diminuir as tensões.

Outro processo consiste em adicionar à água alguns aditivos, como fosfato de sódio. O fosfato funciona como um tampão, neutralizando a acidez da água e elevando o seu pH, mas sem desenvolver alcalinidade cáustica, daí não se dar o fendimento por álcali, pois na evaporação ter-se-ia o fosfato e não o hidróxido.

Revestir as partes sujeitas ao ataque com níquel ou ligas de níquel, devido à resistência desse metal aos álcalis, é uma solução, embora não muito viável economicamente.

Costuma-se utilizar o aparelho conhecido com o nome de **detector de fendimento**[16] para verificar a possibilidade de fendimento, pela água, em caldeiras de aço. Os detalhes de sua construção são apresentados na Figura 15.20.

O objetivo do aparelho é prever o perigo potencial de fendimento do aço nas condições operacionais da caldeira. O aparelho é ligado ao sistema de alimentação de água da caldeira e durante um período de 30 dias, ou mais, a água da caldeira circula constantemente através de detector. Um escapamento artificial é feito no detector para que haja acumulação de concentrações elevadas de águas salinas e de NaOH. A peça de aço é altamente tensionada por meio do parafuso de ajuste. Se a peça de aço sofre fratura, após o período já citado, tem-se uma indicação de que a água apresenta condições de produzir fendimento, logo existe o perigo de fendimento da caldeira se essa apresentar uma falha onde possam ocorrer concentrações elevadas de soda cáustica.

Os dados obtidos com esse aparelho devem ser cuidadosamente interpretados. Pode ocorrer fratura na peça de aço devido a tensões excessivas e não porque a água tenha características de produzir fendimento. Caso inverso também pode ocorrer. Essas variações devem estar relacionadas com a possibilidade de o parafuso de aperto não estar convenientemente ajustado e a evaporação não ocorrer na fresta, daí limitando a concentração de sais.

15.8 CORROSÃO SOB TENSÃO

Na **corrosão sob tensão**, tem-se a deterioração de materiais pela ação combinada de tensões residuais ou aplicadas e meios corrosivos. Quando se observa a fratura dos materiais, ela é chamada de **corrosão sob tensão fraturante** (*stress corrosion cracking*). Há uma ação sinérgica entre a tensão mecânica e o meio corrosivo, ocasionando fratura em um tempo mais curto do que a soma das ações isoladas de tensão e da corrosão. Diferentemente da corrosão sob fadiga, onde as solicitações mecânicas são cíclicas ou alternadas, na corrosão sob tensão têm-se solicitações estáticas.

As tensões residuais que causam corrosão sob tensão são geralmente provenientes de operações de soldagem e deformações a frio, como estampagem e dobramento.

As tensões aplicadas são decorrentes de condições operacionais, como pressurização de equipamentos. Nesses casos, o material fratura em percentual, sob uma tensão nominal dentro da zona elástica caracterizada pela parte retilínea na Figura 15.21.

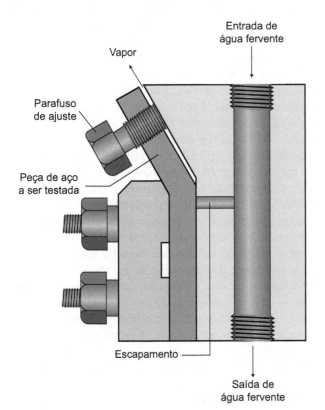

Figura 15.20 Aparelho para ensaio de água de alimentação de caldeiras e fendimento por álcali de aços.

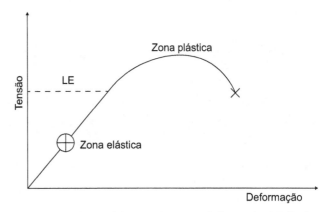

Figura 15.21 Curva típica tensão *versus* deformação. LE: limite de escoamento; x: ponto de ruptura do material na ausência do meio corrosivo; ×: ponto de ruptura do material na presença do meio corrosivo.

Essas curvas são obtidas ao ar, para fins de engenharia, para os materiais estruturais, desconsiderando, portanto, a presença de meios corrosivos.

Característica importante da corrosão sob tensão é que não se observa praticamente perda de massa do material. O material permanece com aspecto aparentemente íntegro até que ocorre a fratura.

O tempo necessário para ocorrer corrosão sob tensão fraturante de um dado material metálico depende:

- da **tensão** – quanto mais cresce, menor é o tempo para ocorrer a fratura; daí se procurar evitar regiões de concentrações de tensões, como pites e entalhes;
- da **concentração** ou da **natureza do meio corrosivo** – o latão (70 Cu-30 Zn) pode sofrer fratura rápida em presença de amônia;
- da **temperatura** – o hidróxido de sódio, em soluções concentradas e com aquecimento, pode ocasionar corrosão sob tensão fraturante em aço-carbono tensionado, por exemplo, após soldagem;
- da **estrutura** e da **composição do material** – geralmente o material com grãos menores é mais resistente à corrosão sob tensão fraturante do que o mesmo material com grãos maiores.

A estrutura cristalina também influencia a corrosão sob tensão fraturante. Assim, o aço inoxidável ferrítico (cúbica de corpo centrado, c.c.c.) é muito mais resistente à corrosão sob tensão fraturante quando exposto a soluções aquosas de cloreto do que o aço inoxidável austenítico (cúbica de face centrada, c.f.c.).[17] Metais puros são geralmente imunes à corrosão sob tensão fraturante, mas, no caso de cobre, traços de impurezas podem torná-lo suscetível à corrosão sob tensão. Por exemplo, pequena quantidade de fósforo, usado para desoxidar cobre, pode torná-lo suscetível à corrosão sob tensão fraturante.[18]

Os fenômenos associados à denominação de corrosão sob tensão são aqueles em que mais claramente se observam as características da interação de tensões estáticas e corrosão: pequena dissolução e deformação do metal, fraturas frágeis e seletividade dos meios corrosivos em relação aos metais. Nem sempre é fácil distingui-la de outros casos anteriormente discutidos.

Figura 15.22 Corrosão sob tensão fraturante em tubulação de latão em presença de amônia e umidade.

15.8.1 Mecanismo

A seguir são apresentados alguns pontos sobre mecanismos de fratura comumente observados. O campo é fértil para pesquisas, quer na investigação sistemática do comportamento dos materiais tecnológicos, quer na elucidação de mecanismos fundamentais que permitam eventualmente a previsão do comportamento dos materiais em novas situações.

Nesse contexto, pode-se citar uma completa abordagem da corrosão sob tensão fraturante (CST) feita por Galvele.[19] Ele desenvolveu um mecanismo para explicar a CST a partir de princípios metalúrgicos simples e admitindo que uma alta mobilidade superficial está presente no processo. Pelo seu mecanismo, é possível não só prever a especificidade da CST como também os efeitos da temperatura e da presença de hidrogênio na velocidade de fratura.

A corrosão sob tensão fraturante envolve duas etapas – a nucleação da trinca e a propagação da trinca.

A **nucleação da trinca** se caracteriza por um tempo de indução. Essa nucleação tem sido associada à formação de pites ou à emergência, na superfície do metal, de discordâncias sucessivas que rompem camadas protetoras, expondo ao ataque, pelo meio corrosivo, regiões ativadas do cristal.

A **propagação da trinca** pode ser intergranular (também chamada intercristalina) ou intragranular (também chamada transgranular).

Fratura intergranular na corrosão sob tensão. A fratura dos materiais metálicos, em corrosão sob tensão, processa-se em muitos casos acompanhando o contorno dos grãos cristalinos. Formalmente, esse tipo de fratura é mais bem compreendido do que a fratura transgranular, uma vez que o caráter singular dos contornos de grão, que representam áreas de maior energia, faz com que essa região seja corroída, em muitos casos, em vez da matriz. Esse excesso de energia se deve não só à estrutura desordenada dos átomos que estão em posição intermediária entre as malhas cristalinas dos grãos limítrofes, mas também ao acúmulo de grupos de discordância e átomos de impurezas, de tal forma que essa região pode ter uma composição química diferente da média. Experimentalmente, é possível, em muitos casos, demonstrar o caráter anódico dos contornos de grão em relação à matriz. Mesmo na ausência de tensão, observa-se com frequência esse comportamento. Quando uma tensão existe em um contorno de grão quimicamente ativo, é de se esperar que a penetração de corrosão aumente devido à separação mecânica das faces da trinca, promovendo a despolarização e rompendo camadas protetoras. É possível, também, que a concentração de tensões em frente à trinca promova escoamento do material, aumentando sua reatividade.

A velocidade de penetração de trincas intergranulares, sob a ação de tensões, é maior em diversas ordens de grandeza do que a penetração por ação puramente química. Na maioria dos casos, observa-se, experimentalmente, que a penetração é descontínua, consistindo em períodos alternados de corrosão e fratura mecânica. Esse conceito de corrosão assistida por efeitos mecânicos é então, na maioria das vezes, suficiente para explicar os fenômenos observados.

Fratura intragranular na corrosão sob tensão. Este caso de corrosão sob tensão apresenta características bem diferentes do anterior. A presença de tensões modifica qualitativamente o processo de corrosão, resultando no aparecimento de uma modalidade de fratura que envolve um mecanismo de corrosão que não ocorre na ausência de tensão.

O fenômeno é observado em ligas; metais puros são aparentemente imunes, e na maioria dos casos a estrutura cristalina dos materiais suscetíveis é cúbica de face centrada (c.f.c.), como latão, aços inoxidáveis austeníticos e ligas de alumínio. Em determinadas circunstâncias, a modalidade de fratura pode ser inter ou intragranular, dependendo do agente corrosivo ou do nível de tensão, como é, por exemplo, o caso do latão.

A explicação do problema é particularmente difícil por requerer um mecanismo que permita o aparecimento de trincas em materiais de reconhecida ductibilidade, como o caso dos materiais anteriores. Esse tipo de trinca está definitivamente associado a fenômenos de natureza eletroquímica, e sua formação e propagação podem ser detidas pela imposição de proteção catódica.

As teorias que visam à explicação da fratura intragranular devem poder determinar a natureza dos pontos de nucleação de trincas, assim como dos caminhos preferenciais, na malha cristalina, para sua propagação. Esses caminhos estão, na maioria dos casos, associados a planos cristalográficos que, em geral, são planos {111} da malha. Tais planos são os de deslizamento nessa classe de cristais, o que leva à associação das discordâncias com o fenômeno, na suposição de que a região das discordâncias seja mais propensa ao ataque químico. Tal associação é reforçada pela observação comum da deformação plástica como pré-requisito para a fratura intragranular.

Além do mecanismo proposto por Galvele, também é oportuno, apresentar outras considerações relacionadas com mecanismos da CST.

A questão de descontinuidade da propagação das trincas tem sido muito debatida na literatura, em face das observações em conflito sobre o assunto. É possível que este ponto varie de metal para metal. A propagação por meio de períodos alternados de corrosão e fratura tem sido defendida como capaz de explicar as velocidades de penetração observadas, que vão até 0,5 cm/h. Alternadamente, a propagação contínua da trinca por meio de um processo exclusivo de dissolução química conduz a valores bastante altos da densidade da corrente no local da dissolução. Postula-se, então, e há confirmação experimental para a sugestão, que o metal em escoamento na extremidade da trinca possa estar despolarizado o suficiente para permitir as densidades de correntes elétricas necessárias. Hoar e seus colaboradores[20] demonstraram que a corrente, num eletrodo em deformação, pode ser mais alta que em um eletrodo estático, por um fator de 10^4.

Modernamente, a teoria da fratomecânica tem sido invocada numa tentativa de quantificar os processos de fratura assistida por efeito do meio ambiente. Os trabalhos de Griffith, anteriormente mencionados, mostraram que, se uma trinca aguda existe em um material totalmente frágil (por exemplo, vidro), a tensão aplicada normalmente à trinca, necessária para propagar esta trinca espontaneamente, é dada por

$$\sigma = Q\frac{E\gamma}{C}$$

em que:
γ = energia livre da superfície;
c = semicomprimento da trinca;
Q = constante que depende de fatores geométricos;
E = módulo de Young;
σ = esforço aplicado.

Esta expressão é derivada do balanço de energia entre a energia elástica acumulada no material e o trabalho feito para criar a interface da trinca. A condição é necessária para fraturar, e também é suficiente no caso de trincas de raio da base de dimensões atômicas.

Investigações, no domínio da corrosão sob tensão fraturante, procuram relacionar esse fenômeno com a fragilização por hidrogênio. Dados experimentais não excluem a possibilidade de que possam aparecer na raiz da trinca, sob o efeito de baixo pH observado nessa região, quantidades substanciais de hidrogênio que penetram o metal em deformação e são concentradas na região de tensões triaxiais existentes na raiz da trinca. Tal mecanismo, ou seja, a combinação de efeitos de corrosão sob tensão propriamente dita com fragilização pelo hidrogênio, tem sido particularmente explorado em relação à corrosão sob tensão de aços de alta resistência. Troiano e colaborador[21] mostraram casos em que nem sempre a polarização catódica protege materiais contra a corrosão sob tensão. Existe forte evidência, no entanto, de que o hidrogênio não exerce nenhuma influência na corrosão sob tensão de aços inoxidáveis austeníticos.[22]

De modo geral, a corrosão sob tensão e a fratura assistida pelo hidrogênio parecem ser fenômenos extremamente complexos e cujo mecanismo pode variar sensivelmente com as condições predominantes. Beachem[23] concluiu, dos seus trabalhos, que o modo de fratura, em aços tratados termicamente e sujeitos à ação corrosiva em presença de hidrogênio, varia de mecanismo de fratura à medida que diminui o fator de intensidade de tensão, variando desde o mecanismo de coalescência de microcavidades, passando por semiclivagem, rompimento intergranular e trincas intergranulares assistidas por pressão de hidrogênio.

15.8.2 Sistema: Material Metálico – Meio Corrosivo

Os sistemas mais comuns em que se tem observado a corrosão sob tensão são apresentados a seguir. Evidentemente, a citação dos casos seguintes não elimina a existência de outros casos ou daqueles que possam vir a ocorrer. Essa citação tem como principal objetivo evidenciar os casos observados com mais frequência.

Aços-carbono. Em presença de álcalis ou, alternativamente, na presença de nitratos, produtos de destilação do carvão e amônia anidra. A fratura é preponderantemente intercristalina. O problema é progressivamente mais sério à medida que aumenta a dureza do material. O mecanismo de fratura inclui processos eletroquímicos, e a proteção catódica é muitas vezes indicada como recurso para evitar a fratura. Uma exceção é a fratura sob a influência do gás sulfídrico, na qual a fragilização por hidrogênio é um fator importante. Entre os recursos a empregar, citam-se a eliminação de locais onde se possam concentrar substâncias corrosivas, a eliminação de tensões de fabricação e o uso de material de baixa dureza. A escolha de outro material é muitas vezes a única solução para atender às necessidades mecânicas de aplicação. Para evitar a corrosão por amônia líquida (NH3), é comum adicionar-se pequena quantidade de água (cerca de 0,2 %).

Aços de alta resistência mecânica. São sujeitos a fraturas em uma variedade de ambientes, principalmente aqueles contendo cloreto. Em determinadas circunstâncias, o ar úmido é suficiente para fraturar o metal. Fragilização por hidrogênio é provavelmente o mecanismo preponderante. Camadas protetoras diversas têm sido usadas com bom resultado.

Ligas de cobre em presença de amônia. Soluções amoniacais são os agentes clássicos para a ruptura de ligas de cobre, principalmente latões (Fig. 15.22). Outros agentes são conhecidos, como citratos, fosfatos, nitritos etc. A fratura, em geral, é intercristalina, porém frequentes casos de trincas transcristalinas foram observados. O pH da solução e o nível de esforço parecem ser fatores capazes de promover a mudança de mecanismo. Além dos métodos de controle já mencionados, a variação do pH é particularmente efetiva em certas situações nesse sistema. Sais de mercúrio e mercúrio metálico são agentes corrosivos para o cobre e suas ligas.

Ligas de níquel. Soluções concentradas de hidróxido de sódio ou de potássio em temperaturas elevadas (~ 300 ºC) e esses hidróxidos, NaOH ou KOH fundidos, atacam níquel ou suas ligas.

Ligas de alumínio. Sofrem fratura em uma série de ambientes, como cloretos etc. A fratura é intercristalina e relaciona-se com a presença de precipitados formados durante processos de endurecimento. Os caminhos preferenciais para a corrosão podem ser, além dos contornos de grão, as regiões adjacentes aos mesmos, empobrecidas de elementos de liga devido a processos de precipitação. Cuidados especiais no tratamento térmico e escolha da estrutura metalúrgica adequada são processos úteis, neste caso, para combater o perigo de fratura. Sais de mercúrio e mercúrio metálico ocasionam corrosão acelerada em alumínio ou ligas desse metal.

Ligas de magnésio e titânio. Sofrem corrosão sob tensão em uma variedade de meios corrosivos, preponderando os que contêm cloretos, mas podendo aparecer também apenas em ar úmido. Em geral, são também intercristalinas e relacionadas com a estrutura. O controle de tensões residuais é muito usado em tais casos (Fig. 15.23).

Aços inoxidáveis. Devem-se distinguir os aços ferríticos e martensíticos dos austeníticos. Nos primeiros a fratura é intercristalina e, em muitos casos, relacionada com os primitivos contornos de grão de austenita. A fragilização

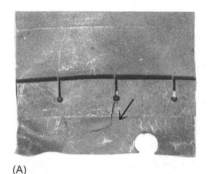

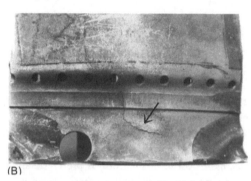

Figura 15.23 Corrosão sob tensão fraturante em liga de titânio: (A) parte interna; (B) parte externa do equipamento.

por hidrogênio também parece ser uma causa importante. Os martensíticos também são sujeitos à corrosão sob tensão fraturante e principalmente fragilização por hidrogênio. Os aços inoxidáveis dúplex, embora mais resistentes, podem sofrer corrosão sob tensão fraturante.

A fratura transgranular de aços austeníticos em meios clorídricos é bastante frequente. As Figuras 15.24, 15.25 e 15.26 mostram um aço tipo 304 (18 Cr-8 Ni) fraturado em contato com $MgCl_2$.

Estudos mais detalhados têm sido feitos sobre a influência de elementos de liga no comportamento desses materiais.

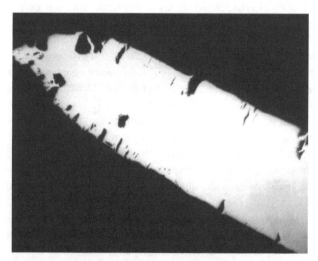

Figura 15.24 Arame de aço tipo 304 (18 % de Cr – 8 % de Ni) fraturado sob tensão em solução 42 % de MgCl₂ em ebulição.

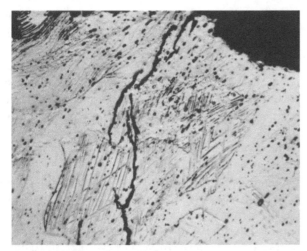

Figura 15.25 Fissura do aço da Figura 15.24 mostrando o caráter transgranular da trinca. 250x.

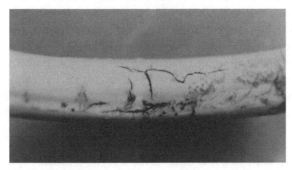

Figura 15.26 Tubo de aço inoxidável AISI 304 com corrosão sob tensão fraturante: presença de cloreto e temperatura.

Elementos do Grupo V (N, P, As, Sb, Bi) são prejudiciais, e entre os elementos que aumentam a resistência o níquel é particularmente útil. As ligas de alto teor de níquel são imunes à corrosão sob tensão, porém são economicamente menos atraentes devido ao alto custo. Os trabalhos de Copson,[24] cujos resultados estão reproduzidos na Figura 15.27, mostram a influência do níquel na resistência à ruptura dos aços austeníticos. Proteção catódica tem sido usada em larga escala para controlar o risco da fratura.

Os aços inoxidáveis austeníticos são muito usados em diferentes indústrias por apresentarem resistência a vários meios corrosivos. Em presença de oxidantes, como oxigênio, eles formam uma película, constituída principalmente de óxido de cromo, Cr_2O_3, que apresenta como características aderência, continuidade, alta resistividade elétrica e praticamente ausência de porosidade, que tornam a película de óxido de cromo protetora, sendo, portanto, responsáveis pela resistência dos aços inoxidáveis a diferentes meios corrosivos. Entretanto, existem certas substâncias e condições específicas que interferem na formação e integridade da película de passivação nos aços inoxidáveis. Entre as substâncias que, mesmo em pequenas concentrações, danificam essa película, deve-se destacar o íon cloreto, e entre as condições devem-se destacar temperatura, pH, solicitações mecânicas, velocidade, frestas, soldas, áreas de estagnação, tempo de contato e áreas de concentração de tensões.

A adsorção de íons cloreto, Cl⁻, causa descontinuidade na película de óxido de cromo. A pequena área exposta onde os íons cloreto foram adsorvidos funciona como anodo para a grande área catódica do filme de óxido, gerando alta densidade de corrente na área anódica. Com o início do processo corrosivo, a hidrólise de íons metálicos, originados na área anódica, causa decréscimo de pH, chegando a valores próximos de 2, impedindo o reparo da película e acelerando a ataque corrosivo. Essa ação corrosiva do cloreto origina a formação de pites no aço inoxidável. É inicialmente lenta, mas, uma vez estabelecida, há um processo que pode ser considerado autocatalítico, que produz condições para contínuo crescimento do pite e aceleração do processo corrosivo. Admitindo-se aço inoxidável em presença de água aerada contendo cloreto, a ação autocatalítica pode ser explicada considerando-se as possíveis reações no interior do pite:

- na área anódica, dentro do pite, ocorre a oxidação:

$$Fe \rightarrow Fe^{2+} + 2e$$

produzindo excesso de carga positiva nessa área e ocasionando a migração, para dentro do pite, de íons cloreto para

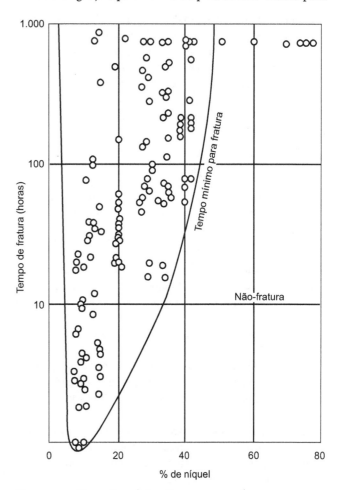

Figura 15.27 Corrosão sob tensão em arames de ferro-cromoníquel em solução 42 % de MgCl₂ em ebulição (Copson).

manter a compensação de cargas, com o consequente aumento da concentração do sal FeCl$_2$, cloreto de ferro (II), que sofre hidrólise, isto é, decomposição pela água, formando ácido clorídrico (HCl):

$$FeCl_2 + 2H_2O \rightarrow Fe(OH)_2 + 2HCl$$

ou hidrólise dos íons, Fe^{2+}, Cr^{3+} e Ni^{2+}

$$Fe^{2+} + 2H_2O \rightarrow Fe(OH)_2 + 2H^+$$
$$Cr^{3+} + 3H_2O \rightarrow Cr(OH)_3 + 3H^+$$
$$Ni^{2+} + 2H_2O \rightarrow Ni(OH)_2 + 2H^+$$

- o aumento da concentração de íons H$^+$, isto é, decréscimo do pH, que chega a atingir valores em torno de 2 (dois), acelera o processo corrosivo, pois se tem o ataque do material metálico pelo HCl:

$$Fe + 2HCl \rightarrow FeCl_2 + H_2$$

ou

$$Fe + 2H^+ \rightarrow Fe^{2+} + H_2$$

com consequente formação de FeCl$_2$, que voltará a sofrer hidrólise mantendo a continuidade do processo corrosivo;
- como o oxigênio tem solubilidade praticamente nula em soluções aquosas concentradas de sais, não se tem no interior do pite a redução do oxigênio segundo a reação:

$$H_2O + 1/2 O_2 + 2e \rightarrow 2OH^-$$

e, sim, a reação:

$$2H^+ + 2e \rightarrow H_2$$

Entre as condições influentes na ação corrosiva de cloreto sobre os aços inoxidáveis, devem-se considerar:

- **temperatura** – acelera a ação corrosiva do cloreto, pois aumenta a velocidade das reações;
- **pH** – o aumento do pH acima de 7 aumenta a resistência à ação corrosiva do cloreto, ao contrário de pH menor do que 7, que quanto menor, mais acelera o processo corrosivo;
- **velocidades baixas e áreas de estagnação** – possibilitam a deposição de partículas suspensas que podem originar corrosão sob depósito com a formação de pites, devido à formação de pilha de aeração diferencial, ocorrendo o pite na área menos aerada, isto é, sob o depósito (o aumento da velocidade diminui a possibilidade da existência de áreas de estagnação, podendo decrescer o ataque por pite, pois evita elevação da concentração do agente corrosivo);
- **frestas** – possibilitam a retenção de meio corrosivo e a corrosão por aeração diferencial;
- **soldas** – possibilitam a sensitização dos aços inoxidáveis com teores de carbono maiores do que 0,03 %, havendo a precipitação de carbetos de ferro e cromo, o que torna o aço suscetível à corrosão em torno do cordão de solda, sob a forma intergranular ou intercristalina; ocasionam também áreas tensionadas, na zona termicamente afetada;
- **solicitações mecânicas** – no caso de ocorrer uma associação de meio corrosivo e solicitações mecânicas, o aço inoxidável pode sofrer processo corrosivo acelerado, mesmo sem perda acentuada de massa; entretanto, podem ocorrer fraturas, colocando fora de operação o equipamento deteriorado, trazendo problemas relativos à segurança das instalações e dos operadores delas;
- **tempo de contato** – quanto maior é o tempo de contato entre o aço inoxidável e o íon cloreto, maior é a probabilidade de formação do pite;
- **área de concentração de tensões** – a presença de pites, entalhes e áreas deformadas devem ser evitadas, estas últimas já na fase de projeto ou de montagem do equipamento.

Em decorrência da forte influência de cloreto e temperatura, tem-se procurado estabelecer valores limites de concentração de cloreto nos quais não acontecem a corrosão por pite e a corrosão sob tensão fraturante. Por outro lado, procura-se projetar equipamentos nos quais são usados aços inoxidáveis mais resistentes à ação corrosiva de cloreto ou outros materiais mais resistentes, por exemplo, ligas de níquel. Entre os aços inoxidáveis mais resistentes estão aqueles contendo molibdênio, como o aço AISI 316, ou aqueles com teores elevados de cromo e níquel. Evidentemente, esses materiais têm custo mais elevado, sendo indicados apenas nos casos em que as concentrações de cloreto e temperatura assim o exigirem.

Em decorrência do grande emprego do aço inoxidável AISI 304 (Cr, 18 %; Ni, 8 % a 10 % e Fe restante) em equipamentos industriais, como aqueles de sistemas de refrigeração, que utilizam água como fluido de resfriamento, procura-se estabelecer valores de temperatura e, principalmente, de cloreto, que não ocasionem corrosão por pite e corrosão sob tensão fraturante. São apresentados, a seguir, alguns casos verificados em diferentes condições:

- níveis de cloreto até 1.000 ppm em água usada em trocadores de calor, desde que haja boa velocidade de água e a máxima temperatura da superfície metálica em contato com a água seja de cerca de 60 ºC, é possível o uso de AISI 304 e AISI 316;[25]
- algumas vezes, têm ocorrido falhas em situações nas quais a concentração de cloreto é pequena no meio corrosivo, mas se eleva a valores prejudiciais em superfície metálica com temperatura elevada, como no caso de trocadores de calor verticais, em que há uma interface água-vapor;[26]
- aços inoxidáveis tipos 304 e 316, usados em tubos de trocadores de calor, expostos à água de resfriamento contendo 20 ppm a 60 ppm de cloreto, estão sujeitos à corrosão sob tensão fraturante quando a temperatura da água exceder 60 ºC.[27]

Truman,[28] estudando a influência de cloreto, pH e temperatura na corrosão sob tensão fraturante (CST) em aços inoxidáveis austeníticos AISI 304, observou os resultados experimentais apresentados na Tabela 15.2.

Tabela 15.2 Influência da concentração de cloreto, temperatura e pH na CST em aços inoxidáveis do tipo AISI 304

Cloreto (ppm)	Temperatura (°C)	pH	Pite	CST
1.000	35	7	—	—
1.000	60	7	+	—
1.000	100	7	—	+
1.000	100	12	—	—
1.000	100	2	+	+
10.000	20	12	+	—
10.000	60	2	+	+
10.000	85	12	—	+

Os valores dessa tabela confirmam a forte influência da temperatura e da concentração de cloreto. O efeito do pH é complexo, mas, de maneira geral, alta alcalinidade, pH elevado, minimiza a possibilidade de ocorrer corrosão sob tensão fraturante. Uma questão que aparece com frequência está relacionada com a concentração mínima de cloreto, que causaria corrosão por pite e possível corrosão sob tensão fraturante em aços inoxidáveis. Essa questão não pode ser respondida de imediato, e sim após serem considerados todos os fatores influentes, pois mesmo que a concentração seja muito pequena, pode vir a aumentar, por exemplo, pela absorção por isolamento térmico e evaporação da água. Trocadores de calor com feixe de tubos em aço inoxidável AISI 316 e água de resfriamento com teor de cloreto em torno de 100 ppm não têm apresentado problemas de corrosão desde que o sistema seja limpo, isto é, sem depósitos, e tratamento adequado da água, geralmente à base de polifosfatos ou de fosfonatos.[29]

15.8.3 Proteção

Diversos recursos estão à disposição do projetista para enfrentar e minimizar os efeitos de corrosão sob tensão. De um lado deverá haver a preocupação, durante o projeto, de prever e evitar as situações em que poderá ocorrer a corrosão sob tensão; alternativamente, poderá dar-se o caso de, constatada uma fratura desta natureza, modificar-se convenientemente o sistema para evitar sua repetição. No último caso, o estudo detalhado do acidente e a compreensão perfeita das circunstâncias da ocorrência fornecerão dados importantes para a solução do problema.

A redução das tensões, principalmente a sua restrição à região elástica, é um meio óbvio, porém de difícil aplicação. Devido à existência de concentrações de tensões e de tensões residuais, a redução delas abaixo do nível de escoamento não é prática e é de duvidosa segurança como critério de projeto. Tensões de fabricação devem ser eliminadas por tratamento térmico de recozimento, atentando-se, porém, sempre que essa operação não introduza outros inconvenientes na composição e estrutura do material. No projeto de objetos sujeitos à corrosão sob tensão deve-se cuidar também para evitar situações em que possa haver acúmulo e concentração de espécies químicas nocivas.

Alterações no ambiente corrosivo representam outro recurso disponível para evitar o fenômeno. Tais alterações incluem modificação do pH, eliminação de oxigênio e cloretos das soluções etc. Pequenas alterações nessas variáveis podem conduzir a um sucesso surpreendente, e essa modalidade deve ser explorada com cuidado.

A proteção do metal por inibidores ou por proteção catódica também é possível, em muitos casos. Essas medidas devem ser cuidadosamente ensaiadas por envolverem o risco de, se mal aplicadas, resultarem em efeito oposto ao desejado.

A substituição do material empregado por outro não sujeito à corrosão sob tensão nas condições de uso previstas constitui outro modo de enfrentar o problema. Os **aços inoxidáveis dúplex** (estrutura austeno-ferrítica) têm apresentado melhores resultados do que o AISI 304 ou 316.[29] Será então necessário conciliar as demandas impostas pela aplicação prevista, tais como resistência mecânica, comportamento a alta ou baixa temperatura e resistência à corrosão generalizada, com as propriedades oferecidas por outros materiais. Nessas considerações, o fator econômico é muitas vezes de primordial importância para uma decisão.

15.9 MÉTODOS DE ENSAIO PARA DETERMINAÇÃO DA INFLUÊNCIA DE FATORES MECÂNICOS NA CORROSÃO

Não obstante a grande utilidade de ensaios de laboratório que permitiriam prever a influência de fatores mecânicos na corrosão, os ensaios existentes não são satisfatórios. Esses estudos poderiam ser, em princípio, realizados pela reprodução das condições previstas para a operação dos materiais ou pelo emprego de ensaios acelerados. Infelizmente, a correlação entre ensaios de laboratório e as observações em serviço é muitas vezes precária, não oferecendo a necessária segurança como instrumento de projeto.

Diversos grupos de normalização internacional têm-se preocupado em definir métodos unificados de ensaios de corrosão sob tensão. Como exemplo, citam-se as atividades do grupo de trabalho em métodos de ensaio para corrosão sob tensão da Federação Europeia de Corrosão,[30] assim como grupos semelhantes da ASTM (American Society for Testing and Materials) e ISO (International Standard Organization).

Porém, certo número de ensaios tem sido adotado na prática, como instrumentos capazes de comparar as observações de vários investigadores e que são, na sua maioria, conduzidos em condições de corrosão especialmente severas, servindo, portanto, como meio de triagem para a eliminação de materiais inteiramente inservíveis às condições em questão.

Um exemplo clássico é o uso de solução 42 % de $MgCl_2$ em ebulição no ensaio de aços inoxidáveis austeníticos. A resistência de um material a esses ensaios não pode, no entanto, ser tomada como garantia de sua imunidade em outras condições, e o único meio aceitável é o da reprodução das condições de uso previstas. Esse processo envolve naturalmente todas as dificuldades inerentes a um processo em tempo real, que pode estender-se a períodos tão longos que suas conclusões não mais interessem ao projetista.

De modo geral, todos os ensaios consistem em submeter o material em questão à solicitação mecânica e à ação de um agente fraturante específico.

Os corpos de prova podem ser tensionados por meio de cargas fixas – são os chamados **ensaios a carga constante** – ou, então, submetidos a uma deformação inicial – **ensaios a deformação constante**. Os primeiros, em geral, exigem aparelhagem mais complicada, porém têm a vantagem de o esforço aumentar à medida que a trinca penetra o material, sendo assim o processo de fratura acelerado. Os corpos de prova de deformação fixa, no entanto, têm suas tensões relaxadas pelo processo de fratura, e o processo pode vir a ser detido antes que a fratura completa se verifique.

A geometria dos corpos de prova, em geral, obedece a duas classes principais: cilindros tensionados axialmente e barras ou chapas tensionadas (Fig. 15.28). Os primeiros oferecem vantagem no cálculo da tensão efetiva que, no caso dos últimos, varia de forma contínua (e mal definida) da periferia convexa (em tensão) ao centro da seção.

A corrosão sob tensão fraturante pode, também, ser estudada deformando um material metálico em um meio corrosivo a uma velocidade de tração constante, **ensaio à velocidade de deformação constante, ou ensaio de tração sob baixa taxa de deformação (tração BTD)**. Assim, é possível se produzirem macroscopicamente as condições de fluência e o comportamento anódico que se verificam no vértice de uma fissura que se propaga. Esse ensaio é regulamentado pela norma ASTM G129.[31]

A vantagem desse tipo de ensaio está na eliminação da etapa de nucleação da fissura, pois a deformação imposta ao material permite nuclear um ataque localizado e, portanto, considerar somente o processo de propagação.

Metals Handbook-ASTM – v. 13 apresenta vários ensaios para avaliação de corrosão associada a solicitações mecânicas.[32]

REFERÊNCIAS BIBLIOGRÁFICAS

1. KAMBOUR, R. P. Environmental Stress Cracking of Thermoplastics. *Corrosion Fatigue: Chemistry, Mechanics and Microstructure*, Houston-Texas, NACE, p. 681-694, 1972.

2. McADAM Jr., D. J. *Proc. Am. Soc. Test. Mat.*, 27, 11, 102 (1927).

3. BOSICH, J. F. *Corrosion Prevention for Practicing Engineers*. USA: Barnes & Noble, 1970, p. 82.

4. AUCHER, M. La cavitation. *La Recherche*, v. 16, n. 168, p. 864-872, 1985.

5. MACINTYRE, A. J. *Bombas e Instalações de Bombeamento*. Editora Guanabara Dois, 1980, p. 191.

6. RABBE, L. M.; RIEU, J.; LOPEZ, A.; COMBRADE, P. Fretting Deterioration of Orthopedic Implant Materials: Search for Solutions. *Clinical Materials*, v. 15, n. 4, p. 221-226, 1994.

7. ANTLER, M.; DROZDOWICZ, M. M. Fretting Corrosion in Gold Plated Connector Contacts. *Wear*, 74, 27-30 (1981-1982).

8. NICHOLAS, M. G.; OLD, C. F. *Journal of Materials Science*, 14, 1-18 (1979).

9. GRIFFITH, A. A.; COTREL, A. W. *The Mechanical Properties of Matter*. New York: John Wiley, 1964, p. 345.

10. TROIANO, A. R. *Trans ASM.*, 52, 54 (1960).

11. BASTIEN, P.G. *VIII Coloque de Métallurgie*, Saclay-1964, Paris: Presses Universitaires de France, 1965, p. 1.

12. AMERICAN SOCIETY FOR TESTING AND MATERIALS. *Hydrogen Embrittlement Testing*, STP-543, Philadelphia. Pa., 1974.

13. WARREN, D. Hydrogen Effects on Steel. *Process Industries Corrosion – The Theory and Practice*. Houston: NACE, 1986, p. 38.

14. BASTIEN, P.; VÉRON, H.; ROQUES, C. Special Steels Resistant to Stress Corrosion by Hydrogen Sulfide. *Revue de Métallurgie*, Mémoires, v. 55, p. 301-317 (1958).

15. NACE. *Process Industries Corrosion – Theory and Practice*. Houston, 1986.

16. AMERICAN SOCIETY FOR TESTING AND MATERIALS, *Standard D-807-52, ASTM-Book of Standards*, Part 10, p. 973, 1958.

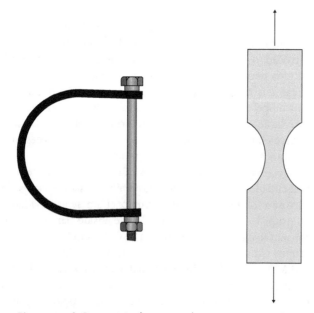

Figura 15.28 Geometria de corpos de prova para ensaios de corrosão sob tensão.

17. METALS HANDBOOK. *Failure Analysis and Prevention*. USA: American Society for Metals, 1975, v. 10, p. 209.

18. LOGAN, H. L. *The Stress Corrosion of Metals*. New York: John Wiley, 1966, p. 160.

19. GALVELE, J. R. A Stress Corrosion Cracking Mechanism Based on Surface Mobility. *Corrosion Science*, v. 27 (1), p. 1-33, 1987.

20. HOAR, T. P.; WEST, J. M. *Proc. Roy. Soc.*, A268, 304, (1962).

21. TROIANO, A. R.; FIDELLE, J. P. *L'Hydrogène dans les métaux*. Paris: Science et Industrie, 1972, v. 1.

22. WILDE, B. E.; KIM, C. D. *Corrosion*, 28, p. 350-356, (1972).

23. BEACHEM, C. D. *Met. Trans.*, 3, p. 437-451, (1972).

24. COPSON, H. R. *Physical metallurgy of stress corrosion fracture*. New York: Interscience, 1959, p. 240.

25. MCINTYRE, D. R. Experience Survey Stress Corrosion Cracking of Austenitic Stainless Steels in Water. *In: Process Industries Corrosion – The Theory and Practice*. USA: NACE (National Association of Corrosion Engineers), 1986, p. 421.

26. KRISHER, A. S. Austenitic Stainless Steels. *Process Industries Corrosion – The Theory and Practice*. USA: NACE, 1986, p. 423.

27. WARREN, D. Chloride – Bearing Cooling Water and the Stress-Corrosion Cracking of Austenitic Stainless Steel. *In*: PROCEEDINGS OF THE FIFTEENTH ANNUAL PURDUE INDUSTRIAL WASTE CONFERENCE, Purdue University, may, 1960, p. 1-19.

28. TRUMAN, J. E. The Influence of Chloride Content, pH and Temperature of Test Solution on the Occurrence of Stress Corrosion Cracking with Austenitic Stainless Steel. *Corrosion Science*, v. 17, p. 737-746, 1977.

29. GATTI, G.; DIANES, D. R. Avaliação da Performance de Aço Inoxidável Duplex, Austeno-ferrítico, Utilizado na Confecção de Equipamentos em Planta Petroquímica. *In*: ANAIS DO 3º CONG. IBEROAMERICANO DE CORROSÃO E PROTEÇÃO/CONGRESSO BRASILEIRO DE CORROSÃO/89, v. II, p. 614-618, 1989.

30. PARKINS, R. N. et al. *Werkstoffe und Korrosion*, 23, 1020-1029, 1124-1129 (1972).

31. ASTM G129. *Standard Practice for Slow Strain Rate Testing to Evaluate the Susceptibility of Metallic Materials to Environmentally Assisted Cracking*.

32. METALS HANDBOOK. *Corrosion-ASM International*. 9th ed. 1987, v. 13, p. 245-302.

EXERCÍCIOS

15.1. Com relação à interação entre um material e o meio corrosivo, e a sua resposta à solicitação mecânica, como devem ser classificados os fenômenos possíveis nessas condições?

15.2. Comparado com outros processos corrosivos, qual é a principal característica da corrosão associada a solicitações mecânicas?

15.3. Qual das opções a seguir não corresponde ao fenômeno da corrosão sob fadiga?
   a) Metais que possuem camada protetora, de óxido, por exemplo, são suscetíveis a corrosão sob fadiga.
   b) Ocorre um sinergismo entre os fatores mecânico e eletroquímico.
   c) As curvas de fadiga de ligas ferrosas e não ferrosas ao ar são idênticas as curvas fadiga-corrosão.
   d) Fraturas destroem a camada protetora e expõe o substrato ao meio corrosivo.
   e) Ocorre redução do limite de resistência a fadiga quando o material está em contato com o meio corrosivo.

15.4. O hidrogênio interage com a maioria dos metais, resultando em modificações das propriedades mecânicas. Das opções a seguir, qual delas não se aplica a esse fenômeno?
   a) A fragilização por hidrogênio provoca a formação de fraturas frágeis.
   b) O surgimento do hidrogênio nos metais pode ser provocado pela presença de fontes do gás (H_2) como: meios ácidos, H_2S ou superdimensionamento da proteção catódica.
   c) Os metais ferro cobre e prata são os que mais incorporam hidrogênio nas suas redes cristalinas.
   d) O hidrogênio pode fragilizar reversível ou irreversivelmente os metais.
   e) O hidrogênio molecular se difunde pelo aço e acumula-se nos interstícios, provocando o surgimento de bolhas.

15.5. Das opções a seguir, marque a única que não se aplica ao fenômeno da corrosão sob tensão (CST).
   a) O processo corrosivo, muito agressivo, provoca elevada perda de massa.
   b) Sinergismo entre tensão mecânica e o meio corrosivo.
   c) Soldagem, deformações a frio e dobramento de um material podem ser fontes de tensão residual e provocar corrosão sob tensão.
   d) A microestrutura c.c.c. é mais resistente à CST em ambiente com cloreto do que a c.f.c.
   e) No caso da CST, a natureza da ação mecânica é estática.

Capítulo 16

Ação Corrosiva

Como apresentado no Capítulo 7, vários contaminantes ou impurezas podem estar presentes na água e, dependendo de sua finalidade, a influência desses contaminantes na ação corrosiva da água deve ser considerada com maior ou menor detalhamento. Justifica-se, portanto, a apresentação da ação corrosiva de água potável, água do mar, água de resfriamento e água para geração de vapor e do reúso de água não potável.

16.1 IMPUREZAS – VARIÁVEIS INFLUENTES

A água, quimicamente pura, é constituída de moléculas, que se apresentam associadas devido às ligações por ponte de hidrogênio. Todas as outras substâncias presentes, dissolvidas ou em suspensão, podem ser consideradas impurezas, como: sais, ácidos, bases e gases dissolvidos, material em suspensão e microrganismos. De acordo com o fim a que se destina, deve-se condicionar a água de maneira a evitar não só problemas relacionados à sua utilização, como também corrosão, decorrentes dessas impurezas.

Em águas, deve-se considerar a possibilidade da ação combinada de solicitações mecânicas e meio corrosivo. Nesses casos, os materiais metálicos em contato com líquidos em movimento podem apresentar corrosão acelerada pela ação conjunta de fatores químicos e mecânicos como erosão (impingimento e cavitação).

As impurezas podem ocasionar deterioração dos equipamentos e tubulações em que há circulação de água, por isso convém estabelecer algumas considerações sobre os fatores que mais frequentemente influenciam a ação corrosiva da água.

Entre os contaminantes mais frequentes ou impurezas têm-se:

- sais dissolvidos, como cloretos de sódio, de ferro e de magnésio, carbonato de sódio, bicarbonatos de cálcio, de magnésio e de ferro;
- gases dissolvidos – oxigênio, nitrogênio, gás sulfídrico, óxidos de enxofre, SO_2 e SO_3, amônia, cloro e gás carbônico;
- matéria orgânica;
- sólidos suspensos;
- bactérias – crescimento biológico.

Na apreciação da ação corrosiva da água devem ser consideradas, ainda, as variáveis influentes como pH, temperatura, velocidade e ação mecânica.

16.1.1 Sais Dissolvidos

Os sais dissolvidos podem agir acelerando ou retardando a velocidade do processo corrosivo. Entre os sais que influenciam com maior frequência os processos de corrosão estão: cloretos, sulfatos, sais hidrolisáveis, sais oxidantes e bicarbonatos de cálcio, de magnésio e de ferro.

O efeito do cloreto de sódio na corrosão deve-se ao fato de este sal ser um eletrólito forte, ocasionando, portanto, aumento de condutividade, que é fundamental no mecanismo eletroquímico de corrosão. No caso da corrosão do ferro em água saturada de ar, em temperatura ambiente, observa-se que a taxa de corrosão inicialmente cresce com a concentração de cloreto de sódio e depois decresce,[1] o máximo sendo a 3 % de NaCl decrescendo, depois até 26 % de NaCl (Fig. 16.1).

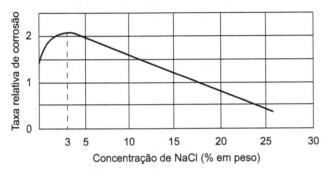

Figura 16.1 Efeito da concentração de cloreto de sódio na taxa de corrosão.

A solubilidade do oxigênio em água decresce continuamente com o aumento da concentração de NaCl, o que explica a diminuição da taxa de corrosão para concentrações elevadas de NaCl. Um ponto que deve ser explicado é o aumento inicial da taxa de corrosão, pois a solubilidade do oxigênio decresce, mesmo com pequenas adições de NaCl. Uma explicação provável é a seguinte: em água destilada, logo de baixa condutividade, ânodos e cátodos devem estar relativamente próximos e, consequentemente, os íons OH⁻ formados nos cátodos estão sempre nas proximidades dos íons Fe^{2+} formados nos ânodos, ocasionando a formação do $Fe(OH)_2$ adjacente à superfície metálica. Esse precipitado funciona como uma barreira à difusão. Em soluções contendo NaCl, a condutividade é grande; daí ânodos e cátodos adicionais poderem agir, embora estejam afastados entre eles e, em tais cátodos, os íons OH⁻ não reagem imediatamente com os íons Fe^{2+}, formados nos ânodos, já que eles se difundem na solução e reagem para formar o $Fe(OH)_2$, fora da superfície metálica, e, evidentemente, não exercem ação protetora.

Daí o ferro ser corroído mais rapidamente em soluções diluídas de NaCl, porque mais oxigênio dissolvido pode atingir as áreas catódicas, ocasionando a despolarização, o que implica um aumento da velocidade da reação catódica. Como a taxa da reação anódica (oxidação do ferro) depende da velocidade da reação catódica (redução de oxigênio), o ferro se corrói mais rapidamente. Acima de 3 % de NaCl, o decréscimo contínuo na solubilidade de oxigênio torna-se mais importante do que os fatos anteriores, e a corrosão decresce.

Deve-se ressaltar também a influência de íon cloreto, Cl⁻, na destruição da passivação dos aços inoxidáveis e das ligas de alumínio, visto que ele pode penetrar na camada passivante de óxidos, de cromo e de alumínio, respectivamente, ou dispersá-las sob a forma coloidal, causando a corrosão por pite.

No caso de presença de íons sulfato, SO_4^{2-}, deve-se considerar a possibilidade de ocorrência de corrosão microbiológica, originada por bactérias redutoras de sulfato, como a *Desulfovibrio desulfuricans*, acelerando, portanto, o processo corrosivo.

Convém, a essa altura, fazer um estudo comparativo da maneira como os sais dissolvidos na água podem influenciar no processo corrosivo. Normalmente, um sal, eletrólito, colocado na água, promoveria uma aceleração no processo corrosivo, por exemplo, NaCl. Convém, porém, não generalizar essa afirmativa, pois é possível ter um sal dissolvido retardando o processo corrosivo.

Como a água pode decompor alguns sais dissolvidos, deve-se considerar essa ação, que é chamada de hidrólise, em água usada industrialmente. Assim, a hidrólise ocorre com alguns sais mais comumente encontrados em águas industriais: cloretos ou sulfatos de alumínio, de ferro e de magnésio, fosfato trissódico, carbonato de sódio e silicato de sódio.

Na hidrólise dos sais devem ser consideradas duas possibilidades:

- sais cuja parte catiônica se hidrolisa formando soluções ácidas, isto é, ocorre abaixamento do pH, pH <7: sais de Al^{3+}, Fe^{3+}, Fe^{2+}, Mg^{1+}, Zn^{2+} etc., cuja reação geral de hidrólise é:

$$M^{n+} + nHOH \rightarrow M(OH)_n + nH^+$$

em que:

$$M = metal\ (Al, Fe, Mg, Zn\ etc.)$$

$$n = carga\ do\ íon$$

$$Al^{3+} + 3HOH \rightarrow Al(OH)_3 + 3H^+\ ou$$

$$AlCl_3 + 3HOH \rightarrow Al(OH)_3 + 3H^+Cl$$

- sais cuja parte aniônica se hidrolisa formando soluções básicas ou alcalinas, isto é, ocorre elevação do pH, pH >7: fosfatos, carbonatos, silicatos etc., cuja reação geral de hidrólise é:

$$A^{n-} + nHOH \rightarrow AH_n + nOH^-$$

em que:

A = ânion (fosfato, PO_4^{3-}, carbonato, CO_3^{2-}, silicato, SiO_3^{2-} etc.),

$$CO_3^{2-} + 2HOH \rightarrow H_2CO_3 + 2OH^-\ ou$$
$$Na_2CO_3 + 2HOH \rightarrow H_2CO_3 + 2NaOH$$

Na primeira possibilidade, hidrólise em que a água fica com o pH <7, pode ocorrer corrosão, com desprendimento de hidrogênio, pois o meio ácido formado atacará o metal; daí a ação corrosiva de sais como cloreto de ferro, cloreto de alumínio, cloreto de magnésio

$$Fe + 2H^+ \rightarrow Fe^{2+} + H_2$$

Na segunda possibilidade, em que os sais se hidrolisam obtendo-se meio alcalino ou básico, tem-se pH >7 e eles podem agir como inibidores de corrosão, para alguns metais, por exemplo, passivando o ferro, em presença de oxigênio dissolvido. Alguns desses sais, como o fosfato e o silicato, além do efeito de passivação devido ao pH elevado, podem, ainda, formar películas insolúveis constituídas de fosfatos ou silicatos de ferro, que agem, em alguns casos, como eficientes barreiras protetoras contra a corrosão. Os metassilicatos são muito usados como inibidores de corrosão para proteção de alumínio e suas ligas. Deve-se assinalar, porém, que o meio básico para alguns metais não traz nenhuma proteção, como alumínio, chumbo e zinco, que são atacados em meio alcalino ou básico, em pH> 9 formando sais solúveis.

Deve-se considerar, também, a presença dos sais dissolvidos, que poderiam ocasionar problemas de incrustações ou depósitos: bicarbonatos de cálcio, de magnésio e de ferro (II). Esses sais são solúveis, mas com o aquecimento decompõem-se transformando-se respectivamente em $CaCO_3$, $Mg(OH)_2$ e $Fe_2O_3 \cdot nH_2O$, que são insolúveis; e depositam-se no sistema, ocasionando a perda de eficiência térmica e/ou corrosão.

Os sais, principalmente de cálcio e de magnésio, quando dissolvidos na água, caracterizam o tipo de água chamada **água dura**. Quando esses sais se apresentam sob a forma de sulfatos e/ou cloretos, geralmente, a **dureza** da água é chamada de **permanente**, e quando se apresentam sob a forma de bicarbonato, tem-se a **dureza temporária** ou **carbonática**. Aquecendo-se uma água com dureza temporária observa-se a deposição de uma camada constituída principalmente de carbonato de cálcio, que pode agir como uma barreira contra a difusão do oxigênio dissolvido para a superfície metálica. A decomposição dos bicarbonatos de cálcio e de magnésio se realiza de acordo com as reações:

$$Ca(HCO_3)_2 \rightarrow CaCO_3 + H_2O + CO_2$$

$$Mg(HCO_3)_2 \rightarrow Mg(OH)_2 + 2CO_2$$

O $CaCO_3$ insolúvel pode ficar aderido às paredes das tubulações, evitando o contato do meio corrosivo com o material metálico e diminuindo o desgaste do metal. O mesmo ocorreria com o $Mg(HCO_3)_2$ que deposita $Mg(OH)_2$. Deve-se, porém, levar em consideração não só o problema de corrosão, mas também o problema de troca de calor: com o tempo, essa camada cresceria (incrustações calcárias) e traria inconvenientes, como diminuição de seção da tubulação e fraturas na película, funcionando ainda como isolante térmico, ocasionando queda de eficiência do equipamento.

A presença de sais oxidantes na água pode provocar despolarização ou passivação. Assim:

- são bons despolarizantes, acelerando, portanto, o processo corrosivo: sais de Fe^{3+}, Cu^{2+} e Hg^{2+};
- são passivadores e bons inibidores: cromatos e dicromatos de sódio ou potássio, nitrito de sódio e molibdato de sódio.

A presença de Cu^{2+} na água pode provocar sérios inconvenientes, pois ele pode agir acelerando o processo corrosivo devido à possível reação:

$$Fe + Cu^{2+} \rightarrow Fe^{2+} + Cu$$

na qual se observa a oxidação ou corrosão do ferro e redução do Cu^{2+}, com formação de cobre metálico. A presença do cobre e do ferro restante forma uma pilha de eletrodos metálicos diferentes, tendo-se a corrosão galvânica, funcionando o ferro como ânodo e o cobre como cátodo, acelerando-se, portanto, o processo corrosivo do ferro. Esse mesmo tipo de ação ocorrerá no caso de contato dessa água, contendo Cu^{2+}, com tubulações de alumínio ou de aço galvanizado, isto é, revestidas com zinco.

De maneira análoga, a presença de sais de mercúrio é bastante danosa para tubulações de alumínio (ver Exp. 3.5). Tubulações de cobre ou suas ligas quando em presença de mercúrio são rapidamente deterioradas.

Sais oxidantes como cromatos e nitritos, devido às suas características de formação de camadas protetoras sobre as superfícies metálicas, são usados como inibidores de corrosão. Assim, o cromato, CrO_4^{2-}, era utilizado em água de resfriamento, pois ele reage com a superfície metálica, formando uma película de γ-Fe_2O_3 e Cr_2O_3, que é protetora:

$$2Fe + 2Na_2CrO_4 + 2H_2O \rightarrow Fe_2O_3 + Cr_2O_3 + 4NaOH$$

Devido ao seu caráter poluente e perigoso à saúde humana, hoje em dia, sua rara utilização é restrita apenas a sistemas fechados, operando com programas de dosagens baixas ou ultrabaixas (3 mg/L a 8 mg/L) e em misturas com outros inibidores (zinco, polifosfatos, fosfonatos ou poliacrilatos).[2]

Já o nitrito tem sua ação inibidora ligada à oxidação do ferro, com formação de película protetora de γ-Fe_2O_3

$$2Fe + NaNO_2 + 2H_2O \rightarrow Fe_2O_3 + NaOH + NH_3$$

Como esses sais são inibidores anódicos, isto é, atuam impedindo reações no ânodo, deve-se ter o cuidado de usar uma quantidade adequada deles para a proteção de toda a extensão da superfície exposta. Quando a concentração desse inibidor for deficiente, poderá ocorrer corrosão localizada, com formação de pites nas regiões não protegidas, isto é, nas descontinuidades do filme de óxido protetor.

16.1.2 Gases Dissolvidos

Entre os gases mais comumente encontrados na água, podem-se destacar: oxigênio, O_2, gás sulfídrico, H_2S, dióxido de enxofre, SO_2, trióxido de enxofre, SO_3, amônia, NH_3, dióxido de carbono, CO_2, e cloro, Cl_2.

Alguns desses gases são encontrados sempre na água, como o oxigênio e o dióxido de carbono, enquanto os outros aparecem nas águas provenientes da absorção de poluentes atmosféricos ou devido ao tratamento com cloro.

O oxigênio é considerado um fator de controle do processo corrosivo, podendo acelerá-lo ou retardá-lo. Acelera no caso de agir como despolarizante na área catódica, na qual em meio não aerado a reação é muito lenta e praticamente desprezível:

$$2H_2O + 2e \rightarrow H_2 + 2OH^-$$

Entretanto, se houver presença de oxigênio, ocorre a sua redução na área catódica, acelerando o processo corrosivo

$$H_2O + \tfrac{1}{2}O_2 + 2e \rightarrow 2OH^-$$

Há casos em que o oxigênio é fundamental para proteção de materiais metálicos, tendo-se entre eles: alumínio e suas ligas de aços inoxidáveis. Nesse caso, o oxigênio vai formar, sobre esses materiais, camadas de óxidos, Al_2O_3 ou Cr_2O_3, respectivamente, que passivam esses materiais, protegendo-os.

A presença de gás sulfídrico na água é, geralmente, devida a causas puramente químicas ou biológicas. Esse gás pode ocasionar odor e gosto característicos na água e ação corrosiva sobre o ferro, aço e outros metais, com formação dos sulfetos correspondentes:

$$Fe + H_2S \rightarrow FeS + H_2$$

A remoção de gás sulfídrico pode ser feita por meio de aeração, redução de pH e cloração.

Os gases SO_2 e SO_3, dissolvidos na água, ocasionam diminuição do valor de pH, porque formam ácido sulfuroso e sulfúrico, respectivamente, acelerando o processo corrosivo devido à ação desses ácidos sobre os metais.

A presença de amônia na água para uso industrial pode causar corrosão em ligas de cobre e zinco, pois ocorre formação de complexos solúveis:

$$Cu + 4NH_3 + H_2O + \tfrac{1}{2}O_2 \rightarrow Cu(NH_3)_4(OH)_2$$

$$Zn + 4NH_3 + H_2O + \tfrac{1}{2}O_2 \rightarrow Zn(NH_3)_4(OH)_2$$

A presença de cloro, originado do tratamento de água para evitar desenvolvimento de microrganismos, ocasiona aumento do teor de cloreto e diminuição do pH, criando, portanto, a formação de cloraminas para ocorrência de corrosão; daí a necessidade de neutralização após a cloração. Por outro lado, em presença de amônia, o cloro livre pode favorecer a formação de cloraminas, compostos que auxiliam no controle microbiológico, apresentando caráter menos corrosivo às ligas amarelas.[3]

O dióxido de carbono, solubilizado em água, forma o ácido carbônico que, mesmo sendo um ácido fraco, ocasiona uma diminuição do pH, podendo tornar a água agressiva.

A ação do dióxido de carbono está diretamente ligada ao teor de bicarbonato, que geralmente está sob a forma de bicarbonato de cálcio. Para estabilizar esse sal, é necessário um excesso de dióxido de carbono em solução, e a concentração necessária depende de outros constituintes da água e da temperatura. As quantidades de dióxido de carbono, CO_2, na água podem ser classificadas como:

a) quantidade necessária para formar carbonato;
b) quantidade necessária para converter carbonato em bicarbonato;
c) quantidade necessária para manter em solução o bicarbonato de cálcio;
d) excesso sobre as três anteriores.

Com quantidades insuficientes de dióxido de carbono, do tipo (c) e nenhuma do tipo (d), a água pode ficar supersaturada com carbonato de cálcio, e um sutil aumento de pH poderá causar a precipitação desse sal e, se o depósito for completo e aderente, a superfície metálica poderá ficar protegida do ataque da água. Nessas condições, a água poderá ser não corrosiva, mas ocasionalmente o depósito poderá ser incompleto e não aderente e a corrosão poderá ocorrer.[4] Se a quantidade de dióxido de carbono for do tipo (d), a água poderá ser corrosiva, pois ela não precipitará carbonato de cálcio e poderá dissolver alguns depósitos já existentes de carbonato de cálcio.

A precipitação do carbonato de cálcio depende dos seguintes fatores: teor de cálcio ($CaCO_3$), alcalinidade, sólidos totais dissolvidos e temperatura. Relações matemáticas desses fatores permitem calcular um **Índice de Saturação** ou **de Langelier**,[5] que é expresso como a diferença algébrica entre o pH_a medido ou atual de uma água e o pH_s calculado dessa mesma água saturada com carbonato de cálcio.

Um valor positivo do Índice de Langelier indica a possibilidade de precipitação do carbonato de cálcio, água incrustante, e um valor negativo indica que não haverá precipitação, isto é, a água é agressiva ao carbonato de cálcio.[6] Quando o índice for igual a zero, ocorrerá o equilíbrio de saturação, não havendo formação de crostas.

Este índice pode ser calculado a partir de uma tabela,[7] desde que se conheça o valor de pH real da água e sua temperatura, assim como dureza cálcio, alcalinidade metilorange e sólidos totais dissolvidos expressos em ppm.

Considerando-se o Índice de Langelier, a agressividade de uma água é a ação dela provocada por dióxido de carbono, CO_2, livre agressivo. Essa agressividade está relacionada com a possibilidade de a água ser incrustante ou não, isto é, depositar ou não carbonato de cálcio na tubulação. O depósito de carbonato de cálcio age como uma barreira para evitar contato da água com a tubulação, diminuindo a possibilidade de ação corrosiva sobre o material metálico do tubo. Entretanto, deve-se apresentar algumas limitações relacionadas com o emprego do Índice de Langelier, pois, como a ação da água sobre o material de uma tubulação é um processo dinâmico, outros fatores, como velocidade de circulação da água, temperatura e ação mecânica, devem ser considerados para determinar a ação corrosiva de uma água.

Betz[8] afirma que este índice não deve ser usado como uma medida quantitativa, porque duas águas diferentes, uma com baixa dureza e, portanto, corrosiva, e outra com alta dureza e, portanto, incrustante, podem apresentar o mesmo Índice de Saturação ou de Langelier. O mesmo autor afirma, ainda, que o uso do Índice de Estabilidade, desenvolvido por Ryznar,[9] permite uma melhor previsão da tendência incrustante ou corrosiva de uma água.

Índice de Estabilidade de Ryznar = $2(pH_s) - pH_a$, e exemplificando com alguns valores desse índice, tem-se:

≤6,0: aumenta a tendência de deposição de carbonato de cálcio e diminui a tendência à corrosão;
>7,0: não há deposição;
>7,5-8,0: aumenta a probabilidade de corrosão.

Degrémont[10] explica a agressividade da água em função do teor de dióxido de carbono, afirmando que, no caso dos metais, o problema da agressividade é muito mais complexo, e as regras estabelecidas para dimensionar a agressividade são resultado de cálculos, baseados, geralmente, nos teores de dióxido de carbono e de cálcio existentes na água. Daí, não ser estranhável as diferenças ou anomalias observadas na prática, como a corrosão produzida por uma água teoricamente em equilíbrio ou o fenômeno inverso. O mesmo autor considera que, em alguns casos, em que as condições estabelecidas pelos diferentes métodos de previsão indicam a formação de carbonato de cálcio, pode haver corrosão de tubulações metálicas. Argumenta o autor que a corrosão pode ser devida a um fenômeno físico, que se opõe à formação de camada protetora, ou a um fenômeno eletroquímico; em princípio, tudo o que origine uma irregularidade qualquer, no sistema água-material metálico, pode ser causa de corrosão. Cita, ainda, como irregularidades mais frequentes:

- formação de áreas de turbulência que se opõem à formação de camadas protetoras;
- contato entre materiais metálicos diferentes;
- presença de impurezas nos tubos, como: algas, areia, partículas metálicas, variações de pressão que provocam desprendimento de bolhas gasosas e bombeamento malconduzido.

Segundo o Standards Methods (APHA),[11] analisando o trabalho de Larson e Skold,[12] existe uma relação para estimar a tendência à corrosão da água, que é expressa por:

$$\frac{epm\ (Cl^- + SO_4^{2-})}{epm\ (\text{alcalinidade com } CaCo_3)}$$

sendo *epm* igual a grama por milhão. Os autores afirmam que, na faixa neutra de pH e em presença de oxigênio dissolvido, taxas iguais ou menores do que cerca de 0,1 indicam tendência não corrosiva, ao passo que valores mais elevados geralmente indicam águas mais agressivas.

O **Índice de Estabilidade de Puckorius**[13] modifica a maneira de calcular os índices existentes, com a finalidade de melhorar sua exatidão, na previsão de incrustações. Sua determinação consiste inicialmente na determinação dos pHs, de maneira idêntica aos cálculos feitos para os índices de Langelier ou Ryznar.

$$Ip = 2\ pH_s - pH_{eq}$$

O pH de equilíbrio é calculado pela fórmula:

$$pH_{eq} = 1{,}465 \times \log AT + 4{,}54$$

em que:
AT = alcalinidade total em ppm $CaCO_3$.

Comparando-se esses índices, verifica-se que:

- o **Índice de Puckorius** (IP) é específico para prever incrustações em água de resfriamento e compatível com águas de torres a níveis de pH maiores que 7,5, e tão alto quanto 9;
- os **índices de Langelier e Ryznar** devem ser usados para prever incrustações de carbonato de cálcio em água de abastecimento;
- o **Índice de Larson-Skold** prevê a corrosividade da água em sistema de resfriamento, em função de seus valores de cloreto, sulfato e alcalinidade.

Pode-se fazer o monitoramento da tendência incrustante da água utilizando-se cupons de incrustação perfurados[14] e trocadores de calor de teste do tipo especificado pela NACE.[15]

Figura 16.2 Tubos com incrustações de carbonato de cálcio. (Ver Pranchas Coloridas, Foto 92.)

16.1.3 Sólidos Suspensos

Geralmente, a água contém as mais diversas partículas em suspensão, as quais necessitam ser removidas a fim de tornar a água adequada para uso. Essas partículas podem ser absorvidas pela torre de resfriamento e também podem ser poluentes atmosféricos sólidos como pós de diferentes naturezas, como de cimento, de óxido de alumínio, de óxido de cálcio, e também matéria orgânica. Essas partículas podem se depositar nos tubos dos trocadores, reduzindo a eficiência térmica do equipamento, e originar corrosão sob depósito, devido à formação de pilhas de aeração diferencial. É evidente que essas partículas ainda influenciariam no tratamento indicado para a água de resfriamento, por exemplo, no controle de pH e dureza – o óxido de cálcio elevaria a dureza e o pH da água.

As partículas em suspensão na água podem também acelerar o processo de erosão.

A fim de tornar a água livre de sólidos suspensos, usa-se, previamente ao tratamento para evitar corrosão, o processo de clarificação, geralmente feito com sulfato de alumínio, apresentando como etapas principais a floculação, a coagulação, a decantação e a filtração. Em alguns casos de contaminação de água com partículas em suspensão, são usados filtros cujos elementos filtrantes são limpos, ou substituídos, periodicamente.

16.1.4 Crescimento Biológico – Matéria Orgânica

O desenvolvimento de processos biológicos nas águas industriais pode causar:

- crescimento de algas, fungos e bactérias;
- formação de meio ácido: bactérias oxidantes de enxofre;

- despolarização da área catódica por bactéria redutora de sulfato;
- formação de tubérculos de óxidos de ferro hidratados.

Essas variações podem originar uma série de inconvenientes, como os estudados no Capítulo 12.

16.1.5 Bases e Ácidos – pH

Essas substâncias, quando presentes em água, modificam o valor do pH e têm influência no processo corrosivo. Podem-se citar, para exemplificar:

- alumínio e suas ligas: são resistentes à ação de ácido nítrico, devido à ação oxidante desse ácido formar camada protetora de óxido de alumínio, mas não resistem ao ácido clorídrico. Não resistem também a pH elevados, formados por bases fortes como hidróxido de sódio ou potássio, porque formam aluminatos solúveis:

$$2Al + 6NaOH + 6H_2O \rightarrow 2Na_3Al(OH)_6 + 3H_2$$

- chumbo e suas ligas: resistem ao ácido sulfúrico (solução aquosa a 60 % a 70 %), devido à formação de camada de sulfato de chumbo insolúvel e protetora, mas não resistem às bases fortes, formando plumbitos ou plumbatos solúveis;
- ferro e suas ligas: nesses materiais, a corrosão aumenta em pH menor do que 4, diminuindo com a elevação do pH;
- aços inoxidáveis: podem resistir ao ácido nítrico, mas não resistem ao ácido clorídrico.

16.1.6 Temperatura

Os efeitos da temperatura são vários, podendo-se citar:

- as reações de corrosão são usualmente mais rápidas em temperaturas elevadas;
- mudanças de temperatura podem afetar a solubilidade dos produtos de corrosão;
- os gases são menos solúveis com a elevação da temperatura.

Como comprovação, verifica-se que a velocidade de corrosão do aço doce, em água potável, aumenta cerca de 30 % entre 20 °C e 30 °C, mas acima de 80 °C este efeito é contrário,[16] devido à diminuição de solubilidade do oxigênio, nessa temperatura.

Às vezes, águas agressivas, a frio, podem-se tornar incrustantes com o aquecimento, modificando, portanto, seu comportamento: caso da diminuição da solubilidade do carbonato de cálcio, com o aquecimento.

16.1.7 Velocidade de Circulação

A velocidade de circulação da água é importante, pois o seu acréscimo, em geral, aumenta a taxa de corrosão, porque pode remover as camadas de produtos de corrosão aderentes ao material metálico e que estavam retardando o processo corrosivo. O aumento da velocidade de circulação da água pode arrastar maior quantidade de oxigênio para a área catódica funcionando como agente despolarizante, acelerando, portanto, o processo corrosivo. Por outro lado, se a velocidade de circulação for muito pequena, poderá ocorrer a deposição de sólidos e, por conseguinte, aumentará a possibilidade de corrosão por aeração diferencial.

Em alguns casos, o movimento do eletrólito pode ser benéfico, pois, ao homogeneizar a composição do meio e o teor de oxigênio, impede-se a formação de pilhas de concentração, diminuindo a taxa de corrosão.

Devido às considerações apresentadas, procura-se estabelecer uma velocidade crítica de circulação, que está ligada à natureza do material metálico e à composição da água. Alguns valores mais indicados para velocidades em água doce são apresentados na Tabela 16.1.

Tabela 16.1 Velocidades recomendadas para água circulando em tubulações.

Materiais Metálicos	Velocidades Favoráveis (cm/s)	Velocidades Limites (cm/s)
Aço-carbono	120	80-180
Cobre	80	80-120
Latão do almirantado	90	80-150
Cupro-níquel 70/30	230	150-300
Aço inox – AISI-316	300	250-450

16.1.8 Ação Mecânica

A ação mecânica, além do ataque imediato no equipamento, pode originar processos corrosivos decorrentes da:

- destruição do filme protetor existente sobre o material metálico: caso originado por erosão ou por cavitação;
- deposição, em áreas de estagnação, de partículas metálicas ou produtos de corrosão arrastados por ação mecânica.

Como exemplo da deposição de partículas, pode-se citar o da erosão ou cavitação, em rotores ou impelidores de bombas, constituídos de bronze, que dispersariam na água circulante partículas desse material metálico que, em contato com o aço-carbono do equipamento, formariam pilhas galvânicas em que o aço-carbono funcionaria como ânodo, sendo, portanto, corroído (Fig. 16.13).

16.2 ÁGUA POTÁVEL

A ação corrosiva da água potável pode ocasionar, além de perda de espessura ou perfurações das tubulações, produtos de corrosão que podem torná-la imprópria para uso devido a não mais atender aos padrões de potabilidade. A contaminação de água potável com sais

Figura 16.3 Erosão em impelidor de bomba.

Figura 16.4 Cavitação em camisas de cilindro de motor diesel.

Figura 16.5 Impingimento em curva de linha de vapor condensado.

de chumbo ou de cobre a torna imprópria para uso humano. O chumbo pode ser proveniente de corrosão em juntas de chumbo usadas em tubulações de ferro fundido, e o cobre de corrosão em tubos desse metal. A corrosão em tubulações de aço-carbono ou de ferro fundido pode aumentar o teor de ferro na água, tornando-a imprópria para diversos usos.

As autoridades sanitárias estabelecem concentrações máximas de chumbo e cobre permitidas em água para consumo humano. Assim têm-se os valores expressos em mg/L:

	BRASIL	EUA
Chumbo	0,01 (mg/L)	0,015 (desejável zero)
Cobre	2	1,3

Dados do Brasil foram retirados da Portaria nº 2.914, de 12/12/2011, do Ministério da Saúde.

Dados dos Estados Unidos foram retirados do documento *National Primary Drinking Water Regulations Table*, de 2009, da United States Environmental Protection Agency (USEPA).

Essas mesmas autoridades sanitárias estabelecem também as concentrações máximas permitidas de metais, a fim de não serem afetadas as qualidades organolépticas, como sabor da água.

Acima de 1,0 ppm a 1,5 ppm de cobre, a água potável apresenta sabor desagradável.[17]

Em decorrência desses valores, pode-se verificar que mesmo pequenas quantidades de metais podem invalidar a utilização da água para fins potáveis. Portanto, deve-se procurar evitar a ação corrosiva da água, principalmente nos materiais mais usados em instalações hidráulicas, como ligas de ferro (aço-carbono e ferro fundido), cobre ou suas ligas como latão e bronze e aço galvanizado.

Tabela 16.2 Concentração máxima de metais permitida em águas potáveis.

Metal	Concentração Máxima (mg/L) Brasil	Concentração Máxima (mg/L) EUA
Ferro	0,3	0,3
Manganês	0,1	0,05
Cobre	1,0	1,0
Zinco	5,0	5,0

16.2.1 Ferro – Ligas

As ligas de ferro (ferro fundido e aço-carbono) contêm, além de ferro, Fe, e carbono, C, outros elementos como silício, Si, manganês, Mn, enxofre, S, fósforo, P etc.

É bem conhecido que o ferro fundido cinzento está sujeito à corrosão grafítica quando em contato, principalmente, com águas ligeiramente ácidas ou salinas, com sulfetos ou bactérias redutoras de sulfato. Essa corrosão ocorre em temperaturas ambientes, tendo-se a corrosão do ferro e restando intacta a grafite (ver Cap. 11).

No caso de aço-carbono, observa-se corrosão com formação de pites ou alvéolos.

Interessante é que, na corrosão grafítica, a forma e as dimensões originais do material são praticamente mantidas, enquanto suas propriedades mecânicas são alteradas. Explica-se este fato admitindo-se que, no caso de uma corrosão grafítica homogênea e superficial, os produtos de corrosão vedam os poros da grafite, sendo esta ação facilitada pela sua estrutura, que é constituída de camadas de carbono ligadas hexagonalmente. Verifica-se que por meio da raspagem com uma espátula consegue-se retirar um resíduo escuro, de grafite, das partes atacadas.

Quando essa camada de grafite atinge uma espessura razoável, ou seus poros são vedados com produtos sólidos de corrosão, como Fe_2O_3 ou o Fe_3O_4, ela pode diminuir ou impedir a corrosão do material metálico restante, pois formará uma efetiva barreira contra o meio corrosivo e a difusão do oxigênio.

A possibilidade da formação de barreira protetora explica o fato de tubulações antigas de ferro fundido estarem sendo usadas para condução de água potável, embora elas já estejam com corrosão grafítica. Admite-se que, mesmo que esteja ocorrendo, esse processo corrosivo não é acelerado devido à formação de barreira protetora, bem como pelo fato de a água conter teores de sais, como cloretos, com valores baixos.

Apesar dessa possibilidade, deve-se também considerar que:

- se a camada de grafite permanecer porosa, ela acelera a corrosão do ferro fundido, pois, com o aumento da espessura dessa camada, tem-se uma área catódica extensa e porosa, possibilitando uma relação entre área catódica e área anódica maior do que um, o que é fator acelerador de corrosão: como a área anódica é muito pequena em relação à catódica, a corrosão vai se localizar nessa pequena área;
- se houver tensões residuais ou aplicadas, elas podem fraturar a camada de grafite, permitindo que o eletrólito e o oxigênio entrem em contato com a superfície metálica intacta. Esse contato ocasionará um ataque localizado, nas regiões de fraturas, resultando em perda de resistência mecânica e, por fim, fratura do material metálico;
- se tubulações de ferro fundido, contendo tubérculos de óxido de ferro, $Fe_2O_3 \cdot H_2O$, sofrerem limpeza para remoção desses depósitos, e embaixo destes já existir corrosão grafítica, deve-se prever a possibilidade de se acelerar o processo corrosivo. Isto se deve ao fato de a grafite agir como cátodo e o ferro como ânodo nas regiões circunvizinhas aos depósitos. Essa possibilidade será mais viável se o teor de sais na água for elevado, o que não é normal em águas potáveis.

Observa-se em tubulações de ferro fundido e de aço-carbono, após algum tempo de utilização, a deposição de incrustações sob a forma de tubérculos, com coloração geralmente castanho-alaranjada. Esses tubérculos trazem sérios inconvenientes para sistemas distribuidores de água potável. Entre eles estão:

- perda de capacidade hidráulica, resultando em elevação dos custos de bombeamento;
- diminuição da capacidade de vazão das tubulações;
- criam-se condições para corrosão por aeração diferencial, ocorrendo corrosão embaixo dos tubérculos;
- possibilidade do desenvolvimento de bactérias anaeróbias, como as redutoras de sulfato, embaixo dos tubérculos, devido à ausência de oxigênio nessas áreas: pode-se, então, ter a corrosão microbiológica nessas regiões;
- tendência de acúmulo de íons cloreto ou sulfato, da solução aquosa, que devem migrar através dos tubérculos para compensar os íons positivos formados na corrosão do ferro, Fe^{2+}: esta elevação de concentração de íons possibilita a corrosão localizada sob a forma de pites ou alvéolos, principalmente no caso da presença de cloretos;
- quando os tubérculos são desprendidos das tubulações, devido a alterações hidráulicas como aumento de velocidade de escoamento, admissão de ar nas bombas, tem-se a dispersão deles na água circulante, que se torna castanho-alaranjada.

Em alguns casos, há formação de resíduo insolúvel na água, mas ele não se deposita, sendo arrastado pela água e dando a esta uma coloração castanho-alaranjada. Essa área, também chamada de **vermelha** (*red water*) ou **ferruginosa**, traz inconvenientes para os usuários, como:

- aspecto visual desagradável;
- alteração de sabor;
- manchas em lavagem de tecidos;
- manchas em instalações sanitárias de material cerâmico;
- limpeza frequente dos reservatórios;

- bloqueamento das resinas trocadoras ou permutadoras usadas em desmineralização de águas.

Os tubérculos são constituídos predominantemente de óxidos e hidróxidos de ferro: $Fe(OH)_2$, Fe_2O_3, $Fe(OH)_3$ ou $FeOOH$. Em menores quantidades, podem ocorrer carbonato de ferro (siderita), $FeCO_3$, carbonato de cálcio, $CaCO_3$, sulfeto de ferro, FeS, grafite, C, sílica, SiO_2, e óxido de manganês, MnO_2.

Na parte interna dos tubérculos há predominância de Fe^{2+} [$Fe(OH)_2$, FeO ou Fe_3O_4], devido à presença de condições anaeróbicas, e na parte externa, mais aerada, forma-se uma camada mais dura e mais insolúvel de $Fe_2O_3 \cdot nH_2O$.

A formação desses diferentes produtos explica as diferentes colorações observadas nos tubérculos: os óxidos de ferro, menos oxidados como FeO, Fe_3O_4, apresentam coloração escura ou esverdeada, o $Fe(OH)_2$ varia de azul para verde, e o $Fe(OH)_3$ ou $Fe_2O_3 \cdot nH_2O$ apresenta coloração castanho-alaranjada ou avermelhada.

O ferro presente nos tubérculos, ou na **água vermelha**, pode ser originado de:

- ferro solúvel já existente na água;
- ferro proveniente da corrosão das tubulações.

O ferro solúvel na água pode se apresentar sob as formas de Fe^{2+} e Fe^{3+}, sendo os compostos de Fe^{2+} mais solúveis do que os de Fe^{3+}. Se a água contiver Fe^{2+}, este sofrerá oxidação formando compostos de Fe^{3+}, que são mais insolúveis. Geralmente, tem-se na água a presença de bicarbonato de ferro (II), $Fe(HCO_3)_2$, solúvel, que em presença de oxigênio é oxidado formando o $Fe_2O_3 \cdot H_2O$, insolúvel:

$$2Fe(HCO_3)_2 + 1/2 O_2 \rightarrow Fe_2O_3 + 4CO_2 + 2H_2O$$

Essa oxidação é acelerada pela presença de bactérias de ferro, como as *Gallionella ferruginea* ou as dos gêneros *Crenotrix*, *Leptothrix*, *Siderocapsa* e *Sideromonas*.

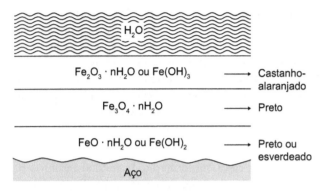

Figura 16.6 Constituintes do produto de corrosão, tubérculos, sobre aço em presença de água.

O $Fe_2O_3 \cdot H_2O$ formado pode se depositar na tubulação, formando os tubérculos ou, então, ser arrastado, finamente dividido, ocasionando a **água ferruginosa** ou **água vermelha**.

A outra origem do ferro, presente nos tubérculos ou na água vermelha, pode ser devida à corrosão da tubulação. Essa corrosão geralmente está associada à:

a) oxidação do ferro, pelo oxigênio presente na água, formando o óxido de ferro hidratado:

$$2Fe + 3/2 O_2 + H_2O \rightarrow Fe_2O_3 \cdot H_2O$$

b) oxidação do ferro, devido ao pH ácido, originado da cloração:

$$Cl_2 + H_2O \rightarrow HCl + HOCl$$

$$Fe + 2HCl \rightarrow FeCl_2 + H_2$$

$$2Fe + 6HCl + 3/2 O_2 \rightarrow 2FeCl_3 + 3H_2O$$

$$FeCl_3 + 3H_2O \rightarrow Fe(OH)_3 + 3HCl$$

c) presença de sais de cobre dissolvidos na água, ou partículas de cobre em suspensão na água circulando em tubos de ferro: os sais de Cu^{2+} reagem com o ferro da tubulação, oxidando-o e sendo reduzido a cobre metálico conforme a reação:

$$Cu^{2+} + Fe \rightarrow Cu + Fe^{2+}$$

Além dessa reação que já evidencia a corrosão nos tubos de ferro em presença de sais de cobre, tem-se ainda que o cobre metálico, formado nessa reação ou aquele já existente em suspensão na água, ocasionará, quando em contato com o ferro, uma pilha galvânica na qual:

- o ânodo será o ferro que, consequentemente, sofrerá oxidação:

$$Fe \rightarrow Fe^{2+} + 2e$$

- o cátodo será o cobre, ocorrendo a reação:

$$H_2O + 1/2 O_2 + 2e \rightarrow 2OH^-$$

Logo, observa-se que a tubulação de ferro sofrerá corrosão galvânica com a formação dos possíveis produtos de corrosão:

- em meio deficiente de oxigênio:

$$Fe^{2+} + 2OH^- \rightarrow Fe(OH)_2$$

$$3Fe(OH)_2 \rightarrow Fe_3O_4 + 2H_2O + H_2$$

- em presença de oxigênio:

$$2Fe(OH)_2 + 1/2 O_2 + H_2O \rightarrow 2Fe(OH)_3$$
$$\downarrow \text{ou}$$
$$Fe_2O_3 \cdot H_2O \text{ ou } FeO \cdot OH$$

Os seguintes produtos de corrosão, insolúveis, é que vão formar os tubérculos ou **água vermelha**:

$$Fe_3O_4: \text{cor escura}$$

$$Fe_2O_3 \cdot nH_2O: \text{cor castanho-alaranjada}$$

A National Association of Corrosion Engineers (NACE)[18] cita que o aço e o aço galvanizado são sujeitos à corrosão por pequenas quantidades, como 0,01 mg/L, de metais como cobre, que podem se depositar formando micropilhas galvânicas e ocasionando pites.

Singley e colaboradores[19] citam caso semelhante no qual o ânodo da pilha formada é o aço, sendo atacado e usualmente ocorrendo severa formação de tubérculos dentro da tubulação. Citam, ainda, que hotéis, edifícios de apartamentos e comerciais têm frequentemente sistema de aquecimento central, no qual há recirculação contínua de água quente, e usualmente as superfícies de troca térmica são de cobre, ocorrendo, então, o mesmo problema de formação de tubérculos.

Shuldener e Fullman[20] observaram, também, corrosão galvânica quando água contendo cobre circula em tubulações de ferro ou aço galvanizado. Em muitos casos, esse fato ocorre quando as saídas de água quente em edifícios são de ferro e as linhas de recirculação são de cobre: a água pode solubilizar uma pequena quantidade de cobre no sistema de recirculação e depositá-lo no tubo de ferro, causando o processo corrosivo. Afirmam ainda que, para comprovar essa ação, deve-se procurar retirar um trecho da tubulação para verificar a presença de cobre.

Para evitar a corrosão galvânica de tubulações de ferro em sistemas de água potável contendo tubulações de cobre, são recomendáveis as medidas:

- colocação das tubulações em posição tal que a água circule primeiro pelo tubo de ferro e, em seguida, pelo de cobre;
- emprego de juntas isolantes como PVC, celeron, entre as tubulações de ferro e cobre.

Embora essas medidas sejam utilizadas e, na maioria dos casos, conduzam a resultados satisfatórios, podem ocorrer casos de processos corrosivos, como:

- quando os tubos de ferro estão próximos do sistema de água quente, pode haver recirculação da água: quando a água é aquecida, ela pode, devido à expansão, atingir os tubos de ferro[21] e, como essa água pode conter cobre, haverá corrosão galvânica dos tubos de ferro;
- no caso de isolamento entre os tubos de ferro e cobre, Shuldener e Fullman[22] dizem que, em edifícios, é difícil esse isolamento devido aos muitos pontos de interconexão e ao aterramento de equipamentos nas linhas de água, tornando menos efetiva do que prevista a ação protetora de juntas isolantes em sistemas de água em edifícios.

d) corrosão por aeração diferencial: a presença de depósitos em tubulações pode ocasionar áreas diferentemente aeradas, verificando-se que nas menos aeradas, isto é, embaixo dos depósitos, ocorrem áreas anódicas e consequentemente corroídas, havendo a formação de $Fe_2O_3 \cdot nH_2O$.

Proteção

A proteção contra a corrosão grafítica pode ser:

- por emprego de inibidores de corrosão;
- por proteção catódica;
- por adição ao ferro fundido de pequenas quantidades de níquel, cromo, cobre ou molibdênio, que reduzem o tamanho e a quantidade de veios de grafite;
- por uso de ferro fundido dúctil. A adição de magnésio (cerca de 0,04 % a 0,1 %) ocasiona o desenvolvimento de nódulos de grafite, daí também se chamar o ferro fundido dúctil de ferro nodular. Como ele tem um teor de silício maior do que o ferro fundido cinzento, pode apresentar maior resistência à corrosão;
- por revestimento.

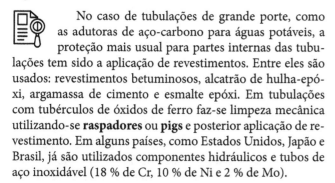

No caso de tubulações de grande porte, como as adutoras de aço-carbono para águas potáveis, a proteção mais usual para partes internas das tubulações tem sido a aplicação de revestimentos. Entre eles são usados: revestimentos betuminosos, alcatrão de hulha-epóxi, argamassa de cimento e esmalte epóxi. Em tubulações com tubérculos de óxidos de ferro faz-se limpeza mecânica utilizando-se **raspadores** ou **pigs** e posterior aplicação de revestimento. Em alguns países, como Estados Unidos, Japão e Brasil, já são utilizados componentes hidráulicos e tubos de aço inoxidável (18 % de Cr, 10 % de Ni e 2 % de Mo).

16.2.2 Cobre – Ligas

O cobre pode formar ligas com os elementos estanho, Sn, alumínio, Al, silício, Si, e zinco, Zn, nas quais, além de cobre, têm-se:

- bronze de estanho – 8 % a 10 % de Sn;
- bronze de alumínio – 5 % a 8 % de Al;
- bronze de silício – 1,5 % a 3 % de Si;
- bronze de zinco – 10 % de Zn;
- latão – 30 % de Zn.

A ação corrosiva da água sobre cobre ou suas ligas, latão e bronze, usados em instalações hidráulicas, pode ocasionar:

a) corrosão uniforme – ocorre em igual velocidade em toda a superfície metálica, e a perda de peso é diretamente proporcional ao tempo de exposição, e a velocidade de corrosão é constante. Essa forma de corrosão está geralmente associada a ácidos ou águas com valores baixos de pH (pH <7). Geralmente, ocorre em pequenas proporções, não reduzindo apreciavelmente a vida útil da tubulação;

b) corrosão por pite ou por alvéolos, corrosão localizada, aparecendo sob a forma de cavidades, que em pouco tempo podem ocasionar perfurações em tubulações. A corrosão por pite em tubulações de cobre está normalmente relacionada com:

- a presença de resíduos de carbono na superfície dos tubos – o carbono depositado forma área catódica, funcionando o cobre como ânodo da pilha formada, ocorrendo então a corrosão localizada desse metal, sob a forma de pite. Bird[23] cita caso de corrosão por pite em tubos de cobre, em que o carbono foi proveniente da decomposição do lubrificante usado na trefilação dos tubos: resíduo do lubrificante permanecia no tubo, e na operação de recozimento o aquecimento ocasionava a decomposição do lubrificante com a formação de carbono;
- a presença de água de baixa dureza contendo manganês – nos sistemas de água quente, o pite geralmente ocorre nas partes com temperaturas mais altas, e está associado à formação de depósito de óxido de manganês, MnO_2, que forma um par galvânico, ocorrendo a corrosão na parte exposta do tubo de cobre, que funciona como ânodo;
- agressividade das águas duras de poços – Cohen e Lynam[24] citam típica água de poço agressiva, contendo CO_2 (dissolvido), 5 ppm, O_2 (dissolvido), 10 ppm a 12 ppm, e cloretos e sulfatos presentes;

- presença de depósitos que ocasionam a corrosão por aeração diferencial – a área anódica e, portanto, corroída, sendo aquela embaixo do depósito.

Em casos extremos, a corrosão por pite pode ocorrer rapidamente, como citam Cruse e Pomeroy,[25] em cerca de três meses de utilização das instalações:

a) corrosão sob tensão fraturante, quando se tem ação conjugada de meio corrosivo e solicitação mecânica como esforços de tração;
b) corrosão induzida por microrganismos: o desenvolvimento de limos, algas ou crescimento biológico na água cria condições para corrosão pelo fato de a deposição dessas substâncias possibilitar a corrosão sob depósito que ocasiona a formação de pites.

Pode ocorrer ação mecânica ocasionando erosão (impingimento e/ou cavitação) com desgaste rápido do material, aparecendo a superfície limpa devido à ação abrasiva, e redução acentuada de espessura dos tubos. O impingimento em tubulações de cobre é normalmente ocasionado por velocidade excessiva da água, maior do que 1,2 m/s: ocorre a perda de espessura na região de incidência da água. A ação agressiva pode ser maior se também houver bolhas de ar na água.

Ligas de cobre com zinco, como os latões, estão sujeitas à **dezincificação**. Ela é observada em latões ou ligas de cobre cujos teores de zinco são elevados, como o latão amarelo (67 % de Cu e 33 % de Zn) e o metal Muntz (60 % de Cu e 40 % de Zn). O zinco se oxida preferencialmente deixando um resíduo de cobre e produtos de corrosão. A corrosão pode se dar em pequenas áreas, sob a forma de alvéolos, ou, uniformemente, em maiores áreas; observa-se nas áreas dezincificadas o aparecimento de resíduo branco e de coloração avermelhada, embaixo desse resíduo, contrastando com a coloração amarelada característica das ligas de cobre. O resíduo branco é o produto de oxidação do Zn e a coloração avermelhada é devida ao enriquecimento em cobre nessas áreas.

Os latões corroídos por dezincificação retêm alguma resistência, mas não apresentam a ductibilidade inicial e podem fraturar quando submetidos a solicitações mecânicas.

A dezincificação é facilitada por condições de aeração limitada, como ocorre embaixo de depósitos, em frestas ou onde o escoamento da água é baixo. Ela é acelerada por temperaturas elevadas, por concentrações elevadas de cloreto e por soluções ácidas ou fortemente alcalinas. Águas naturais de baixa dureza contendo dióxido de carbono livre aceleram também a dezincificação.

Como o cobre apresenta boa resistência à corrosão, tem sido usado em sistemas de distribuição de água quente, tendo também a vantagem de fácil instalação. Entretanto, como qualquer outro material metálico, ele sofre corrosão quando submetido a condições agressivas. Essas condições estão, geralmente, associadas a:

a) *qualidade da água*:
- presença de gases dissolvidos: oxigênio, O_2, gás carbônico, CO_2, amônia, NH_3, gás sulfídrico, H_2S, cloro, Cl_2;
- pH;
- presença de sais e dureza de água: íons Fe^{3+}(férrico), Cl^- (cloreto), SO_4^{2-} (sulfato), HCO_3^- (bicarbonato), F^- (fluoreto), Hg^{2+} (mercúrio) e Ca^{2+} (cálcio);
- alcalinidade;
- sólidos suspensos: hidróxido de alumínio, $Al(OH)_3$, hidróxido ou óxido de ferro (III), $Fe(OH)_3$ ou Fe_2O_3, óxido de manganês, MnO_2.

b) *instalação (montagem do sistema)*:
- rebarbas nas regiões de cortes dos tubos nas junções;
- permanência de fluxo de soldagem no interior dos tubos;
- imperfeições de soldagem;
- permanência de água estagnada e partículas sólidas após teste hidráulico;
- limpeza abrasiva formando riscos ou sulcos nos tubos.

c) *condições operacionais*:
- velocidade excessiva da água: valores acima de 1,5 m/s;
- temperaturas elevadas: maiores do que 60 ºC;
- arraste de partículas sólidas.

d) *características do metal*.

Qualidade da água

PRESENÇA DE GASES DISSOLVIDOS

Oxigênio. Em ausência de oxigênio, o cobre não sofre corrosão significativa. Em sua presença, o cobre sofre oxidação formando óxidos de cobre Cu_2O (avermelhado-escuro) e CuO (preto):

$$2Cu + {}^1/_2O_2 \rightarrow Cu_2O,$$

$$Cu_2O + {}^1/_2O_2 \rightarrow 2CuO \text{ (ou } Cu + {}^1/_2O_2 \rightarrow CuO)$$

O óxido de cobre (I), Cu_2O, conhecido com o nome de cuprita, é aderente e forma película protetora impedindo a continuidade do processo corrosivo. Para que apresente proteção adequada, essa película, além de aderente, deve ser uniforme e homogênea. Entre os principais fatores que interferem nessas características estão: presença de partículas sólidas depositadas na superfície do cobre, qualidade da água, limpeza abrasiva, condições operacionais, detalhes construtivos, qualidade do material. A influência dessas características será abordada em itens seguintes.

Gás carbônico, CO_2. Esse gás dissolvido na água forma ácido carbônico, H_2CO_3, ocasionando meio ácido que, reagindo com o óxido protetor, Cu_2O, expõe nova superfície à reação com oxigênio, formando novamente Cu_2O que é retirado pelo ácido carbônico, tornando o processo cíclico:

$$CO_2 + H_2O \rightarrow H_2CO_3$$

$$H_2CO_3 \rightarrow H^+ + HCO_3^- \text{ (meio ácido)}$$

$$Cu_2O + 2H^+ \rightarrow H_2O + 2Cu^+$$

podendo ocorrer, se existir CuO, a reação:

$$CuO + 2H^+ \rightarrow H_2O + Cu^{2+}$$

Pode-se admitir também que, em presença de gás carbônico, e, consequentemente, de ácido carbônico, haja a reação com formação de carbonato básico de cobre, $CuCO_3 \cdot Cu(OH)_2$ malaquita, de cor verde:

$$2Cu + O_2 + CO_2 + H_2O \rightarrow CuCO_3 + Cu(OH)_2$$

Se não houver mais gás carbônico, esse produto pode permanecer sobre o metal minimizando a possibilidade de corrosão. Se ele for arrastado pela água, ocasionará manchas azuis-esverdeadas em louças sanitárias e, também, alterará o sabor da água potável, tornando-a imprópria para o uso humano.

Cloro, Cl_2. O cloro solubilizado na água diminui o valor de pH, pois o meio torna-se ácido devido à formação de ácido clorídrico, HCl, como evidenciado nas reações que ocorrem quando se faz o tratamento de água potável, para torná-la aceitável segundo os padrões bacteriológicos ou sanitários

$$Cl_2 + H_2O \rightarrow HOCl + HCl$$
$$HOCl \rightarrow HCl + 1/2 O_2$$

Daí se fazer, após a cloração, a neutralização dessa acidez com hidróxido de cálcio.

O ácido clorídrico ataca o cobre em presença de oxigênio formando cloreto de cobre (II), $CuCl_2$, de cor verde:

$$Cu + 1/2 O_2 + 2HCl \rightarrow CuCl_2 + H_2O$$

Se existir a camada de óxidos, Cu_2O e CuO, ela será solubilizada:

$$Cu_2O + 2HCl \rightarrow 2CuCl + H_2O$$
$$CuO + 2HCl \rightarrow CuCl_2 + H_2O$$

Como o cloreto de cobre, $CuCl_2$, é solúvel, a água fica com coloração esverdeada, característica desse sal. O cloreto de cobre (I), CuCl, é menos solúvel e pode ficar aderido na superfície do metal e, como pode sofrer hidrólise, isto é, decomposição pela água, formaria ácido clorídrico, ocasionando corrosão localizada por pite.

Gás sulfídrico, H_2S. Quando solubilizado em água, forma o ácido sulfídrico que reage com cobre, formando sulfeto de cobre, CuS, preto. Essa situação não é comum em sistemas de água potável.

Amônia, NH_3. Solubilizada em água forma hidróxido de amônio, NH_4OH, elevando o pH da água para valores maiores do que 7. O cobre é atacado por amônia em presença de água e oxigênio, formando o produto, $Cu(NH_3)_4(OH)_2$, solúvel em água e com coloração azul. Se houver solicitação mecânica pode ocorrer corrosão sob tensão fraturante.

Como se trata de água, fria ou quente, para uso doméstico, os gases mais influentes são oxigênio, normalmente encontrado em água, cloro usado como bactericida no tratamento de água potável e gás carbônico frequentemente encontrado em água de poços artesianos. Daí, em alguns países europeus,[26] se recomendar a retirada de oxigênio da água, e também neutralizar a ação do gás carbônico, principalmente em países, como os Estados Unidos, que usam em grande escala água de poços artesianos a qual contém gás carbônico e que, quando não tratada adequadamente, ocasiona sérios problemas de corrosão em tubulações de cobre usadas em condução de água de abastecimento.[27] No caso do cloro, como ele é fundamental no tratamento bacteriológico da água, procura-se controlar o pH, isto é, evitar que ele fique abaixo de 7, ou seja, meio ácido, que quanto menor mais corrosiva será a água.

pH. O valor de pH da água é de fundamental importância, pois em valores menores do que 7, e quanto mais próximos de 1 pior, ela reagirá com a camada protetora de Cu_2O, solubilizando-a, e a seguir reagirá com o cobre, tendo-se as reações:

$$Cu_2O + 2H^+ \rightarrow 2Cu^+ + H_2O$$
$$Cu + 1/2 O_2 + 2H^+ \rightarrow Cu^{2+} + H_2O$$

Verifica-se, portanto, a impossibilidade da presença de película protetora, em meio ácido.

A Tabela 16.3 confirma a influência do valor de pH na ação corrosiva da água sobre tubos de cobre.[28]

Tabela 16.3 Influência do pH na ação corrosiva da água sobre tubos de cobre.

Ph	3	4	5	6	7	8
Cu (ppm)	5	2,7	1,3	0,8	0,38	0,2
ipy	0,0027	0,0014	0,0007	0,00042	0,00020	0,00011

(ppm = 1 mg/L)
(ipy = polegada de penetração por ano)

PRESENÇA DE SAIS

Os sais aumentam a condutividade da água e, consequentemente, facilitam a ocorrência de corrosão eletroquímica. Além dessa ação, alguns sais apresentam características aceleradoras do processo corrosivo.

Sais de Fe^{3+} atacam cobre, ocorrendo a reação:

$$Fe^{3+} + Cu \rightarrow Fe^{2+} + Cu^+$$

O Fe^{3+} pode, ainda, precipitar formando o hidróxido de ferro (III), $Fe(OH)_3$, ou óxido de ferro (III) hidratado, $Fe_2O_3 \cdot nH_2O$, insolúveis, que podem se depositar nos tubos sob a forma de tubérculos ou ser arrastados pela água.

O Fe^{3+} pode ser originado de impureza da própria água, ou como produto de corrosão de tubulações de aço-carbono ou de ferro fundido, por onde a água tenha circulado anteriormente

$$2Fe + nH_2O + 3/2 O_2 \rightarrow Fe_2O_3 \cdot nH_2O$$

O Mn^{2+}, impureza da própria água, forma o óxido de manganês, MnO_2, insolúvel.

O Al^{3+} é geralmente originado do sulfato de alumínio, $Al_2(SO_4)_3$, usado como agente floculante, no tratamento de água, para eliminar sólidos em suspensão. Se a floculação não for bem conduzida pode ocorrer o arraste, pela água, de flocos de hidróxido de alumínio, $Al(OH)_3$ ou $Al_2O_3 \cdot H_2O$.

Os hidróxidos ou óxidos desses íons, Fe^{3+}, Mn^{2+} e Al^{3+}, podem se depositar nas tubulações, ocasionando perda de carga e corrosão sob depósito, a qual origina cavidades, sob a forma de pites, embaixo desses depósitos.

Sais de mercúrio, Hg^{2+}, não estão comumente presentes em água de abastecimento, mas se existirem eles tornam a água corrosiva para cobre.

Os íons cloreto, Cl^-, e sulfato, SO_4^{2-}, não são, nas concentrações e temperaturas normalmente encontradas em água de abastecimento, corrosivos para cobre e suas ligas, tanto que tubulações desses materiais metálicos são usadas para condução de água do mar.

Sais contendo íon fluoreto, usados em água potável para prevenção de cárie dentária, não têm, nas concentrações usadas, ação corrosiva.[29]

O íon bicarbonato, HCO_3^-, pode, em presença de sais de cálcio, Ca^{2+}, formar bicarbonato de cálcio, $Ca(HCO_3)_2$, solúvel, que, decompondo-se, forma carbonato de cálcio, $CaCO_3$, insolúvel, que poderá ficar aderido na superfície metálica e, no caso de formar camada contínua, minimizar a corrosão.

ALCALINIDADE

A alcalinidade da água facilita a formação de carbonato de cálcio e exerce ação tampão controlando o pH, reduzindo a possibilidade de corrosão.

SÓLIDOS SUSPENSOS

A presença de sólidos, como hidróxido de alumínio, $Al(OH)_3$, óxido férrico hidratado, $Fe_2O_3 \cdot H_2O$, óxido de manganês (IV), MnO_2, ou outros materiais insolúveis, suspensos em água, pode criar condições para ocorrência de processo corrosivo, a corrosão sob depósito ou corrosão por aeração diferencial. Nesse processo corrosivo, a área menos aerada ou oxigenada, isto é, aquela embaixo do depósito, sofrerá corrosão originando cavidades ou pites que na continuidade acabam por perfurar as tubulações.

Instalação (montagem do sistema)

Na instalação, ou montagem, de sistema de tubos de cobre para circulação de água fria ou quente, entre os fatores que possibilitam a ocorrência de processos corrosivos devem-se destacar:

- rebarbas nas regiões de corte dos tubos nas junções. Essas rebarbas ocasionam, durante o fluxo de água, área de turbulência capaz de retirar, por ação mecânica, qualquer película protetora, ocorrendo desgaste por erosão;
- excesso de fluxo de solda: a permanência de fluxo, no interior dos tubos, pode gerar processo corrosivo, pois em sua decomposição por aquecimento, em operação ou durante a soldagem, pode liberar substâncias corrosivas; é o caso de fluxos de solda à base de cloreto de zinco ou de sais duplos de zinco e amônio;
- imperfeições de solda, na junção de tubos, podem originar deficiente vedação e permitir a presença de frestas que possibilitam a corrosão por aeração diferencial ou corrosão em frestas;

- água e partículas sólidas retidas nos tubos, em decorrência do teste hidráulico, realizado depois da montagem do sistema, para verificar presença de vazamentos: se essas condições permanecerem por longo tempo, até utilização contínua do sistema, pode ocorrer a corrosão sob depósito com formação de pites nos tubos. Além disso, essas condições podem impedir a formação de película contínua de óxido protetor, Cu_2O;
- limpeza abrasiva que pode ocasionar riscos ou sulcos dificultando a posterior formação de película protetora contínua de óxido de cobre, Cu_2O.

Condições operacionais

Entre as condições operacionais que podem ocasionar deterioração em tubos de cobre, devem-se destacar:

- velocidade excessiva da água: evitar valores maiores do que 1,5 m/s. Velocidade excessiva pode arrancar película protetora e ocasionar ação mecânica, erosão, causando desgaste com redução de espessura de parede dos tubos; sistemas de água quente que empregam tubulações de cobre devem ser projetados para velocidades menores do que 1,2 m/s, a fim de evitar o impingimento;[30]
- arraste de partículas sólidas: evitar uso de água arrastando partículas sólidas, que podem se depositar ou exercer ação abrasiva retirando películas protetoras;
- temperaturas elevadas: como, geralmente, as reações químicas são aceleradas por aquecimento, a elevação de temperatura acelera o processo corrosivo, daí a corrosão em tubos de cobre ser mais acentuada, em temperaturas elevadas como as maiores do que 60 °C. Nesse caso, ocorre a formação de óxidos não protetores.

Um fator acelerador da corrosão em cobre ou suas ligas é a temperatura. A corrosão de cobre em sistemas de distribuição de água quente é, na maioria dos casos, ocasionada por oxigênio dissolvido, daí ser prática comum na Europa a eliminação de oxigênio e nos Estados Unidos o uso de inibidores de corrosão. Ladeburg[31] verificou corrosão em tubulações para água quente (70 °C a 75 °C), em regiões da Alemanha, observando:

- dois latões comerciais que sofreram forte ataque em menos de dois meses, ocorrendo corrosão localizada com profundidade de 1 mm após um ano.

Em decorrência dessas observações, latões comerciais não são usados ou mesmo são proibidos nesses locais e nos Estados Unidos.[32]

Experiências realizadas com latão (67 % de Cu, 33 % de Zn) em contato com águas corrosivas evidenciaram dezincificação. Águas com dureza baixa ou com teores elevados em cloretos são corrosivas para esse material metálico, particularmente em temperaturas altas ou em presença de dióxido de carbono.[33]

Montgomery[34] afirma que a corrosão do cobre é mais severa em sistemas de água quente. Obrecht e Quill[35] verificaram que temperaturas acima de 60 °C causam aumento na ação corrosiva, e que os casos mais sérios de corrosão ocorrem em novas instalações, nas quais ainda não houve formação da camada protetora de óxido de cobre sobre os tubos.

Características do metal

Em relação ao material metálico de tubos de cobre, diversos fatores podem ocasionar processos corrosivos. Entre eles, devem ser citados:

- fases metalúrgicas: tratamentos metalúrgicos podem resultar em diferentes fases, criando condição de heterogeneidade favorecendo a formação de áreas anódicas e catódicas envolvidas no mecanismo eletroquímico de corrosão;
- tensões diferenciais;
- contato com outros metais: corrosão galvânica, quando ocorre contato com metal de potencial diferente;
- impureza na superfície do metal: depósito de carbono, devido à queima de óleo de estampagem ou de trefilação;[36]
- corrente alternada aumenta a corrosão de cobre: caso do uso de tubulações para aterramento. Williams[37] verificou que a taxa de corrosão do cobre é mais elevada quando exposto à corrente alternada em soluções aquosas condutoras. Esse fato é observado quando tubulações de água são usadas como aterramento para sistemas de corrente alternada.

Conclusões

Podem-se apresentar para tubos de cobre utilizados em água potável as conclusões que se seguem:

- o cobre, como ferro, aço-carbono, ferro fundido e aço galvanizado, materiais metálicos usuais em instalações hidráulicas, também está sujeito a sofrer corrosão;
- a corrosão em tubos de cobre tem ocorrido em diversos países que já utilizam, há bastante tempo, esse metal em redes de distribuição de água de abastecimento;
- a maioria dos casos de corrosão já observados em tubos de cobre, no Brasil e em outros países, está associada à: água com pH <7; água com excesso de cloro; depósitos nos tubos; presença de gás carbônico, CO_2, quando do uso de águas de poços artesianos; presença de sulfato;
- a corrosão aparece de maneira uniforme e/ou localizada sob a forma de pites perfurantes ou não;
- quando ocorre a formação de óxido de cobre (I), Cu_2O, cuprita, com película homogênea, aderente e contínua na superfície interna do tubo, ela apresenta características protetoras. Entretanto, em meio ácido, esse óxido é solubilizado, cessando a proteção do metal;
- quando a película de cuprita não é contínua, tem-se a corrosão localizada sob a forma de pite;
- a proteção, em água de abastecimento, é mais frequentemente direcionada para controlar o pH, evitar excesso do cloro e adicionar inibidor de corrosão que não tenha ação fisiológica prejudicial ao ser humano;
- nas fases de montagem e de pré-operação devem ser evitadas condições que podem originar processos corrosivos já nas fases pré-operacional e/ou operacional.

Proteção

Em decorrência das considerações apresentadas verifica-se que, para evitar corrosão em tubos de cobre, para água fria ou quente, deve-se agir sobre material metálico, montagem, condições pré-operacionais, operacionais e água. Assim, tem-se:

- material metálico – cobre atendendo às especificações e isento de traços de carbono;
- montagem e condições pré-operacionais – exercer inspeção cuidadosa durante a montagem e condições pré-operacionais para evitar as falhas já citadas anteriormente; e adicionar inibidor de corrosão (como silicato de sódio, cerca de 15 ppm) na água do teste hidráulico;
- condições operacionais – evitar velocidades excessivas e temperaturas elevadas no caso de água quente, controle da velocidade de escoamento, 0,9 m/s a 1,2 m/s, e da temperatura, evitando valores acima de 60 °C;
- água – adição de inibidores de corrosão que não apresentem caráter tóxico: uso de polifosfato de sódio ou silicato de sódio, $3,3SiO_2:1Na_2O$, e, se necessário, associar com a adição de hidróxido de sódio, NaOH, ou carbonato de sódio, Na_2CO_3, para ajustar o valor de pH na faixa de 7 a 8. Embora ótimos inibidores de corrosão para cobre, não é recomendável o uso de triazóis (benzo ou toliltriazol) em água para consumo humano.

16.2.3 Aço Galvanizado

O aço galvanizado é usado em instalações hidráulicas devido à formação de película protetora constituída predominantemente de hidróxido de zinco, $Zn(OH)_2$ ou $ZnO \cdot nH_2O$. No caso da existência de dióxido de carbono, tem-se a presença do carbonato básico de zinco, $3Zn(OH)_2 \cdot ZnCO_3$, que é protetor. Além dessa proteção por barreira, tem-se a proteção catódica, isto é, o zinco funciona como ânodo protegendo o ferro, que seria cátodo, não sofrendo corrosão.

O aço galvanizado tem sofrido casos de corrosão mais acentuados quando o pH da água torna-se muito ácido ou muito alcalino: como o zinco é anfótero, ele sofre ação de meio alcalino ou ácido. Geralmente, observa-se que:

- pH entre 6 e 10 – a corrosão é lenta;
- pH abaixo de 6, ou maior do que 10 – a corrosão é mais acelerada.

Têm-se as reações nos diferentes meios:

- ácido – $Zn + 2H^+ \rightarrow Zn^{2+} + H_2$
- alcalino – $Zn + 2OH^- + 2H_2O \rightarrow Zn(OH)_4^{2-} + H_2$

A presença de cobre na água, sob a forma de sais solúveis, acelera a corrosão do galvanizado: os íons Cu^{2+} reagem com o zinco, corroendo o revestimento:

$$Zn + Cu^{2+} \rightarrow Zn^{2+} + Cu$$

O cobre resultante forma uma pilha galvânica com o zinco restante, na qual este funciona como ânodo, sofrendo corrosão acelerada.

Outra variável a ser considerada em tubulações de aço galvanizado para condução de água é a temperatura. Observa-se que em temperaturas na faixa de 65 °C a 75 °C, a corrosão é mais intensa. Admite-se que nesta faixa a película protetora se torna porosa e muito menos aderente.

Acima de 75 °C, ela se torna mais aderente, assumindo forma mais densa e compacta. Ainda, relacionada com a temperatura, existe a possibilidade de o zinco sofrer inversão de polaridade, em temperaturas em torno de 60 °C, tornando-se anódico em relação ao ferro, e com isto não mais protegendo-o catodicamente.

A proteção de tubos de aço galvanizado usados em água deve ser direcionada no sentido de:

- evitar contato com cobre ou sais de cobre;
- controlar pH da água – pH entre 6 e 9;
- evitar temperaturas elevadas – 65 °C a 75 °C.

16.3 ÁGUA DO MAR

A ação corrosiva da água do mar pode ser determinada inicialmente por sua salinidade. Essa salinidade é praticamente constante em oceanos, mas pode variar em mares interiores, conforme verifica-se nos dados a seguir[38] (Tab. 16.4).

Tabela 16.4 Salinidade em oceanos e mares.

	Salinidade (%)
Oceano Atlântico	3,54
Oceano Pacífico	3,49
Mar Mediterrâneo	3,7-3,9
Mar Vermelho	>4,1
Mar Báltico (Golfo da Finlândia)	0,2-0,5
Mar Cáspio	1,0-1,5
Mar Cáspio (Golfo de Karabaguz)	16,4

Análise típica de água em mar aberto apresenta os valores[39] constantes da Tabela 16.5.

Tabela 16.5 Análise típica de água do mar.

	Gramas por Quilo
Sais totais	35,1
Sódio	10,77
Magnésio	1,30
Cálcio	0,409
Potássio	0,338
Estrôncio	0,010
Cloreto	19,37
Sulfato	2,71
Brometo	0,065
Ácido bórico	0,026
Matéria orgânica dissolvida	0,001-0,0025
Oxigênio (15 °C)	0,008 (ou 5,8 cm³/L)

Os principais sais em água do mar de oceanos são os constantes da Tabela 16.6.

Tabela 16.6 Concentração de sais em água do mar.

Sal	%
$NaCl$	77,8
$MgCl_2$	10,9
$MgSO_4$	4,7
$CaSO_4$	3,6
K_2SO_4	2,5
$CaCO_3$	0,3
$MgBr_2$	0,2

A água do mar é um meio corrosivo complexo constituído de solução de sais, matéria orgânica viva, *silt*, gases dissolvidos e matéria orgânica em decomposição. Logo, a ação corrosiva da água do mar não se restringe à ação isolada de uma solução salina, pois certamente ocorre uma ação conjunta dos diferentes constituintes.

A natureza química da água do mar e suas características biológicas servem para explicar por que as observações feitas em ensaios de laboratório com água do mar artificial geralmente diferem daquelas feitas quando os ensaios são feitos no mar, isto é, em condições que os materiais ficam submetidos a diferentes variáveis, como:

- presença de vários sais (cloreto de sódio, cloreto de magnésio, bicarbonato de cálcio, sulfato de magnésio, brometo de magnésio etc.);
- temperaturas variáveis;
- presença de agentes poluentes;
- desenvolvimento do *biofouling*;
- áreas de exposição diferentes.

Em razão dessas observações, procura-se realizar os ensaios nas condições naturais, a fim de se poder interpretar com exatidão o comportamento dos materiais nas verdadeiras condições operacionais em que eles serão utilizados.

Em água do mar, notam-se com mais frequência as formas de corrosão uniforme, por placas e por pite ou alvéolos. Entre os fatores que podem ocasionar corrosão por pite em materiais metálicos expostos à atmosfera marinha devem ser citados: sais, contaminantes ou poluentes atmosféricos, fatores metalúrgicos (defeitos superficiais e segregações) e falhas em películas protetoras.

Em condições de imersão, devem ser citados como fatores: presença de metais como cobre ou seus íons (Cu^{2+} e Cu^+), áreas de estagnação e deposição de sólidos. A presença de cobre ou seus íons possibilita a ocorrência de corrosão galvânica, e a presença de áreas de estagnação com a deposição de sólidos cria condições formadoras de áreas diferentemente aeradas, com a consequente corrosão por aeração diferencial e, neste caso, também chamada corrosão sob depósito.

Entre as condições formadoras de áreas diferentemente aeradas estão a deposição de sólidos, a presença de frestas em instalações e contato entre materiais, daí nesses casos a corrosão por aeração diferencial ser também chamada de corrosão sob depósito, corrosão em frestas (ou corrosão por *crevice*) e corrosão por contato, respectivamente.

Em instalações submersas em água do mar, as causas mais frequentes de formação de frestas são:

- presença de crescimento biológico, *fouling*, constituído, por exemplo, de cracas, conchas e moluscos;
- detalhes construtivos como junções de peças metálicas por parafusos ou rebites;
- contato entre material metálico e não metálico, como no caso de emprego de gaxetas: Teflon, Celeron, Hypalon etc.

Como a água do mar é um eletrólito forte, ocorre acentuada corrosão quando materiais metálicos diferentes são ligados e expostos à atmosfera marinha ou submersos em água do mar. Um dos metais funcionará como ânodo da pilha galvânica formada entre eles, e a intensidade de ataque dependerá da posição que esses metais ocuparem na série galvânica em água do mar (ver Tab. 3.4).

A corrosão galvânica, resultante da pilha galvânica, caracteriza-se por apresentar corrosão localizada próxima à região de acoplamento entre os metais, ocasionando profundas perfurações no metal que funciona como ânodo.

Por consulta à tabela de potenciais (ver Tab. 3.1), verifica-se também que o zinco e o alumínio ocupam posição superior ao ferro, daí a razão de serem usados ânodos de zinco para proteção de cascos de embarcações ou instalações submersas em água do mar e de alumínio para estruturas de plataformas submarinas, constituindo a proteção catódica com ânodos galvânicos ou de sacrifício.

16.3.1 Fatores Influentes na Taxa de Corrosão

Os fatores que afetam a taxa de corrosão podem ser divididos em:

- **químicos** – gases dissolvidos (oxigênio, gás carbônico) salinidade e pH;
- **físicos** – velocidade, temperatura e pressão;
- **biológicos** – *biofouling*, vida vegetal (geração de oxigênio e consumo de gás carbônico) e vida animal (consumo de oxigênio e geração de gás carbônico).

Fatores químicos

GASES DISSOLVIDOS

O oxigênio é o mais frequentemente encontrado e verifica-se que ele pode exercer:

- ação corrosiva – em meio aerado, a corrosão é mais severa, ocorrendo a redução do oxigênio na área catódica e a oxidação do metal na área anódica:

$$M \rightarrow M^{n+} + ne$$

ou, no caso do ferro:

$$Fe \rightarrow Fe^{2+} + 2e$$

$$H_2O + 1/2 O_2 + 2e \rightarrow 2OH^-$$

- ação passivante – como no caso de aços inoxidáveis, alumínio e titânio, em que forma película de óxidos protetores.

O teor de oxigênio na água do mar se situa na faixa de 8 mL/L (5,6 cm³/L). A fotossíntese e o movimento de ondas tendem a aumentar esse valor, enquanto a demanda bioquímica de oxigênio (DBO), reduz esse valor. Deve-se destacar que, para alguns metais, como cobre e ferro, a eliminação de oxigênio reduz bastante a ação corrosiva, porém, para outros materiais, como alumínio, titânio e aços inoxidáveis, essa redução pode acelerar a ação corrosiva, pois não ocorre a formação da película protetora de óxidos de alumínio, Al_2O_3, titânio, TiO_2 e cromo, Cr_2O_3.

No caso do CO_2, gás carbônico, ele influirá no equilíbrio:

$$CaCO_3 + H_2O + CO_2 \rightarrow Ca(HCO_3)_2$$

deslocando-se para a formação de bicarbonato de cálcio, $Ca(HCO_3)_2$, que é solúvel e assim impedindo a formação de carbonato de cálcio, $CaCO_3$, insolúvel, que poderia, se depositado em superfícies metálicas, dificultar a continuidade da ação corrosiva da água do mar.

O CO_2 também influencia no valor de pH, pois a sua solubilidade em água acarreta a formação de ácido carbônico, H_2CO_3, com o consequente decréscimo do valor do pH e aumento na ação corrosiva da água.

SALINIDADE

Como o mecanismo do processo corrosivo em água é eletroquímico, os sais presentes na água do mar a tornam um eletrólito forte e, portanto, aumentam sua ação corrosiva. Embora o sal predominante na água do mar seja o cloreto de sódio, ela contém também quantidades significativas de bicarbonato de cálcio, $Ca(HCO_3)_2$, e sulfato de magnésio, $MgSO_4$, e esses sais podem agir como inibidores catódicos. Como na área catódica há formação de íons hidroxila, OH^-, e o pH se eleva, pode-se ter a formação dos compostos insolúveis de carbonato de cálcio, $CaCO_3$, e hidróxido de magnésio, $Mg(OH)_2$, devido às reações:

$$Ca(HCO_3)_2 + 2NaOH \rightarrow CaCO_3 + Na_2CO_3 + 2H_2O$$

$$MgSO_4 + 2NaOH \rightarrow Mg(OH)_2 + Na_2SO_4$$

Se esses compostos insolúveis se depositarem sobre as superfícies metálicas, eles podem evitar o processo catódico e, consequentemente, o processo corrosivo.

pH

Em soluções ácidas, principalmente em pH <5, a corrosão é mais acentuada, diminuindo com a elevação do valor de pH, tornando-se quase nula para ferro e suas ligas, em pH > 10. Entretanto, para alumínio e zinco esse último valor é também prejudicial.

O pH da água do mar se apresenta entre os valores 7,2 e 8,6, não sendo o fator mais influente na ação corrosiva da água do mar.

Fatores físicos

VELOCIDADE

A velocidade de circulação da água do mar é importante, pois seu aumento, em geral, eleva a taxa de corrosão e remove camadas de produtos de corrosão que, aderidas ao material metálico, podem retardar o processo corrosivo. O aumento da velocidade pode arrastar mais oxigênio para a área catódica, funcionando como agente despolarizante e acelerando, portanto, o processo corrosivo. Por outro lado, se a velocidade de circulação for muito pequena, poderá ocorrer a deposição de sólidos e, por conseguinte, aumentará a possibilidade de corrosão por aeração diferencial.

Os sólidos em suspensão podem se depositar, originando corrosão sob depósito, observando-se a formação de pites ou alvéolos embaixo dos depósitos. Ao mesmo tempo, esses sólidos suspensos podem aumentar a ação erosiva da água.

Em águas, deve-se levar em consideração a possibilidade da ação combinada de solicitações mecânicas e meio corrosivo. Nos casos de materiais metálicos em contato com água em movimento, a corrosão pode ser acelerada pela ação conjunta de fatores químicos e mecânicos ocasionando a corrosão-erosão.

Pode-se ter a ação mecânica causando erosão por impingimento ou por cavitação:

- **impingimento** – alguns metais são sensíveis à velocidade da água do mar, sendo cobre e aço-carbono alguns deles. Em condições de turbulência, bolhas de ar penetram na água e, quando a água em rápido movimento se choca com uma superfície metálica, há destruição de películas protetoras e o metal pode ser atacado neste local;
- **cavitação** – no caso de a pressão ambiente ser reduzida para a pressão de vapor da água do mar, ocorre a formação de bolhas de vapor d'água, que podem sofrer colapso ou implosão, com a resultante pressão de choque exercendo ação mecânica sobre a superfície metálica com arranque de partículas metálicas. Avarias por cavitação são frequentes em hélices de navios, pás de turbinas, bombas hidráulicas e camisas de cilindro de motores a diesel na face refrigerada com água.

TEMPERATURA

De modo geral, o aumento da temperatura acelera a corrosão, pois há a diminuição da polarização e o aumento da condutividade do eletrólito e da velocidade de difusão dos íons. Entretanto, pode haver a diminuição do processo corrosivo, porque diminui a solubilidade de oxigênio ou de outros gases na água.

A atividade biológica cresce e ocorre alteração no equilíbrio químico envolvido na precipitação do carbonato de cálcio, facilitando a sua precipitação devido à decomposição pelo aquecimento do bicarbonato de cálcio, $Ca(HCO_3)_2$:

$$Ca(HCO_3)_2 \rightarrow CaCO_3 + CO_2 + H_2O$$

PRESSÃO

O aumento da pressão possibilita a maior solubilidade dos gases em água do mar e, com isso, pode acelerar o processo corrosivo. Entretanto, não é um fator considerável, pois em profundidade o teor de gases como o oxigênio é pequeno.

Fatores biológicos

Ao submergir estruturas metálicas em água do mar, inicia-se um processo de incrustações proveniente de organismos vegetais ou animais que crescem aderentes a superfícies metálicas. Há proliferação de algas, limos, cracas, mexilhões, serrípedes etc., que poderão formar, com o *silt*, depósitos extremamente duros e aderentes, constituindo o chamado *fouling* ou *biofouling*.

A imersão de qualquer superfície sólida em água do mar inicia imediatamente um contínuo e dinâmico processo com a adsorção de matéria orgânica dissolvida e continuando com a formação de limo bacteriano, fungos, algas e deposição e crescimento de várias plantas macroscópicas e animais. Essas incrustações, ou *biofouling*, têm grande influência no desempenho de instalações ou equipamentos submersos em água do mar, por exemplo:

- as instalações podem ficar com peso em excesso;
- boias podem diminuir sua capacidade de flutuar;
- resistência ao avanço de navios resultando em maior consumo de combustível e aumento da frequência de docagem para limpeza dos cascos;
- gastos adicionais para eliminar, periodicamente, o *biofouling*;
- redução da sensibilidade e transmissão de som e decréscimo da eficiência de sonar.

O filme bacteriano modifica o processo químico na interface metal/água do mar, sob diversas maneiras, tendo importante papel no processo corrosivo. Com o crescimento do *biofouling*, a bactéria no filme produz subprodutos como ácidos orgânicos, gás sulfídrico e limo (material polimérico rico em proteínas). Esse *biofouling* cria uma barreira de difusão entre a interface metal/líquido e a própria água do mar. Essa barreira, que é constituída praticamente de cerca de 90 % de água, apresenta gradientes de concentração para várias espécies químicas e pode-se considerar que a ação química dessa água deve ser diferente daquela da água do mar. Os filmes bacterianos, em geral, não são contínuos cobrindo, usualmente, regiões ou pontos da superfície metálica, criando, portanto, condições para a ocorrência de pilhas de aeração diferencial com a consequente corrosão por aeração diferencial.

Oxigênio e hidrogênio são importantes para o metabolismo bacteriano. A ação do oxigênio no metabolismo animal dá lugar à formação de gás carbônico, CO_2, que influenciará no pH do meio e no equilíbrio bicarbonato e carbonato de cálcio.

A ação bacteriana na decomposição da matéria orgânica existente na película de limo pode resultar na produção de amônia, NH_3, e gás sulfídrico, H_2S: a amônia causa corrosão sob tensão fraturante em ligas de cobre e o gás sulfídrico acelera a corrosão uniforme ou a localizada em ligas de cobre e em aços. Em condições anaeróbicas, se existirem bactérias redutoras de sulfato, como a *Desulfovibrio desulfuricans*, que utilizam o hidrogênio para reduzir sulfatos, formam-se também sulfetos e, inclusive, gás sulfídrico, H_2S.

ORGANISMOS INFLUENTES

Os organismos que podem geralmente afetar materiais metálicos, ou outros materiais, em água do mar, podem ser divididos em três grupos: sésseis, semimóveis e móveis.[38]

Sésseis. São os organismos que ficam firmemente aderidos à superfície metálica sob a forma embriônica, evoluindo para formas mais avançadas e geralmente só sobrevivem se permanecerem fixados às superfícies. Entre os mais comuns, têm-se:

a) organismos que formam conchas calcárias e duras:
- anelídeos – aspecto espiralado ou tubos torcidos ou trançados;
- cracas – conchas com formato cônico e placas laminadas;
- briozoários incrustantes – colônias de organismos animais espalhadas e planas;
- moluscos – diversas espécies, como ostras e mexilhões;
- coral.

b) organismos sem formação de conchas duras:
- algas marinhas – filamentos verdes, castanhos ou vermelhos, cujo crescimento ocorre usualmente próximo à linha d'água;
- briozoários filamentosos – crescimento em forma de árvores e de samambaias;
- celenterados (hidroides) – tubulária com crescimento sob a forma de caule ou haste ou ramificado com galhos terminando em extremidades expandidas;
- tunicados – massa esponjosa e mole;
- esponjas calcárias e silicosas.

Semimóveis. Entre esses organismos, têm-se:

- anêmonas e formas aliadas – organismos animais com aspecto semelhante a flores, que ficam firmemente aderidos ao material metálico ou outros materiais, mas têm a capacidade de se mover lentamente, deslizando sobre um limo mucilaginoso excretado por eles (mesmo movimentando-se, permanecem fixados na superfície em que vivem);
- algumas larvas que constroem, de forma temporária, tubos fracamente aderentes e que podem ter cerca de 20 cm de comprimento, constituídos de lodo e areia para proteção; essas larvas costumam abandonar os tubos, movendo-se para outro local, e deixando os tubos antigos, que contribuem para a formação do *fouling*;
- certos crustáceos constroem pequenos tubos constituídos de lodo e areia que ficam cimentados ou aderidos ao material submerso em água do mar, e, embora os tubos sejam aderentes, os crustáceos os abandonam frequentemente, movendo-se para outros locais;
- vários moluscos, como as numerosas espécies de mexilhões, ficam firmemente fixados devido a um emaranhado de fios semelhantes a cabelos. A ponta de cada fio fica cimentada em uma base adequada formando um denso emaranhado na superfície. Esses organismos têm o poder de se desprenderem de seus pontos de fixação e migrarem para novos locais. Quando eles morrem, o emaranhado de fios de natureza quitinosa permanece firmemente aderido à superfície antes ocupada.

Móveis. Neste grupo, têm-se:

- algumas larvas que deixam excreções mucilaginosas;
- moluscos, como lesmas e caracóis.

O filme de limo, excretado por eles, pode ou não ter influência sobre o processo corrosivo no material metálico, mas, devido à sua consistência, frequentemente asfixia e causa a morte de organismos que estavam cobertos por ele.

FOULING

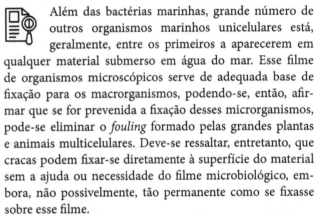

Além das bactérias marinhas, grande número de outros organismos marinhos unicelulares está, geralmente, entre os primeiros a aparecerem em qualquer material submerso em água do mar. Esse filme de organismos microscópicos serve de adequada base de fixação para os macrorganismos, podendo-se, então, afirmar que se for prevenida a fixação desses microrganismos, pode-se eliminar o *fouling* formado pelas grandes plantas e animais multicelulares. Deve-se ressaltar, entretanto, que cracas podem fixar-se diretamente à superfície do material sem a ajuda ou necessidade do filme microbiológico, embora, não possivelmente, tão permanente como se fixasse sobre esse filme.

Os organismos formadores de *fouling* têm profundidades definidas nas quais sobrevivem ou se desenvolvem. Assim, têm-se:

- sésseis em águas superficiais;
- certas espécies de cracas vivem em profundidades acima de 60 m, mas essas espécies se desenvolvem somente em tais profundidades e, raramente, são encontradas fixadas em superfícies metálicas próximas à superfície da água. Outras espécies existem somente nas vizinhanças da superfície livre da água e muito raramente são encontradas em profundidades maiores do que 60 cm a 100 cm abaixo dessa área. Algas verdes habitam também essa última área e são vistas comumente nas vizinhanças da linha d'água de navios e cais ou ancoradouros.

Geralmente, em águas profundas, afastadas da costa, não ocorre *fouling* porque não há instalações nos quais os organismos possam se fixar para sua sobrevivência.

Fatores influentes no desenvolvimento. Diversos fatores exercem influência no desenvolvimento do *fouling* em diferentes superfícies. Entre eles, devem ser considerados: temperatura, movimento, luz ou cor, fixação e natureza da superfície metálica.

Temperatura. Observa-se que, no verão, há crescimento intenso de *fouling*, o que não ocorre no inverno, daí esse crescimento ser praticamente contínuo nos trópicos. Os organismos que se fixam durante o período de verão continuam a crescer indefinidamente, dependendo da extensão da vida de cada espécie.

Pode-se concluir que o crescimento do *fouling* é função das estações do ano e das correntes oceânicas.

Movimento. É evidente que é mais difícil para os organismos marinhos se fixarem em objetos em movimento. No caso de materiais flutuantes, em movimento devido à variação de maré ou correntes marinhas, pode-se admitir que as larvas nas vizinhanças desses materiais possam se movimentar aproximadamente na mesma velocidade e direção, podendo, então, fixar-se em superfícies flutuantes sem dificuldades.

A velocidade exata que impede a fixação dos organismos parece estar entre 3,0 km/h e 6,5 km/h[40] e é influenciada pela rugosidade da superfície envolvida.

Luz ou cor. Grande número de organismos formadores de *fouling* é afetado pela luz, e a maioria ocorre em superfícies escuras ou sombreadas. Já as algas verdes se desenvolvem melhor sob ação da luz.

Geralmente, os lados claros (branco, amarelo e cinza-claro) dos revestimentos protetores em objetos submersos têm se mostrado menos sujeitos à formação de *fouling* do que os lados escuros, mantendo-se iguais todos os outros fatores influentes.

Fixação. Quando, em fase inicial, muitos organismos, para se fixarem em superfícies metálicas, socorrem-se de:

- **algas** – exsudam material mucilaginoso que endurece apresentando consistência semelhante à goma;
- **hidroides** – utilizam-se de processo semelhante ao das algas;

- **cracas e alguns moluscos** – excretam material calcário que se deposita em qualquer superfície submersa, servindo de ponto de fixação. Outros excretam material de natureza silicosa que serve também de fixação.

Natureza da superfície metálica. Diversas características da superfície metálica podem influenciar na fixação dos organismos em superfícies metálicas submersas. Entre elas, destacam-se:

- **dureza e polimento** – superfícies duras e polidas, geralmente, permitem fixação mais segura que as moles ou macias, por exemplo, em superfícies polidas de aço inoxidável; observa-se que algumas cracas podem fixar-se tão firmemente que sua remoção é muito difícil, mesmo utilizando-se ferramentas mecânicas, enquanto em aço-carbono essa fixação é menor;
- **natureza do produto de corrosão** – em aço-carbono, o crescimento inicial é maior do que no aço inoxidável, devido ao produto de corrosão. Em aço-carbono, o produto de corrosão se forma rapidamente, mudando as condições da superfície. Os organismos não se fixam, então, sobre a superfície metálica e, sim, sobre o produto de corrosão, permitindo concluir que a fixação do *fouling* dependerá da aderência da película ou produto de corrosão. Como no aço inoxidável o produto de corrosão forma uma fina película aderente, o *fouling* deve manter-se fixado durante sua vida, o que não acontece com o produto de corrosão do aço-carbono, ferrugem, que se desprende com mais facilidade. Cobre e ligas com altos teores de cobre formam produtos de corrosão menos volumosos do que os do aço, e grande parte dele é arrastada em solução ou em suspensão, tendo-se, em adição ao efeito tóxico, a contínua retirada do produto de corrosão, o que serve para impedir uma prolongada fixação de organismos formadores de *fouling*. Pode-se concluir, portanto, que se o cobre for protegido, por exemplo, por ação galvânica, isto é, por proteção catódica com ânodos galvânicos, ele não sofrerá corrosão e o *fouling* poderá desenvolver-se normalmente como em superfície inerte;
- **natureza do material metálico** – os diferentes metais e ligas não têm a mesma tendência a crescimento de *fouling*, verificando-se que os metais que sofrem corrosão e liberam íons tóxicos impedem o crescimento de *fouling*; daí cobre e ligas contendo teores elevados de cobre apresentarem menor tendência a sofrer deposição de *fouling*, devido à toxidez de íons cobre (Cu^{2+}). Zinco também apresenta boa resistência à presença de *fouling*.

Tomashov[41] apresenta metais e ligas em ordem crescente da tendência de formação de *fouling* em água do mar (Tab. 16.7).

Tabela 16.7 Metais e ligas em ordem crescente de formação de *fouling*.

Ligeira	Considerável
1. Cobre	10. Chumbo, estanho e suas ligas
2. Tombac (Cu – 10 % Zn)	11. Magnésio e ligas
3. Latão (>65 % Cu)	12. Hastelloy (65 % Ni, 20 % Mo)
4. Bronze	13. Inconel (70 % Ni, 16 % Cr)
5. Cu – Ni (>70 % Cu)	14. Monel (60 % Ni, 30 % Cu)
6. Latão (<65 % Cu)	15. Stellite (Co – Ni – Fe)
7. Cu – Ni (<70 % Cu)	16. Ferro fundido contendo silício
8. Cromo e revestimento de cádmio	17. Aços inoxidáveis
	18. *Copper bearing steel*
9. Bronze de alumínio (4 % Al e 4 % Ni)	19. Aço-carbono
	20. Alumínio e ligas

Efeitos das incrustações

As incrustações podem agir acelerando ou retardando o processo corrosivo de materiais metálicos submersos em água do mar.

Como condições em que o *fouling* acelera o processo corrosivo, pode-se citar:

a) quando o crescimento é descontínuo, a corrosão é mais localizada – ostras depositam um limo orgânico que cobre grande área e, se houver recobrimento de toda a superfície metálica, pode-se esperar que haverá proteção contra a corrosão. Entretanto, se esse recobrimento não for contínuo e houver penetração de água, poderão ocorrer diferentes concentrações de oxigênio em pontos embaixo da base do limo, possibilitando, então, a corrosão por aeração diferencial. Esse mesmo processo ocorre, também, com outros organismos formadores de *fouling*, principalmente com numerosas espécies de cracas;

b) modificação na composição da água diretamente adjacente aos organismos constituintes do *fouling*, como:

- atividade biológica de plantas contendo clorofila, suprindo oxigênio para camadas de água adjacentes ao material metálico;
- acidificação da água devida ao ácido carbônico, H_2CO_3, liberado pela atividade biológica de organismos animais

$$CO_2 + H_2O \rightarrow H_2CO_3$$

- formação de gás sulfídrico, H_2S, por decomposição de organismos mortos: caso em que, em processo de crescimento de um organismo, ele acaba por recobrir completamente um organismo menor, causando a sua morte. Com a decomposição do organismo morto, ocorre, provavelmente, a formação de gás sulfídrico, e o meio ácido resultante causará a aceleração do processo corrosivo. Poderá ocorrer, também, a formação de amônia, NH_3, que acelera o processo corrosivo em cobre e suas ligas;
- atividade biológica de certas bactérias anaeróbias, isto é, aquelas que se desenvolvem em ambientes não aerados: bactérias redutoras de sulfato, como as *Desulfovibrio desulfuricans*, possibilitam, em seu metabolismo, a formação de gás sulfídrico, H_2S, acelerando, portanto, o processo corrosivo e causando a corrosão microbiológica, bacteriana ou induzida por microrganismos. Essa corrosão, em condições anaeróbicas, pode ocorrer em grandes profundidades, no fundo do mar e em zonas de estagnação na água do mar;

c) ação na película de tinta:

- certos organismos constituintes do *fouling*, como as cracas, podem penetrar na película de tinta e, com o crescimento, as extremidades afiadas das conchas cortam a película de tinta;
- em alguns casos, não há uma ação direta dos organismos formadores de *fouling*, como naqueles em que ocorre uma forte ligação entre *fouling* e película de tinta e desta com a superfície metálica: nesse caso, sob ação mecânica, como impacto de ondas, a camada de *fouling* pode ser removida junto com o revestimento de tinta, expondo a superfície metálica à ação corrosiva da água do mar;
- destruição das camadas de tinta por bactérias que atacam as resinas constituintes da formulação das tintas.

Como condições em que o *fouling* retarda o processo corrosivo, pode-se citar a formação de camada protetora sobre a superfície metálica: em alguns casos, há endurecimento da camada de *fouling* ou formação de compostos contendo cálcio ou silício. Composto de cálcio, como o carbonato de cálcio, poderá originar-se da decomposição do bicarbonato de cálcio, $Ca(HCO_3)_2$, solúvel e existente na água do mar, para carbonato de cálcio, $CaCO_3$, insolúvel. Embora havendo a possibilidade de formação dessa camada, deve-se considerar a dificuldade de se obter camada contínua de *fouling*.

Proteção

Em decorrência das considerações anteriores, pode-se dizer que, ao submergir um material em água do mar, inicia-se imediatamente um processo de formação de *fouling*, que pode ser dividido em três fases, que ocorrem quase simultaneamente:

- formação de filme microbiológico sob a forma de limo;
- fixação de organismos macroscópicos, quase sempre sob a forma de larvas;
- crescimento dos organismos macroscópicos, verificando-se a presença, entre outros, de cracas, moluscos, algas, anelídeos e briozoários.

Várias medidas têm sido usadas para impedir ou evitar o crescimento biológico ou *fouling* em instalações submersas em água do mar. Entre essas medidas estão:

- uso de cloro – usado para o caso de se desejar diminuir a possibilidade de *fouling* no interior de tubulações de sistemas de resfriamento em que se usa água do mar;
- revestimento com camada de liga cobre-níquel com o objetivo de tornar a superfície tóxica para os organismos;
- revestimento com plásticos como Teflon (politetrafluoretileno) e Saran (cloreto de vinilideno), que são fixados nas superfícies metálicas por meio de adesivos, como silicones, no caso de Teflon; embora haja crescimento biológico sobre esses plásticos, observa-se que eles podem ser removidos facilmente, e, no caso de se retirar o revestimento plástico, não se nota corrosão nas superfícies metálicas revestidas;[42]
- revestimentos com **tintas anti-incrustantes** ou ***antifouling***: tintas contendo agentes biocidas que evitam a fixação dos organismos mediante a lixiviação lenta de substâncias tóxicas aos organismos formadores de *fouling*.

O revestimento com **tintas anti-incrustantes** tem sido usado, com maior frequência, para superfícies metálicas submersas em água do mar e em cascos de embarcações. Muitas dessas tintas contêm, em suas formulações, cobre sob a forma, geralmente, de óxido cuproso, Cu_2O. O óxido cuproso é efetivo porque se dissolve, liberando íons cuprosos, Cu^+ (provavelmente formando o íon complexo $[CuCl_2]^-$), e ocasionando um meio tóxico para os organismos marinhos, impedindo a formação do *fouling*. Cobre metálico é também eficiente, pois, sofrendo corrosão, ele fornece os íons cuprosos necessários para criar o ambiente tóxico.

As tintas anti-incrustantes à base de cobre ou compostos de cobre não podem ser aplicadas diretamente sobre superfícies metálicas, como aço-carbono, porque originariam processo acelerado de corrosão galvânica com acentuada deterioração do aço-carbono. Nesses casos, deve-se aplicar uma camada intermediária de tinta protetora entre a superfície de aço-carbono e a camada de tinta anti-incrustante.

Como as tintas anti-incrustantes, à base de compostos de cobre, têm seu mecanismo de ação baseado na lixiviação com formação de íons cuprosos, pode-se prever que após algum tempo elas perdem sua ação, necessitando de reposição.

Com o desenvolvimento tecnológico, procurou-se obter tintas anti-incrustantes que apresentassem, além do caráter tóxico, maior duração. Um avanço significativo ocorreu com a introdução de sistemas poliméricos em que os agentes tóxicos mais eficazes são compostos orgânicos de estanho, como os derivados de tributilestanho (óxido e fluoreto de tributilestanho) e de trifenilestanho (fluoreto, cloreto e hidróxido de trifenilestanho). Os recobrimentos mais usuais se baseiam em polímeros acrílicos hidrófilos copolimerizados com acrilato ou metacrilato de tributilestanho. Esses recobrimentos sofrem hidrólise, devido à reação com a água do mar, liberando na água o agente tóxico do composto orgânico de estanho e destruindo os organismos incrustantes. Nessas condições, a película superficial da camada de tinta, empobrecida em composto orgânico de estanho, se enfraquece e, com o movimento da água, desprende-se dando lugar a uma nova superfície de tinta com propriedades anti-incrustantes, continuando esse processo até que toda a camada de tinta seja consumida. De acordo com a espessura da camada de tinta anti-incrustante empregada, pode-se ampliar o período de aplicação de nova camada dessa tinta. Ensaios realizados em uma série de pequenas embarcações demonstraram que a duração do recobrimento em condições severas de acúmulo de organismos incrustantes excede 24 meses.[43]

As tintas anti-incrustantes à base de óxido cuproso têm de início uma liberação de biocida bem mais elevada do que o necessário, decaindo gradualmente à medida que o veículo de tinta, progressivamente desativado, forma uma barreira à liberação de biocida, ocasionando não só queda no desempenho da tinta anti-incrustante como também tornando a superfície rugosa, criando condições favoráveis para o crescimento biológico ou *fouling*, principalmente de cracas. Já as tintas anti-incrustantes, à base de compostos orgânicos de estanho, têm sua vida útil diretamente proporcional à espessura aplicada, pois, ao contrário daquelas à base de compostos de cobre, a película de tinta sofre um autopolimento, isto é, conforme a película superficial vai ficando empobrecida em biocidas, ela se desprende, expondo nova película com propriedades anti-incrustantes, e assim sucessivamente, até que toda a camada de tinta seja consumida.

No caso de navios, essa tinta, além da vantagem de maior tempo de duração, deixa a superfície lisa, ao contrário do aspecto rugoso deixado pelas tintas à base de compostos de cobre, que evidentemente diminui a eficiência operacional do navio.

Alguns países colocam restrições ao uso dessa tinta, devido à poluição ambiental.

Atualmente, foram desenvolvidas tintas anti-incrustantes à base de elastômero de silicone, que não têm os inconvenientes anteriores.

16.3.2 Diferentes Áreas Sujeitas à Ação Corrosiva

Os materiais metálicos utilizados em equipamentos marinhos, estacas de píeres de atracação de navios e de terminais podem estar sujeitos a diferentes áreas como:

- não submersa – atmosfera marinha;
- zona de respingos;
- faixa de variação de maré;
- submersa;
- lama ou lodo.

Devido às características de cada uma dessas áreas, é evidente que a intensidade do processo corrosivo, sofrido por um mesmo material metálico, dependerá da área na qual será colocado o equipamento e, consequentemente, os sistemas de proteção também serão diversificados em função do posicionamento do equipamento (ver Cap. 8, item 8.2.1). Assim, as seguintes medidas de proteção são usuais para:

- áreas aéreas, isto é, submetidas à atmosfera marinha – jateamento abrasivo e aplicação de revestimento protetor, geralmente tintas à base de epóxi como alcatrão de hulha-epóxi (*coal-tar epoxi*);

- áreas sujeitas à faixa de variação de maré e respingos – jateamento e aplicação de massa epóxi-poliamida;
- áreas submersas – revestimento e proteção catódica com ânodos galvânicos (como Al) ou proteção catódica por corrente impressa ou forçada;
- lama ou lodo – em geral não se usa proteção, por ser área em que a corrosão é praticamente inexistente. A própria proteção catódica usada para área submersa também é efetiva para essa área.

Atmosfera marinha

A ação corrosiva depende fundamentalmente dos fatores:

- substâncias poluentes (gases, partículas sólidas e névoa salina);
- temperatura;
- umidade relativa;
- tempo de permanência do filme de eletrólito na superfície metálica;
- fatores climáticos como intensidade e direção dos ventos e chuvas.

A intensidade do ataque é muito influenciada pela quantidade de partículas de sais ou umidade depositadas na superfície metálica. É evidente que, em umidade relativamente elevada e presença de névoa salina, a corrosão é mais acentuada, como de fato se verifica em estruturas metálicas colocadas em atmosferas marinhas ou suas proximidades.

A deposição de partículas sólidas pode ocasionar a corrosão por aeração diferencial, e fatores climáticos, como direção dos ventos, podem trazer poluentes atmosféricos para as estruturas, acelerando o processo corrosivo.

A deposição de sais varia com a direção predominante de ventos e a área de arrebentação de ondas, altura acima do mar, tempo de exposição, distância etc.

Como os sais existentes na água do mar são higroscópicos, ou mesmo deliquescentes, como cloretos de cálcio e magnésio, há uma tendência de formar uma película líquida, contendo esses sais, na superfície metálica, tornando-a sujeita à ação corrosiva dessa solução salina.

As chuvas influenciam a taxa de corrosão em atmosferas marinhas: chuvas frequentes reduzem o ataque corrosivo, pois retiram os resíduos de sais das superfícies metálicas; as áreas abrigadas, que as chuvas não atingem, podem sofrer corrosão mais intensa do que aquelas não abrigadas.

A posição geográfica também pode influenciar na taxa de corrosão: em geral, as regiões tropicais são consideradas mais corrosivas que as atmosferas marinhas árticas.

Zona de respingos

Na zona de respingos, isto é, na área da estrutura compreendida pela linha da maré baixa e uma linha cerca de 60 cm acima da linha da maré alta, a corrosão é mais acentuada. Nessa região, diversos fatores aceleradores podem agir simultaneamente: frequente umedecimento da superfície metálica, máxima difusão de oxigênio através de finas películas de umidade e ação mecânica das ondas.

Os materiais ficam quase continuamente molhados com água do mar bem aerada. Quando os ventos e o mar se tornam violentos as ondas impingem nas superfícies metálicas, ocasionando a destruição mecânica na zona de respingos. É evidente que nessa região não se tem crescimento biológico, isto é, *biofouling*, e películas de tintas são, normalmente, mais rapidamente deterioradas do que em outras regiões. Para muitos materiais, especialmente aço-carbono, a zona de respingos é a mais sujeita à ação corrosiva.

Faixa de variação de maré

As superfícies metálicas ficam em contato com água do mar bem aerada e, portanto, sujeitas à ação corrosiva do oxigênio.

Estruturas marinhas, como estacas de píeres, sofrem corrosão mais acentuada na faixa de variação de marés e de respingos. Pode-se justificar tal fato admitindo-se que, além, por exemplo, da ação mecânica da água do mar associada com ondas, haja a formação de pilhas de aeração diferencial, cujas áreas anódicas vão se deslocando conforme a maré vai subindo ou baixando.

Nessa área, verifica-se grande crescimento de incrustações, *fouling*, e, em alguns casos, verifica-se que esse crescimento pode resultar em proteção parcial do material metálico.

Submersa

As superfícies metálicas sofrem imersão contínua em água do mar, e a presença de oxigênio é fator importante na corrosão de materiais submersos.

Em águas superficiais, o suprimento de oxigênio é grande, tendo-se praticamente a água do mar saturada com oxigênio. Como o oxigênio é um agente despolarizante, ele acelera o processo corrosivo.

A atividade biológica nas águas superficiais atinge um máximo havendo um grande crescimento de *fouling*. Pode-se notar uma camada dura de ostras, cracas e outros organismos vivos que restringem a presença de oxigênio, e assim podem reduzir o processo corrosivo. Em alguns casos, o peso da massa desse crescimento biológico pode aumentar as tensões na estrutura, como no caso de boias de sinalização, que são periodicamente retiradas para limpeza. Pode, também, ocorrer a formação de camada de calcário, carbonato de cálcio, $CaCO_3$, insolúvel, que protegerá o material metálico nessa região.

Em águas profundas, como se têm menores teores de oxigênio e a temperatura tende a ser baixa, a ação corrosiva da água do mar é menos acentuada do que em águas de superfícies bem aeradas e com temperaturas mais elevadas. Em águas profundas, ocorre menor tendência à formação de *fouling*, tendendo a ser inteiramente de origem animal, pois a vida vegetal não pode existir onde as radiações solares não conseguem penetrar.

Em água do mar, como no caso de baías, a poluição pode tornar a água mais corrosiva e pode também matar a vida marinha, impedindo a formação de *biofouling*. A presença de poluentes como sulfeto ou amônia tende a aumentar a ação corrosiva da água do mar em materiais à base de aço-carbono e de cobre, respectivamente.

Águas poluídas com graxas ou óleos, como nas proximidades de portos, podem dificultar o desempenho das tintas *antifouling*.

Se a poluição for proveniente de despejos ácidos, poderá ocorrer um pH <5, com consequente aceleração do processo corrosivo.

Figura 16.7 Estacas com incrustações, em água do mar. (Ver Pranchas Coloridas, Foto 59.)

Lama ou lodo

Essa região pode conter bactérias que, em condições anaeróbicas, e dependendo da presença de determinados sais, podem causar a formação de gases como:

- H_2S (gás sulfídrico) – ação de bactérias redutoras de sulfato;
- NH_3 (amônia) – ação de bactérias redutoras de nitrato ou nitrito;
- CH_4 (metano) – ação de bactérias redutoras de carbonato.

Resultados práticos de estacas fixadas no fundo do mar evidenciam processo corrosivo praticamente inexistente nessa área. Esse fato pode ser devido ao acesso restrito de oxigênio e a ausência de ação bacteriana.

16.3.3 Ação Corrosiva sobre Ferro, Cobre e Alumínio

Ferro – Ligas

Os aços, incluindo os inoxidáveis e aços-ligas, sofrem corrosão pela água do mar, e a ação corrosiva dependerá do posicionamento das instalações feitas com esses diferentes aços e do sistema de proteção a ser usado.

Como o aço, devido às suas propriedades mecânicas, é muito usado em instalações marinhas, há necessidade do emprego de adequadas medidas protetoras, por exemplo, revestimento e proteção catódica.

A taxa de corrosão dos aços em água do mar está diretamente relacionada com o teor de oxigênio.

O aço-carbono e os aços de baixa liga podem sofrer corrosão uniforme ou por pites. Geralmente, o processo é uniforme, mas podem ocorrer pites em condições em que haja:

- falhas ou quebra na carepa ou casca de laminação;
- áreas com depósitos como *biofouling*;
- contato com outros materiais metálicos.

A corrosão dos aços difere muito pouco em valores absolutos em mares e oceanos mundiais e não varia significativamente com a composição dos aços de baixa liga. Com a exceção de poucos casos, a taxa de corrosão de ferro e aços de baixa liga, submersos em água do mar em ensaios prolongados, apresenta:[44]

- profundidade média de ataque – 0,08 mm/ano a 0,12 mm/ano;
- profundidade máxima para aço sem remoção da carepa de laminação – 0,3 mm/ano a 0,4 mm/ano.

Uhlig[45] apresenta, para imersão contínua em diferentes locais do mundo, valores entre 0,001 ipy e 0,0077 ipy, com valor médio de 0,0043 ipy (ipy = polegada de penetração por ano) ou 0,11 mm/ano, e admite que, na ausência de dados de determinado local, é razoável estimar um valor de 0,005 ipy (ou 0,127 mm/ano) ou cerca de 25 mdd (1 mdd = 1 miligrama por decímetro quadrado por dia).

As pequenas variações observadas na taxa de corrosão em alguns casos são causadas principalmente por temperaturas diferentes, fatores biológicos, detalhes construtivos e poluentes como gás sulfídrico.

Para o caso dos aços inoxidáveis em água do mar, embora a corrosão uniforme seja pequena, pode ocorrer corrosão localizada sob a forma de pites ou alvéolos, principalmente em condições em que se haja:

- áreas de estagnação em água do mar ou áreas em água do mar com baixa movimentação (em geral, menor do que 1,2 m/s a 1,6 m/s);
- presença de incrustações, ou *biofouling*;
- presença de frestas, ocasionando a corrosão por frestas ou por *crevice*.

A adição de molibdênio (Mo) aos aços inoxidáveis melhora a resistência à corrosão por pite, daí se preferir usar o aço AISI 316 (16 % a 18 % de Cr, 10 % a 14 % de Ni e 2 % a 3 % de Mo), em vez do AISI 304 (18 % a 20 % de Cr e 8 % a 11 % de Ni) em instalações submersas em água do mar. Para resistirem à corrosão por frestas, foram desenvolvidos aços inoxidáveis com teores mais elevados de cromo, níquel e molibdênio, como o Avesta 254 SMO, contendo 20 % de Cr, 18 % de Ni e 6,1 % de Mo.[45]

Cobre – Ligas

As ligas de cobre têm várias aplicações em instalações marinhas, como hélices de navios e condensadores. Além das características físicas desejadas, essas ligas apresentam boa resistência à corrosão. Em atmosferas marinhas, há formação de película protetora constituída predominantemente de cloreto básico de cobre ($CuCl_2 \cdot 3Cu(OH)_2$) e de sulfato básico de cobre ($CuSO_4 \cdot 3Cu(OH)_2$).

A taxa de corrosão de cobre submerso em água do mar é cerca de 0,02 mm/ano a 0,07 mm/ano. Os latões mais resistentes são os que contêm cobre na ordem de 70 %, como o latão do almirantado (70 % de Cu, 29 % de Zn e 1 % de Sn).

A adição de alumínio melhora bastante a resistência à corrosão dos latões. É muito usado em serviços navais o latão contendo 75 % de Cu, 23 % de Zn e 2 % de Al.

Para casos que necessitam de maior resistência, existem as ligas cobre-níquel (60 % de Cu, 40 % de Ni) e Monel (30 % de Cu, 66 % de Ni e 4 % de Fe e Mn).

Águas poluídas contendo amônia podem causar corrosão sob tensão fraturante em ligas de cobre, principalmente em latões com teores elevados de zinco.

Alumínio – Ligas

O alumínio puro e ligas de alumínio-magnésio apresentam boa resistência à água do mar e à atmosfera marinha. As ligas AA-5052 (25 % de Mg e 0,25 % de Cr) e AA-5083 (4,5 % de Mg, 0,7 % de Mn e 0,12 % de Cr) são usadas inclusive em construção de embarcações.

As ligas de alumínio-cobre, que contêm em torno de 4 % a 6 % de cobre, são muito menos resistentes e sofrem corrosão por pites, necessitando, então, de proteção por revestimento com tintas, metalização, cladização com alumínio, isto é, revestimento com alumínio puro e anodização.

A anodização de ligas de alumínio permite a formação de película de óxido de alumínio, $Al_2O_3 \cdot H_2O$, com espessura cerca de 5 vezes maior do que o óxido de alumínio formado naturalmente. Além disso, os poros existentes na película de óxido podem ser selados, após a anodização, com água em ebulição ou resinas poliméricas. Esse tratamento possibilita maior resistência à corrosão das ligas de alumínio.

Sutton[47] verificou, após 7 anos de imersão em água do mar de quatro ligas comerciais e oito ligas experimentais de alumínio-magnésio, que após remoção do *fouling* não havia corrosão significativa. Verificou também, após cinco anos em água do mar, que corpos de prova tensionados dessas ligas não sofreram corrosão sob tensão fraturante.

Guildhaulis[48] verificou que corpos de prova de ligas de alumínio contendo cerca de 5,36 % de magnésio, após 10 anos de imersão em água do mar, apresentaram uma profundidade de pite somente de 4 mils (ou 0,004 polegada ou 0,1 mm).

Ailor e Reinhart[49] verificaram, após 3 anos de imersão em água do mar, que a taxa de corrosão de diversas ligas de alumínio tende a atingir, após dois anos, um valor que se mantém constante.

Em decorrência dessas observações e de ensaios por eles realizados, Godard e colaboradores[50] afirmam que os resultados obtidos indicam claramente que as ligas binárias contendo magnésio têm alto grau de resistência à corrosão pela água do mar e que, na ausência de contato com metais diferentes, estruturas submarinas feitas com ligas Al-Mg devem ter longa duração, mesmo que não tenham sido usadas medidas protetoras.

16.3.4 Proteção

As principais medidas de proteção contra corrosão marinha são dirigidas no sentido de garantir:

a) construção adequada de equipamentos:
- diminuir áreas de turbulência para reduzir erosão-cavitação;
- evitar ou minimizar contatos entre metais com potenciais muito diferentes;
- usar isolantes entre metais diferentes para evitar corrosão galvânica;
- usar relação de área anódica para área catódica maior do que um;
- prevenir áreas de estagnação;
- distribuir uniformemente as tensões;
- evitar frestas;
- usar soldas contínuas;
- usar detalhes construtivos que permitam adequada rotina de manutenção;
- selecionar materiais de acordo com a taxa de corrosão;
- eliminar possibilidade de corrosão eletrolítica, devido às correntes de fuga, como no caso de uso de máquina de solda elétrica;

b) emprego de revestimentos protetores, como tintas, por exemplo, à base de resina epóxi, como alcatrão de hulha-epóxi (*coal-tar epoxi*);

c) emprego de tintas anti-incrustantes ou *antifouling* para evitar crescimento biológico;

d) emprego de proteção catódica com ânodos de zinco ou de alumínio;

Figura 16.8 Estacas em água do mar protegidas com alcatrão de hulha-epóxina parte aérea, e com massa epóxi-poliamida na faixa de variação de maré e de respingos.

e) emprego de proteção catódica por corrente impressa ou forçada.

Proteção usando o sistema combinado de revestimento e proteção catódica tem sido muito usada devido aos bons resultados alcançados. U.S. Navy, U.S. Army e o National Bureau of Standards patrocinaram estudos, durante 5 a 10 anos, para avaliar o sistema alcatrão de hulha-epóxi e proteção catódica, para instalações submersas em baías, e os resultados evidenciaram o bom desempenho desse sistema de proteção.[51]

British Petroleum[52] usou, no Mar do Norte, para proteção de estruturas submersas, alcatrão de hulha-epóxi e ânodos de zinco, verificando que essa proteção é técnica e economicamente um sucesso: não observaram problemas após 10 anos de uso e, mesmo após 5 anos, o revestimento tendo acusado bolhas, não se observou corrosão embaixo delas.

16.4 ÁGUA DE RESFRIAMENTO

O tratamento de água industrial pode envolver uma série de operações para torná-la adequada ao sistema em que será utilizada. Entre essas operações estão clarificação, cloração, controles de pH e microbiológico, adição de inibidores de corrosão e de agentes anti-incrustantes ou dispersantes, abrandamento ou desmineralização e monitoração usualmente feita com cupons de corrosão ou cupons de incrustação. Em decorrência das características da água e do fim a que se destina, água de resfriamento ou de geração de vapor, serão usadas as operações necessárias.

Têm surgido, ao longo dos anos, com vários nomes, tratamentos baseados em **ação catalítica**, usando **pilhas catalíticas**, e em **ação magnética** usando **condicionadores magnéticos**, afirmando que evitam as incrustações de carbonato de cálcio e até mesmo corrosão e destacando a simplicidade desses tratamentos quando comparados com os usados tradicionalmente. Entretanto, trabalhos realizados por diversos pesquisadores evidenciaram a ineficiência desses tratamentos.[53-55]

16.4.1 Tipos de Sistemas de Resfriamento

A água de resfriamento é destinada a absorver e conduzir calor de um equipamento. O processo se aplica às mais variadas indústrias como: petrolíferas, petroquímicas, químicas, siderúrgicas, frio industrial e ambiental. Aplica-se também no resfriamento de camisas e cabeçotes de motores de explosão, compressores, calandras, condensadores de vapor etc.

Os sistemas de resfriamento a água classificam-se em três tipos:

- sistemas abertos sem recirculação de água;
- sistemas abertos com recirculação de água, que utilizam, para dissipar o calor da água, torres de resfriamento, piscinas com ou sem pulverizadores ou borrifadores e condensadores evaporativos;
- sistemas de resfriamento fechados com recirculação de água fria, quente ou misturas anticongelantes.

Nos **sistemas abertos sem recirculação de água**, ou de uma só passagem, esta é imediatamente descarregada após absorção do calor. Devido ao grande consumo de água, somente indústrias localizadas junto aos grandes mananciais têm condição de usá-los. Refinarias de petróleo, indústrias químicas e petroquímicas, usinas termelétricas e nucleares, quando localizadas no litoral, muitas vezes utilizam água do mar.

Os **sistemas abertos com recirculação de água** são utilizados com a finalidade primordial de economizar água e possibilitar um tratamento adequado contra corrosão, incrustações e proliferação de microrganismos. A água aquecida nos trocadores de calor e reatores tem seu calor dissipado em torres de resfriamento de diferentes tipos, piscinas, com ou sem borrifadores e condensadores evaporativos. Quando a água quente do sistema entra em contato com o ar, um fluxo espontâneo de calor passa dessa água quente para o ar frio, mas a maior parte do calor é transferida por evaporação da água. Na prática é muito usual admitir que para uma evaporação de 1 % sobre o volume de água circulada tem-se um abaixamento de sua temperatura em 5,5 °C. Pelo exposto, em uma torre de resfriamento ou em piscinas, parte da água circulada é evaporada, a fim de que a temperatura da água circulante seja diminuída. Junto com a água evaporada, gotículas de água do sistema são arrastadas com o vapor, limitando dessa maneira o seu **ciclo de concentração**, sendo este o número de vezes que uma água se concentra em um sistema, limitado inicialmente pelos respingos. A fim de compensar a água evaporada e os respingos, uma nova quantidade de água deverá entrar no sistema, como **água de reposição** ou **compensação**. Muitas vezes, o ciclo de concentração, limitado pelos respingos, é bastante elevado e os sais existentes na água poderão provocar corrosão e incrustações nos sistemas. Nesses casos, a remoção, denominada **purga**, de determinada quantidade de água é feita para manter o ciclo de concentração no valor desejado.

Nos **sistemas fechados com recirculação de água fria**, a dissipação do calor poderá ser feita em um radiador ou em trocadores de calor refrigerados por um gás, como amônia ou fréon, ou outro circuito de água. Não havendo evaporação, o ciclo de concentração se mantém praticamente constante.

Os problemas mais comumente encontrados em cada tipo de sistemas de resfriamento, bem como as possíveis soluções, são apresentados a seguir.

Sistemas abertos sem recirculação de água

Sólidos suspensos. Quando as águas utilizadas no resfriamento são previamente decantadas, para remoção de partículas acima de 0,1 mm, partículas menores, como *silt* e coloidais, são as causas de depósito no sistema. Essas partículas, quando em suspensão, provocam erosão nas paredes dos equipamentos e, em áreas de estagnação, depositam-se restringindo o volume de água circulada e contribuem para a formação de pilhas de aeração diferencial.

Crostas. São depósitos aderentes, precipitados ou cristalizados nas superfícies de troca térmica. Esses depósitos resultam da existência de sais dissolvidos na água do sistema, que em determinadas condições se cristalizam nas superfícies de arrefecimento.

Não havendo, neste tipo de sistema, elevação da concentração de sais existentes na água utilizada, somente com o uso de águas incrustantes, e com elevadas temperaturas de películas nos trocadores, poderá haver formação de crostas. Para verificar se a água é incrustante, pode-se usar o Índice de Langelier. Nas águas incrustantes, o aumento da temperatura provoca a transformação do bicarbonato de cálcio ou magnésio em carbonato de cálcio e hidróxido de magnésio de muito baixa solubilidade, incrustando tubulações com crostas cristalinas ou amorfas:

$$Ca(HCO_3)_2 \rightarrow CaCO_3 + CO_2 + H_2O$$

$$Mg(HCO_3)_2 \rightarrow Mg(OH)_2 + 2CO_2$$

É difícil encontrar crostas de sulfato de cálcio nesses sistemas, porquanto sua solubilidade a 70 °C é da ordem de 180 ppm na água doce e de 5.000 ppm na água do mar.

Depósitos biológicos. A proliferação de algas, fungos, bactérias formadoras de limo e bactérias modificadoras do meio ambiente pode causar problemas de deposição nos trocadores, chegando em certos casos à obstrução. (Ver Pranchas Coloridas, Foto 47.)

Além da diminuição na transferência de calor e no fluxo de água, eles podem propiciar a formação de pilhas de aeração diferencial, com intensa corrosão sob depósito. O problema poderá ser agravado com o aparecimento de bactérias anaeróbias, como as redutoras de sulfato, que geram H_2S, que ataca os metais fornecendo os sulfetos correspondentes.

Águas ferruginosas, isto é, contendo elevadas concentrações de Fe^{2+}, podem formar elevada tuberculação de $Fe_2O_3 \cdot nH_2O$, pela ação das bactérias oxidantes de ferro.

No caso do uso de água do mar, além dos problemas relacionados, há a presença adicional de cracas, mexilhões, serrípedes e protozoários, que poderão formar, com o *silt*, depósitos extremamente duros e aderentes.

Corrosão. O problema de corrosão nesses sistemas é bastante grave, devido à impossibilidade de um tratamento químico adequado, a fim de protegê-los. Os tipos de corrosão que aparecem com mais frequência são: galvânica e aeração diferencial.

A corrosão galvânica é decorrente do uso, no equipamento, de diferentes materiais metálicos, como aço-carbono, aço inox, ferro fundido, cobre e suas ligas etc.

O problema se agrava em espelhos de trocadores de calor, de aço-carbono, onde há presença de tubos de cobre ou aço inox conectados a eles. Uma corrosão alveolar se processa com grande intensidade no espelho de aço-carbono.

A corrosão por aeração diferencial é devida à presença de depósitos porosos na superfície metálica, formados por limo bacteriano ou lama. As áreas sob os depósitos as quais se acham menos aeradas, funcionam como ânodo, e as áreas limpas, mais aeradas, como cátodo. A corrosão é do tipo localizado, com o aparecimento de pites ou alvéolos.

A corrosão em tubos de ligas de cobre de condensadores que utilizam água do mar para refrigeração pode ser evitada com adição de pequenas quantidades de sulfato ferroso à água de resfriamento (ver Cap. 19).

Figura 16.9 Trocador de calor com depósito biológico.

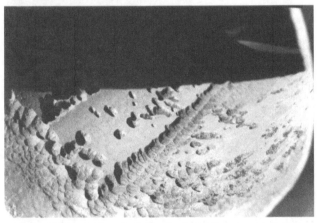

Figura 16.10 Erosão-cavitação em tubulação de aço-carbono.

Erosão, cavitação e impingimento. Sólidos suspensos, velocidade de fluxo elevada e zonas de depressão nos sistemas abertos, sem ou com recirculação de água, e fechados podem acarretar problemas de erosão, cavitação ou impingimento.

Em condensadores e trocadores de calor, as áreas usualmente mais vulneráveis são as das extremidades dos tubos de entrada de água, isso porque a turbulência é geralmente elevada na região de entrada da água, ficando, portanto, o material metálico, nessa região, sujeito a um máximo de ação mecânica.

Prevenção. Depende do tipo de material e do agente causador da corrosão, como visto a seguir.

Sólidos suspensos – os sólidos em suspensão, existentes em uma água de alimentação, são fontes normais de depósitos e deverão ser decantados em bacias especiais, a fim de serem eliminadas partículas com tamanho superior ao *silt*. Algumas instalações poderão ser acrescidas de filtros, e as mais sofisticadas, de uma unidade de clarificação.

Crostas – incrustações poderão ser evitadas nesses sistemas, utilizando-se um dos seguintes procedimentos:

- uso de ácido sulfúrico em concentrações necessárias para atingir o índice de saturação zero (a aplicação do Índice de Langelier como preventivo de crostas é de uso generalizado, em consequência do seu baixo custo);
- uso de polimetafosfatos em dosagens contínuas, nas concentrações de 2 ppm a 3 ppm em PO_4^{3-};
- uso de fosfonatos aminados e não aminados, nas concentrações de 1 ppm a 2 ppm;
- uso de poliacrilatos e polimetacrilatos de sódio em concentrações de 5 ppm a 10 ppm.

Nos três últimos procedimentos, os produtos indicados agem como antinucleantes, impedindo incrustações, quando se utilizam águas com dureza temporária de até 300 ppm e permanente de até 800 ppm.

Corrosão – as águas muito agressivas, isto é, aquelas que possuem índice de saturação negativo, poderão ser corrigidas aproximando-se seu Índice de Langelier do zero, com o uso de suspensão aquosa de óxido de cálcio.

O uso de polimetafosfato, de fosfonato-zinco, ou de metassilicato, retarda o processo corrosivo, evita águas vermelhas e impede a tuberculação, isto é, deposição de tubérculos de óxidos de ferro.

Microrganismos – a proliferação de algas, fungos, bactérias formadoras de limo e modificadoras do meio ambiente, assim como mexilhões, serrípedes e protozoários, é controlada com o uso de cloro na concentração de 1 ppm de cloro residual livre. O uso de biocidas não oxidantes é impraticável, devido aos seus elevados custos.

Erosão, cavitação e impingimento – o uso de adequadas velocidades da água de resfriamento e modificações nos projetos visando eliminar áreas de quedas de pressão e abruptas modificações de secções evita a turbulência e os problemas de erosão-corrosão.

Sistemas abertos com recirculação de água

Depósitos. São originados de uma ou mais causas, como:

- água com clarificação deficiente, possibilitando uma pós-precipitação no sistema;

- deficiência de filtração, permitindo a passagem de flocos da clarificação;
- absorção, pela água circulando na torre, de poeira do meio ambiente;
- teores elevados de íon ferro (II), Fe^{2+}, que, pela ação das bactérias ferro-oxidantes, são oxidados e posteriormente precipitados como tubérculos nas tubulações:

$$2Fe(HCO_3)_2 + 1/2 O_2 \rightarrow Fe_2O_3 + 4CO_2 + 2H_2O$$

Crostas. As seguintes condições proporcionam a formação de crostas:

- presença de dureza temporária;

- presença de silicatos solúveis junto a sais de magnésio, ocorrendo a precipitação de silicato de magnésio:

$$Na_2SiO_3 + MgSO_4 \rightarrow MgSiO_3 + Na_2SO_4$$

Quando, pela elevação do ciclo de concentração, os sais dissolvidos na água superam seus respectivos produtos de solubilidade, poderá haver formação de crostas de sulfato de cálcio e silicatos complexos.

Fouling. Este pode ser considerado um aglomerado de materiais, onde o ligante normalmente é a biomassa e, em outros casos, óleo mineral ou fluidos de processo, e o material aglutinado é constituído de sólidos suspensos, como *silt*, lama, produtos de corrosão e outros precipitados inorgânicos, como os de polifosfatos hidrolisados ou revertidos.

Muitos desses materiais entram no sistema, levados pela água nas torres de resfriamento. Alguns também poderão vir na água de reposição ou por meio de vazamentos nos trocadores de calor.

O *fouling* impede uma transferência de calor satisfatória e restringe o fluxo de água no sistema. Sua deposição é mais frequente em áreas de baixa velocidade.

Em termos de corrosão, o *fouling* promove o aparecimento de pilhas de aeração diferencial e o desenvolvimento de bactérias anaeróbias do tipo redutoras de sulfato. Se a atividade biológica do *fouling* continuar após sua formação, pode-se ter um bloqueio total dos tubos.

Depósitos metálicos. Podem aparecer nas superfícies dos tubos de aço-carbono, decorrentes da redução de sais metálicos solúveis em água, que nela foram colocados para determinado fim, ou como produto de ataque de um meio corrosivo. O cobre é um exemplo representativo do problema, e seus sais podem ser encontrados em águas de resfriamento como sulfato de cobre, impropriamente usado, em alguns sistemas, como algicida, ou na forma de complexo amoniacal de cobre, proveniente do ataque, pela amônia, de tubos e válvulas de cobre e suas ligas.

Borras ou lamas de fosfatos. São comuns quando no tratamento da água se utilizam tripolifosfatos ou polimetafosfatos de sódio. Esses sais são empregados com grande eficiência como inibidores de corrosão, como agentes anti-incrustantes e como dispersantes.

Entretanto, a instabilidade hidrolítica desses sais acarreta reversão para ortofosfatos, com a consequente precipitação de fosfato de cálcio ou magnésio. A reação de hidrólise do íon tripolifosfato, $P_3O_{10}^{5-}$, até fosfato, PO_4^{3-}:

$$P_3O_{10}^{5-} + 2H_2O \rightleftarrows 2HPO_4^{2-} + H_2PO_4^-$$

$$H_2PO_4^- \rightleftarrows PO_4^{3-} + 2H^+$$

$$3Ca^{2+} + 2PO_4^{3-} + 2H^+$$

$$3Mg^{2+} + 2PO_4^{3-} \rightarrow Mg_3(PO_4)_2$$

Os fatores aceleradores dessa reversão são: oscilações nos valores de pH fora da faixa 6 a 7, temperaturas de película acima de 40 °C, tempo elevado de residência no sistema, grau de dureza alto, presença de íon alumínio, altas concentrações de matéria orgânica e alto ciclo de concentração.

As borras de fosfatos podem originar pilhas de aeração diferencial ou propiciar o aparecimento de bactérias anaeróbias do tipo redutoras de sulfato. Essas borras podem, ainda, ocasionar corrosão em trocadores com tubos de cobre, ou suas ligas, e espelho de aço-carbono. A presença de borra de fosfatos impede a entrada suficiente de inibidores de corrosão, existindo, entretanto, umidade necessária para gerar uma pilha galvânica entre os tubos e o espelho. Uma corrosão acelerada apresenta-se no espelho, quando se remove a borra de fosfatos.

Poluentes atmosféricos. Os poluentes atmosféricos poderão contaminar a água na torre de resfriamento, onde ela entra em íntimo contato com o ar. A absorção de poluentes atmosféricos poderá tornar a água mais agressiva ou incrustante e, muitas vezes, em águas com tratamento satisfatório, interferir no mecanismo de proteção contra corrosão e incrustação, pela inativação dos inibidores utilizados no tratamento.[56]

Entre os mais frequentes poluentes atmosféricos, têm-se:

- **gasosos** – sulfeto de hidrogênio, dióxido e trióxido de enxofre, amônia e dióxido de carbono;

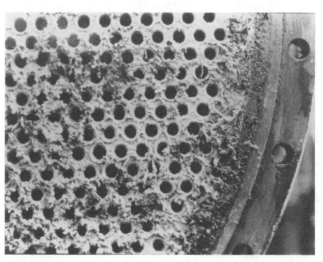

Figura 16.11 Espelho de trocador de calor com *fouling*.

- **sólidos** – poeiras de usinas siderúrgicas e da indústria de cimento, matéria orgânica de fábricas de cerveja, óxido de alumínio, poeira de indústria de placas de plástico e areia finamente dividida de jateamento abrasivo.

Segue-se uma descrição detalhada de cada poluente, começando pelos gasosos.

O *sulfeto de hidrogênio*, H_2S, provém da decomposição de matéria orgânica, de gás residual em refinarias de petróleo e de outros rejeitos orgânicos. A absorção, pela água, do sulfeto de hidrogênio presente na atmosfera poderá causar, além da corrosão do aço-carbono, com formação de sulfeto de ferro, o seguinte inconveniente:

- precipitação do zinco utilizado como inibidor catódico, diminuindo a eficiência desse tratamento:

$$Zn^{2+} + H_2S \rightarrow ZnS + 2H^+$$

O *dióxido de enxofre*, SO_2, e o *trióxido de enxofre*, SO_3, são gases que provêm de fábricas de ácido sulfúrico ou da combustão de óleos ou carvão com elevados teores de enxofre. Devido a esse fato, as águas de resfriamento absorvem esses gases, os quais, solubilizados, formam ácido sulfúrico e sulfuroso. A formação desses ácidos provoca os seguintes inconvenientes:

- decréscimo no valor de pH com ataque generalizado ao sistema;
- aumento no conteúdo de sulfato da água de resfriamento, possibilitando o aparecimento de bactérias redutoras de sulfato, como as *Desulfovibrio desulfuricans*, que causam séria corrosão aos equipamentos de aço-carbono, aço inoxidável e cobre;
- facilita a reversão para ortofosfatos dos polifosfatos usados como inibidores;
- desdobra para ácido fosfórico e poliálcool os ésteres de fosfatos, utilizados como inibidores.

A *amônia*, NH_3, pode ser derivada de equipamentos como tanques de estocagem e compressores de amônia, de fábricas de amônia ou de fábricas de fertilizantes, como as de ureia, que a utilizam como matéria-prima. Se for absorvida pela água da torre, poderá acontecer o seguinte:

- formação de hidróxido de amônio com o consequente aumento no valor de pH da água do sistema;
- ataque ao cobre e suas ligas se existentes no sistema;
- reversão alcalina dos polifosfatos para ortofosfatos, com a consequente diminuição na concentração de inibidor e possibilidade de formação de precipitado de fosfato de cálcio;
- o consumo, em sistemas clorados, de elevadas concentrações de cloro devidas à formação de cloroaminas, conforme as reações:

$$Cl_2 + NH_3 \rightarrow NH_2Cl + HCl$$

$$Cl_2 + NH_2Cl \rightarrow NHCl_2 + HCl$$

$$Cl_2 + NHCl_2 \rightarrow NCl_3 + HCl$$

No caso de excesso de amônia, tem-se a formação de NH_4Cl e não HCl, por exemplo, $Cl_2 + 2NH_3 \rightarrow NH_2Cl + NH_4Cl$. Pode-se, ainda, admitir a reação total:

$$3Cl_2 + 8NH_3 \rightarrow N_2 + 6NH_4Cl$$

A absorção do *dióxido de carbono*, CO_2, em água de resfriamento é comum em torres localizadas junto a chaminés de caldeiras ou a instalações de gelo seco com vazamento. O dióxido de carbono é solúvel em água formando ácido carbônico, com o consequente decréscimo no valor de pH, que atinge valores em torno de 4, ocasionando as interferências inerentes ao meio ácido.

Em relação aos poluentes sólidos, têm-se as considerações a seguir.

 A *poeira de usinas siderúrgicas* é constituída essencialmente de óxido de ferro, sílica e cal, e provém das chaminés dos fornos de redução de minérios. Quando absorvida pela água da torre, pode formar grandes quantidades de depósitos em trocadores de calor.

A *poeira da indústria de cimento* é constituída principalmente de óxido de cálcio. Esse pó é absorvido nas torres de resfriamento, podendo ocorrer:

- formação de grande quantidade de depósitos de carbonato de cálcio, devido à reação:

$$CaO + CO_2 \rightarrow CaCO_3$$

- aumento no valor de pH da água, devido à formação de hidróxido de cálcio, necessitando muitas vezes de adição de ácido para prevenir incrustações.

O *óxido de alumínio* deriva do uso de alumina, Al_2O_3, como matéria-prima, a fim de obter alumínio metálico, podendo contaminar a água da torre e interferir em alguns tratamentos. Tratamentos à base de polifosfatos são totalmente incompatíveis com a presença de alumina, porque ele precipita instantaneamente fosfato de alumínio gelatinoso em todo o sistema.

No caso das *poeiras orgânicas de fábricas de cervejas*, a instalação de torres de resfriamento próximas a depósitos de cereais tem como consequência a absorção, pela água da torre, de poeira de arroz, cevada, centeio etc., que servirão de nutrientes para algas e bactérias formadoras de limo, ocasionando um pesado *fouling*, onde há predominância sensível de matéria orgânica.

A *poeira de lixadeiras de placas com acabamento plástico de resina ureia-formaldeído* contém celulose e ureia-formaldeído. A absorção desse material, pela água da torre, provoca a formação de flocos na água de refrigeração, produzindo extensivamente pilhas de aeração diferencial em todo o sistema.

A poeira de sílica é proveniente do jateamento abrasivo com areia, usado no tratamento de superfícies para aplicação posterior de película de tinta. A direção dos ventos pode arrastar essa poeira para as torres de refrigeração e, consequentemente, para os trocadores.

Proteção contra corrosão. Pode-se evitar corrosão em sistemas de resfriamento com recirculação usando:

- controle biológico (cloração e biocidas) (ver Cap. 12, item 12.4);
- controle de pH (ver observações ao longo deste capítulo);
- inibidores de corrosão;
- proteção catódica;
- anti-incrustantes.

Emprego de inibidores de corrosão. Entre os mais usados, estão:

- inibidores anódicos oxidantes – cromatos e molibdatos (somente em meio aerado);
- inibidores anódicos não oxidantes – silicatos, ortofosfatos alcalinos, fosfino e fosfonocarboxílicos;
- inibidores catódicos – sais de zinco, polifosfatos, fosfonatos orgânicos e os ésteres de fosfatos;
- inibidores específicos para cobre – benzotriazol, toliltriazol e mercaptobenzotiazol.

Bom lembrar que o cromato e, assim como o molibdato, inibidor oxidante, caiu em desuso nas últimas décadas. Seu mecanismo baseia-se na proteção direta da área anódica pela formação de camada constituída de óxidos de cromo e de ferro. Para uma proteção adequada, os valores de pH da solução devem ser ajustados para maior ou igual a 7,5 e a concentração de cromato deve ser tal que permita a continuidade da camada protetora, a fim de evitar a corrosão puntiforme. Na maioria dos sistemas, as concentrações necessárias para uma proteção eficaz devem estar acima de 200 ppm em CrO_4^{2-}. Seu uso sofre restrições devido ao seu caráter poluente e cancerígeno. O molibdato também infere na ação protetora acentuada ao ferro. O filme formado na área anódica é uma mistura de óxido de ferro e óxido de molibdênio. Ele é usado em baixas concentrações nas misturas sinérgicas com Zn^{2+}, Ca^{2+}, fosfatos, fosfonatos e azóis. Dependendo da formulação e do tipo de sistema, a concentração de uso em íon molibdato, MoO_4^{2-}, varia de 5 ppm a 300 ppm. Não é poluente, não é afetado por redutores e é eficiente em ampla faixa de pH.

Os *silicatos* são inibidores anódicos do tipo não oxidante, utilizados com a finalidade de proteger ferro, cobre, alumínio e zinco, principalmente em temperaturas altas. Os silicatos são produtos complexos com fórmula geral $Na_2O \cdot nSiO_2$, na qual n é a relação molar entre a sílica e o óxido de sódio. Em águas com valor de pH acima de 6, n deverá ser 3,3, e nas águas mais ácidas, n deverá ser igual a 2. Seu provável mecanismo de proteção é a formação de íons complexos carregados negativamente, que são adsorvidos nas áreas anódicas carregadas positivamente, formando ferrossilicatos ou uma mistura de gel de sílica e hidróxido férrico. Sua utilização como inibidor deverá ser feita com os devidos cuidados, a fim de evitar que se torne um agente incrustante de sílica. A dosagem inicial de proteção deverá ser da ordem de 15 ppm e, após formação do filme, decrescê-la para 5 ppm. A adição de 2 ppm de polimetafosfato no tratamento evita a interferência de cálcio e magnésio que, se presentes na água, podem precipitar silicato de cálcio e/ou de magnésio. A mistura silicato-polimetafosfato é extremamente eficiente contra tuberculação em sistemas de distribuição de água e evita problemas de águas vermelhas em sistemas de água quente.

No caso dos *ortofosfatos*, a taxa de corrosão diminui substancialmente quando se utiliza o fosfato dibásico Na_2HPO_4, e, ainda melhor, o Na_3PO_4, fosfato básico.

O fosfato monobásico, NaH_2PO_4, acelera o processo corrosivo, pela sua natureza ácida.

A composição do filme protetor no aço, determinada pelo método de difração de elétrons, é de γ-Fe_2O_3 e fosfato ferroso $Fe_3(PO_4)_2$.

A proteção com o fosfato dibásico também é feita com γ-Fe_2O_3, porém com traços de fosfato ferroso.

As proteções feitas com ortofosfato, básico ou dibásico, são de excelente qualidade e custo muito baixo; entretanto, na área catódica poderá haver uma precipitação maciça de fosfato de cálcio.

O sucesso desse tratamento está relacionado com novos copolímeros ou terpolímeros, com tendência cada vez mais próxima de evitar que na área catódica se depositem borras de fosfato. As concentrações de uso estão em torno de 10 ppm em PO_4^{3-}.

Quanto aos *fosfinocarboxílicos*, o ácido hidroxifosfinocarboxílico funciona em meio aerado e induz a formação de um filme de γ-Fe_2O_3 sobre a área anódica. Não forma sais insolúveis de cálcio em meio alcalino. Sua natureza polimérica lhe confere elevada atividade dispersante, antinucleante e anti-incrustante. Por ser um inibidor anódico, não necessita de íons cálcio para seu desempenho. Geralmente, as formulações de uso são com zinco, polifosfatos, fosfonatos, silicatos e azóis. Tem maior estabilidade térmica e hidrolítica que os fosfonatos.

Como os fosfinocarboxílicos, o *fosfonocarboxílico* ácido 2-fosfonobutano-1,2,4-tricarboxílico também forma película protetora de γ-Fe_2O_3. Tem ação anti-incrustante, inibindo incrustações de carbonato e sulfato de cálcio, além de limitada ação dispersante.

No caso dos *sais de zinco*, os íons zinco, Zn^{2+}, reagem com a hidroxila, OH^-, na área catódica, formando hidróxido de zinco, $Zn(OH)_2$, insolúvel, que funciona como inibidor catódico sendo usado associado a um inibidor anódico. Tratamento com $ZnCl_2$ e agente dispersante polimérico, com teores de $Zn^{2+} \geq 0,25$ ppm, e ~ 1,5 ppm de ortofosfato e quatro ciclos de concentração, em sistema de resfriamento conseguiu reduzir a taxa de corrosão de >40 mils/ano para 2 mils/ano a 4 mils/ano.[57]

Os *polifosfatos* são produtos de desidratação dos fosfatos monossódico e dissódico, pela ação do calor. Os mais simples são os tripolifosfatos, utilizados como agentes dispersantes e, em menor intensidade, como inibidores de corrosão, obtidos pela desidratação de duas moléculas de fosfato dissódico e uma molécula de fosfato monossódico:

$$2Na_2HPO_4 + NaH_2PO_4 \rightarrow Na_5P_3O_{10} + 2H_2O$$

Os polimetafosfatos, mais eficazes como inibidores de corrosão e agentes dispersantes, são obtidos pela desidratação de *n* moléculas de fosfato monossódico:

$$nNaH_2PO_4 \rightarrow (NaPO_3)_n + nH_2O$$

Os mais conhecidos são aqueles em que *n* é igual a 3, 4 e 6, trimeta, quadrimeta e hexametafosfatos, respectivamente. Os polímeros de pesos moleculares mais elevados são utilizados com grande eficiência como inibidores de corrosão e agentes de superfície, tendo uma estabilidade hidrolítica superior aos outros polímeros.

Os polifosfatos formam com os sais de cálcio e zinco existentes, ou colocados na água, partículas coloidais complexas carregadas positivamente. Essas partículas migram para o cátodo, onde estabelecem um filme que retarda o processo corrosivo, porquanto decrescem o potencial catódico e restringem o suprimento de oxigênio para a superfície. O filme protetor é muito pouco solúvel e, depois de formado, é estável a variações de pH entre 5 e 9.

Os polifosfatos, quando utilizados como agentes anti-incrustantes, são eficazes nas concentrações de 2 a 3 ppm em fosfato, PO_4^{3-}; entretanto, como inibidores de corrosão, as concentrações necessárias estão acima de 10 ppm em PO_4^{3-}; e poderão ir, em certos casos, até 300 ppm em PO_4^{3-}. Em sistemas com elevadas temperaturas de película, as concentrações indicadas estão em torno de 10 ppm em PO_4^{3-}, a fim de evitar problemas de reversão e suas consequências.

O produto não protege adequadamente sistemas onde é utilizada água abrandada, salvo se uma determinada quantidade de íons zinco ou cálcio for adicionada. Ferro dissolvido em baixas concentrações na água, abaixo de 1 ppm, é benéfico à proteção, já que entra na formação de polifosfato complexo protetor. Concentrações elevadas de ferro, entretanto, interferem no tratamento, porquanto retiram os polifosfatos da solução protetora para transformá-los em um complexo solúvel de ferro, sem efeito protetor, de cor avermelhada.

A reversão dos polifosfatos para ortofosfatos é o principal problema existente na utilização desses inibidores, pois possibilita o aparecimento de grandes massas de fosfato de cálcio nos equipamentos. A reversão dos polifosfatos para ortofosfatos é função da associação de um ou mais dos diferentes fatores apresentados: oscilações nos valores de pH fora da faixa de 6 e 7,5, temperaturas de películas acima de 40 °C, presença elevada de íon alumínio, tempo de residência elevado do produto no sistema, presença de matéria orgânica e ciclo de concentração alto.

Os *polifosfonatos* abrangem os ácidos polifosfônicos e seus sais, que são largamente utilizados como inibidores catódicos e agentes anti-incrustantes e dispersantes. Ao contrário dos polifosfatos, eles possuem uma estabilidade hidrolítica elevada, mesmo em soluções ácidas e alcalinas, estáveis em temperaturas de até 270 °C, tempo elevado de residência e dureza alta.

Os mais utilizados são o AMP, ácido trimetilfosfônico ou aminometilenofosfônico, e o HEDP, ácido difosfônico do hidroxietano ou 1-hidroxietilideno-1,1-difosfônico, cujas fórmulas são:

Esses produtos têm seus mecanismos de proteção idênticos aos polifosfatos: formam polifosfonatos de cálcio, ferro ou zinco fortemente positivos, que são atraídos para os cátodos, retardando, desse modo, o processo corrosivo. Segundo Reznik e colaboradores, o mecanismo de inibição do HEDP na presença de zinco mostra que há deposição do inibidor nas áreas anódicas enquanto que o zinco deposita-se sobre os cátodos na forma de Zn(OH)2.[58]

Os ácidos polifosfônicos trabalham em baixas concentrações de produtos ativos, como inibidores de corrosão, e extremamente baixas como agentes anti-incrustantes. As concentrações utilizadas como inibidores não deverão ultrapassar 30 ppm de produto ativo, porquanto acima delas entram em uma faixa de turbidez com precipitação de fosfonatos de cálcio, magnésio ou ferro, extremamente aderentes e incrustantes.

Quando as suas concentrações atingem valores estequiométricos, eles saem da zona de turbidez para a zona de **sequestração** ou **complexação**.

Quando se utilizam programas de cloração contínua, com a finalidade de controle microbiológico, o uso de HEDP, apesar de mais caro, é bastante vantajoso, pois sua taxa de reversão é inexpressiva, ao passo que o AMP pode sofrer reversão de até 50 %.

No início dos tratamentos utilizando polifosfonatos, sua concentração ativa poderá atingir 50 ppm, pelo espaço de uma semana, a fim de formar um filme de fosfonato de cálcio, ferro e zinco extremamente aderente e protetor, porém não isolante de calor. Após oito dias, as concentrações deverão cair para 10 ppm a 12 ppm em com a finalidade de manter o filme protetor formado, evitar incrustações e dispersar óxido de ferro presente na solução.

Os ésteres de fosfatos são produtos formados pela esterificação dos poliois com o ácido fosfórico. Fazem parte dos programas de tratamentos alcalinos. O mecanismo de proteção é idêntico ao dos polifosfatos e polifosfonatos, agindo como inibidores catódicos. Em baixos valores de pH ou na presença de microrganismos específicos, um desdobramento da sua molécula acontece com o aparecimento do ácido fosfórico e do poliol utilizado.

Os *azóis* compreendem os sais de benzotriazol, toliltriazol e mercaptobenzotiazol, que são bons inibidores para o cobre e suas ligas. O provável mecanismo de proteção é a possível complexação do cobre, formando na sua superfície por adsorção um produto altamente protetor. A ação deles na taxa de corrosão do ferro, quando ligado ao cobre, é bastante benéfica, já que aproxima a diferença de potencial existente entre os dois metais, propiciando uma proteção ao ferro em menores concentrações de inibidores. O mercaptobenzotiazol, o mais antigo dos azóis utilizados, tem sido substituído com vantagem pelo benzo e toliltriazol, apesar do custo mais elevado desses últimos. Quando um programa de cloração é utilizado no sistema, tem sido comprovada uma degradação acentuada no mercaptobenzotiazol e aceitável no tolil e no benzotriazol.

Benzotriazol   Toliltriazol   2-mercaptobenzotiazol

Quanto à proteção de latão, o toliltriazol é mais eficiente que o benzotriazol, e o mercaptobenzotiazol não é recomendado.

No estudo de tratamento de água de refrigeração, têm-se encontrado soluções econômicas e eficazes, misturando-se inibidores anódicos e catódicos e, outras vezes, misturando-se mais de um inibidor anódico ou catódico. A **mistura de inibidores** tem como consequência a obtenção de um tratamento eficaz, com baixas concentrações dos inibidores utilizados e sensível diminuição da nucleação de pites nos metais.

A mistura de inibidores *molibdatos-polifosfatos* é utilizada em sistemas de refrigeração com baixas temperaturas de películas, onde os perigos de reversão dos polifosfatos são baixos. Os valores de pH utilizados deverão oscilar entre 6 e 7, a fim de evitar reversões acima de uma taxa aceitável, sem comprometer o tratamento. Uma baixa reversão dos polifosfatos para ortofosfatos irá propiciar um fortalecimento na proteção das áreas anódicas, porquanto somará a essas áreas a ação de um inibidor anódico do tipo não oxidante. O perigo desse tratamento decorre de uma reversão descontrolada, com a possibilidade de precipitação de fosfato de cálcio não protetor, por todas as áreas do sistema. Esses depósitos, como se viu anteriormente, dão ensejo à corrosão galvânica e ao crescimento de bactérias anaeróbias do tipo redutoras de sulfato. A adição do íon zinco à mistura melhora sensivelmente a proteção, pela formação de um filme de polifosfato de zinco sobre a área catódica, de características mais protetoras. Nos sistemas em que as temperaturas de películas excedem 40 °C, as concentrações de polifosfatos deverão ser drasticamente reduzidas, chegando, em alguns casos, a até 10 ppm como PO_4^{3-}.

Quando as temperaturas de película são elevadas, nos sistemas a serem tratados, e pretende-se um tratamento extremamente eficiente, a mistura de *molibdato-zinco* é bastante eficaz. No presente caso, o molibdato, como já visto, funciona como inibidor anódico e o zinco precipita na área catódica como hidróxido de zinco. A faixa ideal de pH necessária para a formação do hidróxido de zinco coloidal, carregado positivamente, é de 6,4 a 7,4. Abaixo de 6,4, o coloide não chega a se formar e a proteção não existirá. Acima de 7,4, o zinco poderá precipitar-se maciçamente na solução como hidróxido de zinco, ou fosfato de zinco, sem a necessária carga elétrica para ser atraído para o cátodo do metal a ser protegido.

Quando se necessita de uma proteção mais acentuada e pretende-se também impedir o processo incrustante do sistema, a utilização dos polifosfonatos da classe do AMP e do HEDP, como a mistura *molibdato-zinco-fosfonato*, é extremamente útil. O fosfonato-zinco precipita um filme altamente protetor, possibilitando a redução da concentração do inibidor anódico, para valores em torno de 10 ppm a 15 ppm em MoO_3. As concentrações necessárias de fosfonatos são da ordem de 10 ppm como PO_4^{3-} e de zinco de 1 ppm a 2 ppm em Zn^{2+}.

A mistura de inibidores *polifosfato-fosfonato-zinco* é bastante utilizada nos tratamentos de grandes sistemas de resfriamento. Sua ação é primordialmente catódica e em pequena escala anódica, em função da presença de ortofosfatos, proveniente da reversão do polifosfato. A mistura, quando utilizada de maneira correta, protege adequadamente aço, ferro, cobre e suas ligas. As concentrações de polifosfatos e polifosfonatos deverão estar em torno de 10 ppm como PO_4^{3-}; e a de zinco como 1 ppm a 2 ppm em Zn^{2+}. A taxa de reversão de polifosfatos não deverá exceder 40 % do polifosfato total, a fim de evitar deposições não programadas. Quando se utilizar cloração do sistema, o HEDP deverá ser o polifosfonato escolhido.

A mistura *fosfonato-zinco-azóis* destina-se a sistemas com trocadores de aço-carbono e cobre.

Proteção catódica

A *proteção catódica* é usada com sucesso na proteção de sistemas de resfriamento. A mais usual é a proteção catódica com ânodos de sacrifício ou galvânicos. Prefere-se usar ânodos de magnésio, pois o zinco pode sofrer inversão de polaridade em água aquecida.

Em trocadores de calor com feixe de tubos de cobre, ou ligas de cobre, e espelho de aço-carbono, pode-se dizer que o espelho de aço funciona como ânodo, sofrendo, portanto, corrosão; daí ele ser superdimensionado. No caso do uso de ânodos de magnésio, ficariam protegidos o espelho e os tubos.

Emprego de anti-incrustantes. Os **agentes anti-incrustantes** são produtos químicos utilizados em tratamentos de água, cuja finalidade é evitar a deposição de sais no sistema. Basicamente, são divididos em **agentes complexantes** e **agentes de superfície**. Os primeiros são capazes de reagir com cátions di e tripositivos, mantendo-os em solução sob a forma de um complexo solúvel em água. Os segundos têm uma ação de superfície, fazendo com que suas concentrações subestequiométricas impeçam que cátions di e tripositivos se precipitem, adsorvendo no núcleo de seus cristais ou distorcendo esses cristais e impedindo o seu crescimento.

Os **agentes complexantes**, também chamados **quelantes** ou **sequestrantes**, são utilizados em sistemas de pequeno tamanho e preferencialmente em sistemas fechados. Entre os complexantes mais utilizados em tratamento de água têm-se os que se seguem.

O *EDTA*, ácido etilenodiaminotetracético, e seus sais de sódio são os mais utilizados. Ele completa Ca^{2+}, Mg^{2+}, Fe^{2+}, Fe^{3+}, Cu^{2+} e Al^{3+} em diferentes valores de pH.

O *NTA*, ácido nitrilotriacético, e seus sais de sódio também são usados como sequestrantes. Seus complexos são menos estáveis do que os do EDTA.

Os **agentes de superfície** são chamados de **agentes antinucleantes** ou **agentes dispersantes**. Entre os dispersantes, utilizados em tratamento de água como agentes antiprecipitantes, têm-se alguns produtos já descritos, como os polifosfatos, polifosfonatos e ésteres de fosfatos.

Os dispersantes poliméricos utilizados em tratamento de água podem ser naturais ou sintéticos. Os polímeros naturais muitas vezes são quimicamente modificados, com a finalidade de melhorar sua ação dispersiva, e os mais utilizados em água de resfriamento são o tanino, a carboximetilcelulose e as ligninas sulfonadas.

Entre os polímeros sintéticos mais utilizados em água de resfriamento estão os poliacrilatos de sódio, os polimetacrilatos de sódio, poliacrilamidas hidrolisadas, polimaleatos, poliestirenos sulfonatos e o ácido fosfinocarboxílico de peso molecular 1.200. Conforme o peso molecular, esses produtos podem ser agentes dispersantes, de flotação e de floculação. Os agentes dispersantes são os produtos de peso molecular baixo, na ordem de 1.000 a 8.000, e os floculantes acima de 1 milhão. Esses polímeros podem funcionar isoladamente, homopolímeros, ou associados formando os copolímeros e os terpolímeros.

Algumas vezes, são usadas combinações de agentes tensoativos e dispersantes com as finalidades de:

- fluidização do *fouling* para que ele se desprenda de regiões críticas do sistema;
- dispersão do *fouling* para prevenir sua redeposição;
- facilitar a ação dos biocidas para eliminar a propagação de crescimento biológico;
- controlar o material em suspensão com correto programa de purgas.

Os tensoativos usados devem dar suficiente detergência para manter o sistema limpo, mas não devem produzir espuma. São usados sal quaternário de amônio e polímeros não iônicos.

Sistemas fechados com recirculação de água

Sistemas de água gelada. Não têm problemas de incrustação, porquanto não há temperatura necessária para provocar precipitação da dureza. Problemas de microrganismos só existirão quando a temperatura da água se encontrar acima de 0 °C, mesmo assim de pequena monta. Os problemas nesses sistemas estão restritos à corrosão, principalmente provocada pela diferença de potencial entre os diferentes materiais metálicos utilizados. A presença de oxigênio é baixa, pois se restringe ao encontrado na água de reposição.

Os sistemas de água gelada podem trabalhar com temperatura positiva ou negativa. Os que trabalham com temperatura negativa necessitam utilizar um anticongelante em concentrações necessárias para evitar o congelamento na temperatura de trabalho desejada. Os principais anticongelantes utilizados são: cloreto de sódio, cloreto de cálcio, metanol, etanol, etileno e propilenoglicol. Os primeiros são soluções salinas altamente corrosivas, que estão sendo gradativamente substituídas pelos álcoois e poliálcoois, muito menos corrosivos aos materiais metálicos utilizados nos sistemas.

Sistemas de água quente. Sistemas fechados utilizando água quente ou superaquecida são usados para calefação ou em indústrias alimentícias. A fonte de calor necessária é uma caldeira do tipo fogotubular e as temperaturas da água oscilam entre 80 °C e 160 °C, sendo, neste último caso, o sistema pressurizado. Nesses equipamentos, além dos problemas de corrosão, algumas incrustações poderão ser depositadas, quando a água de alimentação possuir dureza. Ciclos de concentração poderão existir quando houver perdas de vapor e nova água entrar no circuito para compensá-la.

Sistema de motores a diesel. Nos sistemas de motores diesel, os problemas são semelhantes aos do sistema anterior quanto a corrosão e incrustações, agravados com problemas de corrosão-cavitação. São provocados pela ebulição da água a baixas temperaturas e pressões reduzidas, motivada pela queda de pressão local a níveis mais baixos do que o da pressão de vapor, nas condições de temperatura reinantes. A zona de queda de pressão é a de estrangulamento com alta velocidade de fluxo. Após a passagem da água por esta zona, a pressão volta ao normal e as bolhas entram violentamente em colapso, ou implodem sobre paredes limitadas de superfícies, como camisas de cilindros e parede de blocos, ocasionando cavidades sob a forma de pites ou alvéolos.

Proteção contra corrosão e incrustações. Nos sistemas fechados com recirculação de água, os procedimentos para tratamento da água de resfriamento são bem mais fáceis do que nos outros tipos de sistemas. As perdas de produtos utilizados são irrisórias e o custo do tratamento bastante baixo.

O nitrito de sódio, $NaNO_2$, é um inibidor anódico de extrema eficiência. Seu mecanismo de proteção é similar a outros inibidores anódicos, isto é, na área anódica, induz os produtos de corrosão a serem protetivos, formando $\gamma\text{-}Fe_2O_3$, óxido de ferro cúbico, na presença ou ausência de oxigênio. É o inibidor ideal para os sistemas fechados, que são muito pouco aerados. Sua concentração ótima de uso é função da concentração de íons agressivos na água do sistema, como os cloretos e sulfatos. Na presença de 300 ppm de cloreto, as concentrações de uso deverão estar acima de 300 ppm de íon nitrito, NO_2^-. O nitrito é um inibidor específico para os diversos sistemas fechados, como água superaquecida (160 °C), água quente (80 °C), água fria (5 °C a 25 °C) e água com anticongelante (<0 °C). É compatível com os seguintes anticongelantes: metanol, etanol, etilenoglicol e propilenoglicol. Geralmente, é usado tamponado com bórax ($Na_2B_4O_7$, tetraborato de sódio) ou benzoato de sódio, para manter o valor de pH em uma faixa adequada, em pH >8, isto é, meio alcalino. Não deve ser usado em sistemas abertos com recirculação, pois os mesmos podem conter bactérias nitrificantes ou desnitrificantes que poderão, respectivamente, oxidar o nitrito para nitrato ou reduzi-lo para amônia ou óxidos de nitrogênio.

Outro inibidor de corrosão outrora utilizado nesses sistemas é o cromato de sódio, Na_2CrO_4, porque os perigos de contaminação dos efluentes são mínimos. A concentração de cromato poderá variar conforme a temperatura, a diferença entre os potenciais dos materiais utilizados e a existência de problemas de cavitação nos sistemas. Concentrações entre 300 ppm e 2.000 ppm em CrO_4^{2-} são necessárias para sistemas com metais de pouca diferença de potencial até sistemas constituídos de aço-carbono, ferro fundido e cobre. Quando o problema de cavitação existe, concentrações acima de 3.000 ppm em CrO_4^{2-} são utilizadas. Nesses casos, os valores de pH deverão estar acima de 7,5.

Quando o sistema é impedido de trabalhar com cromatos, uma opção de tratamento eficiente é feita com produtos à base de nitrito-bórax-triazóis, em que o valor de pH deve estar acima de 8,0. Concentrações de nitrito entre 350 ppm e 2.000 ppm, em NO_2^-, são utilizadas conforme a diferença entre os potenciais dos metais empregados nos sistemas.

O melhor procedimento para evitar incrustações em um sistema fechado é o uso de água abrandada. O procedimento é econômico quando houver tal tipo de instalação na indústria, já que o consumo diário de água é bastante baixo. Quando não se dispõe de abrandadores, poderá empregar-se um dos agentes de superfície utilizados em sistemas abertos. Assim, polifosfatos, fosfonatos, ésteres de fosfatos e polieletrólitos, como poliacrilatos e poliacrilamidas, poderão ser úteis em baixas concentrações.

O limo bacteriano, possível de se desenvolver em sistemas com temperatura acima de 0 ºC, poderá ser combatido com dosagens semanais de sal quaternário de amônio ou biocidas adequados, não poluentes (ver Cap. 12).

16.4.2 Resumo

Após a explanação dos diferentes fatores que influenciam na ação corrosiva das águas para sistemas de resfriamento, podem-se compreender as razões pelas quais, no tratamento dessas águas, são tomadas medidas como:

- clarificação para evitar partículas sólidas em suspensão;
- cloração para diminuir a contaminação microbiológica;
- controle de pH para valores >7 e <9;
- estabelecimento de ciclos de concentração adequados para evitar aumento excessivo da concentração de sais dissolvidos, com consequente aumento de processos corrosivos e incrustantes, com purgas previamente programadas;
- adição de inibidores de corrosão, sob a forma de sais ou combinação de sais – nitrito de sódio, polifosfatos de sódio, fosfonatos, sal solúvel de zinco, molibdatos e ésteres de fosfatos;
- adição de dispersantes, como poliacrilatos, fosfonatos, polímeros não iônicos, para manter partículas em suspensão, impedindo a deposição delas;
- adição de biocidas, como sal quaternário de amônio, organossulfurosos (metileno-bis-tiocianato, dimetilditiocarbamato de zinco), imidazolinas e tiazolonas. Esses biocidas têm a finalidade de impedir o desenvolvimento de bactérias formadoras de limos e modificadoras de meio ambiente, algas e fungos;
- eliminação de sais de ferro;
- evitar contaminação da água das torres de resfriamento, com substâncias poluentes existentes na atmosfera ambiental;
- procurar evitar contato entre materiais metálicos com potenciais muito diferentes, como ligas de ferro com ligas de cobre;
- emprego de proteção catódica para proteção de trocadores de calor com utilização de ânodos de sacrifício, como magnésio, para proteger espelhos de trocadores de calor feitos de aço-carbono;
- indicação, na fase de projeto, de velocidades adequadas da água de resfriamento a fim de dificultar a deposição de partículas sólidas, nos tubos de trocadores de calor, bem como garantir a adequada troca térmica;
- modificações nos projetos visando eliminar áreas de quedas de pressão e abruptas modificações de seções para evitar turbulência, que poderia originar cavitação ou corrosão-cavitação.

16.5 ÁGUA PARA GERAÇÃO DE VAPOR – CALDEIRAS

Caldeiras são equipamentos destinados a gerar vapor e basicamente são divididas em dois tipos: **fogotubulares** e **aguatubulares**. Nas primeiras, os gases da combustão circulam dentro dos tubos e a água é aquecida e posteriormente vaporizada, no lado externo das tubulações. Nas segundas, a água circula dentro dos tubos, inseridos entre tubulões, e os gases, provenientes do combustível queimado em uma fornalha, circulam na parte externa dos tubos.

As caldeiras fogotubulares são equipamentos simples, trabalhando com pressões e taxas de vaporização limitadas e se destinam a pequenas produções de vapor.

As caldeiras aguatubulares trabalham em todas as faixas de pressões, variando entre muito baixa pressão e pressões supercríticas. O volume de vapor gerado é ilimitado, produzindo-se a cada ano caldeiras de capacidades cada vez maiores. As caldeiras aguatubulares não são equipamentos simples como as fogotubulares e trabalham com diferentes acessórios:

- *economizador* é um feixe tubular destinado ao preaquecimento da água de alimentação das caldeiras, utilizando como fonte de calor os gases exauridos;
- *preaquecedor de ar* também é um feixe tubular destinado a preaquecer o ar para a combustão, utilizando também como fonte de calor gases exauridos da caldeira;

- *superaquecedor* é também um feixe tubular inserido na fornalha da caldeira ou em local adjacente, destinado a transformar o vapor saturado em vapor superaquecido;
- *lavadores de vapor* são dispositivos destinados a eliminar gotículas de água arrastadas pelo vapor da caldeira. São utilizados os tipos ciclones e aletados, ou a associação dos dois tipos;
- *desaeradores* são equipamentos destinados a remover gases como oxigênio, dióxido de carbono, nitrogênio etc., com a finalidade de controlar o processo corrosivo no sistema. Os desaeradores utilizam geralmente vapor em contracorrente com a finalidade de aquecer a água e deslocar os gases.

De acordo com as pressões de trabalho utilizadas, as caldeiras podem ser classificadas, segundo a American Boiler Manufacturer and Affiliated Industries Association, em:

Baixa pressão	100-400 psi	ou 7-28 kg/cm²
Média pressão	400-800 psi	ou 28-57 kg/cm²
Alta pressão	800-3.000 psi	ou 57-212 kg/cm²
Pressão supercrítica	>3.000 psi	ou >213 kg/cm²

São também aceitos os valores:

Média pressão: 400-1.500 psi (28-105 kg/cm²)
Alta pressão: > 2.000 psi (>140 kg/cm²)

Devido à importância das caldeiras para a operação das indústrias que necessitam de vapor, deve-se procurar evitar a possibilidade de processos corrosivos no sistema de geração de vapor. Por isso, o tratamento de água para uso em caldeiras tem como principais finalidades evitar corrosão e incrustações na caldeira, acessórios, economizadores e superaquecedores e produzir vapor de máxima pureza.

A corrosão no sistema de vapor, linha de vapor, turbina e condensador pode aparecer de forma uniforme e, na maior parte das vezes, na forma localizada, corrosão por pite ou alvéolo. A corrosão localizada é extremamente perigosa; porquanto, mesmo os tubos novos ou relativamente novos poderão furar, com a consequente parada do equipamento para trocá-los. Essa parada, além do prejuízo do equipamento, acarreta um prejuízo de valor incalculável, que é a parada da planta, quando não houver caldeira reserva.

As incrustações nas tubulações das caldeiras poderão acarretar falta de refrigeração das paredes dos tubos, ocorrendo elevação localizada de temperatura e, como consequência, estufamento e rompimento do tubo. Prejuízos de grande monta são decorrentes do constante aumento do consumo de óleo para gerar uma mesma quantidade de vapor, em uma caldeira que apresenta incrustações em seus tubos ou depósitos aderentes nas fornalhas. The American Society of Mechanical Engineers (ASME) apresenta parâmetros para controle da água de alimentação de caldeiras.[59]

16.5.1 Corrosão em Caldeiras

A corrosão em caldeiras é um processo eletroquímico que pode se desenvolver nos diferentes meios: ácido, neutro e básico. Evidentemente que, em função do meio e da presença de oxigênio, pode-se fazer uma distinção relativamente à agressividade do processo corrosivo: meio ácido aerado é o de maior gravidade, sendo o básico não aerado o de menor gravidade.

As reações que representam casos mais frequentes de corrosão de caldeira são especificadas a seguir:

- meio ácido

$$Fe \rightarrow Fe^{2+} + 2e$$

$$2H^+ + 2e \rightarrow H_2$$

$$Fe + 2H^+ \rightarrow Fe^{2+} + H_2$$

O meio ácido acelera o processo corrosivo, provocando uma corrosão do tipo uniforme. Os contaminantes principais são ácidos fracos, como ácido carbônico, e sais que se hidrolisam produzindo íon H⁺, como cloreto de magnésio, cloreto de cálcio, sulfato de magnésio e cloreto ferroso.

- meio neutro ou básico aerado

$$Fe \rightarrow Fe^{2+} + 2e$$

$$HOH + {}^1\!/_2 O_2 + 2e \: R \: 2OH^-$$

ocorrendo em seguida as reações:

$$Fe^{2+} + 2OH^- \rightarrow Fe(OH)_2$$

$$3Fe(OH)_2 \rightarrow Fe_3O_4 + 2H_2O + H_2$$

Em caldeiras de baixa pressão, onde a temperatura da água está abaixo de 200 °C, a experiência tem mostrado que a corrosão é controlada mantendo-se uma alcalinidade à fenolftaleína nas concentrações de 10 % a 15 % dos sólidos dissolvidos na água.

- meio não aerado

Na ausência do oxigênio em temperaturas acima de 220 °C, o ferro é termodinamicamente instável, ocorrendo a reação:

$$3Fe + 4H_2O \rightarrow Fe_3O_4 + 4H_2$$

O aço-carbono é o material normalmente usado em caldeiras. Seu comportamento é plenamente satisfatório, mesmo sabendo-se que ele é termodinamicamente instável à água, em elevadas temperaturas. A razão do seu bom comportamento é a formação de um filme de magnetita, Fe_3O_4, altamente protetor ao aço nas condições de operação das caldeiras: uma camada de magnetita na interface metal-óxido e de maghemita, $\gamma\text{-}Fe_2O_3$, na interface óxido-solução. Quando por alguma circunstância os tubos deixam de ser totalmente protegidos, a corrosão resultante toma a forma de ataque localizado do tipo pite ou alveolar. Como produto de corrosão, sobre os pites ou alvéolos se acumula um depósito preto de forma laminar, que é extremamente espesso comparado com o filme protetor da magnetita. A camada protetora de magnetita consiste em duas partes. Tomando a perlita como ponto de início, a camada interna desse filme é compacta, tem espessura uniforme e cresce na interface aço-magnetita, por migração para o interior de íons oxigênio. Simultaneamente, cátions ferro migram para a parte externa e formam uma camada externa de magnetita cristalina menos aderente. A forma laminar de magnetita, no pite ou alvéolo, é uma característica importante do processo corrosivo.

Tubos falhados em decorrência do processo corrosivo mostram depósitos pesados de magnetita não protetora sobre ou junto às falhas, enquanto o aço ao lado se mantém nas condições normais de trabalho de uma caldeira. Normalmente, essas falhas apresentam-se na zona mais quente da caldeira; nas caldeiras aguatubulares, a parte mais atingida é o lado do tubo virado para a fornalha.

Em caldeiras trabalhando com pressões superiores a 1.000 psi, a fase perlita do aço, quando o problema aparece, é totalmente destruída, provavelmente pela difusão de hidrogênio, e o aço perde toda sua resistência mecânica.

Fatores aceleradores

Os fatores que mais frequentemente podem causar ou estar associados à corrosão em caldeiras são: pH ácido, oxigênio dissolvido, teores elevados de hidróxido de sódio, teores elevados de cloretos, presença de cobre e níquel, sólidos suspensos, presença de gás sulfídrico, presença de depósitos porosos, presença de complexantes ou quelantes, *hide-out* e, menos frequentemente, correntes de fuga e choques térmicos.

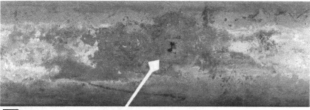

Figura 16.12 Corrosão por pite em tubo de caldeira.

pH ácido. A corrosão ácida generalizada nas superfícies internas das caldeiras, resultante do uso de águas com baixos valores de pH, toma diferentes formas, dependendo das condições da exposição. Uma forma é encontrada em caldeiras operando, e uma segunda está associada à limpeza química, durante as paradas. No primeiro caso, tem-se o uso de águas de poços artesianos com valores de pH menores que 6 ou escape de ácidos regeneradores nas unidades de desmineralização. No segundo caso, ocorre durante uma limpeza química conduzida incorretamente. As primeiras áreas afetadas são as extremidades dos tubos junto aos tubulões de vapor e de lama, porém qualquer superfície exposta ao ácido é suscetível de ataque.

Ataque ácido poderá ocorrer após a limpeza química das caldeiras, quando superfícies metálicas descontínuas, contendo fendas, pites ou restos de depósitos, permitem concentrações localizadas do ácido utilizado. Sob essas circunstâncias, o residual de ácido em contato com o metal, por tempo superior ao desejado, poderá resistir à neutralização final, no processo de limpeza química.

Oxigênio. O oxigênio pode ocasionar corrosão por aeração diferencial e fratura da magnetita protetora, estabelecendo pilha galvânica. A corrosão por aeração diferencial é verificada na maioria dos casos nas linhas de alimentação ou nos economizadores, quando a água utilizada é aerada ou a remoção do oxigênio é incompleta, ou em caldeiras fora de operação. Nas linhas de alimentação, a corrosão se estabelece após precipitação ou deposição de material em suspensão, sendo a área sob o depósito o ânodo, e a área adjacente, limpa, o cátodo. Aparecem pites cobertos com o produto de corrosão, Fe_2O_3, não protetor. Nas caldeiras paradas, a maior parte dos casos de corrosão por oxigênio no corpo e no superaquecedor das caldeiras acontece durante as paradas, após despressurização e resfriamento da água. Nesse momento, há uma difusão de oxigênio na água pela parte superior das caldeiras, estabelecendo-se sucessivas áreas de concentrações diferenciais de oxigênio. Nas pilhas formadas, as partes mais aeradas são os cátodos, e as áreas inferiores, menos aeradas, os ânodos. A maior ou menor velocidade de difusão do ar na água da caldeira é responsável pela extensão do ataque à superfície metálica, que pode se alastrar por toda a caldeira. A corrosão apresenta-se na forma de pites arredondados, distintos e profundos, que poderão estar cobertos com tubérculos de óxidos de ferro.

A magnetita, Fe_3O_4, formada no interior da caldeira em operação, pela ação do vapor de água sobre o ferro, em meio alcalino, impede a corrosão pelo oxigênio, quando as pressões de trabalho nas caldeiras são iguais ou inferiores a 12 kgf/cm³. Quando as pressões excedem esses valores, o oxigênio rompe esse filme protetor, formando Fe_2O_3, não protetor

$$2Fe_3O_4 + {}^1/_2O_2 \rightarrow 3Fe_2O_3$$

Após o Fe_2O_3 formado ser removido pela água, uma pilha se estabelece: as partes cobertas com magnetita são os cátodos, e os locais descobertos, os ânodos. A corrosão é localizada na forma puntiforme em decorrência da existência de pequenas áreas anódicas, junto a grandes áreas catódicas.

Sob depósitos porosos. Neste caso, um mecanismo para a concentração do agente corrosivo deverá ocorrer, como a presença de depósitos porosos, pites ou fendas e condições para permitir o escape de vapor.

Ácida localizada – cloretos. A concentração de sais ácidos ou de cloretos em geral, dissolvidos na água da caldeira, poderá conduzir a um dos seguintes casos:

- 1º caso – sais ácidos, como cloreto de cálcio e magnésio, poderão se hidrolisar sob depósitos, produzindo condições localizadas de baixo pH, enquanto a água no corpo da caldeira é alcalina:

$$MCl_2 + 2H_2O \rightarrow M(OH)_2 + 2H^+ + 2Cl^- \ (M = Ca \text{ ou } Mg)$$

Nessas condições de baixo pH, o filme de magnetita protetora será dissolvido e o metal propriamente dito, atacado:

$$Fe_3O_4 + 8H^+ \rightarrow Fe^{2+} + 2Fe^{3+} + 4H_2O$$

$$Fe + 2H^+ \rightarrow Fe^{2+} + H_2$$

- 2º caso – elevados teores de cloretos na água da caldeira poderão concentrar-se, em altos níveis, sob depósitos porosos ou fendas em meio aerado, provocando problema semelhante ao caso anterior.

Na presença dos íons cloreto:

$$FeCl_2 + 2H_2O \rightarrow Fe(OH)_2 + 2Cl^- + 2H^+$$

Nesse ponto, terá início uma corrosão cíclica sob o depósito ou dentro de pites e frestas, como segue:

$$Fe + 2HCl \rightarrow FeCl_2 + H_2$$
$$FeCl_2 + 2H_2O \rightarrow Fe(OH)_2 + 2HCl,$$

com regeneração constante do ácido clorídrico, HCl.

A corrosão nos dois casos se estende por todas as áreas cobertas, onde se armazenou o ácido formado.

Cáustica localizada – hidróxido de sódio. Outro problema que pode ocorrer em caldeiras é a corrosão cáustica. Hidróxido de sódio é um dos aditivos usados na água de caldeira, com a finalidade de elevar o valor de pH, para preservar o fino filme protetor. Entretanto, quando em concentrações elevadas, pode ocasionar os problemas a seguir apresentados.

Concentrações elevadas de hidróxido de sódio, soda cáustica acima de 5 %, podem migrar para fendas ou locais onde a magnetita foi previamente destruída, reagindo diretamente com o ferro, conforme a reação seguinte:

$$Fe + 2NaOH \rightarrow Na_2FeO_2 + H_2$$

Há produção de ferrito de sódio solúvel e desprendimento de hidrogênio atômico que, em seguida, passa para hidrogênio molecular. O hidrogênio formado quando no estado atômico pode se difundir entre os grãos da rede cristalina do material metálico e reagir com a cementita, carbeto de ferro (Fe_3C), constituinte do aço-carbono, ocasionando uma descarbonetação:

$$Fe_3C + 4H \rightarrow 3Fe + CH_4$$

A formação do gás metano, CH_4, entre os grãos, fragiliza o metal, possibilitando a corrosão intercristalina ou intergranular. Altas concentrações de hidróxido de sódio acumuladas sob depósitos porosos, ou em zona de *hide-out*, poderão reagir diretamente com a magnetita, formando ferrato e ferrito de sódio

$$Fe_3O_4 + 4NaOH \rightarrow 2NaFeO_2 + Na_2FeO_2 + 2H_2O$$

e, em seguida, poderá ocorrer:

$$Fe + 2NaOH \rightarrow Na_2FeO_2 + H_2$$

Pode ocorrer também o aumento da concentração de hidróxido de sódio sob camadas de vapor. Isso ocorre quando discretas bolhas de vapor nucleiam na superfície do metal, *nucleating boiling*. Quando essas bolhas se formam, pequenas concentrações de sólidos dissolvidos na água da caldeira poder-se-ão depositar na interface metal-bolhas de vapor d'água. Quando as bolhas se destacam do metal, a água poderá redissolver sólidos solúveis, como hidróxido de sódio, e se a taxa de formação de bolhas exceder a taxa de redissolução, o hidróxido de sódio e outros sólidos dissolvidos, ou suspensos, começam a se concentrar. O aumento da concentração de hidróxido de sódio ocasiona comprometimento do filme de magnetita ocorrendo corrosão do metal com aspecto semelhante à goivadura, côncava e lisa. Situação similar ocorre quando depósitos porosos, provenientes da água, formam-se no metal. Vapores, formados sob esses depósitos, ao escaparem deixam um resíduo cáustico corrosivo que poderá ocasionar goivadura.

Solução concentrada de hidróxido de sódio é responsável também por outra forma de deterioração dos tubos de caldeira, a **fragilidade cáustica** ou **fendimento por álcali**. A combinação de soda cáustica e solicitação mecânica poderá causar fraturas no material, inviabilizando a sua continuidade operacional. A soda cáustica reage, como já visto, com a magnetita e, em seguida, com o metal. Na reação com o metal, há formação de hidrogênio, inicialmente no estado atômico, H, passando para hidrogênio molecular, H_2. O hidrogênio atômico difunde para o interior do metal reagindo com o carbeto de ferro, formando metano, que não se difunde no metal, tendendo a se acumular nos contornos dos grãos e ocasionando trincas intergranulares. A extensão e a profundidade dessas trincas são função da concentração de soda cáustica acumulada nas frestas e da temperatura. A temperatura influi na evaporação da água alcalina na fresta e, consequentemente, no aumento da concentração do hidróxido de sódio localizada, influindo, também, na velocidade das reações entre esse hidróxido e a magnetita e o ferro.

A maior incidência da fragilidade cáustica ou fendimento por álcali ocorria nas caldeiras rebitadas. Frestas existentes entre os rebites e a chapa da caldeira permitiam a fuga de vapor deixando um filme concentrado de solução de hidróxido de sódio na fresta, que induzia a corrosão por fragilidade cáustica, com o aparecimento de trincas capilares, irradiando-se da periferia dos furos dos rebites para o interior do metal. Quando a corrosão atinge estágio avançado, as trincas propagam-se de um furo do rebite para outro, com falhas catastróficas.

A substituição das caldeiras rebitadas pelas caldeiras soldadas diminuiu sensivelmente o problema sem, entretanto, eliminá-lo, pois permanecem, ainda, áreas propícias à corrosão por *fragilidade cáustica*: tubos mandrilados, cordão de solda e frestas em geral como entre flanges, entre parafusos e porcas.

Cloretos. Concentrações elevadas de cloretos poderão migrar para fendas ou locais onde o filme de magnetita protetora foi rompido. Devido à alta mobilidade dos íons cloreto, eles reagem mais rapidamente com o íon Fe^{2+} do que as hidroxilas, formando cloreto de ferro, $FeCl_2$, que se hidrolisa provocando a formação de ácido clorídrico:

 Figura 16.13 Corrosão em caldeira provocada por partículas de bronze (liga de cobre) arrastadas por erosão em impelidor de bomba.

$$FeCl_2 + 2H_2O \rightarrow 2HCl + Fe(OH)_2$$

e o HCl formado atacará o ferro:

$$Fe + 2HCl \rightarrow FeCl_2 + H_2$$

Pelas reações, observa-se que o processo é cíclico, pois o $FeCl_2$ poderá novamente sofrer hidrólise, e parece ser explicação para a corrosão acelerada que produz grandes alvéolos e pites nas tubulações. Uma análise no depósito indicará a presença de íons cloreto, sob a forma de cloreto básico de ferro.

Cobre e níquel – corrosão galvânica. Esses metais são normalmente encontrados nas linhas de vapor e condensado e podem ser conduzidos para as caldeiras de duas maneiras:

- sob a forma de íons Cu^{2+} ou Ni^{2+} ou complexados sob a forma de $Cu(NH_3)_4^{2+}$ ou $Ni(NH_3)_4^{2+}$, pelo ataque, respectivamente, do ácido carbônico ou da amônia, nos tubos de condensadores de vapor ou nos registros;
- no estado de partículas metálicas, pela ação da erosão ou cavitação nas tubulações e impelidores ou rotores de bombas.

De acordo com o estado de limpeza da caldeira, cobre ou níquel metálico poderão inserir-se em fendas ou embaixo das partes mandriladas dos tubos, em maior ou menor quantidade, produzindo um número, às vezes grande, de pilhas galvânicas, onde o aço, usado nas caldeiras, funciona como ânodo sofrendo corrosão. A intensidade é maior no tubulão inferior da caldeira, devido ao peso específico das partículas.

Os complexos amoniacais de cobre ou níquel conduzidos para a caldeira se decompõem pela ação do calor, produzindo óxidos de cobre e níquel. O óxido de cobre poderá ser reduzido pelo ferro para cobre metálico, sendo este último depositado nos mesmos pontos já citados:

$$4CuO + 3Fe \rightarrow Fe_3O_4 + 4Cu$$

O óxido de níquel também poderá ser reduzido pelo ferro, provocando ataque semelhante ao do cobre.

Os íons Cu^{2+} são reduzidos pelo ferro, formando cobre metálico

$$Fe + Cu^{2+} \rightarrow Fe^{2+} + Cu$$

tendo-se, então, ataque do ferro pelos íons Cu^{2+} e posterior formação de corrosão galvânica devida à pilha Fe-Cu.

Sólidos suspensos. Os sólidos suspensos são facilmente depositados, de forma não aderente, em regiões estagnantes e de alta transferência de calor, podendo ocorrer migração de íons cloreto e soda cáustica para seu interior, originando os processos corrosivos já comentados.

Gás sulfídrico. O gás sulfídrico pode contaminar a água da caldeira das seguintes maneiras:

- absorção, pela água de alimentação, do gás sulfídrico do meio ambiente próximo a regiões pantanosas, refinarias de petróleo ou estação de tratamento de efluentes;
- impureza de sulfeto de sódio no sulfito de sódio usado como redutor em caldeiras, para eliminação de oxigênio;
- degradação de sulfito de sódio, Na_2SO_3, não catalisado, usado em caldeiras para remoção de oxigênio, ou pelo seu uso em temperaturas elevadas, acima de 260 ºC,

$$4Na_2SO_3 + 2H_2O \rightarrow 3Na_2SO_4 + H_2S + 2NaOH$$

O gás sulfídrico reage com diferentes metais, produzindo os sulfetos metálicos correspondentes. No caso específico do ferro, o sulfeto de ferro, FeS, formado apresenta-se na forma de manchas pretas.

Complexantes ou quelantes – corrosão quelante. Tem sido utilizado o tratamento complexométrico, em águas de caldeiras, utilizando agentes complexantes ou quelantes, como o etilenodiamino tetracetato de sódio, EDTA Na_4, ou o nitrilotriacetato de sódio, NTA Na_3. Essas substâncias têm condições de, em meio alcalino, formar quelatos com o íon Fe^{2+}. Suas utilizações em caldeiras deverão ser feitas, em meio redutor, com dosagens estequiométricas e contínuas. O uso descontrolado desses quelantes, possibilitando excessos elevados, mesmo que temporário, poderá ter como consequência o ataque do Fe^{2+} da magnetita, $FeO \cdot Fe_2O_3$, com perda de sua característica protetora, ocorrendo a corrosão, geralmente uniforme, na superfície dos tubos, podendo aparecer aspecto rugoso. A superfície atacada fica livre de produtos de corrosão, pois os complexos (quelatos) formados são solúveis. As áreas mais sujeitas são as dos equipamentos purificadores de vapor, especialmente os do tipo ciclone.

Hide-out. Pode-se considerar que haja sempre um líquido superaquecido, em contato com a superfície metálica dos tubos das caldeiras, nas áreas de geração de vapor. A alta temperatura nessa superfície pode originar a formação de vapor diretamente na mesma, ocasionando o aumento da concentração de sólidos dissolvidos na água da caldeira. Quando a concentração de determinado sólido, nessa região, exceder sua solubilidade, é evidente que ele cristalizará sobre a superfície dos tubos. Esse fenômeno é conhecido com o nome de **hide-out** ou **ocultamento**. Tem-se, então, que a concentração desses sólidos na água aquecida circulando na caldeira é menor do que a da região de *hide-out*.

O problema ocorre principalmente quando a caldeira está trabalhando em cargas máximas,[60] em zonas de alta taxa de transferência de calor, normalmente quando esta taxa excede de 100.000 BTU/ft^2/hora.

O *hide-out* é mais comumente verificado com hidróxido de sódio e com fosfato de sódio, Na_3PO_4, sendo, com o último, facilmente compreensível, pois a solubilidade do Na_3PO_4 aumenta até 121 °C, em que é cerca de 95 g por 100 mL de água, daí começando a decrescer, apresentando os valores: a 204 °C, 60 g/100 mL, e, a 288 °C, 3 g/100 mL.

O *hide-out* é identificado por análises sucessivas da água da caldeira, em espaços de hora, quando a mesma em carga máxima é desligada e os produtos de tratamento deixam de ser dosados. Assim, por exemplo, se o teor de fosfatos na água da caldeira, em carga máxima, apresentar valores em torno de 10 ppm e se, com a redução de geração de vapor, esse valor aumentar para cerca de 30 ppm, pode-se admitir que houve o fenômeno de *hide-out*, pois houve aumento da concentração desses sais na água da caldeira, confirmando que os sais cristalizados devido ao *hide-out* tornaram a se solubilizar.

O problema do *hide-out* pode existir quando há incidência de chama numa determinada região da caldeira, formando *hot spot*.

A consequência do *hide-out* é a falta de refrigeração das paredes do tubo onde ele se estabelece, contribuindo para que atinja seu ponto de amolecimento. Nessas condições, o tubo sofre estufamento e pode se romper, ocorrendo formação do chamado "joelho" ou "laranja" nos tubos.

Corrente de fuga. A corrosão por corrente de fuga pode ocorrer quando se tem a caldeira próximo a fontes de corrente contínua, como máquinas de solda, precipitadores eletrostáticos, instalações de eletrodeposições e casas de força. As frações de correntes, provenientes de uma dessas fontes, podem sair do circuito elétrico previamente estabelecido, através do solo, e penetrar na caldeira, provavelmente pelo espelho. Em seguida, percorrer a tubulação, sair em determinado ponto para a água e, procurando o seu melhor caminho, retornar para o circuito original. O ponto de saída da corrente para a água é a área anódica onde se processa a corrosão.

As medidas mais usuais de proteção contra a corrosão por corrente de fuga ou corrosão eletrolítica são aterramento da caldeira, por procedimento adequado, e localização da caldeira o mais afastado possível das fontes de corrente contínua.

Choques térmicos. As temperaturas dos tubos das caldeiras variam consideravelmente devido às condições de trabalho nelas existentes. Em decorrência dessas variações, há contrações e dilatações diferentes entre a magnetita protetora e o aço, com o consequente rompimento da película de magnetita. Esse rompimento poderá produzir pequenas áreas anódicas, aço exposto, e grandes áreas catódicas, aço protegido com magnetita, provocando intenso ataque localizado nas pequenas áreas anódicas.

Regiões críticas. Deve-se considerar que existem certas regiões nas caldeiras que são mais sujeitas à corrosão, devendo-se relacionar principalmente aquelas associadas a regiões de alta transferência de calor em zona de combustão, tubos soldados, tubos mal-laminados e com fendas, extremidades de tubos repuxados e tubos incrustados, conforme detalhado a seguir.

Um exemplo de regiões de alta transferência de calor em zona de combustão é a de caldeiras trabalhando em sobrecarga que, quando a taxa de transferência de calor aumenta

Figura 16.15 Tubo de caldeira com incrustação predominante de fosfato de cálcio.

Figura 16.14 Estufamento, e rompimento, em tubo de caldeira devido ao *hide-out*.

Figura 16.16 Tubo de caldeira com incrustação de carbonato de cálcio.

excessivamente, poderão produzir *hot spots* nos tubos virados para a fornalha, devido ao impingimento de chama, ao deslocamento de escórias e à baixa circulação de água. Esses pequenos *hot spots* estão cercados de grandes áreas frias, que são potencialmente catódicas, enquanto o metal quente, em muitas circunstâncias, é anódico, conduzindo, portanto, à corrosão.

Em *tubos soldados*, o cordão de solda poder-se-á fender com problemas de superaquecimento, com rompimento do filme protetor de magnetita e, consequentemente, o local estará sujeito aos diferentes casos de corrosão.

No caso de *tubos mal-laminados*, pode-se ter espessura de parede menor do que a necessária para suportar as pressões de trabalho da caldeira, e o estufamento nessas áreas normalmente aparece. No caso de *fendas*, estas são locais potencialmente sujeitos à corrosão por soda cáustica ou íons cloreto, devido à elevação de concentração dessas substâncias nas fendas.

Nas *extremidades de tubos repuxados*, deformações deixam o material tensionado. Essas áreas atuam como ânodos, e as áreas adjacentes, não deformadas, como cátodos, oferecendo condição para corrosão. A presença de íons cloreto e álcalis cáusticos junto a essas áreas evidentemente acelera o processo corrosivo.

No caso de *tubos incrustados*, sabemos que incrustações em caldeiras são decorrentes de sais minerais dissolvidos ou em suspensão na água de alimentação. Os principais depósitos encontrados nos tubos das caldeiras são carbonato de cálcio, sulfato de cálcio, silicato de cálcio ou magnésio, silicatos complexos contendo ferro, alumínio, cálcio e sódio, borras de fosfatos de cálcio ou magnésio e óxidos de ferro não protetores. Incrustações, conforme sua natureza química, podem ser extremamente isolantes, impedindo a necessária refrigeração dos tubos. A Tabela 16.8 mostra as condutividades térmicas decrescentes de vários materiais usados em caldeiras e de vários tipos de crostas.[61] As incrustações nas superfícies de aquecimento das caldeiras acarretam problemas de extrema gravidade, como:

- aumento no consumo de óleo combustível – depósitos de baixa condutividade térmica e elevada espessura provocam uma baixa transferência de calor, ocasionando fraco rendimento da caldeira. O aumento de consumo de óleo normalmente observado chega a até 30 %, onerando extremamente o custo do vapor;
- formação de áreas propícias à corrosão – quando tais depósitos são de natureza porosa, a migração da soda, ou de íons cloreto para baixo deles, ocasiona os tipos de corrosão já estudados;
- ruptura dos tubos por fluência – o superaquecimento do metal modifica sua estrutura cristalina, fazendo-o perder suas características de resistência à pressão. Neste caso, os tubos sofrem estufamento. A ruptura ocorre quando a temperatura do metal ultrapassa sua temperatura limite de segurança, por períodos prolongados, levando a dilatação e rompimento por fendilhamento, nos limites dos grãos.

Tabela 16.8 Influência das incrustações na condutividade térmica.

Materiais	BTU/ft² · h (°F/polegada)
Aço de caldeira	310
Crosta de fosfato de cálcio	25
Crosta de magnetita	20
Crosta de sulfato de cálcio	16
Crosta de fosfato de magnésio	15
Crosta de analcita (NaAlSi$_2$O$_6$ · H$_2$O)	8,8
Tijolos refratários	7
Tijolos isolantes	0,7
Crostas de silicato poroso	0,6

Neves e Bernasconi[62] verificaram falhas em tubos de caldeiras como abaulamento (formação de "laranjas"), corrosão, fadiga, dano por hidrogênio, corrosão sob refratário e fluência em tubo de superaquecedor, apresentando mecanismo responsável por essas falhas e registro fotográfico.

16.5.2 Corrosão em Linhas de Condensado

Condensado pode-se tornar corrosivo, pela presença no vapor de gases como oxigênio, dióxido de carbono, amônia, dióxido de enxofre e gás sulfídrico.

O oxigênio é o principal agente corrosivo em linhas de condensado. Na mesma concentração que o dióxido de carbono, sua taxa de corrosão é de seis a dez vezes maior. Essa corrosão é do tipo localizado com formação de pites. Quando os dois gases estão associados, a taxa de corrosão poderá atingir 40 % a mais do que a soma das taxas de corrosão dos dois gases, medidas separadamente.

O CO_2, no condensado, pode provir da:

- presença de CO_2 livre na água;
- decomposição dos bicarbonatos solúveis pela ação do calor:

$$Ca(HCO_3)_2 \rightarrow CaCO_3 + H_2O + CO_2$$

- hidrólise de carbonato de sódio:

$$Na_2CO_3 + 2H_2O \rightarrow 2NaOH + H_2O + CO_2$$

O ataque do ácido carbônico às linhas de condensado é uniforme e, de acordo com a concentração de ácido presente, haverá intensa perda de massa, preferencialmente em partes rosqueadas e curvas, com rompimento do metal.

No caso de vapor superaquecido, a ação do CO_2 sobre o ferro é a seguinte:

$$Fe + CO_2 + H_2O \rightarrow FeCO_3 + H_2,$$

isto quando a temperatura é superior a 260 °C e aproximadamente 50 atmosferas de pressão. O $FeCO_3$ formado retorna com o condensado para a caldeira onde ele se decompõe, segundo as reações:

$$6FeCO_3 + H_2O + {}^1/_2O_2 \rightarrow 2Fe_3O_4 + 6CO_2 + 2H$$

$$CO_2 + 2H \rightarrow CO + H_2O$$

somando-se, tem-se reação total

$$6FeCO_3 + {}^1/_2O_2 \rightarrow 2Fe_3O_4 + 5CO_2 + CO$$

Essas reações ocorrem em torno de 500 °C, e o CO_2 liberado retorna ao processo corrosivo. Se o teor de CO_2, na água de alimentação, não ultrapassar 10 mg por litro, a corrosão por esse gás é desprezível.

O óxido cúprico ou o cobre em meio aerado também reage, conforme as equações:

$$Cu + {}^1/_2O_2 + 2H_2CO_3 \rightarrow Cu(HCO_3)_2 + H_2O$$

$$CuO + 2H_2CO_3 \rightarrow Cu(HCO_3)_2 + H_2O$$

A amônia pode contaminar o vapor por uma das seguintes condições ou pelas suas associações:

- presença de amônia na água de alimentação;
- decomposição de material nitrogenado na água de alimentação;
- decomposição da hidrazina, usada na fase de desareação, conforme a reação:

$$3N_2H_4 \rightarrow 4NH_3 + N_2$$

A amônia ataca o cobre e óxido de cobre na presença de oxigênio, de maneira acelerada,

$$Cu + {}^1/_2O_2 + 4NH_4OH \rightarrow Cu(NH_3)_4(OH)_2 + 3H_2O$$

$$CuO + 4NH_4OH \rightarrow Cu(NH_3)_4(OH)_2 + 3H_2O$$

O ácido sulfídrico é bastante reativo, atacando metais como o ferro e o cobre, mesmo na ausência de oxigênio, formando os respectivos sulfetos:

$$Fe + H_2S \rightarrow FeS + H_2$$

$$Cu + H_2S \rightarrow CuS + H_2$$

16.5.3 Corrosão no Lado do Fogo

Estudo detalhado encontra-se no Capítulo 14, item 14.9.8.

16.5.4 Prevenção de Corrosão em Caldeiras

A fim de controlar o processo corrosivo nos sistemas de geração de vapor, deverão ser feitos:

- tratamentos externos nas águas de alimentação;
- tratamentos internos nas águas de caldeiras.

Tratamentos externos

Remoção da turbidez e cor. Águas utilizadas em alimentação de caldeiras deverão ser clarificadas, isto é, isentas de sólidos suspensos a fim de evitar o aumento de depósitos nas superfícies de geração de vapor. A clarificação é feita utilizando-se agentes de floculação em equipamentos adequados e evitando-se correções do pH com cal, para não aumentar o grau de dureza da água. A água, depois de floculada e sedimentada, é filtrada em filtros de areia, a fim de eliminar pequenos flocos sobrenadantes.

Remoção de ferro e manganês. Ferro e manganês encontram-se solúveis em água de alimentação, geralmente no estado reduzido, Fe^{2+} e Mn^{2+}. A oxidação de ambos, utilizando-se torres de aeração apropriadas, torna-os insolúveis, permitindo sua remoção da água, por decantação e filtração. A fim de acelerar a oxidação do ferro e manganês na água, é costume fazer uma pré-cloração, mantendo um residual de cloro de 2 ppm. Quando se procede deste modo, a água, antes de alimentar as caldeiras, deverá passar por filtros de carvão ativado, a fim de eliminar todo o cloro, passando a ter concentrações de ferro, Fe^{3+}, menores que 0,05 ppm.

Remoção de dureza. Quando a dureza existente na água de alimentação ultrapassa determinados valores, 50 ppm, por exemplo, os tratamentos internos tornam-se difíceis ou mesmo impossíveis, porquanto a quantidade de depósito formado é tão grande que não poderá ser eliminado. Esse depósito tende a aderir na tubulação, dificultando a troca térmica.

Os processos utilizados para redução da dureza são:

- abrandamento de água, com dureza temporária, para valores em torno de 20 ppm pela utilização de hidróxido de cálcio, com consequente formação de carbonato e hidróxido insolúveis:

$$Ca(HCO_3)_2 + Ca(OH)_2 \rightarrow 2CaCO_3 + 2H_2O$$

$$Mg(HCO_3)_2 + Ca(OH)_2 \rightarrow MgCO_3 + CaCO_3 + 2H_2O$$

$$MgCO_3 + H_2O \rightarrow Mg(OH)_2 + CO_2$$

- abrandamento da água com dureza temporária e permanente para valores em torno de 20 ppm, utilizando-se uma mistura de hidróxido de cálcio e barrilha, $Ca(OH)_2$ e Na_2CO_3:

$$Ca(HCO_3)_2 + Ca(OH)_2 \rightarrow 2CaCO_3 + 2H_2O$$

$$CaSO_4 + Na_2CO_3 \rightarrow CaCO_3 + Na_2SO_4$$

- redução da dureza total a zero, utilizando-se resinas trocadoras ou permutadoras de íons de natureza catiônica: abrandamento usando resina catiônica forte. A água clarificada passa em um leito de resina catiônica forte, no ciclo sódio. Os íons Ca^{2+} e Mg^{2+}, solúveis na água, são retidos no grupamento ácido sulfônico, e os íons Na^+, da resina, liberados para a água. Esse processo retira somente os íons formadores de dureza e tem grande emprego industrial.

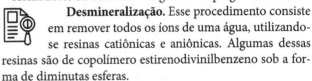

Desmineralização. Esse procedimento consiste em remover todos os íons de uma água, utilizando-se resinas catiônicas e aniônicas. Algumas dessas resinas são de copolímero estirenodivinilbenzeno sob a forma de diminutas esferas.

As resinas mais utilizadas são:

- resinas catiônicas fortemente ácidas, para eliminar cálcio, magnésio, sódio e potássio;
- resina aniônica fortemente básica, para eliminar cloretos, sulfatos, nitratos, bicarbonatos e silicatos.

Representando a resina catiônica por R—H e a resina aniônica por R—OH, em que R é o grupamento sulfônico, pode-se esquematizar, exemplificando com água contendo cloreto de cálcio, $CaCl_2$

$$2R\,H + Ca^{2+} \rightarrow R_2Ca + 2H^+$$

$$2R\,OH + 2Cl^- \rightarrow 2R\,Cl + 2OH^-$$

obtendo-se, então, a água desmineralizada ou deionizada, isto é, livre de sais.

Após certo tempo de operação, a resina fica saturada, isto é, esgota sua capacidade de troca iônica. A regeneração é feita usando-se ácido clorídrico para a resina catiônica e hidróxido de sódio para a resina aniônica

$$R_2Ca + 2HCl \rightarrow 2R\,H + CaCl_2$$

$$R\,Cl + NaOH \rightarrow R\,OH + NaCl$$

Em alguns casos, faz-se o abrandamento da água, isto é, substituição de íons incrustantes como Ca^{2+} e Mg^{2+} por outros não incrustantes, tendo-se, então, a chamada água abrandada livre de íons incrustantes

$$2R\,Na^+ + Ca^{2+} \rightarrow R_2Ca + 2Na^+$$

$$2R\,Na^+ + Mg^{2+} \rightarrow R_2Mg + 2Na^+$$

Essas resinas podem ser usadas em colunas separadas ou uma só coluna de leito misto. A eficiência das resinas é função da regeneração correta, ausência de cloro, de ferro, de matéria orgânica e de sólidos suspensos na água.

Resinas polidoras são utilizadas em leito misto, para eliminar impurezas no condensado que retorna para a caldeira.

Remoção de gases. Visto que o aumento na elevação da temperatura reduz a solubilidade dos gases na água, como oxigênio e dióxido de carbono, o uso de desaeradores é normalmente feito, aquecendo a água com vapor em contracorrente. A retirada do oxigênio ou gases dissolvidos, como CO_2, H_2S, NH_3, por processos mecânicos, é feita regulando-se as condições de temperatura e pressão de maneira que os gases se tornem insolúveis, favorecendo, assim, a eliminação deles da água. A desaeração a vácuo, é feita a frio, por abaixamento de pressão, na qual a água é jateada para uma câmara sob alto vácuo, onde os gases dissolvidos são, então, removidos por uma bomba de ar.

A desaeração mecânica da água consegue reduzir de aproximadamente 95 % o teor de oxigênio. Para se chegar a teores menores, combina-se a desaeração mecânica com a química.

A Tabela 16.9, com dados experimentais de Speller,[63] mostra os níveis adequados de concentração de O_2, em água desaerada, para o controle da corrosão em sistemas utilizando aços.

Tabela 16.9 Concentração máxima de oxigênio para diversos sistemas de água.

Sistemas	Concentração Máxima de Oxigênio	
	ppm	mL/L
Água fria	0,3	0,2
Água quente	0,1	0,07
Caldeira (baixa pressão, 250 psi)	0,03	0,02
Caldeira (alta pressão)	0,005	0,0035

Tratamentos internos

Os tratamentos internos nas caldeiras têm como finalidade remover o oxigênio, corrigir o valor de pH da caldeira, evitar incrustações ou depósitos nas superfícies de geração de vapor e neutralizar o ácido carbônico nas linhas de vapor condensado.

Remoção química de oxigênio. *Desaeração com sulfito de sódio.* Emprega-se a desaeração com sulfito de sódio, Na_2SO_3, para retirar oxigênio dissolvido, de acordo com a reação:

$$Na_2SO_3 + 1/2\,O_2 \rightarrow Na_2SO_4$$

O uso de sulfito de sódio acarreta um constante aumento dos sólidos dissolvidos na água da caldeira, pois há formação de sulfato de sódio, Na_2SO_4.

Deve-se controlar a quantidade de sulfito de sódio e, consequentemente, a de sulfato de sódio para evitar reações secundárias indesejáveis. O excesso de sulfito, existente em água de alimentação de caldeira, se decompõe a temperaturas e pressões elevadas, de acordo com a equação:

$$4Na_2SO_3 \xrightarrow{275\,°C} Na_2S + 3Na_2SO_4$$

e o sulfeto pode, então, reagir com o sulfito, obtendo-se tiossulfato, $Na_2S_2O_3$, que pode se decompor, dando enxofre coloidal:

$$2Na_2S + 4Na_2SO_3 + 3H_2O \rightarrow 3Na_2S_2O_3 + 6NaOH$$

Pode-se ter a hidrólise do Na_2SO_3:

$$Na_2SO_3 + H_2O \rightarrow 2NaOH + SO_2$$

ocasionando a contaminação do vapor com SO_2 e a formação de condensado ácido.

Outro inconveniente de se usar sulfito em excesso é que o sulfato de sódio formado pode ser reduzido a sulfeto pelo hidrogênio que pode resultar da reação de vapor d'água com o ferro aquecido. Tem-se, então, a possível redução de sulfato e de sulfito:

$$Na_2SO_4 + 4H_2 \rightarrow Na_2S + 4H_2O$$
$$Na_2SO_3 + 3H_2 \rightarrow Na_2S + 3H_2O$$

Pelas reações anteriores, observa-se que é possível chegar ao sulfeto pelo uso de sulfito em excesso, o que deve ser evitado, pois em água o sulfeto pode hidrolisar, dando gás sulfídrico

$$Na_2S + 2H_2O \rightarrow H_2S + 2NaOH$$

Os gases provenientes da decomposição poderão ocasionar condensados ácidos e, além disso, o ácido sulfídrico provoca corrosão acelerada em tubos feitos com ligas de cobre ou níquel, existentes em condensadores de turbinas.

A reação do sulfito com o oxigênio é lenta em temperaturas normais e relativamente rápida em temperaturas elevadas. Para acelerar essa reação são usados catalisadores, como sais de cobalto e de cobre. Pye[64] observou que a adição de 1 ppm de Cu^{2+} faz com que 80 ppm de sulfito reajam com 8 ppm a 10 ppm de oxigênio em cerca de 5 minutos, ao passo que o tempo de reação é reduzido para um minuto, usando-se 0,001 ppm de Co^{2+}, e para 15 a 20 segundos, usando-se 0,01 ppm de Co^{2+}.

O controle de dosagem de sulfito na água da caldeira é feito mantendo um excesso que poderá variar entre 10 ppm e 40 ppm em SO_3^{2-}. A quantidade normal de produto utilizada é de 10 g para cada 1 ppm de oxigênio na água.

A utilização de sulfito catalisado é de fácil controle, porquanto excessos mais elevados do que os sugeridos não criarão problemas de auto-oxirredução, desde que as pressões de trabalho das caldeiras não ultrapassem de 700 psi.

Desaeração com hidrazina. A remoção do oxigênio pela hidrazina produz água e nitrogênio, gás inerte que se desprende com o vapor, e é expelido no desaerador

$$N_2H_4 + O_2 \rightarrow N_2 + 2H_2O$$

Ao contrário do sulfito de sódio, o uso de hidrazina evita o aumento de sólidos dissolvidos na água da caldeira. A hidrazina não reage totalmente com o oxigênio, quando a água se encontra à temperatura ambiente, sendo, entretanto, completa a sua reação nas temperaturas reinantes dentro das caldeiras em operação. Quando se pretende remover oxigênio em águas de alimentação, para proteger as suas linhas, usa-se hidrazina ativada, utilizando-se, para isto, catalisadores orgânicos, como hidroquinona.

O controle do tratamento com hidrazina deverá ser rígido, mantendo-se um excesso de produto na água da caldeira, de acordo com suas pressões de trabalho. Caldeiras de baixa e média pressão poderão trabalhar com excessos entre 0,1 ppm a 0,5 ppm em N_2H_4 e as de alta pressão deverão ter esses excessos limitados entre 0,05 ppm e 0,1 ppm em N_2H_4.

O controle do excesso de hidrazina na água da caldeira se deve ao fato de sua possível decomposição em nitrogênio e amônia, em função de suas concentrações e da temperatura da água na caldeira. Inicia a decomposição em torno de 200 °C, atingindo o máximo a 315 °C.

$$3N_2H_4 + calor \rightarrow 4NH_3 + N_2$$

Segundo Dickinson e colaboradores,[65] a decomposição ocorre da seguinte forma:

$$2N_2H_4 \rightarrow N_2 + H_2 + 2NH_3$$

A amônia formada pode causar corrosão em ligas de cobre no sistema de condensadores, em que o oxigênio acidentalmente contamine o condensado, tendo-se a reação:

$$Cu + 4NH_3 + 1/2 O_2 + H_2O \rightarrow Cu(NH_3)_4(OH)_2$$

Além das vantagens de não aumentar, os sólidos dissolvidos na água da caldeira e poder trabalhar em caldeiras de pressões elevadas, ela também acelera a formação de magnetita protetora

$$6Fe_2O_3 + N_2H_4 \rightarrow 4Fe_3O_4 + N_2 + 2H_2O$$

Outros redutores, desenvolvidos mais recentemente, são utilizados em caldeiras de média e alta pressão, tanto pela eficiência quanto pelas suas propriedades não cancerígenas, ao contrário da hidrazina, que, por ter caráter cancerígeno, tem seu uso proibido em algumas indústrias. Entre esses redutores estão hidroquinona, dietilidroxilamina, metiletilcetoxima, carboidrazida (ou carbazida) e eritorbato[66] (sal do ácido isoascórbico ou ácido eritórbico).

A hidroquinona reage com oxigênio, formando quinona

$$2 \underset{OH}{\underset{|}{C_6H_4}}OH + O_2 \rightarrow 2 \underset{O}{\underset{\|}{C_6H_4}}O + 2H_2O$$

A dietilidroxilamina reage com o oxigênio:

$$4(CH_3CH_2)_2NOH + 9O_2 \rightarrow 8CH_3COOH + 2N_2 + 6H_2O$$

A metilcetoxima reage com oxigênio formando produtos voláteis

$$2 \,\text{(metilcetoxima)} \,C=N-OH + O_2 \rightarrow 2 \,\text{(metilcetona)}\, C=O + H_2O + N_2O$$

A carboidrazida reage com o oxigênio da seguinte forma:

$$R-C(=O)NH\cdot NH_2 + O_2 \rightarrow R-C(=O)OH + N_2 + H_2O$$

As vantagens do uso desses redutores de oxigênio estão na ausência de propriedades cancerígenas e na presença de valores extremamente baixos de ferro e cobre na água de alimentação.

A hidroquinona, a carboidrazida e o eritorbato não são voláteis; já a dietilidroxilamina e a metiletilcetoxima são substâncias voláteis.

Como complemento, embora não utilizados em caldeiras, tem-se o uso de bissulfito de amônio, NH_4HSO_3, como bom reagente para eliminação de oxigênio e de hidrogênio, adicionado em água pressurizada de reatores nucleares, que se combina com o oxigênio, para prevenir corrosão intergranular nas zonas termicamente afetadas na soldagem.[67]

Neutralização de dióxido de carbono. O CO_2 reage com a água formando ácido carbônico:

$$CO_2 + H_2O \rightarrow H_2CO_3$$

O ácido carbônico, como visto anteriormente, ataca o ferro em meio aerado e não aerado e o cobre em meio aerado, ou quando no estado oxidado. A fim de neutralizar sua acidez, utilizam-se aminas voláteis, que são bases relativamente fortes: um ligeiro excesso de aminas, quando hidrolisadas, aumentará o valor de pH do condensado. As **aminas** utilizadas na proteção das linhas de vapor podem ser as **neutralizantes**, ou as **formadoras de filme** em toda a superfície metálica, que ficam em contato com CO_2, ou oxigênio.

Entre as aminas neutralizantes têm-se as alicíclicas, dietiletanolamina, $C_2H_5OHN \cdot (C_2H_5)_2$, e as cíclicas, cicloexilamina, $C_6H_{11}NH_2$, e morfolina, C_4H_9NO.

As neutralizantes sofrem hidrólise segundo a reação geral

$$R - NH_2 + H_2O \rightarrow RNH_3^+ + OH^-$$

e neutralizam o H^+ proveniente da reação

$$CO_2 - H_2O \rightarrow H^+ + HCO_3^-$$

$$OH^- + H^+ \rightarrow H_2O$$

As propriedades necessárias para que funcionem a contento são: basicidade, estabilidade contra decomposição no desaerador e razão ou fator de distribuição nas fases vapor e água.

O fator de distribuição de uma amina é a relação entre a amina na fase vapor e a amina na fase água. Aminas com razão ou fator de distribuição maior do que 1 são indicadas para proteção de sistemas extensos, isto é, passando em diferentes linhas para serem devidamente protegidas. Aminas com fator de distribuição menor do que 1 são utilizadas em sistemas em que o vapor é utilizado somente em uma turbina, isto é, sistemas de pouca extensão. Sistemas utilizando turbinas e possuindo linhas de grande extensão deverão utilizar misturas de aminas com diferentes fatores de distribuição, para atingir toda a extensão da linha.

Os fatores de distribuição de algumas aminas são:

Morfolina	0,3
Cicloexilamina	4,0
Dietiletanolamina	1,7
Dimetilisopropanolamina	1,7
Amônia	10,0

Os valores de pH utilizados no controle da corrosão variam entre 8,0 e 9,0 nos grandes sistemas e 8,5 e 9,0 nos sistemas pequenos, utilizando-se turbinas.

As aminas de filme são produtos contendo longa cadeia como a octadecilamina. Essas aminas formam película sobre a superfície metálica, impedindo, quando uniformemente distribuídas, corrosão pelo CO_2 e O_2. A quebra da película conduz a corrosão localizada, sendo este um motivo de limitação de seu uso.

A associação de aminas neutralizantes com aminas de filme muitas vezes é utilizada em sistema de proteção de linhas de vapor e condensado, com sucesso.

Caldeiras de baixa e média pressão

Tratamento precipitante: fosfato + polímeros. Neste tratamento, usam-se ortofosfato e polifosfato. Entre os ortofosfatos têm-se ácido fosfórico, monoidrogenofosfato de sódio, di-hidrogenofosfato de sódio e fosfato trissódico. As reações entre eles e os sais de cálcio e magnésio deverão ser feitas em meio alcalino, a fim de proporcionar uma reação completa, com formação de fosfato de cálcio, $Ca_3(PO_4)_2$, como exemplificado com o di-hidrogenofosfato de sódio:

$$2NaH_2PO_4 + 3Ca(HCO_3)_2 + 4NaOH \rightarrow Ca_3(PO_4)_2 + 3Na_2CO_3 + 3CO_2 + 7H_2O$$

No interior da caldeira, o fosfato de cálcio em meio alcalino e pela ação de calor produzirá a hidroxiapatita cristalina:

$$10Ca_3(PO_4)_2 + 6NaOH \rightarrow 3Ca_{10}(PO_4)_6(OH)_2 + 2Na_3PO_4$$

Os polifosfatos, como o tripolifosfato, ao contrário dos ortofosfatos, são agentes antiprecipitantes. Nas temperaturas abaixo de 100 ºC, eles evitam precipitações nas linhas de alimentação das caldeiras e economizadores. Nas temperaturas reinantes nas caldeiras, eles se revertem totalmente para ortofosfato e precipitarão sais de cálcio e magnésio da maneira vista anteriormente.

Os tratamentos à base de fosfato precipitam no interior da caldeira a hidroxiapatita cristalina. Uma parte desse precipitado poderá se sedimentar no fundo das caldeiras e outra parte, permanecer em suspensão, podendo aderir às tubulações aquecidas, como uma crosta. Essa possibilidade de aderência nas tubulações poderá ocasionar depósitos pesados. Esses depósitos poderão ocluir grande quantidade de óxidos de ferro e silicatos complexos, aumentando, desse modo, seu poder isolante e contribuindo para baixar o rendimento da caldeira. Com a finalidade de evitar ou diminuir esses problemas, associa-se ao tratamento com fosfatos, **agentes dispersantes** como os **polímeros** *naturais* ou *sintéticos*.

Os **polímeros naturais**, utilizados antigamente, são:

- *taninos* – são compostos extraídos de algumas madeiras, como quebracho, carvalho e castanheira. O extrato do quebracho seco tem teores de ácido tânico em torno de 60 %. Os taninos formam soluções coloidais na água da caldeira, resistindo à degradação de sua molécula a pressões de até 40 kg/cm². A solução coloidal tem elevado poder dispersante e anti-incrustante, retardando a deposição de borra nas superfícies das tubulações. O tanino tem ainda as possibilidades de formar com o ferro da caldeira um filme protetor do tanato de ferro, resistente à corrosão com pressões de até 150 psi, e de eliminar oxigênio da água (2 g do produto reagem com 1 g de oxigênio);

- *alginatos* – são extraídos das algas marinhas. Em caldeiras, são utilizados como coloides reativos, porquanto reagem com cálcio e magnésio, com formação de um gel. Esse gel tem a propriedade de ocluir material disperso na água e levá-lo para o fundo da caldeira, como lama pesada;
- *ligninas* – quando devidamente sulfonadas e neutralizadas, são também utilizadas com sucesso na dispersão de sólidos em suspensão na água da caldeira, retardando o processo incrustante.

Os **polímeros sintéticos** mais utilizados são: poliacrilato de sódio, poliacrilamida, polimetacrilato e poliestireno sulfonato de sódio. Esses produtos são mais estáveis em caldeiras do que os polímeros naturais e poderão trabalhar à pressão de até 80 kg/cm². Os poliacrilatos de sódio são os mais utilizados em água de caldeira, devido a sua eficiência e seu baixo custo de uso.

Conforme seu peso molecular, poderão trabalhar como agentes de floculação ou de dispersão, os primeiros são de maior peso molecular, e os últimos, de peso molecular mais baixo.

Em águas de caldeiras, uma ação dispersante seguida de coagulação se faz necessária para os tratamentos do tipo precipitante.

O sucesso de todo tratamento à base de fosfatos e polímeros depende das extrações de lama arrastadas para o fundo das caldeiras. A eliminação dessa lama é muito mais função do número de descargas do que do tempo de cada descarga. A quantidade de lama precipitada em uma caldeira é decorrente do grau de dureza da água de alimentação e do ciclo de concentração na caldeira. Quando a dureza teórica precipitada na caldeira excede 300 ppm, essa eliminação de lama torna-se difícil e compromete o sucesso do tratamento.

Tratamento complexométrico. Nesse tipo de tratamento, tem-se como finalidade manter todos os sais formadores de crostas, sob a forma de complexos ou quelatos solúveis. O sal tetrassódico do EDTA e o trissódico do NTA são utilizados com essa finalidade.

Os quelatos do EDTA são estáveis às temperaturas reinantes em caldeiras de baixa, média e ligeiramente alta pressão. Na condição de pH acima de 8,5, forma quelatos com Al^{3+}, Fe^{2+}, Cu^{2+} e Mg^{2+}. Na água de alimentação com valor de pH abaixo de 7,5, o Fe^{2+} poderá ser parcialmente complexado.

A reação de complexação com EDTA é acelerada em meio redutor, associando-se ao tratamento sulfito de sódio catalisado ou hidrazina ativada.

O custo do tratamento é elevado, porquanto a reação é estequiométrica, isto é, 3,8 g de EDTA Na_4 complexam 1 ppm de dureza de cálcio ou magnésio. Pelo motivo exposto, sua utilização é normalmente feita em águas abrandadas ou de dureza muito baixa e constante até 10 ppm. O custo elevado desse tratamento poderá ser inferior ao custo do óleo economizado, por se manterem caldeiras inteiramente limpas, justificando-se, então, esse procedimento.

Quando se utiliza elevado excesso de quelante, tanto por dosagens irregulares quanto por cálculos incorretos, pode-se ter a reação do EDTA Na_4 com a magnetita protetora, formando Fe_2O_3 não protetor.

$$EDTA\ Na_4 + Fe_3O_4 + H_2O \rightarrow EDTA\ Na_2Fe + Fe_2O_3 + 2NaOH$$

Os quelatos do NTA são estáveis em caldeiras de baixa e média pressão e o custo do tratamento é mais econômico do que com EDTA: 2,75 g do NTA $Na_3 \cdot H_2O$ eliminam 1 ppm de dureza, cálcio e magnésio na água. Nesse caso, os íons Fe^{2+} poderão precipitar preferencialmente como hidróxido do que formar complexos ou quelatos solúveis. Ele é menos agressivo à magnetita protetora do que o EDTA, já que seu poder de quelação para o óxido de ferro é muito baixo.

Tratamento misto. Este tratamento consiste na associação de agentes quelantes com fosfatos.

O agente quelante utilizado é o sal tetrassódico do ácido etilenodiaminotetracético, EDTA Na_4.

O tratamento melhora as condições das tubulações mantendo-as mais limpas, pois borras de fosfato tornam-se mais densas e são mais facilmente removidas por purgas. Em acréscimo, a formação de quelatos solúveis com o Fe^{2+} e o Al^{3+} impedirá o aparecimento de alguns silicatos complexos, que têm fortes tendências de aglutinar borra de fosfatos e facilitar sua deposição nas superfícies das tubulações.

As seguintes relações entre tripolifosfatos e soluções saturadas de sal tetrassódico do EDTA poderão ser usadas conforme o grau de dureza da água de alimentação:

- águas com dureza entre 40 ppm e 50 ppm – uma parte de tripolifosfato para três partes da solução saturada do EDTA Na_4;
- águas com dureza entre 30 ppm e 40 ppm – uma parte de tripolifosfato para duas partes da solução de EDTA Na_4;
- águas com dureza entre 20 ppm e 30 ppm – uma parte de tripolifosfato para uma parte da solução de EDTA Na_4.

O tratamento misto possibilita a elevação dos ciclos de concentração nas caldeiras de até 20 %, diminuindo o custo do vapor.

Tratamento dispersante. O uso de fosfonatos orgânicos, estáveis à temperatura de 270 °C, é bastante difundido em tratamento de água de caldeira. Os fosfonatos, ao contrário dos agentes quelantes, evitam a formação de depósitos quando usados em concentrações não estequiométricas, por ação antinucleante.

Concentrações tão baixas como 10 ppm a 20 ppm do aminometilenofosfonato, AMP, evitam deposições de 300 ppm de dureza temporária e maiores valores de dureza permanente. O ácido etilenodiaminotetrafosfônico é bastante estável em caldeira, tendo seu uso limitado apenas pelo seu custo mais alto.

Os tratamentos com fosfonatos deverão sempre estar associados a polímeros de alto poder dispersante, com a finalidade de evitar deposições de óxido de ferro, ou prevenir precipitações quando o ciclo de concentração na água ultrapassar o permitido.

Excessos acima de 20 ppm de fosfonatos são prejudiciais, porquanto o produto atinge seu ponto de turbidez, precipitando fosfonato de cálcio, magnésio ou ferro, fortemente aderentes e isolantes.

O tratamento só deverá ser conduzido em locais onde o controle analítico seja rigoroso, dosagens e purgas de nível contínuas, a fim de evitar que sejam ultrapassados a concentração do produto permitida e o ciclo de concentração previamente calculado.

Esse tipo de tratamento tem se desenvolvido em níveis tais que se obtêm ótimo desempenho e custo adequado. As diferentes maneiras de atuação, a fim de evitar incrustações, são:

- adsorção do produto no lado ativo do núcleo do cristal retarda seu crescimento e precipitação;
- adsorção de cargas negativas nas superfícies das partículas em suspensão aumenta a repulsão entre elas, reduzindo a tendência à precipitação;
- deformação e distorção da estrutura do cristal em crescimento diminuem sua aderência às superfícies metálicas.

Entre os polímeros sintéticos mais utilizados em tratamento dispersante estão poliacrilatos, poliacrilamidas e polimetacrilatos.

Caldeiras de alta pressão

Caldeiras desse tipo têm necessidade de trabalhar com água desmineralizada e condensado recuperado com máxima pureza. Com a finalidade de obter esses baixos valores de contaminantes, uma ênfase especial se dá ao tratamento externo.

A fim de remover contaminação de qualquer impureza no condensado, principalmente óxido de ferro e cobre, ele deverá passar em um filtro magnético seguido da passagem em uma coluna de resinas de leito misto. Com esse procedimento se terá um condensado da máxima pureza para misturar com água de reposição também de alta pureza.

Os diferentes tratamentos internos utilizados em caldeiras de alta pressão são descritos a seguir.

O **controle de coordenação** tem a finalidade de manter a água da caldeira na faixa alcalina, utilizando fosfato trissódico, com a presença de hidróxido somente decorrente da hidrólise do fosfato:

$$Na_3PO_4 + H_2O \rightarrow NaOH + Na_2HPO_4$$

A condição necessária para que o valor de pH não exceda valores não aconselháveis é usar excesso de fosfato, 15 ppm em PO_4^{3-}, correspondendo a um valor de pH = 10.

Esse tratamento oferece segurança para caldeira trabalhando com pressão em torno de 1.000 psi.

O **controle congruente** é uma técnica de tratamento em que se evita a liberação de soda, utilizando-se misturas de Na_3PO_4 e NaH_2PO_4. Qualquer soda liberada na hidrólise do fosfato trissódico reagirá com um dos fosfatos ácidos utilizados, por exemplo:

$$NaH_2PO_4 + NaOH \rightarrow Na_2HPO_4 + H_2O$$

Esse tipo de tratamento é utilizado em caldeiras com pressões de trabalho acima de 1.500 psi, e a relação sódio-fosfato deverá ser 2,6:1.

Os excessos de fosfatos e os correspondentes valores de pH deverão variar conforme a pressão de trabalho nas caldeiras:

1.500 psi	5 a 10 ppm PO_4^{3-}	pH = 9,4 a 9,6
2.000 psi	3 a 5 ppm PO_4^{3-}	pH = 9,2 a 9,4
2.500-3.000 psi	1 a 3 ppm PO_4^{3-}	pH = 8,2 a 9,0

Embora não frequente, pode ocorrer a corrosão pelos fosfatos ácidos, Na_2HPO_4 e NaH_2PO_4, podendo ocorrer a reação com a magnetita, Fe_3O_4, e posterior corrosão do aço[68]

$$2Na_2HPO_4 + Fe_3O_4 \rightarrow NaFePO_4 + Na_3PO_4 + Fe_2O_3 + H_2O$$

$$Na_2HPO_4 + Fe + H_2O \rightarrow NaFePO_4 + NaOH + H_2$$

$$3NaH_2PO_4 + Fe_3O_4 \rightarrow 3NaFePO_4 + 1/2O_2 + 3H_2O$$

$$2NaH_2PO_4 + 2Fe + 2H_2O \rightarrow 2FePO_4 + 2NaOH + 3H_2$$

O **controle zero sólido** é um tipo de tratamento específico para caldeiras sem tubulão ou caldeiras supercríticas. Os produtos utilizados são hidrazina, amônia e cicloexilamina. O valor de pH na água da caldeira deverá oscilar entre 8,5 e 9,0.

O **controle com soda cáustica** é um tratamento em que se procura apenas evitar o *hide-out* pelo fosfato, utilizando-se um valor de pH entre 9,5 e 10,0. Esse tratamento não precipita traços de cálcio e, sob depósito, pode ocasionar corrosão por hidróxido de sódio.

Proteção de caldeiras paradas

As caldeiras paradas estão sujeitas a um processo corrosivo intenso, quando não são corretamente tratadas. Duas opções de proteção são normalmente utilizadas: a primeira para caldeiras fora de operação por tempo limitado e a segunda para caldeiras inativadas.

Caldeiras paradas por uma semana são corretamente protegidas utilizando-se água desaerada contendo excesso de sulfito de sódio catalisado ou hidrazina ativada, entre 200 ppm e 300 ppm em SO_3^{2-} ou N_2H_4. Os valores de pH deverão ser ajustados com soda cáustica para 11,0 a 11,5 e a caldeira totalmente cheia, inclusive economizador e superaquecedor.

Caldeira inativada poderá ter dois tipos de proteção: úmida e seca. A primeira utiliza inibidores de corrosão do tipo oxidante, como o nitrito em concentrações em torno de 1.000 ppm em NO_2^- e os valores de pH mantidos acima de 8. Como no processo anterior, todo o sistema deverá estar totalmente cheio de solução. Na segunda opção, a caldeira é totalmente seca, e a umidade no seu interior é removida com cal virgem, sílica gel ou alumina ativada. Esses desidratantes deverão ser colocados em bandejas e inseridos nos tubulões superior e inferior na concentração: cal virgem, 1 kg/m³; ou sílica gel, ou alumina, 1,5 kg/m³. A caldeira deverá ser hermeticamente fechada e os desidratantes inspecionados a cada mês, para trocá-los se necessário. Outra alternativa é secar a caldeira, colocar inibidor em fase vapor, fechar a caldeira e inspecioná-la periodicamente.

16.5.5 Limpeza de Trocadores de Calor e de Caldeiras

Diversos tratamentos foram indicados para evitar os inconvenientes ocasionados por depósitos que podem ser encontrados nos diferentes equipamentos, como tubos de trocadores e de caldeiras. Entretanto, em alguns casos, há necessidade da limpeza de equipamentos já com diversas substâncias depositadas. Essas substâncias têm várias origens, podendo-se citar entre as mais frequentes:

- água de resfriamento – crescimento biológico (algas, bactérias formadoras de limo) e tubérculos de óxidos de ferro;
- água para geração de vapor:
  — carbonato de cálcio, devido à dureza da água contendo bicarbonato de cálcio, que, com o aquecimento, decompõe-se formando carbonato de cálcio, insolúvel

$$Ca(HCO_3)_2 \rightarrow CaCO_3 + CO_2 \uparrow + H_2O$$

  — silicatos e sílica, SiO_2 – entre os silicatos, têm-se silicatos de cálcio, de magnésio, de ferro e de alumínio;
  — hidroxiapatita ($Ca_{10}(PO_4)_6(OH)_2$), sulfato de cálcio ($CaSO_4$), fosfato de magnésio ($Mg_3(PO_4)_2$) e brucita ($Mg(OH)_2$);
  — magnetita (Fe_3O_4), hematita (Fe_2O_3), cobre, cuprita (Cu_2O);
- depósitos provenientes da queima de combustíveis – escórias contendo compostos de enxofre, sódio e vanádio;
- resíduos orgânicos de indústrias petrolíferas ou carboquímicas – alcatrão e coque;
- fornalhas de caldeiras – sulfato ferroso ($FeSO_4$), sulfato férrico ($Fe_2(SO_4)_3$), devido à queima de combustíveis contendo enxofre ou derivados;
- depósitos provenientes da montagem ou fabricação de equipamentos – óleo, graxa, respingos de solda e produtos de corrosão.

Em função do tipo de depósito e do equipamento a ser limpo, pode-se usar limpeza com vapor, contendo ou não produto químico, como tensoativos, limpeza mecânica ou limpeza química.

A **limpeza química** tem diversas vantagens, como a remoção uniforme dos depósitos, não havendo necessidade, em geral, de desmontar o equipamento; em alguns casos, é a única técnica possível de ser empregada. Entretanto, deve ser usada levando-se em consideração a necessidade de:

- prévia caracterização analítica do depósito para indicação adequada do produto químico a ser usado na limpeza;
- tomar as medidas de segurança relacionadas com o pessoal encarregado da limpeza química (uso de equipamento de proteção individual [EPI]) devido à possibilidade de desprendimento de gases tóxicos (H_2S, gás sulfídrico, HCN, ácido cianídrico, AsH_3, arsina), desprendimento de substâncias inflamáveis (H_2, hidrogênio, hidrocarbonetos, por exemplo, metano, CH_4), elevação de pressão devida ao desprendimento de gases (gás carbônico, CO_2). A origem de alguns desses gases está associada à limpeza química usando-se ácido clorídrico, HCl, como:

a) CO_2 proveniente do ataque de carbonato de cálcio com ácido clorídrico:

$$CaCO_3 + 2HCl \rightarrow CaCl_2 + CO_2 \uparrow + H_2O$$

b) H_2S do ataque de sulfetos (S^{2-})

$$S^{2-} + 2HCl \rightarrow 2Cl^- + H_2S \uparrow$$

c) AsH_3; da presença de arsênico em alguns materiais metálicos, como latão, contendo cerca de 0,3 % de arsênico;
d) HCN; de depósitos em unidade de craqueamento catalítico na parte de recuperação de gases;
e) CH_4; da decomposição de matéria orgânica;
f) H_2; do ataque do aço pelo ácido clorídrico

$$Fe + 2HCl \rightarrow FeCl_2 + H_2 \uparrow$$

- programar tratamento dos efluentes provenientes da limpeza para evitar problemas ambientais.

Como produtos mais usados em limpeza química, podem ser apresentados os seguintes:

- ácido clorídrico – usado em limpeza química de caldeiras incrustadas com carbonato de cálcio, requer o uso de inibidor de corrosão, como tioureia (ou seus derivados como dietiltioureia) ou compostos aminados, para evitar ataque ao aço-carbono, após solubilizar o carbonato;
- ácido sulfâmico, NH_2HSO_3, usado para limpeza de aços inoxidáveis:

$$CaCO_3 + 2NH_2HSO_3 \rightarrow Ca(NH_2SO_3)_2 + H_2O + CO_2$$

- ácido fluorídrico – para limpeza de equipamentos com depósitos de sílica e/ou silicatos. Geralmente, usa-se bifluoreto de amônio (NH_4HF) em meio ácido;
- ácido cítrico ou citrato ácido amoniacal dissolvem óxidos de ferro, formando complexos solúveis; adicionando-se um agente oxidante, como nitrito de sódio, consegue-se também solubilizar cobre e óxido de cobre;
- ácido nítrico – usado para limpeza de aços inoxidáveis e alumínio;
- hidróxido de sódio (soda cáustica) e carbonato de sódio solubilizam por saponificação, ou emulsionam, óleos e graxas e podem ser usados com essa ação antes de limpeza ácida. O uso de carbonato de sódio, antes da limpeza ácida, tem a finalidade de condicionar os depósitos facilitando

seu desprendimento, quando da adição de ácido, devido à liberação de gás carbônico;
- amônia, NH_4OH, usada para solubilizar cobre e/ou óxido de cobre, quando se adiciona um agente oxidante como bromato de sódio, $NaBrO_3$;
- agentes complexantes, como o EDTA Na_4 (etilenodia-minotetracetato de sódio), solubilizam sais de cálcio como carbonato de cálcio e, em meio amoniacal e temperaturas elevadas, dissolvem óxidos de ferro e óxidos de cobre. Também é comum o emprego de ácido glucônico ou gluconato de sódio;
- agentes oxidantes, como permanganato de potássio, $KMnO_4$, em meio alcalino, para remoção de resíduos orgânicos, como produtos de carbonização e crescimento biológico como algas, e ácido crômico, H_2CrO_4 (CrO_3, anidrido crômico ou também chamado ácido crômico) para solubilizar sulfetos.

As limpezas químicas usando esses produtos são feitas, de maneira geral, em temperaturas em torno de 50 ºC a 60 ºC, usando-se também inibidor de corrosão e, em alguns casos, tensoativos para aumentar a umectância da solução de limpeza. Após a limpeza ácida recomenda-se a neutralização, com hidróxido de sódio, e posterior passivação das superfícies metálicas.

Limpeza de trocadores de calor

Essa limpeza pode ser feita por jateamento com água a alta pressão ou por varetamento.

Em alguns casos, a limpeza é feita com o equipamento em operação, usando-se soluções contendo, geralmente, tensoativos, dispersantes e agentes complexantes como gluconato de sódio. Essas soluções podem deslocar os depósitos ou solubilizá-los sob a forma de sais complexos solúveis.

Limpeza de caldeiras

Essa limpeza pode ser feita por:

- método mecânico, usando-se geralmente escovas rotativas e jateamento com água a alta pressão;
- método químico, usando-se substâncias ácidas, alcalinas ou complexantes;
- combinação de métodos mecânico e químico.

A escolha do método mais adequado será função principalmente de:

- tipo de depósito ou sujidade;
- custo;
- segurança operacional;
- corrosão;
- disponibilidade de equipamentos;
- despejo dos rejeitos.

Entre os fatores mais importantes na limpeza química, devem ser destacados o tempo, a temperatura, a concentração e a circulação.

A **limpeza química alcalina** é utilizada com os seguintes objetivos:

- em caldeiras novas, remover graxas, óleos ou vernizes, aplicados durante o período de montagem, e depósitos pouco aderentes de óxidos de ferro. É conhecida com o nome de *boil out*;
- em caldeiras usadas, facilitar a limpeza ácida posterior condicionando os depósitos existentes, tornando-os porosos e carbonatados por meio da impregnação com barrilha, Na_2CO_3.

As substâncias mais usadas em limpeza química alcalina são soda cáustica, barrilha ou carbonato de sódio, fosfatos, dispersantes, tensoativos de baixa formação de espuma, e complexantes, como o gluconato de sódio. Pode-se, portanto, verificar que na limpeza química alcalina têm-se:

- saponificação de óleos e graxas animais ou vegetais;
- emulsificação de óleos e graxas minerais;
- condicionamento de depósitos;
- complexação e dispersão dos depósitos de pouca aderência.

O ácido cítrico em meio amoniacal e em presença de nitrito é usado para remoção de cobre e óxido de cobre. O cobre metálico também pode ser removido com bromato de potássio em soluções contendo carbonato de amônio. O nitrito e o bromato têm a finalidade de oxidar cobre facilitando a solubilização pelo ácido cítrico.

As condições operacionais mais usuais em limpeza química alcalina são apresentadas na Tabela 16.10.

Tabela 16.10 Condições operacionais para limpeza alcalina.

Caldeiras	Concentração (peso/volume)	Temperatura (ºC)	Tempo (horas)
Novas	2 %	80	12-24
Usadas	5 %	80	até 96

A **limpeza química ácida** tem como objetivo a remoção dos depósitos que não podem ser retirados pela limpeza alcalina. Essa remoção pode ser feita por solubilização ou deslocamento do depósito. Dependendo da natureza química do depósito, são utilizados diferentes ácidos inorgânicos ou orgânicos. A Tabela 16.11 mostra alguns ácidos usados para remoção de depósitos mais frequentes.

Tabela 16.11 Ácidos usados em limpeza química ácida.

Ácidos	Depósito Removido
Ácido clorídrico	Carbonato de cálcio e óxidos de ferro
Ácido sulfâmico	Carbonato de cálcio e óxidos de ferro
Ácido fluorídrico	Silicatos e sílica
Ácido cítrico	Óxidos de ferro

Como os ácidos podem, após remover os depósitos, corroer os vários tipos de aço utilizados em caldeiras, costuma-se adicionar inibidores de corrosão às soluções dos ácidos. Assim, no caso do emprego de ácido clorídrico, ou muriático (seu nome vulgar), pode-se usar como inibidor de corrosão dietiltioureia. Para limpeza de tubos de aço inoxidável, não se deve usar o ácido clorídrico, mesmo com inibidor. Nesse caso, usa-se, com maior segurança, o ácido sulfâmico com inibidor.

As condições operacionais mais usuais em limpeza química ácida usando-se ácido clorídrico, HCl, ou ácido sulfâmico, NH_2HSO_3, são apresentadas na Tabela 16.12.

Tabela 16.12 Condições operacionais em limpeza química, com ácido clorídrico ou sulfâmico.

Caldeiras	Concentração (peso/volume)	Temperatura (°C)	Tempo (horas)
HCl	5 %	60	24-72
NH_2HSO_3	3 %-5 %	50	24-72

É evidente que, em razão da quantidade de incrustação, o tempo pode variar para valores maiores ou menores do que 72 horas. Após a limpeza química ácida, é recomendável uma neutralização, que pode ser feita com solução de hidróxido de sódio. Nessa operação de neutralização, visa-se também conseguir a passivação das superfícies metálicas limpas.

16.6 REÚSO DE ÁGUAS

O reúso não potável de água apresenta um grande potencial de utilização em diversos segmentos (urbano, agrícola e industrial). Entretanto, em alguns casos, fica limitado pelos custos deconstrução e manutenção de sistemas de reúso, pela qualidade da água e por sua disponibilidade.[69]

No segmento urbano, o reúso de água tem sido utilizado para regar gramados, descargas sanitárias em edifícios públicos, lagos ornamentais em jardins e lavagens de trens e ônibus. O reúso para fins agrícolas objetiva a irrigação de plantas alimentícias, como árvores frutíferas, cereais, entre outras, plantas não alimentícias como pastagens, forrageiras etc. No setor industrial, o reúso de água tem sido aplicado em sistemas de refrigeração e água de processo.

Deve-se alertar que é difícil identificar e quantificar, adequadamente, a enorme variedade de compostos de alto risco que podem estar presentes em esgotos sanitários utilizados como reúso, como, metais pesados sob forma de sais solúveis, micropoluentes orgânicos e diversos tipos de bactérias e protozoários. Dessa forma, é importante que os processos industriais avaliem o reúso da água com base no conhecimento das contaminações químicas e microbiológicas, na possibilidade de corrosão, incrustações e depósitos visando, direta e indiretamente, à garantia de qualidade dos processos, dos produtos fabricados, da saúde dos trabalhadores e do meio ambiente.

Finalmente, a indicação do uso de inibidores de corrosão, biocidas e outros aditivos nos processos de reúso deve ser sempre avaliada, criteriosamente, em função dos riscos comentados.

REFERÊNCIAS BIBLIOGRÁFICAS

1. UHLIG, H. H.; TRIADIS, D.; STERN, M. *J. Electrochem. Soc.*, 102, 59, 1955.
2. CHEN, Y.; YANG, W. Formulation of Corrosion Inhibitors. *In*: WaterChemistry, IntechOpen, 2020.
3. REZNIK, L. Y.; CARVALHO, L. J. Avaliação da Corrosão em Sistema de Resfriamento de Refinaria, utilizando Água de Reúso. *In*: XI WORKSHOP DE GESTÃO E REÚSO DE ÁGUA NA INDÚSTRIA, Florianópolis, Brasil, 2015.
4. SHREIR, L. L. *Corrosion – Metal/Environment Reactions*. London: Newnes-Butterworths, 1978, v. 1, p. 2-42.
5. LANGELIER, W. F. The Analytical Control of Anticorrosion Water Treatment, *JAWWA*, 28, 1500-1521 (1936).
6. SHREIR, L. L. *Corrosion – Metal/Environment Reactions*, v. 1, Newnes-Butterworths. London, 1978, pp. 2-42.
7. BETZ HANDBOOK OF INDUSTRIAL WATER CONDITIONING. PA: Betz Laboratories, Inc., 8. ed., 1980, p. 178.
8. BETZ HANDBOOK OF INDUSTRIAL WATER CONDITIONING. PA: Betz Laboratories, Inc., 8. ed, 1980, p. 177.
9. BETZ HANDBOOK OF INDUSTRIAL WATER CONDITIONING. PA: Betz Laboratories, Inc., 8. ed, 1980, p. 177.
10. DEGRÉMONT. *Manual Técnico del Água*. Bilbao: Societè Degrémont-France, 1963, p. 250; 252.
11. STANDARD METHODS FOR THE EXAMINATION OF WATER AND WASTEWATER. Washington: American Public Health Association, 1976, p. 51.
12. LARSON, T. E.; SKOLD, R. V. Laboratory Studies Relating Mineral Quality of Water to Corrosion of Steel and Cast Iron. *Corrosion*, v. 14, 1958. p. 285-288.
13. PUCKORIUS, P. Get a Better Reading on Scaling Tendency of Cooling Water. *Power*, sept. 1983.
14. COWAN, J. C.; WEINTRITT, D. J. Water-Formed Scale Deposit., *Gulf Publ. Comp.*, Houston, Texas, 1976, p. 333.
15. STANDARD HEAT EXCHANGES FOR COOLING WATER TEST, A REPORT OF NACE COMMITTEE – 7A, Report n.5c165, NACE, Houston, Texas, 77027.
16. UHLIG, H. H. *Corrosion and Corrosion Control*. NY: John Wiley & Sons, 1963, p. 85.
17. TASK GROUP REPORT. *Cold water corrosion of copper tubing*, JAWWA, 52, 1960. p. 1033.
18. NACE (NATIONAL ASSOCIATION OF CORROSION ENGINEERS). *Prevention and Control of Water-Caused Problems in Building Potable Water Systems*. TPC Publication, n. 7, 1980, p. 25.
19. SINGLEY, J. E. *et al. Corrosion Prevention and Control in Water Treatment and Supply Systems*. New Jersey, USA: Noyes Publication, 1985, p. 83.

20. SHULDENER, H. L.; FULLMAN, J. B. *Water and Piping Problems in Large and Small Buildings*. NY: John Wiley & Sons, 1981, p. 63.

21. SHREIR, L .L. *Corrosion.Corrosion Control*. Great Britain: John Wiley & Sons, v. 2, 1963, p. 10-35.

22. SHULDENER, H. L.; FULLMAN, J. B. *Water and Piping Problems in Large and Small Buildings*. NY: John Wiley & Sons, 1981, p. 63.

23. BIRD, W. A. *O cobre nas instalações hidráulicas*, CEBRACO – Centro Brasileiro de Informação do Cobre, Boletim Técnico, n. 84, p. 12, dez. 1972, p. 12.

24. COHEN, A.; LYNAM, W. S. Service Experience with Copper Plumbing Tube, *Materials Protection and Performance*.v. 11, n. 2, feb. 1972.

25. CRUSE, H.; POMEROY, R. Corrosion of Copper Pipes. *JAWWA*, 66. 1974. p. 479-483.

26. POURBAIX, A.; POURBAIX, M. *CEBELCOR Rappt. Tech*. n. 129. 1965. p. 5.

27. HATCH, G. B. *JAWWA*, 53, 1417. 1961.

28. CAMP, T. R. *Water and its Impurities*. NY: Reinhold, 1963, p. 172.

29. MCCARTHY, J. A. *Sanitalk*. 7, n. 3, 2 (1959).

30. LARSON, T. F. *Corrosion by Domestic Waters*. Urbana: Illinois State Water Survey, 1975, p. 31.

31. LADEBURG, H. *Metall* (Berlin), 20, 33 (1966).

32. LEIDHEISER, H. Jr. *The Corrosion of Copper, Tin and Their Alloys*. NY: John Wiley & Sons, 1971, p. 99.

33. NACE (NATIONAL ASSOCIATION OF CORROSION ENGINEERS), *Prevention and Control of Water-Caused Problems in Building Potable Water Systems*, TPC Publication, n. 7, USA, 1980, p. 24.

34. MONTGOMERY, J. M. *Water Treatment – Principles & Design*. USA: John Wiley & Sons, 1985, p. 441.

35. OBRECHT, M.; QUILL, L. How temperature, velocity of potable water affect corrosion of copper and its alloys. *Heating, Piping and Air Conditioning*, 129-134, apr. 1961.

36. CAMPBELL, H. S. Pitting Corrosion in Copper Water Pipes Caused by Films of Carbonaceous Material Produced During Manufacture.*Journal Inst. of Metals*, 77-345 (1950).

37. WILLIAMS, J. F. Corrosion of Metals Under the Influence of Alternating Current.*Materials Protection*, 5, p. 52, feb. 1966.

38. TOMASHOV, N. D. *Theory of Corrosion and Protection of Metals. The Science of Corrosion*.NY: Mac Millan, 1967, p. 455.

39. ROGERS, T. H. *Marine Corrosion*. London: George Newnes, 1968, p. 273.

40. CLAPP, W. F. Macro-organisms in Sea Water and Their Effect on Corrosion. *In*: UHLIG, H. H. *The Corrosion Handbook*. NY: John Wiley, 1958, p. 439.

41. TOMASHOV, N. D. *Theory of Corrosion and Protection of Metals. The Science of Corrosion*. NY: Mac Millan, 1967, p. 461.

42. MUROAKA, J. S. Marine Fouling and Corrosion Prevention.*Materials Protection*, v. 9, n. 3, p. 23-26, mar.1970.

43. KARPEL, S. Los polisiloxanos Organoestánicos. Un Nuevo Recubrimiento Anti-incrustante. *El Estaño y Sus Aplicaciones, International Tin Research Institute*, n. 154, p. 6-7, 1987.

44. TOMASHOV, N. D. *Theory of Corrosion and Protection of Metals. The Science of Corrosion*. NY: Mac Millan, 1967, p. 472.

45. UHLIG, H. H. *The Corrosion Handbook*.NY: John Wiley, 1958, p. 383.

46. WALLEN, B. Avesta 254 SMO. A Stainless Steel for Seawater Service. *In*: ADVANCED STAINLESS STEELS FOR SEAWATER APPLICATIONS, PROCEEDINGS OF THE SYMPOSIUM, Italy, 1980, p. 31-43.

47. SUTTON, F. *U.S. Naval Eng. Experiment Station R and D Report N. 910037 L*, Annapolis, Md, June 12, 1961 (PB 163, 836).

48. GUILDHAULIS, A. *Corrosion Anti-Corros*, 10, 80 (1962), 11 404 (1963).

49. AILOR, W. H.; REINHART, F. M. *U.S. Nav. Eng. J.*, jun. 1964.

50. GODARD, H. P.; JEPSON, W. B.; BOTHWELL, M. R.; KANE, R. L. *The Corrosion of Light Metals*. NY: John Wiley, 1967, p. 141.

51. THOMASON, W. H.; PAPE, S. E.; EVANS, S. The Use of Coatings to Supplement Cathodic Protection of Offshore Structures.*Materials Performance*,v. 26, n. 11, p. 23, nov. 1987.

52. Idem, p. 22.

53. ELIASSEN, R.; UHLIG, H. H. So-called Electrical and Catalytic Treatment of Water for Boilers. *JAWWA*, p. 576-582, jul. 1952.

54. ELIASSEN, R.; SKRINDE, R. T.; DAVIS, W. B. Experimental Performance of 'Miracle' Water Conditioners. *JAWWA*, p. 1371-1385, out. 1958.

55. COWAN, J. C.; WEINTRITT, D. J. Scale and Deposit Prevention by Mechanical Gadgets and Devices. *In*: COWAN, J. C.; WEINTRITT, D. J. Water-Formed Scale Deposits.*Gulf Publ. Comp.*, Houston. Texas, 1976, p. 300-305.

56. GENTIL, V.; DANTAS, E. V. Corrosion in Cooling Water Systems: Cases Associated with Polluting Agents. *In*: *Proceedings 7th International Congress on Metallic Corrosion*, 1978, p. 1698-1710.

57. STEWART, J. Zinc based corrosion inhibitor study at the Bruce Mansfield Plant. *Proc. Int. Water Conf.* 52 nd., 1991, p. 75-84.

58. REZNIK, L. Y.; SATHLER, L.; CARDOSO, M. J. B.; ALBUQUERQUE, M. G. Experimental and theoretical structural analysis of Zn(II)-1-hydroxyethane-1, 1-diphosphonic acid corrosion inhibitors films in chlorideions Solution. *Materials and Corrosion*, v. 59, n. 8, 2008.

59. ASME – THE AMERICAN SOCIETY OF MECHANICAL ENGINEERS.Consensus on Operating Practices for the Control of Feedwater and Boiler Water Chemistry in Modern Industrial Boilers. *CRTD* – v. 34, NY, USA, 1994.

60. LEICESTER, J. Boiler feed-water treatment for advanced steaming conditions. *Overseas Engineer*, Jan., 206 (1945).

61. HAMER, P.; JACKSON, J.; THURSTON, E. F. *Industrial Water Treatment Practice*. London: Butterworths, 1961, p. 178.

62. NEVES, A. S. B.; BERNASCONI, E. R. Falhas em Tubos de Caldeira. *In*: 24º CONBRASCORR, CONGRESSO BRASILEIRO DE CORROSÃO, RJ, jun. 2004.

63. SPELLER, F. N.; UHLIG, H. H. *Corrosion Handbook*. NY: John Wiley & Sons, 1958, p. 506.

64. PYE, D. *J. Am. Water Works Assoc.*, 39, 1121 (1947).

65. DICKINSON, N. L., FELGAR, D. N.; PIRSH, E. A. *Proc. Am. Power Conference*, 19, 692-702 (1957).

66. BLOOM, D. M.; GESS, L. R. A New Oxigen Scavenger for Boiler Applications. *In:* PROC. INTL'L. WATER CONFERENCE, Eng. Soc. W., PA., 1980, p. 41-269.

67. GORDON, B. M.; GORDON, G. M. *Metals Handbook*. 9. ed. Ohio: ASM, v. 13, Corrosion,1987, p. 392.

68. HERRO, H. M.; BANWEG, A. *Phosphate Corrosion in High-pressure Boiler.*Paper 498, Corrosion 95-NACE.

69. ASANO, T.; BURTON, F. L.; LEVERENZ, H. L.; TSUCHIHASHI, R.; TCHOBANOGLOUS, G. *Water Reuse – Issues, Technologies, and Applications*. 1st ed. Mc Graw Hill, 2007.

EXERCÍCIOS

16.1. Sabe-se que diferentes sais presentes na água podem atuar de forma a acelerar ou a retardar a velocidade dos processos corrosivos, dentre eles os cloretos. No caso do cloreto de sódio, apesar de ser um eletrólito forte, a velocidade de corrosão do ferro à temperatura ambiente normalmente apresenta-se mais elevada em soluções diluídas desse sal. Por que isso ocorre?

16.2. A reação que traz o equilíbrio do dióxido de carbono (CO_2) é exemplificada a seguir:

$$Ca(HCO_3)_2 \rightarrow CaCO_3 + H_2O + CO_2$$

Com base nessa reação explique o que ocorre em termos de corrosão de um metal ferroso, por exemplo, quando imerso em água contendo excesso de CO_2.

16.3. Suponha uma água que entra em um sistema de resfriamento com as seguintes características: temperatura: 25 °C; pH: 7,20; alcalinidade: 80 mg/L (em $CaCO_3$); dureza cálcica: 230 mg/L (em $CaCO_3$); sólidos dissolvidos totais (SDT): 338 mg/L. De acordo com os dados apresentados, como você classificaria essa água em termos de corrosividade? Justifique sua resposta.

16.4. Cite algumas diferenças estruturais entre os Sistemas de Resfriamento abertos **sem recirculação** de água e os Sistemas de Resfriamento abertos **com recirculação** de água.

16.5. A segurança na operação de sistemas de geração de vapor está diretamente relacionada à qualidade da água que é utilizada. Indique os principais parâmetros que devem ser considerados para o controle da corrosão nesses sistemas.

Capítulo 17

Corrosão em Concreto

17.1 INTRODUÇÃO

O concreto é um material de construção de grande e diversificado uso, daí sua durabilidade ser fator importante na avaliação de um projeto.

As estruturas de concreto são projetadas e executadas para manter condições mínimas de segurança, estabilidade e funcionalidade durante um tempo de vida útil, sem custos não previstos de manutenção e de reparos.

O concreto é constituído principalmente de cimento, areia, água e agregados de diferentes tamanhos. Em alguns casos, são usados aditivos como plastificantes e microssílica.

As matérias-primas usadas na fabricação do cimento *portland* são, principalmente, calcário, sílica, alumina e óxido de ferro. Essas substâncias reagem entre si, quando aquecidas, formando os principais componentes do cimento:

Silicato tricálcico	$3CaO \cdot SiO_2$ (C_3S)
Silicato dicálcico	$2CaO \cdot SiO_2$ (C_2S)
Aluminato tricálcico	$3CaO \cdot Al_2O_3$ (C_3A)
Ferro aluminato tetracálcico	$4CaO \cdot Al_2O_3 \cdot Fe_2O_3$ (C_4AF)

Além desses componentes principais, existem, em porcentagem reduzida, MgO, TiO_2, Mn_2O_3, K_2O, Na_2O e $CaSO_4$.

Os cimentos usuais no Brasil apresentam os valores médios constantes da Tabela 17.1.

A corrosão do concreto é de grande importância, pois provoca não somente a sua deterioração, mas também pode afetar a estabilidade e a durabilidade das estruturas. A armadura não é suscetível de sofrer corrosão, a não ser que ocorram contaminação e deterioração do concreto. Os constituintes do concreto inibem a corrosão do material metálico e se opõem à entrada de contaminantes. Daí se poder afirmar que, quanto mais o concreto se mantiver inalterado, mais protegida estará a armadura. Na maioria dos casos, a armadura permanece por longo tempo resistente aos agentes corrosivos, podendo esse tempo ser praticamente indefinido. Todavia, ocorrem alguns casos nos quais a corrosão da armadura é bastante rápida e progressiva.

Tabela 17.1 Valores médios dos componentes dos cimentos *portland* usuais no Brasil.

Composto	%
CaO	61-67
SiO_2	20-23
Al_2O_3	4,5-7
Fe_2O_3	2-3,5
SO_3 ($CaSO_4$)	1-2,3
MgO	0,8-6
Na_2O-K_2O	0,3-1,5
C_3S	42-60
C_2S	14-35
C_3A	6-13
C_4AF	5-10

Fonte: PETRUCCI, Eladio G. R. *Concreto de Cimento Portland*. Globo, 1983.

Processos corrosivos em estruturas, pontes e viadutos de concreto têm ocorrido no Rio de Janeiro[1] e em outros estados do Brasil, ocasionando riscos à integridade dos usuários dessas construções. Estudos desenvolvidos pelo The

Department of Transport da Inglaterra[2] constatou, na avaliação de 200 pontes, que 30 % delas apresentavam problemas graves de corrosão. Falhas mais numerosas têm ocorrido em estruturas situadas em orla marinha, devido à penetração de névoa salina, na massa de concreto, até atingir a armadura. Ação de cloreto de sódio tem ocasionado corrosão em grande número de pontes em países com invernos rigorosos que utilizam degelo com sais. Somente na rede federal de rodovias dos Estados Unidos, que compreende 600.000 pontes, cerca de 250.000 delas sofrem corrosão nas armaduras, necessitando de reparos.[3]

17.2 CORROSÃO – DETERIORAÇÃO

A corrosão e a deterioração observadas em concreto podem estar associadas a fatores mecânicos, físicos, biológicos ou químicos, entre os quais são citados como exemplos:

- mecânicos – vibrações e erosão;
- físicos – variações de temperatura;
- biológicos – bactérias;
- químicos – produtos químicos como ácidos e sais.

Entre os fatores mecânicos, as vibrações podem ocasionar fissuras no concreto, possibilitando o contato da armadura com o meio corrosivo. Líquidos em movimento, principalmente contendo partículas em suspensão, podem ocasionar erosão no concreto, com o seu consequente desgaste. Se esses líquidos contiverem substâncias químicas agressivas ao concreto, tem-se ação combinada, isto é, erosão-corrosão, que é, evidentemente, mais prejudicial e rápida do que ações isoladas. A erosão é mais acentuada quando o fluido em movimento contém partículas em suspensão na forma de sólidos, que funcionam como abrasivos, ou mesmo na forma de vapor, como no caso de cavitação. A **cavitação** é observada quando se tem a água sujeita a regiões de grande velocidade, com consequente queda de pressão, possibilitando, então, a formação de bolhas de vapor d'água que são arrastadas pela água em movimento. Quando ela entra em regiões de pressões mais elevadas, as bolhas de vapor sofrem implosão, transmitindo grande onda de choque para os materiais presentes. Essa formação de bolhas de vapor e a subsequente implosão, isto é, cavitação, são responsáveis por grandes danos em concreto sujeito a altas velocidades de água, como no caso de canais e vertedouros de barragens.

Os fatores físicos, como variações de temperatura, podem ocasionar choques térmicos com reflexos na integridade das estruturas. Variações de temperatura entre os diferentes componentes do concreto (pasta de cimento, agregados e armadura), com características térmicas diferentes, podem ocasionar microfissuras na massa do concreto que possibilitam a penetração de agentes agressivos.

Os fatores biológicos, como microrganismos, podem criar meios corrosivos para a massa do concreto e armadura, como aqueles criados pelas bactérias oxidantes de enxofre ou de sulfetos, que aceleram a oxidação dessas substâncias para ácido sulfúrico.

Os fatores químicos estão relacionados com a presença de substâncias químicas nos diferentes ambientes, normalmente água, solo e atmosfera. Entre as substâncias químicas mais agressivas, devem ser citados os ácidos, como sulfúrico e clorídrico. Os fatores químicos podem agir na pasta de cimento, no agregado e na armadura de aço-carbono.

17.2.1 Formas de Corrosão

A deterioração por ação química no concreto pode ocorrer na pasta de cimento e no agregado. A corrosão por ação eletroquímica pode ocorrer na armadura. Quando ocorre a deterioração do concreto por ação química, pode-se observar a expansibilidade do concreto, lixiviação de componentes, ataque do cimento por ácidos, com aparecimento do aspecto típico do agregado.

A corrosão eletroquímica do aço empregado nas armaduras pode apresentar, principalmente, as formas de corrosão uniforme, puntiforme, intergranular (ou intercristalina), transgranular e fragilização pelo hidrogênio.

Corrosão uniforme é a da armadura em toda sua extensão, quando exposta ao meio corrosivo.

Corrosão puntiforme é a da armadura com desgaste localizado sob a forma de pites ou alvéolos.

Corrosão intergranular é a que se processa entre os grãos da rede cristalina do material metálico. Quando as armaduras são submetidas a solicitações mecânicas, podem sofrer fratura frágil, perdendo o material toda condição de utilização.

Corrosão transgranular é a que se processa intragrãos da rede cristalina, levando também à fratura quando houver solicitação mecânica.

Fragilização pelo hidrogênio é a corrosão ocasionada por hidrogênio atômico que, difundindo-se para o interior do aço da armadura, possibilita a fragilização com consequente perda de ductibilidade e possível fratura da armadura.

As três últimas formas de corrosão são extremamente graves quando se tem ação combinada de solicitações mecânicas e meio corrosivo, pois ocorrerá a corrosão sob tensão fraturante (*stress corrosion cracking*), com a consequente fratura da armadura e reflexos na estabilidade das estruturas de concreto armado e, principalmente, de concreto protendido. A corrosão uniforme, por se apresentar distribuída em toda a extensão da superfície metálica, não ocasiona, geralmente, consequências graves. Ao contrário, a corrosão por pite, sendo localizada, ocasiona a formação de cavidades que podem atingir profundidades razoáveis e, além disso, os pites podem agir como regiões de concentração de solicitações mecânicas, possibilitando a corrosão sob tensão fraturante.

17.2.2 Mecanismo

No estudo de processo corrosivo é fundamental o esclarecimento do seu mecanismo. Para isso, é necessário o estudo conjunto das variáveis dependentes do meio corrosivo, material e condições operacionais. Entre essas variáveis devem ser citadas:

- meio corrosivo – composição química, concentração, impurezas, pH, temperatura e sólidos em suspensão;
- material – composição química, presença de impurezas e processo de obtenção;
- condições operacionais – solicitações mecânicas, movimento relativo entre o material e o meio e condições de imersão no meio.

Esclarecido o mecanismo e quantificadas as implicações econômicas das avarias decorrentes do processo corrosivo, pode-se indicar a mais adequada medida de proteção, tanto sob o ponto de vista da corrosão quanto econômico.

O mecanismo da deterioração química está associado à ação de substâncias químicas sobre componentes não metálicos do concreto; já na corrosão por mecanismo eletroquímico, esta ação se faz sobre o material metálico, isto é, a armadura.

Como exemplo de mecanismo químico tem-se o ataque do concreto por ácidos como clorídrico, HCl, com a formação de cloretos de cálcio e sílica gel (SiO_2), de acordo com a equação da reação de ataque do silicato tricálcico:

$$3CaO \cdot 2SiO_2 \cdot 3H_2O + 6HCl \rightarrow 3CaCl_2 + 2SiO_2 + 6H_2O$$

O mecanismo eletroquímico do processo corrosivo origina, nas áreas anódicas e catódicas, as reações cujas equações, para o caso de ferro, são:

- área anódica (corrosão)

$$Fe \rightarrow Fe^{21} + 2e$$

- área catódica (sem corrosão)

$$\text{não aerada} - 2H_2O + 2e \rightarrow H_2 + 2OH^-$$

$$\text{aerada} - H_2O + {}^1/_2 O_2 + 2e \rightarrow 2OH^-$$

Como produto de corrosão, tem-se inicialmente o hidróxido de ferro (II), $Fe(OH)_2$, que em meio não aerado se transforma em Fe_3O_4, magnetita, de cor preta ou esverdeada. No caso de meio aerado, o $Fe(OH)_2$ transforma-se em hidróxido de ferro (III), $Fe(OH)_3$, castanho-alaranjado, que é também escrito sob as formas de $Fe_2O_3 \cdot nH_2O$ ou $FeO \cdot OH$. Devido a esses compostos, Fe_3O_4 e $Fe_2O_3 \cdot nH_2O$, o produto de corrosão apresenta coloração preta em meio deficiente de oxigênio e castanho-alaranjada em excesso de oxigênio. A coloração castanho-alaranjada que aparece no concreto indica que a armadura já está sofrendo corrosão.

Como a corrosão apresenta um mecanismo eletroquímico, procura-se evitar que haja no concreto condições que possibilitem a formação de pilhas eletroquímicas. Entre essas condições, tem-se a presença de eletrólitos, aeração diferencial, contato entre diferentes materiais metálicos, áreas diferentemente deformadas ou tensionadas e corrente elétrica. Os inconvenientes decorrentes dessas condições são de extrema gravidade, para qualquer tipo de concreto, mas como no concreto protendido a ação corrosiva estará associada a solicitações mecânicas, tem-se, neste caso, que adotar medidas mais rigorosas de controle.

A presença de eletrólitos é fundamental para a ocorrência de corrosão eletroquímica. Assim, pode-se avaliar a importância que representa a presença de eletrólitos, como sais, na corrosão da armadura de concreto.

A aeração diferencial possibilita a formação de pilhas de aeração diferencial, tendo-se:

- áreas anódicas – as regiões menos aeradas;
- áreas catódicas – as regiões mais aeradas.

A aeração diferencial pode ocorrer devido à permeabilidade do concreto ou em áreas onde haja fissuras do concreto, até atingir a armadura: no fundo dessas fissuras, áreas menos aeradas, o ferro vai se oxidando e forma o $Fe_2O_3 \cdot nH_2O$, óxido de ferro hidratado, tendo-se além da corrosão da armadura a deterioração do concreto, pois, devido ao grande volume ocupado pelo produto de corrosão, este exerce uma pressão de expansão de 4.700 psi ou 32 MPa[4] sobre o concreto, fraturando-o.

O contato entre materiais metálicos diferentes pode criar pilhas galvânicas, ocorrendo a corrosão localizada do ferro. Daí se evitar o contato de ferro com cobre ou ligas de cobre e com estanho ou ligas de estanho, pois, neste caso, o ferro funciona como anodo da pilha formada e, consequentemente, sofrerá a corrosão galvânica.

No caso de áreas diferentemente deformadas ou tensionadas, sabe-se que nas áreas de concentração de esforços tem-se corrosão mais acentuada, pois essas áreas funcionam como pequenas áreas anódicas em relação a grandes áreas catódicas, e como o mecanismo é eletroquímico tem-se alta densidade de corrente, nas áreas anódicas, acelerando o processo corrosivo.

A corrosão ocasionada pelas condições anteriores é um processo espontâneo, isto é, a corrente elétrica é originada na própria pilha formada por heterogeneidades existentes no material metálico ou no meio corrosivo. Pode-se, entretanto, ter casos em que a corrente elétrica é originada de uma fonte externa, como sistemas de tração elétrica por corrente contínua e máquinas de solda elétrica. As possíveis correntes de fuga, provenientes desses sistemas, podem seguir um circuito diferente do projetado e penetrar em material metálico, com potencial diferente, existente nas proximidades. Pode-se, então, ter a **corrosão eletrolítica** (ou corrosão por correntes de fuga), isto é, um material metálico forçado a funcionar como anodo ativo de uma pilha eletrolítica. Nesse caso, a região de entrada da corrente é catódica, isto é, não ocorre corrosão, e na região de saída de corrente, para retornar ao circuito original, tem-se área anódica, região onde o material metálico sofre corrosão. Como esse tipo de corrosão é localizado sob a forma de pites, seus riscos são maiores, pois se sabe que uma corrente de um ampère durante um ano pode destruir cerca de 9 kg de ferro; embora parecendo pequena massa em relação a grandes estruturas, não se deve esquecer que este desgaste se verifica em pequena área.

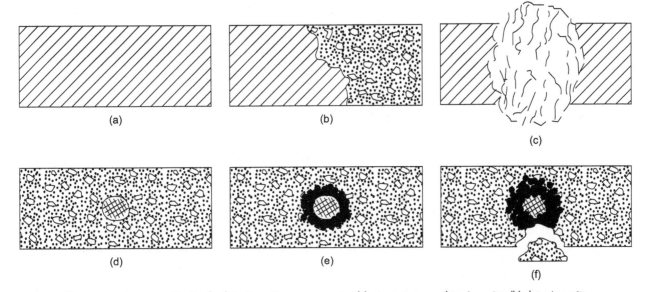

Figura 17.1 Esquematização de deterioração em concreto: (a) concreto sem deterioração; (b) deterioração superficial; (c) deterioração expansiva; (d) barra de armadura sem corrosão; (e) barra de armadura com início de processo corrosivo devido à penetração do meio corrosivo pela fissura, $2Fe + 3/2 O_2 + nH_2O \rightarrow Fe_2O_3 \cdot nH_2O$; (f) continuidade do processo corrosivo na armadura, com grande formação de óxido de ferro, $Fe_2O_3 \cdot nH_2O$, e consequente aumento de pressão acarretando a desagregação do concreto.

17.3 FATORES ACELERADORES DE CORROSÃO

Admite-se que a armadura está protegida, quando usada em concreto, devido à alta alcalinidade e à ação isolante da massa de concreto.

A alta alcalinidade decorre do hidróxido de cálcio, $Ca(OH)_2$, formado durante hidratação do cimento, tendo-se pH em torno de 12,5 (portanto, meio básico ou alcalino) que possibilita a passivação do aço empregado na armadura.

Na hidratação, a água age sobre o C_3S e o C_2S formando $Ca(OH)_2$, portlandita, e silicatos hidratados como evidenciado nas seguintes reações:

$$2(3CaO \cdot SiO_2) + 6H_2O \rightarrow 3CaO \cdot 2SiO_2 \cdot 3H_2O + 3Ca(OH)_2$$
$$2(2CaO \cdot SiO_2) + 4H_2O \rightarrow 3CaO \cdot 2SiO_2 \cdot 3H_2O + Ca(OH)_2$$

Como observado no Diagrama de Pourbaix, Figura 3.7 (Cap. 3), para ferro, esse material, por apresentar um pH da ordem de 12, fica passivado por uma película de Fe_3O_4 ou Fe_2O_3 ou por mistura desses dois óxidos, dependendo do potencial de corrosão da armadura. Pode-se admitir a possibilidade da formação de $Ca(FeO_2)_2$ ou $CaO \cdot Fe_2O_3$ devido à reação entre o hidróxido de cálcio e o Fe_2O_3:

$$Ca(OH)_2 + Fe_2O_3 \rightarrow CaO \cdot Fe_2O_3 + H_2O$$

Medidas de potenciais em estruturas de concreto mostraram que o comportamento da armadura poderia ser avaliado desde que se adotem as faixas de potenciais, constantes da Norma ASTM 876-91, que são as seguintes:

Potenciais V (ECS*)	Probabilidade de Corrosão
> −0,20	10 %
< −0,35	90 %
−0,20 a − 0,35	Incerta

*ECS = eletrodo de calomelano saturado.

Estudos recentes demonstraram que a combinação de medidas de potenciais locais com curvas de polarização, obtidas por meio de extratos aquosos do cimento extraído da estrutura, permite uma avaliação do estado em que se encontra uma estrutura ou obra de concreto.[5]

A ação isolante, ou de barreira, é exercida pelo concreto interpondo-se entre o meio corrosivo e a armadura, principalmente no caso de o concreto ser bem denso, compactado e apresentar cobrimento adequado da armadura. Esta barreira impede a penetração de oxigênio e água, que são essenciais para a corrosão do aço.

A Norma NBR-6118 da ABNT, "Projeto e execução de obras em concreto armado", recomenda os cobrimentos:

Qualquer barra da armadura, inclusive de distribuição, de montagem e estribos, deve ter cobrimento de concreto pelo menos igual ao seu diâmetro, mas não menor que:

a) *para concreto revestido com argamassa de espessura mínima) de 1,0 cm:*
   – *em lajes no interior de edifícios*   *0,5 cm*
   – *em paredes no interior de edifícios*   *1,0 cm*
   – *em lajes e paredes ao ar livre*   *1,5 cm*
   – *em vigas, pilares e arcos no interior de edifícios*   *1,5 cm*
   – *em vigas, pilares e arcos ao ar livre*   *2,0 cm*

b) para concreto aparente:
  – no interior de edifícios   2,0 cm
  – ao ar livre   2,5 cm

c) para concreto em contato com:
  – o solo   3,0 cm
  – se o solo não for rochoso, sob a estrutura deverá ser interposta uma camada de concreto simples, não considerada no cálculo, com o consumo mínimo de 250 kg de cimento por metro cúbico e espessura de pelo menos 5,0 cm.

d) para concreto em meio fortemente agressivo   4,0 cm

Para cobrimento maior do que 6,0 cm deve-se colocar uma armadura de pele complementar, em rede, cujo cobrimento não deve ser inferior aos limites especificados neste item.

É evidente que a par destas recomendações devem ser considerados também os outros fatores aceleradores.

Logo, no estudo do processo de corrosão do concreto deve-se considerar não somente os fatores capazes de agir sobre a armadura, mas também aqueles agressivos à pasta de cimento e/ou agregados ou relacionados com as características do concreto como, por exemplo, porosidade, permeabilidade e resistividade. A seguir, são apresentadas algumas considerações sobre os fatores aceleradores que mais frequentemente têm causado deterioração em concreto.

17.3.1 Lixiviação – Eflorescência

O hidróxido de cálcio, $Ca(OH)_2$, originado pela hidratação do cimento, apresenta uma solubilidade em água de 1,18 g/L (como CaO). Logo, a água, principalmente de baixa dureza, isto é, contendo pequenas concentrações de sais de cálcio e magnésio, pode solubilizar o $Ca(OH)_2$, ocasionando deterioração do concreto. O hidróxido de cálcio lixiviado ao entrar em contato com o ar reage com o dióxido de carbono, CO_2, formando o carbonato de cálcio, $CaCO_3$ insolúvel:

$$Ca(OH)_2 + CO_2 \rightarrow CaCO_3 + H_2O$$

A lixiviação do hidróxido de cálcio, com a consequente formação do carbonato de cálcio insolúvel, é responsável pelo aparecimento de **eflorescência** caracterizada por depósitos de cor branca na superfície do concreto. Algumas vezes, esse depósito aparece sob a forma de estalactites. Quando o processo de lixiviação é acentuado, o concreto vai se tornando poroso, tendo-se maiores espessuras de carbonato de cálcio.

A lixiviação é comumente observada em paredes laterais de reservatórios de água recém-construídos. Após o enchimento desses reservatórios, observa-se, em fissuras e/ou juntas de concretagem, o escorrimento de resíduo branco que cessa após algum tempo. Esse fato se deve à lixiviação do hidróxido de cálcio, pela água no interior do reservatório que, ao entrar em contato com o gás carbônico atmosférico, forma o carbonato de cálcio insolúvel que acaba vedando as fissuras ou juntas de concretagem.

17.3.2 Carbonatação

O dióxido de carbono, CO_2, existente no ar ou em águas agressivas, pode se combinar com o $Ca(OH)_2$, formando o carbonato de cálcio, $CaCO_3$, insolúvel:

$$Ca(OH)_2 + CO_2 \rightarrow CaCO_3 + H_2O$$

diminuindo o valor do pH para 8,5 a 9, e possibilitando a despassivação do aço. Se houver excesso de CO_2, como no caso de águas agressivas, pode-se ter a reação, com formação de bicarbonato de cálcio, $Ca(HCO_3)_2$, solúvel:

$$CaCO_3 + H_2O + CO_2 \rightarrow Ca(HCO_3)_2$$

que explica a maior deterioração do concreto, pois a solubilidade do bicarbonato de cálcio é bem maior do que a do carbonato de cálcio

$$CaCO_3: 13 \text{ mg/L}$$

$$Ca(HCO_3)_2: 1.890 \text{ mg/L}$$

Quando o carbonato de cálcio, insolúvel, deposita-se nos poros do concreto, vedando-os, a carbonatação é benéfica para a durabilidade do concreto.[6]

A velocidade de carbonatação depende do teor de umidade do concreto e da umidade relativa do meio ambiente. A profundidade de carbonatação aumenta com o aumento da relação água/cimento. Quando a relação água/cimento é igual a 0,4, a profundidade de carbonatação corresponde apenas à metade da profundidade com relação 0,6; e com a relação água/cimento 0,8, a profundidade é aproximadamente 50 % a mais do que a da relação 0,6.[7]

Pode-se verificar a profundidade, ou extensão, da carbonatação, tratando-se, com solução aquosa-alcoólica de fenolftaleína a 1 %, uma área recém-exposta do concreto. Quando não há carbonatação, aparece a coloração róseo-avermelhada, característica da fenolftaleína em meio fortemente alcalino; e se a área estiver carbonatada, permanecerá inalterada. Pode-se usar um algodão umedecido, com a solução de fenolftaleína, ou um frasco com *spray*, para contatar a área exposta em diferentes profundidades. Pode-se usar, também, solução aquosa de timolftaleína a 1 % que, em ausência de carbonatação, apresenta coloração azulada.

A fenolftaleína apresenta coloração róseo-avermelhada com valores de pH iguais ou superiores a 9,5 aproximadamente e incolor abaixo desse valor. A timolftaleína apresenta coloração azulada com valores de pH da ordem de 10,5 ou superior e incolor abaixo desse valor.

Os cimentos pozolânicos, ou cimentos de alto-forno, são mais adequados para concretos mais resistentes à carbonatação.

17.3.3 Ácidos

O contato direto de concreto com soluções de ácidos, como clorídrico, fluorídrico, nítrico, sulfuroso e sulfúrico, ocasiona deterioração do concreto, pois eles reagem com componentes do concreto e diminuem o valor de pH.

Deve-se considerar, no estudo da agressividade dos ácidos, não só a reação de neutralização, ou de alteração no valor de pH, mas também a parte aniônica dos ácidos. Este fato é bastante evidenciado no caso do ácido sulfúrico, H_2SO_4, no qual, além da ação ácida, tem-se a ação do íon sulfato, SO_4^{2-}. O mecanismo desta ação será apresentado mais adiante. No ataque ácido do concreto, observa-se, em muitos casos, a destruição da pasta de cimento, podendo-se observar o aspecto típico do agregado. No caso do concreto armado, tem-se, em seguida ao ataque da pasta, o ataque da armadura, notando-se a formação de coloração castanho-alaranjada característica dos sais de ferro. Podem-se escrever as equações das reações responsáveis:

- ataque da pasta de cimento

$$Ca(OH)_2 + 2H^+ \rightarrow Ca^{2+} + 2H_2O$$

$$(H^+: HCl, H_2SO_4 ...)$$

$$3CaO \cdot 2SiO_2 \cdot 3H_2O + 6H^+ \rightarrow 3Ca^{2+} + 2SiO_2 + 6H_2O$$

- ataque da armadura

$$Fe + 2H^+ \rightarrow Fe^{2+} + H_2$$

Devido a esta ação agressiva, os ácidos orgânicos – como o láctico, o acético, o butírico, o cítrico, o oleico, o esteárico etc. – são responsáveis por problemas de corrosão em pisos de fábricas de laticínios (ácido láctico), fábricas de vinagre (ácido acético), fábricas de sabão (ácidos graxos, como oleico), indústrias de extração de sucos cítricos (ácido cítrico) etc.

Ainda no caso da ação corrosiva de ácidos sobre concreto, convém citar o problema ocasionado por poluentes atmosféricos responsáveis pela chamada **chuva ácida**. Entre os componentes da chuva ácida estão óxidos de nitrogênio, NO e NO_2, e óxidos de enxofre, SO_2 e SO_3, que podem provir da queima de combustíveis usados em veículos automotivos, em indústrias e em usinas termelétricas. Essas substâncias são expelidas para a atmosfera e, em presença de umidade e oxigênio, tem-se a formação dos ácidos sulfurosos, H_2SO_3, sulfúrico, H_2SO_4, e ácido nítrico, HNO_3.

Esses ácidos constituem a chamada chuva ácida que, depositando-se sobre as estruturas de concreto, causam sérios inconvenientes devido à ação química sobre a pasta de cimento e sobre a armadura.

A corrosão do concreto por ácidos é muito frequente em fábricas produtoras, ou usuárias, de ácidos voláteis, como clorídrico e nítrico. Esses ácidos dispersos no meio ambiente tornam-se bastante corrosivos para estruturas de concreto.

17.3.4 Bases – Reação Álcali-agregado

Pela própria natureza química da pasta de cimento, pode-se prever que o concreto, devido à sua natureza alcalina, apresente boa resistência à ação de bases, por exemplo, soda cáustica, NaOH. Entretanto, em presença de soluções concentradas dessa base, pode-se verificar a deterioração do concreto.

Se o concreto contiver agregado constituído de sílica, SiO_2 reativa, amorfa (por exemplo, opala, calcedônia e dolomita contendo sílica), e for muito alcalino (acima de 0,6 % em álcalis totais, como Na_2O), pode ocorrer uma reação entre álcali e sílica. Nesta reação, forma-se um gel de sílica, com consequente deterioração do concreto que pode se dar, normalmente, sob as formas de expansão, fissuras e exsudação do gel, através de poros e fissuras, e endurecimento sob a forma perolada na superfície do concreto.

A dolomita, $CaCO_3 \cdot MgCO_3$, pode reagir com bases fortes como soda cáustica, NaOH, ocorrendo a deterioração do concreto:

$$CaCO_3 \cdot MgCO_3 + 2NaOH \rightarrow Mg(OH)_2 + CaCO_3 + Na_2CO_3$$

Soluções concentradas (acima de 20 %) de bases fortes podem ocasionar a solubilização de silicatos e aluminatos formados na hidratação do cimento, daí cimentos *portland* pozolânicos não serem indicados para entrar em contato com meios básicos fortes. Pode-se admitir a reação entre aluminato tricálcico, $3CaO \cdot Al_2O_3$, existente na pasta de cimento e uma base forte como o hidróxido de sódio, ou soda cáustica, formando o aluminato de sódio, $Na_3Al(OH)_6$, que é solúvel:

$$3CaO \cdot Al_2O_3 + 6NaOH + 6H_2O \rightarrow$$
$$2Na_3Al(OH)_6 + 3Ca(OH)_2$$

No caso de silicatos ou de agregados contendo sílica, esta pode ser atacada por soluções concentradas de bases fortes, tendo-se a formação de silicato de sódio, Na_2SiO_3, solúvel:

$$SiO_2 + 2NaOH \rightarrow Na_2SiO_3 + H_2O$$

Outra situação que pode originar deterioração do concreto é aquela na qual a solução de soda cáustica penetra no concreto e vai se concentrando devido ao fenômeno de evaporação: a deterioração é resultante da cristalização do carbonato de sódio hepta ou deca-hidratados, formados pela reação entre o NaOH e o dióxido de carbono do ar:

$$2NaOH + CO_2 + 6H_2O \rightarrow Na_2CO_3 \cdot 7H_2O$$
$$2NaOH + CO_2 + 9H_2O \rightarrow Na_2CO_3 \cdot 10H_2O$$

A cristalização desses carbonatos nos poros e capilares do concreto ocasiona uma expansão volumétrica, com a consequente deterioração do concreto.

17.3.5 Sais

Alguns sais são bastante agressivos para o concreto, podendo a sua ação ocorrer na pasta de cimento ou na armadura, pois, sendo eletrólitos, possibilitam a formação de pilhas que facilitam a corrosão do aço das armaduras.

Sais de amônio são destrutivos porque reagem com o meio alcalino do concreto, liberando amônia, NH_3, e eliminando o hidróxido de cálcio, responsável pela alcalinidade protetora do concreto. Pode-se exemplificar com um sal de amônio, como o cloreto, NH_4Cl:

$$2NH_4Cl + Ca(OH)_2 \rightarrow 2NH_3(g) + 2H_2O + CaCl_2$$

Sais de magnésio podem ocasionar a reação dos íons magnésio com o hidróxido de cálcio, formando o hidróxido de magnésio insolúvel com consequente lixiviação do íon cálcio sob a forma de sal solúvel:

$$Mg^{2+} + Ca(OH)_2 \rightarrow Mg(OH)_2 + Ca^{2+}$$

Sais facilmente hidrolisáveis, como cloreto de ferro (III), $FeCl_3$, cloreto de alumínio, $AlCl_3$, são agressivos, pois formam ácido clorídrico quando reagem com água:

$$FeCl_3 + 3H_2O \rightarrow Fe(OH)_3 + 3HCl$$
$$AlCl_3 + 3H_2O \rightarrow Al(OH)_3 + 3HCl$$

Os sais cujas partes aniônicas contêm íons sulfato, SO_4^{2-}, são muito agressivos. A bibliografia[8] sobre corrosão em concreto apresenta, com destaque, a possibilidade de ataque de sulfato ou de ácido sulfúrico à pasta de cimento do concreto. As soluções de sulfato reagem com o hidróxido de cálcio, $Ca(OH)_2$ livre, proveniente da hidratação do cimento, ou com o aluminato tricálcico, C_3A, hidratado, $3CaO \cdot Al_2O_3 \cdot 6H_2O$, que é um constituinte normal do cimento, podendo-se ter as reações entre o sulfato, ou ácido sulfúrico, e o $Ca(OH)_2$:

$$Ca(OH)_2 + SO_4^{2-} + 2H_2O \rightarrow CaSO_4 \cdot 2H_2O + 2OH^-$$
$$Ca(OH)_2 + H_2SO_4 \rightarrow CaSO_4 \cdot 2H_2O$$

O sulfato de cálcio hidratado reage com o aluminato tricálcico hidratado, $3CaO \cdot Al_2O_3 \cdot 6H_2O$, formando o sulfoaluminato de cálcio, etringita, podendo-se escrever a equação:

$$3CaSO_4 \cdot 2H_2O + 3CaO \cdot Al_2O_3 \cdot 6H_2O + 19H_2O \rightarrow$$
$$3CaO \cdot Al_2O_3 \cdot 3CaSO_4 \cdot 31H_2O$$

A formação de cristais de sulfoaluminato de cálcio é acompanhada de considerável aumento de volume, desenvolvendo alta pressão interna, que pode resultar em fissura e desagregação da massa de concreto. O aumento de volume ocasionará a expansão e consequente desagregação, o que pode ser confirmado pelos dados da Tabela 17.2,[9] na qual se verifica o grande volume molecular do sulfoaluminato de cálcio em relação aos de sulfato de cálcio e aluminato tricálcico hidratado. Deteriorado o concreto, ficam as armaduras expostas à ação corrosiva do meio ambiente.

Tabela 17.2 Relação da massa molecular, de alguns compostos e cálcio, com o volume molecular.

Composto	Massa Molecular (g)	Densidade (g/cm³)	Volume Molecular (cm³)
$Ca(OH)_2$	74,1	2,23	33,2
$CaSO_4 \cdot 2H_2O$	172,2	2,32	74,2
$3CaO \cdot Al_2O_3 \cdot 6H_2O$	378,0	2,52	150,0
$3CaO \cdot Al_2O_3 \cdot 3CaSO_4 \cdot 31H_2O$	1237,0	1,73	715,0

A Tabela 17.3 apresenta graus relativos de ataque de concreto por solos e águas contendo várias concentrações de sulfato.[10]

Tabela 17.3 Grau relativo de ataque em amostras de solo e água.

Grau Relativo de Ataque	Porcentagem em sulfato (como solúvel em água, em amostras de solo)	ppm de sulfato (como em amostras de água)
Desprezível	0,00 – 0,10	0 – 150
Positivo	0,10 – 0,20	150 – 1.000
Considerável	0,20 – 0,50	1.000 – 2.000
Severo	Acima de 0,50	Acima de 2.000

A Tabela 17.4, retirada da especificação alemã DIN-4030, apresenta a agressividade de alguns sais, ácidos e pH presentes na água.[11]

Tabela 17.4 Agressividade de alguns ácidos e sais em meio aquoso.

	Concentração (mg/L) Ataque		
Substâncias	Fraco	Forte	Muito Forte
Ácidos (pH)	6,5 – 5,5	5,5 – 4,5	4,5
CO_2 e HCO_3	15 – 30	30 – 60	60
Amônio (NH_4^+)	15 – 30	30 – 60	60
Magnésio (Mg^{2+})	200 – 300	300 – 1.500	1.500
Sulfato (SO_4^{2-})	200 – 600	600 – 3.000	3.000

Figura 17.2 Corrosão na armadura ocasionando desagregação do concreto, exposto à névoa salina.

Cloretos solúveis, como cloreto de sódio, NaCl, podem diminuir a ação protetora da película de passivação existente no meio alcalino ou básico proporcionado pela pasta de cimento. Podem também diminuir a resistividade do concreto, facilitando o processo eletroquímico de corrosão das armaduras. Os cloretos podem resultar:

- durante a preparação do concreto: dos agregados, da água de amassamento ou de aditivos como cloreto de cálcio usado como acelerador de pega ou endurecimento do concreto;
- durante a utilização: do meio ambiente, como cloreto de sódio em atmosferas marinhas.

Embora a presença desses sais faça prever um processo corrosivo acentuado, observa-se que o mesmo é minimizado pela formação de cloroaluminato de cálcio, $3CaO \cdot Al_2O_3 \cdot CaCl_2 \cdot 10H_2O$, que é insolúvel, e resulta da reação entre o cloreto e aluminatos do concreto. A formação desse produto insolúvel baixa os teores de cloretos solúveis a valores não agressivos. Daí os cimentos contendo teores elevados de aluminato tricálcico, C_3A, serem mais indicados para resistirem a cloretos.

Alguns países, em razão da ação corrosiva de cloreto, limitam seu valor em relação à massa de cimento. A Tabela 17.5[12] apresenta os limites máximos de cloreto aceitos em alguns países.

Tabela 17.5 Valor crítico de cloretos em concreto.

País	Norma	Limite Máx. de Cloreto	Referido A
EUA	ACI-318	≤0,15 % em ambiente de Cl	Cimento
EUA	ACI-318	≤0,3 % em ambiente normal	Cimento
EUA	ACI-318	≤1 % em ambiente seco	Cimento
Inglaterra	CP-110	≤0,35 % pelo menos em 95 %	Cimento
Austrália	AS 3600	≤0,22 %	Cimento
Noruega	NS 3474	≤0,6 %	Cimento
Espanha	EH 91	≤0,40 %	Cimento
Europa	Eurocódigo 2	≤0,22 %	Cimento
Japão	JSCE-SP 2	≤0,6 kg/m³	Concreto
Brasil	NBR 6118	≤0,05 %	Água

No Brasil, estima-se, para concreto armado, um valor de 0,4 % de cloreto em relação à massa de concreto.

A relação entre concentrações de cloreto, Cl^-, e de hidroxila, OH^-, também tem sido utilizada como representativa da despassivação da armadura

$$\frac{[Cl^-]}{[OH^-]} \leq 0,6$$

(concentrações em equivalente/litro).

Acima de 0,6 tem-se a despassivação.

O American Concrete Institute, ACI-Building Code 318-1992, estabelece o valor máximo de cloreto em torno de 0,06 % no caso de concreto protendido.

Embora, em algumas situações, o teor de cloreto exceda os valores especificados, não se observa corrosão no concreto. Como exemplo, tem-se o caso de concreto continuamente imerso no mar.[13] Como possíveis razões para ausência de corrosão em estruturas de concreto sempre imersas em água do mar, pode-se apresentar:

- a difusão do íon sulfato, SO_4^{2-}, existente na água do mar é rápida, mas com o tempo essa difusão diminui devido à formação na superfície do concreto de uma película densa de aragonita (carbonato de cálcio, $CaCO_3$) e brucita ($Mg(OH)_2$, hidróxido de magnésio) resultantes da reação entre os íons bicarbonato, HCO_3^-, e magnésio, Mg^{2+}, existentes na água do mar, e hidróxido de cálcio do concreto

$$Ca(OH)_2 + HC_3^- \rightarrow CaCO_3 + H_2O + OH^-$$

$$Ca(OH)_2 + Mg^{2+} \rightarrow Mg(OH)_2 + Ca^{2+}$$

Essa película, então, retarda ou impede a penetração de cloreto e de sulfato no concreto:[14]

- ausência de oxigênio não permite que ocorra a reação catódica e consequente continuidade da corrosão. A ação corrosiva do cloreto pode ser visualizada nas reações:
— oxidação da armadura: reação anódica

$$Fe \rightarrow Fe^{2+} + 2e$$

$$Fe^{21} + 2Cl^- \rightarrow FeCl_2$$

— redução do oxigênio: reação catódica

$$H_2O + 1/2 O_2 + 2e \rightarrow 2OH^-$$

Se o oxigênio necessário para a reação catódica for limitado, ou ausente, ela não se processará e, consequentemente, também a reação anódica. Pode-se, também, admitir a reação na área catódica da seguinte forma:
— meio não aerado

$$2H_2O + 2e \rightarrow H_2 + 2OH^-$$

— meio aerado

$$2H_2O + 2e \rightarrow H_2 + 2OH^- \quad (a)$$
$$H_2 + 1/2 O_2 \rightarrow H_2O \quad (b)$$
$$H_2O + 1/2 O_2 + 2e \rightarrow 2OH^- \quad (a+b)$$

Verifica-se, portanto, que em ausência de oxigênio (meio não aerado) o hidrogênio fica adsorvido na armadura, não ocorrendo continuidade da reação catódica (a + b);

- relação água/cimento menor do que 0,5;
- concreto formulado com cimento resistente a sulfato;

- os poros capilares tornam-se cheios de água restringindo a penetração de oxigênio;
- adequada espessura de cobrimento.

Deve-se citar,[15] também, situação inversa, isto é, corrosão mesmo com teores de cloreto menores do que 0,15 %, pois outros fatores podem ser mais determinantes para deterioração do concreto. Verifica-se, portanto, que, embora um concreto possa apresentar valor de concentração maior ou menor do que os das normas internacionais, não se pode afirmar, *a priori*, se o concreto estará ou não corroído. Somente após verificação cuidadosa dos vários fatores influentes no processo corrosivo do concreto e dos resultados da inspeção visual pode-se afirmar acerca da integridade das estruturas de concreto.

Também deve ser considerada a ação de sais relacionada com congelamento e descongelamento (degelo). Esse problema não ocorre no Brasil, mas é frequente em países com invernos rigorosos. Quando ocorre abaixamento da temperatura, a água contida nos capilares da pasta de cimento se congela, ocorrendo expansão do concreto. Os ciclos repetidos de congelamento e degelo têm, evidentemente, efeito cumulativo e, portanto, prejudicial, ocasionando desprendimento superficial do concreto até sua completa deterioração. O problema ocorre, principalmente, em tabuleiros de pontes nos países com invernos rigorosos. Para evitar o congelamento, esses países usam sais como cloreto de sódio, cloreto de cálcio e acetato de cálcio e magnésio, o que acarretará aumento da corrosão da armadura. Para evitar essa corrosão, usam proteção catódica das armaduras.

17.3.6 Água do Mar

Estruturas de concreto em água do mar estão sujeitas à corrosão devida, principalmente, à presença de cloreto e de sulfato solúveis. A ação corrosiva desses sais já foi abordada anteriormente, entretanto, convém destacar que o posicionamento dessas estruturas possibilita que diferentes áreas fiquem sujeitas à ação corrosiva da água do mar:

- permanentemente submersa;
- variação de maré: máxima e mínima;
- respingos;
- atmosférica: névoa salina;
- enterrada.

Na área permanentemente submersa, como visto anteriormente, o concreto tem condições de resistir à corrosão.

Na área de variação de maré tem-se a ação alternada de molhabilidade e secagem. Essa ação alternada ocasiona saturação do concreto com água do mar e evaporação dessa água associada com a variação da maré. Essa evaporação ocasiona acúmulo de sais na superfície do concreto e possível permeação de cloreto, tornando a área de variação de maré mais sujeita à corrosão.

Na área de respingos, pouco acima da área de maré máxima, tem-se frequente molhabilidade devida ao choque das ondas, aos respingos de água salgada ou mesmo à ação capilar da umidade da área inferior. O mecanismo da deterioração do concreto, nessa área, é o mesmo da área de variação de maré, mas a corrosão é normalmente mais intensa na área de respingos.

Na área atmosférica, a estrutura fica sujeita à ação de névoa salina e a corrosão é menos severa do que nas anteriores, variação de maré e respingos.

Na área enterrada, geralmente não se observa corrosão, como no caso de pilares de sustentação de pontes que são fixados em rochas.

17.3.7 Gás Sulfídrico e Sulfetos

A presença de gás sulfídrico e umidade pode ocasionar sérios inconvenientes. O gás sulfídrico pode se originar da hidrólise de sulfetos, como sulfetos alcalinos, por exemplo, sulfeto de sódio, Na_2S.

$$Na_2S + 2HOH \rightarrow 2NaOH + H_2S$$

O ácido sulfídrico ataca o ferro dando sulfeto de ferro, FeS, e hidrogênio atômico, que, em seguida, passa a hidrogênio molecular H_2, que se desprende:

$$Fe\ 1\ H_2S \rightarrow FeS\ 1\ 2H$$

$$2H \rightarrow H_2$$

Entretanto, o hidrogênio atômico, em presença de sulfeto, não passa imediatamente a hidrogênio molecular e difunde-se para o interior do material metálico, podendo ocasionar a fragilização dele. Daí se evitar a presença de sulfetos, associados à umidade nos cimentos usados no concreto protendido, pois, como os arames de protensão estão submetidos a solicitações mecânicas, sofreriam, em curto espaço de tempo, fraturas com reflexos na estabilidade das estruturas.

A presença de gás sulfídrico e umidade foi a causa da fragilização pelo hidrogênio de arames de protensão, em trecho de ponte para travessia do rio Guaíba em Porto Alegre/RS,[16] felizmente verificada durante a fase de construção.

A queda de cobertura de concreto protendido em centro de convenções em Berlim foi também ocasionada por corrosão sob tensão fraturante induzida por hidrogênio.[17]

17.3.8 Bactérias

O concreto colocado em áreas poluídas pode estar sujeito à ação de bactérias que ocasionam sua deterioração. Pode-se citar a presença de bactérias, como *Thiobacillus thiooxidans*, que oxidam enxofre ou compostos de enxofre a ácido sulfúrico (H_2SO_4), originando, então, inconvenientes como diminuição de pH e formação de sulfoaluminato de cálcio com deterioração do concreto e posterior ataque da armadura. Grandes tubulações de concreto, usadas para condução de esgotos, costumam sofrer corrosão[18] mais intensa na parte superior interna, devido ao H_2SO_4 formado nesta região. O H_2S, proveniente da ação redutora de bactérias anaeróbicas, como as *Desulfovibrio desulfuricans*, sobre compostos orgânicos ou inorgânicos de enxofre, presentes nos esgotos, desprende-se para o espaço livre acima do líquido e na região de condensação de umidade é oxidado, por bactérias aeróbicas, para ácido sulfúrico, que ataca a superfície do concreto.

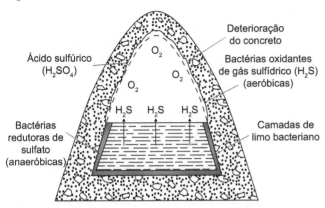

Figura 17.3 Esquematização de duto de esgoto com área de deterioração do concreto, decorrente da formação de ácido sulfúrico na área aerada.

Os compostos de enxofre podem se originar, comumente, de efluentes industriais (refinarias de petróleo, curtumes), efluentes de origem doméstica (urina, matéria fecal) e sistemas de abastecimento de água (sulfato proveniente da clarificação de água). A formação de gás sulfídrico, H_2S, ocorre principalmente nas camadas de limo aderidas às paredes submersas do duto de esgoto e quando se desprende para atmosfera livre sofre oxidação a H_2SO_4, ocorrendo, então, a corrosão do concreto.

Para minimizar essa corrosão, dispõe-se das seguintes medidas protetoras:

- adequada velocidade de escoamento do esgoto;
- ventilação para remoção de H_2S – injeção de ar comprimido;
- substâncias tóxicas para eliminar a atividade bacteriana – cloração;
- cimento resistente a sulfato;
- revestimento, da região superior, com plásticos ou alcatrão de hulha-epóxi;
- tubulações plásticas como polietileno ou de plástico reforçado com fibra de vidro (PRFV);
- fôrma interna de PVC, polietileno ou PRFV.

17.3.9 Corrente de Fuga

É bastante conhecido que as correntes de fuga são frequentes causas de corrosão em estruturas metálicas enterradas ou submersas. No caso de estruturas de concreto, também pode-se ter a influência dessas correntes.[19,20] Assim, se o concreto apresentar baixa resistividade elétrica, fissuras ou trincas, ou por se achar bastante umedecido e em presença de eletrólito, pode-se ter a corrosão eletrolítica da armadura. Esta é ocasionada pelas correntes de fuga que, penetrando no concreto, atingem a armadura de aço e, na região de saída das correntes para retornarem ao circuito original, ocasionam a corrosão da armadura.

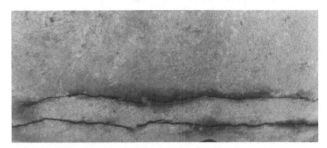

Figura 17.4 Trinca em pilar de concreto causada por corrosão.

17.3.10 Resistividade Elétrica

A presença de sais como cloretos, sulfatos e nitratos possibilita a corrosão das armaduras, pois como são eletrólitos fortes permitem que o meio apresente baixa resistividade elétrica e consequente alta condutividade, possibilitando o fluxo de elétrons, característico do mecanismo eletroquímico de corrosão, ocasionando a corrosão das armaduras ou dos arames de protensão. Devido a esse fator, controla-se a quantidade de cloreto de cálcio adicionada ao concreto e evita-se o emprego de aditivos, contendo cloretos, como cloreto de cálcio,[21] no caso do concreto protendido, onde os arames de aço-carbono são de alta resistência e estão submetidos a elevadas tensões. Portanto, no caso do concreto protendido, não se pode deixar de considerar a possibilidade da ocorrência de corrosão sob tensão fraturante, que é bastante frequente em presença de cloretos. No caso da presença de sulfatos, deve-se também considerar a possível formação de sulfoaluminato de cálcio, com a consequente deterioração do concreto.

Como valores de resistividade elétrica indicativos da probabilidade de corrosão no concreto podem-se apresentar os do CEB-192,22 em $k\Omega \cdot cm$:

>20...Desprezível
10 a 20..Baixa
5 a 10..Alta
<5..Muito alta

17.3.11 Porosidade e Permeabilidade

A penetração de soluções de eletrólitos e de gases, como o oxigênio, ocorrerá nas áreas mais permeáveis e porosas, tornando a resistividade do concreto baixa e acelerando o processo corrosivo. Um concreto de alta resistividade é obtido com baixa porosidade e pequeno valor de água de saturação. A resistividade do concreto seco pode atingir 100.000 $ohm \cdot cm$,[23] tornando-o mais protetor. A adição de microssílica (SiO$_2$ finamente dividida) diminui a permeabilidade e reduz a possibilidade de fissuramento.

17.3.12 Fissuras ou Trincas

O concreto, devido a solicitações mecânicas, pode apresentar fissuras ou trincas, possibilitando assim o ataque corrosivo na armadura, pois haverá penetração de soluções de eletrólitos, gases e correntes de fuga. As trincas também podem se originar pelo próprio produto de corrosão, óxido de ferro (III) hidratado, Fe$_2$O$_3 \cdot$ H$_2$O, que, pelo volume apresentado, exerce pressão sobre o concreto, ocasionando seu lascamento ou fratura.

17.4 INSPEÇÃO EM CONCRETO

Os procedimentos relacionados com inspeção de estruturas de concreto, desde o ponto de vista de corrosão, podem ser simples em alguns casos e complexos em outros. A simplicidade ou complexidade da inspeção está ligada a fatores, como porte das estruturas, localização, facilidade de retirada de corpos de prova e riscos envolvidos.

Entre as etapas, geralmente seguidas na inspeção de estruturas de concreto, deve-se destacar:

- verificação de dados relacionados com a estrutura: formulação do concreto e localização (aérea, enterrada ou submersa);
- inspeção visual.

A primeira etapa é importante, pois, em decorrência da formulação do cimento, empregado no concreto, e da relação água/cimento já se pode prever maior ou menor resistência à corrosão. A localização da estrutura: proximidade ou localizada em área industrial ou em orla marinha e parcial ou totalmente submersa no mar permite prever as estruturas mais sujeitas à ação corrosiva do meio ambiente.

A inspeção visual permite observar:

- fissuras no concreto;
- fraturas e desprendimento do cobrimento;
- manchas de ferrugem na superfície do concreto, indicativas de corrosão das armaduras, com aparecimento do produto de corrosão, Fe$_2$O$_3 \cdot$ nH$_2$O;
- frente ou profundidade de carbonatação facilmente determinada por meio de solução de fenolftaleína ou de timolftaleína;
- eflorescência: aparecimento, na superfície do concreto, de resíduo branco, em alguns casos sob a forma de estalactites, constituídas de carbonato de cálcio, CaCO$_3$;

- áreas com falhas de execução: como ninhos de agregado ou juntas de concretagem;
- áreas com predominância de deterioração do concreto: aérea, enterrada ou submersa.

Como complemento à inspeção visual deve-se proceder à retirada de corpos de prova para análise físico-química, visando determinar os teores de cloreto e de sulfato na pasta de cimento, e a execução de registro fotográfico das observações feitas na inspeção.

Em decorrência das observações feitas na inspeção visual e dos resultados da análise físico-química, pode-se emitir, em muitos casos, parecer conclusivo sobre o estado do concreto, sem que haja necessidade de realizar métodos eletroquímicos.

Em casos mais complexos, podem-se usar métodos eletroquímicos como medições de potenciais, resistência de polarização, curvas de polarização, ruído eletroquímico e impedância.[24]

17.5 REPAROS DE ESTRUTURAS DE CONCRETO

Caracterizada a ocorrência de processo corrosivo com deterioração do concreto, isto é, ação química sobre a massa de concreto e ação eletroquímica sobre a armadura, deve-se proceder aos reparos para correção dos problemas, isto é, executar a manutenção corretiva. Helene[25] apresenta detalhado manual para reparos em estruturas de concreto. É evidente que a manutenção preventiva pode tornar desnecessária a execução da manutenção corretiva, reduzindo os custos. A manutenção preventiva pode ser direcionada, por exemplo, para a limpeza das estruturas, eliminação de áreas de estagnação de água e fluidos agressivos, aplicação de revestimento protetor, recuperação de defeitos logo que apareçam etc. A execução de reparos é feita, de maneira geral, seguindo o procedimento:

- caracterização do agente causador e seu mecanismo de ação;
- retirada dos materiais deteriorados: massa de concreto e armadura;
- se não houver comprometimento da armadura e da massa de concreto, pode-se repor o concreto ou aplicar argamassas de base epóxi ou grautes (material constituído de cimento *portland*, agregados, e aditivos, fluido, autoadensável e sem retração quando endurecido) para preenchimento de cavidades;
- se houver comprometimento da armadura e da massa de concreto, é usual soldar nova armadura e utilizar, em caso de extensão do reparo, concreto projetado. Em alguns casos, é indicada a pintura da armadura e do concreto depois de recuperado.

17.6 PROTEÇÃO

As medidas de proteção para evitar corrosão em concreto são de várias naturezas. Algumas são usadas já na formulação do cimento e do concreto, e outras, após a montagem das estruturas. Para o bom desempenho dessas medidas, deve-se ter: concreto de qualidade adequada, estrutura corretamente projetada para o ambiente em causa, previsão da agressividade do meio ambiente e condições operacionais.

Deve-se, portanto, exigir que as estruturas de concreto sejam projetadas, construídas e utilizadas de modo a que atendam à sua vida útil,[26] que é o período em que as estruturas não necessitam de medidas extras de manutenção e reparo.

A Tabela 17.6 apresenta as recomendações indicadas pela especificação DIN-4030 para evitar a corrosão do concreto.

17.6.1 Formulação dos Cimentos

São recomendáveis diversas medidas para proteção de concreto sujeito à ação de sulfatos ou de ácido sulfúrico, algumas das quais devem ser consideradas já na fase de projeto, pois em alguns casos são impraticáveis após a conclusão das estruturas. Entre elas, está o emprego de:

- cimento resistente a sulfato, isto é, cimento contendo um teor de aluminato tricálcico (C_3A) menor do que 8 %, conforme especificação ASTM-C150-71, tipo V ou tipo II. O tipo V, por apresentar cerca de 4 % em C_3A, seria o mais indicado na presença de teores mais elevados do sulfato, entretanto, como o cimento com aluminato tricálcico aumenta a resistência à ação do cloreto, deve-se estabelecer um valor médio para o aluminato, sendo normalmente usado valor em torno de 7 % a 8 %. A Tabela 17.7 apresenta a composição típica desses cimentos;
- cimento de escórias de alto-forno ou ainda cimento pozolânico.

Cimento com teor elevado de aluminato tricálcico é usado para aumentar a resistência à ação de cloreto.

17.6.2 Materiais Compostos com Polímeros

Na preparação de materiais compostos com polímeros, são usados os métodos descritos a seguir.

Concreto impregnado com polímeros. O concreto previamente seco e curado é impregnado com um monômero de baixa viscosidade e polimerizado, em seguida, por aquecimento, radiação ou processo químico. Geralmente são usados os monômeros termoplásticos metacrilato de metila, estireno e acrilonitrila. Após cura e polimerização do concreto, este contém, do produto de polimerização, cerca de 8 % em peso do concreto seco.

Concreto com cimento e polímero. É a pré-mistura de pasta de cimento e agregado, na qual se adiciona um monômero antes da secagem e cura. Geralmente são usados poliéster-estireno, epóxi-estireno, resinas furânicas e cloreto de vinilideno.

Concreto polimérico. Constituído de agregado, ligado com polímero no lugar de cimento.

O concreto impregnado com polímeros tem sido usado com bons resultados, inclusive para proteção contra ação de cloreto[27] e para aumentar a resistência ao congelamento e descongelamento, pois tal método reduz em cerca de 99 % a absorção da água.[28]

17.6.3 Revestimentos Protetores

Na aplicação de tintas sobre superfície de concreto são importantes os seguintes cuidados:

- limpeza para retirada da nata superficial de cimento – deve ser feita por ação mecânica, como lixamento, ou por jateamento, não sendo recomendável a limpeza com ácido clorídrico (nome vulgar: ácido muriático), pois ele, ou os sais resultantes da limpeza, podem ficar impregnados na massa de concreto;
- usar tintas não saponificáveis, isto é, tintas resistentes à alcalinidade do concreto;

Tabela 17.6 Recomendações para evitar a corrosão do concreto (baseado na Norma DIN-4030).

	Ataque Fraco	Ataque Forte	Ataque Muito Forte
Teor mínimo de cimento, kg/m³	400	–	–
Relação água/cimento	0,6	0,5	0,5
Profundidade de penetração da água, mm	50	30	30
Proteção superficial	–	–	Necessária
Tipo de cimento	Água contendo mais de 400 ppm de sulfato ou solos contendo mais do que 3.000 ppm de sulfato: essencial o uso de cimento resistente a sulfato		
Espessura do concreto cobrindo a armadura de reforço	Maior do que 30 mm		

Tabela 17.7 Composição típica de alguns cimentos *portland*.

	C_3S	C_2S	C_3A	C_4AF	MgO	SO_3	CaO (Livre)
Tipo I	49	26	11	8	3,0	2,2	1,0
Tipo II	46	30	6	12	2,1	2,1	1,2
Tipo V	41	36	4	10	2,8	1,9	0,8

- não se deve encapsular o concreto, se ele não estiver completamente seco, com películas impermeáveis em ambos os lados, pois a umidade retida tende a sair e empolar películas impermeáveis. O ideal é aplicar película impermeável em um lado e película que permita a passagem de vapor d'água do outro lado. As tintas de emulsão à base de água, como as acrílicas, ou melhor, de dispersão à base de água, permitem a passagem de umidade sob a forma de vapor, sem causar empolamentos ou formação de bolhas na película de tinta e não permitem a passagem de água.

Como revestimentos protetores, aplicados sobre o concreto, têm-se:

- tintas à base de resinas epóxi, poliuretana, vinílica, acrílica, tintas asfálticas e emulsões ou dispersões acrílicas ou epóxi à base de água;
- pintura com impregnação de uma solução de silicato de sódio, menos alcalina possível;
- tratamento com fluossilicato de magnésio, $MgSiF_6$ – há formação de camada superficial de fluoreto de cálcio, CaF_2, e gel de sílica hidratados, misturados com hidróxido de magnésio; todas essas substâncias são pouco solúveis e resistentes à corrosão, e o gel de sílica obtura os poros do concreto, tornando-o impermeável e, portanto, mais resistente à corrosão;
- tratamento em autoclave – usado em concreto pré-moldado, consiste em tratar o concreto com tetrafluoreto de silício, SiF_4, gasoso, em autoclave; a formação de sílica e de fluoreto de cálcio, na superfície do concreto, permite maior resistência aos agentes agressivos

$$2Ca(OH)_2 + SiF_4 \rightarrow 2CaF_2 + SiO_2 + 2H_2O$$

- revestimento com argamassas ou cimentos antiácidos, geralmente à base de resinas furânica, epóxi, fenólica ou poliéster.

Pode-se também aplicar o revestimento sobre a armadura, tendo, nesse caso:

- aplicação de tintas epóxi e tintas ricas em zinco (epóxi-zinco);[29]
- revestimento com zinco ¾ emprego de armaduras de aço galvanizado, muito pouco usado, e possibilidade de reação, com a alcalinidade do concreto liberando hidrogênio

$$Zn + 2OH^- + 2H_2O \rightarrow Zn(OH)_4^{2-} + H_2$$

que pode causar a fragilização do aço e consequente fratura, principalmente em concreto protendido;[30]
- armadura cladizada com aço inoxidável AISI 304 ou 316 ou, mesmo, armadura desses aços.[31]

17.6.4 Proteção Catódica

A proteção catódica, geralmente por corrente impressa ou forçada,[32,33] é usada para proteção da armadura. Esta é colocada como catodo de um sistema elétrico de corrente contínua, usando-se anodos inertes em forma de tela, por exemplo, titânio revestido com camada de óxido condutor, ou anodo de polímero condutor.

17.6.5 Inibidores de Corrosão

Entre os inibidores de corrosão mais usados estão nitrito de sódio, $NaNO_2$,[34] e nitrito de cálcio, $Ca(NO_2)_2$.[35] São inibidores anódicos e oxidantes e agem na armadura formando película protetora de óxido de ferro, γ-Fe_2O_3, passivando a armadura e protegendo-a contra a corrosão. Esses inibidores são usados em concentrações em torno de 1 % a 4 %[36] e são adicionados ao concreto fresco durante a mistura e dissolvidos na água de amassamento.

Outro tipo de inibidor, desenvolvido mais recentemente, é um composto orgânico derivado de amina, cuja formulação não é apresentada pelos fornecedores. Admite-se ser um *amino carboxilado*, isto é, produto resultante da reação entre ácido carboxílico e amina. Esse inibidor se enquadra na categoria de inibidores de adsorção, isto é, formam uma película aderente sobre a armadura. Os fornecedores afirmam que, além do emprego no concreto fresco, eles podem ser considerados como *inibidores de migração*,[37] sendo, então, indicados também para uso em concreto endurecido. Nesse caso, o inibidor migraria pela massa do concreto até atingir a armadura e protegendo-a.

Trabalhos experimentais constataram que, comparando o nitrito de sódio com o inibidor orgânico (derivado aminado) fornecido comercialmente, o nitrito apresentou melhor resultado.[38] Quanto ao emprego em concreto endurecido, o nitrito não apresentou nenhuma proteção, o mesmo ocorrendo com o inibidor orgânico que provavelmente necessita de uma avaliação mais prolongada.[39]

Yongmo e colaboradores[40] realizaram experiências comparando o desempenho dos inibidores nitrito de sódio e aminocarboxilado (*migrating corrosion inhibitor* —MCI) na proteção contra a ação corrosiva de cloreto: verificaram que ambos os inibidores têm ação efetiva em concreto não carbonatado, mas em concreto carbonatado só o MCI apresentou bom desempenho.

17.6.6 Remoção de Cloreto e Realcalinização

São técnicas eletroquímicas, usadas mais recentemente, que visam restabelecer a passivação da armadura, removendo cloreto existente no concreto, e restabelecendo a alcalinidade em torno da armadura.[41,42] Essas técnicas são aplicadas somente para concreto armado exposto à atmosfera.

Como informações básicas têm-se:

- materiais:
  - fonte de corrente contínua (1 A/m²);
  - anodo: titânio revestido com óxido de cério;

- eletrólitos: água com hidróxido de cálcio (para remoção de cloreto) e solução aquosa de carbonato de sódio (para realcalinização);
- armadura: ligada ao catodo da fonte de corrente contínua;
- suporte para permitir o contato do eletrólito com o anodo e o catodo: fibra de celulose umedecida ou feltro umedecido ou tanques.

- tempo: 4 a 8 semanas para remoção de cloreto e uma semana para realcalinização;
- limitações: como há liberação de hidrogênio (H_2) não podem ser usadas para concreto protendido, pois poderia ocorrer fragilização dos arames de protensão. Pode ocorrer, ainda, redução da ligação da armadura com a massa de concreto. Não podem ser usadas para armaduras revestidas, por exemplo, com epóxi, nem armaduras galvanizadas;
- benefícios: remoção de 40 % a 95 % de cloreto imediatamente em torno da armadura e geração de OH^-, hidroxila, meio alcalino;
- remoção de cloreto: os íons cloreto, negativos, são atraídos para o anodo externo, positivo, ocorrendo a reação responsável por sua remoção

$$2Cl^- \rightarrow Cl_2 + 2e$$

e no catodo

$$2H_2O + 2e \rightarrow 2OH^- + H_2$$

- realcalinização: presença de meio alcalino ao redor da armadura, devido a:
  - formação de OH^-, íon hidroxila, proveniente da reação

$$2H_2O + 2e \rightarrow 2OH^- + H_2$$

  - eletrosmose: movimento do eletrólito em direção do catodo, alcalinizando em torno da armadura.

REFERÊNCIAS BIBLIOGRÁFICAS

1. LIMA, N. A. A corrosão está deteriorando as estruturas das pontes e viadutos da cidade do Rio de Janeiro. *In*: ANAIS DO 3º SEMINÁRIO DE CORROSÃO NA CONSTRUÇÃO CIVIL, Abraco-Seaerj, RJ, nov. 1988, p. 1-20.
2. WALLBANK, E. J. *The performance of concrete in bridges. A survey of 200 highway bridges*. London: Her Majesty's Stationery Office/The Department of Transport/G. Maunsell & Partners, apr. 1989, 96 p.
3. SKALMY, J. Concrete durability: a multibillion-dollar opportunity. Dept. of Defense (NASA)/Report to the National Research Council of USA, 1987.
4. WEST, R. E.; HIME, W. Chloride Profiles in Salty Concrete, *Materials Performance*, jul. 1985, p. 29.
5. NOGUEIRA, R.; MIRANDA, L. Significado das medidas de potencial de eletrodo em estruturas de concreto. *In*: ANAIS DO 4º SEMINÁRIO DE CORROSÃO NA CONSTRUÇÃO CIVIL, Abraco-Seaerj, RJ, dez. 1990, p. 1-8.
6. FALCÃO BAUER, L. A.; FALCÃO BAUER, R. A carbonatação do concreto e sua durabilidade. *In*: ANAIS DO 3º SEMINÁRIO DE CORROSÃO NA CONSTRUÇÃO CIVIL, Abraco-Seaerj, RJ, nov. 1988, p. 101-111.
7. MEYER, A. Investigations on the carbonation of concrete. *In*: PROC. 5th INT. SYMP. ON THE CHEMISTRY OF CEMENT, Tokyo, 1968, Part III, p. 394-401. *In*: NEVILLE, A. M. *Propriedades do concreto*. São Paulo: Pini, 1982, p. 373.
8. BICZOK, I. *Concrete Corrosion and Concrete Protection*. Budapest: Akadémiai Kiadó, 1964, p. 174.
9. LEA, F. M. *The Chemistry of Cement and Concrete*. 3. ed. Glasgow: Edward Arnold, 1970, p. 348.
10. CONCRETE MANUAL. 7th ed. United States Department of Interior, Bureau of Reclamations, 1963, p. 12.
11. KNOFEL, D. *Corrosion of Building Materials*. N.Y.: Van Nostrand Reinhold, 1978, p. 16.
12. MANUAL DE INSPECCIÓN, EVALUACIÓN Y DIAGNÓSTICO DE CORROSIÓN EN ESTRUCTURAS DE HORMIGÓN ARMADO. 2. ed. Durar, CYTED, 1998, p. 37.
13. CÁNOVAS, F. M. *Patologia e Terapia do Concreto Armado*. São Paulo: Pini, 1988, p. 65.
14. INTERNATIONAL CONFERENCE ON THE BEHAVIOR AND PERFORMANCE OF CONCRETE IN SEA WATER, St. Andrews, Canada, 1988.
15. EHRLICH, S. G.; ROSENBERG, A. M. Methods of Steel Corrosion, Control and Measurement in Concrete. *In*: CASCUDO, C. *O Controle da Corrosão de Armaduras em Concreto Armado-Inspeção e Técnicas Eletroquímicas*. São Paulo: Pini, 1997, p. 83.
16. GRUNDIG, W. A fragilização pelo hidrogênio como causa de ruptura de arames de aço para protender concreto. *In*: *XIII Congresso da Associação Brasileira de Metais*, Volta Redonda, jul. 1958.
17. ISECKE, B. Collapse of the Berlin Congress Hall Prestressed Concrete Roof. *Materials Performance*, dec. 1982, p. 36-39.
18. ANDRADE, R. D. Corrosão de condutos de concreto para esgotos: causas e remédios. *In*: ANAIS DO COLÓQUIO: DURABILIDADE DO CONCRETO. São Paulo: IBRACON/IPT, 1972, p. 77-98.
19. BLEUER, M.; CZERNY, G.; MEDGYESI, I. Leakage Current due Corrosion of Reinforced Concrete Structure. *Corrosion Week*. Budapest: Akadémiai Kiadó, 1970, p. 1057-1067.
20. BASILIO, F. A. Durabilidade do concreto em água do mar. *In*: ANAIS DO COLÓQUIO: DURABILIDADE DO CONCRETO. São Paulo: IBRACON/IPT, 1972, p. 151.

21. MONFORE, G. F.; VERBECK, G. J. Corrosion of Prestressed Wire in Concrete. *Journal of the American Concrete Institute*, nov. 1960, p. 514.

22. CEB-192. Comite Euro-International du Beton, *Bulletin d'Information*, Paris, 1989.

23. LEWIS, D. A.; COPENHAGEN, W. J. The Corrosion of Reinforced Steel in Concrete in Marine Atmosphere.*South African Industrial Chemist*, v. II, n. 10, 1957.

24. CASCUDO, C. *O Controle da Corrosão de Armaduras em Concreto Armado-Inspeção e Técnicas Eletroquímicas*. São Paulo: Pini, 1997.

25. HELENE, P. R. L. *Manual para reparo, reforço e proteção de estruturas de concreto*. São Paulo: Pini, 1992.

26. HELENE, P. R. L. Vida útil das estruturas de concreto. *In*: IV CONG. IBEROAMERICANO DE PATOLOGIA DAS CONSTRUÇÕES, Porto Alegre, out. 1997.

27. KUKACKA, L. E. *The Use of Concrete Polymer Materials for Bridge Applications*, ASTM-STP 629, 1977, p. 100-109.

28. AMERICAN CONCRETE INSTITUTE, *Polymers in Concrete*, Publication SP-40, 1973, p. 3.

29. HELENE, P. R. L.; OLIVEIRA, P. S. F. Recuperação de estruturas de concreto com argamassas corroídas – Novas alternativas. *In*: ANAIS DO 3º SEMINÁRIO DE CORROSÃO NA CONSTRUÇÃO CIVIL, Abraco-Seaerj, RJ, nov. 1988, p. 82-100.

30. KERN, G. Observations sur quelques problèmes du béton précontraint. *In*: ANNALES DE L'INSTITUT TECHNIQUE DU BATIMENT ET DES TRAVAUX PUBLICS, mars-avril 1969.

31. *Concrete International*, May 1995.

32. GOMES, L. P. Como utilizar sistemas de proteção catódica para as armaduras de aço do concreto. *In*: ANAIS DO 3º SEMINÁRIO DE CORROSÃO NA CONSTRUÇÃO CIVIL, Abraco-Seaerj, RJ, nov. 1988, p. 70-81.

33. SCHELL, H. G.; MANNING, D. G. Research direction in cathodic protection for highway bridges. *Materials Performance*, oct. 1989, p. 11-15.

34. MIRANDA, T. R.V. Eficiência do íon nitrito como inibidor de corrosão em argamassas de cimento portland. *In*: ANAIS DO 17º CONGRESSO BRASILEIRO DE CORROSÃO, Abraco, RJ, out. 1993, p. 634-645.

35. ROSENBERG, A. M.; GAIDIS, S. M.; KOSSIVAS, M. G.; PREVITE, R. W. *A Corrosion Inhibitor Formulated with Calcium Nitrite for Use in Reinforced Concrete*, ASTM-STP 629, 1977, p. 89-99.

36. HELENE, P. R. L. Corrosão em armaduras para concreto armado. SP: Pini/Instituto de Pesquisas Tecnológicas, 1986, p. 32.

37. BJEGOVIC, D.; MIKSIC, B. Migrating corrosion inhibitor protection of concrete. *Materials Performance*, nov. 1999, p. 52-56.

38. VILLELA, T. R. S.; CAVALCANTI, E. H. S. Electrochemical noise analysis applied to reinforced mortar corrosion. 3. ed. *In*: NACE-LATIN AMERICAN REGION CORROSION CONGRESS. Cancún, Mexico, 1998.

39. PAZINI, E.; LEÃO, S.; ESTEFANI, C. *Corrosion inhibitors, behavior of NaNO$_2$ and amine-based products in the prevention and control of corrosion in reinforced concrete*, Rehabilitation of Corrosion Damaged Infrastructure, NACE International, 1998.

40. YONGMO, X.; HAILONG, S.; MIKSIC, B. A. Comparison of Inhibitors MCI and NaNO$_2$ in Carbonation-Induced Corrosion. *Materials Performance*, jan. 2004, p. 42-46.

41. ELECTROCHEMICAL CHLORIDE EXTRACTION FROM STEEL-REINFORCED CONCRETE – A STATE-OF-THE-ART REPORT. NACE International, 01101, may. 2001.

42. ELECTROCHEMICAL REALKALIZATION OF STEEL-REINFORCED CONCRETE – A STATE-OF-THE-ART REPORT. NACE International, 01104, apr. 2004.

EXERCÍCIOS

17.1. Quais são os fatores que influenciam a corrosão em concreto?

17.2. Que técnicas de proteção contra a corrosão podem ser usadas para estruturas de concreto?

17.3. Que tipo de problema o cloreto poderá provocar no concreto? Que valores de cloreto solúvel são permitidos no Brasil?

17.4. Qual é a relação entre corrosão e a resistividade do concreto?

17.5. Como deve ser realizada a inspeção no concreto em situações de corrosão?

Capítulo 18

Métodos para Combate à Corrosão e Impacto Econômico

O custo da corrosão é uma informação de vital importância para a tomada de decisões, seja na fase de projeto ou no combate diário, em instalações industriais, por meio do uso de métodos anticorrosivos que sejam eficazes e economicamente viáveis. Alguns estudos indicaram que o custo da corrosão para a sociedade é significativo, como poderá ser visto a seguir:

18.1 ABORDAGENS UTILIZADAS PARA O CÁLCULO DO CUSTO DA CORROSÃO

Em 1949, Uhlig foi o responsável pelo primeiro estudo sistemático sobre o custo direto anual da corrosão nos Estados Unidos e chegou à quantia de 5,427 bilhões de dólares americanos (2,1 % do produto interno bruto, PIB, à época), somando os custos relacionados a materiais resistentes à corrosão, manutenção, trocas de peças e equipamentos, induzidos por corrosão. Este relatório original também destacou a importância do custo indireto da corrosão e do custo gerado, em alguns casos, devido a modificações de projeto.[1] Em 1971, na Inglaterra, Hoar, outro pioneiro nessa área, estudou os custos da corrosão por setores industriais (construção civil, construção naval, governo e agências governamentais, indústrias química e petroquímica, energia, transporte, entre outros). Nesse trabalho, foi levantado o custo total associado a dez setores industriais, no valor de 1,365 milhões de libras. Na época, esse valor correspondia a 3,5 % do PIB da Inglaterra. Hoar também estimou a possibilidade de economizar 310 milhões de libras com o controle adequado da corrosão.[1]

Em 1975, o National Bureau of Standards (NBS) e os Laboratórios Battelle Columbus conduziram conjuntamente um estudo para estimar o custo da corrosão nos Estados Unidos naquele período.[2] O estudo Battelle-NBS (Estados Unidos, 1978) utilizou uma estrutura de entrada/saída (*input/output* ou I/O), criada por Wassily Leontief (Prêmio Nobel, em 1973) para estimar o custo da corrosão para a economia estadunidense. O I/O é um modelo geral de equilíbrio de uma economia, mostrando até que ponto cada setor usa insumos de outros setores para movimentar a sua produção e, assim, o quanto os setores vendem entre si. A economia estadunidense foi dividida, então, em 130 setores industriais e cada um deles precisava estimar os custos de prevenção e os de reparo e substituição relacionados à corrosão.[2] Foi utilizada a versão do Battelle National criada para descrever a influência da corrosão na economia de três "mundos" possíveis,[2] como descrito a seguir:

- Mundo I: mundo real com a corrosão.
- Mundo II: mundo hipotético, sem corrosão como linha de base.
- Mundo III: mundo ideal, no qual o método de prevenção (economicamente mais eficaz) foi usado para controlar a corrosão.

O estudo estimou o custo da corrosão (C.Corr), o custo evitável da corrosão (C.evCorr) e o custo inevitável da corrosão (C.inevCorr), conforme as equações a seguir:

$$C.Corr = PIB_{Mundo\ II} - PIB_{Mundo\ I}$$

$$C.evCorr = PIB_{Mundo\ III} - PIB_{Mundo\ I}$$

$$C.inevCorr = PIB_{Mundo\ III} - PIB_{Mundo\ II}$$

Dessa forma, foi possível estimar o impacto do custo, provocado pela corrosão, sobre a matéria prima, mão de obra, equipamentos/peças, dentre outros. Além disso, possibilitou a estimativa do custo sobre cada setor isoladamente, bem como nas interações entre os mesmos. A estimativa, para o ano de 1975, revelou que o custo da corrosão era equivalente a 4,5 % do PIB e que o valor para se evitar a corrosão por meio de métodos eficazes (conhecidos à época) e economicamente viáveis, era de 10 bilhões de dólares.[1]

Esse método, assim como o método de Uhlig, calcula o total de custos diretos e indiretos, contudo, produz valores maiores do que os estimados pelo método resultante da combinação dos métodos de Uhlig e Hoar.

Em 1998, os métodos de Uhlig e Hoar foram combinados em uma pesquisa conjunta entre DNV GL e NACE, para levantar os custos de corrosão de cinco categorias (infraestrutura, utilidades, transporte, produção/manufatura e governo) e 27 setores industriais. Os resultados mostraram que o custo total da corrosão era equivalente a 3,1 % do PIB daquela época.[1,2]

Ao longo da primeira década dos anos 2000, as pesquisas prosseguiram e o número de trabalhos publicados sobre esse tema cresceu significativamente. O foco passou a ser o levantamento do custo da corrosão por setores (agricultura, indústria e serviços), revelando qual setor mais contribui para o custo da corrosão em um país.[3]

No Brasil, apesar de não existir unanimidade quanto ao método a ser adotado, estima-se que o custo total com a corrosão está entre 3,5 % e 4,0 % do PIB, com a possibilidade de economia de 20 %, caso se conseguisse combater a corrosão mediante o uso de materiais mais resistentes e a adoção de técnicas adequadas desde a fase de projeto até a manutenção de estruturas e equipamentos.[3] Tomando como base essa estimativa do custo total da corrosão no Brasil em relação ao PIB, podemos estimar o valor e o aumento do custo da corrosão, por exemplo, como pode ser visto na Tabela 18.1.

Tabela 18.1 Custo estimado da corrosão no Brasil nos anos de 2005 e 2019.

Ano	PIB	Custo da Corrosão (3,5 % PIB)
2005	US$ 632 bilhões[5]	US$ 22,12 bilhões
2019	US$ 1,77 trilhões[4]	US$ 249,55 bilhões

Entre os anos 2005 e 2019, o Brasil cresceu em:

- produção de petróleo;
- produção agrícola;
- produção industrial;
- oferta de serviços.

Comparando os dados da Tabela 18.1, verificamos que houve um aumento de, aproximadamente, 11 % com o custo da corrosão no Brasil.

Estudos mais específicos sobre esse tema têm demonstrado que o custo da corrosão cresce à medida que o desenvolvimento tecnológico e industrial avança.

Como visto, o impacto da corrosão sobre a economia de uma nação é elevado, logo são de extrema importância trabalhos/pesquisas que mostram cada variável e que ações podem contribuir para a redução dos elevados custos gerados pela corrosão.

18.2 MÉTODOS PARA COMBATE À CORROSÃO

A corrosão pode ter consequências diretas e indiretas, sendo algumas delas de natureza econômica, como:

- substituição de equipamento corroído;
- paralisação do equipamento por falhas ocasionadas pela corrosão;
- emprego de manutenção preventiva – pintura, adição de inibidores de corrosão, revestimentos etc.;
- contaminação ou perda de produtos;
- perda de eficiência do equipamento, como ocorre em caldeiras, trocadores de calor, bombas etc.;
- superdimensionamento de projetos.

Durante a apresentação dos aspectos teóricos dos diferentes casos de corrosão, além do estudo dos possíveis mecanismos para explicar os processos corrosivos, procurou-se dar, também, os meios de proteção mais utilizados para combater cada caso. O conhecimento do mecanismo das reações envolvidas nos processos corrosivos é pré-requisito para um controle efetivo dessas reações. Nem a corrosão nem seu controle podem ser tratados isoladamente; o estudo de um pressupõe o estudo do outro, pois o mecanismo de corrosão pode sugerir alguns modos de combate ao processo corrosivo.

No estudo de um processo corrosivo, devem ser sempre consideradas as variáveis dependentes do material metálico, da forma de emprego e do meio corrosivo. Somente o estudo conjunto dessas variáveis permitirá indicar o material mais adequado para determinado meio corrosivo.

Os métodos práticos adotados para diminuir a taxa de corrosão dos materiais metálicos podem ser esquematizados segundo Vernon,[6] da seguinte forma: as condições ambientais em que os diferentes métodos são comumente usados e foram representadas pelas letras: A (atmosfera), W (submersa em água) e G (subterrânea).

Métodos Baseados na Modificação do Processo

- Projeto da estrutura (A, W, G);
- condições da superfície (A, W, G);
- pela aplicação de proteção catódica (W, G).

Métodos Baseados na Modificação do Meio Corrosivo

- Desaeração da água ou solução neutra (W);
- purificação ou diminuição da umidade do ar (A);
- adição de inibidores de corrosão etc. (W) (A e G em casos especiais).

Métodos Baseados na Modificação do Metal
- Aumento da pureza (A, W, G);
- adição de elementos – liga (A, W, G);
- tratamento térmico (A, W, G).

Métodos Baseados nos Revestimentos Protetores
- Revestimentos com produtos da reação – tratamento químico ou eletroquímico da superfície metálica (A e W);
- revestimentos orgânicos – tintas, resinas ou polímeros etc. (A, W e G);
- revestimentos inorgânicos – esmaltes, cimentos (A, W e G);
- revestimentos metálicos (A, W e G);
- protetores temporários (A).

Em todos esses métodos usados para controlar a corrosão, o fator econômico é primordial. Qualquer medida de proteção será economicamente vantajosa, se o custo da manutenção baixar. Daí ser necessário um balanço econômico para se poder julgar da vantagem das medidas de proteção recomendadas para determinado equipamento. Assim, devem-se levar em consideração os gastos relacionados com a deterioração do equipamento, bem como os prejuízos resultantes dessas deteriorações, como paradas de unidades, perda de eficiência, perda de produto e contaminações. A avaria de um simples tubo de um condensador pode ocasionar a parada total de uma unidade em operação, acarretando prejuízos elevados, enquanto a deterioração do tubo pode representar pequeno gasto.

Com base no exposto, fica clara a necessidade de uma avaliação econômica para o controle da corrosão. Com foco nesse tema, Uhlig[74] desenvolveu a Eq. (1) apresentada a seguir, que permite estimar a economia ou o prejuízo anual com a troca do material:

$$\left[100\frac{\Delta T}{T}\left(1+\frac{L}{C}\right)-100\frac{\Delta C}{C}\right]\frac{C}{100(T+\Delta T)} + P \quad \text{(Eq. 1)}$$

sendo:
T = vida, em anos, do material (A)
L = custo dos trabalhos de reparos, por ano, usando-se material (A)
C = custo do material (A)
ΔT = prolongamento da vida do material quando se usa material (B)
ΔC = aumento do custo do material quando se usa material (B)
P = perda de produção por motivo de paradas não programadas, por ano.

Deste valor é deduzido o valor das matérias-primas economizadas. Se o valor da expressão for positivo, representará o lucro; se negativo, o prejuízo.

Ainda, com base nas equações fundamentais da corrosão, nesse exemplo a corrosão galvânica, é possível levantar as ações que deverão ser tomadas para a redução de custos que envolvem a corrosão. Logo, pode-se enunciar que, em uma pilha galvânica qualquer, a diferença de potencial entre os seus eletrodos será, de acordo com a segunda lei de Kirchhoff, dada pela expressão (Eq. 2):

$$\Sigma EMF = \Sigma IR$$

daí a equação[7]

$$E_c 2 E_a = IR_e + IR_m \quad \text{(Eq. 2)}$$

sendo:
E_c = potencial do catodo (polarizado)
E_a = potencial do anodo (polarizado)
I = corrente total
R_e = resistência do eletrólito
R_m = resistência do circuito metálico.

Na Eq. 3, os termos E_a e E_c podem ser expressos em função dos potenciais E'_a e E'_c em circuito aberto:

$$E_c = E'_c - f_c \frac{I}{A_c} \quad (3)$$

$$E_a = E'_a - f_a \frac{I}{A_a} \quad (4)$$

sendo:
f_c e f_a = funções de polarização do catodo e do anodo, respectivamente
A_c e A_a = áreas do catodo e do anodo, respectivamente
I = corrente total da pilha.

Os valores de E_c e E'_a podem ser determinados pela equação de Nernst.

Das equações apresentadas, verifica-se que a polarização altera o potencial anódico na direção do catodo e o potencial catódico na direção do anodo.

Substituindo os valores das Eqs. (3) e (4) em (2), tem-se:

$$\left(E'_c - E'_a\right) - \left[f_c\left(\frac{I}{A_c}\right) + f_a\left(\frac{I}{A_a}\right)\right] = I(R_c + R_m)$$

Como

$E'_c - E'_a = E$: diferença de potencial entre os eletrodos em circuito aberto

$\dfrac{I}{A_c} i_c$: densidade de corrente catódica

$\dfrac{I}{A_a} i_a$: densidade de corrente anódica

Supondo-se

$R_e + R_m = R$: resistência total do circuito

pode-se escrever

$$E - 2[f_c(i_c) + f_a(i_a)] = R i_a A_a$$

e, finalmente,

$$i_a = \frac{E - f_c(i_c) - f_a(i_a)}{RA_a}$$

Verifica-se, então, que a corrosão, sendo diretamente proporcional à densidade de corrente anódica, pode ser combatida por:

- decréscimo ou eliminação de E – utilizando-se a proteção catódica;
- acréscimo de $f_c(i_c)$ – consegue-se aumento da polarização catódica revestindo as regiões catódicas com camadas protetoras adequadas;
- acréscimo de R – aumenta-se a resistência do eletrólito ou da parte metálica. Pode-se aumentar a resistência de estruturas metálicas, colocando juntas isolantes entre várias porções delas;
- acréscimo de A_a – aumento da área anódica para evitar que a corrosão se localize em pequena região, ocasionando perfurações nas tubulações.

As medidas práticas mais comumente usadas para combater a corrosão são:

- emprego de inibidores de corrosão;
- modificações de processo, de propriedades de metais e de projetos;
- emprego de revestimentos protetores metálicos e não metálicos;
- proteção catódica;
- proteção anódica.

A adoção dessas medidas ainda na fase de projeto poderá promover uma economia gigantesca de tempo de reparo e de recursos durante a vida útil de materiais e equipamentos.

18.3 CUSTEIO E ANÁLISE DO CICLO DE VIDA

Para auxiliar a tomada de decisão sobre a escolha de um material metálico, com base na sua resistência à corrosão e seu custo, é indicado o uso do Custeio do Ciclo de Vida (CCV). O CCV é uma ferramenta gerencial para seleção de materiais ou produtos, que contabiliza os custos totais do sistema em análise, desde a sua concepção e ao longo do seu ciclo de vida.

O CCV indicará a escolha de material, com custo viável, ao longo do tempo de vida da estrutura. Muitas vezes, o aço carbono é usado por ser mais barato, mas dependendo do ambiente ele será consumido rapidadamente o que provocará graves problemas de manutenção nos equipamentos. Portanto, essa análise poderá indicar o uso de outro aço (inox, por exemplo) ou o uso de um revestimento, ambos com custo inicial mais elevado, mas que tem o custo recuperado ao longo do tempo.[8]

Já na Avaliação do Ciclo de Vida de um material ou estrutura, devem ser considerados todos os aspectos ambientais relacionados ao aço ou liga metálica, como a extração do minério de ferro, o transporte, o beneficiamento, a produção do aço, o uso, a reciclagem e a desativação de um equipamento. Todos esses fatores tem impacto direto ou indireto sobre o meio ambiente.[8]

Portanto, fica claro que além da preocupação econômica é fundamental a seleção de materiais que sejam resistentes à corrosão, mas que provoquem o menor impacto ambiental possível.

REFERÊNCIAS BIBLIOGRÁFICAS

1. Biezma, M. V.; San Cristobal, J. R. Methodology to study cost of corrosion. *Corrosion Engineering*, Science and Technology, 40:4, 344-352, 2005.
2. Payer, J. H.; Boyd, W. K.; Dippold, D. G.; Fisher, W. H. NBS-Battelle cost of corrosion study. Part 1-7. *Material Performance*, 19, (5)34; (6)19-20; (7)17-18; (8)40-41; (9)51-53; (10)27-28; (11)32-34 (1980).
3. Wei Ke, Z. L. Survey of corrosion cost in China and preventive strategies. *Corrosion Science and Technology*, v. 7, n. 5, 2008, p. 259-264.
4. CENTRO DE PESQUISAS DA ELETROBRAS (Cepel). *Trabalho do Cepel sobre corrosão tem potencial para gerar economia de milhões por ano.* 12 jul. 2019. Disponível em: http://www.cepel.br. Acesso em: 15 set. 2020.
5. Gentil, V. *Corrosão.* 6 ed. Rio de Janeiro: LTC, 2011.
6. Vernon, W. H. J. Metallic Corrosion and Conservation of Natural Resources. London: Institution of Civil Engineers, 1957, p. 105-133.
7. Uhlig, H. H. The Corrosion Handbook. New York: John Wiley & Sons, 1958, p. 483.
8. Koch, G. *et al.* International measures of prevention, application and economics of corrosion technologies study, Gretchen Jacobson, NACE International, Houston, Texas, USA, 2016.

EXERCÍCIOS

18.1. Cite três consequências econômicas da corrosão.

18.2. Correlacionem às colunas:

A – Métodos baseados na modificação de projetos ( ) Tinta, resina

B – Métodos baseados na modificação do meio corrosivo ( ) Tratamento térmico

C – Métodos baseados na modificação do metal ( ) Inibidores de corrosão

D – Métodos baseados nos revestimentos ( ) Proteção catódica

18.3. Que fator econômico é primordial para a adoção de um método de proteção contra a corrosão?

18.4. Os métodos práticos, adotados para diminuir a taxa de corrosão dos materiais metálicos podem ser esquematizados conforme as condições ambientais. Das alternativas a seguir, a única que não se aplica é:
a) Inibidores de corrosão – atmosfera.
b) Tratamento térmico – submerso em água.
c) Revestimento metálico – subterrâneo.
d) Projeto de estrutura – atmosfera.

18.5. Como a corrosão é diretamente proporcional a densidade de corrente anódica, qual das opções **não está de acordo com esse conceito**:
a) Aumento de área anódica para evitar que ocorram perfurações em tubulações.
b) Aumento do potencial da estrutura usando proteção catódica.
c) Aumento da resistência elétrica com o auxílio de juntas isolantes.
d) Aumento da polarização catódica revestindo as regiões catódicas com camadas protetoras.

Capítulo 19

Inibidores de Corrosão

19.1 CONSIDERAÇÕES GERAIS

Inibidor de corrosão, segundo definição normativa, é uma substância que, quando presente em um meio corrosivo em concentração adequada (normalmente baixa), diminui a taxa de corrosão, sem mudar significativamente a concentração de qualquer agente corrosivo.[1] Assim, não estão incluídas nessa classificação substâncias que diminuam a taxa de corrosão por modificação do pH ou por remoção de espécies agressivas do meio.[2]

Substâncias com essas características são muito usadas como um dos melhores métodos para proteção contra a corrosão e muitas pesquisas, visando à utilização de novos compostos com esse objetivo, têm sido estimuladas por diversas indústrias.

Para que a utilização dos inibidores seja satisfatória, é preciso considerar, fundamentalmente, quatro aspectos, descritos a seguir.

O primeiro corresponde às causas da corrosão no sistema, a fim de identificar os problemas que podem ser solucionados com o emprego de inibidores.

Em segundo lugar, vem o custo da sua utilização, para verificar se excede ou não o das perdas originadas pelo processo corrosivo. Nessa avaliação, deve-se levar em conta, evidentemente, fatores como:

- aumento da vida útil do equipamento;
- eliminação de paradas não programadas;
- prevenção de acidentes resultantes de fraturas por corrosão;
- aspecto decorativo de superfícies metálicas;
- ausência de contaminação de produtos etc.

Em seguida, vêm as propriedades e os mecanismos de ação dos inibidores a serem usados, a fim de verificar sua compatibilidade com o processo em operação e com os materiais metálicos usados. Tal compatibilidade tem por objetivo evitar efeitos secundários prejudiciais, como:

- redução de ação de catalisadores devido à possibilidade de os inibidores ficarem adsorvidos nesses catalisadores;
- queda de eficiência térmica;
- possibilidade de um inibidor proteger um material metálico e ao mesmo tempo ser corrosivo para determinado metal, como ocorre com as aminas, que protegem o aço, mas atacam o cobre e suas ligas.

Por último, vêm as condições adequadas de adição e controle, para evitar possíveis inconvenientes, como:

- formação de espuma em função de agitação do meio;
- formação de grande espessura de depósito de fosfatos, silicatos ou carbonatos de cálcio pode dificultar as trocas térmicas, em caldeiras, por exemplo;
- efeitos tóxicos, principalmente em equipamentos de processamento de alimentos e em abastecimento de água potável, como os provocados pelo nitrito de sódio, que é um bom inibidor para ferro e aço, mas não pode ser usado em água potável;
- ação poluente, se não for feito prévio tratamento dos despejos, como acontecia quando se usava cromato como inibidor de corrosão;
- perda de inibidores devido à deficiente solubilidade no meio corrosivo;
- reações entre os inibidores e possíveis contaminantes do meio corrosivo, com a formação de produtos insolúveis ou

a redução de inibidores oxidantes, como a de cromatos por gás sulfídrico ou sulfetos, anulando a ação deste inibidor, pois pode ocorrer a reação:

$$2CrO_4^{2-} + 16H^+ + 3S^{2-} \rightarrow 2Cr^{3+} + 3S + 8H_2O$$

- possíveis problemas de saúde podem ocorrer nos trabalhadores referentes à toxidez de alguns produtos usados como inibidores de corrosão;
- finalmente, é importante ressaltar as políticas ambientais que monitoram o uso, o transporte e o descarte das embalagens usadas no acondicionamento das formulações inibidoras.

19.2 CLASSIFICAÇÃO DOS INIBIDORES

Existem diferentes classificações para os inibidores, entre as quais aquelas baseadas na composição e no comportamento. Têm-se, então,

- quanto à composição, inibidores orgânicos e inorgânicos;
- quanto ao comportamento, inibidores oxidantes, não oxidantes, anódicos, catódicos e de adsorção.

Como as razões para a classificação dos inibidores em orgânicos, inorgânicos, oxidantes e não oxidantes são bem evidentes, serão apresentadas, em seguida, considerações sobre os inibidores anódicos, catódicos e de adsorção.

19.2.1 Inibidores Anódicos

Os inibidores anódicos atuam reprimindo reações anódicas, ou seja, retardam ou impedem a reação do anodo. Funcionam, geralmente, reagindo com o produto de corrosão inicialmente formado, ocasionando um filme aderente e extremamente insolúvel, na superfície do metal, ocorrendo a polarização anódica.

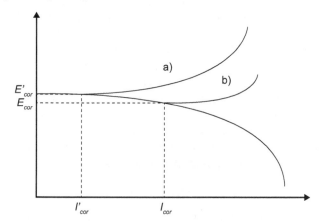

Figura 19.1 Diagrama esquemático de polarização: ação de inibidor anódico. (a) Com inibidor; (b) sem inibidor.[3]

Substâncias como hidróxidos, carbonatos, silicatos, boratos e fosfatos terciários de metais alcalinos são inibidores anódicos, porque reagem com os íons metálicos M^{n+} produzidos no anodo, formando produtos insolúveis que têm ação protetora. Esses produtos são quase sempre de hidróxidos, resultando o íon OH^- da hidrólise dos inibidores citados. Exemplificando-se com os carbonatos, tem-se a sua hidrólise com formação de íon hidroxila, OH^-, de acordo com a reação:

$$CO_3^{2-} + 2H_2O \rightarrow 2OH^- + H_2CO_3$$

Em seguida, o íon OH^- reage com o íon metálico M^{n+}, inicialmente formado na oxidação do anodo,

$$M^{n+} + n\,OH^- \rightarrow M(OH)_n$$

Quando se empregam inibidores anódicos, deve-se ter o cuidado de usar uma quantidade adequada para a proteção, pois para cada inibidor há uma concentração crítica na solução acima da qual há inibição, mas se a concentração do inibidor apresentar valor mais baixo do que a concentração crítica, o produto insolúvel e protetor não se forma em toda a extensão da superfície a proteger, tendo-se, então, corrosão localizada nas áreas não protegidas. Deve-se, pois, ter o cuidado de manter a concentração do inibidor acima do valor crítico, em todas as partes do sistema. Daí usar-se agitação, velocidade adequada de escoamento, evitando-se frestas e filmes de óleo ou graxa nas superfícies.

O emprego dos inibidores pode ser feito de maneira intermitente, isto é, após uma dosagem inicial com solução concentrada do inibidor, que forma a película protetora, é possível reduzir-se a concentração do inibidor sem que haja ataque do metal. Em alguns casos, pode-se até adicioná-lo somente de tempos em tempos. As adições subsequentes do inibidor são para reparar pequenas descontinuidades que podem ocorrer na película protetora durante a operação do equipamento.

É também recomendável o uso de dois ou mais inibidores, pois a ação combinada é muito maior que a soma de suas contribuições individuais, tendo-se uma ação sinergética constituindo o chamado método dianódico.[4] São usadas misturas de polifosfato-ferrocianeto, polifosfato-sal de zinco etc.

Alguns autores chamam os inibidores que modificam o potencial para um valor mais catódico, ou mais nobre, de **passivadores**. Os exemplos estão nos inibidores anódicos, como cromatos, nitritos, molibdatos.

Entre os mais empregados inibidores anódicos de corrosão estavam os cromatos, devido à eficiente proteção aliada de aplicabilidade para diferentes metais.[5] Os cromatos solúveis são, sob várias condições, os mais efetivos inibidores de corrosão para ferro, aço, zinco, alumínio, cobre, latão, chumbo e diversas ligas. Mesmo relativamente pequenas, concentrações de cromato, presentes em águas ou em soluções salinas corrosivas, ocasionam substancial redução da taxa de corrosão.

Por analogia com cromato, por apresentarem estrutura eletrônica similar, outros íons como pertecnetato, TcO_4^{2-} molibdato, MoO_4^{2-}, tungstato, WO_4^{2-} e perrenato, ReO_4^-, são também usados. Embora promissor, pois bastam pequenas concentrações (5 ppm a 10 ppm) para se ter efeito inibidor,[6] o pertecnetato ainda não é usado industrialmente devido ao seu custo elevado.

Hoje, entretanto, devido à possível poluição ocasionada por despejos industriais contendo cromatos, tem sido desenvolvida a aplicação, em sistemas de resfriamento, de molibdato, de polifosfatos e de inibidores orgânicos, constituídos principalmente de ésteres de fosfatos ou fosfonatos, como sais de sódio do ácido aminometilenofosfônico etc.

Para se comprovar a ação protetora do cromato, pode-se realizar a Experiência 19.1.

Experiência 19.1

Colocar em dois bécheres de 100 mL cerca de 50 mL de solução aquosa de NaCl a 3 %. Em um deles adicionar 2 mL de solução a 10 % de Na2CrO$_4$ ou K$_2$CrO$_4$. Em ambos os bécheres, mergulhar um prego de ferro ou pequena chapa de aço-carbono previamente limpos. Após algumas horas, observar que no bécher que só tinha solução de NaCl, já há produtos de corrosão do ferro, isto é, Fe(OH)$_3$ ou Fe$_2$O$_3$ · nH$_2$O, com coloração castanho-alaranjada. Com o decorrer dos dias, aumenta a quantidade do produto de corrosão nesse bécher, ao passo que naquele contendo cromato não se observa ataque do material metálico. Em alguns casos, observa-se mesmo na solução contendo cromato, nas bordas da chapa de aço-carbono ou nas extremidades do prego, a formação de ferrugem, o que pode ser atribuído ao fato de serem áreas deformadas e sujeitas a tensões. Esse fato justifica o emprego conjunto de inibidores anódicos e catódicos ou o aumento da concentração do inibidor.

Um inibidor anódico muito usado é o nitrito de sódio, que, como oxidante, oxida o ferro a uma película de γ-Fe$_2$O$_3$, aderente e protetora:

$$2Fe + NaNO_2 + 2H_2O \rightarrow Fe_2O_3 + NaOH + NH_3$$

Como os nitritos sofrem decomposição, em meio ácido, eles devem ser usados como inibidores somente em meio neutro ou alcalino, isto é, pH $\geq$ 7, a fim de evitar a reação de decomposição:

$$2NO_2^- + 2H^+ \rightarrow 2HNO_2 \rightarrow H_2O + NO + NO_2$$

Os nitritos podem sofrer a ação de bactérias como a *Nitrobacter vinogradsky*, sofrendo oxidação para nitrato,

$$NO_2^- + 1/2 O_2 \rightarrow NO_3^-$$

e perdendo sua ação inibidora. Por outro lado, observa-se em certos sistemas a presença de nitrito, originado da oxidação de amônia por *Nitrosomonas*

$$2NH_3 + 3O_2 \rightarrow 2H^+ + 2NO_2^- + 2H_2O$$

Nitritos inorgânicos, como NaNO$_2$, têm sido usados como inibidores em águas de resfriamento contendo anticongelantes e em oleodutos para gasolina ou outros produtos de petróleo. A gasolina é corrosiva para o aço, devido à água arrastada e ao oxigênio dissolvido, formando volumosos produtos de corrosão, que podem entupir as tubulações. Com a adição de nitrito de sódio, que se solubiliza na água, tem-se a ação inibidora.

A Tabela 19.1 mostra o efeito da adição de nitrito como inibidor em gasolina, usando-se tubos de aço.[7]

Tabela 19.1 Ação inibidora de nitrito de sódio em gasolina.

% NaNO$_2$	Taxa de Corrosão (mm/ano)
0,0	0,110
0,02	0,076
0,04	0,015
0,06	0,000
0,10	0,00

Soluções aquosas de nitritos são muito usadas para proteção temporária de componentes ferrosos entre operações de usinagem e montagem de peças. Os componentes são imersos em solução aquecida, e, após serem retirados, fica sobre eles uma película seca, invisível, que permite uma proteção temporária em ambientes internos.

Devido aos mecanismos apresentados e suas composições, os cromatos e os nitritos podem ser classificados como inibidores anódicos, oxidantes e inorgânicos.

19.2.2 Inibidores Catódicos

Atuam reprimindo reações catódicas. São substâncias que fornecem íons metálicos capazes de reagir com a alcalinidade catódica, produzindo compostos insolúveis. Esses compostos insolúveis envolvem a área catódica, impedindo a difusão do oxigênio e a condução de elétrons, inibindo o processo catódico. Essa inibição provoca acentuada polarização catódica.

Sulfatos de zinco, de magnésio e de níquel são usados como inibidores catódicos, pois os íons Zn^{2+}, Mg^{2+} e Ni^{2+} formam com as hidroxilas, OH$^-$, na área catódica, os respectivos hidróxidos insolúveis: Zn(OH)$_2$, Mg(OH)$_2$ e Ni(OH)$_2$, cessando o processo corrosivo. Os sais de zinco são os mais usuais, principalmente em tratamento de água de sistema de resfriamento.

Ação inibidora, com esse mecanismo, ocorre em águas com dureza temporária, isto é, água contendo bicarbonato de cálcio ou de magnésio. A reação no catodo é

$$HCO_3^- + OH^- \rightarrow CO_3^{2-} + H_2O$$

havendo precipitação de CaCO$_3$, que recobre a área catódica.

Algumas substâncias, como sais de arsênico, funcionam como inibidores catódicos, impedindo o desprendimento de hidrogênio por um fenômeno de sobretensão.

Os inibidores catódicos agem, portanto, fazendo uma polarização catódica, e como o metal, no catodo, não entra em solução mesmo que esse não esteja totalmente coberto, não haverá corrosão localizada nessas áreas. Logo, esses

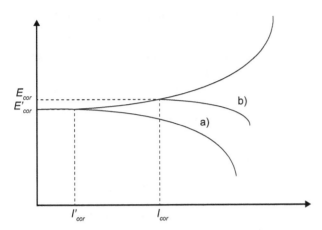

Figura 19.2 Diagrama esquemático de polarização: ação de inibidor catódico. (a) Com inibidor; (b) sem inibidor.[3]

inibidores, quaisquer que sejam as suas concentrações, são considerados mais seguros, o que não ocorre com os anódicos, como visto anteriormente.

Em algumas ocasiões, costuma-se combinar o uso de inibidores anódicos com os catódicos. Por exemplo, é comum o emprego conjunto de sais de zinco e polifosfatos em água de sistemas de resfriamento.

19.2.3 Inibidores de Adsorção

Funcionam como películas protetoras. Algumas substâncias têm a capacidade de formar películas sobre as áreas anódicas e catódicas, interferindo com a ação eletroquímica. Nesse grupo estão incluídas substâncias orgânicas com grupos fortemente polares que dão lugar à formação de películas por adsorção. Entre elas estão os coloides, sabões de metais pesados e substâncias orgânicas com átomos de oxigênio, nitrogênio ou enxofre, podendo-se citar os aldeídos, aminas, compostos heterocíclicos nitrogenados, ureia e tioureia substituídas.

As películas de proteção ocasionadas pelos inibidores de adsorção são afetadas por diversos fatores, como velocidade do fluido, volume e concentração do inibidor usado para tratamento, temperatura do sistema, tipo de substrato eficaz para adsorção do inibidor, tempo de contato entre o inibidor e a superfície metálica e a composição do fluido do sistema. Para comprovar a ação desses fatores, podem-se citar os inibidores que na concentração de 0,2 % só são eficazes até as temperaturas indicadas (°C):

Cicloexilamina	32
Ácido naftênico	46
Ácido linólico	46
Ácido esteárico, laurato de zinco	88

Os inibidores de adsorção são eficazes, mesmo em pequenas concentrações, como mostram os valores de diferentes inibidores usados para evitar o ataque por ácidos em concentração de até 10 %, segundo Eldredge:[7]

Sulfeto de butila	0,003 %
o-toliltioureia	0,0034 %
Feniltioureia	0,009 %
Tioureia	0,011 %

Em certos casos, o oxigênio funciona também como inibidor de adsorção, produzindo a passivação. Algumas substâncias só têm ação inibidora em presença de oxigênio, talvez criando condições mais favoráveis para a sua adsorção. Entre essas substâncias estão o hidróxido de sódio, fosfato de sódio, silicato de sódio e tetraborato de sódio. Além do filme de oxigênio adsorvido, a proteção é suplementada por filmes de silicatos, fosfatos de ferro etc.

Entre os inibidores usados na indústria de petróleo, encontram-se as aminas de ácidos graxos, que são adsorvidas pelas superfícies metálicas, formando um filme protetor, impedindo o contato com o meio corrosivo. Elas apresentam propriedades de detergência, o que permite boa umectância e remoção de qualquer produto de corrosão já existente possibilitando, então, o contato, que é essencial, da superfície metálica com o inibidor. Inibidores à base de derivados de aminas e amidas de ácidos orgânicos são usados para controlar a corrosão interna de gasodutos[8] devido à possível presença de CO_2, H_2O e H_2S.

Inibidores de adsorção, como as aminas octadecilamina, hexadecilamina e dioctadecilamina, têm sido usadas para evitar a ação corrosiva de dióxido de carbono, CO_2, em linhas de condensado. Como elas são voláteis, podem ser adicionadas nas águas de alimentação de caldeiras, sendo arrastadas pelo vapor, e assim protegem toda a linha de condensado da ação corrosiva do ácido carbônico. Para evitar essa ação corrosiva, têm sido também usadas aminas voláteis como dietiletanolamina, cicloexilamina, benzilamina e morfolina. Nesse caso, devido ao caráter básico dessas aminas, elas funcionam neutralizando a acidez do ácido carbônico. A reação entre a cicloexilamina e o ácido carbônico evidencia a neutralização

$$C_6H_{11}NH_2 + CO_2 + H_2O \rightarrow C_6H_{11}NH_3HCO_3$$

Devido a esses mecanismos, as primeiras são chamadas aminas formadoras de filme e as segundas, aminas neutralizantes.

19.3 INIBIDORES PARA PROTEÇÃO TEMPORÁRIA

Um material metálico, ou contendo componentes metálicos, se não for adequadamente protegido, durante sua fabricação, estocagem ou transporte, pode sofrer corrosão antes mesmo de sua utilização. Entre os materiais mais sujeitos a este problema estão:

- ferro e peças de aço;
- zinco e peças zincadas ou galvanizadas – caso da oxidação ou corrosão branca de peças ou chapas superpostas;
- cobre e suas ligas – ocorrência de pátina ou azinhavre;

- alumínio e suas ligas – manchas em chapas de alumínio superpostas;
- prata – escurecimento (*tarnishing*) de objetos prateados, devido à formação de Ag_2S ou Ag_2O_2 que, de acordo com a espessura desses produtos, pode apresentar coloração azulada ou ligeiramente violácea, tornando-se preta com o tempo.

A corrosão durante a fabricação, estocagem ou transporte, mesmo sendo muito pequena, pode tornar a peça ou componente inadequados para uso, devido à perda das dimensões críticas, ou mesmo devido aos problemas estéticos, causando prejuízos que poderiam, em muitos casos, ser evitados se tivessem sido consideradas as medidas usuais de proteção.

As medidas usuais de proteção temporária contra corrosão podem ser apresentadas da seguinte forma:[9]

- controle do meio ambiente – ventilação, desumidificação, controle de impurezas do ar;
- emprego de substâncias anticorrosivas formadoras de películas de proteção – óleos protetores, graxas protetoras etc;
- uso de embalagem adequada, usando papéis impregnados com inibidores de corrosão, inibidores voláteis e desidratantes (como sílica gel, alumina ativada, óxido de cálcio etc.);
- uso combinado das medidas anteriores.

O método de proteção usando protetivos temporários é baseado na obtenção de uma película superficial, fácil de aplicar e remover, que atua como uma barreira de proteção, impedindo a penetração de umidade e de substâncias agressivas. Geralmente, esses protetivos são dissolvidos, ou dispersos, em solventes para facilitar sua aplicação e dar uma película mais uniforme, após evaporação. Devem ser usados de preferência em superfícies limpas e secas, a não ser quando são usados desengraxantes na formulação do protetivo.

Nas formulações de protetivos temporários, são usados componentes com diferentes propriedades:

- materiais formadores de películas como óleos, graxas, ceras, resinas e vaselina;
- solventes – água e solventes orgânicos como querosene e solventes clorados;
- inibidores de corrosão, geralmente compostos polares de enxofre e nitrogênio;
- agentes desaguantes;
- neutralizadores de ácidos;
- eliminadores de impressões digitais.

Entre os formadores de películas e os inibidores de corrosão, têm sido muito usadas substâncias como naftenato de zinco, sais de metais alcalinos ou alcalinoterrosos de óleos sulfonados, sais de ácidos graxos (sabões de chumbo), lanolina, aminas ou misturas de aminas e sais de ácido sarcosínico.

Os protetivos temporários formadores de películas podem ser divididos em grupos e subgrupos, tendo-se:

I. Protetivos temporários contra corrosão, aplicados por diluição em água

- Protetivos emulsionáveis em água que deixam, por evaporação, uma película oleosa.
- óleos protetivos solúveis em água, usados durante a usinagem.
- produtos químicos solúveis em água que deixam por evaporação uma película protetora.

II. Protetivos temporários contra corrosão, tipo óleo

- Óleos anticorrosivos para proteger superfícies metálicas expostas.
- óleos anticorrosivos para proteger superfícies internas de conjuntos montados.
- óleos anticorrosivos para tanques de navios e similares.

III. Protetivos temporários contra corrosão aplicados por diluição em solventes voláteis – são líquidos anticorrosivos que, após a evaporação do solvente, deixam uma película:

- Oleosa ou graxa do tipo não secativo.
- semissecativa, cerosa e firme.
- secativa dura, elástica e transparente, semelhante a um verniz.
- plástica, facilmente destacável.

IV. Protetivos temporários aplicados a quente

- Produtos à base de vaselina e ceras que formam uma película macia, espessa e graxosa.
- produtos termoplásticos formadores de película grossa, resistente e facilmente destacável.

Como aplicações mais usuais dos inibidores dos diferentes grupos, podem ser citados:

Grupo I – usados em ambiente interno, para proteção de peças de ferro ou de aço, durante operações intermediárias de usinagem (retificação, fresa, trefilação e outras), ou durante um pequeno tempo de armazenamento ou transporte.

Grupo II – proteção de chapas, fitas, peças estampadas, forjadas ou fundidas, compressores, bombas, motores e caixas de engrenagens, bem como proteção de tanques de lastro de navios.

Grupo III – proteção de máquinas, eixos, ferramentas, peças de reposição, brocas e ferragens.

Grupo IV – proteção de peças usinadas ou retificadas, ferramentas, matrizes, tubos roscados e cabos de aço.

19.3.1 Inibidores em Fase Vapor

Esses inibidores são sólidos voláteis que, ao serem colocados em espaços fechados, saturam o ar com seus vapores. Os materiais colocados nessa atmosfera ficam recobertos por uma película dos inibidores que protege contra corrosão.

 Alguns produtos comerciais apresentam-se com as iniciais *VCI* (*Volatile Corrosion Inhibitor*) ou *VPI* (*Vapor Phase Inhibitor*). Eles são usados para proteção temporária, pois, além de apresentarem propriedades inibidoras contra a corrosão, são voláteis e não usam veículos graxos. São muito indicados para proteger partes críticas de máquinas, durante a estocagem e transporte, para proteção de equipamentos eletrônicos e de peças de reposição, peças de museus etc. São de fácil aplicação, e o material protegido pode ser imediatamente usado, não necessitando, como no caso dos inibidores graxosos ou oleosos, limpeza para retirar o óleo ou graxa, antes de se utilizar a peça. Podem ser usados diretamente no estado sólido ou impregnados em papel Kraft, papel Kraft plastificado, papel Kraft rafiado, plásticos (polietileno de baixa e alta densidade, polipropileno) e ráfia. Com esses materiais são fabricados, para embalagem e transporte de materiais metálicos, sacos, filmes de cobertura, plástico bolha, produtos moldados por injeção e compressão, papelão ondulado, bandejas, sachê etc.

São usados como inibidores voláteis ou em fase vapor:

- sais resultantes das reações entre aminas e ácidos fracos, como benzoato de dicicloexilamônio, benzoato ou nitrito de di-isopropilamônio, carbonato de cicloexilamônio, carbonato ou benzoato de etanolamina e nitrito de dicicloexilamônio;
- combinação de ureia e nitrito de sódio.

Deve-se, porém, ter em consideração que algumas dessas substâncias aceleram a corrosão de alguns metais não ferrosos e que a embalagem deve ser bem vedada para impedir o escapamento do inibidor volátil. Entre esses inibidores, é citado[10] o nitrito de dicicloexilamônio, uma substância cristalina, branca, quase sem odor e relativamente não tóxica, tendo uma pressão de vapor de 0,0001 mmHg a 21 °C e de lenta decomposição. Um grama dessa substância satura cerca de 550 m^3 de ar, tornando-o praticamente não corrosivo para o aço. Se adequadamente usado, ele protege o aço durante alguns anos. É ligeiramente solúvel em água, em álcool etílico ou etanol e muito solúvel em metanol. Papel impregnado com 0,2 g/m^2 de nitrito de dicicloexilamônio é capaz de proteger durante 10 anos em temperatura de 23 °C, mas somente durante 100 dias a 75 °C.[11] Porém, deve-se ter cuidado no seu emprego, pois o contato com materiais não ferrosos, como cobre e suas ligas, pode acelerar a corrosão desses metais. Entretanto, já existem produtos comerciais para proteção tanto de metais ferrosos quanto de não ferrosos.

O mecanismo de ação dos inibidores em fase vapor deve estar relacionado com adsorção:[11] a substância sólida é adicionada ao conteúdo do empacotamento, ocorre a vaporização e sublimação do inibidor na superfície metálica, obtendo-se, então, a proteção.

19.4 EFICIÊNCIA DOS INIBIDORES

A eficiência de um inibidor pode ser determinada pela utilização da expressão:

$$E_f = \frac{T_s - T_c}{T_s} \times 100$$

em que:

E_f = eficiência em porcentagem
T_s = taxa de corrosão sem uso de inibidor
T_c = taxa de corrosão com uso de inibidor.

19.5 EMPREGO DOS INIBIDORES

São várias as possibilidades em que se recomenda o emprego dos inibidores, como melhor meio de controle da corrosão. Para destacar a importância dos inibidores, pode-se apresentar alguns de seus usos mais frequentes.

Decapagem ácida. Soluções aquosas de ácidos são usadas para retirar a carepa ou casca de laminação, para permitir uma boa aderência do revestimento a ser aplicado. Essa carepa ou casca de laminação contém os óxidos FeO, Fe_3O_4 e Fe_2O_3, sendo o mais solúvel o FeO, que é também o que se encontra adjacente à superfície do metal, ocorrendo, na decapagem ácida, a reação:

$$FeO + 2H^+ \rightarrow Fe^{2+} + H_2O \ (H^+ : HCl, H_2SO_4, ...)$$

Com a solubilização da camada de FeO, as outras se desprendem expondo o material metálico à ação do ácido, de acordo com a reação:

$$Fe + 2H^+ \rightarrow Fe^{2+} + H_2$$

Em superfícies com predominância de Fe_2O_3 e/ou Fe_3O_4, têm-se as reações de solubilização desses óxidos:

$$Fe_2O_3 + 6H^+ \rightarrow 2Fe^{3+} + 3H_2O$$

$$Fe_3O_4 + 8H^+ \rightarrow Fe^{2+} + 2Fe^{3+} + 4H_2O$$

Essa reação traz alguns inconvenientes, como:

- consumo excessivo do ácido
- consumo do metal
- arraste de vapores ácidos para a atmosfera, pelo hidrogênio desprendido
- possibilidade de fragilização do metal e empolamento ocasionados pelo hidrogênio.

Para evitar, então, que o ácido ataque o metal, à medida que este vai ficando limpo, adicionam-se inibidores, que são, geralmente, compostos orgânicos, às soluções ácidas usadas em decapagem. Além de impedirem o desgaste do metal, impedem a possibilidade de consequente desprendimento de hidrogênio, que poderia ocasionar a fragilização do metal. Esses inibidores são adsorvidos no material metálico, à medida que se remove a camada de óxidos, protegendo-o contra a ação dos ácidos. São, portanto, considerados inibidores de adsorção.

Os inibidores devem ser solúveis na solução de decapagem ou dispersos na solução (casos de coloides, por exemplo, gelatina).

Entre os inibidores orgânicos usados em decapagem ácida de aços, têm-se a tioureia ou seus derivados, derivados aminados e álcool propargílico.

Tioureia: H₂N—C(=S)—NH₂

Di-orto-toliltioureia: estrutura com dois grupos orto-tolil ligados a N—C(=S)—N, com H nos nitrogênios

Diamilamina: (H₃C—(CH₂)₄)₂N—H

Álcool propargílico: HC≡C—CH₂OH

Para banhos de decapagem com ácido sulfúrico, é recomendável a adição de traços de sal de estanho; a fina camada de estanho depositada nas áreas decapadas impede o desprendimento de hidrogênio, pois o estanho apresenta sobretensão elevada para o hidrogênio.

Compostos como álcool propargílico (propinol) e 2,3-diiodo-2-propen-1-ol têm sido usados em decapagem ácida para evitar o empolamento e fragilização pelo hidrogênio.

Para comprovar a ação dos inibidores em decapagem ácida, pode-se fazer a Experiência 19.2.

EXPERIÊNCIA 19.2

Colocar, em dois bécheres de 100 mL, cerca de 50 mL de solução de ácido clorídrico, 1:1 ou HCl 6N e, em apenas um desses bécheres, 0,1 g de tioureia ou 0,1 g de di-o-toliltioureia. Em seguida, adicionar aos dois bécheres um pouco de lã de aço. Observar que a lã de aço não sofre ataque no bécher contendo HCl e tioureia ou dietiltioureia, ao passo que no outro nota-se imediato ataque na lã de aço com desprendimento de hidrogênio, devido à reação:

$$Fe + 2HCl \rightarrow FeCl_2 + H_2$$

Em pouco tempo, nota-se ataque total de lã de aço no bécher sem inibidor, ao contrário daquela colocada no bécher com inibidor.

Limpeza química de caldeiras. Costuma-se adicionar inibidores ao ácido clorídrico, utilizado para solubilizar as incrustações calcárias, com o objetivo de evitar o ataque das tubulações pelo ácido, pois com a eliminação do carbonato de cálcio aderido nas paredes dos tubos:

$$CaCO_3 + 2HCl \rightarrow CaCl_2 + H_2O + CO_2$$

poder-se-ia ter, em seguida, a reação do ácido com o metal:

$$Fe + 2HCl \rightarrow FeCl_2 + H_2$$

Os inibidores usados são, geralmente, derivados de tioureia, ou derivados aminados como amina do ácido abiético.

Tanto na limpeza química de caldeiras quanto na decapagem ácida se recomenda, em alguns casos, a adição de Sn^{2+} para se evitar a possibilidade da ação corrosiva do Fe^{3+}. Esta ação pode ser explicada da seguinte forma:

- presença do Fe^{3+}, pelo fato de o HCl solubilizar o Fe_2O_3 ou Fe_3O_4:

$$Fe_2O_3 + 6HCl \rightarrow 2FeCl_3 + 3H_2O$$

$$Fe_3O_4 + 8HCl \rightarrow FeCl_2 + 2FeCl_3 + 4H_2O$$

ou sob a forma iônica:

$$Fe_2O_3 + 6H^+ \rightarrow 2Fe^{3+} + 3H_2O$$

$$Fe_3O_4 + 8H^+ \rightarrow Fe^{2+} + 2Fe^{3+} + 4H_2O$$

– ação corrosiva do Fe^{3+}:

$$2\ Fe^{3+} + Fe \rightarrow 3Fe^{2+}$$

– ação protetora do Sn^{2+}, reduzindo o Fe^{3+} e evitando, portanto, a sua ação corrosiva:

$$2Fe^{3+} + Sn^{2+} \rightarrow 2Fe^{2+} + Sn^{4+}$$

ou a equação total:

$$Fe_2O_3 + SnCl_2 + 6HCl \rightarrow 2FeCl_2 + SnCl_4 + 3H_2O$$

Indústria petrolífera. Os inibidores são usados em grande escala, pois permitem o emprego de material metálico de construção mais barata, diminuindo o custo do equipamento. Assim, os tubos de aço com 9 % de Ni, usados nos poços de extração de óleo cru, são substituídos pelos de aço-carbono, que são mais baratos, quando são injetados inibidores no líquido; nos poços de gás condensado os prejuízos causados pelo CO_2, H_2S e ácidos orgânicos diminuem com o emprego de inibidores, como carbonato de sódio ou aminas orgânicas complexas com diferentes nomes comerciais. A estimulação ácida de reservatório de petróleo utilizando ácido clorídrico HCl, ou misturas de ácido clorídrico e ácido fluorídrico, HF, visa aumentar a produtividade. Entretanto, é fundamental a utilização de inibidores de corrosão para proteção das tubulações, geralmente de aço-carbono. As formulações comerciais podem conter geralmente, além de inibidores de corrosão, agentes dispersantes, tensoativos, complexantes etc., que auxiliam na proteção anticorrosiva. Além disso, ressalta-se que as formulações inibidoras de corrosão vão na contramão das leis ambientais.[12] Nos poços de petróleo, a corrosão das hastes, bombas e tubulações pode ser diminuída pela adição de inibidores no óleo e na água, sendo usadas formulações à base de aminas graxas, ácidos graxos, imidazolinas, sais quaternários de amônio etc. Em tubulações para gasolina e querosene são usados inibidores orgânicos, como óleos sulfonados, e inorgânicos, como nitrito de sódio, para evitar a corrosão provocada pela presença de água.

Concreto armado. As taxas de corrosão de estruturas metálicas de concreto armado podem ser diminuídas significativamente com a adição de inibidores de corrosão à massa de concreto. Entre as substâncias mais utilizadas estão o nitrito de sódio e o nitrito de cálcio, como já citado anteriormente no item 17.6.5.

Sistemas de resfriamento. Os inibidores usados com maior frequência são polifosfatos, fosfonatos, ácidos fosfino e fosfono carboxílicos, nitrito de sódio (em sistema de ar condicionado), cromato (com restrições por ser poluente) e molibdato.

Tubos de condensadores. Tubos, de ligas de cobre, de condensadores são protegidos pela adição de pequenas quantidades de sulfato ferroso, $FeSO_4$, na água de resfriamento. Esse tratamento é efetivo para reduzir a erosão e a corrosão por pite em tubos de latão de alumínio em condensadores.[13] As usinas nucleares adicionam sulfato ferroso à água do mar para proteção de seus condensadores. Depois da adição de sulfato ferroso, os tubos ficam cobertos com uma película preta constituída de três camadas:

- interna – óxido cuproso, Cu_2O;
- intermediária – óxido de ferro (III) hidratado, $Fe_2O_3 \cdot H_2O$ ou lepidocrocita, $\gamma\text{-}FeO \cdot OH$, compacta, de acordo com a reação:

$$2Fe^{2+} + 4OH^- + 1/2 O_2 \rightarrow 2FeO \cdot OH + H_2O$$

- externa – óxido de ferro (III) hidratado não aderente.

Essa película causa um aumento substancial na polarização catódica[13] e reduz a perda em peso devida à erosão, e, consequentemente, a formação de novas áreas anódicas.

Sistemas de geração de vapor. São usados fosfatos, aminas voláteis para proteção de linhas de vapor condensado (cicloexilamina, morfolina etc.).

Tubulações de água potável. Em alguns casos, podem-se usar concentrações compreendidas entre 4 ppm a 10 ppm de silicato de sódio ($1Na_2O:3,2SiO_2$) ou, então, uma mistura de Ca^{2+} (ou Zn^{2+}) com polifosfato, geralmente na proporção, Ca^{2+}:polifosfato de 1:5, com uma concentração de uso em torno de 1 ppm. Pode-se, também, usar a mistura de silicato e polifosfato.

Tubulações de cobre para água quente. Uso de silicato de sódio geralmente em concentrações entre 8 ppm a 10 ppm.

Solventes clorados. Solventes como o percloroetileno podem decompor-se pelo oxigênio, pelo aquecimento, pela ação da luz, de sais ou de outros contaminantes durante as operações de desengraxe por vapor. Essa decomposição é prejudicial, pois poderá haver a formação de ácido clorídrico, que é agente corrosivo para os materiais metálicos que estão sofrendo desengraxamento. Com o objetivo de evitar esta decomposição e consequente ação corrosiva, existem no mercado solventes estabilizados ou inibidos contendo geralmente epicloridrina, N-metilmorfolina ou N-etilmorfolina.

Polimento de metais. É comum a adição de propionato de ditio-bis-estearil para evitar, após o polimento, o *tarnishing*, isto é, oxidação superficial de metais, formando um filme extremamente fino, como, por exemplo, escurecimento de prata devido à formação de sulfeto de prata Ag_2S, ou peróxido de prata, Ag_2O_2.

Misturas anticongelantes. A mistura ureia-formamida tem sido usada, em alguns casos, no lugar dos anticongelantes cloreto de sódio e cloreto de cálcio. Embora menor, também apresenta ação corrosiva sobre o ferro e o aço, daí ser usada uma mistura inibidora contendo, geralmente, um ácido graxo de peso molecular elevado, o sal solúvel desse ácido e um agente tensoativo. Algumas dessas misturas inibidoras contêm:

- oleato de sódio e sal de sódio do ácido oleico sulfonado;
- ácido dilinoleico.

Proteção de cobre. Empregam-se 2-mercaptobenzotiazol e, mais recentemente, benzotriazol ou toliltriazol para proteção de cobre e suas ligas, em equipamentos industriais.

Proteção de alumínio. Emprega-se metassilicato de sódio para proteção de alumínio, ou suas ligas, em meios neutros ou ligeiramente básicos ou alcalinos.

Proteção temporária de peças ou equipamentos de metais ferrosos. Faz-se com inibidor em fase de vapor impregnado em papel Kraft ou plásticos, para proteção durante armazenamento ou transporte.

19.6 ALGUNS AVANÇOS NA ÁREA DE INIBIDORES

Com o aumento da preocupação relacionada a questões ambientais, a área de inibidores de corrosão se direciona para o desenvolvimento de novos tratamentos ecologicamente amigáveis, nos quais por meio do sinergismo entre as substâncias usadas objetiva-se tanto diminuir sua concentração, quanto substituir produtos causadores de danos à natureza. Por isso, a biodegradabilidade e a ecotoxicidade devem ser parâmetros considerados quando da escolha e aplicação de um tratamento à base de inibidores.[4-6]

Atualmente, tem-se também estudado o encapsulamento de inibidores e sua liberação controlada para aplicação em concreto[7] e em revestimentos, principalmente poliméricos,[8-10] de forma a inibir a propagação da corrosão em regiões momentaneamente desprotegidas da superfície metálica. A liberação dos inibidores ocorre de maneira gradual, por meio do controle por difusão e pode ser desencadeada por mecanismos que envolvam alteração de pH do meio, por exemplo.

REFERÊNCIAS BIBLIOGRÁFICAS

1. STANDARD ISO 8044:2020. Corrosion of Metals and Alloys – Basic Terms and Definitions.
2. MONTICELLI, C. *Corrosion Inhibitors in Encyclopedia of Interfacial Chemistry*. 1st ed. Surface Science.
3. DARIVA, C. G.; GALIO, A. F. *Corrosion Inhibitors* – Principles, Mechanisms and Applications, in Developments in Corrosion Protection. IntechOpen, ch. 16, 2014.

4. Oвот, I. B.; Onyeachu, I. B.; Kumar, A. M. Sodium alginate: A promising biopolymer for corrosion protection of API X60 high strength carbon steel in saline médium. *Carbohydrate Polymers*, 178, p. 200-208, 2017.

5. Macedo, R. G. M. A.; Marques, N. N.; Tonholo, J.; Balaban, R. C.; Water-soluble carboxymethylchitosan used as corrosion inhibitor for carbon steel in saline médium. *Carbohydrate Polymers*, 205, p. 371-37, 2019.

6. Wang, Y.; Zhang, H.; Wu, X.; Xue, C.; Hu, Y.; Khan, A. et al. Ecotoxicity assessment of sodium dimethyldithiocarbamate and its microssized metal chelates in Caenorhabditis elegans. *Science of the Total Environment*, 720, 137666, 2020.

7. Zhu, Y.; Ma, Y.; Yu, Q.; Wei, J.; Hu, J. Preparation of pH-sensitive core-shell organic corrosion inhibitor and its release behavior in simulated concrete pore solutions. *Materials & Design*, 119, p. 254-262, 2017.

8. Alrashed, M. M.; Jana, S.; Soucek, M. D.; Corrosion performance of polyurethane hybrid coatings with encapsulated inhibitor. *Progress in Organic Coatings*, 130, p. 235-243, 2019.

9. Shuangqing, S.; Xiyu, Z.; Meng, C.; Yan, W.; Chunling, L.; Songqing, H. Facile preparation of redox-responsive hollow mesoporous silica spheres for the encapsulation and controlled release of corrosion inhibitors. *Progress in Organic Coatings*, 136, 105302, 2019.

10. Ma, L.; Wang, J.; Zhang, D.; Huang, Y.; Huang, L.; Wang, P. et al. Dual-action self-healing protective coatings with photothermal responsive corrosion inhibitors nanocontainers. *Chemical Engineering Journal*, 404, 127118, 2021.

11. Fink, J. K. Oil field chemicals. *Gulf Professional Publishing*. Elsevier Science, USA, 2003.

12. Bostwick, T. W. Reducing Corrosion of Power Plant Condenser Tubing with Ferrous Sulfate. *Corrosion*, v. 17, n. 8, p. 12-19, 1961.

13. North, R. F.; Pryor, M. J. The Protection of Cu by Ferrous Sulphate Additions. *Corrosion Science*, v. 8, p. 149-157, 1968.

EXERCÍCIOS

19.1. Vários sistemas industriais utilizam tratamentos químicos contendo inibidores de corrosão para manter a integridade de seus equipamentos e instalações. No caso específico do tratamento interno de caldeiras, aplicam-se diversas substâncias objetivando o controle de pH e o sequestro de oxigênio levando, assim, a um "controle da corrosão". Poderíamos considerar, então, nesse caso, essas substâncias como "inibidores de corrosão"? Justifique sua resposta.

19.2. Como podemos classificar os inibidores de corrosão em função de sua composição e de seu comportamento?

19.3. Um aluno resolveu realizar o levantamento de curvas de polarização para o aço carbono em solução diluída de NaCl, na presença de certa concentração de Na_2CrO_4. Foram levantadas duas curvas: uma imediatamente após a imersão do material no meio (a) e outra 24 horas após a imersão (b). Dentre o conjunto de curvas esquemáticas a seguir, qual é o que melhor representa o resultado obtido pelo aluno, considerando que o respectivo inibidor foi eficiente na proteção do material metálico?

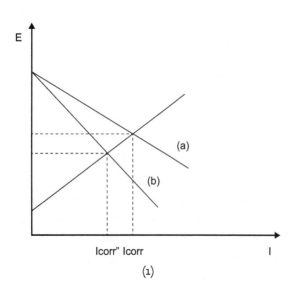

(1)

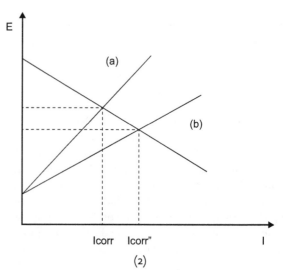

(2)

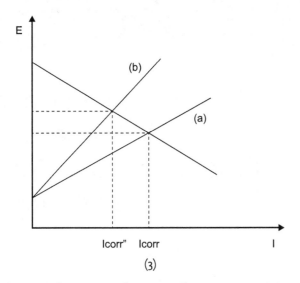
(3)

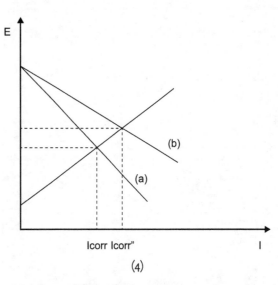
(4)

19.4. Se a taxa de corrosão de um metal em meio sem inibidor (T_s) for igual a 0,05 mpy, qual será a taxa de corrosão em mm/ano para o mesmo metal no meio com inibidor (T_c), para que a eficiência percentual do inibidor seja de 85 %?

19.5. Exemplifique alguns segmentos nos quais os inibidores são frequentemente considerados como a alternativa mais eficaz no controle da corrosão.

Capítulo 20

Modificações de Processo, de Propriedades de Metais e de Projetos

Nem sempre é possível ou conveniente se acrescentar um inibidor para diminuir a ação corrosiva de um determinado meio. Essa impossibilidade depende de vários fatores, como custo elevado do inibidor, contaminação de produtos e influência no processo industrial. Nesses casos, devem-se usar outras medidas de proteção como modificações de processo, de propriedades de metais e de projetos.

20.1 MODIFICAÇÃO DE PROCESSO

Em alguns casos, deve-se modificar o processo, a fim de controlar a corrosão. Eis alguns exemplos que ilustram bem esse fato:

- o líquido formado, durante a isomerização do butano em fase líquida, é altamente corrosivo por causa de sua acidez e ataca os aços com uma taxa de corrosão de 10 ipy. Esse ataque ácido se deve ao catalisador, cloreto de alumínio anidro, que sofre hidrólise, formando ácido clorídrico:

$$AlCl_3 + 3H_2O \rightarrow Al(OH)_3 + 3HCl$$

Uma vez que o processo passa para a fase de vapor, não mais se tem água para ocasionar a reação de hidrólise, e a taxa de corrosão fica reduzida para alguns milésimos de polegadas de penetração por ano (ipy):

- na síntese da ureia, a partir de dióxido de carbono e amônia, é comum adicionar pequena quantidade de ar ou de oxigênio para passivar o aço inoxidável usado na construção do reator;

- solventes clorados não são corrosivos para diversos materiais metálicos, mas, em presença de água aquecida, podem sofrer hidrólise, formando ácido clorídrico, que é corrosivo;
- algumas substâncias são relativamente inertes quando secas, mas, por serem higroscópicas ou deliquescentes, absorvem água, tornando-se então severamente corrosivas. O aço-carbono não é atacado pelo ácido sulfúrico concentrado, porque esse está pouco ionizado, mas é atacado pelo diluído, pois na diluição com a água, o ácido sulfúrico sofre um acréscimo na ionização, tendo-se:

$$H_2SO_4 + 2H_2O \rightarrow 2H_3O^+ + SO_4^{2-}$$

 Daí se procurar evitar que ácido sulfúrico concentrado armazenado em tanques de aço-carbono absorva umidade:

- o titânio resiste ao cloro úmido, mas se oxida com ignição em presença de cloro seco;
- amônia anidra causa corrosão sob tensão fraturante em tanque de aço-carbono, mas a adição de pequena quantidade de água (cerca de 0,2 %) funciona como inibidor dessa corrosão.

20.2 MODIFICAÇÃO DE PROPRIEDADES DE METAIS

Alguns metais, como o alumínio, apresentam boa resistência à corrosão, no entanto, suas propriedades mecânicas não são adequadas para uso industrial. Procura-se, então, preparar ligas desses metais visando a melhores propriedades mecânicas. Por outro lado, outros metais, como o ferro, apresentam boas propriedades mecânicas, todavia, oxidam-se facilmente, daí serem usadas suas ligas, como os aços inoxidáveis.

Em muitos casos, a adição de pequenas quantidades de elementos de liga influencia mais nas propriedades mecânicas do que na taxa de corrosão. Entretanto, pode ocorrer uma influência acentuada na taxa de corrosão em determinado meio corrosivo, como evidencia a Tabela 20.1 para o caso de ferro e algumas de suas ligas.[1]

Tabela 20.1 Taxas de corrosão do ferro e de algumas de suas ligas.

Material	Água potável ‰	NaCl 3 %	H_2SO_4 0,5 %
Ferro puro	8,8	5,2	1,2
Ferro forjado	8,7	6,4	7,1
Ferro fundido	8,8	6,8	20,5
Aço-carbono	9,0	7,2	3,6

Tempo de exposição = 1 ano — Perdas em g/dm^2

Com o mecanismo do processo de corrosão estabelecido, podem-se obter ligas adequadas para serem usadas em determinados meios.

Um metal ou liga que forma uma camada protetora de óxido na sua superfície, como alumínio, titânio ou aço inoxidável, é corroído lentamente em muitos meios corrosivos. Deve-se, porém, levar em consideração que essa proteção só existirá se o meio for oxidante, pois, em caso contrário, o filme de óxido provavelmente não existirá e o ataque do metal se processará. A proteção pelo filme de óxidos poderá deixar de existir em soluções contendo cloretos, mesmo em meios oxidantes. Isto é, o material passa de um estado passivo para o estado ativo, sendo consumido.

Elementos químicos, como silício, Si, tungstênio, W, e molibdênio, Mo, que possuem óxidos ácidos, são bem resistentes aos meios ácidos. Daí se usarem ligas de molibdênio para ácido sulfúrico ou clorídrico. Pela mesma razão, emprega-se ferro fundido com 14 % de silício, para se ter um filme de SiO_2, na superfície do material, tornando-o muito resistente aos ácidos. A adição de cerca de 2 % a 4 % de molibdênio nos aços inoxidáveis aumenta a sua resistência contra os meios corrosivos ácidos. Esses materiais são recomendáveis para os casos em que os meios não são oxidantes.

Outros materiais metálicos resistentes aos ácidos são aqueles capazes de reagir com o meio corrosivo, formando um filme aderente compacto e insolúvel. Magnésio em ácido fluorídrico produz um filme de fluoreto de magnésio insolúvel; chumbo em ácido sulfúrico diluído produz um filme insolúvel de sulfato de chumbo, protegendo contra posterior ataque.

Como a sobretensão anódica do níquel é alta, as ligas contendo muito níquel, como a liga Monel (com 67 % de Ni, 30 % de Cu, 1,2 % de Mn, 1,2 % de Fe e traços de C e Si), têm boa resistência a meios ácidos. Como a ação protetora dessas ligas só depende da sobretensão, mesmo que o teor de oxigênio do meio seja baixo, elas são resistentes aos ácidos.

Para meios corrosivos básicos ou alcalinos, são mais recomendados magnésio, prata e níquel. O ferro também apresenta boa resistência aos hidróxidos dos metais alcalinos (NaOH, KOH), mesmo em soluções aquosas a 50 %, mas somente em temperaturas não elevadas.

O aço-carbono tensionado e exposto a soluções alcalinas pode sofrer corrosão sob tensão fraturante, havendo uma relação entre concentração e temperatura, em que a fratura ocorre em soluções cáusticas a 10 % e temperatura acima de 82 °C ou soluções a 50 % e temperatura acima de 49 °C.[2] Para evitar a corrosão sob tensão fraturante, deve-se alterar o meio corrosivo ou se fazer um tratamento de alívio de tensões.

Em meios básicos, deve-se evitar o emprego de alumínio, zinco, chumbo e estanho, pois esses metais são rapidamente atacados por soluções alcalinas, formando sais solúveis e desprendendo hidrogênio, como, por exemplo:

$$Al + 3NaOH + 3H_2O \rightarrow Na_3Al(OH)_6 + 3/2H_2$$

Para aço exposto ao ataque atmosférico ou de bases fortes, como NaOH e KOH, costuma-se adicionar 0,2 % de cobre para reduzir a taxa de corrosão. Quantidades razoáveis de sulfeto, em ácidos, estimulam a reação anódica do ferro, daí adicionar-se pequenas quantidades de cobre no aço para formar o sulfeto de cobre, que é estável, impedindo a ação do sulfeto.

A diminuição do teor de zinco em latões é benéfica para se evitar a dezincificação deles.

Usam-se também tratamentos térmicos adequados, visando a evitar áreas diferentemente deformadas ou tensionadas ou com diferentes estruturas.

A adição de outros elementos aos aços, como níquel, cromo, nióbio, titânio, tântalo, para proteção contra diferentes tipos de corrosão, já foi estudada com detalhes em capítulos anteriores.

20.2.1 Compatibilidade entre materiais metálicos e meios corrosivos

Como indicação orientadora na seleção de materiais metálicos, visando à maior resistência à corrosão, são apresentadas, a seguir, possibilidades de combinação de materiais metálicos e meios corrosivos. Entretanto, como destacado anteriormente, a seleção final do material dependerá das condições operacionais (processo, temperatura, pressão, presença de frestas e depósitos), disponibilidade e custo.

Compatíveis (não provocam corrosão)

- Aço-carbono – ácido sulfúrico concentrado (acima de 85 %);
- aços inoxidáveis – ácido nítrico, ácido sulfúrico diluído e aerado em temperatura ambiente, álcalis (exceto sob tensão em soluções alcalinas concentradas e aquecidas);

- alumínio – ácidos nítrico (80 %, mesmo acima de 50 °C), acético (quente ou frio), cítrico, tartárico, maleico e graxos, hidróxido de amônio (quente ou frio), água destilada, enxofre e compostos, e atmosferas rural e urbana;
- cobre – água do mar, exposição atmosférica, ácidos não oxidantes, não aerados e diluídos como sulfúrico, acético e fosfórico, água potável (quente ou fria);
- níquel – álcalis (quente ou frio);
- ligas de cobre-níquel (cuproníquel) – água do mar;
- Hastelloy B-2 (ligas contendo principalmente 26 % a 30 % de molibdênio e cerca de 66 % de níquel) – ácido clorídrico, mesmo aquecido, e cloreto de hidrogênio;
- Hastelloy C-276 (liga contendo principalmente 14,50 % a 16,50 % de cromo, 15,00 % a 17,00 % de molibdênio, 3,00 % a 4,50 % de tungstênio, 4,00 % a 7,00 % de ferro, 2,50 % de cobalto e o restante níquel) – cloretos de ferro (III) e de cobre (II), soluções de salmoura, cloro úmido, soluções de hipoclorito e de dióxido de cloro;
- Monel 400 (66 % de Ni, 31,5 % de Cu, 1,4 % de Fe) – ácido fluorídrico;
- chumbo – ácidos sulfúrico diluído, fosfórico, fluorídrico (menor do que 60 %);
- magnésio – álcalis a frio e ácido fluorídrico acima de 2 %;
- zinco – exposição a atmosferas urbanas e rurais;
- estanho – exposição a atmosferas urbanas e rurais;
- titânio – soluções aquecidas fortemente oxidantes como de ácido nítrico, cloretos de cobre, $CuCl_2$, de ferro, $FeCl_3$ e hipocloritos;
- zircônio – álcalis (soluções de todas as concentrações e aquecidas, até o ponto de ebulição, bem como hidróxido de sódio fundido), ácido clorídrico (em todas as concentrações e até o ponto de ebulição), soluções aquecidas de ácidos sulfúrico (<70 %), fosfórico (<55 %), fórmico, cítrico, lático e nítrico;
- tântalo – ácidos clorídrico e nítrico (soluções de todas as concentrações até o ponto de ebulição), ácidos crômico, sulfúrico (exceto o fumante) e fosfórico, água-régia, halogênios (cloro úmido ou seco até 150 °C).

Incompatíveis (provocam corrosão)
- Aços inoxidáveis austeníticos – ácido clorídrico (e sais que se hidrolisam formando este ácido, como $FeCl_3$) e água do mar;

- alumínio, zinco, estanho e chumbo – soda cáustica ou álcalis;
- zinco – atmosferas industriais;
- alumínio, cobre e suas ligas – mercúrio e sais de mercúrio;
- cobre e suas ligas – ácidos nítrico (concentrado e a quente), sulfúrico (concentrado e a quente), amônia e soluções amoniacais em presença de oxigênio, gás sulfídrico;
- níquel e suas ligas – enxofre e sulfeto (principalmente em temperaturas elevadas);
- magnésio – ácidos inorgânicos ou orgânicos;
- titânio – ácidos clorídrico e sulfúrico (exceto em soluções diluídas contendo pequenas quantidades de oxidantes,

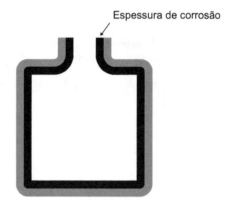

Figura 20.2 Aumento de espessura para compensar consumo por corrosão durante período previsto de utilização.

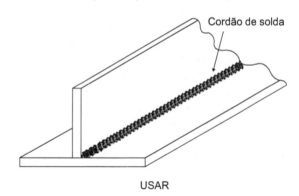

USAR

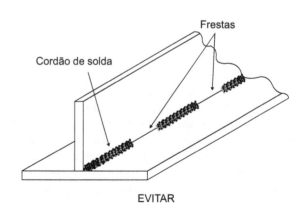

EVITAR

Figura 20.1 Corrosão em tubo de aço inoxidável AISI 304, em presença de cloreto, com formação de pites ou alvéolos.

 Figura 20.3 Soldas descontínuas possibilitam a presença de corrosão em frestas.

como Cu^{21} ou Fe^{31}, ou se o titânio contiver cerca de 0,1 % de paládio ou platina);
- zircônio – cloro úmido e ácido fluorídrico;
- tântalo – álcalis.

20.3 MODIFICAÇÃO DE PROJETOS

A agressividade dos meios encontrados nas indústrias química, petroquímica, petrolífera, nuclear e naval faz com que os engenheiros projetistas tenham em mente fatores que não são normalmente encontrados em outros ramos da engenharia.

O engenheiro projetista, quando for especificar os detalhes de um projeto e determinar os materiais, os métodos de fabricação e de montagem de estruturas ou equipamentos, necessita aplicar inteligentemente seus conhecimentos sobre corrosão, para não incidir em erros que poderão significar grandes perdas futuras.

Na especificação de materiais, deve-se considerar, além das variáveis do processo corrosivo, aquelas relacionadas com:
- propriedades mecânicas e aparência;
- facilidade de obtenção, de soldagem e de usinagem;
- compatibilidade com equipamentos já existentes;
- disponibilidade e tempo de fornecimento;
- segurança;
- vida estimada do material ou processo;
- custos dos materiais, de fabricação, de inspeção e de manutenção;
- retorno do investimento.

Rabald,[3] Uhlig,[4] Lee,[5] Telles,[6] Pludek,[7] Landrum,[8] Dechema[9] e Schweitzer[10] apresentam informações que orientam no sentido do emprego correto de materiais metálicos e não metálicos, sendo de grande valia na fase de projetos de equipamentos e instalações industriais.

Algumas medidas úteis que devem ser consideradas na fase de projeto são apresentadas a seguir:
- superdimensionar adequadamente as espessuras das diferentes partes dos materiais, tendo conhecimento prévio do tipo e intensidade de corrosão que devem ser esperados durante a utilização do equipamento ou usar *clad*;
- usar soldas bem-acabadas e contínuas (no sentido de evitar bolsas, reentrâncias etc.) e aliviadas de tensões, em lugares onde seria possível usar esse tipo de junção;
- não formar ângulos fechados e estrangulamentos desnecessários nas tubulações, a fim de evitar turbulência e ação erosiva do meio, como impingimento e cavitação (Fig. 20.4);
- evitar contatos diretos de materiais metálicos de potenciais diversos. Quando for inevitável a existência de grande diferença de potencial, deverá ser sempre especificada a colocação, nos pontos de conexão, de gaxetas, de *niples* ou de arruelas não metálicas, que agirão como isolantes (Fig. 20.5);
- evitar cantos vivos onde películas protetoras de tintas possam romper-se mais facilmente (Fig. 20.6);
- evitar o aparecimento de tensões nas estruturas devido a possíveis expansões térmicas e a aplicação de esforços, que são perigosos, sobretudo quando localizados (Fig. 20.7);
- facilitar a completa drenagem de líquidos, evitando áreas de estagnação de água ou de soluções corrosivas (Fig. 20.8);
- manter lisas e livres de reentrâncias e frestas as superfícies por onde passam líquidos, para evitar gradientes de concentração de oxigênio e de íons metálicos nos lugares de acúmulo de líquido, que provocariam corrosão por pilha de aeração diferencial ou por pilha de concentração iônica;

- bases de tanques de armazenamento que impeçam a presença de frestas, daí, quando possível, usar tanques suspensos;

- tubulações totalmente enterradas ou aéreas, em vez de apenas parcialmente enterradas, evitam aeração diferencial; no caso de tubulações aéreas, deve-se evitar o apoio sobre madeira ou material que retenha umidade, pois facilitam a formação de frestas, preferindo o uso de pequenos tubos de ferro ou de polipropileno como suporte (ver Cap. 8, Figs. 8.13 e 8.14);
- prever o máximo de acessibilidade à parte do equipamento mais sujeita à corrosão, a fim de facilitar a inspeção e manutenção;
- condutos que transportam gases e líquidos corrosivos, quando em contato com o solo, devem ser revestidos e protegidos catodicamente;
- usar revestimento protetor adequado para o equipamento, o que impedirá a condensação de umidade diretamente nas paredes metálicas;

- localizar o equipamento, sempre que possível, o mais afastado de vapores corrosivos provenientes de outras unidades (gases contendo óxidos de enxofre provenientes de chaminés de caldeiras) ou da água (respingos de torres de resfriamento) que pode ser lançada de outras unidades;
- havendo movimento de fluidos, a velocidade deve ser mantida dentro de certos limites para evitar sedimentação de produtos, erosão, turbulência e impingimento;
- colocar flanges isolantes entre tubulações de materiais metálicos diferentes, o fluido circulando inicialmente pelo tubo cujo material metálico funcionaria como anodo se houvesse ligação direta entre os materiais metálicos. A razão deste posicionamento é para evitar que ações química ou erosiva arrastem íons ou partículas metálicas que poderiam ocasionar corrosão galvânica no tubo seguinte. Quando não for possível esse posicionamento ideal, recomenda-se a colocação de um trecho de tubo de sacrifício de aço-carbono, com maior diâmetro, a fim de se ter redução de velocidade, aumentando a possibilidade de decantação de partículas suspensas e evitando a ação corrosiva de partículas metálicas ou de íons de material catódico (Cu, Cu^{2+}) arrastados para material anódico (Fe), no caso, o equipamento de aço (ver Cap. 9, Figs. 9.1 e 9.2);

se necessário, o tubo de sacrifício pode ser substituído periodicamente;

- em equipamentos e tubulações com isolamento térmico, procurar usar isolamento pouco absorvente, evitar frestas e proceder à inspeção cuidadosa, principalmente em áreas de protuberâncias e em casos de equipamentos que fiquem, periodicamente, fora de operação, ou cuja temperatura permaneça abaixo do ponto de orvalho. Aplicar, antes do isolamento, pintura com tintas resistentes a temperaturas elevadas;

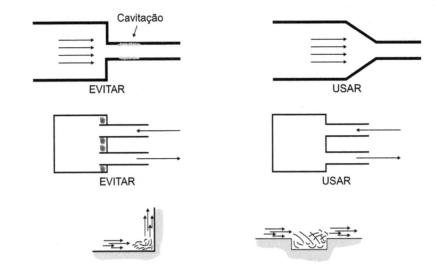

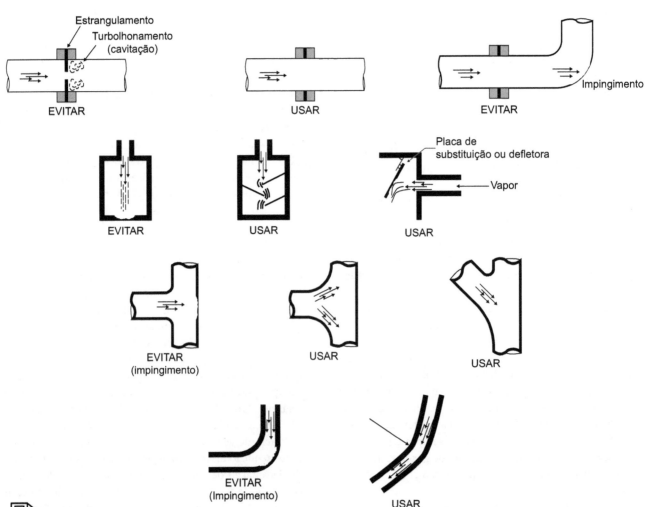

 Figura 20.4 Detalhes construtivos causadores de erosão por cavitação e impingimento.

Capítulo 20 | Modificações de Processo, de Propriedades de Metais e de Projetos **275**

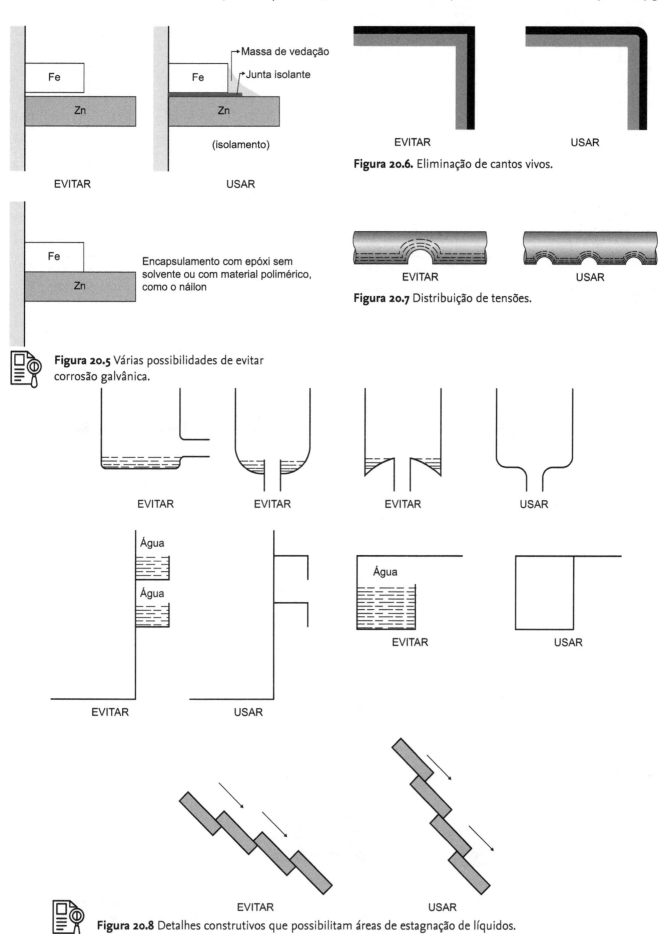

Figura 20.6. Eliminação de cantos vivos.

Figura 20.7 Distribuição de tensões.

Figura 20.5 Várias possibilidades de evitar corrosão galvânica.

Figura 20.8 Detalhes construtivos que possibilitam áreas de estagnação de líquidos.

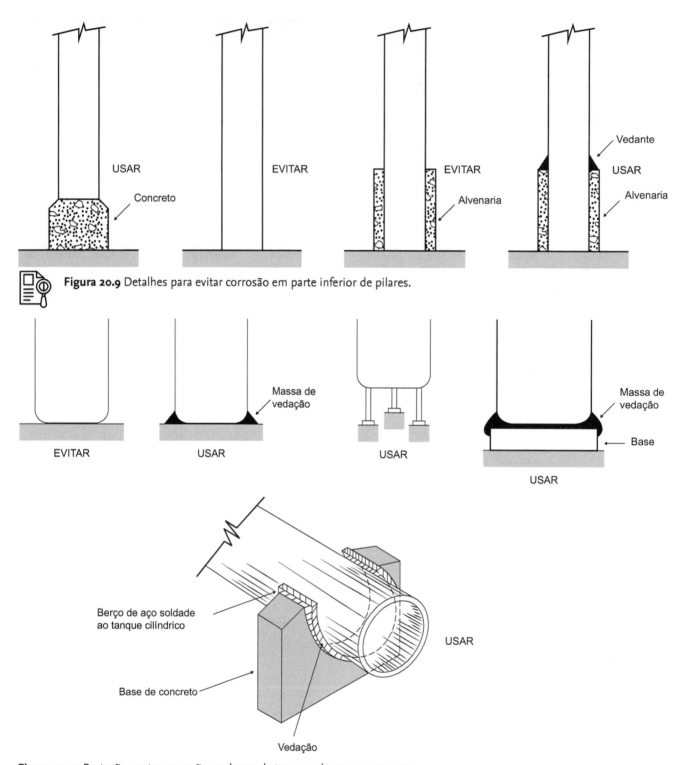

Figura 20.9 Detalhes para evitar corrosão em parte inferior de pilares.

Figura 20.10 Proteção contra corrosão em bases de tanques de armazenamento.

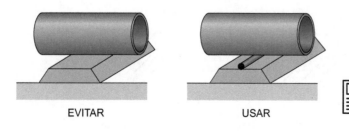

Figura 20.11 Apoio de tubulações para minimizar a possibilidade de corrosão em frestas ou por aeração diferencial.

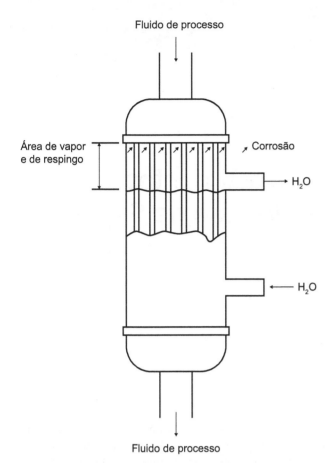

Figura 20.12 Representação esquemática de trocador de calor vertical, evidenciando a área de vapor e de respingo sujeita à corrosão.

- evitar áreas, em equipamentos, principalmente em trocadores de calor posicionados verticalmente, em que possam ocorrer formação de vapor d'água e condensação, alternância de umedecimento e secagem ou condições que possibilitem o aumento da concentração de cloreto;

- usar os metais mais resistentes à corrosão, dentro das limitações de emprego e custo;
- estabelecer condições de relação área anódica/área catódica para valores maiores do que um;
- seguir as recomendações apresentadas no Capítulo 24, Seção 24.7.1.

REFERÊNCIAS BIBLIOGRÁFICAS

1. FRIEND, J. N. *Second Report on the Relative Corrosibility of Various Commercial Forms of Iron and Steel*. The Iron & Steel Institute, Carnegie Scholarship Memoirs, 12, 1923, p. 1-25.
2. PHELPS, E. H. *Stress Corrosion of Ferrous Materials*. Proceedings of the Twentieth Annual Water Conference, 1959.
3. RABALD, E. *Corrosion Guide*. Amsterdam: Elsevier, 1968.
4. UHLIG, H. H. *The Corrosion Handbook*. New York: John Wiley & Sons, 1958, p. 727-799.
5. LEE, J. A. *Materials of Construction for Chemical Process Industries*. New York: McGraw-Hill, 1950.
6. SILVA TELLES, P. C. *Materiais para equipamentos de processo*. 5. ed. Rio de Janeiro: Interciência, 1995.
7. PLUDEK, V. R. *Design and Corrosion Control*. London: The MacMillan Press, 1977.
8. LANDRUM, R. J. *Fundamentals of Design for Corrosion Control. A Corrosion Aid for the Designer*. Houston: National Association of Corrosion Engineers, 1989.
9. DECHEMA CORROSION HANDBOOK, *Corrosive Agents and their Reactions with Materials*. Ed. Dieter Behrens, 1992 (vários volumes).
10. SCHWEITZER, P. A. *Corrosion Resistance Tables – Metals, Nonmetals, Coatings, Mortars, Plastics, Elastomers and Linings, and Fabrics*. 4 ed. Ed. Marcel Dekker, 1995.

EXERCÍCIOS

20.1. Quando não é possível o uso de métodos convencionais de combate à corrosão, o que deve ser feito para minimizar o ataque as estruturas?

20.2. Correlacione as colunas:

a. Modificação de processo   ( ) Uso de elementos de liga nos aços

b. Modificação de propriedades   ( ) Adição de oxigênio, em um processo, para passivar o aço

c. Modificação de projetos   ( ) Uso de aço carbono em ácido sulfúrico concentrado

d. Compatibilidade metal/meio   ( ) Uso de cordão de solda contínuo

20.3. Como evitar, usando modificação de projeto, que ocorra corrosão/erosão?

20.4. O controle da velocidade de um fluido em uma tubulação, para evitar o surgimento de corrosão, é um exemplo de controle da corrosão por:
a) Modificação de processo.
b) Modificação de propriedades.
c) Modificação de projetos.
d) Compatibilidade metal/meio.
e) Subdimensionamento de estrutura.

20.5. Assinale a única variável que não está relacionada com modificação de projeto para o combate da corrosão:
a) Retorno de investimento.
b) Segurança.
c) Custos dos materiais.
d) Compatibilidade do metal com o meio corrosivo.
e) Propriedade mecânica.

Capítulo 21

Revestimentos: Limpeza e Preparo de Superfícies

A causa básica da corrosão é conhecida. Os metais apresentam uma condição termodinâmica instável e tendem a mudar para uma condição estável pela formação de óxidos, hidróxidos, sais etc. Dessa maneira, a corrosão é um processo natural, indesejável. Para combater, ou melhor, atenuar essa tendência termodinâmica dos metais, dispõe-se de vários métodos.

A maioria dos métodos de controle da corrosão consiste em intercalar uma camada protetora entre o metal e o meio corrosivo. Essas camadas protetoras são de formação natural ou artificial e, em alguns casos, simultânea.

A boa resistência da maioria dos metais mais comuns à corrosão é devida à formação de uma película, normalmente invisível, impermeável, contínua e insolúvel. Essas películas se originam de transformações químicas, em meios atmosféricos convencionais, e resultam em compostos que aderem ao metal-base, como no caso dos aços inoxidáveis (Cr_2O_3) e alumínio (Al_2O_3).

Sob o ponto de vista industrial, o ferro e o aço-carbono assumem primordial importância. Simultaneamente, carecem de proteção contra a corrosão. O filme do produto da oxidação que se forma em suas superfícies, seja em meios atmosféricos, seja em ambientes químicos, é o oposto dos filmes autoprotetores encontrados em outros materiais metálicos. É de formação descontínua, permeável, com tendência a crescer indefinidamente até a completa degradação do material metálico. Daí a necessidade de proteção, sendo usual o emprego de revestimentos.

A limpeza e a preparação da superfície é, sem dúvida uma das etapas mais importantes para que um revestimento apresente o desempenho esperado. Esta etapa visa, basicamente, remover os contaminantes da superfície (carepa de laminação, produtos de corrosão, sais, óleos, graxas, tintas velhas etc.) e criar condições que proporcionem aderência satisfatória aos revestimentos. Por exemplo, a presença de sais na superfície, sendo os mais comuns os cloretos e os sulfatos, contribui de forma substancial para a rápida degradação dos revestimentos.[1-2] Estes sais, em sua maioria higroscópicos, aumentam a taxa de absorção de umidade da atmosfera, facilitando a ocorrência de várias reações químicas ou eletroquímicas na interface metal/revestimento. Como consequência, o aparecimento de falhas prematuras é, praticamente, inevitável. As falhas mais comuns, como no caso de pinturas, são empolamento da pintura, corrosão do substrato e perda de aderência dos revestimentos em geral.

A presença de óleos, graxas e de outros materiais gordurosos, não só prejudica a aderência dos revestimentos, como também pode acarretar o aparecimento de defeitos graves no mesmo, por exemplo, crateras e porosidades. Portanto, como pode ser observado, a preparação da superfície é uma etapa que deve ser executada com bastante cuidado, para se obter o grau de limpeza desejado. Caso contrário, a durabilidade dos revestimentos será reduzida drasticamente. Uma grande parte das falhas prematuras em revestimentos por pintura decorre de problemas ocorridos na preparação da superfície.

É de absoluta necessidade a perfeita caracterização do tipo de proteção visado. Assim, o que pode ser indesejável para um tipo de acabamento, pode não ser nocivo, e até altamente desejado, em outro. Por exemplo, certos tipos de filmes ou películas de formulação específica são recomendados, visando a um melhor resultado, como os presentes nos processos de fosfatização, seja por imersão, seja por jateamento (*spray*). Já o mesmo filme, em um processo de eletrodeposição, invalida toda a operação.

São também conhecidos os casos, e até citados na literatura especializada, da aplicação de tintas sobre camadas oxidadas, com bons resultados, tendo como condição que essa ferrugem esteja limpa, compacta e bem aderente à superfície metálica.

Pode-se, assim, afirmar que não existe um tratamento preparatório de superfícies metálicas de caráter universal. São diversas as variáveis, o tipo do metal, fim a que se destina, condições econômicas, além da quantidade e qualidade das impurezas ou sujidades a serem removidas.

21.1 IMPUREZAS

Os objetivos da limpeza e preparo de superfícies para aplicação de revestimento são: remover da superfície impurezas que possam provocar falhas no revestimento aplicado e promover aderência do revestimento ao substrato.

Podem-se definir como impurezas ou sujidades as substâncias encontradas na superfície e que podem interferir, seja no processamento, seja no desempenho da proteção visada. Nelas, enquadram-se os seguintes tipos:

- **oleosas** – principalmente óleos minerais, óleos graxos, emulsões óleo-graxa, óleos de laminação, estampagem, repuxamento, trefilação, além dos protetores oleosos contra a corrosão. Para os óleos minerais, pode-se dizer que quanto maior for a sua viscosidade, maior será a dificuldade de limpeza. Comparativamente, os óleos graxos são de mais fácil remoção. Esses contaminantes afetam diretamente na aderência do revestimento;
- **semissólidas** – no desengraxamento alcalino a quente, principalmente em processos por jateamento, essas sujidades (parafina, graxas, ceras, sabões e protetivos anticorrosivos comuns) não apresentam grande dificuldade de remoção. Existem, porém, alguns protetivos pesados, à base de materiais de natureza altamente polar, que são de remoção muito difícil, causando muitos problemas de acabamento, como em fosfatização e eletrodeposição. Faz-se necessária, então, a combinação de detergentes fortemente alcalinos com mistura adequada de solventes orgânicos; também afetam na aderência do revestimento;
- **sólidas** – são as partículas disseminadas em massas de polimento, massas de estampagem, resíduos carbonáceos de películas parcialmente carbonizadas, que constituem os casos em que aparecem as maiores dificuldades, mormente quando se quer uma eletrodeposição. Também são impurezas indesejáveis os sais, como cloretos, sulfatos, carbonatos e outros, que levam a falhas prematuras do revestimento principalmente quando em contato prolongado com umidade ou imersão em água. Muitas vezes invisíveis ao olho nu, exigem o maior requinte no tratamento preliminar;

- **óxidos e produtos de corrosão** – são os que aparecem, por exemplo, em um tratamento térmico. Assim, em chapas laminadas a quente, a remoção da película de óxidos que se forma, de cor cinza ou azulada, apresenta grande dificuldade. São conhecidos como **carepa de laminação** e têm um tratamento especial nas normas de preparação de superfície vistas mais adiante. Equipamentos e estruturas metálicas expostas ao intemperismo devem ter a carepa de laminação totalmente removida antes da aplicação do revestimento. Recoberta com revestimento e exposta ao intemperismo, com a dilatação e contração do aço pela variação da temperatura e pelo trabalho de flexão sofrido durante a operação, a carepa apresenta fissuras que, com a penetração de umidade pelo revestimento, causa a corrosão subpelicular levando ao fracasso total do revestimento. A carepa de laminação é uma película constituída de óxidos de ferro de alta dureza e fortemente aderida ao metal. Quando a carepa de laminação é exposta ao ar, ou às condições de intemperismo, tem-se, inicialmente, a oxidação de seus óxidos constituintes, FeO e Fe_3O_4, para Fe_2O_3.

$$2FeO + {}^1/_2 O_2 + H_2O \rightarrow Fe_2O_3 \cdot H_2O$$

$$2Fe_3O_4 + {}^1/_2 O_2 + 3H_2O \rightarrow 3Fe_2O_3 \cdot H_2O$$

Uma vez exaurida a película de óxidos, ou por fissuras nessa película, ocorre a oxidação do substrato ferro, com formação de cavidades por pites e alvéolos, o que acarretará maior consumo de tintas e possível comprometimento na espessura do material.

$$2Fe + {}^3/_2 O_2 + H_2O \rightarrow Fe_2O_3 \cdot H_2O$$

As normas SIS 05 5900 e ISO 8501 estabelecem quatro graus de enferrujamento a que uma chapa laminada a quente pode chegar, durante a eliminação da carepa de laminação por intemperismo, isto é, exposição ao ambiente:

- **grau A** – superfície de aço com a carepa de laminação intacta e praticamente sem corrosão;
- **grau B** – superfície de aço com princípio de corrosão, onde a carepa de laminação começa a desagregar;
- **grau C** – superfície de aço onde a carepa de laminação foi eliminada pela corrosão ou que possa ser removida por meio de raspagem, podendo apresentar formação leve de alvéolos;
- **grau D** – superfície de aço onde a carepa de laminação foi eliminada pela corrosão com formação de severa corrosão alveolar.

21.2 MEIOS DE REMOÇÃO

Normas

Existem normas que padronizam alguns dos processos para preparo de superfícies metálicas para pintura. Internacionalmente, as mais conhecidas são: a norma americana SSPC

(*Steel Structure Painting Council*),[3] a sueca SIS 05 5900-67 (*Pictorial Surface Preparation*)[4] e, mais recentemente, a ISO 8501 (*Blast Cleaning & Power Tool Cleaning*)[5] e ISO 8504.[6] Outras normas, como as da Petrobras, NACE (*National Association of Corrosion Engineers*) e BS-4232-67 (*British Standard*) também têm suas correspondências nos padrões SSPC. A Tabela 21.1 apresenta os padrões de limpeza de superfície pelas diversas normas.

O tratamento de superfície com carepa de laminação mediante intemperismo tinha as normas SSPC SP-9 e Petrobras N-11, porém este tratamento está fora de uso atualmente.

Uma vez caracterizadas, de maneira sumária, as sujidades mais comuns que se apresentam em uma superfície metálica, os meios de remoção mais frequentemente usados são a limpeza com solventes e a limpeza com ação química ou mecânica. Esses meios podem ser empregados isoladamente ou associados. São muitos os fatores que devem ser levados em consideração, entre os quais o estado inicial do material a ser tratado, o fim a que se destina, as condições econômicas, prazo, agressão ao meio ambiente e o equipamento disponível.

21.2.1 Limpeza com Solventes

Por este processo, objetiva-se remover os filmes e agregados de sujidades que se encontram aderidos às superfícies metálicas, mas que não tenham, em geral, reagido com elas, no estrito sentido químico. Consegue-se emulsionar e, em certos casos, promover a solubilização dessas sujidades pela ação de uma solução de limpeza, durante um tempo adequado, a uma temperatura conveniente, coadjuvada às vezes por ação mecânica (agitação mecânica, por ar comprimido, circulação por bomba, ou jateamento).

Na maioria dos casos, a limpeza por meio de solventes é apenas uma das etapas do processo de preparação da superfície, para posterior aplicação dos revestimentos. No caso, por exemplo, de superfícies ferrosas oxidadas, após a limpeza com solventes faz-se a remoção dos produtos de corrosão por meio de métodos adequados (como o jateamento abrasivo). Em alguns casos bastante específicos, ela pode se constituir na etapa principal de preparação de superfície, ou seja, após a sua execução, aplica-se o revestimento.

A limpeza por meio de solventes é uma etapa importante, pois visa a remover da superfície principalmente contaminantes oleosos e sais. Desta forma, evita-se, no caso de óleos ou graxas, a contaminação das ferramentas de limpeza, dos abrasivos, o aparecimento de defeitos na pintura e, além disso, reduz-se o risco de problemas de aderência dos revestimentos.

A norma SSPC-SP1 é bastante abrangente a respeito deste tema, pois trata não só da remoção de contaminantes como óleos ou graxas, mas também de outros materiais presentes na superfície, como sais e respingos de solda. Com relação aos sais solúveis, pode-se usar o método de Bresler (determinação da condutividade com célula flexível autoadesiva), previsto na Norma ABNT NBR 16761:2020.[7]

Entre os produtos mais utilizados na limpeza estão: detergentes, soluções alcalinas, solventes orgânicos, vapor e água doce. A escolha dos produtos mais adequados é função do tipo e do grau de contaminação da superfície, das dimensões dos equipamentos ou estruturas, da complexibilidade geométrica, das condições de acesso e da viabilidade operacional de execução.

Soluções alcalinas

A composição e a natureza dos compostos de limpeza alcalina variam de acordo com o tipo de trabalho. Os chamados **alcalinos pesados** são utilizados para limpeza de aço, quando a quantidade de sujidade é grande e de natureza severa. O pH das suas soluções varia de 12,4 a 13,8. Nesses casos, ocorrem altas concentrações de hidróxido de sódio, orto ou polifosfatos, silicatos e tensoativos aniônicos combinados ou não com não iônicos. Na limpeza de aço, quando as sujidades são de pouca monta, ou na limpeza dos chamados metais **macios** (alumínio, latão, zinco), utilizam-se os **alcalinos médios**, que são ou tamponados ou inibidos. O pH das soluções varia de 11,2 a 12,4. Em casos especiais, na limpeza de metais e ligas mais facilmente atacáveis, utilizam-se os **alcalinos leves**, totalmente isentos de alcalinidade produzida por hidróxido. O pH das soluções limita-se, então, de 10,5 a 11,2, sendo a alcalinidade geralmente provida por boratos, carbonatos e fosfatos.

Solventes orgânicos

A remoção de impurezas, por meio de solventes, é eficiente quando as mesmas são óleos, de natureza simples, ou graxas

Tabela 21.1 Graus de limpeza de superfícies metálicas.

Tipo de Limpeza	SSPC	SIS	Petrobras	NACE	BS	ISO 8501
Limpeza com solvente	SP-1		N-5			
Tratamento mecânico	SP-2	St 2	St 2			St 2
Tratamento mecânico	SP-3	St 3	St 3			St 3
Jateamento ligeiro	SP-7	Sa 1	Sa 1	NACE-4		Sa 1
Jateamento comercial	SP-6	Sa 2	Sa 2	NACE-3	3rd Quality	Sa 2
Jateamento ao metal quase branco	SP-10	Sa 2 1/2	Sa 2 1/2	NACE-2 2nd Quality Sa 2 1/2	2nd Quality Sa 2 1/2	Sa 2 1/2
Jateamento ao metal branco	SP-5	Sa 3	Sa 3	NACE-1	1st Quality	Sa 3
Limpeza a fogo	SP-4					
Decapagem química	SP-8					

com um grau de contaminação leve, em relação às partes em tratamento. Os principais tipos de solventes industriais podem ser assim classificados:

- derivados da indústria petrolífera (hidrocarbonetos alifáticos);
- derivados da indústria do carvão (hidrocarbonetos aromáticos);
- incombustíveis (hidrocarbonetos clorados) – tricloroetileno, percloroetileno, 1,1,1-tricloroetano (metil-clorofórmio);
- polares (cetonas, alcoóis e fenóis).

São, principalmente, utilizados na pré-limpeza ou em casos especiais em que, por exemplo, o caráter hidrofílico da superfície não é desejado, ou então quando se requer um tratamento rápido. São de custo relativamente elevado e devem ser usados cuidadosamente, pois alguns são inflamáveis e outros são tóxicos. Evita-se o uso do tricloroetileno, por ser cancerígeno e, em alguns casos, de solventes clorados.

São várias as modalidades de aplicação dos solventes:

- imersão das peças no solvente;
- jateamento das peças com o solvente;
- desengraxamento por vapor – as peças em tratamento funcionam como condensadores em uma câmara de vapor, quando o solvente é aquecido e seus vapores são condensados na parte superior da câmara, escoando sobre as peças e solubilizando as sujidades. Tem-se, nesse caso, sempre o contato de solvente limpo com as peças e, portanto, quando elas são retiradas da câmara estão totalmente isentas de óleos e graxas. O solvente mais usado nesse método é o 1,1,1-tricloroetano contendo inibidor de corrosão ou estabilizante;
- desengraxamento associando um jato de solvente na câmara de vapor – é especialmente utilizado quando o material contém aparas, cavacos ou outras sujidades sólidas;
- desengraxamento associando imersão (solvente quente) e vapor – na primeira fase há afrouxamento e solubilização de impurezas compatíveis com o processo, e na segunda fase (condensação de vapor) há um enxaguamento pelo solvente puro assim formado;
- desengraxamento líquido-vapor – em um primeiro estágio, as peças, geralmente de pequeno porte, oriundas de tratamentos como usinagem ou polimento, são colocadas no solvente à ebulição; em um segundo estágio, elas são imersas em solvente quente e, finalmente, permanecem um período na câmara de vapor com a finalidade já vista anteriormente.

Em relação aos solventes, podem-se citar alguns tipos especiais de utilização:

- **solventes emulsificáveis** – são solventes enriquecidos de tensoativos especiais que atuam não só na solubilização das impurezas, pelo seu efeito de umectância e penetração, como permitem um enxaguamento com água, ou vapor, em que as impurezas e o próprio solvente são eliminados sob a forma de emulsão;

- **processo difásico** – em cuba, as partes em tratamento são mantidas sob agitação vertical, em um meio constituído de duas camadas distintas não miscíveis e não emulsificáveis, sendo uma delas aquosa, uma solução detergente, como já visto, e a outra um solvente. Combinam-se, desse modo, em uma só operação, dois tratamentos específicos com reais vantagens econômicas;

- **emulsões** – tanto podem ser do tipo água-óleo, como óleo-água. O efeito desejado é análogo ao anterior. É de notar-se que em ambos os casos permanece uma camada residual de natureza oleosa.

21.2.2 Limpeza por Ação Química

Decapagem ácida

A preparação da superfície por meio de decapagem ácida consiste, basicamente, em imergir as peças ou os componentes a serem revestidos em soluções de ácidos, principalmente inorgânicos. Estas soluções contêm, normalmente, a presença de inibidores de corrosão, a fim de que no processo de dissolução da carepa de laminação e/ou dos produtos de corrosão não ocorra o ataque ao substrato metálico, com sua possível fragilização devido ao hidrogênio formado nesse ataque: $Fe + 2H^+ \rightarrow Fe^{2+} + H_2$. Portanto, trata-se de um processo que só pode ser utilizado para peças ou componentes que possam ser imersos e que não contenham regiões que permitam a estagnação de solução. Antes da operação de decapagem ácida, propriamente dita, as peças ou os componentes são submetidos a um processo de limpeza para remoção de contaminantes indesejáveis, principalmente os oleosos, os quais são removidos por meio de solventes, detergentes ou soluções alcalinas.

É fundamental que, após a decapagem, seja feito um perfeito enxaguamento, de preferência por água corrente, para eliminar totalmente o ácido, principalmente em áreas com possibilidade de estagnação.

Os principais ácidos inorgânicos utilizados são mencionados a seguir.

O **ácido sulfúrico comercial** é o ácido mais barato, sendo largamente usado como decapante, em concentrações que variam de 5 % a 25 % (em peso) e temperaturas de 60 °C a 80 °C. Apresenta como vantagens, além do baixo custo, um baixo consumo (1 % a 3 % em relação ao peso das peças processadas) e a ausência de vapores. Além disso, permite o uso de tanques econômicos, com revestimentos duradouros, como chumbo, tijolos antiácidos ou aços inoxidáveis contendo cobre. As desvantagens são: necessidade de operar a quente, grande perigo na manipulação do ácido concentrado, natureza áspera da superfície decapada e baixa eficiência na remoção de carepas de laminação novas. As usinas siderúrgicas costumam associar ação mecânica para fraturar a carepa de laminação permitindo, então, a ação química do ácido. Em geral, os banhos devem ser utilizados até um conteúdo máximo de 100 g/L de Fe em solução. O banho deve ser, então, resfriado, ocorrendo a cristalização do $FeSO_4 \cdot 7H_2O$, que se separa do banho em um tanque à parte. Por meio de bombeamento e resfriamento constante, é possível manter o banho em uma concentração constante de 450 g/L de FeSO$_4$ e 100 g/L de H$_2$SO$_4$ (10 %).

O **ácido clorídrico** (nome vulgar, **ácido muriático**) atua mais por dissolução dos óxidos do que por remoção mecânica, tem ação mais rápida do que H$_2$SO$_4$, mas apresenta a desvantagem de desprender vapores corrosivos, o que limita sua aplicação só à temperatura ambiente. As concentrações de ácido, normalmente usadas, variam de 25 % a 50 % (em volume), e os tanques são usualmente revestidos de borracha, plástico (PVC). Quando há necessidade de inibidores são usados tioureia ou seus derivados.

O **ácido fosfórico** apresenta ação lenta, ao contrário dos ácidos sulfúrico e clorídrico. É usado de 15 % a 40 % (em peso), para trabalhos mais exigentes, em temperaturas de 50 °C a 80 °C. Normalmente, porém, trabalha-se a 60 °C, em concentrações de 15 % a 30 %. Os tanques podem ser de madeira, revestidos com aço inoxidável, cerâmica, chumbo ou plástico (abaixo de 60 °C).

O **ácido nítrico** é usado na passivação de aços inoxidáveis ou alumínio e na limpeza de titânio ou suas ligas e de alumínio.

O **ácido fluorídrico** é muito tóxico, produzindo ferimentos graves de difícil cicatrização, bem como destruição de cartilagens ósseas. É usado em baixas concentrações (0,5 % a 5,0 %), à temperatura ambiente, na decapagem de ferro fundido, ou em combinação com ácido nítrico, em casos especiais de passivação de alumínio.

Decapagem Alcalina

A ação de certas bases (NaOH, KOH etc.) sobre metais chamados *leves* ou *macios* (alumínio, zinco etc.) é bastante conhecida, ocorrendo o ataque do metal, como no caso do fosqueamento do alumínio por soluções cáusticas. Como, porém, a predominância dos materiais metálicos usados pertence ao ferro e aço, pode-se limpá-los por decapagem alcalina, pois eles não são atingidos em meio alcalino. Procura-se usar produtos alcalinos aditivados de ácidos cítrico, glucônico e EDTA (ácido etilenodiaminotetracético), que conseguem solubilizar camadas de ferrugem de superfícies de aço, pois formam sais complexos de ferro (quelatos) solúveis.

Contra o argumento da sua ação mais lenta e difícil com certos óxidos, tem-se seu emprego seletivo, na remoção de óxidos superficiais de peças frágeis e de grande precisão. Não há desgaste do metal, e as medidas de alta precisão de usinagem são mantidas. Não há possibilidade de fragilização pelo hidrogênio, pois este não se forma na decapagem alcalina.

Para pequenas peças, usa-se a combinação de ação mecânica fornecida por cavitação com a ação umectante de soluções de tensoativos, processo conhecido como **limpeza ultrassônica**.

A decapagem alcalina pode ser empregada em conjunto com corrente elétrica, tendo-se, então, o processo de **decapagem eletrolítica**. O metal é, geralmente, colocado no cátodo, e o hidrogênio formado desprende as sujidades ou reduz as camadas de óxidos existentes na superfície metálica, tendo-se a **limpeza eletrolítica catódica**. Quando o metal é colocado no ânodo, tem-se a **limpeza eletrolítica anódica**, ocorrendo desprendimento de oxigênio.

Com o crescente emprego de ligas, como aço inox, ligas de titânio etc., o problema da remoção dos óxidos superficiais delas também cresce. Nos diversos tratamentos, a quente, a que essas ligas são submetidas, desenvolvem-se camadas de óxidos de alta resistência. Sua remoção por ácidos passou a ser muito dispendiosa e demorada. A tecnologia da sua remoção evoluiu para o emprego de sais fundidos (*molten salt descaling baths*), que apresentam inúmeras virtudes, desde a rapidez até o custo.

Seu mecanismo de ação se baseia em que há diferenças nos coeficientes de dilatação da liga e das camadas de óxidos. Simultaneamente, esse efeito é associado com outro de natureza química que tanto pode ser oxidante como redutor.

De modo sucinto, o ciclo se desenvolve da seguinte maneira: a liga, a ser decapada, é imersa nos sais fundidos, por períodos que vão de 10 a 15 segundos, para os casos mais leves, até 2 a 15 minutos, para os mais difíceis. O rápido aquecimento do material provoca um rompimento nas camadas por onde o sal penetra, e, se for o caso, o agente oxidante atua sobre os óxidos inferiores (camadas intermediárias), levando-os a óxidos superiores. Com isso, há novos fendilhamentos, maior porosidade, o que completa essa fase. Em seguida, o material é mergulhado em água fria (repetição do fenômeno físico) e enxaguado e submetido a um tratamento ácido que não só elimina os vestígios finais das escamas de óxido, agora condicionadas pelo tratamento alcalino, como também tem ação abrilhantadora.

De acordo com a temperatura e a natureza dos sais empregados, o ciclo apresenta as seguintes variações:

- **oxidante – alta temperatura** – a temperatura de operação se situa entre 450 °C e 550 °C e é constituída de soda cáustica, agentes oxidantes e catalisadores que regulam a ação de oxidação;
- **oxidante – intermediário** – opera entre 350 °C e 450 °C; contém aditivos especiais que permitem a remoção dos óxidos simultaneamente com o vidro ressolidificado (frequentemente usado, em estado fundido na lubrificação de aços inox e ligas de titânio, nos processos de deformação a quente); contém, também, aditivos especiais que reduzem a viscosidade do banho, evitando a retenção de sais em tubulações de pequeno diâmetro;
- **oxidante – baixa temperatura** – a faixa de operação é 190 °C a 220 °C; não difere muito dos precedentes;
- **redutor** – a temperatura é da ordem de 370 °C a 400 °C e o redutor é hidreto de sódio na concentração de 1,5 % a 2 % em soda cáustica; além do efeito termomecânico, atua pela redução dos óxidos a metal ou, então, a óxidos inferiores, facilitando a fase ácida;
- **eletrolítico** – a temperatura de operação é de 430 °C a 480 °C. As peças, ligadas a uma fonte de corrente contínua

(6 V), tanto podem sofrer a ação oxidante como a redutora, dependendo da polaridade.

21.2.3 Limpeza por Ação Mecânica

Limpeza por meio de ferramentas mecânicas e/ou manuais

No campo da pintura industrial, principalmente nos serviços de manutenção, a preparação de superfícies metálicas por meio de ferramentas mecânicas e/ou manuais é indicada para os casos nos quais não for possível a utilização do jateamento abrasivo, por exemplo, devido à proximidade de motores, painéis elétricos e outros equipamentos que possam ser prejudicados pelo pó do abrasivo ou pela sua deposição durante a operação de limpeza.

Entre as ferramentas manuais mais utilizadas estão: lixas, escovas de aço, raspadeiras e martelos de impacto. Com relação às ferramentas mecânicas, as pistolas de agulha, as escovas de aço e as lixadeiras rotativas estão entre as mais utilizadas no tratamento de superfícies de aço para posterior aplicação de revestimentos por pintura.

Os padrões de limpeza de superfícies de aço, estabelecidos pelas normas SIS 055900-1967 e ISO 8501, são o St 2 e o St 3, os quais correspondem, respectivamente, aos padrões SP-2 e SP-3 da norma SSPC. A seguir, apresenta-se a descrição básica dos padrões de limpeza citados. Como pode ser observado, este método de preparação da superfície não se aplica a superfícies de aço com grau A de oxidação (com carepa de laminação intacta).

- **grau St 2** – superfície de aço tratada com ferramentas manuais ou mecânicas com remoção de carepa de laminação solta, ferrugem e tinta existente soltas e outros contaminantes estranhos. A superfície deve ser limpa com aspirador, ar comprimido seco e limpo ou escova de pelo. O aspecto final deve corresponder às gravuras com designação St 2. Essa limpeza não se aplica a grau de intemperismo A. Para os demais graus, os padrões de limpeza são: B St 2, C St 2 e D St 2;
- **grau St 3** – superfície de aço tratada com ferramentas manuais ou mecânicas de maneira mais minuciosa e vigorosa que no grau St 2, devendo, após o tratamento, apresentar brilho metálico característico. Esta limpeza não se aplica a grau de intemperismo A. Para os demais graus, os padrões de limpeza são: B St 3, C St 3 e D St 3.

É importante destacar que a limpeza por meio de ferramentas mecânicas e/ou manuais não remove completamente os produtos de corrosão da superfície, como pode ser observado pela descrição dos próprios padrões de limpeza e pela ilustração da Figura 21.1. Como consequência, a durabilidade dos revestimentos por pintura será inferior àquela que seria obtida se eles fossem aplicados sobre uma superfície com um grau de limpeza melhor, como Sa 3, Sa 2 1/2 ou Sa 2. O problema torna-se mais grave quando os produtos de corrosão são formados em atmosferas agressivas (marinha e/ou industrial). Nestas condições, nos produtos de corrosão, mesmo após a preparação da superfície, será observada, em maior ou menor concentração, dependendo da eficiência da limpeza e do grau de corrosão do aço, a presença de sais solúveis, principalmente de cloretos e/ou sulfatos. Pelas razões já apresentadas em itens anteriores, a presença desses sais reduz substancialmente a durabilidade da proteção anticorrosiva conferida pelos esquemas de pintura. Logo, quando se utiliza o método de preparação de superfície em questão, as tintas do esquema de pintura a ser aplicado terão que ser tolerantes aos padrões de limpeza St 3 ou St 2.[8]

A limpeza com tratamento mecânico deve ser empregada em equipamentos e estruturas a serem pintados que estejam sujeitos a ambientes de baixa a média agressividade. É largamente utilizado para pintura de retoques, pequenas áreas e locais onde o jateamento abrasivo seja impraticável. De baixo rendimento produtivo, no máximo de 1 m²/h. Em locais com presença de materiais inflamáveis, devem-se utilizar ferramentas à prova de centelhas.

Limpeza por meio de jateamento abrasivo

Entre os diversos métodos de limpeza de superfície por ação mecânica, o jateamento abrasivo é, sem dúvida alguma, um dos mais eficientes, tanto na remoção de contaminantes, como na formação de um perfil de ancoragem adequado para a aderência dos esquemas de pintura ao substrato metálico, conforme ilustrado na Figura 21.2. Apesar de sua

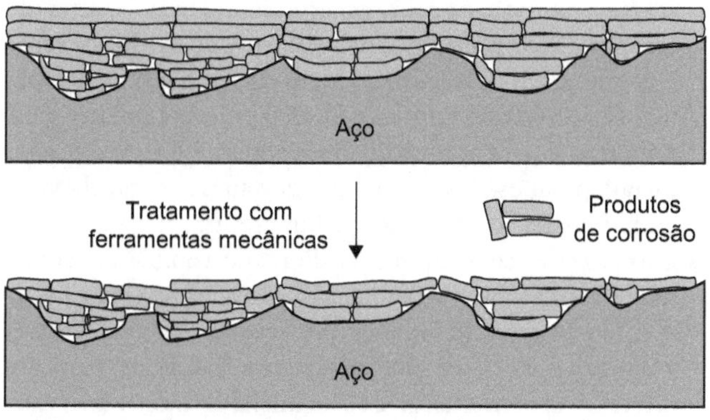

Figura 21.1 Representação esquemática do aspecto do aço, antes e após a preparação da superfície por meio de ferramentas mecânicas.

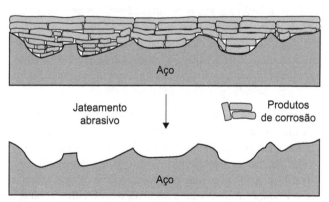

Figura 21.2 Representação esquemática da eficiência do jateamento abrasivo.

grande eficiência, a limpeza prévia da superfície por meio de solventes é necessária antes da execução do jateamento abrasivo, de modo a evitar a contaminação do abrasivo e da superfície.

O processo de jateamento consiste, basicamente, em fazer colidir, com a superfície a ser limpa, partículas de abrasivo à alta velocidade. A projeção pode ser feita a partir de ar comprimido ou por meio de força centrífuga. Na maioria dos serviços, a projeção a partir de ar comprimido é a forma mais utilizada.

No processo de jateamento abrasivo, vários fatores têm que ser controlados, em termos qualitativos e quantitativos, a fim de se obter o grau de limpeza desejado. Caso contrário, corre-se o risco de se ter uma superfície aparentemente limpa, porém contaminada. Entre os fatores mais importantes cabe citar:

- **qualidade do ar comprimido** – o ar comprimido deve ser limpo e seco (isento de umidade e de óleo). A presença desses contaminantes na superfície pode ocasionar problemas graves de aderência da pintura, empolamento do revestimento, corrosão do substrato etc.;
- **qualidade e características técnicas dos abrasivos** – a qualidade dos abrasivos é um fator extremamente importante para se obter o grau de limpeza e o perfil de rugosidade desejados. Nesse sentido, os fatores mais importantes e que devem ser monitorados são:
    - granulometria – trata-se de uma propriedade importante para se obter o perfil de rugosidade desejado;
    - salinidade – os abrasivos devem estar isentos de sais ou em níveis que atendam às normas vigentes. A presença de sais no abrasivo contaminará a superfície, o que reduzirá substancialmente a vida útil dos revestimentos por pintura, bem como contribuirá para o aparecimento prematuro de corrosão do substrato;
- **pH** – abrasivos com pH ácido ou alcalino devem ser rejeitados, pois contaminarão a superfície metálica e contribuirão para a degradação do revestimento por pintura;
- **dureza, formato das partículas e pureza dos abrasivos** – são propriedades técnicas que influenciam diretamente no grau de limpeza e na altura do perfil de rugosidade da superfície.

Com relação aos graus de limpeza obtidos pelo processo de jateamento abrasivo, estes são, normalmente, avaliados com base nos padrões das normas técnicas que tratam deste tema, como a SIS 055900-1967, a ISO 8501 e a SSPC. Estas normas preveem quatro padrões de limpeza para superfícies de aço preparadas por meio de jateamento abrasivo:

- **grau Sa 1** – jateamento conhecido como abrasivo ligeiro, jateamento abrasivo leve ou jateamento abrasivo "Brushoff". Removem-se carepa de laminação solta, ferrugem não aderida, tinta existente solta e outros contaminantes estranhos. Após o jateamento, a superfície deve ser limpa com aspirador de pó, ar comprimido seco e limpo ou escova limpa. A aparência final deve corresponder às fotos com designação Sa 1 e essa limpeza não se aplica ao grau de intemperismo A (carepa de laminação com pouca ou nenhuma corrosão). Para os demais graus os padrões de limpeza são: B Sa 1, C Sa 1 e D Sa 1;
- **grau Sa 2** – conhecido como jateamento abrasivo comercial, em que praticamente quase toda carepa de laminação, produtos de corrosão e material estranho são removidos. Após o jateamento, a superfície deve ser limpa com aspirador de pó, ar comprimido seco e limpo ou escova limpa. A aparência final deve corresponder às fotos com designação Sa 2 e esta limpeza também não se aplica ao grau de intemperismo A. Para os demais graus os padrões de limpeza são: B Sa 2, C Sa 2 e D Sa 2;
- **grau Sa 2 1/2** – conhecido como jateamento abrasivo ao metal quase branco, em que carepa de laminação, ferrugem e material estranho são removidos de maneira tão minuciosa que a superfície apresenta leve sombreado. Em número, pode-se considerar que 95 % da superfície tratada ao padrão Sa 2 1/2 esteja totalmente limpa e que os 5 % restantes apresentem-se em forma de manchas ou sombreado. Após o jateamento, a superfície deve ser limpa com aspirador de pó, ar comprimido seco e limpo ou escova limpa. A aparência final deve corresponder às fotos com designação Sa 2 1/2, e os padrões de limpeza são: A Sa 2 1/2, B Sa 2 1/2, C Sa 2 1/2 e D Sa 2 1/2;
- **grau Sa 3** – conhecido como jateamento ao metal branco, em que carepa de laminação, ferrugem e material estranho são totalmente removidos. Após o jateamento, a superfície deve ser limpa com aspirador de pó, ar comprimido seco e limpo ou escova limpa. A aparência final deve corresponder às gravuras com designação Sa 3 e os padrões de limpeza são: A Sa 3, B Sa 3, C Sa 3 e D Sa 3.

ABRASIVOS

Os abrasivos usados para jateamento são de vários tipos e devem ser duros, de granulometria uniforme e isentos de materiais estranhos que possam contaminar a superfície a ser jateada. Os principais abrasivos utilizados para jateamento são:

- **escória de fundição de cobre**[9] – conhecida em outros países como *copper slag*, é largamente utilizada em estaleiros de reparo e construção de navios. Assim como a areia, a escória de fundição de cobre é inerte na presença de umidade ou água e é constituída principalmente de óxidos de ferro e de sílica. No Brasil, seu uso tem crescido motivado pela legislação restritiva ao uso da areia, e o parâmetro mais importante para aprovação desse abrasivo é a presença de metais pesados. Naturalmente, devem ser controladas a granulometria e a presença de impurezas.
- **granalha de aço** – tem seu uso limitado a ambientes confinados como cabine de jato, instalação automática de jateamento e interior de tanques, por ser um abrasivo sensível à umidade. Uma vez molhada, a granalha de aço torna-se imprestável para o uso. De custo inicial elevado, tem a vantagem de poder ser reutilizada inúmeras vezes, o que reduz seu custo ao longo do tempo. Em instalações automáticas de jateamento, em vez de usar um fluxo de ar comprimido

para impelir o abrasivo, este papel é feito por turbinas que giram em alta rotação. Enquanto um jatista pode produzir até 12 m²/h de jateamento Sa 2 1/2, o equipamento automático produz até 720 m²/h. Nessa instalação automática, utiliza-se granalha de aço esférica de preferência para não reduzir a vida útil das palhetas da turbina. Pode-se, entretanto, fazer uma pequena adição de granalha angular para melhorar o rendimento, porque as chapas jateadas em instalações automáticas são geralmente com grau A de intemperismo, ou com a carepa de laminação intacta e de difícil remoção.

- **bauxita sinterizada** – trata-se de um abrasivo em que seu principal constituinte é o óxido de alumínio. Tem dureza bastante elevada e peso específico, relativamente baixo se comparado ao da granalha de aço, propriedades essas que permitem obter grande produtividade e velocidade de limpeza. Além disso, é inerte à umidade. Devido ao seu custo elevado, ela é utilizada basicamente em cabines de jateamento.
- **areia** – utilizada para jateamento abrasivo, é aquela com granulometria que passa totalmente na peneira ABNT nº 12 (Tyler 10), abertura da malha de 1,7 mm e fica retida na peneira ABNT nº 40 (Tyler 35), abertura da malha de 0,4 mm. A areia deve estar isenta de contaminantes como cloretos, poeira, cascalho, mica, umidade, carvão e outros contaminantes que possam ficar impregnados na superfície jateada. É prática reutilizar a areia, porém os mesmos cuidados devem ser tomados como controle de granulometria e presença de impurezas.

A seleção do abrasivo dependerá de uma série de fatores, como tipo e local do serviço a ser executado, condições operacionais, tipo do equipamento de jateamento, grau de limpeza a ser obtido e legislação ambiental.

Dos abrasivos citados, é importante destacar que o jateamento com areia seca tem sofrido em nível mundial severas restrições, sendo, inclusive, proibido em muitos países. Isto porque o pó gerado pela fragmentação da areia, cujo constituinte básico é a sílica, SiO_2, quando inalado, ocasiona sua deposição nos alvéolos pulmonares resultando na doença letal conhecida como silicose. No Rio de Janeiro, existe uma lei estadual[10] que proíbe o jateamento com areia seca, o mesmo ocorrendo em todo o Brasil.

JATEAMENTO COM ABRASIVO ÚMIDO

Apesar das restrições impostas ao jateamento abrasivo com areia, é necessário manter algumas informações básicas no caso de se precisar usar a areia como abrasivo, indicando-se, então, o jateamento abrasivo úmido. Os equipamentos usados para esse tipo de limpeza são basicamente os mesmos do jateamento com abrasivo seco. A diferença está na adição de água antes ou após o bico de jato (ou na máquina de jato) para molhar a areia e, assim, evitar ou minimizar a ocorrência de poeira de areia nociva ao trabalhador.

A adição de água antes do bico de jateamento é feita com um equipamento próprio contendo uma bomba d'água, de alta pressão pneumática, que injeta a água através de um anel, com furos na parte interna, conectado ao bico e à mangueira de jateamento. A água é injetada no fluxo da mistura ar/areia e, praticamente, todo grão de areia fica umedecido e, ao quebrar no choque contra a superfície, essa fica geralmente impregnada com lama resultante da mistura de poeira e produtos de corrosão.

A adição de água também pode ser feita externamente, com a colocação de um anel no bico de jato que faz um chuveiro direcionado ao fluxo de ar/areia, tendo a mesma finalidade. Algumas máquinas de jateamento utilizam a água na própria máquina também com a mesma finalidade de jatear com abrasivo úmido para evitar a formação de poeira.

Nesse processo, a superfície jateada pode sofrer, após lavagem e secagem, rápida oxidação (*flash rusting*) com formação de película de óxidos de ferro, com coloração amarelo-alaranjada. Como diretriz, uma superfície limpa por jateamento com abrasivo úmido deve ser pintada no máximo até 2 horas após a limpeza. Jateamento de grandes áreas requer tempo maior que 2 horas ininterruptas de jateamento. Nesse caso, lança-se mão da adição de um inibidor de corrosão na água do jateamento.

O inibidor de corrosão mais usado é o nitrito de sódio ($NaNO_2$), na concentração entre 0,5 % e 1,0 %. Tão logo o jateamento seja concluído, efetua-se lavagem com água doce para remoção da lama que se forma. A água de lavagem também pode conter inibidor de corrosão, porém não é necessário. Normalmente, utiliza-se água doce sem inibidor de corrosão para a lavagem final da superfície.[11] Após a lavagem, efetua-se a pintura mesmo ocorrendo o aparecimento de alguma oxidação rápida. Existem no mercado, tintas tolerantes à oxidação rápida e algumas tintas tolerantes à umidade residual, daí a tendência da não utilização de inibidor na água. Além disso, uma das medidas que vem sendo usada com sucesso é fazer o escovamento manual das áreas com *flash rusting*, para a retirada dos produtos de corrosão não aderentes, antes da aplicação da tinta de fundo.

É importante que o inibidor de corrosão seja totalmente removido da superfície, por meio de lavagem com água. Caso contrário, a presença de resíduo do inibidor, que é um sal, sob o revestimento por pintura, poderá ocasionar o empolamento osmótico do mesmo, principalmente em condições de imersão ou de exposição à alta umidade.

OUTROS TIPOS DE JATEAMENTO

- Com abrasivo solúvel – é um tipo de jateamento úmido alternativo que utiliza bicarbonato de sódio como abrasivo. O abrasivo, após o choque com a superfície, pulveriza-se e solubiliza-se na água que o carreia.
- Com partículas sublimáveis – é um tipo de jateamento seco que utiliza gelo-seco ($CO_{2(s)}$). Após o contato com a superfície, o gelo-seco transforma-se em gás carbônico ($CO_{2(g)}$) e os resíduos são removidos da superfície, sem que haja abertura de perfil de rugosidade.

São métodos pouco difundidos, pois o custo é elevado e são de baixa produtividade.

Limpeza por meio de hidrojateamento

A limpeza de superfície por meio de hidrojateamento é um dos processos em que a remoção dos contaminantes é feita utilizando-se água a altas pressões. De acordo com a norma SSPC-SP12/NACE nº 5,[12] o hidrojateamento pode ser classificado em:

- **hidrojateamento à alta pressão** – nesse caso, a pressão pode variar de 34 MPa a 170 MPa (10.000 psi a 25.000 psi);
- **hidrojateamento à hiperalta pressão** – esta classificação é usada para pressões acima de 170 MPa (25.000 psi). Atualmente, já existem equipamentos capazes de operar com pressões de até 276 MPa (40.000 psi).

Para pressões inferiores a 34 MPa (5.000 psi), a referida norma denomina o processo como limpeza com água à baixa pressão e entre 34 MPa e 70 MPa (5.000 psi a 10.000 psi) como limpeza com água à alta pressão.

O hidrojateamento é um método de preparação de superfície bastante utilizado no campo da pintura anticorrosiva e possui, entre outras, as seguintes características técnicas:

- é eficiente na remoção de contaminantes da superfície, em especial os sais solúveis que são, em muitos casos, os responsáveis diretos pela degradação dos revestimentos e corrosão do substrato;
- não gera pó durante a operação de limpeza nem produz faíscas;
- não é nocivo ao meio ambiente, o que é importante sob o ponto de vista de impacto ambiental, nem prejudicial à saúde, desde que no processo exista um sistema para coleta e tratamento dos resíduos retirados da superfície;
- não confere rugosidade à superfície e esta é uma desvantagem do processo. Portanto, é recomendado para os casos em que a superfície já possua um perfil de rugosidade, por exemplo, aquele oriundo de processos anteriores de jateamento.

Com relação aos graus de limpeza obtidos pelo processo de hidrojateamento (*water jetting* – WJ), estes podem ser avaliados de acordo com os critérios estabelecidos na norma SSPC-SP12/NACE nº 5. Nesta norma são previstos quatro graus de limpeza para avaliação dos contaminantes **visíveis** e três para os contaminantes químicos **invisíveis**, que, em geral, são sais. Os padrões de limpeza previstos na referida norma, em termos de contaminantes **visíveis**, são os seguintes:

- **WJ-1** – a superfície deve estar livre de todos os produtos de corrosão previamente existentes, de carepa de laminação, de revestimentos e de materiais estranhos. Além disso, deve possuir aspecto metálico fosco;
- **WJ-2** – a superfície deve apresentar aspecto metálico fosco com, pelo menos, 95 % de sua área livre dos resíduos **visíveis** previamente existentes. O restante da superfície (5 %) poderá apresentar apenas manchas suaves, distribuídas aleatoriamente, de oxidação, revestimentos ou materiais estranhos;
- **WJ-3** – a superfície deve apresentar aspecto metálico fosco com, pelo menos, dois terços livres de resíduos **visíveis** (exceto carepa de laminação), e o restante dela (um terço) poderá apresentar-se apenas com manchas suaves, distribuídas aleatoriamente, de produtos de corrosão previamente existentes, de revestimentos ou de materiais estranhos;
- **WJ-4** – este padrão corresponde a uma situação em que apenas os resíduos (produtos de corrosão, carepa de laminação e revestimentos) não aderentes ou soltos são removidos da superfície.

Com relação à limpeza de superfície, no que diz respeito aos contaminantes **invisíveis**, a norma contém três padrões (NV-1, NV-2 e NV-3), os quais são definidos em função dos teores de cloreto, de sulfato e do íon ferroso (Fe^{++}), conforme descrição a seguir:

- **NV-1** – a superfície deve estar isenta de contaminantes;
- **NV-2** – a superfície não deverá conter mais do que: 7 µg/cm² de cloreto (Cl^-); 10 µg/cm² do íon ferroso (Fe^{++}) e 17 µg/cm² de sulfato (SO_4^{2-});
- **NV-3** – os teores de cloreto e de sulfato na superfície não deverão ser superiores a 50 µg/cm².

Portanto, de acordo com a norma em questão, a especificação do grau de limpeza deve ser feita considerando os contaminantes **visíveis** e **invisíveis**, como, por exemplo, SSPC/NACE WJ-2/NV-1 e SSPC/NACE WJ-3/NV-2.

Na norma SSPC-VIS 4 (I)/NACE nº 7[13] encontram-se padrões fotográficos de limpeza de superfícies de aço preparadas por meio de hidrojateamento. Eles abrangem os padrões de limpeza WJ-2 e WJ-3 executados em chapas de aço com graus de corrosão C e D, bem como os graus de *flash rusting* (L = leve; M = moderado; H = intenso).

É importante destacar que o *flash rusting* corresponde a uma oxidação instantânea do aço após o processo de limpeza por meio do hidrojateamento. Em função do tempo de exposição da superfície ao ar e da agressividade do ambiente, a superfície pode apresentar um dos três graus mencionados.

REFERÊNCIAS BIBLIOGRÁFICAS

1. Morcillo, M. *Efectos de la contaminación atmosférica en la durabilidad de sistema acero/pintura*. In: 3º CONGRESSO IBERO-AMERICANO DE CORROSÃO, Rio de Janeiro, ABRACO, Brasil, 1989.
2. Simancas, J.; Morcillo, M. *Corrosão e Protecção de Materiais*, 11, 1992.
3. STEEL STRUCTURES. *Painting Manual*. Pittsburgh, PA: Steel Structures Painting Council, v. 2: Systems and Specifications.
4. SIS-05 5900-1967. Swedish Standards Institution. *Pictorial Surface Preparation Standards for Painting Steel Surface*, 1967.
5. ISO 8501. *Preparation of steel substrates before application of paints and related products – visual assessment of surface cleanliness*. Genève, 1998.

6. ISO 8504. *Preparation of steel substrates before application of paints and related products – surface preparation methods.* Genève, 1992.

7. ABNT NBR 16761:2020. *Pintura Industrial – Medição de condutividade para avaliação de sais solúveis em superfícies para aplicação de sistemas de pintura – Método Bresle,* 2020.

8. Fragata, F. L. *Sistema de pintura para proteção anticorrosiva de superfícies ferrosas por meio de ferramentas mecânicas. In:* VII ENCONTRO BRASILEIRO DE TRATAMENTO DE SUPERFÍCIES, ABTS. São Paulo, 1994.

9. Fragata, F. L.; Hashimoto, T. Estudo de escória de cobre nacional, como abrasivo para o processo de limpeza de superfícies metálicas por meio de jateamento. *In:* ANAIS DO 2º SEMINÁRIO DE PINTURA INDUSTRIAL E NAVAL. Bahia, nov. 1992, p. 159-172.

10. LEI ESTADUAL Nº 1979, Rio de Janeiro, 23 mar. 1992.

11. Quintela, J. P.; Vieira, G. V.; Carnaval, M. M. *Avaliação de esquemas de pintura aplicados sobre jateamento abrasivo úmido. In:* ANAIS DO 17º CONGRESSO BRASILEIRO DE CORROSÃO, Abraco, RJ, 1993, p. 851-859.

12. NACE INTERNATIONAL. NACE Nº 5/SSPC-SP12. *Surface preparation and cleaning of steel and other hard materials by high and ultrahigh-pressure water jetting prior to recoating,* 1995.

13. SSPC/NACE INTERNATIONAL, SSPC-VIS 4(I). NACE Nº 7. *Interim guide and visual reference photoghaphs for steel cleaned by water jetting,* 1998.

EXERCÍCIOS

21.1. Qual é a importância da limpeza de uma superfície que receberá um revestimento?

21.2. De acordo com as normas SIS 05 5900 e ISO 8501, são possíveis quatro tipos de graus de enferrujamento, após a eliminação da carepa de laminação por intemperismo. Correlacione as colunas com base no grau de enferrujamento após a exposição ao ambiente:

a) Grau A ( ) Superfície onde a carepa foi removida por raspagem e com leve formação de alvéolos

b) Grau B ( ) Superfície sem carepa e com formação severa de alvéolos

c) Grau C ( ) Superfície praticamente sem corrosão

d) Grau D ( ) Superfície com princípio de corrosão e com a carepa começando a desagregar

21.3. Quais são os tipos mais comuns de limpeza de superfícies?

21.4. Decida se a sentença é verdadeira (V) ou falsa (F):

1. O jateamento abrasivo pode ser usado em qualquer condição. ( ) V ( ) F

2. Os padrões de limpeza St 2 e St 3 são estabelecidos pelas normas SIS 055900 e ISO 8501. ( ) V ( ) F

3. O tratamento de superfícies com ferramentas manuais de forma mais minuciosa que o grau St 2, não se aplica ao grau de intemperismo A. ( ) V ( ) F

4. A limpeza com ferramentas manuais remove completamente da superfície qualquer tipo de produto de corrosão. ( ) V ( ) F

21.5. Com base nos graus de limpeza obtidos pelo processo de hidrojateamente e tolerância de contaminação da superfície, correlacione às colunas:

1. WJ-1 ( ) A superfície não deverá conter mais do que 7 µg/cm² de Cl⁻, 17 µg/cm² de SO_4^{2-} e 10 µg/cm² Fe^{2+}.

2. WJ-2 ( ) Produtos de corrosão, carepa de laminação e revestimentos não aderidos são removidos da superfície.

3. WJ-3 ( ) Teores de cloreto e sulfato menores ou iguais a 50 µg/cm² na superfície.

4. WJ-4 ( ) Superfície isenta de contaminantes.

5. NV-1 ( ) Superfície com aspecto metálico fosco com pelo menos 2/3 livres de resíduos visíveis previamente existentes, exceto a carepa de laminação.

6. NV-2 ( ) Superfície com aspecto metálico fosco, livre de todos os produtos de corrosão previamente existentes, de carepa de laminação e de revestimentos e materiais estranhos.

7. NV-3 ( ) Superfície com aspecto fosco com pelo menos 95 % da sua área livre dos resíduos previamente existentes.

Capítulo 22

Revestimentos Metálicos

Os revestimentos metálicos são usados com diferentes finalidades, por exemplo:

- decorativa – ouro, prata, níquel, cromo;
- resistência ao atrito – índio, cobre;
- resistência à oxidação em contatos elétricos – estanho, prata, ouro, ródio;
- endurecimento superficial – cromo;
- resistência à corrosão – cromo, níquel, alumínio, zinco, cádmio, estanho;
- recuperação de peças desgastadas – cromo.

É evidente que se pode ter a ação combinada dessas finalidades.

Os metais empregados nos revestimentos anticorrosivos podem ter suas ações protetoras explicadas por diversos fatores, como:

- formação de películas protetoras de óxidos, hidróxidos ou outros compostos, pela reação com os oxidantes do meio corrosivo (caso do alumínio, cromo, níquel e zinco);
- os metais usados nos revestimentos apresentam valores elevados de sobretensão ou sobrevoltagem, sendo, por isso, mais resistentes ao ataque ácido em meios não aerados (caso do estanho, chumbo, zinco e cádmio).

Da qualidade dos métodos empregados no revestimento e na limpeza das superfícies metálicas dependerão a boa aderência e a impermeabilidade da película, as quais são evidentemente condições essenciais para que haja a proteção adequada.

Em relação ao material revestido, os revestimentos catódicos devem ser perfeitamente livres de falhas porque forma-se uma pilha galvânica na presença de eletrólitos, ocorrendo rápida corrosão do material revestido, principalmente se existir pequena área anódica para grande área catódica. Por exemplo, para os revestimentos catódicos em relação ao aço-carbono tem-se estanho, cobre, níquel, prata, aço inoxidável e cromo.

Quanto aos revestimentos anódicos, estes não apresentam o mesmo problema dos catódicos em relação ao material revestido, porque se houver pequenas falhas no revestimento, o metal do revestimento será o ânodo da pilha formada em presença de um eletrólito, protegendo catodicamente o material metálico base. Por exemplo, os revestimentos anódicos para o ferro ou aço-carbono são o zinco e o cádmio.

As técnicas mais frequentemente usadas para aplicação de revestimentos metálicos são: cladização, imersão a quente, aspersão térmica (metalização), eletrodeposição, cementação, deposição em fase gasosa e redução química.

22.1 CLADIZAÇÃO

A **cladização** ou **cladeamento** é um método de revestimento para controle de corrosão, muito usado na indústria química. Pode ser feito pela laminação conjunta, a quente, de chapas do metal-base e do revestimento, pelo processo de explosão ou por solda. A complexidade do equipamento é que ditará o método mais indicado. No processo de explosão tem-se a cladização da chapa do metal-base com a chapa de revestimento em consequência do duplo efeito do aquecimento intenso e da forte prensagem resultante de uma explosão feita sobre as duas chapas metálicas superpostas. Na maioria dos casos, faz-se o revestimento somente no lado da chapa, que fica em contato com o meio corrosivo. O conjunto chapa-revestimento é chamado de *clad*. A espessura da camada do metal de revestimento é de 2 mm a 4 mm, normalmente.

A cladização do aço-carbono com aço inoxidável, níquel, titânio e tântalo tem sido muito usada em vasos de pressão, reatores e tanques de armazenamento. O aço-carbono dá ao equipamento as propriedades mecânicas necessárias, e o aço inoxidável, ou os outros metais, fornece a resistência ao meio corrosivo, não havendo necessidade de se usar grandes espessuras de materiais metálicos de custos elevados.

O alumínio apresenta boa resistência à corrosão atmosférica e aos meios oxidantes, entretanto, quando se quer melhores propriedades mecânicas, são usadas suas ligas, que não têm a mesma resistência à corrosão. Quando se deseja a combinação da resistência mecânica da liga com a resistência à corrosão do alumínio, se usa o *alclad*, que é obtido pela cladização de ligas de alumínio com alumínio metálico, tendo-se a parte central constituída da liga, e a parte externa, em contato com o meio corrosivo, de alumínio.

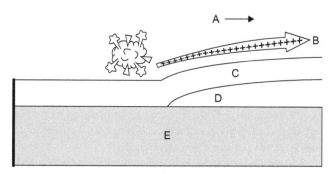

Figura 22.1 Esquema do processo de cladização por explosão: A. direção da detonação; B. explosivo; C. metal do clad; D. jato; E. material a ser revestido.

22.2 IMERSÃO A QUENTE

É o revestimento metálico que se obtém por imersão do material metálico em um banho do metal fundido. É um processo muito usado para revestimento de aço com estanho, cobre, alumínio e zinco. No caso do estanho, tem-se a estanhagem de chapas ou, então, a obtenção de chapas *terneplate*, que são constituídas de chapas de aço revestidas com liga de chumbo-estanho. O revestimento com cobre é usado para obtenção de *copperweld*, que é constituído de fio de aço, com 3 mm a 5 mm de espessura, revestido com cobre.

No caso de revestimento de aço-carbono com alumínio, tem-se a **aluminização**. O **aço aluminizado** é obtido por imersão do aço em banho de alumínio puro, ou alumínio contendo de 5 % a 10 % de silício, fundido a 650 ºC: obtém-se uma camada exterior de Al ou Al-Si e uma camada intermediária de liga Al-Fe ou Al-Fe-Si. Tem-se no aço aluminizado a combinação das características do alumínio, em relação aos meios corrosivos, com as propriedades físicas e mecânicas do aço. Aquele com Al-Si na camada exterior apresenta ainda resistência à oxidação em temperaturas da ordem de 510 ºC a 670 ºC.

No caso do zinco, a operação de revestimento é chamada de **galvanização** ou **zincagem** por imersão a quente, obtendo-se, então, o **aço galvanizado**. Quando uma peça de aço é mergulhada em um banho de zinco, existe um período inicial de segundos ou minutos, que é função das dimensões da peça, em que o aço é trazido até a temperatura do banho. Ao ser alcançada essa temperatura, ou próximo dela, forma-se uma camada aderente de liga de zinco-ferro na superfície do aço e outra de zinco puro. Ambas as camadas contribuem para a capacidade de resistência à corrosão e para a vida útil do revestimento aplicado.

A camada de liga zinco e ferro, de estrutura complexa, relativamente não dúctil comparada com o próprio zinco, tem espessura que depende da temperatura do banho e do tempo de imersão. Sua formação é mais rápida quanto mais alta for a temperatura do banho e sua espessura cresce com o tempo de permanência nele.

Nas condições normais de zincagem por imersão a quente, o revestimento é constituído das fases intermetálicas: uma fase **gama**, contendo de 21 % a 28 % de Fe; seguida de duas camadas consecutivas e mais espessas de fase **delta**, contendo 7 % a 12 % de Fe; fase **zeta**, contendo cerca de 6 % de Fe; e, por fim, a camada externa, **eta**, de zinco puro.[1]

Os banhos de galvanização são mantidos em temperaturas entre 440 ºC e 480 ºC. A elevação de temperatura pode ocasionar alguns inconvenientes, como considerável ataque do zinco às paredes de aço da cuba de galvanização, maior consumo de energia para aquecimento do banho, bem como a formação de um revestimento constituído principalmente de liga de zinco-ferro. Este último inconveniente, inclusive, concorrerá para que o revestimento tenha fraca aderência. A elevação da temperatura pode ainda ocasionar a formação, na parte superior do banho, de uma camada de borra contendo cerca de 96 % de zinco e 4 % de ferro, sendo, portanto, uma perda.

O tempo de imersão influirá na espessura da liga de zinco. E o aumento exagerado dessa espessura é altamente prejudicial, significando perda do metal. Em geral, o tempo de imersão de 1 a 2 minutos, seguido de retirada adequada da peça, significará uma espessura de película com cerca de 600 g/m^2 a 700 g/m^2.

A velocidade e o método de retirada da peça do banho afetarão a espessura do revestimento. Se for excessiva, grande quantidade de zinco puro ficará, desnecessariamente, depositada na peça. Além disso, haverá variação na espessura da película. Se for lenta, haverá formação desigual de liga. Na prática, retira-se a peça com uma velocidade adequada e, em seguida, é resfriada por imersão rápida em água. É usual uma camada de fluxo (cloreto duplo de zinco e amônio) sobre o banho de zinco, que tem a finalidade de remover finíssimas películas de óxidos que podem ter se formado após decapagem ácida e enxaguamento das peças a serem galvanizadas.

A galvanização é um sistema com boa resistência à corrosão, sendo essa a principal razão de seu emprego, representando mais da metade do consumo mundial de zinco. É muito usada em componentes de torres de transmissão e distribuição, estruturas de subestações, condutos para ar-condicionado, chapas para coberturas e para silos, arames, eletrodutos etc.

Para cada tipo de produto, existem especificações[2] nas quais são indicadas as espessuras adequadas que devem ser usadas para evitar problemas na utilização do aço galvanizado. Essas espessuras estão compreendidas, com mais frequência, entre 305 g/m² e 610 g/m² (1 g/m² = 0,143 μm).

Quando as superfícies galvanizadas são colocadas em águas naturais ou são expostas às condições atmosféricas normais, apresentam um tempo de vida bastante longo, mas ele é substancialmente reduzido quando as superfícies estão expostas a ambientes mais agressivos, como as atmosferas industriais.

Resultados obtidos em programa conduzido, durante 20 anos, pelo Subcommittee VI-ASTM Committee B-3 são apresentados na Tabela 22.1.[3]

Tabela 22.1 Taxa média de corrosão em aço galvanizado.

Atmosfera	Penetração Média (μm/ano)
Industrial	6,3
Marinha	1,5
Rural	1,1
Árida	0,2

A Tabela 22.2[4,5] apresenta taxas de corrosão de aço galvanizado em ensaios realizados em São Paulo e em países de climas temperados.

Tabela 22.2 Taxas de corrosão em aço galvanizado em diferentes atmosferas de países temperados e de São Paulo.

Atmosfera	Países de Climas Temperados (μm/ano)	São Paulo, Brasil (μm/ano)
Rural	0,16-1,58	0,7-0,9
Urbana	1,11-2,37	1,1-1,3
Industrial	0,77-10,15	2,3-2,6
Marinha	0,63-15,57	1,6 (a 1 km do mar)

A variação nos resultados de taxas de corrosão deve estar relacionada com mudanças nos valores de dados atmosféricos, por exemplo, umidade, poluentes e índice pluviométrico.

Quando o grau de poluição é severo, é bastante significativo o ataque corrosivo das atmosferas industriais sobre o zinco. Portanto, é recomendável, em certos casos, a aplicação de tinta[6] adequadamente formulada, sobre a superfície galvanizada, aumentando a resistência do sistema ao meio corrosivo. Com a combinação da película de tinta e da camada de zinco, funcionando aquela como um reforço adicional no mecanismo de barreira do sistema, obtém-se tempo de vida superior ao da soma dos dois revestimentos isolados. Naturalmente, o preparo da superfície galvanizada para aplicação da demão protetora de tinta é de extrema importância para a boa aderência da tinta de acabamento.

Superfícies galvanizadas relativamente novas, expostas ao ambiente durante cerca de seis meses, apresentam certa rugosidade, oriunda do processo corrosivo superficial, bastante adequada para ancoragem da demão de tinta. Nesse caso, após limpeza da superfície, para eliminar os produtos de corrosão formados, poderá ser aplicada a tinta que servirá de proteção à galvanização.

Em superfícies recém-galvanizadas, é recomendável tratamento químico, como a fosfatização ou aplicação de *wash-primer* adequadamente formulado, antes da aplicação de tinta de cobertura, obtendo-se condições mais propícias à sua ancoragem. Um *primer* atualmente recomendado é aquele à base de epóxi-isocianato, que apresenta grande aderência às superfícies galvanizadas. Tintas ricas em zinco apresentam aderência às superfícies galvanizadas, muito provavelmente devido à afinidade existente entre o zinco do substrato e o zinco da tinta.

Aliando-se às boas características de proteção por barreira do alumínio à capacidade de proteção catódica do zinco, foram desenvolvidas ligas de alumínio-zinco, 55 % de Al, 43,5 % de Zn e 1,5 % de Si[7] para revestimento por imersão a quente, com melhores desempenhos quanto à corrosão do que os metais puros e o aço galvanizado.[8]

A terminologia introduzida comercialmente cita a **galvanização a frio**. Essa terminologia é usada em caso de revestimento com tintas ricas em zinco (alto teor de zinco na película seca), ou com fitas ou lâminas de zinco metálico, com adesivo, na parte a ser fixada. Evidentemente, esses casos não estão relacionados com as características da **zincagem por imersão a quente** ou **galvanização**.

22.3 ASPERSÃO TÉRMICA OU METALIZAÇÃO

É definida como o conjunto de operações que são empregadas para aplicar revestimentos que podem ser metálicos, cerâmicos ou poliméricos. O material que será aplicado é aquecido por uma fonte de energia e suas partículas são aceleradas para serem projetadas contra a superfície que será revestida. O impacto das partículas forma uma camada, devido ao empilhamento de discos ou lamelas, que poderá apresentar alguma porosidade (em alguns dos casos, é necessário o uso de um selante, resina sintética, para controlar a porosidade).[9] Os revestimentos aplicados por essa técnica podem apresentar resistência à corrosão, à abrasão e ao aumento de biocompatibilidade da superfície de implantes/próteses.[10] Os tipos de aspersão normalmente são classificados conforme o método de aquecimento do material que será aplicado (como pó ou arame), sendo os seguintes:

- combustão (pó ou arame) – chama convencional, D-Gun, HVOF, dentre outras;
- elétrico – arco elétrico (arame), plasma (pó), arco transferido ou arco não transferido.

No processo, a chama do revestimento em pó é arrastada (por um sistema semelhante a um tubo de Venturi) para o bico da pistola e projetada com o auxílio de ar comprimido sobre a superfície. Em relação à chama convencional, o processo HVOF promove maior velocidade de projeção das partículas, sobre o substrato com rugosidade adequada, e produz camadas de revestimento de baixíssima porosidade. Já no processo elétrico, pode-se ter a aplicação por arco elétrico, no qual o arame é fundido no bico da pistola e é projetado por meio de ar comprimido, na forma de partículas sobre o substrato. Também é possível usar o equipamento que produz plasma (formado a partir do arco elétrico combinado com um gás inerte), que pode produzir temperaturas que variam de 10.000 ºC a 15.000 ºC. A técnica permite a aplicação de metais/ligas metálicas, cerâmicas/ligas cerâmicas e polímeros.

A metalização é muito usada para diversos fins, como recuperação de peças gastas, aplicação de revestimentos duros e também para proteção contra corrosão. São usadas metalizações com zinco, alumínio, estanho, chumbo, cobre, cromo, níquel, latão, aço inoxidável etc.

Destacamos o seu uso para proteção de estruturas como as usadas em produção de energia eólica, estruturas *offshore* e *onshore* em exploração de petróleo (normalmente são usados zinco, alumínio e suas ligas), além de outras aplicações industriais. Para uma boa adesão dos revestimentos ao substrato, é necessário que a superfície esteja limpa e tenha rugosidade obtida com jateamento abrasivo Sa 2 $\frac{1}{2}$ / Sa 3. A aplicação pode ser realizada manualmente ou por um robô, dependendo das exigências do projeto. A aspersão térmica tem sido usada em muitas aplicações, as quais se destacam:

- produção de revestimentos anticorrosivos;
- produção de revestimentos antiabrasivos;
- produção de revestimentos biocompatíveis;
- produção de revestimentos funcionais/inteligentes.

A qualificação do revestimento aplicado pode ser realizada com inspeção visual, testes de aderência e dobramento e medição de espessura.[11] Em alguns casos, também são realizados ensaios de dureza e verificação da microestrutura.

22.4 ELETRODEPOSIÇÃO

É um processo no qual ocorre a redução de íons em meio aquoso, orgânico ou sal fundido (eletrólise ígnea). Os filmes eletrodepositados normalmente isentos de porosidades formam finas camadas, cujas espessuras variam (em ordem de grandeza) de 10 μm a 100 μm.[12] Nesse processo, a superfície a ser protegida é o cátodo, e o eletrólito contém o sal do metal a ser usado no revestimento, podendo o ânodo ser também do metal a ser depositado. Como exemplos, têm-se:

- ânodo insolúvel

$$\text{cátodo: } M^{n+} + ne \rightarrow M \ (M = Cu, Ni, Zn, \ldots)$$
$$\text{ânodo: } 2\,OH^- \rightarrow H_2O + {}^1\!/_2 O_2 + 2e$$

- ânodo solúvel

$$\text{cátodo: } M^{n+} + ne \rightarrow M \ (M = Ag, Au, \ldots)$$
$$\text{ânodo: } M \rightarrow Mn^{n+} + ne$$

A reação de redução, aparentemente simples, ocorre mediante um conjunto de fatores[13,15] que contribuirão para a formação da camada eletrodepositada. A seguir, os fatores são listados:

- transferência de massa, entre o substrato e a solução, de espécies dissolvidas;
- transferência de elétrons na superfície do eletrodo;
- reações químicas envolvidas na transferência de elétrons;
- reações de adsorção e dessorção;
- cristalização.

Com base nas leis de Faraday, é possível estimar a massa (m) que será eletrodepositada:

$$m(g) = (M \cdot i \cdot t) / z \cdot F$$

em que:
m(g) = massa depositada
i (A) = corrente
t(s) = tempo de eletrólise
z = número de elétrons
F = 96.500 C/mol.

Além da massa, é possível estimar a espessura do filme (ε), um parâmetro importante para processos industriais, obtida com determinada densidade de corrente (corrente, i(A)/área total, a (cm²)) a um dado tempo de eletrodeposição. Essa informação pode ser estimada por meio da equação:

$$\varepsilon(\mu m) = [m\,(g) / (a\,(cm^2) \cdot \rho\,(g/cm3))] \cdot (1\,\mu m / 1 \times 10^{-4}\,cm)$$

A espessura da película e suas propriedades dependem da densidade de corrente aplicada, concentração de sais, temperatura do banho, presença de aditivos, como abrilhantadores, e natureza do metal-base (cátodo).

Utiliza-se a eletrodeposição para a produção de revestimentos com ouro, prata, cobre estanho, níquel, cádmio, cromo e zinco, dentre outros. O revestimento eletrodepositado tem várias aplicações, dentre as quais destacam-se: proteção anticorrosiva, aumento da condutividade, aumento da dureza superficial, e resistência térmica e estética.

A eletrodeposição pode ser de dois tipos, conforme a corrente usada no processo:

- **eletrodeposição a corrente contínua (CC)** – pode ser ajustada à densidade de corrente o potencial;

- **eletrodeposição a corrente pulsante (CP)** – pode ser ajustada à densidade de corrente de pulso catódico, densidade de corrente de pulso anódico, tempo de duração do pulso catódico, tempo de duração do pulso anódico.

Em alguns casos, a eletrodeposição por corrente contínua pode apresentar uma morfologia que apresenta defeitos no filme (dendritas, trincas e porosidade). Já na eletrodeposição por corrente pulsada, é possível controlar a morfologia dos revestimentos e, além disso, consegue-se um consumo menor de reagentes. Os filmes depositados possuem grãos mais finos, menor porosidade e, consequentemente, maior proteção à corrosão.[13,14]

Destaca-se como vantagem a obtenção de filmes finos a temperatura e pressão ambientes, o que não é possível com o processo de deposição à vácuo, como *sputtering*, deposição de plasma ou deposição de vapor químico.

22.5 CEMENTAÇÃO – DIFUSÃO

O material metálico é posto no interior de tambores rotativos em contato com mistura de pó metálico e um fluxo adequado. Esse conjunto é aquecido a altas temperaturas, permitindo a difusão do metal no material metálico. Esse processo é utilizado, por exemplo, para revestimentos com alumínio, zinco e silício.

No caso do alumínio, o processo é chamado de **calorização**, consistindo em colocar o material em presença de mistura de pó de alumínio, óxido de alumínio e pequena quantidade de cloreto de amônio como fluxo. O conjunto é aquecido a aproximadamente 1.000 °C, em atmosfera de hidrogênio. Forma-se uma liga superficial de Al-Fe, que aumenta a resistência à oxidação ao ar em altas temperaturas, 850 °C a 950 °C, e aumenta a resistência às atmosferas contendo compostos de enxofre como H_2S, SO_2 e SO_3, mesmo em temperaturas elevadas. É também usual chamar o aço assim revestido de **aço alonizado**.

No caso do zinco, o processo é chamado de **sherardização**, e coloca-se uma mistura de zinco em pó e óxido de zinco, em contato com o material metálico, em um tambor de aço e o conjunto é aquecido a 350 °C a 400 °C, entre 3 e 10 horas. Não há fusão do zinco, obtendo-se um revestimento contendo, normalmente, uma liga de zinco-ferro com cerca de 6 % a 8 % de ferro. Esse revestimento é uniforme, duro e apresenta boa resistência à abrasão. É usado para peças pequenas, como parafusos, porcas e *niples*.

No caso do silício, o processo é chamado de **siliconização**, em que se coloca o material (aço) em contato com carbeto de silício (SiC) a cerca de 1.050 °C e introduz-se uma corrente de tetracloreto de silício ($SiCl_4$). Forma-se uma camada superficial de silício, que aumenta a resistência à corrosão pelo ácido nítrico.

Os processos de **cementação**, bem como o de **deposição em fase gasosa**, são conhecidos também como processos de revestimento por **difusão**.

22.6 DEPOSIÇÃO EM FASE GASOSA

Nesse processo, a substância volatilizada, contendo um sal do metal a ser usado como revestimento, é passada sobre o material aquecido a ser revestido, resultando em deposição do metal ou em formação de uma liga com o metal-base do substrato. Por exemplo, o cloreto de cromo (II), $CrCl_2$, quando volatilizado e passado sobre ferro aquecido, a aproximadamente 1.000 °C, forma uma liga superficial de Cr-Fe, contendo acima de 30 % de cromo. A reação que se processa é a seguinte:

$$CrCl_2 + Fe \rightarrow FeCl_2 + Cr$$

Pode-se também usar a redução do cloreto de cromo (III), $CrCl_3$, pelo hidrogênio

$$CrCl_3\ (g) + 3/2\ H_2\ (g) \xrightarrow{\Delta} Cr + 3HCl\ (g)$$

ou, ainda, a decomposição térmica de um composto como iodeto de cromo (II), contendo o metal que se quer usar como revestimento:

$$CrI_2\ (g) \xrightarrow{\Delta} Cr + I_2\ (g)$$

Da mesma forma, pode-se obter uma liga superficial de ferro-silício contendo mais de 19 % de silício. Emprega-se, nesse caso, o $SiCl_4$ e temperatura de 800 °C-900 °C.

A deposição em fase gasosa tem sido utilizada também para revestimento com tungstênio e molibdênio. Usa-se a decomposição térmica de carbonilas voláteis ou redução dos cloretos voláteis com hidrogênio:

$$Mo(CO)_6 \rightarrow Mo + 6CO$$

$$W(CO)_6 \rightarrow W + 6CO$$

$$MoCl_5 + 5/2\ H_2 \rightarrow Mo + 5HCl$$

$$WCl_6 + 3H_2 \rightarrow W + 6HCl$$

22.7 REDUÇÃO QUÍMICA

São os revestimentos obtidos pela redução de íons metálicos existentes na solução. O metal é precipitado, formando uma película aderente à base metálica. É um método conveniente para revestir peças de formas complicadas e interior de tubos que sejam difíceis de serem revestidos por outros métodos.

Como exemplo desse método, tem-se a niquelação sem corrente elétrica, *electroless*, na qual se utiliza sal de níquel e, como redutor, solução de hipofosfito de sódio. Ocorre a reação:

$$Ni^{2+} + H_2PO_2^- + H_2O \rightarrow Ni + 2H^+ + H_2PO_3^-$$

O depósito de níquel contém 8 % a 10 % de fósforo e apresenta boa resistência à corrosão e forte aderência.

Uma solução redutora usada para essa niquelação é a seguinte:

NiCl$_2$ · 6H$_2$O (cloreto de níquel)	30 g/L
NaH$_2$PO$_2$ · H$_2$O (hipofosfito de sódio)	10 g/L
H$_3$CCOONa (acetato de sódio)	50 g/L
pH	4-6

REFERÊNCIAS BIBLIOGRÁFICAS

1. MANNHEIMER, W. A.; CABRAL, E. R. *Galvanização*: sua aplicação em equipamentos elétricos. Rio de Janeiro: CEPEL – Centro de Pesquisas de Energia Elétrica/Ao Livro Técnico S.A., 1979, p. 58.
2. MANNHEIMER, W. A.; CABRAL, E. R. *Galvanização*: sua aplicação em equipamentos elétricos. Rio de Janeiro: CEPEL – Centro de Pesquisas de Energia Elétrica, Ao Livro Técnico S.A., 1979, p. 150-155.
3. SLUNDER, C. J.; BOYD, W. K. *Zinc. Its corrosion resistance*. In: SUBCOMMITTEE VI OF ASTM COMMITTEE B-3, Zinc Institute Inc., NY, 1971, p. 52.
4. SYMPOSIUM ON METAL CORROSION IN THE ATMOSPHERE. *Corrosiveness of various atmospheric test sites as measured by specimes of steel and zinc*, 1967, Boston-Philadelphia: ASTM, 1968, p. 360-391 (ASTM-STP-435).
5. PANOSSIAN, Z. *Corrosão e proteção contra corrosão em equipamentos e estruturas metálicas*. SP: IPT – Instituto de Pesquisas Tecnológicas, 1993, p. 576.
6. GENTIL, V. *Pintura de aço galvanizado*. In: ANAIS DO V SEMINÁRIO TÉCNICO DO INSTITUTO BRASILEIRO DE PETRÓLEO, 1978, p. 45-57.
7. TOWNSEND, H. E.; ZOCCOLA, J. C. Atmospheric corrosion resistance of Al-Zn coated sheet steel – 13 years test results. *Materials Performance*, 18(10):13-20, out. 1979.
8. MUSSOI, C. R. S.; ARAUJO, M. M.; SEBRÃO, M. Z.; FRAGATA. F. L. Desempenho de revestimento de liga Al-Zn. *In*: ANAIS DO 3º CONGRESSO IBERO-AMERICANO DE CORROSÃO E PROTEÇÃO – CONGRESSO BRASILEIRO DE CORROSÃO/89, RJ, v. I, p. 341-349, 1989.
9. PAWLOWSKI, L. *The science and engineering of thermal spray coatings*. England: John Wiley & Sons, 1995.
10. ABNT NBR15664-2: 04/2020, Implantes para ortopedia – Revestimento de produtos, Parte 2: determinação da resistência à abrasão de revestimentos metálicos por aspersão térmica, utilizando desgastador de superfície rotativo.
11. N-2568 C – REVESTIMENTOS METÁLICOS ANTICORROSIVOS DEPOSITADOS POR ASPERSÃO TÉRMICA (Classificação: PÚBLICO), PR, 26 set. 2019.
12. MATTHEWS, A. *Advanced surface coatings*: a handbook of surface engineering. New York: Springer Netherlands, 1991.
13. TOMACHUK, C.; COSTA, I. *Efeito da corrente pulsada na composição e estrutura da liga ZnCo eletrodepositada*. INTERCORR 2014.
14. ETT, G.; PESSINE, E. *Comparação das técnicas de eletrodeposição por corrente contínua e corrente pulsada na preparação de revestimentos*: eletrodeposição do TiB2 em meio de fluoretos fundidos. 13º CBCIMAT, Curitiba, 1998.
15. BARD, A.; FAULKNER, L. *Electrochemical Methods – Fundamentals and Applications*, 2nd ed. USA: John Wiley & Sons, 2001.

EXERCÍCIOS

22.1. Quais são as técnicas mais usadas para aplicar revestimentos metálicos?
22.2. Explique o que é imersão a quente.
22.3. O que é galvanização a frio?
22.4. O que é aspersão térmica (metalização)?
22.5. O que é redução química?
22.6. Quantas horas serão necessárias para eletrodepositar níquel em um corpo de prova de aço carbono de dimensões: (2,0 × 1,0 × 0,5) cm. O eletrólito é uma solução de sulfato de níquel.
Dados:
Densidade de corrente: 4 A/dm^2
Espessura do revestimento: 0,05 cm
Massa molar (Ni): 58,71 g/mol

Capítulo 23

Revestimentos Não Metálicos Inorgânicos

Os revestimentos não metálicos inorgânicos são aqueles constituídos de compostos inorgânicos, que são depositados diretamente na superfície metálica ou formados sobre essa superfície.

Entre os revestimentos inorgânicos depositados sobre superfícies metálicas e mais usados em proteção contra corrosão podem ser citados: esmaltes vitrosos, vidros, porcelanas, cimentos, óxidos, carbetos, nitretos, boretos e silicietos.

Os **esmaltes vitrosos** são constituídos principalmente de borossilicato de alumínio e sódio ou potássio e são usados por sua boa resistência aos ácidos, exceto ácido fluorídrico.

Os **vidros**, devido à reconhecida resistência aos mais diferentes meios corrosivos, são usados como revestimentos de tubulações e reatores. Não resistem ao ácido fluorídrico e soluções fortemente alcalinas. São muito usados os vidros de borossilicato e de sílica fundida.

Os **cimentos** e **porcelanas** também podem ser usados como revestimentos, por exemplo, de tanques e tubulações para condução de água salgada. Os cimentos são, geralmente, mais resistentes aos meios básicos ou alcalinos, porém existem produtos especialmente formulados para resistirem a ácidos, que são constituídos de um agregado inerte (quartzo), solução de silicato de sódio ou potássio e fluorsilicato de sódio. Alguns produtos são formulados à base de resinas, por exemplo, fenólica, epóxi, poliéster e furânica, a fim de atribuir ao cimento maior resistência a determinadas condições ambientais.

Os **óxidos** (Al_2O_3, BeO, Cr_2O_3, ZrO_2 e ThO_2), **carbetos** (TiC e B_4C, WC e WC-Co), **nitretos** (AlN e BN), **boretos** (ZrB_2 e TiB_2) e **silicietos** ($NbSi_2$, WSi_2 e $MoSi_2$) são empregados para revestimentos resistentes a temperaturas elevadas. Alguns desses revestimentos, como carbeto de boro, B_4C, carbeto de titânio, TiC, e carbeto de tungstênio e cobalto, WC-Co (94 % WC-6 % Co), além do aumento da resistência à corrosão em temperatura elevada, aumentam também a resistência ao desgaste por abrasão. São aplicados pelo processo de plasma. Para se obter resistência à corrosão e à abrasão são usados revestimentos compostos de material cerâmico e metal em pó. Esses revestimentos são conhecidos com o nome de **cermets** ou **compósitos**, e alguns deles são constituídos basicamente de reforço não metálico incorporado em matriz metálica, por exemplo, Cr + ZrB_2, Cr + HfO_2, PtRh + ZrB_2 e Al + SiC.

Os revestimentos formados diretamente na superfície metálica são obtidos por reações químicas entre o material dessa superfície e o meio adequado. Uma vez formados, os produtos resultantes dessas reações protegem o material metálico contra posterior ação corrosiva. Como exemplos, podem ser citados:

- solução de ácido sulfúrico – ataca o chumbo formando sulfato de chumbo, $PbSO_4$, que, por ser insolúvel, protege o metal contra posterior ação do ácido sulfúrico;
- magnésio – atacado por soluções de ácido fluorídrico formando o fluoreto de magnésio, MgF_2, insolúvel e que passa a proteger o metal.

Entre os processos usados para obtenção de revestimentos inorgânicos, obtidos por reação entre o substrato e o meio, estão a anodização, a cromatização e a fosfatização.

23.1 ANODIZAÇÃO

O alumínio apresenta grande resistência à corrosão atmosférica devido à camada de óxido que recobre o metal e se forma tão logo é ele exposto ao ar. Essa camada, entre outras características, apresenta grande aderência e alta resistividade elétrica, sendo, portanto, protetora.

A espessura da camada é função do tempo de exposição:

0,001 µm – um dia
0,003 µm – 30 dias
0,01 µm a 0,03 µm – um ano

Visando a uma proteção mais duradoura, procura-se obter a camada de óxido, em espessuras maiores que a natural, utilizando-se a oxidação por métodos químicos ou métodos eletrolíticos.

Na oxidação por métodos químicos, trata-se o alumínio com soluções de cromatos ou dicromatos em presença de carbonatos alcalinos, a quente. A camada de óxido obtida tem espessura de 1 mm a 2 mm, apresenta grande aderência, pouca elasticidade e serve como excelente base para pintura sobre alumínio, sendo utilizada na indústria aeronáutica como base para aplicação do *primer* de cromato de zinco, em estruturas de alumínio ou suas ligas.

A oxidação eletrolítica utiliza tratamento do metal, em solução adequada, colocando-se o material metálico como anodo, daí o processo ser chamado **anodização**. É um processo usado mais frequentemente para o alumínio, e em menor escala para o magnésio, titânio, zircônio, tântalo e vanádio. Tem-se a reação no anodo, com formação da película de óxido de alumínio, $2Al + 3H_2O \rightarrow Al_2O_3 + 6H^+ + 6e$.

Na anodização, pode-se controlar a espessura da camada de óxido, atingindo-se valores em torno de 20 mm a 40 mm, podendo-se chegar a 200 mm ou até mais. A aderência é boa, a elasticidade é pequena, a resistência à corrosão e ao desgaste mecânico é grande, e a capacidade de coloração é boa, podendo a camada de óxido adsorver pigmentos corantes a fim de torná-la, às vezes, decorativa, devido à obtenção de alumínio anodizado com cores azul, preto, vermelho, bronze, prateado etc.

Além dos processos mostrados na Tabela 23.1, existem outros processos que empregam como eletrólitos: ácido sulfâmico, ácido bórico e borato de amônio ou ácido bórico e ácido fosfórico.

Após a anodização, como a camada de óxido é porosa, faz-se a selagem, ou *sealing*, a fim de vedar os poros da camada tornando-a mais resistente à corrosão atmosférica e aos agentes químicos, por exemplo, névoa salina. A operação de selagem é feita aquecendo-se as peças anodizadas em água em ebulição ou vapor d'água sob pressão, ou em soluções aquosas aquecidas de dicromato de potássio, durante cerca de 30 minutos.

Como o alumínio anodizado é muito usado em construção civil, deve-se evitar seu contato com argamassa de cimento úmida. Por ser alcalina, essa argamassa atacaria o anodizado, deixando-o com manchas irreversíveis, o que eliminaria seu aspecto decorativo (Fig. 23.1). Outras informações poderão ser encontradas no Capítulo 26.

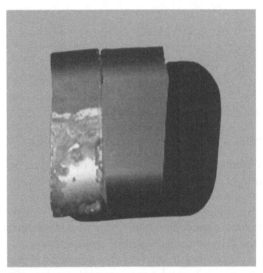

Figura 23.1 Alumínio anodizado: amostra da direita, sem ataque; amostra da esquerda, com ataque por argamassa de cimento úmida.

23.2 CROMATIZAÇÃO

Cromatização é um processo em que o revestimento obtido é produzido em soluções contendo cromatos ou ácido crômico. Esse revestimento pode ser feito sobre o metal ou sobre camadas de óxidos ou de fosfatos. No primeiro caso, o objetivo é aumentar a resistência à corrosão como no aço galvanizado, para evitar a corrosão ou oxidação

Tabela 23.1 Várias soluções e condições para anodização de alumínio.

Eletrólito	Voltagem (V)	Densidade de corrente (A/dm²)	Temperatura (°C)	Tempo (minutos)	Espessura (µm)	Cor
Solução de ácido sulfúrico: 15 %-25 %	6-24	1,3-1,5	20-30	30-60	20-30	Cinza-claro
Solução de ácido crômico: 3 %-10 %	40-50	0,3-0,5	40	40-50	7-10	Cinza-escuro
Solução de ácido oxálico: 1 %-5 %	65	1,3-1,5	25-35	30-40	20--30	Amarelada

branca ou melhorar a aderência de tintas sobre materiais metálicos, como alumínio e magnésio ou suas ligas. No segundo caso, é utilizado como vedante de poros suplementando a proteção dada pelas camadas de óxido ou fosfatos obtidos, respectivamente, por anodização ou fosfatização.

Costuma-se adicionar, na solução de cromatização, ativadores como sulfato, nitrato, cloreto, fluoreto, fosfato ou acetato. Eles aceleram o ataque do metal, e o hidrogênio resultante reduz parte do íon dicromato, dando hidróxido de cromo e cromato básico de cromo, $Cr(OH)_3 \cdot Cr(OH)CrO_4$, que se depositam sobre a superfície. Essa camada contém, também, óxido do metal tratado e metal alcalino, sob a forma de cromato duplo básico. São prováveis as reações:

$$M \rightarrow M^{n+} + ne$$
$$nH^+ + ne \rightarrow \frac{n}{2} H_2$$
$$HCr_2O_7^- + 3H \rightarrow 2Cr(OH)_3 + OH^-$$
$$Cr_2O_7^{2-} + 3H_2 + 2H^+ \rightarrow 2Cr(OH)_3 + H_2O$$

e com a elevação do pH tem-se:

$$2Cr(OH)_3 + CrO_4^{2-} + 2H^+ \rightarrow Cr(OH)_3 \cdot Cr(OH)CrO_4 + 2H_2O$$

A cromatização pode ser feita em meio básico ou ácido, geralmente em temperaturas ambientes, não necessitando de aquecimento. O tempo de tratamento varia de segundos a alguns minutos e o revestimento pode ser aplicado por imersão ou jateamento (*spray*). Depois da cromatização, o material deve ser cuidadosamente lavado e seco.

Em função da espessura do revestimento, que geralmente varia entre 0,01 μm e 1 μm, têm-se diferentes colorações, como incolor, azulada, amarela, verde-oliva, violácea e verde. Essas cores podem aparecer conjuntamente, apresentando-se a superfície cromatizada com aspecto iridescente.

A cromatização é mais usada para alumínio, magnésio, zinco e cádmio, podendo também ser usada para estanho, cobre, prata, ferro, aço, ligas de níquel, de titânio e de zircônio.

Algumas soluções e condições usadas para cromatização são descritas a seguir.

Na cromatização de zinco ou de aço galvanizado, a peça é imersa durante 15-60 segundos, em média, à temperatura ambiente, em solução aquosa contendo 200 g/L de dicromato de sódio ($Na_2Cr_2O_7$) e 5 mL/L a 6 mL/L de ácido sulfúrico (H_2SO_4, d = 1,84). Forma-se um revestimento verde-amarelado ou amarelo-castanho iridescente. É muito usada para evitar a corrosão branca em aço galvanizado.

Na cromatização de alumínio, a peça é imersa durante 1 a 2 minutos em solução aquecida de 45 °C a 60 °C, contendo 65 g de ácido fosfórico (H_3PO_4, d = 1,7), 10 g de ácido crômico (CrO_3), 5 g de bifluoreto de sódio ($NaHF_2$) e água até completar um litro.

23.3 FOSFATIZAÇÃO

A fosfatização permite a aplicação de camada de fosfato sobre variados materiais metálicos como ferro, zinco, alumínio, cádmio e magnésio. Esse tipo de revestimento tem especial importância que decorre, não propriamente das suas propriedades intrínsecas, e, sim, de seus efeitos secundários. São bastante elucidativos, a esse respeito, os dados estabelecidos por Machu,[1] que mostram a resistência de diferentes corpos de prova à exposição à névoa salina (*saltspray*), solução de NaCl a 3 %, até os primeiros indícios de corrosão. Esses dados são apresentados na Tabela 23.2.

Tabela 23.2 Resistência à névoa salina de corpos de prova sem e com revestimento.

Resistência à Corrosão	
1. Corpos de prova sem proteção	1/10 h
2. Corpos de prova fosfatizados	1/2 h
3. Corpos de prova niquelados	10-13 h
4. Corpos de prova cromados	23-24 h
5. Corpos de prova fosfatizados com uma camada de óleo parafínico	60 h
6. Corpos de prova recobertos com duas demãos de tinta (base sintética)	70 h
7. Corpos de prova fosfatizados e pintados como ensaio	6>500 h

Pela comparação dos ensaios 1 e 2, verifica-se que a resistência à corrosão, devida à camada fosfatizante, aumenta cinco vezes. Levando em conta o valor do ensaio 6, verifica-se que a tradicional pintura eleva essa proteção de 700 vezes, valor bem mais significativo que o anterior. Analisando, agora, o resultado obtido para o ensaio 5, simples presença de uma camada oleosa, o poder de proteção já é elevado para 600 vezes. Começa a evidenciar-se o que foi chamado de efeito secundário. A camada fosfatizante, por si só, não tem qualidades senão medíocres, para não dizer fracas, porém a sua presença exalta a eficiência de outros meios convencionais de proteção. Como corolário dessa constatação, os valores dos ensaios 1 e 7 e 6 e 7 mostram para o primeiro caso que a proteção é aumentada de mais de 5.000 vezes, pois o ensaio foi levado até 500 horas quando foi interrompido, sem, evidentemente, sinais de corrosão. Para o segundo, constata-se que uma boa proteção tem sua resistência ampliada em mais de 7 vezes.

Isso se deve ao aumento de porosidade e área específica da superfície tratada, o que permite alguma penetração de tinta (ou absorção de óleos lubrificantes protetivos), de modo a criar uma unidade integrada metal base/depósito cristalino/recobrimento orgânico. A aderência do filme aplicado é, então, muito maior do que no caso de uma superfície não tratada.

Fica, assim, bem caracterizado que o recobrimento fosfático não tem, isoladamente, efeitos marcantes no combate à corrosão. Seu grande valor, sua grande importância, baseia-se na exaltação de outros meios, bastante conhecidos, de proteção, como na aplicação de revestimento por pintura tanto protetora e/ou decorativa (caso das indústrias de eletrodomésticos e automotiva). A película de fosfato permite uma boa aderência dos esquemas de pintura aos substratos e melhora a resistência à corrosão conferida pelos revestimentos.

Histórico e evolução

Em ruínas de fortes romanos encontradas na Alemanha, com mais de 17 séculos de antiguidade, certos utensílios ferrosos apresentavam extraordinário grau de preservação. Recobrindo tais objetos, havia uma camada azul-escura de substância mineralizada, cuja designação mineralógica é **vivianita** e cuja composição química é $Fe_3(PO_4)_2 \cdot 8H_2O$. O aparecimento dessa camada de fosfato é atribuído à presença de fósforo no terreno, proveniente de ossos, na liga metálica, bem como ao conhecimento, pelos antigos romanos, de certos tratamentos superficiais.

As primeiras etapas de que se tem notícia, na obtenção dirigida de uma camada protetora de fosfatos sobre uma superfície metálica, datam do século passado. São narradas como sendo a imersão das peças, ao rubro, em misturas de carvão e fosfato diácido de cálcio, ou, então, no próprio ácido fosfórico. Em 1906, aparece a patente de T. W. Coslett. Foi tão marcante esse passo da técnica, em embrião, que durante muito tempo a fosfatização se chamou **cosletização**.

Ao conseguir a sua patente, Coslett baseava-se na imersão do utensílio metálico em solução quente de ácido fosfórico diluído, onde havia aparas do mesmo metal, destinadas a atenuar o ataque ácido.

Em 1910 e 1911, o próprio Coslett reivindica novas patentes em que aparece o zinco. Em 1911, Richards[2] propõe um novo banho de fosfatização de ferro e aço, pela dissolução de carbonato de manganês em ácido fosfórico e, em seguida, diluição em água. Em 1916, Allen[3,4] percebe a relação que deve haver entre o sal diácido e o teor de ácido fosfórico livre, e patenteia dois novos processos. Essas patentes foram difundidas com o nome de Parkerizing. A importância desses processos, na época, pode ser avaliada pelo fato de, em 1931, o consumo desse produto, nos Estados Unidos, ter sido avaliado em 2 milhões de libras, correspondendo a uma superfície metálica tratada da ordem de 200 milhões de pés quadrados. Era a consagração das vantagens do então novo tratamento, que rapidamente se difundiu por outros países industrializados.

Em 1924, patenteado, surge o processo designado pelo nome de Electrogranodine. Nesse processo, as peças a serem fosfatizadas eram submetidas a uma corrente alternada (10 V a 20 V e 40 A/dm²) promovendo uma sensível diminuição do tempo de operação. Chegou-se, assim, à noção de banho acelerado, que tanto pode ser obtido pelo auxílio da corrente elétrica como por substâncias orgânicas ou inorgânicas, também eficientes, a ponto de relegarem a um segundo plano o processo citado. Oportunamente, serão citados os **aceleradores** de fosfatização.

Em 1928, surgiu na Alemanha o processo Atramentol, baseado em fosfatos diácidos de manganês (II) e (III) com algum ácido fosfórico livre.

Soluções de ácido fosfórico e sais ácidos diversos contendo nitratos e compostos de cobre foram desenvolvidos com o nome de Bonderite. Atuavam entre 1 e 5 minutos para a formação da camada de fosfato.

O estudo exaustivo das reações envolvidas na formação de fosfatos insolúveis, sobre superfícies metálicas, levou o processo de fosfatização ao ponto de obter recobrimentos à temperatura ambiente, com substancial economia de água (cerca de 20 %) e energia (50 %).

Reações envolvidas no processo

Quando um metal é imerso em um banho fosfatizante, tem-se um ataque ácido ao metal-base, devido à presença de íons H⁺ (acidez livre). Paradoxalmente, o processo de fosfatização se inicia com uma reação de corrosão

$$M + nH^+ \rightarrow M^{n+} + \frac{n}{2}H_2$$

podendo-se admitir:

$$\text{reação anódica: } M \rightarrow M^{n+} + ne$$

$$\text{reação catódica: } nH^+ + ne \rightarrow \frac{n}{2}H_2$$

Exemplificando para o caso do ácido fosfórico, ter-se-á:

$$M + 2H_3PO_4 \rightarrow M(H_2PO_4)_2 + H_2 \quad (1)$$

em que o ácido fosfórico atua apenas como agente corrosivo, formando o fosfato primário do metal (solúvel). Além disso, tem-se a formação de fosfatos secundários e terciários (insolúveis), que podem depositar-se sobre a superfície metálica.

Têm-se, então, os equilíbrios:

$$M(H_2PO_4)_2 \rightleftharpoons MHPO_4 + H_3PO_4 \quad (2)$$

$$3MHPO_4 \rightleftharpoons M_3(PO_4)_2 + H_3PO_4 \quad (3)$$

Para o caso do aço como metal-base, tem-se:

$$Fe + 2H_3PO_4 \rightarrow Fe^{2+} + 2H_2PO_4^- + H_2 \quad (4)$$

$$Fe(H_2PO_4)_2 \rightleftharpoons FeHPO_4 + H_3PO_4 \quad (5)$$

$$3Fe(H_2PO_4)_2 \rightleftharpoons Fe_3(PO_4)_2 + 4H_3PO_4 \quad (6)$$

$$3FeHPO_4 \rightleftharpoons Fe_3(PO_4)_2 + H_3PO_4 \quad (7)$$

O problema agora reside em identificar a natureza química do recobrimento fosfático. Este será função do valor do pH na interface banho/metal: quando o metal-base reage com íons H⁺ presentes no banho, haverá um consumo daqueles íons (acidez livre), com uma subsequente elevação do pH na interface; haverá, assim, a chance de formar-se inicialmente $Fe(H_2PO_4)_2$, que é solúvel, para, então, em pH ao redor de 4-5, formar-se $FeHPO_4$, que é insolúvel, e deposita-se sob a forma de cristais.

No caso particular de se fosfatizar superfícies ferrosas com banho fosfatizante à base de zinco, tem-se:

$$H_3PO_4 + 2H_2O \rightleftharpoons 2H_3O^+ + HPO_4^{2-} \quad (8)$$

$$Fe + 2H_3O^+ \rightarrow Fe^{2+} + 2H_2O + H_2 \quad (9)$$

$$Fe^{2+} + HPO_4^{2-} \rightarrow FeHPO_4 \quad (10)$$

$$3Zn^{2+} + 2PO_4^{3-} \rightarrow Zn_3(PO_4)_2 \quad (11)$$

Tem-se, então, a formação de um depósito de fosfatos constituído de $xFeHPO_4 \cdot yZn_3(PO_4)_{12} \cdot zH_2O$.

Segundo trabalho publicado por Cheever,[5] em um banho fosfatizante por imersão, sem agitação, haverá uma relação de 95 % de fosfofilita, $Zn_2Fe(PO_4)_2 \cdot 4H_2O$, e 5 % de hopeíta $Zn_3(PO_4)_2 \cdot 4H_2O$.

No caso de fosfatização por pulverização (*spray*), a camada de fosfato apresenta-se totalmente formada de hopeíta, $Zn_3(PO_4)_2 \cdot 4H_2O$. Não há, neste caso, contribuição do metal-base (ferro) para a formação de camada cristalina.

Pode-se observar, no sistema descrito acima, que pelo fato de nem todo íon Fe^{2+} produzido ser aproveitado na produção da camada de fosfato cristalino, haverá um aumento progressivo na concentração de Fe^{2+} em solução. Eventualmente, isto causará uma mudança no equilíbrio da reação descrita pela Eq. (9), que se deslocará para a esquerda. Como esta é a reação que dá partida ao sistema, o processo de fosfatização, em dado momento, cessará de funcionar. A fim de contornar este problema, são utilizadas substâncias oxidantes, que promovem a remoção dos íons Fe^{2+} da solução, sob a forma de $FePO_4$, insolúvel e que é responsável pela lama nos banhos fosfatizantes.

A **passivação** é um tratamento após fosfatização, necessário para se obter a desejada aparência, resistência à corrosão e outras propriedades. A importância desse tratamento deve-se ao fato de os recobrimentos fosfáticos terem, geralmente, uma porosidade de cerca de 0,5 % em relação à superfície. Os poros se constituirão em áreas anódicas altamente ativas, influindo grandemente no valor protetor do posterior acabamento. A passivação consiste, basicamente, em se tratar a superfície, logo após fosfatizada, com soluções de ácido crômico ou de ácidos crômico e fosfórico, em concentrações na faixa de 0,02 % (massa/volume) e em temperaturas em torno de 60 ºC. Seu mecanismo de ação consiste não só na redução da área livre, dos poros, como também passivador da superfície metálica exposta, pois experiências de laboratório permitem afirmar que esse tipo de tratamento exalta o valor protetor da camada.

Agentes aceleradores

O aprimoramento da técnica de fosfatização baseou-se na descoberta de substâncias ou meios que deslocassem o equilíbrio da Eq. (9) no sentido favorável, entre eles:

- efeito da corrente elétrica;
- adição de aceleradores;
- adição de sais de metais mais nobres que o ferro. São clássicas as presenças de Cu^{2+} e Ni^{2+} em certos banhos de fosfatização. O ferro do metal-base desloca o cobre e/ou níquel de seus sais, provocando deposição de cobre e/ou níquel sobre a superfície do metal-base. Isso cria uma série de áreas microanódicas e microcatódicas, com o subsequente aparecimento de micropilhas Fe-Cu ou Fe-Ni que aceleram o processo corrosivo, Eq. (9), responsável por dar partida ao processo global de fosfatização. Por raciocínio semelhante, é facilmente compreendido o efeito de corrente elétrica.

No caso da adição de aceleradores, têm-se substâncias utilizadas oxidantes, redutoras e orgânicas.

A presença de um oxidante atua sobre o hidrogênio nascente gerado na superfície metálica (que, de outra forma, produziria uma película gasosa isolante, a qual interromperia o processo de fosfatização), transformando-o em água, e, ao mesmo tempo, oxidando a Fe^{3+} o excesso de íons Fe^{2+} que passa à solução: isto evitaria a elevada concentração de Fe^{2+}, que tenderia a interromper também o processo, deslocando a Eq. (9) para a esquerda. Exemplificando com o emprego de nitrato como acelerador, tem-se:

$$2H + NO_3^- \rightarrow H_2O + NO_2^- \quad (12)$$

Dos oxidantes, são muito conhecidos os ácidos clórico ($HClO_3$) e nítrico (HNO_3), peróxido de hidrogênio (H_2O_2), havendo também citações do uso de cromatos (CrO_4^{2-}) e dicromatos ($Cr_2O_7^{2-}$).

Quanto às redutoras, são citados o bissulfito de sódio ($NaHSO_3$) e o nitrito de sódio ($NaNO_2$).

São citadas, ainda, algumas substâncias orgânicas, sendo as principais: anilina, *p*-toluidina, piridina, quinaldina, hidroxilamina, trinitrobenzeno, ácido pícrico, *o*-nitroanilina, *o*-nitrofenol, *o*-nitrometano, *o*-resorcina, ácido *m*-nitrobenzóico, ureia etc., muitas das quais protegidas por patentes e que atuam como aceleradores.

Efeito da temperatura e do tempo

Por diversas vezes, fez-se referência à temperatura. Nos primórdios da fosfatização, os utensílios eram aquecidos ao rubro e fosfatizados. Com a evolução do processo, já se tem a fosfatização à temperatura ambiente.

Segundo os dados apresentados na Tabela 23.3, é possível evidenciar a influência da temperatura no valor protetor da camada de fosfato.[1]

Não só o tempo de obtenção do revestimento desejado, como também a sua eficiência, tornam-se incompatíveis com as necessidades da técnica moderna, levando em conta o abaixamento da temperatura. Essas dificuldades foram contornadas pela ação dos aceleradores.

Ao se referir ao efeito da temperatura, implicitamente recorre-se ao fator tempo, o que é natural pela interdependência dessas duas variáveis. Nos exemplos dados, de certo modo fica evidenciado o efeito do tempo, no processo de fosfatização.

No caso de fosfatização à temperatura ambiente, é preciso regular convenientemente a relação acidez total: acidez livre, que deve situar-se em torno de 10,0. O pH precisa ser mantido numa faixa estreita (2,6 a 2,9), a fim de alcançar o produto de solubilidade do fosfato de zinco a essas baixas

Tabela 23.3 Influência da temperatura de fosfatização no valor protetor da película de fosfato.

Temperatura de Operação (°C)	Número de horas necessárias para o aparecimento da corrosão Duração de corpos de prova imersos em solução a 3 % de NaCl (minutos)	Duração do tratamento (minutos)
98	70	10
95	67	18
92	63	30
89	58	40
86	50	52
83	40	65
80	30	120
70	12	Reação não terminada a fim de 3 horas
60	4	

temperaturas. Faz-se necessário também o pré-tratamento com condicionadores à base de sais de titânio e agentes quelantes, com o que se obtêm camadas da ordem de 3 g/m² a 4 g/m². Nesse tipo de tratamento, assumem uma importância muito grande as operações preliminares de desengraxamento e decapagem, pois não se pode contar com o efeito térmico no banho de fosfato para eliminar possíveis pequenas falhas dessas operações.

Nucleação

Quando um corpo de prova é preparado manualmente, isto é, a camada de óxido é removida por lixamento, observa-se que a camada fosfatizada obtida apresenta melhores índices de qualidade quando comparada com a de corpo de prova preparado por decapagem convencional. Idêntica observação se faz quando a preparação da superfície a ser fosfatizada é feita por jateamento abrasivo. Tal resultado traduz a presença e importância de tensões residuais no material metálico tratado.

Quando a fosfatização é feita por jateamento, observando-se o ângulo de incidência e a pressão empregada, obtém-se bons resultados, levando em conta o tempo reduzido e a qualidade da camada.

Quando o pré-tratamento de remoção de oleosidades é feito por solventes (imersão, vapor ou emulsão), se o filme deixado for extremamente fino, a sua presença determina a formação de cristais muito pequenos, na maioria das vezes, desejados.

A explicação do fenômeno citado é dada por Wiederholt,[6] atribuindo a esse filme uma ação inibidora do crescimento dos cristais, sem atuar na nucleação que pode permanecer constante ou mesmo aumentar.

Segundo Maher,[7] essa nucleação pode ser obtida após o tratamento decapante convencional, fazendo um segundo enxaguamento, ao qual é adicionado, em pequenas quantidades, um sal de titânio levemente alcalino. Esse tipo de tratamento **sensibilizante** controla o crescimento dos cristais de fosfato de zinco e atua como criador de uma rede de centros de nucleação, onde tem início a formação de minúsculos grãos, fortemente aderentes e resistentes à corrosão.

Estado da superfície

O estado de limpeza da superfície é um requisito essencial a uma fosfatização de qualidade. Gorduras, óleos, óxidos etc. atuam de maneira adversa na adesão, continuidade e durabilidade do recobrimento.

Essa limpeza pode ser obtida de diversas maneiras, como visto anteriormente no Capítulo 21.

Admitindo uma decapagem alcalina, em que, além da remoção dos óxidos leves, são removidas as sujidades orgânicas, há certo condicionamento da superfície. Os resíduos alcalinos atuam, até certo ponto, de modo benéfico. Promovem a elevação do pH, criando condições mais favoráveis à precipitação dos fosfatos. Entretanto, se forem em quantidades excessivas, em vez de se formarem pequenos cristais há a formação de depósitos pulverulentos e soltos, sem valor industrial.

Por outro lado, os resíduos ácidos de uma decapagem convencional retardam o início do processo pelo aumento da fase de decapagem.

Decapagens ácidas muito prolongadas têm uma tendência a influir na fosfatização, pela formação de cristais grandes. Já uma decapagem moderada, com uma distribuição uniforme dos pontos iniciais de ataque, atua de maneira mais interessante. Servem, esses pontos, como núcleos de cristalização.

Evidencia-se, assim, a importância do grau de rugosidade apresentado pela superfície. Os obtidos por meio mecânico, os mais desejáveis, como visto na parte inicial de nucleação, e os de natureza química, como descritos anteriormente.

Classificação dos processos de fosfatização

Os processos de fosfatização podem ser classificados quanto aos seguintes aspectos:

- composição do banho – fosfatos de ferro, manganês, zinco, zinco-cálcio;

- temperatura – fosfatização a quente (acima de 80 °C), tépida (entre 50 °C e 80 °C) e a frio (abaixo de 50 °C);
- tempo – fosfatização normal (acima de 30 minutos), acelerada (abaixo de 30 minutos) e rápida (abaixo de 5 minutos);
- modo de aplicação – imersão e jateamento.

Fosfato de ferro (ou **fosfato não cristalino**). Os fosfatos de zinco e manganês são precipitados de soluções de seus sais, enquanto o fosfato não cristalino é obtido, normalmente, de banhos cujo teor em ferro é baixo. Por medidas de difração de raios X, evidencia-se que o chamado fosfato não cristalino (ou de ferro) é uma mistura de fosfato de ferro e óxido de ferro (γ-Fe_2O_3) $xFeHPO_4 \cdot yFe_2O_3 \cdot H_2O$.

Os melhores resultados para esse tipo de recobrimento são obtidos por jateamento. Só um pequeno número de banhos dá bons resultados por imersão, embora já haja produtos líquidos funcionando até na temperatura ambiente.

O **fosfato de zinco** é obtido sozinho (em aplicações por jateamento) ou em combinação com fosfato de ferro (em aplicações por imersão) e é o preferido por permitir uma gama de pesos de camada desde bastante baixos (1 g/m^2) até relativamente altos (7 g/m^2 a 12 g/m^2).

O **fosfato de manganês** é obtido em mistura com fosfato de ferro na forma de cristais grandes. Geralmente aplicado por imersão, formando camadas pesadas.

O **fosfato de zinco/cálcio** é obtido em composição binária (fosfato de zinco e fosfato de cálcio) quando aplicado por jateamento e em mistura ternária com fosfato de ferro quando aplicado por imersão. Apresenta estrutura microcristalina, dispensando a utilização de refinadores à base de sais de titânio.

Empregos

O **fosfato não cristalino (ferro)** é indicado como agente de aderência da pintura. Sua principal desvantagem reside no fato de exigir que a operação de pintura seja feita imediatamente em seguida à fosfatização, para evitar o fenômeno de *flash rust*, quando a peça se vê tomada por uma fina camada de ferrugem, poucos minutos após a aplicação do fosfato. Isto não significa, no entanto, que o fosfato não cristalino não dê uma boa proteção anticorrosiva à superfície tratada, quando em combinação com a película de tinta. Há necessidade, porém, de uma boa sincronização entre as operações de fosfatização e pintura.

Embora a proteção oferecida seja razoável, quando em combinação com a película de tinta, reserva-se este tipo de fosfato para aplicações principalmente em utilidades domésticas, armários de aço, implementos que permanecerão geralmente protegidos em interiores. Não é aconselhável o uso de fosfato não cristalino em superfícies sujeitas a ambientes agressivos ou intempéries, pois se houver um trincamento ou pequena remoção da película de tinta, iniciar-se-á, naquele ponto, o processo corrosivo.

As principais vantagens desse tipo de fosfato são:

- baixo custo e baixas concentrações de uso;
- possibilidade de combinar as ações de desengraxe e fosfatização em apenas uma operação;
- ausência de controles analíticos complicados, quando utilizada uma formulação adequada e de boa qualidade para o banho.

O **fosfato de zinco** é o sistema mais amplamente usado, dada a sua versatilidade e confiabilidade. Em pintura, apresenta maior proteção que o fosfato não cristalino, sendo, assim, mais indicado para o tratamento de superfícies que deverão ficar expostas a ambientes corrosivos ou a intempéries. Pode ser utilizado também como condutor de óleos protetivos, aumentando a sua eficiência, bem como de preparações lubrificantes, em casos de deformações severas (trefilagem, estampagem profunda etc.), quando atua como lubrificante, ao reagir com os ácidos graxos existentes na preparação utilizada (formando sabão de zinco), e como agente espaçador (camada de sacrifício). A capacidade de absorção de óleos, graxas e lubrificantes exalta esse efeito. Admite-se que a capacidade de retenção de óleo, pela camada de fosfato, é 7 a 13 vezes maior que a da superfície metálica sem tratamento. O uso de superfícies fosfatizadas objetivando a absorção de óleos lubrificantes tem sido grandemente implementado para diminuir o desgaste e atrito em peças móveis, como anéis de pistão e engrenagens.

O **fosfato de manganês** forma camadas pesadas. É usado em câmaras fotográficas, instrumentos e ferramentas, rifles, máquinas de escrever, correntes, parafusos, porcas etc. A elasticidade das molas de aço com fosfato de manganês permanece inalterada. Todos os tipos de ferro e aço podem ser tratados, incluindo peças fundidas, forjadas, estampadas etc.

Fosfatização de metais não ferrosos

Com a utilização cada vez maior de metais não ferrosos, principalmente zinco, alumínio, suas ligas e ligas de magnésio, foram desenvolvidos processos de fosfatização para promover maior aderência de tinta às superfícies desses metais.

No caso de zinco e superfícies galvanizadas, o sistema que produz melhores resultados é baseado em banhos de fosfato de manganês.

Para alumínio, o caso se complica um pouco, pois os íons Al^{3+} constituem veneno para banhos de fosfato e possivelmente precipitam o fosfato de alumínio. Para contornar o problema, utiliza-se fluoreto ou fluorsilicato de sódio para complexar o íon Al^{3+}, mantendo-o em solução.

A fosfatização de magnésio é muito pouco empregada, mas podem ser utilizados banhos semelhantes aos usados para alumínio e suas ligas. Para fosfatizar cobre e suas ligas (principalmente em fábricas de armamento), costumam-se imergir as peças em solução de cloreto férrico, procedendo-se então à fosfatização em banho convencional.

Procedimento típico

Uma descrição típica de um procedimento de fosfatização por imersão para posterior pintura é dada a seguir:

Desengraxamento alcalino
Concentração de detergente: 3 % a 5 %
Temperatura: 80 °C até a ebulição
Tempo: variável, dependendo da sujidade; em geral, 5 minutos
Tanque: aço-carbono, sem revestimento especial; provisão de aquecimento por resistência elétrica ou serpentina de vapor.

Enxaguamento
Com água fria: renovação constante
Temperatura: ambiente
Tempo: 1 minuto
Tanque: aço-carbono, sem revestimento especial ou aquecimento.

Decapagem ácida
Concentração de decapante: 5 % a 10 % expresso em H_2SO_4
Temperatura: 50 °C a 60 °C
Tempo: variável, dependendo do estado de oxidação das peças; em geral, 5 a 10 minutos
Tanque: revestimento de chumbo ou aço inoxidável 316; provisão de aquecimento por resistência elétrica (com elemento revestido de material antiácido) ou serpentina de vapor.

Enxaguamento
Com água fria: renovação constante
Temperatura: ambiente
Tempo: 1 minuto
Tanque: aço-carbono, sem revestimento especial ou aquecimento.

Ativação
Concentração de ativador: em geral, de 0,1 % a 0,2 % (para a maior parte dos produtos no mercado)
Temperatura: ambiente
Tempo: 1 minuto
Tanque: aço-carbono, sem revestimento especial ou aquecimento.

Fosfatização
Geralmente solução aquosa de Zn^{2+}, Fe^{2+} ou Zn^{2+}-Ca^{2+} em ácido fosfórico, contendo agentes oxidantes como nitrito de sódio, em concentração dependendo do produto empregado
Temperatura: ambiente a 90 °C, dependendo do processo
Tempo: em geral, 3-5 minutos
Tanque: revestimento de aço inoxidável 314; provisão (em caso de processo a quente) de aquecimento por resistência elétrica (com elemento revestido de material antiácido) ou serpentina de vapor.

Enxaguamento
Com água fria, renovação constante
Temperatura: ambiente
Tempo: 1 minuto
Tanque: aço-carbono, sem revestimento especial ou aquecimento.

Passivação
Concentração de passivador: em média, 0,01 % em CrO_3
Temperatura: 60 °C a 80 °C
Tempo: 30 a 60 segundos
Tanque: revestimento de aço inoxidável 314; provisão de aquecimento por resistência elétrica (com elemento revestido de material antiácido) ou serpentina de vapor.

Nota: em alguns casos, principalmente quando a camada de tinta aplicada é muito fina e de cor clara, a coloração característica do cromato pode interferir, causando manchas. Usa-se, então, um enxaguamento com água deionizada, no lugar da passivação, com o que se busca remover todo resquício de ácido ocluído nos poros da camada de fosfato e não deixar traços de substâncias solúveis.

Secagem em estufa e ***pintura (últimas etapas)***

REFERÊNCIAS BIBLIOGRÁFICAS

1. MACHU, W. *Fosfatizzazione dei Metalli*. Ulrico Hoepli, Milano, 1955, p. 47.
2. RICHARDS, R. G. *The Chemical Surface Treatment of Metals*. Teddington: Wiederholt, W./Robert Draper, 1965, p. 76.
3. W. H. Allen. *U.S. Patent 1*, 206, 075 (1916).
4. W. H. Allen. *U.S. Patent 1*, 311, 726 (1914).
5. CHEEVER, G. D. Formation and growth of zinc phosphate coatings. *Journal of Paint Technology*, v. 39, n. 504, p. 1-13, jan. 1967.
6. WIEDERHOLT, W. *The Chemical Surface Treatment of Metals*. Teddington: Robert Draper, 1965, p. 98.
7. MAHER, M. F. *Metal Finishing Annuary*, 1967, p. 561.

EXERCÍCIOS

23.1. Explique o processo de fosfatização?
23.2. Por que uma superfície fosfatizada normalmente recebe outro revestimento?
23.3. Qual é a relação entre cromatização e galvanização?
23.4. A anodização pode ser feita em qualquer metal ou liga metálica?
23.5. O que são revestimentos compósitos (*cermets*)?

Capítulo 24

Revestimentos Não Metálicos Orgânicos – Tintas e Polímeros

24.1 ASPECTOS GERAIS

Dentre as técnicas de proteção anticorrosiva existentes, a aplicação de tintas ou esquemas de pintura é uma das mais empregadas. A pintura, como técnica de proteção anticorrosiva, apresenta uma série de propriedades importantes, como facilidade de aplicação e de manutenção, relação custo-benefício atraente, e pode proporcionar, além disso, outras propriedades em paralelo, por exemplo:

- finalidade estética – tornar o ambiente agradável;
- auxílio na segurança industrial;
- sinalização;
- identificação de fluidos em tubulações ou reservatórios;
- impedir a incrustação de microrganismos marinhos em cascos de embarcações;
- impermeabilização;
- permitir maior ou menor absorção de calor, por meio do uso correto das cores;
- diminuição da rugosidade superficial.

Apesar de a pintura ser uma técnica bastante antiga, o grande avanço tecnológico das tintas só ocorreu no século XX, em decorrência do desenvolvimento de novos polímeros (resinas), conforme mostrado a seguir.[1]

Resina	Período (década)
Alquídica	1920
Vinílica	1920
Acrílica	1930
Borracha clorada	1930
Epóxi	1940
Poliuretana	1940
Silicone	1940

Nos últimos anos, o desenvolvimento tecnológico neste setor tem sido intenso, não só no que diz respeito a novos tipos de resina e de outras matérias-primas empregadas na fabricação das tintas, mas, também, em relação a novos métodos de aplicação delas. Outro aspecto importante a ressaltar é que as restrições impostas pelas leis ambientais têm levado os fabricantes a desenvolver novas formulações de tintas com teores mais baixos de compostos orgânicos voláteis que, como consequência, possuem teor de sólidos mais alto. Em função do avanço tecnológico no segmento de endurecedores para resinas epoxídicas, o mercado já dispõe de tintas líquidas isentas de solventes orgânicos, facilmente aplicáveis pelos métodos convencionais. Ainda dentro deste contexto, foi possível o desenvolvimento de tintas anticorrosivas, não só isentas de solventes, mas também tolerantes a superfícies úmidas. Portanto, tecnologias de baixo impacto ambiental e altamente versáteis em termos de aplicação. Neste campo ainda pode-se mencionar as tintas em pó que, além de serem isentas de solventes, apresentam excelentes características de proteção anticorrosiva, e as tintas anticorrosivas solúveis em água, já disponíveis no mercado, com baixíssimo índice de toxicidade.

Ainda no campo da proteção anticorrosiva, novos equipamentos e métodos de preparação de superfície menos agressivos ao meio ambiente e à saúde dos trabalhadores foram desenvolvidos. Por exemplo, o surgimento de equipamentos para limpeza de superfícies metálicas por meio de hidrojateamento à hiperalta pressão (>170 MPa, >25.000 psi) é um exemplo típico neste sentido.

No que diz respeito aos equipamentos de aplicação de tintas, grandes avanços têm sido realizados no sentido de se melhorar a produtividade e a qualidade da película final. Neste campo, pode-se mencionar a pintura eletrostática, para a qual foram desenvolvidas pistolas e equipamentos especiais que, além de melhorar o rendimento da tinta, permitem obter um recobrimento uniforme da peça, principalmente em regiões difíceis de ser pintadas, como é o caso de arestas ou cantos vivos. No setor automobilístico, a aplicação das tintas por eletrodeposição veio contribuir substancialmente para a melhoria da proteção anticorrosiva dos automóveis.

24.2 CONCEITUAÇÃO DE PINTURA E DE ESQUEMAS DE PINTURA

É muito comum definir-se o termo pintura como o processo de revestimento de uma superfície por meio de tintas. Ele pode ser estendido a três ramos da atividade humana, a saber:[2]

- **pintura artística** – é aquela em que a utilização das tintas tem a finalidade de expressar uma arte e consiste, principalmente, na criação de quadros e murais;
- **pintura arquitetônica** – é utilizada na construção civil para fins estéticos e para tornar o ambiente agradável. Praticamente ninguém se sentiria feliz trabalhando em um ambiente em que as paredes fossem pintadas, por exemplo, nas cores preta ou vermelha. Na construção civil, a pintura, além dos efeitos estéticos/decorativos, também exerce efeitos de proteção ao melhorar a resistência do concreto à permeação de íons agressivos, o que reduz a possibilidade de ocorrência de corrosão nas armaduras de aço;
- **pintura industrial** – neste caso, uma das propriedades mais importantes da pintura é a proteção anticorrosiva. Obviamente que, além do aspecto de proteção, a pintura pode proporcionar outras propriedades em paralelo, como aquelas citadas anteriormente (sinalização, estética, impermeabilização etc.).

Diante do exposto, observa-se que a pintura possui um amplo espectro de aplicação. Dentro dos objetivos do presente capítulo, será abordada a pintura industrial, especialmente no que diz respeito à proteção anticorrosiva de estruturas metálicas e de equipamentos.

Quando se vai proteger uma estrutura ou um equipamento por meio de revestimentos por pintura, na realidade, o que se vai fazer é a aplicação de um **esquema de pintura** sobre a superfície a ser protegida. É comum definir-se esquema de pintura como um procedimento dentro do qual se especificam todos os detalhes técnicos envolvidos em sua aplicação, como:

- o tipo de preparação e o grau de limpeza da superfície;
- as tintas de fundo (*primer*), intermediária e de acabamento a serem aplicadas;
- a espessura de cada uma das demãos de tintas;
- os intervalos entre demãos e os métodos de aplicação das tintas;
- os critérios para a execução de retoques na pintura;
- os ensaios de controle de qualidade a serem executados na pintura;
- as normas e os procedimentos a serem seguidos para cada atividade a ser realizada (por exemplo: normas de aderência, de medição de espessura etc.).

Para fins de proteção anticorrosiva de estruturas metálicas ou de equipamentos, um esquema de pintura é composto, na maioria dos casos, por três tipos de tinta: tinta de fundo ou primária (*primer*), tinta intermediária e tinta de acabamento. A Figura 24.1 mostra, de forma ilustrativa, a presença dessas tintas num esquema de pintura. É importante ressaltar que nem sempre é necessária a presença da tinta intermediária. Em alguns casos, dependendo da especificação do esquema de pintura, ela pode ser substituída por uma demão adicional da tinta de fundo ou da tinta de acabamento. Em seguida, apresentam-se a descrição e as características principais das três tintas mencionadas.

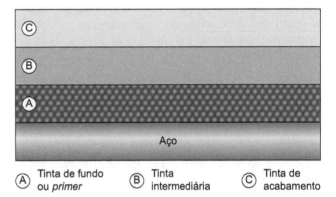

Figura 24.1 Representação esquemática das tintas que, em geral, compõem um esquema de tintura.

- **tintas de fundo ou primárias (*primers*)** – são aquelas aplicadas diretamente ao substrato. Portanto, estão em contato direto com o mesmo e possuem as seguintes características:
  - são as que contêm na composição os pigmentos ditos anticorrosivos, pois estes, para exercerem o seu mecanismo de proteção química ou eletroquímica, necessitam estar em contato direto com o substrato;
  - em geral, são foscas ou semifoscas, já que são formuladas com maior concentração volumétrica de pigmento (CVP) em relação às tintas de acabamento brilhantes. Isto, de certa forma, torna a película mais rugosa, o que contribui para melhorar a aderência da demão de tinta subsequente;
  - são as tintas responsáveis pela aderência dos esquemas de pintura aos substratos, pois são elas que estão em contato direto com eles.
- **tintas intermediárias** – são tintas normalmente utilizadas nos esquemas de pintura com a função de aumentar a espessura do revestimento, com um menor número de demãos, com o objetivo de melhorar as características de proteção por barreira do revestimento. Para isso, essas tintas são formuladas com alto teor de sólidos, a fim de poderem proporcionar altas espessuras por demão.

É importante ressaltar que existem tintas que atuam como intermediárias e não necessariamente são de alta espessura, como é o caso das chamadas tintas seladoras. Elas são utilizadas para selar uma película de tinta porosa, antes da aplicação da tinta de acabamento. É o caso, por exemplo, dos esquemas de pintura com tintas de fundo ricas em zinco à base de silicatos. Antes da aplicação da tinta de acabamento, é aconselhável aplicar uma demão de tinta intermediária (*tie coat*) epóxi sobre a tinta de fundo rica em zinco para selar a superfície, com o objetivo de evitar a formação de bolhas e o descascamento do revestimento.

- **tintas de acabamento** – são tintas que têm a função de conferir a resistência química ao revestimento, pois são elas que estão em contato direto com o meio corrosivo. Além disso, são as tintas que conferem a cor final aos revestimentos por pintura.

No campo da proteção anticorrosiva, é muito comum a utilização de tintas de proteção temporária, também conhecidas como *shop-primers*. Tais tintas visam proteger o substrato metálico, enquanto o equipamento está sendo construído. Elas devem possuir algumas características básicas, por exemplo:

- proporcionar uma durabilidade mínima de seis meses do substrato;
- não interferir nos processos de corte e soldagem;
- não exalar fumos tóxicos quando submetidas a aquecimento.

A remoção ou não delas para a aplicação do esquema de pintura final vai depender do tipo de tinta aplicada e do acordo prévio entre as partes interessadas.

24.3 CONSTITUINTES DAS TINTAS

Os constituintes fundamentais de uma tinta líquida são veículo fixo, pigmentos, solventes (veículo volátil) e aditivos.

As tintas em pó contêm todos os constituintes menos, evidentemente, os solventes; o mesmo ocorre com as conhecidas tintas sem solventes. Os vernizes, do ponto de vista técnico, possuem todos os constituintes de uma tinta, menos os pigmentos.

Na formulação e fabricação de uma tinta, esses constituintes são rigorosamente selecionados, qualitativa e quantitativamente, a fim de que o produto atenda aos requisitos técnicos desejados.

24.3.1 Veículo Fixo ou Veículo Não Volátil

O veículo fixo ou não volátil (VNV) é o constituinte ligante ou aglomerante das partículas de pigmento e o responsável direto pela continuidade e formação da película de tinta. Como consequência, responde pela maioria das propriedades físico-químicas desta. O veículo fixo, de uma forma geral, é constituído por um ou mais tipos de resina, que, em sua maioria, são de natureza orgânica. Portanto, as características das tintas, em termos de resistência, dependem em muito do(s) tipo(s) de resina empregado(s) na sua composição. Como exemplos de veículos fixos, podemos citar:

- óleos vegetais (linhaça, soja, tungue);
- resinas alquídicas;
- resinas acrílicas;
- resinas epoxídicas;
- resinas poliuretânicas.

Outro aspecto a destacar é que o nome da tinta associa-se normalmente ao da resina presente em sua composição, por exemplo:

- **tinta alquídica** – resina alquídica;
- **tinta acrílica** – resina acrílica.

24.3.2 Solventes

Os solventes são substâncias puras empregadas tanto para auxiliar na fabricação das tintas, na solubilização da resina e no controle de viscosidade como em sua aplicação. Dentre o grande número de solventes utilizados na indústria de tintas, podemos citar:

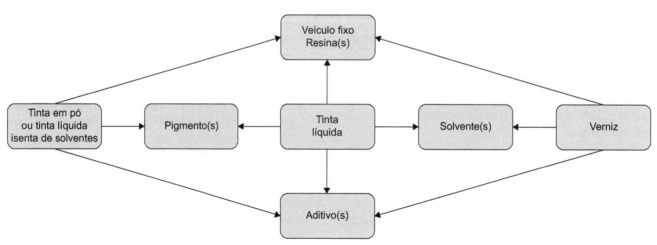

Figura 24.2 Constituintes das tintas.

- hidrocarbonetos alifáticos – nafta e aguarrás mineral;
- hidrocarbonetos aromáticos – tolueno e xileno;
- ésteres – acetato de etila, acetato de butila e acetato de isopropila;
- alcoóis – etanol, butanol e álcool isopropílico;
- cetonas – acetona, metiletilcetona, metilisobutilcetona e cicloexanona;
- glicóis – etilglicol e butilglicol;
- solventes filmógenos – são aqueles que, além de solubilizarem a resina, se incorporam à película por polimerização, por exemplo, o estireno.

Os solventes podem ser classificados em:

- **solventes verdadeiros** – são aqueles que dissolvem, ou são miscíveis, em quaisquer proporções, com uma resina. Tem-se como exemplo a aguarrás – solvente para óleos vegetais e resinas modificadas com óleo – e as cetonas – solventes para resinas epóxi, poliuretana e acrílica;
- **solventes auxiliares** – são aqueles que sozinhos não solubilizam o veículo, ou resina, mas aumentam o poder de solubilização do solvente verdadeiro;
- **falso solvente** – substância que possui baixo poder de solvência do VNV, usado normalmente para reduzir o custo final das tintas.

Os **diluentes** são compostos elaborados com diferentes solventes e utilizados para ajustar a viscosidade de aplicação da tinta, em função do equipamento de aplicação. Normalmente, são fornecidos junto com a tinta. Logo, os diluentes têm que ser provenientes do mesmo fabricante das tintas e específicos para elas.

Apesar de os solventes serem substâncias voláteis e, portanto, não fazerem parte da película seca, muitos problemas durante a aplicação da tinta são decorrentes de um balanço inadequado dos solventes na formulação. Por exemplo, uma tinta que contenha um teor excessivo de solventes de evaporação muito rápida pode ocasionar a formação de *overspray* na película, se aplicada por meio de pistola convencional, e um nivelamento deficiente. Ao contrário, se for utilizada uma quantidade excessiva de solventes de evaporação muito lenta, poderá ocorrer um retardamento na secagem da tinta e a retenção de solventes no revestimento.

24.3.3 Aditivos

São os compostos empregados, em pequenas concentrações, nas formulações das tintas com o objetivo de lhes conferir, ou às películas, determinadas características que sem eles seriam inexistentes. Dentre os aditivos mais comuns empregados nas formulações de tintas, podem-se citar:

- **secantes** – têm como principal finalidade melhorar a secatividade das películas de tinta, ou seja, reduzir seu tempo de secagem. São empregados basicamente nas tintas a óleo, alquídicas e oleorresinosas em geral, em que o mecanismo de formação da película é por oxidação. Os secantes mais empregados são os naftenatos ou octoatos de cobalto, chumbo, manganês, cálcio e zinco;
- **antissedimentantes** – reduzem a tendência de sedimentação dos pigmentos, impedindo que se forme um sedimento duro e compacto no fundo do recipiente durante o período de estocagem da tinta;
- **antinata ou antipele** – esse fenômeno costuma ocorrer nas tintas cujo mecanismo de formação da película é por oxidação e pode ser detectado ao se abrir a lata de tinta, quando se observa uma película ou pele cobrindo a superfície da tinta. Os aditivos empregados para evitar a formação de pele possuem características antioxidantes, sendo os mais comuns à base de cetoximas, como metiletilcetoxima;
- **plastificantes** – compostos incorporados às formulações das tintas com o objetivo de melhorar ou conferir flexibilidade adequada às películas. Os plastificantes mais comuns são os óleos vegetais não secativos, por exemplo, o óleo de mamona, os ftalatos (como o dibutil e o dioctil), os fosfatos (como o tricresil e o trifenil) e os hidrocarbonetos clorados (como a parafina clorada);
- **nivelantes** – conferem às películas melhores características de nivelamento ou espalhamento, principalmente na aplicação por meio de trincha, em que há uma redução das marcas deixadas por suas cerdas;
- **antiespumantes** – evitam a formação de espuma, tanto na fabricação como na aplicação das tintas, sendo os mais empregados à base de silicones;
- **agentes tixotrópicos** – utilizados principalmente nas tintas de alta espessura, a fim de que possam ser aplicadas na espessura correta, evitando-se escorrimento em superfícies verticais. Entre esses agentes estão sílicas amorfas especiais, silicatos orgânicos e amidas de baixo peso molecular;
- **antifungos** – são empregados para prevenir a deterioração por fungos e/ou bactérias da tinta dentro da embalagem ou da película aplicada. Os aditivos mais comuns são os sais orgânicos de mercúrio, por exemplo, acetato ou propionato de fenilmercúrio e fenóis clorados em geral.

24.3.4 Pigmentos

Os pigmentos são partículas sólidas, finamente divididas, insolúveis no veículo fixo, utilizados para se obter, entre outros objetivos, proteção anticorrosiva, cor, opacidade, impermeabilidade e melhoria das características físicas da película. De forma simples, podem-se classificar os pigmentos em três grupos:

- **anticorrosivos** – são os pigmentos que, incorporados à tinta, conferem proteção anticorrosiva ao aço por mecanismos químicos ou eletroquímicos, por exemplo, zarcão (Pb_3O_4), cromato de zinco, molibdatos de zinco e de zinco e cálcio, fosfato de zinco e pó de zinco;
- **opacificantes coloridos** – conferem cor e opacidade à tinta. É importante não confundir pigmentos opacificantes com corantes ou anilinas, que são solúveis no veículo da

tinta, conferem cor, mas não conferem opacidade. O teor desses pigmentos dentro da composição das tintas é fundamental para que elas tenham bom poder de cobertura. Um teor insuficiente fará com que o pintor tenha grandes dificuldades em cobrir a superfície, bem como acarretará maior consumo de tinta.

- **cargas ou extensores** – não conferem cor nem opacidade às tintas. Apontam-se diversas razões para seu emprego na composição das tintas, como: reduzir o custo final do produto; melhorar as propriedades mecânicas da película, como abrasão pela incorporação de quartzo (SiO_2) ou óxido de alumínio ($\alpha\text{-}Al_2O_3$); obter determinadas propriedades, como o fosqueamento de uma tinta; aumentar o teor de sólidos no caso das tintas de alta espessura.

Além dos pigmentos citados, existem outros tipos chamados de **funcionais**, que não se enquadram nos grupos anteriores. Como exemplo, podem-se mencionar o óxido cuproso ou óxido de cobre (I), Cu_2O, empregado nas tintas anti-incrustantes, os pigmentos fosforescentes, fluorescentes, perolados etc. que são empregados para proporcionar efeitos especiais à película de tinta.

Os pigmentos podem ser de natureza inorgânica ou orgânica. Os inorgânicos podem ser naturais ou sintéticos. Os naturais estão disseminados pela crosta do globo terrestre. Apresentam-se, em geral, sob forma microcristalina e por vezes associados à sílica. Os sintéticos apresentam-se sob forma mais pura, rede cristalina mais regular e tamanho de partícula mais uniforme. Os pigmentos inorgânicos, em geral, possuem melhor resistência à radiação solar, em especial aos raios ultravioleta, do que os orgânicos, que, por sua vez, para determinadas cores, possuem melhor resistência química do que os inorgânicos.

Entre os grupos importantes de pigmentos inorgânicos, podem-se destacar:

- **dióxido de titânio (TiO_2)** – dentre os pigmentos brancos esse é, sem dúvida alguma, o mais utilizado pela indústria na fabricação de tintas de cor branca e daquelas de tons claros em geral. Possui elevado poder de cobertura ou opacidade quando comparado a outros pigmentos brancos, decorrente do seu alto índice de refração e do tamanho médio das partículas ($\cong 0{,}3\ \mu m$). Além disso, possui excelente resistência química, exceto aos ácidos sulfúrico e fluorídrico concentrados. O dióxido de titânio pode ser encontrado sob duas formas de estrutura cristalina: rutilo e anatásio. O rutilo é o mais utilizado na fabricação de tintas, pois possui inúmeras vantagens em relação ao anatásio, como índice de refração mais alto (rutilo = 2,71; anatásio = 2,55), o que lhe confere maior opacidade ou poder de cobertura (30 % a 40 % superior), e melhor resistência à radiação solar.
- **alumínio (Al)** – dentre os pigmentos metálicos, o alumínio é um dos mais utilizados na fabricação de tintas, principalmente daquelas destinadas à proteção anticorrosiva de superfícies metálicas. Possui altíssimo poder de cobertura e a sua cor é bem característica do metal. Uma das propriedades mais importantes do alumínio é o formato lamelar (em forma de placas) das partículas. No que diz respeito ao aspecto de proteção anticorrosiva, os pigmentos com estrutura lamelar conferem à película de tinta ou aos revestimentos por pintura uma maior resistência à penetração de umidade e, portanto, contribuem para melhorar a proteção anticorrosiva por barreira. A Figura 24.3 mostra, de forma esquemática, duas películas de tinta com e sem a presença de alumínio. Como pode ser observado, no caso daquela com pigmentos lamelares, a água terá que percorrer um caminho muito maior para atingir o substrato, em relação àquela com pigmentos não lamelares. Em outras palavras, a estrutura lamelar do pigmento dificulta o acesso do eletrólito ao substrato.

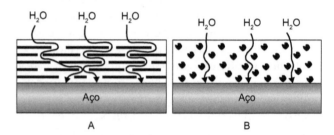

Figura 24.3 Representação esquemática de revestimentos com (A) e sem (B) alumínio.

- **óxidos de ferro** – esses pigmentos são largamente utilizados na indústria de tintas. A maioria deles é de origem mineral, porém alguns são obtidos por processos industriais (óxidos de ferro sintéticos). Os mais importantes dentro deste grupo são:
  - **óxido de ferro vermelho (Fe_2O_3)**: no campo das tintas anticorrosivas, é um dos pigmentos mais utilizados, principalmente na fabricação de tintas de fundo (*primers*) e intermediária. Possui uma cor avermelhada bem característica do óxido, além de excelente poder de cobertura ou opacidade. Também apresenta resistência química bastante satisfatória e um custo relativamente baixo, se comparado ao de outros pigmentos opacificantes. Esses fatores técnicos e econômicos justificam plenamente a sua grande utilização na fabricação de tintas;
  - **óxido de ferro micáceo**: o óxido de ferro micáceo também possui a fórmula química Fe_2O_3. Entretanto, ele difere do óxido anterior em vários aspectos. Trata-se de um óxido cujas partículas têm formato lamelar, ou seja, em forma de placas. O termo micáceo, inclusive, é utilizado para indicar a sua semelhança com a mica no que diz respeito à estrutura das partículas. Além disso, possui cor cinza-chumbo e com aspecto cintilante. É um pigmento bastante utilizado na fabricação de tintas anticorrosivas, principalmente das intermediárias. Além do formato lamelar, as partículas deste pigmento são bastante angulares. Como consequência, e dependendo da concentração utilizada, as películas das tintas ficam

mais rugosas superficialmente, e isto tende a melhorar a aderência entre as demãos.
- **óxidos de ferro preto e amarelo:** os óxidos de ferro preto (Fe_3O_4) e amarelo ($Fe_2O_3 \cdot H_2O$) são utilizados como pigmentos opacificantes coloridos nas composições das tintas, visando à obtenção de determinadas cores específicas.

Não se pode encerrar este item sem chamar a atenção para alguns mecanismos que explicam o importante papel desempenhado pelos pigmentos na inibição da corrosão. Esses mecanismos variam de acordo com as propriedades do pigmento, conforme detalhado a seguir.

Mesmo que o pigmento tenha solubilidade limitada em água, a concentração de íons formados é suficiente para gerar um mecanismo de inibição acentuado, propriedade comum aos cromatos metálicos dos tipos comerciais cromato de zinco, tetroxicromato de zinco, cromato de estrôncio e cromato básico de chumbo, sendo os mais eficientes os dois primeiros. Vale a pena mencionar que uma solubilidade muito grande do pigmento poderá ocasionar sua extração completa da película do revestimento, possibilitando empolamento osmótico, sob condições de imersão ou de exposição à umidade elevada.

Quando o pigmento é suficientemente alcalino, ao ser moído em conjunto com uma composição que contenha óleos vegetais secativos, forma sabões. Na presença de água e oxigênio, esses sabões podem sofrer auto-oxidação, fornecendo produtos de degradação solúveis em água e com propriedades inibidoras. Como exemplo, pode-se citar o zarcão, Pb_3O_4 (ou $2PbO \cdot PbO_2$), na presença de óleo de linhaça.[1,3,4]

Um pigmento metálico poderá ser usado, desde que satisfaça requisitos como ser obtido de um metal que ocupe uma posição menos nobre do que o ferro na escala de potenciais, de forma a poder funcionar como anodo (por exemplo, o alumínio, o magnésio e o zinco); as partículas de pigmento devem ter contato entre si, bem como com o ferro a ser protegido (apenas o zinco satisfaz tal condição, pois é o único pó metálico que pode ser incorporado em um veículo orgânico em concentração suficiente, a fim de que a solução de continuidade do fluxo de elétrons não sofra interrupção).

Entre os pigmentos anticorrosivos mais conhecidos, estão os citados a seguir.

O **pó de zinco** é usado na forma metálica, como partículas esféricas, variando seu diâmetro de 1 μm a 10 μm. Para ser eficiente, deve estar presente em altas concentrações na película seca das tintas.[5] Seu mecanismo de proteção está baseado na proteção catódica. Admite-se que tintas com teor de zinco abaixo de 85 % em peso na película seca não são tão eficientes (exceção para silicato de etila, que funciona bem a partir de 75 % de zinco). As tintas de fundo ricas em zinco mais utilizadas nos esquemas de pintura para atmosferas agressivas são à base de resinas epóxi e de silicatos (inorgânicos alcalinos e de etila).

O **zarcão** (Pb_3O_4 ou $2PbO \cdot PbO_2$) é um dos pigmentos anticorrosivos mais antigos e eficientes, dentre aqueles utilizados pela indústria de tintas. Trata-se de um pigmento que, na presença de ácidos graxos de óleos vegetais, em especial o óleo de linhaça, confere proteção anticorrosiva ao aço pelo mecanismo de passivação ou inibição anódica.[1,3] Possui cor laranja e uma massa específica bastante alta ($\cong 8,1$ g/cm³). Apesar das suas excelentes propriedades anticorrosivas, o zarcão está sendo abandonado na fabricação de tintas, em função de ser um pigmento tóxico e bastante pernicioso à saúde.

O **cromato de zinco** ($4ZnO \cdot K_2O \cdot 4CrO_3 \cdot 3H_2O$) é um dos pigmentos mais eficientes na proteção anticorrosiva do aço. O mecanismo básico de proteção é o de passivação ou inibição anódica, devido à sua solubilidade limitada em água (1,1 g de CrO_3/L), da qual resulta a liberação do íon cromato (CrO_4^-) que é um excelente inibidor anódico.

O **tetroxicromato de zinco** ($4,5ZnO \cdot CrO_3$) possui solubilidade menor que o anterior e é mais utilizado na fabricação das tintas chamadas *wash-primers*, que atuam como condicionadoras de aderência em superfícies de aço galvanizado e de alumínio.

Os cromatos de zinco possuem uma coloração amarela e, apesar de suas excelentes propriedades anticorrosivas, estão, praticamente, fora de uso na fabricação de tintas por serem materiais extremamente nocivos à saúde humana.[6]

O **fosfato de zinco** ($Zn_3(PO_4)_2 \cdot 2H_2O$) é um pigmento anticorrosivo atóxico relativamente novo na indústria de tintas. Seu desenvolvimento foi substancialmente influenciado pela necessidade de substituição dos pigmentos tóxicos como os cromatos de zinco e o zarcão. Seu mecanismo de proteção anticorrosiva é o de passivação ou inibição anódica. É importante destacar que as empresas de pigmentos se esforçaram e ainda vêm se esforçando no sentido de melhorar a eficiência anticorrosiva do fosfato de zinco. Como resultado, já existem no mercado fosfatos de zinco modificados capazes de proporcionar às tintas boas propriedades anticorrosivas. O fosfato de zinco é um pó branco que não possui opacidade. Portanto, nas composições das tintas, ele sempre estará associado a pigmentos opacificantes, como óxido de ferro vermelho, dióxido de titânio etc.

Como descrito anteriormente, as **cargas** são pigmentos que não conferem cor nem opacidade às tintas, sendo empregadas tanto por motivos técnicos como econômicos. Em sua maioria, são de origem mineral e dentre as mais importantes podem-se destacar:

Componente	Nome Principal	Fórmula Química Aproximada
Barita	Sulfato de bário	$BaSO_4$
Talco	Silicato de magnésio	$3MgO \cdot 4SiO_2 \cdot H_2O$
Caulim	Silicato de alumínio	$Al_2O_3 \cdot 2SiO_2 \cdot 2H_2O$
Calcita	Carbonato de cálcio	$CaCO_3$
Quartzo	Sílica	SiO_2
Mica	Silicato de alumínio e potássio	$3Al_2O_3 \cdot K_2O \cdot 6SiO_2 \cdot 2H_2O$

24.4 PROPRIEDADES DAS TINTAS E MECANISMOS DE SECAGEM E FORMAÇÃO DE PELÍCULA

Como descrito anteriormente, a resina é o constituinte responsável pela formação da película de tinta. Logo, a maioria das propriedades físico-químicas dela (por exemplo, resistência a agentes químicos, à radiação solar, à abrasão e ao impacto, dureza e flexibilidade) depende da natureza química da resina presente em sua composição. Neste sentido, algumas são mais resistentes e adequadas que outras para determinadas condições de trabalho e de exposição. Neste item, apresenta-se uma descrição básica das principais resinas, bem como as propriedades das tintas fabricadas com cada uma delas. A descrição das resinas e as propriedades técnicas das tintas são apresentadas de forma agrupada, em função do mecanismo de secagem e formação da película.

Entende-se por mecanismo de secagem e de formação de película o processo pelo qual um filme de tinta, após a sua aplicação, se converte numa película sólida com as propriedades desejadas. O fato de uma película de tinta estar superficialmente seca nem sempre é indicativo de que ela esteja adequadamente curada e devidamente consolidada para resistir às condições de serviço. Em muitas tintas, além do processo de evaporação de solventes, a cura da película ocorre por meio de diferentes mecanismos. Conhecer o mecanismo de secagem e formação de película de uma tinta é muito importante para especificar corretamente os esquemas de pintura, principalmente aqueles destinados aos serviços de manutenção. Além disso, contribui para evitar, durante a aplicação das tintas, a ocorrência de alguns problemas típicos na película. A seguir são apresentadas as principais resinas utilizadas na fabricação de tintas, em função do mecanismo de formação de película, bem como as propriedades gerais das tintas correspondentes.

24.4.1 Resinas/Tintas que Formam a Película por Evaporação de Solventes

Este mecanismo de formação de película é um dos mais simples e fáceis de entender uma vez que a secagem e a cura da película dependem apenas da evaporação de solventes, conforme ilustrado na Figura 24.4.

As tintas que possuem esse mecanismo de formação de película possuem fraca resistência a solventes, pois as películas podem ser redissolvidas, mesmo após a secagem completa delas. Por essa razão, são conhecidas como tintas reversíveis. Entretanto, possuem vantagens importantes. Em geral, são de um componente e as películas não necessitam ser lixadas superficialmente para a aplicação de uma nova demão, caso o intervalo máximo entre demãos seja ultrapassado. Basta que a demão anterior esteja completamente limpa, ou seja, isenta de contaminantes (como óleos, graxas, sais, partículas sólidas etc.) e em boas condições físicas (isenta de fissuras e aderente). A seguir apresentam-se as resinas mais utilizadas dentro deste grupo.

Vinílicas

Do ponto de vista químico, as resinas vinílicas são aquelas que contêm na sua estrutura o grupamento vinil ($H_2C = CH_2$). No campo da proteção anticorrosiva, as resinas vinílicas de maior interesse são os copolímeros obtidos a partir dos monômeros cloreto e acetato de vinila.[1,7] As tintas vinílicas fabricadas com esses copolímeros destacam-se por sua elevada resistência química a ácidos, álcalis e sais. Em atmosferas agressivas (marinha e industrial), essas tintas têm-se constituído num dos principais revestimentos anticorrosivos. Como desvantagem, elas apresentam baixa resistência térmica. Não é recomendável aplicá-las em estruturas que ficarão sujeitas a temperaturas superiores a 70 °C, sob risco de se ter a degradação da resina com a liberação de ácido clorídrico. Quando expostas ao exterior apresentam tendência ao gizamento (*chalking*).

No grupo das resinas vinílicas, pode-se destacar ainda a resina de polivinilbutiral, que é empregada na fabricação das chamadas tintas *wash-primers*. Essas tintas têm a função de promover a aderência de sistemas de pintura sobre superfícies de aço galvanizado e de alumínio. Elas são normalmente fornecidas em dois componentes (A e B): o componente A contém a resina polivinilbutiral, tetroxicromato de zinco e alcoóis, e o componente B, uma solução alcoólica com cerca de 3,5 % de ácido fosfórico. Esses dois componentes são misturados, por ocasião da aplicação, em proporções indicadas pelo fabricante.

O mecanismo de aderência dessa tinta, sobre os substratos de aço galvanizado, envolve a reação entre o ácido fosfórico, o tetroxicromato de zinco e o zinco da superfície metálica. Algumas hipóteses propostas para explicar a função de cada um dos componentes do *wash-primer* quando aplicado sobre aço são:

- reação do ácido fosfórico com a superfície metálica;
- formação de película de fosfato à semelhança dos processos convencionais de fosfatização;
- uma película sobreposta de polivinilbutiral que protege e age como adesivo das películas inorgânicas formadas, servindo ainda de base para aplicação das demãos subsequentes.

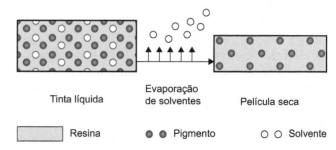

Figura 24.4 Representação esquemática do mecanismo de secagem e formação de película que ocorre pela simples evaporação de solventes.

Dentre as resinas vinílicas amplamente empregadas pelas indústrias de tintas, porém de pouca importância no campo da proteção anticorrosiva, estão aquelas à base de acetato de polivinila, PVA, empregadas na fabricação de tintas para a construção civil com finalidades decorativas.

Acrílicas

São resinas obtidas a partir dos ácidos acrílico e metacrílico, através de reações químicas de esterificação.[7,8,9] São resinas versáteis, podendo ter elevada elasticidade ou, então, certos tipos podem ser tão rígidos que admitem usinagem. Essas resinas são desenvolvidas em dois grupos:

- as termoestáveis (termorrígidas), que curam com auxílio de energia térmica;
- as termoplásticas, que formam a película por evaporação de solventes. Podem também apresentar mecanismo filmógeno por coalescência. Sua principal característica é a excelente retenção de cor, não amarelando quando exposta às intempéries. Os tipos termoplásticos não resistem obviamente a solventes, em função do mecanismo de formação da película.

As resinas acrílicas, devido à sua grande resistência à decomposição pelos raios ultravioleta, bem como resistência a óleos e graxas, quando incorporadas em formulações com outras resinas, conferem ao conjunto todas essas propriedades.

Tintas acrílicas e epóxi, solúveis em água, vêm sendo empregadas quando existe problema de poluição ambiental, como na pintura em ambientes confinados ou com baixa ventilação. Essas tintas, chamadas **tintas de emulsão aquosa**, usam água como uma das fases. Com a evaporação da água, ocorre a coalescência e consequente interligação das partículas dos constituintes das tintas e formação de película contínua, uniforme e protetora. Foram desenvolvidas, também, tintas de emulsão aquosa de poli (acetato de vinila) (PVA), de estirenobutadieno, de ésteres acrílicos e de epóxi.

Na formulação das tintas de fundo acrílicas solúveis em água, é importante a adição de pigmentos inibidores para evitar o *flash-rust*, isto é, a corrosão superficial do aço devida à presença de água. Na realidade, essas tintas de emulsão aquosa deveriam ser chamadas de **tintas de dispersão aquosa**, pois não se tem realmente uma emulsão, e sim uma dispersão.

As tintas acrílicas solúveis em água também são usadas com bom desempenho na pintura de concreto, pois apresentam aderência sobre substrato alcalino, como é o caso de concreto, e não são saponificáveis. Apresentam ainda a propriedade de permitir a passagem de vapor d'água, mas não de água no estado líquido, possibilitando a saída de umidade interna do concreto sem que haja empolamento da película de tinta.

Borracha clorada

A borracha clorada é uma resina obtida por cloração da borracha natural. Apresenta teor de cloro de cerca de 67 % e é obtida em pó granular branco:[1]

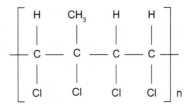

Figura 24.5 Fórmula química da borracha clorada.

A borracha clorada é solúvel em hidrocarbonetos aromáticos, ésteres, cetonas e solventes clorados. Como é dotada de alta força de coesão entre as moléculas, há necessidade da incorporação de um plastificante compatível a fim de melhorar a adesão da película.

Sob a ação da radiação UV, ela possui a natural tendência de se decompor, com liberação de ácido clorídrico, HCl. Assim, estabilizadores como epicloridrina e óxido de zinco são adicionados às tintas. O contato com superfícies ferrosas e de estanho acelera a decomposição. Outro fator que provoca a decomposição é a temperatura. Dessa maneira, uma película de borracha clorada, exposta a temperaturas elevadas, começa a se decompor liberando HCl que pode, inclusive, atacar a chapa de aço sobre a qual a película está aplicada. Na prática, não se recomenda a utilização de tintas de borracha clorada para superfícies com temperatura acima de 65 °C. Vários casos de falhas prematuras em sistemas de pintura à base de borracha clorada já foram detectados, havendo formação de ácido clorídrico proveniente da decomposição da resina. Hoje em dia, é prática comum não aplicar essas tintas diretamente sobre superfícies ferrosas e, sim, sobre uma tinta de fundo epóxi, a fim de se evitar o contato direto da borracha clorada com o aço. Às tintas de borracha clorada são creditadas propriedades importantes, como:

- boa resistência a produtos químicos;
- boa resistência à umidade;
- baixa permeabilidade ao vapor d'água;
- não são inflamáveis (película seca).

Apesar das propriedades citadas, o fato é que, devido a restrições ambientais no processo de fabricação da resina, as tintas de borracha clorada estão sendo muito pouco utilizadas em nível mundial. Outro aspecto importante a destacar é que as tintas de borracha clorada, por motivos técnicos inerentes à resina, são produzidas com baixo teor de sólidos e, portanto, alto teor de solventes, o que hoje em dia vem sendo evitado em função das leis de proteção ao meio ambiente e à saúde dos trabalhadores. Alguns fabricantes sequer dispõem destas tintas em sua linha de produtos anticorrosivos.

Os plastificantes a serem utilizados na composição devem ser insaponificáveis. As parafinas cloradas são as mais empregadas para essa finalidade. A combinação de borracha clorada com resinas alquídicas melhora a aderência da tinta, as características de aplicação e a resistência aos raios ultravioleta. Entretanto, reduz a resistência química da película.

Quando expostas à radiação solar, tendem a perder o brilho e apresentam alteração de cor e formação de gizamento (*chalking*). O tempo para que isto ocorra vai depender da cor da tinta, uma vez que os pigmentos influenciam estas propriedades.

Betume, asfaltos e alcatrão de hulha

Betumes e asfaltos, resíduos da destilação do petróleo, são predominantemente constituídos de hidrocarbonetos alifáticos, e os alcatrões de hulha provenientes da destilação seca do carvão mineral são predominantemente constituídos de hidrocarbonetos aromáticos. O asfalto, proveniente da destilação do petróleo, sofre primeiramente um processo de oxidação a altas temperaturas, que o torna mais solúvel em solventes convencionais, bem como para tornar a película mais elástica. Os asfaltos e alcatrões apresentam como característica principal grande resistência aos agentes químicos e à água. Todavia, para que haja uma melhora não só quanto à adesão, mas também quanto à dureza da película, resinas sintéticas, como alquídicas ou fenólicas, são comumente incorporadas nas formulações.

Uma das combinações de maior utilização no campo da proteção anticorrosiva envolve a mistura de resinas betuminosas, mais precisamente o alcatrão de hulha, com resinas epoxídicas. Nesse caso, temos as chamadas tintas à base de alcatrão de hulha-epóxi (*coal-tar epoxi*), que, além da excelente resistência à umidade, apresentam boas propriedades mecânicas e boa resistência química. São usadas em revestimento de tubulações enterradas e revestimento de estacas, de píeres de atracação, na parte sujeita à atmosfera marinha, com ótimos desempenhos.

Apesar de suas excelentes propriedades anticorrosivas, as resinas betuminosas, devido à sua elevada toxicidade, estão tendo seu uso reduzido, mas, em alguns países, vêm sendo evitadas na composição das tintas.

Nitrocelulose

Resina obtida pela reação do ácido nítrico, em presença de ácido sulfúrico, com celulose. Essas resinas não são utilizadas isoladas na fabricação de tintas, pois precisam ser plastificadas; por isso são empregadas em conjunto com plastificantes ou resinas alquídicas secativas ou não secativas.

As tintas à base de nitrocelulose possuem secagem muito rápida (3 a 5 minutos) e, por isso, são empregadas na repintura de automóveis, pintura de objetos industriais e outros.

24.4.2 Resinas/Tintas que Formam a Película por Oxidação

Neste tipo de mecanismo, a formação da película ocorre por meio da reação química da resina com o oxigênio (O_2) do ar. Obviamente que a evaporação de solventes é uma etapa importante no processo. Entretanto, a reação com o oxigênio do ar é fundamental para que a película se consolide e proporcione as propriedades físico-químicas desejadas. O mecanismo da reação não será aqui apresentado uma vez que não está dentro do escopo deste capítulo. Basicamente, o que ocorre é a atuação química do oxigênio (O_2) nas duplas ligações (–CH = CH–) dos ácidos graxos insaturados presentes nos óleos vegetais. Portanto, neste grupo de resinas/tintas, o veículo fixo contém óleos vegetais.

Outro aspecto importante que merece ser ressaltado é que as tintas que formam a película por oxidação devem ser aplicadas dentro da espessura recomendada pelo fabricante. Espessuras excessivas poderão causar alguns problemas às películas, por exemplo, o retardamento da secagem e cura dessas tintas, em função de o acesso de oxigênio às camadas inferiores ser mais difícil e demorado. O enrugamento da película também poderá ocorrer devido à espessura excessiva delas.

Óleos vegetais

Os óleos vegetais têm se destacado ao longo da história da indústria de tintas. Nas chamadas tintas a óleo são empregados como veículo fixo único na formulação de tintas. Entretanto, devido à sua secagem lenta e tendência ao amarelecimento da película, essas tintas estão sendo cada vez menos empregadas. A combinação de óleos vegetais com resinas sintéticas resulta em veículos fixos com melhores propriedades para a fabricação de tintas para os diversos setores da indústria.

As **tintas a óleo**, apesar dos inconvenientes citados, são produtos que conferem uma boa proteção anticorrosiva ao aço em atmosferas não muito agressivas, pois a sua resistência química não é elevada. Nesse sentido, cabe ressaltar a importância das tintas à base de zarcão e óleo de linhaça, que são produtos amplamente conhecidos em termos de eficiência anticorrosiva para superfícies ferrosas, embora com pouco uso atualmente, devido à toxicidade do óxido de chumbo.

Os óleos de maior uso na indústria de tintas são o óleo de linhaça, óleo de tungue, óleo de soja, óleo de oiticica, óleo de coco e óleo de mamona. Eles podem ser classificados em secativos, semissecativos e não secativos, de acordo com o grau de insaturação (presença de duplas ligações, –CH = CH–) que pode ser avaliado pelo índice de iodo.

Resinas alquídicas modificadas com óleos vegetais

As resinas alquídicas são poliésteres resultantes da reação entre álcoois poli-hídricos (glicerol, pentaeritritol) com poliácidos ou seus anidridos (anidrido ftálico) modificados com ácidos graxos livres ou contidos em óleos vegetais. Atualmente, esses últimos são os mais utilizados como fonte de ácidos graxos.

As resinas alquídicas podem ser classificadas com base nos seguintes parâmetros:

- secatividade – secativas e não secativas, sendo definidas pelo tipo de óleo empregado;
- teor ou comprimento em óleo – nesse caso, elas podem ser curta, média curta, média, média longa, longa e muito longa, conforme teores mostrados a seguir:

Teor em Óleo (%)	Classificação
33-43	Curta
44-48	Média curta
49-53	Média
54-59	Média longa
60-74	Longa
>74	Muito longa

As tintas com resinas alquídicas curtas em óleo possuem secatividade mais rápida. Quanto maior for o teor em óleo na resina, mais lenta será a secagem da tinta e tanto menor será a qualidade do produto em termos de resistência a agentes químicos.

As tintas alquídicas, também conhecidas no mercado como **tintas sintéticas**, apesar de possuírem resistência química superior à das tintas a óleo, também são passíveis de serem saponificadas. Não são indicadas para atmosferas muito agressivas quimicamente. Entretanto, em atmosferas rural, urbana, industrial leve etc., são produtos que apresentam bom desempenho, além de possuírem custo inferior ao das outras tintas anticorrosivas e de serem de fácil aplicação. São muito utilizadas em manutenção industrial, construção civil, indústria mecânica pesada e pintura doméstica.

Resinas fenólicas modificadas com óleos vegetais

São as resinas obtidas da reação de condensação de um fenol com um aldeído por exemplo:

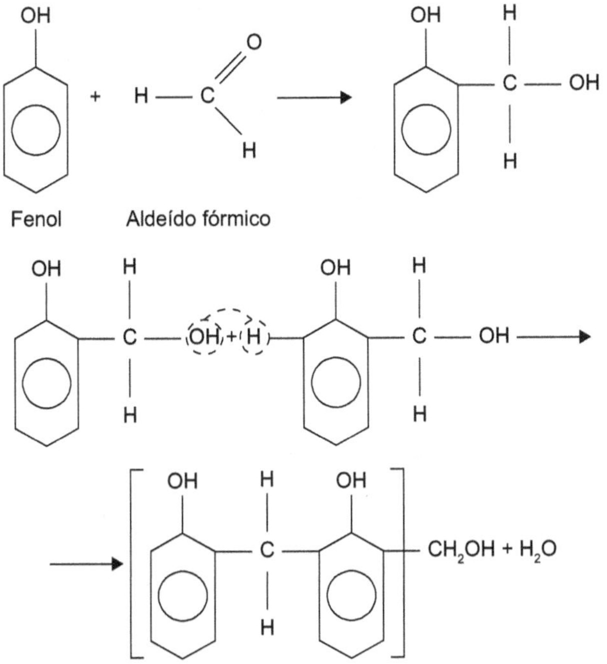

Figura 24.6 Mecanismo reacional da condensação de um fenol com um aldeído.

em que "n" varia de 2 a 4.

As resinas fenólicas, modificadas com óleos vegetais, são resultantes da reação entre uma resina fenólica propriamente dita e óleos vegetais como linhaça, tungue e oiticica. As tintas formuladas com esse tipo de resina apresentam resistência química, térmica e à água superior à das tintas alquídicas. Atualmente, essas resinas são empregadas na fabricação de tintas pigmentadas com alumínio, obtendo-se as chamadas **tintas de alumínio fenólicas**. Não se produzem tintas de cores claras com essa resina pelo fato de amarelecerem rapidamente ao exterior, principalmente devido à alta reatividade do óleo de tungue.

Outras resinas

Além das resinas citadas, existem outras resinas oleomodificadas, apesar de serem pouco utilizadas, que também formam a película pelo mecanismo de oxidação. Dentre elas podem-se destacar as **resinas éster de epóxi** e **óleo-uretânicas**. As resinas éster de epóxi são obtidas pela reação de uma resina epóxi e óleos vegetais. Sua fabricação, classificação e comportamento são similares aos das alquídicas, porém com melhor resistência química que as últimas.

As resinas óleo-uretânicas são obtidas pela reação entre mono e diglicerídios e tolueno di-isocianato (TDI). São basicamente empregadas em vernizes para madeira, principalmente em atmosfera marinha.

24.4.3 Resinas/Tintas que Formam a Película Por Meio de Reação Química de Polimerização por Condensação à Temperatura Ambiente

A maioria das tintas fabricadas com resinas que possuem este mecanismo é fornecida normalmente em dois ou mais componentes. Estes deverão ser misturados, **por ocasião da aplicação da tinta**, na proporção (em massa ou volume) recomendada pelo fabricante dela, e a mistura deverá apresentar um aspecto final uniforme. É importante destacar que a proporção de mistura indicada pelo fabricante da tinta seja rigorosamente obedecida. Às vezes, por falta de conhecimento técnico adequado, os pintores cometem erros quando não respeitam a proporção de mistura. Isso ocasiona uma série de problemas, por exemplo, as tintas não secam, não curam e, além disso, as películas acabam por não possuir as propriedades físico-químicas desejadas.

Ao se misturarem os componentes da tinta, inicia-se uma reação química entre eles e a viscosidade ou consistência da tinta irá aumentar gradativamente. Haverá um estágio em que ela não terá mais condições de ser aplicada. Nesse momento, diz-se que expirou o tempo de vida útil da mistura (*pot life*). Portanto, tempo de vida útil da mistura, ou *pot life*, é o tempo máximo, após a mistura dos componentes, que a tinta permanece em condições de ser aplicada sem prejuízo às características finais da película.

Uma vez feita a mistura dos componentes, para algumas tintas é recomendável esperar de 15 a 20 minutos antes de iniciar a aplicação delas. Este tempo é chamado de tempo de indução.

Resinas epoxídicas ou epóxi

As resinas epóxi ou epoxídicas são, sem dúvida, dos mais importantes veículos fixos com que se conta atualmente para um efetivo combate aos problemas de corrosão. Essa importância é derivada de suas boas propriedades de aderência e de resistência química. Além disso, apresentam alta resistência à abrasão e ao impacto. São polímeros obtidos por condensação e podem ser preparados com estrutura e pesos moleculares predeterminados, obtendo-se resinas sólidas (pesos moleculares acima de 900) e líquidas (pesos moleculares da ordem de 380). Elas possuem o característico grupamento epoxídico:

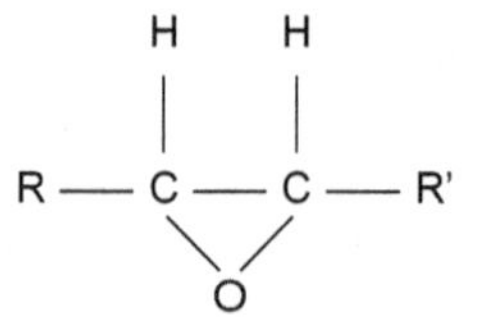

Figura 24.7 Grupamento epoxídico.

Uma das resinas epoxídicas de maior interesse para a fabricação de tintas anticorrosivas são aquelas obtidas a partir da reação química de condensação da epicloridrina com bisfenol A (difenilolpropano), conforme ilustrado na Figura 24.8.

Os revestimentos à base de resina epóxi podem apresentar-se de várias formas, como visto a seguir.

Sistemas de estufa. Nesses sistemas, a formação de polímero entrecruzado é induzida por calor. Em geral, as resinas correagentes (fenólicas, amínicas, alquídicas etc.) possuem oxidrilas que reagem com o grupamento terminal epóxi, dando lugar à formação de ligações cuja estabilidade química é conhecida. Entre esses sistemas, podem-se destacar:

- sistema de três componentes – é uma composição de resinas epóxi, alquídica e melamina-formaldeído numa proporção aproximada de 1:2:1, respectivamente. Além de excelente adesão, essas composições têm excelente resistência a água, álcalis e detergentes;
- epóxi/ureia-formaldeído e epóxi/melamina-formaldeído – esses sistemas são apresentados de forma geral na proporção de 70:30 – resina epóxi/resinas amínicas. Esses sistemas, de custo muito alto, apresentam excelente resistência química, flexibilidade e adesão, sendo usados em *primers* para aparelhos eletrodomésticos, o máximo de qualidade é necessário;
- epóxi/fenólica – também são apresentados de uma forma geral numa proporção de 70:30 – resina epóxi/resina fenólica, e com este sistema alcança-se o máximo em resistência química. (A única desvantagem é que com eles não se podem fazer revestimentos de cor clara, devido à resina fenólica ser escura.)

Sistemas de dois componentes. Nesses sistemas, a formação do polímero entrecruzado é devida à reação entre a resina epóxi e um **agente endurecedor** ou **agente de cura,** que também é uma resina. A reação pode-se dar à temperatura ambiente e os endurecedores mais empregados são as poliaminas e as poliamidas. São as chamadas **tintas de dois componentes**, nas quais a resina e o endurecedor ou agente de cura são misturados pouco antes da aplicação. Depois da mistura, a tinta tem um tempo, *pot-life* da tinta, durante o qual a sua aplicação pode ser feita e, após esse tempo, a tinta endurece, não mais permitindo sua utilização.

As tintas epoxídicas curadas com aminas ou poliaminas (**aduto epóxi-amina alifática**) são, em geral, produtos que apresentam melhor resistência a substâncias químicas (álcalis, ácidos, solventes) do que aquelas curadas com poliamidas. Já as tintas epoxídicas curadas com poliamidas apresentam melhor resistência à água e a ambientes úmidos do que aquelas curadas com poliaminas, além de serem mais flexíveis.

As tintas epoxídicas curadas com poli-isocianatos são produtos de elevada resistência química. Uma das tintas indicadas como condicionadora de aderência de sistemas de pintura

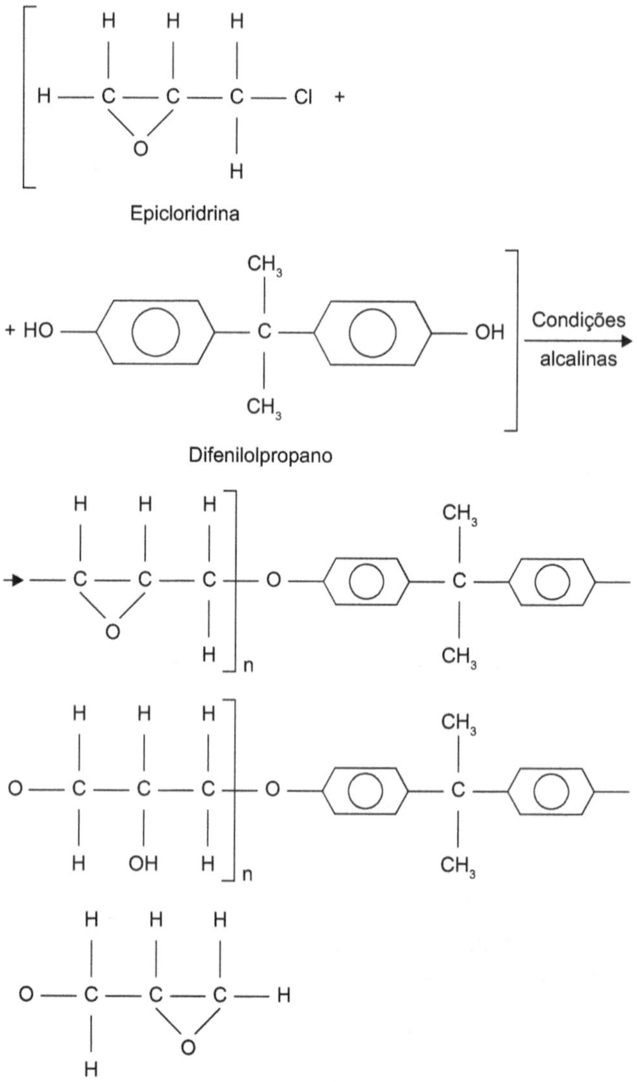

Figura 24.8 Reação química de condensação da epicloridrina com bisfenol A (difenilolpropano).

em superfícies de aço galvanizado é formada pelo sistema de resina epóxi e poli-isocianato alifático.

Como características gerais, as tintas epoxídicas de dois ou mais componentes apresentam excelentes propriedades mecânicas, como dureza, resistência à abrasão e ao impacto. Podem ser empregadas como tintas de fundo, intermediária e de acabamento quando se deseja alta resistência à corrosão em meios agressivos. Vale, entretanto, destacar que as tintas epoxídicas, quando expostas ao intemperismo natural (ao exterior), apresentam fraca resistência aos raios ultravioleta, presentes no espectro solar, e, como consequência, perdem brilho e cor muito rapidamente. Além disso, apresentam a formação de empoamento ou **gizamento** (*chalking*), fenômeno que corresponde a uma degradação superficial da resina pelos raios ultravioleta, fazendo com que o pigmento fique solto na superfície. Em princípio, o gizamento altera basicamente as propriedades estéticas da película. Limpando-se a superfície empoada (pó esbranquiçado), nota-se que o sistema retém a sua cor natural e não se observam falhas na película do revestimento. Entretanto, tem sido observado em certas regiões, onde chove muito, que a redução de espessura da película devido a este fenômeno é bastante considerável, podendo, portanto, reduzir a proteção anticorrosiva. A adição de resina acrílica nas formulações aumenta a resistência ao empoamento. Quando necessário maior resistência aos raios ultravioleta, são indicadas as tintas de poliuretano alifático.

As resinas epóxi apresentam ainda um campo de aplicação acentuado na fabricação de tintas de fundo ricas em zinco, para sistemas de pintura de alto desempenho em atmosferas de alta agressividade. O teor de zinco metálico na película seca dessas tintas é superior a 88 %.

Tintas epóxi curadas com poliaminas aromáticas, contendo **pigmentos lamelares** como, por exemplo, alumínio e aplicadas em alta espessura (120 μm a 150 μm), são produtos indicados para proteção anticorrosiva de superfícies ferrosas preparadas por meio de ferramentas mecânicas e/ou manuais, nos casos em que um método de limpeza mais eficiente (jateamento abrasivo, hidrojateamento) não puder ser empregado. O mecanismo básico de atuação está na boa aderência desse revestimento ao substrato metálico e boas características de proteção por barreira, principalmente devido à presença de pigmentos lamelares.

Não poderiam deixar de ser citadas as **tintas à base de epóxi/alcatrão de hulha** (*coal-tar epoxi*), que constituem excelente combinação entre as propriedades mecânicas e químicas da resina epóxi com a excelente resistência do alcatrão à água. Isto possibilita a aplicação deste sistema a um sem-número de casos, como em tanques para armazenamento, instalações industriais, tubulações de adução de água, comportas de represas etc. Podem ser obtidas altas espessuras numa só aplicação: 120 a 200 micrômetros.

As **tintas epóxi sem solvente**, formuladas com resinas epóxi líquidas, juntamente com agentes endurecedores ou de cura, têm sido usadas para aplicação sem solvente, permitindo a obtenção de revestimentos de alta espessura de película e bastante resistentes aos agentes químicos.

Resinas/tintas poliuretânicas

Os poliuretanos são polímeros obtidos a partir da reação de compostos poli-hidroxilados (polióis) com poli-isocianatos:

$$R-N=C=O + R'-OH \rightarrow R-N(H)-C(=O)-O-R'$$

Isocianato + Poliol → Uretano

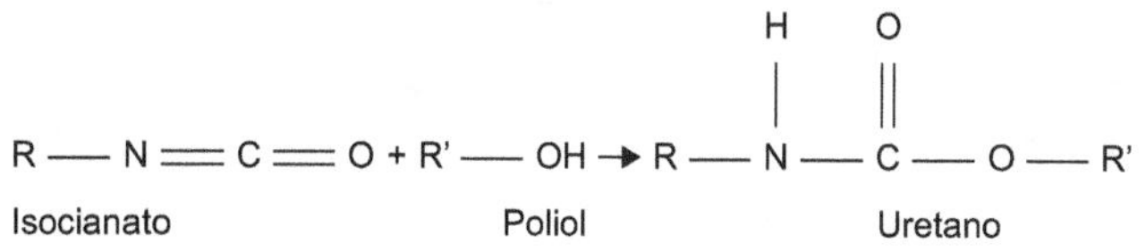

Figura 24.9 Reação de compostos poli-hidroxilados (polióis) com poli-isocianatos.

Atualmente, os polióis mais empregados são os poliésteres poli-hidroxilados e as resinas acrílicas poli-hidroxiladas. Com relação aos poli-isocianatos, os dois mais empregados são os tipos alifáticos (cadeia linear), como o di-isocianato hexametileno, e o aromático, como o 2,4-tolueno di-isocianato e o 2,6-tolueno di-isocianato (TDI).

As **tintas de poliuretano**, a exemplo das tintas epóxi, são fornecidas em dois componentes (A e B). Normalmente, o componente A contém a resina poli-hidroxilada (poliéster ou acrílica) e o componente B (agente de cura) contém o poli-isocianato alifático ou aromático. Essas tintas caracterizam-se pelas excelentes propriedades anticorrosivas em meios de alta agressividade, bem como por suas notáveis propriedades físicas da película, como dureza, resistência à abrasão etc.

As tintas de poliuretano aromático são mais indicadas para ambientes internos, pois, quando expostas à radiação solar natural, mostram fraca retenção de cor e brilho e apresentam a formação de gizamento.

Com relação às tintas de poliuretano alifático, estas possuem excelente resistência aos raios ultravioleta e, como consequência, as películas correspondentes mostram excelente retenção de cor e brilho quando expostas à radiação solar. Neste sentido, aquelas obtidas a partir de resinas acrílicas poli-hidroxiladas (poliuretano acrílico alifático) são mais resistentes que aquelas obtidas de poliésteres poli-hidroxilados. Entretanto, estas últimas são superiores às primeiras em termos de resistência química e mecânica. A Figura 24.10 mostra o comportamento de quatro tintas de acabamento (alquídica, epóxi-poliamida, poliuretano acrílico alifático e poliuretano alifático convencional), no que diz respeito à variação de brilho, após ensaio de exposição à radiação UV-B e à condensação de umidade. Nela, pode-se observar a superioridade da tinta de poliuretano acrílico alifático.[10]

As tintas de poliuretano monocomponente são produtos que reagem com a umidade do ar para dar origem à formação da película. As resinas com essa propriedade têm sido mais empregadas em tintas de fundo, principalmente pigmentadas com zinco e, também, em combinação com resinas betuminosas. Portanto, neste caso, a umidade é o agente que reagirá com a resina de poli-isocianato para formar a película.

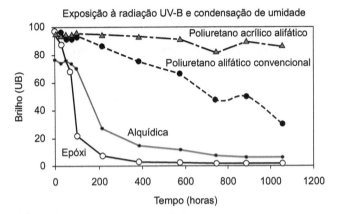

Figura 24.10 Comportamento de tintas de acabamento expostas à radiação UV-B (8 h) e condensação de umidade (4 h).

Resina/tintas poliaspárticas

As tintas de acabamento poliaspárticas são relativamente novas no mercado internacional de tintas anticorrosivas. São obtidas a partir da reação de éster(es) poliaspártico(s), que são diaminas alifáticas secundárias, presente(s) no componente A, com poli-isocianato alifático, o qual normalmente está na composição do componente B. Na realidade, a tinta obtida da reação mencionada, do ponto de vista químico, corresponde a uma poliureia (reação de uma amina com um poli-isocianato, conforme Fig. 24.11). O termo "tinta poliaspártica" foi adotado pelo fato dela ser obtida a partir do éster poliaspártico, bem como para diferenciar das poliureias aromáticas, que são revestimentos de elevada espessura, bastante utilizados em pisos e na proteção de superfícies de concreto expostas em condições agressivas.

Existem diferentes ésteres poliaspárticos e, dependendo da estrutura orgânica correspondente ao grupamento X da cadeia, diferentes tintas de acabamento podem ser obtidas, com propriedades físico-químicas distintas. De forma geral, tais tintas apresentam as seguintes características técnicas, que podem variar de um fabricante para outro em função de diversos parâmetros de formulação:

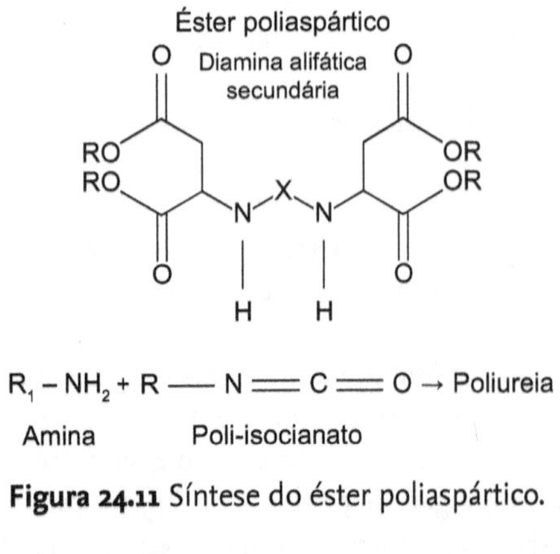

Figura 24.11 Síntese do éster poliaspártico.

- elevado teor de sólidos em volumes (>80 %) e, portanto, baixo teor de compostos orgânicos voláteis ($\cong$120 g/L);
- permitem a obtenção de elevadas espessuras por demão, fato este que pode contribuir para reduzir o custo de aplicação de tintas e o tempo de aplicação dos esquemas de pintura;
- possuem velocidade de secagem e cura muito rápida. Algumas tintas podem atingir a dureza máxima da película em menos de 48 horas, após a aplicação.

Obviamente que as propriedades citadas dependem da formulação e da tecnologia de fabricação das tintas. Este conceito vale não só para o caso dessas tintas, mas também para os demais tipos de tintas.

Resinas/tintas polissiloxano

Embora a tecnologia dos polissiloxanos seja bem antiga, o fato é que as tintas de acabamento à base de resinas de polissiloxano (Fig. 24.12) é relativamente nova. A resina em si é composta por uma estrutura inorgânica formada por átomos de silício e oxigênio e com ramificações de estruturas orgânicas, conforme mostrado na Figura 24.4.

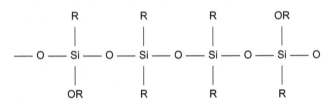

Figura 24.12 Fórmula do polissiloxanos.

Dependendo do tipo de modificação da estrutura orgânica (R) e do percentual dela na composição da resina, podem-se obter tintas com diferentes propriedades físico-químicas. Uma das propriedades mais marcantes dessas tintas é a sua excelente resistência à radiação ultravioleta (UV). Como consequência, estas tintas apresentam excelente retenção de cor e brilho quando expostas à radiação solar. Esta alta resistência à radiação UV se deve à maior energia da ligação química silício-oxigênio (—Si—O—Si—), em relação à da ligação química carbono-carbono (—C—C—).

As resinas de polissiloxano podem ser modificadas, com relação à parte orgânica, com estruturas acrílicas, epoxídicas, uretânicas ou uma combinação destas. Em termos práticos, as tintas de acabamento à base de polissiloxano, além da excelente resistência à radiação ultravioleta, apresentam as seguintes características técnicas:

- baixo teor de compostos orgânicos voláteis (COV, 120 a 170 g/L), portanto uma tecnologia de baixo impacto ambiental;
- livre de isocianatos;
- permitem a obtenção de elevadas espessuras por demão;
- podem contribuir para a redução dos custos de manutenção, devido à sua elevada resistência à radiação solar, em especial à radiação UV.

O custo unitário destas tintas é relativamente elevado, pelo menos tomando como base os dados atuais. Logo, é sempre importante fazer uma análise técnica e econômica de cada situação, ou seja, uma avaliação da relação custo/benefício.

24.4.4 Resinas/Tintas que Formam a Película por Polimerização Térmica

Neste grupo enquadram-se as resinas/tintas cuja formação da película ocorre por meio de calor.

Silicones

As resinas de silicone são polímeros formados por átomos de silício ligados ao oxigênio (O) e a grupos orgânicos (R) e possuem a estrutura mostrada na Figura 24.13.[11,12]

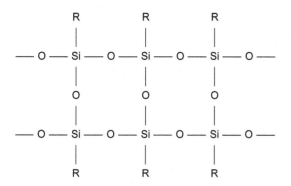

Figura 24.13 Fórmula da resina de silicone.

R pode ser um radical metil (CH_3-) ou fenil (C_6H_5-). As resinas de silicone com radicais fenil apresentam resistência térmica superior àquelas com radicais metil.[11,12] As resinas com radicais metil são superiores àquelas com fenil nas seguintes propriedades: dureza, flexibilidade, repelência à água, resistência química, taxa de cura e choque térmico. Muitas vezes, há necessidade de se utilizar resinas que tenham ambos os grupos orgânicos citados, para resistir a determinadas condições específicas. Nestes casos, as propriedades finais dos produtos dependerão da quantidade relativa de cada grupo e do grau de substituição.[8,9,11,12]

No campo da pintura, as resinas de silicone são bastante utilizadas na fabricação de tintas para proteção anticorrosiva de estruturas metálicas sujeitas a altas temperaturas. Dependendo da(s) resina(s) utilizada(s), estas tintas são capazes de suportar temperaturas de até 550 °C. Em geral, elas são monocomponentes e pigmentadas com alumínio, por ser este um dos pigmentos que possuem estabilidade térmica na faixa de temperatura para a qual a tinta se destina. Podem ser aplicadas diretamente sobre as superfícies de aço, com grau de limpeza mínimo Sa 2 $1/2$ (metal quase branco, Norma ISO 8.501-1). A espessura por demão é da ordem de 25 μm. Acima deste valor corre-se o risco de a película fissurar ou trincar, em caso de choques térmicos. Contudo, é sempre importante consultar o fabricante da tinta para que ele indique a espessura adequada para o produto em questão.

Amínicas

As resinas amínicas, melanina-formaldeído e/ou ureia formaldeído são as mais utilizadas na fabricação de tintas para cura em estufa. Em geral, são empregadas em conjunto com outras resinas, como alquídicas curtas em óleos vegetais não secativos (coco, mamona cru etc.), acrílicas e epoxídicas. A temperatura de cura destas tintas na estufa pode variar, dependendo da formulação, de 120 °C a 180 °C, com intervalos de tempo de 10 a 30 minutos. As películas destas tintas após a cura apresentam excelentes propriedades mecânicas (dureza elevada, resistência à abrasão e ao impacto etc.).[8,9]

O campo de aplicação destas tintas é bastante amplo. As tintas com resinas do tipo epóxi-amínicas (principalmente melanina), após a cura, proporcionam revestimentos com ótima resistência química, boa aderência ao substrato e com excelentes propriedades mecânicas, como descrito anteriormente. As tintas com resinas acrílicas-amínicas ou alquídicas-amínicas são importantes na fabricação de esmaltes para pintura de automóveis, eletrodomésticos etc.[8,9]

Tintas em pó

Apesar de a formação da película destas tintas ocorrer a partir de reações químicas de polimerização térmica (por meio de calor), o mecanismo envolvido neste processo apresenta algumas características diferentes daquele das tintas líquidas convencionais. As tintas em pó são fornecidas, em uma única embalagem, com todos os seus constituintes básicos [resina(s), pigmento(s) e aditivo(s)] na forma de pó finamente dividido. As peças a serem revestidas, após receberem a aplicação da tinta por métodos especiais, ficam apenas cobertas por uma camada uniforme de pó. Nesse estágio, a película ainda não está formada e o pó solta-se com facilidade. Em seguida, para os casos em que a aplicação da tinta for feita por meio de pistola eletrostática, as peças são colocadas dentro de uma estufa por um período a determinada temperatura. Dentro da mesma, ocorre, basicamente a fusão do pó e, em seguida, as reações de polimerização térmica envolvendo a(s) resina(s) e o(s) agente(s) de cura, as quais conduzem à formação da película sólida com as propriedades desejadas. As condições de cura (tempo e temperatura) para obtenção das películas podem variar substancialmente, principalmente em função da(s) resina(s) e do(s) endurecedor(es) utilizado(s) na fabricação das tintas. Assim, podem-se ter casos em que a cura pode ser feita a 180 °C por 10 minutos ou a 140 °C por 30 minutos; a 210 °C por 5 minutos ou a 160 °C por 15 minutos. Estas condições são normalmente fornecidas pelos fabricantes das tintas.

No caso de aplicação por meio de leito fluidizado, a peça é preaquecida e, em seguida, entra numa cabine dentro da qual o pó de tinta encontra-se em suspensão. Assim, os processos de fusão e de polimerização ocorrem diretamente na superfície do metal.

De uma forma geral, as películas das tintas em pó, adequadamente curadas, apresentam excelentes propriedades mecânicas, por exemplo, dureza elevada e boa resistência ao impacto e à abrasão, e estéticas. Com relação ao aspecto da proteção anticorrosiva, é importante destacar que as películas das tintas em pó, adequadamente curadas, podem apresentar um grau de impermeabilidade muito superior ao das tintas líquidas convencionais, mesmo com espessuras mais baixas que estas últimas. Trabalho já realizado[13] utilizando a técnica de impedância eletroquímica mostrou, por exemplo, que um revestimento com tinta em pó (poliéster-epóxi), com espessura de ≅80 μm, é capaz de proporcionar um desempenho superior ao de um esquema de pintura convencional, de proteção por barreira, com tinta de fundo epóxi e acabamento poliuretano, com espessura total de 140 μm. A seguir são apresentadas as características principais das três tintas em pó mais utilizadas no Brasil.

- **Tintas à base de resinas epoxídicas** – além de suas notáveis propriedades mecânicas, estas tintas apresentam excelente resistência química e à corrosão. Entretanto, apresentam fraca resistência à radiação ultravioleta (UV). Como consequência, estas tintas, quando expostas à radiação solar, apresentam fraca retenção de cor e de brilho e, além disso, há formação de intenso gizamento. Portanto, são mais indicadas para ambientes internos, livres da incidência de radiação solar.[8,9]

- **Tintas à base de resinas poliéster-epóxi (híbridas)** – são, no momento, as tintas em pó mais utilizadas nos diversos segmentos da indústria. As resinas híbridas podem conter diferentes proporções das resinas poliéster e epóxi, por exemplo, 70 % poliéster e 30 % epóxi ou 50 % poliéster e 50 % epóxi.[8,9] A proporção destas duas resinas vai influenciar nas propriedades finais da película. Essas tintas possuem melhor resistência à radiação ultravioleta que as epoxídicas. Mesmo assim, a resistência à radiação solar não é das melhores no que diz respeito à proteção anticorrosiva de metais na atmosfera. Elas apresentam melhor desempenho do que as epoxídicas nas regiões de falhas do revestimento, nas quais se observa menor avanço de corrosão sob esse revestimento.

- **Tintas à base de resinas de poliéster puro** – essas tintas são indicadas para equipamentos ou estruturas que ficarão expostas ao intemperismo, em função de possuírem excelente resistência aos raios ultravioleta. Portanto, quando expostas ao intemperismo natural, apresentam boa retenção de cor e brilho e resistência ao aparecimento de gizamento.[5,6]

24.4.5 Resinas/Tintas que Formam a Película pelo Mecanismo de Hidrólise

Silicato de etila

A resina de silicato de etila é largamente empregada na fabricação de tintas de fundo ricas em zinco. A formação da película ocorre por meio da reação com a umidade do ar, por isso a velocidade de cura da película depende em muito dessa umidade. Do ponto de vista da aplicação, esse tipo de mecanismo é extremamente importante, pois a cura da película não é afetada se a umidade relativa do ar atingir níveis elevados após a aplicação.

Essas tintas são fornecidas em duas embalagens. Uma contém o zinco em pó, ou na forma pré-dispersa, e a outra, a solução da resina. São produtos empregados em sistemas de pintura de alto desempenho para proteção anticorrosiva de superfícies ferrosas expostas em atmosferas de elevada agressividade, como marinha e industrial. Uma das características principais das tintas ricas em zinco é o fato de elas conferirem ao aço o mecanismo de proteção catódica na presença de eletrólito. O teor de zinco metálico na película seca de tinta silicato de etila-zinco é superior a 75 %. Nos esquemas de pintura, elas reduzem substancialmente o avanço da corrosão sob o revestimento nas áreas danificadas.

Além das características citadas, são tintas que possuem excelente resistência térmica (temperatura até 400 °C). Com relação ao preparo da superfície, o tratamento indicado é o jateamento abrasivo ao metal quase branco padrão mínimo Sa 2 $^1/_2$ da Norma ISO 8.501-1.

24.4.6 Resinas/Tintas que Formam a Película pelo Mecanismo de Coalescência

Neste mecanismo de formação de película, as partículas da resina estão dispersas num meio aquoso. As dispersões são, em geral, bastante estáveis devido à absorção dos emulsionantes na superfície das partículas e, em alguns casos, também à presença de coloides.[8,9] Portanto, é um mecanismo característico das tintas em emulsão em que o solvente é a água. Elas também contêm agentes coalescentes, por exemplo, etilenoglicol, propilenoglicol e hexilenoglicol, que são fundamentais na coalescência das partículas das resinas e na obtenção de uma película uniforme e contínua.

Basicamente, após a aplicação, a película começa a ser formada com a evaporação da água. À medida que a água evapora, as partículas da resina se aproximam até fundirem-se umas com as outras. Esse mecanismo é diferente do de evaporação de solventes, no qual a película pode ser solubilizada mesmo após a secagem completa. No mecanismo de coalescência, a película, uma vez formada, não é mais solubilizada pela água.

Pelo fato de o mecanismo de coalescência ser mais complexo em relação aos demais, os fatores técnicos relacionados às formulações e às condições de aplicação dessas tintas têm influência substancial na formação da película e, como consequência, no desempenho delas. A temperatura mínima de formação do filme (TMFF) e as condições ambientais, principalmente a temperatura e a umidade relativa, são fatores importantes no processo de formação da película. Por exemplo, alta umidade relativa e/ou temperatura ambiente muito baixa podem prejudicar a formação da película na medida em que dificultam a evaporação da água.

Tabela 24.1 Propriedades gerais de revestimentos.

	Revestimentos Não Convesrsíveis					Revestimentos Conversíveis				
	Cloreto/acetato de polivinila	Acrílicos	Borracha clorada	Asfaltos alcatrões	Vernizes oleorresinosos	Resinas alquídicas	Resinas epóxi	Poliuretanas	Silicones	Silicatos
Adesão	R	R	R	F	MB	MB	E	MB	F	E
Dureza	R	F	R	F	R	MB	E	E	F	E
Flexibilidade	E	MB	R	E	MB	MB	MB	MB	MB	F
Coesão na película	R	R	E	F	R	MB	E	E	R	E
Resistência à abrasão	R	F	R	F	R	MB	E	E	F	E
Resistência à absorção de água	E	E	E	E	MB	MB	MB	E	E	E
Impermeabilidade	E	E	E	E	MB	MB	MB	E	E	R
Resistência química	E	R	E	E	R	MB	E	E	F	F
Resistência a solventes	R	F	F	F	F	MB	E	MB	F	E
Retenção de cor	MB	E	R	E	R	MB	MB	E	E	E
Resistência à temperatura	R	R	R	F	R	MB	E	MB	E	E
Resistência a microrganismos	MB	R	MB	E	R	R	MB	MB	E	E
Durabilidade	MB	E	MB	F	MB	MB	E	E	E	E

Poli (acetato de vinila)

As resinas conhecidas como PVA são, basicamente, utilizadas na fabricação de tintas para construção civil com finalidades estéticas/decorativas. No campo da proteção anticorrosiva, elas não têm praticamente nenhuma aplicabilidade e, por isso, não serão aqui discutidas.

Acrílicas em emulsão

As resinas acrílicas em emulsão vêm ganhando importância cada vez maior na fabricação de tintas anticorrosivas, principalmente em função das restrições impostas pelos órgãos de proteção ao meio ambiente e à saúde dos trabalhadores. Trabalhos de pesquisa[14,15] evidenciaram o excelente desempenho de esquemas de pintura com tintas acrílicas à base d'água na proteção anticorrosiva de superfícies ferrosas expostas em atmosferas rural, urbana e industrial leve.

A exemplo daquelas à base de solventes orgânicos, as resinas acrílicas em emulsão também são obtidas a partir de monômeros dos ácidos acrílico e metacrílico e seus ésteres (por exemplo, metacrilato de metila, acrilato de butila e acrilato de etila). Outros monômeros, como o estireno, o cloreto de vinila e o acetato de vinila, também podem ser utilizados.

As propriedades das películas dependerão muito dos monômeros utilizados na fabricação da resina, pois cada um deles possui uma função bem definida.

24.4.7 Resinas/Tintas que Formam a Película por Outros Mecanismos

Além das resinas/tintas citadas nos itens anteriores, existem outros tipos que formam a película por meio de mecanismos bem específicos, conforme descrição a seguir.

Solvente como fator de formação da película – poliéster

Os mais importantes revestimentos dessa classe são os poliésteres. Estes são polímeros de condensação entre um ácido polibásico e um glicol. O éster, assim formado, pode ser entrecruzado por um solvente não saturado, como o monômero estireno. O entrecruzamento processa-se pelo mecanismo do radical livre, usando peróxidos orgânicos e naftenato de cobalto como iniciadores.

Silicatos inorgânicos alcalinos

Essas resinas, a exemplo da resina de silicato de etila, são empregadas na fabricação de tintas de fundo ricas em zinco, para sistemas de alto desempenho em atmosferas de elevada agressividade. Tais tintas, enquanto líquidas, são diluíveis em água. As mais empregadas são as resinas de silicatos alcalinos de lítio, potássio ou sódio, fornecidas em duas embalagens, uma contendo o pó de zinco e a outra, a solução da resina.

O mecanismo de formação da película está relacionado com a reação entre o pó de zinco, o silicato alcalino e o substrato, havendo a formação de um silicato de ferro e zinco próximo ao substrato, e um polímero de sílica-oxigênio-zinco em toda a película. A formação do silicato de ferro e zinco possibilita elevada aderência da tinta ao aço do substrato, daí a exigência de perfeito preparo de superfície, jateamento abrasivo ao metal branco, Sa 3, ou no mínimo quase branco, Sa 2 $^1/_2$. Com o passar do tempo, ocorrem reações secundárias com a umidade e o gás carbônico, CO_2, da atmosfera, ocorrendo hidrólise e carbonatação, que aumentam a aderência e a impermeabilidade da película.

Essas tintas também conferem ao aço o mecanismo de proteção catódica, em presença de eletrólito, devido ao alto teor de zinco na película seca. São tintas cujas películas possuem boa resistência térmica, até aproximadamente 600 °C.

24.5 MECANISMOS BÁSICOS DE PROTEÇÃO

Os mecanismos de proteção anticorrosiva, conferidos por uma tinta ou sistema de pintura, são definidos tomando-se o aço como substrato de referência. Nesse sentido, existem basicamente três mecanismos de proteção: barreira, inibição (passivação anódica) e eletroquímico (proteção catódica).

24.5.1 Barreira

Colocação, entre o substrato e o meio corrosivo, de uma película, a mais impermeável possível, introduzindo-se no sistema substrato-meio corrosivo uma altíssima resistência, que abaixe a corrente de corrosão a níveis desprezíveis. Sabe-se, porém, como exemplificado na Tabela 24.2,[2] que todas as películas são parcialmente permeáveis. Desse modo, com o tempo, o eletrólito alcança a base, e o processo corrosivo tem início.

Neste tipo de mecanismo, a eficiência da proteção depende da espessura do revestimento e da resistência das tintas ao meio corrosivo.

Tabela 24.2 Difusão de cloreto de sódio em películas de tintas (mg/cm²/ano)

Veículo	NaCl	H_2O
Resina alquídica	0,04	825
Resina fenólica	0,004	717
Resina polivinil-butiral	0,002	397
Poliestireno	0,132	485

24.5.2 Inibição – Passivação Anódica

Neste tipo de mecanismo, as tintas de fundo contêm determinados pigmentos inibidores que dão origem à formação de uma camada passiva sobre a superfície do metal, impedindo a sua passagem para a forma iônica, isto é, que sofra corrosão. Os pigmentos mais comuns são o zarcão, os cromatos de zinco e os fosfatos de zinco. A passivação conferida pelo cromato de zinco é atribuída à sua solubilidade, limitada em água, na qual ocorre a liberação de íon cromato que é excelente inibidor anódico.

A passivação conferida pelo zarcão deve-se às suas características básicas ou alcalinas. Na reação com os óleos vegetais (por exemplo, óleo de linhaça), ocorre a formação de sabões metálicos que, na presença de água e oxigênio que podem penetrar pela película de tinta, liberam inibidores de corrosão, por exemplo, o azelato de chumbo.

24.5.3 Eletroquímico – Proteção Catódica

Sabe-se que para proteger catodicamente um metal, a ele deve-se ligar outro que lhe seja anódico, sendo o circuito completado pela presença do eletrólito. Como, industrialmente, o metal que mais se procura proteger é o ferro (aço), pode-se supor que tintas formuladas com altos teores de zinco, alumínio ou magnésio confiram proteção catódica ao aço. Na prática, entretanto, apenas o zinco se mostra adequado, quando disperso em resina, geralmente epóxi, ou em silicatos inorgânicos ou orgânicos.

As **tintas ricas em zinco** são assim chamadas devido aos elevados teores desse metal nas películas secas das mesmas. Um alto teor de zinco metálico na película seca possibilita a continuidade elétrica entre as partículas de zinco e o aço, bem como proporciona a proteção desejada, pois quanto maior for o teor de zinco, melhor a proteção anticorrosiva. Por outro lado, se a quantidade de zinco for excessiva, a tinta pode não ter a coesão adequada. Os valores mais adequados, em função do tipo de resina, se situam entre 80 % e 93 % em peso. As tintas ricas em zinco, além da proteção por barreira, conferem também a proteção catódica. Admite-se, ainda, a formação de sais básicos de zinco, pouco solúveis, como carbonato de zinco, que tendem a bloquear os poros do revestimento.

24.6 PROCESSOS DE PINTURA

Os processos para a aplicação de uma tinta sobre uma superfície são basicamente quatro: imersão, aspersão por meio de pistola convencional ou por meio de pistola sem ar (*airless spray*), trincha e rolo. Pode-se incluir, ainda, a aplicação eletrostática de revestimentos à base de pós (*powder coating*).

24.6.1 Imersão

Pode ser dividida em dois processos, descritos a seguir.

Imersão simples

É o processo em que se mergulha a peça a ser revestida em um "banho" de uma tinta contida em um recipiente. Normalmente, esse recipiente possui uma região para recuperação da tinta que se escoa da peça, após sua retirada do "banho". Tal processo oferece uma série de vantagens, como economia, por minimização de perdas (apesar da evaporação que, entretanto, só desperdiça solvente); fácil operação; utilização mínima de operadores e equipamentos; aproveitamento de pessoal não especializado e qualificado; a peça fica completamente recoberta, não havendo pontos falhos sem aplicação de tinta. As desvantagens são espessura irregular pois, quando a peça é retirada do banho, a tinta escorre pela superfície e, consequentemente, as partes de cima sempre terão menor espessura que as partes de baixo; tendência a apresentar escorrimentos, principalmente nos pontos onde existam furos, depressões ou ressaltos na peça, prejudicando o aspecto estético; baixa espessura de película (salvo em casos especiais) etc.

Pintura eletroforética

É o processo em que se mantém o mesmo princípio da imersão simples. As tintas usadas possuem, porém, uma formulação especial, que permite sua polarização. Usando esta propriedade, a peça é ligada a retificadores e estabelece-se, entre a peça e a tinta onde ela está mergulhada, uma diferença de potencial, de modo a que a tinta seja atraída pela peça (que, obviamente, tem de ser metálica). Dessa forma, toda a peça fica recoberta com uma camada uniforme e aderente de tinta com espessura na faixa 20 µm a 40 µm. O excesso de tinta não aderida é removido por posterior lavagem, depois que a peça é introduzida em estufa para que a película venha a se formar por ativação térmica.

Tanto para a imersão simples quanto para a eletroforética, deve-se manter o banho em constante agitação, para que os sólidos (principalmente pigmentos) fiquem em suspensão. Daí a necessidade de tais tintas possuírem baixo teor de pigmentação, para que a suspensão seja facilitada.

A imersão é usada tanto em pequenas peças como até em carrocerias de automóveis.

A pintura eletroforética está sendo aplicada principalmente na indústria automobilística.

24.6.2 Aspersão

É o processo em que se usa o auxílio de equipamentos especiais e ar comprimido para forçar a tinta a passar por finos orifícios, onde se encontra um forte jato de ar. Chocando-se com o filete de tinta, o ar atomiza as partículas que são, então, lançadas sobre a superfície que se deseja revestir. Nesse processo, obtêm-se películas com ótimo aspecto estético, exigindo, porém, aplicadores treinados. A aplicação por aspersão é particularmente recomendada para locais onde não haja ventos, pois isso acarreta grandes perdas de tinta. É também recomendada para grandes superfícies planas. A viscosidade da tinta, medida em Copo Ford nº 4, a 25 °C, deve estar situada na faixa de 20 a 30 segundos (20-3099 FC4). A aplicação por meio de pistola (aspersão) pode ser feita por quatro processos principais: simples, a quente, sem ar e eletrostático.

Na **aspersão simples**, a tinta é aplicada apenas com o uso dos equipamentos convencionais, descritos adiante.

Na **aspersão a quente**, a tinta é aquecida antes de sua aplicação. A finalidade é aplicar produtos com maior viscosidade, que possam fornecer películas mais espessas, devido ao fato de a viscosidade ser uma variável inversamente proporcional à temperatura (salvo casos específicos). Dessa forma, obtém-se uma tinta com viscosidade conveniente para aplicação, sem necessidade de diluição.

Na **aspersão sem ar** (*airless*) ou com pistola de alta pressão ou hidráulica, o processo de atomização das partículas é diferente. Em vez de usar um jato de ar para esta finalidade, o filete de tinta é impulsionado para fora do equipamento com uma velocidade extremamente grande, conseguindo-se isto com pressões elevadas de impulsionamento (cerca de 30 MPa ou 300 kg/cm^2). Ao sair do equipamento impulsionador, o filete de tinta sofre uma expansão brusca, que ocasiona a pulverização da tinta, sendo lançada sobre a peça a ser revestida. A quantidade de tinta lançada é extremamente grande, aumentando a velocidade de trabalho. Além disso, a viscosidade não precisa estar na faixa de 20" a 30" FC4, podendo-se aplicar até produtos pastosos. Esse processo é particularmente vantajoso para ser usado em superfícies planas e de grandes dimensões, como na pintura de grandes tanques e na indústria naval. O custo do equipamento é bastante elevado em comparação aos convencionais, e exige maiores cuidados de segurança, pois se trabalha com pressões elevadas.

Na **aspersão eletrostática**, estabelece-se, entre a tinta e a peça, uma ddp, que faz com que as partículas do revestimento sejam atraídas para a superfície, permitindo melhor aproveitamento da tinta e completo revestimento da peça.

Os equipamentos usados para o processo de aspersão, de um modo geral, são os seguintes:

- pistola – é uma ferramenta usinada e que se divide em corpo, gatilho e cabeçote. O cabeçote, por sua vez, contém a capa de ar, que é a responsável pela pulverização da tinta; o bico de fluido, que dirige o filete de tinta em direção ao jato de ar de atomização; e a agulha, que é o elemento de vedação. O gatilho possui duas posições de acionamento, sendo uma para abrir o jato de ar e a outra para abrir o filete de tinta;
- compressor – fornece o ar necessário à impulsão do filete de tinta e também à sua pulverização, quando for o caso;
- mangueiras – usadas para conduzir a tinta e o ar de seus reservatórios para a pistola. As mangueiras de tinta devem possuir revestimento interno resistente aos solventes, para evitar não só sua deterioração prematura, como também o entupimento da pistola;
- reservatórios – são tanques pressurizados, ou canecas, que contêm a tinta a ser aplicada.

24.6.3 Trincha

Em equipamentos industriais de médio porte e situados ao ar livre, o uso de trincha é bastante generalizado, devido à não exigência de grande preparo profissional por parte do aplicador, como é o caso da aplicação à pistola. Além disso, é um método de aplicação bastante eficiente na pintura de tubulações de pequeno diâmetro em locais sujeitos a muito vento, para cordões de solda, cantos vivos, arestas, bem como para ambientes com pouca ventilação. Como desvantagem, apresenta baixo rendimento. O acabamento obtido tem aspecto grosseiro, não servindo para serviços que exijam grandes efeitos estéticos. A película obtida é razoavelmente espessa, sendo o rendimento bem mais baixo que o da aspersão. Apesar de bastante simples, o bom uso da trincha depende do conhecimento de pequenos "segredos", por exemplo, não mergulhar por completo as cerdas da trincha na tinta, pois a parte superior, não sendo usada, acarreta perdas (embora pequenas) e estraga prematuramente a trincha; a transferência da tinta para a superfície deve ser feita por pequenas passadas por áreas ainda não pintadas, após o que se alastra o material.

Após o uso, as cerdas devem ser limpas com solvente adequado, secas e guardadas envoltas em papel impermeável ou plástico.

24.6.4 Rolo

Para superfícies planas e de áreas relativamente grandes, o rolo é recomendado, pois apresenta bom rendimento. O acabamento obtido é pior que o da aspersão e melhor que o da trincha. A desvantagem deste método é a dificuldade de se controlar a espessura da película. Em geral, não se consegue obter em uma demão espessuras elevadas como às vezes se deseja.

24.6.5 Revestimentos à Base de Pós (*Powder Coating*)

O princípio básico é formular uma tinta na forma de um pó seco; a película é formada pela fusão da resina. Da mesma forma que as tintas convencionais, podem apresentar-se de duas formas: **não conversível** (termoplástica) e **conversível** (termoestável). Os pós termoplásticos são produzidos principalmente pela indústria de plásticos, ao passo que os mais recentes pós termoestáveis são produzidos pela indústria de tintas.

Os pós termoplásticos são à base de poli (cloreto de vinila), PVC, polietileno, acetato, butirato de celulose e poliamidas. Os pós são obtidos dispersando-se os pigmentos no polímero, moendo em seguida e peneirando.

Os pós termoestáveis são baseados em resina epóxi e poliéster e são também de composição mais complexa, pois devem ter incorporado um agente endurecedor apropriado. Prepara-se misturando os componentes a frio: resina, endurecedor, pigmentos, cargas, materiais auxiliares e, aquecendo-se a composição, faz-se a cura avançar ao estágio seguinte e joga-se em bandejas. Ao esfriar, a composição solidifica e está pronta para ser moída e peneirada. O pó obtido tem uma vida útil que pode variar de 3 a 6 meses.

Esses tipos de revestimentos podem ser aplicados pelos seguintes métodos:

- Leito fluidizado (fluidised bed) – consiste, em termos simples, numa caixa com fundo falso poroso, por meio do qual é insuflado ar à pressão constante. A função do ar é manter o pó em suspensão, de forma que um objeto aquecido, quando mergulhado no pó, seja devidamente recoberto.
- Pistola eletrostática – consiste em passar o pó através de uma pistola especial que, na sua saída, forma um campo magnético, o qual carrega as partículas negativamente, de forma que estas, quando orientadas em direção a um objeto ligado à terra, cobrem-no totalmente. Apresenta a vantagem de não se precisar aquecer previamente o objeto, bastando colocá-lo em estufa para que a película seja formada.

24.7 ESQUEMAS DE PINTURA

Chama-se esquema de pintura o conjunto de operações realizadas para a aplicação de um revestimento à base de tintas. Compreende o preparo e o condicionamento da superfície e a aplicação de tinta propriamente dita.

Para uma tinta aderir bem a uma superfície, deve-se aplicá-la sem que existam impurezas sobre a última, como ferrugem ou outros óxidos, sais solúveis, poeira, óleos e graxas, restos de pintura desagregados ou em desagregação, umidade, produtos químicos, carepa de laminação etc.

Evidentemente, no caso geral, os equipamentos que serão pintados possuem uma ou mais dessas impurezas, o que é prejudicial à aderência da tinta e, com o tempo, provocará a falha do revestimento. É óbvio, então, que a remoção dessas impurezas tem de ser efetuada antes da pintura. Cita-se a aplicação de tintas sobre camadas oxidadas, tendo como condição que a ferrugem seja limpa, compacta e aderente à superfície metálica.[16]

Tintas convertedoras de ferrugem são as que podem ser aplicadas sobre superfícies oxidadas, isto é, com ferrugem, Fe_2O_3 ou $FeOOH$, compacta e aderida à superfície do aço. Geralmente, elas contêm em sua formulação compostos como tanino, ou ácido oxálico, capazes de reagir com o óxido de ferro, complexando-o e tendo aderência ao substrato. Essas tintas têm sido indicadas para os casos em que um tratamento de superfície eficiente (por exemplo, jateamento abrasivo) não possa ser empregado. Entretanto, diversos trabalhos realizados a respeito destes produtos apresentaram resultados insatisfatórios.[17,18] Logo, ao se utilizar um produto desta linha, é importante verificar previamente o desempenho do mesmo.

Miranda[19] vem desenvolvendo tintas anticorrosivas à base de resina epóxi pigmentada com Fe_2O_3 e com ferrugem produzida no próprio meio em que a tinta será usada, isto é, o pigmento é idêntico ao produto de corrosão que se forma naturalmente em determinado ambiente. Uma tinta formulada segundo esse princípio, quando aplicada, evitaria as eventuais diferenças de potenciais que ocorreriam entre o ferro oxidado e a película de tinta, minimizando ou até mesmo suprimindo o desenvolvimento de corrosão filiforme sob a película.[20] Podem ser aplicadas em superfícies não jateadas, e nelas pode-se aplicar tinta de acabamento.

A aplicação de uma pintura, em geral, é feita na sequência:

- inspeção prévia das condições gerais da superfície;
- limpeza da superfície metálica;
- aplicação da tinta de fundo ou *primer* – as tintas de fundo são aplicadas em uma ou mais demãos e são responsáveis pela proteção anticorrosiva e aderência do esquema de pintura ao substrato;
- tinta intermediária ou *tie-coat* – auxiliam na proteção, aumentando a espessura, e podem melhorar a aderência da tinta de acabamento;
- aplicação da tinta de acabamento – essas tintas são aplicadas em uma ou mais demãos. A tinta de acabamento funciona como uma primeira barreira entre o eletrólito e a tinta de fundo, sendo, portanto, conveniente que as películas de tais tintas sejam bastante impermeáveis.

Um contraste de cores entre as demãos é desejável para facilitar a inspeção.

Para que a película de tinta cumpra a sua finalidade de proteção anticorrosiva, deve apresentar uma espessura mínima, e, de acordo com resultados experimentais com alguns esquemas de pintura, são recomendáveis as espessuras de películas:

- atmosfera altamente agressiva   >250 mm
- imersão permanente (em água salgada)   >300 mm
- superfícies aquecidas   75 mm a 120 mm
- atmosfera com agressividade média   >160 mm
- atmosfera pouco agressiva   >120 mm

24.7.1 Seleção de Esquemas de Pintura

A seleção de um esquema de pintura não é uma tarefa fácil, pois existem vários fatores a considerar para se obter uma pintura técnica e economicamente satisfatória. Para isso, é importante que os engenheiros ou técnicos responsáveis por essa tarefa tenham o conhecimento adequado das características técnicas das tintas, bem como as informações a respeito das condições de trabalho da estrutura ou equipamento a ser revestido. Neste sentido, dentre os fatores básicos que norteiam a especificação de um esquema de pintura, é possível destacar:

- as condições prévias em que se encontra o equipamento ou a estrutura, verificando-se, por exemplo, se todas as áreas são planas, se existem regiões sujeitas à estagnação de água, se as soldas estão bem acabadas e se existem cantos vivos etc.;
- as condições de exposição – é importante saber se o equipamento ou a estrutura trabalhará em condições de imersão, enterrada ou exposta à atmosfera, devendo-se levar em consideração ainda o tipo de atmosfera (marinha, industrial, urbana ou rural) e as condições operacionais, se sujeitas à temperatura elevada, abrasão etc.;

- o tipo de substrato a ser revestido – o tipo de substrato (por exemplo, aço-carbono ou aço galvanizado) é importante para se especificar a preparação da superfície e a seleção das tintas do esquema;
- a facilidade de manutenção – em equipamentos que, por outras razões, sofrerão manutenção constante, pode-se optar por um esquema mais econômico, mas, caso contrário, deve-se optar por um esquema de alto desempenho;
- finalidade da pintura – é importante saber se é para fins de proteção anticorrosiva, sinalização, estética etc. A título ilustrativo, uma pintura de sinalização deve ser feita com tintas que tenham boa retenção de cor quando expostas ao intemperismo natural, em especial à radiação solar.

Como se pode observar, os fatores a serem considerados são muitos. Atualmente, existem tintas capazes de atender à maioria das condições encontradas no dia a dia. Da mesma forma, com elas pode ser especificada uma variedade muito grande de esquemas de pintura. A título apenas ilustrativo, como orientação, serão dados alguns exemplos de esquemas de pintura que podem ser adotados, sem que isto signifique, entretanto, que sejam os únicos e que não possam ser modificados. Para constante atualização, recomenda-se consultar fabricantes qualificados de tintas que informem sobre novos produtos.

Para que o esquema de pintura tenha o desempenho esperado, são úteis as seguintes recomendações:

- evitar cantos vivos, usando cantos arredondados;
- evitar áreas de estagnação de água e prover adequada drenagem;
- evitar acúmulo de umidade ou meio corrosivo nas proximidades de juntas;
- evitar frestas, ou reduzi-las ao mínimo possível, principalmente onde ocorrer meio aquoso ou marinho;
- providenciar vedação de frestas, usando de preferência vedante com elasticidade;
- vedar regiões de contato das partes inferiores das colunas com suas bases, usando vedante ou tinta de alta espessura como alcatrão de hulha-epóxi;
- reduzir o número de parafusos ao mínimo necessário, preferindo juntas soldadas e componentes monolíticos se possível;
- revestir áreas de parafusos usando tintas de alta espessura;
- observar penetração completa nas soldas para evitar porosidade e frestas;
- usar soldas contínuas;
- evitar soldas com bolsões que não são acessíveis para limpeza, sendo essencial a limpeza dessas regiões para eliminar fluxo e respingos de solda;
- evitar ligações temporárias, ou eliminá-las após o uso, e proceder retoques no revestimento afetado;
- minimizar áreas sujeitas a respingos de meios corrosivos e à deposição e retenção de resíduos sólidos, principalmente se higroscópicos;
- evitar pares galvânicos e, se necessário, usar isolantes como hypalon, neoprene, teflon ou celeron entre os materiais metálicos constituintes dos pares galvânicos;
- evitar espaçamentos estreitos entre estruturas como, por exemplo, estruturas geminadas, tipo H, que não permitem acesso para manutenção;
- projetar as estruturas de maneira a facilitar o acesso para limpeza e aplicação do revestimento protetor nas estruturas novas e retoques e repintura nas estruturas em uso;
- manter inspeções periódicas com frequência, dependendo da agressividade do meio ambiente, normalmente de seis em seis meses, procurando corrigir as falhas usando o esquema de pintura inicial, a não ser que o mesmo não tenha mostrado bom desempenho, obrigando à substituição do mesmo.

Atmosferas rural e urbana

As atmosferas rurais são de baixa agressividade, enquanto as urbanas podem variar de baixa a média agressividade e são predominantes nos grandes centros populacionais. Em ambas as atmosferas, os esquemas de pintura alquídicos proporcionam bom desempenho do ponto de vista técnico e econômico. Dependendo das condições de exposição e de trabalho, outros esquemas mais resistentes poderão ser especificados. Por esta razão, serão apresentadas a seguir duas alternativas de esquemas de pintura. A alternativa 2 é para os casos em que as estruturas ou equipamentos possuam regiões de estagnação de água ou que estejam sujeitos a esforços mecânicos.

- **Alternativa 1**
  - preparação da superfície – desengorduramento e jateamento abrasivo até o grau de limpeza mínimo Sa 2 $^{1}/_{2}$ (metal quase branco);
  - tinta de fundo – duas demãos de tinta alquídica longa em óleo, pigmentada com óxido de ferro e fosfato de zinco, com espessura seca de 35 μm por demão;
  - tinta de acabamento – duas demãos de tinta de acabamento alquídica média longa em óleo, na cor desejada, com espessura seca de 30 μm por demão. Caso a cor não seja um requisito da pintura, podem-se aplicar, como alternativa, duas demãos de tinta de alumínio fenólica, com espessura seca mínima de 25 μm por demão.

Nota: a tinta de alumínio fenólica confere melhores propriedades anticorrosivas ao esquema de pintura do que as alquídicas com outros tipos de pigmentos não lamelares. O alumínio por ter estrutura lamelar confere maior impermeabilidade ao revestimento.

- **Alternativa 2**
  - preparação da superfície – desengorduramento e jateamento abrasivo até o grau de limpeza mínima Sa 2 $^{1}/_{2}$ (metal quase branco);
  - tinta de fundo – uma demão de tinta de fundo epóxi curada com poliamida, pigmentada com óxido de ferro e fosfato de zinco, com espessura seca mínima de 50 μm por demão.
  - tinta de acabamento – duas demãos de tinta de acabamento poliuretano acrílico alifático, na cor desejada, com espessura seca mínima de 35 μm por demão. Caso o revestimento não esteja sujeito à incidência de radiação

solar, podem-se aplicar, como alternativa mais econômica, duas demãos de tinta de acabamento epóxi curada com poliamida, com espessura seca mínima de 35 μm por demão.

Atmosferas industrial e marinha de agressividade moderada

Essas atmosferas correspondem a locais que têm a presença de agentes agressivos como óxidos de enxofre (SO_2, SO_3), no caso de atmosferas industriais, e cloretos em atmosferas marinhas, porém em concentrações não muito elevadas. Nesses casos, pode-se optar por esquemas epóxi/epóxi ou epóxi/poliuretano:

- preparação da superfície – desengorduramento e jateamento abrasivo até o grau de limpeza mínimo Sa 2 $1/2$ (metal quase branco);
- tinta de fundo – uma demão de tinta epóxi de alta espessura, curada com poliamida, pigmentada com óxido de ferro e fosfato de zinco, com espessura seca mínima de 120 μm;
- tinta de acabamento – duas demãos de tinta de acabamento poliuretano acrílico alifático, na cor desejada, com espessura seca mínima de 40 μm por demão. Caso o revestimento não esteja sujeito à incidência de radiação solar, pode-se aplicar, como alternativa mais econômica, duas demãos de tinta de acabamento epóxi curada com poliamida, com espessura seca mínima de 40 μm por demão.

Atmosferas industrial e marinha de elevada agressividade

Nessas atmosferas, a taxa de corrosão do aço é bastante elevada. Em caso de falhas num revestimento que só exerça a proteção por barreira, o avanço da corrosão sob o revestimento é bastante acentuado. Para essas atmosferas, recomenda-se a utilização de tintas que exerçam um mecanismo de proteção adicional ao de barreira, como é o caso das tintas ricas em zinco. Em caso de falhas no revestimento, a corrosão sob o mesmo é bastante reduzida:

- preparação da superfície – desengorduramento e jateamento abrasivo até o grau de limpeza mínimo Sa 2 $1/2$ (metal quase branco);
- tinta de fundo – uma demão de tinta de fundo rica em zinco à base de silicato de etila, com espessura seca de 65μm a 75 μm. Caso as estruturas ou equipamentos sejam geometricamente complexos (possuam muitos cantos vivos, reentrâncias, frestas e possibilidade de acúmulo de tinta), recomenda-se substituir esta tinta por uma epóxi rica em zinco curada com poliamida e com espessura de 70 μm a 85 μm;
- tinta intermediária – uma demão de tinta epóxi curada com poliamida, com espessura seca de 45 μm a 55 μm;
- tinta de acabamento – duas demãos de tinta de acabamento poliuretano acrílico alifático, na cor desejada, com espessura seca mínima de 50 μm por demão. Caso o revestimento não esteja sujeito à incidência de radiação solar, pode-se aplicar, como alternativa mais econômica, duas demãos de tinta de acabamento epóxi curada com poliamida, com espessura seca mínima de 50 μm por demão.

Estruturas enterradas ou imersas em águas agressivas

A proteção de tubulações ou estruturas de aço enterradas ou imersas em águas agressivas é feita, normalmente, combinando-se a pintura com a proteção catódica. Um dos esquemas de pintura mais empregados para essa finalidade usa tintas epóxi-betuminosas:

- preparação mínima da superfície – desengorduramento e jateamento abrasivo ao metal quase branco (Sa 2 $1/2$);
- tinta – duas demãos de tinta epóxi-alcatrão de hulha curada com poliamina, de alta resistência à abrasão, com espessura seca de 180 μm a 220 μm por demão.

O esquema de pintura de estruturas metálicas ou de concreto, já submersas em água doce ou salgada, consiste no emprego de tinta à base de resina epóxi curada com poliamina, aplicada após jateamento (hidrojateamento). Espessuras recomendadas: acima d'água 250 μm, e abaixo d'água 450 μm.

Estruturas metálicas sujeitas a temperaturas elevadas

A escolha de um esquema de pintura para tais condições depende da faixa de temperatura de trabalho da estrutura ou do equipamento. São considerados a seguir dois níveis de temperatura, até 250 °C e até 500 °C:

- preparação mínima da superfície – desengorduramento e jateamento abrasivo ao metal quase branco (Sa 2 $1/2$);
- temperatura até 250 °C – duas demãos de tinta alquídica-silicone, pigmentada com alumínio, com espessura seca de 20 μm a 25 μm/demão;
- temperatura até 500 °C – duas demãos de tinta de alumínio silicone para alta temperatura, com espessura seca de 15 μm a 20 μm/demão.

No campo das tintas existem outros tipos que cobrem faixas intermediárias de temperatura, por exemplo, as tintas de silicato de etila pigmentadas com zinco que resistem até cerca de 400 °C. As tintas ricas em zinco à base de silicatos inorgânicos alcalinos podem ser utilizadas em temperaturas até 600 °C.

De qualquer forma é sempre recomendável consultar o fabricante das tintas para se ter o nível de resistência térmica de seus produtos.

Ambientes abrasivos

Para esses casos, existem tintas à base de resinas epoxídicas, curadas com poliaminas e pigmentadas com materiais de alta resistência à abrasão, por exemplo, quartzo (SiO_2) e óxido de alumínio (α-Al_2O_3). É recomendável que o usuário consulte os fabricantes de tintas a respeito do produto de sua fabricação que melhor atenda às necessidades de serviço.

Um exemplo de esquema de pintura de alta resistência à abrasão é aquele empregado na pintura de comportas de usinas hidroelétricas. No lado montante, o revestimento está sujeito à abrasão dos materiais (pedra, areia etc.) em suspensão na água, bem como à ação da água. Nesse caso, o esquema de pintura empregado é o seguinte:

- preparação mínima da superfície – desengorduramento e jateamento abrasivo ao metal quase branco (Sa 2 $1/2$);
- tinta – três demãos de tinta epóxi-alcatrão de hulha curada com poliamina e alta resistência à abrasão, com espessura seca mínima de 150 µm/demão.

No caso de exposição atmosférica, é recomendável a utilização de tintas de fundo epoxídicas curadas com poliamina e tintas de acabamento de poliuretano alifático. A espessura total deve ser superior a 200 µm.

Equipamentos sujeitos a ataques químicos

- Preparação mínima da superfície – desengorduramento e jateamento abrasivo até o grau de limpeza Sa 2 $1/2$ (metal quase branco).
- Tinta de fundo – uma demão de tinta epóxi-fenólica, curada com poliamina, de alta resistência química, com espessura seca mínima de 120 µm.
- Tinta de acabamento – duas demãos de tinta epóxi-fenólica, curada com poliamina, na cor desejada, com espessura seca mínima de 100 µm por demão.

Superfícies galvanizadas

Dois dos pontos mais importantes na pintura de aço galvanizado são o condicionamento da superfície, para se obter uma aderência satisfatória do revestimento, e a especificação correta dos esquemas de pintura. O condicionamento da superfície, por sua vez, vai depender do estado superficial do revestimento de zinco, ou seja, se o mesmo encontra-se novo ou envelhecido.

Para o aço galvanizado novo, o condicionamento da superfície recomendado é o seguinte:

- desengorduramento por meio de solventes adequados, seguido de jateamento abrasivo ligeiro (essa operação deve ser realizada com cuidado para que não ocorra remoção substancial do revestimento de zinco);
- aplicação de uma demão de tinta condicionadora de aderência epóxi-isocianato com espessura seca de 15 µm a 20 µm.

No caso de aço galvanizado envelhecido (aspecto fosco) e com presença de produtos de corrosão branca do zinco, pode-se utilizar o mesmo condicionamento da superfície anterior. Porém, nesse caso, pode-se substituir o jateamento abrasivo ligeiro por escovamento manual ou mecânico da superfície, para remoção de produtos de corrosão não aderentes, desde que não se promova qualquer tipo de polimento à superfície. Antes da aplicação da tinta de aderência, é aconselhável fazer uma nova limpeza com solventes para a remoção de quaisquer vestígios de óleos ou graxas.

Quanto aos esquemas de pintura, podem-se utilizar aqueles mencionados, em função das condições de agressividade atmosférica e de trabalho das estruturas e equipamentos.

24.8 REVESTIMENTOS DE ALTA ESPESSURA

São apresentados a seguir revestimentos de alta espessura, que não são considerados pintura, mas como são aplicados como proteção anticorrosiva justifica-se a sua inclusão neste capítulo.

Revestimento com borracha. Revestimento interno de tanques que armazenam produtos ácidos, com ebonite (borracha de estireno-butadieno), e muito usado também em partes de equipamentos sujeitos à ação abrasiva.

Revestimento de tubulações enterradas ou submersas, como gasodutos, oleodutos e adutoras. Revestimentos com espessuras, geralmente, entre 3 mm e 6 mm. São usuais os seguintes procedimentos:

- limpeza por jateamento comercial, aplicação de tinta de fundo e aplicação a quente de alcatrão de hulha, seguida imediatamente de camada de véu de fibra de vidro e outra de papel-feltro;[21]
- limpeza por jateamento comercial, aplicação a quente de asfalto e reforçado com tecidos de fibra de vidro e feltro betumado;
- revestimento com fitas plásticas, como as de polietileno (mais utilizadas), de PVC e de poliéster, são aplicadas mecânica ou manualmente de maneira helicoidal em torno do tubo com uma sobreposição de 50 % entre camadas;
- revestimento com polietileno extrudado, alcançando espessura entre 3 mm e 5 mm;
- revestimento com polipropileno extrudado – aplicação em três camadas, sendo a primeira de epóxi em pó aplicada eletrosta-ticamente, a segunda um adesivo à base de polipropileno e a terceira o revestimento de polipropileno.

Revestimento misto à base de epóxi e polietileno extrudado, aplicado em três camadas.[22] A primeira é um *primer* epóxi a pó aplicado eletrostaticamente com espessura em torno de 80 µm. A segunda é a aplicação por extrusão de adesivo à base de polietileno, com espessura da ordem de 200 µm, e a terceira é a aplicação por extrusão de polietileno, com espessura de 3 mm a 5 mm. Esse revestimento é, atualmente, considerado um dos melhores para dutos, pois apresenta boa aderência, resistência à corrosão, resistência mecânica e resistência ao descolamento catódico quando com proteção catódica.

Revestimento com espuma rígida de poliuretana. Proteção anticorrosiva e boa capacidade de isolamento térmico. Espessura com cerca de 50 mm de espuma e revestimento complementado, usualmente, com camada de polietileno extrudado.

Revestimento com tinta epóxi em pó (*fusion bonded epoxy*) aplicada por processo eletrostático, e termocurada, alcançando espessura de 400 µm a 450 µm. É o melhor sistema de proteção anticorrosiva de dutos que durante o lançamento sofrerão flexionamento ou curvamento. É particularmente aplicável a lançamentos submarinos.[2]

24.9 INSPEÇÃO DE PINTURA – CONTROLE DE QUALIDADE

A inspeção deve ter três fases distintas: a das tintas recebidas; a de limpeza e aplicação; e a de manutenção ou de desempenho.

A **inspeção das tintas recebidas** é importante, pois vai evitar que tintas que não estão em conformidade com as especificações sejam aplicadas, o que, certamente, levará a falhas na proteção anticorrosiva. No laboratório, os ensaios mais comuns são:

a) *sólidos por massa* – indica o percentual de não voláteis em massa existentes na tinta e serve para mostrar a quantidade de solventes existentes na tinta;
b) *sólidos por volume* – indica o volume de sólidos existentes na tinta e serve como dado para o cálculo do rendimento teórico de uma tinta, de acordo com a fórmula

$$R_t = \frac{V_s \times 10}{E}$$

R_t = rendimento teórico (m²/L)
V_s = teor de sólidos em volume (%)
E = espessura de película seca (μm)

c) *viscosidade* – propriedade relacionada com a consistência da tinta, bastante útil na aplicação das tintas;
d) *massa específica* – propriedade importante no controle de qualidade das tintas, já que essas são fabricadas com matérias-primas com diferentes densidades;
e) *tempos de secagem* – propriedade relacionada com os diferentes estágios de formação da película. Indica, por exemplo, em quanto tempo a película está seca ao toque, em quanto tempo uma nova demão pode ser aplicada sobre a anterior e o tempo de secagem completa da película para manuseio da peça. Têm-se:
   - secagem ao toque – ao se tocar suavemente a película de tinta, não há transferência dessa para o dedo;
   - secagem à pressão – a película está seca para o manuseio da peça;
   - secagem para repintura – mostra qual o intervalo para aplicação de uma nova demão de tinta;
   - secagem completa – é o tempo mínimo que se deve esperar para que o equipamento entre em operação.
f) *dureza* – mostra a resistência da película a riscos ou a fraturas por impacto;
g) *flexibilidade* – indica o poder da película de se moldar às deformações do substrato;
h) *espessura por demão* – indica o valor mínimo de espessura que se obtém ao se aplicar a tinta por determinado processo;
i) *identificação da resina da tinta*;
j) *opacidade ou poder de cobertura*;
k) *teor de zinco metálico na película seca* (para tintas ricas em zinco);
l) *brilho e cor*.

A **inspeção de aplicação** deve ser efetuada para verificar se a tinta é aplicada dentro dos melhores preceitos da técnica. Antes, entretanto, que a aplicação seja permitida, o inspetor deve verificar se a tinta foi armazenada dentro da especificação do material e se o prazo concedido para armazenagem não foi ultrapassado. Também antes da aplicação deve ser verificado se a superfície foi convenientemente tratada, se a diluição da tinta foi corretamente efetuada e se houve perfeita homogeneização para remoção do "fundo". A umidade relativa também deve ser verificada, pois acima de 85 % a pintura com tintas convencionais não é aconselhável, da mesma forma que a temperatura do substrato, que deve estar entre 10 °C e 50 °C. Durante a aplicação, alguns pontos importantes devem ser observados, como:

a) que a aplicação da primeira demão de tinta de fundo seja efetuada o mais rápido possível, após o preparo da superfície, para evitar oxidação e contaminação da mesma;
b) se a tinta for de dois componentes, não aplicá-la após o tempo de vida útil da mistura (*pot-life*) ter sido ultrapassado. Deve-se verificar, ainda, se a proporção da mistura foi feita conforme as instruções do fabricante;
c) que a viscosidade seja a ideal – se a diluição da tinta foi feita de acordo com o boletim técnico do produto e se o diluente empregado é do mesmo fabricante da tinta;
d) se na aplicação da tinta a espessura úmida está sendo controlada;
e) se a espessura seca obtida em cada demão de tinta está em conformidade com a especificação;
f) se a aderência de cada demão de tinta está satisfatória;
g) que a dureza de película é aceitável;
h) que a película não seja porosa. Isso é verificado com o uso do detector de porosidade (*holiday detector*), que aplica uma ddp entre o metal-base e a película. Caso se verifique contato elétrico, comprova-se existência de porosidade.

Após a aplicação de cada demão de tinta, a película deverá estar isenta de defeitos, como: escorrimento, enrugamento, empolamento (bolhas), fendimento, corrosão, crateras, porosidade, impregnação de abrasivo e de outros materiais sólidos (por exemplo, pelos dos instrumentos de aplicação), descascamento, nivelamento deficiente (por exemplo, casca de laranja e marcas acentuadas de trincha), sangramento, *overspray* e excesso ou insuficiência de espessura.

Após a pintura final, devem ser programadas inspeções periódicas de manutenção visando manter sempre integral a película inicial de tinta. Três a seis meses depois de aplicada a pintura, e com a estrutura ou equipamento operando, é usual proceder-se à inspeção do esquema aplicado. Em seguida, proceder a inspeções periódicas a cada 6 a 12 meses, dependendo da agressividade do meio.

24.10 FALHAS EM ESQUEMAS DE PINTURA ANTICORROSIVA

Um revestimento por pintura pode deixar de exercer as suas funções básicas (por exemplo, proteção anticorrosiva, sinalização e estética) por duas razões, a saber:

a) a vida útil do mesmo atingiu o seu limite máximo de durabilidade. Neste estágio, recomenda-se, então, executar os serviços de manutenção na pintura para que se obtenham novamente as propriedades desejadas;
b) devido a falhas prematuras no mesmo, oriundas de vários fatores relacionados com as diversas etapas de especificação e aplicação dos esquemas de pintura.

Dentre as duas razões citadas, a segunda é realmente aquela que mais preocupa, pois uma falha prematura, além de comprometer as funções do revestimento, acarreta sérios prejuízos às empresas, tanto de natureza técnica (parada de equipamentos) como econômica (gastos adicionais para se refazer o trabalho). Para minimizar os riscos de ocorrência de falhas prematuras nos revestimentos por pintura, é importante considerar uma série de fatores, como:

- **o projeto dos equipamentos e das estruturas metálicas**: neste sentido é importante que na fase de projeto dos mesmos, sempre que possível, sejam evitados, por exemplo, locais que permitam a estagnação de água, a presença de frestas e de cantos vivos ou arestas pontiagudas. Esses cuidados, além de contribuírem para aumentar a durabilidade dos revestimentos, certamente acarretarão uma redução substancial nos custos inicial e de manutenção da pintura;
- **as condições prévias do substrato**: por exemplo, é importante que os cordões de solda sejam contínuos e bem acabados (livres de aspereza, de reentrâncias etc.). Além disso, os cordões de solda e as áreas adjacentes têm que estar isentas de respingos e de fluxo de solda. As frestas, se existentes, devem ser adequadamente vedadas ou preenchidas, a fim de evitar o desenvolvimento prematuro de corrosão dentro das mesmas;
- **a preparação da superfície**: esta é uma das etapas mais importantes para que um revestimento por pintura apresente o desempenho esperado, principalmente no que diz respeito ao aspecto da proteção anticorrosiva. Ela visa remover os contaminantes da superfície (sais, produtos de corrosão, óleos, graxas, tintas velhas ou antigas etc.), bem como propiciar condições de aderência para os revestimentos por pintura. A maioria das falhas prematuras em revestimentos por pintura, com o aparecimento de bolhas e/ou corrosão, decorre de algum tipo de problema na etapa de preparação da superfície;
- **a especificação do esquema de pintura**: é de suma importância que o esquema de pintura seja especificado para resistir às condições de trabalho e de exposição das estruturas e dos equipamentos. Por exemplo, um esquema de pintura alquídico pode proteger de forma satisfatória uma estrutura metálica ou um equipamento numa atmosfera urbana. Entretanto, se eles possuírem, por exemplo, regiões que permitam a estagnação de água ou que estejam sujeitas a esforços mecânicos (abrasão, impacto etc.), certamente o esquema terá que ser alterado para resistir a estas condições de exposição;
- **a aplicação das tintas**: muitas falhas e defeitos nos revestimentos por pintura são decorrentes de uma má aplicação das tintas. A qualidade final da película do revestimento é um fator extremamente importante, sob todos os aspectos, para o bom desempenho dos esquemas de pintura. Neste sentido, a aplicação correta das tintas é uma etapa que merece, também, uma atenção especial. Para isso, é fundamental que o pintor seja um profissional qualificado e tenha conhecimento técnico do produto que será aplicado;
- **a qualidade e as características técnicas dos produtos**: é importante que as tintas dos esquemas de pintura sejam de boa qualidade e que possuam, principalmente, resistência adequada às condições de trabalho e de exposição. De nada adianta especificar corretamente o esquema de pintura se as tintas a serem aplicadas não possuem boa qualidade;
- **a realização dos serviços de manutenção**: nenhum esquema de pintura anticorrosiva é eterno. Portanto, a realização de inspeções periódicas para determinar o momento mais adequado para a realização dos serviços de manutenção é um fator extremamente importante para maximizar a durabilidade da proteção anticorrosiva. Com isso pode-se obter uma redução substancial nos custos de manutenção, bem como aumentar a vida útil dos equipamentos e estruturas, principalmente no que diz respeito ao aspecto de proteção.

24.10.1 Áreas Mais Sujeitas a Falhas

As áreas com revestimento de tinta nas quais ocorrem, mais comumente, falhas são relacionadas com detalhes construtivos, como:

- estagnação de água – razão frequente de falhas em bases de colunas de estruturas metálicas;
- parafusos e porcas;
- arestas ou cantos vivos;
- frestas – acúmulo de água e poluentes atmosféricos;
- soldas e proximidades – fluxos e respingos de solda.

Essas áreas permitem, na maioria delas, a retenção de agentes aceleradores de corrosão como água e eletrólitos e com isso pode ocorrer um processo severo de corrosão sob o revestimento.

Outras áreas, também sujeitas a falhas, mas relacionadas com condições operacionais:

- deposição de sólidos higroscópicos – possibilitam a absorção da umidade do meio ambiente;
- deposição de líquidos – óleos e solventes podem solubilizar ou ocasionar amolecimento da película de tinta;
- transbordamento de fluido de processo;
- deformadas durante a operação;

- mais sujeitas às condições ambientais como poluentes e fatores climáticos (direção preferencial dos ventos);
- submetidas à ação de substâncias químicas;
- aquecimento localizado – quando elevado pode destruir a tinta por queima da resina;
- choques térmicos – podem ocasionar fraturas no revestimento;
- vibrações – podem fraturar o revestimento;
- erosão – o movimento relativo de fluido pode, em função da velocidade, reduzir a espessura do revestimento ou mesmo eliminá-lo;
- abrasão – efeito semelhante ao da erosão, podendo retirar todo o revestimento.

24.10.2 Principais Falhas ou Defeitos

As falhas prematuras e os defeitos nos revestimentos por pintura podem ser decorrentes de uma série de fatores e, em geral, estão relacionados com:

- as condições prévias do substrato;
- a preparação da superfície;
- a especificação do esquema de pintura;
- a aplicação das tintas;
- a qualidade das tintas;
- a falta de manutenção na época adequada.

Na Tabela 24.3 apresentam-se alguns dos tipos de falha ou defeito mais comumente observados nas tintas e nos revestimentos por pintura. Sempre que alguma falha ocorrer de forma prematura, é recomendável fazer um estudo para determinar a(s) causa(s) provável(eis) responsável(eis) pelo aparecimento da mesma. Com isso, podem-se evitar problemas futuros de mesma natureza.

24.11 CUSTO TOTAL DA PINTURA

O custo total de uma pintura é calculado pela soma das seguintes parcelas: preparação da superfície, aquisição das tintas, aplicação das tintas e manutenção da pintura (retoques e repinturas).

A soma das três primeiras parcelas corresponde ao custo inicial da pintura. É importante ressaltar que, ao longo do tempo, os esquemas de pintura exigirão serviços de manutenção cujos custos (última parcela) devem ser considerados, sabendo-se que variam de um esquema para outro. Portanto, é um erro empregar somente o custo inicial como fator decisivo na seleção ou escolha de um esquema de pintura. O sistema de pintura mais econômico para uma dada condição de serviço é aquele que apresenta o menor custo por metro quadrado por ano conferido de proteção anticorrosiva.

24.12 AVALIAÇÃO DO DESEMPENHO DE TINTAS

Em geral, aplicam-se testes de campo e/ou de laboratório. Os testes de campo permitem mais completa avaliação, pois os corpos de prova são expostos às condições ambientais nas quais as estruturas ou equipamentos serão instalados. Entretanto, são muito demorados, podendo levar meses ou anos para se ter essa avaliação, daí a execução de testes de laboratório, que são rápidos. Os testes de laboratório não fornecem

Tabela 24.3 Alguns tipos de falhas e defeitos mais comuns em tintas e revestimentos por pintura.

Tipos de Falha ou Defeito	Aspecto da Película	Causa(s) Provável(eis)
Escorrimento	Apresenta-se com marcas em alto-relevo, com aspecto de "cortinas" ou "cordões"	• Excessiva quantidade de tinta aplicada à superfície • Diluição excessiva da tinta • Pistola de pulverização muito próxima da superfície
Bolhas	Apresenta-se com pequenas bolhas do tipo "fervura", de diâmetro muito pequeno (0,05 mm a 0,2 mm)	• Espessura excessiva • Temperatura elevada do ambiente e/ou da superfície • Balanço inadequado dos solventes da tinta • Problemas devidos ao método de aplicação • Liberação de gases
Overspray	Apresenta-se áspera, pelo fato de as partículas de tinta atingirem o substrato num estágio "quase secas"	• Balanço inadequado dos solventes da tinta • Pistola de pulverização muito distante da superfície • Temperatura elevada da superfície • Regulagem inadequada da pistola
Crateras	Apresenta-se com pequenas crateras de formato côncavo	• Presença de contaminantes gordurosos na superfície • Problemas de tensão superficial na tinta • Incompatibilidade de tintas

(continua)

(continuação)

Tipos de Falha ou Defeito	Aspecto da Película	Causa(s) Provável(eis)
Casca de laranja	Apresenta-se com alastramento ou nivelamento deficiente e aspecto parecido ao de casca de laranja	• Viscosidade ou consistência elevada da tinta • Pistola muito próxima da superfície • Balanço inadequado dos solventes da tinta • Regulagem inadequada da pistola
Enrugamento	Apresenta-se enrugada, devido à rápida expansão superficial	• Tintas incompatíveis • Excesso de espessura • Problemas técnicos com a tinta • Aplicação da tinta sobre superfície com temperatura acima da permitida
Sangramento	Apresenta-se com manchamento devido à migração da demão de tinta anterior para a posterior	• Tintas incompatíveis • Repasse excessivo do rolo ou da trincha em tintas que secam por evaporação de solventes
Porosidade	Apresenta-se com poros, os quais podem ser vistos a olho nu, por meio de lupa ou detectados através de equipamentos específicos para esta finalidade	• Retenção de solventes ou oclusão de ar no revestimento • Presença de contaminantes na superfície • Temperatura elevada da superfície • Atomização deficiente da tinta • Problemas técnicos com as tintas
Fendimento	Apresenta-se com fissuras, as quais podem ocorrer somente na superfície, atingir a demão de tinta intermediária ou o substrato	• Espessura excessiva da película • Temperatura da superfície acima do permitido • Especificação incorreta do esquema de pintura • Tintas incompatíveis no esquema de pintura • Problemas técnicos com as tintas
Gizamento (Chalking)	Apresenta-se com pó solto na superfície, o qual é facilmente removível	• O gizamento ocorre devido à ação da radiação ultravioleta, presente no espectro solar, sobre a resina da tinta. As reações fotoquímicas fazem com que a resina sofra uma degradação superficial, deixando os pigmentos livres
Empolamento	Apresenta-se com bolhas, as quais podem apresentar-se com diferentes dimensões e intensidades	• Presença de contaminantes, especialmente sais solúveis, na superfície • Retenção de solventes higroscópicos • Evolução de gases • Presença de pigmentos solúveis nas tintas de fundo
Descascamento	O revestimento apresenta-se com perda de aderência, a qual pode ocorrer diretamente do substrato, entre as demãos de tintas ou devido à falha de natureza coesiva de uma das demãos	• Preparação deficiente da superfície • Presença de contaminantes entre demãos (óleos, graxas, umidade, sais etc.) • Intervalo entre demãos não respeitado • Problemas técnicos com as tintas

(continua)

(continuação)

Tipos de Falha ou Defeito	Aspecto da Película	Causa(s) Provável(eis)
Corrosão	Observa-se a presença de produtos de corrosão do substrato no revestimento	• Preparação deficiente da superfície • Especificação inadequada do esquema de pintura • Etapas da pintura executadas em condições não adequadas • Aplicação deficiente das tintas • Tintas de qualidade inadequada
Saponificação	Degradação acentuada do revestimento, devida ao ataque químico à película	• Tintas oleorresinosas aplicadas a superfícies alcalinas (concreto) • Tintas oleorresinosas aplicadas a superfícies de aço galvanizado • Tintas oleorresinosas aplicadas a superfícies de aço em meios com elevada concentração de cloreto.

fator comparativo em termos de duração das tintas, sendo mais usados para comparação entre diferentes esquemas de pintura. Assim, não se deve estimar o tempo de vida de um esquema de pintura pelo número de horas que esse esquema resistiu aos testes de laboratório, pois as condições desses testes são padronizadas, não reproduzindo todas as variáveis que podem estar presentes no meio ambiente, por exemplo, poluentes atmosféricos.

Na realização dos ensaios de laboratório em superfícies metálicas pintadas, é necessário o conhecimento dos processos de degradação da película de tinta. Entre esses processos, que podem agir conjuntamente, devem ser considerados:

- permeação de água, vapor d'água, oxigênio e íons através da película de tinta;
- ação de raios ultravioleta causando gizamento ou empoamento, perda de cor e brilho;
- perda de aderência com degradação da película e ação alternada de umedecimento e secagem;
- degradação química da película de tinta causada por substâncias resultantes da corrosão do substrato.

Os ensaios de laboratório mais usuais são:

- resistência à umidade relativa – exposição de corpos de prova pintados em câmara com umidade relativa de aproximadamente 100 % (Normas NBR 8095, ASTM-D2247 e DIN 50017);
- resistência à névoa salina – exposição de corpos de prova em câmara de névoa salina (ou *salt spray*) (Normas NBR 8094, ASTM-B117, ASTM G85 e ASTM D5485);
- resistência ao dióxido de enxofre, SO_2 – exposição dos corpos de prova em câmaras de SO_2 (Normas NBR 8096 e DIN 50018);
- resistência ao "intemperismo artificial" – exposição de corpos de prova à radiação ultravioleta e água ou condensação de umidade (ASTM G26 e ASTM G154).

24.13 POLÍMEROS

Em muitos casos associados à utilização de equipamentos em meios altamente corrosivos, indicam-se polímeros, que são usados sob a forma de revestimentos ou como o próprio material de construção do equipamento. Entre eles, podem ser citados os silicones, os elastômeros como neoprene (policloropreno), hypalon (polietileno clorossulfonado) e ebonite (borracha rígida de estireno-butadieno), plásticos e plásticos reforçados. Os revestimentos com ebonite são bem resistentes à erosão e a meios ácidos, sendo usados como revestimento interno de tanques.

Entre os plásticos (ou polímeros) mais usados estão o teflon (politetrafluoretileno PTFE), o policlorotrifluoretileno, o difluoreto de polivinilideno, o polietileno, o poli (cloreto de vinila) (PVC) e o polipropileno, que podem ser empregados com diferentes finalidades, como para o revestimento de tanques, tubos, válvulas, bombas, cabos telefônicos, tambores para embalagem de produtos químicos etc., ou em tubos para condução de água potável, de despejos industriais etc.

Os polímeros apresentam algumas vantagens sobre os materiais metálicos, como peso reduzido, fácil transporte e instalação, resistência a solos e agentes corrosivos, flexibilidade, dispensam pintura e são atóxicos. Entretanto, apresentam algumas limitações que não permitem, em alguns casos, competir com os materiais metálicos. Entre essas limitações estão a pouca resistência aos solventes e a temperatura.

No primeiro caso, o poli (cloreto de vinila), PVC, que é muito usado sob a forma de tubos para condução de água potável, também apresenta grande resistência ao ácido clorídrico, daí ser usado para revestimento de tanques de decapagem ácida; no entanto, é atacado por solventes orgânicos aromáticos, cetonas e solventes clorados.

Quanto à temperatura, como muitos dos polímeros usados são termoplásticos, eles têm como fator limitante de seus empregos a elevação de temperatura. Com o desenvolvimento de polímeros inorgânicos que resistem a temperaturas elevadas, essa limitação pode ser superada. Como exemplo, têm-se fibras de nitreto de boro, que resistem a temperaturas de 2.480 °C (em uma atmosfera redutora ou inerte) ou 815 °C (em atmosfera oxidante), bem como a ácidos e bases. São usadas como reforço de plásticos, vidros, materiais cerâmicos e alguns metais ou em composição com fibras de carbono, em placas resistentes à abrasão usadas para fins aeroespaciais. Outros usos são filtração de gases aquecidos e de líquidos agressivos como ácido fluorídrico e a confecção de roupas protetoras contra respingos de substâncias agressivas. São usadas também composições de alumínio reforçado com fibras de boro ou de carbono. O fluorcarboneto teflon apresenta, até temperaturas em torno de 300 °C, grande inércia química aos mais variados produtos químicos altamente corrosivos, sendo resistente a água-régia aquecida, ácido fluorídrico, ácido sulfúrico e nítrico fumantes, ácido clorossulfônico, soluções cáusticas como soda e potassa cáusticas, cloro úmido, peróxidos, solventes halogenados, cetonas, ésteres, alcoóis etc. Ele não resiste a metais alcalinos fundidos, flúor e agentes fluoretantes como trifluoreto de cloro.

Devido a essa inércia química, o teflon é muito usado como revestimento interno de bombas, válvulas e tubulações que transportam fluidos altamente corrosivos. Em alguns casos, procura-se usar um revestimento em que haja a ação combinada de dureza, resistência à corrosão e lubricidade, utilizando-se para tanto associar teflon, devido à sua inércia química e baixo coeficiente de atrito, a revestimento de ligas de ferro, de cobre com níquel, de titânio ou de magnésio.

Com o nome genérico de *Fiberglass*, são usadas diversas composições de PRFV, **plásticos reforçados com fibra de vidro**, que apresentam elevada resistência química e mecânica. Entre os plásticos são usadas resinas poliéster e éster-vinílicas. As resinas poliéster são polímeros lineares resultantes da reação de um ácido dicarboxílico com um glicol, sendo mais usados os ácidos fumárico e maleico e o propileno glicol[1] (Fig. 24.14). Em relação à composição química, as resinas bisfenólicas (empregam bisfenol-A na constituição de sua cadeia molecular) apresentam a melhor resistência química, seguidas pelas isoftálicas. As estruturas moleculares dessas resinas estão representadas no esquema a seguir.

Carvalho[23] cita como principais benefícios do plástico reforçado com fibra de vidro:

- leveza, facilidade de transporte e rapidez de instalação;
- custo inferior ao de equipamentos construídos com ligas especiais;
- propriedades mecânicas satisfatórias para aplicações estruturais;
- inércia química à ampla variedade de ambientes agressivos;
- manutenção rara e, quando necessária, simples e barata;
- superfície interna lisa e de fácil limpeza, imune à contaminação;
- possibilidade de serem construídos com formato e detalhes complexos sem emendas;
- possibilidade de serem translúcidos ou opacos.

Esses materiais são muito usados em:

- construção de tanques de armazenamento de produtos químicos como hipoclorito de sódio, ácido clorídrico, ácido fosfórico, vinagre etc.;
- tubulações para condução de fluidos agressivos, como despejos industriais, e para condução de águas de processos industriais ou potáveis;
- tubos de chaminés;
- exaustores;
- *scrubbers* ou lavadores de gases corrosivos;
- revestimentos de aço e de concreto;
- construção de embarcações e de perfis estruturais;
- pisos monolíticos;
- passadiços em áreas agressivas;
- grades para pisos, passarelas e escadas;
- revestimento de cubas eletrolíticas.

- Poliéster isoftálico

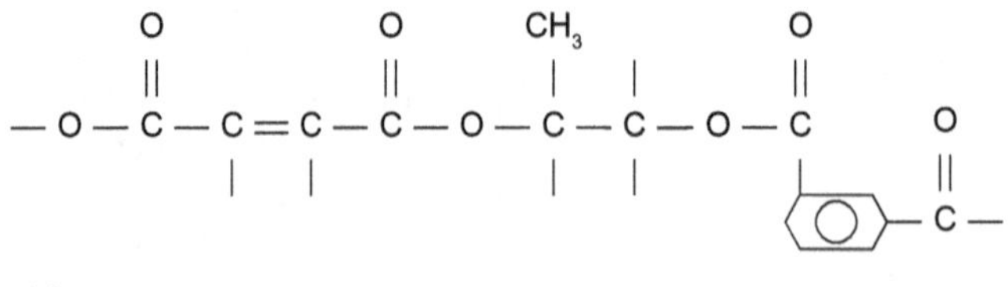

- Poliéster bisfenol-fumarato

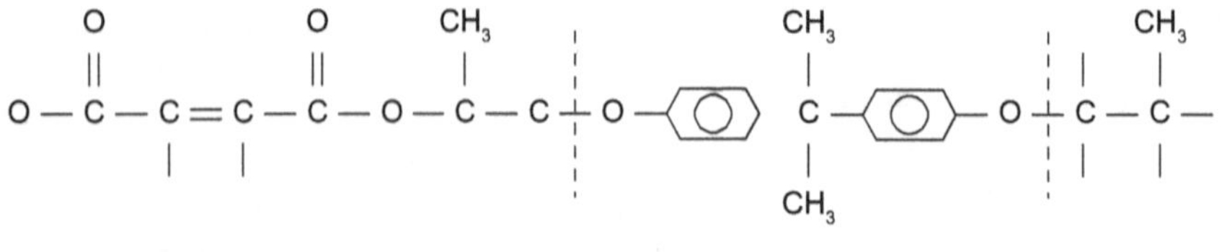

  Grupo bisfenol

- Éster-vinílica

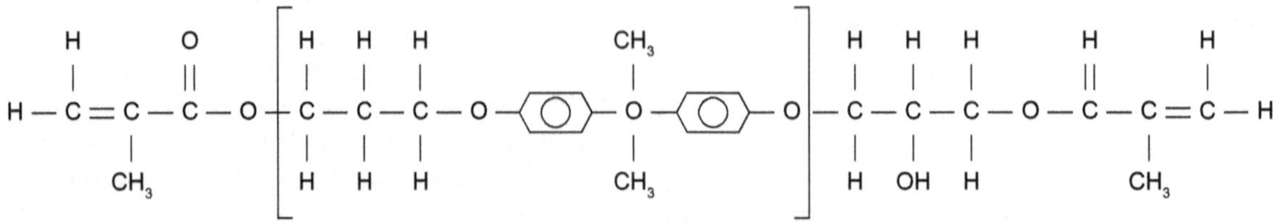

Figura 24.14 Resinas usadas em plásticos reforçados com fibra de vidro.

Em razão da diversidade de meios ambientes, é sempre necessária uma escolha criteriosa do tipo de resina a ser empregada no plástico reforçado com fibra de vidro. A função da resina, como poliéster, éster-vinílica ou epóxi, é proteger o substrato do ataque do ambiente corrosivo; já a fibra de vidro é responsável pelas propriedades mecânicas e baixo coeficiente de dilatação térmica apresentado pelo conjunto. Essa adição de fibras de vidro aos plásticos amplia sua faixa de utilização para aplicações em temperaturas mais elevadas ou onde se deseja melhor resistência ao impacto ou estabilidade dimensional. Em alguns casos, adicionam-se às resinas cargas inertes como sílica, carbono e mica.

Nos ambientes em que a fibra de vidro poderia ser atacada, como no caso de ácido fluorídrico, são usadas fibras sintéticas, como acrílicas, para reforçar a superfície exposta ao meio corrosivo.

Na construção de tanques e tubulações deve-se levar em consideração que a resistência à corrosão é dada pelas resinas, daí ser necessário o uso de camadas interna, ou externa, em contato com o meio corrosivo, compostas quase somente de resina resistente à corrosão, cerca de 90 %. Por isso, são muito usados:

- tanques fabricados com poliéster reforçado com fibra de vidro, tendo revestimento interno monolítico de resina poliéster ou de PVC rígido;
- tubos de PVC rígido, revestidos externamente com fibra de vidro e resina poliéster ou éster-vinílica, visando combinar a elevada resistência química do PVC com a grande resistência mecânica da fibra de vidro com poliéster ou resina vinílica.

Evidentemente, os plásticos ou plásticos reforçados com fibra de vidro, devido à sua natureza química e dielétrica, não sofrem deterioração por processo eletroquímico, mas podem sofrer deterioração por:

- processos químicos como oxidação nas ligações químicas e como hidrólise em que ocorre ataque nas ligações de éster;
- degradação térmica, podendo ocasionar despolimerização ou carbonização;
- ação de solventes e de radiações eletromagnéticas.

Como resultado da deterioração, o material pode tornar-se mole, quebradiço, podendo aparecer delaminações, inchamento, bolhas, trincas etc.

Embora sejam usados aditivos, como as hidroxibenzofenonas, para evitar a ação de raios ultravioleta, eles se decompõem após 2 a 3 anos. Tubulações e tanques de PRFV, expostos a raios solares, sofrem ação de raios ultravioleta, observando-se aspecto esbranquiçado na superfície exposta, devido ao ataque da resina e consequente aparecimento da fibra de vidro. Esse ataque não prejudica significativamente suas características. A aparência original pode ser restaurada a partir de lixamento e aplicação de pintura à base, por exemplo, de resina poliuretana. Em tanques e tubulações novos sujeitos aos raios solares, é recomendável a aplicação de revestimento à base de tinta, como os de poliuretana.

24.14 PARÂMETROS DE FORMULAÇÃO DE TINTAS IMPORTANTES NO ÂMBITO DA PINTURA ANTICORROSIVA

Não é objeto, na finalização deste capítulo, discutir ou abordar os aspectos técnicos envolvidos na formulação e na fabricação de tintas anticorrosivas. Entretanto, o conhecimento de alguns parâmetros de formulação, como os que serão apresentados a seguir, pode ser bastante útil para o entendimento de certas características físicas dos revestimentos por pintura, bem como para a avaliação técnica e econômica das tintas.

24.14.1 Teor de Sólidos por Massa

Corresponde percentualmente, em massa, ao teor de substâncias não voláteis que permanecem na tinta após a evaporação dos solventes (ver fórmula a seguir), sendo, portanto, bastante útil para fins de controle de qualidade, tanto para o fabricante da tinta como para o usuário. Além disso, ele é utilizado no cálculo do teor de sólidos por volume, que é um outro parâmetro muito importante das tintas.

$$S_m = \frac{M_p + M_{vf} + M_a}{M_p + M_{vf} + M_a + M_s} \times 100$$

em que:
S_m = teor de sólidos por massa (%)
M_p = massa de pigmento
M_{vf} = massa de veículo fixo
M_a = massa de aditivos
M_s = massa de solventes e outros constituintes voláteis.

24.14.2 Teor de Sólidos por Volume ou Não Voláteis por Volume (NVV)

Corresponde percentualmente, em volume, ao teor de substâncias não voláteis que permanecem na tinta após a evaporação dos solventes, conforme mostrado na fórmula a seguir.

$$S_v = \frac{V_p + V_{vf} + V_a}{V_p + V_{vf} + V_a + V_s} \times 100$$

em que:
S_v = teor de sólidos por volume (%)
V_p = volume de pigmento
V_{vf} = volume de veículo fixo
V_a = volume de aditivos
V_s = volume de solventes e de outros constituintes voláteis.

O teor de sólidos por volume é muito importante, pois, a partir dele, pode-se calcular o rendimento teórico da tinta, o qual, por sua vez, é um dado importante na avaliação econômica de tintas. Além disso, ele pode ser utilizado para se calcular a espessura de filme úmido a ser aplicado para se obter uma determinada espessura de película seca. A seguir apresentam-se alguns exemplos típicos da importância do teor de sólidos por volume.

Rendimento teórico (R_t)

O rendimento teórico (R_t) não leva em consideração o efeito da rugosidade do substrato no aumento de sua área superficial nem as perdas decorrentes da aplicação da tinta. Ele é função apenas do teor de sólidos por volume (%) e da espessura da película seca (mm), conforme mostrado na fórmula a seguir.

$$R_t = \frac{S_v \times 10}{EPS}$$

em que:
R_t = rendimento teórico (m²/L)[1]
S_v = teor de sólidos por volume (%)
EPS = espessura da película seca (mm).

Portanto, uma tinta com 40 % de sólidos por volume e aplicada com espessura seca de 35 mm possui o seguinte rendimento teórico:

$$R_t = \frac{40 \times 10}{35} = 11,4 \text{ m}^2/L$$

Cálculo da espessura de filme úmido para se obter uma determinada espessura de película seca

O teor de sólidos por volume também pode ser utilizado para se calcular a espessura de filme úmido a ser aplicado para que, após a secagem e cura, se obtenha a espessura seca desejada. A fórmula é a seguinte:

$$EFU = 100 \cdot \frac{EPS}{S_v}$$

em que:
EFU = espessura de filme úmido a ser aplicado (mm)
EPS = espessura de película seca desejada (mm)
S_v = teor de sólidos por volume (%).

Assim, para se obter uma espessura de película seca de 30 μm, a partir de uma tinta com 40 % de sólidos por volume, a espessura de filme úmido a ser aplicado é:

$$EFU = 100 \cdot \frac{30}{40} = 75 \ \mu m$$

É importante destacar que, na prática, muitos fatores podem ocasionar distorções nos valores finais de espessura. Por exemplo, em tintas de secagem muito rápida, é difícil medir a espessura do filme úmido. De forma geral, o cálculo e o conhecimento EFU a serem aplicados são importantes para que o pintor trabalhe dentro de uma faixa de espessura mais próxima daquela que proporcionará a EPS desejada.

Outro aspecto importante a destacar é que, se a tinta sofrer alguma diluição, a quantidade de diluente adicionada à mesma tem que ser considerada no cálculo da EFU a ser aplicada. Neste caso, a fórmula de cálculo é a seguinte:

$$EFU = \frac{EPS(100 + D)}{S_v}$$

em que:
D = teor de diluente adicionado à tinta (%).

No caso da tinta anterior, se ela sofresse uma diluição de 20 %, a nova EFU seria:

$$EFU = \frac{30(100 + 20)}{40} = 90 \text{ mm}$$

Avaliação econômica de tintas com base no rendimento teórico

A aquisição de tintas normalizadas, com base apenas no custo unitário das mesmas, não é uma forma adequada de se conduzir este processo e pode ocasionar prejuízos substanciais de natureza econômica. Uma tinta que possui o custo unitário mais baixo pode, dependendo do seu rendimento teórico, ser a de maior custo por metro quadrado aplicado. Portanto, numa concorrência, para a aquisição de tintas normalizadas, deve-se considerar o rendimento teórico (m²/L), que é função do volume de sólidos e da espessura seca, e o custo da tinta (por exemplo, R$/L). Dividindo-se o custo (por exemplo, R$/L) pelo rendimento teórico (m²/L) obtém-se o custo da tinta por metro quadrado (R$/L).

É importante ressaltar que esta metodologia de avaliação só é válida se as tintas exigirem a mesma diluição e, além disso, se o custo dos diluentes, dos diferentes fabricantes, for o mesmo. Caso contrário, o custo do diluente, em função da porcentagem de diluição e do equipamento de aplicação, terá que ser adicionado ao custo final de cada tinta. O rendimento teórico, por sua vez, terá que ser recalculado em função da redução do teor de sólidos por volume. A partir desta recomposição de dados é que se calcula o novo custo/m² de cada tinta.

Concentração volumétrica de pigmentos (CVP ou PVC)

A concentração volumétrica de pigmentos (CVP), cuja abreviatura também é conhecida como PVC (*pigment volume concentration*), é um dos parâmetros mais importantes na

---
[1] Para obter em m²/galão, multiplicar o valor por 3,6.

formulação das tintas, uma vez que ele influencia um grande número de propriedades físico-químicas da película. A CVP, normalmente expressa em porcentagem, corresponde à fração volumétrica de pigmento dentro do volume total da película seca da tinta, conforme mostra a fórmula a seguir.

$$CVP = \frac{V_p}{V_p + V_{vf}} \times 100$$

em que:
CVP = concentração volumétrica de pigmento (%)
V_p = volume de pigmento
V_{vf} = volume de veículo fixo.

Pela fórmula mostrada, observa-se que o denominador da fração ($V_p + V_{vf}$) corresponde ao volume da película. Portanto, o aumento no volume de veículo fixo diminuirá o volume de pigmento (V_p) e, como consequência, tem-se uma menor CVP. Já um aumento no V_p acarretará uma redução no V_{vf} e um aumento na CVP. Essas variações na CVP, em função de V_p e V_{vf}, proporcionam películas com diferentes propriedades físico-químicas. Por exemplo, o brilho, a permeabilidade ao vapor d'água, a flexibilidade, a dureza e a coesão da película são propriedades substancialmente influenciadas pela CVP, como ilustrado na Tabela 24.4.

A concentração volumétrica de pigmento crítica (CVPC ou CPVC) corresponde a um valor da CVP em que, teoricamente, o volume de pigmento é igual ao volume de veículo fixo e acima do qual as propriedades físico-químicas da película sofrem alterações severas. A fórmula da CVPC é a seguinte:

$$CVPC = \frac{V_p}{V_p + V_{vfa}} \times 100$$

Em que:
CVPC = concentração volumétrica de pigmento crítica (%)
V_p = volume de pigmento
V_{vfa} = volume de veículo fixo absorvido pelo pigmento (calculado a partir da absorção de óleo do[s] pigmento[s]).

A relação CVP/CVPC (ou PVC/CPVC) é um parâmetro muito importante para os formuladores de tintas e, em certos casos até para os usuários, pois em função dela pode-se explicar o comportamento de certas películas de tintas. Uma relação maior que 1,0 significa, teoricamente, que o volume de pigmento é maior que o de veículo fixo. Se menor que 1,0, o volume de veículo fixo é maior que o de pigmento. Se igual a 1,0, significa que todas as partículas de pigmento estão igualmente umectadas pelo mesmo volume de veículo fixo. A Figura 24.5 mostra, de forma ilustrativa, as duas condições referentes à relação CVP/CVPC (ou PVC/CPVC). Observando-se a figura, é possível explicar, por exemplo, a baixa coesão das películas de tintas ricas em zinco. Elas, por necessitarem de altas concentrações de zinco em pó na película seca, para se obter bom contato elétrico entre as partículas do metal e o substrato de aço, são formuladas com uma relação CVP/CVPC bastante alta, algumas vezes maior que 1,0, portanto V_{vf}, V_p. O menor volume de veículo fixo leva à formação de uma película com menor coesão, uma vez que as partículas do pigmento estão menos encapsuladas pela resina.

Tabela 24.4 Variação de algumas propriedades das películas de tintas em função da CVP.

	Propriedades da Película					
Variação de CVP (*)	Brilho	Vapor d'água	Permeabilidade a flexibilidade	Coesão da película	Dureza	Porosidade/rugosidade
CVP ↑	↓	↑	↓	↓	↓	↑
CVP ↓	↑	↓	↑	↑	↑	↓

(*)↑ (aumenta); ↓ (diminui).

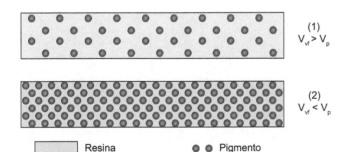

Figura 24.5 Representações esquemáticas de películas de tinta com diferentes concentrações volumétricas de pigmentos CVP (1) < CVP (2). (1) CVP/CVPC <1,0; (2) CVP/CVPC >1,0.

REFERÊNCIAS BIBLIOGRÁFICAS

1. MUNGER, C. *Corrosion Prevention by Protective Coatings*, NACE, Houston, 1984, p. 512.

2. NUNES, L. P.; LOBO, A. C. O. *Pintura industrial na proteção anticorrosiva*, Rio de Janeiro: LTC, 1990.

3. SHREIR, L. L. *Corrosion*. London: Newnes-Butterworths, 1976, v. 2.

4. UHLIG, H. H. *Corrosion and Corrosion Control*. 2nd ed., USA: John Wiley & Sons, 1963.

5. FRAGATA, F. L.; SEBRÃO, M. Z.; SERRA, E. T. *Corrosão e protecção de materiais*. Lisboa: INETI, 1997, v. 6.

6. CAMINA, M. *Complex Vanadates as Anticorrosive Pigments*. London: PRA, TR/3186, 1986.
7. BOXALL, J.; FRAUNHOFER, J. A. *Paint Formulation*. London: The Pitman Press, 1980.
8. FAZENDA, J. M. R. *Tintas e Vernizes – Ciência e Tecnologia*. São Paulo: Textonovo Editora, 1995, v. II.
9. FAZENDA, J. M. R. *Tintas e Vernizes – Ciência e Tecnologia*. Textonovo São Paulo: Editora, 1995, v. I.
10. FRAGATA, F. L.; AMORIM, C. *Relatório Interno CEPEL DTE 38962/04 (controlado)*. Avaliação de Tintas e de Esquemas de Pintura à Base de Polissiloxano, novembro, 2004.
11. Hare C. H. JPCL, 12(1), 1995, p. 79-101.
12. JPCL, 11(8), 1994, p. 75-100.
13. FRAGATA, F. L.; SPENGLER, E. *Tintas Anticorrosivas de Baixo Índice de Toxidade – Avaliação de Desempenho Através de Técnicas Convencionais e de Impedância Eletroquímica, Corrosão e Protecção de Materiais*. Lisboa: INETI, 16(3), 1997.
14. FRAGATA, F. L.; ALMEIDA, E. Desempenho à corrosão de esquemas de pintura com tintas de base aquosa e convencionais à base de solventes orgânicos. *In*: X ENCONTRO BRASILEIRO DE TRATAMENTO DE SUPERFÍCIES, São Paulo, ABTS, 2000.
15. ALMEIDA, E. *In situ assessment of environmentally – Friendly Organic Coatings Performance in the Atmosphere*, 14th ICC, Cape Town, South Africa, 1999.
16. WESTCHESTER, J. Painting Corroded Steel Surfaces, *Metal Finishing*, December, 1966.
17. FRAGATA, F. L. Tintas Convertedoras de Ferrugem: Uma Alternativa Eficaz?. *In*: V ENCONTRO BRASILEIRO DE TRATAMENTO DE SUPERFÍCIES, São Paulo, ABTS, 1987.
18. GALVÁN, J. C. et al. Effect of Treatment with Tannic, Gallic and Phosphoric Acids on Electrochemical Behavior of Rusted Steel, *Eletrochimica Acta*, v. 37, n. 11, Great Britain, 1992, p. 1983-1985.
19. BARBOSA, F. F. V.; MIRANDA, L. R. Emprego de sistema de ferrugens protetoras sobre superfícies de aço enferrujadas. *In*: ANAIS DO 3º SEMINÁRIO DE PINTURA INDUSTRIAL, NAVAL E CIVIL (TRATAMENTO E PINTURA ANTICORROSIVA), dez., 1994, p. 28-34.
20. BARBOSA, F. F. V. *Aspectos Eletroquímicos de Sistemas de Pintura Formulados à Base de "Ferrugens Protetoras"* – Tese de Mestrado, COPPE, UFRJ, mar., 1993.
21. NORMAS PETROBRAS Nº 650 – Aplicação de Revestimento à Base de Alcatrão de Hulha em Tubulações Enterradas ou Submersas, 1985.
22. NORMA PETROBRAS Nº 2147 – Aplicação de Revestimento à Base de Polietileno Extrudado em Tripla Camada, 1989.
23. CARVALHO, A. *Fiberglass 3 Corrosão – Especificação, Instalação e Manutenção de Equipamentos de Fiberglass para Ambientes Agressivos*, ASPLAR – Associação Brasileira de Plástico Reforçado, 1992.

EXERCÍCIOS

24.1. O que é uma tinta de fundo (*primer*)? Quais são os possíveis mecanismos de proteção?
24.2. Quais são os mecanismos de proteção das tintas?
24.3. Quais são os mecanismos de formação das películas das tintas?
24.4. Qual é a importância do CVP e do CVPC?
24.5. Quais informações são obtidas a partir da razão CVP/CVPC?
24.6. Por que não se deve comprar uma tinta, apenas com base no seu custo unitário?

Capítulo 25

Proteção Catódica

Proteção catódica é uma técnica de ampla aplicação no combate à corrosão de instalações metálicas enterradas submersas e, ainda, estruturas em concreto armado.

Seu conhecimento torna-se cada vez mais necessário aos engenheiros e técnicos, de modo geral, devido à construção cada vez maior de oleodutos, gasodutos, tubulações que transportam derivados de petróleo e produtos químicos, adutoras, minerodutos, redes de água para combate a incêndio, emissários submarinos, estacas de píeres de atracação de navios, cortinas metálicas para portos, plataformas submarinas de prospecção e produção de petróleo, camisas metálicas para poços de água e de petróleo, navios e embarcações, equipamentos industriais, tanques de armazenamento de água, de óleo, de derivados de petróleo e de produtos químicos, cabos telefônicos com revestimentos metálicos, estacas metálicas de fundação e muitas outras instalações importantes.

Com a utilização da proteção catódica consegue-se manter essas instalações metálicas completamente livres da corrosão por tempo indeterminado, mesmo que não seja aplicado sobre suas superfícies nenhum tipo de revestimento e que as condições agressivas do meio (solo, água ou outro eletrólito) sejam extremamente severas. A grande virtude dessa técnica é permitir o controle seguro da corrosão em instalações que, por estarem enterradas ou imersas, não podem ser inspecionadas ou revestidas periodicamente, como acontece com as estruturas metálicas aéreas.

Embora a proteção catódica possa ser utilizada com eficiência para a proteção de estruturas metálicas completamente nuas, sua aplicação torna-se mais econômica e simples quando as superfícies a proteger são previamente revestidas. Sua finalidade, nesses casos, consiste em complementar a ação protetora dos revestimentos que, por melhores e mais bem aplicados que sejam, sempre contêm poros, falhas e se tornam menos eficientes com o passar do tempo. A proteção catódica e o revestimento são, assim, aliados importantes que, de maneira econômica e segura, garantem ao longo dos anos a integridade das estruturas metálicas ou submersas que representam um patrimônio valioso.

25.1 MECANISMO

O mecanismo de funcionamento da proteção catódica é extremamente simples, embora a sua aplicação, na prática, exija bastante experiência por parte do projetista e do instalador do sistema.

O processo corrosivo de uma estrutura metálica enterrada ou submersa se caracteriza sempre pelo aparecimento de áreas anódicas e catódicas na superfície do material metálico, com a consequente ocorrência de um fluxo de corrente elétrica no sentido convencional, das áreas anódicas para as áreas catódicas através do eletrólito, sendo o retorno dessa corrente elétrica realizado por intermédio do contato metálico entre essas regiões. A ocorrência dessas áreas de potenciais diferentes ao longo de uma tubulação de aço ou de uma chapa metálica imersa em um eletrólito, como o solo ou a água, tem sua explicação nas variações de composição química do metal, na presença de inclusões não metálicas, nas tensões internas diferentes causadas pelos processos de conformação e soldagem do material metálico etc. A Figura 25.1 indica a ocorrência dessas áreas em uma tubulação enterrada.

As heterogeneidades do solo, em conjunto com as heterogeneidades existentes no material metálico, agravam os problemas de corrosão, uma vez que tais variações (resistividade elétrica, grau de aeração, composição química, grau de umidade e outras) dão origem, também, a pilhas de corrosão severas nas superfícies dos materiais metálicos enterrados. Dentre essas variações, as que causam problemas mais sérios são as que dizem respeito às resistividades elétricas e ao teor de oxigênio, como esquematizado nas Figuras 25.2 e 25.3.

Pela natureza eletroquímica da corrosão, verifica-se que há um fluxo de corrente através do eletrólito e do metal, de tal maneira que os cátions formados pela oxidação que ocorre no ânodo fluem para a solução, ao mesmo tempo em que os elétrons se dirigem do ânodo para o cátodo, seguindo o circuito metálico, conforme a Figura 25.4.

A taxa de corrosão depende, então, da intensidade da corrente que flui no sistema, dependendo essa intensidade da força eletromotriz total da pilha formada e das várias resistências ôhmicas e não ôhmicas do circuito.

Proteger catodicamente uma estrutura significa eliminar, por processo artificial, as áreas anódicas da superfície do metal fazendo com que toda a estrutura adquira comportamento catódico. Como consequência, o fluxo de corrente elétrica ânodo/cátodo deixa de existir e a corrosão é totalmente eliminada.

Se um novo circuito for estabelecido (Fig. 25.5) – compreendendo um bloco metálico (C) imerso no eletrólito e uma fonte de força eletromotriz com o polo positivo ligado a (C) e o polo negativo ligado a (A) e (B), tornando-os, assim, mais negativos por causa dos elétrons que escoam por eles para o eletrólito – consequentemente os polos (A) e (B) funcionam como cátodo e ficam, portanto, protegidos.

OBSERVAÇÃO: verificar diferença de sinais quando se considera corrente elétrica convencional e corrente real de elétrons (Cap. 4, item 4.1).

Podem ser admitidos diferentes mecanismos que justificam a redução da corrosão quando se aplica a proteção catódica:

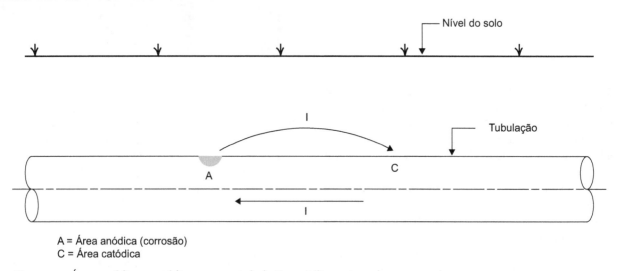

A = Área anódica (corrosão)
C = Área catódica

Figura 25.1 Áreas anódica e catódica em uma tubulação metálica enterrada.

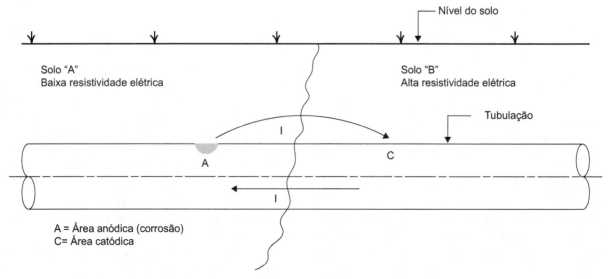

A = Área anódica (corrosão)
C = Área catódica

Figura 25.2 Pilha de corrosão causada pela variação da resistividade elétrica do solo.

Capítulo 25 | Proteção Catódica **337**

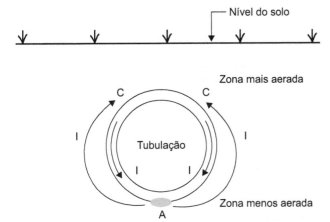

Figura 25.3 Pilha de corrosão causada pela variação do grau de aeração do solo.

- os potenciais das áreas anódicas e catódicas são mantidos em um valor estabelecido, de forma a suprimir as células de corrosão, não ocorrendo na superfície a reação:

$$M \rightarrow M^{n+} + ne$$

- o eletrólito adjacente à superfície metálica se torna mais básico devido à formação de íons hidroxila pela redução do oxigênio e, em meio ácido, dos íons hidrogênio, H^+.

$$2H_2O + 2e \rightarrow H_2 + 2OH^-$$

$$H_2O + 1/2 O_2 + 2e \rightarrow 2OH^-$$

- No caso de materiais metálicos ferrosos, a elevação do valor do pH, devida à formação de OH^-, pode servir de inibição para a corrosão, uma vez que acarreta a precipitação de substâncias insolúveis, como $CaCO_3$ e $Mg(OH)_2$, que podem depositar-se sobre o metal, produzindo camada protetora.
- Do ponto de vista termodinâmico, a proteção catódica é efetivamente alcançada quando o metal se torna imune à corrosão. Isso ocorre em um valor específico, comumente adotado em normas técnicas como critério para a avaliação dos sistemas de proteção catódica. O potencial de imunidade pode ser visto nos diagramas que relacionam potencial com pH (Diagramas de Pourbaix), apresentados no Capítulo 3.

Para comprovação do evidenciado na Figura 25.5, pode-se realizar a Experiência 25.1.

Experiência 25.1

Adicionar a um bécher de 250 mL, 200 mL de solução aquosa a 3 % de NaCl, 1 mL de solução aquosa-alcoólica de fenolftaleína e 2 mL de solução aquosa N (normal) de ferricianeto de potássio. Imergir três eletrodos metálicos, sendo um de cobre, outro de ferro e o terceiro de zinco, ligando-os por meio de um fio de cobre ou outro condutor, como mostra a Figura 25.6. Decorridos alguns minutos notar-se-á coloração róseo-avermelhada em torno dos eletrodos de

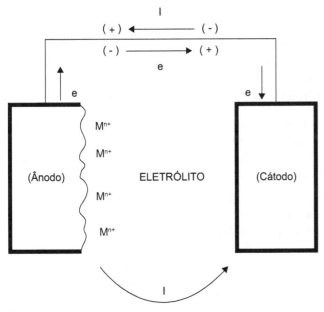

Figura 25.4.

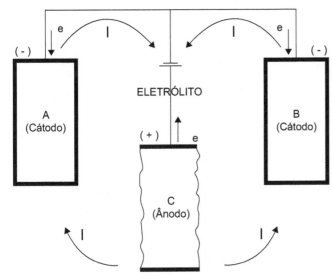

Figura 25.5.

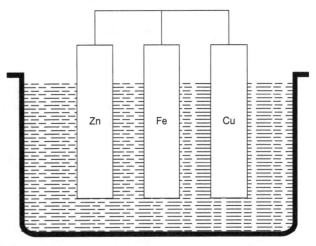

Figura 25.6.

cobre e de ferro e resíduo esbranquiçado em torno do eletrodo de zinco.

Pelas observações feitas se comprovou que:

- o ferro e o cobre não sofreram corrosão, pois se isto tivesse ocorrido notar-se-ia a formação de resíduo azul, de $Fe_3[Fe(CN)_6]_2$, em torno do ferro, ou resíduo castanho, de $Cu_3[Fe(CN)_6]_2$, em torno do cobre;
- o ferro e o cobre funcionaram como cátodo: em torno dos quais se verificou a coloração róseo-avermelhada que é característica de meio básico ou alcalino;
- o zinco funcionou como ânodo, oxidando-se e formando o resíduo esbranquiçado de $Zn(OH)_2$.

25.2 SISTEMAS DE PROTEÇÃO CATÓDICA

Para a obtenção da proteção catódica, dois sistemas são utilizados, ambos baseados no mesmo princípio de funcionamento, que é o de injeção de corrente elétrica na estrutura através do eletrólito. São eles a proteção catódica galvânica ou por ânodos galvânicos ou de sacrifício e a proteção catódica por corrente impressa ou forçada, descritas a seguir.

25.2.1 Proteção Catódica Galvânica

Neste processo, o fluxo de corrente elétrica fornecido origina-se da diferença de potencial existente entre o metal a proteger e outro escolhido como ânodo e que tem potencial mais negativo, ou seja, maior potencial de oxidação, conforme pode ser observado na série galvânica prática mostrada na Tabela 25.1.

Os materiais utilizados, na prática, como ânodos galvânicos são ligas de magnésio, zinco ou alumínio. Esses ânodos devem satisfazer a certas exigências, como:

- bom rendimento teórico da corrente em relação às massas consumidas;

Tabela 25.1 Série galvânica prática.

Material	Volt*
Magnésio comercialmente puro	−1,75
Liga de magnésio (6 % Al, 3 % Zn, 0,15 % Mn)	−1,60
Zinco	−1,10
Liga de alumínio (5 % Zn)	−1,05
Alumínio comercialmente puro	−0,80
Aço (limpo)	−0,50 a −0,80
Aço enferrujado	−0,20 a −0,50
Ferro fundido (não grafitizado)	−0,50
Chumbo	−0,50
Aço em concreto	−0,20
Cobre, bronze, latão	−0,20
Ferro fundido com alto teor de silício	−0,20
Aço com carepa de laminação	−0,20
Carbono, grafite, coque	+0,30

*Potenciais típicos normalmente observados em solos neutros e água, medidos em relação ao eletrodo de $Cu/CuSO_4$. Valores um pouco diferentes podem ser encontrados em diferentes tipos de solos.

- a corrente não deve diminuir com o tempo (formação de películas passivantes);
- o rendimento prático da corrente não deve ser muito inferior ao teórico.

A Tabela 25.2 mostra as composições químicas recomendadas para os ânodos de zinco (segundo a especificação americana MIL-A-18001 H), magnésio e alumínio.

Como é de fundamental importância a composição da liga para o bom desempenho do ânodo galvânico, procura-se adicionar elementos para que o ânodo apresente as características desejadas:

- potencial de corrosão suficientemente negativo: razão da adição de manganês nos ânodos de magnésio;

Tabela 25.2 Composição química típica para anodos galvânicos (% em peso).

Metal	Liga de Zn	Liga de Mg	Ligas de Al	
Alumínio	0,1-0,5	5,3-6,7	Balanço	Balanço
Cádmio	0,05-0,15	–	–	–
Chumbo	0,006 (máx.)	0,02 (máx.)	–	–
Cobre	0,005 (máx.)	0,02 (máx.)	0,006 (máx.)	0,01
Ferro	0,005 (máx.)	0,003 (máx.)	0,08 (máx.)	–
Índio	–	–	–	0,02
Magnésio	–	Balanço	–	0,80
Manganês	–	0,15 (mín.)	–	–
Mercúrio	–	–	0,035-0,50	–
Níquel	–	0,002 (máx.)	–	–
Silício	0,135 (máx.)	0,10 (máx.)	0,11-0,21	0,10 (máx.)
Zinco	Balanço	2,5-3,5	0,35-0,50	5,0

- alta eficiência do ânodo – não deve conter impurezas que possam originar autocorrosão ou torná-lo ineficiente. Daí se procurar, em todos os ânodos, manter baixos teores de ferro: a presença de ferro, mesmo em quantidades menores que 0,001 %, nos ânodos de zinco, causa a formação de um revestimento denso sobre o zinco que inibe o fluxo da corrente. A adição de alumínio e cádmio ao zinco contrabalança o efeito, conforme dados confirmatórios apresentados por Ambler:[2] zinco com 2 % de alumínio e 0,0015 % de ferro é capaz de fornecer duas vezes mais ampère-hora, em um ano, do que zinco contendo somente 0,0015 % de ferro sem alumínio;
- estado ativo para que o ânodo seja corroído uniformemente, evitando que ocorra sua passivação – caso da adição de mercúrio ou de índio, em ânodos de alumínio.

A utilização dos ânodos é função das características da estrutura a proteger e do tipo de eletrólito em contato com o material metálico. A Tabela 25.3 apresenta aplicações típicas dos ânodos galvânicos.

Tabela 25.3 Aplicações típicas dos ânodos galvânicos.

Ânodos	Aplicações
Alumínio	Estruturas metálicas imersas em água do mar
Magnésio	Estruturas metálicas imersas em água doce, de baixa resistividade, ou enterradas em solos com resistividade elétrica até 3.000 Ω · cm
Zinco	Estruturas metálicas imersas em água do mar ou enterradas em solos com resistividade elétrica até 1.000 Ω · cm

Para proteção de trocadores de calor, ou sistemas que operam com água aquecida, é recomendável o uso de ânodos de magnésio devido ao fato de que o zinco, embora normalmente anódico em relação ao ferro, pode sofrer inversão de polaridade e tornar-se, então, catódico em relação ao ferro, o que ocasionará corrosão do material ferroso.

Pela análise da Tabela 25.3, verifica-se que os ânodos galvânicos são utilizados, normalmente, para eletrólitos com resistividade elétrica considerada muito baixa (até 3.000 Ω · cm), uma vez que as diferenças de potenciais entre ânodo e estrutura são muito pequenas, necessitando de circuitos de baixas resistências elétricas para a liberação da corrente de proteção catódica. Pelo mesmo motivo, a proteção catódica galvânica é mais recomendada, tanto técnica quanto economicamente, para estruturas metálicas que requeiram pequenas quantidades de corrente, em geral até 5 A.

A Figura 25.8 mostra, de forma esquemática, duas aplicações comuns dos ânodos galvânicos.

Quando ânodos de magnésio e zinco são enterrados no solo, há necessidade de envolvê-los com um enchimento condutor (comumente uma mistura de gesso, bentonita e sulfato de sódio) que possui as seguintes finalidades:

Figura 25.7 Anodo de magnésio.

- melhorar a eficiência de corrente do ânodo, fazendo com que o seu desgaste seja uniforme;
- evitar a formação de películas isolantes (fosfatos e carbonatos) na superfície do ânodo;
- absorver umidade do solo;
- diminuir a resistência de aterramento, facilitando a passagem da corrente elétrica do ânodo para o solo.

25.2.2 Proteção Catódica por Corrente Impressa

Nesse processo o fluxo de corrente fornecido origina-se da força eletromotriz (fem) de uma fonte geradora de corrente elétrica contínua, sendo largamente utilizados na prática os retificadores que, alimentados com corrente alternada, fornecem a corrente elétrica contínua necessária à proteção da estrutura metálica.

Para a dispersão dessa corrente elétrica no eletrólito são utilizados ânodos especiais, inertes, com características e aplicações que dependem do eletrólito onde são utilizados, conforme mostrado na Tabela 25.4.

A vantagem do método por corrente impressa consiste no fato de a fonte geradora (retificador de corrente) poder ter a potência e a tensão de saída de que se necessite, em função da resistividade elétrica do eletrólito, o que leva a concluir que esse método se aplica à proteção de estruturas em contato com eletrólitos de baixa (3.000 Ω · cm a 10.000 Ω · cm), média (10.000 Ω · cm a 50.000 Ω · cm), alta (50.000 Ω · cm a 100.000 Ω · cm) e altíssima (acima de 100.000 Ω · cm) resistividade elétrica.

A Figura 25.9 mostra, de forma simplificada, duas aplicações comuns dos sistemas por corrente impressa.

Quando os ânodos inertes são enterrados no solo há necessidade, na maioria das vezes, de envolvê-los com um enchimento condutor de coque metalúrgico moído, com resistividade elétrica máxima de 100 Ω · cm, que possui as seguintes finalidades:

- diminuir a resistência de aterramento, facilitando a passagem da corrente elétrica do ânodo para o solo;

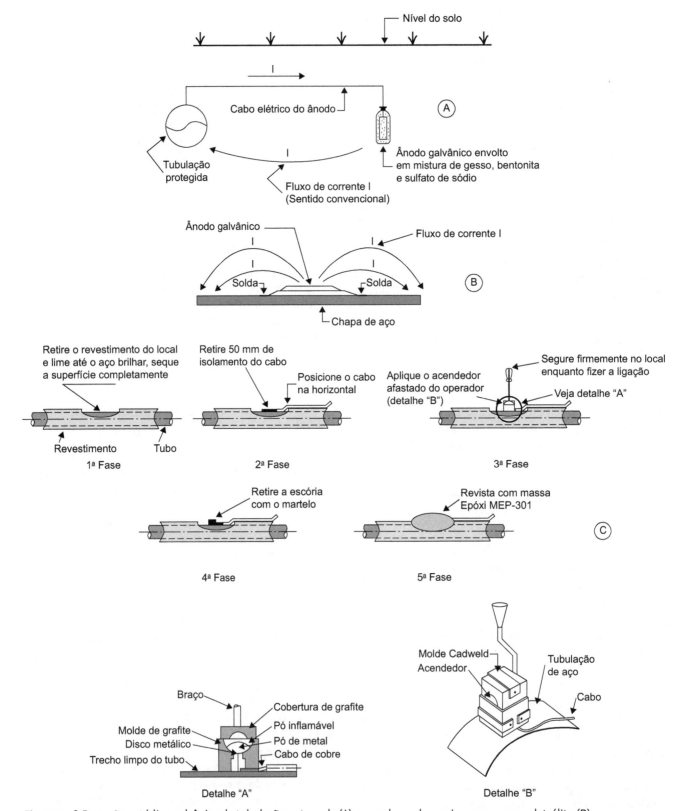

Figura 25.8 Proteção catódica galvânica de tubulação enterrada (A) e em chapa de aço imersa em um eletrólito (B).

Tabela 25.4 Aplicações típicas dos anodos inertes.

Anodos	Aplicações
Grafite	Solos, água do mar não profunda e água doce
Ferro-silício (14,5 % Si)	Solos ou água com teor de cloreto inferior a 60 ppm
Ferro-silício-cromo (14,5 % Si, 4,5 % Cr)	Solos, água do mar, fundo do mar ou água doce
Chumbo-antimônio-prata (93 % Pb, 6 % Sb, 1 % Ag)	Água do mar, suspensos, sem tocar o fundo do mar
Titânio, nióbio ou tântalo platinizados (Ti-Pt, Nb-Pt ou Ta-Pt)	Solos, água doce, água do mar e concreto (na proteção das armaduras de aço)
Titânio revestido com óxidos mistos de metais nobres como cério	Solos, água doce, água do mar e outros eletrólitos
Magnetita	Solos, água doce e água do mar
Ferrita	Solos, água doce e água do mar
Anodo polimérico anodeflex	Solos (tubulações nuas ou com revestimento deficiente)

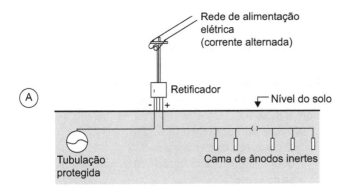

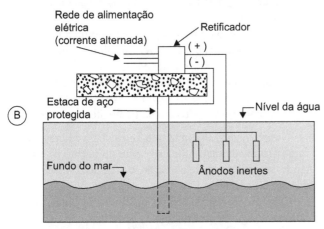

Figura 25.9 Proteção catódica por corrente impressa para uma tubulação enterrada (A) e para uma estaca de píer de atracação de navios (B).

- diminuir o desgaste do ânodo, uma vez que com o enchimento condutor bem compactado a maior parte da corrente é descarregada diretamente do coque metalúrgico para o solo.

25.2.3 Reações Envolvidas

As reações que se passam nos sistemas de proteção catódica são:

- **galvânica**

Área anódica

$$Mg \rightarrow Mg^{2+} + 2e$$
$$Al \rightarrow Al^{3+} + 3e$$
$$Zn \rightarrow Zn^{2+} + 2e$$

Área catódica

a) Aerada

$$H_2O + 1/2 O_2 + 2e \rightarrow 2OH^-$$

b) Não aerada

$$2H_2O + 2e \rightarrow H_2 + 2OH^-$$

Produtos de corrosão

$$Mg(OH)_2$$
$$Al(OH)_3$$
$$Zn(OH)_2$$

- **corrente impressa ou forçada**

Área anódica

$$H_2O \rightarrow 2H^+ + 1/2 O_2 + 2e \quad (1)$$

(em meios com concentrações elevadas de cloreto pode ocorrer a formação de cloro devido à reação $2Cl^- \rightarrow Cl_2 + 2e$)

Área catódica

a) Aerada

$$H_2O + 1/2 O_2 + 2e \rightarrow 2OH^-$$

b) Não aerada

$$2H_2O + 2e \rightarrow H_2 + 2OH^- \quad (2)$$

Verifica-se, nesse caso, que ocorre praticamente a eletrólise da água, pois forma-se hidrogênio e oxigênio, conforme a equação

$$H_2O \rightarrow H_2 + 1/2 O_2$$

resultante da soma das reações (1) e (2).

Se o ânodo não for totalmente inerte, poderá, ao longo do tempo, ocorrer oxidação do metal (M), observando-se a reação

$$M \rightarrow M^{n+} + ne$$

ou, em casos de ânodos de grafite (C)

$$C + 3H_2O \rightarrow CO_3^{2-} + 6H^+ + 4e$$

$$(\text{ou } C + O_2 + H_2O \rightarrow CO_3^{2-} + 2H^+)$$

Por observação das equações das reações na área catódica, constata-se que ocorre formação de hidrogênio e de íons hidroxila, OH⁻, daí a razão de se estabelecer, para cada sistema de proteção, a adequada corrente de proteção a fim de se evitar a superproteção. Quando se tem uma moderada superproteção das estruturas de aço, não há maiores inconvenientes, sendo as principais desvantagens: gasto de energia elétrica e aumento do consumo de ânodos. Porém, em casos extremos, podem ocorrer os seguintes inconvenientes:

- liberação de hidrogênio, na estrutura protegida, em quantidade tal que pode ocasionar fragilização do aço ou empolamento, ou descolamento, do revestimento;
- quando se têm instalações pintadas e protegidas catodicamente, devem-se indicar tintas que sejam compatíveis com o meio básico ou alcalino, evitando-se o uso de tintas saponificáveis, como as produzidas com óleos naturais, e preferindo-se aquelas com resinas vinílicas ou epóxi;
- a corrente que flui através do eletrólito, do ânodo para a estrutura protegida, pode causar corrosão em estruturas nas vizinhanças que, apesar de não fazerem parte do circuito, representam caminhos preferenciais para as correntes circulantes no solo. Nas áreas em que a corrente entra na estrutura, observa-se sua proteção; entretanto, nas áreas em que a corrente deixa a tubulação e retorna ao solo, pode ocorrer corrosão eletrolítica ou por corrente de fuga.

25.2.4 Comprovação da Proteção

Para comprovação da eficiência da proteção catódica durante a operação da estrutura protegida, são indicados os seguintes ensaios:

- em uma parte da tubulação enterrada, retira-se o revestimento, expondo-se a superfície metálica. Um pedaço de papel de filtro, umedecido com solução de ferricianeto de potássio, $K_3Fe(CN)_6$, é colocado em contato com essa superfície. Recobre-se com o solo e, após pouco tempo, examina-se o papel: coloração azul indica que a proteção catódica está incompleta, e ausência dessa coloração indica proteção adequada;
- uso de cupom de teste – pequenos pedaços de aço similares ao da tubulação, de massa conhecida, são conectados ao tubo por meio de um condutor isolado, ficando enterrados por período definido que pode ser de alguns meses ou mesmo um ano. Após o tempo definido para o ensaio, os cupons são adequadamente limpos e pesados. A perda de massa (se existir) dá uma ideia da eficiência da proteção catódica instalada;
- medição do potencial – verifica-se o potencial da estrutura para o solo usando-se o eletrodo de referência Cu|-CuSO4, ou da estrutura para a água do mar, usando-se o eletrodo de Ag|AgCl. Esta técnica de comprovação da efetiva proteção catódica é a mais indicada, visto apresentar a condição real da estrutura, desde que a medida não incorpore queda ôhmica, conforme será abordado posteriormente.

As Experiências 25.2, 25.3 e 25.4 permitem comprovar em laboratório os dois métodos de proteção catódica.

Experiência 25.2

Em seis bécheres (A, B, C, D, E e F) de 200 mL, adicionar, em cada um, cerca de 150 mL de solução aquosa a 3 % de cloreto de sódio.

Acrescentar nos bécheres:
A: um prego de ferro limpo.
B: um prego de ferro ligado (em contato) a uma chapa de cobre.
C: um prego de ferro ligado a uma chapa ou pedaço de zinco.
D: um prego de ferro ligado a um fio ou a uma fita de magnésio, isto é, envolver parcialmente um prego com o fio ou a fita de magnésio.
E: um prego de ferro ligado a chapas de cobre e de zinco.
F: um prego de ferro ligado à chapa de cobre e parcialmente envolvido com fio ou fita de magnésio.

Observar, após algum tempo, cerca de 1 a 2 horas, turvação alaranjada mais nítida somente no bécher B, mantendo-se, sem aparente alteração, o aspecto das soluções dos outros bécheres.

Com o decorrer do tempo, após 12 a 14 horas, já se observa o seguinte nos diferentes bécheres:

- A: turvação e possível resíduo com coloração alaranjada.
- B: turvação e depósito de resíduo alaranjado, em maior quantidade do que no bécher A.
- C, D, E, F: turvação e/ou depósito branco.

Com mais alguns dias de processamento, estas características vão se acentuando e, desde que permaneça o contato metálico entre os diferentes materiais empregados, observa-se que nos bécheres C, D, E e F não se verifica nenhum ataque do prego de ferro, enquanto se acentua o ataque do prego nos bécheres A e B.

Dessa experiência, pode-se concluir que o zinco e o magnésio estão protegendo catodicamente o ferro e o ferro ligado ao cobre, pois não há aparecimento de resíduo castanho-alaranjado, ferrugem, e, sim, de resíduo branco, que é de $Zn(OH)_2$ ou $Mg(OH)_2$.

Essa experiência serviu também para mostrar que o ferro é mais rapidamente atacado se estiver ligado a um material metálico que seja cátodo em relação a ele, como no caso do par ferro-cobre.

As Experiências 25.3 e 25.4 evidenciam a proteção catódica forçada ou por corrente impressa.

Experiência 25.3

Em um bécher de 400 mL, adicionar 250 mL de solução aquosa a 3 % de NaCl e 1 mL de solução a 1 % de fenolftaleína. Imergir parcialmente dois eletrodos, um de ferro e outro de grafite, imobilizá-los dentro da solução e ligá-los respectivamente aos polos negativo (cátodo) e positivo (ânodo) de uma fonte de corrente contínua (pode-se usar uma pequena bateria, por exemplo, de 4,5 V, ou usar um retificador ligado à corrente alternada). Observar que em torno do eletrodo de ferro aparece coloração róseo-avermelhada e pode-se notar desprendimento de hidrogênio.

Pode-se concluir, portanto, que o ferro está protegido, funcionando como cátodo, devido à corrente externa aplicada.

Experiência 25.4

Em um bécher de 400 mL, adicionar 250 mL de solução aquosa a 3 % de NaCl, 1 mL de solução a 1 % de fenolftaleína e 1 mL a 2 mL de solução aquosa N de ferricianeto de potássio. Imergir dois eletrodos metálicos, um de ferro e outro de cobre, imobilizá-los dentro da solução e ligá-los por meio de fio de cobre ou outro condutor. Decorridos alguns minutos notar-se-á coloração róseo-avermelhada em torno do eletrodo de cobre e resíduo azul em torno do de ferro, indicando, portanto, que o ferro está sendo corroído.

Imergir, agora, um eletrodo auxiliar de grafite e ligá-lo ao polo positivo da bateria, ligando também o ferro e o cobre ao polo negativo. (Se a solução já estiver com muito resíduo azul ou coloração vermelha, é mais conveniente, para melhor observação, substituí-la por nova solução.)

Observa-se que em torno do ferro e do cobre aparece a coloração vermelha, indicando, portanto, que o ferro está agora também funcionando como cátodo a expensas da corrente externa e o grafite como ânodo.

25.3 ESCOLHA DO SISTEMA DE PROTEÇÃO CATÓDICA

Para a escolha do sistema a ser adotado para a proteção catódica eficiente de determinada estrutura metálica, devem ser considerados tanto os aspectos técnicos quanto os econômicos, sendo essa escolha uma função basicamente das características da estrutura metálica a proteger (material, tipo, condições de operação, dimensões, forma geométrica, tipo de revestimento empregado, localização etc.) e do meio onde ela estiver construída (solo, água do mar, água doce, concreto etc.).

A experiência do projetista influi decisivamente nessa definição. Para uma orientação geral, a Tabela 25.5 é de grande utilidade.

25.4 LEVANTAMENTOS DE CAMPO PARA O DIMENSIONAMENTO DE SISTEMAS DE PROTEÇÃO CATÓDICA

Qualquer que seja a estrutura metálica a ser protegida, o projeto de proteção catódica só pode ser elaborado com sucesso

Tabela 25.5 Comparação entre os sistemas galvânicos e por corrente impressa.

Sistema Galvânico	Sistema por Corrente Impressa
Não requer fonte externa de corrente elétrica	Requer fonte externa da corrente elétrica
Em geral, econômico para requisitos de corrente elétrica de até 5 A	Em geral, econômico para requisitos de corrente elétrica acima de 5 A
Manutenção mais simples. Possui vida limitada	Manutenção menos simples. Pode ser projetado para vida bastante longa
Necessita de acompanhamento operacional	Necessita acompanhamento operacional
Somente para eletrólito de muito baixa resistividade elétrica, em geral de até 3.000 Ω · cm	Pode ser usado em eletrólitos com qualquer valor de resistividade elétrica, inclusive os de muito baixa resistividade
Não apresenta problemas de interferências com estruturas estranhas	Pode apresentar problemas de interferência com estruturas estranhas
Não admite regulagem ou admite regulagem precária	Pode ser regulado com facilidade

após a realização de medições e testes de campo convenientes. A experiência do engenheiro de proteção catódica é fundamental para a realização desse trabalho e para a análise dos resultados dele provenientes.

Os procedimentos mais utilizados nessas condições são os apresentados a seguir.

25.4.1 Levantamento de Dados Sobre a Estrutura a Ser Protegida

As principais informações necessárias ao planejamento das medições de campo, bem como à elaboração do projeto, são as seguintes:

a) material da estrutura a ser protegida;
b) especificações e propriedades do revestimento protetor, se existir;
c) características de construção, dimensionais e geométricas;
d) mapas e plantas de localização, desenhos e detalhes de construção;
e) localização e características de outras estruturas metálicas enterradas ou submersas existentes nas proximidades;
f) existência ou não de sistemas de proteção catódica instalados nessas estruturas estranhas, incluindo o cadastramento de todas as características e condições de operação de tais sistemas;
g) levantamento cuidadoso das condições de operação das linhas de transmissão elétrica em alta tensão que sigam em paralelo ou cruzem com tubulações enterradas sob estudo, capazes de causar problemas de indução de corrente;
h) levantamento cuidadoso de todas as fontes de corrente contínua existentes nas proximidades, que possam causar qualquer problema de corrosão eletrolítica na estrutura metálica em estudo;
i) levantamento de todas as linhas de corrente alternada em baixa e média tensões, existentes na região, possíveis de serem utilizadas para a alimentação de retificadores de proteção catódica. Quando, na região, não existem linhas elétricas de corrente alternada para alimentação de retificadores e os ânodos galvânicos não podem ser usados devido às características do solo (resistividade elétrica alta), existem outras opções para o sistema de proteção catódica, a saber:
   - utilização de células solares, conjugadas com baterias, especialmente construídas para aplicações em proteção catódica;
   - utilização de geradores termoelétricos, alimentados a gás, também projetados para sistemas de proteção catódica;
   - utilização de geradores de corrente alternada, conjugados com retificadores de proteção catódica convencionais.

25.4.2 Medições e Testes de Campo

De posse das informações constantes do item anterior, o engenheiro de corrosão deve organizar o seu programa de levantamentos de campo, que pode utilizar todas ou algumas das medições a seguir descritas, dependendo de cada caso:

a) *Medições das resistividades elétricas*, com as seguintes finalidades:
   - avaliar as condições de corrosão a que está sujeita à estrutura metálica;
   - definir sobre a utilização de sistema galvânico ou por corrente impressa;
   - escolher os melhores locais para a instalação dos ânodos;
   - estudar os problemas de indução de corrente elétrica em tubulações enterradas, causados por linhas de transmissão elétrica em alta tensão.
b) *Medições dos potenciais estrutura/eletrólito*, com o auxílio de voltímetros apropriados com alta resistência interna e eletrodos de referência, como os de Cu|CuSO$_4$ e Ag|AgCl, conforme mostrado esquematicamente na Figura 25.10.

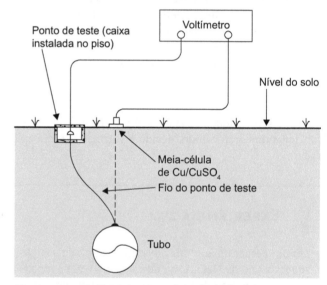

Figura 25.10 Medição do potencial tubo/solo de uma tubulação enterrada.

Essas medições são feitas com as seguintes finalidades:

- avaliar as condições de corrosividade a que está sujeita a estrutura metálica;
- detectar e estudar os problemas de corrosão eletrolítica que possam ocorrer, utilizando-se, para esses casos, além do voltímetro convencional, um voltímetro registrador, que permite medições prolongadas em cada ponto testado com registros dos potenciais observados;
- verificar se a estrutura se encontra protegida após a instalação do sistema de proteção catódica.

c) *Escolha dos locais para a instalação dos ânodos*. Essa tarefa é de grande importância para a definição do melhor sistema de proteção catódica a ser instalado e é realizada tendo em vista os seguintes fatores principais:
   - locais de baixa resistividade elétrica;
   - distribuição de corrente ao longo da estrutura;

- locais de fácil acesso para montagem e inspeção;
- locais onde haja energia elétrica em corrente alternada, para o caso da instalação de retificadores e ânodos inertes.

d) *Testes para a determinação da corrente necessária.* Esses testes são realizados mediante injeções de corrente na estrutura estudada, com o auxílio de uma fonte de corrente contínua (bateria, máquina de solda, retificador) e uma cama de ânodos provisória (sucata de aço) conforme mostrado na Figura 25.11.

Com as medições das correntes injetadas em determinados trechos e dos potenciais obtidos, consegue-se, com relativa facilidade, determinar a densidade de corrente (A/m^2) a ser utilizada no projeto, já considerada a eficiência do revestimento da estrutura.

A corrente elétrica (I) em ampères, dividida pela área da superfície entre os pontos B e C (distantes aproximadamente 100 m entre si), permite calcular o valor da densidade de corrente elétrica (corrente elétrica por unidade de área) para o cálculo da corrente total a ser utilizada na proteção catódica da tubulação. Convém observar que o mesmo tipo de teste pode ser adaptado à determinação da corrente necessária para proteger tanques de armazenamento ou estacas de aço cravadas no mar.

Quando a estrutura a ser protegida não foi ainda instalada, fato muito comum de ocorrer, o valor da densidade de corrente elétrica a ser utilizada pode ser calculado, com boa precisão, conforme descrito em cálculo da corrente elétrica de proteção (ver item 25.6.1).

e) *Outros testes, medições e observações.* Além dos procedimentos já descritos, são realizados, ainda, embora com menor frequência, alguns dos testes seguintes, de acordo com as necessidades de cada caso em particular:
- medições do pH do eletrólito;
- pesquisa de corrosão por bactérias;
- colheita de amostras do produto oriundo da corrosão para análise em laboratório.

25.5 CRITÉRIOS DE PROTEÇÃO CATÓDICA

O critério mais seguro e adotado no mundo inteiro para saber se uma estrutura metálica encontra-se protegida catodicamente consiste nas medições dos potenciais estrutura/eletrólito: tubo/solo, estaca/água, tanque/solo etc.

Essas medições são realizadas conforme mostrado na Figura 25.10, com o auxílio de um eletrodo de referência e a utilização no campo das meias-células ou eletrodos de $Cu|CuSO_4$ (para solos) e de $Ag|AgCl$ (para água do mar ou eletrólitos líquidos).

Assim, uma estrutura de aço encontra-se protegida quando, com o funcionamento do sistema de proteção catódica, consegue-se obter qualquer uma das situações seguintes:

a) potenciais estrutura/eletrólito mais negativos que –0,85 V, para medições com a meia-célula de $Cu|CuSO_4$;
b) potenciais estrutura/eletrólito mais negativos que –0,80 V, para medições com a meia-célula de $Ag|AgCl$;
c) variação de, no mínimo, 0,30 V no campo negativo para medições tanto com a meia-célula de $Cu|CuSO_4$ quanto com a de $Ag|AgCl$. Nesse caso, torna-se necessário que os potenciais sejam medidos antes e depois de o sistema de proteção catódica ser ligado, para que a variação obtida no potencial possa ser observada. Para estruturas influenciadas por correntes de interferência, como as provenientes das estradas de ferro eletrificadas, esse critério não pode ser utilizado;

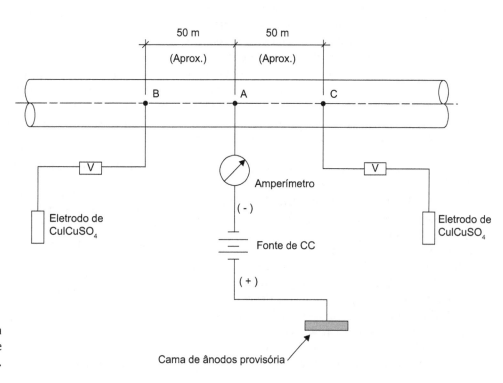

Figura 25.11 Teste para a determinação da densidade de corrente.

d) potenciais estrutura/eletrólito menos positivos que +0,25 V, para medições com um eletrodo de referência de zinco;
e) obtenção de uma polarização catódica de, no mínimo, 100 mV. Nesse caso, torna-se necessário que os potenciais sejam medidos antes e depois do sistema de proteção catódica ser ligado, para que a variação real obtida no potencial possa ser observada. Para estruturas influenciadas por correntes de interferência, como as provenientes das estradas de ferro eletrificadas, esse critério não pode ser utilizado.[3]

Um fator importante para a confiabilidade nas medidas de potenciais adotadas como critério de proteção catódica envolve alguns pontos, a saber:

1. O consenso geral é que a maneira mais correta para a aplicação dos critérios de proteção descritos anteriormente consiste na medição dos potenciais com a eliminação da queda ôhmica nas medições dos potenciais tubo/solo. A queda ôhmica refere-se à variação do potencial decorrente da resistividade do meio e, portanto, é necessário eliminar tal fator no potencial medido em estruturas em meios resistivos, por exemplo, solos. Em água do mar, devido à elevada condutividade do meio, tal fator não corresponde à parcela significativa na medida. Esses potenciais são chamados de potenciais *off* e os potenciais medidos com queda ôhmica são chamados de potenciais *on*.
2. Uma das técnicas utilizadas para as medições dos potenciais *off* consiste em desligar-se todas as fontes de corrente de proteção catódica e de interferência durante as medições. Esse procedimento não é fácil de ser executado e exige, muitas vezes, a utilização de equipamentos especiais, como as chaves de interrupção de corrente sincronizadas por satélite. A desvantagem dessa técnica é não poder ser utilizada em sistemas galvânicos distribuídos (sistema no qual os ânodos galvânicos são soldados diretamente e distribuídos ao longo da tubulação ou estrutura a ser protegida) e possui limitações quando utilizada em locais com correntes de interferência.
3. Outra técnica muito utilizada para medir os potenciais *off* consiste em utilizar-se corpos de prova conectados à tubulação ou à estrutura a ser protegida, simulando falhas no revestimento, com a instalação de um eletrodo de referência permanente junto a cada corpo de prova. Dessa maneira, pode-se interromper a ligação do corpo de prova com o tubo, sem ser necessária a interrupção das fontes de corrente para, desta forma, eliminar a queda ôhmica. Existem no mercado eletrodos permanentes que possuem o corpo de prova embutido.
4. Quanto ao valor do potencial tubo/solo aceitável para dutos enterrados, o documento *International Standart ISO 15589-1:2003 (E)* e a *Norma Petrobras N-2801 Revisão "A" (Dez/2005)* definem que, para trechos de dutos instalados em solos com resistividade elétrica (ρ) maior que 10.000 ohm · cm, podem ser considerados os seguintes critérios de proteção (potenciais *off* – $Cu/CuSO_4$):
   - 10.000 ohm · cm < ρ < 100.000 ohm · cm: –0,75 Vcc
   - ρ > 100.000 ohm · cm: –0,65 Vcc

25.6 DIMENSIONAMENTO DE SISTEMAS DE PROTEÇÃO CATÓDICA

O cálculo do sistema de proteção catódica é uma tarefa relativamente simples de ser realizada, bastando que sejam consultadas as fórmulas existentes na literatura especializada e adotados valores corretos para alguns parâmetros importantes, como a resistividade elétrica do eletrólito, a densidade de corrente elétrica e a eficiência do revestimento aplicado.

A concepção do sistema, entretanto, não é tarefa das mais simples, exigindo do projetista domínio perfeito do assunto e boa experiência com instalações similares, uma vez que decisões como a escolha do método mais adequado de proteção, o tipo, posicionamento e detalhe de instalação dos ânodos, a definição do número, tipo e distribuição dos retificadores, a necessidade ou não de dispositivos de interligação elétrica, isolamentos, drenagem etc. dependerão fundamentalmente desses conhecimentos e dessa experiência. É muito importante que as medições de campo e o projeto de proteção catódica sejam realizados pelo mesmo engenheiro.

Um dos roteiros mais simples para o dimensionamento consiste nas etapas descritas a seguir.

25.6.1 Cálculo da Corrente Elétrica de Proteção

Quando a corrente elétrica necessária para a proteção catódica de uma estrutura não pode ser obtida no campo, por intermédio do teste de corrente mostrado no item 25.4.2, ela precisa ser calculada.

A equação utilizada para esse cálculo é a seguinte:[6]

$$I = A \cdot Dc \cdot F (1 - E) \qquad (1)$$

em que:
I = corrente elétrica, em mA
A = área a ser protegida, em m^2
Dc = densidade de corrente elétrica, em mA/m^2
F = fator de correção da velocidade
E = eficiência do revestimento.

Os parâmetros envolvidos na Eq. (1) devem ser calculados ou estimados de acordo com as orientações seguintes:

a) *Para o cálculo da área (A):*
   - considerar apenas as partes em contato com o eletrólito.
b) *Para a densidade de corrente elétrica (Dc):*
   - considerar a superfície a proteger completamente nua, sem revestimento;
   - o valor Dc depende da resistividade do eletrólito, segundo a equação

$$Dc = 73,73 - 13,35 \log \rho \qquad (2)$$

em que:
ρ = resistividade elétrica do eletrólito, em Ω · cm.

Como pode ser visto, se a resistividade elétrica do eletrólito (solo, água etc.) não for medida corretamente no campo, a densidade de corrente apresentará um erro, que poderá comprometer o sistema de proteção catódica.

c) *Para o fator de correção da velocidade (F):*
- utilizado apenas quando existe movimentação do eletrólito em relação à estrutura;
- seu valor pode ser obtido na Tabela 25.6.

Tabela 25.6 Fator de correção de velocidade.

Velocidade (m/s)	F
1	1,00
2	1,11
3	1,17
4	1,22
5	1,24
6	1,25
7 e maior	1,27

d) *Para a eficiência do revestimento (E):*
- esse parâmetro precisa ser estimado em função da experiência do projetista, sendo extremamente importante para o cálculo correto da corrente elétrica, uma vez que pequenas diferenças nessa estimativa acarretam grandes variações na corrente calculada;
- depende do tipo de revestimento e dos cuidados tomados com sua aplicação, inspeção e reparos;
- a Tabela 25.7 fornece indicações para a sua estimativa.

Uma vez calculada a corrente de proteção, escolhe-se o tipo de sistema a ser utilizado (galvânico ou corrente impressa), de acordo com as orientações mostradas em escolha do sistema de proteção catódica (ver item 25.3).

25.6.2 Por Ânodos Galvânicos ou de Sacrifício

Cálculo da resistência

O sistema de proteção galvânica funcionará de acordo com a Lei de Ohm, segundo a equação

$$I = \frac{\Delta V}{R_t} \qquad (3)$$

em que:
I = corrente elétrica de proteção, em ampères
ΔV = diferença de potencial entre o ânodo galvânico utilizado e a estrutura a proteger, em volts
R_t = resistência total do circuito de proteção catódica, em ohm.

Para a aplicação correta da Eq. (3), as seguintes observações são importantes:

a) o valor de I, ou sua soma, deve ser maior ou igual à corrente necessária, calculada de acordo com o visto em cálculo da corrente elétrica de proteção (ver item 25.6.1);
b) o valor ΔV significa a diferença entre o potencial natural do ânodo, mostrado na Tabela 25.8, e o potencial de proteção do material metálico da estrutura (−0,80 V, para o aço, em relação ao eletrodo de Ag|AgCl ou −0,85 V para o eletrodo de Cu|CuSO$_4$);
c) o valor R_t pode ser calculado com o auxílio da equação

$$R_t = R_{ca} + R_c + R_a \qquad (4)$$

em que:

Tabela 25.7 Eficiências médias de diversos tipos de revestimentos.

Tipo	Eficiência (em %)			Norma	Observação
Betuminosos	Asfalto	Ei = 90	Ef = 75	AWWA C-203, PET. N-650, NBR 12780	Valores médios apenas para orientação. O projetista do sistema de proteção catódica deve certificar-se no campo se esses valores foram efetivamente conseguidos na prática.
	Piche	Ei = 95	Ef = 90		
Fitas plásticas(camadas)	Simples	Ei = 50	Ef = 40	PET. N-2238	
	Dupla	Ei = 60	Ef = 50		
	Tripla	Ei = 70	Ef = 60		
Tintas líquidas	400 μm	Ei = 90	Ef = 60	AWWA C-210, API 5L2	
	>600 μm	Ei = 94	Ef = 70		
Espuma de poliuretano		Ei = 98	Ef = 95	PET. N-556	
Epóxi em pó (FBE)		Ei = 98	Ef = 95	AWWA C-213 CAN CSA Z245.20	
Polietileno/polipropileno	Simples	Ei = 99	Ef = 97	DIN 30670	
	Tripla camada	Ei = 99,2	Ef = 97,5		

Rca = resistência do cabo elétrico de ligação, quando existente, entre o ânodo, ou ânodos, e a estrutura metálica. Essa resistência depende do comprimento e bitola do cabo, podendo ser obtida a partir de tabelas dos fabricantes

Rc = resistência de contato entre a estrutura (cátodo) e o eletrólito que a envolve. Para o caso dos sistemas nos quais os eletrólitos são de baixa resistividade elétrica, o valor de Rc é muito pequeno em relação às outras parcelas, podendo ser desprezado nos cálculos

Ra = resistência de contato entre o ânodo, ou ânodos, e o eletrólito. Essa resistência depende basicamente do formato do ânodo e da resistividade elétrica do eletrólito, podendo ser calculada por intermédio das fórmulas empíricas que se seguem.

Tabela 25.8 Principais características dos ânodos galvânicos.

Ânodo	Capacidade de Corrente C (A·h/kg)	Potencial em Circuito Aberto (Cu|CuSO$_4$)	Massa Específica (g/cm³)	Eficiência (%)
Zinco	740	–1,10 V	7,2	90-95
Alumínio	2.200-2.844	–1,10 V	2,8	75-95
Magnésio	1.100	–1,60 V	1,8	50-60

■ *Cálculo da resistência de um ânodo cilíndrico instalado na posição vertical:*

$$Rv = \frac{0{,}0052\rho}{L}\left(2{,}3\log\frac{8L}{d}-1\right) \quad (5)$$

em que:
Rv = resistência de um ânodo vertical, em ohm
ρ = resistividade elétrica do eletrólito, em $\Omega \cdot cm$
L = comprimento do ânodo, em pés
d = diâmetro do ânodo, em pés.

OBSERVAÇÃO: quando se usa enchimento condutor, os valores de L e d podem ser o comprimento e o diâmetro da coluna de enchimento.

■ *Cálculo da resistência de um grupo de ânodos verticais, instalados em paralelo:*

$$Ra = \frac{0{,}0052\rho}{NL}\left(2{,}3\log\frac{8L}{d}-1+\frac{2L}{S}\,2{,}3\log 0{,}656\,N\right) \quad (6)$$

em que:
Ra = resistência dos diversos ânodos verticais, em ohm
N = número de ânodos
S = espaçamento entre os ânodos, em pés.

■ *Cálculo da resistência de um ânodo cilíndrico, instalado na posição horizontal:*

$$Rh = \frac{0{,}0052\rho}{L}\left[2{,}3\log\frac{4L^2+4L\sqrt{p^2+L^2}}{d\cdot p}+\frac{p}{L}-\frac{\sqrt{p^2+L^2}}{L}-1\right] \quad (7)$$

em que:
Rh = resistência do ânodo horizontal, em ohm
ρ = dobro da profundidade do ânodo, em pés.

OBSERVAÇÃO: para a resistência de "N" ânodos, dividir o valor de "Rh" por "N".

Cálculo da vida dos ânodos galvânicos

Para o cálculo do tempo de duração dos ânodos galvânicos ou definição da massa total de ânodos a ser utilizada para determinada vida, a seguinte expressão pode ser utilizada:

$$V = \frac{MC \times 0{,}85}{8.760 \times I} \quad (8)$$

em que:
V = vida dos ânodos, em anos
M = massa total de ânodos, em kg
C = capacidade de corrente do ânodo, em A·h/kg (Tabela 25.8)
I = corrente liberada pelos ânodos, em ampères
0,85 = fator de utilização do ânodo (85 %).

Distribuição e fixação dos ânodos galvânicos

A distribuição e o método de fixação dos ânodos galvânicos ao longo da estrutura a proteger são decisões importantes, uma vez que deles dependerão a boa distribuição de corrente, facilidade ou dificuldade de instalação e o maior ou menor custo do sistema. Para essas escolhas não existem regras definidas. O bom senso e a experiência do projetista são fundamentais para a obtenção de bons resultados. Como orientação geral, os ânodos podem ser fixados das seguintes maneiras:

■ com solda exotérmica, para os ânodos fornecidos com cabo elétrico. Nesses casos, o cabo elétrico utilizado possui isolamento duplo, com uma camada isolante de polietileno e capa protetora externa de composto de cloreto de polivinila. A ligação do cabo elétrico do ânodo, construída pelo fabricante do ânodo, é normalmente selada com epóxi;
■ com solda elétrica, para os ânodos fabricados com alma de aço, por exemplo, na proteção catódica galvânica de navios e plataformas de petróleo;
■ com o auxílio de parafusos, em locais de difícil substituição dos ânodos;
■ com o auxílio de rosca no próprio ânodo, como nos motores marítimos e alguns equipamentos industriais.

Para a escolha do tipo de ânodo a ser utilizado, deve-se consultar a Tabela 25.3.

25.6.3 Por Corrente Impressa ou Forçada

Esse dimensionamento precisa obedecer também à Lei de Ohm, e a Eq. (3) deve ser agora interpretada da seguinte maneira:

$$I = \frac{\Delta V}{Rt}$$

I = corrente de proteção, em ampères, para cada conjunto retificador/cama ou leito de ânodos a ser instalado. O número de retificadores é definido em função da corrente total necessária, das condições de distribuição dessa corrente ao longo da estrutura, da existência de locais de resistividade elétrica adequada e das disponibilidades de circuitos de corrente alternada nesses locais.

ΔV = tensão de saída, em corrente contínua, do retificador. Os retificadores podem ser dimensionados para ampla faixa de saída, tanto de tensão quanto de corrente, sendo mais comuns os seguintes valores:

- para instalações terrestres, tensões de 30 V a 100 V e correntes de 5 A a 50 A;
- para instalações marítimas, tensões de 10 V a 20 V e correntes de 50 A a 400 A.

Rt = resistência total do circuito de um conjunto retificador/cama de ânodos, podendo ser calculada segundo a mesma orientação mostrada para os ânodos galvânicos. A resistência Rt deve ser menor que a resistência nominal do retificador, Rr. Em geral, usa-se Rr > 1,2 Rt.

Cálculo da vida dos ânodos inertes

Os ânodos utilizados para os sistemas por corrente impressa, embora recebam a denominação genérica de ânodos inertes, sofrem certo desgaste com o passar do tempo em função das densidades de corrente aplicadas em suas superfícies. Essas densidades de corrente precisam ser mantidas dentro de determinados limites, conforme mostrado na Tabela 25.9, e a vida dos ânodos, nessas circunstâncias, pode ser calculada por meio da expressão

$$V = \frac{0,85 \, M}{DI} \qquad (9)$$

em que:
V = vida dos ânodos, em anos
M = massa total dos ânodos, em kg
D = desgaste esperado do ânodo, em kg/A · ano (Tab. 25.9)
I = corrente injetada pelo retificador, em A
0,85 = fator de utilização dos ânodos.

Exemplos práticos. 1. Calcular a resistência total de aterramento de uma cama de ânodos com 20 ânodos de ferro-silício-cromo (dimensões = 1.520 mm × 50 mm, peso = 20 kg), instalados na posição vertical, com enchimento condutor de coque metalúrgico moído (dimensões = 3.000 mm × 254 mm), espaçados de 6 m. Sabendo-se que a cama de ânodos será ligada a um retificador de 50 V, 30 A, destinado a proteger uma adutora, qual será a vida dos ânodos de ferro-silício-cromo para a operação do retificador em carga máxima? A resistividade elétrica média, medida no local de instalação dos ânodos, é de 9.000 V · cm.

A eq. (6) a ser utilizada é:

$$Ra = \frac{0,0052\rho}{NL}\left(2,3\log\frac{8L}{d} - 1 + \frac{2L}{S} \, 2,3\log 0,656\,N\right)$$

em que:
N = 20 ânodos
ρ = 9.000 V · cm
L = 3.000 mm (para o valor de "L" pode-se utilizar o comprimento da coluna de coque)
d = 254 mm (diâmetro da coluna de coque)
S = 6.000 mm.

OBSERVAÇÃO: lembrar que os valores de L, d e S precisam ser convertidos em pés, para aplicação na fórmula. O valor obtido para Ra é de 1,45 V, aproximadamente.

Tabela 25.9 Características dos anodos inertes.

Material do Anodo	Densidade de Corrente Recomendada (A/m²)	Desgaste "D" (kg/A · Ano)
Grafite	Até 5	0,40
Fe-Si	Até 15	0,35
Fe-Si-Cr	Até 15	0,35*
Pb-Sb-Ag	50-100	0,10
Ti-Pt	Ampla faixa	Desprezível
Nb-Pt	Ampla faixa	Desprezível
Ta-Pt	Ampla faixa	Desprezível
Titânio LIDA STRIP	Ampla faixa	Desprezível
Magnetita	Até 115	0,04
Ferrita	Até 115	0,002
Anodo polimérico anodeflex	Ampla faixa	Desprezível

*Consumo em água do mar.

A vida dos ânodos pode ser calculada da seguinte maneira, pela fórmula (9):

$$V = \frac{0{,}85\,M}{DI}$$

em que:
M = 400 kg (massa de 20 ânodos)
D = 0,40 kg/A · ano
I = 30 A
Logo,
V = 28 anos (aprox.).

Na realidade, a vida dos ânodos será superior a 28 anos, uma vez que boa parte da corrente será descarregada por meio do enchimento condutor (coque metalúrgico moído), o que reduzirá sensivelmente o desgaste do ânodo.

Distribuição e métodos de instalação dos retificadores e ânodos inertes

Como nos sistemas galvânicos, essas importantes decisões para o bom desempenho do sistema dependem basicamente da experiência e do bom senso do projetista e não obedecem a regras definidas.

Para a escolha do tipo de ânodo a ser utilizado, a Tabela 25.4 fornece orientações importantes.

25.7 INSTRUMENTOS

A utilização de instrumentos adequados para as medições de campo e verificação das condições de funcionamento dos sistemas de proteção catódica é de fundamental importância para o sucesso do combate à corrosão nas estruturas metálicas enterradas ou submersas.

Os instrumentos mais indicados e utilizados com frequência nessas tarefas são apresentados a seguir.

25.7.1 Instrumentos para Medições de Resistividades Elétricas de Solos

Vibroground, Geohm, Nilsson

Esses instrumentos (marcas registradas) utilizam o **método de Wenner** ou **método dos quatro pinos** para medições em profundidades diferentes (normalmente 1,5 m, 3,0 m, 4,5 m e 6,0 m do nível do solo) e fornecem leituras com boa precisão, sendo, por isso mesmo, dos mais utilizados nos trabalhos de proteção catódica. Os instrumentos, alimentados por pilhas comuns de lanterna, injetam no solo, por intermédio de dois pinos, uma corrente elétrica alternada, de onda quadrada, na tensão aproximada de 125 V. Com o auxílio de dois outros pinos, aparelhos medem a corrente elétrica aplicada e traduzem essa queda em resistividade elétrica.

Megger

Esse instrumento, também de marca registrada, utiliza o mesmo princípio de funcionamento dos anteriores, utilizando, entretanto, um gerador próprio acionado por manivela ou circuito eletrônico. Embora possa ser usado para medir resistividades elétricas, ele é mais utilizado nas medições de resistências de aterramento, em leitos de ânodos e malhas de aterramento elétrico.

25.7.2 Dispositivo para Medições de Resistividades Elétricas de Eletrólitos Líquidos

Para essas aplicações, bem como para medições de amostras de solos, o eletrólito a ser testado é colocado em uma caixa padrão, construída de um material isolante, com duas faces opostas metálicas onde são conectados os terminais de um ohmímetro. A resistência elétrica medida pode, então, ser facilmente convertida em resistividade elétrica pela relação existente entre a área de uma das placas metálicas e a separação existente entre elas, de acordo com a equação utilizada para o cálculo da resistência elétrica de um condutor.

$$r = R\frac{S}{L} \qquad (10)$$

em que:
ρ = resistividade elétrica a determinar, em V · cm
R = resistência medida, em ohm
S = área de uma das placas metálicas, em cm^2
L = separação existente entre as duas placas metálicas, em cm.

25.7.3 Voltímetros

Os voltímetros são os instrumentos mais utilizados nas aplicações de proteção catódica para as medições, principalmente dos potenciais estrutura/eletrólito. A escolha desses aparelhos deve ser criteriosa, pois, se o voltímetro adequado não for utilizado, os valores observados poderão apresentar erros grosseiros, que comprometerão a análise das condições levantadas. Os voltímetros mais indicados são descritos a seguir.

Voltímetros com alta resistência interna

Os voltímetros usados para as medições em proteção catódica precisam ser robustos e oferecer boa precisão, uma vez que os valores de tensão com que se trabalha são baixos, e mesmo pequenas porcentagens de erros nas leituras podem conduzir a enganos significativos nos resultados.

Além disso, os voltímetros precisam ter alta resistência interna (ou alta sensibilidade), para leituras corretas mesmo em circuitos com alta resistência externa, como acontece, por exemplo, nas medições dos potenciais em relação ao eletrodo de Cu|CuSO$_4$, de uma tubulação enterrada em solo com resistividade elétrica de média para alta. O valor mínimo exigido para a resistência interna de um voltímetro, nessas condições, é de 100.000 Ω/V. Os voltímetros eletrônicos digitais, de altíssima resistência interna, atendem satisfatoriamente a essa exigência.

Voltímetros registradores

Os voltímeros registradores são indispensáveis para o estudo de sistemas influenciados por correntes de fuga, sendo atualmente mais usados os voltímetros registradores coletores de dados, que armazenam os valores dos potenciais tubo/solo, permitindo que sejam posteriormente descarregados em um microcomputador, podendo monitorar tensões CC ou CA em dois canais simultâneos, com variações desde 8 mV a 200 volts, e armazenar uma grande quantidade de leituras.

25.7.4 Amperímetros

São utilizados para as medições da corrente elétrica de saída de um retificador, da corrente elétrica de uma cama de ânodos galvânicos, da corrente elétrica que circula em um dispositivo de drenagem etc., sendo, por isso mesmo, muito úteis nas aplicações de proteção catódica. Normalmente, os próprios voltímetros anteriormente descritos são utilizados também como amperímetros.

25.7.5 Volt – Ohm – Miliamperímetros

São instrumentos muito utilizados, principalmente para a manutenção de retificadores, uma vez que permitem medições também em circuitos de corrente alternada. Combinam, em um só instrumento, determinações dos valores de potenciais, pequenas correntes e resistências elétricas.

25.7.6 Eletrodos de Referência

Também chamados de meias-células ou semicélulas, os eletrodos de referência, em conjunto com os voltímetros, são os acessórios mais importantes para os trabalhos de proteção catódica, uma vez que permitem o fechamento do circuito estrutura/voltímetro/eletrólito/estrutura, necessário para a medição de potencial. Os dois tipos mais utilizados para as medições de campo são os seguintes:

a) semicélula de Cu|CuSO$_4$, utilizada para medições em solos;
b) semicélula de Ag|AgCl, utilizada para medições na água do mar.

25.8 APLICAÇÕES

25.8.1 Proteção Catódica de Tubulações Enterradas

As tubulações enterradas, como oleodutos, gasodutos, minerodutos, adutoras, redes de incêndio etc., constituem-se na aplicação muito frequente dos sistemas de proteção catódica.

Para esses casos, podem ser instalados tanto os sistemas galvânicos quanto os sistemas por corrente impressa, sendo estes últimos os mais utilizados, já que na maioria das vezes as tubulações são de médio a grande porte, enterradas em solos de resistividade elétrica superior a 3.000 Ω · cm e em regiões com disponibilidade de corrente alternada para alimentação de retificadores. Quando a tubulação a ser protegida encontra-se sob influência de estradas de ferro eletrificadas, os ânodos galvânicos não devem ser utilizados.

Para a proteção catódica galvânica de tubulações enterradas, é comum adotar-se a seguinte orientação:

- utilização de ânodos de magnésio ensacados em enchimento de gesso, bentonita e sulfato de sódio. Os ânodos de zinco raramente são utilizados e os de alumínio não servem para esse tipo de aplicação;
- os ânodos são normalmente instalados em camas ou leitos (Fig. 25.12). Em alguns casos, são ligados individualmente à tubulação (Fig. 25.8A);
- instalação de caixas de teste em cada cama de ânodos para medições das correntes drenadas, dos potenciais tubo/solo e do potencial do ânodo em circuito aberto;
- instalação de pontos de teste ao longo da linha para as medições periódicas dos potenciais tubo/solo;
- instalação de juntas de isolamento elétrico nas extremidades da tubulação, se necessário.

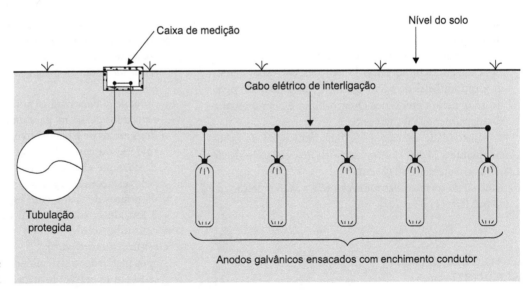

Figura 25.12 Esquema de uma cama de ânodos.

Para a proteção com sistema por corrente impressa, deve-se adotar a orientação:

- utilização de ânodos de titânio revestidos com óxidos mistos de metais nobres, grafite, ferro-silício e ferro-silício-cromo;
- utilização de ânodos poliméricos longos anodeflex, para tubulações nuas ou pobremente revestidas, instalados ao longo de toda a linha para permitir uma boa distribuição de corrente;
- os ânodos são sempre instalados em camas ou leitos (Fig. 25.9A), ligados ao positivo do retificador e normalmente envoltos com enchimento de coque metalúrgico moído;
- os retificadores são instalados em locais criteriosamente escolhidos, em função das condições de distribuição de corrente, das disponibilidades de corrente alternada e da existência de locais adequados para a instalação das camas de ânodos;
- instalação de pontos de teste ao longo da linha, para as medições periódicas dos potenciais tubo/solo;
- instalação de juntas de isolamento elétrico nas extremidades da tubulação, se necessário;
- instalação de caixas de interligação elétrica com tubulações estranhas, se necessário;
- instalação de dispositivo(s) de drenagem das correntes tubo/trilho, se a tubulação estiver influenciada por correntes de interferência oriundas de estradas de ferro eletrificadas, conforme descrito no Capítulo 10.

Exemplo prático. Um gasoduto destinado ao transporte de gás natural possui as características seguintes:

- comprimento total, 140 km;
- diâmetro nominal, 10 polegadas;
- material, aço API-5LX-46;
- revestimento externo, *coal-tar* (alcatrão de hulha), véu de fibra de vidro e papel feltro.

O dimensionamento do sistema de proteção catódica do gasoduto foi realizado de acordo com o roteiro seguinte:

a) *Medições das resistividades elétricas do solo* – foram medidos um total de 50 pontos ao longo do gasoduto, com espaçamento aproximado de 2,8 km entre as medições. Em cada ponto foram feitas 4 medições, correspondentes às profundidades de 1,5 m, 3,0 m, 4,5 m e 6,0 m do nível do solo, pelo Método dos Quatro Pinos e com o auxílio do instrumento Vibroground.

A resistividade elétrica média encontrada foi de aproximadamente 120.000 $\Omega \cdot$ cm, com valores variando desde 1.000 $\Omega \cdot$ cm até 900.000 $\Omega \cdot$ cm.

b) *Cálculo da corrente elétrica necessária para a proteção catódica* (Eq. [1] e Eq. [2])

$$I = A \cdot Dc \cdot F (1 - E) \quad [1]$$

A = 111.658 m² (aprox.).
ρ = 120.000 $\Omega \cdot$ cm.

$$Dc = 73{,}73 - 13{,}35 \log \rho = 6 \text{ mA/m}^2 \text{ (aprox.)} \quad [2]$$

F = 1 (Tab. 25.6).
E = 0,9 (90 %) (Tab. 25.7).
I = 67 A (aprox.)

c) *Escolha do sistema de proteção catódica a ser instalado* – Tendo em vista os valores da resistividade elétrica do solo e da corrente elétrica necessária, decidiu-se instalar um sistema de proteção catódica por corrente impressa.

d) *Escolha do número e da capacidade dos retificadores:*
- corrente elétrica necessária: 67 A (aprox.);
- folga para a operação dos retificadores com 75 % de carga: 22 A (aprox.);
- corrente elétrica total necessária de ser instalada: 89 A;
- número e capacidade dos retificadores instalados: três retificadores iguais, cada um com a capacidade nominal de 30 A.

e) *Distribuição e componentes do sistema de proteção catódica instalado*
- após criterioso levantamento para a escolha dos melhores pontos para a instalação de retificadores e camas de ânodos (locais com baixa resistividade elétrica, de fácil acesso, com disponibilidade de corrente elétrica alternada e bem distribuída ao longo da tubulação), decidiu-se projetar e instalar o sistema de proteção catódica com os seguintes equipamentos e acessórios:
- um conjunto retificador/cama de ânodos, próximo ao km 0 + 500, com as seguintes características:
- *retificador* refrigerado a ar natural, à prova de tempo, diodos de silício, com capacidade para 50 V, 30 A, alimentado com circuito elétrico de CA local em 220 V, 60 Hz; e
- *cama de ânodos* com 13 ânodos de ferro-silício-cromo encamisado em fábrica com camisa metálica e enchimento condutor de coque metalúrgico moído) espaçados de 3,0 m, para uma vida total superior a 20 anos;
- um conjunto retificador/cama de ânodos, nas proximidades do km 57, com as seguintes características:
- *retificador* com as mesmas características do anterior; e
- *cama de ânodos* com 14 ânodos de ferro-silício-cromo, espaçados de 6,0 m, para uma vida superior a 20 anos;
- um conjunto retificador/cama de ânodos, nas proximidades do km 100, com as seguintes características:
- *retificador* com as mesmas características dos anteriores; e
- *cama de ânodos* com 18 ânodos de ferro-silício-cromo, espaçados de 4,5 m, para uma vida superior a 20 anos;
- duas juntas de isolamento elétrico, uma em cada extremidade do gasoduto, destinadas a impedir que parte da corrente elétrica de proteção catódica seja captada pelas estações existentes;
- 45 pontos de testes, com espaçamento aproximado de 3 km, destinados às medições periódicas dos potenciais tubo/solo.

f) *Operação do sistema*
- após instalado, o sistema de proteção catódica foi colocado em operação, fornecendo potenciais de proteção

ao longo de todo o gasoduto, uma vez que todos os pontos testados adquiriram potenciais tubo/solo mais negativos que 20,85 V *off* (medições realizadas com um voltímetro eletrônico e uma meia-célula de Cu|CuSO$_4$).

25.8.2 Proteção Catódica de Tubulações Submersas

Para a proteção de tais estruturas, como oleodutos e gasodutos lançados no mar, emissários submarinos de esgotos etc., também os sistemas por corrente impressa são os preferidos, embora os ânodos galvânicos também sejam utilizados em função das características de cada obra em particular.

Nos **sistemas galvânicos**, de modo geral são adotadas as seguintes medidas:

- utilização de ânodos de zinco ou de alumínio. O uso de ânodos de magnésio só é cogitado se a tubulação for lançada em água doce;
- os ânodos galvânicos são normalmente fixados diretamente aos tubos, por intermédio de solda elétrica da alma de aço do ânodo.

Para os **sistemas por corrente impressa**, a melhor orientação é no sentido de:

- utilização de ânodos de titânio ou de ferro-silício-cromo, com ou sem enchimento condutor, para tubulações submersas no mar ou em água doce;
- os ânodos poderão ser lançados diretamente no fundo do mar ou enterrados na praia, dependendo de cada situação em particular.

25.8.3 Proteção Catódica de Píeres de Atracação de Navios

As estacas de aço cravadas no mar, para a sustentação dos píeres de atracação de navios, são normalmente protegidas com o auxílio dos sistemas por corrente impressa (Fig. 25.9B). Para o caso de pequenos píeres ou quando não se dispõe de alimentação elétrica no local, lança-se mão de ânodos galvânicos.

A proteção catódica nessas estruturas atua tanto nas partes cravadas no solo quanto nas partes submersas, sendo que as partes aéreas das estacas (acima do nível da água até o concreto) só podem ser protegidas com o auxílio de um revestimento adequado.

Para a proteção catódica galvânica dessas obras, é comum adotar-se a seguinte orientação:

- uso de ânodos de zinco ou alumínio, fixados diretamente às estacas ou suspensos por intermédio de suportes apropriados;
- interligações elétricas entre as estacas por intermédio de vergalhões de aço embutidos no concreto, se houver necessidade.

No caso dos **sistemas por corrente impressa**, os procedimentos mais adotados são:

- utilização de ânodos de titânio, para o caso das construções em estacas tubulares, onde os ânodos são instalados suspensos;
- utilização de ânodos de titânio, para o caso das estacas-prancha, quando os ânodos, de um modo geral, são instalados no fundo do mar;
- utilização de retificadores quase sempre imersos em óleo, devido às condições agressivas da atmosfera marinha;
- utilização de retificadores à prova de explosão, para o caso de píeres que operam com produtos inflamáveis;
- interligação elétrica das estacas, o que é feito, na maioria das vezes, por intermédio de vergalhões de aço embutidos no concreto.

25.8.4 Proteção Catódica de Tanques de Armazenamento

Os tanques de armazenamento de petróleo, de derivados de petróleo, produtos químicos e água sofrem, na maioria das vezes, corrosão severa e constituem-se, também, em aplicações importantes dos sistemas de proteção catódica.

Para a proteção interna das partes em contato com eletrólito, como os selos de água salgada existentes nos tanques que armazenam petróleo, a proteção com ânodos galvânicos de zinco ou alumínio é a mais recomendada, sendo os ânodos fixados diretamente na chapa do fundo, com distribuição uniforme ao longo de toda a área a proteger.

Para a proteção interna de tanques que armazenam água potável ou água para fins industriais, recomenda-se o uso dos sistemas por corrente impressa, com ânodos de titânio.

No caso da proteção externa do fundo do tanque, normalmente em contato com o solo ou com uma base de concreto, o sistema por corrente impressa é o mais utilizado, e para o caso de pequenos tanques isolados e construídos sobre solos de baixa resistividade elétrica, os sistemas galvânicos são os preferidos.

Os ânodos a serem utilizados, tanto para os sistemas galvânicos quanto para os sistemas por corrente impressa, obedecem às mesmas orientações mostradas para a proteção de tubulações enterradas. Quanto à distribuição, os ânodos podem ser instalados em camas próximas ou afastadas, sendo comum a instalação de ânodos circundando os tanques.

Um dos cuidados a serem tomados na proteção externa dos tanques de armazenamento diz respeito aos sistemas de aterramento elétrico deles, quando existentes. Esses aterramentos elétricos, desnecessários na maioria dos casos, são construídos com cabos e hastes de cobre e, além de agravar a corrosão do fundo do tanque (devido ao par galvânico formado Fe|Cu), dificultam extremamente a obtenção dos potenciais de proteção. Existem, na literatura técnica especializada, vários trabalhos que mostram ser desnecessário aterrar tanques de aço construídos sobre o solo ou sobre uma base de concreto.[6] Para os casos em que o aterramento é julgado imprescindível pelo projetista ou usuário dos tanques, recomenda-se a utilização de ânodos de zinco e cabos de cobre revestidos para a sua execução.

Exemplo prático. Um parque de tanques de terminal de granéis líquidos possui os seguintes tanques cilíndricos com bases apoiadas em fundação de concreto: 6 tanques com diâmetro de 17,0 m; 12 tanques com diâmetro de 13,0 m e 12 tanques com diâmetro de 9,5 m.

Todos os tanques possuem, entre a chapa do fundo e a base de concreto, uma camada de asfalto de petróleo.

O sistema de proteção catódica para a proteção das partes externas das chapas dos fundos dos tanques foi dimensionado de acordo com o roteiro que se segue.

a) *Medições das resistividades elétricas do solo* – Foram medidos um total de 15 pontos, distribuídos nos diques dos tanques. Em cada ponto foram feitas 4 medições, nas profundidades de 1,5 m, 3,0 m, 4,5 m e 6,0 m do nível do solo pelo Método dos Quatro Pinos, com o auxílio de instrumento apropriado. Os valores encontrados variaram entre 800 $\Omega \cdot$ cm e 1.400 $\Omega \cdot$ cm, com um valor médio de 1.000 $\Omega \cdot$ cm.

b) *Potenciais tanque/solo* – O potencial de cada tanque em relação ao solo foi medido com o auxílio de um voltímetro especial (50.000 Ω/V) e uma meia-célula de Cu|CuSO$_4$. Os valores encontrados foram da ordem de 20,5 V.

c) *Cálculo da corrente elétrica necessária para a proteção catódica*
 I = A · Dc · F (1 – E).
 A = 3.803 m² (aprox.).
 ρ = 1.000 $\Omega \cdot$ cm.
 Dc = 73,73 – 13,35 log ρ = 33,7 mA/m² (aprox.).
 F = 1.
 E = 0,4 (40 %).
 I = 77 A (aprox.).

Figura 25.13 Anodo de zinco retirado de casco de embarcação.

d) *Escolha do sistema de proteção catódica a ser instalado* – Considerando a intensidade de corrente elétrica necessária, decidiu-se projetar um sistema de proteção catódica por corrente impressa.

e) *Escolha do número e capacidade dos retificadores:*
 ■ corrente elétrica necessária: 77 A;
 ■ folga para operação dos retificadores com 75 % em carga: 25 A;
 ■ corrente elétrica total a ser instalada: 102 A.

Decidiu-se projetar apenas um retificador, com capacidade nominal para 100 A.

f) *Distribuição do sistema de proteção catódica:*
 ■ *retificador* – um retificador à prova de explosão, refrigerado a óleo, diodos de silício, com capacidade para 25 V, 100 A, alimentado com circuito elétrico trifásico, 480 V, 60 Hz, existente no terminal;
 ■ *ânodos* – 67 ânodos de ferro-silício-cromo distribuídos ao longo do parque de tanques em camas circundando cada tanque. A vida dos ânodos será superior a 50 anos.

OBSERVAÇÃO: o número de ânodos foi definido em função da necessidade de uma boa distribuição de corrente elétrica em todos os tanques, permitindo que fossem usados ânodos de menor comprimento (500 mm), com redução no custo.

g) *Interligações elétricas* – os tanques são interligados eletricamente pelas próprias tubulações existentes no terminal.

25.8.5 Proteção Catódica de Navios e Embarcações

Outra vasta aplicação dos sistemas de proteção catódica consiste nos cascos dos navios e embarcações de modo geral, bem como as partes internas dos tanques de lastro de navios que transportam petróleo. Para a proteção interna dos tanques de lastro, os sistemas galvânicos são sempre utilizados mediante a instalação de ânodos de zinco ou de alumínio, uma vez que os ânodos de magnésio não são permitidos pelas Sociedades Classificadoras para essas aplicações.

Para a proteção externa do casco, são utilizados tanto os sistemas galvânicos, para embarcações e navios de pequeno e médio portes, quanto os sistemas por corrente impressa, para os navios de médio e grande portes. No caso dos sistemas galvânicos, podem ser utilizados tanto os ânodos de zinco quanto os de alumínio, devido à sua capacidade de corrente mais elevada e menor peso em comparação ao zinco.

A tinta utilizada para o casco do navio ou embarcação deve ser do tipo não saponificável, o menos porosa possível e com razoável resistência à abrasão.

Os ânodos são fornecidos com a face interna pintada, com o objetivo de distribuir melhor a corrente elétrica de proteção ao longo do casco do navio.

Os ânodos galvânicos de zinco devem ser fabricados com composição química bem controlada, não sendo admitidos teores acima de determinados valores para alguns componentes importantes, como o chumbo, o ferro, o cobre e o silício.

Para o dimensionamento de um sistema galvânico de proteção catódica para o casco de um navio ou embarcação, devem ser adotadas as mesmas orientações mostradas em dimensionamento de sistema de proteção catódica (ver item 25.6), e para o cálculo da "área molhada" a ser protegida a seguinte expressão pode ser utilizada:

$$w = (1{,}7 \cdot L \cdot d) + \frac{V}{d} \qquad (11)$$

em que:
W = área molhada do casco e acessórios, em pés quadrados

L = comprimento do navio entre perpendiculares, em pés
d = calado médio em pleno deslocamento, em pés
V = deslocamento volumétrico moldado, em pés cúbicos (aproximadamente 35 pés cúbicos por tonelada de deslocamento, para a água do mar).

Para os navios de médio e grande portes, os sistemas por corrente impressa são mais utilizados que os galvânicos, devido principalmente ao baixo peso dos ânodos e por serem mais econômicos, uma vez que são projetados para vida longa, não havendo necessidade de substituir os ânodos durante as docagens.

Um sistema típico para proteção por corrente impressa do casco de um navio (Fig. 25.14) compreenderá, resumidamente:

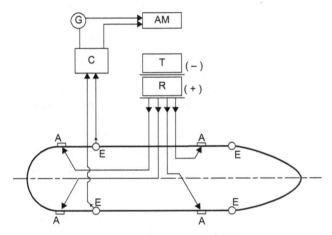

Figura 25.14 Esquema do sistema de proteção catódica do casco de um navio.

- um ou mais transformadores/retificadores (T/R), alimentados pelo próprio circuito elétrico do navio, capazes de se regular automaticamente por intermédio dos circuitos C (controlador) e AM (amplificador magnético);
- ânodos especiais (A), de titânio platinizado ou de chumbo-antimônio-prata, montados no casco e protegidos por blindagens especiais (para evitar danos à pintura);
- eletrodos de referência (E), normalmente de zinco, segundo a Especificação MIL-A-1800l-H, com o objetivo de controlar automaticamente os potenciais do casco e, em consequência, a corrente fornecida pelo retificador;
- um dispositivo de ligação da hélice ao casco, por intermédio de escovas especiais;
- um dispositivo de ligação do leme ao casco.

Os sistemas de corrente impressa, para essas aplicações, são adquiridos em *kits* padronizados pelos fabricantes em função das características do navio.

Exemplo prático. Proteger com ânodos de zinco, tamanho padrão de (6 × 12 × 1¼"), peso unitário 10,67 kg, tipo ZHS (Z = zinco, H = casco, S = alças embutidas de aço), uma embarcação de casco de aço, de deslocamento a plena carga de 7.084 toneladas, comprimento entre perpendiculares de 426 pés, calado médio moldado de 12,2 pés.

Cálculo da área molhada – Aplicando-se a expressão (11), tem-se:

L = 426 pés
d = 12,2 pés
V = 35 × 7.084 pés cúbicos
W = 29.158 pés quadrados (aprox. 2.730 m²).

Cálculo do número de ânodos – A quantidade de ânodos necessária para proteção completa das obras vivas de um navio é função da "área molhada" total e da densidade de corrente exigida.

Para o cálculo do número de ânodos, pode-se usar a seguinte fórmula prática:

$$N = A \frac{W}{1.000 \cdot I}$$

N = número de ânodos
A = densidade de corrente, em miliamperes por pé quadrado
W = área molhada, em pés quadrados
I = corrente de saída do tipo de ânodo, em A.

Para um ciclo de docagens de 2 anos (ou seja, para uma vida do ânodo de 2 anos), podem-se prever 5 miliampéres por pé quadrado de área da popa do navio (ou seja, cerca de 20 % do casco) e 2 mil ampéres por pé quadrado de área restante (ou seja, cerca de 80 % do casco), o que significará uma média de 2,6 miliampéres por pé quadrado de área molhada.

A fórmula (12) se reduzirá a

$$N = 2,6 \frac{W}{1.000 \cdot I} \quad (13)$$

A corrente de saída do ânodo ZHS tabelada, função única de sua geometria, é de 0,4 A. (Recomenda-se consultar o catálogo do fabricante para o valor da corrente de saída de cada ânodo.) Assim, a fórmula (13) reduz-se a

$$N = 6,5 \frac{W}{1.000} \quad (14)$$

ou seja, um total de 190 ânodos, distribuídos simetricamente pelos 2 bordos.

OBSERVAÇÃO: a localização dos ânodos, ditada pela prática, obedece normalmente a desenhos-padrão. É conveniente ressaltar que os ânodos deverão ser fixados a partir de suas alças de fixação de aço por meio de solda.

As alças e as áreas do casco queimadas pela solda deverão ser cuidadosamente tratadas e pintadas de maneira idêntica ao casco. De modo algum deve-se pintar a superfície de zinco do ânodo.

25.8.6 Proteção Catódica de Armaduras de Aço de Estruturas de Concreto

As experiências iniciais com sistemas de proteção catódica para as armaduras das estruturas de concreto datam de 1958. Os primeiros sistemas, entretanto, somente começaram a ser instalados em 1973, nos Estados Unidos, e em 1974, no Canadá.

Os princípios básicos utilizados na proteção catódica das ferragens embutidas em estruturas aéreas de concreto são os mesmos adotados para as estruturas metálicas enterradas. O único tipo de sistema atualmente utilizado é o sistema por corrente impressa

O procedimento adotado para a proteção catódica por corrente impressa, nesses casos, é o seguinte:

- coloca-se um sistema de ânodos especiais de titânio junto à superfície de concreto, cobrindo-se o conjunto com uma camada de concreto;
- o sistema de ânodo é interligado ao terminal positivo de um retificador, sendo as ferragens ligadas ao seu terminal negativo;
- o retificador é ligado, criando-se uma diferença de potencial entre o concreto e as ferragens, que passam a funcionar como cátodos, ficando protegidas;
- a corrente injetada pelos ânodos passa pelo concreto, penetra nas ferragens e retorna ao negativo do retificador, fechando o circuito.

Os principais tipos de estruturas de concreto protegidas catodicamente em alguns países são:

- tabuleiros e estruturas de pontes e viadutos;
- estruturas marítimas como cais, píeres, docas e terminais;
- estruturas *offshore* em concreto armado;
- estações de tratamento de efluentes;
- tanques de salmoura.

25.8.7 Aplicações dos Sistemas de Proteção Catódica no Brasil

Para ilustrar a importância da proteção catódica na operação segura das instalações metálicas enterradas e submersas, são citadas suas principais aplicações no Brasil.

Oleodutos – Todos os oleodutos existentes em operação no Brasil são protegidos catodicamente, a maioria deles com sistema por corrente impressa.

Gasodutos – Assim como os oleodutos, também todos os gasodutos existentes no Brasil possuem sistema de proteção catódica, incluindo as redes de distribuição de gás domiciliar e industrial de várias cidades. O sistema por corrente impressa também é o mais utilizado nesses gasodutos.

Minerodutos – Os minerodutos em operação no Brasil, construídos em aço, estão todos protegidos com sistema por corrente impressa.

Adutoras – A maioria das adutoras de aço das Companhias de Saneamento de todo o Brasil estão também protegidas catodicamente com sistema por corrente impressa.

Emissários submarinos – Os emissários submarinos de esgotos, construídos em aço, estão protegidos com ânodos galvânicos ou com sistema por corrente impressa.

Plataformas de petróleo – Todas as plataformas de prospecção e produção de petróleo no mar atualmente em operação no Brasil são protegidas catodicamente. Para essas instalações, os sistemas galvânicos, com ânodos de alumínio, são os mais utilizados.

Tanques de armazenamento – A maioria dos parques de tanques de armazenamento de petróleo, álcool e derivados de petróleo existentes no Brasil está protegida com sistemas de proteção catódica por corrente impressa.

A proteção catódica, nesses casos, destina-se a combater a corrosão nas superfícies externas, em contato com o solo ou base de concreto, das chapas dos fundos dos tanques. Os tanques que operam com lastro de água salgada possuem também proteção interna com ânodos galvânicos.

Píeres de atracação de navios – Todos os píeres de atracação de navios no Brasil, construídos com estacas de aço

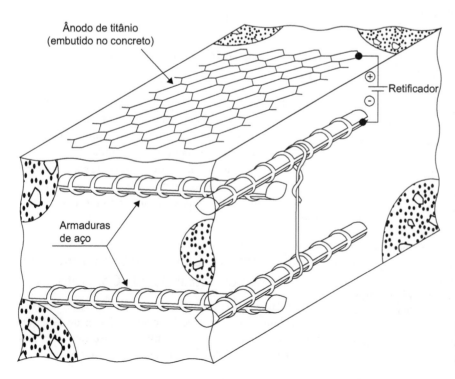

Figura 25.15 Esquema típico de proteção catódica para armaduras de aço embutidas no concreto armado.

cravadas no mar, estão protegidos catodicamente. O sistema por corrente impressa tem sido o mais utilizado.

Navios – Os navios e as embarcações construídos em aço, em operação no Brasil, estão protegidos com sistema galvânico ou por corrente impressa, dependendo das características de cada um.

25.9 AVALIAÇÃO DE SISTEMAS DE PROTEÇÃO CATÓDICA POR SIMULAÇÃO COMPUTACIONAL

Nos parágrafos anteriores, foram apresentadas a teoria e as aplicações da Proteção Catódica para os casos clássicos de sistemas de engenharia, em que a geometria da superfície a ser protegida se apresenta com contornos relativamente simples, como tubulações enterradas, cascos de navios, armaduras de aço embutidas em concreto etc. Contudo, em que as partes imersas das plataformas são geometricamente complexas, apresentando, por exemplo, treliças, nós, variação de ângulos, soldas etc., o dimensionamento do sistema de proteção catódica, o critério fundamental da proteção catódica, a saber, a homogeinidade do potencial de eletrodo ao longo de toda a extensão das partes que constituem a superfície a ser protegida. Com efeito, uma estrutura protegida catodicamente deve manter seu potencial eletroquímico na região de *imunidade* do diagrama de Pourbaix (veja Fig. 3.7). O simples cálculo da corrente de proteção pela Eq. (1) o item 25.6.1, isto é,

$$I = A \cdot Dc \cdot F (1 - E)$$

não prevê "distorções do campo", podendo implicar um excesso de proteção numa região e falta de proteção em outra. Nessas condições, podem-se aplicar, hoje em dia, técnicas computacionais que preveem a uniformização do campo e que fazem parte integral da Proteção Catódica.

Simulações computacionais são amplamente utilizadas nas mais diversas áreas da engenharia. Um grande avanço na aplicação de técnicas numéricas foi observado a partir da década de 1980, com a implementação de programas computacionais baseados nos Métodos das Diferenças Finitas, dos Elementos Finitos e dos Elementos de Contorno.[7,8]

A aplicação de técnicas numéricas na análise de sistemas de proteção catódica consiste na resolução, por métodos numéricos, da equação de Laplace, que governa a distribuição de potencial em células eletroquímicas. Os programas computacionais empregados com essa finalidade visam determinar a distribuição de potencial na interface estrutura/meio. Para isso, é necessário que a superfície metálica seja modelada, ou seja, dividida em elementos de tamanhos e formatos variados, sendo calculado matematicamente ao menos um valor de potencial em cada um dos elementos gerados. Vários elementos podem ser gerados na modelagem de estruturas, por exemplo, elementos tubulares ou quadrangulares cilíndricos para tubulações ou, ainda, elementos triangulares para superfícies planas.

No caso específico da proteção catódica, o Método dos Elementos de Contorno apresenta a vantagem de transformar a equação diferencial que representa o problema físico em questão em uma equação integral definida apenas sobre o contorno. Assim, somente a interface metal/meio é modelada, o que é, de fato, a região de interesse quando se analisam sistemas de proteção catódica. Desta forma, essa técnica numérica tem sido aplicada com sucesso na avaliação e otimização de diversos sistemas de proteção catódica.[7,9]

O critério de proteção catódica descrito em normas e de maior aplicação prática é o de potencial mínimo. Com a simulação numérica, determina-se a distribuição de potencial na superfície das estruturas ou equipamentos e, a partir desse levantamento, é possível (i) verificar e otimizar o projeto antes de o sistema de proteção ser instalado, (ii) verificar o nível de proteção catódica em estruturas em uso, possibilitando identificar áreas críticas para inspeção e (iii) aumentar a confiabilidade no sistema de proteção, visto ser possível determinar o posicionamento otimizado dos ânodos em locais, minimizando sua massa total.

Após a modelagem da superfície, condições de contorno devem ser adotadas para a resolução do sistema de equações gerado. Como condições de contorno, podem-se adotar valores fixos de potencial ou de densidade de corrente ou, ainda, uma relação entre estes parâmetros. No caso de ânodos galvânicos, o potencial do próprio ânodo pode ser aplicado como condição de contorno. Caso o sistema seja por corrente impressa, o valor da corrente aplicada pode ser adotado. A condição de contorno comumente aplicada para a superfície protegida catodicamente é a curva de polarização catódica, que estabelece uma relação não linear entre potencial e corrente.

Estudos comparativos entre resultados experimentais e numéricos podem ser encontrados na literatura com boa concordância entre os resultados. É de fundamental importância que as condições de contorno representem, da forma mais realista possível, o sistema analisado. Por exemplo, para simulação de estruturas submarinas, a implementação de curvas de polarização obtidas diretamente em água do mar como condições de contorno permitirá a obtenção de resultados mais realistas e confiáveis. Portanto, quanto mais representativas forem as condições de contorno adotadas na simulação, mais os resultados se aproximarão dos valores medidos na prática.

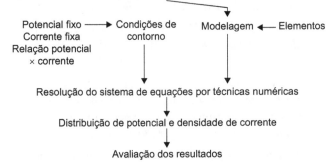

Figura 25.16 Esquema das etapas da simulação numérica de sistemas de proteção catódica.

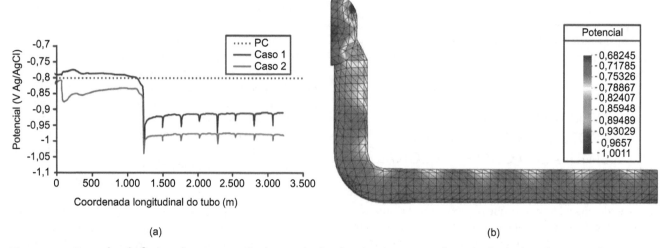

Figura 25.17 Exemplos de formas de apresentação dos resultados das simulações numéricas (Método dos Elementos de Contorno). (Figura em cores disponível no site da LTC Editora.)

A combinação de resultados experimentais com o uso de técnicas numérico-computacionais muito contribui para o aprimoramento da metodologia de projeto, possibilitando uma análise mais realista do funcionamento do sistema de proteção.

O esquema mostrado na Figura 25.16 representa, esquematicamente, as etapas a serem cumpridas durante a simulação numérica de um sistema de proteção catódica.

A distribuição de potencial na superfície protegida catodicamente pode ser representada por diferentes formas gráficas. A geometria da estrutura define a melhor forma de visualizar e analisar os resultados. Por exemplo, a análise de uma tubulação enterrada, tendo em vista sua grande extensão em relação ao diâmetro, pode ser avaliada pontualmente com valores de potencial definidos para cada elemento gerado na modelagem (Fig. 25.17(a)). Estruturas com outras formas geométricas podem ter a distribuição de potencial mais facilmente visualizada por meio de gráficos de equipotenciais, conforme exemplificado na Figura 25.17(b).

Uma grande vantagem da simulação numérica é permitir a avaliação da influência de parâmetros importantes a serem considerados para o bom funcionamento de um sistema de proteção catódica, como: distância entre ânodos e estrutura; distância entre leitos de ânodos; presença de meios com diferentes resistividades e variações nas eficiências do revestimento protetor ao longo da estrutura.

Um avanço significativo no uso de técnicas computacionais em sistemas de proteção catódica, está relacionado à otimização do sistema de forma a promover a distribuição de potencial obedecendo o critério adotado em normas. Nesse caso, algoritmos genéticos podem ser acoplados aos métodos numéricos tradicionalmente aplicados, visando minimizar as correntes aplicadas e determinar o posicionamento ótimo de ânodos de corrente impressa.[10,11,12]

Simulações numéricas, quando acopladas à rotina de projeto, possibilitam consideráveis aprimoramentos na definição e escolha da configuração mais apropriada para os sistemas de proteção catódica. O uso de simulação computacional pode ser visto, portanto, como uma ferramenta de análise que, devido à sua generalidade e precisão, muito pode contribuir para o aumento da confiabilidade e otimização de sistemas de proteção catódica.

REFERÊNCIAS BIBLIOGRÁFICAS

1. PEABODY, A. W. *Control of Pipeline Corrosion.* Houston, USA: National Association of Corrosion Engineers, 1970, p. 5.

2. AMBLER JR., C. W. *Zinc as a Weapon of the Corrosion Engineers.* St. Louis, USA: American Zinc, Lead & Smelting Company, 1957.

3. NACE RP0169. Recommended Pratice. Control of External Corrosion on Underground or Submerged Metallic Piping Systems, NACE International, 2002.

4. NORMA ISO 15589-1. Petroleum and natural gas industries – Cathodic protection of pipeline transportation systems. p. 6, 2003.

5. BARRETO, M. *Critérios de Proteção Catódica*, IEC, 1997.

6. GOMES, L. P. *Proteção Catódica*, IEC, 1977, p. 45.

7. BREBBIA, C. A.; TELLES, J. C. F.; WROBEL, L. C. *Boundary Element Techniques:* Theory and Applications in Engineering. Berlin: Springer-Verlag, 1984.

8. BRASIL, S. L. D. C.; TELLES, J. C. F.; MIRANDA, L. R. M. Simulation of Coating Failures on Cathodically Protected Pipelines - Experimental and Numerical Results. *Corrosion Journal*, v. 56, n. 11, p. 1180-1188, 2000.

9. RIEMER, D. P.; ORAZEM, M. E. A mathematical model for the cathodic protection of tank bottoms, *Corrosion Science*, 47, p. 849-868, 2005.

10. WROBEL L. C.; MILTIADOU, P. Genetic algorithms for inverse cathodic protection problems, *Engineering Analysis with Boundary Elements*. v. 28, p. 267–277, 2004.
11. SANTOS, W. J.; SANTIAGO, J. A. F.; TELLES, J. C. F. Optimal positioning of anodes and virtual sources in the design of cathodic protection systems using the method of fundamental solutions. *Engineering Analysis with Boundary Elements*, v. 46, p. 67-74, 2014.
12. SANTOS, W.; BRASIL, S. L. D. C.; SANTIAGO, J. A. F.; TELLES, J. C. F.; GERVASIO, J. P. K. Optimization of cathodic protection systems of tank bottoms using boundary elements, inverse analysis and genetic algorithm. *Corrosion Journal*, 2020.

EXERCÍCIOS

25.1. Cite exemplos de ânodos que podem ser aplicados em sistemas de proteção catódica galvânica e em sistema por corrente impressa.
25.2. Que procedimento é recomendado para a medição do potencial eletroquímico de tubulação enterrada em solo de alta resistividade?
25.3. Cite três características do sistema de proteção catódica por corrente impressa, que representem vantagens desse sistema em relação à aplicação de corrente galvânica.
25.4. Por que é recomendado o uso de enchimento condutor para envolver os ânodos em meio de alta resistividade?
25.5. O que é proteção catódica por corrente impressa?

Capítulo 26

Proteção Anódica

A técnica tem sua origem em 1954, em artigo publicado por Edeleanu,[1] que estudou o emprego dessa técnica. De maneira simples, esta baseia-se na formação de uma película protetora nos materiais metálicos, por aplicação de corrente anódica externa, o que possibilita a passivação do material metálico. Esse processo recebe o nome de anodização.

Assim, podemos conceituar a anodização como os métodos de tratamento de metais e ligas nos quais a superfície a ser tratada é o anodo em uma célula eletrolítica revestida de óxido, formado sobre o substrato a partir da oxidação de um metal ou elemento de liga que constitui o material, com o propósito de aumentar o desempenho da superfície contra corrosão e, em alguns casos, usando aditivos ou não (apenas efeito óptico), para produzir cores na superfície e alterar a sua estética.

Entretanto, a possibilidade do emprego da proteção anódica não era devidamente considerada pelo fato de as correntes anódicas aumentarem a taxa de dissolução do metal, de acordo com as leis de Faraday. Esse fato, embora válido para sistemas ativos de corrosão, não se aplica a sistemas passivos. Para exemplificar, os dados da Tabela 26.1 evidenciam aumento acentuado na resistência à corrosão do aço inoxidável usando proteção.[2]

Entre as condições necessárias para aplicação da proteção anódica, devem ser destacadas:

- o material metálico deve apresentar a transição ativo/passivo no meio corrosivo em que será utilizado;
- todas as partes expostas devem ser passivadas e mantidas nesta condição. Se qualquer parte metálica não for passivada, tem-se o inconveniente de pequena área anódica ativa para grande área catódica inerte ou passiva, com consequente ataque localizado de grande intensidade.

Tabela 26.1 Efeito da polarização anódica na taxa de corrosão do aço inoxidável.

H2SO4 (Concentração em %)	Temperatura (°C)	Densidade de Corrente Anódica (µ · A/cm2)	Taxa de Corrosão (g/m2 · h)
30	18	10	0,06
30	18	0	4,0
30	50	2,5	0,1
30	50	0	53,0
50	50	2,5	0,15
50	50	0	217
60	50	2,5	0,15
60	50	0	183

A aplicação da proteção anódica faz com que a dissolução do filme seja impossível e, quando ocorre qualquer falha nele, ele é automaticamente reparado pela formação de novo filme ou nova película protetora. O êxito desse sistema vai depender do exato controle do potencial, pois, se este não for adequado (muito alto), pode ocasionar a dissolução do metal. As condições ideais são aquelas em que o material metálico requer pequena corrente para manter o estado passivo, o que assegura resistência à corrosão e pequeno consumo de energia, tornando o processo economicamente viável.

Para usar a proteção anódica, isto é, a passivação anódica como meio de proteção, deve-se estabelecer e manter o potencial passivo em todo o material metálico colocado no meio corrosivo. Para se ter essa condição, é necessário o emprego de instrumento que proporcionem corrente adequada para passivar o metal e deixá-lo na faixa do potencial de passivação. Consegue-se isso com o uso de instrumentos eletrônicos, como o potenciostato, que mantém automaticamente o potencial de passivação.

O potenciostato mantém o material metálico com um potencial constante em relação a um eletrodo de referência. Ele tem três terminais: um é ligado ao material a ser protegido (anodo); outro a um catodo auxiliar,[3] que deve ser estável (latão revestido com platina, aço inox AISI 304, ferrosilício, e Hasteloy-C); e o terceiro, a um eletrodo de referência (eletrodo de calomelano ou de Ag|AgCl).

A Tabela 26.2 dá as correntes necessárias para proteção anódica de diferentes materiais em meios corrosivos fortes.[4]

Como a proteção anódica é utilizada em meios fortemente corrosivos, tem sido empregada[5] em reatores de sulfonação, tanques de armazenamento de ácido sulfúrico (Fig. 26.1), digestores alcalinos na indústria de celulose e trocadores de calor de aço inoxidável para ácido sulfúrico.

Comparando-se as proteções anódica e catódica, pode-se observar que a proteção anódica só pode ser aplicada para metais ou ligas que apresentam, no meio considerado, a transição ativo/passivo, como ferro, níquel, cromo, titânio e respectivas ligas, não sendo aplicável a zinco, magnésio, cádmio, prata, cobre e ligas de cobre, ao passo que a proteção catódica é aplicável a todos os materiais metálicos.

Outra diferença entre a proteção catódica e a anódica é que, na catódica, a variável de controle é a corrente elétrica aplicada, a qual é variada para se ajustar ao valor desejado o potencial estrutura-meio. Na proteção anódica, a variável de controle é o potencial estrutura-meio, o qual é variado até chegar-se ao valor desejado, sendo a intensidade da corrente elétrica uma consequência do potencial aplicado.

A intensidade da corrente elétrica resultante da aplicação inicial do potencial chega a valores muito altos, até a transição ativo/passivo, caindo depois para valores muito baixos quando se atinge o potencial de proteção.

Outra característica dessa técnica é que há uma distribuição de densidade de corrente uniforme, necessitando-se apenas de um só catodo auxiliar para proteger longos trechos; porém, na proteção catódica, como não há essa uniformidade de distribuição, podem ser utilizados diversos eletrodos (anodos) espaçados para se ter a proteção desejada.

Tabela 26.2 Corrente necessária para proteção anódica.

Meio Corrosivo	Temperatura (°C)	Densidade de Corrente (mA/pé²) Material Metálico	Para passivar	Para manter a passivação
H₂SO₄ (1 molar) 23,8		316 SS	2.100	11
H₂SO₄ (30 %)	23,8	304	500	22
H₂SO₄ (45 %)	65,5	304	165.000	830
H₂SO₄ (67 %)	23,8	304	4.700	3,6
H₂SO₄ (93 %)	23,8	Aço doce	260	21
Oleum	23,8	Aço doce	4.400	11
H₃PO₄ (75 %)	23,8	Aço doce	38.000	19.000
NaOH (20 %)	23,8	304 SS	4.400	9,4
NaOH (50 %)	60,0	Aço doce	41	125

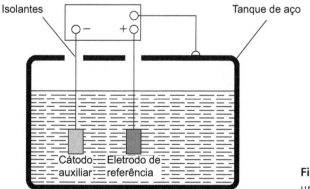

Figura 26.1 Esquema de sistema de proteção anódica de um tanque de armazenamento de ácido sulfúrico.[6]

Entretanto, uma limitação séria para o uso da proteção anódica é a presença, no meio corrosivo, de íons halogenetos,[7] pois, como é bem conhecido, a passivação ou manutenção do estado passivo do ferro e de aços inoxidáveis é destruída pelos íons halogenetos, mais frequentemente o cloreto. Em caso de concentrações de cloreto menores do que 0,1 N, há pequena influência na taxa de corrosão, todavia, com o aumento da concentração do íon cloreto para 0,1 N a 0,5 N, a taxa de corrosão, no estado passivo, aumenta apreciavelmente. Quando se têm pequenas quantidades de cloreto em ácido sulfúrico, esse ácido pode eliminar o cloreto sob a forma de ácido clorídrico, evitando, então, a destruição da passividade. Além da proteção contra à corrosão, a literatura reporta outras características das superfícies anodizadas, por exemplo: resistência à abrasão, comportamento hidrofóbico, aumento da biocompatibilidade de superfícies de metais e ligas (por exemplo: titânio e suas ligas) usadas para fabricação de implantes, mudança estética (formação de filmes coloridos na superfície).

As propriedades resultantes da película de óxido, como rugosidade, morfologia e química superficial, além das já citadas anteriormente, dependem de alguns parâmetros de processo e variam de acordo com o potencial aplicado, densidade de corrente, composição do banho eletrolítico, pH, temperatura e características do substrato.

Portanto, além do uso da anodização para o controle da corrosão, destaca-se a sua aplicação no tratamento de superfícies, nas seguintes áreas: biomedicina, tribologia, nanotecnologia, joalheria e numismática (medalhas e moedas).

Essas são evidências de que a anodização tem grande importância para o tratamento de superfícies seja para a proteção anticorrosiva ou melhoria de alguma outra propriedade da superfície tratada.[8,9]

REFERÊNCIAS BIBLIOGRÁFICAS

1. EDELEANU, C. *Metallurgia, 50,* 1954, p. 113.
2. TOMASHOV, N. D.; CHERNOVA, G. P. *Passivity and Protection of Metals Against Corrosion*. New York: Plenum Press, 1967, p. 108.
3. RIGGS, O. L.; LOCKE, C. E. *Anodic Protection – Theory and Practice in the Prevention of Corrosion*. New York: Plenum Press, 1981, p. 50.
4. LOCKE, C. E. et al. *Chem. Eng. Progr. 56,* 1960, p. 50.
5. NACE – National Association of Corrosion Engineers, Task Group T-3L-2 (1968), Houston, Texas.
6. FONTANA, M. G.; GREENE, N. D. *Corrosion Engineering*. New York: McGraw-Hill, 1967, p. 211.
7. SHOCK, D. A.; SUDBURY, J. D.; RIGGS, O. L. Proceedings of the First International Congress on Metallic Corrosion, London, 1961, p. 366.
8. VERISSIMO, N. C.; WEBSTER, T. J. *In*: Surface Coating and Modification of Metallic Biomaterials, 2015.
9. KUMAR, A.; NANDA, D. In Superhydrophobic Polymer Coatings, 2019.

EXERCÍCIOS

26.1 Quais é a principal condição para a aplicação da proteção anódica?

26.2 Qual cuidado deve ser tomado com relação ao potencial no processo de anodização?

26.3 Qual é a relação entre potencial e corrente na proteção anódica?

26.4 Diferente da proteção catódica (PC), na proteção anódica (PA) utiliza-se apenas de um catodo auxiliar para proteção de longos trechos. Explique essa afirmação.

26.5 Qual é a limitação do uso da proteção anódica em um meio corrosivo que tenha cloreto?

Capítulo 27

Ensaios de Corrosão – Monitoração – Taxa de Corrosão

27.1 ENSAIOS DE CORROSÃO

Para caracterizar a agressividade de um meio corrosivo e fornecer fundamentos básicos para o controle da corrosão, realizam-se os chamados ensaios de corrosão.

A corrosão dos materiais metálicos é influenciada por vários fatores que modificam o ataque químico ou eletroquímico, não havendo, portanto, um único método de ensaio de corrosão; na prática, os fenômenos de corrosão se multiplicam, obrigando à variedade dos ensaios.

Para satisfazer exigências de reprodutibilidade de resultados, os ensaios de corrosão só devem ser efetuados após consideradas as suas exatas possibilidades e o desenvolvimento do processo corrosivo. Para evitar conclusões errôneas, e visando dar certa uniformidade à execução dos ensaios de corrosão, criaram-se especificações detalhadas para processamento.

27.1.1 Ensaios de Laboratório e de Campo

Os ensaios de corrosão podem ser feitos no laboratório ou no campo, dependendo dos objetivos que se quer alcançar. Nos ensaios de laboratório, usam-se pequenos corpos de prova bem definidos a composição do meio corrosivo é fixada com exatidão, podem-se manter constantes as condições do ensaio e acelerar o processo, para conseguir resultados mais rápidos. Nos ensaios de campo, a peça a ser testada está submetida diretamente às condições reais do meio corrosivo, e os resultados desses ensaios geralmente são obtidos depois de longo tempo, sendo as condições de ataque muito variáveis e às vezes não controláveis. Para verificar a resistência à corrosão do material, bem como a eficiência de uma medida protetora em condições naturais de utilização, é decisivo o comportamento no campo.

Os ensaios de laboratório são úteis para:

- estudar o mecanismo do processo corrosivo;
- indicar o material metálico mais adequado para determinado meio corrosivo;
- determinar os efeitos que os materiais metálicos podem ocasionar nas características de um meio corrosivo, por exemplo, contaminação por produtos de corrosão em processamento, transporte e armazenamento;
- ensaio de controle para se fabricar um material metálico resistente à corrosão em determinados meios corrosivos;
- determinar se um metal, liga ou revestimento protetor satisfaz as especificações de um ensaio de corrosão;
- determinar o efeito do processo de fabricação, das impurezas ou elementos de liga, do tratamento térmico e mecânico e do estado da superfície sobre o comportamento do material metálico em determinado meio corrosivo.

Os ensaios de campo são úteis para:

- estudar a eficiência de medidas de proteção anticorrosiva;
- selecionar o material mais adequado para determinado meio corrosivo e estimar a durabilidade provável nesse meio.

Os ensaios de campo se realizam sob condições análogas às de serviço, permitindo, portanto, uma avaliação mais correta da ação do meio corrosivo sobre o material metálico. Esses ensaios permitem obter resultados mais completos somente depois de longos períodos de tempo, porque, assim, verifica-se também a ação dos fatores aceleradores e retardadores, entre os quais podem-se citar, na atmosfera, temperatura, umidade, composição, agentes poluentes, ventos, irradiação solar, chuva; e, na água, aeração, velocidade, temperatura, composição, impurezas e crescimento biológico.

Nos ensaios de campo, procura-se verificar a resistência de diferentes materiais metálicos a um meio corrosivo. Embora sejam mais demorados que os ensaios de laboratório, apresentam resultados mais reais, permitindo um estudo comparativo que indicará o material mais adequado para aquele meio corrosivo. É fácil de se compreender essa vantagem do ensaio de campo em relação ao de laboratório: no ensaio de laboratório não se consegue reproduzir todas as condições reinantes no meio corrosivo. Assim, quando se faz o ensaio de névoa salina (*salt spray*), procura-se reproduzir a atmosfera marinha em laboratório, mas certamente esta não contém somente o cloreto de sódio, que é usado nas câmaras de névoa salina e umidade. Na realidade, em atmosfera marinha, é possível ter, além de cloreto e umidade, poluentes, temperaturas variáveis, períodos de umidificação, secagem e radiações ultravioleta que não constam do ensaio de névoa salina. Daí várias modificações terem sido propostas para se ter melhor correlação entre os ensaios acelerados e os de longa duração.[1]

Entre os ensaios de campo usados, constam:

- *ensaios na atmosfera* – diferentes corpos de prova são expostos à atmosfera durante algum tempo. Deve-se levar em conta os diferentes fatores existentes na atmosfera – temperatura, umidade, vento, impurezas, sólidos em suspensão e gases provenientes de queima de combustíveis contendo enxofre. Vianna[2] desenvolveu ensaios de corrosão atmosférica em estações colocadas em diferentes regiões do Brasil. Cabral e colaboradores[3] apresentaram processo para determinação de cloreto na atmosfera, usando a vela úmida como dispositivo de captação de cloretos;
- *ensaios em água do mar* – Baptista e Pimenta[4] realizaram ensaios para estudo de corrosão em frestas em água do mar;
- *ensaios no solo* – Serra e Alé[5] estudaram a previsão de corrosão galvânica em solos por meio de técnicas eletroquímicas, como medidas de potencial, corrente e polarização.

A concordância de comportamento, em meio corrosivo, dos ensaios de laboratório e de campo é, com frequência, deficiente, daí nos ensaios de laboratório ser conveniente o uso de amostras ou corpos de prova de materiais metálicos cujos comportamentos já são conhecidos. Devido a este fato, os ensaios de laboratório devem ser feitos comparativamente com materiais metálicos de comportamentos já conhecidos.

Como os longos períodos dos ensaios de campo são, em muitos casos, incompatíveis com os prazos de projeto de instalação e de seleção dos materiais ou de revestimentos a serem utilizados, é comum utilizarem-se os ensaios acelerados de laboratório, a fim de se ter um resultado mais rápido. Deve-se, porém, verificar que esses meios corrosivos geralmente não produzem condições reais da prática, sendo, portanto, desaconselhável aplicar diretamente seus resultados sem que haja uma adequada análise deles.

Os ensaios de laboratório se realizam sob condições variadas, visando reproduzir as de utilização dos materiais. Entre eles, citam-se:

- imersão contínua;
- imersão alternada;
- imersão contínua, com agitação;
- ensaios com fluxo contínuo;
- ensaios com líquidos em ebulição;
- ensaios com líquidos a temperaturas elevadas e pressões elevadas;
- ensaios de corrosão conjugados às solicitações mecânicas;
- ensaios de corrosão conjugados a pressões elevadas e altas velocidades de corrente;
- cabine de umidade, podendo-se combiná-la com variações de temperaturas;
- cabine de umidade com dióxido de enxofre;
- cabine de névoa salina.

Entre os ensaios de laboratório com especificações bem definidas, podem ser citados:

Annual Book of ASTM Standards[6]

A 262 – suscetibilidade de aços inoxidáveis a ataque intergranular.

A 279 – ensaio de corrosão por imersão total para aços inoxidáveis.

B 117 (NBR-8094) – ensaio de névoa salina (*salt spray*), com exposição contínua à solução de NaCl a 5 %, pH = 6,5 a 7,2 e temperatura de 35 °C.

B 287 – ensaio de névoa salina acidulada com ácido acético e pH = 3,1 a 3,3.

B 368 – ensaio de névoa salina acelerado com ácido acético e sal de cobre (*CASS Test*), pH = 3,1 a 3,3 e temperatura de 50 °C.

B 380 – ensaio de resistência à corrosão de revestimentos decorativos eletrodepositados (*Corrodkote Test*), impregnação do corpo de prova com suspensão aquosa de argila contendo cloreto de amônio, cloreto férrico e nitrato de cobre, $Cu(NO_3)_2$, e posterior exposição em cabine de umidade (80 % a 90 %) e temperatura de 38 °C.

D 807 – ensaio de tendência de água de caldeira causar fragilização (*USBM Embrittlement Detection Method*).

D 849 – corrosão de cobre por hidrocarbonetos aromáticos industriais.

D 930 – ensaio de corrosão por imersão total de produtos solúveis em água usados para limpeza de alumínio.

D 1275 – enxofre corrosivo em óleo usado como isolante elétrico.

D 1654 – avaliação de corpos de prova, pintados ou revestidos, sujeitos a meios corrosivos.

D 1735 – ensaio de névoa úmida para revestimentos orgânicos.

D 1748 – proteção contra a corrosão por protetores de metais em cabine de umidade.

D 2251 – corrosão de metais por solventes orgânicos halogenados e suas misturas.

G 1 – preparação, limpeza e avaliação de corpos de prova para ensaios de corrosão.

G 87 (NBR-8096) – câmara de dióxido de enxofre com condensação periódica de umidade (*Kesternich Test*).

G 48 – resistência de aços inoxidáveis à corrosão por pite e por frestas (*crevice*) usando-se solução de cloreto férrico, $FeCl_3$.

G 50 – ensaios de corrosão atmosférica para metais.

G 46 – avaliação de corrosão por pite.

G 31 – ensaios de corrosão em metais por imersão.

G 36 – ensaio de corrosão sob tensão fraturante em solução de cloreto de magnésio, $MgCl_2$, em ebulição.

G 78 – ensaio de corrosão em frestas (*crevice*), em ligas à base de ferro e de aços inoxidáveis, em água do mar.

G 71 – ensaio de corrosão galvânica.

G 32 – ensaio de erosão-cavitação.

G 73 – ensaio de erosão-impingimento.

G 16 – aplicação de análise estatística aos resultados dos ensaios de corrosão.

ASTM-G 85-Anexo V – modificação do ensaio de névoa salina – ciclo Prohesion. Esse ensaio usa solução de eletrólito muito mais diluída que a usada no tradicional ensaio de névoa salina: 0,05 % de cloreto de sódio e 0,35 % de sulfato de amônio. O corpo de prova é submetido a ciclos de exposição à névoa salina, em temperatura ambiente (~24 °C) e de secagem a 35 °C. Os ciclos são alternados e têm a duração de uma hora.

NACE – National Association of Corrosion Engineers

TM-01-69 – Ensaios de laboratório para corrosão de metais em processos industriais.[7]

Para um estudo dos diferentes ensaios de corrosão utilizados em laboratório e no campo, devem-se consultar livros específicos como os de Ailor,[8] Champion[9] e normas ASTM, DIN (Deutsches Institut fur Normung), BS (British Standards) e normas brasileiras (ABNT, NBR), bem como procurar usar análise estatística dos resultados.

27.1.2 Avaliação

Entre os métodos para verificar corpos de prova utilizados nos ensaios de corrosão, a fim de avaliar qualitativa ou quantitativamente o processo corrosivo e ter uma medida da extensão do ataque, devem ser citados:

- observação visual – permite verificar, no caso de ataque, se ele foi uniforme ou localizado com formação de pites;
- perda ou ganho de peso – permite medir o aumento de peso em oxidação a altas temperaturas;
- desprendimento de hidrogênio;
- absorção de oxigênio;
- observação ao microscópio – permite verificar ataque intergranular ou transgranular, dezincificação, profundidade de pites, espessura de camada de revestimento;
- métodos eletroquímicos – para medir diferença de potencial entre metais diferentes, curvas de polarização catódica e anódica;

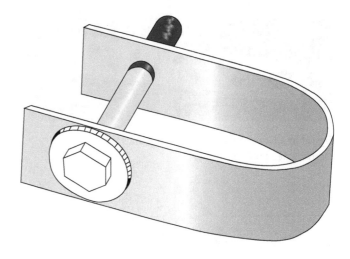

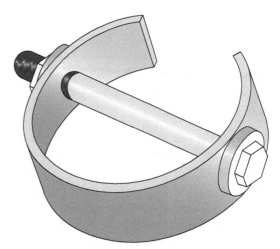

Figura 27.1 Cupons usados em ensaios de corrosão sob tensão fraturante.

- métodos eletrométricos – para medir espessura de películas de oxidação;
- métodos óticos – para estudar o crescimento de película de oxidação;
- modificação nas propriedades físicas – para verificar ductibilidade, resistência a impacto;
- alteração da resistência elétrica do material metálico.

Estes métodos são, em alguns casos, usados conjuntamente para se ter melhor avaliação.

Quando é necessário conhecer a composição química do produto de corrosão formado sobre os corpos de prova ou sobre materiais metálicos submetidos a processos corrosivos, empregam-se as seguintes técnicas:

- quando em quantidade adequada – análise química por via úmida, processos colorimétricos, espectrofotométricos e cromatografia;
- quando o produto de corrosão é superficial – a composição química pode ser verificada por microssonda, análise por dispersão de energia, espectroscopia Auger e fluorescência de raios X.

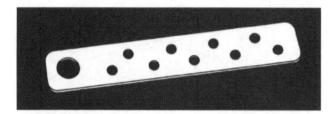

Figura 27.2 Cupom perfurado usado para verificar incrustações ou deposições.

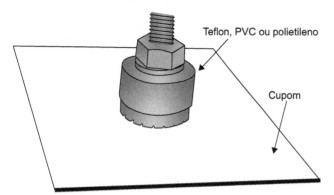

Figura 27.3 Dispositivo usado para ensaio de corrosão em frestas.

E, quando se quer conhecer as características físicas do produto de corrosão, as técnicas são as seguintes, de acordo com o aspecto visado:

- a morfologia (forma, homogeneidade, porosidade, continuidade etc.) pode ser verificada por microscopia ótica e microscopia eletrônica de varredura, impedância eletroquímica etc.;
- a espessura pode ser determinada por elipsometria, usada para medições menores do que 100 angströms – ao se irradiar a superfície com luz polarizada, que é refletida, as modificações na direção da polarização evidenciam a espessura da película do produto de corrosão;
- a estrutura cristalina é verificada por difração de raios X.

Após a observação visual minuciosa, deve-se proceder a uma limpeza da peça, a fim de realizar algumas das verificações citadas. Essa limpeza pode ser feita por processos mecânicos, químicos e eletrolíticos, tomando-se cuidado para não se remover também o material metálico não atacado.

Os processos mecânicos utilizam escovas, abrasivos macios, choques mecânicos e limpeza ultrassônica.

Os processos químicos implicam a remoção dos produtos de corrosão, dissolvendo-os em reagentes químicos adequados. Assim, usa-se para remoção de produtos de corrosão de:

- níquel, cobre ou suas ligas – ácido clorídrico (solução 15 % a 20 %);
- alumínio e ligas – ácido nítrico (70 %);
- ferro e aço – hidróxido de sódio e zinco em pó, ou ácido clorídrico concentrado contendo cloretos de estanho (II) (50 g/L) e de antimônio (III) (20 g/L);
- aço inoxidável – ácido nítrico (10 %, 60°C);
- zinco – solução aquosa de cloreto de amônio (10 %).

Na limpeza eletrolítica, retiram-se previamente, por limpeza mecânica leve, os produtos de corrosão fracamente aderidos e, em seguida, procede-se à limpeza, colocando-se o corpo de prova como catodo de uma cuba eletrolítica.

Além dos ensaios de campo e de laboratório, são de grande utilidade as observações que podem ser feitas nos ensaios usados na inspeção de equipamentos. Os resultados desses ensaios, juntamente com os resultados da monitoração de corrosão, permitem a indicação de medidas adequadas de proteção, pois mostram o comportamento do material metálico no meio corrosivo. Entre os ensaios ou técnicas de inspeção estão:

- líquido penetrante e partículas magnéticas – identificação de trincas;
- correntes parasitas (*Eddy currents*);
- ultrassom;
- radiografia digital;
- inspeção com *pigs instrumentados* – inspeção interna de tubulações caracterizando o aspecto interno da superfície e podendo, também, realizar registro fotográfico;
- impressão digital elétrica (IDE) ou FSM – método para monitoração de corrosão, erosão e trincas em aço e estruturas metálicas, sistemas de dutos e vasos.[10]

A técnica de inspeção de dutos por *pigs instrumentados* é uma das maneiras de conhecer o dano causado pela corrosão em um duto ao longo dos anos. Sua vantagem é possibilitar a investigação em toda a extensão dos dutos, o que seria, usando outra técnica, inviável economicamente, no caso de tubulações enterradas ou submersas de grandes extensões.

O termo *pig* é normalmente utilizado para ferramentas que se destinam à limpeza mecânica de tubulações. O *pig* é concebido para ser impulsionado pelo próprio fluido e tem a capacidade de remover resíduos como incrustações e produtos de corrosão. A análise desses resíduos pode ser uma boa ferramenta para verificação dos mecanismos de corrosão e da eficácia de técnicas de proteção, em particular o uso de inibidores químicos.

 Há vários tipos de *pigs* de limpeza:

- de espuma de poliuretano com ou sem revestimento de tinta de resina poliuretânica;
- de copos e discos – fabricado em poliuretano flexível constituindo um corpo central onde podem ser fixados copos, discos, escovas, molas, facas e pinos;
- de esferas – geralmente de espuma de poliuretana.

Os *pigs instrumentados* são equipamentos que possuem dispositivos e sensores que inspecionam as condições físicas dos dutos. Existem *pigs* que analisam a geometria do duto e detectam amassamentos, ovalizações, curvas fechadas e outras deformações que possam comprometer a integridade estrutural do duto ou dificultar ou impedir a passagem de outros tipos de *pigs*. Outros tipos podem detectar vazamento, medir pressão, descobrir trechos de vãos livres em dutos submarinos e fazer outros tipos de análises em situações especiais. Ultimamente, tem sido muito utilizado o *pig inercial*, que possui um sistema de navegação bastante preciso, que permite traçar um mapa bastante acurado da tubulação a partir da determinação de suas coordenadas geográficas (latitude, longitude e altitude).

O *pig* considerado mais nobre é o de perda de massa. Ele tem a capacidade de detectar e dimensionar pontos em que há redução da espessura de parede do duto e informar com boa precisão a localização desses defeitos. Isso possibilita ao operador do duto programar os reparos por ordem de severidade e decidir se devem ser tomadas medidas mais drásticas, como trocar trechos de dutos ou reduzir as pressões de operação. Esse serviço também é uma boa ferramenta para entidades reguladoras que queiram atestar a segurança operacional do duto relativa à sua integridade estrutural. Para o engenheiro de corrosão, o *pig* fornece importantes informações para caracterizar o tipo de corrosão que atacou o duto desde sua construção. A comparação entre várias inspeções pode também avaliar a eficácia dos métodos de proteção utilizados.

Existem duas técnicas distintas para *pigs de perda de massa*. A técnica utilizada atualmente é a de vazamento de fluxo magnético (*MFL – Magnetic Flux Leakage*). Essa técnica consiste na geração de um campo magnético através de dois anéis circunferenciais contendo polos norte e sul de um ímã. Entre esses dois polos é instalado outro anel com vários sensores de campo magnético. Ao encontrar um defeito, as linhas de campo são desviadas para dentro e para fora do duto devido à menor massa metálica disponível para sua passagem. O campo magnético que entra no duto é detectado pelos sensores.

Quanto maior for o defeito, maior será a intensidade desse campo magnético. O *pig* também possui um odômetro, que permite determinar o comprimento em que houve esse defeito causado pela perda de massa. Como os sensores estão dispostos ao longo de toda a circunferência, é possível também dimensionar a largura desses defeitos. Os *pigs* mais modernos, de alta resolução, têm também capacidade para diferenciar defeitos internos e externos.

Outra técnica utilizada é o ultrassom. O *pig ultrassônico* possui uma grande quantidade de cabeçotes que fazem a medição direta de espessura da chapa, de maneira a varrer toda a circunferência do duto.

Embora os *pigs de perda de massa* MFL e ultrassônicos sejam bastante precisos, é necessário conhecer suas limitações ao analisar os dados. No caso dos *pigs* MFL de alta resolução, a precisão para profundidade do defeito é de 10 % da espessura da chapa. Pites com dimensões abaixo de 10 mm são difíceis de serem encontrados e dimensionados pelos *pigs* existentes no mercado.

O sucesso da inspeção por *pigs instrumentados* depende muito das condições operacionais e de limpeza do duto. Um duto com muitos resíduos faz com que os sensores e ímãs fiquem afastados das paredes da tubulação reduzindo a qualidade das informações. Todas as ferramentas possuem faixas ideais de velocidade e pressão, e uma corrida fora destes parâmetros fatalmente afetará negativamente os resultados. É muito importante também remover eventuais restrições físicas à passagem do *pig* que podem danificá-lo ou até prendê-lo. Para evitar esse grave risco, o operador

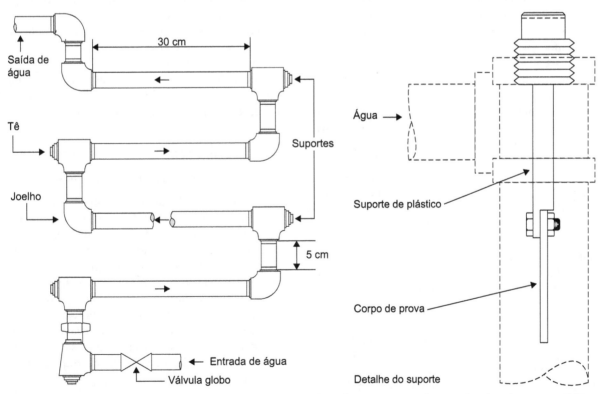

 Figura 27.4 Esquema para monitoração de sistema de resfriamento, usando-se toda a instalação com PVC, exceto, evidentemente, os corpos de prova, que, em geral, têm as dimensões: largura, 12 mm a 15 mm; comprimento, 50 mm a 100 mm e espessura, 0,6 mm a 1,6 mm; espessura do tubo, 6 cm.

deve passar inicialmente um *pig* de limpeza com uma placa metálica que possua um diâmetro um pouco menor que o do duto. Caso essa placa não chegue amassada, é sinal de que não existem restrições à passagem do *pig de perda de massa*. É aconselhável também a passagem de um *pig geométrico* para se ter certeza da não existência de restrições à passagem desse *pig*. Acima de tudo, é necessário que o operador tenha bom conhecimento de suas instalações e que isto seja claramente informado à empresa inspetora.

A decisão de qual método utilizar deve ser tomada com base nos recursos das duas técnicas, no tipo de corrosão esperada e em uma avaliação econômica. Em ambas as técnicas, o engenheiro ou técnico de corrosão deve estar consciente de suas limitações em detectar e dimensionar defeitos.

O sistema conhecido como IDE ou FSM é não intrusivo e tem alta sensibilidade e capacidade para detectar corrosão generalizada, pites e trincas. É utilizado na monitoração contínua de dutos, submersos e terrestres. Ele é baseado na alimentação de uma corrente elétrica direta nos trechos selecionados do duto a ser monitorado e na determinação da configuração do campo elétrico, pela medição de pequenas diferenças de potencial entre pares de eletrodos instalados na superfície externa desse duto. Esse sistema é indicado normalmente para tubulações novas ou tubulações limpas.

27.2 MONITORAMENTO DA CORROSÃO

O monitoramento da corrosão pode ser definido como uma forma sistemática de medição da corrosão ou da degradação de um determinado componente de um equipamento, com o objetivo de auxiliar a compreensão do processo corrosivo e/ou obter informações úteis para o controle da corrosão e das suas consequências.[11] Implícita a esta definição encontra-se a ideia da capacidade das técnicas de monitoramento em detectar alterações no comportamento de materiais e componentes diante da corrosão, bem como de abrir a possibilidade de medir alterações na taxa de corrosão dos mesmos em tempo real. Essas informações podem ser devidamente trabalhadas e servir para amparar as decisões a serem adotadas pelas equipes de manutenção e de engenharia da corrosão das unidades de produção. Também podem ser obtidas informações úteis relativas à atividade química (incluindo-se, neste conjunto, a corrosividade) e biológica dos fluidos e águas de processo. Os métodos e as técnicas de monitoramento são também capazes de fornecer dados que possibilitam o estabelecimento de correlações entre a cinética da corrosão e as variáveis de processo, por exemplo, pH, temperatura, vazão etc., quando essas variáveis encontram-se disponíveis ou podem ser convenientemente monitoradas tanto em laboratório quanto em campo. Essas informações podem ser utilizadas para diagnosticar problemas de corrosão e otimizar o controle da corrosão quando efetuado, por exemplo, por meio do emprego de inibidores.

O monitoramento tem o seu emprego mais nobre e de forma mais avançada em instalações e equipamentos de grande responsabilidade, que requerem um nível de controle elevado. Nesse caso, o monitoramento é visto como uma ferramenta fundamental integrante do programa de controle de corrosão, sendo capaz de fornecer informações relevantes sobre a evolução do processo corrosivo e identificar e monitorar regularmente os parâmetros operacionais (como a composição química da carga ou do meio corrosivo, a temperatura do processo, o teor de contaminantes etc.), responsáveis pela elevação significativa da atividade corrosiva. Sistemas de monitoramento *on-line* são implantados para acompanhar tanto a cinética do processo corrosivo (por exemplo, por meio de sondas de corrosão) como as principais variáveis operacionais de controle desse processo, por exemplo, a partir de medidores *on-line* de pH. Determina-se que alterações nesses parâmetros são passíveis de promover reduções significativas na intensidade do processo corrosivo, de forma a mantê-lo sob controle efetivo, utilizando-se para tanto redes informatizadas de transmissão e tratamento de dados e de meios computacionais.[12, 13]

Um programa de monitoramento de corrosão pode ser empregado com vários objetivos, podendo-se destacar os seguintes:[14, 15, 16, 17]

- caracterização da natureza do ataque corrosivo;
- determinação da taxa de corrosão;
- avaliação dos procedimentos de prevenção e controle da corrosão eventualmente adotados, por exemplo, a seleção de tratamentos químicos mais adequados, a caracterização da eficiência e da dosagem ótima de inibidores;
- análise de falhas decorrentes de problemas de corrosão e diagnóstico *on-line* sobre o "estado" da superfície em contato com o meio corrosivo;
- auxílio no desenvolvimento de novas formas de controle da corrosão e de pesquisa de natureza tecnológica na área de corrosão e proteção;
- execução de testes e ensaios de avaliação do comportamento de materiais, inibidores, revestimentos etc., tanto em campo como em bancada de laboratório.

27.2.1 Métodos de Monitoramento

Os métodos de monitoramento são classificados em:

- não destrutivos – ultrassom, correntes parasitas (*Eddy currents*), emissão acústica, radiografia, partícula magnética, líquido penetrante, exame visual, termografia etc.;
- analíticos – análise química, medidas de pH, do teor de oxigênio e da atividade microbiológica;
- métodos de engenharia de corrosão – abrangem os não eletroquímicos, que são os cupons de corrosão, a resistência elétrica e os provadores de hidrogênio, bem como os eletroquímicos, ou seja, a resistência à polarização ou polarização linear, potencial de corrosão, amperimetria de resistência nula, impedância eletroquímica e ruído eletroquímico.

Os **métodos não destrutivos** foram propositadamente colocados em primeiro plano, uma vez que são indispensáveis para indicar a presença de ataque, fissuras, trincas, reduções de espessura de parede, defeitos internos, vazamentos, porosidades e outras formas de dano. São empregados por ocasião das paradas ou com equipamentos em operação; alguns ensaios, como os de emissão acústica, já se encontram disponíveis para utilização em tempo real.

Os **métodos analíticos** são essencialmente complementares aos de engenharia de corrosão e não menos importantes. São extremamente úteis para os casos de corrosão controlados por parâmetros de meio, por exemplo, a corrosão em águas ácidas contaminadas por H_2S, em que o pH, a concentração de cianeto livre e a qualidade da água são as principais variáveis de controle do processo corrosivo.

Os **métodos de engenharia de corrosão**, de natureza não eletroquímica, como o método dos cupons, podem ser aplicados tanto em meios aquosos como em ambientes gasosos. Já os métodos eletroquímicos tomam partido da natureza eletroquímica da maioria dos processos corrosivos, podendo ser utilizados, com sucesso, em inúmeras aplicações. Permitem, por exemplo, a caracterização do estado eletroquímico (se ativo ou passivo) do material em questão, a partir das medidas de potencial, bem como possibilitam a determinação, em certas circunstâncias, da velocidade instantânea de corrosão, por meio, por exemplo, do método da resistência de polarização, mais popularmente conhecido como **método da polarização linear**. Envolvem, basicamente, medidas de potencial e de corrente, o que possibilita, com o avanço atual da eletrônica, a captação e análise contínua dos resultados de forma *on-line*. Permitem também a detecção de alterações sensíveis na cinética do processo corrosivo, o que torna os métodos eletroquímicos extremamente atraentes para efetuar o acompanhamento *in situ* da evolução do processo corrosivo em equipamentos industriais, por meio de sistemas de aquisição de dados informatizados.

Nóbrega, Ana e colaboradores[18] apresentaram uma proposta envolvendo um plano de monitoramento e controle de corrosão para dutos de transporte em que recomendam no mínimo duas técnicas: a técnica gravimétrica (cupom de perda de massa) e a técnica de resistência elétrica.

Ferreira e colaboradores[19] apresentaram experiência de campo com aplicação de monitoração no controle da corrosão interna de oleodutos com inibidores.

Neves e Neto[20] destacaram as técnicas de monitoramento contínuo da corrosão em sistemas de condensado e alimentação de caldeiras: as que utilizam amostragens instantâneas e as que utilizam amostragens contínuas e usando métodos eletroquímicos e analíticos para determinação da concentração de ferro, cobre e oxigênio dissolvidos, pH e condutividade.

27.3 TAXA DE CORROSÃO

Após a realização do ensaio de corrosão e limpeza do corpo de prova, verifica-se a perda de peso, durante o ensaio de corrosão, subtraindo-se do seu peso original o peso após o ensaio. Como a perda de peso é influenciada pela área exposta e tempo de exposição, essas variáveis são combinadas e expressas em taxa de corrosão. Uma unidade comumente usada para expressar a taxa de corrosão, relacionada com a variação de massa, é o *mdd* (miligramas por decímetro quadrado de área exposta por dia). Como é difícil visualizar a profundidade do ataque em *mdd*, é comum converter essa unidade para outras que indicam a penetração ou profundidade, sendo usada a *ipy*, isto é, polegadas de penetração por ano, tendo se as relações:

$$\text{mdd} \times \frac{0,00144}{d} = \text{ipy}$$

ipy × 694 × d = mdd

(d = densidade em gramas por centímetro cúbico).

A NACE Standard TM-01-69 recomenda expressar a taxa de corrosão em *mpy*, isto é, milésimo de polegada de penetração por ano, ou *mmpy* (milímetros de penetração por ano). Estas taxas são calculadas por

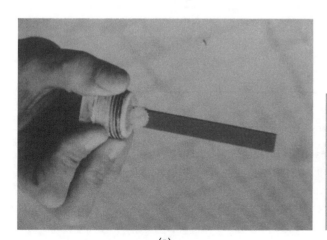
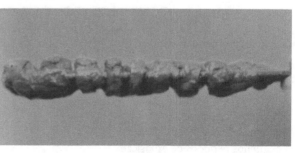

(a)   (b)

Figura 27.5 Cupom de aço-carbono usado em monitoração de sistema de resfriamento: (a) cupom antes de uso e (b) cupom após 30 dias de uso.

$$\text{mpy} = \frac{\text{Perda de peso} \times 534}{\text{Área} \times \text{tempo} \times \text{densidade do metal}}$$

$$\text{mmpy} = \frac{\text{Perda de peso} \times 13{,}56}{\text{Área} \times \text{tempo} \times \text{densidade do metal}}$$

expressando-se a perda de peso em miligramas, a área em polegadas quadradas da superfície metálica exposta e o tempo em horas.

Para conversão de mdd em mpy ou mmpy, podem se usar as seguintes fórmulas:

$$\text{mpy} = \text{mdd} \times \frac{1{,}44}{d}$$

$$\text{mmpy} = \text{mdd} \times \frac{0{,}036}{d}$$

Deve-se também observar que os valores de taxas de corrosão só podem ser utilizados para corrosão uniforme, não se aplicando para casos de corrosão localizada como, por exemplo, puntiforme, intergranular e transgranular.

Quando o ataque é uniforme e em meio químico, os metais podem ser divididos em três grupos,[21] de acordo com as suas taxas de corrosão e aplicação projetada:

- menor do que 5 mpy – metais com boa resistência à corrosão, tanto que são apropriados para partes críticas de equipamentos;
- 5-50 mpy – metais usados no caso em que uma alta taxa de corrosão é tolerada como, por exemplo, em tanques, tubulações, corpo de válvulas;
- maior do que 50 mpy – metais pouco resistentes, daí não ser recomendado o uso dos mesmos.

Tabela 27.1 Fatores de conversão de taxas de corrosão.

Multiplicar	Por	Para Obter
Miligrama por decímetro quadrado por dia (mdd)	0,00144/d	Polegadas de penetração por ano (ipy)
ipy	25,4	Milímetros por ano (mm/ano)
mdd	0,03652/d	mm/ano
mdd	36,52/d	Micrômetros/ano (μm/ano)
mdd	36,5	Gramas por metro quadrado por ano (g/m²/ano)
Gramas por metro quadrado por dia (g/m²/dia)	0,36525/d	mm/ano

Tabela 27.2 Densidade de alguns materiais metálicos.

Material	Densidade (g/cm³)
Alumínio	2,74
Cobre	8,96
Latão (85 % cobre)	8,75
Níquel	8,90
Cu-Ni (70:30)	8,94
Ferro fundido cinzento	7,19
Aço-carbono	7,86
Aço inox AISI 304	7,93
Aço inox AISI 430	7,70

Tabela 27.3 Relação entre emprego de materiais e taxas de corrosão, em caso de corrosão uniforme.

Uso	Materiais Caros (Ag, Ti, Zr)	Materiais de Preços Moderados [Cu, aço inox (18Cr-8Ni), Al]	Materiais Baratos (aço-carbono, ferro fundido)
Satisfatório	< 75	< 100	< 225
Aceitável em condições específicas, como pequenos períodos de exposição	75-250	100-500	225-1500
Não aceitável sem proteção	>250	> 500	> 1.500

Fonte: MATTSSON, E. *Basic Corrosion Technology for Scientists and Engineers*. Ellis Horwood, 1989, p. 37.

Pode-se verificar que há grande variedade de meios corrosivos aliada à grande variedade de materiais metálicos. A esses fatores devem se adicionar as várias formas de empregos desses materiais. Uhlig,[22] Rabald,[23] Lee,[24] Mellan,[25] Behrens[26] e Schweitzer[27] apresentam dados que orientam no sentido do emprego correto dos diferentes materiais metálicos e não metálicos.

Rabald apresenta uma indicação da resistência relativa dos materiais metálicos à corrosão, considerando a taxa de corrosão em gramas por metro quadrado por dia:

- resistentes – até 2,4 g/m²/dia e até 0,8 g/m²/dia (para alumínio e suas ligas);
- razoavelmente resistentes – até 24 g/m²/dia e até 8 g/m²/dia (para alumínio e suas ligas);
- não resistentes – até 72 g/m²/dia e até 24 g/m²/dia (para alumínio e suas ligas);
- não indicados – acima de 72 g/m²/dia.

A Norma NACERP-07-75 estabelece a classificação da corrosividade:

Taxa de corrosão uniforme (mm/ano)	Taxa de pite (mm/ano)	Corrosividade
<0,025	<0,13	Baixa
0,025 a 0,12	0,13 a 0,20	Moderada
0,13 a 0,25	0,21 a 0,38	Alta
>0,25	>0,38	Severa

O cálculo da taxa de corrosão (T) em mm/ano sendo

$$T = \frac{\text{perda de peso (g)} \times 365 \times 1.000}{S \cdot t \cdot d}$$

T = taxa de corrosão (mm/ano)
S = área exposta da superfície do cupom (mm²)
t = tempo (dias)
d = densidade (g/cm³)

de pite (T_p) sendo:

$$T_p = \frac{p \times 365}{T}$$

p = profundidade do pite mais profundo
T = tempo de exposição

Conhecendo-se a taxa de corrosão de um material em determinado meio, pode se estimar o tempo de vida de um equipamento. Determinada a espessura de parede para atender às características, por exemplo, pressão, temperatura e peso do equipamento, costuma-se usar uma espessura extra, conhecida como sob re-espessura de corrosão, que tem a finalidade de compensar a perda por corrosão durante o tempo de vida previsto para utilização do equipamento. Admitindo-se, por exemplo, equipamento com necessidade de espessura de parede igual a 5 mm, para atender às características mecânicas, e que apresenta uma taxa de corrosão de 0,4 mm/ano e vida estimada de 10 anos, ter-se-ia:

- redução prevista de espessura devida à corrosão uniforme – 10 × 0,4 = 4,0 mm;
- sob-re-espessura de corrosão – como a profundidade de penetração varia, geralmente se usa o dobro do valor previsto para redução: 4,0 × 2 = 8,0 mm;
- espessura total de parede, indicada em fase de projeto – 5,0 + 8,0 = 13,0 mm.

A International Organization for Standardization – ISO 9223 (1992) apresenta as taxas de corrosão para aço-carbono, zinco, alumínio e cobre (Tab. 27.4), verificadas nas diferentes categorias em que classifica a corrosividade atmosférica (Tab. 27.5).

Os ambientes típicos dessas categorias podem ser:

– C1 e C2 (atmosferas com baixo nível de contaminação, principalmente áreas rurais);
– C3 (atmosferas urbanas e industriais com contaminação moderada de SO₂, dióxido de enxofre e/ou áreas costeiras com baixa salinidade);
– C4 (áreas industriais e/ou costeiras com alta salinidade);
– C5 (áreas industriais com alta umidade relativa e/ou costeiras com alta salinidade).

Valiosa e extensa monitoração, para determinar a corrosividade atmosférica em países da região iberoamericana, foi realizada pelo Programa Ibero americano CYTED.[28, 29] Essa

Figura 27.6 Carretel de teste com diferentes cupons para determinar taxas de corrosão.

Figura 27.7 Ensaio de campo – exposição às condições de intemperismo – para diferentes esquemas de pintura.

Tabela 27.4 Taxas de corrosão atmosférica.

Categoria	Taxas de Corrosão	Aço-carbono	Zinco	Alumínio	Cobre
C1	g/m²/ano	10	0,7	Desprezível	0,9
	μm/ano	1,3	0,1	–	0,1
C2	g/m²/ano	10 – 200	0,7 – 5	0,6	0,9 – 5
	μm/ano	1,3 – 25	0,1 – 0,7	–	0,1 – 0,6
C3	g/m²/ano	200 – 400	5 – 15	0,6 – 2	5 – 12
	μm/ano	25 – 50	0,7 – 2,1	–	0,6 – 1,3
C4	g/m²/ano	400 – 650	15 – 30	2 – 5	12 – 25
	μm/ano	50 – 80	2,1 – 4,2	–	1,3 – 2,8
C5	g/m²/ano	650 – 1500	30 – 60	5 – 10	25 – 50
	μm/ano	80 – 200	4,2 – 8,4	–	2,8 – 5,6

Tabela 27.5 Classificação da corrosividade atmosférica.

Categoria	Corrosividade	Tempo de Umectação (horas/ano)	SO_2 (mg/m₂/dia)	Cloretos (mg Cl⁻/m²/dia)
C1	Muito baixa	<10	≤10	≤3
C2	Baixa	10–250	10–35	3–60
C3	Média	250–2500	35–80	60–300
C4	Alta	2500–5500	80–200	300–1500
C5	Muito alta	> 5500	–	–

Tabela 27.6 Dados ambientais – média dos três primeiros anos de exposição.

País	Nome	Atm. Aparente	T (°C)	HR (%)	TDH (f. anual)	Precip. (mm/ano)	SO_2 (mg/m²/dia)	Cl² (mg/m²/dia)
Argentina	Jubany	Marinha Polar	-2,7	84	0,293	278	Desp.	–
Bolívia	La Paz	Urbana	12,2	51	0,194	532	2,3	6,6
Brasil	Cubatão	Industrial	22,7	74	0,579	988	54,5	8,1
	São Paulo	Urbana	19,4	75	0,648	1573	57,8	Desp.
Colômbia	San Pedro	Rural	11,5	90	1,000	1800	0,6	Desp.
	Bahía Solano	Marinha	26,0	89	–	5024	–	–
Costa Rica	Limón	Marinha	25,8	91	0,770	3586	7,8	54,5
	Arenal	Rural (vulcânica)	22,9	88	0,838	3677	20,9	8,3
	Cojimar	Marinha	25,1	79	0,571	1135	22,5	104,0
Cuba	Quivicán	Rural	24,8	81	0,626	1617	8,3	12,7
	Viriato	Marinha	25,5	79	0,500	1498	31,4	684,0
Equador	Esmeraldas	Industrial	26,8	78	0,710	773	16,5	2,1
Espanha	Pardo	Rural	15,0	55	0,366	420	6,4	3,9
México	Cuernavaca	Rural	21,0	56	0,201	1483	40,4	Desp.
Panamá	Panamá	Urbana	26,8	75	0,629	1801	14,0	11,2
	Colón	Industrial-Marinha	27,0	81	0,720	3854	37,1	17,5

(continua)

(continuação)

País	Nome	Atm. Aparente	T (°C)	HR (%)	TDH (f. anual)	Precip. (mm/ano)	SO$_2$ (mg/m²/dia)	Cl² (mg/m²/dia)
Peru	Lima	Urbana-Marinha	20,6	82	0,589	16	14,6	92,1
	Cuzco	Rural	12,2	67	0,311	732	Desp.	Desp.
Portugal	Sines	Marinha	18,4	61	0,509	646	27,0	203,1
	Lumiar	Urbana	17,0	76	0,135	684	22,6	19,6
Uruguai	Artigas	Marinha Polar	−1,70	91	0,352	540	Desp.	213,0
	P. Este	Marinha	16,4	78	0,515	898	5,0	147,0
Venezuela	Tablazo	Marinha	28,2	77	0,504	605	6,0	63,3
	La Voz	Marinha (desértica)	34,7	92	0,483	398	29,9	374,8

HR – umidade relativa; Precip. – chuvas; TDH – tempo de umectação (fração anual).

Tabela 27.7 Taxa de corrosão no primeiro ano de exposição.

País	Local	Atm. Aparente	Fe · mm/ano 1º	Zn · mm/ano 1º	Al · g/m²/ano 1º
Argentina	Jubany	Marinha Polar	37,3	1,89	4,03
Bolívia	La Paz	Urbana	1,7	0,22	0,18
Brasil	Cubatão	Industrial	98,7	1,98	0,81
	São Paulo	Urbana	14,6	1,19	0,68
Colômbia	San Pedro	Rural	13,7	3,40	0,16
	Bahía Solano	Marinha	–	–	–
Costa Rica	Limón	Marinha	371,5	2,66 (G)	0,86
	Arenal	Rural (vulcânica)	69,3	1,58 (G)	0,17
	Cojimar	Marinha	258,8	6,71	2,07
Cuba	Quivicán	Rural	28,0	1,35	0,25
	Viriato	Marinha	445,8	11,10	3,20
Equador	Esmeraldas	Industrial	78,6	1,31 (G)	1,34
Espanha	Pardo	Rural	12,6	0,27	0,16
México	Cuernavaca	Rural	15,2	1,16	0,14
Panamá	Panamá	Urbana	32,8	1,02	0,52
	Colón	Industrial-Marinha	107,3	3,71	0,82
Peru	Lima	Urbana-Marinha	127,0	13,01	4,18
	Cuzco	Rural	0,62	0,16	0,04
Portugal	Sines	Marinha	411,2	3,80	2,35
	Lumiar	Urbana	33,0	0,61	0,75
Uruguai	Artigas	Marinha Polar	66,0	1,90 (G)	2,50
	P. Este	Marinha	54,0	3,8	1,40
Venezuela	Tablazo	Marinha	29,3	3,62	4,16
	La Voz	Marinha (desértica)	922	26,5	8,24

G – aço galvanizado.

monitoração realizada em diversas estações de ensaio permitiu apresentar dados ambientais e taxas de corrosão atmosférica para metais como aço-carbono, zinco e alumínio, bem como mapas de corrosão atmosférica.

Os valores de taxas de corrosão apresentados em diferentes tabelas referem-se aos materiais geralmente no estado puro; entretanto, eles podem ser influenciados por impurezas, estado da superfície e tratamentos térmicos. Além disso, os meios corrosivos encontrados no campo contêm diversas substâncias que podem provocar ações secundárias, acentuando ou diminuindo a ação corrosiva. Portanto, é necessário um estudo cuidadoso, levando-se em consideração as condições operacionais e todos os fatores possíveis de influenciar no processo corrosivo, pois, em grande parte dos casos de corrosão, não se tem corrosão uniforme, e, sim, corrosão sob tensão fraturante, pites, corrosão em frestas, fragilização pelo hidrogênio e corrosão em torno de solda.

27.4 IMPORTÂNCIA DA METROLOGIA

No que se refere aos ensaios, cálculos de taxas de corrosão e todas as etapas de monitoramento da corrosão, é importante ter em mente a importância da metrologia, conceituada como a ciência das medições que, em última análise, tem como essência assegurar a confiabilidade e a universalidade dos resultados.

Para isso, é necessário que os instrumentos utilizados em todas as medições sejam devidamente calibrados contra padrões rastreáveis às referências metrológicas nacionais do Brasil ou do exterior. Em nosso caso, o Instituto Nacional de Metrologia, Normalização e Qualidade Industrial (Inmetro, o Instituto Nacional de Metrologia do Brasil), que é o detentor dessas referências. Os padrões metrológicos do Inmetro são intercomparados periodicamente com os padrões semelhantes dos institutos metrológicos dos países mais desenvolvidos do mundo, a exemplo do Physikalisch Technische Bundesanstalt (PTB) da Alemanha, o National Physical Laboratory (NPL) do Reino Unido e o National Institute of Standards and Technology (NIST) dos Estados Unidos, entre outros também importantes, permitindo o estabelecimento da sua equivalência metrológica com os demais, com base no Arranjo de Reconhecimento Mútuo (*Mutual Recognition Arrangement* – MRA) celebrado com o Comitê Internacional de Pesos e Medidas.

Informações mais detalhadas sobre metrologia e o sistema metrológico do Brasil encontram-se em outras publicações.[30]

REFERÊNCIAS BIBLIOGRÁFICAS

1. Costa, I. *Ensaios acelerados para simulação da corrosão atmosférica em amostras com revestimento orgânico e sua relação com os ensaios de longa duração. In:* ANAIS DO 2º COLÓQUIO NACIONAL DE CORROSÃO ATMOSFÉRICA, São Paulo, IPTABRACO, 1994, p. 5161.

2. Vianna, R. O. O programa de corrosão atmosférica desenvolvido pelo CENPES, *Boletim Técnico da Petrobras*, 23(1):3949, 1980.

3. Cabral, E. R.; Fleming, J. R.; Araujo M. M.; Mannheimer, W. A. Chloride detection for atmospheric corrosion studies. *In:* PROCEEDINGS OF THE 7th INTERNATIONAL CONGRESS ON METALLIC CORROSION, Rio de Janeiro, Brasil, 1978, p. 1152-1160.

4. Baptista, W.; Pimenta, G. S. Ensaios *in situ* para estudo de corrosão sob frestas em água do mar. *In:* ANAIS DO 3º CONGRESSO IBEROAMERICANO DE CORROSÃO E PROTEÇÃO – CONGRESSO BRASILEIRO DE CORROSÃO, RJ, Abraco Aicop, 1989, p. 496-506.

5. Serra, E. T.; Alé, R. M. Previsão de corrosão galvânica em solos através de técnicas eletroquímicas. *In:* ANAIS DO 7º SENACOR, SEMINÁRIO NACIONAL DE CORROSÃO, ABRACOSENAI, 1980, p. 2638.

6. ANNUAL BOOK OF ASTM STANDARDS, v. 03.02 – *Wear and Erosion; Metal Corrosion*, American Society for Testing and Materials, 1987.

7. NACE STANDARD TM-01-69, *National Association of Corrosion Engineers*. March, 1969.

8. Ailor, W. H. *Handbook on Corrosion Testing and Evaluation*. New York: John Wiley, 1971.

9. Champion, F. A. *Corrosion Testing Procedures*. London: Chapman and Hall, 1964.

10. Vianna, R. O.; Carvalho, A. M. C.; Strommen, R. D. Uma nova técnica para monitoração de corrosão, erosão e trincas. *In:* ANAIS DO 17º CONGRESSO BRASILEIRO DE CORROSÃO, Rio de Janeiro, Abraco, 1993, p. 205-212.

11. HANDBOOK OF INDUSTRIAL CORROSION MONITORING, Dept. of Industry – Committee on Corrosion, London: HMSO, 1978.

12. PROCEEDINGS OF THE SYMPOSIUM ON COMPUTERS IN CORROSION CONTROL. *Computers in Corrosion Control*, NACE, 1986.

13. Baptista, W. *Monitoração e Controle da Corrosão em Refinaria Utilizando uma Abordagem de Sistema Especialista* – (Tese de Doutorado) submetida e aprovada à Coordenação dos programas de Pós Graduação de Engenharia da Universidade Federal do Rio de Janeiro – UFRJ, março, 2002.

14. HANDBOOK OF INDUSTRIAL CORROSION MONITORING, Dept. of Industry – Committee on Corrosion, London: HMSO, 1978.

15. CONTROLLING CORROSION – MONITORING. London: Dept. of Industry – Committee on Corrosion, HMSO, 1978.

16. NACE PUBLICATION 3D170 – Electrical and Electrochemical Methods for Determining Corrosion Rates, Houston, 1984.
17. Dawson, J. L. Corrosion Monitoring Surveillance and Life Prediction, Paper 35. In: NACE MEETING ON LIFE PREDICTION OF CORRODIBLE STRUCTURES, Cambridge, 2326 set. 1991.
18. Nóbrega, A. C. V.; Silva, D. R.; Barbosa, A. F. F.; Pimenta, G. S. *Proposta de um plano de monitoramento e controle de corrosão para dutos de transporte*, 6º COTEQ e 22º CONBRASCOR, Salvador – Bahia, 2002.
19. Ferreira, A. P.; Decio, G. P.; Cristina, V. M. F. *Experiência de campo com a aplicação de técnicas de monitoração no controle da corrosão interna de oleodutos com inibidores. In: 21º CONBASCOR, São Paulo, 2001.
20. Neves, A. S. B.; Neto, R. B. Monitoramento contínuo da corrosão em sistemas de condensado e água de alimentação de caldeira, *O Papel* (ABTCP), set., 1997, p. 7880.
21. Vandebogart, L. G.; Uhlig., H. H. *The Corrosion Handbook*, New York: John Wiley & Sons, 1958, p. 748.
22. Uhlig, H. H., op. cit., p. 727-799.
23. Rabald, E. *Corrosion Guide*. Amsterdam: Elsevier, 1968.
24. Lee, J. A. *Materials of Construction for Chemical Process Industries*. New York: McGrawHill, 1950.
25. Mellan, I. *Corrosion Resistant Materials Handbook*: New Jersey, USA: Noyes Data Corporation, 1976.
26. DECHEMA CORROSION HANDBOOK. *Corrosive Agents and their Reactions with Materials*. ed. Dieter Behrens, 1992.
27. Schweitzer, P. A. *Corrosion Resistance Tables – Metals, Nonmetals, Coatings, Mortars Plastics, Elastomers and Linings, and Fabrics*. 4nd ed. USA: Marcel Dekker, 1995.
28. Morcillo, M.; Almeida E.; Fragata, F.; Panossian, Z. (ed.) CYTED – Corrosión y Protección de Metales en las Atmósferas de Iberoamérica – Parte II (Red Temática Patina, XV. D/CYTED), Espanha, 2002.
29. Morcillo, M.; Almeida, E.; Rosales, B.; Uruchurtu, J.; Marrocos, M. CYTED – *Corrosión y Protección de Metales en las Atmósferas de Iberoamérica* – Parte I – Mapas de Iberoamérica de Corrosividad Atmosférica (Proyecto MICAT, XV.I/CYTED), Espanha, 1998.
30. Dutra, A. C.; Nunes, L. P. *Proteção Catódica – Técnica de Combate à Corrosão*. 4. ed. Rio de Janeiro: Interciência, 2006. Apêndice I ao Cap. 15.

EXERCÍCIOS

27.1. Explique como determinar a taxa de corrosão para os seguintes casos:
   a. Corrosão uniforme na superfície do corpo de prova.
   b. Corrosão localizada na superfície do corpo de prova.

Nos exercícios 27.2 e 27.3, faça a transformação de unidades de taxa de corrosão:

27.2. 0,237 mm/ano para mpy
27.3. 0,012 ipy para mm/ano
27.4. Um corpo de prova de aço carbono foi colocado em um tanque de água de processo e ficou 1 mês exposto. Determine a taxa de corrosão e expresse o resultado em:
   a. mm/ano
   b. ipy
   c. µm/ano
   d. mpy
   Dados:
   Morfologia do ataque corrosivo: Uniforme
   Massa inicial: 11, 8230 g
   Massa final (após limpeza e decapagem): 11,8137 g
   Dimensões: comprimento: 70,0 cm, largura: 10,7 cm, espessura: 1,63 mm
   Furo de fixação do corpo de prova: 0,80 mm
27.5. Compare o resultado obtido no problema 27.3 com a classificação de corrosividade segundo a norma NACE-RP-07-75.

PRANCHAS COLORIDAS

1 Esfoliação em liga de alumínio.

4 Corrosão na haste central de aço inoxidável.

2 Corrosão grafítica em tubo de ferro fundido cinzento: parte escura da fotografia.

5 Trecho da tubulação com perfuração por corrosão galvânica.

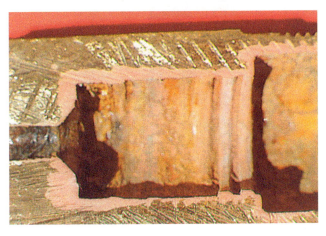

3 Parte interna da válvula de latão apresentando corrosão por dezincificação: área com coloração avermelhada e destruição da parte rosqueada.

6 Trecho da tubulação evidenciando o contato da malha de aterramento.

7 Trecho da tubulação de liga de cobre com produto de corrosão azul-esverdeado.

10 Corrosão na área de contato entre tubo de latão e material não metálico.

8 Perfurações do casco e coloração característica de cobre, nas proximidades das perfurações.

11 Corrosão em tanque cilíndrico na área de apoio na base de concreto.

9 Corrosão na área de contato entre tubos de aço inoxidável AISI 304.

12 Eixo central e flange de titânio sem corrosão visível.

Pranchas coloridas **379**

13 Corrosão na área de fresta formada pela gaxeta: observação feita somente após retirada do flange e da gaxeta.

15A Corrosão em frestas.

14 Corrosão severa em área de fresta: contato da tubulação com o *pipe-rack*.

16 Posicionamento da tubulação: parcialmente enterrada, observando-se falhas no revestimento.

17 Corrosão localizada cerca de 15 cm abaixo da superfície do solo.

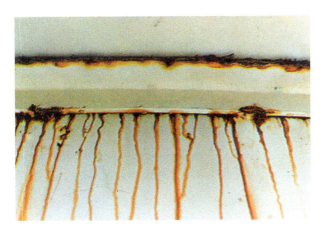

15 Corrosão no interior da fresta com escorrimento de ferrugem pela área com bom estado da película de tinta.

18 Proteção com feltro betumado até cerca de 1 m da parte subterrânea.

19 Corrosão com perfurações no tanque de óleo diesel: parte interna.

22 Corte de trecho do mineroduto para inspeção.

20 Solo com cor preta, adjacente ao tubo de aço inoxidável.

23 Cupons 1, 3 e 5 retirados após indicação de proteção. Cupons 7, 9 e 11 – estado do mineroduto antes da proteção.

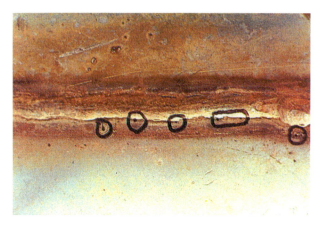
21 Corrosão por pite nas proximidades do cordão de solda.

24 Tubérculos em tubulação de aço-carbono.

Pranchas coloridas **381**

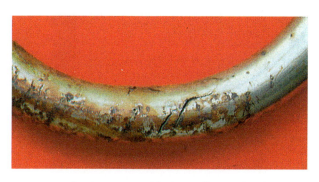

25 Tubo de aço inoxidável com fratura devido à corrosão sob tensão fraturante.

28 Trincas não passantes detectadas pelo ensaio de líquido penetrante.

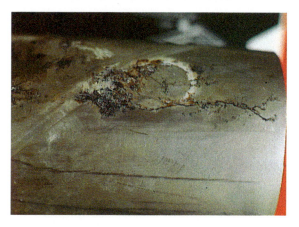

26 Fratura de tubo de aço inoxidável próxima ao cordão de solda e ao resíduo branco.

29 Parte da peça de aço inoxidável AISI 304, fraturada por corrosão sob tensão fraturante.

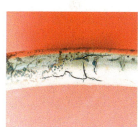

29A Corrosão sob tensão fraturante em aço inoxidável AISI 304.

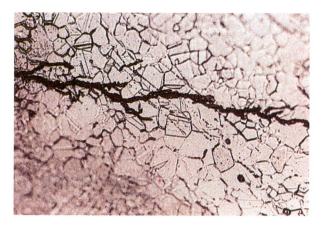

27 Trincas transgranulares verificadas no caso do tubo da Prancha colorida 26.

30 Empolamento pelo hidrogênio predominando na região de falha de laminação.

31 Perfurações em tubo de aço-carbono ocasionadas por correntes de fuga.

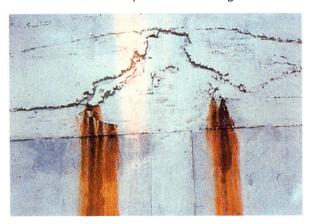

32 Escorrimento de ferrugem ($Fe_2O_3 \cdot H_2O$) proveniente da corrosão da armadura.

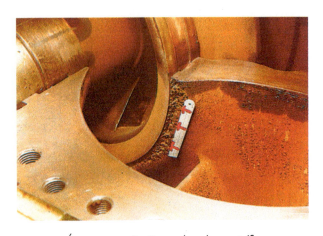

33 Área com cavitação em bomba centrífuga.

34 Parte externa da tubulação de aço inoxidável, aparecendo a perfuração.

35 Parte interna do trecho da tubulação da Prancha colorida 34, evidenciando a deterioração por erosão.

35A Erosão em placa de aço inoxidável causada por sólidos suspensos em água.

36 Pites e/ou alvéolos ocasionados por cavitação onde ocorreu redução brusca do diâmetro da tubulação.

Pranchas coloridas **383**

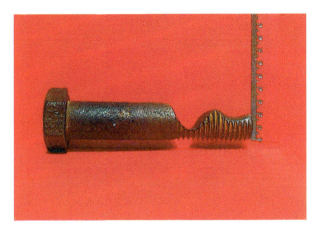

37 Erosão-impingimento em parafuso de aço-carbono.

40 e 40A Corrosão em trechos de tubulações em áreas próximas à solda.

38 Corrosão em componentes tubulares nas proximidades de solda.

41 Cordão de solda descontínuo: início de processo corrosivo na área de descontinuidade, devido à presença de fresta.

39 Corrosão em componente tubular com perfuração localizada na parte inferior do cordão de solda.

42 Corrosão em torno de cordão de solda em tanque de aço inoxidável.

43 Corrosão em torno de cordão de solda com formação de pites e/ou alvéolos.

46 Trecho de placa do trocador evidenciando a localização da corrosão em pontos equidistantes – justamente onde ocorria o contato das placas.

44 Perfuração em tubo de trocador-vaporizador de SO_2.

47 Trecho do feixe de tubos com limo bacteriano – *fouling*.

45 Tubo de superaquecedor de caldeira com corrosão ao longo da parte inferior.

45A Corrosão em feixe tubular de trocador de calor.

48 Tubos do recuperador de calor apresentando espessa camada de produtos de corrosão.

Pranchas coloridas **385**

49 Tubo do recuperador de calor com perfurações.

52 Trecho de tubo do trocador vertical, apresentando corrosão evidenciada pelo ensaio de líquido penetrante.

50 e 50A Tubos de aço inoxidável AISI 304 com corrosão por pite.

53 Costado do tanque evidenciando a presença de espessa camada de produto de corrosão, após retirada do isolamento térmico.

51 Trecho de tubo da serpentina do resfriador apresentando severa corrosão.

54 Vista inferior do isolamento térmico mostrando o produto de corrosão esbranquiçado proveniente da perfuração, de dentro para fora, das folhas de alumínio.

55 Tubo com falha na linha de costura.

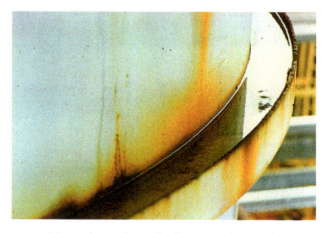
58 Parte de um dos anéis do reator, observando-se água estagnada e corrosão localizada no costado, embora também ocorra no anel.

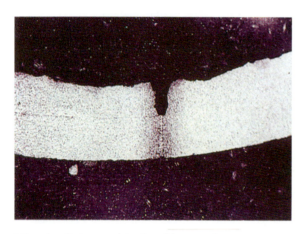
56 Penetração incompleta de solda nos tubos com costura.

59 Cracas na faixa de variação de maré em estacas no mar e corrosão mais acentuada na zona de respingos.

57 Corrosão em chumbador de estrutura metálica.

60 Corrosão ou oxidação branca em chapa de aço galvanizado.

61 Corrosão em pé de torre de linha de transmissão de aço galvanizado.

64 Eletrocalhas cromatizadas.

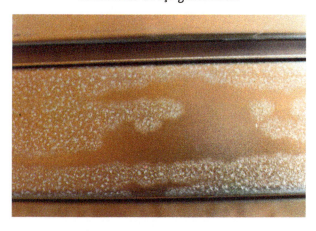
62 Corrosão branca em eletrocalha de aço galvanizado.

65 Chapa de alumínio com manchas escuras provenientes da superposição durante armazenamento.

63 Corrosão branca em eletrocalha e aparecendo ferrugem.

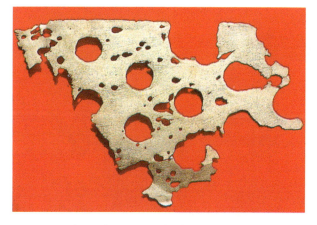
66 Chapa de aço inoxidável AISI 316 atacada por ácido clorídrico.

388 Pranchas coloridas

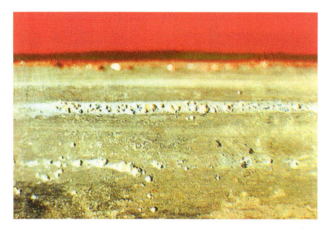

67 Tubo de cobre com tubérculos predominantes no sentido longitudinal.

70 Trecho de tubo de poliéster reforçado com fibra de vidro deteriorado: solubilização da resina restando fibra de vidro.

68 Perfurações em tubo de cobre, predominantes no sentido longitudinal.

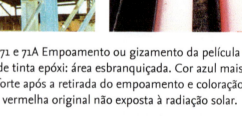

71 e 71A Empoamento ou gizamento da película de tinta epóxi: área esbranquiçada. Cor azul mais forte após a retirada do empoamento e coloração vermelha original não exposta à radiação solar.

69 e 69A Produtos de corrosão de tubos de cobre saindo pelas perfurações dos tubos.

72 Processo corrosivo predominante em área com cordões de solda.

Pranchas coloridas **389**

Obs.: até aqui, as fotos referiam-se especificamente aos casos estudados no Capítulo 28, mas as subsequentes mostram, aleatoriamente, formas de corrosão e resultados de experiências relatadas em outros capítulos.

73 Empolamento da película de revestimento com alcatrão de hulha-epóxi.

76

74 Empolamento da película de tinta à base de borracha clorada.

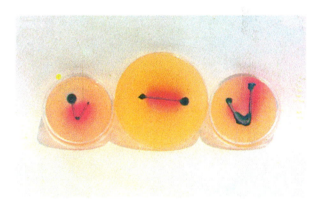

77

75 Perfuração de bolha para evidenciar a presença de água existente no seu interior.

78

76, 77 e 78 Observações feitas após alguns dias da execução da Experiência 8.1: áreas anódicas (coloração azul), nas áreas tensionadas ou deformadas, e áreas catódicas (coloração avermelhada).

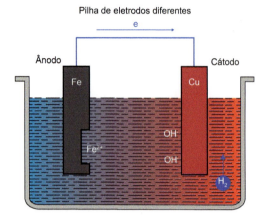

79 Esquema de pilha de eletrodos diferentes.

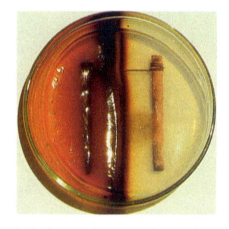

80 Resultado da Experiência 6.1 após cerca de 10 dias da execução: formação de $Fe_2O_3 \cdot H_2O$ devida à corrosão do ferro (anodo), confirmando o esquema da Prancha colorida 79.

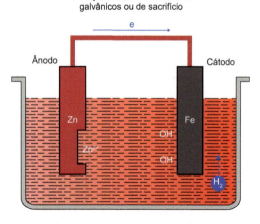

81 Esquema da proteção catódica com ânodos galvânicos ou de sacrifício.

82 Resultado de experiência com procedimento igual ao da Experiência 6.1 após cerca de 7 dias da execução: comparação entre ferro ligado a cobre e ferro ligado a zinco. No último caso, o ferro está catodicamente protegido pelo zinco; o precipitado branco entre o zinco e ferro é o produto de corrosão do zinco, $Zn(OH)_2$.

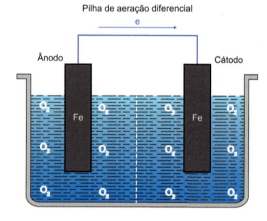

83 Esquema da pilha de aeração diferencial.

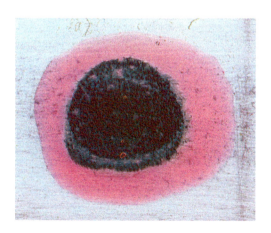

84 Resultado da Experiência 4.6 após cerca de 30 minutos da execução: área central menos aerada (área anódica, coloração azulada) e área externa mais aerada (área catódica, coloração avermelhada).

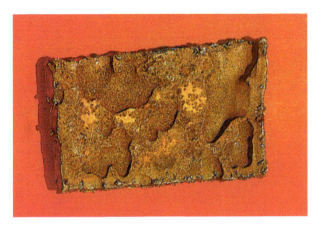
85 Trecho de chapa com corrosão em placas.

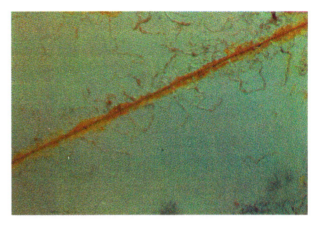
88 Corrosão filiforme em superfície com película de tinta: notar filamentos entre os riscos que aparecem com ferrugem.

86 Corrosão sob fadiga em aço-carbono: trincas transgranulares.

89 Impelidor de bronze com deterioração por erosão.

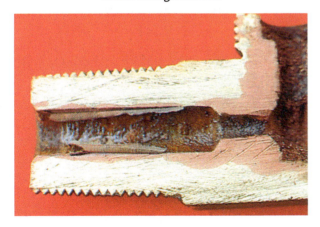
87 Corrosão por dezincificação em latão: área avermelhada e película de cobre resultantes da dezincificação em latão contendo 70 % de cobre e 30 % de zinco.

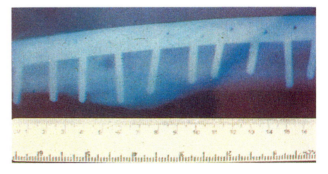
90 Implante cirúrgico, colocado para consolidação de fratura do fêmur, notando-se os parafusos de fixação.

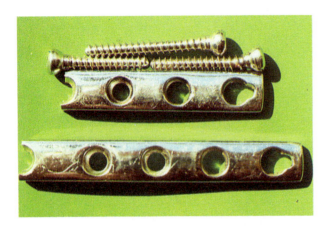

91 Implante cirúrgico fraturado e parafusos de fixação (aço inoxidável AISI 316).

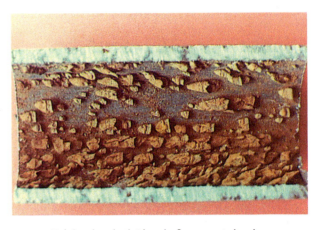

94 Tubérculos de óxidos de ferro em tubo de aço.

92 Depósitos de carbonato de cálcio, devidos ao emprego de água com dureza carbonática ou temporária elevada em quatro tubos, com exceção do tubo da direita, que apresenta depósitos de óxidos de ferro.

95 Deterioração de revestimento de tubulação com asfalto betuminoso, exposto à incidência de luz solar, ocasionando, em consequência, perfuração da tubulação.

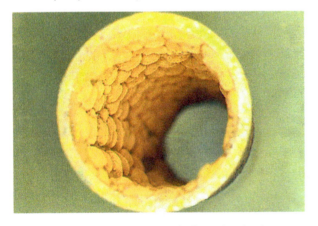

93 Tubérculos de óxidos de ferro, devidos à água contendo bicarbonato de ferro.

96 Perfuração da tubulação citada na Prancha colorida 95.

Índice alfabético

As marcações em **negrito** correspondem aos Capítulos 28 (páginas **e-1** a **e-20**) e 29 (páginas **e-21** a **e-25**) que encontram-se na íntegra no Ambiente virtual de aprendizagem do GEN | Grupo Editorial Nacional.

A

Abrasivos, 284
Abrasões, 89
Ação
   corrosiva, 190
      sobre ferro, cobre e alumínio, 212
   mecânica, 195
Ácido(s), 195, 244
   clorídrico, 282
   fluorídrico, 282
   fosfórico, 282
   muriático, 282
   nítrico, 282
   sulfúrico comercial, 281
Aço(s)
   alonizado, 292
   aluminizado, 289
   de alta resistência mecânica, 184
   galvanizado, 203
   inoxidáveis, 184
   patináveis ou aclimáveis, 70
Acrílicas, 309
   em emulsão, 318
Aderência, 149
Aditivos, 305
Aduto epóxi-amina alifática, 312
Agente(s)
   antinucleantes, 221
   complexantes, 100, 221
   de superfície, 221
   dispersantes, 221
   oxidante, 11, 12
   redutor, 11, 12
   tixotrópicos, 305
Agitação diferencial, 90
Água(s)
   de reposição ou compensação, 214
   de resfriamento, 74, 213
   do mar, 204, 248
   dura, 192
   naturais, 73
   para caldeiras, 74
   para geração de vapor, 222
   potável, 74, 195
   vermelha ou ferruginosa, 122, 123, 197, 198
Alcalinidade, 202
Alcalino(s)
   leves, 280
   médios, 280
   pesados, 280
Alcatrão de hulha, 310
Algas, 208
Alginatos, 233
Alimentos, 80
Alteração do projeto, 169
Alumínio, 72, 212, 306
Aluminização, 289
Ambientes abrasivos, 323
Aminas, 232
   formadoras de filme, 232
Amínicas, 315
Amônia, 68, 156, 201, 217
Amperímetros, 351
Análise do ciclo de vida, 258
Anodização, 295
Ânodo(s), 21, 41
   galvânicos, 347, 348
   inertes, 349
Anti-incrustantes, 220
Anticorrosivos, 305
Antiespumantes, 305
Antifungos, 305
Antinata, 305
Antipele, 305
Antissedimentantes, 305
Aquecedores e válvulas de cobre, 117
Aquecimento, 10
   diferencial, 90
Área(s)
   como agente de polarização, 136
   de concentração de tensões, 186
   de estagnação, 186
   sujeitas à ação corrosiva, 210
Areia, 285
Asfaltos, 310
Aspereza da superfície metálica, 135
Aspersão, 319
   a quente, 320
   eletrostática, 320
   sem ar, 320
   simples, 319
   térmica, 290

Ataque
  pelo hidrogênio, 155
  por impingimento, 173
Atividade, 18
Atmosfera(s), 65
  industrial e marinha
    de agressividade moderada, 323
    de elevada agressividade, 323
  marinha, 210
  rural e urbana, 322
Avaliação
  do ciclo de vida, 258
  do desempenho de tintas, 327
  econômica de tintas com base no rendimento teórico, 332
Azóis, 219

B

Bactérias, 248
  celulolíticas, 119
  oxidantes de ferro, 122
Balanceamento dos sistemas, 111
Barreira, 318
Bases, 195, 245
Bauxita sinterizada, 285
Betume, 310
Biodeterioração de tintas, plásticos e lentes, 117
Bordas de superfície metálica, 89
Boretos, 294
Borracha clorada, 309
Borras ou lamas de fosfatos, 216

C

Cálculo
  da corrente elétrica de proteção, 346
  do custo da corrosão, 255
Caldeiras, 222
  aquatubulares, 222
  de alta pressão, 234
  de baixa e média pressão, 232
  fogotubulares, 222
  inativada, 234
  paradas, 234
Calorização, 152, 292
Capilar de Luggin, 137
Características do metal, 202
Carbetos, 294
Carbonatação, 244
  de concreto, 68
Carbonetação, 154
Carbono, 154
Carepa, 146
  de laminação, 279
Cargas, 306
Casca de laminação, 146

Cátodo, 21, 41
Cáustica localizada, 225
Cavitação, 170, 206, 215, 241
Célula
  de polarização, 137
  eletrolítica, 49
Cementação, 292
Cermets, 294
Choques térmicos, 227
Chuva(s), 77
  ácida, 68, 245
Cianeto, 100
Ciclo
  de concentração, 214
  de vida, 258
Cimentos, 294
Cinzas, 157
Circuito metálico, 41
Cladeamento, 288
Cladização, 288
Cloreto(s), 224, 225
  de hidrogênio, 68
Cloro, 68, 200
Coalescência, 316
Cobre, 73, 100, 199, 212
  e níquel, 226
Coeficiente de atividade, 18
Complexação, 219
Complexantes, 226
Comportamento de um metal em soluções eletrolíticas, 17
Compósitos, 294
Compostos halogenados, 155
Concentração
  diferencial, 90
  volumétrica de pigmentos, 332
Concreto
  com cimento e polímero, 251
  impregnado com polímeros, 251
  inspeção em, 250
  polimérico, 251
Condicionadores magnéticos, 213
Condições operacionais, 59
Conservação das reservas minerais, 5
Contato bimetálico, 78
Contornos dos grãos, 85
Controle
  com soda cáustica, 234
  congruente, 234
  de coordenação, 234
  zero sólido, 234
Corda metálica, **e-21**
Cores de interferência, 145
Corrente(s)
  de corrosão, 130
  de fuga, 79, 106, 249

  dinâmicas, 106
  estáticas, 106
  estranhas, parasitas, vagabundas ou espúrias, 105
  elétricas de interferência, 105
  impressa ou forçada, 349
Corrosão, 1, 52, 215
  alveolar, 53
  associada à
    bulimia, 7
    pássaros, 7
    solicitações mecânicas, 166
    urina humana, 7
  atmosférica, 66
    de ferro, zinco, alumínio e cobre, 69
    molhada, 66
    úmida, 66
  bacteriana, 116
  casos
    benéficos de, 6
    curiosos de, 6
  catastrófica, 163
  causas ou mecanismos, 52
  com erosão, 170
  conceitos, 1
  custos, 5
  das cordas, **e-22**
  de materiais submersos, 211
  devida à formação de ácidos, 119
  e música, **e-21**
  eletrolítica, 105, 242
  eletroquímica heterogeneidades responsáveis por, 85
  em caldeiras, 223, 229
  em concreto, 240
  em faca, 88
  em frestas, 91, 92
  em linhas de condensado, 228
  em temperaturas elevadas, 144
  em torno do cordão de solda, 56, 86
  em tubos de ligas de cobre de condensadores, 215
  empolamento pelo hidrogênio, 56
  fatores
    aceleradores de, 243
    influentes na velocidade de, 130
    mecânicos, 52
  formas de, 52
  filiforme, 55
  galvânica, 98, 205, 215
  gatos, causam em painel automotivo, 7
  generalizada, 52
  grafítica, 56, 113
  importância, 2

induzida por microrganismos, 116
intergranular, 54, 241
localização do ataque, 52
mecanismos básicos, 59
meio corrosivo, 52
morfologia, 52
por ação conjunta de bactérias, 123
por aeração diferencial, 91, 92, 122, 215
por atrito oscilante, 175
por célula oclusa, 91
por concentração diferencial ou concentração iônica, 91
por contato, 91, 92
por crevice, 91
por despolarização catódica, 120
por pite ou por alvéolos, 199
por placas, 53
por turbulência, 173
puntiforme ou por pite, 53, 241
quelante, 226
seletiva, 113
sob atrito, 174, 175
sob depósito, 92, 94, 204
sob fadiga, 167, 168
sob fricção, 175
sob tensão, 166, 181
 fraturante, 55, 181
 em válvulas de latão, 32, 7
 induzida por hidrogênio, 178
transgranular, 55, 241
uniforme, 52, 199, 241
Corrosão-cavitação, 171
Corrosão-fadiga, 166
Cracas, 208
Crescimento
 biológico, 194
 de películas em ligas, 151
Critérios de proteção catódica, 345
Cromatização, 295
 de alumínio, 296
 de zinco ou de aço galvanizado, 296
Cromato de zinco, 307
Crostas, 214, 215
Curva de polarização
 galvanocinética, 137
 galvanostática, 137
 potenciocinética, 137
 potenciostática, 137
Custeio do ciclo de vida, 258
Custo total da pintura, 327

D

Decapagem
 ácida, 265, 281
 alcalina, 282

eletrolítica, 282
Deformações diferenciais, 89
Deposição em fase gasosa, 292
Depósitos
 biológicos, 214
 metálicos, 216
Desaeração
 com hidrazina, 231
 com sulfito de sódio, 230
Desaeradores, 223
Descarbonetação, 154, 155
Deslocamento dos elétrons e íons, 61
Desmineralização, 229
Despejos industriais, 77
Detector de fendimento, 181
Deterioração
 de mármore e concreto, 116
 microbiológica de madeira, 116
Dezincificação, 56, 114, 200
Diagramas de Pourbaix, 17, 29
 para altas temperaturas e pressões, 163
Diferença
 de potencial eletroquímico, 17
 de tamanho dos grãos, 85
Difusão, 292
Diluentes, 305
Dióxido
 de carbono, 67, 217
 de enxofre, 68
 de titânio, 306
Drenagem
 diretamente para o solo nas áreas com predominância anódica, 111
 para o solo nas áreas com predominância anódica, 111
Dupla camada elétrica, 18
Dureza
 da água permanente, 192
 e polimento, 208
 temporária ou carbonática, 192

E

EDTA (ácido etileno diaminotetracético), 100
Efeito do oxigênio dissolvido, 130
Eficiência dos inibidores, 265
Eflorescência, 244
Eletrodeposição, 291
 a corrente contínua, 291
 a corrente pulsante, 292
Eletrodo(s)
 de oxirredução, 20
 de referência, 20, 351
 normal de hidrogênio, 19
 redox, 20

Eletrodo-padrão, 19
Eletrólito, 41
Eletroquímico, 319
Empolamento, 56
 pelo hidrogênio, 178
Emulsões, 281
Energia
 elétrica, 21
 química, 21
Ensaio(s)
 à velocidade de deformação constante baixa taxa de deformação, 188
 de corrosão, 363
 de tração sob, 188
Enxofre, 153
Equação(ões)
 de Nernst, 26
 de oxidação, 148
 iônica(s)
  geral de oxidação dos metais, 11
  de redução e de oxidação, 14
 linear, 148
 logarítmica, 148
 parabólica, 148
Equipamentos de operações de usinagem, 117
Erosão, 215
Erosão-corrosão, 170
Escória de fundição de cobre, 284
Escoriações, 89
Esfoliação, 56
Esmaltes vitrosos, 294
Espessuras de películas, 151
Espontaneidade das reações de corrosão, 33
Estado da superfície, 299
Estanho, 100
Estruturas
 enterradas ou imersas em águas agressivas, 323
 metálicas sujeitas a temperaturas elevadas, 323
Estudo de casos, e-1
Expansão térmica, 149
Extensores, 306

F

Faixa de variação de maré, 211
Falhas em esquemas de pintura anticorrosiva, 326
Falso solvente, 305
Fendimento por álcali, 180, 225
Ferro, 69, 196, 212
Fertilizantes, 77
Fissuras, 250

Fluoreto de hidrogênio, 68
Força eletromotriz, 21
Formação
  da película de oxidação, 144
  de películas, 100
Formulação dos cimentos, 251
Fosfatização, 296
  de metais não ferrosos, 300
Fosfato
  de ferro, 300
  de manganês, 300
  de zinco, 300, 307
  de zinco/cálcio, 300
Fosfinocarboxílicos, 218
Fouling, 122, 207, 216
Fragilidade cáustica, 180, 225
Fragilização
  irreversível, 177
  pelo hidrogênio, 166, 176, 241
  por metal líquido, 175
  reversível, 178
Fratura(s)
  induzida por hidrogênio, 178
  intragranular na corrosão sob tensão, 182
  por fadiga, 167
  retardada, 179
Frestas, 186
Fungos, 119

G

Galvanização, 290
  a frio, 290
Galvanostatos, 137
Gás (Gases), 67
  carbônico, 67, 200
  contendo carbono, 154
  contendo enxofre, 153
  dissolvidos, 192, 200, 205
  sulfídrico, 68, 201, 226, 248
Gizamento, 313
Granalha de aço, 284

H

Halogênios, 155
Hide-out, 226
Hidrogênio, 135, 155
Hidroides, 208
Hidrojateamento
  à alta pressão, 286
  à hiperalta pressão, 286
Hidrólise, 316
Hidróxido de sódio, 225

I

Iluminação diferencial, 90

Imersão, 319
  a quente, 289
  simples, 319
Impedância eletroquímica, 139
Impingimento, 170, 174, 206, 215
Impurezas, 190, 279
  oleosas, 279
  semissólidas, 279
  sólidas, 279
Inclusões não metálicas, 85
Incrustações, 208
Índice(s)
  de estabilidade de Puckorius, 194
  de estabilidade de Ryznar, 193
  de Langelier e Ryznar, 194
  de Larson-Skold, 194
  de Puckorius, 194
  de saturação ou de Langelier, 193
Indústria
  aeronáutica, 3
  de papel e celulose, 117
  petrolífera, 266
Inibição, 318
Inibidor(es), 169
  anódicos, 261
  catódicos, 262
  classificação dos, 261
  de adsorção, 263
  de corrosão, 218, 252, 260
  em fase vapor, 264
  emprego dos, 265
  molibdatos-polifosfatos, 220
  para proteção temporária, 263
  polifosfato-fosfonato-zinco, 220
Injeção de corrente nas áreas anódicas do tubo por meio de retificadores de proteção catódica e leito de ânodos, 111
Instalação, 202
  de barreiras elétricas, 111
Interligação elétrica da estrutura interferida com a interferente, 110
Interrupção de comunicações, 2

J

Jateamento
  com abrasivo úmido, 285
  na superfície do metal, 169

L

Lama, 211
Lavadores de vapor, 223
Lei de Tafel, 132
Ligas
  de alumínio, 184
  de alumínio-magnésio, 212

de cobre, 199, 212
  em presença de amônia, 184
de ferro, 196, 212
de magnésio e titânio, 184
de níquel, 184
Ligninas, 233
Limite de resistência à fadiga, 168
Limpeza
  com solventes, 280
  de caldeiras, 235, 236
  de trocadores de calor, 235, 236
  e preparo de superfícies, 278
  e sanitização, 118
  eletrolítica
    anódica, 282
    catódica, 282
  por ação
    mecânica, 283
    química, 281
  por meio
    de ferramentas mecânicas e/ou manuais, 283
    de hidrojateamento, 286
    de jateamento abrasivo, 283
  química
    ácida, 236
    alcalina, 236
    de caldeiras, 266
  ultrassônica, 282
Linhas de incêndio, 117
Lixiviação, 244
Lodo, 211

M

Madeira, 81
Matéria orgânica, 194
Material metálico, 57, 59, 85, 271
Mecanismo
  das reações redox, 12
  de crescimento da película de oxidação, 146
  eletroquímico, 60, 61
  químico, 60
Medicina, 4
Medidas gerais de proteção contra corrosão por concentração iônica e por aeração diferencial, 96
Meia pilha padrão, 19
Meio(s)
  corrosivo, 57, 59, 65, 85, 90, 271
    a altas temperaturas, 153
  de remoção, 279
Metais
  propriedades de, 270
Metalização, 290
Método(s)
  baseados na modificação

  do meio corrosivo, 256
  do metal, 257
  do processo, 256
 baseados nos revestimentos
  protetores, 257
 de ensaio para determinação da
  influência de fatores mecânicos
  na corrosão, 187
 de Wenner, 75
 dos quatro pinos, 75
 eletrométrico, 151
 gravimétrico, 151
 para combate à corrosão, 256
 e impacto econômico, 255
Metrologia, 374
Microrganismos, 215
Miliamperímetros, 351
Misturas anticongelantes, 267
Modificação
 de processo, 270
 de projetos, 273
Moluscos, 208
Monitoramento da corrosão, 368
Monóxido de carbono, 67
Montagem do sistema, 202

N

Natureza
 do material metálico, 208
 do produto de corrosão, 208
 química do produto de corrosão, 62
Neutralização de dióxido de
 carbono, 232
Nitrocelulose, 310
Nitrogênio, 156
Nivelantes, 305
Nucleação, 299
 da trinca, 182

O

Ocultamento, 226
Odontologia, 4
Óleos vegetais, 310
Opacificantes coloridos, 305
Organismos influentes, 207
Orientação dos grãos, 85
Ortofosfatos, 218
Oxidação, 10
 branca, 95
 de compostos inorgânicos
  de enxofre pelo gênero
  Thiobacillus, 119
 de piritas a ácido sulfúrico por
  Thiobacillus ferrooxidans, 119
 em temperaturas elevadas, 144

 interna, 153
 por fricção, 175
 seletiva, 151
Oxidante, 282
Óxido, 279
 arsenioso, 136
 de alumínio, 217
 de ferro, 306
  micáceo, 306
  preto e amarelo, 307
  vermelho, 306
 de nitrogênio, 68
Oxigênio, 118, 200, 224
Oxirredução, 9
 comparação, 11
 conceitos, 10
 em termos
  de elétrons, 10
  de número de oxidação, 10
  de oxigênio, 10
Ozônio, 68

P

Par-padrão, 19
Parede porosa, 21
Particulados, 67
Passivação, 27, 129, 141, 298
 anódica, 318
Película(s), 149
 não metálicas pigmentadas com pó
  de zinco, 169
 por evaporação de solventes, 308
 por oxidação, 310
 por polimerização térmica, 315
 porosas e não porosas, 150
Permeabilidade, 249
pH, 118, 131, 186, 195
 ácido, 224
Pigmentos, 305
Pigmentos lamelares, 313
Pilha(s)
 ativa-passiva, 44
 catalíticas, 213
 complexas, 103
 de ação local, 45
 de aeração diferencial, 45, 47
 de concentração, 45
  iônica, 45
 de eletrodos metálicos diferentes, 42
 de oxigenação diferencial, 47
 de temperaturas diferentes, 48
 eletrolítica, 21, 48, 49
 eletroquímica, 21, 41
 galvânica, 42
 tipos de, 42
Pintura, 303

 arquitetônica, 303
 artística, 303
 eletroforética, 319
 esquemas de, 303, 321
 industrial, 303
 inspeção de, 325
Pites, 53
 angulosos ou puntiformes, 54
 arredondados, 54
Plasticidade, 149
Plásticos, 81
Plastificantes, 305
Pó de zinco, 307
Poeira(s)
 da indústria de cimento, 217
 de lixadeiras de placas, 217
 de usinas siderúrgicas, 217
 orgânicas de fábricas de
  cervejas, 217
Polarização, 129, 132, 133
 anódica, 133
 catódica, 133
 ôhmica, 134
 por ativação, 134
 por concentração, 133
Poli (acetato de vinila), 318
Poliéster, 318
Polifosfatos, 218
Polifosfonatos, 219
Polimento
 da superfície metálica, 89
 de metais, 267
Polímeros, 81, 302, 329
 naturais, 232
 sintéticos, 233
Poluentes atmosféricos, 216
Poluição ambiental, 3
Ponte salina, 21
Ponto de orvalho, 158
Porcelanas, 294
Porosidade, 149, 249
Potencial(is)
 de corrosão, 132
 de eletrodo(s), 17, 22
  a gás oxigênio, 163
  irreversíveis, 29, 32
  padrão, 18, 19
 de redução, 33
 misto, 132
 normal, 19
Potencial-padrão, 19
Potenciostatos, 137
Preservação de monumentos
 históricos, 3
Pressão, 206
 de vapor, 149

Previsão de reações de oxirredução, 36
Princípio de funcionamento do potenciostato, 138
Processo
    anódico, 61
    catódico, 61
    de fosfatização, 299
    de pintura, 319
    difásico, 281
Produtos
    de corrosão, 279
    químicos, 79
Propagação da trinca, 182
Proteção, 103
    anódica, 360
    catódica, 169, 220, 252, 319, 335
        de armaduras de aço de estruturas de concreto, 355
        de navios e embarcações, 354
        de píeres de atracação de navios, 353
        de tanques de armazenamento, 353
        de tubulações
            enterradas, 79, 351
            submersas, 353
        galvânica, 338
        por corrente impressa, 339
    contra corrosão e incrustações, 221
    de alumínio, 267
    de cobre, 267
    temporária de peças ou equipamentos de metais ferrosos, 267
Purga, 214

Q
Quelantes, 221, 226
Questões de segurança, 2

R
Rampa, 138
Reação(ões)
    álcali-agregado, 245
    anódicas e catódicas, 61
    de oxirredução, 11
    redox, 11
Realcalinização, 252
Recuperação secundária de petróleo, 117
Redução, 10
    química, 292
Região
    anódica, 43
    catódica, 43
Regras para determinação do número de oxidação, 10
Relação de Pilling-Bedworth, 150
Remoção
    da turbidez e cor, 229
    de cloreto, 252
    de dureza, 229
    de ferro e manganês, 229
    de gases, 230
    química de oxigênio, 230
Rendimento teórico, 332
Reparos de estruturas de concreto, 250
Resinas
    alquídicas modificadas com óleos vegetais, 310
    epoxídicas ou epóxi, 312
    éster de epóxi e óleo-uretânicas, 311
    fenólicas modificadas com óleos vegetais, 311
Resina/tintas
    poliaspárticas, 314
    polissiloxano, 314
Resistividade elétrica, 149, 249
Reúso de águas, 237
Revestimentos, 278
    à base de pós, 320
    de alta espessura, 324
    metálicos, 288
        anódicos ou de sacrifício, 169
    não metálicos
        inorgânicos, 294
        orgânicos, 302
    protetores, 251
Rolo, 320
Rouge, 58
Ruído eletroquímico, 139, 140

S
Sais, 201, 245
    de zinco, 218
    dissolvidos, 131, 190
Salinidade, 205
Secantes, 305
Seleção de esquemas de pintura, 321
Semicondutores do tipo p, 148
Sequestração, 219
Sequestrantes, 221
Sherardização, 292
Silicato(s), 218
    de etila, 316
    inorgânicos alcalinos, 318
Silicietos, 294
Silicones, 315
Siliconização, 292
Simulação dos diagramas de Pourbaix em programas computacionais, 29
Sinal do potencial, 21
Sistema(s)
    abertos
        com recirculação de água, 214, 215
        recirculação de água, 214
    de água
        gelada, 221
        quente, 221
    de estufa, 312
    de geração de vapor, 267
    de motores a diesel, 221
    de proteção catódica, 338, 343
        no Brasil, 356
    de resfriamento, 117, 214, 267
    fechados com recirculação de água, 221
        fria, 214
    material metálico-meio corrosivo, 183
Sobrepotencial, 132
Soldas, 186
Solicitações mecânicas, 186
Sólidos suspensos, 194, 202, 214, 215, 226
Solo, 74
    aeração diferencial, 78
    características físico-químicas, 74
    características químicas e físico-químicas, 75
    condições climáticas, 77
    condições microbiológicas, 76
    condições operacionais, 77
    emprego de fertilizantes, 77
    profundidade, 78
Solubilidade, 149
Soluções alcalinas, 280
Solventes, 304
    auxiliares, 305
    clorados, 267
    emulsificáveis, 281
    orgânicos, 80
    verdadeiros, 305
Stents, 5
Substância(s)
    fundidas, 80, 157
    oxidante, 11
    poluentes, 67
    redutora, 11
Sulfeto(s), 248
    de hidrogênio, 217
Superaquecedor, 223
Superfícies galvanizadas, 324

T

Tabela
- de potenciais de eletrodo, 17, 21
- limitações no uso da, 22
- de potenciais-padrão, 32
- prática em água do mar, 32

Taninos, 232

Tanques
- de água desmineralizada, 118
- de armazenamento de combustíveis, 117

Taxa de corrosão, 205, 363, 369

Temperatura, 77, 100, 118, 131, 173, 186, 195, 206
- elevadas, 144

Tempo de contato, 186

Teor
- de ar, 173
- de sólidos por massa, 331
- de sólidos por volume ou não voláteis por volume, 331

Teste hidrostático, 118

Tetroxicromato de zinco, 307

Thiobacillus ferrooxidans, 119

Tintas, 302
- à base de epóxi/alcatrão de hulha, 313
- à base de resinas de poliéster puro, 316
- à base de resinas epoxídicas, 316
- à base de resinas poliéster-epóxi (híbridas), 316
- a óleo, 310
- anti-incrustantes, 209
- constituintes das, 304
- convertedoras de ferrugem, 321
- de acabamento, 304
- de alumínio fenólicas, 311
- de dispersão aquosa, 309
- de dois componentes, 312
- de emulsão aquosa, 309
- de fundo ou primárias (*primers*), 303
- de poliuretano, 313
- em pó, 315
- epóxi sem solvente, 313
- intermediárias, 303
- propriedades das, 308
- ricas em zinco, 319
- sintéticas, 311

Tração BTD, 188

Transporte catiônico, 149

Tratamento(s)
- complexométrico, 233
- dispersante, 233
- misto, 233
- precipitante, 232
- sensibilizante, 299
- térmicos ou metalúrgicos diferentes, 85

Trincas, 250, 320

Trióxido de enxofre, 68

Tubos de condensadores, 267

Tubulações
- de água potável, 267
- de cobre para água quente, 267
- de distribuição de águas, 116
- enterradas, 117
- para condução de gás e gasômetros, 117

U

Umidade
- crítica, 66
- relativa, 66
  - da atmosfera, 77

V

Vapor de água, 156

Veículo
- fixo, 304
- não volátil, 304

Velocidade(s), 206
- baixas, 186
- de circulação, 195
- de corrosão, 129
- do fluxo, 118
- relativa dos líquidos, 173

Ventos, 77

Vidros, 294

Vinílicas, 308

Volatilidade, 149

Voltímetros, 350
- com alta resistência interna, 350
- registradores, 351

Z

Zincagem por imersão a quente, 290

Zinco, 71, 95

Zona de respingos, 211